T0370404

Spezielle magische Quadrate und ihre Konstruktion

Holger Danielsson

Spezielle magische Quadrate und ihre Konstruktion

Bimagische, pandiagonale und viele weitere spezielle Quadrate

Holger Danielsson
Schwerte, Deutschland

ISBN 978-3-662-70707-4 ISBN 978-3-662-70708-1 (eBook)
https://doi.org/10.1007/978-3-662-70708-1

Die Deutsche Nationalbibliothek verzeichnet diese Publikation in der Deutschen Nationalbibliografie; detaillierte bibliografische Daten sind im Internet über https://portal.dnb.de abrufbar.

Planung/Lektorat: Iris Ruhmann
Springer Spektrum ist ein Imprint der eingetragenen Gesellschaft Springer-Verlag GmbH, DE und ist ein Teil von Springer Nature.
Die Anschrift der Gesellschaft ist: Heidelberger Platz 3, 14197 Berlin, Germany

Wenn Sie dieses Produkt entsorgen, geben Sie das Papier bitte zum Recycling.

Vorwort

Im zweiten Band meiner Untersuchungen von magischen Quadraten werden spezielle Konstruktionsverfahren behandelt, die bimagische, pandiagonale und supermagische Quadrate erzeugen. Zusätzlich werden auch Verfahren vorgestellt, mit denen pandiagonale Franklin-Quadrate konstruiert werden können, sowie Quadrate, in denen andere magische Quadrate eingebettet sind. Damit bietet dieses Buch einen umfassenden und vollständigen Überblick über alle bekannten Konstruktionsverfahren für diese speziellen magischen Quadrate.

Wie im ersten Band *Magische Quadrate und ihre Konstruktion* beginne ich mit der Erklärung von grundlegenden Begriffen, die hier aber auf das absolut notwendige Mindestmaß beschränkt werden, um Wiederholungen zu vermeiden. Trotzdem sollen diese Beschreibungen als Basis für das Verständnis der vorgestellten Konstruktionsverfahren ausreichen.

In beiden Bänden verfolge ich die gleiche Philosophie. Ausführliche und präzise Beschreibungen und ausdrucksstarke Grafiken, die auch komplizierte Verfahren verständlich und nachvollziehbar beschreiben, sollen die Konstruktionsverfahren für jeden Leser begreifbar machen. Mathematische Hintergründe und Beweise stellen nicht das Ziel dieser Bücher dar. Daher wird zu jedem Verfahren ein Hinweis auf die Originalquelle gegeben, wo zumeist die mathematische Theorie ausführlich behandelt wird.

Die in meinen Büchern dargestellten Beispiele für die Erklärung der Verfahren weichen immer von den Originalbeispielen der angegebenen Autoren ab, um dem Leser die Verfahren möglichst vielfältig präsentieren zu können.

Zusätzliche Varianten, Untersuchungen und Ergebnisse erweitern in vielen Fällen die Informationen aus dem Originaldokument.

Schwerte,
Dezember 2024

Holger Danielsson

Inhaltsverzeichnis

Kapitel

1

Magische Quadrate

Einer alten chinesischen Legende nach gab es um 2200 v. Chr. eine riesige Sintflut. Um den Zorn des Gottes zu dämpfen, brachten die Menschen ihm ein Opfer an einem der überfluteten Flüsse. Während der Opfergabe tauchte aus dem Wasser eine magische Schildkröte mit einem merkwürdigen Muster auf ihrem Panzer auf: Kreisförmige Punkte, die die ganzen Zahlen von 1 bis 9 darstellen, sind in einem 3×3 - Raster angeordnet.

Jüngste Veröffentlichungen haben bestätigt, dass das Lo Shu - Quadrat ein wichtiges Modell für Zeit und Raum war. Es diente als Grundlage für die Stadtplanung sowie für die Gestaltung von Gräbern und Tempeln und spielte in den nachfolgenden Jahren eine außergewöhnliche Rolle im chinesischen Denken.

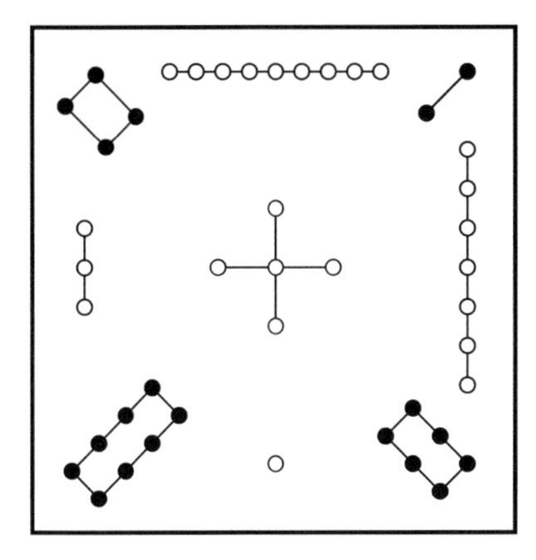

4	9	2
3	5	7
8	1	6

Abb. 1.1 Das Lo-Shu Quadrat

H. Danielsson, *Spezielle magische Quadrate und ihre Konstruktion*,
https://doi.org/10.1007/978-3-662-70708-1_1

In der ersten gedruckten Darstellung (369 - 286 v. Chr)[1] werden die ungeraden Zahlen durch weiße Punkte (den Yang Symbolen) dargestellt und repräsentieren den Himmel, während die geraden Zahlen als schwarze Punkte (den Yin Symbolen) dargestellt sind, dem Symbol der Erde.

Nach mehreren Jahrhunderten gelangte das magische 3×3 - Quadrat aus China nach Indien. Das älteste datierbare magische Quadrat vierter Ordnung der Welt findet sich in einer Enzyklopädie des berühmten Mathematikers, Astronomen und Astrologen Varahamihira (um 587 n. Chr.).[2] 800 Jahre später wurden von Narayana 1356 bereits alle pandiagonalen magischen Quadrate vierter Ordnung aufgezählt.[3]

Im 10. Jahrhundert gelangten die Quadrate in den arabischen Raum und von dort zu Beginn des 15. Jahrhunderts nach Europa, wo Albrecht Dürer 1514 ein Quadrat vierter Ordnung in seinen berühmten Kupferstich *Die Melancholie* eingravierte.

In seinem berühmten Buch *De Occulta Philosophia Libri Tres* ordnete Cornelius Agrippa von Nettesheim 1533 den magischen Quadraten der Ordnungen 3 bis 9 die damals bekannten „Planeten" zu.[4]

4	9	2
3	5	7
8	1	6

a) Saturn

4	14	15	1
9	7	6	12
5	11	10	8
16	2	3	13

b) Jupiter

11	24	7	20	3
4	12	25	8	16
17	5	13	21	9
10	18	1	14	22
23	6	19	2	15

c) Mars

6	32	3	34	35	1
7	11	27	28	8	30
19	14	16	15	23	24
18	20	22	21	17	13
25	29	10	9	26	12
36	5	33	4	2	31

d) Sonne

22	47	16	41	10	35	4
5	23	48	17	42	11	29
30	6	24	49	18	36	12
13	31	7	25	43	19	37
38	14	32	1	26	44	20
21	39	8	33	2	27	45
46	15	40	9	34	3	28

e) Venus

8	58	59	5	4	62	63	1
49	15	14	52	53	11	10	56
41	23	22	44	45	19	18	48
32	34	35	29	28	38	39	25
40	26	27	37	36	30	31	33
17	47	46	20	21	43	42	24
9	55	54	12	13	51	50	16
64	2	3	61	60	6	7	57

f) Merkur

[1] Swetz [546], S. 13

[2] Hayashi [180]

[3] Datta und Singh [120]

[4] Agrippa von Nettesheim [4]

37	78	29	70	21	62	13	54	5
6	38	79	30	71	22	63	14	46
47	7	39	80	31	72	23	55	15
16	48	8	40	81	32	64	24	56
57	17	49	9	41	73	33	65	25
26	58	18	50	1	42	74	34	66
67	27	59	10	51	2	43	75	35
36	68	19	60	11	52	3	44	76
77	28	69	20	61	12	53	4	45

g) Mond

Abb. 1.2 Die magischen Quadrate von Agrippa

1.1 Was sind magische Quadrate

Man bezeichnet eine quadratische Anordnung der Zahlen 1 bis n^2 als *magisches Quadrat*, wenn die Summen der Zahlen in jeder Zeile, jeder Spalte und beiden Hauptdiagonalen gleich sind. Die *Ordnung* des magischen Quadrates ist die Seitenlänge dieses Quadrates.

Die Ordnung eines magischen Quadrates spielt bei der Konstruktion eine entscheidende Rolle. Während aus Symmetriegründen unmittelbar einleuchtend ist, dass eine Unterscheidung zwischen geraden und ungeraden Ordnungen sinnvoll ist, stellt sich überraschenderweise heraus, dass die geraden Ordnungen noch weiter unterteilt werden müssen.

Allgemein unterscheidet man folgende Ordnungen, wobei kein Verfahren bekannt ist, das für mehrere dieser Basisordnungen Quadrate erzeugen kann:

ungerade	die Ordnung ist eine ungerade Zahl $(n = 3, 5, 7, 9, 11, \dots)$
einfach-gerade	die Ordnung durch 2, aber nicht durch 4 teilbar $(n = 6, 10, 14, 18, 22, \dots)$
doppelt-gerade	die Ordnung durch 4 teilbar $(n = 4, 8, 12, 16, 20, \dots)$

Erstaunlich mag die Unterscheidung zwischen einfach-geraden und doppelt-geraden Ordnungen sein. Wenn man aber bedenkt, dass die Hälften dieser beiden Ordnungen ungerade bzw. gerade Zahlen sind, wird ersichtlich, dass dies einen entscheidenden Einfluss auf die Konstruktion haben muss.

Am Beispiel des Quadrates der Ordnung $n = 4$, das Albrecht Dürer in seinem berühmten Kupferstich *Die Melancholie* 1514 eingraviert hat, soll diese Definition veranschaulicht werden. Addiert man alle Zahlen einer Zeile, ergibt sich immer die gleiche Summe 34. Diese Summe ergibt sich auch, wenn man die vier Zahlen in einer beliebigen Spalte oder den Diagonalen addiert.

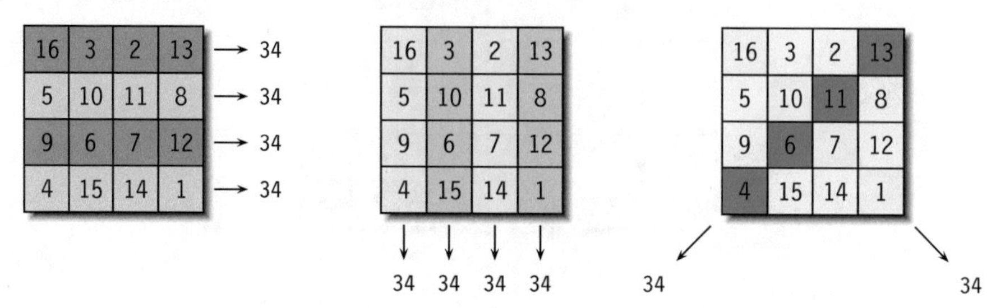

Abb. 1.3 Summen im magischen Quadrat

Die konstante Summe der Zeilen, Spalten und beider Diagonalen wird *magische Summe* oder *magische Konstante* genannt. Mit der Formel

$$S(n) = \frac{n^3 + n}{2} = \frac{n \cdot (n^2 + 1)}{2}$$

lassen sich die magischen Summen für jede Ordnung konkret berechnen:

Ordnung:	3	4	5	6	7	8	9	10
magische Summe:	15	34	65	111	175	260	369	505

Tab. 1.1 Magische Summen

Magische Quadrate existieren für alle Ordnungen $n \geq 3$. Beispiele für die Ordnungen 5, 6 und 7 sind in Abbildung 1.4 dargestellt.

1	2	21	18	23
19	14	15	10	7
22	9	13	17	4
20	16	11	12	6
3	24	5	8	25

a) $n = 5$

1	6	11	28	31	34
33	32	27	12	5	2
20	19	13	15	21	23
17	18	24	22	16	14
36	29	26	9	8	3
4	7	10	25	30	35

b) $n = 6$

1	2	4	43	38	40	47
5	13	14	33	30	35	45
41	31	26	27	22	19	9
39	34	21	25	29	16	11
44	32	28	23	24	18	6
42	15	36	17	20	37	8
3	48	46	7	12	10	49

c) $n = 7$

Abb. 1.4 Magische Quadrate der Ordnungen 5, 6 und 7

Besitzen bei einem Quadrat nur die Zeilen und Spalten gleiche Summen, nicht aber beide Diagonalen, heißt dieses Quadrat *semi-magisch*.

Drehungen und Spiegelungen

Um die Anzahl spezieller magischer Quadrate besser beurteilen zu können, ist es üblich, einige durch bestimmte Abbildungen veränderte Quadrate als äquivalent zu betrachten. Jedes Quadrat kann also auch in einer von sieben anderen Formen auftreten, die als gleichwertig werden und daher nur einmal gezählt werden.

- Drehung um 90°
- Drehung um 180°
- Drehung um 270°
- Spiegelung an der horizontalen Mittellinie
- Spiegelung an der vertikalen Mittellinie
- Spiegelung an der Hauptdiagonalen
- Spiegelung an der Nebendiagonalen

In Abbildung 1.5 sind diese Abbildungen für das Dürer-Quadrat verdeutlicht.

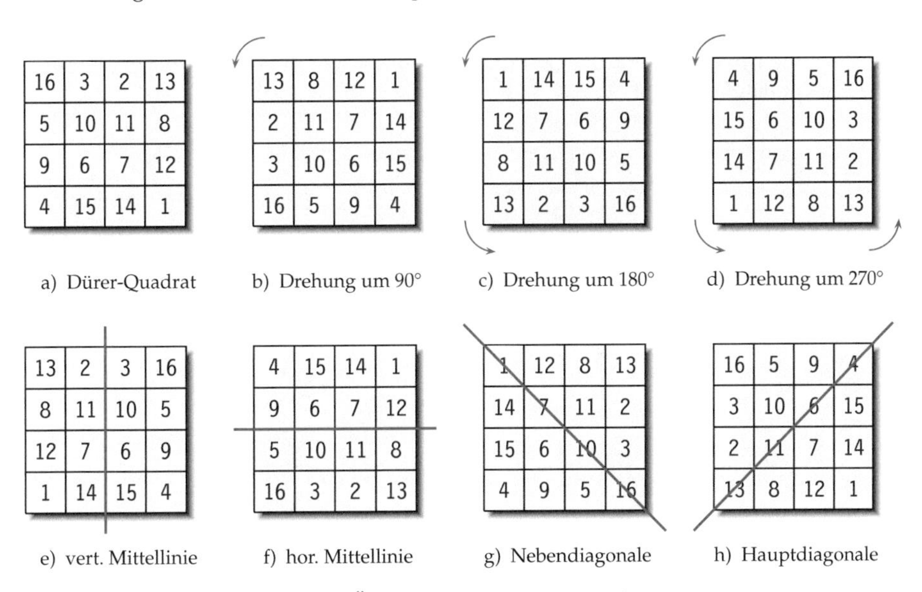

Abb. 1.5 Äquivalente magische Quadrate

1.2 Eigenschaften

Die Eigenschaften von magischen Quadraten sind in Band 1 ausführlich vorgestellt worden. Hier wird daher nur eine kurze Zusammenfassung von einigen besonderen Eigenschaften gegeben und grafisch dargestellt, die zum Verständnis für diesen Band wichtig sind.

Symmetrische magische Quadrate

Eine relativ häufig auftretende Form von magischen Quadraten sind die *symmetrischen* Quadrate, die im englischen Sprachraum auch manchmal *associated* oder *associative* genannt werden. Bei diesen Quadraten ergeben die Zellen, die symmetrisch zum Mittelpunkt oder der Mittelzelle des Quadrates liegen, immer die konstante Summe $n^2 + 1$. Man nennt diese beide Zahlen dann *komplementär*.

1	12	15	6
14	7	4	9
8	13	10	3
11	2	5	16

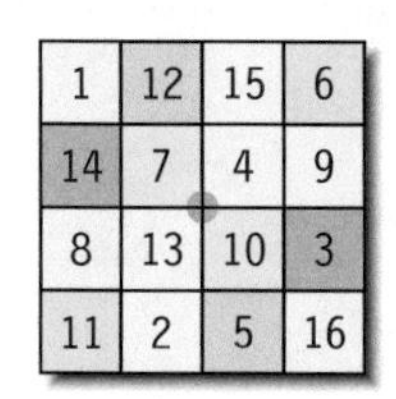

1	12	15	6
14	7	4	9
8	13	10	3
11	2	5	16

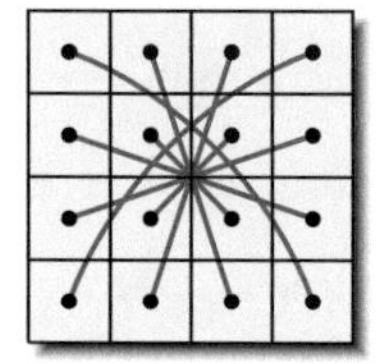

Abb. 1.6 Lage der komplementären Zahlen

Bei Quadraten mit einer geraden Ordnung existiert ein Mittelpunkt und in Abbildung 1.6 gilt beispielsweise

$$5 + 12 = 6 + 11 = 3 + 14 = 7 + 10 == 4^2 + 1 = 17$$

Bei ungeraden Ordnungen liegen die komplementären Zahlen symmetrisch zu der Zelle im Zentrum. Dort befindet sich immer die mittlere der im magischen Quadrat vorhandenen Zahlen 1 bis n^2.

1	24	17	15	8
14	7	5	23	16
22	20	13	6	4
10	3	21	19	12
18	11	9	2	25

1	24	17	15	8
14	7	5	23	16
22	20	13	6	4
10	3	21	19	12
18	11	9	2	25

Abb. 1.7 Symmetrisches magisches Quadrat der Ordnung 5

In Abbildung 1.7 erkennt man die zu dieser Zahl symmetrisch liegenden komplementären Zahlenpaare.

$$11 + 15 = 5 + 21 = 10 + 16 = 1 + 15 = 5^2 + 1 = 26$$

Abbildung 1.8 zeigt die Lage aller komplementären Zahlenpaare, also der zur Mittelzelle symmetrischen Zahlen, noch einmal. Damit die Darstellung nicht zu unübersichtlich wird, ist sie auf zwei Quadrate aufgeteilt worden.

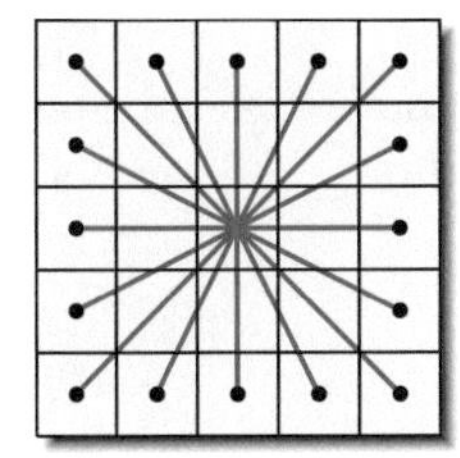

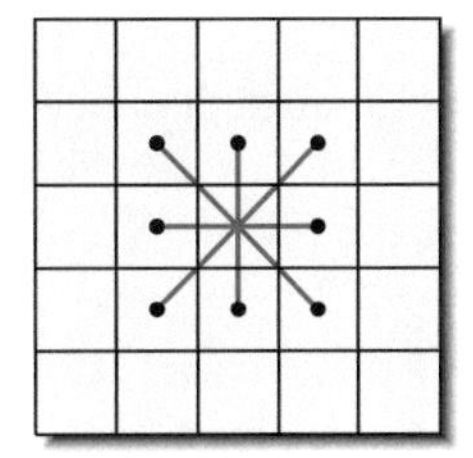

Abb. 1.8 Komplementäre Zahlenpaare in einem symmetrischen Quadrat der Ordnung $n = 5$

Wie in Band 1 nachgewiesen wurde, existieren keine symmetrischen magischen Quadrate mit einfach-gerader Ordnung.

Pandiagonal Quadrate

Pandiagonale Quadrate besitzen die zusätzliche Eigenschaft, dass auch die Zahlen der *gebrochenen Diagonalen* die magische Summe ergeben. Damit sind Diagonalen gemeint, die an einem Ende des Quadrates aufhören und zyklisch gesehen auf der gegenüberliegenden Seite weiterlaufen.

1	7	13	19	25
14	20	21	2	8
22	3	9	15	16
10	11	17	23	4
18	24	5	6	12

1	7	13	19	25
14	20	21	2	8
22	3	9	15	16
10	11	17	23	4
18	24	5	6	12

				4
			6	
1	7	13	19	25
14	20	21	2	8
22	3	9	15	16
10	11	17	23	4
18	24	5	6	12

Abb. 1.9 Aufsteigende gebrochene Diagonale

Insgesamt gibt es in einem magischen Quadrat der Ordnung $n = 5$ insgesamt fünf aufsteigende Diagonalen. Dies ist die Hauptdiagonale, die vollständig ohne Umbruch in das Quadrat hineinpasst, sowie vier gebrochene aufsteigende Diagonalen. In Abbildung 1.10 sind alle aufsteigenden Diagonalen in unterschiedlichen Farben dargestellt.

1	7	13	19	25
14	20	21	2	8
22	3	9	15	16
10	11	17	23	4
18	24	5	6	12

1	7	13	19	25
14	20	21	2	8
22	3	9	15	16
10	11	17	23	4
18	24	5	6	12

Abb. 1.10 Alle aufsteigenden gebrochenen Diagonalen

Entsprechend gibt es natürlich neben der Nebendiagonalen auch vier absteigende gebrochene Diagonalen, von denen eine in Abbildung 1.11 dargestellt ist.

1	7	13	19	25
14	20	21	2	8
22	3	9	15	16
10	11	17	23	4
18	24	5	6	12

1	7	13	19	25		
14	20	21	2	8		
22	3	9	15	16		
10	11	17	23	4		
18	24	5	6	12		

1	7	13	19	25		
14	20	21	2	8		
22	3	9	15	16		
10	11	17	23	4	10	
18	24	5	6	12		24

Abb. 1.11 Absteigende gebrochene Diagonale

Legt man ein pandiagonales Quadrat der Ordnung $n = 5$ mehrmals zu einem Parkett über- und nebeneinander, tritt eine weitere Eigenschaft hervor. In jeder von einer beliebigen Zelle dieses Parketts ausgehenden Folge von fünf Zellen ergeben die Zahlen addiert die magische Summe (siehe Abbildung 1.12).

Diese Eigenschaft von pandiagonalen Quadraten lässt sich auch anders formulieren. Wählt man in diesem magischen Parkett ein beliebiges Teilquadrat der Ordnung 5 aus, erhält man ein pandiagonales Quadrat (siehe Abbildung 1.13).

Supermagische Quadrate

Man nennt ein magisches Quadrat *supermagisch* (auch *vollkommen perfekt* oder auf Englisch *most-perfect* genannt), wenn es folgende drei Eigenschaften besitzt:

1. Es handelt sich um ein Quadrat der Ordnung $n = 4k$.
2. Die Summe von zwei Elementen einer Diagonalen, deren Abstand $\frac{n}{2}$ ist, besitzt (zyklisch gesehen) immer den Wert

$$T = n^2 + 1$$

1	7	13	19	25	1	7	13	19	25	1	7	13	19	25
14	20	21	2	8	14	20	21	2	8	14	20	21	2	8
22	3	9	15	16	22	3	9	15	16	22	3	9	15	16
10	11	17	23	4	10	11	17	23	4	10	11	17	23	4
18	24	5	6	12	18	24	5	6	12	18	24	5	6	12
1	7	13	19	25	1	7	13	19	25	1	7	13	19	25
14	20	21	2	8	14	20	21	2	8	14	20	21	2	8
22	3	9	15	16	22	3	9	15	16	22	3	9	15	16
10	11	17	23	4	10	11	17	23	4	10	11	17	23	4
18	24	5	6	12	18	24	5	6	12	18	24	5	6	12
1	7	13	19	25	1	7	13	19	25	1	7	13	19	25
14	20	21	2	8	14	20	21	2	8	14	20	21	2	8
22	3	9	15	16	22	3	9	15	16	22	3	9	15	16
10	11	17	23	4	10	11	17	23	4	10	11	17	23	4
18	24	5	6	12	18	24	5	6	12	18	24	5	6	12

Abb. 1.12 Summen im pandiagonalen Quadrat

1	7	13	19	25	1	7	13	19	25	1	7	13	19	25
14	20	21	2	8	14	20	21	2	8	14	20	21	2	8
22	3	9	15	16	22	3	9	15	16	22	3	9	15	16
10	11	17	23	4	10	11	17	23	4	10	11	17	23	4
18	24	5	6	12	18	24	5	6	12	18	24	5	6	12
1	7	13	19	25	1	7	13	19	25	1	7	13	19	25
14	20	21	2	8	14	20	21	2	8	14	20	21	2	8
22	3	9	15	16	22	3	9	15	16	22	3	9	15	16
10	11	17	23	4	10	11	17	23	4	10	11	17	23	4
18	24	5	6	12	18	24	5	6	12	18	24	5	6	12
1	7	13	19	25	1	7	13	19	25	1	7	13	19	25
14	20	21	2	8	14	20	21	2	8	14	20	21	2	8
22	3	9	15	16	22	3	9	15	16	22	3	9	15	16
10	11	17	23	4	10	11	17	23	4	10	11	17	23	4
18	24	5	6	12	18	24	5	6	12	18	24	5	6	12

Abb. 1.13 Magische Quadrate im pandiagonalen Parkett

3. Jedes beliebige 2 x 2 - Teilquadrat besitzt (auch zyklisch gesehen) immer die gleiche Summe.

$$S = 2 \cdot T = 2 \cdot \left(n^2 + 1\right)$$

Wie das supermagische Quadrat in Abbildung 1.14, ist jedes dieser Quadrate auch pandiagonal.

1	63	3	61	12	54	10	56
16	50	14	52	5	59	7	57
17	47	19	45	28	38	26	40
32	34	30	36	21	43	23	41
53	11	55	9	64	2	62	4
60	6	58	8	49	15	51	13
37	27	39	25	48	18	46	20
44	22	42	24	33	31	35	29

Abb. 1.14 Supermagisches Quadrat der Ordnung $n = 8$

Die Umkehrung gilt aber nicht, da nicht jedes pandiagonale magische Quadrat automatisch immer supermagisch ist. Das in Abbildung 1.15 dargestellte Quadrat ist zwar pandiagonal und kompakt, d. h. jedes 2 x 2 - Teilquadrat summiert sich zu

$$S = 2 \cdot \left(8^2 + 1\right) = 130$$

1	8	53	52	45	44	25	32
64	57	12	13	20	21	40	33
2	7	54	51	46	43	26	31
63	58	11	14	19	22	39	34
3	6	55	50	47	42	27	30
62	59	10	15	18	23	38	35
4	5	56	49	48	41	28	29
61	60	9	16	17	24	37	36

Abb. 1.15 Pandiagonales, aber nicht supermagisches Quadrat der Ordnung $n = 8$

Doch ist die Eigenschaft nicht erfüllt, dass zwei Elemente einer Diagonalen, die sich im Abstand $\frac{n}{2} = 4$ voneinander befinden, addiert die Zahl $T = 65$ ergeben.

Bentdiagonale magische Quadrate

Benjamin Franklin (1706-1790) verfasste gemeinsam mit Thomas Jefferson die Unabhängigkeitserklärung der USA. Er befasste sich mit Zahlenrätseln und veröffentlichte 1750 ein semi-magisches Quadrat, bei dem alle Zeilen- und Spaltensummen gleich sind. Nur die beiden Diagonalen weichen von dieser Summe ab.

Dafür besitzt sein Quadrat eine andere Eigenschaft, die als *bentdiagonal* bezeichnet wird. Eine Bentdiagonale verläuft von einer Ecke zum Zentrum des Quadrates und von dort zu einer der beiden Ecken, die nicht diagonal zur Ausgangsecke liegen. Besitzen alle Bentdiagonalen, die von den vier Ecken ausgehen, die gleiche Summe wie die Zeilen und Spalten, wird das Quadrat als *bentdiagonal* bezeichnet.

1	4	63	62	5	8	59	58
64	61	2	3	60	57	6	7
42	43	24	21	34	35	32	29
23	22	41	44	31	30	33	36
13	16	51	50	9	12	55	54
52	49	14	15	56	53	10	11
38	39	28	25	46	47	20	17
27	26	37	40	19	18	45	48

a) bentdiagonal

1	62	59	8	9	54	51	16
60	7	2	61	52	15	10	53
6	57	64	3	14	49	56	11
63	4	5	58	55	12	13	50
17	46	43	24	25	38	35	32
44	23	18	45	36	31	26	37
22	41	48	19	30	33	40	27
47	20	21	42	39	28	29	34

b) bentdiagonal und pandiagonal

Abb. 1.16 Die Bentdiagonalen in zwei magischen Quadraten

Gilt diese Eigenschaft zyklisch gesehen auch für alle Parallelen der vier Bentdiagonalen, handelt es sich um ein *panbentdiagonales* Quadrat.

1	29	40	60	3	31	38	58
56	44	17	13	54	42	19	15
25	5	64	36	27	7	62	34
48	52	9	21	46	50	11	23
2	30	39	59	4	32	37	57
55	43	18	14	53	41	20	16
26	6	63	35	28	8	61	33
47	51	10	22	45	49	12	24

a) von oben nach unten

1	29	40	60	3	31	38	58
56	44	17	13	54	42	19	15
25	5	64	36	27	7	62	34
48	52	9	21	46	50	11	23
2	30	39	59	4	32	37	57
55	43	18	14	53	41	20	16
26	6	63	35	28	8	61	33
47	51	10	22	45	49	12	24

b) von unten nach oben

1	29	40	60	3	31	38	58
56	44	17	13	54	42	19	15
25	5	64	36	27	7	62	34
48	52	9	21	46	50	11	23
2	30	39	59	4	32	37	57
55	43	18	14	53	41	20	16
26	6	63	35	28	8	61	33
47	51	10	22	45	49	12	24

c) von links nach rechts

1	29	40	60	3	31	38	58
56	44	17	13	54	42	19	15
25	5	64	36	27	7	62	34
48	52	9	21	46	50	11	23
2	30	39	59	4	32	37	57
55	43	18	14	53	41	20	16
26	6	63	35	28	8	61	33
47	51	10	22	45	49	12	24

d) von rechts nach links

Abb. 1.17 Alle Diagonalen in einem panbentdiagonalen magischen Quadrat

Bimagische Quadrate

Bimagische Quadrate sind zunächst einmal normale magische Quadrate, bei denen die Summe der Zahlen in den Zeilen, Spalten und beiden Diagonalen gleich der magischen Summe ist.

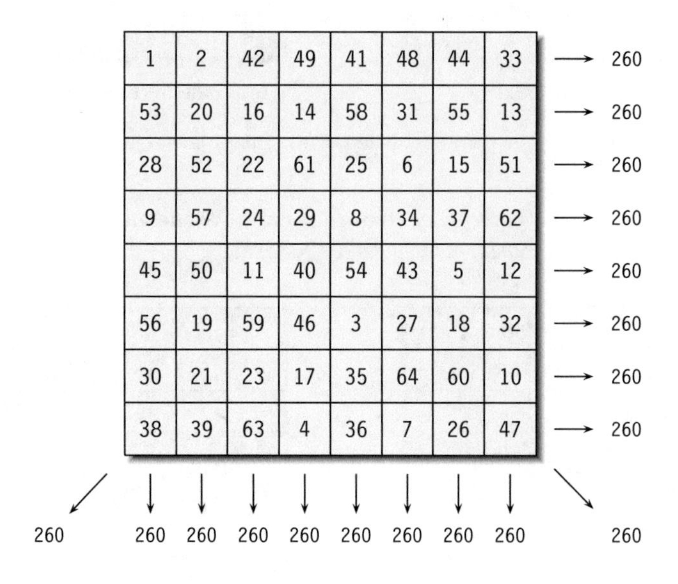

1	2	42	49	41	48	44	33	→ 260
53	20	16	14	58	31	55	13	→ 260
28	52	22	61	25	6	15	51	→ 260
9	57	24	29	8	34	37	62	→ 260
45	50	11	40	54	43	5	12	→ 260
56	19	59	46	3	27	18	32	→ 260
30	21	23	17	35	64	60	10	→ 260
38	39	63	4	36	7	26	47	→ 260
↓ 260	↓ 260	↓ 260	↓ 260	↓ 260	↓ 260	↓ 260	↓ 260	

Abb. 1.18 Bimagisches Quadrat der Ordnung $n = 8$

Zusätzlich ergeben aber auch die Zeilensummen, Spaltensummen und Diagonalensummen der quadrierten Zahlen eine konstante Summe.

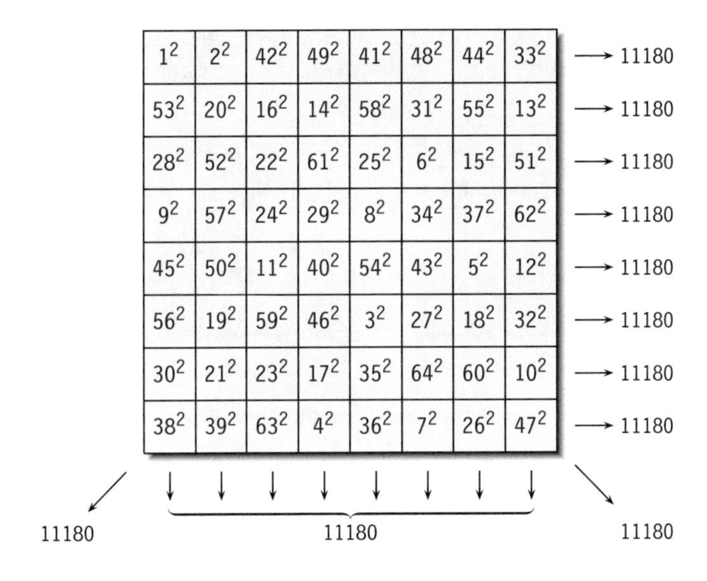

Abb. 1.19 Quadrat mit den quadrierten Zahlen

Für die *bimagische Summe* gilt bei einer Ordnung n

$$S_n^2 = \frac{n \cdot \left(n^2+1\right) \cdot \left(2n^2+1\right)}{6}$$

Mit dieser Formel lassen sich die bimagischen Summen konkret berechnen.

Ordnung:	8	9	10	11	12	16
bimagische Summe:	11 880	20 049	33 835	54 351	83 810	351 576

Tab. 1.2 Bimagische Summen

In Band 1 wurde begründet, warum ein bimagisches Quadrat mindestens die Ordnung $n = 8$ haben muss.

Eingebettete magische Quadrate

Ein *eingebettetes* magisches Quadrat (englisch: *inlaid*) ist ein magisches Quadrat oder eine andere magische Figur, die in einem magischen Quadrat enthalten ist. Dieses kann natürlich nicht mehr normalisiert sein, also die Zahlen von 1 bis n^2 enthalten. Allerdings besitzen die Zahlen in den Zeilen, den Spalten und den Diagonalen immer die gleiche Summe. Eine eingebettete Raute wird dabei als ein um 45° gedrehtes Quadrat angesehen.

Die beiden Quadrate in Abbildung 1.20 enthalten ein eingebettetes magisches Quadrat und eine eingebettete Raute, beide mit der magischen Summe 39.

15	2	21	4	23
16	14	7	18	10
25	17	13	9	1
6	8	19	12	20
3	24	5	22	11

a) eingebettetes Quadrat

1	15	20	8	21
24	3	22	9	7
16	12	13	14	10
19	17	4	23	2
5	18	6	11	25

b) eingebettete Raute

Abb. 1.20 Eingebettetes Quadrat und Raute der Ordnung $n = 3$

Das magische Quadrat in Abbildung 1.21a enthält neben einem eingebetteten magischen Quadrat der Ordnung 5 mit $S_5 = 125$ noch eine eingebettete Raute mit der Summe $S_3 = 75$. Im magischen Quadrat der Abbildung 1.21b findet man neben den fünf markierten magischen Teilquadraten mit den Summen $S_4 = 130$ sogar noch vier weitere. Können Sie diese entdecken?

22	42	44	1	14	48	4
21	41	30	18	23	13	29
5	12	33	10	31	39	45
43	24	16	25	34	26	7
35	11	19	40	17	38	15
3	37	27	32	20	9	47
46	8	6	49	36	2	28

a) Quadrat und Raute

1	61	36	32	9	53	44	24
40	28	5	57	48	20	13	49
29	33	64	4	21	41	56	12
60	8	25	37	52	16	17	45
2	62	35	31	10	54	43	23
39	27	6	58	47	19	14	50
30	34	63	3	22	42	55	11
59	7	26	38	51	15	18	46

b) mehrere Quadrate

Abb. 1.21 Eingebettete magische Quadrate und Rauten

1.3 Darstellungen

Bei der Beschreibung verschiedener Konstruktionsverfahren werden einige zentrale Begriffe verwendet. Sie sollen in diesem Abschnitt erklärt werden, da sie für das Verständnis der Verfahren erforderlich sind.

Koordinatensystem

Viele Ungenauigkeiten im Umgang mit magischen Quadraten sind auf unterschiedliche Darstellungsweisen zurückzuführen. Manchmal werden die Zeilennummern des Quadrates von oben nach unten durchnummeriert, manchmal umgekehrt. Manche Autoren geben die Zeilennummer zuerst an, andere wiederum die Spalte. Dies hat teilweise historische Gründe, hat seine Ursachen manchmal aber auch im Sprachraum der Autoren.

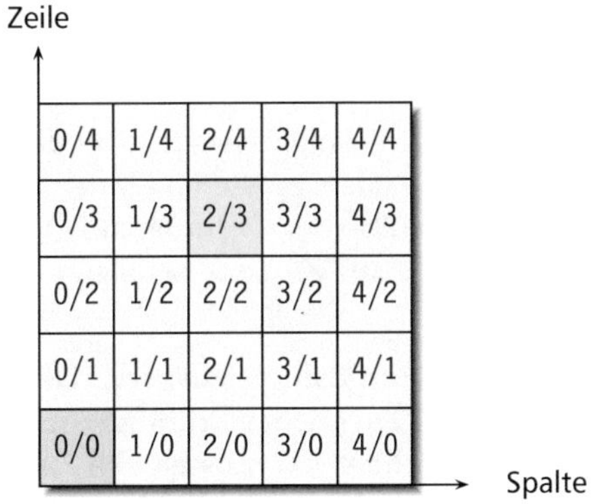

Zeile

0/4	1/4	2/4	3/4	4/4
0/3	1/3	2/3	3/3	4/3
0/2	1/2	2/2	3/2	4/2
0/1	1/1	2/1	3/1	4/1
0/0	1/0	2/0	3/0	4/0

Spalte

Abb. 1.22 Koordinatensystem mit der Adressierung der Zellen

Im Gegensatz zu der üblichen Darstellung von Matrizen in der Mathematik wird der Weg aus Band 1 beibehalten und der Ursprung $(0, 0)$ des Koordinatensystems in die linke untere Ecke gelegt. Mit dieser Anordnung wird die Diagonale, die von der linken unteren Ecke zur rechten oberen Ecke verläuft, als *Hauptdiagonale* bezeichnet. Die andere Diagonale von der linken oberen zur rechten unteren Ecke ist dann die *Nebendiagonale*. Benutzen Autoren in ihren Artikeln eine andere Darstellungsweise, um etwa Beweise zu vereinfachen, wird explizit darauf hingewiesen.

Zahlensystem zur Basis n

In vielen Artikeln über magische Quadrate werden die Zahlen im Zahlensystem zur Ordnung n angegeben. Diese Quadrate beinhalten dann nicht mehr die Zahlen von 1 bis n^2, sondern von 0 bis $n^2 - 1$ und können mit zwei Ziffern dieses Zahlensystems dargestellt werden. Der Begriff *Ziffer* ist dabei im übertragenen Sinne zu verstehen, da sie die Werte 0 bis $n - 1$ annehmen.

Für Ordnungen kleiner als 10 können die Ziffern des Dezimalsystems benutzt werden. Für größere Ordnungen benötigt man aber weitere Symbole für die zusätzlichen Ziffern. So benutzt beispielsweise das Hexadezimalsystem die Ziffern 0 bis 15, welche mit $0, 1, \ldots, 9, a, b, c, d, e, f$ gekennzeichnet werden.

00	01	03	60	52	54	64
04	15	16	44	41	46	62
55	42	34	35	30	24	11
53	45	26	33	40	21	13
61	43	36	31	32	23	05
56	20	50	22	25	51	10
02	65	63	06	14	12	66

1	2	4	43	38	40	47
5	13	14	33	30	35	45
41	31	26	27	22	19	9
39	34	21	25	29	16	11
44	32	28	23	24	18	6
42	15	36	17	20	37	8
3	48	46	7	12	10	49

Abb. 1.23 Magisches Quadrat im Zahlensystem zur Basis 7 und im Dezimalsystem

Ein großer Vorteil der Darstellung im Zahlensystem ist in der modularen Mathematik zu sehen. Alle Rechnungen mit Zeilen, Spalten oder den Einzelziffern der Zahlen im Zahlensystem können modulo n, also der Ordnung des Quadrates, geschehen. Als Ergebnisse ergeben sich dabei immer nur genau die Zahlen mit den in diesem Zahlensystem vorhandenen Ziffern $0, 1, 2, \ldots, n-1$.

Soll ein Quadrat aus der Darstellung im Zahlsystem in das Dezimalsystem konvertiert werden, muss die linke Ziffer einer Zahl mit der Ordnung n multipliziert und die rechte Ziffer hinzuaddiert werden. Abschließend müssen alle Zahlen noch inkrementiert werden, damit sie den Zahlenraum von 1 bis n^2 annehmen. Für das magische Quadrat aus Abbildung 1.23 gilt etwa für die rechte obere Ecke

$$(64)_7 = 6 \cdot 7 + 4 = 46 \quad \xrightarrow{+1} \quad 47$$

In dieser Rechnung wird die Benutzung des Zahlensystems konkret angezeigt. Dies wird aber vernachlässigt, wenn sich das Zahlensystem aus dem Kontext heraus ergibt.

Algebraische Muster

Algebraische Muster eröffnen die Möglichkeit, mehrere magische Quadrate aus einem Muster zu erzeugen. Sie enthalten meistens Kombinationen von Groß- und Kleinbuchstaben, die bestimmte Zahlen symbolisieren. Die Buchstabenkombination Aa ist somit als Summe der den Buchstaben A und a zugeordneten Werte zu verstehen.

Ein solches algebraisches Muster wird mithilfe einer konkreten Zuordnung von Zahlen zu den Buchstaben, einer *Belegung*, wie in Abbildung 1.24 in ein magisches Quadrat umgewandelt.

Belegung									
A	B	C	D	E	a	b	c	d	e
0	5	10	15	20	1	5	4	3	2

Aa	Bb	Cc	Dd	Ee
Dc	Ed	Ae	Ba	Cb
Be	Ca	Db	Ec	Ad
Eb	Ac	Bd	Ce	Da
Cd	De	Ea	Ab	Bc

1	10	14	18	22
19	23	2	6	15
7	11	20	24	3
25	4	8	12	16
13	17	21	5	9

Abb. 1.24 Algebraisches Muster für ein pandiagonales Quadrat der Ordnung $n = 5$

Ein algebraisches Muster hat den Vorteil, dass mit demselben Muster, aber einer anderen Belegung, ein anderes magisches Quadrat erzeugt werden kann.

Belegung									
A	B	C	D	E	a	b	c	d	e
0	20	15	10	5	1	2	3	4	5

Aa	Bb	Cc	Dd	Ee
Dc	Ed	Ae	Ba	Cb
Be	Ca	Db	Ec	Ad
Eb	Ac	Bd	Ce	Da
Cd	De	Ea	Ab	Bc

1	22	18	14	10
13	9	5	21	17
25	16	12	8	4
7	3	24	20	11
19	15	6	2	23

Abb. 1.25 Algebraisches Muster für ein anderes pandiagonales Quadrat der Ordnung $n = 5$

Üblicherweise sind die Großbuchstaben immer den Vielfachen der Ziffern mit dem Stellenwert der Ordnung n zugeordnet und die Kleinbuchstaben den um 1 vergrößerten Einerziffern aus diesem Zahlensystem. So kann man die verschiedenen Bedeutungen der Ziffern besser unterscheiden.

Dies ist aber keine absolute Vorschrift und wird von manchen Autoren auch anders gehandhabt. So kommt es auch vor, dass die Zahlen im Zahlensystem zur Basis n angegeben werden und die Großbuchstaben die Ziffern den Stellenwert n und die Kleinbuchstaben die Einerziffern symbolisieren. Die Zuordnung kann aber auch völlig ohne diese Systematik geschehen, oder es werden algebraische Muster benutzt, die nur aus Kleinbuchstaben bestehen. Deshalb muss die Zuordnung der Buchstaben zu den Zahlen immer aus dem Zusammenhang ersichtlich werden.

Kapitel

2

Bimagische Quadrate

Der Franzose *Georges Pfeffermann* entdeckte 1890 das erste bimagische Quadrat der Welt und veröffentlichte es am 15. Januar 1891 in der Zeitschrift *Les Tablettes du Chercheur* als Rätsel, bei dem nur einige Zahlen eingetragen waren und andere Felder leer blieben.[1]

14 Tage später präsentierte er dann die Lösung.

56		8		18		9	
	20		48		29		10
26		13		64		4	
	5		30		12		60
15		63		41		50	
	55		11		58		45
61		42		27		39	
	62		37		51		3

56	34	8	57	18	47	9	31
33	20	54	48	7	29	59	10
26	43	13	23	64	38	4	49
19	5	35	30	53	12	46	60
15	25	63	2	41	24	50	40
6	55	17	11	36	58	32	45
61	16	42	52	27	1	39	22
44	62	28	37	14	51	21	3

Abb. 2.1 Das erste bimagische Quadrat von Pfeffermann

Bimagische Quadrate sind deutlich schwerer zu erzeugen als normale magische Quadrate. Es müssen nicht nur die Zahlen von 1 bis n^2 die Anforderungen an ein magisches Quadrat erfüllen, sondern auch die quadrierten Zahlen.

[1] Pfeffermann [412]

H. Danielsson, *Spezielle magische Quadrate und ihre Konstruktion*,
https://doi.org/10.1007/978-3-662-70708-1_2

So ist es nicht verwunderlich, dass es für die Konstruktion bis auf einige Ausnahmen immer nur Algorithmen für ganz bestimmte Ordnungen gibt. Konstruktionsverfahren für normale magische Quadrate gelten dagegen für eine ganze Klasse von Ordnungen wie ungerade, doppelt-gerade oder einfach-gerade Ordnungen.

In diesem Kapitel werden Konstruktionsverfahren für bestimmte Ordnungen vorgestellt.

- Spezielle Konstruktionsverfahren für die Ordnungen 8, 9, 16, 25 .
- Verfahren für die Ordnungen $n = 4k$.
- Verfahren für die Ordnungen p^2, p^3, p^4, wenn p ungerade ist.

Für die Ordnungen $10 \leq n \leq 15$ sind beispielsweise überhaupt keine Verfahren bekannt, um bimagische Quadrate dieser Ordnungen zu erzeugen. Allerdings gibt es natürlich für diese Ordnungen bimagische Quadrate, die aber durch systematisches Probieren oder Computerberechnungen erzeugt wurden.

2.1 Ordnung n = 8

In den Jahren nach der Entdeckung des ersten bimagisches Quadrates beschäftigten sich viele Mathematiker und Rätselfreunde mit bimagischen Quadraten achter Ordnung. In vielen Zeitungen und Zeitschriften wurden unvollständige Quadrate gezeigt und deren Lösungen dann zwei Wochen später veröffentlicht. So ist es kein Wunder, dass in den nachfolgenden Jahren viele neue Verfahren für die Konstruktion dieser Quadrate entwickelt wurden.

2.1.1 Coccoz

Coccoz veröffentlichte 1892 eine Beschreibung des Verfahrens, mit dem die ersten bimagischen Quadrate der Ordnung $n = 8$ erzeugt wurden.[2] Er arbeitet mit zwei Generatoren, die jeweils die Zahlen von 1 bis 64 enthalten. Der erste Generator erzeugt die bimagischen Zeilen des Zielquadrates, der zweite die bimagischen Spalten. Diese beiden Generatoren werden zunächst zu einem semi-bimagischen Quadrat zusammengesetzt, bevor dann durch das Vertauschen von Zeilen und Spalten auch die Diagonalen bimagisch angeordnet werden. Der letzte Schritt ist allerdings nicht bei jedem mit diesem Verfahren erstellten semi-bimagischen Quadrat möglich.

Um die bimagischen Reihen in den beiden Generatoren zu erhalten, arbeitet Coccoz mit fünf unterschiedlichen Zahlengruppen. In der ersten Gruppe werden die Zahlen

[2] Coccoz [110] S. 136 – 142

von 1 bis 64 in 32 Zahlenpaare unterteilt, von denen jeweils acht die gleiche Summe besitzen.

	A		B		C		D	
	8	9	24	25	40	41	56	57
	7	10	23	26	39	42	55	58
	6	11	22	27	38	43	54	59
	5	12	21	28	37	44	53	60
	4	13	20	29	36	45	52	61
	3	14	19	30	35	46	51	62
	2	15	18	31	34	47	50	63
	1	16	17	32	33	48	49	64
Summe:	17		49		81		113	

Tab. 2.1 Gruppe 1

Die vier Spalten A, B, C und D sind u. a. so gewählt worden, dass die Summe von vier Zahlenpaaren aus diesen Spalten immer 260 ergibt.

$$17 + 49 + 81 + 113 = 260$$

Noch interessanter bei dieser Aufteilung ist aber die Summe der Quadrate dieser Zahlenpaare, die für die Spalten A, B und C angegeben werden.

$$\begin{array}{llll}
8^2 + 9^2 = 145 & 24^2 + 25^2 = 1201 & 40^2 + 41^2 = 3281 & \dots \\
7^2 + 10^2 = 149 & 23^2 + 26^2 = 1205 & 39^2 + 42^2 = 3285 & \dots \\
6^2 + 11^2 = 157 & 22^2 + 27^2 = 1213 & 38^2 + 43^2 = 3293 & \dots \\
5^2 + 12^2 = 169 & 21^2 + 28^2 = 1225 & 37^2 + 44^2 = 3305 & \dots \\
4^2 + 13^2 = 185 & 20^2 + 29^2 = 1241 & 36^2 + 45^2 = 3321 & \dots \\
3^2 + 14^2 = 205 & 19^2 + 30^2 = 1261 & 35^2 + 46^2 = 3341 & \dots \\
2^2 + 15^2 = 229 & 18^2 + 31^2 = 1285 & 34^2 + 47^2 = 3365 & \dots \\
1^2 + 16^2 = 257 & 17^2 + 32^2 = 1313 & 33^2 + 48^2 = 3393 & \dots
\end{array}$$

+4 +12 +24

Der Zuwachs der Summen ist in den Zeilen der vier Spalten A, B, C und D immer gleich, wenn man die Summen in der oberen Zeile als Basiszahl betrachtet.

In der linken Spalte treten etwa ab der zweiten Zeile die Summen 149, 157 und 169 auf, die um 4, 12 sowie 24 größer sind als die Summe 145 in der oberen Zeile. Für die unteren vier Zeilen folgen dann die Unterschiede 40, 60, 84 und 112. Diese Unterschiede gelten dann auch für die entsprechenden Summen in den unteren Zeilen der Spalten B, C und D.

Zuwachs	A		B		C		D	
0	8	9	24	25	40	41	56	57
4	7	10	23	26	39	42	55	58
12	6	11	22	27	38	43	54	59
24	5	12	21	28	37	44	53	60
40	4	13	20	29	36	45	52	61
60	3	14	19	30	35	46	51	62
84	2	15	18	31	34	47	50	63
112	1	16	17	32	33	48	49	64

Tab. 2.2 Gruppe 1 mit dem Zuwachs bei den Summen

Der Gesamtzuwachs

$$0 + 4 + 12 + 24 + 40 + 60 + 84 + 112 = 336$$

kann in zwei Teilgruppen mit

$$0 + 24 + 60 + 84 = 4 + 12 + 40 + 112 = \frac{336}{2} = 168$$

aufgeteilt werden. Wählt man nun die vier Zahlenpaare aus den Spalten A, B, C und D so, dass sie aus den Zeilen mit den Zuwächsen 4, 12, 40 und 112 bzw. 0, 24, 60 und 84 stammen, bilden die acht Zahlen eine bimagische Reihe.

Zuwachs	A		B		C		D	
0	8	9	24	25	40	41	56	57
4	7	10	23	26	39	42	55	58
12	6	11	22	27	38	43	54	59
24	5	12	21	28	37	44	53	60
40	4	13	20	29	36	45	52	61
60	3	14	19	30	35	46	51	62
84	2	15	18	31	34	47	50	63
112	1	16	17	32	33	48	49	64

Tab. 2.3 Bimagische Reihen in Gruppe 1

Für die weiteren vier Gruppen teilt Coccoz die Zahlenpaare etwas anders auf. Hier finden sich die vertikalen acht Zahlenpaare nicht in einer einzigen Tabelle, sondern aufgeteilt in jeweils zwei Hälften. Um eine bimagische Reihe zu erhalten, wählt man aus einer der beiden Hälften jeweils vier Zahlenpaare so aus, dass alle Spalten A, B, C und D sowie alle vier Zeilen vertreten sind.

An den Summen in der unteren Zeile erkennt man, dass bei jeder Kombination alle acht Zahlen addiert immer die Summe 260 ergeben. Durch die Bedingungen, die an die Wahl der Zahlenpaare gestellt werden, ist aber auch sichergestellt, dass die Quadrate dieser Zahlen 11 180 ergeben. In Tabelle 2.4 ist für jede der beiden Hälften beispielhaft jeweils eine Auswahl angegeben.

Zuwachs	A	B	C	D	A	B	C	D
0	7 9	24 26	40 42	55 57	8 10	23 25	39 41	56 58
16	5 11	22 28	38 44	53 59	6 12	21 27	37 43	54 60
48	3 13	20 30	36 46	51 61	4 14	19 29	35 45	52 62
96	1 15	18 32	34 48	49 63	2 16	17 31	33 47	50 64
	16	50	82	112	18	48	80	114

Tab. 2.4 Gruppe 2

Entsprechend kann man die bimagischen Reihen für die Gruppen 3, 4 und 5 gewinnen, deren Aufbau in den Tabellen 2.5 bis 2.7 dargestellt ist. In diesen Tabellen sind immer zwei Reihen exemplarisch markiert.

1 14 20 31 39 44 54 57	7 12 22 25 33 46 52 63
4 9 22 31 39 46 49 60	5 16 18 27 36 41 55 62
4 5 25 32 42 47 51 54	12 13 19 22 33 40 58 63

Zuwachs	A	B	C	D	A	B	C	D
0	6 9	24 27	40 43	54 57	8 11	22 25	38 41	56 59
8	5 10	23 28	39 44	53 58	7 12	21 26	37 42	55 60
56	2 13	20 31	36 47	50 61	4 15	18 29	34 45	52 63
80	1 14	19 32	35 48	49 62	3 16	17 30	33 46	51 64
	15	51	83	111	19	47	79	115

Tab. 2.5 Gruppe 3

Zuwachs	A	B	C	D	A	B	C	D
0	4 9	24 29	40 45	52 57	8 13	20 25	36 41	56 61
12	3 10	23 30	39 46	51 58	7 14	19 26	35 42	55 62
28	2 11	22 31	38 47	50 59	6 15	18 27	34 43	54 63
48	1 12	21 32	37 48	49 60	5 16	17 28	33 44	53 64
	13	53	85	109	21	45	77	117

Tab. 2.6 Gruppe 4

Zuwachs	A		B		C		D		A		B		C		D	
0	4	5	28	29	44	45	52	53	12	13	20	21	36	37	60	61
4	3	6	27	30	43	46	51	54	11	14	19	22	35	38	59	62
12	2	7	26	31	42	47	50	55	10	15	18	23	34	39	58	63
24	1	8	25	32	41	48	49	56	9	16	17	24	33	40	57	64
	9		57		89		105		25		41		73		121	

Tab. 2.7 Gruppe 5

Beispiel 1

Um ein bimagisches Quadrat zu erzeugen, beginnt man mit zwei Generatoren, deren bimagische Reihen aus verschiedenen Gruppen stammen. Für Generator 1 werden in diesem Beispiel acht Reihen aus den Zahlen der Gruppe 1 gewählt, die in die Zeilen des Generators eingetragen werden. Für den zweiten Generator wird Gruppe 3 benutzt und die Zahlen in die Spalten eingetragen.

1	16	22	27	39	42	52	61
2	15	21	28	40	41	51	62
3	14	24	25	37	44	50	63
4	13	23	26	38	43	49	64
5	12	18	31	35	46	56	57
6	11	17	32	36	45	55	58
7	10	20	29	33	48	54	59
8	9	19	30	34	47	53	60

a) Generator 1 (Gruppe 1)

1	2	3	4	5	6	7	8
14	13	16	15	10	9	12	11
20	19	18	17	24	23	22	21
31	32	29	30	27	28	25	26
40	39	38	37	36	35	34	33
43	44	41	42	47	48	45	46
53	54	55	56	49	50	51	52
58	57	60	59	62	61	64	63

b) Generator 2 (Gruppe 3)

Abb. 2.2 Zwei Generatoren aus den Gruppen 1 und 3

In diesem Beispiel stimmen beide Generatoren in der Zahl 1 der linken oberen Ecke überein. Ist dies nicht der Fall, kann man dies durch einen einfachen Zeilentausch, eventuell noch gefolgt von einem Austausch von zwei Zahlen der oberen Zeile, erreichen.

Die Grundidee der Methode von Coccoz besteht darin, das gesamte Quadrat in 2×2 - Blöcke aufzuteilen, deren Zahlen auf den Diagonalen immer bestimmte Werte annehmen. Durch das Vertauschen von Zeilen und Zahlenpaaren innerhalb der Zeilen wird der erste Generator dann schrittweise in ein semi-bimagisches Quadrat umgewandelt.

In diesem Beispiel beträgt die Summe der Zahlen jeweils 65. Da im Block der linken oberen Ecke bereits die Zahl 1 eingetragen ist, muss die Partnerzahl 64 in die rechte untere Ecke dieses 2×2 - Blocks platziert werden. Dazu vertauscht man zunächst die zweite Zeile von oben mit der Zeile, die die Zahl 64 enthält. Dann wird die Zahl 64 durch einen einfachen Austausch an der gewünschten Stelle platziert. Damit besitzt die erste der beiden Diagonalensummen in diesem Block bereits die geforderte Summe 65.

1	16	22	27	39	42	52	61
2	15	21	28	40	41	51	62
3	14	24	25	37	44	50	63
4	13	23	26	38	43	49	64
5	12	18	31	35	46	56	57
6	11	17	32	36	45	55	58
7	10	20	29	33	48	54	59
8	9	19	30	34	47	53	60

1	16	22	27	39	42	52	61
4	13	23	26	38	43	49	64
3	14	24	25	37	44	50	63
2	15	21	28	40	41	51	62
5	12	18	31	35	46	56	57
6	11	17	32	36	45	55	58
7	10	20	29	33	48	54	59
8	9	19	30	34	47	53	60

1	16	22	27	39	42	52	61
4	64	23	26	38	43	49	13
3	14	24	25	37	44	50	63
2	15	21	28	40	41	51	62
5	12	18	31	35	46	56	57
6	11	17	32	36	45	55	58
7	10	20	29	33	48	54	59
8	9	19	30	34	47	53	60

Abb. 2.3 Schritt 1

Der zweite Schritt ist etwas komplizierter, da mehrere Bedingungen erfüllt werden müssen. In den beiden oberen Zeilen müssen zwei Zahlen gefunden werden, die

- auch die Summe 65 ergeben
- in den beiden freien Plätzen des linken oberen 2×2 - Blocks platziert werden können
- auch in den beiden durch die Zahlen 1 und 64 vorgegebenen Spalten des zweiten Generators liegen

Werden solche Zahlen gefunden, können sie mit den Zahlen getauscht werden, die sich bisher auf den benötigten Plätzen befinden. Insgesamt wird durch dieses Vorgehen die bimagische Summe in den beteiligten Zeilen nicht zerstört und die Spalten gemäß den bimagischen Spalten des zweiten Generators gefüllt.

1	2	3	4	5	6	7	8
14	13	16	15	10	9	12	11
20	19	18	17	24	23	22	21
31	32	29	30	27	28	25	26
40	39	38	37	36	35	34	33
43	44	41	42	47	48	45	46
53	54	55	56	49	50	51	52
58	57	60	59	62	61	64	63

a) Generator 2

1	16	22	27	39	42	52	61
4	64	23	26	38	43	49	13
3	14	24	25	37	44	50	63
2	15	21	28	40	41	51	62
5	12	18	31	35	46	56	57
6	11	17	32	36	45	55	58
7	10	20	29	33	48	54	59
8	9	19	30	34	47	53	60

b) Generator 1: Partnerzahlen

1	22	16	27	39	42	52	61
43	64	23	26	38	4	49	13
3	14	24	25	37	44	50	63
2	15	21	28	40	41	51	62
5	12	18	31	35	46	56	57
6	11	17	32	36	45	55	58
7	10	20	29	33	48	54	59
8	9	19	30	34	47	53	60

c) Generator 1: Tausch von Zahlen

Abb. 2.4 Schritt 2

Der rechts danebenliegende 2 x 2 - Block wird dann mit den Zahlen 16, 27, 38 und 49 aus den beiden oberen Zeilen gefüllt. Auch im zweiten Generator liegen diese vier Zahlen in nur zwei Spalten.

1	2	3	4	5	6	7	8
14	13	16	15	10	9	12	11
20	19	18	17	24	23	22	21
31	32	29	30	27	28	25	26
40	39	38	37	36	35	34	33
43	44	41	42	47	48	45	46
53	54	55	56	49	50	51	52
58	57	60	59	62	61	64	63

a) Generator 2

1	22	16	27	39	42	52	61
43	64	38	49	23	4	26	13
3	14	24	25	37	44	50	63
2	15	21	28	40	41	51	62
5	12	18	31	35	46	56	57
6	11	17	32	36	45	55	58
7	10	20	29	33	48	54	59
8	9	19	30	34	47	53	60

b) Generator 1: Partnerzahlen

Abb. 2.5 Schritt 3

Entsprechend werden die weiteren Blöcke in den beiden oberen Zeilen gefüllt.

1	22	16	27	39	52	42	61
43	64	38	49	13	26	4	23
3	14	24	25	37	44	50	63
2	15	21	28	40	41	51	62
5	12	18	31	35	46	56	57
6	11	17	32	36	45	55	58
7	10	20	29	33	48	54	59
8	9	19	30	34	47	53	60

a) Generator 1: dritter Block

1	22	16	27	39	52	42	61
43	64	38	49	13	26	4	23
3	14	24	25	37	44	50	63
2	15	21	28	40	41	51	62
5	12	18	31	35	46	56	57
6	11	17	32	36	45	55	58
7	10	20	29	33	48	54	59
8	9	19	30	34	47	53	60

b) Generator 1: vierter Block

Abb. 2.6 Schritt 4

Für die nächste Zeile des Zielquadrates wird eine noch unbenutzte Zahl aus der ersten Spalte des zweiten Generators gesucht, zum Beispiel 14. Diese Zahl wird an den linken Rand der Zeile getauscht und die Partnerzahl entsprechend auf die zugehörige Diagonale. Befindet sich diese Partnerzahl 51 nicht in der Zeile darunter, wird dies durch einen Zeilentausch sichergestellt.

Danach kann die zweite Diagonale mit den Zahlen 25 und 40 gefüllt werden.

1	22	16	27	39	52	42	61
43	64	38	49	13	26	4	23
14	3	24	25	37	44	50	63
2	51	21	28	40	41	15	62
5	12	18	31	35	46	56	57
6	11	17	32	36	45	55	58
7	10	20	29	33	48	54	59
8	9	19	30	34	47	53	60

a) Generator 1: erste Diagonale

1	22	16	27	39	52	42	61
43	64	38	49	13	26	4	23
14	25	24	3	37	44	50	63
40	51	21	28	2	41	15	62
5	12	18	31	35	46	56	57
6	11	17	32	36	45	55	58
7	10	20	29	33	48	54	59
8	9	19	30	34	47	53	60

b) Generator 1: zweite Diagonale

Abb. 2.7 Schritt 5

Bei dem rechts danebenliegenden 2×2 - Block ist die Auswahl der nächsten Diagonalen etwas eingeschränkter. Um die Spalte bimagisch zu machen, muss die nächste Zahl in der Spalte des zweiten Generators liegen, in der sich auch die bereits vorhandenen Zahlen 16 und 38 befinden. Damit ergibt sich dieser 2×2 - Block mit den Zahlen 3, 24, 41 und 2.

Entsprechend werden dann die beiden nächsten Blöcke in diesen beiden Zeilen gefüllt.

1	22	16	27	39	52	42	61
43	64	38	49	13	26	4	23
14	25	3	24	37	44	50	63
40	51	41	62	2	21	15	28
5	12	18	31	35	46	56	57
6	11	17	32	36	45	55	58
7	10	20	29	33	48	54	59
8	9	19	30	34	47	53	60

a) Generator 1: zweiter 2×2 - Block

1	22	16	27	39	52	42	61
43	64	38	49	13	26	4	23
14	25	3	24	44	63	37	50
40	51	41	62	2	21	15	28
5	12	18	31	35	46	56	57
6	11	17	32	36	45	55	58
7	10	20	29	33	48	54	59
8	9	19	30	34	47	53	60

b) Generator 1: zwei weitere Blöcke

Abb. 2.8 Schritt 6

Werden nach diesem Schema auch die Zahlen der unteren Hälfte des Quadrates angeordnet, entsteht das semi-bimagische Quadrat aus Abbildung 2.9.

1	22	16	27	39	52	42	61
43	64	38	49	13	26	4	23
14	25	3	24	44	63	37	50
40	51	41	62	2	21	15	28
20	7	29	10	54	33	59	48
58	45	55	36	32	11	17	6
31	12	18	5	57	46	56	35
53	34	60	47	19	8	30	9

Abb. 2.9 Semi-bimagisches Quadrat

Dieses semi-bimagische Quadrat muss jetzt noch in ein bimagisches umgewandelt werden. Dazu müssen unter den 38 039 bimagischen Reihen zwei passende gefunden werden, um durch das Vertauschen von Zeilen und Spalten ein bimagisches Quadrat zu erzeugen. Zu diesem Zweck können etwa die beiden bimagischen Reihen aus Tabelle 2.8 verwendet werden.

Diagonale 1	4 14 18 32 33 47 51 61
Diagonale 2	5 11 23 25 40 42 54 60

Tab. 2.8 Bimagische Reihen für die Diagonalen, um das bimagische Quadrat zu erzeugen

In Abbildung 2.10a erkennt man, dass in jeder Zeile und Spalte des semi-bimagischen Quadrates jeweils eine Zahl der beiden für die Diagonalen vorgesehenen bimagischen

Reihen vorhanden ist. Deshalb kann man die Zeilen und Spalten so vertauschen, dass die entsprechenden Zahlen wie im bimagischen Quadrat der Abbildung 2.10b auf den Diagonalen liegen.

1	22	16	27	39	52	42	61
43	64	38	49	13	26	4	23
14	25	3	24	44	63	37	50
40	51	41	62	2	21	15	28
20	7	29	10	54	33	59	48
58	45	55	36	32	11	17	6
31	12	18	5	57	46	56	35
53	34	60	47	19	8	30	9

a) semi-bimagisches Quadrat

61	27	1	39	52	22	16	42
9	47	53	19	8	34	60	30
50	24	14	44	63	25	3	37
6	36	58	32	11	45	55	17
48	10	20	54	33	7	29	59
28	62	40	2	21	51	41	15
35	5	31	57	46	12	18	56
23	49	43	13	26	64	38	4

b) bimagisches Quadrat

Abb. 2.10 Bimagisches Quadrat der Ordnung $n = 8$ (Coccoz, Beispiel 1)

In Beispiel 1 lagen die Zahlen für die bimagischen Diagonalen vollständig in den 2 x 2 - Blöcken. Sie können aber auch anders angeordnet sein, etwa als Diagonalen in diesen Blöcken. So entsteht aus dem semi-bimagischen Quadrat wie in Abbildung 2.11 ein völlig anderes bimagisches Quadrat.

1	22	16	27	39	52	42	61
43	64	38	49	13	26	4	23
14	25	3	24	44	63	37	50
40	51	41	62	2	21	15	28
20	7	29	10	54	33	59	48
58	45	55	36	32	11	17	6
31	12	18	5	57	46	56	35
53	34	60	47	19	8	30	9

a) semi-bimagisches Quadrat

16	27	52	39	22	1	42	61
38	49	26	13	64	43	4	23
3	24	63	44	25	14	37	50
41	62	21	2	51	40	15	28
55	36	11	32	45	58	17	6
29	10	33	54	7	20	59	48
60	47	8	19	34	53	30	9
18	5	46	57	12	31	56	35

b) bimagisches Quadrat

Abb. 2.11 Bimagisches Quadrat der Ordnung $n = 8$ (Coccoz, Variante)

Prinzipiell können die jeweils acht Zahlen für die beiden bimagischen Reihen auch völlig unabhängig voneinander gewählt werden. Da allerdings damals erst wenige bimagische Reihen bekannt waren und Coccoz bei seiner Methode mit Zahlenpaaren auf den Diagonalen der 2 x 2 - Blöcke arbeitet, wurden diese auch bei den Diagonalen benutzt.

Beispiel 2

Im ersten Beispiel besaßen alle Diagonalen die Summe 65. Coccoz vermutete, dass insgesamt sieben verschiedene Summen benutzt werden können, ohne dies allerdings zu beweisen. Besitzen die beiden Zahlen einer Diagonalen eine dieser sieben Summen p, muss die andere Diagonale die Summe $130 - p$ besitzen.

$$p: \quad 33 \;\; 49 \;\; 57 \;\; 61 \;\; 63 \;\; 64 \;\; 65$$

Im zweiten Beispiel wird die Gruppe 5 für die bimagischen Zeilen des ersten Generators, sowie Gruppe 3 für die Spalten des zweiten Generators benutzt.

1	8	26	31	43	46	52	53
2	7	25	32	44	45	51	54
3	6	28	29	41	48	50	55
4	5	27	30	42	47	49	56
9	16	18	23	35	38	60	61
10	15	17	24	36	37	59	62
11	14	20	21	33	40	58	63
12	13	19	22	34	39	57	64

a) Generator 1 (Gruppe 5)

1	2	3	4	5	6	7	8
14	13	16	15	10	9	12	11
24	23	22	21	20	19	18	17
27	28	25	26	31	32	29	30
39	40	37	38	35	36	33	34
44	43	42	41	48	47	46	45
50	49	52	51	54	53	56	55
61	62	63	64	57	58	59	60

b) Generator 2 (Gruppe 3)

Abb. 2.12 Zwei Generatoren aus den Gruppen 5 und 3

Aus diesen beiden Generatoren erzeugt man etwa das semi-bimagische Quadrat aus Abbildung 2.13a. Durch Vertauschen von Zeilen und Spalten werden danach die beiden Diagonalen bimagisch gemacht und es entsteht das bimagische Quadrat in Abbildung 2.13b.

1	8	26	31	43	46	52	53
61	60	38	35	23	18	16	9
27	30	4	5	49	56	42	47
39	34	64	57	13	12	22	19
44	45	51	54	2	7	25	32
24	17	15	10	62	59	37	36
50	55	41	48	28	29	3	6
14	11	21	20	40	33	63	58

a) semi-bimagisches Quadrat

31	26	43	46	1	8	53	52
35	38	23	18	61	60	9	16
5	4	49	56	27	30	47	42
57	64	13	12	39	34	19	22
54	51	2	7	44	45	32	25
10	15	62	59	24	17	36	37
48	41	28	29	50	55	6	3
20	21	40	33	14	11	58	63

b) bimagisches Quadrat

Abb. 2.13 Bimagisches Quadrat der Ordnung $n = 8$ (Coccoz, Beispiel 2)

Beispiel 3

Im dritten Beispiel werden die Diagonalensummen 33 und 97 verwendet. Für die Generatoren werden Zahlen aus den Gruppen 2 und 4 gewählt.

1	15	20	30	40	42	53	59
2	16	19	29	39	41	54	60
3	13	18	32	38	44	55	57
4	14	17	31	37	43	56	58
5	11	24	26	36	46	49	63
6	12	23	25	35	45	50	64
7	9	22	28	34	48	51	61
8	10	21	27	33	47	52	62

a) Generator 1 (Gruppe 2)

1	2	3	4	5	6	7	8
12	11	10	9	16	15	14	13
22	21	24	23	18	17	20	19
31	32	29	30	27	28	25	26
39	40	37	38	35	36	33	34
46	45	48	47	42	41	44	43
52	51	50	49	56	55	54	53
57	58	59	60	61	62	63	64

b) Generator 2 (Gruppe 4)

Abb. 2.14 Zwei Generatoren aus den Gruppen 2 und 4

Mit den Diagonalensummen 33 und 97 entsteht zunächst das semi-bimagische Quadrat in Abbildung 2.15a, das dann durch Vertauschen von Zeilen und Spalten in das bimagische Quadrat der Abbildung 2.15b überführt wird.

1	40	20	53	15	42	30	59
57	32	44	13	55	18	38	3
12	45	25	64	6	35	23	50
52	21	33	8	62	27	47	10
22	51	7	34	28	61	9	48
46	11	63	26	36	5	49	24
31	58	14	43	17	56	4	37
39	2	54	19	41	16	60	29

a) semi-bimagisches Quadrat

53	20	15	42	40	1	30	59
13	44	55	18	32	57	38	3
64	25	6	35	45	12	23	50
8	33	62	27	21	52	47	10
19	54	41	16	2	39	60	29
43	14	17	56	58	31	4	37
26	63	36	5	11	46	49	24
34	7	28	61	51	22	9	48

b) bimagisches Quadrat

Abb. 2.15 Bimagisches Quadrat der Ordnung $n = 8$ (Coccoz, Beispiel 3)

Insgesamt lassen sich mit den Kombinationen der fünf Gruppen 2188 unterschiedliche bimagische Quadrate konstruieren. Aus jedem einzelnen dieser Quadrate können dann noch einmal 1536 weitere bimagische Quadrate erzeugt werden, die aber alle die prinzipiell gleiche Struktur besitzen.[3]

[3] siehe Kapitel 2.1.11

Varianten

In einem Artikel aus dem Jahre 1893 gibt Coccoz einige Möglichkeiten an, wie man weitere bimagische Quadrate erzeugen kann. In seinem Beispiel[4] konstruiert er ein bimagisches Quadrat, indem er bei den Generatoren mit Zahlen aus den Gruppen 4 und 2 beginnt.[5]

1	12	22	31	40	45	51	58
2	11	21	32	39	46	52	57
3	10	24	29	38	47	49	60
4	9	23	30	37	48	50	59
5	16	18	27	36	41	55	62
6	15	17	28	35	42	56	61
7	14	20	25	34	43	53	64
8	13	19	26	33	44	54	63

a) Generator 1 (Gruppe 4)

1	2	3	4	5	6	7	8
15	16	13	14	11	12	9	10
24	23	22	21	20	19	18	17
26	25	28	27	30	29	32	31
36	35	34	33	40	39	38	37
46	45	48	47	42	41	44	43
53	54	55	56	49	50	51	52
59	60	57	58	63	64	61	62

b) Generator 2 (Gruppe 2)

Abb. 2.16 Zwei Generatoren aus den Gruppen 4 und 2

Mit diesen beiden Generatoren erhält man etwa das semi-bimagische Quadrat aus Abbildung 2.17, bei dem zusätzlich noch ein Zeilentausch vorgenommen wird, damit man die Gemeinsamkeiten zu dem bisherigen Beispiel von Coccoz besser erkennt.

1	51	22	40	31	45	12	58
46	32	57	11	52	2	39	21
15	61	28	42	17	35	6	56
36	18	55	5	62	16	41	27
24	38	3	49	10	60	29	47
59	9	48	30	37	23	50	4
26	44	13	63	8	54	19	33
53	7	34	20	43	25	64	14

a) semi-bimagisches Quadrat

24	38	3	49	10	60	29	47
46	32	57	11	52	2	39	21
53	7	34	20	43	25	64	14
15	61	28	42	17	35	6	56
1	51	22	40	31	45	12	58
59	9	48	30	37	23	50	4
36	18	55	5	62	16	41	27
26	44	13	63	8	54	19	33

b) mit vertauschten Zeilen

Abb. 2.17 Semi-bimagisches Quadrat

Mit zwei geeigneten bimagischen Reihen für die Diagonalen

[4] siehe Coccoz [110] S. 172, Abbildung 1

[5] Coccoz [111]

Diagonale 1	2 6 27 31 44 48 49 53
Diagonale 2	12 16 17 21 34 38 59 63

Tab. 2.9 Bimagische Reihen für die Diagonalen

entsteht dann das bimagische Quadrat aus Abbildung 2.18.

a) semi-bimagisches Quadrat

24	38	3	49	10	60	29	47
46	32	57	11	52	2	39	21
53	7	34	20	43	25	64	14
15	61	28	42	17	35	6	56
1	51	22	40	31	45	12	58
59	9	48	30	37	23	50	4
36	18	55	5	62	16	41	27
26	44	13	63	8	54	19	33

b) bimagisches Quadrat

38	47	3	10	29	24	60	49
32	21	57	52	39	46	2	11
7	14	34	43	64	53	25	20
61	56	28	17	6	15	35	42
51	58	22	31	12	1	45	40
9	4	48	37	50	59	23	30
18	27	55	62	41	36	16	5
44	33	13	8	19	26	54	63

Abb. 2.18 Bimagisches Quadrat der Ordnung $n = 8$ (Coccoz, Beispiel 4)

Coccoz ordnet 32 Zahlen aus vier Zeilen besonders an. Damit die nachfolgenden Schritte verständlicher werden, werden diese vier Zeilen wie in Abbildung 2.19a in die obere Hälfte des Quadrates verschoben. Dadurch geht zwar die bimagische Eigenschaft verloren, aber das Quadrat bleibt weiterhin semi-bimagisch.

In diesen vier Zeilen der oberen Hälfte ordnet Coccoz 16 Zahlenpaare so an, dass deren Summe jeweils 65 beträgt.

a) Verschieben von vier Zeilen

38	47	3	10	29	24	60	49
18	27	55	62	41	36	16	5
61	56	28	17	6	15	35	42
9	4	48	37	50	59	23	30
32	21	57	52	39	46	2	11
7	14	34	43	64	53	25	20
51	58	22	31	12	1	45	40
44	33	13	8	19	26	54	63

b) Aufteilung in 16 Zahlenpaare

38	27	55	10	41	24	60	5
18	47	3	62	29	36	16	49
61	4	48	17	50	15	35	30
9	56	28	37	6	59	23	42
32	21	57	52	39	46	2	11
7	14	34	43	64	53	25	20
51	58	22	31	12	1	45	40
44	33	13	8	19	26	54	63

Abb. 2.19 Anordnung von 16 Zahlenpaaren mit der Summe 65 in der oberen Hälfte

Den gleichen Effekt wie die Aufteilung in 16 Zahlenpaare kann man auch mit dem vertikalen Tausch von vier Zahlenpaaren in jeweils zwei dieser Zeilen erreichen, wie es in Abbildung 2.20 dargestellt wird. Die Beschreibung mithilfe von Vertauschungen macht den Vorgang etwas klarer und eröffnet viele weitere Möglichkeiten zum Vertauschen von Zahlen in den Zeilen eines semi-bimagischen Quadrates.

38	27	55	10	41	24	60	5
18	47	3	62	29	36	16	49
61	4	48	17	50	15	35	30
9	56	28	37	6	59	23	42
32	21	57	52	39	46	2	11
7	14	34	43	64	53	25	20
51	58	22	31	12	1	45	40
44	33	13	8	19	26	54	63

Abb. 2.20 Vertauschen von Zahlenpaaren in der oberen Hälfte

Obwohl keine ganzen Zeilen, sondern nur vier Zahlen ausgetauscht werden, bleibt die semi-bimagische Eigenschaft erhalten. Das erkennt man an den Summen der vertauschten Zahlen. So gilt etwa für die beiden oberen Zeilen

$$47 + 3 + 29 + 49 = 128 \qquad 47^2 + 3^2 + 29^2 + 49^2 = 5460$$
$$27 + 55 + 41 + 5 = 128 \qquad 27^2 + 55^2 + 41^2 + 5^2 = 5460$$

Ebenso stimmen die Summen der entsprechenden Zahlen sowie die Summen der quadrierten Zahlen in den beiden unteren Zeilen überein, sodass man diese Zahlen austauschen kann.

$$4 + 48 + 50 + 30 = 132 \qquad 4^2 + 48^2 + 50^2 + 30^2 = 5720$$
$$56 + 28 + 6 + 42 = 132 \qquad 56^2 + 28^2 + 6^2 + 42^2 = 5720$$

Um dieses semi-bimagische Quadrat nach der Transformation in ein bimagisches umzuwandeln, werden wieder geeignete bimagische Reihen als Diagonalen benötigt, wie etwa die aus Tabelle 2.10.

Diagonale 1	12 16 17 21 34 38 59 63
Diagonale 2	9 13 20 24 35 39 58 62

Tab. 2.10 Bimagische Reihen für die Diagonalen

Abschließend können diese Zahlen auf den Diagonalen platziert werden, sodass das bimagische Quadrat aus Abbildung 2.21 entsteht.

38	27	55	10	41	24	60	5
18	47	3	62	29	36	16	49
61	4	48	17	50	15	35	30
9	56	28	37	6	59	23	42
32	21	57	52	39	46	2	11
7	14	34	43	64	53	25	20
51	58	22	31	12	1	45	40
44	33	13	8	19	26	54	63

a) semi-bimagisches Quadrat

38	60	41	5	55	27	10	24
18	16	29	49	3	47	62	36
51	45	12	40	22	58	31	1
44	54	19	63	13	33	8	26
7	25	64	20	34	14	43	53
32	2	39	11	57	21	52	46
61	35	50	30	48	4	17	15
9	23	6	42	28	56	37	59

b) bimagisches Quadrat

Abb. 2.21 Bimagisches Quadrat der Ordnung $n = 8$ (Coccoz, Beispiel 5)

Mit diesem Beispiel hat Coccoz gezeigt, dass man durch das Vertauschen von Zahlen, bei denen die Summen übereinstimmen, ein bimagisches Quadrat in ein anderes transformieren kann. Diese Transformation ist aber nicht immer möglich, sondern ebenso wie weitere Transformationen immer nur bei speziellen bimagischen Quadraten, wenn die Summen der Zahlen und der quadrierten Zahlen in zwei Zeilen übereinstimmen.

Weitere Beispiele von Transformationen

Nun soll noch eine kleine Auswahl von weiteren Transformationen angegeben werden, um die Vielfalt von Möglichkeiten zu verdeutlichen. In den ersten beiden Beispielen werden jeweils vier Zahlen aus zwei Zahlenpaaren gegeneinander ausgetauscht. Unter den Abbildungen 2.22 sowie 2.24 sind jeweils die Summen der Zahlen sowie der quadrierten Zahlen angegeben, an denen man erkennen kann, dass mit der Transformation mindestens wieder ein semi-bimagisches Quadrat entsteht.

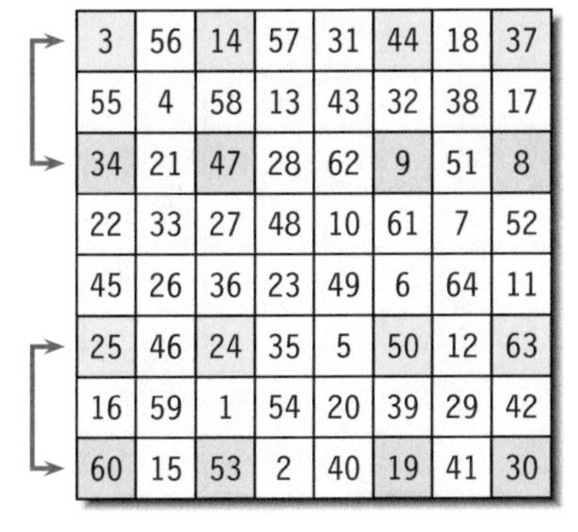

3	56	14	57	31	44	18	37
55	4	58	13	43	32	38	17
34	21	47	28	62	9	51	8
22	33	27	48	10	61	7	52
45	26	36	23	49	6	64	11
25	46	24	35	5	50	12	63
16	59	1	54	20	39	29	42
60	15	53	2	40	19	41	30

a) bimagisches Quadrat

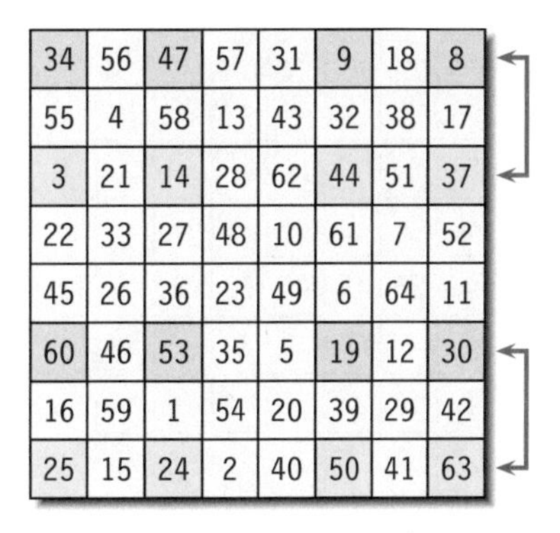

34	56	47	57	31	9	18	8
55	4	58	13	43	32	38	17
3	21	14	28	62	44	51	37
22	33	27	48	10	61	7	52
45	26	36	23	49	6	64	11
60	46	53	35	5	19	12	30
16	59	1	54	20	39	29	42
25	15	24	2	40	50	41	63

b) transformiertes Quadrat

Abb. 2.22 Transformation eines bimagischen Quadrates in ein semi-bimagisches Quadrat

$$3 + 14 + 44 + 37 = 98 \qquad 3^2 + 14^2 + 44^2 + 37^2 = 3510$$
$$34 + 47 + 9 + 8 = 98 \qquad 34^2 + 47^2 + 9^2 + 8^2 = 3510$$
$$25 + 24 + 50 + 63 = 162 \qquad 25^2 + 24^2 + 50^2 + 63^2 = 7670$$
$$60 + 53 + 19 + 30 = 162 \qquad 60^2 + 53^2 + 19^2 + 30^2 = 7670$$

Im ersten Beispiel sind einige Zahlen auf den Diagonalen vom Austausch betroffen, sodass das transformierte Quadrat nur semi-bimagisch ist. Durch geeignete bimagische Reihen, deren Zahlen durch das Vertauschen von Zeilen und Spalten auf den Diagonalen platziert werden, entsteht dann ein bimagisches Quadrat.

56	31	9	34	57	18	47	8
4	43	32	55	13	38	58	17
21	62	44	3	28	51	14	37
33	10	61	22	48	7	27	52
15	40	50	25	2	41	24	63
59	20	39	16	54	29	1	42
46	5	19	60	35	12	53	30
26	49	6	45	23	64	36	11

Abb. 2.23 Bimagisches Quadrat

Im zweiten Beispiel sind die Diagonalen dagegen vom Austausch der Zahlen nicht betroffen und das transformierte Quadrat ist bimagisch.

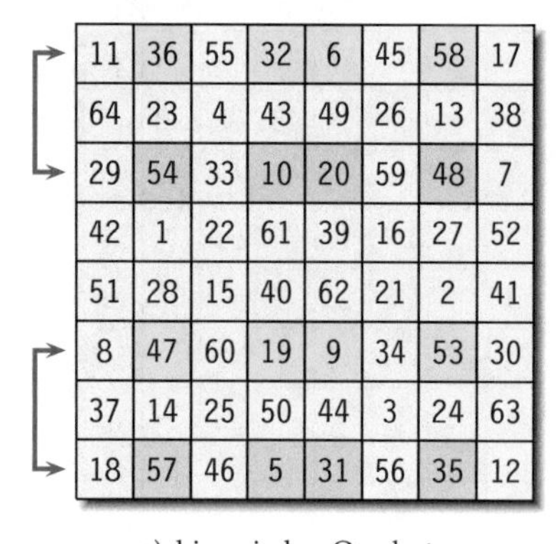

11	36	55	32	6	45	58	17
64	23	4	43	49	26	13	38
29	54	33	10	20	59	48	7
42	1	22	61	39	16	27	52
51	28	15	40	62	21	2	41
8	47	60	19	9	34	53	30
37	14	25	50	44	3	24	63
18	57	46	5	31	56	35	12

a) bimagisches Quadrat

11	54	55	10	20	45	48	17
64	23	4	43	49	26	13	38
29	36	33	32	6	59	58	7
42	1	22	61	39	16	27	52
51	28	15	40	62	21	2	41
8	57	60	5	31	34	35	30
37	14	25	50	44	3	24	63
18	47	46	19	9	56	53	12

b) transformiertes Quadrat

Abb. 2.24 Transformation eines bimagischen Quadrates in ein anderes bimagisches Quadrat

$$36 + 32 + 6 + 58 = 132 \qquad 36^2 + 32^2 + 6^2 + 58^2 = 5720$$

$$54 + 10 + 20 + 48 = 132 \qquad 54^2 + 10^2 + 20^2 + 48^2 = 5720$$

$$47 + 19 + 9 + 53 = 128 \qquad 47^2 + 19^2 + 9^2 + 53^2 = 5460$$

$$57 + 5 + 31 + 35 = 128 \qquad 57^2 + 5^2 + 31^2 + 35^2 = 5460$$

Die nächsten beiden Beispiele in den Abbildungen 2.25 und 2.26 lassen erkennen, dass in einigen Fällen auch durch einen Austausch von vier Zahlen in nur zwei Zeilen wieder mindestens ein semi-bimagisches Quadrat entsteht. In beiden hier dargestellten Beispielen ist das transformierte Quadrat sogar wieder bimagisch.

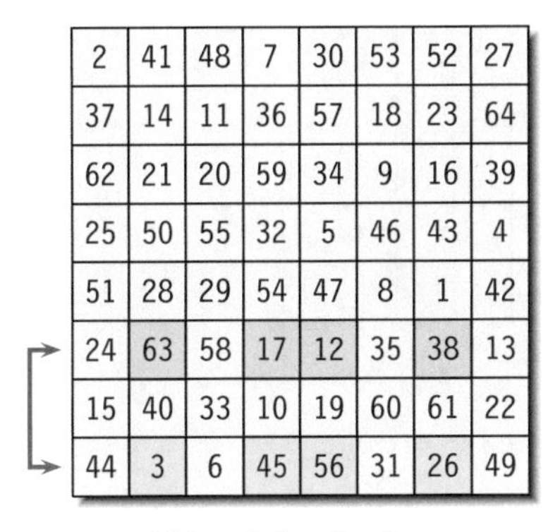

2	41	48	7	30	53	52	27
37	14	11	36	57	18	23	64
62	21	20	59	34	9	16	39
25	50	55	32	5	46	43	4
51	28	29	54	47	8	1	42
24	63	58	17	12	35	38	13
15	40	33	10	19	60	61	22
44	3	6	45	56	31	26	49

a) bimagisches Quadrat

2	41	48	7	30	53	52	27
37	14	11	36	57	18	23	64
62	21	20	59	34	9	16	39
25	50	55	32	5	46	43	4
51	28	29	54	47	8	1	42
24	3	58	45	56	35	26	13
15	40	33	10	19	60	61	22
44	63	6	17	12	31	38	49

b) transformiertes Quadrat

Abb. 2.25 Transformation eines bimagischen Quadrates

$$63 + 17 + 12 + 38 = 130 \qquad 63^2 + 17^2 + 12^2 + 38^2 = 5846$$

$$3 + 45 + 56 + 26 = 130 \qquad 3^2 + 45^2 + 56^2 + 26^2 = 5846$$

6	29	42	49	39	64	11	20
32	7	52	43	61	38	17	10
50	41	30	5	19	12	63	40
44	51	8	31	9	18	37	62
25	2	53	46	60	35	24	15
3	28	47	56	34	57	14	21
45	54	1	26	16	23	36	59
55	48	27	4	22	13	58	33

a) bimagisches Quadrat

6	29	42	49	39	64	11	20
32	7	52	43	61	38	17	10
44	51	30	5	19	12	37	62
50	41	8	31	9	18	63	40
25	2	53	46	60	35	24	15
3	28	47	56	34	57	14	21
45	54	1	26	16	23	36	59
55	48	27	4	22	13	58	33

b) transformiertes Quadrat

Abb. 2.26 Transformation eines bimagischen Quadrates

$$50 + 41 + 63 + 40 = 194 \qquad 50^2 + 41^2 + 63^2 + 40^2 = 9750$$
$$44 + 51 + 37 + 62 = 194 \qquad 44^2 + 51^2 + 37^2 + 62^2 = 9750$$

Die beiden Beispiele in den Abbildungen 2.27 und 2.28 zeigen, dass die Übereinstimmung der Summen natürlich auch in den Spalten stattfinden kann. Auch in diesen Fällen kann eine Transformation durchgeführt werden, die wie in diesen beiden Beispielen zumindest semi-bimagische Quadrate ergibt.

5	24	63	46	12	25	50	35
10	27	52	33	7	22	61	48
19	2	41	60	30	15	40	53
32	13	38	55	17	4	43	58
57	44	3	18	56	37	14	31
54	39	16	29	59	42	1	20
47	62	21	8	34	51	28	9
36	49	26	11	45	64	23	6

a) bimagisches Quadrat

5	24	63	46	12	25	50	35
10	52	27	33	48	22	61	7
19	41	2	60	53	15	40	30
32	13	38	55	17	4	43	58
57	3	44	18	31	37	14	56
54	39	16	29	59	42	1	20
47	62	21	8	34	51	28	9
36	26	49	11	6	64	23	45

b) transformiertes Quadrat

Abb. 2.27 Transformation eines bimagischen Quadrates in ein semi-bimagisches Quadrat

$$27 + 2 + 44 + 49 = 122 \qquad 27^2 + 2^2 + 44^2 + 49^2 = 5070$$
$$52 + 41 + 3 + 26 = 122 \qquad 52^2 + 41^2 + 3^2 + 26^2 = 5070$$
$$7 + 30 + 56 + 45 = 138 \qquad 7^2 + 30^2 + 56^2 + 45^2 = 6110$$
$$48 + 53 + 31 + 6 = 138 \qquad 48^2 + 53^2 + 31^2 + 6^2 = 6110$$

3	32	59	40	18	13	42	53
10	21	50	45	27	8	35	64
29	2	37	58	16	19	56	43
24	11	48	51	5	26	61	34
47	52	23	12	62	33	6	25
38	57	30	1	55	44	15	20
49	46	9	22	36	63	28	7
60	39	4	31	41	54	17	14

a) bimagisches Quadrat

3	32	59	40	18	13	42	53
50	21	10	45	35	8	27	64
29	2	37	58	16	19	56	43
48	11	24	51	61	26	5	34
47	52	23	12	62	33	6	25
30	57	38	1	15	44	55	20
49	46	9	22	36	63	28	7
4	39	60	31	17	54	41	14

b) transformiertes Quadrat

Abb. 2.28 Transformation eines bimagischen Quadrates in ein semi-bimagisches Quadrat

In diesem Beispiel betragen die Summen 132 und sowie 128, während die quadrierten Zahlen 5720 bzw. 5460 ergeben.

Die beiden durch die Transformation erzeugten semi-bimagischen Quadrate können dann wie üblich in bimagische Quadrate umgewandelt werden. Die beiden Ergebnisse sind in den Abbildungen 2.29a und 2.29b dargestellt.

50	12	35	25	46	24	63	5
61	48	7	22	33	52	27	10
40	53	30	15	60	41	2	19
43	17	58	4	55	13	38	32
1	59	20	42	29	39	16	54
14	31	56	37	18	3	44	57
23	6	45	64	11	26	49	36
28	34	9	51	8	62	21	47

a) bimagisches Quadrat

40	3	32	59	42	13	18	53
45	50	21	10	27	8	35	64
58	29	2	37	56	19	16	43
51	48	11	24	5	26	61	34
31	4	39	60	41	54	17	14
22	49	46	9	28	63	36	7
1	30	57	38	55	44	15	20
12	47	52	23	6	33	62	25

b) bimagisches Quadrat

Abb. 2.29 Umwandlungen der semi-bimagischen Quadrate in bimagische Quadrate

Irreguläre bimagische Quadrate

Um weitere bimagische Quadrate zu erzeugen, gibt Coccoz ein Beispiel an, wo er nicht mit zwei der fünf fundamentalen Gruppen arbeitet, sondern jeweils zwei Gruppen für einen Generator kombiniert. Der Generator für die bimagischen Zeilen benutzt Zahlen aus den Gruppen 3 und 4, der Generator für die bimagischen Spalten dagegen die Gruppen 1 und 5.

4	3	10	24	29	38	47	49	60
4	5	16	18	27	36	41	55	62
3	2	13	19	32	40	43	53	58
3	7	12	22	25	33	46	52	63
3	1	14	20	31	39	44	54	57
3	8	11	21	26	34	45	51	64
4	6	15	17	28	35	42	56	61
4	4	9	23	30	37	48	50	59

a) Generator 1 (Gruppen 3 und 4)

1	1	1	1	5	5	5	5
5	1	8	4	11	2	3	10
12	16	9	13	14	7	6	15
19	23	18	22	17	28	25	20
30	26	31	27	24	29	32	21
34	38	35	39	36	41	44	33
47	43	46	42	37	48	45	40
56	52	53	49	58	51	50	59
57	61	60	64	63	54	55	62

b) Generator 2 (Gruppen 1 und 5)

Abb. 2.30 Zwei Generatoren aus den Gruppen 3 und 4 sowie 1 und 5

Mit diesen beiden Generatoren kann etwa das semi-bimagische Quadrat aus Abbildung 2.31 konstruiert werden, bei dem alle 2×2 - Blöcke die Diagonalensummen 65 besitzen.

47	60	49	38	24	29	3	10
5	18	27	16	36	41	55	62
56	35	42	61	17	28	6	15
30	9	4	23	37	48	50	59
19	53	13	43	58	2	32	40
12	46	22	52	63	7	25	33
57	31	39	1	14	54	44	20
34	8	64	26	11	51	45	21

Abb. 2.31 Semi-bimagisches Quadrat

Um dieses semi-bimagische Quadrat in ein bimagisches umzuwandeln, kann man etwa die Diagonalen aus Tabelle 2.11 benutzen.

Diagonale 1	2 16 20 30 35 45 49 63
Diagonale 2	4 14 18 32 33 47 51 61

Tab. 2.11 Bimagische Reihen für die Diagonalen

Vertauscht man die Zeilen und Spalten so, dass diese Zahlen passend auf den Diagonalen angeordnet werden, entsteht das bimagische Quadrat aus Abbildung 2.32.

47	60	49	38	24	29	3	10
5	18	27	16	36	41	55	62
56	35	42	61	17	28	6	15
30	9	4	23	37	48	50	59
19	53	13	43	58	2	32	40
12	46	22	52	63	7	25	33
57	31	39	1	14	54	44	20
34	8	64	26	11	51	45	21

a) semi-bimagisches Quadrat

49	38	10	3	29	24	60	47
27	16	62	55	41	36	18	5
39	1	20	44	54	14	31	57
64	26	21	45	51	11	8	34
13	43	40	32	2	58	53	19
22	52	33	25	7	63	46	12
42	61	15	6	28	17	35	56
4	23	59	50	48	37	9	30

b) bimagisches Quadrat

Abb. 2.32 Bimagisches Quadrat der Ordnung $n = 8$ (Coccoz, Beispiel 6)

Ausgehend von diesem bimagischen Quadrat gibt Coccoz weitere Möglichkeiten von Vertauschungen an, die zu weiteren bimagischen Quadraten führen. Besitzen diese

Quadrate außer den bekannten Zahlenpaaren wie beispielsweise 33 - 97, 64 - 66 oder 65 - 65 auch völlig neue Kombinationen wie etwa 57 - 73, nennt er sie irregulär.

2.1.2 Coccoz (algebraisches Muster)

Coccoz hat 1894 ein algebraisches Muster vorgestellt, mit dem sich bimagische Quadrate der Ordnung $n = 8$ erzeugen lassen.[6]

DR	dq	cQ	Bs	Cr	bP	ap	AS
cS	Cp	DP	ar	ds	AQ	Bq	bR
bp	BS	As	dQ	aP	Dr	CR	cq
dP	Ds	CS	bq	cp	BR	Ar	aQ
Aq	aR	br	CP	BQ	cs	dS	Dp
CQ	cr	dR	Ap	Dq	aS	bs	BP
Br	bQ	aq	DS	AR	dp	cP	Cs
as	AP	Bp	cR	bS	Cq	DQ	dr

Abb. 2.33 Algebraisches Muster

Die den Buchstaben zugeordneten Zahlen müssen dabei zwei Bedingungen erfüllen. Zunächst müssen die zueinandergehörenden Groß- und Kleinbuchstaben addiert jeweils die Summe 7 ergeben.

$$A + a = B + b = C + c + D + d = P + p = Q + q = R + r = S + s = 7$$

Zusätzlich müssen noch folgende Gleichheiten gelten:

$$A + D + b + c = a + d + B + C = 14$$
$$P + S + q + r = p + s + Q + R = 14$$

Diese Bedingungen lassen sich nur durch die beiden Zahlengruppen $0, 3, 5, 6$ und $1, 2, 4, 7$ realisieren. Mit dieser Wahl lässt sich gleichzeitig auch die bimagische Eigenschaft erzielen, denn diese beiden Zahlengruppen sind für die Zahlen $0, 1, \dots, 7$ die beiden einzigen Kombinationen, für die sowohl die Summe der Zahlen als auch die Summe der Quadrate gleich ist.

$$0 + 3 + 5 + 6 = 1 + 2 + 4 + 7$$
$$0^2 + 3^2 + 5^2 + 6^2 = 1^2 + 2^2 + 4^2 + 7^2$$

[6] Coccoz [109] S. 173 – 174

Wählt man etwa die Belegung

Belegung															
a	b	c	d	D	C	B	A	p	q	r	s	S	R	Q	P
6	2	4	0	7	3	5	1	6	7	2	3	4	5	0	1

Abb. 2.34 Mögliche Belegung für ein bimagisches Quadrat

erkennt man, dass die gestellten Bedingungen erfüllt sind. Zunächst sind den zueinandergehörenden Groß- und Kleinbuchstaben immer komplementäre Zahlen bezüglich 7 zugeordnet. Weiterhin werden den 16 Buchstaben auch gültige Zahlen aus den beiden Zahlengruppen zugeordnet.

$$A + D + b + c = a + d + B + C = 14 \qquad 1 + 7 + 2 + 4 = 6 + 0 + 5 + 3 = 14$$
$$P + S + q + r = p + s + Q + R = 14 \qquad 1 + 4 + 7 + 2 = 6 + 3 + 0 + 5 = 14$$

Mit dieser Belegung ergibt sich dann das bimagische Quadrat aus Abbildung 2.35. Wie alle bimagischen Quadrate, die sich mit diesem algebraischen Muster erzeugen lassen, ist auch dieses Quadrat symmetrisch und besitzt trimagische Diagonalen.

62	8	33	44	27	18	55	13
37	31	58	51	4	9	48	22
23	45	12	1	50	59	30	40
2	60	29	24	39	46	11	49
16	54	19	26	41	36	5	63
25	35	6	15	64	53	20	42
43	17	56	61	14	7	34	28
52	10	47	38	21	32	57	3

Abb. 2.35 Bimagisches Quadrat der Ordnung $n = 8$ (Coccoz, Beispiel 1)

Insgesamt existieren 320 verschiedene Belegungen für dieses algebraische Muster, mit denen bimagische Quadrate erstellt werden können. Für das Beispiel in Abbildung 2.36 ist eine andere Belegung gewählt worden.

Belegung															
a	b	c	d	D	C	B	A	p	q	r	s	S	R	Q	P
2	3	0	1	6	7	4	5	2	6	3	7	0	4	1	5

53	15	2	40	60	30	19	41
1	59	54	20	16	42	39	29
27	33	48	10	22	52	61	7
14	56	57	31	3	37	44	18
47	21	28	62	34	8	9	51
58	4	13	43	55	17	32	38
36	26	23	49	45	11	6	64
24	46	35	5	25	63	50	12

Abb. 2.36 Bimagisches Quadrat der Ordnung $n = 8$ (Coccoz, Beispiel 2)

2.1.3 Rilly

Rilly hat 1901 eine Methode zur Konstruktion bimagischer Quadrate der Ordnung $n = 8$ vorgestellt.[7] Dabei benutzt er zwei Halbgeneratoren, einen für die oberen vier und einen für die unteren vier Zeilen eines Quadrates. Jede Zeile der Halbgeneratoren besteht aus einer bimagische Reihe und enthält daher vier gerade und vier ungerade Zahlen.

Für die oberen Halbgeneratoren benutzt Rilly

- 16 gerade Zahlen aus den Bereichen 50 bis 64 und 2 bis 16
- 16 ungerade Zahlen aus dem Bereich 17 bis 47

Dabei enthält jede Zeile dieser Halbgeneratoren jeweils zwei Zahlen aus den beiden Bereichen 50 bis 64 und 2 bis 16 sowie vier ungerade Zahlen. Zwei Beispiele dieser Halbgeneratoren sind in Tabelle 2.12 dargestellt. Neben der Kennnummer verwendet Rilly die Kennzeichnung s für die oberen Halbgeneratoren (supérieur).

Generator 4s							
64	52	14	2	37	35	31	25
62	50	16	4	45	39	27	17
60	56	10	6	43	33	29	23
58	54	12	8	47	41	21	19

Generator 48s							
64	50	10	8	43	37	29	19
62	52	12	6	47	33	25	23
60	54	14	4	41	39	31	17
58	56	16	2	45	35	27	21

Tab. 2.12 Zwei Halbgeneratoren für die oberen vier Zeilen

[7] Rilly [488], siehe auch Coccoz [112]

Für die unteren Halbgeneratoren verbleiben damit die folgenden 32 Zahlen:

- 16 gerade Zahlen aus dem Bereich 18 bis 48
- 16 ungerade Zahlen aus den Bereichen 1 bis 15 und 49 bis 63

Entsprechend enthält hier jede Zeile jeweils zwei Zahlen aus den beiden Bereichen 49 bis 63 und 1 bis 15 sowie vier gerade Zahlen. Für diese Halbgeneratoren verwendet Rilly neben der Kennnummer die Kennzeichnung i (inférieur).

Generator 6i							
48	38	26	20	61	49	15	3
46	44	24	18	57	53	11	7
42	36	32	22	59	55	9	5
40	34	30	28	63	51	13	1

Generator 18i							
48	34	30	20	59	53	9	7
46	36	32	18	57	55	11	5
44	38	26	24	63	49	13	3
42	40	28	22	61	51	15	1

Tab. 2.13 Zwei Halbgeneratoren für die unteren vier Zeilen

Rilly hat insgesamt 50 obere und 50 untere Halbgeneratoren angegeben, die zu insgesamt 2500 Generatoren der Ordnung $n = 8$ kombiniert werden können. Zwei Beispiele sind in Abbildung 2.37 angegeben.

64	50	14	4	45	33	27	23
62	52	16	2	41	37	31	19
60	54	10	8	47	35	25	21
58	56	12	6	43	39	29	17
48	36	26	22	57	55	11	5
46	34	28	24	61	51	15	1
44	40	30	18	59	53	9	7
42	38	32	20	63	49	13	3

a) Generator 7s - 15i

64	50	14	4	43	37	25	23
62	52	16	2	41	39	27	21
60	58	8	6	35	33	31	29
56	54	12	10	47	45	19	17
48	46	20	18	55	53	11	9
44	38	26	24	63	49	13	3
42	40	28	22	61	51	15	1
36	34	32	30	59	57	7	5

b) Generator 12s - 1i

Abb. 2.37 Zwei vollständige Generatoren von Rilly

Bei allen Generatoren fällt u. a. auf, dass die zu $n^2 + 1 = 65$ komplementären Zahlen der oberen Hälfte in der unteren Hälfte liegen und umgekehrt.

Aus einem Generator wird ein semi-bimagisches Quadrat erzeugt, indem die Zahlen innerhalb der Zeilen so vertauscht werden, dass auch die Spalten bimagisch werden. Um die Anzahl der Möglichkeiten einzuschränken, werden zunächst die acht Zahlen aus den beiden linken Spalten des oberen Halbgenerators innerhalb der Zeilen auf die oberen Diagonalenhälften getauscht.

64	50	14	4	43	37	25	23
62	52	16	2	41	39	27	21
60	58	8	6	35	33	31	29
56	54	12	10	47	45	19	17
48	46	20	18	55	53	11	9
44	38	26	24	63	49	13	3
42	40	28	22	61	51	15	1
36	34	32	30	59	57	7	5

a) Generator 12s - 1i

64	23	14	4	43	37	25	50
27	62	16	2	41	39	52	21
8	33	60	6	35	58	31	29
10	47	12	56	54	45	19	17
48	46	20	18	55	53	11	9
44	38	26	24	63	49	13	3
42	40	28	22	61	51	15	1
36	34	32	30	59	57	7	5

b) Basiszahlen auf den Diagonalen

Abb. 2.38 Anordnung der Basiszahlen für den Generator 12s - 1i

Für diese acht Basiszahlen werden dann unter allen 38 039 bimagischen Reihen diejenigen gesucht, deren Zahlen unabhängig von der Position in allen acht Zeilen des Quadrates vorkommen. Eine Liste mit allen bimagischen Reihen für die auf den Diagonalenhälften liegenden Basiszahlen 64, 62, 60, 56, 54, 58, 52 und 50 ist in Tabelle 2.14 gegeben. In dieser Tabelle wird in der rechten Spalte auch angegeben, welche dieser Reihen für die ersten beiden aufgeführten Beispiele benutzt werden.

Basiszahl	bimagische Reihe	Beispiel
64	64 57 38 35 21 20 15 10	1
	64 53 41 36 26 19 15 6	
	64 51 45 34 26 21 11 8	
	64 51 41 38 29 18 12 7	2
	64 49 40 39 33 18 10 7	
62	62 61 34 33 24 23 12 11	
	62 59 40 33 23 18 13 12	1
	62 59 40 31 25 20 13 10	
	62 55 43 34 28 17 13 8	
	62 53 43 30 29 28 12 3	
	62 53 37 36 35 22 12 3	
	62 49 47 36 28 23 9 6	
	62 49 43 40 31 20 10 5	2
60	61 60 39 34 24 17 14 11	1
	61 60 39 32 26 19 14 9	
	60 59 40 39 18 17 14 13	
	60 55 45 34 25 22 16 3	2
	60 55 41 38 30 17 15 4	
	60 49 45 40 30 23 11 2	

Basiszahl	bimagische Reihe	Beispiel
56	61 56 44 33 27 18 14 7	
	59 56 46 33 26 21 15 4	2
	59 56 42 37 29 18 16 3	
	57 56 48 31 26 25 15 2	
	56 51 46 39 33 26 5 4	
	56 49 46 43 29 28 7 2	1
54	63 54 42 35 25 20 16 5	
	61 54 44 30 29 27 11 4	
	61 54 38 36 35 21 11 4	
	57 54 48 35 28 23 13 2	2
	57 54 44 39 31 20 14 1	
	54 53 42 41 32 31 4 3	
	54 51 48 41 31 26 5 4	1
58	63 58 37 36 22 19 16 9	1
	58 55 47 32 26 25 16 1	
	58 53 47 36 27 24 14 1	2
	58 53 43 40 32 19 13 2	
	58 51 47 38 32 21 9 4	
52	63 52 46 33 25 22 12 7	
	63 52 42 37 30 17 11 8	2
	57 52 48 37 31 22 10 3	
	55 52 45 40 34 25 6 3	
	53 52 47 42 32 25 6 3	1
	52 51 48 47 26 25 6 5	
50	63 50 40 39 34 17 9 8	
	61 50 48 35 27 24 10 5	
	61 50 44 39 32 19 9 6	2
	59 50 46 39 29 24 12 1	
	55 50 45 44 30 27 8 1	1

Tab. 2.14 Mögliche bimagische Reihen für die Spalten

Die linke Spalte enthält mit 64 eine der acht Basiszahlen, für deren Spalte fünf bimagische Reihen zur Auswahl stehen. In diesem Beispiel wird die Reihe mit den Zahlen

64 57 38 35 21 20 15 10

gewählt, die nur noch umgeordnet werden muss. Dies ist kein Problem, da diese Reihen so ausgesucht worden sind, dass ihre Zahlen in den Quadratzeilen vorhanden sind.

Man erkennt im Generator, dass die Zahlen 64 und 10 bereits in der linken Spalte auftreten In den anderen sechs Zeilen werden in jeder Zeile jeweils zwei Zahlen so vertauscht, dass die Zahlen der gewählten Reihe in der linken Spalte vertreten sind.

Dazu müssen die Zahlenpaare 21 und 27, 35 und 8, 20 und 48, 38 und 44, 15 und 42 sowie 57 und 36 so vertauscht werden, wie es in Abbildung 2.39a zu erkennen ist. Mit diesen Vertauschungen entspricht die linke Spalte der gewählten Reihe und ist damit bimagisch.

Für die zweite Spalte mit der bereits vorgegebenen Basiszahl 62 stehen sogar acht bimagische Reihen zur Auswahl. In diesem Beispiel ist die Reihe mit den Zahlen

62 59 40 33 23 18 13 12

ausgewählt worden, da mit 23, 33, 40 und 62 bereits vier Zahlen in dieser Spalte vorhanden sind. Jetzt müssen nur noch die Zahlenpaare 12 und 47, 18 und 46, 13 und 44 sowie 59 und 34 vertauscht werden, damit wie in Abbildung 2.39b alle Zahlen der gewählten bimagischen Reihe in der zweiten Spalte vertreten sind.

64	23	14	4	43	37	25	50
21	62	16	2	41	39	52	27
35	33	60	6	8	58	31	29
10	47	12	56	54	45	19	17
20	46	48	18	55	53	11	9
38	44	26	24	63	49	13	3
15	40	28	22	61	51	42	1
57	34	32	30	59	36	7	5

a) Spalte 1

64	23	14	4	43	37	25	50
21	62	16	2	41	39	52	27
35	33	60	6	8	58	31	29
10	12	47	56	54	45	19	17
20	18	48	46	55	53	11	9
38	13	26	24	63	49	44	3
15	40	28	22	61	51	42	1
57	59	32	30	34	36	7	5

b) Spalte 2

64	23	14	4	43	37	25	50
21	62	39	2	41	16	52	27
35	33	60	6	8	58	31	29
10	12	17	56	54	45	19	47
20	18	11	46	55	53	48	9
38	13	24	26	63	49	44	3
15	40	61	22	28	51	42	1
57	59	34	30	32	36	7	5

c) Spalte 3

64	23	14	43	4	37	25	50
21	62	39	2	41	16	52	27
35	33	60	29	8	58	31	6
10	12	17	56	54	45	19	47
20	18	11	46	55	53	48	9
38	13	24	49	63	26	44	3
15	40	61	28	22	51	42	1
57	59	34	7	32	36	30	5

d) Spalte 4

Entsprechend verfährt man mit den weiteren Spalten. In Tabelle 2.14 ist angegeben, welche der möglichen bimagischen Reihen für das erste Beispiel gewählt worden sind. Allerdings führt nicht jede Kombination der zur Auswahl stehenden Reihen zu einem semi-bimagischen Quadrat. Eine geeignete Kombination kann man wie Rilly nur durch Probieren finden.

64	23	14	43	4	37	25	50
21	62	39	2	41	16	52	27
35	33	60	29	31	58	8	6
10	12	17	56	54	45	19	47
20	18	11	46	48	53	55	9
38	13	24	49	26	63	44	3
15	40	61	28	51	22	42	1
57	59	34	7	5	36	30	32

e) Spalte 5

64	23	14	43	4	37	25	50
21	62	39	2	41	16	52	27
35	33	60	29	31	58	8	6
10	12	17	56	54	19	45	47
20	18	11	46	48	9	55	53
38	13	24	49	26	63	44	3
15	40	61	28	51	22	42	1
57	59	34	7	5	36	30	32

f) Spalte 6

Abb. 2.39 Konstruktion eines semi-bimagischen Quadrates aus dem Generator 12s - 1i

In diesem Beispiel ist die Auswahl allerdings erfolgreich und nach Anordnung der Zahlen in Spalte 7 ergeben die verbliebenen Zahlen in Spalte 8 automatisch eine bimagische Reihe.

64	23	14	43	4	37	25	50
21	62	39	2	41	16	52	27
35	33	60	29	31	58	6	8
10	12	17	56	54	19	47	45
20	18	11	46	48	9	53	55
38	13	24	49	26	63	3	44
15	40	61	28	51	22	42	1
57	59	34	7	5	36	32	30

a) Spalten 7 und 8

Abb. 2.40 Semi-bimagisches Quadrat aus dem Generator 12s-1i

Dieses semi-bimagische Quadrat muss jetzt noch in ein bimagisches umgewandelt werden. Dazu müssen unter den 38 039 bimagischen Reihen zwei passende gefunden werden, um durch das Vertauschen von Zeilen und Spalten ein bimagisches Quadrat zu erzeugen. Dazu können beispielsweise die beiden bimagischen Reihen aus Tabelle 2.15 benutzt werden.

Diagonale 1	2 9 24 31 40 47 50 57
Diagonale 2	5 14 19 28 35 44 53 62

Tab. 2.15 Bimagische Reihen für die Diagonalen

In Abbildung 2.41a erkennt man, dass in jeder Zeile und Spalte des semi-bimagischen Quadrates jeweils eine Zahl der beiden für die Diagonalen vorgesehenen magischen Reihen vorhanden ist. Deshalb kann man die Zeilen und Spalten so vertauschen, dass die entsprechenden Zahlen wie im bimagischen Quadrat der Abbildung 2.41b auf den Diagonalen liegen.

64	23	14	43	4	37	25	50
21	62	39	2	41	16	52	27
35	33	60	29	31	58	6	8
10	12	17	56	54	19	47	45
20	18	11	46	48	9	53	55
38	13	24	49	26	63	3	44
15	40	61	28	51	22	42	1
57	59	34	7	5	36	32	30

a) semi-bimagisches Quadrat

50	43	4	25	37	64	23	14
27	2	41	52	16	21	62	39
8	29	31	6	58	35	33	60
45	56	54	47	19	10	12	17
55	46	48	53	9	20	18	11
30	7	5	32	36	57	59	34
1	28	51	42	22	15	40	61
44	49	26	3	63	38	13	24

b) bimagisches Quadrat

Abb. 2.41 Bimagisches Quadrat der Ordnung $n = 8$ (Rilly, Beispiel 1)

Beispiel 2

Ein zweites Beispiel geht ebenfalls vom Generator 12s - 1i aus, wobei allerdings andere bimagische Reihen für die Spalten ausgewählt werden. Die prinzipiell möglichen bimagischen Reihen für die auf den Diagonalenhälften liegenden Basiszahlen sind in Tabelle 2.14 aufgeführt.

64	50	14	4	43	37	25	23
62	52	16	2	41	39	27	21
60	58	8	6	35	33	31	29
56	54	12	10	47	45	19	17
48	46	20	18	55	53	11	9
44	38	26	24	63	49	13	3
42	40	28	22	61	51	15	1
36	34	32	30	59	57	7	5

a) Generator 12s - 1i

64	23	14	4	43	37	25	50
27	62	16	2	41	39	52	21
8	33	60	6	35	58	31	29
10	47	12	56	54	45	19	17
48	46	20	18	55	53	11	9
44	38	26	24	63	49	13	3
42	40	28	22	61	51	15	1
36	34	32	30	59	57	7	5

b) Basiszahlen auf den Diagonalen

Mit diesen Änderungen ergeben sich völlig andere Vertauschungen und damit auch ein anderes semi-bimagisches Quadrat, dessen Konstruktion in Abbildung 2.42 detailliert dargestellt ist.

64	23	14	4	43	37	25	50
41	62	16	2	27	39	52	21
29	33	60	6	35	58	31	8
12	47	10	56	54	45	19	17
18	46	20	48	55	53	11	9
38	44	26	24	63	49	13	3
51	40	28	22	61	42	15	1
7	34	32	30	59	57	36	5

c) Spalte 1

64	43	14	4	23	37	25	50
41	62	16	2	27	39	52	21
29	31	60	6	35	58	33	8
12	10	47	56	54	45	19	17
18	20	46	48	55	53	11	9
38	49	26	24	63	44	13	3
51	40	28	22	61	42	15	1
7	5	32	30	59	57	36	34

d) Spalte 2

64	43	25	4	23	37	14	50
41	62	16	2	27	39	52	21
29	31	60	6	35	58	33	8
12	10	45	56	54	47	19	17
18	20	55	48	46	53	11	9
38	49	3	24	63	44	13	26
51	40	22	28	61	42	15	1
7	5	34	30	59	57	36	32

e) Spalte 3

64	43	25	4	23	37	14	50
41	62	16	21	27	39	52	2
29	31	60	33	35	58	6	8
12	10	45	56	54	47	19	17
18	20	55	46	48	53	11	9
38	49	3	26	63	44	13	24
51	40	22	15	61	42	28	1
7	5	34	59	30	57	36	32

f) Spalte 4

64	43	25	4	23	37	14	50
41	62	16	21	2	39	52	27
29	31	60	33	35	58	6	8
12	10	45	56	54	47	19	17
18	20	55	46	48	53	11	9
38	49	3	26	13	44	63	24
51	40	22	15	28	42	61	1
7	5	34	59	57	30	36	32

g) Spalte 5

64	43	25	4	23	14	37	50
41	62	16	21	2	27	52	39
29	31	60	33	35	58	6	8
12	10	45	56	54	47	19	17
18	20	55	46	48	53	11	9
38	49	3	26	13	24	63	44
51	40	22	15	28	1	61	42
7	5	34	59	57	36	30	32

h) Spalte 6

64	43	25	4	23	14	37	50
41	62	16	21	2	27	52	39
29	31	60	33	35	58	8	6
12	10	45	56	54	47	17	19
18	20	55	46	48	53	11	9
38	49	3	26	13	24	63	44
51	40	22	15	28	1	42	61
7	5	34	59	57	36	30	32

i) Spalten 7 und 8

Abb. 2.42 Zweites semi-bimagisches Quadrat aus dem Generator 12s - 1i

Um aus diesem semi-magischen Quadrat ein bimagisches zu erstellen, müssen wie im ersten Beispiel wieder zwei geeignete bimagische Reihen gewählt werden. Diese Reihen müssen so aufgebaut sein, dass in jeder Zeile und jeder Spalte immer nur eine Zahl dieser Reihen auftritt.

Diagonale 1	11 12 23 24 33 34 61 62
Diagonale 2	13 14 17 18 39 40 59 60

In Abbildung 2.43a ist zu erkennen, dass die Zahlen dieser beiden Reihen wie gefordert auf die Zeilen und Spalten des semi-bimagischen Quadrates verteilt sind. Deshalb kann man die Zeilen und Spalten des semi-bimagischen Quadrates so vertauschen, dass die entsprechenden Zahlen auf den Diagonalen liegen und das bimagische Quadrat aus Abbildung 2.43b entsteht.

64	43	25	4	23	14	37	50
41	62	16	21	2	27	52	39
29	31	60	33	35	58	8	6
12	10	45	56	54	47	17	19
18	20	55	46	48	53	11	9
38	49	3	26	13	24	63	44
51	40	22	15	28	1	42	61
7	5	34	59	57	36	30	32

a) semi-bimagisches Quadrat

23	43	4	64	37	25	50	14
2	62	21	41	52	16	39	27
35	31	33	29	8	60	6	58
54	10	56	12	17	45	19	47
48	20	46	18	11	55	9	53
57	5	59	7	30	34	32	36
28	40	15	51	42	22	61	1
13	49	26	38	63	3	44	24

b) bimagisches Quadrat

Abb. 2.43 Bimagisches Quadrat der Ordnung $n = 8$ (Rilly, Beispiel 2)

Beispiel 3

Mit einem dritten Beispiel soll gezeigt werden, dass nicht nur die bisherigen Zahlen aus der linken oberen Ecke als Basiszahl dienen können. Man kann auch jede andere Gruppe von acht Zahlen wählen, wenn sie in verschiedenen Spalten liegen. In diesem Beispiel werden einfach die Zahlen der oberen Zeile als Basiszahlen gewählt, sodass man etwa das semi-bimagische Quadrat aus Abbildung 2.45a erhält.

64	50	14	4	43	37	25	23
62	52	16	2	41	39	27	21
60	58	8	6	35	33	31	29
56	54	12	10	47	45	19	17
48	46	20	18	55	53	11	9
44	38	26	24	63	49	13	3
42	40	28	22	61	51	15	1
36	34	32	30	59	57	7	5

a) Generator 12s - 1i

64	50	14	4	43	37	25	23
21	27	39	41	2	16	52	62
35	8	60	31	58	29	33	6
10	45	17	54	19	56	12	47
20	55	11	48	53	18	46	9
38	44	24	26	13	3	63	49
15	1	61	51	40	42	22	28
57	30	34	5	32	59	7	36

b) semi-bimagisches Quadrat

Abb. 2.44 Umwandlung des Generators in ein semi-bimagisches Quadrat

Jetzt sucht man wieder bimagischen Reihen für die Diagonalen, was allerdings nicht immer gewährleistet ist.

Diagonale 1	1 12 21 34 37 48 49 58
Diagonale 2	7 16 17 28 31 44 53 64

Für dieses Beispiel existieren aber zwei passende bimagische Reihen, sodass nach dem Vertauschen von Zeilen und Spalten wieder ein bimagisches Quadrat entsteht.

64	50	14	4	43	37	25	23
21	27	39	41	2	16	52	62
35	8	60	31	58	29	33	6
10	45	17	54	19	56	12	47
20	55	11	48	53	18	46	9
38	44	24	26	13	3	63	49
15	1	61	51	40	42	22	28
57	30	34	5	32	59	7	36

a) semi-bimagisches Quadrat

37	14	43	50	23	4	25	64
59	34	32	30	36	5	7	57
29	60	58	8	6	31	33	35
42	61	40	1	28	51	22	15
3	24	13	44	49	26	63	38
18	11	53	55	9	48	46	20
56	17	19	45	47	54	12	10
16	39	2	27	62	41	52	21

b) bimagisches Quadrat

Abb. 2.45 Bimagisches Quadrat der Ordnung $n = 8$ (Rilly, Beispiel 3)

Von den 2500 Generatoren, die Rilly per Hand erstellt hat, können 80 benutzt werden, um semi-bimagische Quadrate zu erzeugen. Aber nur 48 dieser Generatoren erzeugen auch semi-bimagische Quadrate, die dann durch geeignete Diagonalen auch zu bimagischen Quadraten führen.

Da sich semi-bimagische Quadrate ganz allgemein durch Permutation von Zeilen und Spalten leicht verändern lassen, lässt sich nicht so einfach erkennen, ob es sich prinzipiell um Quadrate mit gleicher Struktur handelt. Deswegen ist eine normierte Darstellung hier sehr hilfreich. Dazu vertauscht man die Zeilen und Spalten so, dass

- sich die Zahl 1 in der linken oberen Ecke befindet
- die Zahlen der oberen Zeile von links nach rechts aufsteigend angeordnet sind
- die Zahlen der linken Spalte von oben nach unten aufsteigend angeordnet sind

Insgesamt können mit der Methode von Rilly 2920 unterschiedliche semi-bimagische Quadrate konstruiert werden. Aber nur 477 von ihnen führen dann auch zu den 2543 unterschiedlichen bimagischen Quadraten, die man mit diesem Verfahren konstruieren kann. Eine genauere Untersuchung dieser Methode mit weiteren Ergebnissen findet sich in einem Artikel von Gaspalou.[8]

Aus jedem dieser normierten bimagischen Quadrate lassen sich dann durch Vertauschungen 1536 weitere bimagische Quadrate erzeugen.[9]

Variante

Gaspalou hat die Idee der Halbgeneratoren von Rilly aufgegriffen, teilt ihnen aber andere Zahlenbereiche zu.[10] Die bimagischen Reihen des oberen Halbgenerators müssen jeweils zwei Zahlen aus den Zahlenbereichen von 1 bis 8, 25 bis 32, 41 bis 48 sowie 49 bis 56 enthalten. Da die unteren Halbgeneratoren immer die zu $n^2 + 1 = 65$ komplementären Zahlen enthalten, müssen in deren bimagischen Reihen jeweils zwei Zahlen aus den Bereichen 9 bis 16, 17 bis 24, 33 bis 40 sowie 57 bis 64 vertreten sein.

oberer Halbgenerator 6i							
54	51	47	42	29	28	8	1
53	52	48	41	30	27	7	2
56	49	45	44	31	26	6	3
55	50	46	43	32	25	5	4

unterer Halbgenerator 18i							
60	59	38	37	24	23	10	9
63	58	40	33	21	20	14	11
64	57	39	34	22	19	13	12
62	61	36	35	18	17	16	15

[8] Gaspalou [163]

[9] siehe Kapitel 2.1.11 zur Normierung von bimagischen Quadraten

[10] Gaspalou [161]

54	51	47	42	29	28	8	1
53	52	48	41	30	27	7	2
56	49	45	44	31	26	6	3
55	50	46	43	32	25	5	4
60	59	38	37	24	23	10	9
63	58	40	33	21	20	14	11
64	57	39	34	22	19	13	12
62	61	36	35	18	17	16	15

a) Generator

54	51	47	42	29	28	8	1
41	48	52	53	2	7	27	30
31	26	6	3	56	49	45	44
4	5	25	32	43	46	50	55
23	59	60	24	37	9	10	38
33	40	14	11	58	63	21	20
12	13	39	34	19	22	64	57
62	18	17	61	16	36	35	15

b) semi-bimagisches Quadrat

Abb. 2.46 Umwandlung des Generators in ein semi-bimagisches Quadrat

Wenn man aus dem Generator ein semi-bimagisches Quadrat erstellt hat, werden wieder zwei bimagische Reihen für die Diagonalen benötigt.

Diagonale 1	1 16 24 26 39 41 50 63
Diagonale 2	7 10 18 32 33 47 56 57

Nach dem Vertauschen von Zeilen und Spalten kann auch mit diesen Zahlenmengen wieder ein bimagisches Quadrat erstellt werden (siehe Abbildung 2.47).

54	51	47	42	29	28	8	1
41	48	52	53	2	7	27	30
31	26	6	3	56	49	45	44
4	5	25	32	43	46	50	55
23	59	60	24	37	9	10	38
33	40	14	11	58	63	21	20
12	13	39	34	19	22	64	57
62	18	17	61	16	36	35	15

a) semi-bimagisches Quadrat

1	54	51	8	42	29	28	47
30	41	48	27	53	2	7	52
44	31	26	45	3	56	49	6
55	4	5	50	32	43	46	25
38	23	59	10	24	37	9	60
15	62	18	35	61	16	36	17
20	33	40	21	11	58	63	14
57	12	13	64	34	19	22	39

b) bimagisches Quadrat

Abb. 2.47 Bimagisches Quadrat der Ordnung $n = 8$ (Rilly, Variante 1)

Mit diesen beiden Zahlenmengen der Halbgeneratoren lassen sich insgesamt 2212 unterschiedliche bimagische Quadrate erzeugen, die von den 2543 Quadraten verschieden sind, die mit den Generatoren von Rilly erzeugt werden. Aus jedem dieser normierten bimagischen Quadrate lassen sich dann durch Vertauschungen 1536 weitere bimagische Quadrate erzeugen.

Man kann die Rolle der beiden Halbgeneratoren auch vertauschen, wie es in Abbildung 2.48 geschehen ist. Allerdings werden dadurch keine weiteren unterschiedlichen bimagischen Quadrate erzeugt.

64	57	39	34	21	20	14	11
63	58	40	33	22	19	13	12
62	59	37	36	23	18	16	9
61	60	38	35	24	17	15	10
56	49	47	42	29	28	6	3
55	50	48	41	30	27	5	4
54	51	45	44	31	26	8	1
53	52	46	43	32	25	7	2

a) Generator

64	57	39	34	21	20	14	11
13	19	22	12	40	58	63	33
18	37	9	62	59	16	36	23
35	15	60	24	10	38	17	61
42	56	49	47	3	29	28	6
27	30	4	5	50	55	41	48
8	44	31	51	45	1	54	26
53	2	46	25	32	43	7	52

b) semi-bimagisches Quadrat

57	20	14	64	39	21	11	34
19	58	63	13	22	40	33	12
37	16	36	18	9	59	23	62
15	38	17	35	60	10	61	24
44	1	54	8	31	45	26	51
2	43	7	53	46	32	52	25
56	29	28	42	49	3	6	47
30	55	41	27	4	50	48	5

c) bimagisches Quadrat

Abb. 2.48 Bimagisches Quadrat der Ordnung $n = 8$ (Rilly, Variante 2)

2.1.4 Tarry

Gaston Tarry stellte 1903 ein algebraisches Muster vor, mit dem sich pandiagonale bimagische Quadrate erzeugen lassen.[11] Tabelle 2.16 zeigt jeweils in den oberen Zeilen das Muster für das erste und in den unteren Zeilen das Muster für das zweite Hilfsquadrat.

[11] Tarry [554]

a p+r	b-c q-r+s	b+d p	a+c+d q+s	b p+r+s	a+c q-r	a+d p+s	b-c+d q
b p	a+c q+s	a+d p+r	b-c+d q-r+s	a p+s	b-c q	b+d p+r+s	a+c+d q-r
a+c+d p+r+s	b+d q-r	b-c p+s	a q	b-c+d p+r	a+d q-r+s	a+c p	b q+s
b-c+d p+s	a+d q	a+c p+r+s	b q-r	a+c+d p	b+d q+s	b-c p+r	a q-r+s
a+d q-r	b-c+d p+r+s	b q	a+c p+s	b+d q-r+s	a+c+d p+r	a q+s	b-c p
b+d q	a+c+d p+s	a q-r	b-c p+r+s	a+d q+s	b-c+d p	b q-r+s	a+c p+r
a+c q-r+s	b p+r	b-c+d q+s	a+d p	b-c q-r	a p+r+s	a+c+d q	b+d p+s
b-c q+s	a p	a+c+d q-r+s	b+d p+r	a+c q	b p+s	b-c+d q-r	a+d p+r+s

Tab. 2.16 Algebraisches Muster von Tarry

Wählt man etwa die Belegung

a	b	c	d	p	q	r	s
2	3	2	4	3	5	4	1

erhält man die beiden Hilfsquadrate aus Abbildung 2.49.

2	1	7	8	3	4	6	5
3	4	6	5	2	1	7	8
8	7	1	2	5	6	4	3
5	6	4	3	8	7	1	2
6	5	3	4	7	8	2	1
7	8	2	1	6	5	3	4
4	3	5	6	1	2	8	7
1	2	8	7	4	3	5	6

a) Hilfsquadrat 1: a b c d

7	2	3	6	8	1	4	5
3	6	7	2	4	5	8	1
8	1	4	5	7	2	3	6
4	5	8	1	3	6	7	2
1	8	5	4	2	7	6	3
5	4	1	8	6	3	2	7
2	7	6	3	1	8	5	4
6	3	2	7	5	4	1	8

b) Hilfsquadrat 2: p q r s

Abb. 2.49 Zwei Hilfsquadrate aus dem algebraischen Muster von Tarry

Da es sich bei diesen beiden Hilfsquadraten um diagonale lateinische Quadrate handelt, lässt sich hieraus leicht ein magisches Quadrat erzeugen. Dazu wählt man etwa das zweite Hilfsquadrat, dekrementiert alle Zahlen und multipliziert sie dann mit der Ordnung des Quadrates, also 8. Wenn man hierzu die Zahlen aus dem ersten Hilfsquadrat hinzuaddiert, entsteht das pandiagonale bimagische Quadrat mit trimagischen Diagonalen aus Abbildung 2.50.

50	9	23	48	59	4	30	37
19	44	54	13	26	33	63	8
64	7	25	34	53	14	20	43
29	38	60	3	24	47	49	10
6	61	35	28	15	56	42	17
39	32	2	57	46	21	11	52
12	51	45	22	1	58	40	31
41	18	16	55	36	27	5	62

Abb. 2.50 Pandiagonales bimagisches Quadrat der Ordnung $n = 8$ (Tarry)

Bouteloup hat dieses algebraische Muster näher untersucht[12] und festgestellt, dass pandiagonale bimagische Quadrate entstehen, wenn folgende Bedingung erfüllt ist:

$$r \cdot (a - b) = c \cdot (p - q)$$

Insgesamt existieren 320 geeignete Kombinationen der acht Parameter, mit denen sich 320 unterschiedliche pandiagonale bimagische Quadrate erzeugen lassen. Eine genauere Untersuchung zeigt aber dann, dass nur 80 von ihnen wirklich verschieden sind und die restlichen sich durch Spiegelungen oder Drehungen aus ihnen ergeben.

Es lassen sich weitere bimagische Quadrate erstellen, wenn man die Bedeutung der beiden Hilfsquadrate umkehrt. Dazu sei dieses Mal eine Belegung gewählt, die auch negative Parameter enthält.

Belegung	
a=3	p=7
b=5	q=6
c=−2	r=1
d=1	s=−4

Mit dieser Belegung erhält man die beiden Hilfsquadrate aus Abbildung 2.51.

[12] Bouteloup [50] S. 151 – 154

3	7	6	2	5	1	4	8
5	1	4	8	3	7	6	2
2	6	7	3	8	4	1	5
8	4	1	5	2	6	7	3
4	8	5	1	6	2	3	7
6	2	3	7	4	8	5	1
1	5	8	4	7	3	2	6
7	3	2	6	1	5	8	4

a) Hilfsquadrat 1: a b c d

8	1	7	2	4	5	3	6
7	2	8	1	3	6	4	5
4	5	3	6	8	1	7	2
3	6	4	5	7	2	8	1
5	4	6	3	1	8	2	7
6	3	5	4	2	7	1	8
1	8	2	7	5	4	6	3
2	7	1	8	6	3	5	4

b) Hilfsquadrat 2: p q r s

Abb. 2.51 Zwei Hilfsquadrate

Bei diesem veränderten Vorgehen wird jetzt das erste Hilfsquadrat gewählt, dessen Zahlen dekrementiert und dann noch mit 8 multipliziert werden. Wenn man hierzu jetzt die Werte des zweiten Hilfsquadrates hinzuaddiert, entsteht das pandiagonale bimagische Quadrat mit trimagischen Diagonalen aus Abbildung 2.52.

24	49	47	10	36	5	27	62
39	2	32	57	19	54	44	13
12	45	51	22	64	25	7	34
59	30	4	37	15	42	56	17
29	60	38	3	41	16	18	55
46	11	21	52	26	63	33	8
1	40	58	31	53	20	14	43
50	23	9	48	6	35	61	28

Abb. 2.52 Pandiagonales bimagisches Quadrat der Ordnung $n = 8$ (Tarry, Variante)

Auch diese Variante liefert 320 unterschiedliche Quadrate, von denen 80 wirklich verschieden sind. Diese 80 bimagischen Quadrate sind aber unterschiedlich von den 80 Quadraten, die mit dem zuerst beschriebenen Verfahren erzeugt wurden. Damit lassen sich mit dem algebraischen Muster von Tarry insgesamt 160 unterschiedliche pandiagonale bimagische Quadrate mit trimagischen Diagonalen konstruieren.

Algebraische Muster

Ein Jahr später stellte Tarry insgesamt 10 weitere algebraische Muster vor, die bei geeigneten Belegungen diagonale lateinische Quadrate erzeugen, aus denen dann pandiagonale bimagische Quadrate erstellt werden können.[13]

[13] Tarry [555]

In Tabelle 2.17 ist beispielsweise das Muster dargestellt, welches Tarry als Muster 1 bezeichnete.[14]

<table>
<tr><td>b-c+d
c·p-r·(a-b)</td><td>a+c
c·p+c·r</td><td>b+d
c·p+c·s</td><td>a
c·p-r·x+c·s</td><td>a+c+d
c·p-r·(a-b)+c·s</td><td>b-c
c·p+c·r+c·s</td><td>a+d
c·p</td><td>b
c·p-r·x</td></tr>
<tr><td>a
c·p-r·(a-b)+c·s</td><td>b+d
c·p+c·r+c·s</td><td>a+c
c·p</td><td>b-c+d
c·p-r·x</td><td>b
c·p-r·(a-b)</td><td>a+d
c·p+c·r</td><td>b-c
c·p+c·s</td><td>a+c+d
c·p-r·x+c·s</td></tr>
<tr><td>a+c+d
c·p+c·r</td><td>b-c
c·p-r·(a-b)</td><td>a+d
c·p-r·x+c·s</td><td>b
c·p+c·s</td><td>b-c+d
c·p+c·r+c·s</td><td>a+c
c·p-r·(a-b)+c·s</td><td>b+d
c·p-r·x</td><td>a
c·p</td></tr>
<tr><td>b
c·p+c·r+c·s</td><td>a+d
c·p-r·(a-b)+c·s</td><td>b-c
c·p-r·x</td><td>a+c+d
c·p</td><td>a
c·p+c·r</td><td>b+d
c·p-r·(a-b)</td><td>a+c
c·p-r·x+c·s</td><td>b-c+d
c·p+c·s</td></tr>
<tr><td>b-c
c·p</td><td>a+c+d
c·p-r·x</td><td>b
c·p-r·(a-b)+c·s</td><td>a+d
c·p+c·r+c·s</td><td>a+c
c·p+c·s</td><td>b-c+d
c·p-r·x+c·s</td><td>a
c·p-r·(a-b)</td><td>b+d
c·p+c·r</td></tr>
<tr><td>a+d
c·p+c·s</td><td>b
c·p-r·x+c·s</td><td>a+c+d
c·p-r·(a-b)</td><td>b-c
c·p+c·r</td><td>b+d
c·p</td><td>a
c·p-r·x</td><td>b-c+d
c·p-r·(a-b)+c·s</td><td>a+c
c·p+c·r+c·s</td></tr>
<tr><td>a+c
c·p-r·x</td><td>b-c+d
c·p</td><td>a
c·p+c·r+c·s</td><td>b+d
c·p-r·(a-b)+c·s</td><td>b-c
c·p-r·x+c·s</td><td>a+c+d
c·p+c·s</td><td>b
c·p+c·r</td><td>a+d
c·p-r·(a-b)</td></tr>
<tr><td>b+d
c·p-r·x+c·s</td><td>a
c·p+c·s</td><td>b-c+d
c·p+c·r</td><td>a+c
c·p-r·(a-b)</td><td>a+d
c·p-r·x</td><td>b
c·p</td><td>a+c+d
c·p+c·r+c·s</td><td>b-c
c·p-r·(a-b)+c·s</td></tr>
</table>

Tab. 2.17 Algebraisches Muster von Tarry (Muster 1)

Diese Muster sind etwas komplizierter aufgebaut und erzeugen teilweise auch andere Zwischenergebnisse. Mit der Belegung

a	b	c	d	p	r	s
2	5	4	2	2	8	4

ergeben sich aus diesem algebraischen Muster die diagonalen lateinischen Quadrate aus Abbildung 2.53.

3	6	7	2	8	1	4	5
2	7	6	3	5	4	1	8
8	1	4	5	3	6	7	2
5	4	1	8	2	7	6	3
1	8	5	4	6	3	2	7
4	5	8	1	7	2	3	6
6	3	2	7	1	8	5	4
7	2	3	6	4	5	8	1

a) Hilfsquadrat 1: a b c d

32	40	24	16	48	56	8	0
48	56	8	0	32	40	24	16
40	32	16	24	56	48	0	8
56	48	0	8	40	32	16	24
8	0	48	56	24	16	32	40
24	16	32	40	8	0	48	56
0	8	56	48	16	24	40	32
16	24	40	32	0	8	56	48

b) Hilfsquadrat 2: p r s

Abb. 2.53 Diagonale lateinische Hilfsquadrate

[14] in diesem und den neun weiteren Mustern von Tarry werden mit $x = a - b + c$ und $y = p - q + r$ zwei abkürzende Variable benutzt, um die Muster übersichtlicher darstellen zu können

Während das erste Hilfsquadrat unverändert aufgebaut ist, erkennt man beim zweiten Hilfsquadrat, dass es nur aus den Vielfachen von 8 aufgebaut ist, also $0, 8, 16, \ldots, 56$. Diese beiden Hilfsquadrate werden nur noch addiert und es entsteht das pandiagonale bimagische Quadrat mit trimagischen Diagonalen aus Abbildung 2.54.

35	46	31	18	56	57	12	5
50	63	14	3	37	44	25	24
48	33	20	29	59	54	7	10
61	52	1	16	42	39	22	27
9	8	53	60	30	19	34	47
28	21	40	41	15	2	51	62
6	11	58	55	17	32	45	36
23	26	43	38	4	13	64	49

Abb. 2.54 Pandiagonales bimagisches Quadrat der Ordnung $n = 8$ (Tarry, Muster 1)

Anhand eines zweiten Beispiels wird demonstriert, dass auch negative Parameter zu einem bimagischen Quadrat führen können.

a	b	c	d	p	r	s
5	3	−4	1	−10	−4	8

Mit dieser neuen Belegung ergeben sich die diagonalen lateinischen Quadrate aus Abbildung 2.55.

8	1	4	5	2	7	6	3
5	4	1	8	3	6	7	2
2	7	6	3	8	1	4	5
3	6	7	2	5	4	1	8
7	2	3	6	1	8	5	4
6	3	2	7	4	5	8	1
1	8	5	4	7	2	3	6
4	5	8	1	6	3	2	7

a) Hilfsquadrat 1: a b c d

48	56	8	0	16	24	40	32
16	24	40	32	48	56	8	0
56	48	0	8	24	16	32	40
24	16	32	40	56	48	0	8
40	32	16	24	8	0	48	56
8	0	48	56	40	32	16	24
32	40	24	16	0	8	56	48
0	8	56	48	32	40	24	16

b) Hilfsquadrat 2: p r s

Abb. 2.55 Diagonale lateinische Hilfsquadrate

Durch Addition der beiden Hilfsquadrate ergibt sich dann das pandiagonale bimagische Quadrat mit trimagischen Diagonalen aus Abbildung 2.56.

56	57	12	5	18	31	46	35
21	28	41	40	51	62	15	2
58	55	6	11	32	17	36	45
27	22	39	42	61	52	1	16
47	34	19	30	9	8	53	60
14	3	50	63	44	37	24	25
33	48	29	20	7	10	59	54
4	13	64	49	38	43	26	23

Abb. 2.56 Pandiagonales bimagisches Quadrat der Ordnung $n = 8$ (Tarry, Muster 1)

Unterschiedliche Belegungen führen mit diesem algebraischen Muster zu insgesamt 320 pandiagonalen bimagischen Quadraten, von denen aber nur 80 wirklich verschieden sind.

Dieses Vorgehen lässt sich auf die weiteren Muster 2 bis 10 übertragen, die in den Tabellen 2.18 bis 2.20 dargestellt sind.

Allerdings weichen die Muster 7 und 8 etwas von den anderen Mustern ab, da die Parameter p, q, r und s für die Berechnung der Hilfsquadrate mit den Zahlen 1 bis 8 benutzt werden. Die Parameter a, b und c werden bei diesen beiden Mustern in Verbindung mit den anderen Parametern zur Berechnung des Hilfsquadrates mit den Zahlen $0, 8, 16, \ldots, 56$ verwendet. Ein Beispiel soll die Benutzung des abgeänderten Musters 7 verdeutlichen.

a	b	c	p	q	r	s
4	14	2	4	6	4	-1

Mit dieser Belegung werden die diagonalen lateinischen Quadrate aus Abbildung 2.57 berechnet.

40	56	16	0	24	8	32	48
24	8	32	48	40	56	16	0
0	16	56	40	48	32	8	24
48	32	8	24	0	16	56	40
32	48	24	8	16	0	40	56
16	0	40	56	32	48	24	8
8	24	48	32	56	40	0	16
56	40	0	16	8	24	48	32

a) Hilfsquadrat 1: a b c

8	1	4	5	7	2	3	6
4	5	8	1	3	6	7	2
7	2	3	6	8	1	4	5
3	6	7	2	4	5	8	1
2	7	6	3	1	8	5	4
6	3	2	7	5	4	1	8
1	8	5	4	2	7	6	3
5	4	1	8	6	3	2	7

b) Hilfsquadrat 2: p q r s

Abb. 2.57 Diagonale lateinische Hilfsquadrate

a+c c·p+c·s	b-c c·p+c·r+c·s	a+d c·p	b+d c·p+c·r	a+c+d c·p-r·(a-b)+c·s	b-c+d c·p-r·x+c·s	a c·p-r·(a-b)	b c·p-r·x
b c·p-r·(a-b)	a c·p-r·x	b-c+d c·p-r·(a-b)+c·s	a+c+d c·p-r·x+c·s	b+d c·p	a+d c·p+c·r	b-c c·p+c·s	a+c c·p+c·r+c·s
b-c+d c·p+c·r+c·s	a+c+d c·p+c·s	b c·p+c·r	a c·p	b-c c·p-r·x+c·s	a+c c·p-r·(a-b)+c·s	b+d c·p-r·x	a+d c·p-r·(a-b)
a+d c·p-r·x	b+d c·p-r·(a-b)	a+c c·p-r·x+c·s	b-c c·p-r·(a-b)+c·s	a c·p+c·r	b c·p	a+c+d c·p+c·r+c·s	b-c+d c·p+c·s
b-c c·p	a+c c·p+c·r	b+d c·p+c·s	a+d c·p+c·r+c·s	b-c+d c·p-r·(a-b)	a+c+d c·p-r·x	b c·p-r·(a-b)+c·s	a c·p-r·x+c·s
a c·p-r·(a-b)+c·s	b c·p-r·x+c·s	a+c+d c·p-r·(a-b)	b-c+d c·p-r·x	a+d c·p+c·s	b+d c·p+c·r+c·s	a+c c·p	b-c c·p+c·r
a+c+d c·p+c·r	b-c+d c·p	a c·p+c·r+c·s	b c·p+c·s	a+c c·p-r·x	b-c c·p-r·(a-b)	a+d c·p-r·x+c·s	b+d c·p-r·(a-b)+c·s
b+d c·p-r·x+c·s	a+d c·p-r·(a-b)+c·s	b-c c·p-r·x	a+c c·p-r·(a-b)	b c·p+c·r+c·s	a c·p+c·s	b-c+d c·p+c·r	a+c+d c·p

a+c c·q-c·r	a+d c·q	b-c c·p	b+d c·p+c·r	b c·q+d·r	b-c+d c·q-c·r+d·r	a c·p+c·r+d·r	a+c+d c·p+d·r
a+c+d c·p+c·r+d·r	a c·p+d·r	b-c+d c·q+d·r	b c·q-c·r+d·r	b+d c·p	b-c c·p+c·r	a+d c·q-c·r	a+c c·q
b-c+d c·q	b c·q-c·r	a+c+d c·p+c·r	a c·p	a+d c·q-c·r+d·r	a+c c·q+d·r	b+d c·p+d·r	b-c c·p+c·r+d·r
b-c c·p+d·r	b+d c·p+c·r+d·r	a+c c·q-c·r+d·r	a+d c·q+d·r	a c·p+c·r	a+c+d c·p	b c·q	b-c+d c·q-c·r
a+d c·p	a+c c·p+c·r	b+d c·q-c·r	b-c c·q	b-c+d c·p+c·r+d·r	b c·p+d·r	a+c+d c·q+d·r	a c·q-c·r+d·r
a c·q+d·r	a+c+d c·q-c·r+d·r	b c·p+c·r+d·r	b-c+d c·p+d·r	b-c c·q-c·r	b+d c·q	a+c c·p	a+d c·p+c·r
b c·p+c·r	b-c+d c·p	a c·q	a+c+d c·q-c·r	a+c c·p+d·r	a+d c·p+c·r+d·r	b-c c·q-c·r+d·r	b+d c·q+d·r
b+d c·q-c·r+d·r	b-c c·q+d·r	a+d c·p+d·r	a+c c·p+c·r+d·r	a+c+d c·q	a c·q-c·r	b-c+d c·p+c·r	b c·p

b-c+d c·p+c·r+d·r	a+c c·p+c·r	b+d c·q-c·r	a c·q-c·r+d·r	b c·q+d·r	a+d c·q	b-c c·p	a+c+d c·p+d·r
a c·q+d·r	b+d c·q	a+c c·p	b-c+d c·p+d·r	a+c+d c·p+c·r+d·r	b-c c·p+c·r	a+d c·q-c·r	b c·q-c·r+d·r
b c·p+c·r	a+d c·p+c·r+d·r	b-c c·q-c·r+d·r	a+c+d c·q-c·r	b-c+d c·q	a+c c·q+d·r	b+d c·p+d·r	a c·p
a+c+d c·q	b-c c·q+d·r	a+d c·p+d·r	b c·p	a c·p+c·r	b+d c·p+c·r+d·r	a+c c·q-c·r+d·r	b-c+d c·q-c·r
a+d c·p	b c·p+d·r	a+c+d c·q+d·r	b-c c·q	a+c c·q-c·r	b-c+d c·q-c·r+d·r	a c·p+c·r+d·r	b+d c·p+c·r
b-c c·q-c·r	a+c+d c·q-c·r+d·r	b c·p+c·r+d·r	a+d c·p+c·r	b+d c·p	a c·p+d·r	b-c+d c·q+d·r	a+c c·q
a+c c·p+d·r	b-c+d c·p	a c·q	b+d c·q+d·r	a+d c·q-c·r+d·r	b c·q-c·r	a+c+d c·p+c·r	b-c c·p+c·r+d·r
b+d c·q-c·r+d·r	a c·q-c·r	b-c+d c·p+c·r	a+c c·p+c·r+d·r	b-c c·p+d·r	a+c+d c·p	b c·q	a+d c·q+d·r

Tab. 2.18 Algebraische Muster 2 – 4

a+c c·q+x·y	b-c+d c·q	a c·p	b+d c·p+x·y	a+c+d c·p+c·r	b-c c·p+c·r+x·y	a+d c·q-c·r+x·y	b c·q-c·r
a c·p+c·r	b+d c·p+c·r+x·y	a+c c·q-c·r+x·y	b-c+d c·q-c·r	a+d c·q+x·y	b c·q	a+c+d c·p	b-c c·p+x·y
a+c+d c·p+x·y	b-c c·p	a+d c·q	b c·q+x·y	a+c c·q-c·r	b-c+d c·q-c·r+x·y	a c·p+c·r+x·y	b+d c·p+c·r
a+d c·q-c·r	b c·q-c·r+x·y	a+c+d c·p+c·r+x·y	b-c c·p+c·r	a c·p+x·y	b+d c·p	a+c c·q	b-c+d c·q+x·y
b-c c·q-c·r+x·y	a+c+d c·q-c·r	b c·p+c·r	a+d c·p+c·r+x·y	b-c+d c·p	a+c c·p+x·y	b+d c·q+x·y	a c·q
b c·p	a+d c·p+x·y	b-c c·q+x·y	a+c+d c·q	b+d c·q-c·r+x·y	a c·q-c·r	b-c+d c·p+c·r	a+c c·p+c·r+x·y
b-c+d c·p+c·r+x·y	a+c c·p+c·r	b+d c·q-c·r	a c·q-c·r+x·y	b-c c·q	a+c+d c·q+x·y	b c·p+x·y	a+d c·p
b+d c·q	a c·q+x·y	b-c+d c·p+x·y	a+c c·p	b c·p+c·r+x·y	a+d c·p+c·r	b-c c·q-c·r	a+c+d c·q-c·r+x·y

a+c c·q+x·y	a+c+d c·q-c·r	b c·p+c·r	b+d c·p+x·y	b-c c·q-c·r+x·y	b-c+d c·q	a c·p	a+d c·p+c·r+x·y
b c·p	b+d c·p+c·r+x·y	a+c c·q-c·r+x·y	a+c+d c·q	a c·p+c·r	a+d c·p+x·y	b-c c·q+x·y	b-c+d c·q-c·r
b-c+d c·p+c·r+x·y	b-c c·p	a+d c·q	a c·q-c·r+x·y	a+c+d c·p+x·y	a+c c·p+c·r	b+d c·q-c·r	b c·q+x·y
a+d c·q-c·r	a c·q+x·y	b-c+d c·p+x·y	b-c c·p+c·r	b+d c·q	b c·q-c·r+x·y	a+c+d c·p+c·r+x·y	a+c c·p
a+c+d c·p+c·r	a+c c·p+x·y	b+d c·q+x·y	b c·q-c·r	b-c+d c·p	b-c c·p+c·r+x·y	a+d c·q-c·r+x·y	a c·q
b+d c·q-c·r+x·y	b c·q	a+c+d c·p	a+c c·p+c·r+x·y	a+d c·q+x·y	a c·q-c·r	b-c+d c·p+c·r	b-c c·p+x·y
b-c c·q	b-c+d c·q-c·r+x·y	a c·p+c·r+x·y	a+d c·p	a+c c·q-c·r	a+c+d c·q+x·y	b c·p+x·y	b+d c·p+c·r
a c·p+x·y	a+d c·p+c·r	b-c c·q-c·r	b-c+d c·q+x·y	b c·p+c·r+x·y	b+d c·p	a+c c·q	a+c+d c·q-c·r+x·y

b·r+x·y p+r	b·r q-r+s	a·r p	a·r+x·y q+s	a·r+c·r p+r+s	a·r+c·r+x·y q-r	b·r-c·r+x·y p+s	b·r-c·r q
a·r+c·r p	a·r+c·r+x·y q+s	b·r-c·r+x·y p+r	b·r-c·r q-r+s	b·r+x·y p+s	b·r q	a·r p+r+s	a·r+x·y q-r
a·r+x·y p+r+s	a·r q-r	b·r p+s	b·r+x·y q	b·r-c·r p+r	b·r-c·r+x·y q-r+s	a·r+c·r+x·y p	a·r+c·r q+s
b·r-c·r p+s	b·r-c·r+x·y q	a·r+c·r+x·y p+r+s	a·r+c·r q-r	a·r+x·y p	a·r q+s	b·r p+r	b·r+x·y q-r+s
b·r-c·r+x·y q-r	b·r-c·r p+r+s	a·r+c·r q	a·r+c·r+x·y p+s	a·r q-r+s	a·r+x·y p+r	b·r+x·y q+s	b·r p
a·r q	a·r+x·y p+s	b·r+x·y q-r	b·r p+r+s	b·r-c·r+x·y q+s	b·r-c·r p	a·r+c·r q-r+s	a·r+c·r+x·y p+r
a·r+c·r+x·y q-r+s	a·r+c·r p+r	b·r-c·r q+s	b·r-c·r+x·y p	b·r q-r	b·r+x·y p+r+s	a·r+x·y q	a·r p+s
b·r q+s	b·r+x·y p	a·r+x·y q-r+s	a·r p+r	a·r+c·r+x·y q	a·r+c·r p+s	b·r-c·r q-r	b·r-c·r+x·y p+r+s

Tab. 2.19 Algebraische Muster 5 – 7

<table>
<tr><td>b·r+x·y
p+r</td><td>b·r-c·r
p+r+s</td><td>a·r+c·r
q</td><td>a·r+x·y
q+s</td><td>b·r-c·r+x·y
q-r</td><td>b·r
q-r+s</td><td>a·r
p</td><td>a·r+c·r+x·y
p+s</td></tr>
<tr><td>a·r
q</td><td>a·r+c·r+x·y
q+s</td><td>b·r-c·r+x·y
p+r</td><td>b·r
p+r+s</td><td>a·r+c·r
p</td><td>a·r+x·y
p+s</td><td>b·r+x·y
q-r</td><td>b·r-c·r
q-r+s</td></tr>
<tr><td>a·r+c·r+x·y
q-r+s</td><td>a·r
q-r</td><td>b·r
p+s</td><td>b·r-c·r+x·y
p</td><td>a·r+x·y
p+r+s</td><td>a·r+c·r
p+r</td><td>b·r-c·r
q+s</td><td>b·r+x·y
q</td></tr>
<tr><td>b·r-c·r
p+s</td><td>b·r+x·y
p</td><td>a·r+x·y
q-r+s</td><td>a·r+c·r
q-r</td><td>b·r
q+s</td><td>b·r-c·r+x·y
q</td><td>a·r+c·r+x·y
p+r+s</td><td>a·r
p+r</td></tr>
<tr><td>a·r+c·r
p+r+s</td><td>a·r+x·y
p+r</td><td>b·r+x·y
q+s</td><td>b·r-c·r
q</td><td>a·r
q-r+s</td><td>a·r+c·r+x·y
q-r</td><td>b·r-c·r+x·y
p+s</td><td>b·r
p</td></tr>
<tr><td>b·r-c·r+x·y
q+s</td><td>b·r
q</td><td>a·r
p+r+s</td><td>a·r+c·r+x·y
p+r</td><td>b·r+x·y
p+s</td><td>b·r-c·r
p</td><td>a·r+c·r
q-r+s</td><td>a·r+x·y
q-r</td></tr>
<tr><td>b·r
q-r</td><td>b·r-c·r+x·y
q-r+s</td><td>a·r+c·r+x·y
p</td><td>a·r
p+s</td><td>b·r-c·r
p+r</td><td>b·r+x·y
p+r+s</td><td>a·r+x·y
q</td><td>a·r+c·r
q+s</td></tr>
<tr><td>a·r+x·y
p</td><td>a·r+c·r
p+s</td><td>b·r-c·r
q-r</td><td>b·r+x·y
q-r+s</td><td>a·r+c·r+x·y
q</td><td>a·r
q+s</td><td>b·r
p+r</td><td>b·r-c·r+x·y
p+r+s</td></tr>
</table>

<table>
<tr><td>b-c
x·q+d·y</td><td>b
x·(q-r)</td><td>b-c+d
x·(p+r)</td><td>b+d
x·p+d·y</td><td>a+d
x·(q-r)+d·y</td><td>a+c+d
x·q</td><td>a
x·p</td><td>a+c
x·(p+r)+d·y</td></tr>
<tr><td>b-c+d
x·p</td><td>b+d
x·(p+r)+d·y</td><td>b-c
x·(q-r)+d·y</td><td>b
x·q</td><td>a
x·(p+r)</td><td>a+c
x·p+d·y</td><td>a+d
x·q+d·y</td><td>a+c+d
x·(q-r)</td></tr>
<tr><td>a+c+d
x·(p+r)+d·y</td><td>a+d
x·p</td><td>a+c
x·q</td><td>a
x·(q-r)+d·y</td><td>b
x·p+d·y</td><td>b-c
x·(p+r)</td><td>b+d
x·(q-r)</td><td>b-c+d
x·q+d·y</td></tr>
<tr><td>a+c
x·(q-r)</td><td>a
x·q+d·y</td><td>a+c+d
x·p+d·y</td><td>a+d
x·(p+r)</td><td>b+d
x·q</td><td>b-c+d
x·(q-r)+d·y</td><td>b
x·(p+r)+d·y</td><td>b-c
x·p</td></tr>
<tr><td>b
x·(p+r)</td><td>b-c
x·p+d·y</td><td>b+d
x·q+d·y</td><td>b-c+d
x·(q-r)</td><td>a+c+d
x·p</td><td>a+d
x·(p+r)+d·y</td><td>a+c
x·(q-r)+d·y</td><td>a
x·q</td></tr>
<tr><td>b+d
x·(q-r)+d·y</td><td>b-c+d
x·q</td><td>b
x·p</td><td>b-c
x·(p+r)+d·y</td><td>a+c
x·q+d·y</td><td>a
x·(q-r)</td><td>a+c+d
x·(p+r)</td><td>a+d
x·p+d·y</td></tr>
<tr><td>a+d
x·q</td><td>a+c+d
x·(q-r)+d·y</td><td>a
x·(p+r)+d·y</td><td>a+c
x·p</td><td>b-c
x·(q-r)</td><td>b
x·q+d·y</td><td>b-c+d
x·p+d·y</td><td>b+d
x·(p+r)</td></tr>
<tr><td>a
x·p+d·y</td><td>a+c
x·(p+r)</td><td>a+d
x·(q-r)</td><td>a+c+d
x·q+d·y</td><td>b-c+d
x·(p+r)+d·y</td><td>b+d
x·p</td><td>b-c
x·q</td><td>b
x·(q-r)+d·y</td></tr>
</table>

<table>
<tr><td>b-c
x·q+d·y</td><td>a+c+d
x·q</td><td>a
x·p</td><td>b+d
x·p+d·y</td><td>b
x·(p+r)</td><td>a+d
x·(p+r)+d·y</td><td>a+c
x·(q-r)+d·y</td><td>b-c+d
x·(q-r)</td></tr>
<tr><td>a
x·(p+r)</td><td>b+d
x·(p+r)+d·y</td><td>b-c
x·(q-r)+d·y</td><td>a+c+d
x·(q-r)</td><td>a+c
x·q+d·y</td><td>b-c+d
x·q</td><td>b
x·p</td><td>a+d
x·p+d·y</td></tr>
<tr><td>b
x·p+d·y</td><td>a+d
x·p</td><td>a+c
x·q</td><td>b-c+d
x·q+d·y</td><td>b-c
x·(q-r)</td><td>a+c+d
x·(q-r)+d·y</td><td>a
x·(p+r)+d·y</td><td>b+d
x·(p+r)</td></tr>
<tr><td>a+c
x·(q-r)</td><td>b-c+d
x·(q-r)+d·y</td><td>b
x·(p+r)+d·y</td><td>a+d
x·(p+r)</td><td>a
x·p+d·y</td><td>b+d
x·p</td><td>b-c
x·q</td><td>a+c+d
x·q+d·y</td></tr>
<tr><td>a+d
x·(q-r)+d·y</td><td>b
x·(q-r)</td><td>b-c+d
x·(p+r)</td><td>a+c
x·(p+r)+d·y</td><td>a+c+d
x·p</td><td>b-c
x·p+d·y</td><td>b+d
x·q+d·y</td><td>a
x·q</td></tr>
<tr><td>b-c+d
x·p</td><td>a+c
x·p+d·y</td><td>a+d
x·q+d·y</td><td>b
x·q</td><td>b+d
x·(q-r)+d·y</td><td>a
x·(q-r)</td><td>a+c+d
x·(p+r)</td><td>b-c
x·(p+r)+d·y</td></tr>
<tr><td>a+c+d
x·(p+r)+d·y</td><td>b-c
x·(p+r)</td><td>b+d
x·(q-r)</td><td>a
x·(q-r)+d·y</td><td>a+d
x·q</td><td>b
x·q+d·y</td><td>b-c+d
x·p+d·y</td><td>a+c
x·p</td></tr>
<tr><td>b+d
x·q</td><td>a
x·q+d·y</td><td>a+c+d
x·p+d·y</td><td>b-c
x·p</td><td>b-c+d
x·(p+r)+d·y</td><td>a+c
x·(p+r)</td><td>a+d
x·(q-r)</td><td>b
x·(q-r)+d·y</td></tr>
</table>

Tab. 2.20 Algebraische Muster 8 – 10

Addiert ergeben die beiden Hilfsquadrate wieder ein pandiagonales bimagisches Quadrat mit trimagischen Diagonalen.

48	57	20	5	31	10	35	54
28	13	40	49	43	62	23	2
7	18	59	46	56	33	12	29
51	38	15	26	4	21	64	41
34	55	30	11	17	8	45	60
22	3	42	63	37	52	25	16
9	32	53	36	58	47	6	19
61	44	1	24	14	27	50	39

Abb. 2.58 Pandiagonales bimagisches Quadrat der Ordnung $n = 8$ (Tarry, Muster 7)

Insgesamt erzeugt jedes dieser zehn algebraischen Muster 320 unterschiedliche bimagische Quadrate, von denen allerdings immer nur 80 wirklich verschieden sind. Die anderen Quadrate lassen sich durch Spiegelungen und Drehungen aus diesen 80 Quadraten erstellen.

Weiterhin erzeugen die verschiedenen Muster nicht immer unterschiedliche Quadrate. So ergeben die Muster 1 und 4 ebenso die gleichen 80 Quadrate wie die Muster 2 und 3. Mit den Mustern 5, 7 und 10 und 6, 8 und 9 gibt es sogar zwei Gruppen von jeweils 3 Mustern, mit denen die gleichen 80 bimagischen Quadrate erzeugt werden.

Insgesamt bedeutet dies, dass von den 3200 Quadraten, die mit diesen 10 Mustern konstruiert werden können, nur 320 wirklich verschieden sind. Diese 320 bimagischen Quadrate können auch nur mit den vier Mustern 1, 2, 5 und 6 erstellt werden.

Mit den Mustern 2 und 3 lassen sich auch die bimagischen Quadrate des Tarry-Musters aus dem Jahre 1903 erzeugen. Die bimagischen Quadrate der Variante dieses Musters stimmen mit den Quadraten der Muster 5, 7 und 10 überein.

2.1.5 Portier

Portier erweiterte den von Tarry geprägten Begriff der *cabalistischen Quadrate* und stellt folgende Bedingungen an derartige Quadrate. Ein cabalistisches Quadrat der Ordnung $n = 8$

- ist pandiagonal
- ist bimagisch
- besitzt trimagische Diagonalen

- lässt sich in acht Blöcke aufteilen, deren Zahlen die magische Summe 260 und die bimagische Summe 11 180 ergeben

Um derartige Quadrate zu konstruieren, benutzt Portier drei Hilfsquadrate und vier trimagische Reihen. Bei der Beschreibung seines Verfahrens stellt er 30 Hilfsquadrate vor, die alle bimagische Spalten besitzen.[15] Seine Hilfsquadrate 9 und 14 sind in Abbildung 2.59 dargestellt.

A	B	C	D	E	F	G	H
1	2	3	4	5	6	7	8
15	16	13	14	11	12	9	10
22	21	24	23	18	17	20	19
28	27	26	25	32	31	30	29
36	35	34	33	40	39	38	37
46	45	48	47	42	41	44	43
55	56	53	54	51	52	49	50
57	58	59	60	61	62	63	64

a) Hilfsquadrat 9

a	b	c	d	e	f	g	h
1	2	3	4	5	6	7	8
14	13	16	15	10	9	12	11
20	19	18	17	24	23	22	21
31	32	29	30	27	28	25	26
40	39	38	37	36	35	34	33
43	44	41	42	47	48	45	46
53	54	55	56	49	50	51	52
58	57	60	59	62	61	64	63

b) Hilfsquadrat 14

Abb. 2.59 Zwei der 30 Hilfsquadrate von Portier

Als drittes Hilfsquadrat wird hier die Nummer 7 aus seiner Auflistung benutzt, welches dazu dient, acht bimagische Blöcke zu erstellen.

1	2	3	4	5	6	7	8
15	16	13	14	11	12	9	10
20	19	18	17	24	23	22	21
30	29	32	31	26	25	28	27
38	37	40	39	34	33	36	35
44	43	42	41	48	47	46	45
55	56	53	54	51	52	49	50
57	58	59	60	61	62	63	64

Abb. 2.60 Hilfsquadrat 7 für die Gestaltung der acht bimagischen Blöcke

Von den 121 trimagischen Reihen mit acht Zahlen haben genau 81 die Eigenschaft, dass die beiden symmetrisch liegenden Zahlen komplementär sind, also 65 ergeben. Dies kann man bei den in diesem Beispiel benutzten Reihen deutlich an der dritten und vierten Reihe erkennen, deren Zahlen noch der Größe nach absteigend geordnet

[15] Portier [467]

sind. Dies gilt auch für die ersten beiden Reihen, jedoch sind die beiden Reihen hier zusätzlich noch beliebig permutiert worden.

Jeweils vier trimagische Reihen bilden das Grundgerüst für die Konstruktion, da sie auf vier Diagonalen verteilt werden, die in den beiden oberen Quadranten beginnen.

48	36	11	58	29	17	7	54
37	51	14	28	24	41	2	63
59	55	45	33	32	20	10	6
62	50	44	40	25	21	15	3

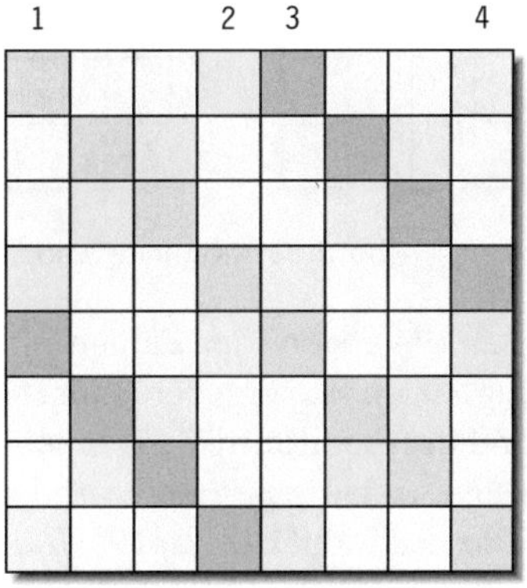

1 2 3 4

Abb. 2.61 Trimagische Reihen und deren zugeordnete Diagonalen

In dem hier dargestellten Beispiel sind die gleichen Hilfsquadrate und trimagischen Reihen wie im Originalartikel von Portier gewählt worden. Allerdings wird damit ein anderes Quadrat erzeugt, um zu demonstrieren, dass man damit unterschiedliche cabalistische Quadrate konstruieren kann.

Der erste Schritt der Konstruktion ist gleich der komplizierteste. Man sucht zwei Zahlen aus einer trimagischen Reihe, die in verschiedenen Spalten des ersten Hilfsquadrates liegen. Dazu werden zwei weitere Zahlen aus einer anderen trimagischen Reihe benötigt, die in den gleichen Spalten liegen.

Im Beispiel werden die Zahlen 48 und 11 aus der ersten trimagische Reihe sowie 24 und 51 aus der zweiten Reihe gewählt. Diese vier Zahlen liegen wie gewünscht paarweise in den Spalten C und E des ersten Hilfsquadrates. Zusätzlich müssen diese vier Zahlen in unterschiedlichen Spalten des zweiten Hilfsquadrates liegen und auch noch in einer gemeinsamen Spalte des dritten Hilfsquadrates, damit die Summeneigenschaften der acht Blöcke erfüllt werden können.

Diese vier Zahlen können nun so in die Teildiagonalen des linken oberen Quadranten eingetragen werden, dass die aus der gleichen trimagischen Reihe stammenden Zahlen sich auf der gleichen Teildiagonalen befinden. Zusätzlich sollen die aus den gleichen Spalten des ersten Hilfsquadrates stammenden Zahlen sich in der gleichen Spalte des Quadranten befinden. Die Spalten dieses Quadrates werden mit den Spaltennamen des ersten Hilfsquadrates gekennzeichnet, die Zeilen mit den Spaltennamen des zweiten Hilfsquadrates. Durch diese Wahl ist sichergestellt, dass das entstehende Quadrat zumindest schon einmal semi-bimagisch sein wird.

Mit den vier gewählten Zahlen stehen damit vier Anordnungen für den linken oberen Quadranten zur Verfügung.

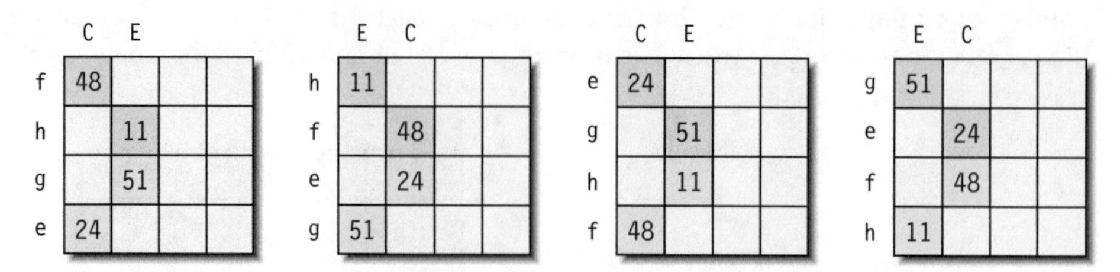

Abb. 2.62 Mögliche Anordnungen für den linken oberen Quadranten

Hat man die ersten vier Zahlen platziert, sind die noch freien Plätze auf den beiden Teildiagonalen zu vergeben. Entscheidet man sich etwa für die Zahlen aus dem linken Quadrat der Abbildung 2.62, muss die dritte Zahl auf der Diagonalen 1 gleichzeitig in der ersten trimagischen Reihe und der Spalte g des zweiten Hilfsquadrates vorhanden sein. Dies ist damit die Zahl 7. Und auf dem letzten freien Platz dieser Teildiagonalen kann nur die Zahl 36 platziert werden, da diese in der entsprechenden trimagischen Reihe und der Spalte e des zweiten Hilfsquadrates vorhanden ist. Entsprechend sind die weiteren freien Plätze auf der anderen Diagonale und danach auch die restlichen acht freien Plätze eindeutig bestimmt.

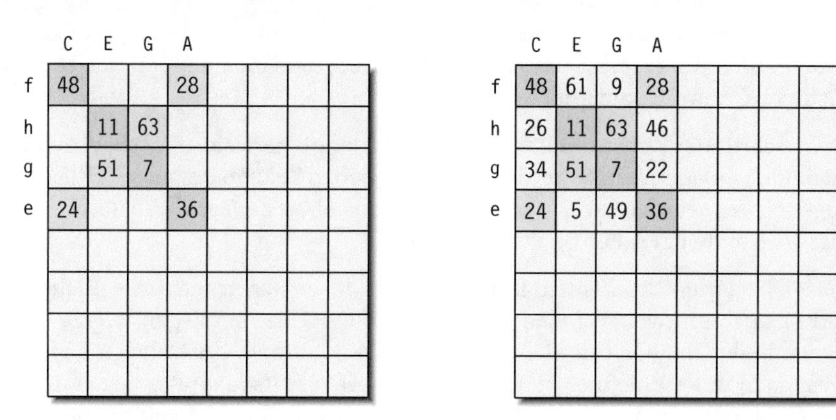

Abb. 2.63 Zahlen im linken oberen Quadranten

Die Zahlen auf den Diagonalen 3 und 4 müssen jetzt mit jeweils einer Zahl aus den beiden verbliebenen trimagischen Reihen kombiniert werden. Hier gibt es mit den Zahlen 6 und 50 jedoch zwei Möglichkeiten, da sie in beiden trimagischen Reihen und der bereits festgelegten Spalte f des zweiten Hilfsquadrates vorhanden sind.

Im Beispiel wird jetzt 50 als Startzahl für die Diagonale 3 und 6 als Startzahl für die Diagonale 4 festgelegt. Mit dieser Wahl sind die jeweils verbleibenden drei Zahlen für die Diagonalen durch die bereits vergebenden Zeilennamen ebenso eindeutig bestimmt wie die restlichen verbleibenden Zahlen des rechten oberen Quadranten.

	C	E	G	A	H	B	D	F
f	48	61	9	28	50	35	23	6
h	26	11	63	46	8	21	33	52
g	34	51	7	22	64	45	25	12
e	24	5	49	36	10	27	47	62

	C	E	G	A	H	B	D	F
f	48	61	9	28	50	35	23	6
h	26	11	63	46	8	21	33	52
g	34	51	7	22	64	45	25	12
e	24	5	49	36	10	27	47	62
c	3	18	38	55	29	16	60	41
a	53	40	20	1	43	58	14	31
b	13	32	44	57	19	2	54	39
d	59	42	30	15	37	56	4	17

Abb. 2.64 Mit Zahlen gefülltes Quadrat

Ebenso sind alle Zahlen in der unteren Hälfte inzwischen eindeutig festgelegt. Das Ergebnis ist im rechten Quadrat der Abbildung 2.64 zu sehen. Allerdings muss das Ergebnis, wie in diesem Beispiel, durch die weiter oben getroffene Wahl nicht unbedingt pandiagonal sein, was aber nicht vorhergesagt werden kann.

In einem solchen Fall muss bei der Wahl die zweite Möglichkeit für Startplätze der Diagonalen 3 und 4 getroffen und die restlichen Zahlen dann noch einmal neu eingetragen werden.

Alternativ kann man bei einem nicht pandiagonalen Ergebnis auch den rechten oberen Quadranten an der vertikalen Mittelachse spiegeln, die Zahlen des linken unteren Quadranten an der horizontalen Mittelachse und die Zahlen des rechten unteren Quadranten an beiden Achsen.

Danach ist das entstehende Quadrat aus Abbildung 2.65 pandiagonal, bimagisch und besitzt trimagische Diagonalen. Zusätzlich kann man es in acht Rechtecke aufteilen, deren Zahlen addiert jeweils 260 ergeben und die Quadrate dieser Zahlen jeweils die bimagische Summe 11 180. Diese Eigenschaft ist im rechten Quadrat der Abbildung 2.65 noch einmal besonders herausgehoben.

	C	E	G	A	F	D	B	H
f	48	61	9	28	6	23	35	50
h	26	11	63	46	52	33	21	8
g	34	51	7	22	12	25	45	64
e	24	5	49	36	62	47	27	10
d	59	42	30	15	17	4	56	37
b	13	32	44	57	39	54	2	19
a	53	40	20	1	31	14	58	43
c	3	18	38	55	41	60	16	29

	C	E	G	A	F	D	B	H
f	48	61	9	28	6	23	35	50
h	26	11	63	46	52	33	21	8
g	34	51	7	22	12	25	45	64
e	24	5	49	36	62	47	27	10
d	59	42	30	15	17	4	56	37
b	13	32	44	57	39	54	2	19
a	53	40	20	1	31	14	58	43
c	3	18	38	55	41	60	16	29

Abb. 2.65 Cabalistisches magisches Quadrat der Ordnung $n = 8$ (Portier)

Portier gibt insgesamt 7 Kombinationen mit jeweils vier trimagischen Reihen an, für die er jeweils acht Paare von zwei Hilfsquadraten anführt. Zusätzlich gibt es für das dritte Hilfsquadrat bei jeder der angeführten Kombination vier weitere Möglichkeiten. Für die hier vorgestellte Kombination der Hilfsquadrate 9 und 14 stehen als drittes Hilfsquadrat beispielsweise die Quadrate 7, 8, 15 und 17 zur Auswahl.

Da bei jeder dieser Kombinationen insgesamt acht unterschiedliche Quadrate auftreten, können mit dieser Methode insgesamt

$$7 \cdot 8 \cdot 4 \cdot 8 = 1792$$

unterschiedliche cabalistische Quadrate konstruiert werden.

Beispiel 2

In einem zweiten Beispiel werden die Hilfsquadrate 5, 27 und 3 von Portier benutzt.

A	B	C	D	E	F	G	H
1	2	3	4	5	6	7	8
16	15	14	13	12	11	10	9
23	24	21	22	19	20	17	18
26	25	28	27	30	29	32	31
36	35	34	33	40	39	38	37
45	46	47	48	41	42	43	44
54	53	56	55	50	49	52	51
59	60	57	58	63	64	61	62

a) Hilfsquadrat 5

a	b	c	d	e	f	g	h
1	2	3	4	9	10	11	12
8	7	6	5	16	15	14	13
27	28	25	26	19	20	17	18
30	29	32	31	22	21	24	23
42	41	44	43	34	33	36	35
47	48	45	46	39	40	37	38
52	51	50	49	60	59	58	57
53	54	55	56	61	62	63	64

b) Hilfsquadrat 27

1	2	3	4	5	6	7	8
16	15	14	13	12	11	10	9
22	21	24	23	18	17	20	19
27	28	25	26	31	32	29	30
36	35	34	33	40	39	38	37
45	46	47	48	41	42	43	44
55	56	53	54	51	52	49	50
58	57	60	59	62	61	64	63

c) Hilfsquadrat 3

Abb. 2.66 Drei der 30 Hilfsquadrate von Portier

Zusätzlich werden die trimagischen Reihen aus Tabelle 2.21 verwendet, die auf die Diagonalen verteilt werden.

21	63	49	16	2	44	27	38
56	35	9	20	7	30	58	45
41	26	24	3	62	13	52	39
59	53	6	34	48	17	12	31

Tab. 2.21 Trimagische Reihen

In diesem Beispiel wird mit den Zahlen 21 und 2 der oberen trimagischen Reihe begonnen, die in verschiedenen Spalten des ersten Hilfsquadrates liegen. Weiterhin werden die Zahlen 56 und 35 gewählt, die in der zweiten trimagischen Reihe, aber den gleichen Spalten C und B des ersten Hilfsquadrates wie die ersten beiden Zahlen liegen. Diese vier Zahlen werden in die beiden Halbdiagonalen des linken oberen Quadranten des Zielquadrates eingetragen (siehe Abbildung 2.67a).

Die erste Diagonale von links oben nach rechts unten dieses Teilquadrates wird jetzt mit den Zahlen 38 und 49 aufgefüllt, die auch in der ersten trimagischen Reihe sowie den Spalten h und d des zweiten Hilfsquadrates liegen. Damit sind auch die weiteren zwei Spalten des linken oberen Quadranten festgelegt und die beiden noch fehlenden Zahlen der zweiten Diagonale können auch eingetragen werden (siehe Abbildung 2.67b).

Da jetzt alle Kennzeichnungen der vier Zeilen und Spalten dieses Quadranten bekannt sind, sind die restlichen Zahlen eindeutig bestimmt und können eingetragen werden (siehe Abbildung 2.67c).

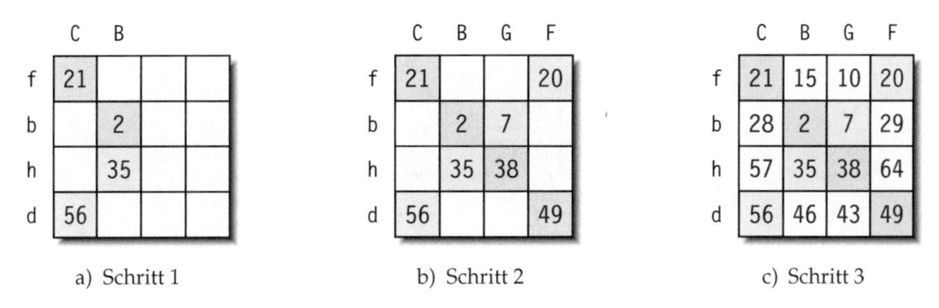

Abb. 2.67 Füllen des linken oberen Quadranten

Für die von links oben nach rechts unten verlaufende Diagonale des rechten oberen Quadranten stehen aus der Spalte f des zweiten Hilfsquadrates prinzipiell die beiden Zahlen 59 und 62 zur Auswahl. Entscheidet man sich für 62, befindet sich die Zahl 41 in dieser trimagischen Reihe und der Spalte b. Mit entsprechenden Überlegungen kann dann der rechte obere Quadrant vervollständigt werden (siehe Abbildung 2.68a).

Da danach alle Zeilen und Spalten gekennzeichnet sind, sind damit auch alle Zahlen der unteren Hälfte eindeutig bestimmt (siehe Abbildung 2.68b).

	C	B	G	F	H	E	D	A
f	21	15	10	20	62	40	33	59
b	28	2	7	29	51	41	48	54
h	57	35	38	64	18	12	13	23
d	56	46	43	49	31	5	4	26

a) Schritt 4

	C	B	G	F	H	E	D	A
f	21	15	10	20	62	40	33	59
b	28	2	7	29	51	41	48	54
h	57	35	38	64	18	12	13	23
d	56	46	43	49	31	5	4	26
c	3	25	32	6	44	50	55	45
g	14	24	17	11	37	63	58	36
a	47	53	52	42	8	30	27	1
e	34	60	61	39	9	19	22	16

b) Schritt 5

Abb. 2.68 Füllen der weiteren Quadranten

Mit diesen Schritten ist das cabalistische magische Quadrat mit trimagischen Diagonalen der Ordnung $n = 8$ mit dem Verfahren von Portier erstellt worden. Die acht Blöcke, deren Zahlen die magische Summe 260 und die bimagische Summe der quadrierten Zahlen 11 180 ergeben, sind in Abbildung 2.69 noch einmal besonders hervorgehoben.

21	15	10	20	62	40	33	59
28	2	7	29	51	41	48	54
57	35	38	64	18	12	13	23
56	46	43	49	31	5	4	26
3	25	32	6	44	50	55	45
14	24	17	11	37	63	58	36
47	53	52	42	8	30	27	1
34	60	61	39	9	19	22	16

Abb. 2.69 Cabalistisches magisches Quadrat der Ordnung $n = 8$ (Portier, Beispiel 2)

2.1.6 Gérardin

André Gérardin hat 1925 ein Verfahren vorgestellt, mit dem sich pandiagonale bimagische Quadrate der Ordnung $n = 8$ erzeugen lassen.[16] Dazu verwendet er die beiden diagonalen lateinischen Quadrate aus Abbildung 2.70.

[16] Gérardin [164]

A	L	T	K	I	R	C	H
T	K	A	L	C	H	I	R
H	C	R	I	K	T	L	A
R	I	H	C	L	A	K	T
C	H	I	R	T	K	A	L
I	R	C	H	A	L	T	K
L	A	K	T	R	I	H	C
K	T	L	A	H	C	R	I

e	s	p	a	l	i	o	n
a	p	s	e	n	o	i	l
l	i	o	n	e	s	p	a
n	o	i	l	a	p	s	e
s	e	a	p	i	l	n	o
p	a	e	s	o	n	l	i
i	l	n	o	s	e	a	p
o	n	l	i	p	a	e	s

Abb. 2.70 Algebraisches Muster von Gérardin

Die Groß- und Kleinbuchstaben werden jeweils mit den Ziffern $0, 1, \ldots, 7$ belegt und die aus den beiden Ziffern zusammengesetzte Zahl im Zahlensystem zur Basis 8 interpretiert. Nach der Umwandlung in das Zehnersystem werden dann noch alle Zahlen inkrementiert. Gérardin wählte für sein Beispiel die Belegung aus Tabelle 2.22.

Belegung															
A	L	T	K	I	R	C	H	e	s	p	a	l	i	o	n
1	5	6	2	7	3	0	4	5	6	7	4	1	2	3	0

Tab. 2.22 Belegung von Gérardin

Mit dieser Belegung ergibt sich das pandiagonale bimagische Quadrat aus Abbildung 2.71. Bei diesem Quadrat handelt es sich sogar um ein cabalistisches Quadrat, d. h. es besitzt eine markante Eigenschaften.

- es ist pandiagonal und bimagisch
- es besitzt trimagische Diagonalen

1	5	6	2	7	3	0	4
6	2	1	5	0	4	7	3
4	0	3	7	2	6	5	1
3	7	4	0	5	1	2	6
0	4	7	3	6	2	1	5
7	3	0	4	1	5	6	2
5	1	2	6	3	7	4	0
2	6	5	1	4	0	3	7

a) linke Ziffer zur Basis 8

5	6	7	4	1	2	3	0
4	7	6	5	0	3	2	1
1	2	3	0	5	6	7	4
0	3	2	1	4	7	6	5
6	5	4	7	2	1	0	3
7	4	5	6	3	0	1	2
2	1	0	3	6	5	4	7
3	0	1	2	7	4	5	6

b) rechte Ziffer zur Basis 8

14	47	56	21	58	27	4	33
53	24	15	46	1	36	59	26
34	3	28	57	22	55	48	13
25	60	35	2	45	16	23	54
7	38	61	32	51	18	9	44
64	29	6	39	12	41	50	19
43	10	17	52	31	62	37	8
20	49	42	11	40	5	30	63

c) bimagisches Quadrat

Abb. 2.71 Pandiagonales bimagisches Quadrat (Gérardin, Beispiel 1)

Weiterhin lässt es sich in acht Rechtecke der Größe 2×4 aufteilen, deren Zahlen die magische Summe 260 und die bimagische Summe 11 180 ergeben.

Gérardin erwähnt in seinem Artikel, dass dieses cabalistische Quadrat auch von Portier konstruiert worden ist, der es bereits am 29.07.1912 in der Zeitung *L'Echo de Paris* veröffentlicht hat. Portier benutzte zur Konstruktion allerdings ein anderes Verfahren.[17]

Gérardin wies auch darauf hin, dass sich durch Transformationen oder andere Belegungen Millionen weiterer magischer Quadrate erzeugen lassen, die allerdings nicht mehr bimagisch sein müssen. Meine Untersuchungen haben gezeigt, dass es insgesamt 320 Belegungen gibt, mit denen sich auch 320 unterschiedliche cabalistische Quadrate erzeugen lassen.

Eine dieser Belegungen und das damit erzeugte cabalistische Quadrat ist in Abbildung 2.72 dargestellt.

Belegung	
A = 0	I = 3
L = 1	R = 2
T = 7	C = 4
K = 6	H = 5
e = 5	l = 4
s = 3	i = 2
p = 7	o = 6
a = 1	n = 0

6	12	64	50	29	19	39	41
58	56	4	14	33	47	27	21
45	35	23	25	54	60	16	2
17	31	43	37	10	8	52	62
36	46	26	24	59	53	1	15
32	18	38	44	7	9	61	51
11	5	49	63	20	30	42	40
55	57	13	3	48	34	22	28

Abb. 2.72 Cabalistisches magisches Quadrat (Gérardin, Beispiel 2)

[17] siehe Kapitel 2.1.5

Schaut man sich die Belegung der Großbuchstaben an, fallen einige Eigenschaften auf, die sich durch die strukturierte Anordnung des Musters aus Abbildung 2.70 erklären lassen.

So ist etwa die Summe der linken vier Zahlen für die Buchstaben ALTK mit 14 immer genauso groß wie die Summe der den Buchstaben IRCH zugeordneten Zahlen der rechten Hälfte. Damit gibt es genau sechs Zahlengruppen für diese beiden Hälften: 0167, 0257, 0347, 1256, 1346, 2345. Natürlich sind mit der Wahl einer dieser Zahlengruppen die zur Verfügung stehenden Zahlen für die andere Hälfte eindeutig bestimmt.

Weiterhin beträgt in beiden Hälften die Summe der jeweils ersten und dritten sowie der zweiten und vierten Zahl immer 7.

$$0 + 7 = 1 + 6 = 3 + 4 = 2 + 5 = 7$$

Bei den Kleinbuchstaben gibt es diese Unterteilung in zwei Hälften nicht, denn hier werden die acht Zahlen in vier Zahlenpaare unterteilt. Dabei ist die Summe des ersten Zahlenpaares immer gleich der Summe des zweiten Zahlenpaares. Ebenso stimmt die Summe des dritten Zahlenpaares mit der Summe des vierten Zahlenpaares überein. In dem Beispiel aus Abbildung 2.72 gilt etwa

$$5 + 3 = 7 + 1 = 8 \qquad \text{und} \qquad 4 + 2 = 6 + 0 = 6$$

Die beiden Summen sind immer unterschiedlich und ergeben addiert die Summe der Zahlen $0, 1, \ldots, 7$, also 14. Insgesamt gibt es drei verschiedene Kombinationen von auftretenden Summen: 3 und 11, 5 und 9 sowie 6 und 8.

Hat man eine der 320 möglichen Belegungen bestimmt, lassen sich aufgrund des strukturierten Musters durch Vertauschungen weitere Belegungen erzeugen. Dazu werden einige Beispiele angeführt, die alle von dem Musterquadrat und der Belegung ausgehen, mit der das cabalistische magische Quadrat aus Abbildung 2.72 konstruiert wurde.

Belegung	
A = 0	I = 3
L = 1	R = 2
T = 7	C = 4
K = 6	H = 5
e = 5	l = 4
s = 3	i = 2
p = 7	o = 6
a = 1	n = 0

Ae	Ls	Tp	Ka	Il	Ri	Co	Hn
Ta	Kp	As	Le	Cn	Ho	Ii	Rl
Hl	Ci	Ro	In	Ke	Ts	Lp	Aa
Rn	Io	Hi	Cl	La	Ap	Ks	Te
Cs	He	Ia	Rp	Ti	Kl	An	Lo
Ip	Ra	Ce	Hs	Ao	Ln	Tl	Ki
Li	Al	Kn	To	Rs	Ie	Ha	Cp
Ko	Tn	Ll	Ai	Hp	Ca	Re	Is

Abb. 2.73 Musterquadrat für weitere cabalistische magische Quadrate

- Bei den Großbuchstaben wird die linke Hälfte gegen die rechte Hälfte ausgetauscht. Die Kleinbuchstaben bleiben unverändert (siehe Abbildung 2.74a).
- Bei den Großbuchstaben wird das erste Zahlenpaar mit dem zweiten sowie das dritte Zahlenpaar mit dem vierten vertauscht. Die Kleinbuchstaben bleiben unverändert (siehe Abbildung 2.74b).

30	20	40	42	5	11	63	49
34	48	28	22	57	55	3	13
53	59	15	1	46	36	24	26
9	7	51	61	18	32	44	38
60	54	2	16	35	45	25	23
8	10	62	52	31	17	37	43
19	29	41	39	12	6	50	64
47	33	21	27	56	58	14	4

a) 32450176 53714260

62	52	8	10	37	43	31	17
2	16	60	54	25	23	35	45
21	27	47	33	14	4	56	58
41	39	19	29	50	64	12	6
28	22	34	48	3	13	57	55
40	42	30	20	63	49	5	11
51	61	9	7	44	38	18	32
15	1	53	59	24	26	46	36

b) 76014532 53714260

- Bei den Großbuchstaben wird die linke Hälfte durch die rechte Hälfte ersetzt und umgekehrt. Weiterhin wird das erste Zahlenpaar mit dem zweiten ebenso vertauscht wie das dritte Zahlenpaar mit dem vierten. Die Kleinbuchstaben bleiben wieder unverändert (siehe Abbildung 2.74c).
- Bei den Großbuchstaben werden die Zahlen in den einzelnen Zahlenpaaren jeweils vertauscht. Bei den Kleinbuchstaben wird das erste Zahlenpaar mit dem zweiten sowie das dritte Zahlenpaar mit dem vierten ausgetauscht (siehe Abbildung 2.74d).

38	44	32	18	61	51	7	9
26	24	36	46	1	15	59	53
13	3	55	57	22	28	48	34
49	63	11	5	42	40	20	30
4	14	58	56	27	21	33	47
64	50	6	12	39	41	29	19
43	37	17	31	52	62	10	8
23	25	45	35	16	2	54	60

c) 45327601 53714260

16	2	54	60	23	25	45	35
52	62	10	8	43	37	17	31
39	41	29	19	64	50	6	12
27	21	33	47	4	14	58	56
42	40	20	30	49	63	11	5
22	28	48	34	13	3	55	57
1	15	59	53	26	24	36	46
61	51	7	9	38	44	32	18

d) 10672354 71536042

- Bei den Großbuchstaben werden die Zahlen in den einzelnen Zahlenpaaren vertauscht. Bei den Kleinbuchstaben werden alle acht Zahlen in umgekehrter Reihenfolge angeordnet (siehe Abbildung 2.74e).

- Bei den Großbuchstaben werden die Zahlen in den einzelnen Zahlenpaaren vertauscht und danach die linke Hälfte gegen die rechte ausgetauscht. Bei den Kleinbuchstaben wird das erste Zahlenpaar mit dem zweiten sowie das dritte Zahlenpaar mit dem vierten ausgetauscht (siehe Abbildung 2.74f).

9	7	51	61	18	32	44	38
53	59	15	1	46	36	24	26
34	48	28	22	57	55	3	13
30	20	40	42	5	11	63	49
47	33	21	27	56	58	14	4
19	29	41	39	12	6	50	64
8	10	62	52	31	17	37	43
60	54	2	16	35	45	25	23

e) 10672354 06241735

24	26	46	36	15	1	53	59
44	38	18	32	51	61	9	7
63	49	5	11	40	42	30	20
3	13	57	55	28	22	34	48
50	64	12	6	41	39	19	29
14	4	56	58	21	27	47	33
25	23	35	45	2	16	60	54
37	43	31	17	62	52	8	10

f) 23541067 71536042

- Bei den Großbuchstaben werden die Zahlen der beiden Hälften jeweils für sich in umgekehrter Reihenfolge angeordnet. Bei den Kleinbuchstaben wird das erste Zahlenpaar mit dem zweiten sowie das dritte Zahlenpaar mit dem vierten vertauscht (siehe Abbildung 2.74g).
- Die Großbuchstaben bleiben unverändert. Bei den Kleinbuchstaben werden die Zahlen in den einzelnen Zahlenpaaren jeweils vertauscht sowie die linke Hälfte gegen die rechte ausgetauscht (siehe Abbildung 2.74h).

56	58	14	4	47	33	21	27
12	6	50	64	19	29	41	39
31	17	37	43	8	10	62	52
35	45	25	23	60	54	2	16
18	32	44	38	9	7	51	61
46	36	24	26	53	59	15	1
57	55	3	13	34	48	28	22
5	11	63	49	30	20	40	42

g) 67105423 71536042

3	13	57	55	28	22	34	48
63	49	5	11	40	42	30	20
44	38	18	32	51	61	9	7
24	26	46	36	15	1	53	59
37	43	31	17	62	52	8	10
25	23	35	45	2	16	60	54
14	4	56	58	21	27	47	33
50	64	12	6	41	39	19	29

h) 01763245 24063517

- Bei den Großbuchstaben werden die Zahlen in den einzelnen Zahlenpaaren vertauscht. Bei den Kleinbuchstaben werden die Zahlenpaare in umgekehrter Reihenfolge angeordnet. Also zunächst das vierte Zahlenpaar, gefolgt vom dritten, dem zweiten und zum Abschluss dem ersten Zahlenpaar (siehe Abbildung 2.74i).

15	1	53	59	24	26	46	36
51	61	9	7	44	38	18	32
40	42	30	20	63	49	5	11
28	22	34	48	3	13	57	55
41	39	19	29	50	64	12	6
21	27	47	33	14	4	56	58
2	16	60	54	25	23	35	45
62	52	8	10	37	43	31	17

i) 1 0 6 7 2 3 5 4 6 0 4 2 7 1 5 3

Abb. 2.74 Cabalistische Quadrate mit den zugehörigen Belegungen (Beispiele 1 bis 9)

2.1.7 Hendricks

Um ein pandiagonales bimagisches Quadrat der Ordnung $n = 8$ zu erzeugen, geht John R. Hendricks von einem algebraischen Muster aus.[18]

Ac	Cb	Dd	Ba	ac	cb	dd	ba
Da	Bd	Ab	Cc	da	bd	ab	cc
Bb	Dc	Ca	Ad	bb	dc	ca	ad
Cd	Aa	Bc	Db	cd	aa	bc	db
AC	CB	DD	BA	aC	cB	dD	bA
DA	BD	AB	CC	dA	bD	aB	cC
BB	DC	CA	AD	bB	dC	cA	aD
CD	AA	BC	DB	cD	aA	bC	dB

Abb. 2.75 Algebraisches Muster

Man erkennt, dass es sich um ein pandiagonales Muster handelt, bei dem auch die vier Quadranten magisch sind, wenn folgende Bedingungen erfüllt sind:

$$a + b + c + d = A + B + C + D$$

Für die Ordnung $n = 8$ gibt es eine Zerlegung der Zahlen $0, 1, \ldots, 7$ in zwei Gruppen, bei denen nicht nur die Summe der Zahlen, sondern auch die Summe der quadrierten Zahlen übereinstimmt.

[18] Hendricks [204] S. 105 ff.

$$0+3+5+6=1+2+4+7$$
$$0^2+3^2+5^2+6^2=1^2+2^2+4^2+7^2$$

Mit einer geeigneten Belegung wird das algebraische Muster aus Abbildung 2.75 nicht nur pandiagonal, sondern auch semi-bimagisch, wenn zusätzlich folgende Bedingungen erfüllt werden.

$$A+a=B+b=C+c=D+d=7$$

Nur die Zahlen auf den beiden Diagonalen ergeben addiert nicht die bimagische Summe. Mit dem Tausch von jeweils zwei Zeilen wie in Abbildung 2.76 werden aber auch die Diagonalen angeglichen, wobei allerdings die magischen Teilquadrate verloren gehen. Die Zahlen in den vier Quadranten besitzen aber die gleiche Summe 520.

Ac	Cb	Dd	Ba	ac	cb	dd	ba
Da	Bd	Ab	Cc	da	bd	ab	cc
Bb	Dc	Ca	Ad	bb	dc	ca	ad
Cd	Aa	Bc	Db	cd	aa	bc	db
AC	CB	DD	BA	aC	cB	dD	bA
DA	BD	AB	CC	dA	bD	aB	cC
BB	DC	CA	AD	bB	dC	cA	aD
CD	AA	BC	DB	cD	aA	bC	dB

a) Ausgangsmuster

Ac	Cb	Dd	Ba	ac	cb	dd	ba
DA	BD	AB	CC	dA	bD	aB	cC
BB	DC	CA	AD	bB	dC	cA	aD
Cd	Aa	Bc	Db	cd	aa	bc	db
AC	CB	DD	BA	aC	cB	dD	bA
Da	Bd	Ab	Cc	da	bd	ab	cc
Bb	Dc	Ca	Ad	bb	dc	ca	ad
CD	AA	BC	DB	cD	aA	bC	dB

b) Vertauschen von Zeilen

Abb. 2.76 Bimagisches und pandiagonales Muster durch Vertauschen von Zeilen

Mit einer geeigneten Belegung des algebraischen Musters erhält man dann wie in Abbildung 2.77 ein bimagisches und pandiagonales magisches Quadrat. Zusätzlich besitzt das Quadrat auch trimagische Diagonalen.

Belegung	
A = 0	a = 7
B = 3	b = 4
C = 5	c = 2
D = 6	d = 1

3	45	50	32	59	21	10	40
49	31	4	46	9	39	60	22
28	54	41	7	36	14	17	63
42	8	27	53	18	64	35	13
6	44	55	25	62	20	15	33
56	26	5	43	16	34	61	19
29	51	48	2	37	11	24	58
47	1	30	52	23	57	38	12

Abb. 2.77 Bimagisches und pandiagonales magisches Quadrat der Ordnung $n=8$ (Hendricks, Beispiel 1)

Ein weiteres bimagisches und pandiagonales Muster erhält man, wenn man die entsprechenden Spalten vertauscht.

Ac	Cb	Dd	Ba	ac	cb	dd	ba
Da	Bd	Ab	Cc	da	bd	ab	cc
Bb	Dc	Ca	Ad	bb	dc	ca	ad
Cd	Aa	Bc	Db	cd	aa	bc	db
AC	CB	DD	BA	aC	cB	dD	bA
DA	BD	AB	CC	dA	bD	aB	cC
BB	DC	CA	AD	bB	dC	cA	aD
CD	AA	BC	DB	cD	aA	bC	dB

a) Ausgangsmuster

Ac	cb	dd	Ba	ac	Cb	Dd	ba
Da	bd	ab	Cc	da	Bd	Ab	cc
Bb	dc	ca	Ad	bb	Dc	Ca	ad
Cd	aa	bc	Db	cd	Aa	Bc	db
AC	cB	dD	BA	aC	CB	DD	bA
DA	bD	aB	CC	dA	BD	AB	cC
BB	dC	cA	AD	bB	DC	CA	aD
CD	aA	bC	DB	cD	AA	BC	dB

b) Vertauschen von Spalten

Abb. 2.78 Bimagisches und pandiagonales Muster durch Vertauschen von Spalten

Mit der derselben Belegung wie im oberen Beispiel erhält man dann ein weiteres bimagisches und pandiagonales magisches Quadrat mit trimagischen Diagonalen (siehe Abbildung 2.79).

Belegung	
A = 0	a = 7
B = 3	b = 4
C = 5	c = 2
D = 6	d = 1

3	21	10	32	59	45	50	40
56	34	61	43	16	26	5	19
29	11	24	2	37	51	48	58
42	64	35	53	18	8	27	13
6	20	15	25	62	44	55	33
49	39	60	46	9	31	4	22
28	14	17	7	36	54	41	63
47	57	38	52	23	1	30	12

Abb. 2.79 Bimagisches und pandiagonales magisches Quadrat der Ordnung $n = 8$ (Hendricks, Beispiel 2)

Variationen

Weitere Variationsmöglichkeiten ergeben sich durch unterschiedliche Belegungen des algebraischen Musters. In den bisherigen Beispielen wurden die Zahlen $0, 3, 5, 6$ immer für die Großbuchstaben und $1, 2, 4, 7$ für die Kleinbuchstaben benutzt. Dies kann aber auch genau umgekehrt geschehen. Ebenso kann die Zuordnung der vier Zahlen zu den Großbuchstaben beliebig gewählt werden. Die Kleinbuchstaben erhalten dann die zu $n - 1 = 7$ komplementären Zahlen.

Belegung	
A = 2	a = 5
B = 4	b = 3
C = 7	c = 0
D = 1	d = 6

17	60	15	38	41	4	55	30
11	34	21	64	51	26	45	8
37	16	59	18	29	56	3	42
63	22	33	12	7	46	25	52
24	61	10	35	48	5	50	27
14	39	20	57	54	31	44	1
36	9	62	23	28	49	6	47
58	19	40	13	2	43	32	53

Abb. 2.80 Bimagisches und pandiagonales magisches Quadrat der Ordnung $n = 8$ (Hendricks, Beispiel 3)

2.1.8 De Winkel

Aale de Winkel erzeugt aus digitalen Gleichungen bimagische Quadrate achter Ordnung[19], wobei er wie immer bei seinen Verfahren den Ursprung $(0, 0)$ in die linke obere Ecke legt. Bei diesem Verfahren wird jede Koordinate (s, z) in eine Binärzahl mit drei Ziffern umgewandelt.

$$s = 4 \cdot s_1 + 2 \cdot s_2 + s_3$$
$$z = 4 \cdot z_1 + 2 \cdot z_2 + z_3$$

Für die Position $(6, 1)$ ergibt sich etwa die binäre Darstellung $(110, 001)$. Mit den Faktoren

$$(a_1 \;\; a_2 \;\; a_3 \;\; a_4 \;\; a_5 \;\; a_6) \qquad (b_1 \;\; b_2 \;\; b_3 \;\; b_4 \;\; b_5 \;\; b_6) \qquad (c_1 \;\; c_2 \;\; c_3 \;\; c_4 \;\; c_5 \;\; c_6)$$

werden dann die binären Ziffern der in diese Zelle einzutragenden Zahl berechnet, wobei die drei Ergebnisse modulo 2 betrachtet werden.

$$d_3 = a_1 \cdot s_1 + a_2 \cdot s_2 + a_3 \cdot s_3 + a_4 \cdot z_1 + a_5 \cdot z_2 + a_6 \cdot z_3$$
$$d_2 = b_1 \cdot s_1 + b_2 \cdot s_2 + b_3 \cdot s_3 + b_4 \cdot z_1 + b_5 \cdot z_2 + b_6 \cdot z_3$$
$$d_1 = c_1 \cdot s_1 + c_2 \cdot s_2 + c_3 \cdot s_3 + c_4 \cdot z_1 + c_5 \cdot z_2 + c_6 \cdot z_3$$

Aus diesen drei Ziffern wird dann mit

$$d = 4 \cdot d_3 + 2 \cdot d_2 + d_1$$

die einzutragende Zahl d im Zehnersystem berechnet, die in die entsprechende Zelle des Hilfsquadrates eingetragen wird. Mit den Koeffizienten

[19] de Winkel [600]

$$\begin{array}{llllll} a_1 = 0 & a_2 = 0 & a_3 = 1 & a_4 = 1 & a_5 = 0 & a_6 = 1 \\ b_1 = 0 & b_2 = 1 & b_3 = 1 & b_4 = 0 & b_5 = 0 & b_6 = 1 \\ c_1 = 1 & c_2 = 1 & c_3 = 0 & c_4 = 1 & c_5 = 1 & c_6 = 1 \end{array}$$

ergibt sich für die Position (6, 1)

$$\begin{aligned} d_3 &= 0 \cdot 1 + 0 \cdot 1 + 1 \cdot 0 + 1 \cdot 0 + 0 \cdot 1 + 1 \cdot 1 = 1 \\ d_2 &= 0 \cdot 1 + 1 \cdot 1 + 1 \cdot 0 + 0 \cdot 0 + 0 \cdot 1 + 1 \cdot 1 = 2 \equiv 0 \\ d_1 &= 1 \cdot 1 + 1 \cdot 1 + 0 \cdot 0 + 1 \cdot 0 + 1 \cdot 1 + 1 \cdot 1 = 3 \equiv 1 \end{aligned}$$

Damit lautet die einzutragende Zahl

$$d = 4 \cdot 1 + 2 \cdot 0 + 1 = 5$$

Insgesamt erhält man das Hilfsquadrat A aus Abbildung 2.81. Mit den gleichen Koeffizienten wird auch das Hilfsquadrat B berechnet, sodass sich in diesem Spezialfall das gleiche Hilfsquadrat ergibt.

	0	1	2	3	4	5	6	7
0	0	6	3	5	1	7	2	4
1	7	1	4	2	6	0	5	3
2	1	7	2	4	0	6	3	5
3	6	0	5	3	7	1	4	2
4	5	3	6	0	4	2	7	1
5	2	4	1	7	3	5	0	6
6	4	2	7	1	5	3	6	0
7	3	5	0	6	2	4	1	7

a) Hilfsquadrat A

	0	1	2	3	4	5	6	7
0	0	6	3	5	1	7	2	4
1	7	1	4	2	6	0	5	3
2	1	7	2	4	0	6	3	5
3	6	0	5	3	7	1	4	2
4	5	3	6	0	4	2	7	1
5	2	4	1	7	3	5	0	6
6	4	2	7	1	5	3	6	0
7	3	5	0	6	2	4	1	7

b) Hilfsquadrat B

Abb. 2.81 Geordnete lateinische Hilfsquadrate

Das Hilfsquadrat B muss nun noch weiter verarbeitet werden. Zunächst wird eine Zeilen- und Spaltentransformation durchgeführt, die durch die neue Reihenfolge

1 7 4 2 5 3 0 6

festgelegt ist. Zusätzlich muss das sich hieraus ergebende Quadrat noch an der Nebendiagonalen gespiegelt werden. Das sich hieraus ergebende veränderte Hilfsquadrat B ist in Abbildung 2.82 dargestellt.

	1	7	4	2	5	3	0	6
1	1	3	6	4	0	2	7	5
7	5	7	2	0	4	6	3	1
4	3	1	4	6	2	0	5	7
2	7	5	0	2	6	4	1	3
5	4	6	3	1	5	7	2	0
3	0	2	7	5	1	3	6	4
0	6	4	1	3	7	5	0	2
6	2	0	5	7	3	1	4	6

a) Zeilen- und Spaltentausch

1	5	3	7	4	0	6	2
3	7	1	5	6	2	4	0
6	2	4	0	3	7	1	5
4	0	6	2	1	5	3	7
0	4	2	6	5	1	7	3
2	6	0	4	7	3	5	1
7	3	5	1	2	6	0	4
5	1	7	3	0	4	2	6

b) Spiegelung an der Nebendiagonalen

Abb. 2.82 Das veränderte Hilfsquadrat B

Abschließend werden diese beiden Hilfsquadrate mit der Gleichung

$$8 \cdot A + B + 1$$

überlagert und es entsteht das bimagische Quadrat aus Abbildung 2.83, das auch trimagische Diagonalen besitzt.

2	54	28	48	13	57	23	35
60	16	34	22	55	3	45	25
15	59	21	33	4	56	26	46
53	1	47	27	58	14	36	24
41	29	51	7	38	18	64	12
19	39	9	61	32	44	6	50
40	20	62	10	43	31	49	5
30	42	8	52	17	37	11	63

Abb. 2.83 Bimagisches Quadrat der Ordnung $n = 8$ (de Winkel)

In einem zweiten Beispiel werden für die Hilfsquadrate andere Parameter gewählt. Für das Hilfsquadrat A gilt

$$\begin{array}{llllll} a_1 = 0 & a_2 = 0 & a_3 = 1 & a_4 = 1 & a_5 = 0 & a_6 = 1 \\ b_1 = 1 & b_2 = 0 & b_3 = 0 & b_4 = 1 & b_5 = 1 & b_6 = 0 \\ c_1 = 1 & c_2 = 1 & c_3 = 0 & c_4 = 1 & c_5 = 1 & c_6 = 1 \end{array}$$

und die Parameter für das Hilfsquadrat B lauten

$$\begin{array}{llllll} a_1 = 1 & a_2 = 1 & a_3 = 1 & a_4 = 0 & a_5 = 1 & a_6 = 1 \\ b_1 = 0 & b_2 = 1 & b_3 = 1 & b_4 = 0 & b_5 = 0 & b_6 = 1 \\ c_1 = 1 & c_2 = 1 & c_3 = 0 & c_4 = 1 & c_5 = 1 & c_6 = 1 \end{array}$$

Mit diesen Parametern ergeben sich die Hilfsquadrate aus Abbildung 2.84.

	0	1	2	3	4	5	6	7
0	0	4	1	5	3	7	2	6
1	5	1	4	0	6	2	7	3
2	3	7	2	6	0	4	1	5
3	6	2	7	3	5	1	4	0
4	7	3	6	2	4	0	5	1
5	2	6	3	7	1	5	0	4
6	4	0	5	1	7	3	6	2
7	1	5	0	4	2	6	3	7

a) Hilfsquadrat A

	0	1	2	3	4	5	6	7
0	0	6	7	1	5	3	2	4
1	7	1	0	6	2	4	5	3
2	5	3	2	4	0	6	7	1
3	2	4	5	3	7	1	0	6
4	1	7	6	0	4	2	3	5
5	6	0	1	7	3	5	4	2
6	4	2	3	5	1	7	6	0
7	3	5	4	2	6	0	1	7

b) Hilfsquadrat B

Abb. 2.84 Geordnete lateinische Hilfsquadrate

Bei diesen Parametern muss für das Hilfsquadrat B nur noch die Zeilen- und Spaltenpermutation

$$1 \quad 5 \quad 3 \quad 7 \quad 2 \quad 6 \quad 0 \quad 4$$

durchgeführt werden, während die Spiegelung an der Nebendiagonalen entfällt. Überlagert man die beiden Hilfsquadrate A und B, entsteht das bimagische Quadrat aus Abbildung 2.85.

	1	5	3	7	2	6	0	4
1	1	4	6	3	0	5	7	2
5	0	5	7	2	1	4	6	3
3	4	1	3	6	5	0	2	7
7	5	0	2	7	4	1	3	6
2	3	6	4	1	2	7	5	0
6	2	7	5	0	3	6	4	1
0	6	3	1	4	7	2	0	5
4	7	2	0	5	6	3	1	4

a) Spalten- und Zeilentransformation

2	37	15	44	25	62	24	51
41	14	40	3	50	21	63	28
29	58	20	55	6	33	11	48
54	17	59	32	45	10	36	7
60	31	53	18	35	8	46	9
19	56	30	57	12	47	5	34
39	4	42	13	64	27	49	22
16	43	1	38	23	52	26	61

b) bimagisches Quadrat

Abb. 2.85 Bimagisches Quadrat der Ordnung $n = 8$ (de Winkel, Beispiel 2)

Insgesamt gibt Aale de Winkel auf seiner Webseite Parameter an, mit denen sich 80 unterschiedliche bimagische Quadrate erzeugen lassen. Aus jedem dieser bimagischen Quadrate lassen sich dann durch zusätzliche Spalten- und Zeilentranspositionen weitere bimagische Quadrate erzeugen.

2.1.9 De Winkel (Pandiagonale Quadrate)

Bei der Konstruktion von pandiagonalen bimagischen Quadraten der Ordnung 8 arbeitet Aale de Winkel mit sechs binären pandiagonalen Quadraten[20], bei denen jede Zeile, jede Spalte und jede Diagonale vier Einsen und vier Nullen enthält.[21]

0	0	0	0	1	1	1	1
1	1	1	1	0	0	0	0
0	0	0	0	1	1	1	1
1	1	1	1	0	0	0	0
0	0	0	0	1	1	1	1
1	1	1	1	0	0	0	0
0	0	0	0	1	1	1	1
1	1	1	1	0	0	0	0

a) Quadrat A

0	0	1	1	1	1	0	0
0	0	1	1	1	1	0	0
1	1	0	0	0	0	1	1
1	1	0	0	0	0	1	1
0	0	1	1	1	1	0	0
0	0	1	1	1	1	0	0
1	1	0	0	0	0	1	1
1	1	0	0	0	0	1	1

b) Quadrat B

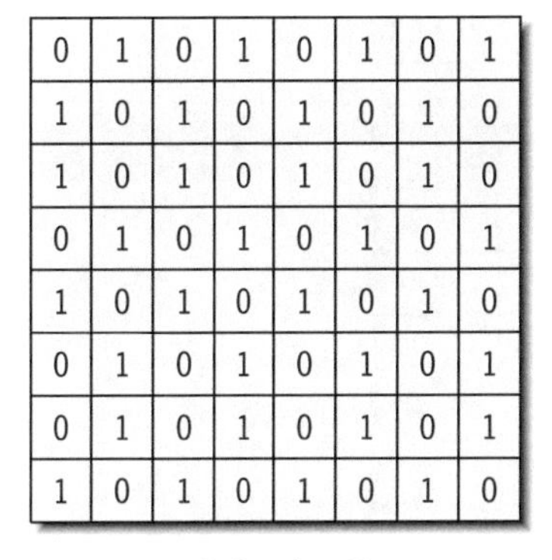

0	1	0	1	0	1	0	1
1	0	1	0	1	0	1	0
1	0	1	0	1	0	1	0
0	1	0	1	0	1	0	1
1	0	1	0	1	0	1	0
0	1	0	1	0	1	0	1
0	1	0	1	0	1	0	1
1	0	1	0	1	0	1	0

c) Quadrat C

0	1	1	0	0	1	1	0
0	1	1	0	0	1	1	0
1	0	0	1	1	0	0	1
1	0	0	1	1	0	0	1
1	0	0	1	1	0	0	1
1	0	0	1	1	0	0	1
0	1	1	0	0	1	1	0
0	1	1	0	0	1	1	0

d) Quadrat D

[20] Dieser Begriff wurde von Dwane Campbell geprägt, der damit aber keine bimagischen Quadrate erzeugt: siehe `http://magictesseract.com/`

[21] de Winkel [599]

1	0	1	0	0	1	0	1
0	1	0	1	1	0	1	0
0	1	0	1	1	0	1	0
1	0	1	0	0	1	0	1
1	0	1	0	0	1	0	1
0	1	0	1	1	0	1	0
0	1	0	1	1	0	1	0
1	0	1	0	0	1	0	1

e) Quadrat E

1	1	0	0	1	1	0	0
0	0	1	1	0	0	1	1
1	1	0	0	1	1	0	0
0	0	1	1	0	0	1	1
0	0	1	1	0	0	1	1
1	1	0	0	1	1	0	0
0	0	1	1	0	0	1	1
1	1	0	0	1	1	0	0

f) Quadrat F

Abb. 2.86 Binäre pandiagonale Quadrate

Er hat 108 Kombinationen dieser sechs Quadrate gefunden, mit denen sich pandiagonale magische Quadrate zusammensetzen lassen. Wählt man etwa die Kombination

A C B E D F

wird Quadrat A mit 32 multipliziert, C mit 16, B mit 8, E mit 4, D mit 2 und F mit 1.

Addiert man diese Quadrate und erhöht die sich ergebenden Zahlen um 1, entspricht das der Rechnung

$$32 \cdot A + 16 \cdot C + 8 \cdot B + 4 \cdot E + 2 \cdot D + F + 1$$

und man erhält das pandiagonale bimagische Quadrat aus Abbildung 2.87.

6	20	15	25	42	64	35	53
49	39	60	46	29	11	24	2
28	14	17	7	56	34	61	43
47	57	38	52	3	21	10	32
23	1	30	12	59	45	50	40
36	54	41	63	16	26	5	19
9	31	4	22	37	51	48	58
62	44	55	33	18	8	27	13

Abb. 2.87 Pandiagonales bimagisches Quadrat der Ordnung $n = 8$ (de Winkel, Beispiel 1)

Ein zweites Beispiel soll dieses Vorgehen noch einmal verdeutlichen. Die Kombination

F E D B A C

führt zu der Rechnung

$$32 \cdot F + 16 \cdot E + 8 \cdot D + 4 \cdot B + 2 \cdot A + C + 1$$

und man erhält man das pandiagonale bimagische Quadrat aus Abbildung 2.88.

49	42	29	6	39	64	11	20
4	27	48	55	22	13	58	33
46	53	2	25	60	35	24	15
31	8	51	44	9	18	37	62
26	1	54	45	16	23	36	59
43	52	7	32	61	38	17	10
5	30	41	50	19	12	63	40
56	47	28	3	34	57	14	21

Abb. 2.88 Pandiagonales bimagisches Quadrat der Ordnung $n = 8$ (de Winkel, Beispiel 2)

Ebenso wie das erste Beispiel enthält das pandiagonale bimagische Quadrat trimagische Diagonalen. Insgesamt führt Aale de Winkel auf seiner Webseite 108 Kombinationen der sechs Ausgangsquadrate auf, mit denen sich pandiagonale bimagische Quadrate erzeugen lassen.

2.1.10 Transformationen von bimagischen Quadraten

Man weiß schon lange, dass ein magisches Quadrat magisch bleibt, wenn man jede Zahl durch ihre komplementäre Zahl ersetzt. Diese Eigenschaft bleibt auch bei bimagischen Quadraten erhalten, sodass man durch diese Transformation ein neues bimagisches Quadrat erzeugen kann.

1	8	46	43	53	52	26	31
22	19	57	64	34	39	13	12
58	33	21	14	20	11	63	40
16	60	35	23	9	61	38	18
55	29	28	50	48	6	3	41
27	47	56	4	30	42	49	5
45	54	2	25	7	32	44	51
36	10	15	37	59	17	24	62

a) bimagisches Quadrat

64	57	19	22	12	13	39	34
43	46	8	1	31	26	52	53
7	32	44	51	45	54	2	25
49	5	30	42	56	4	27	47
10	36	37	15	17	59	62	24
38	18	9	61	35	23	16	60
20	11	63	40	58	33	21	14
29	55	50	28	6	48	41	3

b) komplementäres Quadrat

Abb. 2.89 Komplementäres bimagisches Quadrat

Betrachtet man die beiden Quadrate, fällt auf, dass alle Zahlen der markierten Zeile in Abbildung 2.90a wieder in einer Zeile des komplementären Quadrates liegen. In diesem Beispiel gilt das nicht nur für die markierte Zeile, sondern für alle acht Zeilen.

Diese Eigenschaft trifft in diesem Beispiel aber für keine einzige Spalte zu. Wie in Abbildung 2.90b zu erkennen ist, liegen die Zahlen dieser Spalte sehr verstreut im komplementären Quadrat.

1	8	46	43	53	52	26	31
22	19	57	64	34	39	13	12
58	33	21	14	20	11	63	40
16	60	35	23	9	61	38	18
55	29	28	50	48	6	3	41
27	47	56	4	30	42	49	5
45	54	2	25	7	32	44	51
36	10	15	37	59	17	24	62

a) bimagisches Ausgangsquadrat

64	57	19	22	12	13	39	34
43	46	8	1	31	26	52	53
7	32	44	51	45	54	2	25
49	5	30	42	56	4	27	47
10	36	37	15	17	59	62	24
38	18	9	61	35	23	16	60
20	11	63	40	58	33	21	14
29	55	50	28	6	48	41	3

b) komplementäres Quadrat

Abb. 2.90 Transformation einer Zeile und einer Spalte

Bei einigen speziellen bimagischen Quadraten bleiben die Zahlen der Zeilen und Spalten des Ausgangsquadrates im komplementären Quadrat erhalten, auch wenn sie dort eine andere relative Reihenfolge aufweisen.

Rilly nennt diese Eigenschaft *autokomplementär*, da man dieses Quadrat durch Vertauschen von Zeilen und Spalten wieder in das Ausgangsquadrat zurückverwandeln kann.[22]

1	7	61	38	40	32	46	35
37	23	26	10	62	45	51	6
13	11	36	63	18	22	41	56
54	52	47	43	29	2	9	24
34	44	50	5	53	17	8	49
21	31	12	48	15	60	16	57
58	64	25	33	4	27	30	19
42	28	3	20	39	55	59	14

a) bimagisches Ausgangsquadrat

64	58	4	27	25	33	19	30
28	42	39	55	3	20	14	59
52	54	29	2	47	43	24	9
11	13	18	22	36	63	56	41
31	21	15	60	12	48	57	16
44	34	53	17	50	5	49	8
7	1	40	32	61	38	35	46
23	37	62	45	26	10	6	51

b) autokomplementäres Quadrat

Abb. 2.91 Autokomplementäres bimagisches Quadrat

[22] Rilly [489] S. 43 – 44

Spezielle Transformationen

Weitere Transformationen sind mit speziellen bimagischen Quadraten der Ordnung $n = 8$ möglich, wenn die für die Zeilen, Spalten und Diagonalen benutzten bimagischen Reihen eine bestimmte Eigenschaft erfüllen. Es ist bekannt, dass alle 38 039 bimagischen Reihen dieser Ordnung aus jeweils vier geraden und ungeraden Zahlen bestehen müssen.

Bei den vier geraden Zahlen treten als Summen immer Vielfache von vier zwischen 60 und 200 auf. Ergibt die Summe der geraden Zahlen in allen 18 bimagischen Reihen den Wert 132, sind weitere Transformationen von bimagischen Quadraten möglich. Daher bezeichnet man diese bimagischen Quadrate manchmal auch als *Gruppe 132*.

Dass diese Eigenschaft etwas Besonderes ist, sieht man an den beiden Beispielen in Abbildung 2.92. Im linken Beispiel besitzen zwar die geraden Zahlen in den Zeilen und Spalten die Summe 132, aber die beiden Diagonalen weichen mit den Summen 68 und 196 hiervon ab. Im rechten Beispiel besitzen dagegen alle geraden Zahlen in den Zeilen, Spalten und Diagonalen die Summe 132, allerdings sind nur vier dieser Reihen in der Abbildung markiert.

50	9	23	48	59	4	30	37
19	44	54	13	26	33	63	8
64	7	25	34	53	14	20	43
29	38	60	3	24	47	49	10
6	61	35	28	15	56	42	17
39	32	2	57	46	21	11	52
12	51	45	22	1	58	40	31
41	18	16	55	36	27	5	62

a) Summen 68, 132 und 196

9	53	8	60	47	19	34	30
7	59	10	54	33	29	48	20
44	24	37	25	14	50	3	63
38	26	43	23	4	64	13	49
18	46	31	35	56	12	57	5
32	36	17	45	58	6	55	11
51	15	62	2	21	41	28	40
61	1	52	16	27	39	22	42

b) alle Summen betragen 132

Abb. 2.92 Summen der geraden Zahlen in den Zeilen, Spalten und Diagonalen

Für die bimagischen Quadrate der Gruppe 132 sind weitere sechs zusätzliche Transformationen möglich, die jeweils ein neues bimagisches Quadrat erzeugen.[23] Alle Transformationen unterscheiden dabei gerade und ungerade Zahlen, die getrennt voneinander behandelt werden.

1. Ersetze die ungeraden Zahlen durch ihre zu 64 komplementäre Zahlen und lasse die geraden Zahlen unverändert.

[23] Rilly [489] S. 44 – 48

1	8	53	31	26	52	43	46
15	10	61	33	40	60	19	22
38	21	32	4	51	47	58	9
20	35	42	54	5	25	16	63
30	45	34	12	59	17	56	7
44	27	24	62	13	39	2	49
55	50	3	41	48	6	29	28
57	64	11	23	18	14	37	36

a) Ausgangsquadrat

63	8	11	33	26	52	21	46
49	10	3	31	40	60	45	22
38	43	32	4	13	17	58	55
20	29	42	54	59	39	16	1
30	19	34	12	5	47	56	57
44	37	24	62	51	25	2	15
9	50	61	23	48	6	35	28
7	64	53	41	18	14	27	36

b) transformiertes Quadrat

Abb. 2.93 Transformation 1

Die entstehenden bimagischen Quadrate sind immer vom Ausgangsquadrat verschieden und können durch keinerlei Vertauschungen wieder auf dieses zurücktransformiert werden.

2. Ersetze die geraden Zahlen durch ihre zu 66 komplementäre Zahlen und lasse die ungeraden Zahlen unverändert.

2	7	54	32	25	51	44	45
16	9	62	34	39	59	20	21
37	22	31	3	52	48	57	10
19	36	41	53	6	26	15	64
29	46	33	11	60	18	55	8
43	28	23	61	14	40	1	50
56	49	4	42	47	5	30	27
58	63	12	24	17	13	38	35

a) Ausgangsquadrat

64	7	12	34	25	51	22	45
50	9	4	32	39	59	46	21
37	44	31	3	14	18	57	56
19	30	41	53	60	40	15	2
29	20	33	11	6	48	55	58
43	38	23	61	52	26	1	16
10	49	62	24	47	5	36	27
8	63	54	42	17	13	28	35

b) transformiertes Quadrat

Abb. 2.94 Transformation 2

Auch bei dieser Transformation sind die entstehenden Quadrate vom Ausgangsquadrat verschieden.

3. Ersetze die geraden Zahlen durch ihre zu 66 komplementäre Zahlen und die ungeraden Zahlen durch ihre zu 64 komplementäre Zahl.

   Bei dieser Transformation können die beiden Quadrate wie in Abbildung 2.95 verschieden oder wie in Abbildung 2.96 gleich sein. Dann kann man die Zeilen und Spalten so vertauschen, dass wieder das Ausgangsquadrat entsteht.

3	57	34	28	14	47	56	21
41	12	19	50	63	5	30	40
48	13	22	55	58	4	27	33
6	64	39	29	11	42	49	20
52	23	16	43	37	25	2	62
31	35	60	8	17	54	45	10
26	38	61	1	24	51	44	15
53	18	9	46	36	32	7	59

a) Ausgangsquadrat

61	7	32	38	52	17	10	43
23	54	45	16	1	59	36	26
18	51	44	9	8	62	37	31
60	2	25	35	53	24	15	46
14	41	50	21	27	39	64	4
33	29	6	58	47	12	19	56
40	28	3	63	42	13	22	49
11	48	55	20	30	34	57	5

b) transformiertes Quadrat

Abb. 2.95 Transformation 3 (verschiedene Quadrate)

3	4	54	53	32	31	41	42
21	15	57	35	10	20	38	64
16	22	36	58	19	9	63	37
26	25	47	48	5	6	52	51
34	33	23	24	61	62	12	11
56	46	28	2	43	49	7	29
45	55	1	27	50	44	30	8
59	60	14	13	40	39	17	18

a) Ausgangsquadrat

61	62	12	11	34	33	23	24
43	49	7	29	56	46	28	2
50	44	30	8	45	55	1	27
40	39	17	18	59	60	14	13
32	31	41	42	3	4	54	53
10	20	38	64	21	15	57	35
19	9	63	37	16	22	36	58
5	6	52	51	26	25	47	48

b) transformiertes Quadrat

Abb. 2.96 Transformation 3 (gleiche Quadrate)

4. Ersetze die geraden Zahlen durch ihre zu 65 komplementäre Zahlen und erhöhe die ungeraden Zahlen um 1.

4	3	53	54	31	32	42	41
22	16	58	36	9	19	37	63
15	21	35	57	20	10	64	38
25	26	48	47	6	5	51	52
33	34	24	23	62	61	11	12
55	45	27	1	44	50	8	30
46	56	2	28	49	43	29	7
60	59	13	14	39	40	18	17

a) Ausgangsquadrat

61	4	54	11	32	33	23	42
43	49	7	29	10	20	38	64
16	22	36	58	45	55	1	27
26	39	17	48	59	6	52	13
34	31	41	24	3	62	12	53
56	46	28	2	21	15	57	35
19	9	63	37	50	44	30	8
5	60	14	51	40	25	47	18

b) transformiertes Quadrat

Abb. 2.97 Transformation 4 (verschiedene Quadrate)

4	26	54	48	41	51	31	5
46	15	35	2	21	56	28	57
32	61	17	52	11	42	6	39
50	8	44	30	55	1	45	27
37	19	63	9	36	22	58	16
25	60	24	53	14	47	3	34
7	38	10	43	64	29	49	20
59	33	13	23	18	12	40	62

a) Ausgangsquadrat

61	39	11	17	42	52	32	6
19	16	36	63	22	9	37	58
33	62	18	13	12	23	59	40
15	57	21	35	56	2	46	28
38	20	64	10	29	43	7	49
26	5	41	54	51	48	4	31
8	27	55	44	1	30	50	45
60	34	14	24	47	53	25	3

b) transformiertes Quadrat

Abb. 2.98 Transformation 4 (gleiche Quadrate)

5. Ersetze die ungeraden Zahlen durch ihre zu 65 komplementäre Zahlen und vermindere die geraden Zahlen um 1.

5	20	55	62	34	43	16	25
27	14	36	41	53	64	18	7
35	54	17	28	8	13	42	63
10	31	45	40	60	49	3	22
24	1	58	51	47	38	29	12
61	44	6	15	19	26	56	33
50	39	32	21	9	4	59	46
48	57	11	2	30	23	37	52

a) Ausgangsquadrat

60	19	10	61	33	22	15	40
38	13	35	24	12	63	17	58
30	53	48	27	7	52	41	2
9	34	20	39	59	16	62	21
23	64	57	14	18	37	36	11
4	43	5	50	46	25	55	32
49	26	31	44	56	3	6	45
47	8	54	1	29	42	28	51

b) transformiertes Quadrat

Abb. 2.99 Transformation 5 (verschiedene Quadrate)

5	4	46	57	39	32	50	27
36	9	53	14	64	43	23	18
54	51	24	47	29	10	1	44
19	58	15	28	6	61	40	33
63	22	35	56	42	17	12	13
26	31	60	3	49	38	45	8
16	37	25	34	20	7	59	62
41	48	2	21	11	52	30	55

a) Ausgangsquadrat

60	3	45	8	26	31	49	38
35	56	12	13	63	22	42	17
53	14	23	18	36	9	64	43
46	57	50	27	5	4	39	32
2	21	30	55	41	48	11	52
25	34	59	62	16	37	20	7
15	28	40	33	19	58	6	61
24	47	1	44	54	51	29	10

b) transformiertes Quadrat

Abb. 2.100 Transformation 5 (gleiche Quadrate)

6. Erhöhe die ungeraden Zahlen um 1 und vermindere die geraden Zahlen um 1.

6	42	52	32	47	25	3	53
41	29	7	51	38	12	18	64
15	59	33	21	4	46	56	26
36	16	22	58	9	63	37	19
17	39	61	11	60	24	14	34
28	54	48	2	23	35	57	13
62	20	10	40	49	5	31	43
55	1	27	45	30	50	44	8

a) Ausgangsquadrat

5	41	51	31	48	26	4	54
42	30	8	52	37	11	17	63
16	60	34	22	3	45	55	25
35	15	21	57	10	64	38	20
18	40	62	12	59	23	13	33
27	53	47	1	24	36	58	14
61	19	9	39	50	6	32	44
56	2	28	46	29	49	43	7

b) transformiertes Quadrat

Abb. 2.101 Transformation 6

Bei dieser Transformation existieren einige Quadrate, bei denen man aus dem transformierten Quadrat durch das Vertauschen von Zeilen und Spalten wieder das Ausgangsquadrat erhält.

6	3	25	32	47	42	52	53
28	29	7	2	49	56	46	43
62	59	33	40	23	18	12	13
36	37	63	58	9	16	22	19
17	24	14	11	60	61	39	34
15	10	20	21	38	35	57	64
41	48	54	51	4	5	31	26
55	50	44	45	30	27	1	8

a) Ausgangsquadrat

5	4	26	31	48	41	51	54
27	30	8	1	50	55	45	44
61	60	34	39	24	17	11	14
35	38	64	57	10	15	21	20
18	23	13	12	59	62	40	33
16	9	19	22	37	36	58	63
42	47	53	52	3	6	32	25
56	49	43	46	29	28	2	7

b) transformiertes Quadrat

Abb. 2.102 Transformation 6 (gleiche Quadrate)

2.1.11 Normieren von bimagischen Quadraten

Im April 2014 haben Walter Trump und Francis Gaspalou alle 26 158 848 bimagischen Quadrate der Ordnung $n = 8$ bestimmt.[24] Um die erhaltenen Quadrate vergleichen und unterscheiden zu können, reichte die standardmäßige Normierung von ma-

[24] siehe Kapitel 2.1.12

gischen Quadraten nicht aus. Daher haben sie die von ihnen gefundenen bimagischen Quadrate besonders normiert.[25]

32	38	3	10	57	52	21	47
7	61	28	17	34	43	14	56
53	15	42	35	20	25	64	6
36	26	63	54	5	16	41	19
46	24	49	60	11	2	39	29
59	1	40	45	30	23	50	12
9	51	22	31	48	37	4	58
18	44	13	8	55	62	27	33

Abb. 2.103 Bimagisches Ausgangsquadrat

Zu Beginn des Prozesses sucht man die kleinste Zahl auf den beiden Diagonalen und verschiebt diese Zahl in die linke obere Ecke, indem man die zugehörigen Zeilen und Spalten austauscht. Befindet sich die Zahl allerdings schon in einer der Ecken, reicht eine einfache Spiegelung oder Drehung aus. In diesem Beispiel wird die Zahl 4 in die linke obere Ecke platziert.

	1	2	3	4	5	6	7	8
A	32	38	3	10	57	52	21	47
B	7	61	28	17	34	43	14	56
C	53	15	42	35	20	25	64	6
D	36	26	63	54	5	16	41	19
E	46	24	49	60	11	2	39	29
F	59	1	40	45	30	23	50	12
G	9	51	22	31	48	37	4	58
H	18	44	13	8	55	62	27	33

	1	2	3	4	5	6	7	8
A	4	58	22	31	48	37	9	51
B	27	33	13	8	55	62	18	44
C	64	6	42	35	20	25	53	15
D	41	19	63	54	5	16	36	26
E	39	29	49	60	11	2	46	24
F	50	12	40	45	30	23	59	1
G	21	47	3	10	57	52	32	38
H	14	56	28	17	34	43	7	61

Abb. 2.104 Verschieben der kleinsten Zahl der Diagonalen in die linke obere Ecke

Für die weiteren Schritte werden die Zellen der Nebendiagonalen von links oben nach rechts unten der Reihe nach mit A1, B2, C3, D4, E5, F6, G7 und H8 bezeichnet. Da die Zahlen auf Diagonalen von der linken oberen Ecke ausgehend größer werden sollen, wird zunächst die Zahl in Zelle B2 mit der Zahl in G7 verglichen. Die kleinere Zahl soll sich in Zelle B2 befinden, sodass, wie in diesem Fall, die zugehörigen Zeilen und Spalten vertauscht werden müssen.

[25] Gaspalou [163]

	1	2	3	4	5	6	7	8
A	A1							
B		B2						
C			C3					
D				D4				
E					E5			
F						F6		
G							G7	
H								H8

	1	2	3	4	5	6	7	8
A	4	9	22	31	48	37	58	51
B	21	32	3	10	57	52	47	38
C	64	53	42	35	20	25	6	15
D	41	36	63	54	5	16	19	26
E	39	46	49	60	11	2	29	24
F	50	59	40	45	30	23	12	1
G	27	18	13	8	55	62	33	44
H	14	7	28	17	34	43	56	61

Abb. 2.105 Austausch der Zahlen in den Zellen B2 und G7

Im nächsten Schritt werden die Zahlen in den Zellen C3 und F6 verglichen. Auch hier muss sich die kleinere Zahl in C3 befinden.

Ebenso wird mit den Zahlen in den Zellen D4 und E5 verfahren. Auch hier muss die kleinere Zahl bei Bedarf durch Vertauschen von Zeilen und Spalten in die Zelle D4 verschoben werden.

	1	2	3	4	5	6	7	8
A	4	9	37	31	48	22	58	51
B	21	32	52	10	57	3	47	38
C	50	59	23	45	30	40	12	1
D	41	36	16	54	5	63	19	26
E	39	46	2	60	11	49	29	24
F	64	53	25	35	20	42	6	15
G	27	18	62	8	55	13	33	44
H	14	7	43	17	34	28	56	61

	1	2	3	4	5	6	7	8
A	4	9	37	48	31	22	58	51
B	21	32	52	57	10	3	47	38
C	50	59	23	30	45	40	12	1
D	39	46	2	11	60	49	29	24
E	41	36	16	5	54	63	19	26
F	64	53	25	20	35	42	6	15
G	27	18	62	55	8	13	33	44
H	14	7	43	34	17	28	56	61

Abb. 2.106 Anordnung der Zahlen in den Zellen C3 und F6 sowie D4 und E5

Mit diesen Schritten befinden sich die vier kleineren Zahlen in der oberen und die vier größeren Zahlen in der unteren Hälfte der Diagonalen. Da die oberen vier Zahlen der Diagonalen aufsteigend vorliegen sollen, müssen jetzt noch die Zahlen der Zellen B2, C3 und D4 in diese Reihenfolge gebracht werden.

In diesem Beispiel müssen die Zahlen 32 und 11 in den Zellen B2 und D4 vertauscht werden. Ein Zeilentausch der zugehörigen zwei Zeilen und zwei Spalten reicht hier aber nicht aus, da dadurch die zweite Diagonale zerstört werden würde. Daher müssen auch die symmetrisch liegenden Zeilen und Spalten zusätzlich vertauscht werden.

	1	2	3	4	5	6	7	8
A	4	48	37	9	31	22	58	51
B	39	11	2	46	60	49	29	24
C	50	30	23	59	45	40	12	1
D	21	57	52	32	10	3	47	38
E	41	5	16	36	54	63	19	26
F	64	20	25	53	35	42	6	15
G	27	55	62	18	8	13	33	44
H	14	34	43	7	17	28	56	61

	1	2	3	4	5	6	7	8
A	4	48	37	9	58	22	31	51
B	39	11	2	46	29	49	60	24
C	50	30	23	59	12	40	45	1
D	21	57	52	32	47	3	10	38
E	27	55	62	18	33	13	8	44
F	64	20	25	53	6	42	35	15
G	41	5	16	36	19	63	54	26
H	14	34	43	7	56	28	17	61

Abb. 2.107 Die linke obere Hälfte der Diagonalen in aufsteigender Reihenfolge

Jetzt kann es aber noch passieren, dass die Zahl in Zelle D4 größer ist als die in Zelle E5. Dann müssten die zugehörigen Zeilen und Spalten vertauscht werden. In diesem Beispiel gilt aber bereits $32 < 33$, sodass dieser Schritt hier nicht notwendig ist.

In einem letzten Schritt wird das Quadrat eventuell noch so transformiert, dass die Zahl in der rechten oberen Ecke kleiner ist als diejenige in der linken unteren Ecke. In diesem Beispiel ist die Zahl in der rechten oberen Ecke mit $51 > 14$ allerdings größer, sodass das Quadrat noch an der Nebendiagonalen gespiegelt werden muss.

4	39	50	21	27	64	41	14
48	11	30	57	55	20	5	34
37	2	23	52	62	25	16	43
9	46	59	32	18	53	36	7
58	29	12	47	33	6	19	56
22	49	40	3	13	42	63	28
31	60	45	10	8	35	54	17
51	24	1	38	44	15	26	61

Abb. 2.108 Normiertes symmetrisches bimagisches Quadrat

Aus diesem normierten bimagischen Quadrat können durch Zeilen- und Spaltentransformationen wie in Abbildung 2.109 insgesamt 192 unterschiedliche bimagische Quadrate erzeugt werden. Durch Spiegelungen und Drehungen erhöht sich diese Zahl dann auf $192 \cdot 8 = 1536$.

Zwei Beispiele solcher bimagischen Quadrate sind in Abbildung 2.109 zu sehen. Dabei ist zu erwähnen, dass durch die vorgenommenen Transformationen die Symmetrie erhalten bleibt.

4	41	50	21	27	64	39	14
31	54	45	10	8	35	60	17
37	16	23	52	62	25	2	43
9	36	59	32	18	53	46	7
58	19	12	47	33	6	29	56
22	63	40	3	13	42	49	28
48	5	30	57	55	20	11	34
51	26	1	38	44	15	24	61

4	39	64	21	27	50	41	14
48	11	20	57	55	30	5	34
22	49	42	3	13	40	63	28
9	46	53	32	18	59	36	7
58	29	6	47	33	12	19	56
37	2	25	52	62	23	16	43
31	60	35	10	8	45	54	17
51	24	15	38	44	1	26	61

Abb. 2.109 Transformierte bimagische Quadrate

Diese Methode zur Normierung von bimagischen Quadraten der Ordnung $n = 8$ ist eine spezielle Form der allgemeineren LDR-Darstellung, mit der Quadrate beliebiger Ordnung normiert werden.[26]

2.1.12 Anzahl bimagischer Quadrate

Im April 2014 haben Walter Trump und Francis Gaspalou alle bimagischen Quadrate der Ordnung $n = 8$ bestimmt. Sie fanden 136 244 bimagische Quadrate in einer normierten Form.[27]

Aus jedem dieser Quadrate lassen sich durch Zeilen-Spalten-Transformationen insgesamt $8!! = 384$ Quadrate erzeugen. Jedoch kann man jeweils zwei von ihnen durch Spiegelungen oder Drehungen ineinander überführen. Somit ergeben sich aus einem Quadrat der normierten Form insgesamt 192 unterschiedliche Quadrate.

Damit beläuft sich die Anzahl unterschiedlicher bimagischer Quadrate der Ordnung $n = 8$ auf

$$192 \cdot 136\,244 = 26\,158\,848$$

unterschiedliche bimagische Quadrate.

Da auf der Webseite von Walter Trump viele weitere Untersuchungen zu diesen Quadraten dokumentiert sind, sollen hier nur einige besonders interessante Quadrate vorgestellt werden. Alle aufgeführten Anzahlen beziehen sich dabei auf die normierten Quadrate.

Es existieren 841 symmetrische bimagische Quadrate, von denen 20 diagonale Euler-Quadrate sind.[28]

[26] siehe Kapitel 8.6

[27] Trump [570] und Trump [574]

[28] siehe Kapitel 9.1

1	20	16	61	53	40	37	32
26	18	43	62	51	41	6	13
42	50	21	31	48	7	56	5
35	57	10	27	29	2	46	54
11	19	63	36	38	55	8	30
60	9	58	17	34	44	15	23
52	59	24	14	3	22	47	39
33	28	25	12	4	49	45	64

a) symmetrisch

2	23	57	48	52	37	11	30
25	16	34	55	43	62	20	5
46	59	21	4	32	9	39	50
53	36	14	27	7	18	64	41
24	1	47	58	38	51	29	12
15	26	56	33	61	44	6	19
60	45	3	22	10	31	49	40
35	54	28	13	17	8	42	63

b) symmetr. diag. Euler-Quadrat

Abb. 2.110 Symmetrische bimagische Quadrate

1836 bimagische Quadrate der normierten Form sind pandiagonal. Unter ihnen befinden sich wiederum 20 diagonale Euler-Quadrate. Insgesamt existieren 923 bimagische Euler-Quadrate und 472 bimagische diagonale Euler-Quadrate.

3	36	22	39	48	61	42	9
52	21	6	24	27	49	18	63
46	55	40	7	53	34	5	20
35	33	51	50	8	1	54	28
17	4	23	56	62	29	43	26
38	16	47	2	13	44	59	41
12	31	60	45	19	10	25	58
57	64	11	37	30	32	14	15

a) pandiagonal

4	26	43	49	38	64	13	23
21	15	62	40	51	41	28	2
58	36	17	11	32	6	55	45
47	53	8	30	9	19	34	60
27	1	52	42	61	39	22	16
14	24	37	63	44	50	3	25
33	59	10	20	7	29	48	54
56	46	31	5	18	12	57	35

b) pandiagonales diag. Euler-Quadrat

Abb. 2.111 Pandiagonale bimagische Quadrate

34 der bimagischen Quadrate besitzen ein eingebettetes magisches Quadrat der Ordnung 4 und 108 weitere bimagische Quadrate besitzen sogar zwei eingebettete magische Quadrate mit unterschiedlichen magischen Summen. Die Summen der eingebetteten Quadrate in Abbildung 2.112a lauten 162 und 98.

Auch bei dem bimagischen Quadrat in Abbildung 2.112b sind zwei magische Quadrate mit den Summen 134 und 126 eingebettet.

In dem bereits erwähnten Artikel von Trump und Gaspalou[29] werden weitere Untersuchungen aufgeführt und Verbindungen zu Konstruktionsverfahren von Coccoz, Tarry und Rilly gezogen.

[29] Trump [570]

4	37	42	15	22	51	64	25
43	14	1	40	61	28	23	50
58	31	20	53	48	9	6	35
17	56	59	30	7	34	45	12
55	18	29	60	33	8	11	46
32	57	54	19	10	47	36	5
13	44	39	2	27	62	49	24
38	3	16	41	52	21	26	63

a) Summen 162 und 98

3	63	13	49	38	26	44	24
52	16	62	2	21	41	27	39
32	36	18	46	57	5	55	11
47	19	33	29	10	54	8	60
6	58	12	56	35	31	45	17
53	9	59	7	20	48	30	34
25	37	23	43	64	4	50	14
42	22	40	28	15	51	1	61

b) Summen 134 und 126

Abb. 2.112 Bimagische Quadrate mit eingebetteten Quadraten

Addiert man die Zahlen in den vier Quadranten, ergibt sich bei 12 725 Quadraten jeweils die gleiche Summe 520. Bei 2638 dieser Quadrate stimmen auch die quadrierten Zahlen in den Quadranten jeweils überein. Dabei ergibt sich immer die Summe 22 360.

7	40	53	38	50	49	4	19
45	20	10	32	5	46	63	39
58	56	23	1	21	27	26	48
6	37	35	57	18	8	47	52
25	29	14	24	62	36	9	61
34	3	64	54	31	33	28	13
55	15	44	11	22	59	42	12
30	60	17	43	51	2	41	16

8	28	45	36	53	9	61	20
40	13	30	63	1	46	24	43
56	55	17	23	18	12	57	22
48	5	34	33	59	15	14	52
49	26	62	41	42	27	6	7
3	38	19	10	39	60	44	47
35	64	2	50	32	37	29	11
21	31	51	4	16	54	25	58

Abb. 2.113 Quadrate mit gleichen Summen in den Quadranten

2.2 Ordnung n = 9

Nur sechs Monate nach der Veröffentlichung des ersten bimagischen Quadrates achter Ordnung, präsentierte Georges Pfeffermann am 15. Juli 1891 das erste bimagische Quadrat neunter Ordnung. Auch dieses Mal veröffentlichte er in der Zeitschrift *Les Tablettes du Chercheur* Teile des Quadrates als Rätsel und lieferte die vollständige Lösung wieder 14 Tage später.[30]

[30] Pfeffermann,Pfeffermann:TC1891:504

	3	81	42		47	17	59	
37		15	71		57	32		7
33	38		55		77		13	21
68	73	43				63	51	29
				41				
53	31	19				39	9	14
61	69		5		27		44	49
75		50	25		11	67		45
	23	65	35		40	1	79	

22	3	81	42	34	47	17	59	64
37	54	15	71	76	57	32	20	7
33	38	8	55	72	77	52	13	21
68	73	43	12	26	4	63	51	29
2	16	58	46	41	36	24	66	80
53	31	19	78	56	70	39	9	14
61	69	30	5	10	27	74	44	49
75	62	50	25	6	11	67	28	45
18	23	65	35	48	40	1	79	60

Abb. 2.114 Das erste bimagische Quadrat der Ordnung $n = 9$ (Pfeffermann)

2.2.1 Coccoz

Coccoz verwendet für sein Verfahren zur Konstruktion bimagischer Quadrate der Ordnung $n = 9$ zwei Hilfsquadrate als Generatoren.[31] Dies sind zwei Quadrate, bei denen die Summe der Zahlen in den Spalten die magische Summe 369 und die quadrierten Zahlen die bimagische Summe 20 049 ergeben. Um solche Generatoren zu erzeugen, beginnt er mit einem Quadrat in natürlicher Anordnung. Das Zielquadrat teilt er in Blöcke der Größe 3 x 3 auf und überträgt die Zahlen aus der oberen Zeile des Ausgangsquadrates so in die linke obere Ecke, dass sie ein magisches Quadrat der Ordnung 3 ergeben.

1	2	3	4	5	6	7	8	9
10	11	12	13	14	15	16	17	18
19	20	21	22	23	24	25	26	27
28	29	30	31	32	33	34	35	36
37	38	39	40	41	42	43	44	45
46	47	48	49	50	51	52	53	54
55	56	57	58	59	60	61	62	63
64	65	66	67	68	69	70	71	72
73	74	75	76	77	78	79	80	81

2	9	4	11	18	13	20	27	22
7	5	3	16	14	12	25	23	21
6	1	8	15	10	17	24	19	26

Abb. 2.115 Generator: Füllen der oberen drei Blöcke

Die Zahlen der zweiten Zeile werden in den rechts danebenliegenden Block eingetragen, wobei sie in der gleichen relativen Anordnung zueinander platziert werden.

[31] Coccoz [110]

Damit sind die Zahlen des ersten Blockes jeweils um 9 erhöht worden. Danach wird der Block in der rechten oberen Ecke des Zielquadrates entsprechend mit den Zahlen der dritten Zeile des Ausgangsquadrates in natürlicher Anordnung gefüllt.

Ebenso verfährt man mit den restlichen sechs Zeilen des Ausgangsquadrates, die in die noch verbleibenden sechs Blöcke übertragen werden. Dabei bleibt die relative Anordnung der Zahlen zueinander bestehen, jedoch wird die Reihenfolge der Spalten geändert. Bezeichnet man die drei Spalten des linken oberen Blocks von links mit 1, 2 und 3, werden die Spalten in den mittleren drei Blöcken in der Reihenfolge 2, 3 und 1 eingetragen. Bei den unteren drei Blöcken ändert sich die Reihenfolge noch einmal, denn sie werden in der Reihenfolge 3, 1 und 2 eingetragen, wie es in Abbildung 2.116 zu erkennen ist.

1	2	3
2	9	4
7	5	3
6	1	8

Block 1			Block 2			Block 3		
2	9	4	11	18	13	20	27	22
7	5	3	16	14	12	25	23	21
6	1	8	15	10	17	24	19	26
36	31	29	45	40	38	54	49	47
32	30	34	41	39	43	50	48	52
28	35	33	37	44	42	46	53	51

a) Reihenfolge 2 3 1

Block 1			Block 2			Block 3		
2	9	4	11	18	13	20	27	22
7	5	3	16	14	12	25	23	21
6	1	8	15	10	17	24	19	26
36	31	29	45	40	38	54	49	47
32	30	34	41	39	43	50	48	52
28	35	33	37	44	42	46	53	51
58	56	63	67	65	72	76	74	81
57	61	59	66	70	68	75	79	77
62	60	55	71	69	64	80	78	73

b) Reihenfolge 3 1 2

Abb. 2.116 Veränderte Reihenfolge der Spalten in den unteren Blöcken

Schreibt man die drei benutzten Anordnungen der Spalten untereinander, erkennt man das benutzte Schema. In jeder Zeile und jeder Spalte der Tabelle ist jede der Kennziffern 1 bis 3 genau einmal vertreten.

1	2	3
2	3	1
3	1	2

Im zweiten Schritt werden die Zeilen der oberen drei Blöcke verschoben. Die mittlere Zeile jedes Blocks wandert zyklisch gesehen einen Block weiter nach rechts, die unteren Zeilen dagegen um zwei Blöcke. Führt man diese Verschiebung der Zeilen in allen Blöcken durch, entsteht der erste Generator aus Abbildung 2.117.

2	9	4	11	18	13	20	27	22
25	23	21	7	5	3	16	14	12
15	10	17	24	19	26	6	1	8

a) Verschieben der Zeilen

2	9	4	11	18	13	20	27	22
25	23	21	7	5	3	16	14	12
15	10	17	24	19	26	6	1	8
36	31	29	45	40	38	54	49	47
50	48	52	32	30	34	41	39	43
37	44	42	46	53	51	28	35	33
58	56	63	67	65	72	76	74	81
75	79	77	57	61	59	66	70	68
71	69	64	80	78	73	62	60	55

b) vollständiger Generator

Abb. 2.117 Generator 1

Der so konstruierte Generator zeichnet sich dadurch aus, dass die Summe aller Zahlen in den Spalten die magische Summe 369 und deren Quadrate die bimagische Summe 20 049 ergibt. Weiterhin besitzen die drei Zahlen in den Spalten aller neun Blöcke übereinstimmende Summen. In den oberen drei Blöcken beträgt die Summe jeweils 42, in den mittleren Blöcken 123 und in den unteren immer 204.

Ein zweiter Generator lässt sich leicht finden, indem man wie in Abbildung 2.118 Änderungen bei der Konstruktion vornimmt.

- Die Spalten der unteren sechs Blöcke werden in umgekehrter Reihenfolge zum ersten Generator gefüllt. Also die mittleren drei Blöcke in der Reihenfolge 3, 1 und 2 und die unteren in der Reihenfolge 2, 3 und 1.
- Die waagrechten Zeilen der neun Blöcke werden nicht nach rechts, sondern nach links verschoben.

2	9	4	11	18	13	20	27	22
7	5	3	16	14	12	25	23	21
6	1	8	15	10	17	24	19	26
31	29	36	40	38	45	49	47	54
30	34	32	39	43	41	48	52	50
35	33	28	44	42	37	53	51	46
63	58	56	72	67	65	81	76	74
59	57	61	68	66	70	77	75	79
55	62	60	64	71	69	73	80	78

a) Reihenfolgen 3 1 2 und 2 3 1

2	9	4	11	18	13	20	27	22
16	14	12	25	23	21	7	5	3
24	19	26	6	1	8	15	10	17
31	29	36	40	38	45	49	47	54
39	43	41	48	52	50	30	34	32
53	51	46	35	33	28	44	42	37
63	58	56	72	67	65	81	76	74
68	66	70	77	75	79	59	57	61
73	80	78	55	62	60	64	71	69

b) Verschieben der Zeilen

Abb. 2.118 Generator 2

Mithilfe der beiden Generatoren wird ein semi-bimagisches Quadrat erzeugt. Dazu wählt man die linke Spalte des ersten Generators und trägt sie in die obere Zeile des Zielquadrates ein. Ebenso überträgt man die Zahlen der linken Spalte des zweiten Generators wie in Abbildung 2.119 in die linke Spalte des Zielquadrates. Damit ist das weitere Vorgehen festgelegt, denn die Spalten des ersten Generators werden immer waagrecht und die Spalten des zweiten Generators immer senkrecht eingetragen.

Nun wird die zweite Spalte des Zielquadrates gefüllt, deren obere Zahl mit 25 bereits vorgegeben ist. In der Spalte des zweiten Generators, die 25 enthält, befindet sich die Zahl 6 ebenso wie in der Spalte des ersten Generators, die die bereits vorgegebene Zahl 16 enthält. Damit ist mit der Zahl 6 die Zahl gefunden, die am Schnittpunkt der zweiten Zeile und Spalte des Zielquadrates eingetragen werden muss.

2	25	15	36	50	37	58	75	71
16								
24								
31								
39								
53								
63								
68								
73								

2	25	15	36	50	37	58	75	71
16	6	20	41	28	54	66	62	76
24	11							
31	48							
39	35							
53	40							
63	77							
68	55							
73	72							

Abb. 2.119 Füllen der ersten beiden Zeilen und Spalten

Die Spalte des ersten Generators kann jetzt in die zweite Zeile des Zielquadrates platziert werden. Dies muss aber so geschehen, dass immer die drei Zahlen aus einem der Blöcke auch wieder in der gleichen relativen Reihenfolge in einem gemeinsamen Block platziert werden. Konkret bedeutet dies, dass nach der bereits eingetragenen Zahl 16 die Zahl 6 eingetragen wird, gefolgt von der noch zu dieser Dreiergruppe gehörenden Zahl 20. Die Zahlen der weiteren Dreiergruppen müssen dann auch unbedingt in der gleichen relativen Reihenfolge notiert werden. Damit folgen dann die Zahlen 41, 28 und 54 und abschließend 66, 62 und 76. Ebenso muss bei den Spalten vorgegangen werden, sodass sich das Zwischenergebnis aus Abbildung 2.119 ergibt.

Entsprechend geht man bei den weiteren Zeilen und Spalten vor, bis das vollständige semi-bimagische Quadrat aus Abbildung 2.120 erzeugt worden ist.

2	25	15	36	50	37	58	75	71
16	6	20	41	28	54	66	62	76
24	11	7	46	45	32	80	67	57
31	48	44						
39	35	49						
53	40	30						
63	77	64						
68	55	81						
73	72	59						

2	25	15	36	50	37	58	75	71
16	6	20	41	28	54	66	62	76
24	11	7	46	45	32	80	67	57
31	48	44	56	79	69	9	23	10
39	35	49	70	60	74	14	1	27
53	40	30	78	65	61	19	18	5
63	77	64	4	21	17	29	52	42
68	55	81	12	8	22	43	33	47
73	72	59	26	13	3	51	38	34

Abb. 2.120 Semi-bimagisches Quadrat

Abschließend muss das semi-bimagische Quadrat noch in ein bimagisches Quadrat umgewandelt werden, indem auch die Diagonalen bimagisch gemacht werden.

4	3	8	13	12	17	22	21	26
18	14	10	27	23	19	9	5	1
20	25	24	2	7	6	11	16	15
35	31	30	44	40	39	53	49	48
37	45	41	46	54	50	28	36	32
51	47	52	33	29	34	42	38	43
57	62	58	66	71	67	75	80	76
68	64	72	77	73	81	59	55	63
79	78	74	61	60	56	70	69	65

2	7	6	11	16	15	20	25	24
18	14	10	27	23	19	9	5	1
22	21	26	4	3	8	13	12	17
34	33	29	43	42	38	52	51	47
41	37	45	50	46	54	32	28	36
48	53	49	30	35	31	39	44	40
60	56	61	69	65	70	78	74	79
64	72	68	73	81	77	55	63	59
80	76	75	62	58	57	71	67	66

Abb. 2.121 Zwei Generatoren mit geeigneten bimagischen Spalten

Dazu sucht man in anderen Generatoren nach zwei bimagischen Spalten, bei denen sich die Zahl 41 in der Mitte dieser Spalten befindet. Dazu sind etwa die beiden Generatoren aus Abbildung 2.121 geeignet.

Markiert man die Zahlen dieser beiden Spalten im semi-bimagischen Quadrat, stellt man fest, dass sich in jeder Zeile und jeder Spalte genau zwei dieser Zahlen befinden. Nur die Zeile und Spalte, in der sich die Zahl 41 befindet, besitzt keine Markierung. Weiterhin bilden jeweils zwei Paare von unterschiedlich markierten Zahlen die Ecken eines Rechtecks.

Die vier Zahlen dieser Zahlengruppen werden nun durch Vertauschen von Spalten und Zeilen auf die beiden Diagonalen transformiert. Damit fällt die bisher nicht beachtete Zahl 41 automatisch in das Zentrum, und das entstehende Quadrat in Abbildung 2.122 ist bimagisch.

2	25	15	36	50	37	58	75	71
16	6	20	41	28	54	66	62	76
24	11	7	46	45	32	80	67	57
31	48	44	56	79	69	9	23	10
39	35	49	70	60	74	14	1	27
53	40	30	78	65	61	19	18	5
63	77	64	4	21	17	29	52	42
68	55	81	12	8	22	43	33	47
73	72	59	26	13	3	51	38	34

a) Markierungen der Zahlengruppen

24	11	7	45	46	32	67	57	80
73	72	59	13	26	3	38	34	51
53	40	30	65	78	61	18	5	19
68	55	81	8	12	22	33	47	43
16	6	20	28	41	54	62	76	66
39	35	49	60	70	74	1	27	14
63	77	64	21	4	17	52	42	29
31	48	44	79	56	69	23	10	9
2	25	15	50	36	37	75	71	58

b) bimagisches Quadrat

Abb. 2.122 Bimagisches Quadrat der Ordnung $n = 9$ (Coccoz)

Variante 1

Die durch die Anordnung der Diagonalen hervorgerufenen Vertauschungen der Zeilen und Spalten können leicht verändert werden. Im Beispiel der Abbildung 2.122b befinden sich die Zahlen 2, 48, 64 und 60 auf der linken unteren Hälfte der Hauptdiagonalen.

In Abbildung 2.123 sind dagegen die Vertauschungen der Zeilen und Spalten so durchgeführt worden, dass sich dort jetzt die beiden bisherigen Zahlen 2 und 48 sowie 18 und 22 von der oberen Hälfte der Hauptdiagonalen befinden.

Durch den Austausch der zugehörigen Zeilen und Spalten sind natürlich auch die entsprechenden Zahlen der Nebendiagonalen vertauscht worden. Die in diesem Beispiel durchgeführten Vertauschungen betreffen aber nicht alle Zellen, sodass die Positionen einiger Zahlen gegenüber Abbildung 2.122b unverändert geblieben sind.

24	11	67	32	46	45	7	57	80
73	72	38	3	26	13	59	34	51
63	77	52	17	4	21	64	42	29
39	35	1	74	70	60	49	27	14
16	6	62	54	41	28	20	76	66
68	55	33	22	12	8	81	47	43
53	40	18	61	78	65	30	5	19
31	48	23	69	56	79	44	10	9
2	25	75	37	36	50	15	71	58

Abb. 2.123 Bimagisches Quadrat der Ordnung $n = 9$ (Coccoz, Variante 1.1)

Weitere bimagische Quadrate lassen sich im letzten Schritt erzeugen, wenn die Reihenfolge der vier Rechtecke in Abbildung 2.122a permutiert wird. In dieser und den nachfolgenden Varianten werden nicht mehr die Markierungen für die Diagonalen benutzt, sondern die vier Rechtecke markiert. So wird durch die zugehörigen Zeilen- und Spaltenvertauschungen etwa das bimagische Quadrat in Abbildung 2.124 erzeugt.

2	25	15	36	50	37	58	75	71
16	6	20	41	28	54	66	62	76
24	11	7	46	45	32	80	67	57
31	48	44	56	79	69	9	23	10
39	35	49	70	60	74	14	1	27
53	40	30	78	65	61	19	18	5
63	77	64	4	21	17	29	52	42
68	55	81	12	8	22	43	33	47
73	72	59	26	13	3	51	38	34

a) Markierungen der Zahlengruppen

30	40	65	53	78	19	61	5	18
59	72	13	73	26	51	3	34	38
81	55	8	68	12	43	22	47	33
7	11	45	24	46	80	32	57	67
20	6	28	16	41	66	54	76	62
15	25	50	2	36	58	37	71	75
49	35	60	39	70	14	74	27	1
44	48	79	31	56	9	69	10	23
64	77	21	63	4	29	17	42	52

b) bimagisches Quadrat

Abb. 2.124 Bimagisches Quadrat der Ordnung $n = 9$ (Coccoz, Variante 1.2)

Variante 2

Eine alternative Möglichkeit ergibt sich, wenn man zur Konstruktion der Generatoren die Zeilen des Ausgangsquadrates in natürlicher Anordnung nicht von oben nach unten ausliest, sondern in der Reihenfolge 147, 258 und 359. Damit ergeben sich beispielsweise die beiden Generatoren aus Abbildung 2.125.

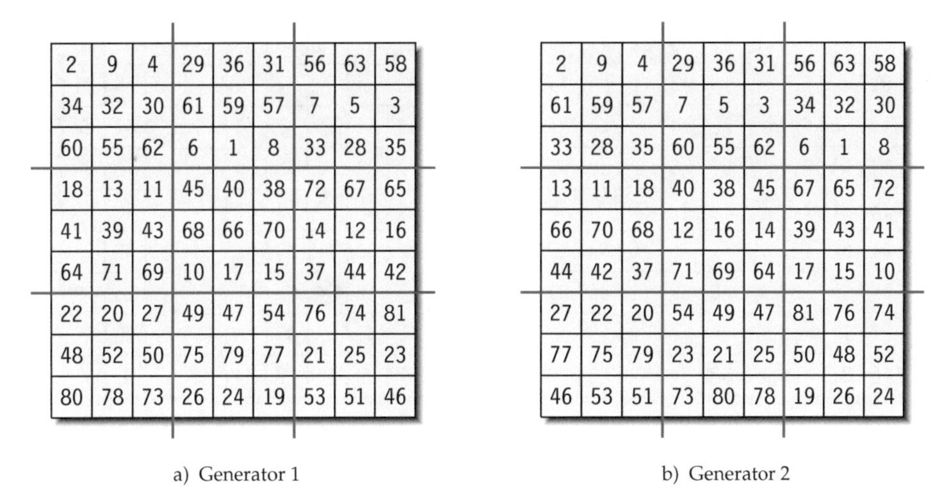

a) Generator 1

2	9	4	29	36	31	56	63	58
34	32	30	61	59	57	7	5	3
60	55	62	6	1	8	33	28	35
18	13	11	45	40	38	72	67	65
41	39	43	68	66	70	14	12	16
64	71	69	10	17	15	37	44	42
22	20	27	49	47	54	76	74	81
48	52	50	75	79	77	21	25	23
80	78	73	26	24	19	53	51	46

b) Generator 2

2	9	4	29	36	31	56	63	58
61	59	57	7	5	3	34	32	30
33	28	35	60	55	62	6	1	8
13	11	18	40	38	45	67	65	72
66	70	68	12	16	14	39	43	41
44	42	37	71	69	64	17	15	10
27	22	20	54	49	47	81	76	74
77	75	79	23	21	25	50	48	52
46	53	51	73	80	78	19	26	24

Abb. 2.125 Zwei Generatoren bei der Variante 2

Auch mit diesen beiden Generatoren kann wieder ein semi-bimagisches Quadrat erzeugt werden.

2	34	60	18	41	64	22	48	80
61	6	29	68	10	45	75	26	49
33	56							
13	39							
66	17							
44	67							
27	50							
77	19							
46	81							

2	34	60	18	41	64	22	48	80
61	6	29	68	10	45	75	26	49
33	56	7	37	72	14	53	76	21
13	39	71	20	52	78	9	32	55
66	17	40	79	24	47	59	1	36
44	67	12	51	74	25	28	63	5
27	50	73	4	30	62	11	43	69
77	19	54	57	8	31	70	15	38
46	81	23	35	58	3	42	65	16

Abb. 2.126 Semi-bimagisches Quadrat

Um aus diesem semi-bimagischen Quadrat wieder ein bimagisches Quadrat zu erstellen, werden zwei bimagische Reihen benötigt, die auf die Diagonalen abgebildet werden.

4 36 56 12 41 70 26 46 78 und 62 28 6 66 41 16 76 54 20

Mithilfe dieser beiden bimagischen Reihen können die Positionen der Zahlen für die Zeilen- und Spaltenvertauschungen gefunden werden, sodass die beiden Reihen auf die Diagonalen abgebildet werden. Damit ergibt sich dann das bimagische Quadrat aus Abbildung 2.127b.

2	34	60	18	41	64	22	48	80
61	6	29	68	10	45	75	26	49
33	56	7	37	72	14	53	76	21
13	39	71	20	52	78	9	32	55
66	17	40	79	24	47	59	1	36
44	67	12	51	74	25	28	63	5
27	50	73	4	30	62	11	43	69
77	19	54	57	8	31	70	15	38
46	81	23	35	58	3	42	65	16

a) Markierungen der Zahlengruppen

46	81	23	35	58	3	42	65	16
33	56	7	37	72	14	53	76	21
44	67	12	51	74	25	28	63	5
27	50	73	4	30	62	11	43	69
2	34	60	18	41	64	22	48	80
13	39	71	20	52	78	9	32	55
77	19	54	57	8	31	70	15	38
61	6	29	68	10	45	75	26	49
66	17	40	79	24	47	59	1	36

b) bimagisches Quadrat

Abb. 2.127 Bimagisches Quadrat der Ordnung $n = 9$ (Coccoz, Variante 2)

Variante 3

Man kann die beiden unterschiedlichen Reihenfolgen beim Ausgangsquadrat in natürlicher Anordnung auch mischen. Im folgenden Beispiel ist der erste Generator mit der Reihenfolge 123 456 789 der Zeilen gebildet worden, der zweite dagegen mit der Reihenfolge 147 258 369.

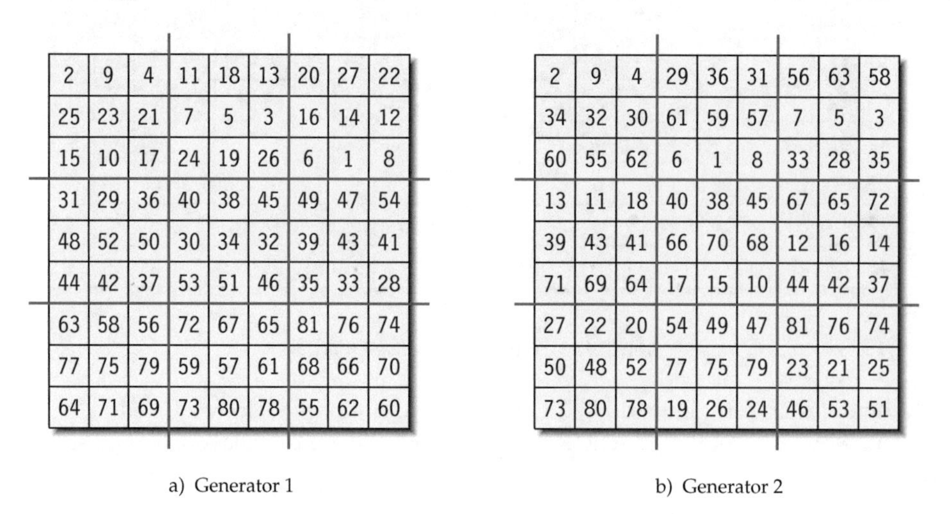

2	9	4	11	18	13	20	27	22
25	23	21	7	5	3	16	14	12
15	10	17	24	19	26	6	1	8
31	29	36	40	38	45	49	47	54
48	52	50	30	34	32	39	43	41
44	42	37	53	51	46	35	33	28
63	58	56	72	67	65	81	76	74
77	75	79	59	57	61	68	66	70
64	71	69	73	80	78	55	62	60

a) Generator 1

2	9	4	29	36	31	56	63	58
34	32	30	61	59	57	7	5	3
60	55	62	6	1	8	33	28	35
13	11	18	40	38	45	67	65	72
39	43	41	66	70	68	12	16	14
71	69	64	17	15	10	44	42	37
27	22	20	54	49	47	81	76	74
50	48	52	77	75	79	23	21	25
73	80	78	19	26	24	46	53	51

b) Generator 2

Abb. 2.128 Zwei Generatoren bei der Variante 3

Hieraus ergibt sich das semi-bimagische Quadrat aus Abbildung 2.129a, welches durch Zeilen- und Spaltentransformationen in das bimagische Quadrat aus Abbildung 2.129b umgewandelt wird.

2	34	60	13	39	71	27	50	73
25	51	74	3	35	58	14	37	72
15	38	70	26	49	75	1	36	59
31	57	8	45	68	10	47	79	24
48	80	22	32	55	9	43	69	11
44	67	12	46	81	23	33	56	7
63	5	28	65	16	42	76	21	53
77	19	54	61	6	29	66	17	40
64	18	41	78	20	52	62	4	30

a) semi-bimagisches Quadrat

80	9	32	43	22	55	69	11	48
51	58	3	14	74	35	37	72	25
67	23	46	33	12	81	56	7	44
19	29	61	66	54	6	17	40	77
18	52	78	62	41	20	4	30	64
5	42	65	76	28	16	21	53	63
38	75	26	1	70	49	36	59	15
57	10	45	47	8	68	79	24	31
34	71	13	27	60	39	50	73	2

b) bimagisches Quadrat

Abb. 2.129 Bimagisches Quadrat der Ordnung $n = 9$ (Coccoz, Variante 3)

Variante 4

Selbstverständlich kann auch jedes der acht magischen Quadrate der Ordnung 3 als Ausgangsquadrat für die Generatoren gewählt werden, wie es beispielsweise in Abbildung 2.130 durchgeführt worden ist. In dieser Variante werden für die beiden Generatoren unterschiedliche Quadrate gewählt.

2	9	4	56	63	58	29	36	31
34	32	30	7	5	3	61	59	57
60	55	62	33	28	35	6	1	8
13	11	18	67	65	72	40	38	45
39	43	41	12	16	14	66	70	68
71	69	64	44	42	37	17	15	10
27	22	20	81	76	74	54	49	47
50	48	52	23	21	25	77	75	79
73	80	78	46	53	51	19	26	24

a) Generator 1

4	9	2	58	63	56	31	36	29
57	59	61	30	32	34	3	5	7
35	28	33	8	1	6	62	55	60
11	13	18	65	67	72	38	40	45
70	66	68	43	39	41	16	12	14
42	44	37	15	17	10	69	71	64
27	20	22	81	74	76	54	47	49
77	79	75	50	52	48	23	25	21
46	51	53	19	24	26	73	78	80

b) Generator 2

Abb. 2.130 Zwei Generatoren bei der Variante 4

Das weitere Vorgehen ändert sich nicht, sodass man zunächst ein semi-bimagisches Quadrat erhält, das dann in ein bimagisches Quadrat transformiert wird.

4	30	62	18	41	64	20	52	78
57	8	31	68	10	45	79	24	47
35	58	3	37	72	14	51	74	25
11	43	69	22	48	80	9	32	55
70	15	38	75	26	49	59	1	36
42	65	16	53	76	21	28	63	5
27	50	73	2	34	60	13	39	71
77	19	54	61	6	29	66	17	40
46	81	23	33	56	7	44	67	12

a) semi-bimagisches Quadrat

60	73	50	71	34	27	39	13	2
29	54	19	40	6	77	17	66	61
45	31	8	47	10	57	24	79	68
7	23	81	12	56	46	67	44	33
64	62	30	78	41	4	52	20	18
49	38	15	36	26	70	1	59	75
14	3	58	25	72	35	74	51	37
21	16	65	5	76	42	63	28	53
80	69	43	55	48	11	32	9	22

b) bimagisches Quadrat

Abb. 2.131 Bimagisches Quadrat der Ordnung $n = 9$ (Coccoz, Variante 4)

Variante 5

In den bisherigen Beispielen sind die Blöcke immer von links nach rechts eingetragen worden. Da diese Reihenfolge abgeändert werden kann, wird jetzt für den ersten Generator die Reihenfolge 3, 2 und 1 gewählt. Die ersten neun Zahlen werden also in den rechten Block eingetragen, danach folgt der mittlere Block und zum Abschluss folgt der Block in der linken oberen Ecke.

Für den zweiten Generator wird dagegen mit 2, 1 und 3 eine andere Reihenfolge gewählt. Wie bei Generator 1 gelten die veränderten Reihenfolgen natürlich für jede Gruppe von drei Blöcken. Zwei damit konstruierte Generatoren sind in Abbildung 2.132 dargestellt.

20	27	22	11	18	13	2	9	4
7	5	3	25	23	21	16	14	12
15	10	17	6	1	8	24	19	26
49	47	54	40	38	45	31	29	36
30	34	32	48	52	50	39	43	41
44	42	37	35	33	28	53	51	46
81	76	74	72	67	65	63	58	56
59	57	61	77	75	79	68	66	70
64	71	69	55	62	60	73	80	78

a) Generator 1

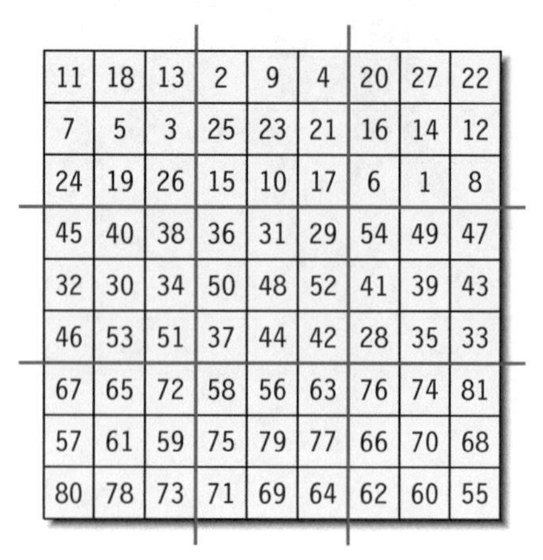

11	18	13	2	9	4	20	27	22
7	5	3	25	23	21	16	14	12
24	19	26	15	10	17	6	1	8
45	40	38	36	31	29	54	49	47
32	30	34	50	48	52	41	39	43
46	53	51	37	44	42	28	35	33
67	65	72	58	56	63	76	74	81
57	61	59	75	79	77	66	70	68
80	78	73	71	69	64	62	60	55

b) Generator 2

Abb. 2.132 Zwei Generatoren bei der Variante 5

Auch hier bleibt das weitere Vorgehen unverändert und aus dem semi-bimagischen Quadrat wird durch Vertauschen von Zeilen und Spalten ein bimagisches Quadrat erzeugt.

11	25	6	40	48	35	72	77	55
7	15	20	30	44	49	59	64	81
24	2	16	53	31	39	73	63	68
45	50	28	65	79	60	13	21	8
32	37	54	61	69	74	3	17	22
46	36	41	78	56	70	26	4	12
67	75	62	18	23	1	38	52	33
57	71	76	5	10	27	34	42	47
80	58	66	19	9	14	51	29	43

a) semi-bimagisches Quadrat

30	15	59	49	20	81	44	7	64
19	58	51	14	66	43	9	80	29
40	25	72	35	6	55	48	11	77
61	37	3	74	54	22	69	32	17
78	36	26	70	41	12	56	46	4
65	50	13	60	28	8	79	45	21
5	71	34	27	76	47	10	57	42
53	2	73	39	16	68	31	24	63
18	75	38	1	62	33	23	67	52

b) bimagisches Quadrat

Abb. 2.133 Bimagisches Quadrat der Ordnung $n = 9$ (Coccoz, Variante 5)

2.2.2 Coccoz (algebraisches Muster)

Coccoz hat für die Ordnung $n = 9$ neben seinem konstruktiven Verfahren auch ein algebraisches Muster vorgestellt, um bimagische Quadrate zu erzeugen.[32]

BR	Cn	Ar	DQ	dp	MS	bq	aP	cs
ap	cQ	bS	Bq	As	CP	dn	Dr	MR
Ds	Mq	dP	an	bR	cr	AQ	BS	Cp
bn	ar	cR	AS	CQ	Bp	MP	ds	Dq
Aq	BP	Cs	dr	Mn	DR	cS	bp	aQ
dQ	DS	Mp	bP	cq	as	Cr	AR	Bn
cP	bs	aq	CR	Br	An	Dp	MQ	dS
Mr	dR	Dn	cp	aS	bQ	Bs	Cq	AP
CS	Ap	BQ	Ms	DP	dq	aR	cn	br

Abb. 2.134 Algebraisches Muster

[32] Coccoz [109] S. 175 – 176

Die Bedingungen, die bei der Belegung an die Buchstaben erfüllt werden müssen, sind fast mit denen identisch, die Coccoz bei der Erzeugung bimagischer Quadrate der Ordnung $n = 8$ in Kapitel 2.1.2 benutzt. Der Unterschied liegt nur in zwei zusätzlichen Buchstaben m und n, die mit der fest zugeordneten Zahl 4 immer den Median der Zahlen $0, 1, \ldots, 8$ bildet. Für die Ordnung 9 gilt damit für diese beiden Zahlen $M = n = 4$.

Da somit auch bei dieser Ordnung mit zwei Gruppen von jeweils acht Buchstaben gearbeitet wird, gibt es wieder nur zwei Zahlengruppen, die für die Belegung geeignet sind. Da der Median 4 fest vergeben ist, müssen die Zuweisungen jetzt auf den beiden folgenden Gleichungen basieren. Bei den beiden Zahlengruppen $0, 3, 6, 7$ und $1, 2, 5, 8$ sind die Summen als auch die Summen der quadrierten Zahlen gleich.

$$0 + 3 + 6 + 7 = 1 + 2 + 5 + 8$$
$$0^2 + 3^2 + 6^2 + 7^2 = 1^2 + 2^2 + 5^2 + 8^2$$

Ein Beispiel einer solchen Belegung und das daraus entstehende bimagische Quadrat ist in Abbildung 2.135 dargestellt. Wie alle mit diesem Muster erzeugten bimagischen Quadrate ist es symmetrisch und besitzt zudem trimagische Diagonalen.

Belegung

A	B	C	D	M	d	c	b	a	P	Q	R	S	n	s	r	q	p
0	3	6	1	4	7	2	5	8	2	5	8	1	4	7	0	3	6

36	59	1	15	70	38	49	75	26
79	24	47	31	8	57	68	10	45
17	40	66	77	54	19	6	29	61
50	73	27	2	60	34	39	71	13
4	30	62	64	41	18	20	52	78
69	11	43	48	22	80	55	9	32
21	53	76	63	28	5	16	42	65
37	72	14	25	74	51	35	58	3
56	7	33	44	12	67	81	23	46

Abb. 2.135 Bimagisches Quadrat der Ordnung 9 (Coccoz, Beispiel 1)

Insgesamt existieren für dieses algebraische Muster 128 verschiedene Belegungen, mit denen bimagische Quadrate erstellt werden können. Drei weitere Belegungen sind in Abbildung 2.136 angegeben. Mit der oberen ist das angegebene bimagische Quadrat berechnet worden.

Belegungen																	
A	B	C	D	M	d	c	b	a	P	Q	R	S	n	s	r	q	p
1	6	5	8	4	0	3	2	7	1	6	5	8	4	0	3	2	7
6	7	8	3	4	5	0	1	2	8	5	2	7	4	1	6	3	0
7	0	5	2	4	6	3	8	1	5	6	1	0	4	8	7	2	3

60	50	13	79	8	45	21	65	28
71	34	27	57	10	47	5	76	42
73	39	2	68	24	31	16	63	53
23	67	33	18	52	62	38	1	75
12	56	46	4	41	78	36	26	70
7	81	44	20	30	64	49	15	59
29	19	66	51	58	14	80	43	9
40	6	77	35	72	25	55	48	11
54	17	61	37	74	3	69	32	22

Abb. 2.136 Bimagisches Quadrat der Ordnung 9 (Coccoz, Beispiel 2)

In dem genannten Artikel gibt Coccoz noch ein zweites algebraisches Muster an, mit dem bimagische Quadrate erzeugt werden können.

DQ	bP	Mp	dS	cs	Bn	CR	aq	Ar
cS	Bs	bQ	ap	Aq	Mr	dn	CP	DR
Cn	DS	AR	Br	dp	cq	bs	MQ	aP
bq	Cr	as	cP	BR	dQ	Dp	An	MS
BP	dR	Cq	As	Mn	aS	cQ	Dr	bp
Ms	an	dP	Dq	br	Cp	AS	cR	BQ
Ap	Mq	BS	CQ	DP	bR	ar	ds	cn
dr	cp	Dn	MR	aQ	AP	Bq	bS	Cs
aR	AQ	cr	bn	CS	Ds	MP	Bp	dq

Abb. 2.137 Algebraisches Muster

Für dieses Muster existieren 32 unterschiedliche Belegungen, mit denen bimagische Quadrate erstellt werden können. Abbildung 2.138 zeigt ein weiteres Beispiel mit einer veränderten Belegung.

Belegung																	
A	B	C	D	M	d	c	b	a	P	Q	R	S	n	s	r	q	p
5	6	1	0	4	8	7	2	3	3	2	7	8	4	0	1	6	5

3	22	42	81	64	59	17	34	47
72	55	21	33	52	38	77	13	8
14	9	53	56	78	70	19	39	31
25	11	28	67	62	75	6	50	45
58	80	16	46	41	36	66	2	24
37	32	76	7	20	15	54	71	57
51	43	63	12	4	26	29	73	68
74	69	5	44	30	49	61	27	10
35	48	65	23	18	1	40	60	79

Abb. 2.138 Bimagisches Quadrat der Ordnung 9 (Coccoz, Beispiel 3)

2.2.3 Portier

Portier geht bei seiner Konstruktion bimagischer Quadrate der Ordnung $n = 9$ von dem algebraischen Muster in Abbildung 2.139 aus.[33]

Hr	Ky	Gu	Bs	Cz	Av	Ep	Fx	Dt
Bp	Cx	At	Er	Fy	Du	Hs	Kz	Gv
Es	Fz	Dv	Hp	Kx	Gt	Br	Cy	Au
Gy	Hu	Kr	Az	Bv	Cs	Dx	Et	Fp
Ax	Bt	Cp	Dy	Eu	Fr	Gz	Hv	Ks
Dz	Ev	Fs	Gx	Ht	Kp	Ay	Bu	Cr
Ku	Gr	Hy	Cv	As	Bz	Ft	Dp	Ex
Ct	Ap	Bx	Fu	Dr	Ey	Kv	Gs	Hz
Fv	Ds	Ez	Kt	Gp	Hx	Cu	Ar	By

Abb. 2.139 Musterquadrat der Ordnung $n = 9$ von Portier

[33] Portier [469]

Dieses Quadrat ist äußerst strukturiert aufgebaut, da in jeder Zeile, jeder Spalte, beiden Diagonalen und den neun 3 x 3 - Teilquadraten die verwendeten Groß- und Kleinbuchstaben jeweils genau einmal auftreten.

Zusätzlich wird noch eine bimagische Reihe von neun Zahlen benötigt, deren Summe 369 und die Summe der quadrierten Zahlen 20 049 beträgt. Durch den speziellen Aufbau des Musterquadrates kann nicht eine beliebige der insgesamt 949 738 bimagischen Reihen benutzt werden, sondern es müssen ganz besondere Reihen gewählt werden.

Dazu beginnt Portier mit einem beliebigen magischen Quadrat der Ordnung 3 und liest dieses z. B. zeilenweise von links nach rechts und von oben nach unten aus.

2	9	4
7	5	3
6	1	8

2 9 4 7 5 3 6 1 8

Weiterhin benutzt er ein Quadrat in natürlicher Anordnung, dessen Spalten er von links nach rechts mit den Zahlen 1 bis 9 durchnummeriert. Diese Spalten werden dann in der Reihenfolge der aus dem magischen 3 x 3 - Quadrat ausgelesenen Zahlen umgeordnet.

1	2	3	4	5	6	7	8	9
1	2	3	4	5	6	7	8	9
10	11	12	13	14	15	16	17	18
19	20	21	22	23	24	25	26	27
28	29	30	31	32	33	34	35	36
37	38	39	40	41	42	43	44	45
46	47	48	49	50	51	52	53	54
55	56	57	58	59	60	61	62	63
64	65	66	67	68	69	70	71	72
73	74	75	76	77	78	79	80	81

a) natürliche Anordnung

2	9	4	7	5	3	6	1	8
2	9	4	7	5	3	6	1	8
11	18	13	16	14	12	15	10	17
20	27	22	25	23	21	24	19	26
29	36	31	34	32	30	33	28	35
38	45	40	43	41	39	42	37	44
47	54	49	52	50	48	51	46	53
56	63	58	61	59	57	60	55	62
65	72	67	70	68	66	69	64	71
74	81	76	79	77	75	78	73	80

b) umgeordnete Spalten

Abb. 2.140 Konstruktion von bimagischen Reihen

Die Zahlen auf den beiden Diagonalen ergeben geeignete bimagische Reihen. Liest man die Zahlen des magischen 3 x 3 - Quadrates von den Ecken ausgehend in beide Richtungen aus und ordnet die Spalten eines Quadrates in natürlicher Anordnung entsprechend um, ergeben sich die in Tabelle 2.23 aufgeführten acht verschiedenen bimagischen Reihen.

2	18	22	34	41	48	60	64	80
2	16	24	36	41	46	58	66	80
4	18	20	30	41	52	62	64	78
4	12	26	36	41	46	56	70	78
6	10	26	34	41	48	56	72	76
6	16	20	28	41	54	62	66	76
8	10	24	30	41	52	58	72	74
8	12	22	28	41	54	60	70	74

Tab. 2.23 Acht verschiedene bimagische Reihen

Die so gewonnenen bimagischen Reihen sind für die Konstruktion eines bimagischen Quadrates aus dem Musterquadrat der Abbildung 2.139 geeignet. Dazu nimmt man beispielsweise die mittlere Zeile des Musterquadrates und füllt sie wie in Abbildung 2.141a mit einer der acht bimagischen Reihen.

Anschließend wird das algebraische Muster durch eine Zahl im Zahlensystem zur Basis 9 ersetzt. Für die Umwandlung wird jede Zahl zunächst dekrementiert, sodass alle 81 Zahlen in diesem Zahlensystem mit zwei Ziffern dargestellt werden können. Für die mittlere Zeile gilt dann:

Zahl	2	18	22	34	41	48	60	64	80
dekrementierte Zahl	1	17	21	33	40	47	59	63	79
9er Zahlensystem	01	18	23	36	44	52	65	70	87
algebraisches Muster	Ax	Bt	Cp	Dy	Eu	Fr	Gz	Hv	Ks

Tab. 2.24 Belegung der mittleren Zeile

Man erkennt, dass bei dieser Belegung jede der Ziffern $0, 1, \ldots, 8$ sowohl bei den Großbuchstaben als auch bei den Kleinbuchstaben auftritt.

Hr	Ky	Gu	Bs	Cz	Av	Ep	Fx	Dt
Bp	Cx	At	Er	Fy	Du	Hs	Kz	Gv
Es	Fz	Dv	Hp	Kx	Gt	Br	Cy	Au
Gy	Hu	Kr	Az	Bv	Cs	Dx	Et	Fp
2	18	22	34	41	48	60	64	80
Dz	Ev	Fs	Gx	Ht	Kp	Ay	Bu	Cr
Ku	Gr	Hy	Cv	As	Bz	Ft	Dp	Ex
Ct	Ap	Bx	Fu	Dr	Ey	Kv	Gs	Hz
Fv	Ds	Ez	Kt	Gp	Hx	Cu	Ar	By

a) mittlere Zeile

72	86	64	17	25	00	43	51	38
13	21	08	42	56	34	77	85	60
47	55	30	73	81	68	12	26	04
66	74	82	05	10	27	31	48	53
01	18	23	36	44	52	65	70	87
35	40	57	61	78	83	06	14	22
84	62	76	20	07	15	58	33	41
28	03	11	54	32	46	80	67	75
50	37	45	88	63	71	24	02	16

b) Zahlensystem zur Basis 9

Abb. 2.141 Darstellung des Quadrates im Zahlensystem zur Basis 9

Mit der in Tabelle 2.24 berechneten Belegung können dann wie in Abbildung 2.141b die restlichen Zahlen des Quadrates ermittelt werden. Wandelt man die Zahlen in das gewöhnliche Zehnersystem um, ergibt sich das bimagische Quadrat aus Abbildung 2.142. Dieses Quadrat ist symmetrisch und besitzt zudem trimagische Diagonalen.

Belegung																	
A	B	C	D	E	F	G	H	K	p	r	s	t	u	v	x	y	z
0	1	2	3	4	5	6	7	8	3	2	7	8	4	0	1	6	5

66	79	59	17	24	1	40	47	36
13	20	9	39	52	32	71	78	55
44	51	28	67	74	63	12	25	5
61	68	75	6	10	26	29	45	49
2	18	22	34	41	48	60	64	80
33	37	53	56	72	76	7	14	21
77	57	70	19	8	15	54	31	38
27	4	11	50	30	43	73	62	69
46	35	42	81	58	65	23	3	16

Abb. 2.142 Bimagisches Quadrat der Ordnung $n = 9$ (Portier, Beispiel 1)

Neben der mittleren Zeile kann auch jede andere Zeile für die Bestimmung der Belegung gewählt werden. Im nächsten Beispiel wurde die dritte Zeile von unten gewählt.

Hr	Ky	Gu	Bs	Cz	Av	Ep	Fx	Dt
Bp	Cx	At	Er	Fy	Du	Hs	Kz	Gv
Es	Fz	Dv	Hp	Kx	Gt	Br	Cy	Au
Gy	Hu	Kr	Az	Bv	Cs	Dx	Et	Fp
Ax	Bt	Cp	Dy	Eu	Fr	Gz	Hv	Ks
Dz	Ev	Fs	Gx	Ht	Kp	Ay	Bu	Cr
2	18	22	34	41	48	60	64	80
Ct	Ap	Bx	Fu	Dr	Ey	Kv	Gs	Hz
Fv	Ds	Ez	Kt	Gp	Hx	Cu	Ar	By

a) dritte Zeile von unten

28	03	11	54	32	46	80	67	75
50	37	45	88	63	71	24	02	16
84	62	76	20	07	15	58	33	41
13	21	08	42	56	34	77	85	60
47	55	30	73	81	68	12	26	04
72	86	64	17	25	00	43	51	38
01	18	23	36	44	52	65	70	87
35	40	57	61	78	83	06	14	22
66	74	82	05	10	27	31	48	53

b) Zahlensystem zur Basis 9

Abb. 2.143 Darstellung des Quadrates im Zahlensystem zur Basis 9

Damit ergibt sich das bimagische Quadrat aus Abbildung 2.144.

Belegung																	
A	B	C	D	E	F	G	H	K	p	r	s	t	u	v	x	y	z
4	5	3	7	8	6	1	2	0	0	8	4	5	1	6	7	3	2

27	4	11	50	30	43	73	62	69
46	35	42	81	58	65	23	3	16
77	57	70	19	8	15	54	31	38
13	20	9	39	52	32	71	78	55
44	51	28	67	74	63	12	25	5
66	79	59	17	24	1	40	47	36
2	18	22	34	41	48	60	64	80
33	37	53	56	72	76	7	14	21
61	68	75	6	10	26	29	45	49

Abb. 2.144 Bimagisches Quadrat der Ordnung $n = 9$ (Portier, Beispiel 2)

Neben den Zeilen sind auch die Diagonalen und die Spalten zur Bestimmung einer Belegung geeignet. Im nächsten Beispiel wird die zweite Spalte von rechts benutzt. Damit das Vorgehen besser vergleichbar ist, wird wieder mit der bimagischen Reihe aus den beiden vorangegangenen Beispielen gearbeitet.

Hr	Ky	Gu	Bs	Cz	Av	Ep	Fx	Dt
Bp	Cx	At	Er	Fy	Du	Hs	Kz	Gv
Es	Fz	Dv	Hp	Kx	Gt	Br	Cy	Au
Gy	Hu	Kr	Az	Bv	Cs	Dx	Et	Fp
Ax	Bt	Cp	Dy	Eu	Fr	Gz	Hv	Ks
Dz	Ev	Fs	Gx	Ht	Kp	Ay	Bu	Cr
Ku	Gr	Hy	Cv	As	Bz	Ft	Dp	Ex
Ct	Ap	Bx	Fu	Dr	Ey	Kv	Gs	Hz
Fv	Ds	Ez	Kt	Gp	Hx	Cu	Ar	By

a) zweite Spalte von rechts

72	47	13	84	50	28	66	35	01
86	55	21	62	37	03	74	40	18
64	30	08	76	45	11	82	57	23
17	73	42	20	88	54	05	61	36
25	81	56	07	63	32	10	78	44
00	68	34	15	71	46	27	83	52
43	12	77	58	24	80	31	06	65
51	26	85	33	02	67	48	14	70
38	04	60	41	16	75	53	22	87

b) Zahlensystem zur Basis 9

Abb. 2.145 Darstellung des Quadrates im Zahlensystem zur Basis 9

Auch bei diesem Vorgehen entsteht wieder ein bimagisches Quadrat, das in Abbildung 2.146 dargestellt ist.

Belegung																	
A	B	C	D	E	F	G	H	K	p	r	s	t	u	v	x	y	z
2	8	5	0	6	3	1	7	4	6	2	4	1	3	8	5	7	0

66	44	13	77	46	27	61	33	2
79	51	20	57	35	4	68	37	18
59	28	9	70	42	11	75	53	22
17	67	39	19	81	50	6	56	34
24	74	52	8	58	30	10	72	41
1	63	32	15	65	43	26	76	48
40	12	71	54	23	73	29	7	60
47	25	78	31	3	62	45	14	64
36	5	55	38	16	69	49	21	80

Abb. 2.146 Bimagisches Quadrat der Ordnung $n = 9$ (Portier, Beispiel 3)

Bei einer vierten und letzten Möglichkeit der Variation benutzt man das Muster aus einem der 3×3 - Teilquadrate zur Bestimmung der Belegung. Im folgenden Beispiel wird dazu das linke obere Teilquadrat gewählt, dessen Inhalt von links nach rechts und von oben nach unten ausgelesen wird.

2	18	22	Bs	Cz	Av	Ep	Fx	Dt
34	41	48	Er	Fy	Du	Hs	Kz	Gv
60	64	80	Hp	Kx	Gt	Br	Cy	Au
Gy	Hu	Kr	Az	Bv	Cs	Dx	Et	Fp
Ax	Bt	Cp	Dy	Eu	Fr	Gz	Hv	Ks
Dz	Ev	Fs	Gx	Ht	Kp	Ay	Bu	Cr
Ku	Gr	Hy	Cv	As	Bz	Ft	Dp	Ex
Ct	Ap	Bx	Fu	Dr	Ey	Kv	Gs	Hz
Fv	Ds	Ez	Kt	Gp	Hx	Cu	Ar	By

a) linke obere Teilquadrat

01	18	23	35	40	57	66	74	82
36	44	52	61	78	83	05	10	27
65	70	87	06	14	22	31	48	53
28	03	11	50	37	45	84	62	76
54	32	46	88	63	71	20	07	15
80	67	75	24	02	16	58	33	41
13	21	08	47	55	30	72	86	64
42	56	34	73	81	68	17	25	00
77	85	60	12	26	04	43	51	38

b) Zahlensystem zur Basis 9

Abb. 2.147 Darstellung des Quadrates im Zahlensystem zur Basis 9

Mit dieser Wahl entsteht aus dem linken oberen Teilquadrat zunächst die Zuordnung

Hr	Ky	Gu	Bp	Cx	At	Es	Fz	Dv
01	18	23	36	44	52	65	70	87

und hieraus mit der gefundenen Belegung das bimagische Quadrat aus Abbildung 2.148.

Belegung																	
A	B	C	D	E	F	G	H	K	p	r	s	t	u	v	x	y	z
5	3	4	8	6	7	2	0	1	6	1	5	2	3	7	4	8	0

2	18	22	33	37	53	61	68	75
34	41	48	56	72	76	6	10	26
60	64	80	7	14	21	29	45	49
27	4	11	46	35	42	77	57	70
50	30	43	81	58	65	19	8	15
73	62	69	23	3	16	54	31	38
13	20	9	44	51	28	66	79	59
39	52	32	67	74	63	17	24	1
71	78	55	12	25	5	40	47	36

Abb. 2.148 Bimagisches Quadrat der Ordnung $n = 9$ (Portier, Beispiel 4)

Insgesamt lassen sich mit diesen Variationen

$$9 \cdot 8 + 9 \cdot 8 + 9 \cdot 8 + 2 \cdot 8 = 232$$

bimagische Quadrate erzeugen. Eine genauere Untersuchung zeigt aber, dass nur 128 von ihnen wirklich verschieden sind.

Variante 1

Bisher wurde die bimagische Reihe, die als Basis für die Bestimmung der Belegung dient, immer aus dem magischen Quadrat der Ordnung 3 hergeleitet. Portier gibt aber eine Möglichkeit an, wie man weitere bimagische Reihen herleiten kann. Dazu nimmt er das magische Quadrat der Ordnung 3 und erweitert es zyklisch wie in Abbildung 2.149 durch einen Rahmen auf ein Quadrat der Ordnung $n = 5$.

8	6	1	8	6
4	2	9	4	2
3	7	5	3	7
8	6	1	8	6
4	2	9	4	2

Abb. 2.149 Rahmen um das magische Quadrat der Ordnung 3

In diesem Quadrat sind neben dem magischen Quadrat im Zentrum acht weitere semi-magische Quadrate der Ordnung 3 eingebettet.

8	6	1	8	6
4	2	9	4	2
3	7	5	3	7
8	6	1	8	6
4	2	9	4	2

8	6	1	8	6
4	2	9	4	2
3	7	5	3	7
8	6	1	8	6
4	2	9	4	2

8	6	1	8	6
4	2	9	4	2
3	7	5	3	7
8	6	1	8	6
4	2	9	4	2

8	6	1	8	6
4	2	9	4	2
3	7	5	3	7
8	6	1	8	6
4	2	9	4	2

8	6	1	8	6
4	2	9	4	2
3	7	5	3	7
8	6	1	8	6
4	2	9	4	2

8	6	1	8	6
4	2	9	4	2
3	7	5	3	7
8	6	1	8	6
4	2	9	4	2

8	6	1	8	6
4	2	9	4	2
3	7	5	3	7
8	6	1	8	6
4	2	9	4	2

8	6	1	8	6
4	2	9	4	2
3	7	5	3	7
8	6	1	8	6
4	2	9	4	2

Abb. 2.150 Acht eingebettete semi-magische Quadrate

Aus diesen semi-magischen Quadraten können die Zahlen auf acht verschiedene Arten ausgelesen werden, die die Umordnung der Spalten eines Quadrates in natürlicher Anordnung festlegen. Wie bei den ersten Beispielen bilden die Zahlen der Diagonalen bimagische Reihen und können als Basis für die Bestimmung einer geeigneten Belegung dienen.

Im folgenden Beispiel wird das linke semi-magische Quadrat der unteren Zeile aus Abbildung 2.150 benutzt und dessen Zahlen von links nach rechts und von oben nach unten ausgelesen.

9	4	2	5	3	7	1	8	6

Aus dem Quadrat in natürlicher Anordnung ergibt sich mit so der festgelegten Reihenfolge der Spalten die bimagische Reihe 9, 13, 20, 32, 39, 52, 55, 71, 78 .

Als Musterzeile wird dieses Mal die Hauptdiagonale benutzt, aus deren Mustern und der vorgegebenen bimagischen Reihe die Belegung bestimmt wird.

Hr	Ky	Gu	Bs	Cz	Av	Ep	Fx	78
Bp	Cx	At	Er	Fy	Du	Hs	71	Gv
Es	Fz	Dv	Hp	Kx	Gt	55	Cy	Au
Gy	Hu	Kr	Az	Bv	52	Dx	Et	Fp
Ax	Bt	Cp	Dy	39	Fr	Gz	Hv	Ks
Dz	Ev	Fs	32	Ht	Kp	Ay	Bu	Cr
Ku	Gr	20	Cv	As	Bz	Ft	Dp	Ex
Ct	13	Bx	Fu	Dr	Ey	Kv	Gs	Hz
9	Ds	Ez	Kt	Gp	Hx	Cu	Ar	By

a) Hauptdiagonale

20	71	32	66	57	18	43	04	85
63	54	15	40	01	82	26	77	38
46	07	88	23	74	35	60	51	12
31	22	70	17	68	56	84	45	03
14	65	53	81	42	00	37	28	76
87	48	06	34	25	73	11	62	50
72	30	21	58	16	67	05	83	44
55	13	64	02	80	41	78	36	27
08	86	47	75	33	24	52	10	61

b) Zahlensystem zur Basis 9

Abb. 2.151 Darstellung des Quadrates im Zahlensystem zur Basis 9

Damit ist die Belegung eindeutig bestimmt und es entsteht das bimagische Quadrat aus Abbildung 2.152.

Belegung																	
A	B	C	D	E	F	G	H	K	p	r	s	t	u	v	x	y	z
1	6	5	8	4	0	3	2	7	3	0	6	5	2	8	4	1	7

19	65	30	61	53	18	40	5	78
58	50	15	37	2	75	25	71	36
43	8	81	22	68	33	55	47	12
29	21	64	17	63	52	77	42	4
14	60	49	74	39	1	35	27	70
80	45	7	32	24	67	11	57	46
66	28	20	54	16	62	6	76	41
51	13	59	3	73	38	72	34	26
9	79	44	69	31	23	48	10	56

Abb. 2.152 Bimagisches Quadrat der Ordnung $n = 9$ (Portier, Variante 1)

Bei neun unterschiedlichen 3 x 3 - Teilquadraten, deren Zahlen man auf acht Arten auslesen kann, lassen sich insgesamt 72 verschiedene bimagische Reihen erzeugen. Da jede der 29 Zeilen, Spalten, Diagonalen oder Teilquadrate als Muster für die Berechnung der Belegung ausgewählt werden kann, existieren insgesamt $72 \cdot 29 = 2088$ Möglichkeiten, ein bimagisches Quadrat zu erzeugen. Es zeigt sich aber, dass nur 720 von ihnen wirklich verschieden sind.

Variante 2

Weitere bimagische Quadrate können erzeugt werden, wenn man die Belegungen etwas freier bestimmt. Für die Kleinbuchstaben werden die 72 Kombinationen aus Variante 1 gewählt, wobei die Zahlen allerdings alle dekrementiert werden müssen.

Die Zahlen für die Belegung der Großbuchstaben werden ähnlich bestimmt. Man geht wieder von einem Quadrat der Ordnung 3 aus, welches dieses Mal aber mit den Zahlen in natürlicher Anordnung gefüllt wird. Dieses Quadrat wird wie in Abbildung 2.153 durch einen Rahmen auf ein Quadrat der Ordnung $n = 5$ zyklisch erweitert.

9	7	8	9	7
3	1	2	3	1
6	4	5	6	4
9	7	8	9	7
3	1	2	3	1

Abb. 2.153 Rahmen um ein Quadrat in natürlicher Anordnung

Die Zahlen der neun 3 x 3 - Teilquadrate können in jeweils zwei Richtungen von den vier Ecken ausgehend ausgelesen werden, sodass sich insgesamt wieder 72 Kombinationen von Zahlen ergeben.

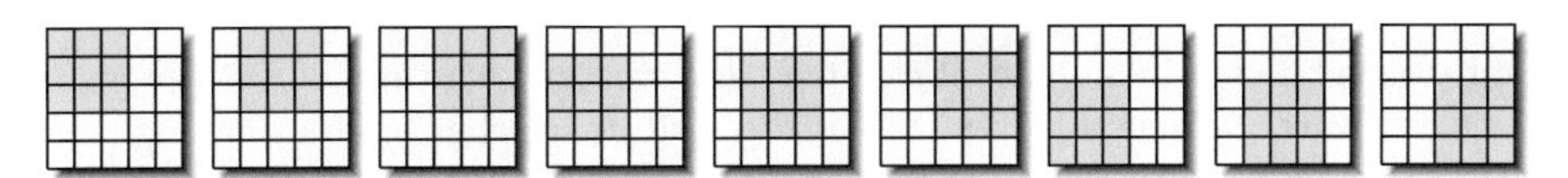

Dekrementiert man diese Zahlen, können alle Kombinationen als Belegung für die Großbuchstaben gewählt werden. Dabei richtet sich die Belegung nach der alphabetischen Reihenfolge der Groß- bzw. Kleinbuchstaben, wie sie beispielhaft in Tabelle 2.25 gewählt worden ist.

	Großbuchstaben									Kleinbuchstaben								
Kombinationen	6	9	3	4	7	1	5	8	2	3	5	7	8	1	6	4	9	2
dekrementiert	5	8	2	3	6	0	4	7	1	2	4	6	7	0	5	3	8	1

Tab. 2.25 Zahlen für eine mögliche Belegung

Mit der so festgelegten Belegung ergibt sich das bimagische Quadrat, das in Abbildung 2.154 zu sehen ist.

Belegung																	
A	B	C	D	E	F	G	H	K	p	r	s	t	u	v	x	y	z
5	8	2	3	6	0	4	7	1	2	4	6	7	0	5	3	8	1

68	18	37	79	20	51	57	4	35
75	22	53	59	9	28	70	11	42
61	2	33	66	13	44	77	27	46
45	64	14	47	78	25	31	62	3
49	80	21	36	55	5	38	69	16
29	60	7	40	71	12	54	73	23
10	41	72	24	52	74	8	30	58
26	48	76	1	32	63	15	43	65
6	34	56	17	39	67	19	50	81

Abb. 2.154 Bimagisches Quadrat der Ordnung $n = 9$ (Portier, Variante 2)

Da man alle Möglichkeiten für die Klein- und Großbuchstaben miteinander kombinieren kann, ergeben sich $72 \cdot 72 = 5184$ unterschiedliche bimagische Quadrate, von denen aber nur 1296 wirklich verschieden sind.

Transformationen 1

Hat man ein bimagisches Quadrat mit dem algebraischen Muster von Portier erstellt, lassen sich durch Vertauschen von Zahlen weitere bimagische Quadrate erzeugen. Für die erste Transformation wird das gesamte Quadrat in neun Teilblöcke der Größe 3 x 3 unterteilt. Dabei bilden die drei waagrecht nebeneinanderliegenden Blöcke jeweils ein Rechteck.

Für diese Transformation wird zusätzlich eine beliebige Permutation der Zahlen 1, 2 und 3 benötigt, die die Reihenfolge festlegt, in der die Zahlen in die Zielblöcke und dort in die Zielspalten eingetragen werden. Im folgenden Beispiel wird die Reihenfolge $3, 1, 2$ benutzt.

Die drei Blöcke des oberen Rechtecks werden von links nach rechts ausgelesen. Man beginnt im linken Block und liest jeweils drei Zahlen vom oberen Rand diagonal nach rechts unten aus. Dabei werden die Zeilen und Spalten innerhalb von jedem Block zyklisch betrachtet, sodass der 3x3 - Block nie verlassen wird. Sind drei Zahlen ausgelesen worden, fährt man mit der rechts danebenliegenden Diagonalen fort.

Die Zahlen des ersten Blocks werden in den ersten durch die Permutation festgelegten Block, hier also Block 3, eingetragen. Dort werden die Zahlen senkrecht untereinander angeordnet, wobei die Reihenfolge der Spalten wieder durch die Permutation festgelegt ist. Demnach wird die erste Diagonale in die durch die Kennziffer 3 festgelegte Spalte eingetragen, die zweite in die Spalte mit der Kennziffer 1 und die dritte Spalte in die noch verbleibende Spalte 2 des Zielblocks.

Block 1			Block 2			Block 3		
1	2	3	1	2	3	1	2	3
68	18	37	79	20	51	57	4	35
75	22	53	59	9	28	70	11	42
61	2	33	66	13	44	77	27	46
45	64	14	47	78	25	31	62	3
49	80	21	36	55	5	38	69	16
29	60	7	40	71	12	54	73	23
10	41	72	24	52	74	8	30	58
26	48	76	1	32	63	15	43	65
6	34	56	17	39	67	19	50	81

Block 1			Block 2			Block 3		
1	2	3	1	2	3	1	2	3
						18	37	68
						53	75	22
						61	2	33

Sind die Zahlen eines Blocks alle in das Zielquadrat übertragen worden, folgt der nächste Block des Rechtecks im Ausgangsquadrat. Durch die gewählte Reihenfolge ist dies jetzt der Zielblock mit der Kennziffer 1, in dem die Diagonalen wieder in der Reihenfolge der Spalten 3, 1 und 2 eingetragen werden.

Block 1			Block 2			Block 3		
1	2	3	1	2	3	1	2	3
68	18	37	79	20	51	57	4	35
75	22	53	59	9	28	70	11	42
61	2	33	66	13	44	77	27	46
45	64	14	47	78	25	31	62	3
49	80	21	36	55	5	38	69	16
29	60	7	40	71	12	54	73	23
10	41	72	24	52	74	8	30	58
26	48	76	1	32	63	15	43	65
6	34	56	17	39	67	19	50	81

Block 1			Block 2			Block 3		
1	2	3	1	2	3	1	2	3
20	51	79				18	37	68
28	59	9				53	75	22
66	13	44				61	2	33

Entsprechend verfährt man mit dem letzten Block des oberen Rechtecks. Danach folgen die drei Blöcke des mittleren Rechtecks. Mit jedem Rechteck wandert der zuerst zu bearbeitende Block nach rechts, sodass man jetzt mit Block 2, also dem mittleren Block, beginnt. Unabhängig von dem verschobenen Ausgangsblock werden die Zielblöcke und die Zielspalten wieder durch die Reihenfolge der Permutation festgelegt. Damit werden die Zahlen des mittleren Ausgangsblocks wieder in Block 3 des mittleren Rechtecks eingetragen.

Block 1			Block 2			Block 3		
1	2	3	1	2	3	1	2	3
68	18	37	79	20	51	57	4	35
75	22	53	59	9	28	70	11	42
61	2	33	66	13	44	77	27	46
45	64	14	47	78	25	31	62	3
49	80	21	36	55	5	38	69	16
29	60	7	40	71	12	54	73	23
10	41	72	24	52	74	8	30	58
26	48	76	1	32	63	15	43	65
6	34	56	17	39	67	19	50	81

Block 1			Block 2			Block 3		
1	2	3	1	2	3	1	2	3
20	51	79	4	35	57	18	37	68
28	59	9	42	70	11	53	75	22
66	13	44	77	27	46	61	2	33
						78	25	47
						5	36	55
						40	71	12

Ebenso verfährt man mit den restlichen Blöcken, wobei sich der Ausgangsblock des unteren Rechtecks jetzt am rechten Rand befindet. Insgesamt ergibt sich das bimagische Quadrat aus Abbildung 2.155.

20	51	79	4	35	57	18	37	68
28	59	9	42	70	11	53	75	22
66	13	44	77	27	46	61	2	33
62	3	31	64	14	45	78	25	47
16	38	69	21	49	80	5	36	55
54	73	23	29	60	7	40	71	12
41	72	10	52	74	24	30	58	8
76	26	48	63	1	32	65	15	43
6	34	56	17	39	67	19	50	81

Abb. 2.155 Bimagisches Quadrat der Ordnung $n = 9$ (Portier, Transformation 1)

Transformation 2

Eine zweite Transformation verläuft fast identisch. Das Ausgangsquadrat wird in Blöcke und Rechtecke aufgeteilt und man benötigt wieder eine Permutation der Zahlen 1, 2 und 3 für die Zuordnung der Zielblöcke und Zielspalten. Allerdings wird das bimagische Ausgangsquadrat bei dieser Variante von rechts nach links ausgewertet.

Mit der Permutation (2, 3, 1) werden die Zahlen des rechten oberen Blocks in den zweiten Block des Zielquadrats übertragen.

Block 1			Block 2			Block 3		
1	2	3	1	2	3	1	2	3
68	18	37	79	20	51	57	4	35
75	22	53	59	9	28	70	11	42
61	2	33	66	13	44	77	27	46
45	64	14	47	78	25	31	62	3
49	80	21	36	55	5	38	69	16
29	60	7	40	71	12	54	73	23
10	41	72	24	52	74	8	30	58
26	48	76	1	32	63	15	43	65
6	34	56	17	39	67	19	50	81

Block 1			Block 2			Block 3		
1	2	3	1	2	3	1	2	3
			57	35	4			
			42	11	70			
			27	77	46			

Wenn das gesamte obere Rechteck abgearbeitet ist, verschiebt sich wieder der Ausgangsblock im mittleren Rechteck, bei dieser Variante allerdings nach links.

Block 1			Block 2			Block 3		
1	2	3	1	2	3	1	2	3
68	18	37	79	20	51	57	4	35
75	22	53	59	9	28	70	11	42
61	2	33	66	13	44	77	27	46
45	64	14	47	78	25	31	62	3
49	80	21	36	55	5	38	69	16
29	60	7	40	71	12	54	73	23
10	41	72	24	52	74	8	30	58
26	48	76	1	32	63	15	43	65
6	34	56	17	39	67	19	50	81

Block 1			Block 2			Block 3		
1	2	3	1	2	3	1	2	3
68	37	18	57	35	4	79	51	20
53	22	75	42	11	70	28	9	59
2	61	33	27	77	46	13	66	44
			47	25	78			
			5	55	36			
			71	40	12			

Entsprechend verfährt man mit den restlichen Blöcken, wobei sich der Ausgangsblock des unteren Rechtecks jetzt am linken Rand befindet. Insgesamt ergibt sich das bimagische Quadrat aus Abbildung 2.156.

68	37	18	57	35	4	79	51	20
53	22	75	42	11	70	28	9	59
2	61	33	27	77	46	13	66	44
31	3	62	47	25	78	45	14	64
16	69	38	5	55	36	21	80	49
73	54	23	71	40	12	60	29	7
24	74	52	10	72	41	8	58	30
63	32	1	76	48	26	65	43	15
39	17	67	34	6	56	50	19	81

Abb. 2.156 Bimagisches Quadrat der Ordnung $n = 9$ (Portier, Transformation 2)

Transformation 3

Man kann aus einem bimagischen Quadrat auch weitere bimagische Quadrate erzeugen, wenn man es zunächst in drei Rechtecke der Größe 9×3 unterteilt. Ordnet man diese Rechtecke dann entweder in der Reihenfolge 2, 3, 1 oder der Reihenfolge 3, 1, 2 neu, entsteht ein neues bimagisches Quadrat. Für das bimagische Quadrat der Abbildung 2.157 ist die Reihenfolge 2, 1, 3 für die horizontalen Rechtecke gewählt worden.

	1	32	63	26	48	76	15	43	65
1	17	39	67	6	34	56	19	50	81
	24	52	74	10	41	72	8	30	58
	36	55	5	49	80	21	38	69	16
2	40	71	12	29	60	7	54	73	23
	47	78	25	45	64	14	31	62	3
	59	9	28	75	22	53	70	11	42
3	66	13	44	61	2	33	77	27	46
	79	20	51	68	18	37	57	4	35

a) bimagisches Quadrat

	36	55	5	49	80	21	38	69	16
2	40	71	12	29	60	7	54	73	23
	47	78	25	45	64	14	31	62	3
	59	9	28	75	22	53	70	11	42
3	66	13	44	61	2	33	77	27	46
	79	20	51	68	18	37	57	4	35
	1	32	63	26	48	76	15	43	65
1	17	39	67	6	34	56	19	50	81
	24	52	74	10	41	72	8	30	58

b) horizontaler Austausch

Abb. 2.157 Bimagisches Quadrat der Ordnung $n = 9$ (Portier, Transformation 3)

Transformation 4

Ebenso kann man das bimagische Ausgangsquadrat in drei Rechtecke der Größe 3 x 9 unterteilen. Auch hier existieren die beiden Möglichkeiten, die Rechtecke in den Reihenfolgen 2, 3, 1 oder 3, 1, 2 neu anzuordnen. In beiden Fällen entsteht wieder ein bimagisches Quadrat. Im Beispiel der Abbildung 2.158 ist die Anordnung der vertikalen Rechtecke in der Reihenfolge 3, 1, 2 gewählt worden.

	1			2			3	
2	36	58	24	46	80	16	41	66
15	37	71	7	32	57	20	54	76
25	50	75	11	45	67	6	28	62
31	56	9	53	78	19	39	70	14
44	69	10	30	61	5	49	74	27
48	79	23	40	65	18	35	60	1
63	4	29	73	26	51	68	12	43
64	17	42	59	3	34	81	22	47
77	21	52	72	13	38	55	8	33

a) bimagisches Quadrat

	3			1			2	
16	41	66	2	36	58	24	46	80
20	54	76	15	37	71	7	32	57
6	28	62	25	50	75	11	45	67
39	70	14	31	56	9	53	78	19
49	74	27	44	69	10	30	61	5
35	60	1	48	79	23	40	65	18
68	12	43	63	4	29	73	26	51
81	22	47	64	17	42	59	3	34
55	8	33	77	21	52	72	13	38

b) vertikaler Austausch

Abb. 2.158 Bimagisches Quadrat der Ordnung $n = 9$ (Portier, Transformation 4)

Transformation 5

Man kann auch beide Transformationen hintereinander ausführen, um weitere bimagische Quadrate zu erzeugen. In diesen Fällen stehen sogar fünf unterschiedliche Anordnungen zur Auswahl.

231	312	132	213	321

Die gewählte Reihenfolge muss allerdings sowohl für den horizontalen als auch den vertikalen Austausch verwendet werden. Im Beispiel der Abbildung 2.159 wurden die Rechtecke zunächst horizontal und danach vertikal mit der neuen Reihenfolge 3, 1, 2 ausgetauscht.

Im Beispiel der Abbildung 2.160 wurden dagegen die Rechtecke zunächst vertikal und danach horizontal ausgetauscht. Die Rechtecke wurden dabei in der Reihenfolge 2, 1, 3 neu angeordnet. Bei beiden Beispielen ergeben sich bei einem Austausch in umgekehrter Reihenfolge unterschiedliche bimagische Quadrate.

	1			2			3		
	3	23	16	58	81	65	35	46	42
1	62	73	69	30	50	43	4	27	11
	31	54	38	8	19	15	57	77	70
	14	7	21	72	56	76	37	33	53
2	64	60	80	41	34	48	18	2	22
	45	29	49	10	6	26	68	61	75
	25	12	5	74	67	63	51	44	28
3	78	71	55	52	39	32	20	13	9
	47	40	36	24	17	1	79	66	59

a) bimagisches Quadrat

	3			1			2		
	51	44	28	25	12	5	74	67	63
3	20	13	9	78	71	55	52	39	32
	79	66	59	47	40	36	24	17	1
	35	46	42	3	23	16	58	81	65
1	4	27	11	62	73	69	30	50	43
	57	77	70	31	54	38	8	19	15
	37	33	53	14	7	21	72	56	76
2	18	2	22	64	60	80	41	34	48
	68	61	75	45	29	49	10	6	26

b) hor./vert. Austausch

Abb. 2.159 Bimagisches Quadrat der Ordnung $n = 9$ (Portier, Transformation 5)

	1			2			3		
	4	20	18	57	79	68	35	51	37
1	30	52	41	8	24	10	58	74	72
	62	78	64	31	47	45	3	25	14
	27	13	2	77	66	61	46	44	33
2	50	39	34	19	17	6	81	67	56
	73	71	60	54	40	29	23	12	7
	11	9	22	70	59	75	42	28	53
3	43	32	48	15	1	26	65	63	76
	69	55	80	38	36	49	16	5	21

a) bimagisches Quadrat

	2			1			3		
	77	66	61	27	13	2	46	44	33
2	19	17	6	50	39	34	81	67	56
	54	40	29	73	71	60	23	12	7
	57	79	68	4	20	18	35	51	37
1	8	24	10	30	52	41	58	74	72
	31	47	45	62	78	64	3	25	14
	70	59	75	11	9	22	42	28	53
3	15	1	26	43	32	48	65	63	76
	38	36	49	69	55	80	16	5	21

b) vert./hor. Austausch

Abb. 2.160 Bimagisches Quadrat der Ordnung $n = 9$ (Portier, Transformation 5)

Transformation 6

Bei den bimagischen Quadraten, die mit dem algebraischen Muster von Portier erzeugt worden sind, findet man in jedem Teilquadrat der Ordnung 3 eine Zeile, deren Zahlen addiert 42 ergeben. Betrachtet man zusätzlich die Summe ihrer Quadrate, so gibt es zu vier Zeilen jeweils eine Partnerzeile mit den gleichen Summen, während die neunte Zeile keine Übereinstimmung mit einer anderen Zeile besitzt.

$$5 + 27 + 10 = 18 + 1 + 23 = 42 \qquad 5^2 + 27^2 + 10^2 = 18^2 + 1^2 + 23^2 = 854$$

$$7 + 20 + 15 = 13 + 8 + 21 = 42 \qquad 7^2 + 20^2 + 15^2 = 13^2 + 8^2 + 21^2 = 674$$

$$11 + 6 + 25 = 3 + 22 + 17 = 42 \qquad 11^2 + 6^2 + 25^2 = 3^2 + 22^2 + 17^2 = 782$$

$$24 + 16 + 2 = 26 + 12 + 4 = 42 \qquad 24^2 + 16^2 + 2^2 = 26^2 + 12^2 + 4^2 = 836$$

$$19 + 14 + 9 = 42 \qquad 19^2 + 14^2 + 9^2 = 638$$

Die zueinanderpassenden Zeilen in den Teilquadraten sind im bimagischen Ausgangsquadrat der Abbildung 2.161a in der gleichen Farbe markiert worden. Die vier zueinandergehörenden Zeilenpaare werden nun gegeneinander ausgetauscht, wobei die Reihenfolge der Zahlen umgekehrt wird. Da die verbleibende neunte Zeile keine Partnerzeile besitzt, werden die drei Zahlen in der Zeile selbst umgekehrt, d. h. die erste Zahl wird mit der dritten Zahl vertauscht. Das Ergebnis ist das veränderte bimagische Quadrat aus Abbildung 2.161b.

5	27	10	30	49	44	61	74	69
34	47	42	59	81	64	3	22	17
57	76	71	7	20	15	32	54	37
18	1	23	40	35	48	65	60	79
38	33	52	72	55	77	13	8	21
67	62	75	11	6	25	45	28	50
19	14	9	53	39	31	78	70	56
51	43	29	73	68	63	26	12	4
80	66	58	24	16	2	46	41	36

a) bimagisches Quadrat

23	1	18	30	49	44	61	74	69
34	47	42	59	81	64	25	6	11
57	76	71	21	8	13	32	54	37
10	27	5	40	35	48	65	60	79
38	33	52	72	55	77	15	20	7
67	62	75	17	22	3	45	28	50
9	14	19	53	39	31	78	70	56
51	43	29	73	68	63	2	16	24
80	66	58	4	12	26	46	41	36

b) verändertes bimagisches Quadrat

Abb. 2.161 Bimagisches Quadrat durch waagrechte Transformationen (Portier, Transformation 6a)

Neben der Summe 42 treten bei den Zeilensummen in den Teilquadraten mit 123 und 204 nur noch zwei weitere Summen auf. Die zugehörigen Transformationen erzeugen auch bei diesen Summen wieder bimagische Quadrate.

Statt in den Teilquadraten nach Übereinstimmungen bei waagrechten Zeilen zu suchen, kann man auch die Spalten untersuchen. In diesem Fall gibt es auch mit 96, 123 und 150 nur drei unterschiedliche Summen, die auftreten. Betrachtet man etwa Spalten mit der Summe 96, findet man wieder vier Paare von Spalten, bei denen auch die Summe der Quadrate übereinstimmen.

Diese vier Spaltenpaare werden gegeneinander ausgetauscht, wobei die Reihenfolge der Zahlen umgekehrt werden muss. Ordnet man zusätzlich auch die Zahlen der verbliebenen neunten Spalte in umgekehrter Reihenfolge an, entsteht das bimagische Quadrat aus Abbildung 2.162b.

6	26	10	29	49	45	61	75	68
34	48	41	60	80	64	2	22	18
56	76	72	7	21	14	33	53	37
17	1	24	40	36	47	66	59	79
39	32	52	71	55	78	13	9	20
67	63	74	12	5	25	44	28	51
19	15	8	54	38	31	77	70	57
50	43	30	73	69	62	27	11	4
81	65	58	23	16	3	46	42	35

a) bimagisches Quadrat

58	26	10	35	49	45	3	75	68
30	48	41	4	80	64	62	22	18
8	76	72	57	21	14	31	53	37
17	63	24	40	28	47	66	5	79
39	32	52	71	9	78	13	55	20
67	1	74	12	59	25	44	36	51
19	15	56	54	38	33	77	70	7
50	43	34	73	69	2	27	11	60
81	65	6	23	16	61	46	42	29

b) verändertes bimagisches Quadrat

Abb. 2.162 Bimagisches Quadrat durch senkrechte Transformationen (Portier, Transformation 6b)

Neben den Zeilen und Spalten kann man in den neun Teilquadraten auch gebrochene Diagonalen betrachten, die vom oberen Rand schräg nach rechts unten verlaufen. Wenn von den Zahlen auf diesen Diagonalen die Summe gebildet wird, treten nur die Summen 114, 120, 123, 126 und 132 auf. Untersucht man zusätzlich auch die Summen der quadrierten Zahlen, ergeben sich auch hier wieder vier Paare mit gleichen Summen und eine Diagonale ohne zugehörigen Partner.

7	56	33	21	76	53	14	72	37
23	81	46	16	65	42	3	58	35
12	67	44	5	63	28	25	74	51
29	6	61	49	26	75	45	10	68
54	19	77	38	15	70	31	8	57
40	17	66	36	1	59	47	24	79
60	34	2	80	48	22	64	41	18
73	50	27	69	43	11	62	30	4
71	39	13	55	32	9	78	52	20

a) bimagisches Quadrat

7	20	33	55	76	53	14	72	39
23	81	30	16	11	42	73	58	35
64	67	44	5	63	48	25	2	51
47	6	61	49	26	1	45	66	68
54	57	77	38	15	70	31	8	19
40	17	10	36	75	59	29	24	79
60	34	74	80	28	22	12	41	18
3	50	27	69	43	65	62	46	4
71	37	13	21	32	9	78	52	56

b) verändertes bimagisches Quadrat

Abb. 2.163 Bimagisches Quadrat durch rechtsdiagonale Transformationen (Portier, Transformation 6c)

Wenn man die Transformation wie bei den Zeilen und Spalten vornimmt, entsteht auch hier ein neues bimagisches Quadrat. Ein solches Beispiel ist in Abbildung 2.163b analysiert, wobei die Diagonalen alle die Summe 114 besitzen.

Entsprechend kann man auch die gebrochenen Diagonalen betrachten, die vom oberen Rand aus schräg nach links unten verlaufen. Auch hier treten nur die Summen 114, 120, 123, 126 und 132 auf, und man kann alle Erkenntnisse der anderen Transformationen auf diesen Fall übertragen. Ein Beispiel eines bimagischen Quadrates, welches mit einer solchen Transformation erzeugt wurde, ist in Abbildung 2.164b zu sehen. Bei diesem Beispiel besitzen die Zahlen auf den Diagonalen alle die Summe 120.

8	19	15	30	50	43	58	81	65
31	54	38	62	73	69	3	23	16
57	77	70	4	27	11	35	46	42
10	6	26	41	34	48	72	56	76
45	29	49	64	60	80	14	7	21
68	61	75	18	2	22	37	33	53
24	17	1	52	39	32	74	67	63
47	40	36	78	71	55	25	12	5
79	66	59	20	13	9	51	44	28

a) bimagisches Quadrat

8	61	15	30	50	37	22	81	65
49	54	38	62	7	69	3	23	64
57	77	10	76	27	11	35	34	42
70	6	26	41	46	48	72	56	4
45	29	31	16	60	80	14	73	21
68	19	75	18	2	58	43	33	53
24	17	79	28	39	32	74	13	63
47	40	36	78	71	25	55	12	5
1	66	59	20	67	9	51	44	52

b) verändertes bimagisches Quadrat

Abb. 2.164 Bimagisches Quadrat durch linksdiagonale Transformationen (Portier, Transformation 6d)

Bei den bisherigen Transformationen hat die Summe 123 bereits eine Sonderrolle gespielt, da sie in allen vier Fällen auftritt. Sie bietet aber noch eine zusätzliche Besonderheit, da sie eine weitere Transformation gestattet. Ersetzt man in den neun Gruppen alle Zahlen jeweils durch ihre zu $n^2 + 1$ komplementären Zahl, entsteht wieder ein bimagisches Quadrat. Dies gilt unabhängig davon, ob die Gruppen von drei Zahlen in den Zeilen, Spalten oder Diagonalen der Teilquadrate gebildet werden.

Im Beispiel der Abbildung 2.165b werden die neun Gruppen mit der Summe 123 aus den Zeilen der Teilquadrate gebildet. Man erkennt, dass sich die entsprechenden Zeilen und ihre komplementären Tauschpartner alle im linken Teilblock von drei Spalten befinden und die Zahlen beim Tausch auch in der Reihenfolge umgekehrt wurden.

Die drei Zeilen mit den Zahlen $(14, 66, 43)$, $(70, 41, 12)$ und $(39, 16, 68)$ werden hier mit den komplementären Zahlen $(68, 16, 39)$, $(12, 41, 70)$ und $(43, 66, 14)$ ausgetauscht. Bei den beiden anderen Teilblöcken werden die Zahlen auch umgekehrt, allerdings stammen die komplementären Zahlen aber immer aus dem jeweils anderen Teilblock. Hier werden beispielsweise $(18, 67, 38)$, $(65, 45, 13)$ und $(40, 11, 72)$ aus dem mittleren Block gegen die komplementären Zahlen $(64, 15, 44)$, $(17, 37, 69)$ und $(42, 71, 10)$ aus dem rechten Block ausgetauscht.

9	58	29	23	75	52	10	71	42
14	66	43	1	62	33	27	76	47
19	80	51	18	67	38	5	57	34
56	36	4	79	50	21	69	37	17
70	41	12	60	28	8	74	54	22
78	46	26	65	45	13	61	32	3
31	2	63	48	25	77	44	15	64
39	16	68	35	6	55	49	20	81
53	24	73	40	11	72	30	7	59

a) bimagisches Quadrat

9	58	29	23	75	52	72	11	40
68	16	39	1	62	33	27	76	47
19	80	51	64	15	44	5	57	34
56	36	4	79	50	21	13	45	65
12	41	70	60	28	8	74	54	22
78	46	26	17	37	69	61	32	3
31	2	63	48	25	77	38	67	18
43	66	14	35	6	55	49	20	81
53	24	73	42	71	10	30	7	59

b) verändertes bimagisches Quadrat

Abb. 2.165 Bimagisches Quadrat durch Austausch mit komplementären Zahlen (Portier, Transformation 6e)

Die allgemeine Analyse dieser Transformationen von bimagischen Quadraten bezieht sich auf die Hauptvariante von Portier, wo eine der acht Basiszeilen aus Tabelle 2.23 in eine Zeile, Spalte, Diagonale oder ein Teilquadrat eingetragen wird, um die zugehörige Belegung zu bestimmen.

Trägt man bei der waagrechten Transformation die acht Basiszeilen aus Tabelle 2.23 in die Zeilen des Musterquadrates ein und bestimmt hieraus die zugehörige Belegung, so treten bei den Zeilensummen in den neun Teilquadraten der Ordnung 3 nur die Zahlen 42, 123 und 204 auf. Auch wenn man die bimagischen Reihen in Spalten, Diagonalen oder Teilquadraten einfügt, ergeben sich immer ganz bestimmte Summen. Die Ergebnisse der hiermit durchgeführten Transformationen ist in Tabelle 2.26 angegeben.

waagrechte Transformation		
bimagische Reihen	auftretende Summen	transformierte Quadrate
Zeilen	42 103 204	immer bimagisch
Spalten	96 123 204	$\frac{1}{3}$ bimagisch und $\frac{2}{3}$ nur magisch
Diagonalen	114 120 123 126 132	immer bimagisch
Teilquadrate	42 123 204	immer bimagisch

Tab. 2.26 Ergebnisse der waagrechten Transformationen

Ähnliche Ergebnisse erhält man bei der senkrechten Transformation.

senkrechte Transformation		
bimagische Reihen	auftretende Summen	transformierte Quadrate
Zeilen	96 123 204	$\frac{1}{3}$ bimagisch und $\frac{2}{3}$ nur magisch
Spalten	42 103 204	immer bimagisch
Diagonalen	114 120 123 126 132	immer bimagisch
Teilquadrate	96 123 204	immer bimagisch

Tab. 2.27 Ergebnisse der senkrechten Transformationen

Vollkommen anders sieht die Situation bei den beiden diagonalen Transformationen aus.

diagonale Transformationen		
bimagische Reihen	auftretende Summen	transformierte Quadrate
Zeilen	114 120 123 126 132	$\frac{1}{3}$ bimagisch und $\frac{2}{3}$ nur magisch
Spalten	123	immer bimagisch
	114 120 126 132	nur magisch
Diagonalen	123	immer bimagisch
	42 96 150 204	nur magisch
Teilquadrate	123	immer bimagisch
	114 120 126 132	nur magisch

Tab. 2.28 Ergebnisse der diagonalen Transformationen

Bei den Hauptvarianten 1 und 2 ist die Situation nur zum Teil ähnlich. In vielen Fällen führen diese Transformationen zu weiteren bimagischen Quadraten, aber nicht in allen. Da eine Analyse für eine Aufteilung der verschiedenen Transformationen und der jeweils 72 möglichen Kombinationen für die Groß- und Kleinbuchstaben sehr komplex ist, wurde hierauf verzichtet. So kann man bei diesen beiden Varianten nur experimentieren, wobei man allerdings sehr viele bimagische Quadrate als Ergebnis erhalten wird.

2.2.4 De Winkel

Aale de Winkel hat das Verfahren von Hendricks[34] erweitert und arbeitet mit zwei geordneten lateinischen Quadraten.[35] Wie Hendricks legt er den Ursprung $(0,0)$ in

[34] siehe Kapitel 2.6.2

[35] de Winkel [601]

die linke obere Ecke und betrachtet jede Koordinate (s, z) im Zahlensystem zur Basis 3. Für eine beliebige Position (s, z) gilt dann

$$s = 3 \cdot s_1 + s_2$$
$$z = 3 \cdot z_1 + z_2$$

mit $0 \leq s_i < 3$ und $0 \leq z_i < 3$. Damit ergibt sich beispielsweise für die Position $(5, 6)$ mit den Ziffern des Zahlensystems zur Basis 3 die Darstellung $(12, 20)$. Mit den Faktoren

$$(a_1 \;\; a_2 \;\; a_3 \;\; a_4) \quad \text{und} \quad (b_1 \;\; b_2 \;\; b_3 \;\; b_4)$$

werden die Ziffern der in die Zelle einzutragenden Zahlen modulo 3 berechnet.

$$d_2 = a_1 \cdot s_1 + a_2 \cdot s_2 + a_3 \cdot z_1 + a_4 \cdot z_2$$
$$d_1 = b_1 \cdot s_1 + b_2 \cdot s_2 + b_3 \cdot z_1 + b_4 \cdot z_2$$

Mit diesen beiden Ziffern wird anschließend die einzutragende Zahl d im Zehnersystem bestimmt,

$$d = 3 \cdot d_2 + d_1$$

die in die entsprechende Zelle des Hilfsquadrates eingetragen wird. Mit den Koeffizienten

$$a_1 = 0 \qquad a_2 = 1 \qquad a_3 = 1 \qquad a_4 = 2$$
$$b_1 = 2 \qquad b_2 = 0 \qquad b_3 = 1 \qquad b_4 = 1$$

ergibt sich für die Position $(5, 6)$

$$d_2 = 0 \cdot 1 + 1 \cdot 2 + 1 \cdot 2 + 2 \cdot 0 = 4 \equiv 1$$
$$d_1 = 2 \cdot 1 + 0 \cdot 2 + 1 \cdot 2 + 1 \cdot 0 = 4 \equiv 1$$

Damit lautet die einzutragende Zahl d

$$d = 3 \cdot 1 + 1 = 4$$

und man erhält das erste Hilfsquadrat A aus Abbildung 2.166. Wählt man dagegen die Parameter mit

$$a_1 = 1 \qquad a_2 = 1 \qquad a_3 = 0 \qquad a_4 = 2$$
$$b_1 = 2 \qquad b_2 = 1 \qquad b_3 = 1 \qquad b_4 = 0$$

ergibt sich das Hilfsquadrat B.

	0	1	2	3	4	5	6	7	8
0	0	3	6	2	5	8	1	4	7
1	7	1	4	6	0	3	8	2	5
2	5	8	2	4	7	1	3	6	0
3	4	7	1	3	6	0	5	8	2
4	2	5	8	1	4	7	0	3	6
5	6	0	3	8	2	5	7	1	4
6	8	2	5	7	1	4	6	0	3
7	3	6	0	5	8	2	4	7	1
8	1	4	7	0	3	6	2	5	8

a) Hilfsquadrat A

	0	1	2	3	4	5	6	7	8
0	0	4	8	5	6	1	7	2	3
1	6	1	5	2	3	7	4	8	0
2	3	7	2	8	0	4	1	5	6
3	1	5	6	3	7	2	8	0	4
4	7	2	3	0	4	8	5	6	1
5	4	8	0	6	1	5	2	3	7
6	2	3	7	4	8	0	6	1	5
7	8	0	4	1	5	6	3	7	2
8	5	6	1	7	2	3	0	4	8

b) Hilfsquadrat B

Abb. 2.166 Geordnete lateinische Hilfsquadrate

Das Hilfsquadrat B muss allerdings noch mit zwei Schritten weiterverarbeitet werden. Zunächst werden die Zeilen und Spalten in der neuen Reihenfolge

$$0 \quad 4 \quad 8 \quad 5 \quad 6 \quad 1 \quad 7 \quad 2 \quad 3$$

angeordnet und danach wird dieses Ergebnis zusätzlich an der Nebendiagonalen gespiegelt.

	0	4	8	5	6	1	7	2	3
0	0	6	3	1	7	4	2	8	5
4	7	4	1	8	5	2	6	3	0
8	5	2	8	3	0	6	4	1	7
5	4	1	7	5	2	8	3	0	6
6	2	8	5	0	6	3	1	7	4
1	6	3	0	7	4	1	8	5	2
7	8	5	2	6	3	0	7	4	1
2	3	0	6	4	1	7	5	2	8
3	1	7	4	2	8	5	0	6	3

a) Zeilen- und Spaltentausch

0	7	5	4	2	6	8	3	1
6	4	2	1	8	3	5	0	7
3	1	8	7	5	0	2	6	4
1	8	3	5	0	7	6	4	2
7	5	0	2	6	4	3	1	8
4	2	6	8	3	1	0	7	5
2	6	4	3	1	8	7	5	0
8	3	1	0	7	5	4	2	6
5	0	7	6	4	2	1	8	3

b) Spiegelung an der Nebendiagonalen

Abb. 2.167 Das veränderte Hilfsquadrat B

Überlagert man diese beiden Hilfsquadrate mit der Gleichung

$$9 \cdot A + B + 1$$

entsteht das bimagische Quadrat aus Abbildung 2.168.

1	35	60	23	48	79	18	40	65
70	14	39	56	9	31	78	19	53
49	74	27	44	69	10	30	61	5
38	72	13	33	55	8	52	77	21
26	51	73	12	43	68	4	29	63
59	3	34	81	22	47	64	17	42
75	25	50	67	11	45	62	6	28
36	58	2	46	80	24	41	66	16
15	37	71	7	32	57	20	54	76

Abb. 2.168 Bimagisches Quadrat der Ordnung $n = 9$ (de Winkel, Beispiel 1)

Werden die Parameter aber für die beiden Hilfsquadrate identisch gewählt, ist die letzte Spiegelung nicht mehr notwendig. Mit den Koeffizienten

$$a_1 = 0 \quad a_2 = 1 \quad a_3 = 1 \quad a_4 = 2$$
$$b_1 = 2 \quad b_2 = 0 \quad b_3 = 1 \quad b_4 = 1$$

erhält man die identischen Hilfsquadrate A und B aus Abbildung 2.169.

	0	1	2	3	4	5	6	7	8
0	0	3	6	2	5	8	1	4	7
1	7	1	4	6	0	3	8	2	5
2	5	8	2	4	7	1	3	6	0
3	4	7	1	3	6	0	5	8	2
4	2	5	8	1	4	7	0	3	6
5	6	0	3	8	2	5	7	1	4
6	8	2	5	7	1	4	6	0	3
7	3	6	0	5	8	2	4	7	1
8	1	4	7	0	3	6	2	5	8

Abb. 2.169 Lateinische Hilfsquadrate A und B

Bei diesen Parametern muss für das Hilfsquadrat B nur noch die Zeilen- und Spaltenpermutation

$$0 \quad 4 \quad 8 \quad 7 \quad 2 \quad 3 \quad 5 \quad 6 \quad 1$$

durchgeführt werden, während die Spiegelung an der Nebendiagonalen entfällt. Überlagert man die beiden Hilfsquadrate A und B, entsteht das bimagische Quadrat aus Abbildung 2.170.

	0	4	8	7	2	3	5	6	1
0	0	5	7	4	6	2	8	1	3
4	2	4	6	3	8	1	7	0	5
8	1	3	8	5	7	0	6	2	4
7	3	8	1	7	0	5	2	4	6
2	5	7	0	6	2	4	1	3	8
3	4	6	2	8	1	3	0	5	7
5	6	2	4	1	3	8	5	7	0
6	8	1	3	0	5	7	4	6	2
1	7	0	5	2	4	6	3	8	1

a) Spalten- und Zeilentransformation

1	33	62	23	52	75	18	38	67
66	14	43	58	9	29	80	19	51
47	76	27	42	71	10	34	57	5
40	72	11	35	55	6	48	77	25
24	53	73	16	39	68	2	31	63
59	7	30	81	20	49	64	15	44
79	21	50	65	13	45	60	8	28
36	56	4	46	78	26	41	70	12
17	37	69	3	32	61	22	54	74

b) bimagisches Quadrat

Abb. 2.170 Bimagisches Quadrat der Ordnung $n = 9$ (de Winkel, Beispiel 2)

Insgesamt führt Aale de Winkel auf seiner Webseite 224 Kombinationen von Parametern an. Aus jedem einzelnen dieser bimagischen Quadrate können dann weitere 192 bimagische Quadrate durch das Vertauschen von Zeilen und Spalten erzeugt werden.

2.2.5 Anzahl symmetrischer bimagischer Quadrate

Um symmetrische bimagische Quadrate der Ordnung $n = 9$ zu erzeugen, gibt es zwei weniger bekannte Verfahren von Coccoz[36] und Chen.[37] Die wesentlich bekannteren und allgemeineren Verfahren von Coccoz, Hendricks, Portier, Tarry und Cazalas[38] erzeugen dagegen nur mit ganz bestimmten Parametern einige symmetrische Quadrate.

Walter Trump und ich haben alle 1 307 729 880 symmetrischen bimagischen Quadrate der Ordnung 9 erzeugt, wobei wir von den bekannten 949 738 bimagischen Serien ausgegangen sind. Wegen der Symmetrie müssen beide Diagonalen, die mittlere Spalte und die mittlere Zeile aus symmetrischen Serien bestehen. Dies bedeutet, dass sich die Zahl 41 im Zentrum des Quadrates befinden muss und die zum Zentrum des Quadrates symmetrisch liegenden Zahlen addiert immer $n^2 + 1$ ergeben, bei der Ordnung $n = 9$ also $9^2 + 1 = 82$.

Nur 32 der bimagischen Serien sind auch symmetrisch, etwa die Serie mit den Zahlen $2, 16, 24, 36, 41, 46, 58, 66, 80$.

[36] Coccoz [109] S. 175 – 176

[37] Aus einem Arbeitsblatt während einer privaten Kommunikation, 2002

[38] Coccoz [110], Hendricks [196], Portier [469], Tarry [560] und Cazalas [84] S. 45 – 68

				2				
				16				
				24				
				36				
				41				
				46				
				58				
				66				
				80				

Abb. 2.171 Lage der symmetrischen Serien im symmetrischen bimagischen Quadrat

Zusätzlich werden für die Zeilen und Spalten komplementfreie Serien benötigt. Dies sind Serien wie $1, 2, 26, 49, 54, 57, 59, 60, 61$, bei denen die Komplemente der Zahlen nicht enthalten sind. Bei ungeraden Ordnungen darf natürlich auch nicht die Zahl $\frac{n^2+1}{2}$ auftreten. Insgesamt gibt es 537 608 dieser Serien.

Ein symmetrisches bimagisches Quadrat ist in Abbildung 2.172a dargestellt. Damit die Anzahl der unterschiedlichen magischen Quadrate leichter zu erkennen ist, werden alle Quadrate wie in Abbildung 2.172b in die LDR-Form transformiert.[39] Bei dieser Darstellungsform wird die kleinste Zahl 7 der beiden Diagonalen in der linken oberen Ecke platziert. Durch Zeilen-Spalten-Permutationen wird das Quadrat dann so umgeformt, dass die Zahlen auf der in der linken oberen Ecke beginnenden Diagonalen alle aufsteigend angeordnet sind, ohne dass das Quadrat seine Eigenschaften verliert.

29	56	30	28	80	72	48	4	22
6	75	57	43	46	5	35	70	32
73	20	15	17	58	42	14	61	69
74	33	1	19	66	18	44	59	55
37	51	79	71	41	11	3	31	45
27	23	38	64	16	63	81	49	8
13	21	68	40	24	65	67	62	9
50	12	47	77	36	39	25	7	76
60	78	34	10	2	54	52	26	53

a) symmetrisch / bimagisch

7	47	77	50	36	76	39	25	12
61	15	17	73	58	69	42	14	20
59	1	19	74	66	55	18	44	33
4	30	28	29	80	22	72	48	56
31	79	71	37	41	45	11	3	51
26	34	10	60	2	53	54	52	78
49	38	64	27	16	8	63	81	23
62	68	40	13	24	9	65	67	21
70	57	43	6	46	32	5	35	75

b) LDR-Form

Abb. 2.172 Symmetrisches bimagisches Quadrat mit Euler-Serien

[39] siehe Kapitel 8.6

Insgesamt lassen sich mit den bimagischen Serien 6 811 090 unterschiedliche symmetrische bimagische Quadrate in LDR-Form erzeugen. Aus jedem dieser Quadrate lassen sich durch symmetrische Zeilen-Spalten-Permutationen weitere $8!! = 384$ weitere Quadrate erstellen. Allerdings sind nur 192 davon unterschiedlich, da jeweils zwei von ihnen durch eine Drehung um 180° auseinander hervorgehen. Damit existieren insgesamt 1 307 729 280 unterschiedliche symmetrische bimagische Quadrate. Zählt man auch die durch Spiegelungen und Drehungen erzeugten Quadrate mit, erhöht sich die Gesamtzahl auf 10 461 834 240 Quadrate. Keines dieser Quadrate ist pandiagonal.

Mit der symmetrischen Permutation $(0, 5, 6, 1, 4, 7, 2, 3, 8)$ erhält man beispielsweise aus der LDR-Form der Abbildung 2.172b das symmetrische bimagische Quadrat aus Abbildung 2.173.

	0	5	6	1	4	7	2	3	8
8	7	76	39	47	36	25	77	50	12
7	61	69	42	15	58	14	17	73	20
6	59	55	18	1	66	44	19	74	33
5	4	22	72	30	80	48	28	29	56
4	31	45	11	79	41	3	71	37	51
3	26	53	54	34	2	52	10	60	78
2	49	8	63	38	16	81	64	27	23
1	62	9	65	68	24	67	40	13	21
0	70	32	5	57	46	35	43	6	75

a) Spaltenpermutation

	0	5	6	1	4	7	2	3	8
8	7	76	39	47	36	25	77	50	12
3	26	53	54	34	2	52	10	60	78
2	49	8	63	38	16	81	64	27	23
7	61	69	42	15	58	14	17	73	20
4	31	45	11	79	41	3	71	37	51
1	62	9	65	68	24	67	40	13	21
6	59	55	18	1	66	44	19	74	33
5	4	22	72	30	80	48	28	29	56
0	70	32	5	57	46	35	43	6	75

b) Zeilenpermutation

Abb. 2.173 Symmetrisches bimagisches Quadrat durch die Zeilen-Spalten-Permutation $(0, 5, 6, 1, 4, 7, 2, 3, 8)$

Auffallend ist, dass man mit jeder der 32 symmetrischen bimagischen Serien entsprechende Quadrate erzeugen kann. Kombiniert man diese 32 Serien untereinander, ergeben sich 330 gültige Kombinationen, da zwei Serien nur die Zahl 41 und keine andere Zahl gemeinsam haben dürfen. Mit jeder dieser 330 Kombinationen lassen sich dann mindestens acht symmetrische bimagische Quadrate erzeugen.

Aufteilung in Teilquadrate mit gleicher Zahlensumme

Von den 6 811 090 symmetrischen bimagischen Quadrate in LDR-Form lassen sich 579 in ein Raster von Teilquadraten der Größe 3×3 zerlegen, bei denen die Summe aller Zahlen in den Teilquadraten immer 369 beträgt. Ein solches Quadrat ist in Abbildung 2.174a dargestellt.

Bei 216 dieser Quadrate ergeben die quadrierten Zahlen wie im Beispiel der Abbildung 2.174b sogar immer die gleiche Summe 20 049.

2	79	39	50	10	35	49	69	36
21	18	38	77	22	81	19	56	37
73	75	24	15	48	31	4	42	57
23	27	71	30	74	12	65	53	14
66	62	6	28	41	54	76	20	16
68	29	17	70	8	52	11	55	59
25	40	78	51	34	67	58	7	9
45	26	63	1	60	5	44	64	61
46	13	33	47	72	32	43	3	80

a) Teilquadrate mit der Summe 369

4	51	68	79	18	35	37	57	20
73	12	29	23	60	40	7	54	71
43	63	26	1	48	65	76	15	32
69	44	49	36	2	16	21	77	55
30	74	10	58	41	24	72	8	52
27	5	61	66	80	46	33	38	13
50	67	6	17	34	81	56	19	39
11	28	75	42	22	59	53	70	9
62	25	45	47	64	3	14	31	78

b) Teilquadrate mit den Summen 369 und 20049

Abb. 2.174 Symmetrische bimagische Quadrate mit Teilquadraten gleicher Summe

Wendet man auf diese Quadrate eine der 192 symmetrischen Zeilen-Spalten-Permutationen an, sind die sich ergebenden Quadrate natürlich immer noch symmetrisch und bimagisch. Jedoch geht die Aufteilung in Teilquadrate mit gleichen Summen wie im Beispiel der Abbildung 2.175 natürlich verloren.

	0	1	2	3	4	5	6	7	8
8	15	10	65	81	58	26	44	51	19
7	71	27	43	28	2	57	60	13	68
6	76	59	3	5	64	48	35	37	42
5	21	74	73	29	30	7	70	32	33
4	20	4	66	36	41	46	16	78	62
3	49	50	12	75	52	53	9	8	61
2	40	45	47	34	18	77	79	23	6
1	14	69	22	25	80	54	39	55	11
0	63	31	38	56	24	1	17	72	67

a) Teilquadrate mit gleichen Summen

	2	0	5	7	4	1	3	8	6
6	3	76	48	37	64	59	5	42	35
8	65	15	26	51	58	10	81	19	44
3	12	49	53	8	52	50	75	61	9
1	22	14	54	55	80	69	25	11	39
4	66	20	46	78	41	4	36	62	16
7	43	71	57	13	2	27	28	68	60
5	73	21	7	32	30	74	29	33	70
0	38	63	1	72	24	31	56	67	17
2	47	40	77	23	18	45	34	6	79

b) symmetrisch / bimagisch

Abb. 2.175 Symmetrisches bimagisches Quadrat durch die Zeilen-Spalten-Permutation (2, 0, 5, 7, 4, 1, 3, 8, 6)

Betrachtet man nicht nur die 6 811 090 symmetrischen bimagischen Quadrate in LDR-Form, sondern die insgesamt 1 307 729 280 Quadrate, die sich durch symmetrische

Zeilen-Spalten-Permutationen ergeben, erhält man 101 532 Quadrate mit Teilquadraten der Summe 369 und 15 552 Quadrate mit der Summe 20 049 bei den quadrierten Zahlen. In Abbildung 2.176 wird für diese beiden Fälle jeweils ein Beispiel dargestellt.

28	57	81	43	30	73	32	17	8
35	76	5	40	58	11	27	72	45
68	3	16	29	18	67	48	59	61
19	51	33	62	80	60	13	44	7
12	46	26	78	41	4	56	36	70
75	38	69	22	2	20	49	31	63
21	23	34	15	64	53	66	79	14
37	10	55	71	24	42	77	6	47
74	65	50	9	52	39	1	25	54

a) Teilquadrate mit der Summe 369

18	57	51	44	2	77	19	67	34
47	62	14	49	16	55	39	6	81
79	37	4	69	36	21	26	32	65
40	7	73	30	24	72	29	71	23
60	54	12	74	41	8	70	28	22
59	11	53	10	58	52	9	75	42
17	50	56	61	46	13	78	45	3
1	76	43	27	66	33	68	20	35
48	15	63	5	80	38	31	25	64

b) Teilquadrate mit den Summen 369 und 20049

Abb. 2.176 Symmetrische bimagische Quadrate mit Teilquadraten gleicher Summe

Symmetrische bimagische Quadrate mit eingebettetem magischen Teilquadrat

Von den 6 811 090 symmetrischen bimagischen Quadraten in LDR-Form besitzen 2588 ein im Zentrum eingebettetes magisches Teilquadrat mit der magischen Summe 123. Bei den 1 307 729 280 unterschiedlichen Quadraten, die durch Zeilen-Spalten-Permutationen entstehen, sind es sogar 15 552 Quadrate. Zwei Beispiele dieser beiden Gruppen sind in Abbildung 2.177 dargestellt.

6	49	77	79	36	47	24	20	31
43	16	80	30	56	19	45	71	9
23	27	18	1	70	44	67	65	54
14	75	29	32	78	13	61	42	25
74	72	34	22	41	60	48	10	8
57	40	21	69	4	50	53	7	68
28	17	15	38	12	81	64	55	59
73	11	37	63	26	52	2	66	39
51	62	58	35	46	3	5	33	76

a) LDR-Form

31	75	33	25	22	59	2	48	74
43	71	19	44	78	9	61	24	20
36	5	79	17	40	18	52	69	53
67	27	35	45	68	10	66	50	1
12	54	56	6	41	76	26	28	70
81	32	16	72	14	37	47	55	15
29	13	30	64	42	65	3	77	46
62	58	21	73	4	38	63	11	39
8	34	80	23	60	57	49	7	51

b) Zeilen-Spalten-Permutationen

Abb. 2.177 Symmetrische bimagische Quadrate mit eingebetteten magischen Quadraten

2.2.6 Anzahl symmetrischer diagonaler Euler-Quadrate

Schränkt man die bimagische Serien auf Euler-Serien ein, reduziert sich die Anzahl erheblich. Diese Serien enthalten Zahlen im Bereich 1 bis 81, die sich in der Form $9x + y + 1$ mit $x, y = 0 \ldots 8$ beschreiben lassen. Dabei dürfen weder zwei gleiche x noch zwei gleiche y vorkommen. Jetzt stehen für die Konstruktion nur noch 16 symmetrische und 4508 komplementfreie bimagische Serien zur Verfügung.

Insgesamt lassen sich mit den Euler-Serien 1908 unterschiedliche symmetrische bimagische Quadrate in LDR-Form erzeugen. Aus jedem dieser diagonalen Euler-Quadrate lassen sich durch symmetrische Zeilen-Spalten-Permutationen 192 weitere Quadrate erzeugen, sodass es insgesamt 366 336 unterschiedliche symmetrische bimagische diagonale Euler-Quadrate gibt.

Mit der symmetrischen Permutation $(1, 5, 8, 2, 4, 6, 0, 3, 7)$ erhält man beispielsweise aus der LDR-Form der Abbildung 2.178a das symmetrische bimagische Quadrat aus Abbildung 2.178b.

	0	1	2	3	4	5	6	7	8
8	4	51	14	73	70	29	39	63	26
7	79	18	35	59	22	42	1	48	65
6	32	57	20	7	54	71	76	15	37
5	69	77	49	30	8	10	27	38	61
4	46	2	66	24	41	58	16	80	36
3	21	44	55	72	74	52	33	5	13
2	45	67	6	11	28	75	62	25	50
1	17	34	81	40	60	23	47	64	3
0	56	19	43	53	12	9	68	31	78

a) LDR-Form

	1	5	8	2	4	6	0	3	7
7	18	42	65	35	22	1	79	59	48
3	44	52	13	55	74	33	21	72	5
0	19	9	78	43	12	68	56	53	31
6	57	71	37	20	54	76	32	7	15
4	2	58	36	66	41	16	46	24	80
2	67	75	50	6	28	62	45	11	25
8	51	29	26	14	70	39	4	73	63
5	77	10	61	49	8	27	69	30	38
1	34	23	3	81	60	47	17	40	64

b) Zeilen-Spalten-Permutationen

Abb. 2.178 Symmetrisches bimagisches Quadrat mit Euler-Serien

Von denen 1908 Quadraten in LDR-Form lassen sich 106 in ein Raster von Teilquadraten der Größe 3 x 3 zerlegen, bei denen die Summe aller Zahlen in den Teilquadraten immer 369 beträgt. Ein solches Quadrat ist in Abbildung 2.179a dargestellt. Bei 72 dieser Quadrate ergeben sogar die quadrierten Zahlen wie im Beispiel der Abbildung 2.179b immer die gleiche Summe 20 049.

Betrachtet man nicht nur die Quadrate in LDR-Form, sondern die 366 336 Quadrate, die sich aus ihnen durch symmetrische Zeilen-Spalten-Permutationen ergeben, existieren 10 224 Quadrate mit Teilquadraten der Summe 369 und 3456 Quadrate mit der Summe 20 049 bei den quadrierten Zahlen. In Abbildung 2.180 wird jeweils ein Beispiel für diese beiden Fälle dargestellt.

3	65	46	42	58	23	16	81	35
31	15	77	54	8	70	38	19	57
62	43	27	73	30	11	69	50	4
14	26	61	29	72	75	49	6	37
64	48	2	22	41	60	80	34	18
45	76	33	7	10	53	21	56	68
78	32	13	71	52	9	55	39	20
25	63	44	12	74	28	5	67	51
47	1	66	59	24	40	36	17	79

a) Teilquadrate mit der Summe 369

2	53	68	73	16	31	39	63	24
75	18	33	59	20	44	1	52	67
37	61	22	3	54	69	74	17	32
71	77	47	34	6	10	27	40	57
36	4	12	26	41	56	70	78	46
25	42	55	72	76	48	35	5	11
50	65	8	13	28	79	60	21	45
15	30	81	38	62	23	49	64	7
58	19	43	51	66	9	14	29	80

b) Teilquadrate mit den Summen 369 und 20049

Abb. 2.179 Symmetrische bimagische Euler-Quadrate mit Teilquadraten gleicher Summe

15	38	54	31	8	57	70	77	19
32	55	71	78	52	20	9	13	39
26	49	29	37	72	14	75	61	6
65	16	59	3	24	35	40	46	81
48	80	22	18	41	64	60	2	34
1	36	42	47	58	79	23	66	17
76	21	7	68	10	45	53	33	56
43	69	73	62	30	4	11	27	50
63	5	12	25	74	51	28	44	67

a) Teilquadrate mit der Summe 369

6	11	25	67	62	75	45	50	28
40	48	35	23	18	1	79	60	65
77	55	72	33	52	38	8	13	21
19	9	14	56	78	70	31	39	53
66	80	58	46	41	36	24	2	16
29	43	51	12	4	26	68	73	63
61	69	74	44	30	49	10	27	5
17	22	3	81	64	59	47	34	42
54	32	37	7	20	15	57	71	76

b) Teilquadrate mit den Summen 369 und 20049

Abb. 2.180 Symmetrische bimagische Euler-Quadrate mit Teilquadraten gleicher Summe

Konstruktion

Die Konstruktion der symmetrischen bimagischen Quadrate der Ordnung $n = 9$ ist identisch mit der Konstruktion für symmetrische Quadrate der Ordnung 7. Wie dort beschrieben[40], kann die Anzahl der komplementfreien Serien halbiert werden, da die Summe aus der minimalen und der maximalen Zahl der Serien kleiner als $n^2 + 1$ sein muss.

Damit stehen für die Konstruktion 32 symmetrische und 268 804 komplementfreie bimagische Serien zur Verfügung. Entsprechend werden dann die Euler-Quadrate aus 16 symmetrischen und 2254 komplementfreien bimagischen Serien gebildet.

[40] siehe Kapitel 9.2.2

2.3 Ordnungen 10 bis 15

Obwohl in der Zeit nach der Entdeckung des ersten bimagischen Quadrates von Pfeffermann viele bimagische Quadrate der Ordnungen 8 und 9 konstruiert worden sind, wurden keine Algorithmen für die Ordnungen 10 bis 15 gefunden. Erst wieder für die Ordnung $n = 16$ sind mehrere Verfahren bekannt, die bimagische Quadrate dieser Ordnung erzeugen.

Diese Situation änderte sich im Jahr 2020, als Pan und Huang ein Verfahren für bimagische Quadrate der Ordnungen $n = 4k$ vorstellten, das auch für die Ordnung 12 funktioniert.[41] Für alle Ordnungen 10 bis 15 sind heutzutage zwar bimagische Quadrate bekannt, die aber nicht mit einer allgemeinen Methode, sondern durch viel Handarbeit, Probieren und vielfach der Hilfe eines Computers gefunden wurden.[42]

2.3.1 Ordnung 10

Fredrik Jansson fand im Jahre 2004 das erste bimagische Quadrat der Ordnung 10. Er kombinierte mithilfe eines Computers bimagische Zahlenreihen, die schon länger bekannt waren.

2	19	70	1	66	74	73	60	68	72
58	77	15	3	65	4	67	69	71	76
62	63	82	75	61	59	79	6	5	13
49	18	14	78	98	40	25	96	43	44
94	41	27	42	35	91	21	95	37	22
93	39	23	38	31	90	33	30	29	99
34	100	36	83	45	24	26	28	97	32
8	85	64	57	7	56	80	48	16	84
54	11	86	47	87	12	92	20	50	46
51	52	88	81	10	55	9	53	89	17

Abb. 2.181 Bimagisches Quadrat der Ordnung $n = 10$ (Jansson)

In den folgenden Jahren wurden weitere bimagische Quadrate dieser Ordnung gefunden, etwa im Jahre 2006 von Christian Boyer oder im Jahre 2007 von Pan Fengchu.

[41] siehe Kapitel 2.9.2

[42] Boyer [54]

81	44	41	63	88	3	49	53	1	82
26	38	92	90	25	45	42	62	2	83
96	97	31	46	68	8	22	24	57	56
16	100	9	75	11	71	43	54	65	61
28	48	7	51	34	91	95	59	77	15
13	27	87	14	60	89	55	64	79	17
72	36	52	18	86	47	23	6	66	99
58	10	74	30	84	50	5	94	67	33
80	76	39	98	37	32	78	4	21	40
35	29	73	20	12	69	93	85	70	19

a) Boyer

89	51	52	88	53	55	10	9	17	81
59	82	62	61	13	6	79	75	63	5
1	2	66	68	72	74	70	73	60	19
42	41	27	22	91	21	35	37	95	94
57	80	64	8	16	85	56	48	7	84
54	20	86	92	11	50	12	87	46	47
78	98	14	40	43	18	44	96	25	49
3	65	4	77	71	58	76	15	67	69
39	30	33	23	90	38	99	31	93	29
83	36	97	26	45	100	24	34	32	28

b) Pan Fengchu

Abb. 2.182 Bimagische Quadrate der Ordnung $n = 10$

2.3.2 Ordnung 11

Nur 18 Tage nach seinem bimagischen Quadrat der Ordnung 10 fand Fredrik Jansson auch das erste bimagische Quadrat der Ordnung $n = 11$, indem er wiederum lange bekannte bimagische Reihen erfolgreich kombinierte.

84	80	88	2	82	10	81	74	1	86	83
53	114	118	35	47	26	27	55	58	113	25
119	45	40	51	116	38	42	29	33	117	41
21	109	20	66	60	37	115	111	54	59	19
69	87	85	4	79	89	94	8	3	75	78
39	15	14	105	96	64	103	61	98	63	13
121	34	44	57	46	120	30	48	108	31	32
73	91	90	71	7	92	95	5	76	6	65
52	36	17	107	16	104	18	77	70	62	112
12	11	99	72	100	67	43	97	68	9	93
28	49	56	101	22	24	23	106	102	50	110

Abb. 2.183 Bimagisches Quadrat der Ordnung $n = 11$ (Jansson)

Im Mai 2005 konstruierte Chen Mutian aus China ein weiteres bimagisches Quadrat der Ordnung 11. Sein Quadrat ist symmetrisch und selbstkomplementär. Zusätzlich sind sogar vier Zahlenreihen trimagisch: die mittlere Zeile, die mittlere Spalte und die beiden Diagonalen.

9	19	65	30	72	76	106	121	93	47	33
101	97	88	20	56	4	27	74	70	108	26
86	87	51	109	112	41	12	54	3	37	79
84	11	58	94	8	91	40	78	120	24	63
6	104	23	115	22	105	69	60	55	73	39
15	32	117	80	45	61	77	42	5	90	107
83	49	67	62	53	17	100	7	99	18	116
59	98	2	44	82	31	114	28	64	111	38
43	85	119	68	110	81	10	13	71	35	36
96	14	52	48	95	118	66	102	34	25	21
89	75	29	1	16	46	50	92	57	103	113

Abb. 2.184 Bimagisches Quadrat der Ordnung $n = 11$ (Chen Mutian)

Bei dem Versuch von Walter Trump und mir, den Algorithmus zur Erzeugung symmetrischer bimagischer diagonaler Euler-Quadrate[43] der Ordnung 9 auf die Ordnung 11 zu übertragen, hat sich herausgestellt, dass es keine derartigen Quadrate gibt. Dabei fanden wir allerdings 129 bimagische Euler-Quadrate in LDR-Darstellung.[44] Sie sind allerdings nicht mehr symmetrisch und die Diagonalen bestehen auch nicht aus Euler-Serien.

1	102	61	20	121	70	43	93	79	52	29
92	24	87	45	40	118	64	69	6	22	104
82	77	35	98	30	100	116	18	58	4	53
50	15	11	71	57	42	84	23	96	109	113
119	10	27	37	89	88	47	63	106	68	17
19	39	108	66	49	91	67	81	32	117	2
36	97	74	7	21	28	110	46	114	60	78
33	85	95	112	3	54	16	105	75	34	59
65	51	111	107	72	13	26	9	38	80	99
73	56	14	83	103	5	90	120	55	31	41
101	115	48	25	86	62	8	44	12	94	76

7	47	76	105	64	88	37	23	93	112	19
80	21	28	68	89	4	119	60	52	40	110
35	11	48	95	27	111	14	74	61	108	87
71	83	13	53	44	63	106	114	1	32	91
12	118	62	33	54	101	82	94	70	3	42
116	73	86	5	107	25	45	22	43	92	57
96	24	38	120	81	18	66	9	102	50	67
55	104	113	41	2	98	72	84	20	56	26
31	59	8	78	69	39	90	109	121	16	51
65	97	100	15	117	49	30	36	79	77	6
103	34	99	58	17	75	10	46	29	85	115

Abb. 2.185 Bimagische Quadrate der Ordnung $n = 11$ (Trump - Danielsson)

[43] siehe Kapitel 2.2.5

[44] siehe Kapitel 8.6

Sieben dieser Quadrate besitzen sogar trimagische Diagonalen.

5	81	58	53	90	43	110	118	67	29	17
74	21	114	106	66	49	34	6	91	86	24
89	62	27	68	109	121	9	80	19	50	37
83	23	7	38	52	102	112	97	65	15	77
40	119	22	63	78	92	28	104	2	76	47
14	11	35	26	71	61	96	51	108	111	87
57	107	45	10	25	20	84	70	39	99	115
120	46	75	94	18	30	59	44	82	3	100
55	93	105	12	4	79	69	32	117	41	64
31	36	98	88	116	73	16	56	48	101	8
103	72	85	113	42	1	54	13	33	60	95

7	114	88	56	16	46	39	75	30	98	102
64	10	107	117	23	37	90	80	49	17	77
55	94	31	14	70	100	118	43	84	2	60
19	82	57	44	109	3	26	111	72	51	97
89	35	21	104	63	29	69	6	121	86	48
81	110	113	68	95	61	54	27	9	41	12
71	25	50	96	11	119	78	13	65	103	40
36	74	1	53	116	93	18	59	101	33	87
120	62	38	4	79	22	108	52	91	67	28
24	20	92	83	47	76	66	106	34	115	8
105	45	73	32	42	85	5	99	15	58	112

Abb. 2.186 Bimagische Quadrate der Ordnung $n = 11$ mit trimagischen Diagonalen (Trump - Danielsson)

Aus jedem dieser 129 Quadrate lassen sich durch Zeilen-Spalten-Transformationen weitere $\frac{10!!}{2} = 1920$ unterschiedliche bimagische Quadrate erzeugen.

2.3.3 Ordnung 12

Neben dem Verfahren von Pan und Huang, das in Kapitel 2.9.2 beschrieben wird, existiert kein weiteres allgemeines Verfahren, um bimagische Quadrate dieser Ordnungen zu erzeugen.

Im September 2007 konstruierte Pan Fengchu aus China ein bimagisches Quadrat der Ordnung $n = 12$. Sein Quadrat in Abbildung 2.187 ist selbstkomplementär und komplementäre Zahlenpaare liegen vertikal symmetrisch.[45]

Die Anzahl bimagischer Serien ist mit 45 828 982 764 so groß, dass die Konstruktion solcher Quadrate sehr aufwendig ist. Da für diese Ordnung auch trimagische Quadrate existieren, ist das Interesse an bimagischen Quadraten auch geringer.

Daher habe ich mich mit diesem Thema beschäftigt, dabei allerdings zu einem Trick gegriffen. Da trimagische Quadrate automatisch auch bimagisch sind, habe ich bekannte trimagische Quadrate daraufhin untersucht, ob durch den Austausch von Zahlen zwar die trimagische Eigenschaft verloren geht, aber die Quadrate weiterhin bimagisch bleiben.

[45] Pan Fengchu [137]

5	70	86	3	97	1	95	98	94	120	102	99
40	56	93	4	118	2	113	110	106	78	36	114
6	8	54	45	41	57	135	108	92	90	119	115
61	7	117	65	21	66	58	96	128	14	112	125
62	34	12	68	126	71	64	16	127	132	116	42
63	60	134	69	38	72	9	15	121	44	123	122
82	85	11	76	107	73	136	130	24	101	22	23
83	111	133	77	19	74	81	129	18	13	29	103
84	138	28	80	124	79	87	49	17	131	33	20
139	137	91	100	104	88	10	37	53	55	26	30
105	89	52	141	27	143	32	35	39	67	109	31
140	75	59	142	48	144	50	47	51	25	43	46

Abb. 2.187 Bimagisches Quadrat der Ordnung $n = 12$ (Pan Fengchu)

Wie bei den trimagischen Quadraten in Kapitel 3.1 werden in einer Zeile mehrere Zahlen vertauscht, bei denen die Summen und quadrierten Summen übereinstimmen. Liegen die Zahlen nicht auf den Diagonalen, können sie einfach ausgetauscht werden. Mit den normalen Summen der sechs Zahlen

$$62 + 26 + 112 + 139 + 87 + 9 = 435$$
$$83 + 119 + 33 + 6 + 58 + 136 = 435$$

4	98	41	142	103	55	45	51	114	120	17	80
46	13	121	86	32	16	126	39	60	105	95	131
101	76	48	84	137	144	73	2	68	49	81	7
118	54	127	52	15	71	134	78	5	35	115	66
83	119	33	6	57	89	58	36	124	107	136	22
117	12	29	92	82	111	20	122	37	135	43	70
28	133	116	53	63	34	125	23	108	10	102	75
62	26	112	139	88	56	87	109	21	38	9	123
27	91	18	93	130	74	11	67	140	110	30	79
44	69	97	61	8	1	72	143	77	96	64	138
99	132	24	59	113	129	100	94	31	25	50	14
141	47	104	3	42	90	19	106	85	40	128	65

a) trimagisch

4	98	41	142	103	55	45	51	114	120	17	80
46	13	121	86	32	16	126	39	60	105	95	131
101	76	48	84	137	144	73	2	68	49	81	7
118	54	127	52	15	71	134	78	5	35	115	66
62	26	112	139	57	89	87	36	124	107	9	22
117	12	29	92	82	111	20	122	37	135	43	70
28	133	116	53	63	34	125	23	108	10	102	75
83	119	33	6	88	56	58	109	21	38	136	123
27	91	18	93	130	74	11	67	140	110	30	79
44	69	97	61	8	1	72	143	77	96	64	138
99	132	24	59	113	129	100	94	31	25	50	14
141	47	104	3	42	90	19	106	85	40	128	65

b) bimagisch

Abb. 2.188 Konstruktion eines bimagischen Quadrates der Ordnung $n = 12$ (Danielsson)

sind auch die Summen der quadrierten Zahlen gleich.

$$62^2 + 26^2 + 112^2 + 139^2 + 87^2 + 9^2 = 44\,035$$
$$83^2 + 119^2 + 33^2 + 6^2 + 58^2 + 136^2 = 44\,035$$

Damit wird durch den Austausch von 12 Zahlen aus dem trimagischen Quadrat in Abbildung 2.188a ein bimagisches erzeugt.

Neben den Zeilen können auch Zahlen in den Spalten ausgetauscht werden. Im Beispiel der Abbildung 2.189 sind in zwei Gruppen jeweils drei Zahlen in drei Zeilen vertauscht worden.

$$116 + 123 + 67 = 306 \qquad 74 + 42 + 13 = 129$$
$$133 + 101 + 72 = 306 \qquad 12 + 44 + 73 = 129$$
$$71 + 103 + 132 = 306 \qquad 29 + 22 + 78 = 129$$

$$116^2 + 123^2 + 67^2 = 33074 \qquad 74^2 + 42^2 + 13^2 = 7409$$
$$133^2 + 101^2 + 72^2 = 33074 \qquad 12^2 + 44^2 + 73^2 = 7409$$
$$71^2 + 103^2 + 132^2 = 33074 \qquad 29^2 + 22^2 + 78^2 = 7409$$

Diese identischen Summen bedeuten, dass die Zahlen der drei Zeilen in der oberen Gruppe auf sechs Arten angeordnet werden können, ohne dass dabei die Reihenfolge der Zahlen verändert wird. Dies gilt ebenso für die untere Gruppe und der Austausch innerhalb der beiden Gruppen kann beliebig kombiniert werden.

Zusätzlich können auch die drei beteiligten Spalten permutiert werde. Eine veränderte Reihenfolge der Spalten muss aber für beide Gruppen gleichzeitig geschehen.

4	59	84	24	119	116	64	123	135	25	67	50
107	30	122	49	127	27	102	76	45	128	52	5
68	54	31	117	14	133	88	101	134	51	72	7
79	21	3	32	48	71	104	103	92	139	132	46
126	89	83	129	60	37	136	15	58	80	2	55
33	144	106	47	105	111	8	20	109	82	35	70
112	1	39	98	40	34	137	125	36	63	110	75
19	56	62	16	85	108	9	130	87	65	143	90
66	124	142	113	97	74	41	42	53	6	13	99
77	91	114	28	131	12	57	44	11	94	73	138
38	115	23	96	18	118	43	69	100	17	93	140
141	86	61	121	26	29	81	22	10	120	78	95

a) trimagisch

4	59	84	24	119	133	64	101	135	25	72	50
107	30	122	49	127	27	102	76	45	128	52	5
68	54	31	117	14	71	88	103	134	51	132	7
79	21	3	32	48	116	104	123	92	139	67	46
126	89	83	129	60	37	136	15	58	80	2	55
33	144	106	47	105	111	8	20	109	82	35	70
112	1	39	98	40	34	137	125	36	63	110	75
19	56	62	16	85	108	9	130	87	65	143	90
66	124	142	113	97	12	41	44	53	6	73	99
77	91	114	28	131	29	57	22	11	94	78	138
38	115	23	96	18	118	43	69	100	17	93	140
141	86	61	121	26	74	81	42	10	120	13	95

b) bimagisch

Abb. 2.189 Austausch von mehreren Zahlengruppen (Danielsson)

Ich habe insgesamt 11 068 neue bimagische Quadrate in LDR-Darstellung gefunden.[46] Aus jedem dieser Quadrate lassen sich durch Zeilen-Spalten-Transformationen weitere $\frac{12!!}{2} = 23\,040$ unterschiedliche bimagische Quadrate dieser Ordnung erzeugen.

2.3.4 Ordnungen 13 bis 15

Das erste bimagische Quadrat der Ordnung 13 wurde im Jahre 2006 von Chen Qinwu und Chen Mutian aus China gefunden.[47]

126	49	10	60	149	140	90	8	50	123	86	157	57
143	103	117	4	105	166	41	128	39	5	78	75	101
35	33	73	94	87	37	9	139	136	168	146	51	97
107	141	76	40	55	12	148	98	129	7	162	72	58
138	121	142	79	13	102	74	6	108	69	2	106	145
167	144	68	104	23	31	135	19	119	77	59	127	32
36	122	34	30	130	47	85	96	1	99	115	154	156
14	3	80	95	150	91	116	153	124	133	66	62	18
82	25	53	89	67	113	165	84	20	26	155	161	65
52	125	114	151	24	92	11	134	132	137	70	48	15
42	100	158	38	160	164	93	45	44	63	111	16	71
43	21	163	152	81	64	29	83	147	110	27	54	131
120	118	17	169	61	46	109	112	56	88	28	22	159

Abb. 2.190 Bimagisches Quadrat der Ordnung $n = 13$ (Chen Qinwu - Chen Mutian)

Nur 3 Tage später und vollkommen unabhängig voneinander konstruierte Jacques Guéron, ein französischer Mathematiklehrer, ein weiteres bimagisches Quadrat dieser Ordnung.[48]

Im Dezember 2005 konstruierte Jacques Guéron ein Quadrat der Ordnung $n = 14$, bei dem alle Zeilen und Spalten, aber leider nur eine Diagonale bimagisch sind. Im Januar 2006 verwendete Chen Qinwu genau diese Spalten, ordnete allerdings die Zahlen in einer anderen Reihenfolge an und erhielt ein vollständiges bimagisches Quadrat der Ordnung 14, welches in Abbildung 2.192 dargestellt ist.[49]

[46] siehe Kapitel 8.6

[47] Chen Qinwu - Chen Mutian [93]

[48] Guéron [172]

[49] Chen Qinwu - Guéron [484]

109	62	75	149	121	137	43	163	101	7	14	36	88
71	93	54	39	80	155	46	13	105	119	141	169	20
134	95	6	151	66	83	167	32	110	52	55	128	26
96	162	61	42	143	35	126	72	87	9	144	112	16
85	44	150	130	139	157	59	11	17	33	97	116	67
78	48	158	27	2	56	123	89	145	104	22	138	115
64	156	84	77	41	100	159	122	8	114	34	15	131
4	53	70	50	153	91	30	103	135	160	124	108	24
40	148	166	98	60	18	37	111	10	86	129	69	133
99	28	125	90	47	1	117	146	73	132	21	65	161
3	29	79	76	147	127	49	23	165	63	136	106	102
168	45	19	12	81	94	118	113	57	152	68	38	140
154	142	58	164	25	51	31	107	92	74	120	5	82

Abb. 2.191 Bimagisches Quadrat der Ordnung $n = 13$ (Guéron)

160	188	93	128	45	30	92	168	6	141	28	118	135	47
82	148	192	19	64	50	72	48	67	119	178	32	185	123
163	139	152	187	55	76	7	13	85	137	116	153	38	58
162	61	37	56	124	182	190	34	143	52	44	94	157	43
46	3	25	129	181	112	133	120	81	77	107	170	175	20
80	1	84	196	191	23	114	130	142	51	91	88	42	146
15	87	41	154	39	176	83	159	104	127	155	164	5	70
140	40	63	69	174	150	108	145	177	17	65	35	31	165
131	90	101	86	149	96	138	4	105	18	195	22	60	184
156	89	167	12	95	113	74	62	194	16	186	49	66	100
122	147	106	73	54	75	14	183	29	171	33	193	111	68
103	110	11	98	8	125	189	109	59	172	71	27	117	180
9	179	134	36	121	169	21	126	161	115	53	132	99	24
10	97	173	136	79	2	144	78	26	166	57	102	158	151

Abb. 2.192 Bimagisches Quadrat der Ordnung $n = 14$ (Chen Qinwu - Guéron)

Das erste bimagische Quadrat der Ordnung $n = 15$ stammt aus dem Jahre 2006 und wurde von Chen Qinwu erschaffen.[50] Sein bimagisches Quadrat ist in Abbildung 2.193 dargestellt.

160	28	194	146	141	58	102	217	16	101	43	31	187	92	179
169	63	214	129	132	38	144	93	216	84	23	48	83	44	215
185	46	106	107	99	18	52	164	53	126	177	189	220	5	148
202	204	155	59	65	1	86	150	15	67	61	156	170	114	190
224	8	172	96	40	75	111	200	191	25	60	68	121	147	157
135	45	88	87	77	212	122	184	73	117	3	13	209	131	199
98	162	205	4	116	176	19	175	33	137	197	30	154	81	108
136	171	123	20	7	192	74	113	152	34	219	206	103	55	90
118	145	72	196	29	89	193	51	207	50	110	222	21	64	128
27	95	17	213	223	109	153	42	104	14	149	139	138	181	91
69	79	105	158	166	201	35	26	115	151	186	130	54	218	2
36	112	56	70	165	159	211	76	140	225	161	167	71	22	24
78	221	6	37	49	100	173	62	174	208	127	119	120	180	41
11	182	143	178	203	142	10	133	82	188	94	97	12	163	57
47	134	39	195	183	125	210	9	124	168	85	80	32	198	66

Abb. 2.193 Bimagisches Quadrat der Ordnung $n = 15$ (Chen Qinwu)

2.4 Ordnung n = 16

Das erste bimagische Quadrat der Ordnung 16 stammt von Gaston Tarry, der es 1903 in der *Revue Scientifique* vorstellte.[51] Das Besondere an dem bimagischen Quadrat aus Abbildung 2.194 besteht darin, dass alle 16 Zeilen sogar trimagisch mit $S_{16}^3 = 67\,634\,176$ sind.

Neben den trimagischen Zeilen besitzt es weitere Eigenschaften.

- Die Zahlen in den vier Quadranten besitzen die gleiche Summe 8224.
- Die Zahlen jedes Rechtecks der Größe 2 x 8 in der unteren sowie der oberen Hälfte ergeben addiert immer 2056.

[50] Chen Qinwu [482]

[51] Tarry [553] S. 408 – 409

1	52	86	103	16	61	91	106	241	196	166	151	256	205	171	154
102	87	49	4	107	90	64	13	150	167	193	244	155	170	208	253
55	6	100	81	58	11	109	96	199	246	148	161	202	251	157	176
84	97	7	54	93	112	10	59	164	145	247	198	173	160	250	203
249	204	174	159	248	197	163	146	9	60	94	111	8	53	83	98
158	175	201	252	147	162	200	245	110	95	57	12	99	82	56	5
207	254	156	169	194	243	149	168	63	14	108	89	50	3	101	88
172	153	255	206	165	152	242	195	92	105	15	62	85	104	2	51
128	77	43	26	113	68	38	23	144	189	219	234	129	180	214	231
27	42	80	125	22	39	65	116	235	218	192	141	230	215	177	132
74	123	29	48	71	118	20	33	186	139	237	224	183	134	228	209
45	32	122	75	36	17	119	70	221	240	138	187	212	225	135	182
136	181	211	226	137	188	222	239	120	69	35	18	121	76	46	31
227	210	184	133	238	223	185	140	19	34	72	117	30	47	73	124
178	131	229	216	191	142	236	217	66	115	21	40	79	126	28	41
213	232	130	179	220	233	143	190	37	24	114	67	44	25	127	78

Abb. 2.194 Bimagisches Quadrat der Ordnung $n = 16$ (Tarry)

- Die Ecken aller Teilquadrate der Größe 9 x 9 und 13 x 13 besitzen jeweils die Summe 5114.
- Es besitzt 16 eingebettete magische Quadrate an den Positionen $(s, z) = (4 \cdot c, 4 \cdot c)$ mit $c = \{0, 1, 2, 3\}$. Dabei treten die magischen Summen 242, 274, 754, 786 jeweils viermal auf.

Neben den in diesem Kapitel vorgestellten Verfahren für die Konstruktion bimagischer Quadrate der Ordnung 16, existieren weitere Verfahren, die in den Kapiteln für Ordnungen $n = 4k$ und $n = p^4$ beschrieben werden.

2.4.1 Viricel – Boyer

André Viricel hat zusammen mit Christian Boyer ein Verfahren entwickelt, mit dem sie tetra- und pentamagische Quadrate konstruiert haben.[52] Ihr Verfahren ist aber auch geeignet, um bimagische Quadrate der Ordnung $n = 16$ zu erzeugen. Es ist ein wenig

[52] Viricel und Boyer [52] S. 98 – 102

von den Ideen von Cazalas beeinflusst und wird hier für den Spezialfall der Ordnung 16 beschrieben.

Alle Zahlen werden im Hexadezimalsystem, also dem Zahlensystem zur Basis 16, notiert. Da man in diesem Zahlensystem 16 verschiedene Ziffern benötigt, werden außer den aus dem Dezimalsystem bekannten zehn Ziffern noch die Buchstaben A bis F benutzt.

$$A = 10 \qquad B = 11 \qquad C = 12 \qquad D = 13 \qquad E = 14 \qquad F = 15$$

Für die Zahl 179 aus dem Dezimalsystem ergibt sich mit

$$179 = 11 \cdot 16 + 3 \cdot 1$$

die hexadezimale Darstellung B3. Weiterhin benutzen sie zwei besondere Verknüpfungen von Zahlen, die *numerische Addition* $\oplus$ und die *numerische Multiplikation* $\odot$. Beide Verknüpfungen werden immer im Zweiersystem (Binärsystem) ausgeführt.

Bei der numerischen Addition $\oplus$ handelt es sich um die bekannte logische XOR-Verknüpfung, die mit *entweder oder* beschrieben werden kann. Bei zwei Eingabewerten von 0 und 1 ist das Ergebnis genau dann 1, wenn eine Zahl 1 und die andere Zahl 0 ist oder umgekehrt. Die Verknüpfungstabelle für XOR sieht damit folgendermaßen aus:

a	b	$a \oplus b$
0	0	0
0	1	1
1	0	1
1	1	0

Tab. 2.29 Verknüpfungstabelle für die numerische Addition $\oplus$

Diese Addition soll am Beispiel der Zahlen 77 und 110 demonstriert werden, die hier auch im Hexadezimalsystem sowie im Binärsystem angegeben werden.

dezimal	hexadezimal	binär
77	4D	01001101
110	6E	01101110

Die eigentliche Addition wird im Binärsystem durchgeführt und die Durchführung sowie das Ergebnis sind in Abbildung 2.195 dargestellt.

```
  01001101
⊕ 01101110
----------
  00100011
```

Abb. 2.195 Numerische Addition 77 $\oplus$ 110

In den Schreibweisen der drei Zahlensysteme lautet diese Addition

$$77 \oplus 110 = 35 \qquad 4D \oplus 6E = 23 \qquad 01001101 \oplus 01101110 = 00100011$$

Die numerische Multiplikation $\odot$ wird zunächst wie die normale schriftliche Multiplikation ausgeführt, nur dass nicht die normale Addition, sondern die numerische Addition verwendet wird. Danach wird das Ergebnis allerdings in einem zweiten Schritt an den führenden Stellen mit Nullen so aufgefüllt, dass es aus genau acht Ziffern besteht. Diese Ziffernfolge wird in zwei Hälften mit jeweils vier Ziffern aufgeteilt, die dann noch einmal numerisch addiert werden.

Im ersten Beispiel wird das Produkt der Zahlen 7 und 14 berechnet, die im Binärsystem 0111 und 1110 lauten. Zunächst wird der erste Schritt der Multiplikation durchgeführt, was im Beispiel mit dem Verknüpfungssymbol $\circ$ dargestellt wird. Anschließend folgt im zweiten Schritt die numerische Addition der beiden Hälften des Zwischenergebnisses, und man erhält das Ergebnis in Abbildung 2.196.

```
0111 ∘ 1110
-----------
 0111               0010
  0111            ⊕ 1010
   0111           ------
    0000            1000
-----------
 0101010
```

Abb. 2.196 Numerische Multiplikation $7 \odot 14$

Diese Multiplikation lautet in den Schreibweisen der drei Zahlensysteme

$$7 \odot 14 = 8 \qquad 07 \odot 0E = 08 \qquad 0111 \odot 1110 = 1000$$

In einem zweiten Beispiel werden in Abbildung 2.197 die Zahlen 5 und 12 multipliziert.

```
0101 ∘ 1100
-----------
 0101               0011
  0101            ⊕ 1100
   0000           ------
    0000            1111
-----------
 0111100
```

Abb. 2.197 Numerische Multiplikation $5 \odot 12$

Auch diese Multiplikation soll in den Schreibweisen der drei Zahlensysteme ausgedrückt werden.

$$5 \odot 12 = 15 \qquad 05 \odot 0C = 0F \qquad 0101 \odot 1100 = 1111$$

Viricel und Boyer füllen das Zielquadrat mit Zahlen, die mit den beiden beschriebenen Verknüpfungen sukzessive berechnet werden. Dazu wählen sie zwei Zahlen z_1 und z_2 und tragen zunächst in der linken oberen Ecke die Zahl 0 ein. In der oberen

Zeile tragen sie dann von links nach rechts die auf z_1 basierende Zahlenfolge im Hexadezimalsystem ein.

$$0 \quad z_1 \quad 2 \odot z_1 \quad 3 \odot z_1 \quad \dots \quad (n-1) \odot z_1$$

Entsprechend wird die linke Spalte von oben nach unten mit der Zahlenfolge gefüllt, die auf z_2 basiert.

$$0 \quad z_2 \quad 2 \odot z_2 \quad 3 \odot z_2 \quad \dots \quad (n-1) \odot z_2$$

Die restlichen Zahlen der Tabelle ergeben sich dann durch die numerische Addition der zugehörigen Zahlen aus der oberen Zeile und der linken Spalte.

0	z_1	$2 \odot z_1$	$3 \odot z_1$	$\dots$	$15 \odot z_1$
z_2	$z_2 \oplus z_1$	$z_2 \oplus 2 \odot z_1$	$z_2 \oplus 3 \odot z_1$	$\dots$	$z_2 \oplus 15 \odot z_1$
$2 \odot z_2$	$2 \odot z_2 \oplus z_1$	$2 \odot z_2 \oplus 2 \odot z_1$	$2 \odot z_2 \oplus 3 \odot z_1$	$\dots$	$2 \odot z_2 \oplus 15 \odot z_1$
$3 \odot z_2$	$3 \odot z_2 \oplus z_1$	$3 \odot z_2 \oplus 2 \odot z_1$	$3 \odot z_2 \oplus 3 \odot z_1$	$\dots$	$3 \odot z_2 \oplus 15 \odot z_1$
$\dots$	$\dots$	$\dots$	$\dots$	$\dots$	$\dots$
$15 \odot z_2$	$15 \odot z_2 \oplus z_1$	$15 \odot z_2 \oplus 2 \odot z_1$	$15 \odot z_2 \oplus 3 \odot z_1$	$\dots$	$15 \odot z_2 \oplus 15 \odot z_1$

Tab. 2.30 Additionsquadrat mit den Ausgangszahlen z_1 und z_2

Wählt man etwa die Ausgangszahlen $z_1 = 77$ (hexadezimal 4D) und $z_2 = 110$ (hexadezimal 6E), werden zunächst die obere Zeile und die linke Spalte gefüllt. Als Beispiel wird die Berechnung $2 \odot z_1 = 2 \odot 4D$ durchgeführt, die in zwei getrennte Teilrechnungen $2 \odot 4$ und $2 \odot D$ aufgeteilt wird.

$2 \odot 4$

```
0010 ∘ 0100
-----------
0000            0000
 0010         ⊕ 1000
    0         ------
     0          1000
-----------
0001000
```

$2 \odot D$

```
0010 ∘ 1101
-----------
0010            0001
 0010         ⊕ 1010
    0         ------
  0010          1011
-----------
0011010
```

Für das Endergebnis werden die beiden Teilresultate wieder zusammengesetzt, und es folgt

$$2 \odot z_1 = 2 \odot 4D = 8B \equiv 139$$

Die restlichen Zahlen des Quadrates lassen sich dann durch die numerische Addition der bereits vorhandenen Zahlen berechnen, und werden in Abbildung 2.198 dargestellt. Die Addition $4D \oplus 6E = 23$ ist als Beispiel bereits auf den vorangegangenen Seiten demonstriert worden.

00	4D	8B	C6	17	5A	9C	D1	2E	63	A5	E8	39	74	B2	FF
6E	23	E5	A8	79	34	F2	BF	40	0D	CB	86	57	1A	DC	91
CD	80	46	0B	DA	97	51	1C	E3	AE	68	25	F4	B9	7F	32
A3	EE	28	65	B4	F9	3F	72	8D	C0	06	4B	9A	D7	11	5C
9B	D6	10	5D	8C	C1	07	4A	B5	F8	3E	73	A2	EF	29	64
F5	B8	7E	33	E2	AF	69	24	DB	96	50	1D	CC	81	47	0A
56	1B	DD	90	41	0C	CA	87	78	35	F3	BE	6F	22	E4	A9
38	75	B3	FE	2F	62	A4	E9	16	5B	9D	D0	01	4C	8A	C7
37	7A	BC	F1	20	6D	AB	E6	19	54	92	DF	0E	43	85	C8
59	14	D2	9F	4E	03	C5	88	77	3A	FC	B1	60	2D	EB	A6
FA	B7	71	3C	ED	A0	66	2B	D4	99	5F	12	C3	8E	48	05
94	D9	1F	52	83	CE	08	45	BA	F7	31	7C	AD	E0	26	6B
AC	E1	27	6A	BB	F6	30	7D	82	CF	09	44	95	D8	1E	53
C2	8F	49	04	D5	98	5E	13	EC	A1	67	2A	FB	B6	70	3D
61	2C	EA	A7	76	3B	FD	B0	4F	02	C4	89	58	15	D3	9E
0F	42	84	C9	18	55	93	DE	21	6C	AA	E7	36	7B	BD	F0

1	78	140	199	24	91	157	210	47	100	166	233	58	117	179	256
111	36	230	169	122	53	243	192	65	14	204	135	88	27	221	146
206	129	71	12	219	152	82	29	228	175	105	38	245	186	128	51
164	239	41	102	181	250	64	115	142	193	7	76	155	216	18	93
156	215	17	94	141	194	8	75	182	249	63	116	163	240	42	101
246	185	127	52	227	176	106	37	220	151	81	30	205	130	72	11
87	28	222	145	66	13	203	136	121	54	244	191	112	35	229	170
57	118	180	255	48	99	165	234	23	92	158	209	2	77	139	200
56	123	189	242	33	110	172	231	26	85	147	224	15	68	134	201
90	21	211	160	79	4	198	137	120	59	253	178	97	46	236	167
251	184	114	61	238	161	103	44	213	154	96	19	196	143	73	6
149	218	32	83	132	207	9	70	187	248	50	125	174	225	39	108
173	226	40	107	188	247	49	126	131	208	10	69	150	217	31	84
195	144	74	5	214	153	95	20	237	162	104	43	252	183	113	62
98	45	235	168	119	60	254	177	80	3	197	138	89	22	212	159
16	67	133	202	25	86	148	223	34	109	171	232	55	124	190	241

Abb. 2.198 Bimagisches Quadrat der Ordnung $n = 16$ (Viricel - Boyer, Beispiel 1)

Diese Zahlen werden jetzt noch in das Dezimalsystem umgewandelt, wobei sie alle um 1 erhöht werden. Damit entsteht das bimagische Quadrat aus Abbildung 2.198, bei dem die komplementären Zahlen horizontal symmetrisch liegen.

Ein zweites Beispiel soll das Verfahren noch einmal verdeutlichen. Als Ausgangszahlen werden dieses Mal $z_1 = 113$ (hexadezimal 71) und $z_2 = 233$ (hexadezimal E9) gewählt, sodass die obere Zeile die Zahlenfolge

$$00 \quad 71 \quad E2 \quad 93 \quad D4 \quad A5 \quad 36 \quad 47 \quad B8 \quad C9 \quad 5A \quad 2B \quad 6C \quad 1D \quad 8E \quad FF$$

und die linke Spalte die hexadezimalen Zahlen

$$00 \quad E9 \quad D3 \quad 3A \quad B6 \quad 5F \quad 65 \quad 8C \quad 7C \quad 95 \quad AF \quad 46 \quad CA \quad 23 \quad 19 \quad F0$$

enthält. Mit der Additionstabelle von Viricel und Boyer erhält man dann das Quadrat mit den hexadezimalen Zahlen von 0 bis 255 in Abbildung 2.199 und hieraus das bimagische Quadrat aus Abbildung 2.200.

Leider ist bei diesem Verfahren noch der mathematische Hintergrund für die Frage unklar, welche Ausgangszahlen zu einem bimagischen Quadrat führen. Ich habe bei meinen Untersuchungen mit den Zahlen unter 256 insgesamt 3072 Kombinationen gefunden, die zu einem bimagischen Quadrat führen. Allerdings sind davon nur 1536 wirklich verschieden.

00	71	E2	93	D4	A5	36	47	B8	C9	5A	2B	6C	1D	8E	FF
E9	98	B	7A	3D	4C	DF	AE	51	20	B3	C2	85	F4	67	16
D3	A2	31	40	07	76	E5	94	6B	1A	89	F8	BF	CE	5D	2C
3A	4B	D8	A9	EE	9F	0C	7D	82	F3	60	11	56	27	B4	C5
B6	C7	54	25	62	13	80	F1	0E	7F	EC	9D	DA	AB	38	49
5F	2E	BD	CC	8B	FA	69	18	E7	96	05	74	33	42	D1	A0
65	14	87	F6	B1	C0	53	22	DD	AC	3F	4E	09	78	EB	9A
8C	FD	6E	1F	58	29	BA	CB	34	45	D6	A7	E0	91	02	73
7C	0D	9E	EF	A8	D9	4A	3B	C4	B5	26	57	10	61	F2	83
95	E4	77	06	41	30	A3	D2	2D	5C	CF	BE	F9	88	1B	6A
AF	DE	4D	3C	7B	0A	99	E8	17	66	F5	84	C3	B2	21	50
46	37	A4	D5	92	E3	70	01	FE	8F	1C	6D	2A	5B	C8	B9
CA	BB	28	59	1E	6F	FC	8D	72	03	90	E1	A6	D7	44	35
23	52	C1	B0	F7	86	15	64	9B	EA	79	08	4F	3E	AD	DC
19	68	FB	8A	CD	BC	2F	5E	A1	D0	43	32	75	04	97	E6
F0	81	12	63	24	55	C6	B7	48	39	AA	DB	9C	ED	7E	0F

Abb. 2.199 Berechnetes Quadrat mit den Zahlen von 0 bis 255 im Hexadezimalsystem

1	114	227	148	213	166	55	72	185	202	91	44	109	30	143	256
234	153	12	123	62	77	224	175	82	33	180	195	134	245	104	23
212	163	50	65	8	119	230	149	108	27	138	249	192	207	94	45
59	76	217	170	239	160	13	126	131	244	97	18	87	40	181	198
183	200	85	38	99	20	129	242	15	128	237	158	219	172	57	74
96	47	190	205	140	251	106	25	232	151	6	117	52	67	210	161
102	21	136	247	178	193	84	35	222	173	64	79	10	121	236	155
141	254	111	32	89	42	187	204	53	70	215	168	225	146	3	116
125	14	159	240	169	218	75	60	197	182	39	88	17	98	243	132
150	229	120	7	66	49	164	211	46	93	208	191	250	137	28	107
176	223	78	61	124	11	154	233	24	103	246	133	196	179	34	81
71	56	165	214	147	228	113	2	255	144	29	110	43	92	201	186
203	188	41	90	31	112	253	142	115	4	145	226	167	216	69	54
36	83	194	177	248	135	22	101	156	235	122	9	80	63	174	221
26	105	252	139	206	189	48	95	162	209	68	51	118	5	152	231
241	130	19	100	37	86	199	184	73	58	171	220	157	238	127	16

Abb. 2.200 Bimagisches Quadrat der Ordnung $n = 16$ (Viricel - Boyer, Beispiel 2)

2.4.2 Hendricks

John R. Hendricks arbeitet bei seinem Verfahren[53] zur Konstruktion bimagischer Quadrate der Ordnung $n = 16$ mit dem algebraischen Muster aus Abbildung 2.201. Betrachtet man den Aufbau des Musterquadrates etwas näher, fällt auf, dass die Quadranten aus identischen Kombinationen von Buchstaben bestehen und sich nur durch die Klein- und Großschreibung unterscheiden.

Die Buchstaben werden mit Zahlen belegt, wobei die zueinandergehörenden Groß- und Kleinbuchstaben addiert immer $n - 1 = 15$ ergeben müssen.

$$A + a = B + b = C + c = D + d = E + e = F + f = G + g = H + h = 15$$

Weiterhin benötigt man eine Zerlegung der Zahlen von 0 bis 15 in zwei Gruppen, deren Summe jeweils 60 und deren Summe der quadrierten Zahlen immer 620 beträgt.

[53] Hendricks [204] S. 104–106

Eh	Fc	Ge	Hb	Dd	Cg	Ba	Af	eh	fc	ge	hb	dd	cg	ba	af
Bg	Ad	Df	Ca	Gc	Hh	Eb	Fe	bg	ad	df	ca	gc	hh	eb	fe
HF	GA	FG	ED	AB	BE	CC	DH	hF	gA	fG	eD	aB	bE	cC	dH
CE	DB	AH	BC	FA	EF	HD	GG	cE	dB	aH	bC	fA	eF	hD	gG
AA	BF	CD	DG	HE	GB	FH	EC	aA	bF	cD	dG	hE	gB	fH	eC
FB	EE	HC	GH	CF	DA	AG	BD	fB	eE	hC	gH	cF	dA	aG	bD
Dc	Ch	Bb	Ae	Eg	Fd	Gf	Ha	dc	ch	bb	ae	eg	fd	gf	ha
Gd	Hg	Ea	Ff	Bh	Ac	De	Cb	gd	hg	ea	ff	bh	ac	de	cb
EH	FC	GE	HB	DD	CG	BA	AF	eH	fC	gE	hB	dD	cG	bA	aF
BG	AD	DF	CA	GC	HH	EB	FE	bG	aD	dF	cA	gC	hH	eB	fE
Hf	Ga	Fg	Ed	Ab	Be	Cc	Dh	hf	ga	fg	ed	ab	be	cc	dh
Ce	Db	Ah	Bc	Fa	Ef	Hd	Gg	ce	db	ah	bc	fa	ef	hd	gg
Aa	Bf	Cd	Dg	He	Gb	Fh	Ec	aa	bf	cd	dg	he	gb	fh	ec
Fb	Ee	Hc	Gh	Cf	Da	Ag	Bd	fb	ee	hc	gh	cf	da	ag	bd
DC	CH	BB	AE	EG	FD	GF	HA	dC	cH	bB	aE	eG	fD	gF	hA
GD	HG	EA	FF	BH	AC	DE	CB	gD	hG	eA	fF	bH	aC	dE	cB

Abb. 2.201 Algebraisches Muster

Insgesamt gibt es acht dieser Zerlegungen.

0	1	6	7	10	11	12	13
0	2	5	7	9	11	12	14
0	3	4	7	9	10	13	14
0	3	5	6	8	11	13	14
1	2	4	7	9	10	12	15
1	2	5	6	8	11	12	15
1	3	4	6	8	10	13	15
2	3	4	5	8	9	14	15

Tab. 2.31 Mögliche Zerlegungen der Zahlen 0 bis 15

So ergeben etwa die Zahlen der oberen Zeile addiert die geforderten Summen 60 und 620.

$$0 + 1 + 6 + 7 + 10 + 11 + 12 + 13 = 60$$
$$0^2 + 1^2 + 6^2 + 7^2 + 10^2 + 11^2 + 12^2 + 13^2 = 620$$

Mit den Zahlen einer Gruppe, sind auch die Zahlen der zweiten Gruppe eindeutig bestimmt, da sie aus den zu $n - 1 = 15$ komplementären Zahlen besteht.

$$2 + 3 + 4 + 5 + 8 + 9 + 14 + 15 = 60$$

$$2^2 + 3^2 + 4^2 + 5^2 + 8^2 + 9^2 + 14^2 + 15^2 = 620$$

Eine beliebige der beiden Gruppen von Zahlen wird für die Belegung der Großbuchstaben gewählt, die andere für die Kleinbuchstaben. In beiden Fällen können die acht Zahlen einer Gruppe beliebig permutiert werden.

Mit den Zahlen aus den beiden Gruppen, die sich aus der oberen Zeile der Tabelle ergeben, ergibt sich mit der angegebenen Belegung das bimagische Quadrat aus Abbildung 2.202.

Belegung															
a	b	c	d	e	f	g	h	A	B	C	D	E	F	G	H
7	6	13	1	0	11	10	12	8	9	2	14	15	4	5	3

253	78	81	55	226	43	152	140	13	190	161	199	18	219	104	124
155	130	236	40	94	61	247	65	107	114	28	216	174	205	7	177
53	89	70	255	138	160	35	228	197	169	182	15	122	112	211	20
48	234	132	147	73	245	63	86	224	26	116	99	185	5	207	166
137	149	47	230	64	90	68	243	121	101	223	22	208	170	180	3
74	256	51	84	37	233	134	159	186	16	195	164	213	25	118	111
238	45	151	129	251	66	92	56	30	221	103	113	11	178	172	200
82	59	248	76	157	142	225	39	162	203	8	188	109	126	17	215
244	67	96	58	239	38	153	133	4	179	176	202	31	214	105	117
150	143	229	41	83	52	250	80	102	127	21	217	163	196	10	192
60	88	75	242	135	145	46	237	204	168	187	2	119	97	222	29
33	231	141	158	72	252	50	91	209	23	125	110	184	12	194	171
136	156	34	235	49	87	77	254	120	108	210	27	193	167	189	14
71	241	62	93	44	232	139	146	183	1	206	173	220	24	123	98
227	36	154	144	246	79	85	57	19	212	106	128	6	191	165	201
95	54	249	69	148	131	240	42	175	198	9	181	100	115	32	218

Abb. 2.202 Bimagisches Quadrat der Ordnung $n = 16$ (Hendricks, Beispiel 1)

Durch die Permutation innerhalb der beiden Gruppen lassen sich viele unterschiedliche bimagische Quadrate erzeugen. Außerdem spielt es keine Rolle, ob man die angegebene Gruppe oder die Gruppe mit den zu 15 komplementären Zahlen den Klein- bzw. Großbuchstaben zuordnet. Im Beispiel der Abbildung 2.203 sind die Zahlen in der vierten Zeile von oben aus Tabelle 2.31 den Großbuchstaben und die komplementären Zahlen den Kleinbuchstaben zugeordnet worden.

Belegung															
a	b	c	d	e	f	g	h	A	B	C	D	E	F	G	H
10	2	7	15	4	12	9	1	5	13	8	0	11	3	6	14

178	56	101	227	16	138	219	93	66	200	149	19	256	122	43	173
218	96	13	139	104	226	179	53	42	176	253	123	152	18	67	197
228	102	55	177	94	220	137	15	20	150	199	65	174	44	121	255
140	14	95	217	54	180	225	103	124	254	175	41	198	68	17	151
86	212	129	7	236	110	63	185	166	36	113	247	28	158	207	73
62	188	233	111	132	6	87	209	206	76	25	159	116	246	167	33
8	130	211	85	186	64	109	235	248	114	35	165	74	208	157	27
112	234	187	61	210	88	5	131	160	26	75	205	34	168	245	115
191	57	108	238	1	135	214	84	79	201	156	30	241	119	38	164
215	81	4	134	105	239	190	60	39	161	244	118	153	31	78	204
237	107	58	192	83	213	136	2	29	155	202	80	163	37	120	242
133	3	82	216	59	189	240	106	117	243	162	40	203	77	32	154
91	221	144	10	229	99	50	184	171	45	128	250	21	147	194	72
51	181	232	98	141	11	90	224	195	69	24	146	125	251	170	48
9	143	222	92	183	49	100	230	249	127	46	172	71	193	148	22
97	231	182	52	223	89	12	142	145	23	70	196	47	169	252	126

Abb. 2.203 Bimagisches Quadrat der Ordnung $n = 16$ (Hendricks, Beispiel 2)

2.4.3 Sudoku-Quadrate

Für die Ordnung $n = 16$ lässt sich der Algorithmus aus Kapitel 2.6.4 nicht übertragen, da die dort vorgestellte Methode durch die Verwandtschaft mit der Methode von Cazalas nur für Ordnungen $n = p^2$ gilt, wenn p eine Primzahl ist. Allerdings gibt Keedwell eine Methode an, wie man mithilfe von Sudoku-Quadraten ein magisches Quadrat erzeugen kann.[54] Ich habe dann eine Möglichkeit gefunden, wie man diese magischen Quadrate in bimagische Quadrate umwandeln kann.

[54] Donald A. Keedwell [299]

Keedwell beschreibt in seiner Methode, wie man aus einem beliebigen pandiagonalen 4×4 - Quadrat orthogonale Sudoku-Quadrate erzeugen kann. Mit M bezeichnet er das pandiagonale Ausgangsquadrat, mit der Abbildung α eine Verschiebung der Zeilen nach oben und mit β eine Verschiebung der Spalten nach links. Eine zusätzlich folgende Zahl gibt an, um wie viele Zeilen bzw. Spalten verschoben werden soll. Ist keine derartige Zahl angegeben, bedeutet dies immer eine Verschiebung um eine Zeile bzw. eine Spalte.

Mit $M\,\alpha$ ist damit eine Verschiebung aller Zeilen um eine Zeile nach oben gemeint, mit $M\,\alpha^2$ dementsprechend um zwei Zeilen und mit $M\,\alpha^3$ um drei Zeilen. Die Abbildung β bezieht sich auf die Verschiebung der Spalten. Also bedeutet $M\,\beta$ eine Verschiebung um eine Spalte nach links usw. In Abbildung 2.204 sind ein beliebiges pandiagonales Quadrat sowie einige Verschiebungen verdeutlicht.

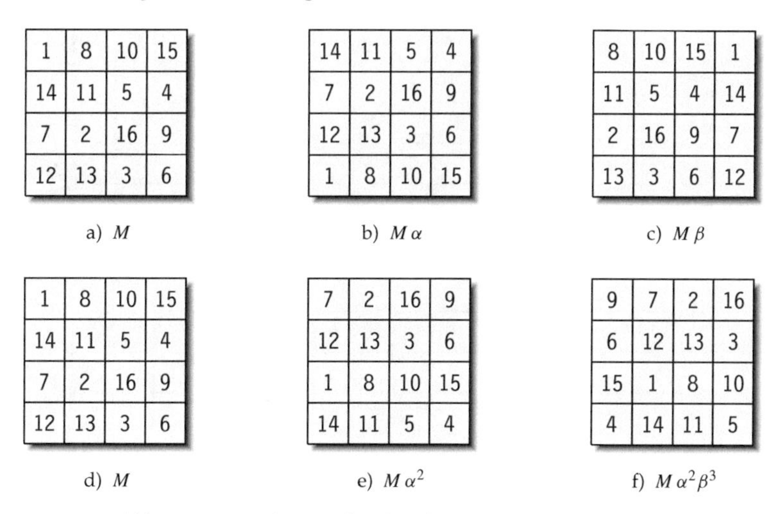

1	8	10	15
14	11	5	4
7	2	16	9
12	13	3	6

a) M

14	11	5	4
7	2	16	9
12	13	3	6
1	8	10	15

b) $M\,\alpha$

8	10	15	1
11	5	4	14
2	16	9	7
13	3	6	12

c) $M\,\beta$

1	8	10	15
14	11	5	4
7	2	16	9
12	13	3	6

d) M

7	2	16	9
12	13	3	6
1	8	10	15
14	11	5	4

e) $M\,\alpha^2$

9	7	2	16
6	12	13	3
15	1	8	10
4	14	11	5

f) $M\,\alpha^2\beta^3$

Abb. 2.204 Pandiagonales Quadrat und Verschiebungen

Weiterhin definiert Keedwell zwei Matrizen M_1 und M_2, die jeweils aus 16 Teilquadraten der Größe 4 bestehen:

M	Mα	Mα^2	Mα^3
M$\alpha\beta$	M$\alpha^2\beta$	M$\alpha^3\beta$	Mβ
M$\alpha^2\beta^2$	M$\alpha^3\beta^2$	Mβ^2	M$\alpha\beta^2$
M$\alpha^3\beta^3$	Mβ^3	M$\alpha\beta^3$	M$\alpha^2\beta^3$

a) M_1

M	M$\alpha\beta$	M$\alpha^2\beta^2$	M$\alpha^3\beta^3$
Mβ	M$\alpha\beta^2$	M$\alpha^2\beta^3$	Mα^3
Mβ^2	M$\alpha\beta^3$	Mα^2	M$\alpha^3\beta$
Mβ^3	Mα	M$\alpha^2\beta$	M$\alpha^3\beta^2$

b) M_2

Abb. 2.205 Matrizen M_1 und M_2

Setzt man diese Teilquadrate jeweils in ein Zielquadrat der Ordnung 16 ein, ergeben sich die beiden orthogonalen Sudoku-Quadrate S_1 und S_2 in Abbildung 2.206, die zudem diagonale lateinische Quadrate darstellen.

1	8	10	15	14	11	5	4	7	2	16	9	12	13	3	6
14	11	5	4	7	2	16	9	12	13	3	6	1	8	10	15
7	2	16	9	12	13	3	6	1	8	10	15	14	11	5	4
12	13	3	6	1	8	10	15	14	11	5	4	7	2	16	9
11	5	4	14	2	16	9	7	13	3	6	12	8	10	15	1
2	16	9	7	13	3	6	12	8	10	15	1	11	5	4	14
13	3	6	12	8	10	15	1	11	5	4	14	2	16	9	7
8	10	15	1	11	5	4	14	2	16	9	7	13	3	6	12
16	9	7	2	3	6	12	13	10	15	1	8	5	4	14	11
3	6	12	13	10	15	1	8	5	4	14	11	16	9	7	2
10	15	1	8	5	4	14	11	16	9	7	2	3	6	12	13
5	4	14	11	16	9	7	2	3	6	12	13	10	15	1	8
6	12	13	3	15	1	8	10	4	14	11	5	9	7	2	16
15	1	8	10	4	14	11	5	9	7	2	16	6	12	13	3
4	14	11	5	9	7	2	16	6	12	13	3	15	1	8	10
9	7	2	16	6	12	13	3	15	1	8	10	4	14	11	5

1	8	10	15	11	5	4	14	16	9	7	2	6	12	13	3
14	11	5	4	2	16	9	7	3	6	12	13	15	1	8	10
7	2	16	9	13	3	6	12	10	15	1	8	4	14	11	5
12	13	3	6	8	10	15	1	5	4	14	11	9	7	2	16
8	10	15	1	5	4	14	11	9	7	2	16	12	13	3	6
11	5	4	14	16	9	7	2	6	12	13	3	1	8	10	15
2	16	9	7	3	6	12	13	15	1	8	10	14	11	5	4
13	3	6	12	10	15	1	8	4	14	11	5	7	2	16	9
10	15	1	8	4	14	11	5	7	2	16	9	13	3	6	12
5	4	14	11	9	7	2	16	12	13	3	6	8	10	15	1
16	9	7	2	6	12	13	3	1	8	10	15	11	5	4	14
3	6	12	13	15	1	8	10	14	11	5	4	2	16	9	7
15	1	8	10	14	11	5	4	2	16	9	7	3	6	12	13
4	14	11	5	7	2	16	9	13	3	6	12	10	15	1	8
9	7	2	16	12	13	3	6	8	10	15	1	5	4	14	11
6	12	13	3	1	8	10	15	11	5	4	14	16	9	7	2

Abb. 2.206 Sudoku-Quadrate S_1 und S_2

Mit der Rechnung $16 \cdot (S_1 - 1) + S_2$ wird dann aus diesen beiden orthogonalen Sudoku-Quadraten das diagonale Euler-Quadrat aus Abbildung 2.207 erzeugt.

1	120	154	239	219	165	68	62	112	25	247	130	182	204	45	83
222	171	69	52	98	32	249	135	179	198	44	93	15	113	152	234
103	18	256	137	189	195	38	92	10	127	145	232	212	174	75	53
188	205	35	86	8	122	159	225	213	164	78	59	105	23	242	144
168	74	63	209	21	244	142	107	201	39	82	192	124	157	227	6
27	245	132	110	208	41	87	178	118	156	237	3	161	72	58	223
194	48	89	183	115	150	236	13	175	65	56	218	30	251	133	100
125	147	230	12	170	79	49	216	20	254	139	101	199	34	96	185
250	143	97	24	36	94	187	197	151	226	16	121	77	51	214	172
37	84	190	203	153	231	2	128	76	61	211	166	248	138	111	17
160	233	7	114	70	60	221	163	241	136	106	31	43	85	180	206
67	54	220	173	255	129	104	26	46	91	181	196	146	240	9	119
95	177	200	42	238	11	117	148	50	224	169	71	131	102	28	253
228	14	123	149	55	210	176	73	141	99	22	252	90	191	193	40
57	215	162	80	140	109	19	246	88	186	207	33	229	4	126	155
134	108	29	243	81	184	202	47	235	5	116	158	64	217	167	66

Abb. 2.207 Aus orthogonalen Sudoku-Quadraten erstelltes magisches Quadrat (Keedwell)

Soweit war dieses grundsätzliche Verfahren schon mindestens seit 2006 mit der Veröffentlichung der beiden Matrizen von Keedwell bekannt. Ich habe einen zusätzlichen Schritt hinzugefügt, um aus diesem diagonalen Euler-Quadrat ein bimagisches diagonales Euler-Quadrat zu erzeugen.

Dazu werden das Quadrat N der Ordnung $n = 16$ in natürlicher Anordnung und ein beliebiges symmetrisches Quadrat der Ordnung 4 benötigt. Alle Zahlen des symmetrischen Quadrates werden um 1 vermindert, von links nach rechts und von oben nach unten ausgelesen und in einer Zeile angeordnet.

1	15	14	4
12	6	7	9
8	10	11	5
13	3	2	16

a) symmetr. Quadrat

0	14	13	3
11	5	6	8
7	9	10	4
12	2	1	15

b) reduziert

0	14	13	3	11	5	6	8
7	9	10	4	12	2	1	15

c) Reihenfolge

Abb. 2.208 Auslesen der Zahlen aus einem symmetrischen Quadrat

Die Spalten des Quadrates N werden nun in der Reihenfolge umgeordnet, die durch das Auslesen des symmetrischen Quadrates festgelegt ist.

0	14	13	3	11	5	6	8	7	9	10	4	12	2	1	15
1	15	14	4	12	6	7	9	8	10	11	5	13	3	2	16
17	31	30	20	28	22	23	25	24	26	27	21	29	19	18	32
33	47	46	36	44	38	39	41	40	42	43	37	45	35	34	48
49	63	62	52	60	54	55	57	56	58	59	53	61	51	50	64
65	79	78	68	76	70	71	73	72	74	75	69	77	67	66	80
81	95	94	84	92	86	87	89	88	90	91	85	93	83	82	96
97	111	110	100	108	102	103	105	104	106	107	101	109	99	98	112
113	127	126	116	124	118	119	121	120	122	123	117	125	115	114	128
129	143	142	132	140	134	135	137	136	138	139	133	141	131	130	144
145	159	158	148	156	150	151	153	152	154	155	149	157	147	146	160
161	175	174	164	172	166	167	169	168	170	171	165	173	163	162	176
177	191	190	180	188	182	183	185	184	186	187	181	189	179	178	192
193	207	206	196	204	198	199	201	200	202	203	197	205	195	194	208
209	223	222	212	220	214	215	217	216	218	219	213	221	211	210	224
225	239	238	228	236	230	231	233	232	234	235	229	237	227	226	240
241	255	254	244	252	246	247	249	248	250	251	245	253	243	242	256

Abb. 2.209 Neue Anordnung der Spalten

Die Zahlen der Hauptdiagonalen des neu angeordneten Hilfsquadrates werden in die Zahlsystemdarstellung umgewandelt und die beiden Bestandteile jeder Zahl getrennt der Reihe nach in zwei Arrays L und R geschrieben. So wird beispielsweise die erste Zahl 241 dekrementiert und 240 dann für das Hexadezimalsystem aufgeteilt.

$$240 = 15 \cdot 16 + 0$$

Zahl	241	239	222	196	188	166	151	137	120	106	91	69	61	35	18	16
	240	238	221	195	187	165	150	136	119	105	90	68	60	34	17	15
L	15	14	13	12	11	10	9	8	7	6	5	4	3	2	1	0
R	0	14	13	3	11	5	6	8	7	9	10	4	12	2	1	15
Index	0	1	2	3	4	5	6	7	8	9	10	11	12	13	14	15

Tab. 2.32 Vertauschungstabelle: Aufteilen der Zahlen auf der Hauptdiagonalen

Jetzt kann das diagonale Euler-Quadrat aus Abbildung 2.207 in ein bimagisches Quadrat umgewandelt werden. Dazu benutzt man die Zahlsystemdarstellung, die in den Abbildungen 2.210 und 2.212 der Übersichtlichkeit halber getrennt in zwei Hilfsquadraten L_1 und R_1 mit dem linken und rechten Wert dargestellt wird.

0	7	9	14	13	10	4	3	6	1	15	8	11	12	2	5
13	10	4	3	6	1	15	8	11	12	2	5	0	7	9	14
6	1	15	8	11	12	2	5	0	7	9	14	13	10	4	3
11	12	2	5	0	7	9	14	13	10	4	3	6	1	15	8
10	4	3	13	1	15	8	6	12	2	5	11	7	9	14	0
1	15	8	6	12	2	5	11	7	9	14	0	10	4	3	13
12	2	5	11	7	9	14	0	10	4	3	13	1	15	8	6
7	9	14	0	10	4	3	13	1	15	8	6	12	2	5	11
15	8	6	1	2	5	11	12	9	14	0	7	4	3	13	10
2	5	11	12	9	14	0	7	4	3	13	10	15	8	6	1
9	14	0	7	4	3	13	10	15	8	6	1	2	5	11	12
4	3	13	10	15	8	6	1	2	5	11	12	9	14	0	7
5	11	12	2	14	0	7	9	3	13	10	4	8	6	1	15
14	0	7	9	3	13	10	4	8	6	1	15	5	11	12	2
3	13	10	4	8	6	1	15	5	11	12	2	14	0	7	9
8	6	1	15	5	11	12	2	14	0	7	9	3	13	10	4

Abb. 2.210 L_1: linker Wert des magischen Quadrates im Zahlsystem

Mit der Zahl $134 = 8 \cdot 16 + 5 + 1$ in der linken unteren Ecke des magischen Quadrates lauten die beiden Zahlen 8 und 5. Diese werden durch die Zahlen ersetzt, die an den Stellen mit dem Index 8 und 5 in der Vertauschungstabelle 2.32 aufgeführt sind. Dabei ist zu beachten, dass der Index immer mit dem Wert 0 beginnt. Dies bedeutet in diesem Fall, dass 8 durch 7 ersetzt wird und 5 unverändert bleibt. Damit berechnet sich die Zahl für das bimagische Quadrat jetzt mit $7 \cdot 16 + 5 + 1 = 118$.

In der rechten oberen Ecke des magischen Quadrates befindet sich die Zahl 83, die sich in $5 \cdot 16 + 2 + 1$ zerlegen lässt. Laut Vertauschungstabelle wird die Zahl 5 durch 10 und die Zahl 2 durch 13 ersetzt. Zusammengesetzt ergibt dies $10 \cdot 16 + 13 + 1 = 174$ und wird in die rechte obere Ecke des bimagischen Quadrates eingetragen.

Führt man diese Vertauschungen für alle 256 Zahlen durch, ergeben sich die veränderten Hilfsquadrate L_2 und R_2 in den Abbildungen 2.211 und 2.213.

Überlagert man diese beiden Quadrate abschließend mit der Rechnung $16 \cdot L_2 + R_2 + 1$, entsteht das bimagische diagonale Euler-Quadrat in Abbildung 2.214.

15	8	6	1	2	5	11	12	9	14	0	7	4	3	13	10
2	5	11	12	9	14	0	7	4	3	13	10	15	8	6	1
9	14	0	7	4	3	13	10	15	8	6	1	2	5	11	12
4	3	13	10	15	8	6	1	2	5	11	12	9	14	0	7
5	11	12	2	14	0	7	9	3	13	10	4	8	6	1	15
14	0	7	9	3	13	10	4	8	6	1	15	5	11	12	2
3	13	10	4	8	6	1	15	5	11	12	2	14	0	7	9
8	6	1	15	5	11	12	2	14	0	7	9	3	13	10	4
0	7	9	14	13	10	4	3	6	1	15	8	11	12	2	5
13	10	4	3	6	1	15	8	11	12	2	5	0	7	9	14
6	1	15	8	11	12	2	5	0	7	9	14	13	10	4	3
11	12	2	5	0	7	9	14	13	10	4	3	6	1	15	8
10	4	3	13	1	15	8	6	12	2	5	11	7	9	14	0
1	15	8	6	12	2	5	11	7	9	14	0	10	4	3	13
12	2	5	11	7	9	14	0	10	4	3	13	1	15	8	6
7	9	14	0	10	4	3	13	1	15	8	6	12	2	5	11

Abb. 2.211 L_2: Zifferntausch für den linken Wert

0	7	9	14	10	4	3	13	15	8	6	1	5	11	12	2
13	10	4	3	1	15	8	6	2	5	11	12	14	0	7	9
6	1	15	8	12	2	5	11	9	14	0	7	3	13	10	4
11	12	2	5	7	9	14	0	4	3	13	10	8	6	1	15
7	9	14	0	4	3	13	10	8	6	1	15	11	12	2	5
10	4	3	13	15	8	6	1	5	11	12	2	0	7	9	14
1	15	8	6	2	5	11	12	14	0	7	9	13	10	4	3
12	2	5	11	9	14	0	7	3	13	10	4	6	1	15	8
9	14	0	7	3	13	10	4	6	1	15	8	12	2	5	11
4	3	13	10	8	6	1	15	11	12	2	5	7	9	14	0
15	8	6	1	5	11	12	2	0	7	9	14	10	4	3	13
2	5	11	12	14	0	7	9	13	10	4	3	1	15	8	6
14	0	7	9	13	10	4	3	1	15	8	6	2	5	11	12
3	13	10	4	6	1	15	8	12	2	5	11	9	14	0	7
8	6	1	15	11	12	2	5	7	9	14	0	4	3	13	10
5	11	12	2	0	7	9	14	10	4	3	13	15	8	6	1

Abb. 2.212 R_1: rechter Wert des magischen Quadrates im Zahlsystem

0	8	9	1	10	11	3	2	15	7	6	14	5	4	12	13
2	10	11	3	14	15	7	6	13	5	4	12	1	0	8	9
6	14	15	7	12	13	5	4	9	1	0	8	3	2	10	11
4	12	13	5	8	9	1	0	11	3	2	10	7	6	14	15
8	9	1	0	11	3	2	10	7	6	14	15	4	12	13	5
10	11	3	2	15	7	6	14	5	4	12	13	0	8	9	1
14	15	7	6	13	5	4	12	1	0	8	9	2	10	11	3
12	13	5	4	9	1	0	8	3	2	10	11	6	14	15	7
9	1	0	8	3	2	10	11	6	14	15	7	12	13	5	4
11	3	2	10	7	6	14	15	4	12	13	5	8	9	1	0
15	7	6	14	5	4	12	13	0	8	9	1	10	11	3	2
13	5	4	12	1	0	8	9	2	10	11	3	14	15	7	6
1	0	8	9	2	10	11	3	14	15	7	6	13	5	4	12
3	2	10	11	6	14	15	7	12	13	5	4	9	1	0	8
7	6	14	15	4	12	13	5	8	9	1	0	11	3	2	10
5	4	12	13	0	8	9	1	10	11	3	2	15	7	6	14

Abb. 2.213 R_2: Zifferntausch für den rechten Wert

241	137	106	18	43	92	180	195	160	232	7	127	70	53	221	174
35	91	188	196	159	240	8	119	78	54	213	173	242	129	105	26
151	239	16	120	77	62	214	165	250	130	97	25	36	83	187	204
69	61	222	166	249	138	98	17	44	84	179	203	152	231	15	128
89	186	194	33	236	4	115	155	56	215	175	80	133	109	30	246
235	12	116	147	64	216	167	79	134	101	29	254	81	185	202	34
63	224	168	71	142	102	21	253	82	177	201	42	227	11	124	148
141	110	22	245	90	178	193	41	228	3	123	156	55	223	176	72
10	114	145	233	212	163	75	60	103	31	256	136	189	206	38	85
220	164	67	59	104	23	255	144	181	205	46	86	9	122	146	225
112	24	247	143	182	197	45	94	1	121	154	226	219	172	68	51
190	198	37	93	2	113	153	234	211	171	76	52	111	32	248	135
162	65	57	218	19	251	140	100	207	48	88	183	126	150	229	13
20	243	139	108	199	47	96	184	125	158	230	5	170	66	49	217
200	39	95	192	117	157	238	6	169	74	50	209	28	244	131	107
118	149	237	14	161	73	58	210	27	252	132	99	208	40	87	191

Abb. 2.214 Bimagisches diagonales Euler-Quadrat (Keedwell - Danielsson)

Bei 48 symmetrischen Quadraten der Ordnung 4, die man durch Spiegelungen und Drehungen auf jeweils acht Arten darstellen kann, lassen sich aus einem einzigen pandiagonalen Quadrat $384 = 48 \cdot 8$ diagonale Euler-Quadrate erzeugen. Allerdings sind sie nicht alle unterschiedlich.

In Kapitel 2.4.4 wird beschrieben, wie man aus einem Additionsquadrat mit drei unterschiedlichen Belegungsgruppen der Groß- und Kleinbuchstaben $192 = 3 \cdot 64$ pandiagonale Quadrate erzeugen kann, die natürlich nicht alle unterschiedlich sind. Dabei müssen die Belegungen der Buchstaben die Bedingungen $a + D = B + C$ und $a + b = c + d$ erfüllen. Jedes dieser Quadrate erzeugt mit den aufgeführten Schritten ein diagonales Euler-Quadrat.

Wählt man beispielsweise

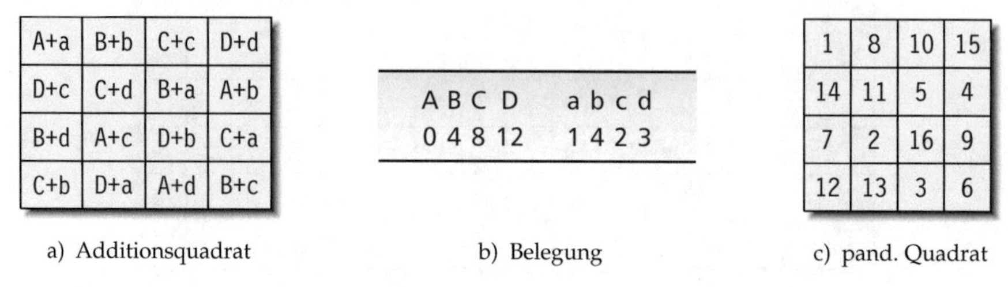

A+a	B+b	C+c	D+d
D+c	C+d	B+a	A+b
B+d	A+c	D+b	C+a
C+b	D+a	A+d	B+c

a) Additionsquadrat

A	B	C	D	a	b	c	d
0	4	8	12	1	4	2	3

b) Belegung

1	8	10	15
14	11	5	4
7	2	16	9
12	13	3	6

c) pand. Quadrat

Abb. 2.215 Pandiagonales Quadrat aus einer Additionstabelle

erhält man das pandiagonale Quadrat aus dem vorangegangenen Beispiel.

Es soll noch ein zweites Beispiel dargestellt werden, da die Umwandlung des magischen Zwischenquadrates in ein bimagisches Quadrat auch bei einer anderen Methode eine Rolle spielt.[55] Für dieses Beispiel werden jetzt Parameter aus der zweiten Belegungsgruppe gewählt, und man erhält das pandiagonale Quadrat aus Abbildung 2.216.

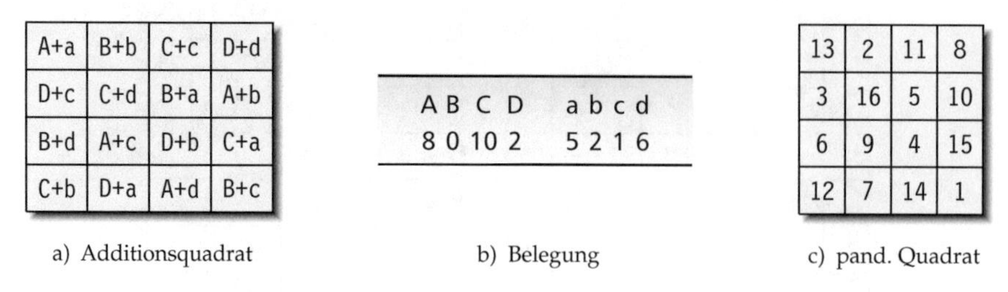

A+a	B+b	C+c	D+d
D+c	C+d	B+a	A+b
B+d	A+c	D+b	C+a
C+b	D+a	A+d	B+c

a) Additionsquadrat

A	B	C	D	a	b	c	d
8	0	10	2	5	2	1	6

b) Belegung

13	2	11	8
3	16	5	10
6	9	4	15
12	7	14	1

c) pand. Quadrat

Abb. 2.216 Pandiagonales Quadrat aus einer Additionstabelle

Mit den beiden Matrizen M_1 und M_2 ergeben sich zunächst die beiden orthogonalen Sudoku-Quadrate S_1 und S_2 aus Abbildung 2.217.

[55] siehe Kapitel 2.4.4)

13	2	11	8	3	16	5	10	6	9	4	15	12	7	14	1
3	16	5	10	6	9	4	15	12	7	14	1	13	2	11	8
6	9	4	15	12	7	14	1	13	2	11	8	3	16	5	10
12	7	14	1	13	2	11	8	3	16	5	10	6	9	4	15
16	5	10	3	9	4	15	6	7	14	1	12	2	11	8	13
9	4	15	6	7	14	1	12	2	11	8	13	16	5	10	3
7	14	1	12	2	11	8	13	16	5	10	3	9	4	15	6
2	11	8	13	16	5	10	3	9	4	15	6	7	14	1	12
4	15	6	9	14	1	12	7	11	8	13	2	5	10	3	16
14	1	12	7	11	8	13	2	5	10	3	16	4	15	6	9
11	8	13	2	5	10	3	16	4	15	6	9	14	1	12	7
5	10	3	16	4	15	6	9	14	1	12	7	11	8	13	2
1	12	7	14	8	13	2	11	10	3	16	5	15	6	9	4
8	13	2	11	10	3	16	5	15	6	9	4	1	12	7	14
10	3	16	5	15	6	9	4	1	12	7	14	8	13	2	11
15	6	9	4	1	12	7	14	8	13	2	11	10	3	16	5

13	2	11	8	16	5	10	3	4	15	6	9	1	12	7	14
3	16	5	10	9	4	15	6	14	1	12	7	8	13	2	11
6	9	4	15	7	14	1	12	11	8	13	2	10	3	16	5
12	7	14	1	2	11	8	13	5	10	3	16	15	6	9	4
2	11	8	13	5	10	3	16	15	6	9	4	12	7	14	1
16	5	10	3	4	15	6	9	1	12	7	14	13	2	11	8
9	4	15	6	14	1	12	7	8	13	2	11	3	16	5	10
7	14	1	12	11	8	13	2	10	3	16	5	6	9	4	15
11	8	13	2	10	3	16	5	6	9	4	15	7	14	1	12
5	10	3	16	15	6	9	4	12	7	14	1	2	11	8	13
4	15	6	9	1	12	7	14	13	2	11	8	16	5	10	3
14	1	12	7	8	13	2	11	3	16	5	10	9	4	15	6
8	13	2	11	3	16	5	10	9	4	15	6	14	1	12	7
10	3	16	5	6	9	4	15	7	14	1	12	11	8	13	2
15	6	9	4	12	7	14	1	2	11	8	13	5	10	3	16
1	12	7	14	13	2	11	8	16	5	10	3	4	15	6	9

Abb. 2.217 Sudoku-Quadrate S_1 und S_2

Überlagert man diese beiden Quadrate mit $16*(S_1-1)+S_2$, ergibt sich das diagonale Euler-Quadrat aus Abbildung 2.218.

205	18	171	120	48	245	74	147	84	143	54	233	177	108	215	14
35	256	69	154	89	132	63	230	190	97	220	7	200	29	162	123
86	137	52	239	183	110	209	12	203	24	173	114	42	243	80	149
188	103	222	1	194	27	168	125	37	250	67	160	95	134	57	228
242	75	152	45	133	58	227	96	111	214	9	180	28	167	126	193
144	53	234	83	100	223	6	185	17	172	119	206	253	66	155	40
105	212	15	182	30	161	124	199	248	77	146	43	131	64	229	90
23	174	113	204	251	72	157	34	138	51	240	85	102	217	4	191
59	232	93	130	218	3	192	101	166	121	196	31	71	158	33	252
213	10	179	112	175	118	201	20	76	151	46	241	50	235	88	141
164	127	198	25	65	156	39	254	61	226	91	136	224	5	186	99
78	145	44	247	56	237	82	139	211	16	181	106	169	116	207	22
8	189	98	219	115	208	21	170	153	36	255	70	238	81	140	55
122	195	32	165	150	41	244	79	231	94	129	60	11	184	109	210
159	38	249	68	236	87	142	49	2	187	104	221	117	202	19	176
225	92	135	62	13	178	107	216	128	197	26	163	148	47	246	73

Abb. 2.218 Aus orthogonalen Sudoku-Quadraten erstelltes magisches Quadrat (Keedwell)

In diesem Beispiel wird zur Umwandlung in ein bimagisches Quadrat das symmetrische Quadrat aus Abbildung 2.219 gewählt, aus dem wieder die Reihenfolge für die Spaltenvertauschung des Quadrates in natürlicher Anordnung ausgelesen wird.

9	7	4	14
16	2	5	11
6	12	15	1
3	13	10	8

a) symmetr. Quadrat

8	6	3	13
15	1	4	10
5	11	14	0
2	12	9	7

b) reduziert

8	6	3	13	15	1	4	10
5	11	14	0	2	12	9	7

c) Reihenfolge

Abb. 2.219 Auslesen der Zahlen

Mit dieser Reihenfolge werden wie in Abbildung 2.220 die Spalten des Quadrates N in natürlicher Anordnung umgeordnet.

8	6	3	13	15	1	4	10	5	11	14	0	2	12	9	7
9	7	4	14	16	2	5	11	6	12	15	1	3	13	10	8
25	23	20	30	32	18	21	27	22	28	31	17	19	29	26	24
41	39	36	46	48	34	37	43	38	44	47	33	35	45	42	40
57	55	52	62	64	50	53	59	54	60	63	49	51	61	58	56
73	71	68	78	80	66	69	75	70	76	79	65	67	77	74	72
89	87	84	94	96	82	85	91	86	92	95	81	83	93	90	88
105	103	100	110	112	98	101	107	102	108	111	97	99	109	106	104
121	119	116	126	128	114	117	123	118	124	127	113	115	125	122	120
137	135	132	142	144	130	133	139	134	140	143	129	131	141	138	136
153	151	148	158	160	146	149	155	150	156	159	145	147	157	154	152
169	167	164	174	176	162	165	171	166	172	175	161	163	173	170	168
185	183	180	190	192	178	181	187	182	188	191	177	179	189	186	184
201	199	196	206	208	194	197	203	198	204	207	193	195	205	202	200
217	215	212	222	224	210	213	219	214	220	223	209	211	221	218	216
233	231	228	238	240	226	229	235	230	236	239	225	227	237	234	232
249	247	244	254	256	242	245	251	246	252	255	241	243	253	250	248

Abb. 2.220 Neue Anordnung der Spalten

Die Zahlen der Hauptdiagonalen des neu angeordneten Hilfsquadrates werden in die Zahlsystemdarstellung umgewandelt und die beiden Bestandteile jeder Zahl getrennt der Reihe nach in zwei Arrays L und R geschrieben.

Zahl	249	231	212	206	192	162	149	139	118	108	95	65	51	45	26	8
	248	230	211	205	191	161	148	138	117	107	94	64	50	44	25	7
L	15	14	13	12	11	10	9	8	7	6	5	4	3	2	1	0
R	8	6	3	13	15	1	4	10	5	11	14	0	2	12	9	7
Index	0	1	2	3	4	5	6	7	8	9	10	11	12	13	14	15

Tab. 2.33 Vertauschungstabelle: Aufteilen der Zahlen auf der Hauptdiagonalen

Jetzt kann das diagonale Euler-Quadrat aus Abbildung 2.218 in ein bimagisches Quadrat umgewandelt werden. Dazu benutzt man die Zahlsystemdarstellung, die der Übersichtlichkeit halber in Abbildunge 2.221 getrennt in zwei Hilfsquadraten L_1 und R_1 mit dem linken und rechten Wert dargestellt wird.

Mit der Aufteilung aller Zahlen gemäß der Vertauschungstabelle in Tabelle 2.33 ergeben sich dann die veränderten Hilfsquadrate L_2 und R_2 in Abbildung 2.222.

12	1	10	7	2	15	4	9	5	8	3	14	11	6	13	0
2	15	4	9	5	8	3	14	11	6	13	0	12	1	10	7
5	8	3	14	11	6	13	0	12	1	10	7	2	15	4	9
11	6	13	0	12	1	10	7	2	15	4	9	5	8	3	14
15	4	9	2	8	3	14	5	6	13	0	11	1	10	7	12
8	3	14	5	6	13	0	11	1	10	7	12	15	4	9	2
6	13	0	11	1	10	7	12	15	4	9	2	8	3	14	5
1	10	7	12	15	4	9	2	8	3	14	5	6	13	0	11
3	14	5	8	13	0	11	6	10	7	12	1	4	9	2	15
13	0	11	6	10	7	12	1	4	9	2	15	3	14	5	8
10	7	12	1	4	9	2	15	3	14	5	8	13	0	11	6
4	9	2	15	3	14	5	8	13	0	11	6	10	7	12	1
0	11	6	13	7	12	1	10	9	2	15	4	14	5	8	3
7	12	1	10	9	2	15	4	14	5	8	3	0	11	6	13
9	2	15	4	14	5	8	3	0	11	6	13	7	12	1	10
14	5	8	3	0	11	6	13	7	12	1	10	9	2	15	4

12	1	10	7	15	4	9	2	3	14	5	8	0	11	6	13
2	15	4	9	8	3	14	5	13	0	11	6	7	12	1	10
5	8	3	14	6	13	0	11	10	7	12	1	9	2	15	4
11	6	13	0	1	10	7	12	4	9	2	15	14	5	8	3
1	10	7	12	4	9	2	15	14	5	8	3	11	6	13	0
15	4	9	2	3	14	5	8	0	11	6	13	12	1	10	7
8	3	14	5	13	0	11	6	7	12	1	10	2	15	4	9
6	13	0	11	10	7	12	1	9	2	15	4	5	8	3	14
10	7	12	1	9	2	15	4	5	8	3	14	6	13	0	11
4	9	2	15	14	5	8	3	11	6	13	0	1	10	7	12
3	14	5	8	0	11	6	13	12	1	10	7	15	4	9	2
13	0	11	6	7	12	1	10	2	15	4	9	8	3	14	5
7	12	1	10	2	15	4	9	8	3	14	5	13	0	11	6
9	2	15	4	5	8	3	14	6	13	0	11	10	7	12	1
14	5	8	3	11	6	13	0	1	10	7	12	4	9	2	15
0	11	6	13	12	1	10	7	15	4	9	2	3	14	5	8

Abb. 2.221 Hilfsquadrate L_1 und R_1

3	14	5	8	13	0	11	6	10	7	12	1	4	9	2	15
13	0	11	6	10	7	12	1	4	9	2	15	3	14	5	8
10	7	12	1	4	9	2	15	3	14	5	8	13	0	11	6
4	9	2	15	3	14	5	8	13	0	11	6	10	7	12	1
0	11	6	13	7	12	1	10	9	2	15	4	14	5	8	3
7	12	1	10	9	2	15	4	14	5	8	3	0	11	6	13
9	2	15	4	14	5	8	3	0	11	6	13	7	12	1	10
14	5	8	3	0	11	6	13	7	12	1	10	9	2	15	4
12	1	10	7	2	15	4	9	5	8	3	14	11	6	13	0
2	15	4	9	5	8	3	14	11	6	13	0	12	1	10	7
5	8	3	14	11	6	13	0	12	1	10	7	2	15	4	9
11	6	13	0	12	1	10	7	2	15	4	9	5	8	3	14
15	4	9	2	8	3	14	5	6	13	0	11	1	10	7	12
8	3	14	5	6	13	0	11	1	10	7	12	15	4	9	2
6	13	0	11	1	10	7	12	15	4	9	2	8	3	14	5
1	10	7	12	15	4	9	2	8	3	14	5	6	13	0	11

2	6	14	10	7	15	11	3	13	9	1	5	8	0	4	12
3	7	15	11	5	13	9	1	12	8	0	4	10	2	6	14
1	5	13	9	4	12	8	0	14	10	2	6	11	3	7	15
0	4	12	8	6	14	10	2	15	11	3	7	9	1	5	13
6	14	10	2	15	11	3	7	9	1	5	13	0	4	12	8
7	15	11	3	13	9	1	5	8	0	4	12	2	6	14	10
5	13	9	1	12	8	0	4	10	2	6	14	3	7	15	11
4	12	8	0	14	10	2	6	11	3	7	15	1	5	13	9
14	10	2	6	11	3	7	15	1	5	13	9	4	12	8	0
15	11	3	7	9	1	5	13	0	4	12	8	6	14	10	2
13	9	1	5	8	0	4	12	2	6	14	10	7	15	11	3
12	8	0	4	10	2	6	14	3	7	15	11	5	13	9	1
10	2	6	14	3	7	15	11	5	13	9	1	12	8	0	4
11	3	7	15	1	5	13	9	4	12	8	0	14	10	2	6
9	1	5	13	0	4	12	8	6	14	10	2	15	11	3	7
8	0	4	12	2	6	14	10	7	15	11	3	13	9	1	5

Abb. 2.222 Hilfsquadrate L_2 und R_2

Überlagert man diese beiden Quadrate mit der Rechnung $16 \cdot L_2 + R_2 + 1$, ergibt sich das bimagische diagonale Euler-Quadrat in Abbildung 2.223.

51	231	95	139	216	16	188	100	174	122	194	22	73	145	37	253
212	8	192	108	166	126	202	18	77	153	33	245	59	227	87	143
162	118	206	26	69	157	41	241	63	235	83	135	220	4	184	112
65	149	45	249	55	239	91	131	224	12	180	104	170	114	198	30
7	191	107	211	128	204	20	168	154	34	246	78	225	85	141	57
120	208	28	164	158	42	242	70	233	81	133	61	3	183	111	219
150	46	250	66	237	89	129	53	11	179	103	223	116	200	32	172
229	93	137	49	15	187	99	215	124	196	24	176	146	38	254	74
207	27	163	119	44	244	72	160	82	134	62	234	181	109	217	1
48	252	68	152	90	130	54	238	177	101	221	9	199	31	171	115
94	138	50	230	185	97	213	13	195	23	175	123	40	256	76	148
189	105	209	5	203	19	167	127	36	248	80	156	86	142	58	226
251	67	151	47	132	56	240	92	102	222	10	178	29	169	113	197
140	52	232	96	98	214	14	186	21	173	121	193	255	75	147	39
106	210	6	190	17	165	125	201	247	79	155	35	144	60	228	88
25	161	117	205	243	71	159	43	136	64	236	84	110	218	2	182

Abb. 2.223 Bimagisches diagonales Euler-Quadrat (Keedwell - Danielsson)

Da für das pandiagonale Ausgangsquadrat in jeder Belegungsgruppe die jeweils acht Kombinationen für die Groß- und Kleinbuchstaben miteinander kombiniert werden können, ergeben sich insgesamt 192 pandiagonale Ausgangsquadrate und damit 192 diagonale Euler-Quadrate. Mit diesen diagonalen Euler-Quadraten und den 48 symmetrischen Quadraten lassen sich $9216 = 192 \cdot 48$ bimagische diagonale Euler-Quadrate erzeugen, von denen 9024 unterschiedlich sind. Wandelt man diese Quadrate in die LDR-Darstellung um, verbleiben noch 4416 Quadrate.

Nun kann man jedes der 48 symmetrischen Quadrate durch Spiegelungen und Drehungen verändern, wodurch sich weitere bimagische Quadrate ergeben. Ich habe insgesamt $73\,728 = 192 \cdot 48 \cdot 8$ bimagische diagonale Euler-Quadrate gefunden, von denen 55 296 unterschiedlich sind.

Die Anzahl der bimagischen Quadrate mit unterschiedlichen LDR-Darstellungen[56] reduziert sich insgesamt auf 13 824. Bei dieser Darstellung werden Quadrate, die sich

[56] siehe Kapitel 8.6

aus Zeilen-Spalten-Transformationen ergeben, nur einmal gezählt. Daher ist diese Zahl besonders aussagekräftig.

Allerdings ergeben sich aus jedem LDR-Quadrat $\frac{16!!}{2}$ verschiedene bimagische diagonale Euler-Quadrate, sodass mit dieser Methode eine Vielzahl von unterschiedlichen bimagischen Quadraten erzeugt werden können.

$$13\,824 \cdot \frac{16!!}{2} = 13\,824 \cdot 5\,160\,960 = 71\,345\,111\,040$$

2.4.4 Sudoku-Quadrate (Erweiterung)

Keedwell gibt neben der in Kapitel 2.4.3 erwähnten Methode noch eine weitere Methode an, wie man mithilfe von Sudoku-Quadraten ein magisches Quadrat erzeugen kann.[57] Mit meinem in diesem Kapitel beschriebenen Verfahren wandle ich auch hier wieder diese magischen Quadrate in bimagische Quadrate um.

Bei dieser Methode wählt Keedwell zunächst zwei pandiagonale Quadrate A und B und konstruiert hierzu durch eine Drehung um 180° zwei weitere Quadrate AA und BB.

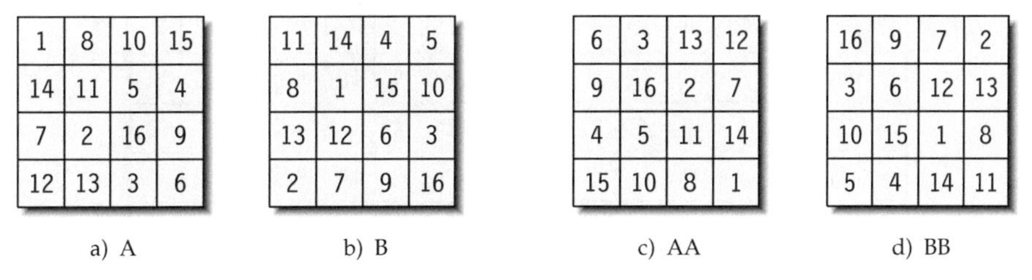

1	8	10	15
14	11	5	4
7	2	16	9
12	13	3	6

a) A

11	14	4	5
8	1	15	10
13	12	6	3
2	7	9	16

b) B

6	3	13	12
9	16	2	7
4	5	11	14
15	10	8	1

c) AA

16	9	7	2
3	6	12	13
10	15	1	8
5	4	14	11

d) BB

Abb. 2.224 Zwei pandiagonale Quadrate und deren gedrehte Variante

Weiterhin definiert er eine Matrix M_1, in die er die vier bereits gebildeten 4 x 4 - Quadrate einsetzt.

A	B	BB	AA
B	BB	AA	A
BB	AA	A	B
AA	A	B	BB

Abb. 2.225 Matrix M_1

[57] Donald A. Keedwell [299]

Dabei verschiebt er allerdings die Zeilen in einzelnen Teilquadraten. Die Teilquadrate in den oberen vier Zeilen des Quadrates der Ordnung 16 bleiben unverändert, während er die Zeilen der Teilquadrate in den vier Zeilen darunter zyklisch gesehen um eine Zeile nach oben verschiebt. In den nächsten vier Zeilen beträgt die Verschiebung dann zwei und in den unteren vier schließlich drei Zeilen. Als Ergebnis erhält man das Sudoku-Quadrat S_1 aus Abbildung 2.226, welches auch ein diagonales lateinisches Quadrat ist.

1	8	10	15	11	14	4	5	16	9	7	2	6	3	13	12
14	11	5	4	8	1	15	10	3	6	12	13	9	16	2	7
7	2	16	9	13	12	6	3	10	15	1	8	4	5	11	14
12	13	3	6	2	7	9	16	5	4	14	11	15	10	8	1
8	1	15	10	3	6	12	13	9	16	2	7	14	11	5	4
13	12	6	3	10	15	1	8	4	5	11	14	7	2	16	9
2	7	9	16	5	4	14	11	15	10	8	1	12	13	3	6
11	14	4	5	16	9	7	2	6	3	13	12	1	8	10	15
10	15	1	8	4	5	11	14	7	2	16	9	13	12	6	3
5	4	14	11	15	10	8	1	12	13	3	6	2	7	9	16
16	9	7	2	6	3	13	12	1	8	10	15	11	14	4	5
3	6	12	13	9	16	2	7	14	11	5	4	8	1	15	10
15	10	8	1	12	13	3	6	2	7	9	16	5	4	14	11
6	3	13	12	1	8	10	15	11	14	4	5	16	9	7	2
9	16	2	7	14	11	5	4	8	1	15	10	3	6	12	13
4	5	11	14	7	2	16	9	13	12	6	3	10	15	1	8

Abb. 2.226 Sudoku-Quadrat S_1

Nun muss ein hierzu orthogonales Sudoku-Quadrat S_2 gefunden werden. In diesem Beispiel werden dazu die pandiagonalen Quadrate C und D aus Abbildung 2.227 gewählt, sodass sich die vier Ausgangsquadrate C, D, CC und DD ergeben.

13	12	7	2
3	6	9	16
10	15	4	5
8	1	14	11

a) C

6	3	16	9
12	13	2	7
1	8	11	14
15	10	5	4

b) D

6	3	16	9
12	13	2	7
1	8	11	14
15	10	5	4

c) CC

4	5	10	15
14	11	8	1
7	2	13	12
9	16	3	6

d) DD

Abb. 2.227 Zwei pandiagonale Quadrate und deren gedrehte Variante

Das Hilfsquadrat S_2 wird mit der Matrix M_2 erstellt, die der Struktur der Matrix M_1 entspricht und nur Bezeichnungen für andere Quadrate enthält.

C	D	DD	CC
D	DD	CC	C
DD	CC	C	D
CC	C	D	DD

Abb. 2.228 Matrix M_2

Mit der Matrix M_2 wird das Sudoku-Quadrat S_2 erstellt, welches auch ein diagonales lateinisches Quadrat und insbesondere orthogonal zu dem Sudoku-Quadrat S_1 ist.

13	12	7	2	6	3	16	9	4	5	10	15	11	14	1	8
3	6	9	16	12	13	2	7	14	11	8	1	5	4	15	10
10	15	4	5	1	8	11	14	7	2	13	12	16	9	6	3
8	1	14	11	15	10	5	4	9	16	3	6	2	7	12	13
12	13	2	7	14	11	8	1	5	4	15	10	3	6	9	16
1	8	11	14	7	2	13	12	16	9	6	3	10	15	4	5
15	10	5	4	9	16	3	6	2	7	12	13	8	1	14	11
6	3	16	9	4	5	10	15	11	14	1	8	13	12	7	2
7	2	13	12	16	9	6	3	10	15	4	5	1	8	11	14
9	16	3	6	2	7	12	13	8	1	14	11	15	10	5	4
4	5	10	15	11	14	1	8	13	12	7	2	6	3	16	9
14	11	8	1	5	4	15	10	3	6	9	16	12	13	2	7
2	7	12	13	8	1	14	11	15	10	5	4	9	16	3	6
11	14	1	8	13	12	7	2	6	3	16	9	4	5	10	15
5	4	15	10	3	6	9	16	12	13	2	7	14	11	8	1
16	9	6	3	10	15	4	5	1	8	11	14	7	2	13	12

Abb. 2.229 Sudoku-Quadrat S_2

Das Sudoku-Quadrat S_2 wird zunächst an der Nebendiagonalen gespiegelt. Überlagert man danach diese beiden Quadrate mit $16 \cdot (S_1 - 1) + S_2$ ergibt sich das diagonale Euler-Quadrat aus Abbildung 2.230.

Mit dem schon in Kapitel 2.4.3 beschriebenen Verfahren, kann dieses Quadrat mithilfe eines beliebigen symmetrischen Quadrates in ein bimagisches diagonales Euler-Quadrat umgewandelt werden. Ein Beispiel ist in Abbildung 2.231 dargestellt.

13	115	154	232	172	209	63	70	247	137	100	30	82	43	197	192
220	166	79	49	125	8	234	147	34	96	181	203	135	254	20	105
103	25	244	142	194	187	85	48	157	227	10	120	60	65	175	214
178	208	37	91	23	110	132	249	76	54	223	161	237	152	122	3
118	12	225	159	46	87	185	196	144	242	27	101	216	173	67	58
195	189	88	42	155	226	16	117	57	71	174	212	97	28	246	143
32	98	139	245	72	61	211	170	230	156	113	15	190	199	41	84
169	215	62	68	241	140	102	31	83	45	200	186	11	114	160	229
148	238	7	121	53	80	162	219	106	24	253	131	207	182	92	33
69	59	210	176	228	153	119	14	191	193	44	86	26	99	141	248
250	136	109	19	95	38	204	177	4	126	151	233	165	224	50	75
47	81	188	198	138	243	29	104	213	171	66	64	116	9	231	158
235	149	128	2	179	202	40	93	17	111	134	252	73	52	222	167
94	36	201	183	6	127	145	236	168	218	51	77	256	133	107	18
129	255	22	108	217	164	78	55	123	5	240	146	35	90	184	205
56	74	163	221	112	21	251	130	206	180	89	39	150	239	1	124

Abb. 2.230 Diagonales Euler-Quadrat (Keedwell)

249	141	110	26	81	34	198	181	3	119	152	228	171	220	64	79
33	85	182	194	137	250	30	109	219	175	80	60	115	4	232	151
147	231	8	116	59	76	176	223	105	29	254	138	193	178	86	37
75	63	224	172	227	148	120	7	177	197	38	82	25	106	142	253
133	241	18	102	212	163	71	56	127	11	236	160	42	89	189	206
61	73	170	222	108	27	255	144	199	179	84	40	146	225	5	118
239	155	124	16	186	201	45	94	21	97	130	246	68	51	215	168
87	35	196	184	2	113	149	230	173	217	58	78	252	139	111	32
104	20	243	135	208	191	91	44	158	234	9	125	54	69	161	210
192	204	43	95	24	103	131	244	70	50	209	165	238	157	121	10
14	122	153	237	166	213	49	66	248	132	99	23	96	47	203	188
214	162	65	53	126	13	233	154	48	92	187	207	136	247	19	100
28	112	143	251	77	62	218	169	226	150	117	1	183	200	36	83
164	216	55	67	245	134	98	17	90	46	205	185	15	128	156	235
114	6	229	145	39	88	180	195	140	256	31	107	221	174	74	57
202	190	93	41	159	240	12	123	52	72	167	211	101	22	242	129

Abb. 2.231 Bimagisches diagonales Euler-Quadrat (Keedwell - Danielsson)

In diesem Beispiel wurde das symmetrische Quadrat aus Abbildung 2.232 benutzt, um die Reihenfolge des auszulesenden Zahlen zu bestimmen.

2	11	13	8
16	5	3	10
7	14	12	1
9	4	6	15

a) symmetr. Quadrat

1	10	12	7
15	4	2	9
6	13	11	0
8	3	5	14

b) reduziert

1	10	12	7	15	4	2	9
6	13	11	0	8	3	5	14

c) Reihenfolge

Abb. 2.232 Auslesen der Zahlen aus einem symmetrischen Quadrat

Wenn man diese Konstruktion genauer untersucht, stellt man schnell fest, dass nicht jede beliebige Kombination von zwei pandiagonalen Quadraten im ersten Zwischenschritt zu einem diagonalen Euler-Quadrat führt. Wie schon im Kapitel 2.4.3 dargestellt worden ist, kann man aus dem Additionsquadrat aus Abbildung 2.233 alle pandiagonalen Quadrate vierter Ordnung erstellen, wenn man zwei Bedingungen erfüllt.

$$\begin{aligned} A + D &= B + C \\ a + b &= c + d \end{aligned}$$

a) Bedingungen

A+a	B+b	C+c	D+d
D+c	C+d	B+a	A+b
B+d	A+c	D+b	C+a
C+b	D+a	A+d	B+c

b) Additionsquadrat

Abb. 2.233 Additionsquadrat und zugehörige Bedingungen

Dies kann mit drei unterschiedlichen Belegungsgruppen von Zahlen für die Groß- und Kleinbuchstaben erreicht werden, die in Tabelle 2.34 dargestellt sind. Damit kann man $192 = 3 \cdot 64$ pandiagonale Quadrate erzeugen, die natürlich nicht alle unterschiedlich, aber für das weitere Verfahren noch wichtig sind.

Index	A	B	C	D	a	b	c	d
0	0	4	8	12	1	4	2	3
1	0	8	4	12	1	4	3	2
2	4	0	12	8	2	3	1	4
3	4	12	0	8	2	3	4	1
4	8	0	12	4	3	2	1	4
5	8	12	0	4	3	2	4	1
6	12	4	8	0	4	1	2	3
7	12	8	4	0	4	1	3	2

Erste Belegungsgruppe mit den Zahlen 0, 4, 8, 12 sowie 1, 2, 3, 4

Index	A	B	C	D	a	b	c	d
0	0	2	8	10	1	6	2	5
1	0	8	2	10	1	6	5	2
2	2	0	10	8	2	5	1	6
3	2	10	0	8	2	5	6	1
4	8	0	10	2	5	2	1	6
5	8	10	0	2	5	2	6	1
6	10	2	8	0	6	1	2	5
7	10	8	2	0	6	1	5	2

Zweite Belegungsgruppe mit den Zahlen 0, 2, 8, 10 sowie 1, 2, 5, 6

Index	A	B	C	D	a	b	c	d
0	0	2	4	6	1	10	2	9
1	0	4	2	6	1	10	9	2
2	2	0	6	4	2	9	1	10
3	2	6	0	4	2	9	10	1
4	4	0	6	2	9	2	1	10
5	4	6	0	2	9	2	10	1
6	6	2	4	0	10	1	2	9
7	6	4	2	0	10	1	9	2

Dritte Belegungsgruppe mit den Zahlen 0, 2, 4, 6 sowie 1, 2, 9, 10

Tab. 2.34 Drei mögliche Belegungsgruppen für pandiagonale Quadrate

Im dem hier dargestellten Beispiel stammen die pandiagonalen Quadrate A und B aus der ersten Belegungsgruppe.

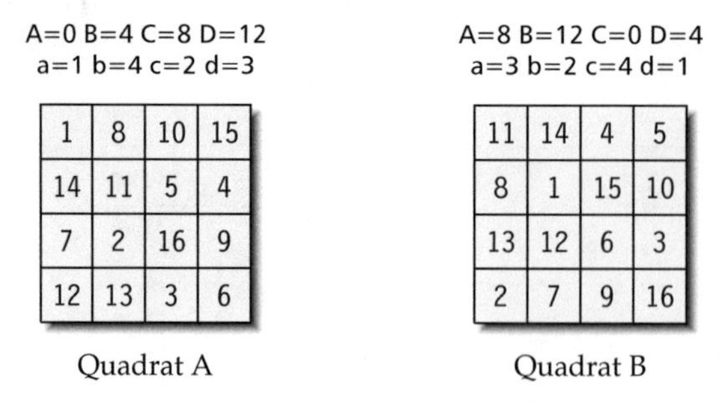

Abb. 2.234 Pandiagonale Quadrate

Wählt man für diese Gruppe die Großbuchstaben von oben nach unten so, dass jeder dieser Buchstaben der Reihe nach mit den acht Kleinbuchstaben kombiniert wird, erhält man 64 Kombinationen, die mit den Indizes 0 bis 63 versehen werden. Das obige Beispiel ist also mit Quadraten mit den Indizes 0 und 45 erstellt worden.

Zu jedem der 64 Quadrate existiert genau ein Partnerquadrat, mit dem ein diagonales lateinisches Quadrat erstellt wird, welches auch ein Sudoku-Quadrat ist. Für die Gruppe mit der Belegung der Großbuchstaben aus Tabelle 2.35 ergeben sich beispielsweise folgende Indizes der Partnerquadrate.

0	1	2	3	4	5	6	7
40 + 5	40 + 3	40 + 7	40 + 1	40 + 6	40 + 0	40 + 4	40 + 2
45	43	47	41	46	40	44	42
8	9	10	11	12	13	14	15
24 + 5	24 + 3	24 + 7	24 + 1	24 + 6	24 + 0	24 + 4	24 + 2
29	27	31	25	30	24	28	26

Tab. 2.35 Indizes einiger Quadrate und zugehöriger Partnerquadrate

Mit der Aufteilung der Indizes der Partnerquadrate erkennt man die allgemeine Formel für die Berechnung des zu einem Quadrat mit dem Index i zugehörigen Index p des Partnerquadrates. Dabei wird das Array $K = (5, 3, 7, 1, 6, 0, 4, 2)$ benutzt.[58]

$$p = 8 \cdot K\left(\frac{i}{8}\right) + K\,(i \,\%\, 8);$$

Mit dieser Formel lassen sich leicht die Indizes und Belegungen für die im Beispiel benutzten Quadrate und Partnerquadrate bestimmen.

Quadrat	Index	Belegung							
A	$i = 0$	$A = 0$	$B = 4$	$C = 8$	$D = 12$	$a = 1$	$b = 4$	$c = 2$	$d = 3$
B	$p = 45 = 5 \cdot 8 + 5$	$A = 8$	$B = 12$	$C = 0$	$D = 4$	$a = 3$	$b = 2$	$c = 4$	$d = 1$
C	$i = 57 = 7 \cdot 8 + 1$	$A = 12$	$B = 8$	$C = 4$	$D = 0$	$a = 1$	$b = 4$	$c = 3$	$d = 2$
D	$p = 19 = 2 \cdot 8 + 3$	$A = 4$	$B = 0$	$C = 12$	$D = 8$	$a = 2$	$b = 3$	$c = 4$	$d = 1$

Tab. 2.36 Indizes einiger Quadrate und zugehöriger Partnerquadrate

Jedes der aus einer solchen Kombination erstellten Sudoku-Quadrate kann mit allen 64 Möglichkeiten aus Quadrat und zugehörigem Partnerquadrat zu orthogonalen Sudoku-Quadraten kombiniert werden, um insgesamt $4096 = 64\,6\,4$ diagonale Euler-Quadrate zu erzeugen.

Mit dem in Kapitel 2.4.3 beschriebenen Verfahren, können diese Quadrate in bimagische diagonale Euler-Quadrate umgewandelt werden. Als Resultat erhält man $196\,608 = 4096 \cdot 48$ bimagische diagonale Euler-Quadrate, von denen 12 288 Quadrate unterschiedlich sind.

[58] Dabei bedeutet der Operator % den Rest bei einer Division durch die angegebene Zahl

Wandelt man diese Quadrate in die LDR-Darstellung[59] um, verbleiben noch 3072 unterschiedliche Quadrate. Bei dieser Darstellung werden Quadrate, die sich aus Zeilen-Spalten-Transformationen ergeben, nur einmal gezählt. Daher ist diese Zahl besonders aussagekräftig.

Beispiel: Belegungsgruppe 3

Ein weiteres Beispiel soll die Belegungsgruppe 3 behandeln. Da für alle drei Belegungsgruppen aufgrund des systematischen Aufbaus die Formel aus Tabelle 2.34 gilt, lassen sich auch hier die Partnerquadrate leicht bestimmen.

Das Ausgangsquadrat A, das zugehörige Partnerquadrat B und die beiden gedrehten Quadrate sind in Abbildung 2.235 dargestellt.

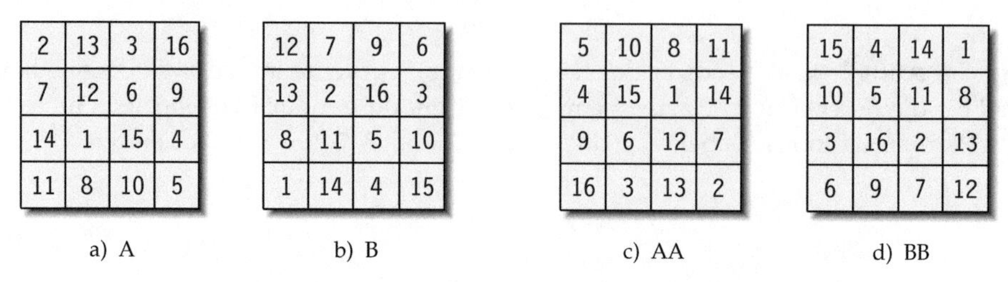

2	13	3	16
7	12	6	9
14	1	15	4
11	8	10	5

a) A

12	7	9	6
13	2	16	3
8	11	5	10
1	14	4	15

b) B

5	10	8	11
4	15	1	14
9	6	12	7
16	3	13	2

c) AA

15	4	14	1
10	5	11	8
3	16	2	13
6	9	7	12

d) BB

Abb. 2.235 Zwei pandiagonale Quadrate und deren gedrehte Variante

Mit der Matrix M_1 ergibt sich dann unmittelbar das erste Sudoku-Quadrat S_1 aus Abbildung 2.237.

Für das zweite Sudoku-Quadrat S_2 werden noch das Quadrat C und das Partnerquadrat D benötigt. Diese sind mit den beiden gedrehten Quadraten in Abbildung 2.236 zu sehen.

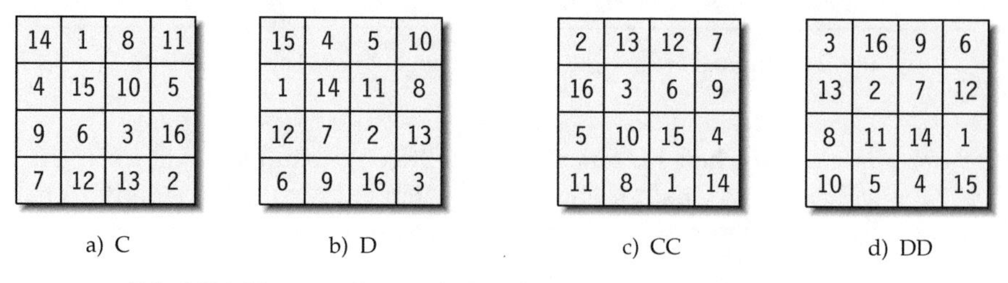

14	1	8	11
4	15	10	5
9	6	3	16
7	12	13	2

a) C

15	4	5	10
1	14	11	8
12	7	2	13
6	9	16	3

b) D

2	13	12	7
16	3	6	9
5	10	15	4
11	8	1	14

c) CC

3	16	9	6
13	2	7	12
8	11	14	1
10	5	4	15

d) DD

Abb. 2.236 Zwei pandiagonale Quadrate und deren gedrehte Variante

Auch in diesem Beispiel erhält man mit der Matrix M_2 das Sudoku-Quadrat S_2 in Abbildung 2.237, welches orthogonal zum Sudoku-Quadrat S_1 ist.

[59] siehe Kapitel 8.6

2	13	3	16	12	7	9	6	15	4	14	1	5	10	8	11
7	12	6	9	13	2	16	3	10	5	11	8	4	15	1	14
14	1	15	4	8	11	5	10	3	16	2	13	9	6	12	7
11	8	10	5	1	14	4	15	6	9	7	12	16	3	13	2
13	2	16	3	10	5	11	8	4	15	1	14	7	12	6	9
8	11	5	10	3	16	2	13	9	6	12	7	14	1	15	4
1	14	4	15	6	9	7	12	16	3	13	2	11	8	10	5
12	7	9	6	15	4	14	1	5	10	8	11	2	13	3	16
3	16	2	13	9	6	12	7	14	1	15	4	8	11	5	10
6	9	7	12	16	3	13	2	11	8	10	5	1	14	4	15
15	4	14	1	5	10	8	11	2	13	3	16	12	7	9	6
10	5	11	8	4	15	1	14	7	12	6	9	13	2	16	3
16	3	13	2	11	8	10	5	1	14	4	15	6	9	7	12
5	10	8	11	2	13	3	16	12	7	9	6	15	4	14	1
4	15	1	14	7	12	6	9	13	2	16	3	10	5	11	8
9	6	12	7	14	1	15	4	8	11	5	10	3	16	2	13

14	1	8	11	15	4	5	10	3	16	9	6	2	13	12	7
4	15	10	5	1	14	11	8	13	2	7	12	16	3	6	9
9	6	3	16	12	7	2	13	8	11	14	1	5	10	15	4
7	12	13	2	6	9	16	3	10	5	4	15	11	8	1	14
1	14	11	8	13	2	7	12	16	3	6	9	4	15	10	5
12	7	2	13	8	11	14	1	5	10	15	4	9	6	3	16
6	9	16	3	10	5	4	15	11	8	1	14	7	12	13	2
15	4	5	10	3	16	9	6	2	13	12	7	14	1	8	11
8	11	14	1	5	10	15	4	9	6	3	16	12	7	2	13
10	5	4	15	11	8	1	14	7	12	13	2	6	9	16	3
3	16	9	6	2	13	12	7	14	1	8	11	15	4	5	10
13	2	7	12	16	3	6	9	4	15	10	5	1	14	11	8
11	8	1	14	7	12	13	2	6	9	16	3	10	5	4	15
2	13	12	7	14	1	8	11	15	4	5	10	3	16	9	6
16	3	6	9	4	15	10	5	1	14	11	8	13	2	7	12
5	10	15	4	9	6	3	16	12	7	2	13	8	11	14	1

Abb. 2.237 Sudoku-Quadrate S_1 und S_2

Das Sudoku-Quadrat S_2 wird im ersten Schritt an der Nebendiagonalen gespiegelt. Überlagert man danach die beiden Quadrate mit $16 \cdot (S_1 - 1) + S_2$, ergibt sich das diagonale Euler-Quadrat aus Abbildung 2.238.

30	196	41	247	177	108	134	95	232	58	211	13	75	146	128	165
97	191	86	140	206	23	249	36	155	69	176	114	56	237	3	218
216	10	227	61	123	162	80	149	46	244	25	199	129	92	182	111
171	117	160	66	8	221	51	234	81	143	102	188	254	39	201	20
207	17	252	38	157	72	170	115	53	235	2	224	103	190	84	137
116	174	71	153	34	251	21	208	138	88	189	99	220	1	239	54
5	219	50	240	87	142	100	185	255	33	204	22	173	120	154	67
186	104	141	83	236	49	223	6	68	158	119	169	18	203	37	256
35	253	24	202	144	85	187	98	217	7	238	52	118	175	65	156
96	130	107	181	243	42	200	29	166	124	145	79	9	212	62	231
233	55	222	4	70	159	113	172	19	205	40	250	192	101	139	82
150	76	161	127	57	228	14	215	112	178	91	133	195	26	248	45
242	48	197	27	164	121	151	78	12	214	63	225	90	131	109	184
77	147	122	168	31	198	44	241	183	105	132	94	229	64	210	11
60	230	15	209	106	179	93	136	194	32	245	43	148	73	167	126
135	89	180	110	213	16	226	59	125	163	74	152	47	246	28	193

Abb. 2.238 Diagonales Euler-Quadrat (Keedwell)

Mit dem in Kapitel 2.4.3 beschriebenen Verfahren, kann dieses Quadrat mithilfe eines beliebigen symmetrischen Quadrates in ein bimagisches diagonales Euler-Quadrat umgewandelt werden.

15	4	1	14
6	9	12	7
10	5	8	11
3	16	13	2

a) symmetr. Quadrat

14	3	0	13
5	8	11	6
9	4	7	10
2	15	12	1

b) reduziert

14	3	0	13	5	8	11	6
9	4	7	10	2	15	12	1

c) Reihenfolge

Abb. 2.239 Auslesen der Zahlen aus einem symmetrischen Quadrat

Mit diesem symmetrisches Quadrat und der daraus bestimmen Reihenfolge wird abschließend das bimagische Quadrat aus Abbildung 2.240 konstruiert.

240	62	218	12	79	155	121	173	23	197	33	243	184	100	130	86
159	77	169	123	64	236	10	222	104	182	82	132	199	19	241	37
39	245	17	195	136	84	178	102	224	14	234	60	127	171	73	157
88	134	98	180	247	35	193	21	175	125	153	75	16	220	58	238
61	239	11	217	99	183	85	129	198	24	244	34	156	80	174	122
142	96	188	106	212	8	230	50	117	167	67	145	43	255	29	201
246	40	196	18	172	128	158	74	13	223	59	233	83	135	101	177
69	151	115	161	27	207	45	249	190	112	140	90	228	56	214	2
209	3	231	53	114	166	72	148	42	252	32	206	137	93	191	107
162	116	152	70	1	213	55	227	89	139	111	189	250	46	208	28
26	204	48	254	185	109	143	91	225	51	215	5	66	150	120	164
105	187	95	141	202	30	256	44	146	68	168	118	49	229	7	211
4	210	54	232	94	138	108	192	251	41	205	31	165	113	147	71
179	97	133	87	237	57	219	15	76	154	126	176	22	194	36	248
203	25	253	47	149	65	163	119	52	226	6	216	110	186	92	144
124	170	78	160	38	242	20	200	131	81	181	103	221	9	235	63

Abb. 2.240 Bimagisches diagonales Euler-Quadrat (Keedwell - Danielsson)

Auch hier kann jedes der aus einer solchen Kombination von Quadrat und zugehörigem Partnerquadrat erstellte Sudoku-Quadrat mit allen 64 Kombinationen zu orthogonalen Sudoku-Quadraten kombiniert werden, um wiederum 4096 diagonale Euler-Quadrate zu erzeugen.

Mit der Umwandlung in ein bimagisches Quadrat erhält man auch bei dieser Belegungsgruppe insgesamt $196\,608 = 4096 \cdot 48$ bimagische diagonale Euler-Quadrate, von denen aufgrund der asymmetrischen Verteilung der Zahlen hier sogar 24 576 Quadrate unterschiedlich sind. Ebenso erhöht sich die Anzahl der verschiedenen LDR-Quadrate auf 6144.

Da dieses Ergebnis auch für die nicht behandelte Belegungsgruppe 2 gilt, ergeben sich mit dieser Methode 15 360 unterschiedliche LDR-Quadrate. Was für eine enorme Anzahl, wenn man bedenkt, dass man jedes dieser Quadrate durch Zeilen-Spalten-Transformationen in $\frac{16!!}{2}$ weitere Quadrate umwandeln kann.

$$15\,360 \cdot \frac{16!!}{2} = 15\,360 \cdot 5\,160\,960 = 79\,272\,345\,600$$

Varianten

Doch diese riesige Zahl lässt sich noch deutlich erhöhen, wenn man weitere Matrizen benutzt. Da die bisher benutzte Matrix M_1 von der Struktur ein lateinisches Quadrat ist, liegt es nahe, sich nach weiteren Matrizen unter den insgesamt 576 verschiedenen lateinischen Quadraten der Ordnung 4 umzuschauen. Bereits nach kurzer Suche habe ich drei weitere geeignete Matrizen gefunden und dann die Suche abgebrochen.

A	B	BB	AA
B	A	AA	BB
BB	AA	A	B
AA	BB	B	A

a) Matrix 2

A	B	BB	AA
AA	A	B	BB
BB	AA	A	B
B	BB	AA	A

b) Matrix 3

A	B	BB	AA
AA	BB	B	A
BB	AA	A	B
B	A	AA	BB

c) Matrix 4

Abb. 2.241 Weitere mögliche Matrizen

Mit diesen Matrizen kann man genauso arbeiten wie mit der bisher benutzten Matrix M_1, da sich die Berechnung der Partnerquadrate nicht ändert. Dabei erzeugt auch jedes dieser Matrizen 15 360 verschiedene bimagische diagonale Euler-Quadrate in LDR-Darstellung.

Insgesamt ergeben sich damit $61\,440 = 4 \cdot 15\,360$ LDR-Quadrate, bei denen es sich natürlich immer um ein diagonales Euler-Quadrat handelt. Allerdings sind nur 55 296 unterschiedlich, sodass es einige Überschneidungen bei den ganzen Kombinationen gibt. Ich vermute, dass es noch weitere geeignete Matrizen gibt, da ich nur einen kleinen Bruchteil aller möglichen Matrizen untersucht habe.

Ebenso kann man weitere LDR-Quadrate erzeugen, wenn man die orthogonalen Sudoku-Quadrate mit verschiedenen Matrizen erstellt. So habe ich zum Beispiel 512 unterschiedliche bimagische LDR-Quadrate erstellen können, wenn das erste Sudoku-Quadrat mit einer Matrix M_1 und das andere mit einer unterschiedlich aufgebauten Matrix M_2 erstellt wird.

Allerdings sind diese Anzahlen im Vergleich zu den identisch gewählten Matrizen doch so gering, dass diese bimagischen Quadrate hier vernachlässigt werden können. Außerdem ist die Bestimmung der Partnerquadrate doch deutlich komplizierter.

2.5 Ordnung n = 25

Für die Ordnung 25 werden neben dem ersten bimagischen Quadrat von Barbette zwei Verfahren von Li-Wen und Tanja vorgestellt. Weitere Verfahren sind im Kapitel für bimagische Quadrate der Ordnung $n = p^2$ für den Fall $p = 5$ beschrieben.

2.5.1 Barbette

Das erste bimagische Quadrat der Ordnung $n = 25$ stammt von Edouard Barbette, der es 1912 in seinem Buch über magische Quadrate vorstellte.

In diesem in Handschrift geschriebenen Buch stellt er neben seinem bimagischen Quadrat viele andere Ideen zur Konstruktion von magischen Quadraten anderer Ordnungen vor.

118	448	128	583	288	419	249	554	259	89	220	550	355	60	390	516	346	26	481	186	317	22	452	157	612
417	247	552	257	87	218	548	353	58	388	519	349	29	484	189	320	25	455	160	615	116	446	126	581	286
216	546	351	56	386	517	347	27	482	187	318	23	453	158	613	119	449	129	584	289	420	250	555	260	90
520	350	30	485	190	316	21	451	156	611	117	447	127	582	287	418	248	553	258	88	219	549	354	59	389
319	24	454	159	614	120	450	130	585	290	416	246	551	256	86	217	547	352	57	387	518	348	28	483	188
298	103	433	138	593	99	404	234	564	269	400	205	535	365	70	196	501	331	36	491	622	302	7	462	167
97	402	232	562	267	398	203	533	363	68	199	504	334	39	494	625	305	10	465	170	296	101	431	136	591
396	201	531	361	66	197	502	332	37	492	623	303	8	463	168	299	104	434	139	594	100	405	235	565	270
200	505	335	40	495	621	301	6	461	166	297	102	432	137	592	98	403	233	563	268	399	204	534	364	69
624	304	9	464	169	300	105	435	140	595	96	401	231	561	266	397	202	532	362	67	198	503	333	38	493
578	283	113	443	148	254	84	414	244	574	55	385	215	545	375	476	181	511	341	46	152	607	312	17	472
252	82	412	242	572	53	383	213	543	373	479	184	514	344	49	155	610	315	20	475	576	281	111	441	146
51	381	211	541	371	477	182	512	342	47	153	608	313	18	473	579	284	114	444	149	255	85	415	245	575
480	185	515	345	50	151	606	311	16	471	577	282	112	442	147	253	83	413	243	573	54	384	214	544	374
154	609	314	19	474	580	285	115	445	150	251	81	411	241	571	52	382	212	542	372	478	183	513	343	48
133	588	293	123	428	559	264	94	424	229	360	65	395	225	530	31	486	191	521	326	457	162	617	322	2
557	262	92	422	227	358	63	393	223	528	34	489	194	524	329	460	165	620	325	5	131	586	291	121	426
356	61	391	221	526	32	487	192	522	327	458	163	618	323	3	134	589	294	124	429	560	265	95	425	230
35	490	195	525	330	456	161	616	321	1	132	587	292	122	427	558	263	93	423	228	359	64	394	224	529
459	164	619	324	4	135	590	295	125	430	556	261	91	421	226	357	62	392	222	527	33	488	193	523	328
438	143	598	278	108	239	569	274	79	409	540	370	75	380	210	336	41	496	176	506	12	467	172	602	307
237	567	272	77	407	538	368	73	378	208	339	44	499	179	509	15	470	175	605	310	436	141	596	276	106
536	366	71	376	206	337	42	497	177	507	13	468	173	603	308	439	144	599	279	109	240	570	275	80	410
340	45	500	180	510	11	466	171	601	306	437	142	597	277	107	238	568	273	78	408	539	369	74	379	209
14	469	174	604	309	440	145	600	280	110	236	566	271	76	406	537	367	72	377	207	338	43	498	178	508

Abb. 2.242 Symmetrisches bimagisches Quadrat der Ordnung 25 (Barbette)

2.5.2 Li Wen

Im Jahre 2002 veröffentlichte Li Wen ein pandiagonales bimagisches Quadrat der Ordnung $n = 25$.[60] Li Wen benutzt eine Formel, mit der die Zahlen z in den einzelnen Zellen (x, y) direkt berechnet werden können, wobei er den Ursprung $(0, 0)$ in die linke obere Ecke legt.

$$z = 25 \cdot (5 \cdot m_1 + m_2) + 5 \cdot m_{34} + m_{56} + 1;$$

Um seine Formel etwas vereinfacht darstellen zu können, werden hier einige Zwischenwerte benutzt:

$$\begin{aligned} x_1 &\equiv x/5 & \qquad y_1 &\equiv y/5 \\ x_2 &\equiv x \mod 5 & \qquad y_2 &\equiv y \mod 5 \end{aligned}$$

Mit diesen Vereinfachungen lauten die Formeln von Li Wen, wobei alle Zahlen modulo 5 berechnet werden:

$$\begin{aligned} m_1 &= 2 \cdot x_1 + y_1 & \qquad m_5 &= 3 \cdot x_1 + y_1 \\ m_2 &= x_2 + 2 \cdot y_2 & \qquad m_6 &= x_2 + 3 \cdot y_2 \\ m_3 &= 3 \cdot x_1 + y_1 & \qquad m_{34} &= m_3 + m_4 \\ m_4 &= x_2 + 3 \cdot y_2 & \qquad m_{56} &= m_5 + 2 \cdot m_6 \end{aligned}$$

Mit diesen Formeln von Li Wen ergibt sich das pandiagonale bimagische Quadrat der Ordnung $n = 25$ aus Abbildung 2.243.

Diese Formel bietet natürlich Spielraum für andere Parameter. So habe ich in einigen Termen die Faktoren verändert und auf mögliche Werte für die benutzten Parameter untersucht.

$$\begin{aligned} m_1 &= a \cdot x_1 + b \cdot y_1 & \qquad m_5 &= 3 \cdot x_1 + y_1 \\ m_2 &= c \cdot x_2 + d \cdot y_2 & \qquad m_6 &= x_2 + 3 \cdot y_2 \\ m_3 &= e \cdot x_1 + f \cdot y_1 & \qquad m_{34} &= i \cdot m_3 + j \cdot m_4 \\ m_4 &= g \cdot x_2 + h \cdot y_2 & \qquad m_{56} &= k \cdot m_5 + l \cdot m_6 \end{aligned}$$

Insgesamt ergeben sich dabei 49 152 Kombinationen von Parametern, die zu pandiagonalen bimagischen Quadraten führen. Es stellt sich aber heraus, dass nur 6144 dieser Quadrate auch wirklich verschieden sind.

Eines dieser Quadrate ist in Abbildung 2.244 dargestellt und benutzt die nachfolgende Belegung.

---

[60] Li Wen [596]

Belegung											
a	b	c	d	e	f	g	h	i	j	k	l
2	1	4	3	1	2	3	4	1	1	2	3

Damit lauten die abgeänderten Gleichungen:

$$\begin{aligned} m_1 &= 2 \cdot x_1 + y_1 & \qquad m_5 &= 3 \cdot x_1 + y_1 \\ m_2 &= 4 \cdot x_2 + 3 \cdot y_2 & m_6 &= x_2 + 3 \cdot y_2 \\ m_3 &= x_1 + 2 \cdot y_1 & m_{34} &= m_3 + m_4 \\ m_4 &= 3 \cdot x_2 + 4 \cdot y_2 & m_{56} &= 2 \cdot m_5 + 3 \cdot m_6 \end{aligned}$$

1	33	65	92	124	269	296	303	335	362	507	539	566	598	605	150	152	184	211	243	388	420	447	454	481
67	99	101	8	40	310	337	369	271	278	573	580	607	514	541	186	218	250	127	159	429	456	488	395	422
108	15	42	74	76	371	253	285	312	344	614	516	548	555	582	227	134	161	193	225	495	397	404	431	463
49	51	83	115	17	287	319	346	353	260	530	557	589	616	523	168	200	202	234	136	406	438	470	497	379
90	117	24	26	58	328	360	262	294	321	591	623	505	532	564	209	236	143	175	177	472	479	381	413	445
132	164	191	223	230	400	402	434	461	493	13	45	72	79	106	251	283	315	342	374	519	546	553	585	612
198	205	232	139	166	436	468	500	377	409	54	81	113	20	47	317	349	351	258	290	560	587	619	521	528
239	141	173	180	207	477	384	411	443	475	120	22	29	56	88	358	265	292	324	326	621	503	535	562	594
155	182	214	241	148	418	450	452	484	386	31	63	95	122	4	299	301	333	365	267	537	569	596	603	510
216	248	130	157	189	459	486	393	425	427	97	104	6	38	70	340	367	274	276	308	578	610	512	544	571
263	295	322	329	356	501	533	565	592	624	144	171	178	210	237	382	414	441	473	480	25	27	59	86	118
304	331	363	270	297	567	599	601	508	540	185	212	244	146	153	448	455	482	389	416	61	93	125	2	34
370	272	279	306	338	608	515	542	574	576	246	128	160	187	219	489	391	423	430	457	102	9	36	68	100
281	313	345	372	254	549	551	583	615	517	162	194	221	228	135	405	432	464	491	398	43	75	77	109	11
347	354	256	288	320	590	617	524	526	558	203	235	137	169	196	466	498	380	407	439	84	111	18	50	52
394	421	428	460	487	7	39	66	98	105	275	277	309	336	368	513	545	572	579	606	126	158	190	217	249
435	462	494	396	403	73	80	107	14	41	311	343	375	252	284	554	581	613	520	547	192	224	226	133	165
496	378	410	437	469	114	16	48	55	82	352	259	286	318	350	620	522	529	556	588	233	140	167	199	201
412	444	471	478	385	30	57	89	116	23	293	325	327	359	261	531	563	595	622	504	174	176	208	240	142
453	485	387	419	446	91	123	5	32	64	334	361	268	300	302	597	604	506	538	570	215	242	149	151	183
525	527	559	586	618	138	170	197	204	231	376	408	440	467	499	19	46	53	85	112	257	289	316	348	355
561	593	625	502	534	179	206	238	145	172	442	474	476	383	415	60	87	119	21	28	323	330	357	264	291
602	509	536	568	600	245	147	154	181	213	483	390	417	449	451	121	3	35	62	94	364	266	298	305	332
543	575	577	609	511	156	188	220	247	129	424	426	458	490	392	37	69	96	103	10	280	307	339	366	273
584	611	518	550	552	222	229	131	163	195	465	492	399	401	433	78	110	12	44	71	341	373	255	282	314

Abb. 2.243 Pandiagonales bimagisches Quadrat der Ordnung 25 (Li Wen)

1	120	84	73	37	258	372	336	305	294	515	604	593	557	546	142	231	225	189	153	399	488	452	441	410
98	62	26	20	109	330	319	283	272	361	582	571	540	504	618	214	178	167	131	250	466	435	424	388	477
45	9	123	87	51	297	261	355	344	308	529	518	607	596	565	156	150	239	203	192	413	377	491	460	449
112	76	70	34	23	369	333	322	286	255	621	590	554	543	507	228	217	181	175	139	485	474	438	402	391
59	48	12	101	95	311	280	269	358	347	568	532	521	615	579	200	164	128	242	206	427	416	385	499	463
140	229	218	182	171	392	481	475	439	403	24	113	77	66	35	251	370	334	323	287	508	622	586	555	544
207	196	165	129	243	464	428	417	381	500	91	60	49	13	102	348	312	276	270	359	580	569	533	522	611
154	143	232	221	190	406	400	489	453	442	38	2	116	85	74	295	259	373	337	301	547	511	605	594	558
246	215	179	168	132	478	467	431	425	389	110	99	63	27	16	362	326	320	284	273	619	583	572	536	505
193	157	146	240	204	450	414	378	492	456	52	41	10	124	88	309	298	262	351	345	561	530	519	608	597
274	363	327	316	285	501	620	584	573	537	133	247	211	180	169	390	479	468	432	421	17	106	100	64	28
341	310	299	263	352	598	562	526	520	609	205	194	158	147	236	457	446	415	379	493	89	53	42	6	125
288	252	366	335	324	545	509	623	587	551	172	136	230	219	183	404	393	482	471	440	31	25	114	78	67
360	349	313	277	266	612	576	570	534	523	244	208	197	161	130	496	465	429	418	382	103	92	56	50	14
302	291	260	374	338	559	548	512	601	595	186	155	144	233	222	443	407	396	490	454	75	39	3	117	81
383	497	461	430	419	15	104	93	57	46	267	356	350	314	278	524	613	577	566	535	126	245	209	198	162
455	444	408	397	486	82	71	40	4	118	339	303	292	256	375	591	560	549	513	602	223	187	151	145	234
422	386	480	469	433	29	18	107	96	65	281	275	364	328	317	538	502	616	585	574	170	134	248	212	176
494	458	447	411	380	121	90	54	43	7	353	342	306	300	264	610	599	563	527	516	237	201	195	159	148
436	405	394	483	472	68	32	21	115	79	325	289	253	367	331	552	541	510	624	588	184	173	137	226	220
517	606	600	564	528	149	238	202	191	160	376	495	459	448	412	8	122	86	55	44	265	354	343	307	296
589	553	542	506	625	216	185	174	138	227	473	437	401	395	484	80	69	33	22	111	332	321	290	254	368
531	525	614	578	567	163	127	241	210	199	420	384	498	462	426	47	11	105	94	58	279	268	357	346	315
603	592	556	550	514	235	224	188	152	141	487	451	445	409	398	119	83	72	36	5	371	340	304	293	257
575	539	503	617	581	177	166	135	249	213	434	423	387	476	470	61	30	19	108	97	318	282	271	365	329

Abb. 2.244 Pandiagonales bimagisches Quadrat von Li Wen (Li Wen - Danielsson)

2.5.3 Taneja

Ein weiteres Verfahren zur Konstruktion pandiagonaler bimagischer Quadrate habe ich in einem Artikel von Inder J. Taneja entdeckt.[61] Dieses Verfahren ähnelt ein wenig dem Verfahren von Li Wen, erzeugt aber andere bimagische Quadrate.

Taneja geht von einem pandiagonalen magischen Quadrat der Ordnung $n = 5$ aus, mit dem diagonale Euler-Quadrate erzeugt werden, die dann zu einem pandiagonalen bimagischen Quadrat zusammengesetzt werden.

[61] Taneja [549]

1	22	18	14	10
13	9	5	21	17
25	16	12	8	4
7	3	24	20	11
19	15	6	2	23

Abb. 2.245 Pandiagonales magisches Ausgangsquadrat

In diesem Ausgangsquadrat werden alle Zahlen um 1 vermindert und im Zahlensystem zur Basis 5 angegeben. In Abbildung 2.246 werden zusätzlich die linken und rechten Ziffern dieser Zahlen in eigenen Quadraten dargestellt.

00	41	32	23	14
22	13	04	40	31
44	30	21	12	03
11	02	43	34	20
33	24	10	01	42

a) Fünfer-System

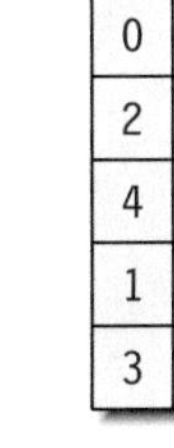

0	4	3	2	1
2	1	0	4	3
4	3	2	1	0
1	0	4	3	2
3	2	1	0	4

b) L: linke Ziffern

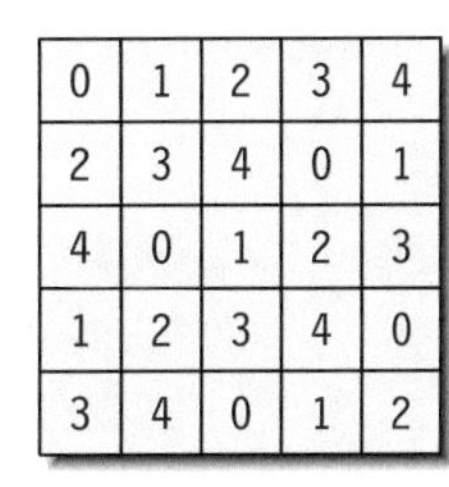

0	1	2	3	4
2	3	4	0	1
4	0	1	2	3
1	2	3	4	0
3	4	0	1	2

c) R: rechte Ziffern

Abb. 2.246 Zerlegung des pandiagonalen Ausgangsquadrates

Danach werden die beiden Quadrate L und R insgesamt 25 Mal miteinander kombiniert und damit die diagonalen Euler-Quadrate erstellt. Damit das Verfahren nicht durch zusätzliche mathematische Berechnungen verschleiert wird, werden die Zeilen und Spalten in den Quadraten der Ordnung 5 von der linken oberen Ecke mit 0 ausgehend aufsteigend nach unten und nach rechts durchnummeriert.

Dies gilt auch für die 25 Teilquadrate der Größe 5×5 in den beiden Euler-Quadraten der Ordnung $n = 25$. Hier gibt die erste Ziffer die Zeilennummer und die zweite Ziffer die Spaltennummer des betreffenden 5×5 - Teilquadrates an.

	0	1	2	3	4
0	00	01	02	03	04
1	10	11	12	13	14
2	20	21	22	23	24
3	30	31	32	33	34
4	40	41	42	43	44

Abb. 2.247 Kennzeichnung der 5×5 - Teilquadrate im ersten Hilfsquadrat der Ordnung 25

Alle 25 Teilquadrate des ersten Hilfsquadrates werden nur mit den Zahlen aus einer Zeile des Ausgangsquadrates gefüllt, wobei die Zahlen der einzelnen Zeilen jedoch in unterschiedlicher Reihenfolge angeordnet werden. Welche Zeile des Ausgangsquadrates dazu gewählt wird, bestimmt das Quadrat L. Soll etwa das Teilquadrat 00 in der linken oberen Ecke des ersten Hilfsquadrates aus Abbildung 2.247 gefüllt werden, ergibt sich an der gleichen Position des Quadrates L der Index 0. Damit treten in diesem 5 x 5 - Teilquadrat nur die Zahlen aus der Zeile 0 des Ausgangsquadrates auf, also die Zahlen 1, 22, 18, 14 und 10.

Für die linke Spalte des Hilfsquadrates werden die Zahlen aus den Zeilen in der Reihenfolge 0, 2, 4, 1, 3 benutzt, die sich aus der linken Spalte des Quadrates L ergeben. Für die obere Zeile lautet der zu benutzende Zeilenindex 0, sodass in jeder Zeile des zu füllenden 5 x 5 - Teilquadrates nur die Zahlen 1, 22, 18, 14 und 10 auftreten. Diese fünf Zahlen des Ausgangsquadrates werden von links nach rechts mit den Indizes 0, 1, 2, 3, 4 gekennzeichnet, also den zugehörigen Spaltennummern.

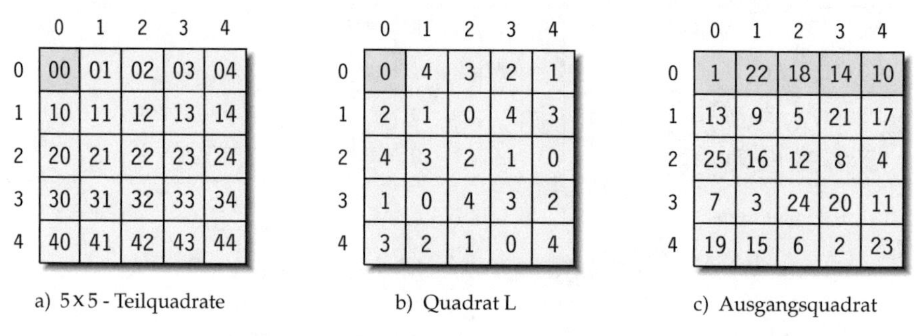

	0	1	2	3	4
0	00	01	02	03	04
1	10	11	12	13	14
2	20	21	22	23	24
3	30	31	32	33	34
4	40	41	42	43	44

a) 5 x 5 - Teilquadrate

	0	1	2	3	4
0	0	4	3	2	1
1	2	1	0	4	3
2	4	3	2	1	0
3	1	0	4	3	2
4	3	2	1	0	4

b) Quadrat L

	0	1	2	3	4
0	1	22	18	14	10
1	13	9	5	21	17
2	25	16	12	8	4
3	7	3	24	20	11
4	19	15	6	2	23

c) Ausgangsquadrat

Abb. 2.248 Ausgangszahlen für das erste Teilquadrat

Die Reihenfolge, mit denen diese fünf Zahlen in die obere Zeile des zu füllendes 5 x 5 - Teilquadrates 00 eingetragen werden, ergibt sich aus der zugehörigen Zeile des Quadrates L. Dort ergibt die Reihenfolge 0, 4, 3, 2, 1 , sodass die Zahlen des Ausgangsquadrates in der Reihenfolge 1, 10, 14, 18, 22 eingetragen werden.

0	4	3	2	1
2	1	0	4	3
4	3	2	1	0
1	0	4	3	2
3	2	1	0	4

a) Quadrat L

1	10	14	18	22

b) Teilquadrat 00

Für die nächste Zeile benutzt man die Reihenfolge, die durch die zweite Zeile des Quadrates L festgelegt wird. Mit der Reihenfolge 2, 1, 0, 4, 3 werden also die Zahlen 18, 22, 1, 10, 14 eingetragen.

0	4	3	2	1
2	1	0	4	3
4	3	2	1	0
1	0	4	3	2
3	2	1	0	4

c) Quadrat L

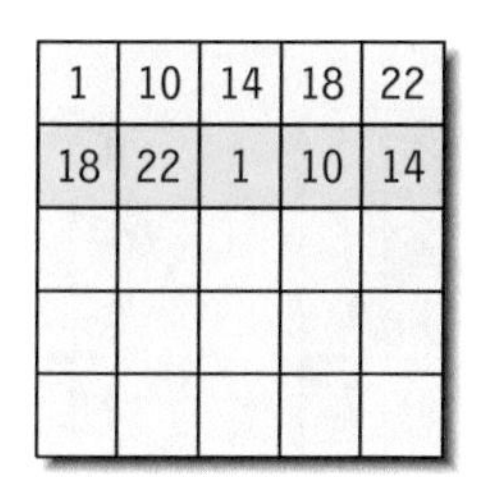

1	10	14	18	22
18	22	1	10	14

d) Teilquadrat 00

Füllt man entsprechend auch die verbleibenden drei Zeilen, erhält man das vollständige Teilquadrat 00 wie in Abbildung 2.249, das dann an der entsprechenden Position 00 im Hilfsquadrat der Ordnung 25 eingefügt werden kann.

0	4	3	2	1
2	1	0	4	3
4	3	2	1	0
1	0	4	3	2
3	2	1	0	4

e) Quadrat L

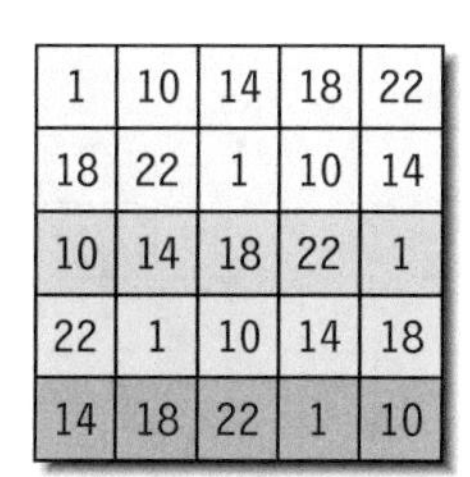

1	10	14	18	22
18	22	1	10	14
10	14	18	22	1
22	1	10	14	18
14	18	22	1	10

f) Teilquadrat 00

Abb. 2.249 Vollständig gefülltes Teilquadrat 00

Für das direkt darunterliegende Teilquadrat 10 ergibt sich aus dem Quadrat L die Kennziffer 2, sodass alle Zeilen dieses Teilquadrates mit den Zahlen 25, 16, 12, 8, 4 gefüllt werden müssen. Die Reihenfolge dieser Zahlen ergibt sich wieder aus den Zeilen des Quadrates L, deren Zahlen als Indizes benutzt werden.

	0	1	2	3	4
0	0	4	3	2	1
1	2	1	0	4	3
2	4	3	2	1	0
3	1	0	4	3	2
4	3	2	1	0	4

a) Quadrat L

	0	1	2	3	4
0	1	22	18	14	10
1	13	9	5	21	17
2	25	16	12	8	4
3	7	3	24	20	11
4	19	15	6	2	23

b) Ausgangsquadrat

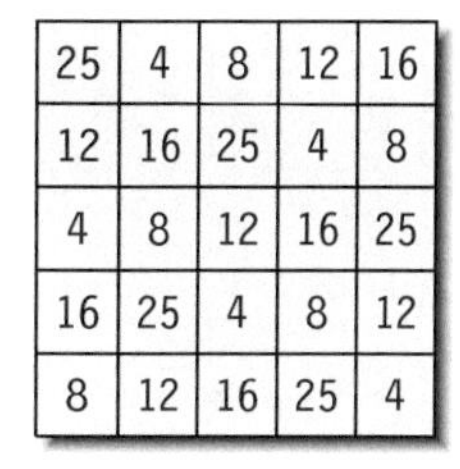

25	4	8	12	16
12	16	25	4	8
4	8	12	16	25
16	25	4	8	12
8	12	16	25	4

c) Teilquadrat 10

Abb. 2.250 Vollständig gefülltes Teilquadrat 10

Als drittes Beispiel soll noch das Teilquadrat mit der Kennziffer 21 betrachtet werden. Hier wird die zugehörige Zeile mit 3 bestimmt, da sich dieser Wert in Zeile 2 und Spalte 1 des Quadrates L befindet. Damit ergeben sich die zu benutzenden Zahlen aus Zeile 3 des Ausgangsquadrates und lauten damit 7, 3, 24, 20, 11 .

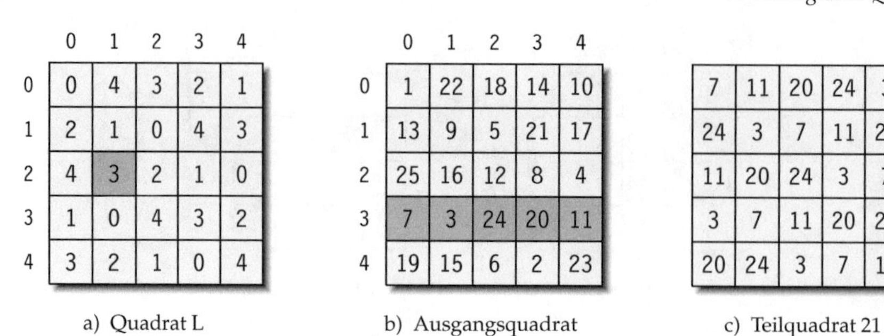

a) Quadrat L

	0	1	2	3	4
0	0	4	3	2	1
1	2	1	0	4	3
2	4	3	2	1	0
3	1	0	4	3	2
4	3	2	1	0	4

b) Ausgangsquadrat

	0	1	2	3	4
0	1	22	18	14	10
1	13	9	5	21	17
2	25	16	12	8	4
3	7	3	24	20	11
4	19	15	6	2	23

c) Teilquadrat 21

7	11	20	24	3
24	3	7	11	20
11	20	24	3	7
3	7	11	20	24
20	24	3	7	11

Abb. 2.251 Vollständig gefülltes Teilquadrat 21

Füllt man entsprechend alle 25 Teilquadrate, erhält man das erste Hilfsquadrat aus Abbildung 2.252.

			0					1					2					3					4		
	1	10	14	18	22	19	23	2	6	15	7	11	20	24	3	25	4	8	12	16	13	17	21	5	9
	18	22	1	10	14	6	15	19	23	2	24	3	7	11	20	12	16	25	4	8	5	9	13	17	21
0	10	14	18	22	1	23	2	6	15	19	11	20	24	3	7	4	8	12	16	25	17	21	5	9	13
	22	1	10	14	18	15	19	23	2	6	3	7	11	20	24	16	25	4	8	12	9	13	17	21	5
	14	18	22	1	10	2	6	15	19	23	20	24	3	7	11	8	12	16	25	4	21	5	9	13	17
	25	4	8	12	16	13	17	21	5	9	1	10	14	18	22	19	23	2	6	15	7	11	20	24	3
	12	16	25	4	8	5	9	13	17	21	18	22	1	10	14	6	15	19	23	2	24	3	7	11	20
1	4	8	12	16	25	17	21	5	9	13	10	14	18	22	1	23	2	6	15	19	11	20	24	3	7
	16	25	4	8	12	9	13	17	21	5	22	1	10	14	18	15	19	23	2	6	3	7	11	20	24
	8	12	16	25	4	21	5	9	13	17	14	18	22	1	10	2	6	15	19	23	20	24	3	7	11
	19	23	2	6	15	7	11	20	24	3	25	4	8	12	16	13	17	21	5	9	1	10	14	18	22
	6	15	19	23	2	24	3	7	11	20	12	16	25	4	8	5	9	13	17	21	18	22	1	10	14
2	23	2	6	15	19	11	20	24	3	7	4	8	12	16	25	17	21	5	9	13	10	14	18	22	1
	15	19	23	2	6	3	7	11	20	24	16	25	4	8	12	9	13	17	21	5	22	1	10	14	18
	2	6	15	19	23	20	24	3	7	11	8	12	16	25	4	21	5	9	13	17	14	18	22	1	10
	13	17	21	5	9	1	10	14	18	22	19	23	2	6	15	7	11	20	24	3	25	4	8	12	16
	5	9	13	17	21	18	22	1	10	14	6	15	19	23	2	24	3	7	11	20	12	16	25	4	8
3	17	21	5	9	13	10	14	18	22	1	23	2	6	15	19	11	20	24	3	7	4	8	12	16	25
	9	13	17	21	5	22	1	10	14	18	15	19	23	2	6	3	7	11	20	24	16	25	4	8	12
	21	5	9	13	17	14	18	22	1	10	2	6	15	19	23	20	24	3	7	11	8	12	16	25	4
	7	11	20	24	3	25	4	8	12	16	13	17	21	5	9	1	10	14	18	22	19	23	2	6	15
	24	3	7	11	20	12	16	25	4	8	5	9	13	17	21	18	22	1	10	14	6	15	19	23	2
4	11	20	24	3	7	4	8	12	16	25	17	21	5	9	13	10	14	18	22	1	23	2	6	15	19
	3	7	11	20	24	16	25	4	8	12	9	13	17	21	5	22	1	10	14	18	15	19	23	2	6
	20	24	3	7	11	8	12	16	25	4	21	5	9	13	17	14	18	22	1	10	2	6	15	19	23

Abb. 2.252 Erstes Hilfsquadrat der Ordnung $n = 25$

Das zweite Hilfsquadrat der Ordnung $n = 25$ lässt sich entsprechend erstellen, nur dass hier die zu benutzenden Zahlen durch das Quadrat R festgelegt werden. Für das Teilquadrat mit der Kennziffer 32 ergibt sich beispielsweise aus der Zeile 3 und der Spalte 2 die Zeilennummer 3 und damit die Zahlen $7, 3, 24, 20, 11$ des Ausgangsquadrates.

	0	1	2	3	4
0	0	1	2	3	4
1	2	3	4	0	1
2	4	0	1	2	3
3	1	2	3	4	0
4	3	4	0	1	2

a) Quadrat R

	0	1	2	3	4
0	1	22	18	14	10
1	13	9	5	21	17
2	25	16	12	8	4
3	7	3	24	20	11
4	19	15	6	2	23

b) Ausgangsquadrat

Abb. 2.253 Auswahl der Zahlen für das Teilquadrat 32

Die Reihenfolge der in die Zeilen des Teilquadrates einzutragenden Zahlen richtet sich hier nach den Zahlen in den Spalten des Quadrates L. In die Zeile 0 werden also die Zahlen in der Reihenfolge $0, 2, 4, 1, 3$ eingetragen, in die Zeile 1 in der Reihenfolge $4, 1, 3, 0, 2$ usw. Insgesamt ergibt sich damit das Teilquadrat in Abbildung 2.254.

0	4	3	2	1
2	1	0	4	3
4	3	2	1	0
1	0	4	3	2
3	2	1	0	4

a) Quadrat L

7	24	11	3	20
11	3	20	7	24
20	7	24	11	3
24	11	3	20	7
3	20	7	24	11

b) Teilquadrat 32

Abb. 2.254 Vollständig gefülltes Teilquadrat 32

Verfährt man bei den anderen 24 Teilquadraten ebenso, erhält man das zweite Hilfsquadrat der Ordnung 25 aus Abbildung 2.255.

Mit diesen beiden Hilfsquadraten ergibt sich das pandiagonale bimagische Quadrat aus Abbildung 2.256 dadurch, dass man die beiden Hilfsquadrate überlagert. Die Zahlen des ersten Hilfsquadrates werden zunächst um 1 vermindert und dann mit 5 multipliziert und die entsprechenden Zahlen des zweiten Hilfsquadrates hinzuaddiert.

Insgesamt existieren unter den 3600 verschiedenen pandiagonalen Quadraten der Ordnung $n = 5$ nur 50 Quadrate, mit denen pandiagonale bimagische Quadrate der Ordnung 25 erzeugt werden können.

			0					1					2					3					4		
	1	18	10	22	14	13	5	17	9	21	25	12	4	16	8	7	24	11	3	20	19	6	23	15	2
	10	22	14	1	18	17	9	21	13	5	4	16	8	25	12	11	3	20	7	24	23	15	2	19	6
0	14	1	18	10	22	21	13	5	17	9	8	25	12	4	16	20	7	24	11	3	2	19	6	23	15
	18	10	22	14	1	5	17	9	21	13	12	4	16	8	25	24	11	3	20	7	6	23	15	2	19
	22	14	1	18	10	9	21	13	5	17	16	8	25	12	4	3	20	7	24	11	15	2	19	6	23
	25	12	4	16	8	7	24	11	3	20	19	6	23	15	2	1	18	10	22	14	13	5	17	9	21
	4	16	8	25	12	11	3	20	7	24	23	15	2	19	6	10	22	14	1	18	17	9	21	13	5
1	8	25	12	4	16	20	7	24	11	3	2	19	6	23	15	14	1	18	10	22	21	13	5	17	9
	12	4	16	8	25	24	11	3	20	7	6	23	15	2	19	18	10	22	14	1	5	17	9	21	13
	16	8	25	12	4	3	20	7	24	11	15	2	19	6	23	22	14	1	18	10	9	21	13	5	17
	19	6	23	15	2	1	18	10	22	14	13	5	17	9	21	25	12	4	16	8	7	24	11	3	20
	23	15	2	19	6	10	22	14	1	18	17	9	21	13	5	4	16	8	25	12	11	3	20	7	24
2	2	19	6	23	15	14	1	18	10	22	21	13	5	17	9	8	25	12	4	16	20	7	24	11	3
	6	23	15	2	19	18	10	22	14	1	5	17	9	21	13	12	4	16	8	25	24	11	3	20	7
	15	2	19	6	23	22	14	1	18	10	9	21	13	5	17	16	8	25	12	4	3	20	7	24	11
	13	5	17	9	21	25	12	4	16	8	7	24	11	3	20	19	6	23	15	2	1	18	10	22	14
	17	9	21	13	5	4	16	8	25	12	11	3	20	7	24	23	15	2	19	6	10	22	14	1	18
3	21	13	5	17	9	8	25	12	4	16	20	7	24	11	3	2	19	6	23	15	14	1	18	10	22
	5	17	9	21	13	12	4	16	8	25	24	11	3	20	7	6	23	15	2	19	18	10	22	14	1
	9	21	13	5	17	16	8	25	12	4	3	20	7	24	11	15	2	19	6	23	22	14	1	18	10
	7	24	11	3	20	19	6	23	15	2	1	18	10	22	14	13	5	17	9	21	25	12	4	16	8
	11	3	20	7	24	23	15	2	19	6	10	22	14	1	18	17	9	21	13	5	4	16	8	25	12
4	20	7	24	11	3	2	19	6	23	15	14	1	18	10	22	21	13	5	17	9	8	25	12	4	16
	24	11	3	20	7	6	23	15	2	19	18	10	22	14	1	5	17	9	21	13	12	4	16	8	25
	3	20	7	24	11	15	2	19	6	23	22	14	1	18	10	9	21	13	5	17	16	8	25	12	4

Abb. 2.255 Zweites Hilfsquadrat der Ordnung $n = 25$

1	243	335	447	539	463	555	42	134	371	175	262	479	591	58	607	99	186	278	395	319	406	523	115	202
435	547	14	226	343	142	359	471	563	30	579	66	158	275	487	286	378	620	82	199	123	215	302	419	506
239	326	443	535	22	571	38	130	367	459	258	500	587	54	166	95	182	299	386	603	402	519	106	223	315
543	10	247	339	426	355	467	559	46	138	62	154	266	483	600	399	611	78	195	282	206	323	415	502	119
347	439	526	18	235	34	146	363	455	567	491	583	75	162	254	178	295	382	624	86	515	102	219	306	423
625	87	179	291	383	307	424	511	103	220	19	231	348	440	527	451	568	35	147	364	163	255	492	584	71
279	391	608	100	187	111	203	320	407	524	448	540	2	244	331	135	372	464	551	43	592	59	171	263	480
83	200	287	379	616	420	507	124	211	303	227	344	431	548	15	564	26	143	360	472	271	488	580	67	159
387	604	91	183	300	224	311	403	520	107	531	23	240	327	444	368	460	572	39	126	55	167	259	496	588
191	283	400	612	79	503	120	207	324	411	340	427	544	6	248	47	139	351	468	560	484	596	63	155	267
469	556	48	140	352	151	268	485	597	64	613	80	192	284	396	325	412	504	116	208	7	249	336	428	545
148	365	452	569	31	585	72	164	251	493	292	384	621	88	180	104	216	308	425	512	436	528	20	232	349
552	44	131	373	465	264	476	593	60	172	96	188	280	392	609	408	525	112	204	316	245	332	449	536	3
356	473	565	27	144	68	160	272	489	576	380	617	84	196	288	212	304	416	508	125	549	11	228	345	432
40	127	369	456	573	497	589	51	168	260	184	296	388	605	92	516	108	225	312	404	328	445	532	24	236
313	405	517	109	221	25	237	329	441	533	457	574	36	128	370	169	256	498	590	52	601	93	185	297	389
117	209	321	413	505	429	541	8	250	337	136	353	470	557	49	598	65	152	269	481	285	397	614	76	193
421	513	105	217	309	233	350	437	529	16	570	32	149	361	453	252	494	581	73	165	89	176	293	385	622
205	317	409	521	113	537	4	241	333	450	374	461	553	45	132	56	173	265	477	594	393	610	97	189	276
509	121	213	305	417	341	433	550	12	229	28	145	357	474	561	490	577	69	156	273	197	289	376	618	85
157	274	486	578	70	619	81	198	290	377	301	418	510	122	214	13	230	342	434	546	475	562	29	141	358
586	53	170	257	499	298	390	602	94	181	110	222	314	401	518	442	534	21	238	330	129	366	458	575	37
270	482	599	61	153	77	194	281	398	615	414	501	118	210	322	246	338	430	542	9	558	50	137	354	466
74	161	253	495	582	381	623	90	177	294	218	310	422	514	101	530	17	234	346	438	362	454	566	33	150
478	595	57	174	261	190	277	394	606	98	522	114	201	318	410	334	446	538	5	242	41	133	375	462	554

Abb. 2.256 Pandiagonales bimagisches Quadrat der Ordnung $n = 25$ (Taneja)

2.6 Ordnung n = p²

Für Ordnungen $n = p^2$ existieren verschiedene Verfahren für die Konstruktion bimagischer Quadrate, wenn p eine ungerade Zahl ist. Während p bei den Verfahren von Cazalas zusätzlich eine Primzahl sein muss, gibt es bei den Verfahren von Chen und Hendricks keine weiteren Einschränkungen. Die beiden Verfahren von Keedwell sind dagegen auf die Ordnung 9 beschränkt.

2.6.1 Cazalas

Cazalas hat in seinem 1934 erschienenen Buch einige Verfahren von Tarry analysiert und noch etwas verfeinert. Neben verschiedenen anderen Verfahren beschreibt er ein Verfahren zur Konstruktion bimagischer Quadrate der Ordnung $n = p^2$, wenn p ein Primzahl ist.[62,63]

Seine Verfahren basieren auf arithmetischen Serien, die unter bestimmten Bedingungen für die Konstruktion geeignet sind. Daher müssen zunächst der Aufbau dieser Serien und einige weitere Begriffe näher erklärt werden.

Arithmetische Serien

Unter einer arithmetischen Serie $(r)_p$ versteht man die Folge von Termen

$$0 \quad r \quad 2r \quad 3r \quad \dots \quad (p-1)r$$

wobei alle Zahlen modulo p berechnet werden. Die konkrete Serie $(2)_5$ ist damit eine abkürzende Schreibweise für die fünf Zahlen

$$0 \quad 2 \quad 4 \quad 1 \quad 3$$

Die Zahl r kann wie $(314)_5$ natürlich auch aus mehreren Ziffern bestehen.

$$000 \quad 413 \quad 321 \quad 234 \quad 142$$

Bei allen arithmetischen Operationen sind die einzelnen Ziffern immer getrennt voneinander zu betrachten. Jede Berechnung wird also immer nur mit Ziffern an der gleichen Position ohne Übertrag durchgeführt.

Man nennt eine Serie $(r)_p$ *voll* (frz. *pleine*), wenn in allen Zahlen dieser Serie jede Ziffer des zugrundeliegenden Zahlensystems gleich oft an den einzelnen Positionen dieser Zahlen auftritt. Bei den fünf Zahlen von $(413)_5$ treten die Ziffern $0, 1, 2, 3, 4$ genau einmal an der ersten, der zweiten und der dritten Position aller Zahlen auf.

Die Multiplikation einer Zahl mit einer Konstanten c ist dabei wie üblich eine Abkürzung für eine fortgesetzte Addition.

000	413	321	234
+ 413	+ 413	+ 413	+ 413
413	321	234	142

Tab. 2.37 Multiplikation der Zahl $(413)_5$ mit den Konstanten 1, 2, 3 und 4 als fortgesetzte Addition

[62] Tarry [560]

[63] Cazalas [84] S. 45 – 68

Aus der stellenweise Addition von Zahlen lässt sich die Subtraktion ableiten. Die letzte Addition in Tabelle 2.37 lautet

$$234 + 413 \equiv 142 = d_1 d_2 d_3$$

also muss für die Subtraktion $142 - 413 \equiv 234$ gelten. Dabei werden die Ziffern bei der Subtraktion wieder für jede Position getrennt berechnet.

$$\begin{aligned} d_1 &= 1 - 4 = -3 \equiv 2 \quad \bmod 5 \\ d_2 &= 4 - 1 = 3 \\ d_3 &= 2 - 3 = -1 \equiv 4 \quad \bmod 5 \end{aligned}$$

Eine Erweiterung dieser Schreibweise stellt die arithmetische Serie zweiter Ordnung $(r_1\, r_2)_p$ dar, wobei r_2 nicht in der Serie $(r_1)_p$ enthalten sein darf. Hiermit ist die Folge von Termen aus Tabelle 2.38 gemeint, bei der die p^2 Zahlen nur der Übersichtlichkeit halber als Tabelle angeordnet wurden.

0	r	$2r$	$\dots$	$(p-1)r$
$r_2 + 0$	$r_2 + r$	$r_2 + 2r$	$\dots$	$r_2 + (p-1)r$
$2r_2 + 0$	$2r_2 + r$	$2r_2 + 2r$	$\dots$	$2r_2 + (p-1)r$
$\dots$	$\dots$	$\dots$	$\dots$	$\dots$
$(p-1)r_2 + 0$	$(p-1)r_2 + r$	$(p-1)r_2 + 2r$	$\dots$	$(p-1)r_2 + (p-1)r$

Tab. 2.38 p^2 Terme der arithmetischen Serie $(r_1\, r_2)_p$

Jede Berechnung wird wie beschrieben immer nur mit Ziffern an der gleichen Position modulo p durchgeführt. Die 25 bzw. 9 Zahlen der nächsten beiden Beispiele sind in Tabelle 2.39 wieder in Tabellenform angegeben, obwohl es sich in beiden Fällen nur um Zahlenfolgen handelt.

$(12\ 34)_5$					$(0112\ 1022)_3$		
00	12	24	31	43			
34	41	03	10	22	0000	0112	0221
13	20	32	44	01	1022	1101	1210
42	04	11	23	30	2011	2120	2202
21	33	40	02	14			

Tab. 2.39 p^2 Zahlen der arithmetischen Serien $(12\ 34)_5$ und $(0112\ 1022)_3$

Auch eine solche Serie $(r1\ r2)_p$ wird *voll* (frz. *pleine*) genannt, wenn in allen Zahlen dieser Serie jede Ziffer des zugrundeliegenden Zahlensystems gleich oft an den einzelnen Positionen dieser Zahlen auftritt.

Diese Serien können erweitert werden, indem weitere Zahlen hinzukommen. Bei der Serie $(r_1\ r_2\ r_3)_p$ darf zusätzlich zu den bisherigen Bedingungen r_3 nicht in den anderen Serien vorkommen. Wenn die Zahlenfolge $a, b, c, \ldots, x$ die p^2 Terme der Serie $(r_1\ r_2)_p$ sind, umfasst die Serie $(r_1\ r_2\ r_3)_p$ insgesamt p^3 Terme, die alle unterschiedliche Zahlen erzeugen.

a	b	c	$\ldots$	x
$a + r_3$	$b + r_3$	$c + r_3$	$\ldots$	$x + r_3$
$a + 2r_3$	$b + 2r_3$	$c + 2r_3$	$\ldots$	$x + 2r_3$
$a + 3r_3$	$b + 3r_3$	$c + 3r_3$	$\ldots$	$x + 3r_3$
$\ldots$	$\ldots$	$\ldots$	$\ldots$	$\ldots$
$a + (p-1)r_3$	$b + (p-1)r_3$	$c + (p-1)r_3$	$\ldots$	$x + (p-1)r_3$

Tab. 2.40 p^3 Terme der arithmetischen Serie $(r_1\ r_2\ r_3)_p$

Eine wirkliche Tabelle erhält man dagegen mit zwei Serien $(r_1\ r_2)_p$ und $(s_1\ s_2)_p$. Beide Serien müssen voll sein, sodass jede von ihnen p^2 Zahlen erzeugt. Ist s_1 nicht in $(r_1\ r_2)_p$ enthalten und s_2 nicht in $(r_1\ r_2\ s_1)_p$, dann bildet die Serie $(r_1\ r_2\ s_1\ s_2)_p$ eine Zahlenfolge mit p^4 unterschiedlichen Zahlen $0, 1, \ldots, p^4 - 1$.

Diese Tabelle wird so in eine quadratische Tabelle aufgeteilt, dass die Zahlen der Serie $(r_1\ r_2)_p$ die obere Zeile und die Zahlen der Serie $(s_1\ s_2)_p$ die linke Spalte bilden. Tabelle 2.41 ist allerdings nicht vollständig ausgefüllt, damit sie übersichtlich und damit verständlich bleibt. Die vollständige Tabelle bildet eine Additionstabelle und die fehlenden Einträge lassen sich aus den Termen der linken Spalte und der oberen Zeile ergänzen.

0	r_1	$2r_1$	r_2	$r_2 + r_1$	$r_2 + 2r_1$	$2r_2$	$2r_2 + r_1$	$2r_2 + 2r_1$
s_1	$s_1 + r_1$	$s_1 + 2r_1$	$s_1 + r_2$	$\ldots$				
$2s_1$	$2s_1 + r_1$	$2s_1 + 2r_1$	$2s_1 + r_2$	$\ldots$				
s_2	$s_2 + r_1$	$s_2 + 2r_1$	$s_2 + r_2$	$\ldots$				
$s_2 + s_1$	$\ldots$	$\ldots$	$\ldots$	$\ldots$				
$s_2 + 2s_1$								
$2s_2$								
$2s_2 + s_1$								
$2s_2 + 2s_1$								

Tab. 2.41 Tabelle mit den arithmetischen Serien $(r_1\ r_2)_p$ und $(s_1\ s_2)_p$

In Tabelle 2.42 ist ein Beispiel für die Serien $(0111\ 1021)_3$ und $(2021\ 0122)_3$ angegeben.

	0	r_1	$2r_1$	r_2	r_2+r_1	r_2+2r_1	$2r_2$	$2r_2+r_1$	$2r_2+2r_1$
0	0000	0111	0222	1021	1102	1210	2012	2120	2201
s_1	2021	2102	2210	0012	0120	0201	1000	1111	1222
$2s_1$	1012	1120	1201	2000	2111	2222	0021	0102	0210
s_2	0122	0200	0011	1110	1221	1002	2101	2212	2020
s_2+s_1	2110	2221	2002	0101	0212	0020	1122	1200	1011
s_2+2s_1	1101	1212	1020	2122	2200	2011	0110	0221	0002
$2s_2$	0211	0022	0100	1202	1010	1121	2220	2001	2112
$2s_2+s_1$	2202	2010	2121	0220	0001	0112	1211	1022	1100
$2s_2+2s_1$	1220	1001	1112	2211	2022	2100	0202	0010	0121

Tab. 2.42 Tabelle mit den arithmetischen Serien $(0111\ 1021)_3$ und $(2021\ 0122)_3$

Cazalas benutzt für die Konstruktion eines bimagischen Quadrates der Ordnung 9 mit $(r_1\ r_2)_3$ und $(s_1\ s_2)_3$ zwei dieser Serien. Wenn s_1 nicht in der Serie $(r_1\ r_2)_3$ und s_2 nicht in der Serie $(r_1\ r_2\ s_1)_3$ vorkommen, werden mit diesen beiden Serien jeweils $p^2 = 9$ verschiedene Zahlen erzeugt. Nun belegt man die obere Zeile des Zielquadrates mit den Zahlen der Serie $(r_1\ r_2)_3$ und die linke Spalte mit $(s_1\ s_2)_3$. Das Zielquadrat wird als Additionstabelle betrachtet, und man addiert für alle Zellen die entsprechenden Zahlen aus der oberen Zeile und der linken Spalte.

Ordnung $3^2 = 9$

Cazalas interpretiert die vier Ziffern a, b , c und d einer Zahl im Zahlensystem zur Basis p und berechnet damit die zugehörige Zahl d im Zehnersystem.

$$d = a \cdot p^3 + b \cdot p^2 + c \cdot p + d$$

Das entstehende Quadrat ist magisch, wenn drei Bedingungen erfüllt sind, wobei alle Berechnungen modulo p ausgeführt werden.

- Die Serie $(r_1\ r_2)_p$ muss voll sein.
- Die Serie $(s_1\ s_2)_p$ muss voll sein.
- Die beiden Serien $(r_1 + s_1\ \ r_2 + s_2)_p$ und $(r_1 - s_1\ \ r_2 - s_2)_p$ müssen voll sein.

Die ersten beiden Bedingungen stellen sicher, dass das entstehende Quadrat semimagisch ist. Die dritte Bedingung für die Diagonalen erkennt man in einem Ausschnitt der Tabelle mit den arithmetischen Serien.

0	r_1	$2\,r_1$	r_2
s_1	$s_1 + r_1$	$\cdots$	$\cdots$
$2\,s_1$	$\cdots$	$2\,s_1 + 2\,r_1$	$\cdots$
s_2	$\cdots$	$\cdots$	$s_2 + r_2$
$s_2 + s_1$	$\cdots$	$\cdots$	$\cdots$
$s_2 + 2\,s_1$	$\cdots$	$\cdots$	$2(s_2 + s_1) + (r_2 - s_2)$
$2\,s_2$	$\cdots$	$2(s_2 + s_1) + 2(r_1 - s_1)$	$\cdots$
$2\,s_2 + s_1$	$2(s_2 + s_1) + (r_1 - s_1)$	$\cdots$	$\cdots$
$2\,s_2 + 2\,s_1$	$\cdots$	$\cdots$	$\cdots$

Tab. 2.43 Tabelle mit den arithmetischen Serien $(r_1\ r_2)_p$ und $(s_1\ s_2)_p$

Auf der Diagonalen von links oben nach rechts unten stammen die Terme aus der Serie $(r_1 + s_1\ r_2 + s_2)_p$. Mit kleinen Umformungen der Terme auf der Diagonalen von links unten nach rechts oben wie beispielsweise

$$\begin{aligned} 2\,s_2 + 2\,s_1 + 0 &= 2\,(s_2 + s_1) \\ 2\,s_2 + s_1 + r_1 &= 2\,(s_2 + s_1) + (r_1 - s_1) \\ 2\,s_2 + 2\,r_1 &= 2\,(s_2 + s_1) + 2\,(r_1 - s_1) \\ s_2 + 2\,s_1 + r_2 &= 2\,(s_2 + s_1) + (r_2 - s_2) \end{aligned}$$

haben alle dort vorhandenen Terme die Form

$$(r_1 - s_1\ \ r_2 - s_2)_p + (p - 1) \cdot (s_2 + s_1)$$

Die Addition einer konstanten Zahl zu allen Termen einer Serie hat durch die Kongruenzrechnung modulo p keinen Einfluss auf die Bedingung für die Diagonalen, deren Erfüllung damit nur von der Serie $(r_1 - s_1\ \ r_2 - s_2)_p$ abhängt. Wenn beide Serien voll sind, haben die Zahlen auf den Diagonalen die gleiche Summe wie die Zeilen und Spalten.

Ein magisches Quadrat der Ordnung $n = p^2 = 9$ kann beispielsweise mit den beiden Serien $(0102\ 1010)_3$ und $(2210\ 2101)_3$ erzeugt werden. Damit das entstehende Quadrat sogar bimagisch wird, müssen drei weitere Bedingungen erfüllt werden.

- Die Determinante der Serie $(r_1\ r_2)_p$ muss ungleich 0 sein.
- Die Determinante der Serie $(s_1\ s_2)_p$ muss ungleich 0 sein.
- Die Determinanten für die beiden Serien $(r_1 + s_1\ \ r_2 + s_2)_p$ und $(r_1 - s_1\ \ r_2 - s_2)_p$ müssen ungleich 0 sein.

Allgemein ist die Determinante einer Serie $(a_1 a_2 a_3 a_4\ b_1 b_2 b_3 b_4)_3$ ungleich 0, wenn alle sechs Kombinationen von Ziffern a_i und b_j mit $i \neq j$ eine Differenz d ergeben, die von 0 verschieden ist.

$$d = a_i \cdot b_j - a_j \cdot b_i$$

Für die Ordnung $n = 3^2 = 9$ ergeben die beiden Serien $(r_1\ r_2)_3 = (0111\ 1021)_3$ und $(s_1\ s_2)_3 = (2021\ 0122)_3$ aus Tabelle 2.42 beispielsweise folgende Werte:

$$(r_1\ r_2)_3 = (0111\ 1021)_3$$

$$\begin{aligned}
0 \cdot 0 - 1 \cdot 1 &= -1 \equiv 2 \\
0 \cdot 2 - 1 \cdot 1 &= -1 \equiv 2 \\
0 \cdot 1 - 1 \cdot 1 &= -1 \equiv 2 \\
1 \cdot 2 - 1 \cdot 0 &= 2 \equiv 2 \\
1 \cdot 1 - 1 \cdot 0 &= 1 \equiv 1 \\
1 \cdot 1 - 1 \cdot 2 &= -1 \equiv 2
\end{aligned}$$

$$(s_1\ s_2)_3 = (2021\ 0122)_3$$

$$\begin{aligned}
2 \cdot 1 - 0 \cdot 0 &= 2 \equiv 2 \\
2 \cdot 2 - 2 \cdot 0 &= 4 \equiv 1 \\
2 \cdot 2 - 1 \cdot 0 &= 4 \equiv 1 \\
0 \cdot 2 - 2 \cdot 1 &= -2 \equiv 1 \\
0 \cdot 2 - 1 \cdot 1 &= -1 \equiv 2 \\
2 \cdot 2 - 1 \cdot 2 &= 2 \equiv 2
\end{aligned}$$

$$(r_1 + s_1\ r_2 + s_2)_3 = (2102\ 1110)_3$$

$$\begin{aligned}
2 \cdot 1 - 1 \cdot 1 &= 1 \equiv 1 \\
2 \cdot 1 - 0 \cdot 1 &= 2 \equiv 2 \\
2 \cdot 0 - 2 \cdot 1 &= -2 \equiv 1 \\
1 \cdot 1 - 0 \cdot 1 &= 1 \equiv 1 \\
1 \cdot 0 - 2 \cdot 1 &= -2 \equiv 1 \\
0 \cdot 0 - 2 \cdot 1 &= -2 \equiv 1
\end{aligned}$$

$$(r_1 - s_1\ r_2 - s_2)_3 = (2102\ 1110)_3$$

$$\begin{aligned}
1 \cdot 2 - 1 \cdot 1 &= 1 \equiv 1 \\
1 \cdot 0 - 2 \cdot 1 &= -2 \equiv 1 \\
1 \cdot 2 - 0 \cdot 1 &= 2 \equiv 2 \\
1 \cdot 0 - 2 \cdot 2 &= -4 \equiv 2 \\
1 \cdot 2 - 0 \cdot 2 &= 2 \equiv 2 \\
2 \cdot 2 - 0 \cdot 0 &= 4 \equiv 1
\end{aligned}$$

Bei diesem Beispiel sind die Bedingungen von Cazalas für die gegebenen Serien erfüllt, sodass sich ein bimagisches Quadrat ergibt. Dazu muss man nur noch die Zahlen aus Tabelle 2.42 aus dem Dreiersystem in das Zehnersystem umrechnen und anschließend um 1 erhöhen. Mit diesen Berechnungen ergibt sich das bimagische Quadrat aus Abbildung 2.257.

		r_1		r_2					
	0	13	26	34	38	48	59	69	73
s_1	61	65	75	5	15	19	27	40	53
	32	42	46	54	67	80	7	11	21
s_2	17	18	4	39	52	29	64	77	60
	66	79	56	10	23	6	44	45	31
	37	50	33	71	72	58	12	25	2
	22	8	9	47	30	43	78	55	68
	74	57	70	24	1	14	49	35	36
	51	28	41	76	62	63	20	3	16

1	14	27	35	39	49	60	70	74
62	66	76	6	16	20	28	41	54
33	43	47	55	68	81	8	12	22
18	19	5	40	53	30	65	78	61
67	80	57	11	24	7	45	46	32
38	51	34	72	73	59	13	26	3
23	9	10	48	31	44	79	56	69
75	58	71	25	2	15	50	36	37
52	29	42	77	63	64	21	4	17

Abb. 2.257 Bimagisches Quadrat der Ordnung $n = 9$ (Cazalas)

Ein zweites Beispiel soll die Benutzung der arithmetischen Serien noch einmal verdeutlichen. Mit den Serien $(r_1\,r_2)_3 = (0112\;1022)_3$ und $(s_1\,s_2)_3 = (2210\;2102)_3$ ergeben sich zunächst die Zahlen aus Tabelle 2.44.

	0	r_1	$2\,r_1$	r_2	r_2+r_1	$r_2+2\,r_1$	$2\,r_2$	$2\,r_2+r_1$	$2\,r_2+2\,r_1$
0	0000	0112	0221	1022	1101	1210	2011	2120	2202
s_1	2210	2022	2101	0202	0011	0120	1221	1000	1112
$2\,s_1$	1120	1202	1011	2112	2221	2000	0101	0210	0022
s_2	2102	2211	2020	0121	0200	0012	1110	1222	1001
s_2+s_1	1012	1121	1200	2001	2110	2222	0020	0102	0211
$s_2+2\,s_1$	0222	0001	0110	1211	1020	1102	2200	2012	2121
$2\,s_2$	1201	1010	1122	2220	2002	2111	0212	0021	0100
$2\,s_2+s_1$	0111	0220	0002	1100	1212	1021	2122	2201	2010
$2\,s_2+2\,s_1$	2021	2100	2212	0010	0122	0201	1002	1111	1220

Tab. 2.44 Tabelle mit den arithmetischen Serien $(0112\;1022)_3$ und $(2210\;2102)_3$

Da alle Determinanten ungleich 0 sind, sind die Bedingungen erfüllt. Mit der Umrechnung der Zahlen in das Zehnersystem, wobei man alle Zahlen um 1 erhöht, folgt das bimagische Quadrat in Abbildung 2.258.

		r_1		r_2					
	0	14	25	35	37	48	58	69	74
s_1	75	62	64	20	4	15	52	27	41
	42	47	31	68	79	54	10	21	8
s_2	65	76	60	16	18	5	39	53	28
	32	43	45	55	66	80	6	11	22
	26	1	12	49	33	38	72	59	70
	46	30	44	78	56	67	23	7	9
	13	24	2	36	50	34	71	73	57
	61	63	77	3	17	19	29	40	51

1	15	26	36	38	49	59	70	75
76	63	65	21	5	16	53	28	42
43	48	32	69	80	55	11	22	9
66	77	61	17	19	6	40	54	29
33	44	46	56	67	81	7	12	23
27	2	13	50	34	39	73	60	71
47	31	45	79	57	68	24	8	10
14	25	3	37	51	35	72	74	58
62	64	78	4	18	20	30	41	52

Abb. 2.258 Bimagisches Quadrat der Ordnung $n = 9$ (Cazalas, Beispiel 2)

Insgesamt kann man mit dieser Methode 2304 arithmetische Serien erstellen, mit denen sich bimagische Quadrate erzeugen lassen. Von diesen sind aber nur 1152 wirklich verschieden, da sich die anderen durch Drehungen und Spiegelungen aus diesen Quadraten ergeben. Unter den 1152 unterschiedlichen Quadraten existiert kein symmetrisches oder pandiagonales magisches Quadrat.

In Tabelle 2.45 sind einige arithmetische Serien im Zahlensystem zur Basis 3 und im Dezimalsystem angegeben, mit denen bimagische Quadrate erzeugt werden können.

$(r_1\ r_2)_3$	$(s_1\ s_2)_3$	$(r_1\ r_2)_{10}$	$(s_1\ s_2)_{10}$
$(0111\ 1210)_3$	$(2021\ 1101)_3$	$(13\ 48)_{10}$	$(61\ 37)_{10}$
$(0211\ 1220)_3$	$(1202\ 2022)_3$	$(22\ 51)_{10}$	$(47\ 62)_{10}$
$(1011\ 2101)_3$	$(0121\ 2220)_3$	$(31\ 64)_{10}$	$(16\ 78)_{10}$
$(1110\ 1201)_3$	$(0122\ 1012)_3$	$(39\ 46)_{10}$	$(17\ 32)_{10}$
$(1201\ 1120)_3$	$(0212\ 1011)_3$	$(46\ 42)_{10}$	$(23\ 31)_{10}$
$(1220\ 2022)_3$	$(1012\ 1120)_3$	$(51\ 62)_{10}$	$(32\ 42)_{10}$
$(2011\ 0221)_3$	$(0212\ 1011)_3$	$(58\ 25)_{10}$	$(23\ 31)_{10}$
$(2022\ 2201)_3$	$(0112\ 2120)_3$	$(62\ 73)_{10}$	$(14\ 69)_{10}$
$(2201\ 0121)_3$	$(0111\ 2102)_3$	$(73\ 16)_{10}$	$(13\ 65)_{10}$
$(2220\ 1201)_3$	$(0211\ 1012)_3$	$(78\ 46)_{10}$	$(22\ 32)_{10}$

Tab. 2.45 Arithmetische Serien für bimagische Quadrate der Ordnung $n = 9$

Ordnung $5^2 = 25$

Im Abschnitt auf den Seiten 205 ff. wurde eine Methode von Tarry und Cazalas vorgestellt, mit der man bimagische Quadrate der Ordnung $n = p^2$ für $p = 3$ erzeugen kann. Für die Ordnung $n = 25$ müssen nur die Parameter angepasst werden.

Die Serien $(r_1\ r_2)_p$ und $(s_1\ s_2)_p$ müssen bei der Ordnung 25 zur Basis $p = 5$ gebildet werden. Für das hier dargestellte Beispiel wurden die Serien $(r_1\ r_2)_5 = (4220\ 4311)_5$ und $(s_1\ s_2)_5 = (3014\ 0343)_5$ gewählt. Tabelle 2.46a enthält die Zahlen der ersten vollständigen Serie, die von links nach rechts und von oben nach unten in die Kopfzeile der Additionstabelle eingetragen werden.

Entsprechend ergeben sich die Zahlen aus Tabelle 2.46b für die zweite vollständige Serie $(s_1\ s_2)_5 = (3014\ 0343)_5$. Diese Zahlen werden in die linke Spalte der Additionstabelle eingetragen.

0000	4220	3440	2110	1330
4311	3031	2201	1421	0141
3122	2342	1012	0232	4402
2433	1103	0323	4043	3213
1244	0414	4134	3304	2024

a) Serie $(4220\ 4311)_5$

0000	3014	1023	4032	2041
0343	3302	1311	4320	2334
0131	3140	1104	4113	2122
0424	3433	1442	4401	2410
0212	3221	1230	4244	2203

b) Serie $(3014\ 0343)_5$

Tab. 2.46 Zahlen der arithmetischen Serien $(4220\ 4311)_5$ und $(3014\ 0343)_5$ in Tabellenform

Es lässt sich leicht überprüfen, dass alle Determinanten ungleich 0 sind, sodass das entstehende Quadrat bimagisch ist. Aus den Zahlen der oberen Zeile und der linken Spalte lassen sich dann alle Zahlen der Additionstabelle berechnen. In Tabelle 2.47 ist ein Ausschnitt der Additionstabelle mit der linken oberen Ecke dargestellt.

	0	r_1	$2\,r_1$	$3\,r_1$	$4\,r_1$	r_2	r_2+r1	…
0	0000	4220	3440	2110	1330	4311	3031	…
s_1	3014	2234	1404	0124	4344	2320	1040	…
$2\,s_1$	1023	0243	4413	3133	2303	0334	4004	…
$3\,s_1$	4032	3202	2422	1142	0312	3343	2013	…
$4\,s_1$	2041	1211	0431	4101	3321	1302	0022	…
s_2	0343	4013	3233	2403	1123	4104	3324	…
$s2+s1$	3302	2022	1242	0412	4132	2113	1333	…
⋮	⋮	⋮	⋮	⋮	⋮	⋮	⋮	⋱

Tab. 2.47 Tabelle mit den arithmetischen Serien $(4220\ 4311)_5$ und $(3014\ 0343)_5$

Die Kennzahlen lauten im Dezimalsystem

$$r_1 = (4220)_5 = 4\cdot 125 + 2\cdot 25 + 2\cdot 5 + 0 = 560$$
$$r_2 = (4311)_5 = 4\cdot 125 + 3\cdot 25 + 1\cdot 5 + 1 = 581$$
$$s_1 = (3014)_5 = 3\cdot 125 + 0\cdot 25 + 1\cdot 5 + 4 = 384$$
$$s_2 = (0343)_5 = 0\cdot 125 + 3\cdot 25 + 4\cdot 5 + 3 = 98$$

Rechnet man alle Zahlen aus der Additionstabelle in das Zehnersystem um und erhöht alle Ergebnisse um 1, ergibt sich das bimagische Quadrat aus Abbildung 2.259.

In Tabelle 2.48 sind einige weitere arithmetische Serien im Zahlensystem zur Basis 5 und im Dezimalsystem angegeben, mit denen bimagische Quadrate der Ordnung 25 erzeugt werden können.

$(r_1\ r_2)_3$	$(s_1\ s_2)_3$	$(r_1\ r_2)_{10}$	$(s_1\ \ 2)_{10}$
$(0111\ \ 1410)_5$	$(1102\ \ 3123)_5$	$(31\ \ 230)_{10}$	$(152\ \ 413)_{10}$
$(0224\ \ 1322)_5$	$(2403\ \ 3313)_5$	$(64\ \ 212)_{10}$	$(353\ \ 458)_{10}$
$(0241\ \ 1321)_5$	$(4401\ \ 2044)_5$	$(71\ \ 211)_{10}$	$(601\ \ 274)_{10}$
$(0323\ \ 1210)_5$	$(1411\ \ 1042)_5$	$(88\ \ 180)_{10}$	$(231\ \ 147)_{10}$
$(0414\ \ 3122)_5$	$(0332\ \ 1420)_5$	$(109\ \ 412)_{10}$	$(92\ \ 235)_{10}$
$(1011\ \ 0121)_5$	$(4420\ \ 2104)_5$	$(131\ \ 36)_{10}$	$(610\ \ 279)_{10}$
$(3111\ \ 1031)_5$	$(3342\ \ 3414)_5$	$(406\ \ 141)_{10}$	$(472\ \ 484)_{10}$
$(4403\ \ 2140)_5$	$(2212\ \ 1314)_5$	$(603\ \ 295)_{10}$	$(307\ \ 209)_{10}$

Tab. 2.48 Arithmetische Serien für bimagische Quadrate der Ordnung $n = 25$

1	561	496	281	216	582	392	302	237	47	413	348	133	68	603	369	154	89	524	434	200	110	545	455	265
385	320	230	40	600	336	146	56	616	401	167	77	512	447	357	123	533	468	253	188	554	489	299	209	19
139	74	609	419	329	95	505	440	375	160	546	456	266	176	111	477	287	222	7	567	308	243	28	588	398
518	428	363	173	83	474	259	194	104	539	280	215	25	560	495	231	41	576	386	321	62	622	407	342	127
272	182	117	527	462	203	13	573	483	293	34	594	379	314	249	615	425	335	145	55	441	351	161	96	506
99	509	444	354	164	530	465	275	185	120	481	291	201	11	571	312	247	32	592	377	143	53	613	423	333
453	263	198	108	543	284	219	4	564	499	240	50	585	395	305	66	601	411	346	131	522	432	367	152	87
207	17	552	487	297	38	598	383	318	228	619	404	339	149	59	450	360	170	80	515	251	186	121	531	466
586	396	306	241	26	417	327	137	72	607	373	158	93	503	438	179	114	549	459	269	10	570	480	290	225
345	130	65	625	410	171	81	516	426	361	102	537	472	257	192	558	493	278	213	23	389	324	234	44	579
42	577	387	322	232	623	408	343	128	63	429	364	174	84	519	260	195	105	540	475	211	21	556	491	276
421	331	141	51	611	352	162	97	507	442	183	118	528	463	273	14	574	484	294	204	595	380	315	250	35
155	90	525	435	370	106	541	451	261	196	562	497	282	217	2	393	303	238	48	583	349	134	69	604	414
534	469	254	189	124	490	300	210	20	555	316	226	36	596	381	147	57	617	402	337	78	513	448	358	168
288	223	8	568	478	244	29	589	399	309	75	610	420	330	140	501	436	371	156	91	457	267	177	112	547
115	550	460	270	180	566	476	286	221	6	397	307	242	27	587	328	138	73	608	418	159	94	504	439	374
494	279	214	24	559	325	235	45	580	390	126	61	621	406	341	82	517	427	362	172	538	473	258	193	103
248	33	593	378	313	54	614	424	334	144	510	445	355	165	100	461	271	181	116	526	292	202	12	572	482
602	412	347	132	67	433	368	153	88	523	264	199	109	544	454	220	5	565	500	285	46	581	391	301	236
356	166	76	511	446	187	122	532	467	252	18	553	488	298	208	599	384	319	229	39	405	340	150	60	620
58	618	403	338	148	514	449	359	169	79	470	255	190	125	535	296	206	16	551	486	227	37	597	382	317
437	372	157	92	502	268	178	113	548	458	224	9	569	479	289	30	590	400	310	245	606	416	326	136	71
191	101	536	471	256	22	557	492	277	212	578	388	323	233	43	409	344	129	64	624	365	175	85	520	430
575	485	295	205	15	376	311	246	31	591	332	142	52	612	422	163	98	508	443	353	119	529	464	274	184
304	239	49	584	394	135	70	605	415	350	86	521	431	366	151	542	452	262	197	107	498	283	218	3	563

Abb. 2.259 Bimagisches Quadrat der Ordnung $n = 25$ mit den Serien $(4220\,4311)_5$ und $(3014\,0343)_5$ (Cazalas)

Pandiagonale bimagische Quadrate

Cazalas hat festgestellt, dass diese Quadrate sogar pandiagonal werden, wenn eine zusätzliche hinreichende Bedingung erfüllt ist. Hierzu müssen beide Serien $(r_2 \pm s_2)_5$ voll sein.

Betrachtet man etwa die Serien $(r_1\ r_2)_5 = (1330\,4103)_5$ und $(s_1\ s_2)_5 = (0233\,3314)_5$, so erhält man

$$(r_2 + s_2)_5 = (4103)_5 + (3314)_5 = (2412)_5 = 0000\ 2412\ 4324\ 1231\ 3143$$
$$(r_2 - s_2)_5 = (4103)_5 - (3314)_5 = (1344)_5 = 0000\ 1344\ 2133\ 3422\ 4211$$

Schreibt man die Zahlen der beiden Serien jeweils positionsgerecht untereinander, so erkennt man, dass an jeder Position die Ziffern 0, 1, 2, 3 und 4 auftreten. Keine der Ziffern kommt an einer Position doppelt vor.

Mit dieser Bedingung erzeugen die beiden Serien $(r_1\ r_2)_5 = (1330\ 4103)_5$ und $(s_1\ s_2)_5 = (0233\ 3314)_5$ das pandiagonale bimagische Quadrat aus Abbildung 2.260.

1	216	281	496	561	529	119	184	274	464	427	517	82	172	362	330	420	610	75	140	228	318	383	598	38
69	134	349	414	604	592	32	247	312	377	495	560	25	215	280	268	458	548	113	178	166	356	446	511	76
107	197	262	452	542	510	100	165	355	445	408	623	63	128	343	306	396	586	26	241	209	299	489	554	19
50	240	305	395	585	573	13	203	293	483	471	536	101	191	256	374	439	504	94	159	147	337	402	617	57
88	153	368	433	523	611	51	141	331	421	389	579	44	234	324	287	477	567	7	222	190	255	470	535	125
460	550	115	180	270	358	448	513	78	168	131	346	411	601	66	34	249	314	379	594	557	22	212	277	492
398	588	28	243	308	296	486	551	16	206	199	264	454	544	109	97	162	352	442	507	625	65	130	345	410
436	501	91	156	371	339	404	619	59	149	237	302	392	582	47	15	205	295	485	575	538	103	193	258	473
479	569	9	224	289	252	467	532	122	187	155	370	435	525	90	53	143	333	423	613	576	41	231	321	386
417	607	72	137	327	320	385	600	40	230	218	283	498	563	3	116	181	271	461	526	519	84	174	364	429
164	354	444	509	99	62	127	342	407	622	590	30	245	310	400	488	553	18	208	298	261	451	541	106	196
202	292	482	572	12	105	195	260	475	540	503	93	158	373	438	401	616	56	146	336	304	394	584	49	239
145	335	425	615	55	43	233	323	388	578	566	6	221	286	476	469	534	124	189	254	367	432	522	87	152
183	273	463	528	118	81	171	361	426	516	609	74	139	329	419	382	597	37	227	317	285	500	565	5	220
246	311	376	591	31	24	214	279	494	559	547	112	177	267	457	450	515	80	170	360	348	413	603	68	133
618	58	148	338	403	391	581	46	236	301	294	484	574	14	204	192	257	472	537	102	95	160	375	440	505
531	121	186	251	466	434	524	89	154	369	332	422	612	52	142	235	325	390	580	45	8	223	288	478	568
599	39	229	319	384	497	562	2	217	282	275	465	530	120	185	173	363	428	518	83	71	136	326	416	606
512	77	167	357	447	415	605	70	135	350	313	378	593	33	248	211	276	491	556	21	114	179	269	459	549
555	20	210	300	490	453	543	108	198	263	351	441	506	96	161	129	344	409	624	64	27	242	307	397	587
322	387	577	42	232	225	290	480	570	10	123	188	253	468	533	521	86	151	366	431	424	614	54	144	334
365	430	520	85	175	138	328	418	608	73	36	226	316	381	596	564	4	219	284	499	462	527	117	182	272
278	493	558	23	213	176	266	456	546	111	79	169	359	449	514	602	67	132	347	412	380	595	35	250	315
341	406	621	61	126	244	309	399	589	29	17	207	297	487	552	545	110	200	265	455	443	508	98	163	353
259	474	539	104	194	157	372	437	502	92	60	150	340	405	620	583	48	238	303	393	481	571	11	201	291

Abb. 2.260 Pandiagonales bimagisches Quadrat der Ordnung $n = 25$ (Cazalas)

Mit dem Verfahren von Cazalas können pandiagonale bimagische Quadrate für alle Ordnungen p^2 mit $p \geq 5$ mit erzeugt werden.

Die Serien aus Tabelle 2.49 können benutzt werden, um pandiagonale Quadrate der Ordnung $n = 25$ zu erstellen. Die Zahlen sind zur besseren Übersicht sowohl im Zahlensystem zur Basis 5 als auch im Dezimalsystem angegeben.

$(r_1\ r_2)_3$	$(s_1\ s_2)_3$	$(r_1\ r_2)_{10}$	$(s_1\ s_2)_{10}$
$(1111\ 1234)_5$	$(1242\ 0112)_5$	$(156\ 194)_{10}$	$(197\ 32)_{10}$
$(1403\ 0432)_5$	$(2023\ 2340)_5$	$(228\ 117)_{10}$	$(263\ 345)_{10}$
$(2112\ 2323)_5$	$(1424\ 0114)_5$	$(282\ 338)_{10}$	$(239\ 34)_{10}$
$(2401\ 0311)_5$	$(1414\ 4033)_5$	$(351\ 81)_{10}$	$(234\ 518)_{10}$
$(3113\ 0431)_5$	$(2014\ 2340)_5$	$(408\ 116)_{10}$	$(259\ 345)_{10}$
$(3223\ 0324)_5$	$(1413\ 2402)_5$	$(438\ 89)_{10}$	$(233\ 352)_{10}$
$(4013\ 1103)_5$	$(2412\ 3311)_5$	$(508\ 153)_{10}$	$(357\ 456)_{10}$
$(4231\ 1011)_5$	$(2013\ 2332)_5$	$(566\ 131)_{10}$	$(258\ 342)_{10}$

Tab. 2.49 Arithmetische Serien für pandiagonale bimagische Quadrate der Ordnung $n = 25$

Ordnung $7^2 = 49$

Das Verfahren von Cazalas, um bimagische Quadrate der Ordnung $n = p^2$ zu erzeugen, kann auch auf die Ordnung 49 übertragen werden, da $p = 7$ eine Primzahl ist.

Bei dieser Ordnung müssen die Serien $(r_1\ r_2)_p$ und $(s_1\ s_2)_p$ zur Basis $p = 7$ gebildet werden. Ein geeignetes Beispiel kann mit den Serien $(0443\ 1124)_7$ und $(4545\ 1661)_7$ erstellt werden, die beide voll sind. Die Kopfzeile der quadratischen Tabelle wird mit den Zahlen aus Tabelle 2.50 gefüllt.

0000	0443	0116	0552	0225	0661	0334
1124	1560	1233	1606	1342	1015	1451
2241	2614	2350	2023	2466	2132	2505
3365	3031	3404	3140	3513	3256	3622
4412	4155	4521	4264	4630	4303	4046
5536	5202	5645	5311	5054	5420	5163
6653	6326	6062	6435	6101	6544	6210

Tab. 2.50 Zahlen der arithmetischen Serie $(0443\ 1124)_7$

Die Zahlen der linken Spalte stammen aus der zweiten Serie $(4545\ 1661)_7$, deren ersten 14 Werte in Tabelle 2.51 angegeben sind.

0000	4545	1313	5151	2626	6464	3232
1661	5436	2204	6042	3510	0355	4123
...	...	...	...	...	...	...

Tab. 2.51 Zahlen der arithmetischen Serie $(4545\ 1661)_7$

Da die gesamte Tabelle zu groß für eine Darstellung ist, wird in Tabelle 2.52 nur ein Ausschnitt aus der linken oberen Ecke dargestellt.

	0	r_1	$2r_1$	$3r_1$	$4r_1$	$5r_1$	$6r_1$	r_2	r_2+r1	...
0	0000	0443	0116	0552	0225	0661	0334	1124	1560	...
s_1	4545	4211	4654	4320	4063	4436	4102	5662	5335	...
$2s_1$	1313	1056	1422	1165	1531	1204	1640	2430	2103	...
$3s_1$	5151	5524	5260	5633	5306	5042	5415	6205	6641	...
$4s_1$	2626	2362	2035	2401	2144	2510	2253	3043	3416	...
$5s_1$	6464	6130	6503	6246	6612	6355	6021	0511	0254	...
$6s_1$	3232	3605	3341	3014	3450	3123	3566	4356	4022	...
s_2	1661	1334	1000	1443	1116	1552	1225	2015	2451	...
$s2+s1$	5436	5102	5545	5211	5654	5320	5063	6553	6226	...
⋮	⋮	⋮	⋮	⋮	⋮	⋮	⋮	⋮	⋮	⋱

Tab. 2.52 Tabelle mit den arithmetischen Serien $(0443\ 1124)_7$ und $(4545\ 1661)_7$

Nach der Umwandlung der binären Zahlen in das Dezimalsystem mit anschließender Erhöhung der Zahlen ergibt sich der zugehörige Ausschnitt aus dem bimagischen Quadrat.

		r_1						r_2		
	1	228	63	283	118	338	173	411	631	...
s_1	1651	1479	1706	1534	1418	1596	1424	2054	1889	...
	501	385	556	440	611	446	666	904	739	...
	1801	1979	1856	2034	1869	1746	1924	2162	2382	...
	1001	878	713	884	768	939	823	1061	1239	...
	2301	2129	2307	2191	2362	2246	2074	254	138	...
	1151	1329	1206	1041	1261	1096	1323	1561	1389	...
s_2	681	516	344	571	406	626	461	699	919	...
	1939	1767	1994	1822	2049	1877	1761	2342	2177	...
	...	...	...	...	...	...	...	...	...	⋱

Abb. 2.261 Bimagisches Quadrat der Ordnung $n = 49$ (Cazalas)

Abschließend sollen für die Ordnung 49 einige Parameter angegeben werden, mit denen man bimagische Quadrate erstellen kann. Mit den Parametern aus Tabelle 2.53 werden normale bimagische Quadrate erzeugt.

$(r_1\ r_2)_3$	$(s_1\ s_2)_3$	$(r_1\ r_2)_{10}$	$(s_1\ s_2)_{10}$
$(0114\ 1012)_7$	$(2053\ 1431)_7$	$(60\ 352)_{10}$	$(724\ 561)_{10}$
$(0236\ 1166)_7$	$(1603\ 2461)_7$	$(125\ 440)_{10}$	$(640\ 925)_{10}$
$(0443\ 1124)_7$	$(4545\ 1661)_7$	$(227\ 410)_{10}$	$(1650\ 680)_{10}$
$(1042\ 0446)_7$	$(3165\ 1366)_7$	$(373\ 230)_{10}$	$(1125\ 538)_{10}$
$(1536\ 0446)_7$	$(3165\ 1356)_7$	$(615\ 230)_{10}$	$(1125\ 531)_{10}$
$(2113\ 0452)_7$	$(3203\ 1433)_7$	$(745\ 233)_{10}$	$(1130\ 563)_{10}$

Tab. 2.53 Arithmetische Serien für bimagische Quadrate der Ordnung $n = 49$

Mit den Parametern aus Tabelle 2.54 sogar pandiagonale bimagische Quadrate, da die beiden Serien $(r_2 + s_2)_3$ und $(r_2 - s_2)_3$ jeweils voll sind.

$(r_1\ r_2)_3$	$(s_1\ s_2)_3$	$(r_1\ r_2)_{10}$	$(s_1\ s_2)_{10}$
$(0111\ 1012)_7$	$(3320\ 2101)_7$	$(57\ 352)_{10}$	$(1190\ 736)_{10}$
$(0216\ 2222)_7$	$(4141\ 1163)_7$	$(111\ 800)_{10}$	$(1450\ 437)_{10}$
$(0454\ 2310)_7$	$(2512\ 0544)_7$	$(235\ 840)_{10}$	$(940\ 277)_{10}$
$(0641\ 1355)_7$	$(0255\ 3646)_7$	$(323\ 530)_{10}$	$(138\ 1357)_{10}$
$(1111\ 1234)_7$	$(4156\ 2112)_7$	$(400\ 466)_{10}$	$(1462\ 744)_{10}$
$(2065\ 3216)_7$	$(2302\ 0452)_7$	$(733\ 1140)_{10}$	$(835\ 233)_{10}$

Tab. 2.54 Arithmetische Serien für pandiagonale bimagische Quadrate der Ordnung $n = 49$

Im oberen Beispiel aus der letzten Tabelle ergeben sich beispielsweise die beiden Bedingungen

$$\begin{aligned} (r_2 + s_2)_7 &= (1012)_7 + (2101)_7 = (3113)_7 \\ &\equiv 0000\ 3113\ 6226\ 2332\ 5445\ 1551\ 4664 \\ (r_2 - s_2)_7 &= (1012)_7 - (2101)_7 = (6611)_7 \\ &\equiv 0000\ 6611\ 5522\ 4433\ 3344\ 2255\ 1166 \end{aligned}$$

2.6.2 Hendricks

John R. Hendricks hat ein Verfahren entwickelt, mit dem man bimagische Quadrate der Ordnung $n = p^2$ konstruieren kann. Im Gegensatz zu dem Verfahren von Cazalas, muss p keine Primzahl sein, und es werden auch bimagische Quadrate der Ordnungen $9^2, 15^2, 21^2, \ldots$ erstellt. Dieses Verfahren soll am Beispiel der Ordnungen $n = 9$ und $n = 25$ vorgestellt werden.[64]

[64] Hendricks [196]

Ordnung $3^2 = 9$

Für die Ordnung $n = p^2 = 9$ gilt $p = 3$. Die Positionen der Zellen innerhalb des Quadrates werden bei diesem Verfahren im Zahlensystem zur Basis p angegeben. Für eine beliebige Position (s, z) gilt dann

$$s = p \cdot s_2 + s_1$$
$$z = p \cdot z_2 + z_1$$

mit $0 \leq s_i \leq p - 1$ und $0 \leq z_i \leq p - 1$. Damit ergibt sich beispielsweise für die Position $(3, 7)$ mit den Ziffern des gewählten Zahlensystems die interne Darstellung $(10, 21)_3$.

Hendricks legt den Ursprung des Koordinatensystems in die linke obere Ecke, während sonst in diesem Dokument durchgehend immer die linke untere Ecke gewählt wird. Da sich allerdings durch die Festlegung von Hendricks bei diesem Verfahren deutlich einfachere Gleichungen ergeben, soll dieses Koordinatensystem ausnahmsweise beibehalten werden.

Zusätzlich wird eine 4 x 4 - Matrix benutzt, mit deren Koeffizienten aus den Ziffern der Position der Zelle vier weitere Zahlen d_3, d_2, d_1 und d_0 berechnet werden (modulo m).

$$d_3 = c_{31} \cdot s_2 + c_{32} \cdot s_1 + c_{33} \cdot z_2 + c_{34} \cdot z_1$$
$$d_2 = c_{21} \cdot s_2 + c_{22} \cdot s_1 + c_{23} \cdot z_2 + c_{24} \cdot z_1$$
$$d_1 = c_{11} \cdot s_2 + c_{12} \cdot s_1 + c_{13} \cdot z_2 + c_{14} \cdot z_1$$
$$d_0 = c_{01} \cdot s_2 + c_{02} \cdot s_1 + c_{03} \cdot z_2 + c_{04} \cdot z_1$$

Mit diesen vier Zahlen wird die Zahl x berechnet, die in die Zelle mit der Position (s, z) eingetragen wird.

$$x = m^3 \cdot d_3 + m^2 \cdot d_2 + m \cdot d_1 + d_0 + 1$$

Alle Koeffizienten der Matrix C müssen kleiner als p sein und die Summe der Koeffizienten in allen Zeilen und allen Spalten muss jeweils 4 ergeben. Ein Beispiel einer solchen Koeffizientenmatrix ist in Abbildung 2.262 angegeben.

$$C = \begin{vmatrix} c_{31} & c_{32} & c_{33} & c_{34} \\ c_{21} & c_{22} & c_{23} & c_{24} \\ c_{11} & c_{12} & c_{13} & c_{14} \\ c_{01} & c_{02} & c_{03} & c_{04} \end{vmatrix} \qquad C = \begin{vmatrix} 1 & 1 & 2 & 0 \\ 2 & 1 & 0 & 1 \\ 0 & 2 & 1 & 1 \\ 1 & 0 & 1 & 2 \end{vmatrix}$$

Abb. 2.262 Koeffizientenmatrix

Diese Koeffizientenmatrix legt die konkreten Gleichungen für die Berechnung der Zahlen d_3, d_2, d_1 und d_0 fest, die modulo p durchgeführt werden müssen.

$$\begin{aligned}
d_3 &= s_2 + s_1 + 2z_2 \\
d_2 &= 2s_2 + s_1 + z_1 \\
d_1 &= 2s_1 + z_2 + z_1 \\
d_0 &= s_2 + z_2 + 2z_1
\end{aligned}$$

Im Beispiel der Ordnung $n = 9$ kann dann mit der folgenden Gleichung aus der Position (s, z) einer Zelle die dort einzutragende Zahl x berechnet werden.

$$x = 27 \cdot d_3 + 9 \cdot d_2 + 3 \cdot d_1 + d_0 + 1$$

Zwei Beispiele sollen das Vorgehen konkret veranschaulichen. Im ersten Beispiel wird die Zahl berechnet, die in die Zelle mit der Position $(s, z) = (5, 6)$ eingetragen werden soll. Im Zahlensystem lautet diese Position demnach $(12, 20)$ und es ergeben sich folgende Berechnungen:

$$\begin{aligned}
d_3 &= 1 \cdot 1 + 1 \cdot 2 + 2 \cdot 2 + 0 \cdot 0 = 1 + 2 + 4 + 0 = 7 \equiv 1 \\
d_2 &= 2 \cdot 1 + 1 \cdot 2 + 0 \cdot 2 + 1 \cdot 0 = 2 + 2 + 0 + 0 = 4 \equiv 1 \\
d_1 &= 0 \cdot 1 + 2 \cdot 2 + 1 \cdot 2 + 1 \cdot 0 = 0 + 4 + 2 + 0 = 6 \equiv 0 \\
d_0 &= 1 \cdot 1 + 0 \cdot 2 + 1 \cdot 2 + 2 \cdot 0 = 1 + 0 + 2 + 0 = 3 \equiv 0
\end{aligned}$$

Mit diesen Faktoren wird die einzutragende Zahl x berechnet.

$$x = 27 \cdot 1 + 9 \cdot 1 + 3 \cdot 0 + 1 \cdot 0 + 1 = 37$$

Im zweiten Beispiel soll die Zahl berechnet werden, die an der Position $(s, z) = (3, 7)$ eingetragen werden soll. Zunächst werden die Koordinaten dieser Zelle wieder in das Zahlensystem zur Basis $p = 3$ transformiert, und es ergibt sich $(s, z) = (10, 21)_3$. Damit lauten die Berechnungen

$$\begin{aligned}
d_3 &= 1 \cdot 1 + 1 \cdot 0 + 2 \cdot 2 + 0 \cdot 1 = 1 + 0 + 4 + 0 = 5 \equiv 2 \\
d_2 &= 2 \cdot 1 + 1 \cdot 0 + 0 \cdot 2 + 1 \cdot 1 = 2 + 0 + 0 + 1 = 3 \equiv 0 \\
d_1 &= 0 \cdot 1 + 2 \cdot 0 + 1 \cdot 2 + 1 \cdot 1 = 0 + 0 + 2 + 1 = 3 \equiv 0 \\
d_0 &= 1 \cdot 1 + 0 \cdot 0 + 1 \cdot 2 + 2 \cdot 1 = 1 + 0 + 2 + 2 = 5 \equiv 2
\end{aligned}$$

und für die einzutragende Zahl x gilt

$$x = 27 \cdot 2 + 9 \cdot 0 + 3 \cdot 0 + 1 \cdot 2 + 1 = 57$$

Führt man die Berechnungen für alle Zellen durch, erhält man das semi-bimagische Hilfsquadrat aus Abbildung 2.263a. Danach wird ein weiteres semi-bimagisches Hilfsquadrat konstruiert, indem man die beiden Gleichungen zur Berechnung der Faktoren d_3 und d_2 ebenso vertauscht, wie die Gleichungen für d_1 und d_0.

$$
\begin{aligned}
d_3 &= 2s_2 + s_1 + z_1 \\
d_2 &= s_2 + s_1 + 2z_2 \\
d_1 &= s_2 + z_2 + 2z_1 \\
d_0 &= 2s_1 + z_2 + z_1
\end{aligned}
$$

Mit diesen neuen Gleichungen werden wieder die Zahlen berechnet, die in dieses Hilfsquadrat einzutragen sind (siehe Abbildung 2.263b).

	0	1	2	3	4	5	6	7	8
0	1	43	76	47	62	14	66	27	33
1	15	48	63	31	64	25	77	2	44
2	26	32	65	45	78	3	61	13	46
3	59	11	53	24	30	72	40	73	7
4	70	22	28	8	41	74	54	60	12
5	75	9	42	10	52	58	29	71	23
6	36	69	21	79	4	37	17	50	56
7	38	80	5	57	18	51	19	34	67
8	49	55	16	68	20	35	6	39	81

a) erstes Hilfsquadrat

	0	1	2	3	4	5	6	7	8
0	1	39	74	67	24	32	52	63	17
1	35	70	27	11	46	57	77	4	42
2	60	14	49	45	80	7	21	29	64
3	23	31	69	62	16	54	38	73	3
4	48	56	10	6	41	76	72	26	34
5	79	9	44	28	66	20	13	51	59
6	18	53	61	75	2	37	33	68	22
7	40	78	5	25	36	71	55	12	47
8	65	19	30	50	58	15	8	43	81

b) zweites Hilfsquadrat

Abb. 2.263 Semi-bimagische Hilfsquadrate

Man markiert im ersten Hilfsquadrat alle Zahlen, die sich in der oberen Zeile des zweiten Hilfsquadrates befinden. In Abbildung 2.264 erkennt man, dass sich in jeder Zeile und in jeder Spalte genau eine dieser Zahlen befindet.

1	43	76	47	62	14	66	27	33
15	48	63	31	64	25	77	2	44
26	32	65	45	78	3	61	13	46
59	11	53	24	30	72	40	73	7
70	22	28	8	41	74	54	60	12
75	9	42	10	52	58	29	71	23
36	69	21	79	4	37	17	50	56
38	80	5	57	18	51	19	34	67
49	55	16	68	20	35	6	39	81

Abb. 2.264 1. Hilfsquadrat mit den Zellen aus der oberen Zeile des zweiten Hilfsquadrates

Da diese neun Zahlen addiert die bimagische Summe ergeben, werden sie nun durch das Vertauschen von Zeilen auf die Nebendiagonale transformiert. Weiterhin zeigt sich, dass die dritte Spalte von rechts des zweiten Hilfsquadrates jetzt auf die Hauptdiagonale fällt. Da sich außerdem die Zeilen- und Spaltensummen nicht geändert haben, ist dieses Quadrat jetzt bimagisch.

1	43	76	47	62	14	66	27	33
26	32	65	45	78	3	61	13	46
15	48	63	31	64	25	77	2	44
59	11	53	24	30	72	40	73	7
75	9	42	10	52	58	29	71	23
70	22	28	8	41	74	54	60	12
36	69	21	79	4	37	17	50	56
49	55	16	68	20	35	6	39	81
38	80	5	57	18	51	19	34	67

Abb. 2.265 Bimagisches Quadrat der Ordnung $n = 9$ (Hendricks, Beispiel 1)

Varianten

Eine erste Möglichkeit, weitere bimagische Quadrate zu erzeugen, besteht in einer veränderten Koeffizientenmatrix. Insgesamt stehen 64 unterschiedliche Matrizen zur Auswahl, die die gestellten Bedingungen erfüllen, beispielsweise

$$d_3 = 2s_2 + s_1 + z_2 \qquad d_1 = s_2 + s_1 + 2z_1$$
$$d_2 = 2s_1 + z_2 + z_1 \qquad d_0 = s_2 + 2z_2 + z_1$$

Mit diesem Gleichungssystem und seiner veränderten Form werden zunächst wieder die beiden semi-bimagischen Hilfsquadrate erzeugt.

1	49	70	59	26	38	36	75	15
17	29	77	66	6	54	40	61	19
24	45	57	79	10	31	47	68	8
39	60	27	13	34	73	71	2	50
52	64	4	20	41	62	78	18	30
32	80	11	9	48	69	55	22	43
74	14	35	51	72	3	25	37	58
63	21	42	28	76	16	5	53	65
67	7	46	44	56	23	12	33	81

a) Hilfsquadrat 1

1	65	48	23	60	40	18	79	35
33	13	77	52	8	72	38	21	55
62	45	25	75	28	11	67	50	6
43	26	63	29	12	73	51	4	68
66	46	2	58	41	24	80	36	16
14	78	31	9	70	53	19	56	39
76	32	15	71	54	7	57	37	20
27	61	44	10	74	30	5	69	49
47	3	64	42	22	59	34	17	81

b) Hilfsquadrat 2

Abb. 2.266 Zwei semi-bimagische Hilfsquadrate

Im ersten Beispiel wurden im ersten Hilfsquadrat die Zahlen aus der oberen Zeile des zweiten Hilfsquadrates markiert. Für diesen Schritt kann man aber auch jede andere Zeile auswählen. In Abbildung 2.267a ist für dieses Beispiel die untere Zeile ausgewählt worden. Im letzten Schritt werden die markierten Zellen durch das Vertauschen von Zeilen auf die Nebendiagonale transformiert, und man erhält das bimagische Quadrat aus Abbildung 2.267b.

1	49	70	59	26	38	36	75	15
17	29	77	66	6	54	40	61	19
24	45	57	79	10	31	47	68	8
39	60	27	13	34	73	71	2	50
52	64	4	20	41	62	78	18	30
32	80	11	9	48	69	55	22	43
74	14	35	51	72	3	25	37	58
63	21	42	28	76	16	5	53	65
67	7	46	44	56	23	12	33	81

a) markierte Zellen der unteren Zeile

17	29	77	66	6	54	40	61	19
52	64	4	20	41	62	78	18	30
63	21	42	28	76	16	5	53	65
1	49	70	59	26	38	36	75	15
39	60	27	13	34	73	71	2	50
74	14	35	51	72	3	25	37	58
24	45	57	79	10	31	47	68	8
32	80	11	9	48	69	55	22	43
67	7	46	44	56	23	12	33	81

b) bimagisches Quadrat

Abb. 2.267 Bimagisches Quadrat der Ordnung $n = 9$ (Hendricks, Beispiel 2)

Für den letzten Schritt bietet sich aber auch eine alternative Möglichkeit an, denn man kann das bimagische Quadrat auch durch das Vertauschen von Spalten erzeugen, wie es in Abbildung 2.268 dargestellt ist.

59	1	36	26	49	75	38	70	15
66	17	40	6	29	61	54	77	19
79	24	47	10	45	68	31	57	8
13	39	71	34	60	2	73	27	50
20	52	78	41	64	18	62	4	30
9	32	55	48	80	22	69	11	43
51	74	25	72	14	37	3	35	58
28	63	5	76	21	53	16	42	65
44	67	12	56	7	33	23	46	81

Abb. 2.268 Bimagisches Quadrat durch Vertauschen der Spalten

Mit den aufgezeigten drei Varianten ist die Anzahl der Möglichkeiten jedoch noch nicht erschöpft, da das erzeugte bimagische Quadrat noch verändert werden kann. So kann man die oberen drei oder sechs Zeilen abtrennen und am unteren Rand wieder anfügen, und man erhält ein neues bimagisches Quadrat. Wenn man von dem bimagischen Quadrat in Abbildung 2.268 ausgeht und die oberen drei Zeilen am unteren Rand wieder anfügt, ergibt sich das bimagische Quadrat aus Abbildung 2.269a. Fügt man dagegen die oberen sechs Zeilen am unteren Rand wieder an, folgt das bimagische Quadrat aus Abbildung 2.269b.

13	39	71	34	60	2	73	27	50
20	52	78	41	64	18	62	4	30
9	32	55	48	80	22	69	11	43
51	74	25	72	14	37	3	35	58
28	63	5	76	21	53	16	42	65
44	67	12	56	7	33	23	46	81
59	1	36	26	49	75	38	70	15
66	17	40	6	29	61	54	77	19
79	24	47	10	45	68	31	57	8

a) 3 Zeilen vom oberen Rand

51	74	25	72	14	37	3	35	58
28	63	5	76	21	53	16	42	65
44	67	12	56	7	33	23	46	81
59	1	36	26	49	75	38	70	15
66	17	40	6	29	61	54	77	19
79	24	47	10	45	68	31	57	8
13	39	71	34	60	2	73	27	50
20	52	78	41	64	18	62	4	30
9	32	55	48	80	22	69	11	43

b) 6 Zeilen vom oberen Rand

Abb. 2.269 Bimagisches Quadrat durch Verschieben von Zeilen

Ebenso kann man auch Spalten verschieben, wie es in Abbildung 2.270 dargestellt ist, wobei wieder von dem bimagischen Quadrat aus Abbildung 2.268 ausgegangen wird.

26	49	75	38	70	15	59	1	36
6	29	61	54	77	19	66	17	40
10	45	68	31	57	8	79	24	47
34	60	2	73	27	50	13	39	71
41	64	18	62	4	30	20	52	78
48	80	22	69	11	43	9	32	55
72	14	37	3	35	58	51	74	25
76	21	53	16	42	65	28	63	5
56	7	33	23	46	81	44	67	12

a) 3 Spalten vom linken Rand

38	70	15	59	1	36	26	49	75
54	77	19	66	17	40	6	29	61
31	57	8	79	24	47	10	45	68
73	27	50	13	39	71	34	60	2
62	4	30	20	52	78	41	64	18
69	11	43	9	32	55	48	80	22
3	35	58	51	74	25	72	14	37
16	42	65	28	63	5	76	21	53
23	46	81	44	67	12	56	7	33

b) 6 Spalten vom linken Rand

Abb. 2.270 Bimagisches Quadrat durch Verschieben von Spalten

Selbstverständlich lassen sich diese Verschiebungen auch kombinieren. Das bimagische Quadrat in Abbildung 2.271 erhält man beispielsweise durch eine Verschiebung der oberen sechs Zeilen und der linken drei Spalten.

59	1	36	26	49	75	38	70	15
66	17	40	6	29	61	54	77	19
79	24	47	10	45	68	31	57	8
13	39	71	34	60	2	73	27	50
20	52	78	41	64	18	62	4	30
9	32	55	48	80	22	69	11	43
51	74	25	72	14	37	3	35	58
28	63	5	76	21	53	16	42	65
44	67	12	56	7	33	23	46	81

72	14	37	3	35	58	51	74	25
76	21	53	16	42	65	28	63	5
56	7	33	23	46	81	44	67	12
26	49	75	38	70	15	59	1	36
6	29	61	54	77	19	66	17	40
10	45	68	31	57	8	79	24	47
34	60	2	73	27	50	13	39	71
41	64	18	62	4	30	20	52	78
48	80	22	69	11	43	9	32	55

Abb. 2.271 Bimagisches Quadrat durch Verschieben von Zeilen und Spalten

Ordnung $5^2 = 25$

Das Verfahren von Hendricks aus Kapitel 2.6.2 kann unverändert auf die Ordnung $n = 25$ übertragen werden. Man wählt also wieder eine Koeffizientenmatrix C, bei der die Summe der Koeffizienten in allen Zeilen und allen Spalten jeweils gleich 4 ist.

$$C = \begin{vmatrix} 0 & 1 & 1 & 2 \\ 2 & 0 & 1 & 1 \\ 1 & 1 & 2 & 0 \\ 1 & 2 & 0 & 1 \end{vmatrix}$$

Abb. 2.272 Koeffizientenmatrix

Mit dieser Koeffizientenmatrix ergeben sich folgende Gleichungen für die Berechnung der Zahlen d_3, d_2, d_1 und d_0, die modulo $p = 5$ durchgeführt werden müssen.

$$\begin{aligned} d_3 &= \phantom{2s_2 +{}} s_1 + z_2 + 2z_1 \\ d_2 &= 2s_2 \phantom{{}+ s_1} + z_2 + z_1 \\ d_1 &= s_2 + s_1 + 2z_2 \\ d_0 &= s_2 + 2s_1 \phantom{{}+ z_2} + z_1 \end{aligned}$$

Für die Ordnung $n = 25$ ergibt sich die folgende Gleichung, mit der aus der Position (s, z) einer Zelle die dort einzutragende Zahl d bestimmt werden kann.

$$d = 125 \cdot d_3 + 25 \cdot d_2 + 5 \cdot d_1 + 1 \cdot d_0 + 1$$

Im ersten Beispiel wird für die Zelle mit der Position $(s, z) = (3, 17)$ die Zahl berechnet, die dort eingetragen wird. Alle Koordinaten werden im Zahlensystem zur Basis 5 ausgedrückt, sodass diese Position demnach $(03, 32)_5$ lautet. Damit ergeben sich folgende Berechnungen:

$$d_3 = 0 \cdot 0 + 1 \cdot 3 + 1 \cdot 3 + 2 \cdot 2 = 0 + 3 + 3 + 4 = 10 \equiv 0$$
$$d_2 = 2 \cdot 0 + 0 \cdot 3 + 1 \cdot 3 + 1 \cdot 2 = 0 + 0 + 3 + 2 = 5 \equiv 0$$
$$d_1 = 1 \cdot 0 + 1 \cdot 3 + 2 \cdot 3 + 0 \cdot 2 = 0 + 3 + 6 + 0 = 9 \equiv 4$$
$$d_0 = 1 \cdot 0 + 2 \cdot 3 + 0 \cdot 3 + 1 \cdot 2 = 0 + 6 + 0 + 2 = 8 \equiv 3$$

Mit diesen Faktoren kann die einzutragende Zahl d berechnet werden.

$$d = 125 \cdot 0 + 25 \cdot 0 + 5 \cdot 4 + 1 \cdot 3 + 1 = 24$$

Führt man diese Rechnung für alle Koordinaten durch, erhält man das erste semi-bimagische Hilfsquadrat aus Abbildung 2.273.

1	133	265	392	524	57	189	316	448	555	113	245	372	479	606	44	171	278	410	537	100	202	334	461	593
277	409	536	43	175	333	465	592	99	201	264	391	523	5	132	320	447	554	56	188	371	478	610	112	244
553	60	187	319	446	609	111	243	375	477	540	42	174	276	408	591	98	205	332	464	522	4	131	263	395
204	331	463	595	97	135	262	394	521	3	186	318	450	552	59	242	374	476	608	115	173	280	407	539	41
480	607	114	241	373	406	538	45	172	279	462	594	96	203	335	393	525	2	134	261	449	551	58	190	317
161	293	425	527	34	217	349	451	583	90	148	255	382	514	16	179	306	438	570	72	235	362	494	621	103
437	569	71	178	310	493	625	102	234	361	424	526	33	165	292	455	582	89	216	348	381	513	20	147	254
88	220	347	454	581	19	146	253	385	512	75	177	309	436	568	101	233	365	492	624	32	164	291	423	530
364	491	623	105	232	295	422	529	31	163	346	453	585	87	219	252	384	511	18	150	308	440	567	74	176
515	17	149	251	383	566	73	180	307	439	622	104	231	363	495	528	35	162	294	421	584	86	218	350	452
321	428	560	62	194	352	484	611	118	250	283	415	542	49	151	339	466	598	80	207	270	397	504	6	138
597	79	206	338	470	503	10	137	269	396	559	61	193	325	427	615	117	249	351	483	541	48	155	282	414
248	355	482	614	116	154	281	413	545	47	210	337	469	596	78	136	268	400	502	9	192	324	426	558	65
399	501	8	140	267	430	557	64	191	323	481	613	120	247	354	412	544	46	153	285	468	600	77	209	336
50	152	284	411	543	76	208	340	467	599	7	139	266	398	505	63	195	322	429	556	119	246	353	485	612
456	588	95	222	329	387	519	21	128	260	443	575	52	184	311	499	601	108	240	367	405	532	39	166	298
107	239	366	498	605	38	170	297	404	531	94	221	328	460	587	25	127	259	386	518	51	183	315	442	574
258	390	517	24	126	314	441	573	55	182	370	497	604	106	238	296	403	535	37	169	327	459	586	93	225
534	36	168	300	402	590	92	224	326	458	516	23	130	257	389	572	54	181	313	445	603	110	237	369	496
185	312	444	571	53	236	368	500	602	109	167	299	401	533	40	223	330	457	589	91	129	256	388	520	22
616	123	230	357	489	547	29	156	288	420	578	85	212	344	471	509	11	143	275	377	565	67	199	301	433
142	274	376	508	15	198	305	432	564	66	229	356	488	620	122	160	287	419	546	28	211	343	475	577	84
418	550	27	159	286	474	576	83	215	342	380	507	14	141	273	431	563	70	197	304	487	619	121	228	360
69	196	303	435	562	125	227	359	486	618	26	158	290	417	549	82	214	341	473	580	13	145	272	379	506
345	472	579	81	213	271	378	510	12	144	302	434	561	68	200	358	490	617	124	226	289	416	548	30	157

Abb. 2.273 Semi-bimagisches Hilfsquadrat 1

Danach wird ein zweites semi-bimagisches Hilfsquadrat konstruiert, indem man die beiden Gleichungen zur Berechnung der Faktoren d_3 und d_2 ebenso vertauscht wie die Gleichungen für d_1 und d_0.

$$\begin{aligned}
d_3 &= 2s_2 \qquad\quad + z_2 + z_1 \\
d_2 &= \qquad\quad s_1 + z_2 + 2z_1 \\
d_1 &= s_2 + 2s_1 \qquad\quad + z_1 \\
d_0 &= s_2 + s_1 + 2z_2
\end{aligned}$$

Mit diesen neuen Gleichungen werden wieder die Zahlen berechnet, die in das zweite semi-bimagische Hilfsquadrat einzutragen sind (siehe Abbildung 2.274).

1	37	73	84	120	257	293	304	340	371	513	549	560	591	602	144	155	186	222	233	400	406	442	453	489
181	217	228	139	175	437	473	484	395	401	68	79	115	21	32	324	335	366	252	288	555	586	622	508	544
361	272	283	319	330	617	503	539	575	581	248	134	170	176	212	479	390	421	432	468	110	16	27	63	99
416	427	463	499	385	47	58	94	105	11	278	314	350	356	267	534	570	576	612	523	165	196	207	243	129
596	607	518	529	565	202	238	149	160	191	458	494	380	411	447	89	125	6	42	53	345	351	262	298	309
153	189	225	231	142	409	445	451	487	398	40	71	82	118	4	291	302	338	374	260	547	558	594	605	511
333	369	255	286	322	589	625	506	542	553	220	226	137	173	184	471	482	393	404	440	77	113	24	35	66
388	424	435	466	477	19	30	61	97	108	275	281	317	328	364	501	537	573	584	620	132	168	179	215	246
568	579	615	521	532	199	210	241	127	163	430	461	497	383	419	56	92	103	14	50	312	348	359	270	276
123	9	45	51	87	354	265	296	307	343	610	516	527	563	599	236	147	158	194	205	492	378	414	450	456
305	336	372	258	294	556	592	603	514	550	187	223	234	145	151	443	454	490	396	407	74	85	116	2	38
485	391	402	438	474	111	22	33	69	80	367	253	289	325	331	623	509	545	551	587	229	140	171	182	218
540	571	582	618	504	166	177	213	249	135	422	433	469	480	386	28	64	100	106	17	284	320	326	362	273
95	101	12	48	59	346	357	268	279	315	577	613	524	535	566	208	244	130	161	197	464	500	381	417	428
150	156	192	203	239	376	412	448	459	495	7	43	54	90	121	263	299	310	341	352	519	530	561	597	608
452	488	399	410	441	83	119	5	36	72	339	375	256	292	303	595	601	512	548	559	221	232	143	154	190
507	543	554	590	621	138	174	185	216	227	394	405	436	472	483	25	31	67	78	114	251	287	323	334	370
62	98	109	20	26	318	329	365	271	282	574	585	616	502	538	180	211	247	133	169	431	467	478	389	425
242	128	164	200	206	498	384	420	426	462	104	15	46	57	93	360	266	277	313	349	611	522	533	569	580
297	308	344	355	261	528	564	600	606	517	159	195	201	237	148	415	446	457	493	379	41	52	88	124	10
604	515	546	557	593	235	141	152	188	224	486	397	408	444	455	117	3	39	75	81	373	259	295	301	337
34	70	76	112	23	290	321	332	368	254	541	552	588	624	510	172	183	219	230	136	403	439	475	481	392
214	250	131	167	178	470	476	387	423	434	96	107	18	29	65	327	363	274	285	316	583	619	505	536	572
269	280	311	347	358	525	531	567	578	614	126	162	198	209	245	382	418	429	465	496	13	49	60	91	102
449	460	491	377	413	55	86	122	8	44	306	342	353	264	300	562	598	609	520	526	193	204	240	146	157

Abb. 2.274 Semi-bimagisches Hilfsquadrat 2

Nun markiert man im ersten Hilfsquadrat alle Zahlen, die sich in einer beliebigen Zeile des zweiten Hilfsquadrates befinden. Wählt man etwa die untere Zeile, erkennt man in Abbildung 2.273, dass sich in jeder Zeile und in jeder Spalte des ersten Hilfsquadrates genau eine dieser Zahlen befindet.

Da die markierten 25 Zahlen addiert die bimagische Summe ergeben, werden sie jetzt durch das Vertauschen von Zeilen auf die Nebendiagonale transformiert. Da sich durch diese Transformationen die Zeilen- und Spaltensummen nicht ändern, ist das transformierte Quadrat aus Abbildung 2.275 bimagisch.

204	331	463	595	97	135	262	394	521	3	186	318	450	552	59	242	374	476	608	115	173	280	407	539	41
364	491	623	105	232	295	422	529	31	163	346	453	585	87	219	252	384	511	18	150	308	440	567	74	176
399	501	8	140	267	430	557	64	191	323	481	613	120	247	354	412	544	46	153	285	468	600	77	209	336
534	36	168	300	402	590	92	224	326	458	516	23	130	257	389	572	54	181	313	445	603	110	237	369	496
69	196	303	435	562	125	227	359	486	618	26	158	290	417	549	82	214	341	473	580	13	145	272	379	506
553	60	187	319	446	609	111	243	375	477	540	42	174	276	408	591	98	205	332	464	522	4	131	263	395
88	220	347	454	581	19	146	253	385	512	75	177	309	436	568	101	233	365	492	624	32	164	291	423	530
248	355	482	614	116	154	281	413	545	47	210	337	469	596	78	136	268	400	502	9	192	324	426	558	65
258	390	517	24	126	314	441	573	55	182	370	497	604	106	238	296	403	535	37	169	327	459	586	93	225
418	550	27	159	286	474	576	83	215	342	380	507	14	141	273	431	563	70	197	304	487	619	121	228	360
277	409	536	43	175	333	465	592	99	201	264	391	523	5	132	320	447	554	56	188	371	478	610	112	244
437	569	71	178	310	493	625	102	234	361	424	526	33	165	292	455	582	89	216	348	381	513	20	147	254
597	79	206	338	470	503	10	137	269	396	559	61	193	325	427	615	117	249	351	483	541	48	155	282	414
107	239	366	498	605	38	170	297	404	531	94	221	328	460	587	25	127	259	386	518	51	183	315	442	574
142	274	376	508	15	198	305	432	564	66	229	356	488	620	122	160	287	419	546	28	211	343	475	577	84
1	133	265	392	524	57	189	316	448	555	113	245	372	479	606	44	171	278	410	537	100	202	334	461	593
161	293	425	527	34	217	349	451	583	90	148	255	382	514	16	179	306	438	570	72	235	362	494	621	103
321	428	560	62	194	352	484	611	118	250	283	415	542	49	151	339	466	598	80	207	270	397	504	6	138
456	588	95	222	329	387	519	21	128	260	443	575	52	184	311	499	601	108	240	367	405	532	39	166	298
616	123	230	357	489	547	29	156	288	420	578	85	212	344	471	509	11	143	275	377	565	67	199	301	433
480	607	114	241	373	406	538	45	172	279	462	594	96	203	335	393	525	2	134	261	449	551	58	190	317
515	17	149	251	383	566	73	180	307	439	622	104	231	363	495	528	35	162	294	421	584	86	218	350	452
50	152	284	411	543	76	208	340	467	599	7	139	266	398	505	63	195	322	429	556	119	246	353	485	612
185	312	444	571	53	236	368	500	602	109	167	299	401	533	40	223	330	457	589	91	129	256	388	520	22
345	472	579	81	213	271	378	510	12	144	302	434	561	68	200	358	490	617	124	226	289	416	548	30	157

Abb. 2.275 Bimagisches Quadrat der Ordnung $n = 25$ (Hendricks)

Alle Varianten, die beim Verfahren von Hendricks für die Ordnung 9 vorgestellt wurden, können auch für die Konstruktion bimagischer Quadrate der Ordnung $n = 25$ durchgeführt werden.

2.6.3 Chen

Das Verfahren von George Chen erzeugt bimagische Quadrate der Ordnung p^2 für ungerade p. Wie beim Verfahren von Hendricks muss p keine Primzahl sein, sodass auch bimagische Quadrate der Ordnungen $9^2, 15^2, 21^2, \ldots$ erstellt werden können.[65]

Ordnung $3^2 = 9$

Das Verfahren arbeitet mit zwei Hilfsquadraten, die in bei der Ordnung 9 in Teilquadrate der Größe 3x3 unterteilt werden. In das Zentrum des ersten Hilfsquadrates A wird ein beliebiges magisches Quadrat der Ordnung 3 eingefügt. Dieses Quadrat wird dann horizontal und vertikal verschoben, wobei abhängig von der Richtung Verschiebungen der Spalten bzw. Zeilen vorgenommen werden. Dabei werden die Teilquadrate bei den Verschiebungen immer zyklisch betrachtet.

- $d_z = +1$: die Zeilen werden um eine Zeile nach oben verschoben
- $d_z = -1$: die Zeilen werden um eine Zeile nach unten verschoben
- $d_s = +1$: die Spalten werden um eine Spalte nach rechts verschoben
- $d_s = -1$: die Spalten werden um eine Spalte nach links verschoben

4	3	8
9	5	1
2	7	6

			8	4	3			
			1	9	5			
			6	2	7			
9	5	1	4	3	8	2	7	6
2	7	6	9	5	1	4	3	8
4	3	8	2	7	6	9	5	1
			3	8	4			
			5	1	9			
			7	6	2			

1	9	5	8	4	3	6	2	7
6	2	7	1	9	5	8	4	3
8	4	3	6	2	7	1	9	5
9	5	1	4	3	8	2	7	6
2	7	6	9	5	1	4	3	8
4	3	8	2	7	6	9	5	1
5	1	9	3	8	4	7	6	2
7	6	2	5	1	9	3	8	4
3	8	4	7	6	2	5	1	9

Abb. 2.276 Hilfsquadrat *A*

Beim zweiten Hilfsquadrat B wird im Zentrum kein magisches Quadrat, sondern ein Quadrat in natürlicher Anordnung eingefügt. Dabei kann dieses Teilquadrat durch Spiegelungen oder Drehungen auf eine der acht üblichen Arten verändert werden. In diesem Hilfsquadrat werden die Verschiebungen der Spalten und Zeilen der Teilquadrate genau entgegengesetzt zum Hilfsquadrat *A* vorgenommen.

[65] aus einem Arbeitsblatt während einer privaten Kommunikation

3	2	1
6	5	4
9	8	7

			2	1	3			
			5	4	6			
			8	7	9			
9	8	7	3	2	1	6	5	4
3	2	1	6	5	4	9	8	7
6	5	4	9	8	7	3	2	1
			1	3	2			
			4	6	5			
			7	9	8			

8	7	9	2	1	3	5	4	6
2	1	3	5	4	6	8	7	9
5	4	6	8	7	9	2	1	3
9	8	7	3	2	1	6	5	4
3	2	1	6	5	4	9	8	7
6	5	4	9	8	7	3	2	1
7	9	8	1	3	2	4	6	5
1	3	2	4	6	5	7	9	8
4	6	5	7	9	8	1	3	2

Abb. 2.277 Hilfsquadrat B

Die Verschiebungen der 3x3 - Teilquadrate können auch durch Verschiebungsmatrizen verdeutlicht werden.

+1, +1	0, +1	−1, +1
+1, 0	0, 0	−1, 0
+1, −1	0, −1	−1, −1

Hilfsquadrat A

−1, −1	0, −1	+1, −1
−1, 0	0, 0	+1, 0
−1, +1	0, +1	+1, +1

Hilfsquadrat B

Abb. 2.278 Verschiebungen der Teilquadrate (d_z, d_s)

Abschließend werden alle Zahlen des Hilfsquadrates A um 1 vermindert und mit den Zahlen von B durch die Rechnung

$$9 \cdot (A - 1) + B$$

kombiniert und es entsteht das symmetrische bimagische Quadrat in Abbildung 2.279.

8	79	45	65	28	21	50	13	60
47	10	57	5	76	42	71	34	27
68	31	24	53	16	63	2	73	39
81	44	7	30	20	64	15	59	49
12	56	46	78	41	4	36	26	70
33	23	67	18	62	52	75	38	1
43	9	80	19	66	29	58	51	14
55	48	11	40	6	77	25	72	35
22	69	32	61	54	17	37	3	74

Abb. 2.279 Symmetrisches bimagisches Quadrat der Ordnung $n = 9$ (Chen)

Da man das magische Ausgangsquadrat der Ordnung 3 aus Hilfsquadrat *A* in allen acht Formen mit allen acht unterschiedlichen Anordnungen im Zentrum des Hilfsquadrates B kombinieren kann, entstehen insgesamt 64 symmetrische bimagische Quadrate, von denen aber nur 16 unterschiedlich sind.

Variante 1

Weitere bimagische Quadrate lassen sich mit diesem Verfahren erzeugen, wenn man wie in Abbildung 2.280 ein Quadrat in natürlicher Anordnung in das Zentrum des Hilfsquadrates *A* einfügt.

9	8	7
6	5	4
3	2	1

			7	9	8			
			4	6	5			
			1	3	2			
6	5	4	9	8	7	3	2	1
3	2	1	6	5	4	9	8	7
9	8	7	3	2	1	6	5	4
			8	7	9			
			5	4	6			
			2	1	3			

4	6	5	7	9	8	1	3	2
1	3	2	4	6	5	7	9	8
7	9	8	1	3	2	4	6	5
6	5	4	9	8	7	3	2	1
3	2	1	6	5	4	9	8	7
9	8	7	3	2	1	6	5	4
5	4	6	8	7	9	2	1	3
2	1	3	5	4	6	8	7	9
8	7	9	2	1	3	5	4	6

Abb. 2.280 Hilfsquadrat *A* - Füllen der Teilquadrate

Dann muss zum Ausgleich ein magisches Quadrat wie in Abbildung 2.281 in das Zentrum des Hilfsquadrates *B* platziert werden.

8	3	4
1	5	9
6	7	2

			3	4	8			
			5	9	1			
			7	2	6			
6	7	2	8	3	4	1	5	9
8	3	4	1	5	9	6	7	2
1	5	9	6	7	2	8	3	4
			4	8	3			
			9	1	5			
			2	6	7			

7	2	6	3	4	8	5	9	1
3	4	8	5	9	1	7	2	6
5	9	1	7	2	6	3	4	8
6	7	2	8	3	4	1	5	9
8	3	4	1	5	9	6	7	2
1	5	9	6	7	2	8	3	4
2	6	7	4	8	3	9	1	5
4	8	3	9	1	5	2	6	7
9	1	5	2	6	7	4	8	3

Abb. 2.281 Hilfsquadrat *B* - Füllen der Teilquadrate

Überlagert man die beiden Hilfsquadrate A und B, entsteht das symmetrische bimagische Quadrat aus Abbildung 2.282.

34	47	42	57	76	71	5	27	10
3	22	17	32	54	37	61	74	69
59	81	64	7	20	15	30	49	44
51	43	29	80	66	58	19	14	9
26	12	4	46	41	36	78	70	56
73	68	63	24	16	2	53	39	31
38	33	52	67	62	75	18	1	23
13	8	21	45	28	50	65	60	79
72	55	77	11	6	25	40	35	48

Abb. 2.282 Symmetrisches bimagisches Quadrat der Ordnung $n = 9$ (Chen, Variante 1)

Da sich auch mit diesen Anordnungen wiederum 64 symmetrische bimagische Quadrate ergeben, lassen sich insgesamt 128 symmetrische bimagische Quadrate erzeugen. Allerdings sind nur 32 von ihnen wirklich verschieden.

Variante 2

Viel mehr zusätzliche bimagische Quadrate können erstellt werden, wenn man das Hilfsquadrat B mit den Zahlen in natürlicher Anordnung verändert, indem man beliebige Zeilen- und Spaltenpermutationen durchführt. Im nächsten Beispiel wird zunächst wieder das Hilfsquadrat A im Zentrum mit einem magischen Quadrat dritter Ordnung gefüllt und dann die Verschiebungen durchgeführt.

6	1	8
7	5	3
2	9	4

			8	6	1			
			3	7	5			
			4	2	9			
7	5	3	6	1	8	2	9	4
2	9	4	7	5	3	6	1	8
6	1	8	2	9	4	7	5	3
			1	8	6			
			5	3	7			
			9	4	2			

3	7	5	8	6	1	4	2	9
4	2	9	3	7	5	8	6	1
8	6	1	4	2	9	3	7	5
7	5	3	6	1	8	2	9	4
2	9	4	7	5	3	6	1	8
6	1	8	2	9	4	7	5	3
5	3	7	1	8	6	9	4	2
9	4	2	5	3	7	1	8	6
1	8	6	9	4	2	5	3	7

Abb. 2.283 Hilfsquadrat A

Für das Hilfsquadrat B wird das Quadrat in natürlicher Anordnung gewählt, dessen Zeilen und Spalten unabhängig voneinander permutiert werden.

1	2	3
4	5	6
7	8	9

4	6	5
1	3	2
7	9	8

			6	5	4			
			3	2	1			
			9	8	7			
7	9	8	4	6	5	1	3	2
4	6	5	1	3	2	7	9	8
1	3	2	7	9	8	4	6	5
			5	4	6			3
			2	1	3			
			8	7	9			

9	8	7	6	5	4	3	2	1
6	5	4	3	2	1	9	8	7
3	2	1	9	8	7	6	5	4
7	9	8	4	6	5	1	3	2
4	6	5	1	3	2	7	9	8
1	3	2	7	9	8	4	6	5
8	7	9	5	4	6	2	1	3
5	4	6	2	1	3	8	7	9
2	1	3	8	7	9	5	4	6

Abb. 2.284 Hilfsquadrat B

Mit diesen so gestalteten Hilfsquadraten entsteht das bimagische Quadrat aus Abbildung 2.285.

27	62	43	69	50	4	30	11	73
33	14	76	21	56	37	72	53	7
66	47	1	36	17	79	24	59	40
61	45	26	49	6	68	10	75	29
13	78	32	55	39	20	52	9	71
46	3	65	16	81	35	58	42	23
44	25	63	5	67	51	74	28	12
77	31	15	38	19	57	8	70	54
2	64	48	80	34	18	41	22	60

Abb. 2.285 Bimagisches Quadrat der Ordnung $n = 9$ (Chen, Variante 2)

Mit dieser Variante lassen sich 576 bimagische Quadrate erstellen, von denen aber nur 144 wirklich verschieden sind. Alle anderen lassen sich durch Drehungen und Spiegelungen aus diesen erzeugen. Weitere 576 bimagische Quadrate erhält man, wenn man das Zentrum der beiden Hilfsquadrate wie in Variante 1 vertauscht. Damit ergeben sich insgesamt 1152 bimagische Quadrate, von denen 288 unterschiedlich sind.

Ordnung $5^2 = 25$

Das Verfahren von Chen für die Ordnung $n = 9$ lässt sich ohne Änderungen auf die Ordnung $n = 25$ übertragen. Es müssen nur die Verschiebungsmatrizen angepasst werden, deren Werte sich im äußeren Rahmen um $+1$ oder -1 ändern, wenn sie bei den Werten der Ordnung 9 für die Zeilen und Spalten nicht fest, sondern veränderlich waren.

+2, +2	+1, +2	0, +2	−1, +2	−2, +2
+2, +1	+1, +1	0, +1	−1, +1	−2, +1
+2, 0	+1, 0	0, 0	−1, 0	−2, 0
+2, −1	+1, −1	0, −1	−1, −1	−2, −1
+2, −2	+1, −2	0, −2	−1, −2	−2, −2

Hilfsquadrat A

−2, −2	−1, −2	0, −2	+1, −2	+2, −2
−2, −1	−1, −1	0, −1	+1, −1	+2, −1
−2, 0	−1, 0	0, 0	+1, 0	+2, 0
−2, +1	−1, +1	0, +1	+1, +1	+2, +1
−2, +2	−1, +2	0, +2	+1, +2	+2, +2

Hilfsquadrat B

Abb. 2.286 Verschiebungen der Teilquadrate (d_z, d_s)

Für dieses Beispiel werden für das Zentrum ein beliebiges symmetrisches magisches Quadrat und ein gespiegeltes Quadrat in natürlicher Anordnung gewählt.

8	16	4	12	25
15	23	6	19	2
17	5	13	21	9
24	7	20	3	11
1	14	22	10	18

a) magisches Quadrat

1	6	11	16	21
2	7	12	17	22
3	8	13	18	23
4	9	14	19	24
5	10	15	20	25

b) natürliche Anordnung

Abb. 2.287 Teilquadrate im Zentrum der Hilfsquadrate A und B

Verschiebt man die beiden Teilquadrate im Zentrum der beiden Hilfsquadrate mit den Werten, die in den zugehörigen Verschiebungsmatrizen angegeben sind, erhält man die Hilfsquadrate A und B. Die Zahlen des Hilfsquadrates A werden wieder um 1 vermindert und mit den Zahlen von B durch Addition kombiniert.

$$9 \cdot (A - 1) + B$$

Mit dieser Rechnung der beiden Hilfsquadrate entsteht das symmetrische bimagische Quadrat aus Abbildung 2.288.

Beide Varianten, die in den Beispielen für die Ordnung 9 vorgestellt wurden, sind bei allen ungeraden Ordnungen möglich. Das entstehende bimagische Quadrat ist sogar symmetrisch, wenn das magische Ausgangsquadrat symmetrisch ist und man eine

514	219	424	104	309	465	45	375	555	135	286	616	196	376	81	237	442	22	327	532	63	268	598	153	483
65	270	600	155	485	511	216	421	101	306	462	42	372	552	132	288	618	198	378	83	239	444	24	329	534
236	441	21	326	531	62	267	597	152	482	513	218	423	103	308	464	44	374	554	134	290	620	200	380	85
287	617	197	377	82	238	443	23	328	533	64	269	599	154	484	515	220	425	105	310	461	41	371	551	131
463	43	373	553	133	289	619	199	379	84	240	445	25	330	535	61	266	596	151	481	512	217	422	102	307
209	414	119	324	504	35	365	570	150	455	606	186	391	96	276	432	12	342	547	227	258	588	168	498	53
260	590	170	500	55	206	411	116	321	501	32	362	567	147	452	608	188	393	98	278	434	14	344	549	229
431	11	341	546	226	257	587	167	497	52	208	413	118	323	503	34	364	569	149	454	610	190	395	100	280
607	187	392	97	277	433	13	343	548	228	259	589	169	499	54	210	415	120	325	505	31	361	566	146	451
33	363	568	148	453	609	189	394	99	279	435	15	345	550	230	256	586	166	496	51	207	412	117	322	502
404	109	314	519	224	355	560	140	470	50	176	381	86	291	621	2	332	537	242	447	578	158	488	68	273
580	160	490	70	275	401	106	311	516	221	352	557	137	467	47	178	383	88	293	623	4	334	539	244	449
1	331	536	241	446	577	157	487	67	272	403	108	313	518	223	354	559	139	469	49	180	385	90	295	625
177	382	87	292	622	3	333	538	243	448	579	159	489	69	274	405	110	315	520	225	351	556	136	466	46
353	558	138	468	48	179	384	89	294	624	5	335	540	245	450	576	156	486	66	271	402	107	312	517	222
124	304	509	214	419	575	130	460	40	370	396	76	281	611	191	347	527	232	437	17	173	478	58	263	593
175	480	60	265	595	121	301	506	211	416	572	127	457	37	367	398	78	283	613	193	349	529	234	439	19
346	526	231	436	16	172	477	57	262	592	123	303	508	213	418	574	129	459	39	369	400	80	285	615	195
397	77	282	612	192	348	528	233	438	18	174	479	59	264	594	125	305	510	215	420	571	126	456	36	366
573	128	458	38	368	399	79	284	614	194	350	530	235	440	20	171	476	56	261	591	122	302	507	212	417
319	524	204	409	114	145	475	30	360	565	91	296	601	181	386	542	247	427	7	337	493	73	253	583	163
495	75	255	585	165	316	521	201	406	111	142	472	27	357	562	93	298	603	183	388	544	249	429	9	339
541	246	426	6	336	492	72	252	582	162	318	523	203	408	113	144	474	29	359	564	95	300	605	185	390
92	297	602	182	387	543	248	428	8	338	494	74	254	584	164	320	525	205	410	115	141	471	26	356	561
143	473	28	358	563	94	299	604	184	389	545	250	430	10	340	491	71	251	581	161	317	522	202	407	112

Abb. 2.288 Symmetrisches bimagisches Quadrat der Ordnung $n = 25$ (Chen)

der acht Varianten des Quadrates in natürlicher Anordnung wählt. Permutiert man Zeilen und Spalten, muss man eine symmetrische Permutation wählen, da sonst die Symmetrie des magischen Ausgangsquadrates verloren geht.

2.6.4 Keedwell

Keedwell hat bewiesen, dass alle mit dem Verfahren von Cazalas erzeugten bimagischen Quadrate[66] auch durch zwei orthogonale Sudoku-Quadrate entstehen.[67]

[66] siehe Kapitel 2.6.1

[67] Donald A. Keedwell [295] und [298]

Sudoku-Quadrate

Ein Sudoku-Quadrat der quadratischen Ordnung $n = p^2$ ist ein lateinisches Quadrat mit der zusätzlichen Bedingung, dass auch bei einer Aufteilung des Quadrates in Teilquadrate der Größe p, jede der n Zahlen genau einmal in diesen Teilquadraten enthalten ist.

Dazu zerlegt Keedwell das aus den arithmetischen Serien entstehende Quadrat aus Tabelle 2.55 in zwei Hilfsquadrate, indem er alle Einträge in ihre beiden Hälften mit jeweils zwei Ziffern zerlegt.

	0	r_1	$2r_1$	r_2	r_2+r_1	r_2+2r_1	$2r_2$	$2r_2+r_1$	$2r_2+2r_1$
0	0000	2021	1012	1101	0122	2110	2202	1220	0211
s_1	2102	1120	0111	0200	2221	1212	1001	0022	2010
$2s_1$	1201	0222	2210	2002	1020	0011	0100	2121	1112
s_2	2011	1002	0020	0112	2100	1121	1210	0201	2222
s_2+s_1	1110	0101	2122	2211	1202	0220	0012	2000	1021
s_2+2s_1	0212	2200	1221	1010	0001	2022	2111	1102	0120
$2s_2$	1022	0010	2001	2120	1111	0102	0221	2212	1200
$2s_2+s_1$	0121	2112	1100	1222	0210	2201	2020	1011	0002
$2s_2+2s_1$	2220	1211	0202	0021	2012	1000	1122	0110	2101

Tab. 2.55 Tabelle mit den arithmetischen Serien $(2021, 1101)_3$ und $(2102, 2011)_3$

Diese Ziffern interpretiert er als Zahlen zur Basis $p = 3$ und wandelt sie in das Dezimalsystem um. Die sich aus den beiden linken Ziffern umgewandelte Zahl schreibt er in das erste Hilfsquadrat S_1 und entsprechend die andere Zahl in das zweite Hilfsquadrat S_2.

0	6	3	4	1	7	8	5	2
7	4	1	2	8	5	3	0	6
5	2	8	6	3	0	1	7	4
6	3	0	1	7	4	5	2	8
4	1	7	8	5	2	0	6	3
2	8	5	3	0	6	7	4	1
3	0	6	7	4	1	2	8	5
1	7	4	5	2	8	6	3	0
8	5	2	0	6	3	4	1	7

a) Sudoku-Quadrat S_1

0	7	5	1	8	3	2	6	4
2	6	4	0	7	5	1	8	3
1	8	3	2	6	4	0	7	5
4	2	6	5	0	7	3	1	8
3	1	8	4	2	6	5	0	7
5	0	7	3	1	8	4	2	6
8	3	1	6	4	2	7	5	0
7	5	0	8	3	1	6	4	2
6	4	2	7	5	0	8	3	1

b) Sudoku-Quadrat S_2

Abb. 2.289 Sudoku-Quadrate S_1 und S_2

Bei den beiden Hilfsquadraten S_1 und S_2 handelt es sich immer um orthogonale Sudoku-Quadrate, die in diesem Beispiel mit der Rechnung

$$9 \cdot S_1 + S_2 + 1$$

das bimagische diagonale Euler-Quadrat aus Abbildung 2.290 ergeben.

1	62	33	38	18	67	75	52	23
66	43	14	19	80	51	29	9	58
47	27	76	57	34	5	10	71	42
59	30	7	15	64	44	49	20	81
40	11	72	77	48	25	6	55	35
24	73	53	31	2	63	68	39	16
36	4	56	70	41	12	26	78	46
17	69	37	54	22	74	61	32	3
79	50	21	8	60	28	45	13	65

Abb. 2.290 Bimagisches diagonales Euler-Quadrat (Keedwell)

Keedwell definiert auch zwei Matrizen M_1 und M_2, die zwei orthogonale Sudoku-Quadrate durch Verschiebungen aus 3 x 3 - Ausgangsquadraten erzeugen.

M	$M\alpha\beta$	$M\alpha^2\beta^2$
$M\beta$	$M\alpha\beta^2$	$M\alpha^2$
$M\beta^2$	$M\alpha$	$M\alpha^2\beta$

a) M_1

M	$M\alpha^2$	$M\alpha$
$M\alpha\beta^2$	$M\beta^2$	$M\alpha^2\beta^2$
$M\alpha^2\beta$	$M\alpha\beta$	$M\beta$

b) M_2

Abb. 2.291 Verschiebungsmatrizen M_1 und M_2

Dabei benutzt er eine Abbildung α, die angibt, dass alle Zeilen zyklisch gesehen um eine Zeile nach oben verschoben werden. Dementsprechend bedeutet α^2 eine Verschiebung um zwei Zeilen nach oben.

Die zweite Abbildung β ist für die Verschiebung der Spalten zuständig. β verschiebt die Spalten zyklisch gesehen um eine Spalte nach links, β^2 dementsprechend um zwei Spalten.

Schaut man sich die beiden Sudoku-Quadrate in Abbildung 2.289 genauer an, erkennt man, dass sie auch durch die Abbildungen M_1 und M_2 entstanden sein könnten, wenn man jeweils das Ausgangsquadrat in der linken oberen Ecke mit M bezeichnet.

Das trifft jedoch nicht auf alle Quadrate zu, die man mit dem Verfahren von Cazalas erzeugen kann. Beispielsweise ergibt das Quadrat mit den arithmetischen Serien aus Tabelle 2.56

	0	r_1	$2r_1$	r_2	r_2+r_1	r_2+2r_1	$2r_2$	$2r_2+r_1$	$2r_2+2r_1$
0	0000	1102	2201	1220	2022	0121	2110	0212	1011
s_1	0222	1021	2120	1112	2211	0010	2002	0101	1200
$2s_1$	0111	1210	2012	1001	2100	0202	2221	0020	1122
s_2	2021	0120	1222	0211	1010	2112	1101	2200	0002
s_2+s_1	2210	0012	1111	0100	1202	2001	1020	2122	0221
s_2+2s_1	2102	0201	1000	0022	1121	2220	1212	2011	0110
$2s_2$	1012	2111	0210	2202	0001	1100	0122	1221	2020
$2s_2+s_1$	1201	2000	0102	2121	0220	1022	0011	1110	2212
$2s_2+2s_1$	1120	2222	0021	2010	0112	1211	0200	1002	2101

Tab. 2.56 Tabelle mit den arithmetischen Serien $(1102, 1220)_3$ und $(0222, 2021)_3$

die beiden orthogonalen Sudoku-Quadrate aus Abbildung 2.292.

0	4	8	5	6	1	7	2	3
2	3	7	4	8	0	6	1	5
1	5	6	3	7	2	8	0	4
6	1	5	2	3	7	4	8	0
8	0	4	1	5	6	3	7	2
7	2	3	0	4	8	5	6	1
3	7	2	8	0	4	1	5	6
5	6	1	7	2	3	0	4	8
4	8	0	6	1	5	2	3	7

a) Sudoku-Quadrat S_1

0	2	1	6	8	7	3	5	4
8	7	6	5	4	3	2	1	0
4	3	5	1	0	2	7	6	8
7	6	8	4	3	5	1	0	2
3	5	4	0	2	1	6	8	7
2	1	0	8	7	6	5	4	3
5	4	3	2	1	0	8	7	6
1	0	2	7	6	8	4	3	5
6	8	7	3	5	4	0	2	1

b) Sudoku-Quadrat S_2

Abb. 2.292 Sudoku-Quadrate S_1 und S_2

Mit den Ausgangsquadraten in der linken oberen Ecke ergeben sich mit den Matrizen M_1 und M_2 die beiden orthogonalen Sudoku-Quadrate aus Abbildung 2.293, die sich von den Sudoku-Quadraten in Abbildung 2.292 unterscheiden.

Natürlich sind dann auch die beiden sich ergebenden bimagischen diagonalen Euler-Quadrate aus Abbildung 2.294 unterschiedlich.

0	4	8	3	7	2	6	1	5
2	3	7	5	6	1	8	0	4
1	5	6	4	8	0	7	2	3
4	8	0	7	2	3	1	5	6
3	7	2	6	1	5	0	4	8
5	6	1	8	0	4	2	3	7
8	0	4	2	3	7	5	6	1
7	2	3	1	5	6	4	8	0
6	1	5	0	4	8	3	7	2

a) Keedwell-Quadrat K_1

0	2	1	4	3	5	8	7	6
8	7	6	0	2	1	4	3	5
4	3	5	8	7	6	0	2	1
6	8	7	1	0	2	5	4	3
5	4	3	6	8	7	1	0	2
1	0	2	5	4	3	6	8	7
3	5	4	7	6	8	2	1	0
2	1	0	3	5	4	7	6	8
7	6	8	2	1	0	3	5	4

b) Keedwell-Quadrat K_2

Abb. 2.293 Sudoku-Quadrate K_1 und K_2

1	39	74	52	63	17	67	24	32
27	35	70	42	77	4	57	11	46
14	49	60	29	64	21	80	7	45
62	16	54	23	31	69	38	73	3
76	6	41	10	48	56	34	72	26
66	20	28	9	44	79	51	59	13
33	68	22	75	2	37	18	53	61
47	55	12	71	25	36	5	40	78
43	81	8	58	15	50	19	30	65

a) $9 \cdot S_1 + S_2 + 1$

1	39	74	32	67	24	63	17	52
27	35	70	46	57	11	77	4	42
14	49	60	45	80	7	64	21	29
43	81	8	65	19	30	15	50	58
33	68	22	61	18	53	2	37	75
47	55	12	78	5	40	25	36	71
76	6	41	26	34	72	48	56	10
66	20	28	13	51	59	44	79	9
62	16	54	3	38	73	31	69	23

b) $9 \cdot K_1 + K_2 + 1$

Abb. 2.294 Bimagische diagonale Euler-Quadrate (Keedwell)

Vernachlässigt man die zusätzlichen Bedingungen, die Keedwell an seine Verschiebungsquadrate stellt, ergeben sich bei allen 2304 Kombinationen von Parametern, mit denen man mit dem Verfahren von Cazalas bimagische Quadrate erstellen kann, nur 128 Parameter, bei denen die Ergebnisse mit den Sudoku-Quadraten und den Verschiebungsquadraten gleich sind. Lässt man auch die umgekehrten Verschiebungen zu, erhöht sich diese Zahl auf 256.

Interessant ist, dass sich aber aus 768 von den 2304 Parametern bimagische diagonale Euler-Quadrate erzeugen lassen, wenn man die Verschiebungsquadrate M_1 und M_2 mit dem Ausgangsquadrat in der linken oberen Ecke benutzt. Allerdings sind nicht alle Quadrate unterschiedlich.

Mit den beiden zusätzlichen Matrixkombinationen M_3 und M_4 sowie M_5 und M_6 lassen sich jeweils aus weiteren 768 Parametern bimagische diagonale Euler-Quadrate erzeugen, sodass mit den drei Kombinationen alle 2304 Parameter benutzt werden können.

M	M $\alpha\beta$	M $\alpha^2\beta^2$
M $\alpha^2\beta$	M β^2	M α
M $\alpha\beta^2$	M α^2	M β

a) M_3

M	M $\alpha^2\beta^2$	M $\alpha\beta$
M $\alpha\beta^2$	M β	M α^2
M $\alpha^2\beta$	M α	M β^2

b) M_4

M	M α	M α^2
M β^2	M $\alpha\beta^2$	M $\alpha^2\beta^2$
M β	M $\alpha\beta$	M $\alpha^2\beta$

c) M_5

M	M α^2	M α
M β	M $\alpha^2\beta$	M $\alpha\beta$
M β^2	M $\alpha^2\beta^2$	M $\alpha\beta^2$

d) M_6

Abb. 2.295 Weitere Kombinationen von Matrizen

Sudoku-Quadrate (Erweiterung)

In diesem Kapitel beschreibe ich meine Erweiterung der Methode von Cazalas und den Analysen von Keedwell, mit der neue bimagische diagonale Euler-Quadrate der Ordnung $n = 9$ erzeugt werden können.

Ein Sudoku-Quadrat der quadratischen Ordnung $n = m^2$ ist ein lateinisches Quadrat mit der zusätzlichen Bedingung, dass auch bei einer Aufteilung des Quadrates in Teilquadrate der Größe m, jede der n Zahlen genau einmal in diesen Teilquadraten enthalten ist.

Sudoku-Quadrate haben eine enge Verbindung mit einigen bimagischen Quadraten. So lassen sich beispielsweise alle bimagischen Quadrate, die mit der Methode von Cazalas konstruiert worden sind, in zwei orthogonale Sudoku-Quadrate zerlegen, wie Keedwell in einer Analyse aufzeigte.[68]

Das bedeutet umgekehrt allerdings nicht, dass jedes Paar von orthogonalen Sudoku-Quadraten immer zu einem bimagischen Quadrat zusammengesetzt werden kann. Allerdings führen natürlich orthogonale Sudoku-Quadrate wie in Abbildung 2.296 immer zu einem magischen Quadrat.

Ich habe nun nach einer einfachen Möglichkeit gesucht, die Eigenschaften der orthogonalen Sudoku-Quadrate auszunutzen und auf relativ einfache Weise hieraus bimagische Quadrate zu konstruieren.

[68] Donald A. Keedwell [295] und [298]

0	5	1	6	2	7	3	8	4
6	2	7	3	8	4	0	5	1
3	8	4	0	5	1	6	2	7
2	7	6	8	4	3	5	1	0
8	4	3	5	1	0	2	7	6
5	1	0	2	7	6	8	4	3
4	3	8	1	0	5	7	6	2
1	0	5	7	6	2	4	3	8
7	6	2	4	3	8	1	0	5

a) Sudoku-Quadrat S_1

0	7	5	1	8	3	2	6	4
3	1	8	4	2	6	5	0	7
6	4	2	7	5	0	8	3	1
7	5	0	8	3	1	6	4	2
1	8	3	2	6	4	0	7	5
4	2	6	5	0	7	3	1	8
5	0	7	3	1	8	4	2	6
8	3	1	6	4	2	7	5	0
2	6	4	0	7	5	1	8	3

b) Sudoku-Quadrat S_2

1	53	15	56	27	67	30	79	41
58	20	72	32	75	43	6	46	17
34	77	39	8	51	10	63	22	65
26	69	55	81	40	29	52	14	3
74	45	31	48	16	5	19	71	60
50	12	7	24	64	62	76	38	36
42	28	80	13	2	54	68	57	25
18	4	47	70	59	21	44	33	73
66	61	23	37	35	78	11	9	49

Abb. 2.296 Magisches, aber kein bimagisches diagonales Euler-Quadrat

Da es eine riesige Anzahl von Sudoku-Quadraten gibt, kann man sicher nicht mit Versuch und Irrtum ein geeignetes orthogonales Paar finden, mit dem ein bimagisches Quadrat erzeugt wird. Da die Analyse von Keedwell und das daraus abgeleitete Konstruktionsverfahren sehr kompliziert ist, habe ich das Prinzip übernommen, es aber verändert und vereinfacht. Da das Gesamtquadrat aber anders zusammensetzt wird, kann man mit den zusätzlich möglichen Varianten sehr viele bimagische diagonale Euler-Quadrate konstruieren. Auch wenn sich die Ergebnisse der beiden Konstruktionsverfahren teilweise überschneiden, sind sie größtenteils unterschiedlich.

So betrachte ich in meiner abgewandelten Methode nicht mehr das gesamte Quadrat der Größe 9, sondern nur das linke obere 3×3 - Teilquadrat. Dieses wird nach dem gleichen Schema aufgebaut, wie das entsprechende Teilquadrat bei Keedwell bzw. Cazalas.[69]

Man geht also von zwei Parametern r und s aus, die wie in Abbildung 2.297 die Anordnung der weiteren Zahlen in dem 3×3 - Quadrat festlegen. Dabei werden hier aber

[69] siehe Kapitel 2.6.4)

abweichend alle Berechnungen im normalen Dezimalsystem mit Übertrag ausgeführt, wobei die Ergebnisse modulo n genommen werden. Mit $r = 3$ und $s = 4$ ergibt sich das Quadrat aus Abbildung 2.297.

Das Zielquadrat wird dann in Teilquadrate der Größe 3x3 aufgeteilt und das Ausgangsquadrat in die linke obere Ecke eingetragen.

0	r	$2r$
s	$r+s$	$2r+s$
$2s$	$r+2s$	$2r+2s$

0	3	6
4	7	1
8	2	5

0	3	6						
4	7	1						
8	2	5						

Abb. 2.297 Ausgangsquadrat mit $r = 3$ und $s = 4$

Die anderen Teilquadrate werden wie bei Keedwell üblich durch Verschiebungen der Zeilen und Spalten dieses 3x3 - Ausgangsquadrates erzeugt. Zur Beschreibung benutzt er wieder seine Abbildungen α und β und das Ausgangsquadrat in der linken oberen Ecke wird mit M bezeichnet.

Mit diesen Verschiebungen ergibt sich mit der Verschiebungsmatrix M_1 das Sudoku-Quadrat aus Abbildung 2.298.

M	$M\alpha\beta$	$M\alpha^2\beta^2$
$M\beta$	$M\alpha\beta^2$	$M\alpha^2$
$M\beta^2$	$M\alpha$	$M\alpha^2\beta$

a) Verschiebungsmatrix M_1

0	3	6	7	1	4	5	8	2
4	7	1	2	5	8	6	0	3
8	2	5	3	6	0	1	4	7
3	6	0	1	4	7	8	2	5
7	1	4	5	8	2	0	3	6
2	5	8	6	0	3	4	7	1
6	0	3	4	7	1	2	5	8
1	4	7	8	2	5	3	6	0
5	8	2	0	3	6	7	1	4

b) Sudoku-Quadrat S_1

Abb. 2.298 Konstruktion eines Sudoku-Quadrates

Insgesamt ergeben sich 24 Kombinationen der Parameter r und s, bei denen Sudoku-Quadrate entstehen. An diesen gültigen Kombinationen sind aber nur die vier unterschiedlichen 3 x 3 - Quadrate aus Abbildung 2.299 beteiligt, die zu bimagischen Quadraten führen.

0	3	6
4	7	1
8	2	5

Quadrat 1
$r = 3 \;\; s = 4$

0	6	3
7	4	1
5	2	8

Quadrat 2
$r = 6 \;\; s = 7$

0	4	8
6	1	5
3	7	2

Quadrat 3
$r = 4 \;\; s = 6$

0	7	5
3	1	8
6	4	2

Quadrat 4
$r = 7 \;\; s = 3$

Abb. 2.299 Vier für die Verschiebungen besonders geeignete Ausgangsquadrate

Um ein orthogonales Sudoku-Quadrat S_2 zu dem aus Abbildung 2.298 zu erstellen, gibt Keedwell eine zweite Matrix M_2 für die Verschiebungen eines zweiten 3 x 3 - Ausgangsquadrates an. Mit den Parametern $r = 4$ und $s = 6$ ergibt sich zunächst das Ausgangsquadrat und damit das orthogonale Sudoku-Quadrat aus Abbildung 2.300.

M	$M\alpha^2$	$M\alpha$
$M\alpha\beta^2$	$M\beta^2$	$M\alpha^2\beta^2$
$M\alpha^2\beta$	$M\alpha\beta$	$M\beta$

a) Verschiebungsmatrix M_2

0	4	8	3	7	2	6	1	5
6	1	5	0	4	8	3	7	2
3	7	2	6	1	5	0	4	8
5	6	1	8	0	4	2	3	7
2	3	7	5	6	1	8	0	4
8	0	4	2	3	7	5	6	1
7	2	3	1	5	6	4	8	0
4	8	0	7	2	3	1	5	6
1	5	6	4	8	0	7	2	3

b) Sudoku-Quadrat S_2

Abb. 2.300 Konstruktion eines orthogonalen Sudoku-Quadrates

In einem abschließenden Schritt müssen die beiden Sudoku-Quadrate nur noch mit der Rechnung

$$9 \cdot S_1 + S_2 + 1$$

überlagert werden, und es entsteht das bimagische diagonale Euler-Quadrat aus Abbildung 2.301.

1	32	63	67	17	39	52	74	24
43	65	15	19	50	81	58	8	30
76	26	48	34	56	6	10	41	72
33	61	2	18	37	68	75	22	53
66	13	44	51	79	20	9	28	59
27	46	77	57	4	35	42	70	11
62	3	31	38	69	16	23	54	73
14	45	64	80	21	49	29	60	7
47	78	25	5	36	55	71	12	40

Abb. 2.301 Bimagisches diagonales Euler-Quadrat (Keedwell - Danielsson)

Ein anderes orthogonales Paar von Sudoku-Quadraten erhält man, wenn man etwa das zweite 3x3 - Ausgangsquadrat verändert. Mit den Parametern $r = 7$ und $s = 3$ erhält man ein solches Quadrat. Setzt man die beiden orthogonalen Sudoku-Quadrate zusammen, ergibt sich das bimagische diagonale Euler-Quadrat aus Abbildung 2.302.

0	7	5	6	4	2	3	1	8
3	1	8	0	7	5	6	4	2
6	4	2	3	1	8	0	7	5
8	3	1	5	0	7	2	6	4
2	6	4	8	3	1	5	0	7
5	0	7	2	6	4	8	3	1
4	2	6	1	8	3	7	5	0
7	5	0	4	2	6	1	8	3
1	8	3	7	5	0	4	2	6

a) Sudoku-Quadrat S_2

1	35	60	70	14	39	49	74	27
40	65	18	19	53	78	61	5	30
79	23	48	31	56	9	10	44	69
36	58	2	15	37	71	75	25	50
66	16	41	54	76	20	6	28	62
24	46	80	57	7	32	45	67	11
59	3	34	38	72	13	26	51	73
17	42	64	77	21	52	29	63	4
47	81	22	8	33	55	68	12	43

b) bimagisches Quadrat

Abb. 2.302 Bimagisches diagonales Euler-Quadrat (Keedwell - Danielsson)

Bei diesem Verfahren kann man alle 24 Kombinationen miteinander kombinieren, um orthogonale Paare von Sudoku-Quadraten zu erhalten. Allerdings erhält man nur acht unterschiedliche Paare für bimagische diagonale Euler-Quadrate, die in Tabelle 2.57 dargestellt sind.

1. Quadrat	1	2	3	4
2. Quadrat	3 4	3 4	1 2	1 2

Tab. 2.57 Mögliche Kombinationen

Variante 1

Man kann weitere bimagische Quadrate erzeugen, indem man die 3x3 - Ausgangsquadrate vorher dreht. In allen Fällen ergeben sich orthogonale Quadrate und von diesen $36\,864 = 24 \cdot 24 \cdot 8 \cdot 8$ Paaren lassen sich 128 unterschiedliche bimagische diagonale Euler-Quadrate erzeugen.

Auch die Zahl der unterschiedlichen LDR-Quadrate beträgt 128. Diese Darstellung wird häufig gewählt, um magische Quadrate besser vergleichen zu können, die sich nur durch Zeilen-Spalten-Transformationen unterscheiden. Dadurch ist diese Zahl besonders aussagekräftig.[70]

Im nächsten Beispiel wird zunächst das mit $r = 6$ und $s = 7$ erzeugte 3x3 - Quadrat um 90° gedreht und damit das erste Sudoku-Quadrat S_1 festgelegt.

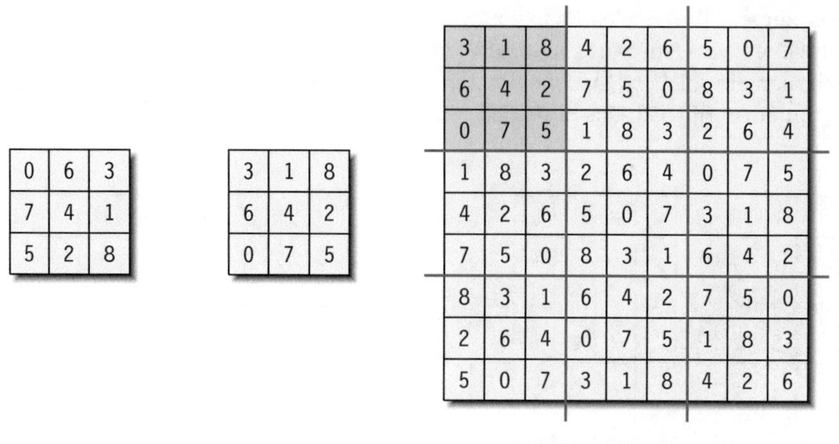

a) Ausgangsquadrat b) Drehung um 90° c) Sudoku-Quadrat S_1

Abb. 2.303 Gedrehtes Ausgangsquadrat und Sudoku-Quadrat S_1

Ein hierzu orthogonales Sudoku-Quadrat S_2 erhält man beispielsweise, indem man das mit $r = 4$ und $s = 6$ erzeugte Ausgangsquadrat um 270° bzw. −90° dreht.

0	4	8
6	1	5
3	7	2

$r = 4 \quad s = 6$

3	6	0
7	1	4
2	5	8

gedreht

Abb. 2.304 Gedrehtes Ausgangsquadrat für S_2

[70] siehe Kapitel 8.6

Setzt man diese beiden orthogonalen Sudoku-Quadrate zusammen, ergibt sich mit $9 \cdot S_1 + S_2 + 1$ das bimagische diagonale Euler-Quadrat aus Abbildung 2.305.

3	6	0	2	5	8	7	1	4
7	1	4	3	6	0	2	5	8
2	5	8	7	1	4	3	6	0
4	7	1	0	3	6	8	2	5
8	2	5	4	7	1	0	3	6
0	3	6	8	2	5	4	7	1
5	8	2	1	4	7	6	0	3
6	0	3	5	8	2	1	4	7
1	4	7	6	0	3	5	8	2

a) Sudoku-Quadrat S_2

31	16	73	39	24	63	53	2	68
62	38	23	67	52	1	75	33	18
3	69	54	17	74	32	22	61	37
14	80	29	19	58	43	9	66	51
45	21	60	50	8	65	28	13	79
64	49	7	81	30	15	59	44	20
78	36	12	56	41	26	70	46	4
25	55	40	6	72	48	11	77	35
47	5	71	34	10	76	42	27	57

b) bimagisches Quadrat

Abb. 2.305 Bimagisches diagonales Euler-Quadrat (Keedwell - Danielsson)

Tabelle 2.58 zeigt, welche Drehungen bei den Ausgangsquadraten möglich sind, um bimagische Quadrate zu erzeugen.

1. Quadrat	2. Quadrat	Drehung		1. Quadrat	2. Quadrat	Drehung	
1 2	1 2	–	90°	1 2	3 4	–	–
3 4	3 4	–	270°	3 4	1 2	–	180°
		90°	–			90°	90°
		90°	180°			90°	270°
		180°	90°			180°	–
		180°	270°			180°	180°
		270°	–			270°	90°
		270°	180°			270°	270°

Tab. 2.58 Mögliche Drehungen

Variante 2

Weitere bimagische diagonale Euler-Quadrate können konstruiert werden, wenn man die Verschiebungen genau entgegengesetzt ausführt. Bisher wurden die Zeilen zyklisch gesehen immer noch oben und die Spalten nach links verschoben. Sie können aber auch genau entgegengesetzt ausgeführt werden.

Im nächsten Beispiel wird zunächst das mit den Parametern $r = 6$ und $s = 7$ erstellte 3 x 3 - Quadrat direkt übernommen und damit das erste Sudoku-Quadrat S_1 erzeugt.

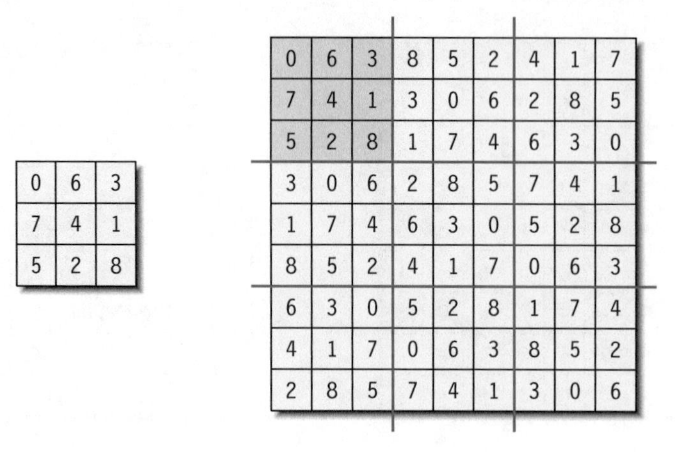

0	6	3
7	4	1
5	2	8

0	6	3	8	5	2	4	1	7
7	4	1	3	0	6	2	8	5
5	2	8	1	7	4	6	3	0
3	0	6	2	8	5	7	4	1
1	7	4	6	3	0	5	2	8
8	5	2	4	1	7	0	6	3
6	3	0	5	2	8	1	7	4
4	1	7	0	6	3	8	5	2
2	8	5	7	4	1	3	0	6

a) Ausgangsquadrat b) Sudoku-Quadrat S_1

Abb. 2.306 Unverändertes Ausgangsquadrat und Sudoku-Quadrat S_1

Ein hierzu orthogonales Sudoku-Quadrat S_2 erhält man beispielsweise, indem man das mit $r = 3$ und $s = 4$ vorgegebene Quadrat um 90° dreht.

Setzt man diese beiden orthogonalen Sudoku-Quadrate zusammen, wird das bimagische diagonale Euler-Quadrat aus Abbildung 2.307 erstellt.

6	1	5	3	7	2	0	4	8
3	7	2	0	4	8	6	1	5
0	4	8	6	1	5	3	7	2
4	8	0	1	5	6	7	2	3
1	5	6	7	2	3	4	8	0
7	2	3	4	8	0	1	5	6
2	3	7	8	0	4	5	6	1
8	0	4	5	6	1	2	3	7
5	6	1	2	3	7	8	0	4

a) Sudoku-Quadrat S_2

7	56	33	76	53	21	37	14	72
67	44	12	28	5	63	25	74	51
46	23	81	16	65	42	58	35	3
32	9	55	20	78	52	71	39	13
11	69	43	62	30	4	50	27	73
80	48	22	41	18	64	2	60	34
57	31	8	54	19	77	15	70	38
45	10	68	6	61	29	75	49	26
24	79	47	66	40	17	36	1	59

b) bimagisches Quadrat

Abb. 2.307 Bimagisches diagonales Euler-Quadrat (Keedwell - Danielsson)

Die Anzahl der unterschiedlichen bimagischen diagonalen Euler-Quadrate entspricht genau der Anzahl, die mit den ursprünglichen Verschiebungen erhalten wurde. Allerdings sind die hier erhaltenen Quadrate unterschiedlich, sodass die Anzahl mit beiden Verschiebungsarten auf 256 ansteigt.

Variante 3

Diese Methode funktioniert auch mit zwei weiteren Matrizen, die Keedwell angibt.

M	M $\alpha\beta$	M $\alpha^2\beta^2$
M $\alpha^2\beta$	M β^2	M α
M $\alpha\beta^2$	M α^2	M β

a) M_5

M	M $\alpha^2\beta^2$	M $\alpha\beta$
M $\alpha\beta^2$	M β	M α^2
M $\alpha^2\beta$	M α	M β^2

b) M_6

Abb. 2.308 Weitere Kombination von Matrizen

Die Kombinationen der Ausgangsquadrate aus Tabelle 2.57 erzeugen auch mit diesen Matrizen bimagische diagonale Euler-Quadrate. Will man die Ausgangsquadrate jedoch zu Beginn ändern, dürfen keine Drehungen, sondern die vier bei magischen Quadraten üblichen Spiegelungen benutzt werden. Auch hier stehen bei jeder Kombination von Quadraten immer nur acht Möglichkeiten zur Verfügung.

Zusätzlich sind auch hier wieder die Verschiebungen in die umgekehrten Richtungen möglich, sodass insgesamt 256 unterschiedliche bimagische diagonale Euler-Quadrate wie bei den ersten beiden Matrizen erstellt werden können. Alle vier Möglichkeiten ergeben zusammen dann $512 = 128 \cdot 4$ unterschiedliche Quadrate.

Interessant ist die LDR-Darstellung dieser Quadrate, bei denen Quadrate, die mit Zeilen-Spalten-Transformationen verändert werden, nur einmal gezählt werden. Dabei ergeben diese 512 Quadrate insgesamt 178 unterschiedliche LDR-Darstellungen, aus denen sich dann $178 \cdot \frac{(9-1)!!}{2}$ unterschiedliche bimagische diagonale Euler-Quadrate erzeugen lassen.

$$178 \cdot \frac{(9-1)!!}{2} = 178 \cdot 192 = 34\,176$$

2.7 Ordnung n = p³

Magische Quadrate der Ordnung p^3 wurden intensiv von Cazalas analysiert. In seinem Buch aus dem Jahr 1934 benutzt er wie auch bei anderen Ordnungen arithmetische Serien und gibt Bedingungen für die Konstruktion von bimagischen Quadraten an.[71]

[71] Cazalas [84]

2.7.1 Arithmetische Serien

Cazalas hat in seinem Buch die Verwendung von arithmetischen Serien[72] auch bei Quadraten der Ordnung $n = p^3$ analysiert.[73]

Um p^6 verschiedene Zahlen darstellen zu können, benutzt er arithmetische Serien der Form $(r_1\ r_2\ r_3)_p$ und $(s_1\ s_2\ s_3)_p$. Damit die p^6 Zahlen unterschiedlich sind, müssen die Parameter r_i und s_i mehrere Bedingungen erfüllen.

- Die Serie $(r_1\ r_2\ r_3)_p$ muss voll sein.
- s_1 darf nicht in diese Serie enthalten sein.
- s_2 darf nicht in der Serie $(r_1\ r_2\ r_3\ s_1)_p$ vorkommen.
- s_3 darf nicht in der Serie $(r_1\ r_2\ r_3\ s_1\ s_2)_p$ enthalten sein.
- Die Serie $(s_1\ s_2\ s_3)_p$ muss voll sein.

Die p^6 Zahlen werden so in eine quadratische Tabelle aufgeteilt, dass die Zahlen der Serie $(r_1\ r_2\ r_3)_p$ die obere Zeile und die Zahlen der Serie $(s_1\ s_2\ s_3)_p$ die linke Spalte bilden. Diese Aufteilung erzeugt mit diesen Voraussetzungen ein semi-magisches Quadrat. Damit das Quadrat auch magisch wird, sind drei weitere Bedingungen zu erfüllen.

- Die Serie $(r_1 + s_1\ \ r_2 + s_2\ \ r_3 + s_3)_p$ muss voll sein, damit die Diagonale von links oben nach rechts unten magisch wird.
- Die Serie $(r_1 - s_1\ \ r_2 - s_2\ \ r_3 - s_3)_p$ muss voll sein, damit die Diagonale von links unten nach rechts oben magisch wird.
- Diese beiden Serien dürfen keine gemeinsamen Zahlen enthalten.

Damit eine Serie bimagisch ist, muss die Determinante ungleich 0 sein. Im Gegensatz zu der Ordnung p^2 werden auch hier für eine Serie

$$(a_1a_2a_3a_4a_5a_6\ \ b_1b_2b_3b_4b_5b_6\ \ c_1c_2c_3c_4c_5c_6)_p$$

die Kombinationen der Ziffern a_i und b_j, a_i und c_j sowie b_i und c_j mit $i, j \in \{1, 2, \ldots, 6\}$ und $i \neq j$ betrachtet. Von den drei Termen

$$a_i \cdot b_j - a_j \cdot b_i \qquad a_i \cdot c_j - a_j \cdot c_i \qquad b_i \cdot c_j - b_j \cdot c_i$$

muss dabei mindestens eine Differenz ungleich 0 sein.

[72] siehe Kapitel 2.6.1

[73] Cazalas [84] S. 69 – 96

2.7.2 Ordnung $2^3 = 8$

Die dritte Bedingung für die Serien für Ordnungen p^3 ist aber für $p = 2$ nicht zu erfüllen, da beide Serien aufgrund der zu kleinen Basis p identisch sind. Dies bedeutet, dass mit diesen arithmetischen Serien alle entstehenden Quadrate nur semi-bimagisch sind.

Für $p = 2$, also der Ordnung 8, ergibt sich Tabelle 2.59 mit $p^6 = 64$ Zahlen. Sie ist allerdings nicht vollständig ausgefüllt, damit sie übersichtlich und verständlich bleibt. Die fehlenden Einträge lassen sich durch Addition der Terme aus der linken Spalte und der oberen Zeile leicht ergänzen.

0	r_1	r_2	$r_2 + r_1$	r_3	$r_3 + r_1$	$r_3 + r_2$	$r_3 + r_2 + r_1$
s_1	$s_1 + r_1$	$s_1 + r_2$	$s_1 + r_2 + r_1$	$\cdots$			
s_2	$s_2 + r_1$	$s_2 + r_2$	$s_2 + r_2 + r_1$	$\cdots$			
$s_2 + s_1$	$\cdots$	$\cdots$	$\cdots$	$\cdots$			
s_3							
$s_3 + s_1$							
$s3 + s_2$							
$s3 + s_2 + s_1$							

Tab. 2.59 Terme mit den arithmetischen Serien $(r_1\ r_2\ r_3)_2$ und $(s_1\ s_2\ s_3)_2$

Die beiden Serien

$$(r_1\ r_2\ r_3)_2 = (010111\ 111001\ 100011)_2 \quad \text{und} \quad (s_1\ s_2\ s_3)_2 = (100110\ 010011\ 011100)_2$$

erfüllen für $p = 2$ die geforderten Bedingungen und lauten in der ausführlichen Schreibweise:

0	r_1	r_2	$r_2 + r_1$	r_3	$r_3 + r_1$	$r_3 + r_2$	$r_3 + r_2 + r_1$
000000	010111	111001	101110	100011	110100	011010	001101
0	s_1	s_2	$s_2 + s_1$	s_3	$s_3 + s_1$	$s3 + s_2$	$s3 + s_2 + s_1$
000000	100110	010011	110101	011100	111010	001111	101001

Beide Serien erfüllen auch die Bedingungen für bimagische Serien. Als Beispiel seien dazu die Berechnungen für die Ziffern a_1 und b_j, a_1 und c_j sowie b_1 und c_j für die Indizes $j \in \{2, 3, 4, 5\}$ angegeben.

$i=1 \quad j=2$	$i=1 \quad j=3$	$i=1 \quad j=4$	$i=1 \quad j=5$	$i=1 \quad j=6$
$0 \cdot 1 - 1 \cdot 1 = 1$	$0 \cdot 1 - 0 \cdot 1 = 0$	$0 \cdot 0 - 1 \cdot 1 = 1$	$0 \cdot 0 - 1 \cdot 1 = 1$	$0 \cdot 1 - 1 \cdot 1 = 1$
$0 \cdot 0 - 1 \cdot 1 = 1$	$0 \cdot 0 - 0 \cdot 1 = 0$	$0 \cdot 0 - 1 \cdot 1 = 1$	$0 \cdot 1 - 1 \cdot 1 = 1$	$0 \cdot 1 - 1 \cdot 1 = 1$
$1 \cdot 0 - 1 \cdot 1 = 1$	$1 \cdot 0 - 1 \cdot 1 = 1$	$1 \cdot 0 - 0 \cdot 1 = 0$	$1 \cdot 1 - 0 \cdot 1 = 1$	$1 \cdot 1 - 1 \cdot 1 = 0$

Damit ergibt sich die vollständige Tabelle 2.60, die alle 64 unterschiedlichen Zahlen von 0 bis $p^6 - 1$ enthält. Diese Zahlen stellen somit ein Quadrat dar, in dem die Zeilen und Spalten bimagisch sind.

	0	r_1	r_2	$r_2 + r_1$	r_3	$r_3 + r_1$	$r_3 + r_2$	$r_3 + r_2 + r_1$
0	000000	010111	111001	101110	100011	110100	011010	001101
s_1	100110	110001	011111	001000	000101	010010	111100	101011
s_2	010011	000100	101010	111101	110000	100111	001001	011110
$s_2 + s_1$	110101	100010	001100	011011	010110	000001	101111	111000
s_3	011100	001011	100101	110010	111111	101000	000110	010001
$s_3 + s_1$	111010	101101	000011	010100	011001	001110	100000	110111
$s3 + s_2$	001111	011000	110110	100001	101100	111011	010101	000010
$s3 + s_2 + s_1$	101001	111110	010000	000111	001010	011101	110011	100100

Tab. 2.60 Zahlen der arithmetischen Serien $(010111\ 111001\ 100011)_2$ und $(100110\ 010011\ 011100)_2$

Der Übersichtlichkeit halber kann man die Serien statt in binärer Darstellung auch im normalen Dezimalsystem angeben. Hier lauten die Serien $(r_1\ r_2\ r_3)_2 = (23\ 57\ 35)_{10}$ und $(s_1\ s_2\ s_3)_2 = (38\ 19\ 28)_{10}$.

		r_1	r_2		r_3			
	0	23	57	46	35	52	26	13
s_1	38	49	31	8	5	18	60	43
s_2	19	4	42	61	48	39	9	30
	53	34	12	27	22	1	47	56
s_3	28	11	37	50	63	40	6	17
	58	45	3	20	25	14	32	55
	15	24	54	33	44	59	21	2
	41	62	16	7	10	29	51	36

a) umgewandelte Zahlen

1	24	58	47	36	53	27	14
39	50	32	9	6	19	61	44
20	5	43	62	49	40	10	31
54	35	13	28	23	2	48	57
29	12	38	51	64	41	7	18
59	46	4	21	26	15	33	56
16	25	55	34	45	60	22	3
42	63	17	8	11	30	52	37

b) erhöhte Zahlen

Abb. 2.309 Semi-bimagisches Quadrat

Unabhängig von der gewählten Darstellung der Serien wandelt man die Zahlen der Tabelle in das Zehnersystem um und erhöht dabei alle Zahlen um 1. Damit erhält man in diesem Beispiel das semi-bimagische Quadrat aus Abbildung 2.309. Während die quadrierten Zahlen in den Zeilen und Spalten die bimagische Summe 11 180 besitzen, weichen die Diagonalen mit 11 052 und 11 308 hiervon ab.

Leider können die Diagonalen mit der Methode der arithmetischen Serien nicht sofort bimagisch gemacht werden. Allerdings kann man mit diesem Zwischenergebnis wie bei den Verfahren von Coccoz oder Rilly[74] vorgehen und das semi-bimagische Quadrat in ein bimagisches umwandeln. Dazu muss man unter den 38 039 bimagischen Reihen zwei passende finden, die für die Diagonalen geeignet sind, um durch das Vertauschen von Zeilen und Spalten ein bimagisches Quadrat zu erzeugen.

Für dieses semi-bimagische Quadrat können etwa die beiden bimagischen Reihen aus Tabelle 2.61 benutzt werden.

Diagonale 1	2	10	24	32	37	45	51	59
Diagonale 2	6	14	20	28	33	41	55	63

Tab. 2.61 Bimagische Reihen für die Diagonalen

In Abbildung 2.309 erkennt man, dass in jeder Zeile und Spalte des semi-bimagischen Quadrates jeweils eine Zahl der beiden für die Diagonalen vorgesehenen magischen Reihen vorhanden ist. Deshalb kann man die Zeilen und Spalten so vertauschen, dass die entsprechenden Zahlen wie im bimagischen Quadrat der Abbildung 2.310b auf den Diagonalen liegen.

1	24	58	47	36	53	27	14
39	50	32	9	6	19	61	44
20	5	43	62	49	40	10	31
54	35	13	28	23	2	48	57
29	12	38	51	64	41	7	18
59	46	4	21	26	15	33	56
16	25	55	34	45	60	22	3
42	63	17	8	11	30	52	37

a) semi-bimagisches Quadrat

24	58	27	53	47	1	36	14
50	32	61	19	9	39	6	44
5	43	10	40	62	20	49	31
35	13	48	2	28	54	23	57
12	38	7	41	51	29	64	18
46	4	33	15	21	59	26	56
25	55	22	60	34	16	45	3
63	17	52	30	8	42	11	37

b) bimagisches Quadrat

Abb. 2.310 Bimagisches Quadrat der Ordnung $n = 8$ (Tarry - Cazalas, Beispiel 1)

Cazalas gibt aber auch eine Erweiterung für die Methode der arithmetischen Serien an, mit der sich aus den semi-bimagischen Quadraten der Ordnung $n = 8$ mit einem

[74] siehe Kapitel 2.1.1 bzw. 2.1.3

zusätzlichen Schritt bimagische Quadrate mit trimagischen Diagonalen erzeugen lassen.

Dieser zusätzliche Schritt besteht einfach nur darin, dass zu allen Zahlen des semibimagischen Quadrates eine konstante Zahl *ohne Übertrag* addiert wird. Für das Beispiel aus Tabelle 2.62 gibt Cazalas die Konstante 011110 an. Mit den Zahlen aus Tabelle 2.60 entsteht durch diese Addition das Quadrat in Abbildung 2.311.

011110	001001	100111	110000	111101	101010	000100	010011
111000	101111	000001	010110	011011	001100	100010	110101
001101	011010	110100	100011	101110	111001	010111	000000
101011	111100	010010	000101	001000	011111	110001	100110
000010	010101	111011	101100	100001	110110	011000	001111
100100	110011	011101	001010	000111	010000	111110	101001
010001	000110	101000	111111	110010	100101	001011	011100
110111	100000	001110	011001	010100	000011	101101	111010

Abb. 2.311 Quadrat nach der Addition mit der Konstanten 011110

Wandelt man alle Zahlen aus dem Zweiersystem in das Zehnersystem um und erhöht sie um 1, erhält man das pandiagonale bimagische Quadrat aus Abbildung 2.312, welches zudem trimagische Diagonalen besitzt.

		r_1	r_2		r_3			
	30	9	39	48	61	42	4	19
s_1	56	47	1	22	27	12	34	53
s_2	13	26	52	35	46	57	23	0
	43	60	18	5	8	31	49	38
s_3	2	21	59	44	33	54	24	15
	36	51	29	10	7	16	62	41
	17	6	40	63	50	37	11	28
	55	32	14	25	20	3	45	58

a) umgewandelte Zahlen

31	10	40	49	62	43	5	20
57	48	2	23	28	13	35	54
14	27	53	36	47	58	24	1
44	61	19	6	9	32	50	39
3	22	60	45	34	55	25	16
37	52	30	11	8	17	63	42
18	7	41	64	51	38	12	29
56	33	15	26	21	4	46	59

b) erhöhte Zahlen

Abb. 2.312 Pandiagonales und bimagisches Quadrat (Cazalas, Beispiel 2)

Es gibt aber viele weitere Konstanten, die andere pandiagonale bimagische Quadrate erzeugen. Mit der Zahl $(110011)_2 = (51)_{10}$ ergeben sich die Quadrate aus Abbildung 2.313. Man erkennt deutlich die Auswirkungen einer solchen Addition mit einer Konstanten, da sie die Zeilen und Spalten nur so umordnet, dass auch die Diagonalen die bimagische Summe ergeben.

		r_1	r_2		r_3			
	51	36	10	29	16	7	41	62
s_1	21	2	44	59	54	33	15	24
s_2	32	55	25	14	3	20	58	45
	6	17	63	40	37	50	28	11
s_3	47	56	22	1	12	27	53	34
	9	30	48	39	42	61	19	4
	60	43	5	18	31	8	38	49
	26	13	35	52	57	46	0	23

a) umgewandelte Zahlen

52	37	11	30	17	8	42	63
22	3	45	60	55	34	16	25
33	56	26	15	4	21	59	46
7	18	64	41	38	51	29	12
48	57	23	2	13	28	54	35
10	31	49	40	43	62	20	5
61	44	6	19	32	9	39	50
27	14	36	53	58	47	1	24

b) erhöhte Zahlen

Abb. 2.313 Pandiagonales und bimagisches Quadrat (Cazalas, Beispiel 3)

Cazalas hat für alle mit der Methode von Tarry erzeugten bimagischen Quadrate der Ordnung $n = 8$ arithmetische Serien und eine Konstante angegeben, sodass sich die bimagischen Quadrate von Tarry auch mit dieser Methode erzeugen lassen.[75]

r_1	r_2	r_3	s_1	s_2	s_3	Konstante
001101	010011	101010	111100	001111	010101	010001
001110	100011	011001	111100	001111	100110	011010
010110	100101	101010	100111	111001	010101	100101
010111	111001	100011	100110	010011	011100	011110
100101	010110	011001	010111	111010	100110	100101
100111	111010	110001	110010	011001	001110	111010
101100	110010	001011	111010	010111	110100	111001
110001	011100	001011	100111	111001	110100	010011
111010	001111	100011	001011	100101	011100	010011
111100	010111	110001	101001	110100	001110	101001

Tab. 2.62 Arithmetische Serien für die bimagischen Quadrate von Tarry - Cazalas

In Tabelle 2.63 sind die Parameter für die Serien noch einmal übersichtlicher in der dezimalen Darstellung angegeben. Neben der Konstanten, die Cazalas angegeben hat, sind neun von vielen weiteren Konstanten aufgeführt, mit denen pandiagonale bimagische Quadrate erzeugt werden können.

[75] Cazalas [84] S. 109

r_1	r_2	r_3	s_1	s_2	s_3	Konstante									
13	19	42	60	15	21	17	6	8	13	22	32	41	53	57	60
14	35	25	60	15	38	26	2	8	23	27	37	47	48	54	61
22	37	42	39	57	21	37	17	20	24	29	39	43	46	55	57
23	57	35	38	19	28	30	2	5	16	20	26	34	37	48	55
37	22	25	23	58	38	37	8	15	17	22	27	41	54	58	60
39	58	49	50	25	14	58	5	24	25	30	33	38	41	47	61
44	50	11	58	23	52	57	10	28	39	44	47	53	54	58	61
49	28	11	39	57	52	19	2	5	9	14	23	32	36	44	50
58	15	35	11	37	28	19	8	16	23	29	34	38	40	52	62
60	23	49	41	52	14	41	11	12	13	31	32	47	51	53	60

Tab. 2.63 Arithmetische Serien für pandiagonale bimagische Quadrate von Tarry - Cazalas

Ein weiteres Beispiel zeigt die arithmetischen Serien $(011010\ 101001\ 100110)_2$ und $(010110\ 011011\ 110101)_2$. Mit diesen beiden Serien ergibt sich zunächst ein semi-bimagisches Quadrat.

000000	011010	101001	110011	100110	111100	001111	010101
010110	001100	111111	100101	110000	101010	011001	000011
011011	000001	110010	101000	111101	100111	010100	001110
001101	010111	100100	111110	101011	110001	000010	011000
110101	101111	011100	000110	010011	001001	111010	100000
100011	111001	001010	010000	000101	011111	101100	110110
101110	110100	000111	011101	001000	010010	100001	111011
111000	100010	010001	001011	011110	000100	110111	101101

Abb. 2.314 Quadrat mit den arithmetischen Serien $(011010\ 101001\ 100110)_2$ und $(010110\ 011011\ 110101)_2$

Zu allen Zahlen wird anschließend die spezielle Konstante 100010 addiert, und es entsteht das bimagische Quadrat aus Abbildung 2.315. Auch in diesem Beispiel bewirkt die Addition mit der Konstanten eine veränderte Anordnung von Zeilen und Spalten, sodass auch die Diagonalen die bimagische Summe ergeben.

Wandelt man jetzt wieder alle Zahlen aus dem Zweiersystem in das Zehnersystem um und erhöht sie um 1, erhält man das bimagische Quadrat mit trimagische Diagonalen aus Abbildung 2.316.

100010	111000	001011	010001	000100	011110	101101	110111
110100	101110	011101	000111	010010	001000	111011	100001
111001	100011	010000	001010	011111	000101	110110	101100
101111	110101	000110	011100	001001	010011	100000	111010
010111	001101	111110	100100	110001	101011	011000	000010
000001	011011	101000	110010	100111	111101	001110	010100
001100	010110	100101	111111	101010	110000	000011	011001
011010	000000	110011	101001	111100	100110	010101	001111

Abb. 2.315 Quadrat nach der Addition mit der Konstanten 100010

		r_1	r_2		r_3			
	34	56	11	17	4	30	45	55
s_1	52	46	29	7	18	8	59	33
s_2	57	35	16	10	31	5	54	44
	47	53	6	28	9	19	32	58
s_3	23	13	62	36	49	43	24	2
	1	27	40	50	39	61	14	20
	12	22	37	63	42	48	3	25
	26	0	51	41	60	38	21	15

a) umgewandelte Zahlen

35	57	12	18	5	31	46	56
53	47	30	8	19	9	60	34
58	36	17	11	32	6	55	45
48	54	7	29	10	20	33	59
24	14	63	37	50	44	25	3
2	28	41	51	40	62	15	21
13	23	38	64	43	49	4	26
27	1	52	42	61	39	22	16

b) erhöhte Zahlen

Abb. 2.316 Bimagisches Quadrat (Cazalas, Beispiel 4)

In Tabelle 2.64 sind einige arithmetische Serien im Dezimalsystem sowie einige konstante Zahlen für die zusätzliche Addition angegeben, mit denen bimagische Quadrate erzeugt werden können.

$(r_1\ r_2\ r_3)_{10}$	$(s_1\ s_2\ s_3)_{10}$	Konstante								
$(11\ 28\ 45)_{10}$	$(29\ 51\ 52)_{10}$	2	4	13	23	27	33	40	52	62
$(21\ 27\ 54)_{10}$	$(42\ 22\ 37)_{10}$	4	26	27	28	29	34	46	55	58
$(27\ 42\ 28)_{10}$	$(50\ 21\ 57)_{10}$	10	13	19	24	28	39	50	54	58
$(35\ 44\ 25)_{10}$	$(28\ 57\ 23)_{10}$	2	5	25	26	30	37	47	51	61
$(37\ 22\ 25)_{10}$	$(23\ 26\ 52)_{10}$	2	9	28	29	36	37	48	60	61
$(42\ 22\ 37)_{10}$	$(21\ 27\ 54)_{10}$	3	14	17	29	35	41	46	54	55
$(60\ 25\ 50)_{10}$	$(13\ 27\ 46)_{10}$	8	13	15	24	31	43	48	50	60

Tab. 2.64 Arithmetische Serien für bimagische Quadrate der Ordnung $n = 8$

Tabelle 2.65 zeigt dagegen einige Serien, mit denen die entstehenden bimagischen Quadrate sogar pandiagonal sind.

$(r_1\ r_2\ r_3)_{10}$	$(s_1\ s_2\ s_3)_{10}$	Konstante								
$(19\ 38\ 41)_{10}$	$(29\ 51\ 22)_{10}$	5	23	40	43	44	47	52	58	62
$(23\ 25\ 37)_{10}$	$(52\ 51\ 26)_{10}$	3	4	17	22	33	39	40	46	58
$(25\ 44\ 35)_{10}$	$(23\ 57\ 28)_{10}$	2	11	16	26	30	34	43	47	62
$(28\ 23\ 38)_{10}$	$(53\ 50\ 25)_{10}$	9	16	20	32	36	40	44	47	61
$(44\ 25\ 35)_{10}$	$(57\ 23\ 28)_{10}$	5	8	20	34	38	43	48	61	62
$(50\ 53\ 25)_{10}$	$(23\ 28\ 38)_{10}$	2	6	10	19	28	36	43	47	50
$(53\ 50\ 25)_{10}$	$(28\ 23\ 38)_{10}$	9	10	23	32	35	40	50	54	57

Tab. 2.65 Arithmetische Serien für pandiagonale bimagische Quadrate der Ordnung $n = 8$

Variante

Weitere bimagische Quadrate ergeben sich mit dieser Methode, wenn man die Serien $(r_1, r_2, r_3)_2$ und $(s_1, s_2, s_3)_2$ auf die gleiche Weise umordnet, beispielsweise zu $(r_2, r_3, r_1)_2$ und $(s_2, s_3, s_1)_2$. Mit den gleichen Parametern wie im letzten vollständigen Beispiel ergibt sich jetzt das semi-bimagische Quadrat aus Abbildung 2.317.

000000	101001	100110	001111	011010	110011	111100	010101
011011	110010	111101	010100	000001	101000	100111	001110
110101	011100	010011	111010	101111	000110	001001	100000
101110	000111	001000	100001	110100	011101	010010	111011
010110	111111	110000	011001	001100	100101	101010	000011
001101	100100	101011	000010	010111	111110	110001	011000
100011	001010	000101	101100	111001	010000	011111	110110
111000	010001	011110	110111	100010	001011	000100	101101

Abb. 2.317 Quadrat mit den arithmetischen Serien $(111010\ 110001\ 100111)_2$ und $(011001\ 001110\ 110010)_2$

Danach muss zu allen Zahlen wieder die spezielle Konstante 100010 hinzuaddiert werden. Wandelt man anschließend alle Zahlen aus dem Zweiersystem in das Zehnersystem um und erhöht sie um 1, erhält man das bimagische Quadrat mit trimagischen Diagonalen aus Abbildung 2.319.

100010	001011	000100	101101	111000	010001	011110	110111
111001	010000	011111	110110	100011	001010	000101	101100
010111	111110	110001	011000	001101	100100	101011	000010
001100	100101	101010	000011	010110	111111	110000	011001
110100	011101	010010	111011	101110	000111	001000	100001
101111	000110	001001	100000	110101	011100	010011	111010
000001	101000	100111	001110	011011	110010	111101	010100
011010	110011	111100	010101	000000	101001	100110	001111

Abb. 2.318 Quadrat nach der Addition mit der Konstanten 111010

		r_1	r_2		r_3			
	34	11	4	45	56	17	30	55
s_1	57	16	31	54	35	10	5	44
s_2	23	62	49	24	13	36	43	2
	12	37	42	3	22	63	48	25
s_3	52	29	18	59	46	7	8	33
	47	6	9	32	53	28	19	58
	1	40	39	14	27	50	61	20
	26	51	60	21	0	41	38	15

a) umgewandelte Zahlen

35	12	5	46	57	18	31	56
58	17	32	55	36	11	6	45
24	63	50	25	14	37	44	3
13	38	43	4	23	64	49	26
53	30	19	60	47	8	9	34
48	7	10	33	54	29	20	59
2	41	40	15	28	51	62	21
27	52	61	22	1	42	39	16

b) erhöhte Zahlen

Abb. 2.319 Bimagisches Quadrat (Cazalas, Beispiel 5)

2.7.3 Ordnung $3^3 = 27$

Gilt für die Basis $p \geq 3$, können bimagische Quadrate direkt erstellt werden. Der für die Ordnung $p = 2$ erforderliche zusätzliche Schritt mit der Addition einer geeigneten konstanten Zahl ist hier überflüssig. Die für die Ordnung $p^3 = 2^3$ formulierten Bedingungen bleiben bestehen und können auch auf alle größeren Ordnungen übertragen werden.

Die Serien $(001112\ 110121\ 102122)_3$ und $(222002\ 200110\ 112010)_3$ erzeugen ein symmetrisches bimagisches Quadrat der Ordnung 27. Das gesamte Quadrat ist aber für eine gute Darstellung zu groß, sodass in Abbildung 2.320 nur ein Ausschnitt mit der linken oberen Ecke dargestellt wird.

		r_1		r_2						r_3			
	1	42	80	341	370	384	672	683	712	315	263	274	···
s_1	705	662	700	70	21	32	401	331	363	206	235	168	···
	353	391	351	693	722	652	49	63	11	583	615	626	···
s_2	499	540	542	101	112	153	414	443	481	75	5	43	···
	474	431	433	559	492	530	143	91	132	695	706	666	···
	122	160	84	453	464	421	520	552	509	343	357	395	···
	268	273	311	572	610	642	174	212	223	546	503	532	···
	243	164	202	301	261	290	632	589	603	437	475	426	···
	620	622	582	195	233	181	280	321	251	85	126	155	···
s_3	382	342	371	713	670	684	81	2	40	606	644	574	···
	33	71	19	361	402	332	701	703	663	254	292	306	···
	653	691	723	12	50	61	349	354	392	226	186	197	···
	···	···	···	···	···	···	···	···	···	···	···	···	⋱

Abb. 2.320 Symmetrisches bimagisches Quadrat mit den Serien $(41\,340\,314)_{10}$ und $(704\,498\,381)_{10}$

Trotz der Größe werden in Tabelle 2.66 einige weitere Serien im Dezimalsystem angegeben, mit denen bimagische Quadrate erzeugt werden können. Die sich aus den unteren vier Serien ergebenden bimagischen Quadrate sind sogar pandiagonal.

$(r_1\ r_2\ r_3)_3$	$(s_1\ s_2\ s_3)_3$	$(r_1\ r_2\ r_3)_{10}$	$(s_1\ s_2\ s_3)_{10}$
$(002102\ 111102\ 121222)_3$	$(010101\ 002111\ 202102)_3$	$(65\,362\,458)_{10}$	$(91\,67\,551)_{10}$
$(010210\ 001222\ 121201)_3$	$(110022\ 120102\ 012112)_3$	$(102\,53\,451)_{10}$	$(332\,416\,149)_{10}$
$(100122\ 010202\ 222102)_3$	$(020022\ 121200\ 120112)_3$	$(260\,101\,713)_{10}$	$(170\,450\,419)_{10}$
$(102101\ 120112\ 002120)_3$	$(222001\ 012120\ 002102)_3$	$(307\,419\,69)_{10}$	$(703\,150\,65)_{10}$
$(200201\ 002121\ 211021)_3$	$(010021\ 012120\ 112011)_3$	$(505\,70\,601)_{10}$	$(88\,150\,382)_{10}$
$(001110\ 200212\ 022002)_3$	$(212010\ 001111\ 200110_3$	$(39\,509\,218)_{10}$	$(624\,40\,498)_{10}$
$(011111\ 201210\ 022000)_3$	$(212010\ 202021\ 200211_3$	$(121\,534\,216)_{10}$	$(624\,547\,508)_{10}$
$(102021\ 110202\ 000211)_3$	$(001111\ 101102\ 121000)_3$	$(304\,344\,22)_{10}$	$(40\,281\,432)_{10}$
$(122010\ 202111\ 002001)_3$	$(111001\ 011010\ 120120_3$	$(462\,553\,55)_{10}$	$(352\,111\,420)_{10}$
$(221222\ 012201\ 010012)_3$	$(120012\ 111002\ 201100_3$	$(701\,154\,86)_{10}$	$(410\,353\,522)_{10}$

Tab. 2.66 Arithmetische Serien für bimagische Quadrate der Ordnung $n = 3^3 = 27$

2.8 Ordnung n = p^4

Um bimagische Quadrate der Ordnung $n = p^4$ zu erzeugen, verwendet Cazalas arithmetische Serien der Form[76]

$$(r_1\ r_2\ r_3\ r_4)_p \quad s_1\ s_2\ s_3\ s_4)_p$$

Die Ergebnisse der Untersuchungen aus Kapitel 2.7 für Ordnungen p^3 können auf die hier betrachteten Ordnungen übertragen werden. Der einzige Unterschied liegt darin, dass bei den Serien jeweils eine Zahl hinzukommt und die für p^3 beschriebenen Bedingungen daher von drei auf vier Zahlen erweitert werden müssen.

2.8.1 Ordnung 2^4 = 16

Für die Ordnung $n = 16$ gilt $p = 2$, und die Serien bilden damit eine Tabelle mit 16 Zeilen und Spalten. Sie ist wie Tabelle 2.59 aufgebaut, wobei acht weitere Zeilen und Spalten hinzukommen. Bei den Zeilen bleiben die ersten acht Einträge in den linken Zellen erhalten und werden bei den acht neuen darunterliegenden neuen Einträgen jeweils um den Summanden s_4 erweitert.

Ebenso bleiben in der oberen Zeile die ersten acht Einträge erhalten und bei den neu hinzugekommenen acht Einträgen werden die alten Terme jeweils um den Summanden r_4 ergänzt.

	0	r_1	r_2	$r_2 + r_1$	r_3	...	r_4	$r_4 + r_1$	$r_4 + r_2$	...
0	00000000	11001001	10011010	01010011	11101010	...	11000110	00001111	01011100	...
s_1	01000011	10001010	11011001	00010000	10101001	...	10000101	01001100	00011111	...
s_2	11110100	00111101	01101110	10100111	00011110	...	00110010	11111011	10101000	...
$s_2 + s_1$	10110111	01111110	00101101	11100100	01011101	...	01110001	10111000	11101011	...
s_3	01101101	10100100	11110111	00111110	10000111	...	10101011	01100010	00110001	...
...	...	...	...	...	...	...	...	...	...	...
$s4$	01111000	10110001	11100010	00101011	10010010	...	10111110	01110111	00100100	...
$s4 + s_1$	00111011	11110010	10100001	01101000	11010001	...	11111101	00110100	01100111	...
$s4 + s_2$	10001100	01000101	00010110	11011111	01100110	...	01001010	10000011	11010000	...
...	...	...	...	...	...	...	...	...	...	...

Tab. 2.67 Tabelle mit arithmetischen Serien im Binärsystem

[76] Cazalas [84] S. 97 – 128

Im ersten Beispiel der Tabelle 2.67 werden die arithmetischen Serien

$$(r_1\, r_2\, r_3\, r_4)_2 = (11001001\ 10011010\ 11101010\ 11000110)_2$$
$$(s_1\, s_2\, s_3\, s_4)_2 = (01000011\ 11110100\ 01101101\ 01111000)_2$$

verwendet. Wegen der Größe dieser Tabelle ist sie nur unvollständig angegeben, da sich die Zeilen und Spalten gegenüber den Ordnungen p^3 verdoppeln. Der dargestellte Ausschnitt verdeutlicht aber insbesondere, wie die mit neuen Parametern r_4 und s_4 die zusätzlichen Zeilen und Spalten gebildet werden.

Diese Tabelle kann auch vollständig dargestellt werden, wenn man die Zahlen nicht im Zweiersystem, sondern im Zehnersystem angibt. Dann lauten die beiden Serien

$$(r_1\, r_2\, r_3\, r_4)_{10} = (201\ 154\ 234\ 198)_{10}$$
$$(s_1\, s_2\, s_3\, s_4)_{10} = (67\ 244\ 109\ 120)_{10}$$

In dieser Schreibweise ergibt sich das Quadrat aus Abbildung 2.321 und man erkennt deutlich die acht Parameter der beiden beteiligten Serien.

		r_1	r_2		r_3				r_4							
	0	201	154	83	234	35	112	185	198	15	92	149	44	229	182	127
s_1	67	138	217	16	169	96	51	250	133	76	31	214	111	166	245	60
s_2	244	61	110	167	30	215	132	77	50	251	168	97	216	17	66	139
	183	126	45	228	93	148	199	14	113	184	235	34	155	82	1	200
s_3	109	164	247	62	135	78	29	212	171	98	49	248	65	136	219	18
	46	231	180	125	196	13	94	151	232	33	114	187	2	203	152	81
	153	80	3	202	115	186	233	32	95	150	197	12	181	124	47	230
	218	19	64	137	48	249	170	99	28	213	134	79	246	63	108	165
s_4	120	177	226	43	146	91	8	193	190	119	36	237	84	157	206	7
	59	242	161	104	209	24	75	130	253	52	103	174	23	222	141	68
	140	69	22	223	102	175	252	53	74	131	208	25	160	105	58	243
	207	6	85	156	37	236	191	118	9	192	147	90	227	42	121	176
	21	220	143	70	255	54	101	172	211	26	73	128	57	240	163	106
	86	159	204	5	188	117	38	239	144	89	10	195	122	179	224	41
	225	40	123	178	11	194	145	88	39	238	189	116	205	4	87	158
	162	107	56	241	72	129	210	27	100	173	254	55	142	71	20	221

Abb. 2.321 Tabelle mit den arithmetischen Serien im Zehnersystem

Erhöht man abschließend alle Zahlen um 1, entsteht das bimagische Quadrat aus Abbildung 2.322.

1	202	155	84	235	36	113	186	199	16	93	150	45	230	183	128
68	139	218	17	170	97	52	251	134	77	32	215	112	167	246	61
245	62	111	168	31	216	133	78	51	252	169	98	217	18	67	140
184	127	46	229	94	149	200	15	114	185	236	35	156	83	2	201
110	165	248	63	136	79	30	213	172	99	50	249	66	137	220	19
47	232	181	126	197	14	95	152	233	34	115	188	3	204	153	82
154	81	4	203	116	187	234	33	96	151	198	13	182	125	48	231
219	20	65	138	49	250	171	100	29	214	135	80	247	64	109	166
121	178	227	44	147	92	9	194	191	120	37	238	85	158	207	8
60	243	162	105	210	25	76	131	254	53	104	175	24	223	142	69
141	70	23	224	103	176	253	54	75	132	209	26	161	106	59	244
208	7	86	157	38	237	192	119	10	193	148	91	228	43	122	177
22	221	144	71	256	55	102	173	212	27	74	129	58	241	164	107
87	160	205	6	189	118	39	240	145	90	11	196	123	180	225	42
226	41	124	179	12	195	146	89	40	239	190	117	206	5	88	159
163	108	57	242	73	130	211	28	101	174	255	56	143	72	21	222

Abb. 2.322 Bimagisches Quadrat der Ordnung $n = 16$ (Cazalas, Beispiel 1)

Weitere Serien, mit denen bimagische Quadrate erstellt werden können, sind in Tabelle 2.68 im Binärsystem angegeben. Die Serien in den jeweils unteren vier Zeilen erzeugen sogar pandiagonale Quadrate.

$(r_1\ r_2\ r_3\ r_4)_2$	$(s_1\ s_2\ s_3\ s_4)_2$
$(00011111\ 10110010\ 01000111\ 01110100)_2$	$(01010000\ 00100101\ 11101001\ 10110110)_2$
$(01011000\ 10001110\ 00101111\ 11001011)_2$	$(10110000\ 01001010\ 01010110\ 01111101)_2$
$(10101000\ 11011000\ 11110110\ 01100101)_2$	$(01110011\ 10110101\ 11111000\ 00010001)_2$
$(11010101\ 01011011\ 00110011\ 11001001)_2$	$(11110010\ 00010111\ 10111100\ 11011011)_2$
$(00001101\ 01111100\ 11011011\ 01100110)_2$	$(00010011\ 01000100\ 10110110\ 10011000)_2$
$(01011000\ 11000110\ 01001101\ 00101010)_2$	$(10000010\ 11011000\ 11101011\ 01000101)_2$
$(10010011\ 00110101\ 11111010\ 00101010)_2$	$(01010000\ 00011110\ 00100011\ 10010101)_2$
$(11100011\ 01111110\ 11010010\ 11001000)_2$	$(11010001\ 10111000\ 01000101\ 00110011)_2$

Tab. 2.68 Arithmetische Serien im Binärsystem für bimagische Quadrate der Ordnung $n = 2^4 = 16$

Im Dezimalsystem lauten die acht Parameter:

$(r_1\ r_2\ r_3\ r_4)_{10}$	$(s_1\ s_2\ s_3\ s_4)_{10}$
$(31\ 178\ 71\ 116)_{10}$	$(80\ 37\ 233\ 182)_{10}$
$(88\ 142\ 47\ 203)_{10}$	$(176\ 74\ 86\ 125)_{10}$
$(168\ 216\ 246\ 101)_{10}$	$(115\ 181\ 248\ 17)_{10}$
$(213\ 91\ 51\ 201)_{10}$	$(242\ 23\ 188\ 219)_{10}$
$(13\ 124\ 219\ 102)_{10}$	$(19\ 68\ 182\ 152)_{10}$
$(88\ 198\ 77\ 42)_{10}$	$(130\ 216\ 235\ 69)_{10}$
$(147\ 53\ 250\ 42)_{10}$	$(80\ 30\ 35\ 149)_{10}$
$(227\ 126\ 210\ 200)_{10}$	$(209\ 184\ 69\ 51)_{10}$

Tab. 2.69 Arithmetische Serien im Dezimalsystem für bimagische Quadrate der Ordnung $n = 2^4 = 16$

Das pandiagonale bimagische Quadrat aus Abbildung 2.323 ist etwa mit den Serien $(35\ 217\ 31\ 136)_{10}$ und $(192\ 115\ 174\ 71)_{10}$ konstruiert worden.

1	36	218	251	32	61	199	230	137	172	82	115	152	181	79	110
193	228	26	59	224	253	7	38	73	108	146	179	88	117	143	174
116	81	171	138	109	80	182	151	252	217	35	2	229	200	62	31
180	145	107	74	173	144	118	87	60	25	227	194	37	8	254	223
175	142	120	85	178	147	105	76	39	6	256	221	58	27	225	196
111	78	184	149	114	83	169	140	231	198	64	29	250	219	33	4
222	255	5	40	195	226	28	57	86	119	141	176	75	106	148	177
30	63	197	232	3	34	220	249	150	183	77	112	139	170	84	113
72	101	159	190	89	124	130	163	208	237	23	54	209	244	10	43
136	165	95	126	153	188	66	99	16	45	215	246	17	52	202	235
53	24	238	207	44	9	243	210	189	160	102	71	164	129	123	90
245	216	46	15	236	201	51	18	125	96	166	135	100	65	187	154
234	203	49	20	247	214	48	13	98	67	185	156	127	94	168	133
42	11	241	212	55	22	240	205	162	131	121	92	191	158	104	69
155	186	68	97	134	167	93	128	19	50	204	233	14	47	213	248
91	122	132	161	70	103	157	192	211	242	12	41	206	239	21	56

Abb. 2.323 Pandiagonales bimagisches Quadrat der Ordnung $n = 16$ (Cazalas, Beispiel 2)

2.9 Ordnung n = 4k

Für Ordnungen $n = 4k$ mit $k \geq 2$ werden zwei Verfahren vorgestellt, um bimagische Quadrate zu erstellen. Das Verfahren von Chen und Li kann allerdings nicht für die Ordnung 12 benutzt werden, während das Verfahren von Pan und Huang für alle Ordnungen dieser Kategorie funktioniert.

2.9.1 Chen – Li

Kejun Chen und Wen Li haben ein Verfahren entwickelt, mit dem sich symmetrische bimagische Quadrate der Ordnung $m \cdot n$ mit trimagischen Diagonalen konstruieren lassen, wenn die Bedingungen $m, n \notin \{2, 3, 6\}$ und $m \equiv n \mod 2$ erfüllt sind.[77]

Mit diesen Voraussetzungen können bimagische Quadrate der doppelt-geraden Ordnungen $8, 16, 20, \ldots$ erzeugt werden. Für die Ordnung 12 gilt dies jedoch nicht, da $m \cdot n = 2 \cdot 6$ ebenso gegen die Voraussetzungen verstößt wie $m \cdot n = 3 \cdot 4$.

Ordnung 8

Für die Ordnung $m \cdot n = 2 \cdot 4 = 8$ werden dazu ein magisches Rechteck r der Größe 4x2 und ein idempotentes selbst-orthogonales lateinisches Quadrat q der Ordnung $n = 4$ benötigt. Idempotent bedeutet einem lateinischen Quadrat A der Ordnung n, dass für alle $i \in \{0, 1, \ldots, n-1\}$ die Gleichheit $a_{i,i} = i$ gilt.

1	2	4	7
6	5	3	0

0	2	3	1
3	1	0	2
1	3	2	0
2	0	1	3

Abb. 2.324 Ausgangsdaten für das Verfahren von Chen und Li

Während bei den Beschreibungen in diesem Dokument immer die linke untere Ecke eines Quadrates mit $M_{0,0}$ bezeichnet wird, benutzen Chen und Li in ihrem Artikel die mathematische Matrizenschreibweise, bei der $M_{0,0}$ die linke obere Ecke bezeichnet. Da hier eine Anpassung der Schreibweise einen Vergleich mit dem mathematischen Beweis aus dem Originaldokument sehr erschweren würde, wird bei der Beschreibung dieses Verfahrens ausnahmsweise die Darstellung von Chen und Li übernommen.

[77] Kejun Chen und Wen Li [91]

Das magische Rechteck r ist definiert mit

$$r_{k,j} \quad \text{mit} \quad 0 \leq j \leq n-1 \ \text{ und } \ k \in \{0,1\}$$

Zusätzlich werden weitere n x n - Matrizen A_k und B_k benötigt,

$$A_k \ \text{mit} \quad a_{i,j}^{(k)} = r_{k,l_{ij}} \qquad 0 \leq i, j \leq n-1$$

$$B_k \ \text{mit} \quad b_{i,j}^{(k)} = \begin{cases} r_{1-k,q_{ji}+1} & \text{für } q_{ji} \equiv 0 \mod 2 \\ r_{1-k,q_{ji}-1} & \text{für } q_{ji} \equiv 1 \mod 2 \end{cases}$$

und es ergeben sich die vier Hilfsquadrate aus Abbildung 2.325.

1	4	7	2
7	2	1	4
2	7	4	1
4	1	2	7

A_0

6	3	0	5
0	5	6	3
5	0	3	6
3	6	5	0

A_1

5	3	6	0
0	6	3	5
3	5	0	6
6	0	5	3

B_0

2	4	1	7
7	1	4	2
4	2	7	1
1	7	2	4

B_1

Abb. 2.325 Hilfsquadrate der Ordnung $n = 4$

Aus den Hilfsquadraten A_0 und A_1 wird mit der Anordnung aus Abbildung 2.326 das Hilfsquadrat A der Ordnung $2n$ gebildet.

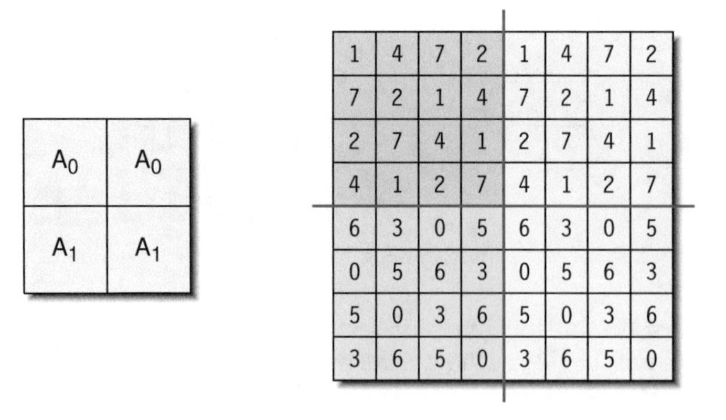

A0	A0
A1	A1

1	4	7	2	1	4	7	2
7	2	1	4	7	2	1	4
2	7	4	1	2	7	4	1
4	1	2	7	4	1	2	7
6	3	0	5	6	3	0	5
0	5	6	3	0	5	6	3
5	0	3	6	5	0	3	6
3	6	5	0	3	6	5	0

Abb. 2.326 Hilfsquadrat A

Ebenso setzt sich das Hilfsquadrat B aus den Teilquadraten B_0 und B_1 zusammen, jedoch wird hier eine andere Anordnung gewählt, wie in Abbildung 2.327 zu erkennen ist.

B_0	B_1
B_0	B_1

5	3	6	0	2	4	1	7
0	6	3	5	7	1	4	2
3	5	0	6	4	2	7	1
6	0	5	3	1	7	2	4
5	3	6	0	2	4	1	7
0	6	3	5	7	1	4	2
3	5	0	6	4	2	7	1
6	0	5	3	1	7	2	4

Abb. 2.327 Hilfsquadrat B

Leider handelt es sich bei den Hilfsquadraten A und B bis jetzt nicht um orthogonale Quadrate. Diese kann man jedoch mithilfe von zwei zusätzlichen Permutationen π_1 und π_2 erhalten.

$$\pi_1 = (n, 2n-1)\,(n+1, 2n-2)\,\cdots\,(n+\tfrac{n-2}{2}, n+\tfrac{n}{2})$$
$$\pi_2 = (1, 2n-2)\,(3, 2n-4)\,\cdots\,(n-1, n)$$

Für die Ordnung 8 mit $m = 2$ und $n = 4$ lauten diese beiden Permutationen damit

$$\pi_1 = (4,7)\,(5,6)$$
$$\pi_2 = (1,6)\,(3,4)$$

Beiden Permutationen werden auf die Hilfsquadrate A und B so angewendet, wie es die Reihenfolge der nachfolgenden Grafiken beschreibt.

	0	1	2	3	7	6	5	4
0	1	4	7	2	2	7	4	1
1	7	2	1	4	4	1	2	7
2	2	7	4	1	1	4	7	2
3	4	1	2	7	7	2	1	4
4	6	3	0	5	5	0	3	6
5	0	5	6	3	3	6	5	0
6	5	0	3	6	6	3	0	5
7	3	6	5	0	0	5	6	3

a) Spaltenpermutation π_1

	0	1	2	3	7	6	5	4
0	1	4	7	2	2	7	4	1
1	7	2	1	4	4	1	2	7
2	2	7	4	1	1	4	7	2
3	4	1	2	7	7	2	1	4
7	3	6	5	0	0	5	6	3
6	5	0	3	6	6	3	0	5
5	0	5	6	3	3	6	5	0
4	6	3	0	5	5	0	3	6

b) Zeilenpermutation π_1

Abb. 2.328 Hilfsquadrat A

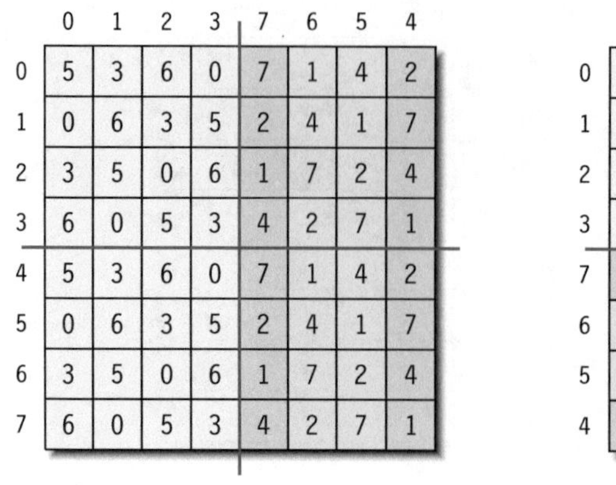

a) Spaltenpermutation π_1

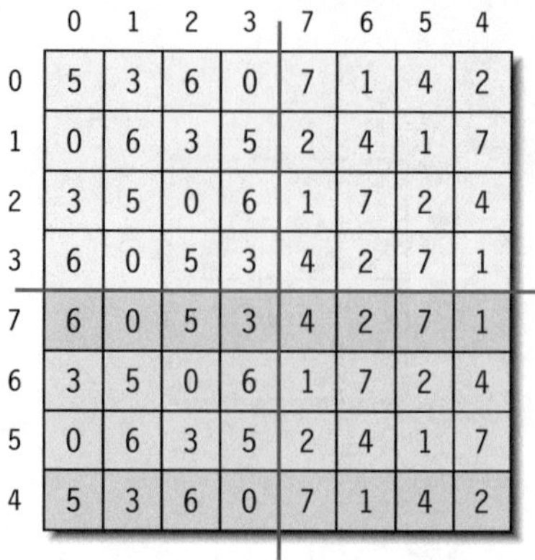

b) Zeilenpermutation π_1

Abb. 2.329 Hilfsquadrat B

Die Permutation π_2] wird nur als Spaltenpermutation ausgeführt.

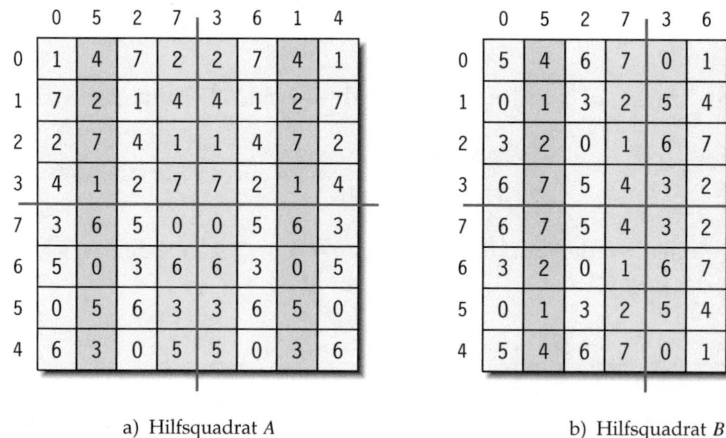

a) Hilfsquadrat A

b) Hilfsquadrat B

Abb. 2.330 Spaltenpermutation π_2

Bei diesen Vertauschungen kann es vorkommen, dass sie teilweise ohne Auswirkungen bleiben, weil die zu vertauschenden Spalten und Zeilen bereits die richtigen Zahlen beinhalten. Das ist aber bei diesem allgemein gehaltenen Algorithmus kein Problem, wie Chen und Li in ihrem mathematischen Beweis zeigen.

Bei den beiden Quadraten in Abbildung 2.330 handelt es sich jetzt um orthogonale Quadrate. Überlagert man diese Quadrate mit der Rechnung

$$Q = 8 \cdot A + B + 1$$

entsteht das symmetrische und bimagische Quadrat mit trimagischen Diagonalen aus Abbildung 2.331.

14	37	63	24	17	58	36	11
57	18	12	35	38	13	23	64
20	59	33	10	15	40	62	21
39	16	22	61	60	19	9	34
31	56	46	5	4	43	49	26
44	3	25	50	55	32	6	45
1	42	52	27	30	53	47	8
54	29	7	48	41	2	28	51

Abb. 2.331 Symmetrisches bimagisches Quadrat der Ordnung 8 (Chen - Li)

Variationen

Dieses Verfahren lässt sich auf vielfache Art und Weise variieren, sodass sich zahlreiche unterschiedliche bimagische Quadrate ergeben. Zunächst einmal kann man bei dem magischen Rechteck die Spalten beliebig permutieren und auch die beiden Zeilen austauschen.

Auch das lateinische Ausgangsquadrat kann verändert werden. Chen und Li weisen nach, dass jedes idempotente selbst-orthogonale lateinische Quadrat (isols) geeignet ist. Bei der Ordnung 4 gibt es allerdings nur zwei, nämlich das bereits angegebene und das transponierte Quadrat. Allerdings gibt es bei dieser Ordnung auch 30 weitere selbst-orthogonale lateinische Quadrate (sols), die für die Konstruktion geeignet sind.

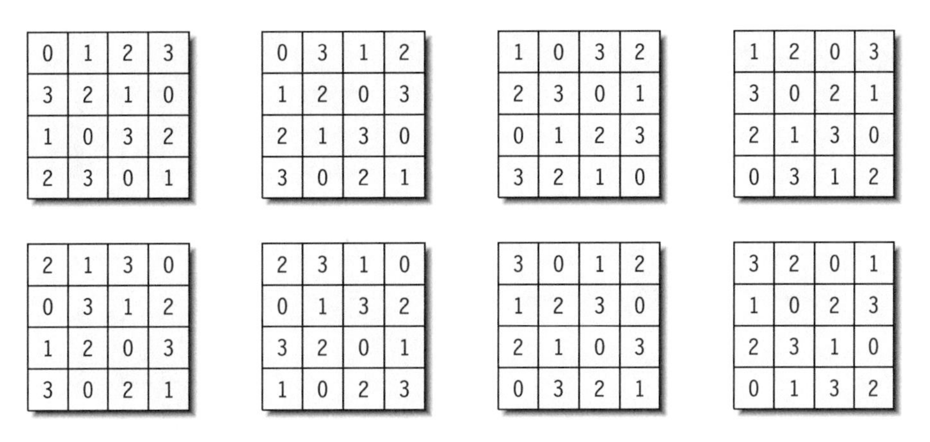

0	1	2	3
3	2	1	0
1	0	3	2
2	3	0	1

0	3	1	2
1	2	0	3
2	1	3	0
3	0	2	1

1	0	3	2
2	3	0	1
0	1	2	3
3	2	1	0

1	2	0	3
3	0	2	1
2	1	3	0
0	3	1	2

2	1	3	0
0	3	1	2
1	2	0	3
3	0	2	1

2	3	1	0
0	1	3	2
3	2	0	1
1	0	2	3

3	0	1	2
1	2	3	0
2	1	0	3
0	3	2	1

3	2	0	1
1	0	2	3
2	3	1	0
0	1	3	2

Abb. 2.332 Geeignete selbst-orthogonale lateinische Quadrate (sols)

Die acht angegebenen Beispiele der geeigneten selbst-orthogonalen lateinischen Quadrate zeigen, dass die idempotente Eigenschaft nicht mehr vorhanden ist. Die Zahlen auf der Nebendiagonalen treten auch nicht in einer verschobenen Anordnung auf, sondern sind scheinbar willkürlich angeordnet.

Ein weiteres dieser selbst-orthogonalen lateinischen Quadrate ist in Abbildung 2.333 benutzt worden, um ein bimagisches Quadrat zu erzeugen.

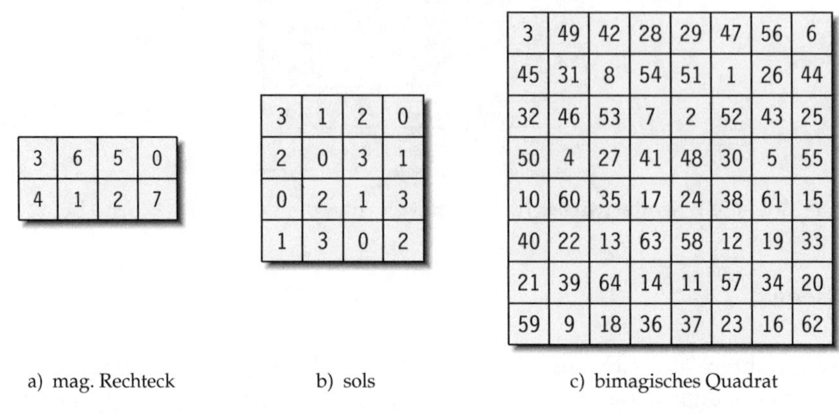

3	6	5	0
4	1	2	7

3	1	2	0
2	0	3	1
0	2	1	3
1	3	0	2

3	49	42	28	29	47	56	6
45	31	8	54	51	1	26	44
32	46	53	7	2	52	43	25
50	4	27	41	48	30	5	55
10	60	35	17	24	38	61	15
40	22	13	63	58	12	19	33
21	39	64	14	11	57	34	20
59	9	18	36	37	23	16	62

a) mag. Rechteck b) sols c) bimagisches Quadrat

Abb. 2.333 Symmetrisches bimagisches Quadrat der Ordnung 8 (Chen - Li)

Ordnung 16

Das Verfahren von Kejun Chen und Wen Li zur Konstruktion bimagischer Quadrate der Ordnung 16 ist ein direkter Transfer des Verfahrens für bimagische Quadrate achter Ordnung. Für die Ordnung $m \cdot n = 2 \cdot 8 = 16$ wird ein magisches Rechteck der Größe 8x2 und ein idempotentes selbst-orthogonales lateinisches Quadrat der Ordnung $n = 8$ benötigt.

4	0	3	13	10	9	7	14
11	15	12	2	5	6	8	1

0	7	3	4	6	1	5	2
6	1	5	2	0	7	3	4
1	6	2	5	7	0	4	3
7	0	4	3	1	6	2	5
2	5	1	6	4	3	7	0
4	3	7	0	2	5	1	6
3	4	0	7	5	2	6	1
5	2	6	1	3	4	0	7

Abb. 2.334 Ausgangsdaten für das Verfahren von Chen und Li

Mit diesen Ausgangsdaten werden dann die vier Hilfsquadrate der Ordnung 8 aus Abbildung 2.335 erzeugt.

4	14	13	10	7	0	9	3
7	0	9	3	4	14	13	10
0	7	3	9	14	4	10	13
14	4	10	13	0	7	3	9
3	9	0	7	10	13	14	4
10	13	14	4	3	9	0	7
13	10	4	14	9	3	7	0
9	3	7	0	13	10	4	14

A_0

11	1	2	5	8	15	6	12
8	15	6	12	11	1	2	5
15	8	12	6	1	11	5	2
1	11	5	2	15	8	12	6
12	6	15	8	5	2	1	11
5	2	1	11	12	6	15	8
2	5	11	1	6	12	8	15
6	12	8	15	2	5	11	1

A_1

15	1	11	8	2	6	12	5
8	11	1	15	5	12	6	2
12	5	2	6	11	8	15	1
6	2	5	12	1	15	8	11
1	15	8	11	6	2	5	12
11	8	15	1	12	5	2	6
5	12	6	2	8	11	1	15
2	6	12	5	15	1	11	8

B_0

0	14	4	7	13	9	3	10
7	4	14	0	10	3	9	13
3	10	13	9	4	7	0	14
9	13	10	3	14	0	7	4
14	0	7	4	9	13	10	3
4	7	0	14	3	10	13	9
10	3	9	13	7	4	14	0
13	9	3	10	0	14	4	7

B_1

Abb. 2.335 Hilfsquadrate A_0, A_1, B_0 und B_1

Wie im Fall der Ordnung 8 werden diese Hilfsquadrate danach zu Quadraten A und B zusammengesetzt, die in Abbildung 2.336 dargestellt sind.

Bei den Permutationen ist zu beachten, dass n bei Chen und Li nicht die Ordnung des Zielquadrates ist, die mit $m \cdot n = 2 \cdot 8 = 16$ festgelegt ist. Mit den Permutationen

$$\pi_1 = (n, 2n-1)\,(n+1, 2n-2)\,\cdots\,(n+\tfrac{n-2}{2}, n+\tfrac{n}{2})$$
$$\pi_2 = (1, 2n-2)\,(3, 2n-4)\,\cdots\,(n-1, n)$$

$$\pi_1 = (8, 15)\,(9, 14)\,(10, 13)\,(11, 12)$$
$$\pi_2 = (1, 14)\,(3, 12)\,(5, 10)\,(7, 8)$$

entstehen dann die beiden orthogonalen Quadrate in Abbildungen 2.337.

A_0	A_0
A_1	A_1

4	14	13	10	7	0	9	3	4	14	13	10	7	0	9	3
7	0	9	3	4	14	13	10	7	0	9	3	4	14	13	10
0	7	3	9	14	4	10	13	0	7	3	9	14	4	10	13
14	4	10	13	0	7	3	9	14	4	10	13	0	7	3	9
3	9	0	7	10	13	14	4	3	9	0	7	10	13	14	4
10	13	14	4	3	9	0	7	10	13	14	4	3	9	0	7
13	10	4	14	9	3	7	0	13	10	4	14	9	3	7	0
9	3	7	0	13	10	4	14	9	3	7	0	13	10	4	14
11	1	2	5	8	15	6	12	11	1	2	5	8	15	6	12
8	15	6	12	11	1	2	5	8	15	6	12	11	1	2	5
15	8	12	6	1	11	5	2	15	8	12	6	1	11	5	2
1	11	5	2	15	8	12	6	1	11	5	2	15	8	12	6
12	6	15	8	5	2	1	11	12	6	15	8	5	2	1	11
5	2	1	11	12	6	15	8	5	2	1	11	12	6	15	8
2	5	11	1	6	12	8	15	2	5	11	1	6	12	8	15
6	12	8	15	2	5	11	1	6	12	8	15	2	5	11	1

B_0	B_1
B_0	B_1

4	14	13	10	7	0	9	3	3	9	0	7	10	13	14	4
7	0	9	3	4	14	13	10	10	13	14	4	3	9	0	7
0	7	3	9	14	4	10	13	13	10	4	14	9	3	7	0
14	4	10	13	0	7	3	9	9	3	7	0	13	10	4	14
3	9	0	7	10	13	14	4	4	14	13	10	7	0	9	3
10	13	14	4	3	9	0	7	7	0	9	3	4	14	13	10
13	10	4	14	9	3	7	0	0	7	3	9	14	4	10	13
9	3	7	0	13	10	4	14	14	4	10	13	0	7	3	9
6	12	8	15	2	5	11	1	1	11	5	2	15	8	12	6
2	5	11	1	6	12	8	15	15	8	12	6	1	11	5	2
5	2	1	11	12	6	15	8	8	15	6	12	11	1	2	5
12	6	15	8	5	2	1	11	11	1	2	5	8	15	6	12
1	11	5	2	15	8	12	6	6	12	8	15	2	5	11	1
15	8	12	6	1	11	5	2	2	5	11	1	6	12	8	15
8	15	6	12	11	1	2	5	5	2	1	11	12	6	15	8
11	1	2	5	8	15	6	12	12	6	15	8	5	2	1	11

Abb. 2.336 Hilfsquadrat *A* und *B*

4	14	13	10	7	0	9	3	3	9	0	7	10	13	14	4
7	0	9	3	4	14	13	10	10	13	14	4	3	9	0	7
0	7	3	9	14	4	10	13	13	10	4	14	9	3	7	0
14	4	10	13	0	7	3	9	9	3	7	0	13	10	4	14
3	9	0	7	10	13	14	4	4	14	13	10	7	0	9	3
10	13	14	4	3	9	0	7	7	0	9	3	4	14	13	10
13	10	4	14	9	3	7	0	0	7	3	9	14	4	10	13
9	3	7	0	13	10	4	14	14	4	10	13	0	7	3	9
6	12	8	15	2	5	11	1	1	11	5	2	15	8	12	6
2	5	11	1	6	12	8	15	15	8	12	6	1	11	5	2
5	2	1	11	12	6	15	8	8	15	6	12	11	1	2	5
12	6	15	8	5	2	1	11	11	1	2	5	8	15	6	12
1	11	5	2	15	8	12	6	6	12	8	15	2	5	11	1
15	8	12	6	1	11	5	2	2	5	11	1	6	12	8	15
8	15	6	12	11	1	2	5	5	2	1	11	12	6	15	8
11	1	2	5	8	15	6	12	12	6	15	8	5	2	1	11

4	14	13	10	7	0	9	3	3	9	0	7	10	13	14	4
7	0	9	3	4	14	13	10	10	13	14	4	3	9	0	7
0	7	3	9	14	4	10	13	13	10	4	14	9	3	7	0
14	4	10	13	0	7	3	9	9	3	7	0	13	10	4	14
3	9	0	7	10	13	14	4	4	14	13	10	7	0	9	3
10	13	14	4	3	9	0	7	7	0	9	3	4	14	13	10
13	10	4	14	9	3	7	0	0	7	3	9	14	4	10	13
9	3	7	0	13	10	4	14	14	4	10	13	0	7	3	9
6	12	8	15	2	5	11	1	1	11	5	2	15	8	12	6
2	5	11	1	6	12	8	15	15	8	12	6	1	11	5	2
5	2	1	11	12	6	15	8	8	15	6	12	11	1	2	5
12	6	15	8	5	2	1	11	11	1	2	5	8	15	6	12
1	11	5	2	15	8	12	6	6	12	8	15	2	5	11	1
15	8	12	6	1	11	5	2	2	5	11	1	6	12	8	15
8	15	6	12	11	1	2	5	5	2	1	11	12	6	15	8
11	1	2	5	8	15	6	12	12	6	15	8	5	2	1	11

Abb. 2.337 Orthogonale Quadrate

Bei den beiden Quadraten in Abbildung 2.337 handelt es sich um ein Paar von orthogonalen Quadraten. Überlagert man diese beiden Quadrate, entsteht das symmetrische bimagische Quadrat aus Abbildung 2.338.

80	239	220	168	115	10	157	59	54	148	7	126	169	213	226	65
121	5	146	49	70	228	215	174	163	218	237	75	64	159	12	120
13	123	51	154	236	72	176	223	210	161	73	229	151	62	118	4
231	78	166	212	2	113	57	149	156	56	128	15	221	171	67	234
50	145	9	117	167	222	230	68	77	235	211	170	124	8	160	63
172	216	240	79	61	155	3	122	119	14	150	52	66	225	217	165
214	164	71	238	153	53	114	1	16	127	60	152	227	74	173	219
147	58	125	11	224	175	76	232	233	69	162	209	6	116	55	158
99	202	141	251	48	95	188	24	25	181	82	33	246	132	199	110
38	84	183	30	105	197	130	241	256	143	204	104	19	186	93	43
92	40	32	191	205	107	243	138	135	254	102	196	178	17	41	85
194	97	249	133	87	46	22	180	189	27	35	90	140	248	112	207
23	190	86	36	242	129	201	101	108	200	144	255	45	91	179	26
253	139	195	106	28	184	96	47	34	81	185	21	103	206	134	244
137	245	98	193	182	20	39	94	83	42	29	187	208	111	252	136
192	31	44	88	131	250	109	203	198	100	247	142	89	37	18	177

Abb. 2.338 Symmetrisches bimagisches Quadrat der Ordnung 16 (Chen - Li)

Wie beim Verfahren der Ordnung $n = 8$ können hier sowohl das magische Rechteck als auch das idempotente selbst-orthogonale lateinische Ausgangsquadrat beliebig gewählt werden, um weitere bimagische Quadrate zu erzeugen.

2.9.2 Pan – Huang

Für das Verfahren von Pan und Huang[78] zur Konstruktion von bimagischen Quadraten der Ordnungen $n = 4k$ müssen zunächst ein paar allgemeine Bezeichnungen erläutert werden, da es zwar sehr einfach, aber dennoch ungewöhnlich ist. Für eine positive ganze Zahl c sei $I_c = \{0, 1 \ldots, c-1\}$ und es gelte

$$[a, b]_2 = \{a, a+2, a+4, \ldots, b-2, b\}$$

[78] Pan - Huang [404]

Mit diesen Bezeichnungen folgt

$$\begin{aligned} [\,1-4k, 4k-1\,]_2 &= \{\,1-4k+2x\,\} \quad \text{mit } x \in I_{4k} \\ [\,1, 4k-1\,]_2 &= \{\,1+2x\,\} \qquad\quad \text{mit } x \in I_{2k} \end{aligned}$$

Zusätzlich wird noch die Summe S_k benötigt:

$$S_k = \sum (1+2x)^2 \quad \text{mit } x \in I_{2k}$$

Einige weitere Begriffe schließen die allgemeinen Voraussetzungen für die Konstruktion ab. Eine 2k x 2k - Matrix A nennt man eine *absolut ausgeglichene* (engl. *balanced*) Matrix, wenn jede Zahl aus der Menge $[\,1, 4k-1\,]_2$ genau $2k$ Mal in $|A|$ vorhanden ist. Sind mit $|A|$ und $|B|$ zwei dieser Matrizen orthogonal, nennt man A und B absolut orthogonal.

Jetzt kann endlich der zentrale Begriff geklärt werden, der für die Konstruktion von entscheidender Bedeutung ist. Man nennt (A, B) ein *quasi bimagisches Paar* (QBMP, engl. *quasi bimagic pair*), wenn folgende Bedingungen erfüllt sind.

- A ist eine absolut ausgeglichene Matrix der Ordnung $2k$, bei der alle Zeilensummen gleich 0 sind.
- B ist eine absolut ausgeglichene Matrix der Ordnung $2k$, bei der alle Spaltensummen gleich 0 sind.
- Sowohl bei A als auch bei B ist die Summe der quadrierten Zahlen in allen Zeilen, Spalten und der Nebendiagonalen von links oben nach rechts unten jeweils gleich S_k.
- Die Summe der miteinander multiplizierten Zahlen in den einander entsprechenden Positionen der Nebendiagonalen ist gleich 0.

Für bimagische Quadrate sind allerdings keine beliebigen Zahlen für die Matrizen[79] geeignet, sondern es werden in Abhängigkeit von der Ordnung ganz bestimmte Zahlen gefordert.

$$W = \begin{cases} \displaystyle\bigcup_{x=0}^{k-1} \{\,8x+1, -8x-3, -8x-5, 8x+7\,\} & \text{für } m = 2k, k \geq 1 \\ \{\,1, 3, 5, -7, 9, -11\,\} & \text{für } m = 3 \\ \{\,1, 3, 5, -7, 9, -11\,\} \displaystyle\bigcup_{x=0}^{k-2} \{\,8x+13, -8x-15, -8x-17, 8x+19\,\} & \\ & \text{für } m = 2k+1, k \geq 2 \end{cases}$$

[79] Die Begriffe *Matrix* und *Quadrat* werden hier synonym benutzt. Die mathematisch korrekte Bezeichnung ergibt sich aus dem jeweiligen Zusammenhang.

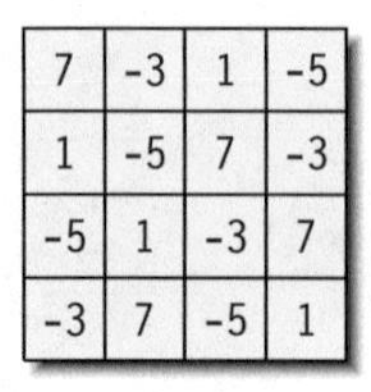

7	-3	1	-5
1	-5	7	-3
-5	1	-3	7
-3	7	-5	1

a) Matrix A

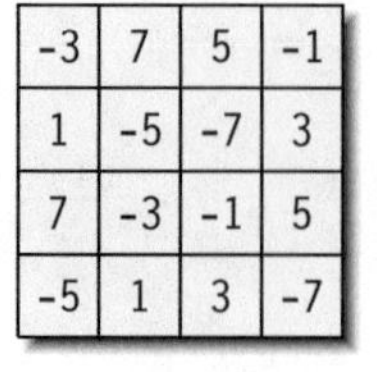

-3	7	5	-1
1	-5	-7	3
7	-3	-1	5
-5	1	3	-7

b) Matrix B

Abb. 2.339 Quasi bimagisches Paar QBMP(A,B)

Wie man leicht überprüfen kann, erfüllen die beiden Matrizen $|A|$ und $|B|$ alle geforderten Bedingungen und bilden damit ein *quasi bimagisches Paar* QBMP(A,B).

Jetzt bleibt nur noch die Frage zu klären, wie man ein solches quasi bimagisches Paar QBMP(A,B) bestimmt. Wer eine echte Herausforderung sucht, kann ein solches Paar durch systematisches Probieren erzeugen. Wesentlich einfacher ist der Weg über orthogonale lateinische Quadrate, die intensiv erforscht worden sind.

Für ein bimagisches Quadrat der Ordnung $n = 2m = 8$ benötigt man zwei orthogonale diagonale lateinische Quadrate der Größe $m = 4$. Von den 576 lateinischen Quadraten dieser Ordnung sind 48 diagonal, d. h. auch in den Diagonalen kommt jedes Element nur einmal vor. Kombiniert man diese Quadrate, erhält man 1152 orthogonale diagonale lateinische Quadrate, bei denen es aber Übereinstimmungen durch Spiegelungen und Drehungen gibt.

Ein solches Paar ist mit A' und F' in Abbildung 2.339 angegeben. Leider ist die Bedingung mit den quadrierten Zahlen auf den beiden Nebendiagonalen etwas mühsam zu erfüllen. Ganz einfach wird es allerdings, wenn man die Zahlen der Diagonale von F' so umordnet, dass sie in umgekehrter Reihenfolge der Zahlen von A' auftreten. Dies kann durch eine entsprechende Zuordnung der auftretenden Zahlen geschehen, wobei das neu entstehende Quadrat F'' weiterhin orthogonal zu A' bleibt.

0	1	2	3
2	3	0	1
3	2	1	0
1	0	3	2

a) Matrix A′

3	1	0	2
2	0	1	3
1	3	2	0
0	2	3	1

b) Matrix F′

2	0	1	3
3	1	0	2
0	2	3	1
1	3	2	0

c) Matrix F″

Abb. 2.340 Orthogonale diagonale lateinische Quadrate mit einer umgekehrten Nebendiagonalen

Allerdings müssen für die Konstruktion von bimagischen Quadraten die Zahlen $\{0, 1, 2, 3\}$ noch durch die geforderten Zahlen $\{1, -3, -5, 7\}$ ersetzt werden, wobei die Zuordnung beliebig geschehen kann. Dabei bleiben die beiden entstehenden lateinischen Quadrate A und F natürlich weiterhin orthogonal.

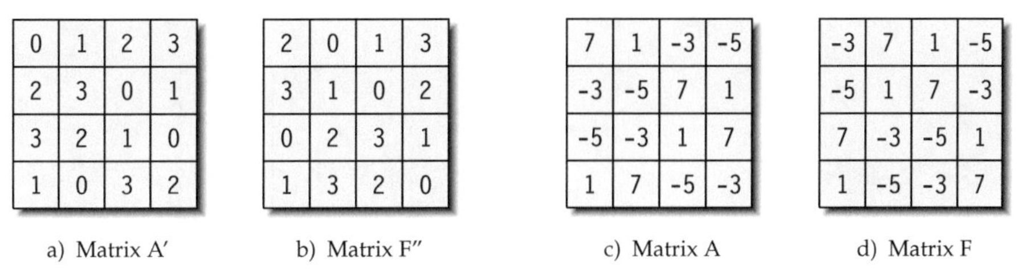

0	1	2	3
2	3	0	1
3	2	1	0
1	0	3	2

a) Matrix A′

2	0	1	3
3	1	0	2
0	2	3	1
1	3	2	0

b) Matrix F″

7	1	-3	-5
-3	-5	7	1
-5	-3	1	7
1	7	-5	-3

c) Matrix A

-3	7	1	-5
-5	1	7	-3
7	-3	-5	1
1	-5	-3	7

d) Matrix F

Abb. 2.341 Orthogonale diagonale lateinische Quadrate mit bimagischen Zahlentupeln

Jetzt fehlt nur noch ein letzter Schritt, um aus den beiden Quadraten A und F ein quasi bimagisches Paar zu erzeugen. Dazu wandelt man das Quadrat F in ein weiteres Quadrat B um, indem man in der rechten Hälfte von F alle Zahlen negiert.

$$b_{i,j} = \begin{cases} f_{i,j} & \text{für } 0 \leq j \leq k-1 \\ -f_{i,j} & \text{für } k \leq j \leq m-1 \end{cases}$$

Die beiden Matrizen A und B bilden jetzt ein quasi bimagisches Paar QBMP(A,B) der Ordnung 4, da mit den negierten Zahlen die beiden Nebendiagonalen die geforderte Summe 0 ergeben.

$$7 \cdot (-3) + (-5) \cdot 1 + 1 \cdot 5 + (-3) \cdot (-7) = -21 + (-5) + 5 + 21 = 0$$

7	1	-3	-5
-3	-5	7	1
-5	-3	1	7
1	7	-5	-3

a) Matrix A

-3	7	-1	5
-5	1	-7	3
7	-3	5	-1
1	-5	3	-7

b) Matrix B

Abb. 2.342 Quasi bimagisches Paar QBMP(A,B)

Ordnung n = 8

Mit dem quasi bimagischen Paar QBMP(A,B) aus Abbildung 2.342 kann jetzt ein bimagisches Quadrat der Ordnung $n = 2m = 8$ konstruiert werden. Dazu wird ein Hilfsquadrat C der Größe n erstellt und die Matrix A in den linken oberen Quadranten eingesetzt. Dieses Teilquadrat wird horizontal in den rechten oberen und vertikal in den linken unteren Quadranten gespiegelt. Zusätzlich wird es noch um 180° gedreht und danach in den rechten unteren Quadranten eingefügt. Abschließend werden alle Zahlen in der unteren Hälfte negiert.

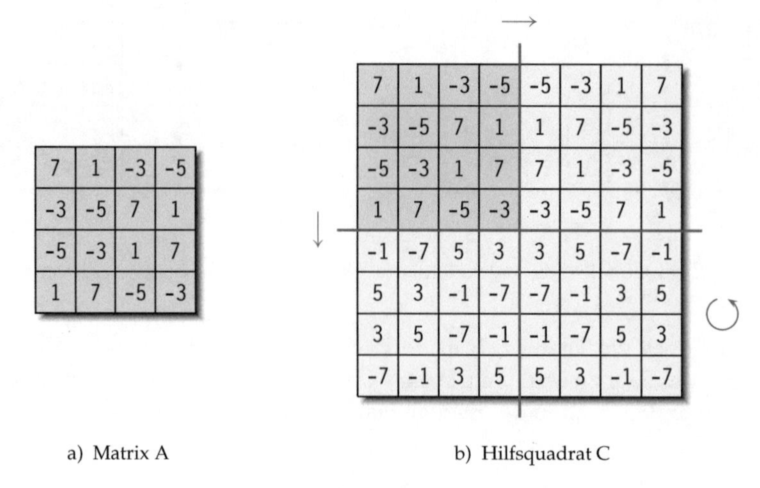

a) Matrix A b) Hilfsquadrat C

Abb. 2.343 Aufbau des Hilfsquadrates C

Ähnlich erzeugt man ein Hilfsquadrat D, welches auf der Matrix B basiert. Hier werden allerdings nicht die Zahlen der unteren Hälfte, sondern die der rechten Hälfte negiert.

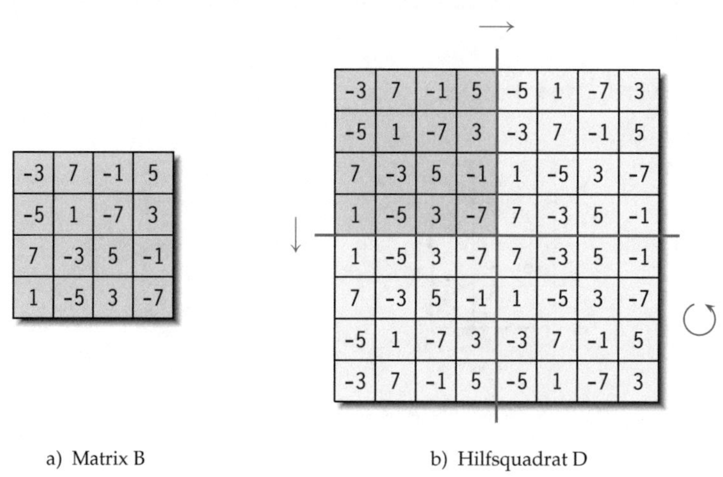

a) Matrix B b) Hilfsquadrat D

Abb. 2.344 Aufbau des Hilfsquadrates D

Die beiden Hilfsquadrate C und D werden elementweise mit der Rechnung $H = 8 \cdot C + D$ zu einem weiteren Hilfsquadrat H kombiniert. Bei diesem Hilfsquadrat sind alle Zeilen-, Spalten- und Diagonalensummen gleich 0. Die Zahlen können aber leicht mit

$$q_{i,j} = \frac{h_{i,j} + n^2 + 1}{2}$$

umgewandelt werden, um ein normalisiertes bimagisches Quadrat Q zu erhalten.

53	15	-25	-35	-45	-23	1	59
-29	-39	49	11	5	63	-41	-19
-33	-27	13	55	57	3	-21	-47
9	51	-37	-31	-17	-43	61	7
-7	-61	43	17	31	37	-51	-9
47	21	-3	-57	-55	-13	27	33
19	41	-63	-5	-11	-49	39	29
-59	-1	23	45	35	25	-15	-53

a) $H = 8 \cdot C + D$

59	40	20	15	10	21	33	62
18	13	57	38	35	64	12	23
16	19	39	60	61	34	22	9
37	58	14	17	24	11	63	36
29	2	54	41	48	51	7	28
56	43	31	4	5	26	46	49
42	53	1	30	27	8	52	47
3	32	44	55	50	45	25	6

b) bimagisches Quadrat Q

Abb. 2.345 Symmetrisches bimagisches Quadrat der Ordnung $n = 8$ (Pan - Huang)

Ordnung n = 12

Wie Euler bereits 1782 vermutete, gibt es kein Paar von orthogonalen lateinischen Quadraten der Ordnung 6. Der Beweis wurde von Tarry im Jahre 1901 erbracht und man vermutete, dass auch für größere Ordnungen $4k + 2$ keine derartigen Paare existieren. Erst 1960 konnte schließlich bewiesen werden, dass es für jede Ordnung außer $n = 2$ und $n = 6$ doch ein Paar orthogonaler lateinischer Quadrate gibt.

Damit ist das Vorgehen wie im Beispiel der Ordnung 8 nicht auf die Ordnung 12 übertragbar. Trotzdem haben Pan und Huang mithilfe eines Computers ein quasi bimagisches Paar QBMP(A,B) gefunden. Für das hier beschriebene Beispiel wird ein quasi bimagisches Paar benutzt, bei dem das originale Paar leicht abgeändert worden ist.

-7	9	-11	1	3	5
9	-11	-7	1	5	3
-7	5	3	1	-11	9
-7	1	5	9	3	-11
-7	3	9	-11	1	5
3	-7	1	9	-11	5

a) Matrix A

5	9	-11	7	-1	-3
1	1	1	-9	-9	11
3	-11	9	-1	7	-5
-11	5	5	-3	-5	-9
9	3	-7	-5	11	-1
-7	-7	3	11	-3	7

b) Matrix B

Abb. 2.346 Quasi bimagisches Paar QBMP(A,B) für die Ordnung 6

Im nächsten Schritt werden wie bei der Ordnung 8 aus dem quasi bimagischen Paar QBMP(A,B) die beiden Hilfsquadrate C und D erzeugt.

-7	9	-11	1	3	5	5	3	1	-11	9	-7
9	-11	-7	1	5	3	3	5	1	-7	-11	9
-7	5	3	1	-11	9	9	-11	1	3	5	-7
-7	1	5	9	3	-11	-11	3	9	5	1	-7
-7	3	9	-11	1	5	5	1	-11	9	3	-7
3	-7	1	9	-11	5	5	-11	9	1	-7	3
-3	7	-1	-9	11	-5	-5	11	-9	-1	7	-3
7	-3	-9	11	-1	-5	-5	-1	11	-9	-3	7
7	-1	-5	-9	-3	11	11	-3	-9	-5	-1	7
7	-5	-3	-1	11	-9	-9	11	-1	-3	-5	7
-9	11	7	-1	-5	-3	-3	-5	-1	7	11	-9
7	-9	11	-1	-3	-5	-5	-3	-1	11	-9	7

a) Hilfsquadrat C

5	9	-11	7	-1	-3	3	1	-7	11	-9	-5
1	1	1	-9	-9	11	-11	9	9	-1	-1	-1
3	-11	9	-1	7	-5	5	-7	1	-9	11	-3
-11	5	5	-3	-5	-9	9	5	3	-5	-5	11
9	3	-7	-5	11	-1	1	-11	5	7	-3	-9
-7	-7	3	11	-3	7	-7	3	-11	-3	7	7
-7	-7	3	11	-3	7	-7	3	-11	-3	7	7
9	3	-7	-5	11	-1	1	-11	5	7	-3	-9
-11	5	5	-3	-5	-9	9	5	3	-5	-5	11
3	-11	9	-1	7	-5	5	-7	1	-9	11	-3
1	1	1	-9	-9	11	-11	9	9	-1	-1	-1
5	9	-11	7	-1	-3	3	1	-7	11	-9	-5

b) Hilfsquadrat D

Abb. 2.347 Aufbau der Hilfsquadrate C und D

Mit der Rechnung $H = 12 \cdot C + D$ können wie in den bisherigen Ordnungen die Zahlen des Hilfsquadrates H berechnet werden.

-79	117	-143	19	35	57	63	37	5	-121	99	-89
109	-131	-83	3	51	47	25	69	21	-85	-133	107
-81	49	45	11	-125	103	113	-139	13	27	71	-87
-95	17	65	105	31	-141	-123	41	111	55	7	-73
-75	39	101	-137	23	59	61	1	-127	115	33	-93
29	-91	15	119	-135	67	53	-129	97	9	-77	43
-43	77	-9	-97	129	-53	-67	135	-119	-15	91	-29
93	-33	-115	127	-1	-61	-59	-23	137	-101	-39	75
73	-7	-55	-111	-41	123	141	-31	-105	-65	-17	95
87	-71	-27	-13	139	-113	-103	125	-11	-45	-49	81
-107	133	85	-21	-69	-25	-47	-51	-3	83	131	-109
89	-99	121	-5	-37	-63	-57	-35	-19	143	-117	79

Abb. 2.348 Hilfsquadrat $H = 12 \cdot C + D$

Anschließend werden die Zahlen des Hilfsquadrates H mit

$$q_{i,j} = \frac{h_{i,j} + 144 + 1}{2}$$

in das bimagische Quadrat Q der Abbildung 2.349 umgewandelt.

33	131	1	82	90	101	104	91	75	12	122	28
127	7	31	74	98	96	85	107	83	30	6	126
32	97	95	78	10	124	129	3	79	86	108	29
25	81	105	125	88	2	11	93	128	100	76	36
35	92	123	4	84	102	103	73	9	130	89	26
87	27	80	132	5	106	99	8	121	77	34	94
51	111	68	24	137	46	39	140	13	65	118	58
119	56	15	136	72	42	43	61	141	22	53	110
109	69	45	17	52	134	143	57	20	40	64	120
116	37	59	66	142	16	21	135	67	50	48	113
19	139	115	62	38	60	49	47	71	114	138	18
117	23	133	70	54	41	44	55	63	144	14	112

Abb. 2.349 Symmetrisches bimagisches Quadrat der Ordnung $n = 12$ (Pan - Huang)

Ordnung n = 16

Zusätzlich soll noch ein Beispiel für die Ordnung 16 angegeben werden, damit die zentralen Zahlentupel ein weiteres Mal verdeutlicht werden. Für die Ordnung $m = \frac{n}{2} = 8$ existieren viele orthogonale diagonale lateinische Quadrate. Ein derartiges orthogonales Paar, bei dem die Zahlen auf den Nebendiagonalen in umgekehrter Reihenfolge auftreten, ist in Abbildung 2.350 dargestellt.

2	6	7	4	3	0	1	5
1	4	5	7	0	3	6	2
4	0	3	6	5	2	7	1
5	3	0	1	4	7	2	6
7	1	2	3	6	4	5	0
6	2	1	0	7	5	4	3
3	7	6	5	2	1	0	4
0	5	4	2	1	6	3	7

a) Matrix A'

7	6	0	4	3	5	2	1
3	0	6	1	7	2	5	4
1	2	5	3	4	0	6	7
5	4	1	6	2	7	3	0
4	5	2	7	1	6	0	3
2	1	4	0	5	3	7	6
0	3	7	2	6	1	4	5
6	7	3	5	0	4	1	2

b) Matrix F''

Abb. 2.350 Orthogonale diagonale lateinische Quadrate mit umgekehrten Nebendiagonalen

Aus den beiden Matrizen A' und F' kann wie im Beispiel der Ordnung 8 ein quasi bimagisches Paar QBMP(A,B) erstellt werden. Dabei müssen bei dieser Ordnung laut den Voraussetzungen die Zahlen $\{1, -3, -5, 7, 9, -11, -13, 15\}$ benutzt werden.

Bei dieser Zahlenmenge ist aber keine feste Reihenfolge vorgesehen, sondern die acht Zahlen können beliebig permutiert werden. Die gewählte Zuordnung muss dann aber für beide Quadrate A' und F'' beibehalten werden.

0	1	2	3	4	5	6	7
-5	-11	1	-3	15	-13	7	9

a) Zuordnung

9	7	-5	15	-3	-13	1	-11
-3	-5	7	-11	9	1	-13	15
-11	1	-13	-3	15	-5	7	9
-13	15	-11	7	1	9	-3	-5
15	-13	1	9	-11	7	-5	-3
1	-11	15	-5	-13	-3	9	7
-5	-3	9	1	7	-11	15	-13
7	9	-3	-13	-5	15	-11	1

b) Matrix F

1	7	9	15	-3	-5	-11	-13
-11	15	-13	9	-5	-3	7	1
15	-5	-3	7	-13	1	9	-11
-13	-3	-5	-11	15	9	1	7
9	-11	1	-3	7	15	-13	-5
7	1	-11	-5	9	-13	15	-3
-3	9	7	-13	1	-11	-5	15
-5	-13	15	1	-11	7	-3	9

c) Matrix A

9	7	-5	15	3	13	-1	11
-3	-5	7	-11	-9	-1	13	-15
-11	1	-13	-3	-15	5	-7	-9
-13	15	-11	7	-1	-9	3	5
15	-13	1	9	11	-7	5	3
1	-11	15	-5	13	3	-9	-7
-5	-3	9	1	-7	11	-15	13
7	9	-3	-13	5	-15	11	-1

d) Matrix B

Abb. 2.351 Quasi bimagisches Paar QBMP(A,B)

Wie bei den anderen beiden vorgestellten Beispielen werden mithilfe der beiden Matrizen A und B die Hilfsquadrate C und D erstellt. Die Rechnung $16 \cdot C + D$ ergibt das Hilfsquadrat H, welches abschließend in ein normales bimagisches Quadrat umgewandelt wird.

25	119	139	255	-45	-67	-177	-197	-219	-175	-93	-51	225	149	105	7
-179	235	-201	133	-89	-49	125	1	31	99	-47	-71	155	-215	245	-173
229	-79	-61	109	-223	21	137	-185	-167	151	11	-193	115	-35	-81	251
-221	-33	-91	-169	239	135	19	117	107	13	153	241	-183	-69	-63	-195
159	-189	17	-39	123	233	-203	-77	-83	-213	247	101	-57	15	-163	129
113	5	-161	-85	157	-205	231	-55	-41	249	-211	131	-75	-191	27	111
-53	141	121	-207	9	-165	-95	253	227	-65	-187	23	-209	103	147	-43
-73	-199	237	3	-171	97	-37	143	145	-59	127	-181	29	243	-217	-87
87	217	-243	-29	181	-127	59	-145	-143	37	-97	171	-3	-237	199	73
43	-147	-103	209	-23	187	65	-227	-253	95	165	-9	207	-121	-141	53
-111	-27	191	75	-131	211	-249	41	55	-231	205	-157	85	161	-5	-113
-129	163	-15	57	-101	-247	213	83	77	203	-233	-123	39	-17	189	-159
195	63	69	183	-241	-153	-13	-107	-117	-19	-135	-239	169	91	33	221
-251	81	35	-115	193	-11	-151	167	185	-137	-21	223	-109	61	79	-229
173	-245	215	-155	71	47	-99	-31	-1	-125	49	89	-133	201	-235	179
-7	-105	-149	-225	51	93	175	219	197	177	67	45	-255	-139	-119	-25

Abb. 2.352 Hilfsquadrat $H = 16 \cdot C + D$

Abschließend werden die Zahlen des bimagischen Quadrates Q der Abbildung 2.349 aus den Zahlen des Hilfsquadrates H mit der bekannten Formel berechnet.

$$q_{i,j} = \frac{h_{i,j} + 256 + 1}{2}$$

141	188	198	256	106	95	40	30	19	41	82	103	241	203	181	132
39	246	28	195	84	104	191	129	144	178	105	93	206	21	251	42
243	89	98	183	17	139	197	36	45	204	134	32	186	111	88	254
18	112	83	44	248	196	138	187	182	135	205	249	37	94	97	31
208	34	137	109	190	245	27	90	87	22	252	179	100	136	47	193
185	131	48	86	207	26	244	101	108	253	23	194	91	33	142	184
102	199	189	25	133	46	81	255	242	96	35	140	24	180	202	107
92	29	247	130	43	177	110	200	201	99	192	38	143	250	20	85
172	237	7	114	219	65	158	56	57	147	80	214	127	10	228	165
150	55	77	233	117	222	161	15	2	176	211	124	232	68	58	155
73	115	224	166	63	234	4	149	156	13	231	50	171	209	126	72
64	210	121	157	78	5	235	170	167	230	12	67	148	120	223	49
226	160	163	220	8	52	122	75	70	119	61	9	213	174	145	239
3	169	146	71	225	123	53	212	221	60	118	240	74	159	168	14
215	6	236	51	164	152	79	113	128	66	153	173	62	229	11	218
125	76	54	16	154	175	216	238	227	217	162	151	1	59	69	116

Abb. 2.353 Symmetrisches bimagisches Quadrat der Ordnung $n = 16$ (Pan - Huang)

2.10 Ordnung n = 2ⁿ

2.10.1 Lamb

Mit dem Verfahren von Lamb lassen sich pandiagonale bimagische Quadrate der Ordnung $n = 2^n$ erstellen. In diesem Kapitel werden die Konstruktionen für die Ordnungen 8 und 16 vorgestellt. Insbesondere am Beispiel der Ordnung 16 kann erkannt werden, welche Vertauschungen für höhere Ordnungen wie $n = 32$ vorgenommen werden müssen.

Ordnung $2^3 = 8$

Gil Lamb erzeugt pandiagonale bimagische Quadrate der Ordnung 8, indem er von einem magischen Rechteck ausgeht und zunächst den linken oberen Quadranten eines Hilfsquadrates A füllt.[80]

1	6	7	4
8	3	2	5

In die obere Zeile dieses Quadranten werden die Zahlen aus der oberen Zeile des magischen Rechtecks eingetragen und darunter diese Zahlen in umgekehrter Reihenfolge. Beide Zeilen werden dann in die beiden noch leeren Zeilen darunter übertragen, wobei die Zahlen in den einzelnen Zahlenpaaren vertauscht werden.

1	6	7	4

1	6	7	4
4	7	6	1

1	6	7	4
4	7	6	1
6	1	4	7

1	6	7	4
4	7	6	1
6	1	4	7
7	4	1	6

Abb. 2.354 Hilfsquadrat A: Füllen des linken oberen Quadranten

Der vollständig gefüllte Quadrant wird anschließend in den rechten oberen Quadranten kopiert. Danach werden die Zahlen der beiden Quadranten in die untere Hälfte übertragen, wobei alle Zahlen z durch ihre zu $n + 1 = 9$ komplementäre Zahlen $9 - z$ ersetzt werden. Als Ergebnis erhält man das Hilfsquadrat A in Abbildung 2.355.

1	6	7	4	1	6	7	4
4	7	6	1	4	7	6	1
6	1	4	7	6	1	4	7
7	4	1	6	7	4	1	6

1	6	7	4	1	6	7	4
4	7	6	1	4	7	6	1
6	1	4	7	6	1	4	7
7	4	1	6	7	4	1	6
8	3	2	5	8	3	2	5
5	2	3	8	5	2	3	8
3	8	5	2	3	8	5	2
2	5	8	3	2	5	8	3

Abb. 2.355 Hilfsquadrat A

[80] Arbeitsblatt einer Tabellenkalkulation aus einer privaten Kommunikation

Das zweite Hilfsquadrat B wird etwas komplizierter gefüllt, wobei zunächst wieder nur Zahlen in den linken oberen Quadranten eingetragen werden. In die linke Spalte werden die Zahlen aus der unteren Rechteckzeile notiert, wobei allerdings zuerst das rechte Zahlenpaar 2 und 5 und dann das linke Zahlenpaar 8 und 3 übertragen wird.

In der zweiten Spalte folgen die Zahlen aus der oberen Rechteckzeile, die allerdings in beiden Hälften paarweise vertauscht werden, sodass die einzutragenden Zahlen 6 und 1 sowie 4 und 7 lauten. In der dritten Spalte finden die Zahlen aus der oberen Rechteckzeile in umgekehrter Reihenfolge 4, 7, 6 und 1 ihren Platz, während die Zahlen aus der unteren Rechteckzeile in normaler Reihenfolge in die letzte Spalte geschrieben werden.

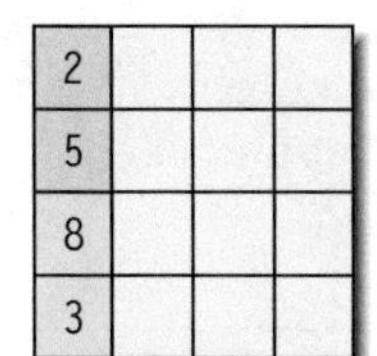

2			
5			
8			
3			

2	6		
5	1		
8	4		
3	7		

2	6	4	
5	1	7	
8	4	6	
3	7	1	

2	6	4	8
5	1	7	3
8	4	6	2
3	7	1	5

Abb. 2.356 Hilfsquadrat B: Füllen des linken oberen Quadranten

Der vollständig gefüllte Quadrant wird dann in den linken unteren Quadranten des Hilfsquadrates kopiert. Anschließend werden die Zahlen dieser beiden Quadranten in die rechte Hälfte des Hilfsquadrates übertragen, wobei wieder alle Zahlen z durch ihre Komplemente $9 - z$ ersetzt werden. Das vollständig gefüllte Hilfsquadrat B ist in Abbildung 2.357 dargestellt.

2	6	4	8				
5	1	7	3				
8	4	6	2				
3	7	1	5				
2	6	4	8				
5	1	7	3				
8	4	6	2				
3	7	1	5				

2	6	4	8	7	3	5	1
5	1	7	3	4	8	2	6
8	4	6	2	1	5	3	7
3	7	1	5	6	2	8	4
2	6	4	8	7	3	5	1
5	1	7	3	4	8	2	6
8	4	6	2	1	5	3	7
3	7	1	5	6	2	8	4

Abb. 2.357 Hilfsquadrat B

Überlagert man abschließend die beiden Hilfsquadrate A und B und führt für jede Zelle die Rechnung

$$8 \cdot (A - 1) + B$$

durch, entsteht das pandiagonale bimagische Quadrat mit trimagischen Diagonalen, das in Abbildung 2.358 dargestellt ist.

2	46	52	32	7	43	53	25
29	49	47	3	28	56	42	6
48	4	30	50	41	5	27	55
51	31	1	45	54	26	8	44
58	22	12	40	63	19	13	33
37	9	23	59	36	16	18	62
24	60	38	10	17	61	35	15
11	39	57	21	14	34	64	20

Abb. 2.358 Pandiagonales bimagisches Quadrat (Lamb)

Varianten

Da dieses bimagische Quadrat einige weitere gebrochene Diagonalen aufweist, deren bimagische Summe ebenfalls 11 180 beträgt, können aus dem Quadrat der Abbildung 2.358 durch bestimmte Zeilen- und Spaltenverschiebungen weitere pandiagonale bimagische Quadrate erzeugt werden. In Abbildung 2.359 sind zwei dieser Quadrate dargestellt.

45	31	1	51	44	26	8	54
3	49	47	29	6	56	42	28
50	4	30	48	55	5	27	41
32	46	52	2	25	43	53	7
21	39	57	11	20	34	64	14
59	9	23	37	62	16	18	36
10	60	38	24	15	61	35	17
40	22	12	58	33	19	13	63

63	22	12	33	58	19	13	40
28	49	47	6	29	56	42	3
41	4	30	55	48	5	27	50
14	39	57	20	11	34	64	21
7	46	52	25	2	43	53	32
36	9	23	62	37	16	18	59
17	60	38	15	24	61	35	10
54	31	1	44	51	26	8	45

Abb. 2.359 Weitere pandiagonale bimagische Quadrat durch Zeilen-Spalten-Transformationen (Lamb)

Weitere pandiagonale bimagische Quadrate lassen sich erzeugen, wenn man andere magische Rechtecke wählt. Mit dem Rechteck

5	8	3	2
4	1	6	7

ergeben sich die Hilfsquadrate A und B sowie das pandiagonale bimagische Quadrat aus Abbildung 2.360.

5	8	3	2	5	8	3	2
2	3	8	5	2	3	8	5
8	5	2	3	8	5	2	3
3	2	5	8	3	2	5	8
4	1	6	7	4	1	6	7
7	6	1	4	7	6	1	4
1	4	7	6	1	4	7	6
6	7	4	1	6	7	4	1

a) Hilfsquadrat A

6	8	2	4	3	1	7	5
7	5	3	1	2	4	6	8
4	2	8	6	5	7	1	3
1	3	5	7	8	6	4	2
6	8	2	4	3	1	7	5
7	5	3	1	2	4	6	8
4	2	8	6	5	7	1	3
1	3	5	7	8	6	4	2

b) Hilfsquadrat B

38	64	18	12	35	57	23	13
15	21	59	33	10	20	62	40
60	34	16	22	61	39	9	19
17	11	37	63	24	14	36	58
30	8	42	52	27	1	47	53
55	45	3	25	50	44	6	32
4	26	56	46	5	31	49	43
41	51	29	7	48	54	28	2

c) bimagisches Quadrat

Abb. 2.360 Pandiagonales bimagisches Quadrat (Lamb)

Ordnung $2^4 = 16$

Um pandiagonale bimagische Quadrate der Ordnung 16 zu erzeugen, geht Gil Lamb wie bei seinem Verfahren für die Ordnung 8 vor und wählt zunächst wieder ein magisches Rechteck.[81]

4	15	11	10	1	5	8	14
13	2	6	7	16	12	9	3

In die obere Zeile des linken oberen Quadranten eines Hilfsquadrates A werden die Zahlen aus der oberen Zeile des magischen Rechtecks eingetragen und darunter die Zahlen in umgekehrter Reihenfolge. Beide Zeilen werden dann in die beiden noch leeren Zeilen darunter übertragen, wobei die Zahlen in den einzelnen Zahlenpaaren vertauscht werden.

[81] siehe Kapitel 2.10.1

4	15	11	10	1	5	8	14
14	8	5	1	10	11	15	4

4	15	11	10	1	5	8	14
14	8	5	1	10	11	15	4
15	4	10	11	5	1	14	8
8	14	1	5	11	10	4	15

Abb. 2.361 Hilfsquadrat A: Füllen des linken oberen Quadranten (Schritt 1)

Jetzt werden die vier bereits gefüllten Zeilen an der horizontalen Mittellinie in die vier noch leeren Zeilen gespiegelt. Dabei werden die Zeilen in den beiden unteren Quadranten zusätzlich noch jeweils einzeln umgekehrt.

4	15	11	10	1	5	8	14
14	8	5	1	10	11	15	4
15	4	10	11	5	1	14	8
8	14	1	5	11	10	4	15

4	15	11	10	1	5	8	14
14	8	5	1	10	11	15	4
15	4	10	11	5	1	14	8
8	14	1	5	11	10	4	15
5	1	14	8	15	4	10	11
11	10	4	15	8	14	1	5
1	5	8	14	4	15	11	10
10	11	15	4	14	8	5	1

Abb. 2.362 Hilfsquadrat A: Füllen des linken oberen Quadranten (Schritt 2)

Der vollständig gefüllte Quadrant wird dann in den rechten oberen Quadranten kopiert. Beide Quadranten werden abschließend in die untere Hälfte übertragen, wobei alle Zahlen z durch ihre zu $n + 1 = 17$ komplementäre Zahl $17 - z$ ersetzt wird. Das Ergebnis ist das Hilfsquadrat A in Abbildung 2.363.

Die ersten vier Spalten des linken oberen Quadranten des Hilfsquadrates B werden ähnlich wie bei der Ordnung 8 gefüllt. In die linke Spalte werden die Zahlen aus der unteren Rechteckzeile eingetragen, wobei die Zahlen von hinten nach vorne paarweise ausgelesen werden.

$$(13\ 2 \quad 6\ 7 \quad 16\ 12 \quad 9\ 3) \longrightarrow (9\ 3 \quad 16\ 12 \quad 6\ 7 \quad 13\ 2)$$

4	15	11	10	1	5	8	14	4	15	11	10	1	5	8	14
14	8	5	1	10	11	15	4	14	8	5	1	10	11	15	4
15	4	10	11	5	1	14	8	15	4	10	11	5	1	14	8
8	14	1	5	11	10	4	15	8	14	1	5	11	10	4	15
5	1	14	8	15	4	10	11	5	1	14	8	15	4	10	11
11	10	4	15	8	14	1	5	11	10	4	15	8	14	1	5
1	5	8	14	4	15	11	10	1	5	8	14	4	15	11	10
10	11	15	4	14	8	5	1	10	11	15	4	14	8	5	1
13	2	6	7	16	12	9	3	13	2	6	7	16	12	9	3
3	9	12	16	7	6	2	13	3	9	12	16	7	6	2	13
2	13	7	6	12	16	3	9	2	13	7	6	12	16	3	9
9	3	16	12	6	7	13	2	9	3	16	12	6	7	13	2
12	16	3	9	2	13	7	6	12	16	3	9	2	13	7	6
6	7	13	2	9	3	16	12	6	7	13	2	9	3	16	12
16	12	9	3	13	2	6	7	16	12	9	3	13	2	6	7
7	6	2	13	3	9	12	16	7	6	2	13	3	9	12	16

Abb. 2.363 Hilfsquadrat A

In die zweite Spalte werden die Zahlen aus der oberen Rechteckzeile notiert, wobei die Zahlen innerhalb der Zahlenpaare vertauscht werden.

$$(4\ 15 \quad 11\ 10 \quad 1\ 5 \quad 8\ 14) \longrightarrow (15\ 4 \quad 10\ 11 \quad 5\ 1 \quad 14\ 8)$$

In der dritten Spalte finden die Zahlen aus der oberen Rechteckzeile in umgekehrter Reihenfolge ihren Platz, während die Zahlen aus der unteren Rechteckzeile in normaler Reihenfolge in die vierte Spalte eingetragen werden.

9	15						
3	4						
16	10						
12	11						
6	5						
7	1						
13	14						
2	8						

9	15	14	13				
3	4	8	2				
16	10	5	6				
12	11	1	7				
6	5	10	16				
7	1	11	12				
13	14	15	9				
2	8	4	3				

Abb. 2.364 Hilfsquadrat B: Füllen des linken oberen Quadranten (Schritt 1)

Jetzt werden die bereits vorhandenen Spalten horizontal symmetrisch gespiegelt. Dabei werden zusätzlich jeweils die Zahlen der oberen und unteren Hälfte in den betreffenden Hälften umgekehrt.

9	15	14	13				
3	4	8	2				
16	10	5	6				
12	11	1	7				
6	5	10	16				
7	1	11	12				
13	14	15	9				
2	8	4	3				

9	15	14	13	7	1	11	12
3	4	8	2	6	5	10	16
16	10	5	6	2	8	4	3
12	11	1	7	13	14	15	9
6	5	10	16	3	4	8	2
7	1	11	12	9	15	14	13
13	14	15	9	12	11	1	7
2	8	4	3	16	10	5	6

Abb. 2.365 Hilfsquadrat B: Füllen des linken oberen Quadranten (Schritt 2)

Der vollständig gefüllte Quadrant wird dann in den linken unteren Quadranten des Hilfsquadrates kopiert. Anschließend werden die Zahlen dieser beiden Quadranten in die rechte Hälfte übertragen, wobei wieder alle Zahlen z durch ihre Komplemente $17 - z$ ersetzt werden.

9	15	14	13	7	1	11	12	8	2	3	4	10	16	6	5
3	4	8	2	6	5	10	16	14	13	9	15	11	12	7	1
16	10	5	6	2	8	4	3	1	7	12	11	15	9	13	14
12	11	1	7	13	14	15	9	5	6	16	10	4	3	2	8
6	5	10	16	3	4	8	2	11	12	7	1	14	13	9	15
7	1	11	12	9	15	14	13	10	16	6	5	8	2	3	4
13	14	15	9	12	11	1	7	4	3	2	8	5	6	16	10
2	8	4	3	16	10	5	6	15	9	13	14	1	7	12	11
9	15	14	13	7	1	11	12	8	2	3	4	10	16	6	5
3	4	8	2	6	5	10	16	14	13	9	15	11	12	7	1
16	10	5	6	2	8	4	3	1	7	12	11	15	9	13	14
12	11	1	7	13	14	15	9	5	6	16	10	4	3	2	8
6	5	10	16	3	4	8	2	11	12	7	1	14	13	9	15
7	1	11	12	9	15	14	13	10	16	6	5	8	2	3	4
13	14	15	9	12	11	1	7	4	3	2	8	5	6	16	10
2	8	4	3	16	10	5	6	15	9	13	14	1	7	12	11

Abb. 2.366 Hilfsquadrat B

Überlagert man die beiden Hilfsquadrate A und B und führt für jede Zelle die Rechnung

$$16 \cdot (A - 1) + B$$

durch, entsteht das pandiagonale bimagische Quadrat mit trimagischen Diagonalen aus Abbildung 2.367.

57	239	174	157	7	65	123	220	56	226	163	148	10	80	118	213
211	116	72	2	150	165	234	64	222	125	73	15	155	172	231	49
240	58	149	166	66	8	212	115	225	55	156	171	79	9	221	126
124	219	1	71	173	158	63	233	117	214	16	74	164	147	50	232
70	5	218	128	227	52	152	162	75	12	215	113	238	61	153	175
167	145	59	236	121	223	14	77	170	160	54	229	120	210	3	68
13	78	127	217	60	235	161	151	4	67	114	216	53	230	176	154
146	168	228	51	224	122	69	6	159	169	237	62	209	119	76	11
201	31	94	109	247	177	139	44	200	18	83	100	250	192	134	37
35	132	184	242	102	85	26	208	46	141	185	255	107	92	23	193
32	202	101	86	178	248	36	131	17	199	108	91	191	249	45	142
140	43	241	183	93	110	207	25	133	38	256	186	84	99	194	24
182	245	42	144	19	196	104	82	187	252	39	129	30	205	105	95
87	97	203	28	137	47	254	189	90	112	198	21	136	34	243	180
253	190	143	41	204	27	81	103	244	179	130	40	197	22	96	106
98	88	20	195	48	138	181	246	111	89	29	206	33	135	188	251

Abb. 2.367 Pandiagonales bimagisches Quadrat (Lamb)

Varianten

Wie beim Verfahren der Ordnung 8 besitzen auch diese Quadrate einige weitere gebrochene Diagonalen mit der bimagischen Summe. Daher können aus dem bimagischen Quadrat der Abbildung 2.367 weitere pandiagonale bimagische Quadrate durch bestimmte Zeilen- und Spaltenverschiebungen erzeugt werden. Viele weitere pandiagonale bimagische Quadrate können erzeugt werden, wenn man das Ausgangsrechteck verändert.

Kapitel

3

Trimagische Quadrate

Das erste trimagische Quadrat stammt von Tarry aus dem Jahr 1905 und besitzt die Ordnung $n = 128$. Tarry hat nicht die 16 384 Zahlen direkt angegeben, sondern nur das Prinzip der Konstruktion veröffentlicht.[1] Allerdings wird er alle Zahlen überprüft haben. Welch eine Leistung, da dies per Hand geschehen musste.

Es ist nicht verwunderlich, dass dieses trimagische Quadrat eine solche große Ordnung besitzt, da große Quadrate wesentlich einfacher zu konstruieren sind als diejenigen mit kleinerer Ordnung.

In den nachfolgenden Jahren wurden trimagische Quadrate mit kleineren Ordnungen entdeckt, beispielsweise 1933 ein Quadrat der Ordnung 64 von Cazalas[2] und 1976 ein trimagisches Quadrat der Ordnung 32 von Benson und Jacoby.[3]

Im Jahr 2002 fand die Verkleinerung der Ordnung dann ihren Abschluss, als Walter Trump das kleinstmögliche trimagische Quadrat entdeckte, welches die Ordnung 12 besitzt. Im ersten Band über magische Quadrate wurde nachgewiesen, dass es kein trimagisches Quadrat mit kleinerer Ordnung geben kann.

Alle in den weiteren Kapiteln vorgestellten trimagischen Quadrate sind nicht durch deterministische Konstruktionen entstanden, sondern durch systematisches Probieren oder einer Suche mit Computerprogrammen. Heutzutage gibt es die ersten Ansätze, konstruktive Verfahren zu entwickeln.[4] Allerdings sind die benutzten Ordnungen noch zu groß, um in einem Buch dargestellt zu werden.

---

[1] Tarray [558]

[2] Cazalas [84]

[3] Benson und Jacoby [43]

[4] siehe Chen und Li [327], Hu u.a. [245] und Hu und Pan [246]

H. Danielsson, *Spezielle magische Quadrate und ihre Konstruktion*,
https://doi.org/10.1007/978-3-662-70708-1_3

3.1 Ordnung 12

Im Jahre 2002 veröffentlichte Walter Trump das erste trimagische Quadrat der Ordnung $n = 12$ aus Abbildung 3.1, welches auch gleichzeitig das kleinstmögliche ist.[5] Sein Quadrat ist selbstkomplementär, und die komplementären Zahlenpaare liegen horizontal symmetrisch. Für die magischen Summen gilt $S_{12} = 870$, $S_{12}^2 = 83\,810$ und $S_{12}^3 = 9\,082\,800$.

1	22	33	41	62	66	79	83	104	112	123	144
9	119	45	115	107	93	52	38	30	100	26	136
75	141	35	48	57	14	131	88	97	110	4	70
74	8	106	49	12	43	102	133	96	39	137	71
140	101	124	42	60	37	108	85	103	21	44	5
122	76	142	86	67	126	19	78	59	3	69	23
55	27	95	135	130	89	56	15	10	50	118	90
132	117	68	91	11	99	46	134	54	77	28	13
73	64	2	121	109	32	113	36	24	143	81	72
58	98	84	116	138	16	129	7	29	61	47	87
80	34	105	6	92	127	18	53	139	40	111	65
51	63	31	20	25	128	17	120	125	114	82	94

Abb. 3.1 Trimagisches Quadrat der Ordnung $n = 12$ (Trump)

Im März 2003 veröffentlichten Pan Fengchu und Gao Zhiyuan ein weiteres trimagisches Quadrat, welches in Abbildung 3.2a dargestellt ist. Allerdings geht ihr Quadrat durch eine Drehung um 90° und Permutation von Zeilen und Spalten aus dem Quadrat von Walter Trump hervor. Sie erwähnen dabei, dass die Zahlen der beiden Diagonalen bis zur 4. Potenz immer die gleiche Summe ergeben. Dies gilt allerdings für alle achsensymmetrischen trimagischen Quadrate.

Von diesem Quadrat ausgehend habe ich ein weiteres unterschiedliches[6] trimagisches Quadrat erzeugt, indem ich einige Zahlen vertauscht habe. Mit

$$\begin{aligned} 144 + 83 + 62 + 1 &= 290 \\ 144^2 + 83^2 + 62^2 + 1^2 &= 31\,470 \\ 144^3 + 83^3 + 62^3 + 1^3 &= 3\,796\,100 \end{aligned} \quad \text{und} \quad \begin{aligned} 136 + 38 + 107 + 9 &= 290 \\ 136^2 + 38^2 + 107^2 + 9^2 &= 31\,470 \\ 136^3 + 38^3 + 107^3 + 9^3 &= 3\,796\,100 \end{aligned}$$

[5] Trump [575]

[6] siehe Kapitel 8.6

zeigt sich, dass man vier Zahlen austauschen kann, da ihre Summen übereinstimmen. Mit diesem Austausch ergibt aus dem Quadrat von Pan Fengchu - Gao Zhiyuan das neue trimagische Quadrat aus Abbildung 3.2b.

18	17	79	19	46	102	129	52	131	113	108	56
6	20	41	86	91	49	116	115	48	121	42	135
34	63	22	76	117	8	98	119	141	64	101	27
65	94	144	23	13	71	87	136	70	72	5	90
105	31	33	142	68	106	84	45	35	2	124	95
53	120	83	78	134	133	7	38	88	36	85	15
92	25	62	67	11	12	138	107	57	109	60	130
40	114	112	3	77	39	61	100	110	143	21	50
80	51	1	122	132	74	58	9	75	73	140	55
111	82	123	69	28	137	47	26	4	81	44	118
139	125	104	59	54	96	29	30	97	24	103	10
127	128	66	126	99	43	16	93	14	32	37	89

a) Pan Fengchu - Gao Zhiyuan

18	17	79	19	46	102	129	52	131	113	108	56
6	20	41	86	91	49	116	115	48	121	42	135
34	63	22	76	117	8	98	119	141	64	101	27
65	94	136	23	13	71	87	144	70	72	5	90
105	31	33	142	68	106	84	45	35	2	124	95
53	120	38	78	134	133	7	83	88	36	85	15
92	25	107	67	11	12	138	62	57	109	60	130
40	114	112	3	77	39	61	100	110	143	21	50
80	51	9	122	132	74	58	1	75	73	140	55
111	82	123	69	28	137	47	26	4	81	44	118
139	125	104	59	54	96	29	30	97	24	103	10
127	128	66	126	99	43	16	93	14	32	37	89

b) Austausch von Zahlen (Danielsson)

Abb. 3.2 Weitere trimagische Quadrate der Ordnung $n = 12$

Walter Trump hat weitere trimagische Quadrate der Ordnung $n = 12$ veröffentlicht, von denen einige in Abbildung 3.3 dargestellt sind. Alle bislang bekannten trimagischen Quadrate dieser Ordnung wurden von Walter Trump gefunden oder von einem seiner Quadrate abgeleitet.

60	95	93	140	78	98	63	137	28	1	19	58
37	15	29	107	20	90	96	73	106	124	35	138
64	118	13	33	57	136	11	111	62	44	102	119
10	84	23	70	12	53	65	141	86	79	120	127
71	131	31	121	128	30	105	76	6	45	32	94
143	42	54	46	97	16	3	77	123	104	109	56
2	103	91	99	48	129	142	68	22	41	36	89
74	14	114	24	17	115	40	69	139	100	113	51
135	61	122	75	133	92	80	4	59	66	25	18
81	27	132	112	88	9	134	34	83	101	43	26
108	130	116	38	125	55	49	72	39	21	110	7
85	50	52	5	67	47	82	8	117	144	126	87

6	65	127	66	130	89	32	69	50	133	90	13
53	109	131	10	126	42	40	96	35	91	116	21
129	57	34	122	26	2	84	73	121	41	123	58
46	144	93	59	77	136	8	3	82	47	94	81
83	125	118	28	100	85	39	11	138	78	48	17
33	102	74	115	37	75	120	38	31	4	140	101
112	43	71	30	108	70	25	107	114	141	5	44
62	20	27	117	45	60	106	134	7	67	97	128
99	1	52	86	68	9	137	142	63	98	51	64
16	88	111	23	119	143	61	72	24	104	22	87
92	36	14	135	19	103	105	49	110	54	29	124
139	80	18	79	15	56	113	76	95	12	55	132

Abb. 3.3 Weitere trimagische Quadrate der Ordnung $n = 12$ (Trump)

Insgesamt sind auf der Webseite von Walter Trump 34 unterschiedliche trimagische Quadrate der Ordnung $n = 12$ in LDR-Darstellung veröffentlicht.[7] Jedes von ihnen lässt sich durch Zeilen-Spalten-Transformationen in $\frac{12!!}{2} = 23\,040$ unterschiedliche trimagische Quadrate umwandeln.

3.2 Ordnung 16

Im Jahre 2005 konstruierten Chen Qinwu und Chen Mutian ein trimagisches Quadrat der Ordnung 16. Das Quadrat ist selbstkomplementär, und die komplementären Zahlenpaare liegen achsensymmetrisch zur vertikalen Mittelachsen.[8]

34	30	28	26	146	83	85	115	142	172	174	111	231	229	227	223
52	40	124	64	234	110	207	219	38	50	147	23	193	133	217	205
178	168	226	212	169	245	151	42	215	106	12	88	45	31	89	79
125	201	5	249	112	91	49	103	154	208	166	145	8	252	56	132
196	180	176	232	199	59	96	241	16	161	198	58	25	81	77	61
62	78	82	118	247	214	114	15	242	143	43	10	139	175	179	195
203	253	107	127	97	44	13	102	155	244	213	160	130	150	4	54
119	55	71	189	210	236	20	164	93	237	21	47	68	186	202	138
255	99	185	67	66	76	238	94	163	19	181	191	190	72	158	2
137	157	251	129	24	182	171	18	239	86	75	233	128	6	100	120
131	135	183	187	9	173	36	240	17	221	84	248	70	74	122	126
53	3	149	69	192	148	243	156	101	14	109	65	188	108	254	204
224	228	230	140	159	197	144	37	220	113	60	98	117	27	29	33
1	121	73	7	48	165	162	153	104	95	92	209	250	184	136	256
80	90	32	46	87	11	105	216	41	152	246	170	211	225	167	177
206	218	134	194	57	22	222	141	116	35	235	200	63	123	39	51

Abb. 3.4 Trimagisches Quadrat der Ordnung $n = 16$ (Chen Qinwu - Chen Mutian)

Natürlich kann man auch bei dieser Ordnung durch das Vertauschen von Zahlen weitere unterschiedliche trimagische Quadrate erzeugen. Als Beispiel habe ich im Quadrat von Chen Qinwu und Chen Mutian aus Abbildung 3.4 insgesamt 24 Zahlen ausgetauscht. Das Ergebnis ist das trimagische Quadrat in Abbildung 3.5.

[7] siehe Kapitel 8.6

[8] Chen Qinwu - Chen Mutian [483]

34	30	28	26	146	83	85	115	142	172	174	111	231	229	227	223
52	40	124	64	234	110	207	219	38	50	147	23	193	133	217	205
178	168	226	212	169	245	151	42	215	106	12	88	45	31	89	79
125	201	5	249	112	91	49	103	154	208	166	145	8	252	56	132
196	180	176	232	199	59	96	241	16	161	198	58	25	81	77	61
62	78	82	118	247	214	114	15	242	143	43	10	139	175	179	195
203	253	107	127	97	44	13	102	155	244	213	160	130	150	4	54
119	55	71	189	210	236	20	164	93	237	21	47	68	186	202	138
255	99	185	67	66	76	238	94	163	19	181	191	190	72	158	2
137	157	251	129	24	182	171	18	239	86	75	233	128	6	100	120
131	135	183	187	9	173	36	240	17	221	84	248	70	74	122	126
53	3	149	69	192	148	243	156	101	14	109	65	188	108	254	204
224	228	230	140	159	197	144	37	220	113	60	98	117	27	29	33
1	121	73	7	48	165	162	153	104	95	92	209	250	184	136	256
80	90	32	46	87	11	105	216	41	152	246	170	211	225	167	177
206	218	134	194	57	22	222	141	116	35	235	200	63	123	39	51

34	30	28	26	146	83	85	115	142	172	174	111	231	229	227	223
52	40	124	64	234	110	207	219	38	50	147	23	193	133	217	205
178	168	226	212	169	245	151	42	215	106	12	88	45	31	89	79
201	125	5	249	112	91	49	103	154	208	166	145	8	252	132	56
196	180	176	232	199	59	96	241	16	161	198	58	25	81	77	61
62	78	82	118	247	214	114	15	242	143	43	10	139	175	179	195
253	203	107	127	97	44	13	102	155	244	213	160	130	150	54	4
55	119	71	189	210	236	20	164	93	237	21	47	68	186	138	202
99	255	185	67	66	76	238	94	163	19	181	191	190	72	2	158
157	137	251	129	24	182	171	18	239	86	75	233	128	6	120	100
135	131	183	187	9	173	36	240	17	221	84	248	70	74	126	122
3	53	149	69	192	148	243	156	101	14	109	65	188	108	204	254
224	228	230	140	159	197	144	37	220	113	60	98	117	27	29	33
121	1	73	7	48	165	162	153	104	95	92	209	250	184	256	136
80	90	32	46	87	11	105	216	41	152	246	170	211	225	167	177
206	218	134	194	57	22	222	141	116	35	235	200	63	123	39	51

Abb. 3.5 Trimagisches Quadrat der Ordnung $n = 16$ durch Austausch von Zahlen (Danielsson)

Insgesamt habe ich vier neue trimagische Quadrate in normierter LDR-Darstellung gefunden.[9] Jedes von ihnen lässt sich durch Transformation von Zeilen und Spalten in $\frac{16!!}{2} = 5\,160\,960$ unterschiedliche trimagische Quadrate umwandeln.

3.3 Ordnung 24

Das erste trimagische Quadrat der Ordnung $n = 24$ veröffentlichte Chen Qinwu im Jahre 2005. Das Quadrat in Abbildung 3.6 ist achsensymmetrisch, und die komplementären Zahlenpaare liegen horizontal symmetrisch.

1	180	393	214	267	276	307	224	107	38	41	46	531	536	539	470	353	270	301	310	363	184	397	576
322	376	259	76	379	156	229	92	69	56	65	50	527	512	521	508	485	348	421	198	501	318	201	255
383	398	497	364	71	222	171	100	33	114	115	102	475	462	463	544	477	406	355	506	213	80	179	194
574	84	317	176	385	104	25	150	161	168	147	178	399	430	409	416	427	552	473	192	401	260	493	3
134	494	567	433	309	474	63	30	227	232	215	240	337	362	345	350	547	514	103	268	144	10	83	443
444	572	9	561	559	302	269	262	271	280	285	284	293	292	297	306	315	308	275	18	16	568	5	133
135	569	365	564	505	22	119	316	305	298	291	294	283	286	279	272	261	458	555	72	13	212	8	442
575	202	566	132	482	484	347	428	349	464	361	338	239	216	113	228	149	230	93	95	445	11	375	2
492	389	128	502	17	94	405	354	469	410	429	400	177	148	167	108	223	172	483	560	75	449	188	85
86	6	183	333	466	422	457	478	415	346	461	476	101	116	231	162	99	120	155	111	244	394	571	491
189	251	320	199	197	356	513	486	507	522	511	528	49	66	55	70	91	64	221	380	378	257	326	388
329	187	382	243	254	367	218	509	543	540	535	532	45	42	37	34	68	359	210	323	334	195	390	248
487	328	451	246	558	553	360	277	432	295	98	529	48	479	282	145	300	217	24	19	331	126	249	90
387	495	79	503	123	265	426	153	226	537	526	241	336	51	40	351	424	151	312	454	74	498	82	190
247	447	450	14	453	411	152	67	36	341	392	417	160	185	236	541	510	425	166	124	563	127	130	330
396	138	404	407	420	459	551	121	436	413	52	105	472	525	164	141	456	26	118	157	170	173	439	181
372	81	211	377	370	77	550	423	542	519	186	335	242	391	58	35	154	27	500	207	200	366	496	205
89	325	125	446	191	499	140	31	146	163	238	47	530	339	414	431	546	437	78	386	131	452	252	488
256	440	258	332	208	311	516	545	524	467	44	471	106	533	110	53	32	61	266	369	245	319	137	321
206	250	174	143	324	117	62	548	264	39	534	159	418	43	538	313	29	515	460	253	434	403	327	371
182	7	196	169	112	556	438	219	352	109	288	517	60	289	468	225	358	139	21	465	408	381	570	395
193	203	490	73	20	23	304	357	142	57	340	233	344	237	520	435	220	273	554	557	504	87	374	384
441	373	12	15	96	165	274	299	54	235	480	343	234	97	342	523	278	303	412	481	562	565	204	136
4	129	88	402	158	209	28	455	314	281	290	59	518	287	296	263	122	549	368	419	175	489	448	573

Abb. 3.6 Trimagisches Quadrat der Ordnung $n = 24$ (Chen Qinwu)

[9] siehe Kapitel 8.6

Drei Jahre später veröffentlichte Li Wen ein weiteres trimagisches Quadrat dieser Ordnung. Bei seinem Quadrat in Abbildung 3.6 liegen die komplementären Zahlenpaare vertikal symmetrisch.

3	146	151	173	288	286	144	143	138	116	1	145	366	363	357	352	560	494	499	502	508	513	371	305
155	51	148	255	287	238	141	135	134	34	2	154	358	353	345	362	474	503	507	512	520	556	309	391
147	161	123	281	282	166	142	128	88	8	7	201	348	336	349	485	497	516	517	529	538	327	380	368
156	175	244	257	150	278	139	133	11	45	114	32	495	373	370	359	321	318	488	492	377	506	544	547
158	163	153	227	273	12	277	131	62	126	136	16	302	471	493	504	505	527	338	563	394	372	361	360
226	137	152	484	125	279	164	168	121	63	270	10	483	19	486	509	524	294	571	382	381	379	356	341
415	292	417	401	557	364	573	450	308	242	182	501	234	464	192	210	448	271	97	107	79	55	47	18
468	171	118	58	203	437	481	525	384	340	312	212	311	428	554	246	267	553	397	231	86	77	43	22
418	552	551	536	475	59	447	412	453	174	329	230	40	115	46	249	313	191	243	314	247	390	98	42
44	90	458	546	478	550	202	36	387	319	189	325	38	251	199	540	87	100	410	315	245	407	455	253
110	117	473	172	49	35	562	344	111	240	303	179	457	13	465	549	316	178	276	400	408	392	521	254
420	476	511	548	568	445	354	472	393	317	389	297	5	67	54	81	194	208	284	235	95	181	222	108
157	101	66	29	9	132	223	105	184	260	188	280	572	510	523	496	383	369	293	342	482	396	355	469
467	460	104	405	528	542	15	233	466	337	274	398	120	564	112	28	261	399	301	177	169	185	56	323
533	487	119	31	99	27	375	541	190	258	388	252	539	326	378	37	490	477	167	262	332	170	122	324
159	25	26	41	102	518	130	165	124	403	248	347	537	462	531	328	264	386	334	263	330	187	479	535
109	406	459	519	374	140	96	52	193	237	265	365	266	149	23	331	310	24	180	346	491	500	534	555
162	285	160	176	20	213	4	127	269	335	395	76	343	113	385	367	129	306	480	470	498	522	530	559
351	440	425	93	452	298	413	409	456	514	307	567	94	558	91	68	53	283	6	195	196	198	221	236
419	414	424	350	304	565	300	446	515	451	441	561	275	106	84	73	72	50	239	14	183	205	216	217
421	402	333	320	427	299	438	444	566	532	463	545	82	204	207	218	256	259	89	85	200	71	33	30
430	416	454	296	295	411	435	449	489	569	570	376	229	241	228	92	80	61	60	48	39	250	197	209
422	526	429	322	290	339	436	442	443	543	575	423	219	224	232	215	103	74	70	65	57	21	268	186
574	431	426	404	289	291	433	434	439	461	576	432	211	214	220	225	17	83	78	75	69	64	206	272

Abb. 3.7 Trimagisches Quadrat der Ordnung $n = 24$ (Li Wen)

Kapitel

4

Pandiagonale magische Quadrate

Magische Quadrate kann man auf viele Arten nach ihren Eigenschaften klassifizieren. Neben den symmetrischen magischen Quadraten gehören die *pandiagonalen* Quadrate zu den besonders wichtigen Klassen, da sie gegenüber normalen magischen Quadraten viele besondere Merkmale aufweisen.

Detaillierte Untersuchungen dieser Quadrate stammen von Frost, der sie in einem Artikel von 1878 *Nasik Squares* nannte.[1] Frost lebte zeitweise in Nasik (Indien) und studierte dort die pandiagonalen Quadrate vierter Ordnung von Narayana aus dem Jahre 1356. Im Laufe der Zeit hat sich dann der Name pandiagonal herauskristallisiert. Aber auch Bezeichnungen wie panmagisch, diabolisch, perfekt oder Jaina wurden benutzt.

Pandiagonale Quadrate besitzen faszinierende Eigenschaften, sind aber besonders schwer zu konstruieren. Es existiert ohnehin kein Konstruktionsverfahren, das für alle möglichen Ordnungen magische Quadrate erzeugt. Doch bei pandiagonalen Quadraten muss durch die besondere Struktur der Zahlen selbst die Gruppe der ungeraden Ordnungen n weiter unterteilt werden.

- n ist kein Vielfaches von 3: $n \neq 3k$.
- n ist ein Vielfaches von 3: $n = 3k$.
- n ist eine Primzahl.
- n ist keine Primzahl.

Insbesondere Ordnungen, die durch 3 teilbar sind, haben sich Konstruktionsverfahren widersetzt. Vielfach wird in Büchern behauptet, dass man bis ca. 1990 glaubte, es sei unmöglich, ein pandiagonales Quadrat der Ordnung $n = 9$ zu konstruieren. Das

[1] Frost [157]

H. Danielsson, *Spezielle magische Quadrate und ihre Konstruktion*,
https://doi.org/10.1007/978-3-662-70708-1_4

ist nachweislich nicht korrekt, da Margossian bereits 1908 mehrere dieser Quadrate veröffentlicht hat.[2]

60	68	3	11	19	44	52	36	76
35	79	63	67	6	14	21	38	46
41	48	29	73	62	70	9	13	24
16	27	40	51	32	75	56	64	8
66	2	10	26	43	54	31	78	59
81	58	69	5	12	20	37	53	34
47	28	80	61	72	4	15	23	39
22	42	50	30	74	55	71	7	18
1	17	25	45	49	33	77	57	65

Abb. 4.1 Pandiagonales Quadrat der Ordnung $n = 9$ (Margossian)

4.1 Ordnungen n ≠ 3k

Neben dem Verfahren von de la Hire aus dem Jahre 1705[3], an dem sich viele nachfolgende Konstruktionsverfahren orientierten und daher schon bei den ungeraden Ordnungen in Band 1 beschrieben wurden, existieren weitere Verfahren speziell für Ordnungen $n \neq 3k$.

4.1.1 Bachet – Labosne (de la Hire-Methode)

A. Labosne stellt in der 1874 erschienenen Ausgabe des Buches von Bachet de Méziriac einige Verfahren zur Erzeugung magischer Quadrate vor.[4]

Eines dieser Verfahren basiert auf der Methode von de la Hire.[5] Die mit diesem Verfahren erzeugten magischen Quadrate sind nicht mehr symmetrisch, aber immer noch pandiagonal. Die einzelnen Schritte dieser Konstruktion sind in Abbildung 4.2 dargestellt.

- Die obere Zeile des ersten Hilfsquadrates wird mit den Zahlen $1, 2, \ldots, n$ in beliebiger Reihenfolge gefüllt.

[2] Margossian [369]

[3] de la Hire [240] S. 127 – 171 und S. 364 – 382

[4] Bachet de Méziriac-Labosne [31]

[5] Bachet de Méziriac-Labosne [31] S. 99 – 101 und de la Hire [240] S. 145 – 147

- In die anderen Zeilen werden von oben nach unten die Zahlen in der gleichen Reihenfolge platziert, wobei sie allerdings jeweils so verschoben werden, dass die Zahl rechts neben der mittleren Spalte ganz nach links gelangt.
- Danach wird die obere Zeile des zweiten Hilfsquadrates mit Zahlen in beliebiger Reihenfolge gefüllt, dieses Mal jedoch mit $0, n, 2n, 3n, \ldots$. Im Fall der Ordnung $n = 5$ also mit $0, 5, 10, 15, 20$.
- Auch in diesem Hilfsquadrat werden die restlichen Zeilen von oben nach unten mit den Zahlen in gleicher Reihenfolge kopiert. Doch hier wandert immer die Zahl aus der mittleren Spalte an den linken Rand der darunterliegenden Zeile.

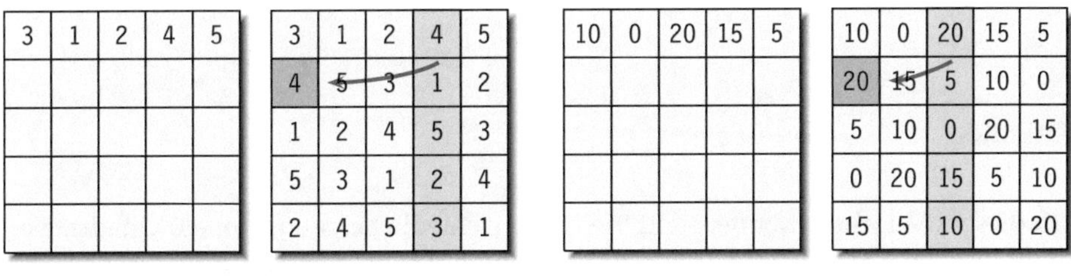

a) Hilfsquadrat 1 b) Hilfsquadrat 2

Abb. 4.2 Konstruktion der Hilfsquadrate (Bachet - Labosne)

Durch Addition der beiden Hilfsquadrate entsteht das pandiagonale magische Quadrat in Abbildung 4.3.

13	1	22	19	10
24	20	8	11	2
6	12	4	25	18
5	23	16	7	14
17	9	15	3	21

Abb. 4.3 Pandiagonales magisches Quadrat der Ordnung 5 (Bachet - Labosne)

Dieses Verfahren kann leicht auf höhere Ordnungen übertragen werden, die allerdings kein Vielfaches von 3 sein dürfen.

Im nächsten Beispiel werden die Verschiebungen umgekehrt. Hier wird im ersten Hilfsquadrat die Zahl aus der mittleren Spalte an den linken Rand verschoben und im zweiten Hilfsquadrat die jeweils rechts neben der Mitte liegende Zahl. Das sich mit dieser Änderung konstruierte pandiagonale Quadrat der Ordnung $n = 7$ wird in Abbildung 4.4 gezeigt.

4	5	3	1	6	7	2
1	6	7	2	4	5	3
2	4	5	3	1	6	7
3	1	6	7	2	4	5
7	2	4	5	3	1	6
5	3	1	6	7	2	4
6	7	2	4	5	3	1

a) Hilfsquadrat 1

35	0	42	21	14	7	28
14	7	28	35	0	42	21
0	42	21	14	7	28	35
7	28	35	0	42	21	14
42	21	14	7	28	35	0
28	35	0	42	21	14	7
21	14	7	28	35	0	42

b) Hilfsquadrat 2

39	5	45	22	20	14	30
15	13	35	37	4	47	24
2	46	26	17	8	34	42
10	29	41	7	44	25	19
49	23	18	12	31	36	6
33	38	1	48	28	16	11
27	21	9	32	40	3	43

c) pandiagonales Quadrat

Abb. 4.4 Pandiagonales magisches Quadrat der Ordnung 7 (Bachet - Labosne)

Varianten

Mit diesem Verfahren können sehr viele unterschiedliche pandiagonale Quadrate erzeugt werden. De La Hire hat in dem genannten Artikel den Fall $n = 7$ sehr genau analysiert und festgestellt, um wie viele Positionen die Zeilen nach links verschoben werden können.

In dem magischen Quadrat aus Abbildung 4.5 wurden die Zeilen des ersten Quadrates um vier Positionen an den linken Rand verschoben, die des zweiten Hilfsquadrates um fünf Positionen. Das Ergebnis ist wie vorhergesagt ein pandiagonales magisches Quadrat siebter Ordnung.

Eine genauere Untersuchung über gültige Verschiebungszahlen wurde von de la Hire[6] durchgeführt und im ersten Band beschrieben.

7	3	4	1	5	6	2
5	6	2	7	3	4	1
3	4	1	5	6	2	7
6	2	7	3	4	1	5
4	1	5	6	2	7	3
2	7	3	4	1	5	6
1	5	6	2	7	3	4

a) Hilfsquadrat 1

14	0	21	28	7	35	42
35	42	14	0	21	28	7
28	7	35	42	14	0	21
0	21	28	7	35	42	14
42	14	0	21	28	7	35
7	35	42	14	0	21	28
21	28	7	35	42	14	0

b) Hilfsquadrat 2

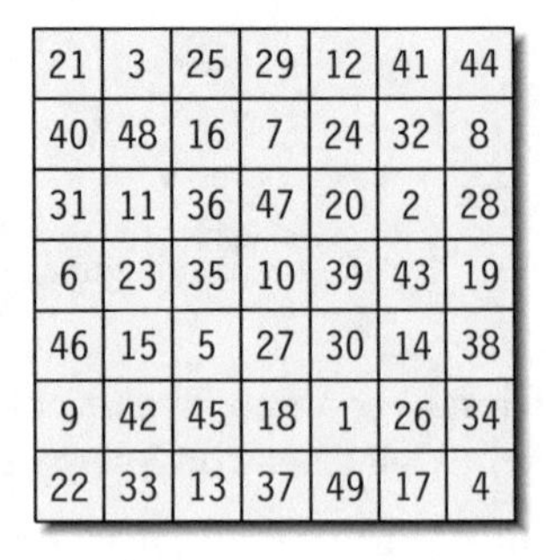

21	3	25	29	12	41	44
40	48	16	7	24	32	8
31	11	36	47	20	2	28
6	23	35	10	39	43	19
46	15	5	27	30	14	38
9	42	45	18	1	26	34
22	33	13	37	49	17	4

c) pandiagonales Quadrat

Abb. 4.5 Pandiagonales magisches Quadrat der Ordnung 7 (Bachet - Labosne)

---

[6] de la Hire [240]

4.1.2 Hudson

Ein sehr einfaches Verfahren stammt von Hudson.[7] Man füllt die obere Zeile eines Hilfsquadrates von links nach rechts mit den Zahlen von 1 bis n. Die darunterliegende Zeile erhält man, indem man die letzten beiden Zahlen an den Anfang der neuen Zeile setzt und die restlichen $n-2$ Zahlen dahinter platziert. Diese Schritte werden so lange ausgeführt, bis das Hilfsquadrat gefüllt ist.

Ein zweites Hilfsquadrat wird ähnlich gefüllt, nur dass die zwei Zahlen am Anfang einer Zeile entfernt und am Ende der Zeile wieder angefügt werden.

1	2	3	4	5	6	7
6	7	1	2	3	4	5
4	5	6	7	1	2	3
2	3	4	5	6	7	1
7	1	2	3	4	5	6
5	6	7	1	2	3	4
3	4	5	6	7	1	2

a) 1. Hilfsquadrat A

1	2	3	4	5	6	7
3	4	5	6	7	1	2
5	6	7	1	2	3	4
7	1	2	3	4	5	6
2	3	4	5	6	7	1
4	5	6	7	1	2	3
6	7	1	2	3	4	5

b) 2. Hilfsquadrat B

Abb. 4.6 Hilfsquadrate durch Verschieben von zwei Zahlen

Die Zahlen des ersten Hilfsquadrates A werden um 1 verkleinert und danach mit der Ordnung n des Zielquadrates multipliziert. Zu diesem Ergebnis wird die entsprechende Zahl aus dem zweiten Hilfsquadrat B addiert, und man erhält ein pandiagonales magisches Quadrat. Symbolhaft kann die Rechnung mit $n \cdot (A - 1) + B$ beschrieben werden, auch wenn dies mathematisch gesehen nicht ganz korrekt ist.

1	9	17	25	33	41	49
38	46	5	13	21	22	30
26	34	42	43	2	10	18
14	15	23	31	39	47	6
44	3	11	19	27	35	36
32	40	48	7	8	16	24
20	28	29	37	45	4	12

Abb. 4.7 Pandiagonales Quadrat der Ordnung $n = 7$ (Hudson)

[7] Hudson [274]

Das Verfahren ist auf alle ungeraden Ordnungen $n \neq 3k$ übertragbar, und in Abbildung 4.8 sind zwei weitere mit diesem Verfahren erzeugte pandiagonale Quadrate der Ordnungen $n = 5$ und $n = 11$ dargestellt.

1	7	13	19	25
18	24	5	6	12
10	11	17	23	4
22	3	9	15	16
14	20	21	2	8

1	13	25	37	49	61	73	85	97	109	121
102	114	5	17	29	41	53	65	77	78	90
82	94	106	118	9	21	33	34	46	58	70
62	74	86	98	110	111	2	14	26	38	50
42	54	66	67	79	91	103	115	6	18	30
22	23	35	47	59	71	83	95	107	119	10
112	3	15	27	39	51	63	75	87	99	100
92	104	116	7	19	31	43	55	56	68	80
72	84	96	108	120	11	12	24	36	48	60
52	64	76	88	89	101	113	4	16	28	40
32	44	45	57	69	81	93	105	117	8	20

Abb. 4.8 Pandiagonale Quadrate der Ordnungen $n = 5$ und $n = 11$ (Hudson)

Variante 1

In einer Variante dieses Verfahrens wird das Hilfsquadrat A genauso gebildet, das Hilfsquadrat B jedoch als transponiertes Quadrat von A erstellt.

1	2	3	4	5	6	7
6	7	1	2	3	4	5
4	5	6	7	1	2	3
2	3	4	5	6	7	1
7	1	2	3	4	5	6
5	6	7	1	2	3	4
3	4	5	6	7	1	2

a) 1. Hilfsquadrat A

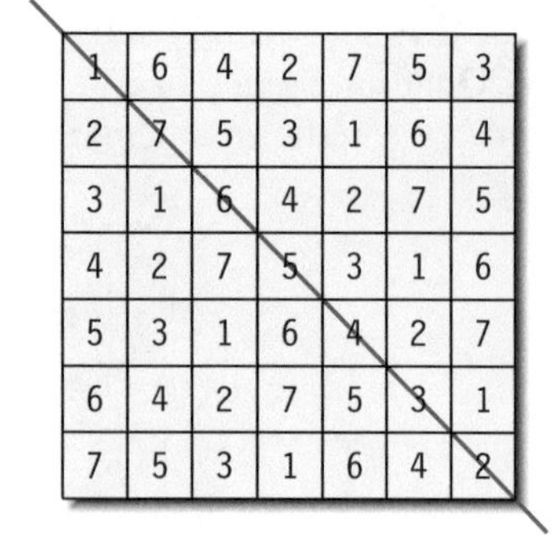

1	6	4	2	7	5	3
2	7	5	3	1	6	4
3	1	6	4	2	7	5
4	2	7	5	3	1	6
5	3	1	6	4	2	7
6	4	2	7	5	3	1
7	5	3	1	6	4	2

b) 2. Hilfsquadrat B

Abb. 4.9 Hilfsquadrat B als transponiertes Quadrat

Fügt man die beiden Hilfsquadrate wieder durch die Rechnung $n \cdot (A - 1) + B$ zusammen, ergibt sich auch mit dieser Variante wieder ein pandiagonales Quadrat.

1	13	18	23	35	40	45
37	49	5	10	15	27	32
24	29	41	46	2	14	19
11	16	28	33	38	43	6
47	3	8	20	25	30	42
34	39	44	7	12	17	22
21	26	31	36	48	4	9

Abb. 4.10 Pandiagonales Quadrat der Ordnung $n = 7$ (Hudson, Variante 1)

Variante 2

Mit einer weiteren Variante kann das Verfahren wesentlich flexibler gestaltet werden, was allerdings nicht von Hudson erwähnt wird. Die Ausgangszahlen in der oberen Zeile müssen nicht geordnet in aufsteigender Reihenfolge eingetragen werden, sondern können auch in beliebiger Reihenfolge auftreten. Dies gilt auch für das Hilfsquadrat B, bei dem die Zahlen unabhängig von den im Hilfsquadrat A gewählten Zahlen eingefügt werden können.

Abschließend werden aus den beiden Hilfsquadraten wieder mit $n \cdot (A - 1) + B$ die Zahlen des Zielquadrates aus Abbildung 4.11 berechnet.

7	2	5	3	6	1	4
1	4	7	2	5	3	6
3	6	1	4	7	2	5
2	5	3	6	1	4	7
4	7	2	5	3	6	1
6	1	4	7	2	5	3
5	3	6	1	4	7	2

a) 1. Hilfsquadrat A

1	6	5	3	4	7	2
5	3	4	7	2	1	6
4	7	2	1	6	5	3
2	1	6	5	3	4	7
6	5	3	4	7	2	1
3	4	7	2	1	6	5
7	2	1	6	5	3	4

b) 2. Hilfsquadrat B

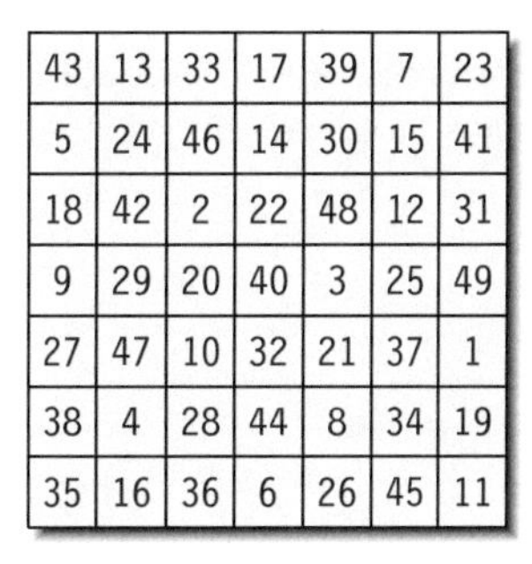

43	13	33	17	39	7	23
5	24	46	14	30	15	41
18	42	2	22	48	12	31
9	29	20	40	3	25	49
27	47	10	32	21	37	1
38	4	28	44	8	34	19
35	16	36	6	26	45	11

c) pandiagonales Quadrat

Abb. 4.11 Pandiagonales Quadrat der Ordnung $n = 7$ (Hudson, Variante 2)

4.1.3 Hudson (symmetrische Quadrate)

Durch eine kleinere Änderung der Ausgangszahlen lassen sich mit dem Verfahren von Hudson auch symmetrische pandiagonale Quadrate erzeugen. Dazu muss nur die Ordnung n an den Anfang der oberen Zeile geschrieben werden, gefolgt von den restlichen Zahlen von 1 bis $n-1$ in aufsteigender Reihenfolge. Die darunterliegenden Zeilen werden dann wie beim Originalverfahren von Hudson gebildet.

Auch die obere Zeile des zweiten Hilfsquadrates wird leicht abgeändert. Zuerst werden die Zahlen von 2 bis n in aufsteigender Reihenfolge eingetragen, bevor die Zahl 1 den Abschluss bildet. Diese Ausgangszeile wird wieder in die darunterliegenden Zeilen vervielfältigt.

Die Zahlen beider Hilfsquadrate werden abschließend mit $n \cdot (A-1) + B$ zusammengefügt, und es ergibt sich das symmetrische pandiagonale Quadrat aus Abbildung 4.12.

7	1	2	3	4	5	6
5	6	7	1	2	3	4
3	4	5	6	7	1	2
1	2	3	4	5	6	7
6	7	1	2	3	4	5
4	5	6	7	1	2	3
2	3	4	5	6	7	1

a) 1. Hilfsquadrat A

2	3	4	5	6	7	1
4	5	6	7	1	2	3
6	7	1	2	3	4	5
1	2	3	4	5	6	7
3	4	5	6	7	1	2
5	6	7	1	2	3	4
7	1	2	3	4	5	6

b) 2. Hilfsquadrat B

44	3	11	19	27	35	36
32	40	48	7	8	16	24
20	28	29	37	45	4	12
1	9	17	25	33	41	49
38	46	5	13	21	22	30
26	34	42	43	2	10	18
14	15	23	31	39	47	6

c) pandiagonales Quadrat

Abb. 4.12 Symmetrisches pandiagonales Quadrat der Ordnung $n = 7$ (Hudson)

Wie das andere Verfahren von Hudson ist auch die Konstruktion symmetrischer pandiagonaler Quadrate auf alle Ordnungen $n \neq 3k$ übertragbar. Abbildung 4.13 zeigt zwei weitere symmetrische pandiagonale Quadrate der Ordnungen $n = 5$ und $n = 11$.

22	3	9	15	16
14	20	21	2	8
1	7	13	19	25
18	24	5	6	12
10	11	17	23	4

112	3	15	27	39	51	63	75	87	99	100
92	104	116	7	19	31	43	55	56	68	80
72	84	96	108	120	11	12	24	36	48	60
52	64	76	88	89	101	113	4	16	28	40
32	44	45	57	69	81	93	105	117	8	20
1	13	25	37	49	61	73	85	97	109	121
102	114	5	17	29	41	53	65	77	78	90
82	94	106	118	9	21	33	34	46	58	70
62	74	86	98	110	111	2	14	26	38	50
42	54	66	67	79	91	103	115	6	18	30
22	23	35	47	59	71	83	95	107	119	10

Abb. 4.13 Symmetrische pandiagonale Quadrate der Ordnungen $n = 5$ und $n = 11$ (Hudson)

Variante 1

Auch für diese Konstruktion existiert eine Variante, die symmetrische pandiagonale Quadrate erzeugt. Dazu wird die Hilfsmatrix B wieder als transponiertes Quadrat vom Hilfsquadrat A gebildet. Das symmetrische pandiagonale Quadrat ergibt sich wieder aus den beiden Hilfsquadraten durch die Rechnung $n \cdot (A - 1) + B$.

7	1	2	3	4	5	6
5	6	7	1	2	3	4
3	4	5	6	7	1	2
1	2	3	4	5	6	7
6	7	1	2	3	4	5
4	5	6	7	1	2	3
2	3	4	5	6	7	1

a) 1. Hilfsquadrat A

7	5	3	1	6	4	2
1	6	4	2	7	5	3
2	7	5	3	1	6	4
3	1	6	4	2	7	5
4	2	7	5	3	1	6
5	3	1	6	4	2	7
6	4	2	7	5	3	1

b) 2. Hilfsquadrat B

49	5	10	15	27	32	37
29	41	46	2	14	19	24
16	28	33	38	43	6	11
3	8	20	25	30	42	47
39	44	7	12	17	22	34
26	31	36	48	4	9	21
13	18	23	35	40	45	1

c) pandiagonales Quadrat

Abb. 4.14 Symmetrisches pandiagonales Quadrat der Ordnung $n = 7$ (Hudson, Variante 1)

Variante 2

Die Konstruktion von symmetrischen pandiagonalen Quadraten kann noch wesentlich flexibler gestaltet werden. Die Ausgangszahlen in der oberen Zeile müssen nicht geordnet in aufsteigender Reihenfolge platziert werden, sondern es sind auch andere Anordnungen möglich.

Zunächst werden die beiden Zahlen n und 1 am linken Rand eingetragen. Weiterhin müssen die restlichen $n - 2$ Zahlen so angeordnet werden, dass die horizontal symmetrisch liegenden Zahlen addiert immer $n + 1$ ergeben. Da es sich um eine ungerade Anzahl von Zahlen handelt, muss sich die mittlere dieser Zahlen zudem in der Mitte befinden.

Im Beispiel für die Ordnung $n = 7$ werden die beiden Zahlen 7 und 1 am linken Rand eingetragen, sodass die Zahlen 2 bis 6 verbleiben. Die Zahl 4 wird also in die Mitte der noch verbleibenden fünf Zellen platziert, und von den Zahlenpaaren 6 und 2 sowie 3 und 5 umschlossen.

Das Hilfsquadrat B unterscheidet sich in der oberen Zeile nur dadurch, dass die beiden Zahlen n und 1 am linken Rand entfernt und am rechten Rand wieder eingefügt werden. Die darunterliegenden Zeilen werden dann bei beiden Hilfsquadraten wie beim Originalverfahren von Hudson gebildet.

Abschließend werden aus den beiden Hilfsquadraten wieder mit $n \cdot (A - 1) + B$ die Zahlen des Zielquadrates aus Abbildung 4.15 berechnet.

7	1	3	6	4	2	5
2	5	7	1	3	6	4
6	4	2	5	7	1	3
1	3	6	4	2	5	7
5	7	1	3	6	4	2
4	2	5	7	1	3	6
3	6	4	2	5	7	1

a) 1. Hilfsquadrat A

3	6	4	2	5	7	1
4	2	5	7	1	3	6
5	7	1	3	6	4	2
1	3	6	4	2	5	7
6	4	2	5	7	1	3
2	5	7	1	3	6	4
7	1	3	6	4	2	5

b) 2. Hilfsquadrat B

45	6	18	37	26	14	29
11	30	47	7	15	38	27
40	28	8	31	48	4	16
1	17	41	25	9	33	49
34	46	2	19	42	22	10
23	12	35	43	3	20	39
21	36	24	13	32	44	5

c) pandiagonales Quadrat

Abb. 4.15 Symmetrisches pandiagonales Quadrat der Ordnung $n = 7$ (Hudson, Variante 2)

4.1.4 Hendricks

Hendricks benutzt ein mathematisches Verfahren, um pandiagonale magische Quadrate zu erzeugen, deren ungerade Ordnung kein Vielfaches von 3 ist.[8] Dazu berechnet er aus den Koordinaten (s, z) einer Zelle mithilfe eines zusätzlichen Vektors die einzutragende Zahl, die im Zahlensystem zur Ordnung des Zielquadrates angegeben wird. Dabei ist d_2 stets die linke und d_1 die rechte Ziffer.

$$\begin{pmatrix} d_2 \\ d_1 \end{pmatrix} = \begin{pmatrix} z & s \\ s & z \end{pmatrix} \cdot \begin{pmatrix} a \\ b \end{pmatrix} = \begin{pmatrix} za + sb \\ sa + zb \end{pmatrix} \mod n$$

Soll beispielsweise für die Ordnung $n = 5$ mit dem Hilfsvektor $\begin{pmatrix} 1 \\ 2 \end{pmatrix}$ die Zahl für die Zelle $(3, 4)$ berechnet werden, ergibt sich der Vektor

$$\begin{pmatrix} d_2 \\ d_1 \end{pmatrix} = \begin{pmatrix} 4 & 3 \\ 3 & 4 \end{pmatrix} \cdot \begin{pmatrix} 1 \\ 2 \end{pmatrix} = \begin{pmatrix} 4 \cdot 1 + 3 \cdot 2 \\ 3 \cdot 1 + 4 \cdot 2 \end{pmatrix} = \begin{pmatrix} 10 \\ 11 \end{pmatrix} \equiv \begin{pmatrix} 0 \\ 1 \end{pmatrix}$$

der als Zahl 01 an der Position $(3, 4)$ in das Hilfsquadrat eingetragen wird.

4				01	
3					
2					
1					
0					
	0	1	2	3	4

43	14	30	01	22
31	02	23	44	10
24	40	11	32	03
12	33	04	20	41
00	21	42	13	34

Abb. 4.16 Ergebnisse der Berechnungen für d_2 und d_1

[8] Hendricks [227] S. 123 – 127 und Hendricks [197] S. 204 – 208

Anschließend werden diese Zahlen nur noch aus dem Zahlensystem zur Basis 5 in das Zehnersystem umgerechnet und alle Zahlen um 1 erhöht. Damit entsteht das pandiagonale magische Quadrat aus Abbildung 4.17.

43	14	30	01	22
31	02	23	44	10
24	40	11	32	03
12	33	04	20	41
00	21	42	13	34

a) Zahlensystem zur Basis 5

23	9	15	1	12
16	2	13	24	5
14	20	6	17	3
7	18	4	10	21
0	11	22	8	19

b) Zehnersystem

24	10	16	2	13
17	3	14	25	6
15	21	7	18	4
8	19	5	11	22
1	12	23	9	20

c) magisches Quadrat

Abb. 4.17 Pandiagonales magisches Quadrat der Ordnung $n = 5$ (Hendricks)

Ein weiteres pandiagonales magisches Quadrat erhält man, wenn man die Ziffern d_2 und d_1 vertauscht. Das sich hieraus ergebende Quadrat ist in Abbildung 4.18 dargestellt.

34	41	03	10	22
13	20	32	44	01
42	04	11	23	30
21	33	40	02	14
00	12	24	31	43

a) Zahlensystem zur Basis 5

19	21	3	5	12
8	10	17	24	1
22	4	6	13	15
11	18	20	2	9
0	7	14	16	23

b) Zehnersystem

20	22	4	6	13
9	11	18	25	2
23	5	7	14	16
12	19	21	3	10
1	8	15	17	24

c) magisches Quadrat

Abb. 4.18 Pandiagonales magisches Quadrat der Ordnung $n = 5$ (Hendricks, Beispiel 2)

Weitere pandiagonale magische Quadrate lassen sich mit veränderten Hilfsvektoren erzeugen. Diese können jedoch nicht beliebig gewählt werden, sondern die Komponenten a und b des Vektors $\begin{pmatrix} a \\ b \end{pmatrix}$ müssen folgende Bedingungen erfüllen:

- $a \neq b$
- $(a + b) \mod n = 3$
- $\text{ggt}\,(n - a, n) = 1$
- $\text{ggt}\,(n - b, n) = 1$
- $\text{ggt}\,(a - b, n) = 1$

Für die Ordnung $n = 5$ existiert mit $\begin{pmatrix} a \\ b \end{pmatrix} = \begin{pmatrix} 2 \\ 1 \end{pmatrix}$ nur noch ein weiterer Hilfsvektor. Dieser erzeugt allerdings das bereits im zweiten Beispiel erhaltene pandiagonale magische Quadrat.

Weitere Hilfsvektoren ergeben sich aber schon ab der Ordnung $n = 7$, wo vier Vektoren zur Auswahl stehen:

$$\begin{pmatrix} 1 \\ 2 \end{pmatrix} \quad \begin{pmatrix} 2 \\ 1 \end{pmatrix} \quad \begin{pmatrix} 4 \\ 6 \end{pmatrix} \quad \begin{pmatrix} 6 \\ 4 \end{pmatrix}$$

Mit dem Hilfsvektor $\begin{pmatrix} 4 \\ 6 \end{pmatrix}$ wird etwa das pandiagonale magische Quadrat aus Abbildung 4.19 erstellt.

31	25	12	06	63	50	44
62	56	43	30	24	11	05
23	10	04	61	55	42	36
54	41	35	22	16	03	60
15	02	66	53	40	34	21
46	33	20	14	01	65	52
00	64	51	45	32	26	13

a) Zahlensystem zur Basis 7

23	20	10	7	46	36	33
45	42	32	22	19	9	6
18	8	5	44	41	31	28
40	30	27	17	14	4	43
13	3	49	39	29	26	16
35	25	15	12	2	48	38
1	47	37	34	24	21	11

b) magisches Quadrat

Abb. 4.19 Pandiagonales magisches Quadrat der Ordnung $n = 7$ (Hendricks)

4.1.5 Cheng Pin

Cheng Pin erzeugt symmetrische und pandiagonale Quadrate ungerader Ordnung $n = 2m + 1$, wenn n kein Vielfaches von 3 ist.[9] Seine Methode arbeitet mit zwei Hilfsquadraten und füllt die mittlere Zeile des ersten Hilfsquadrates mit den aufsteigenden Zahlen von 1 bis n. Diese Zeile wird dann zyklisch gesehen jeweils um eine Zeile nach unten kopiert, wobei gleichzeitig die Zahlen immer um zwei Positionen nach rechts verschoben werden.

Beim zweiten Hilfsquadrat wird die obere Zeile mit den absteigenden Zahlen von n bis 1 gefüllt, wobei zuerst die ungeraden und danach die geraden Zahlen eingetragen werden. Auch diese Startzeile wird nach unten kopiert, doch dieses Mal werden die Zahlen bei jedem Schritt immer um m Positionen nach links verschoben.

[9] Chen Pin [437]

Abschließend werden die beiden Hilfsquadrate zu einem magischen Quadrat zusammengesetzt. Dazu multipliziert man die um 1 verminderte Zahl des ersten Hilfsquadrates mit der Ordnung n und addiert die entsprechende Zahl des zweiten Hilfsquadrates hinzu. Damit entsteht das symmetrische und pandiagonale Quadrat der Ordnung $n = 7$ aus Abbildung 4.20.

7	1	2	3	4	5	6
5	6	7	1	2	3	4
3	4	5	6	7	1	2
1	2	3	4	5	6	7
6	7	1	2	3	4	5
4	5	6	7	1	2	3
2	3	4	5	6	7	1

a) Hilfsquadrat 1

7	5	3	1	6	4	2
1	6	4	2	7	5	3
2	7	5	3	1	6	4
3	1	6	4	2	7	5
4	2	7	5	3	1	6
5	3	1	6	4	2	7
6	4	2	7	5	3	1

b) Hilfsquadrat 2

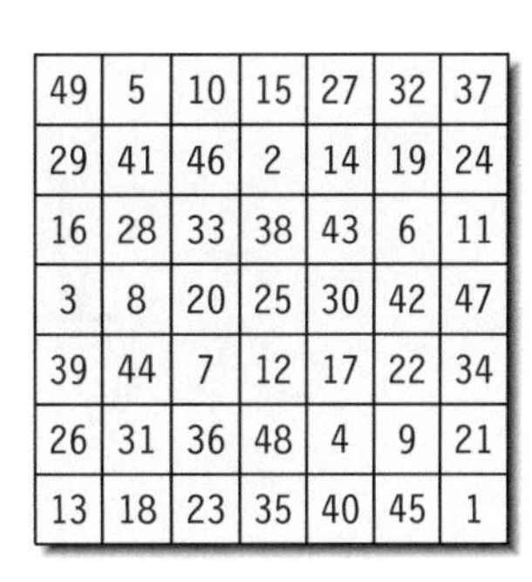

49	5	10	15	27	32	37
29	41	46	2	14	19	24
16	28	33	38	43	6	11
3	8	20	25	30	42	47
39	44	7	12	17	22	34
26	31	36	48	4	9	21
13	18	23	35	40	45	1

c) pandiagonales Quadrat

Abb. 4.20 Symmetrisches und pandiagonales Quadrat (Cheng Pin)

Das Verfahren soll noch an einer weiteren Ordnung demonstriert werden. Da die Ordnung $n = 9$ den Teiler 3 besitzt, ist dieses Verfahren für diese Ordnung nicht durchführbar. Die nächstgrößere Ordnung ist also $n = 11$, bei der die beiden Hilfsquadrate in Abbildung 4.21 dargestellt sind.

11	1	2	3	4	5	6	7	8	9	10
9	10	11	1	2	3	4	5	6	7	8
7	8	9	10	11	1	2	3	4	5	6
5	6	7	8	9	10	11	1	2	3	4
3	4	5	6	7	8	9	10	11	1	2
1	2	3	4	5	6	7	8	9	10	11
10	11	1	2	3	4	5	6	7	8	9
8	9	10	11	1	2	3	4	5	6	7
6	7	8	9	10	11	1	2	3	4	5
4	5	6	7	8	9	10	11	1	2	3
2	3	4	5	6	7	8	9	10	11	1

a) Hilfsquadrat 1

11	9	7	5	3	1	10	8	6	4	2
1	10	8	6	4	2	11	9	7	5	3
2	11	9	7	5	3	1	10	8	6	4
3	1	10	8	6	4	2	11	9	7	5
4	2	11	9	7	5	3	1	10	8	6
5	3	1	10	8	6	4	2	11	9	7
6	4	2	11	9	7	5	3	1	10	8
7	5	3	1	10	8	6	4	2	11	9
8	6	4	2	11	9	7	5	3	1	10
9	7	5	3	1	10	8	6	4	2	11
10	8	6	4	2	11	9	7	5	3	1

b) Hilfsquadrat 2

Abb. 4.21 Verschieben der Zeilen bei den Hilfsquadraten

Werden jetzt wieder die um 1 verminderten Zahlen des ersten Hilfsquadrates mit der Ordnung n multipliziert und die entsprechende Zahl des zweiten Hilfsquadrates hinzuaddiert, entsteht das symmetrische und pandiagonale Quadrat aus Abbildung 4.22.

121	9	18	27	36	45	65	74	83	92	101
89	109	118	6	15	24	44	53	62	71	80
68	88	97	106	115	3	12	32	41	50	59
47	56	76	85	94	103	112	11	20	29	38
26	35	55	64	73	82	91	100	120	8	17
5	14	23	43	52	61	70	79	99	108	117
105	114	2	22	31	40	49	58	67	87	96
84	93	102	111	10	19	28	37	46	66	75
63	72	81	90	110	119	7	16	25	34	54
42	51	60	69	78	98	107	116	4	13	33
21	30	39	48	57	77	86	95	104	113	1

Abb. 4.22 Symmetrisches und pandiagonales Quadrat der Ordnung $n = 11$ (Cheng Pin)

4.1.6 Liang Peiji – Zhang Hangfu – Zhang Xiafu

Ein numerisches Verfahren zur Konstruktion magischer Quadrate mit beliebiger ungerader Ordnung wird von Liang Peiji, Zhang Hangfu und Zhang Xiafu vorgestellt.[10] Sie berechnen aus der Position (s, z) des Quadrates die Zahl x, die dort eingetragen werden muss.

$$x = 2 \cdot (s + 1) - (n - z) - 1$$

Für ein Quadrat siebter Ordnung folgt damit für die linke untere Ecke $(0, 0)$

$$x = 2 \cdot (0 + 1) - (7 - 0) - 1 = 2 - 7 - 1 = -6 \equiv 1$$

und für die Zahl an der Position $(2, 4)$

$$x = 2 \cdot (2 + 1) - (7 - 4) - 1 = 6 - 3 - 1 = 2$$

Führt man diese Berechnung für alle Zellen durch, erhält man das erste Hilfsquadrat aus Abbildung 4.23a, bei dem es sich um ein diagonales lateinisches Quadrat handelt.

Dieses Quadrat wird nun an der vertikalen Mittellinie gespiegelt, und durch Überlagerung der beiden Hilfsquadrate entsteht das symmetrische pandiagonale Quadrat aus Abbildung 4.23c. Dazu werden die Zahlen des ersten Hilfsquadrates mit der Ordnung n multipliziert, die Zahlen des zweiten Hilfsquadrates hinzuaddiert und abschließend alle Zahlen noch inkrementiert.

[10] Liang Peiji, Zhang Hangfu und Zhang Xiafu [331]

0	2	4	6	1	3	5
6	1	3	5	0	2	4
5	0	2	4	6	1	3
4	6	1	3	5	0	2
3	5	0	2	4	6	1
2	4	6	1	3	5	0
1	3	5	0	2	4	6

a) 1. Hilfsquadrat

5	3	1	6	4	2	0
4	2	0	5	3	1	6
3	1	6	4	2	0	5
2	0	5	3	1	6	4
1	6	4	2	0	5	3
0	5	3	1	6	4	2
6	4	2	0	5	3	1

b) 2. Hilfsquadrat

6	18	30	49	12	24	36
47	10	22	41	4	16	35
39	2	21	33	45	8	27
31	43	13	25	37	7	19
23	42	5	17	29	48	11
15	34	46	9	28	40	3
14	26	38	1	20	32	44

c) magisches Quadrat

Abb. 4.23 Symmetrisches pandiagonales Quadrat der Ordnung $n = 7$

Bei genauer Betrachtung des magischen Quadrates fällt auf, dass die Struktur der Hilfsquadrate denen der Methode von de la Hire entspricht.[11] Das dort beschriebene Verfahren ist aber universeller und kann mehr als ein einziges symmetrisches pandiagonales Quadrat erzeugen. Beispielsweise werden bei der Ordnung $n = 7$ zunächst 2304 symmetrische pandiagonale Quadrate erzeugt, von denen allerdings nur 1152 wirklich unterschiedlich sind.

Dafür kann die hier beschriebene Methode auch magische Quadrate für Ordnungen erzeugen, die ein Vielfaches von 3 sind. Das erste Hilfsquadrat ist dann nur noch ein normales lateinisches Quadrat und die Überlagerung mit dem gespiegelten zweiten Hilfsquadrat erzeugt wieder das magische Zielquadrat. Dieses ist dann zwar nicht mehr pandiagonal, aber immer noch symmetrisch (siehe Abbildung 4.24).

0	2	4	6	8	1	3	5	7
8	1	3	5	7	0	2	4	6
7	0	2	4	6	8	1	3	5
6	8	1	3	5	7	0	2	4
5	7	0	2	4	6	8	1	3
4	6	8	1	3	5	7	0	2
3	5	7	0	2	4	6	8	1
2	4	6	8	1	3	5	7	0
1	3	5	7	0	2	4	6	8

a) 1. Hilfsquadrat

8	24	40	56	81	16	32	48	64
79	14	30	46	71	6	22	38	63
69	4	20	45	61	77	12	28	53
59	75	10	35	51	67	2	27	43
49	65	9	25	41	57	73	17	33
39	55	80	15	31	47	72	7	23
29	54	70	5	21	37	62	78	13
19	44	60	76	11	36	52	68	3
18	34	50	66	1	26	42	58	74

b) magisches Quadrat

Abb. 4.24 Symmetrisches magisches Quadrat der Ordnung $n = 9$

[11] de la Hire [240]

4.1.7 Xu Zhihui

Das Verfahren von Xu Zhihui erzeugt pandiagonale magische Quadrate ungerader Ordnung $n = 2m+1$, wenn die Ordnung n kein Vielfaches von 3 ist.[12] Von einem Quadrat in natürlicher Anordnung ausgehend, werden zunächst die in der linken Spalte beginnenden und nach rechts unten gerichteten gebrochenen Diagonalen von oben nach unten in die Zeilen des Zielquadrates abgebildet.

1	2	3	4	5
6	7	8	9	10
11	12	13	14	15
16	17	18	19	20
21	22	23	24	25

1	7	13	19	25
6	12	18	24	5
11	17	23	4	10
16	22	3	9	15
21	2	8	14	20

Abb. 4.25 Transformation der Diagonalen in Zeilen (Schritt 1)

Danach werden ab der zweiten Zeile von oben alle Zahlen in den Zeilen zyklisch nach links verschoben. Man beginnt mit einer Verschiebung von einer Position, bei der nächsten Zeile um zwei Positionen usw. Damit gelangen alle Zahlen der Nebendiagonalen in die linke Spalte des Zielquadrates.

1	7	13	19	25
6	12	18	24	5
11	17	23	4	10
16	22	3	9	15
21	2	8	14	20

1	7	13	19	25
12	18	24	5	6
23	4	10	11	17
9	15	16	22	3
20	21	2	8	14

Abb. 4.26 Verschieben der Zahlen in den Zeilen (Schritt 2)

Abschließend werden die in der oberen Zeile beginnenden und nach rechts unten gerichteten Diagonalen von links nach rechts in die Spalten abgebildet. Damit ergibt sich das pandiagonale magische Quadrat der Ordnung $n = 5$ aus Abbildung 4.27.

1	7	13	19	25
12	18	24	5	6
23	4	10	11	17
9	15	16	22	3
20	21	2	8	14

1	7	13	19	25
18	24	5	6	12
10	11	17	23	4
22	3	9	15	16
14	20	21	2	8

Abb. 4.27 Pandiagonales magisches Quadrat der Ordnung 5 (Xu Zhihui)

[12] Xu Zhihui [609]

In folgendem Beispiel wird diese Konstruktion noch einmal für die Ordnung $n = 7$ demonstriert. Im ersten Schritt werden wieder die in der linken Spalte beginnenden gebrochenen Diagonalen von oben nach unten in die Zeilen des Zielquadrates abgebildet, die anschließend verschoben werden.

1	2	3	4	5	6	7
8	9	10	11	12	13	14
15	16	17	18	19	20	21
22	23	24	25	26	27	28
29	30	31	32	33	34	35
36	37	38	39	40	41	42
43	44	45	46	47	48	49

1	9	17	25	33	41	49
8	16	24	32	40	48	7
15	23	31	39	47	6	14
22	30	38	46	5	13	21
29	37	45	4	12	20	28
36	44	3	11	19	27	35
43	2	10	18	26	34	42

Abb. 4.28 Transformation der Diagonalen in Zeilen (Schritt 1)

1	9	17	25	33	41	49
8	16	24	32	40	48	7
15	23	31	39	47	6	14
22	30	38	46	5	13	21
29	37	45	4	12	20	28
36	44	3	11	19	27	35
43	2	10	18	26	34	42

1	9	17	25	33	41	49
16	24	32	40	48	7	8
31	39	47	6	14	15	23
46	5	13	21	22	30	38
12	20	28	29	37	45	4
27	35	36	44	3	11	19
42	43	2	10	18	26	34

Abb. 4.29 Verschieben der Zahlen in den Zeilen (Schritt 2)

Im letzten Schritt werden die in der oberen Zeile beginnenden gebrochenen Diagonalen auf die Spalten abgebildet und es entsteht das gewünschte pandiagonale magische Quadrat aus Abbildung 4.30.

1	9	17	25	33	41	49
16	24	32	40	48	7	8
31	39	47	6	14	15	23
46	5	13	21	22	30	38
12	20	28	29	37	45	4
27	35	36	44	3	11	19
42	43	2	10	18	26	34

1	9	17	25	33	41	49
24	32	40	48	7	8	16
47	6	14	15	23	31	39
21	22	30	38	46	5	13
37	45	4	12	20	28	29
11	19	27	35	36	44	3
34	42	43	2	10	18	26

Abb. 4.30 Pandiagonales magisches Quadrat der Ordnung $n = 7$ (Xu Zhihui)

4.1.8 Zhao Li-hua

Zhao Li-hua erzeugt symmetrische Quadrate ungerader Ordnung $n = 2m + 1$, indem er aus der Zeilen- und der Spaltennummer einer Zelle die dort einzutragende Zahl berechnet.[13] Wenn 3 kein Teiler der Ordnung n ist, sind diese Quadrate sogar pandiagonal. Dazu benutzt er zwei Hilfsquadrate, deren Zahlen mit unterschiedlichen Formeln berechnet werden. Wie üblich gilt dabei $0 \leq z, s < n$.

Hilfsquadrat A	$q1(s, z) = (z + 1 + 2s)$	mod n
Hilfsquadrat B	$q2(s, z) = (-z + 2s)$	mod n

Da der Ursprung des Koordinatensystems $(0, 0)$ in der linken unteren Ecke liegt, ergeben sich beispielsweise für die Zellen $(s, z) = (2, 5)$ und $(s, z) = (5, 1)$ für die Ordnung $n = 7$ die Zahlen

$$q_1(2, 5) = 5 + 1 + 4 = 10 \equiv 3 \qquad q_1(5, 1) = 1 + 1 + 10 = 12 \equiv 5$$
$$q_2(2, 5) = -5 + 4 = -1 \equiv 6 \qquad q_2(5, 1) = -1 + 10 = 9 \equiv 2$$

Berechnet man nun die Zahlen für alle Zellen der beiden Hilfsquadrate A und B und überlagert A und B mit der Rechnung

$$n \cdot A + B + 1$$

erhält man das symmetrische und pandiagonale Quadrat aus Abbildung 4.31.

0	2	4	6	1	3	5
6	1	3	5	0	2	4
5	0	2	4	6	1	3
4	6	1	3	5	0	2
3	5	0	2	4	6	1
2	4	6	1	3	5	0
1	3	5	0	2	4	6

a) Hilfsquadrat A

1	3	5	0	2	4	6
2	4	6	1	3	5	0
3	5	0	2	4	6	1
4	6	1	3	5	0	2
5	0	2	4	6	1	3
6	1	3	5	0	2	4
0	2	4	6	1	3	5

b) Hilfsquadrat B

2	18	34	43	10	26	42
45	12	28	37	4	20	29
39	6	15	31	47	14	23
33	49	9	25	41	1	17
27	36	3	19	35	44	11
21	30	46	13	22	38	5
8	24	40	7	16	32	48

c) pandiagonales Quadrat

Abb. 4.31 Symmetrisches und pandiagonales Quadrat der Ordnung $n = 7$ (Zhao)

Dieses Verfahren erzeugt für alle ungeraden Ordnungen ein magisches Quadrat, das aber nur unter der zusätzlichen Bedingung pandiagonal wird. Für die Ordnung $n = 9$ ergeben sich beispielsweise die Hilfsquadrate aus Abbildung 4.32.

[13] Zhao Li-hua [618]

0	2	4	6	8	1	3	5	7
8	1	3	5	7	0	2	4	6
7	0	2	4	6	8	1	3	5
6	8	1	3	5	7	0	2	4
5	7	0	2	4	6	8	1	3
4	6	8	1	3	5	7	0	2
3	5	7	0	2	4	6	8	1
2	4	6	8	1	3	5	7	0
1	3	5	7	0	2	4	6	8

a) Hilfsquadrat 1

1	3	5	7	0	2	4	6	8
2	4	6	8	1	3	5	7	0
3	5	7	0	2	4	6	8	1
4	6	8	1	3	5	7	0	2
5	7	0	2	4	6	8	1	3
6	8	1	3	5	7	0	2	4
7	0	2	4	6	8	1	3	5
8	1	3	5	7	0	2	4	6
0	2	4	6	8	1	3	5	7

b) Hilfsquadrat 2

Abb. 4.32 Hilfsquadrate für die Ordnung $n = 7$

Überlagert man diese beiden Hilfsquadrate, entsteht das symmetrische Quadrat aus Abbildung 4.33, welches aber nicht mehr pandiagonal ist. Wie bei allen magischen Quadraten, die mit diesem Verfahren erzeugt werden, sind diese nicht mehr wie im ersten Beispiel pandiagonal, wenn 3 ein Teiler der Ordnung n ist.

2	22	42	62	73	12	32	52	72
75	14	34	54	65	4	24	44	55
67	6	26	37	57	77	16	36	47
59	79	18	29	49	69	8	19	39
51	71	1	21	41	61	81	11	31
43	63	74	13	33	53	64	3	23
35	46	66	5	25	45	56	76	15
27	38	58	78	17	28	48	68	7
10	30	50	70	9	20	40	60	80

Abb. 4.33 Symmetrisches magisches Quadrat der Ordnung $n = 9$ (Zhao)

4.1.9 Wang Huifeng

Wang Huifeng hat ein Verfahren zur Erzeugung pandiagonaler magischer Quadrate ungerader Ordnung $n = 2m + 1$ vorgestellt, wobei n kein Vielfaches von 3 sein darf.[14]

[14] Wang Huifeng [590]

Die Zahlen in den Zellen des Quadrates werden direkt berechnet, wozu zwei Arrays benötigt werden, die jeweils n Zahlen beinhalten. Das erste Array c enthält die Zahlen $0, 1, \ldots, n-1$, das zweite Array d dagegen die Zahlen $1, 2, \ldots, n$. Mit z und s für die Zeilen- bzw. Spaltennummer einer Zelle lautet die Formel für die Berechnung der Zelleninhalte

$$n \cdot c(s) + d(i) \qquad \text{mit} \qquad i = n - z + m + s \mod n$$

Die Reihenfolge der Zahlen in den beiden Arrays c und d kann mit jeweils einer Ausnahme beliebig gewählt werden. Diese beiden Ausnahmen ergeben sich aus der Bedingung, dass sich in der Mitte der oberen Zeile eines zunächst zu füllenden Hilfsquadrates A die Zahl $m \cdot n + 1$ befinden muss. Für die Ordnung $n = 2m + 1 = 7$ ist $m = 3$, und damit folgt für die mittlere Position der oberen Zeile mit der Zeilennummer $n - 1 = 6$

$$A(3, 6) = m \cdot n + 1 = 3 \cdot 7 + 1 = 21 + 1 = 22$$

Mit diesem Ergebnis ist aber bereits $c(3) = 3$ festgelegt. Ebenso gilt mit

$$i = n - z + m + s = n - (n-1) + m + m = 2m + 1 = 0$$

dass die erste Zahl im Array d immer gleich 1 sein muss: $d(0) = 1$. Die restlichen Zahlen in den beiden Arrays können dagegen beliebig gewählt werden.

Index	0	1	2	3	4	5	6
c	0	1	2	3	6	5	4
d	1	7	6	5	4	3	2

Tab. 4.1 Beispielhafte Belegung der Arrays c und d

Mit der Belegung aus Tabelle 4.1 ergibt sich zunächst das Hilfsquadrat aus Abbildung 4.34a. Dieses Hilfsquadrat kann pandiagonal gemacht werden, indem die Zeilen zyklisch nach rechts verschoben werden. Bezeichnet man mit z die aktuelle Zeile, die wie immer von unten nach oben mit $0, 1, \ldots, n-1$ gekennzeichnet ist, berechnet sich mit

$$v = m \cdot (z - m) \mod n$$

die für jede Zeile unterschiedliche Verschiebungszahl v. Für die mittlere Zeile m ergibt sich dabei die Verschiebungszahl

$$v = m \cdot (m - m) = 0$$

sodass die Zahlen dieser Zeile nicht verschoben, sondern direkt übernommen werden. Mit diesen Verschiebungen ergibt sich das pandiagonale magische Quadrat aus Abbildung 4.34b.

4	10	16	22	49	41	33
3	9	15	28	48	40	32
2	8	21	27	47	39	31
1	14	20	26	46	38	30
7	13	19	25	45	37	29
6	12	18	24	44	36	35
5	11	17	23	43	42	34

a) Hilfsquadrat A

41	33	4	10	16	22	49
9	15	28	48	40	32	3
47	39	31	2	8	21	27
1	14	20	26	46	38	30
25	45	37	29	7	13	19
35	6	12	18	24	44	36
17	23	43	42	34	5	11

b) magisches Quadrat

Abb. 4.34 Pandiagonales magisches Quadrat der Ordnung $n = 7$ (Wang Huifeng)

Dieses Verfahren soll noch einmal an einem Beispiel der Ordnung $n = 2m + 1 = 11$ demonstriert werden. Hier gilt $m = 5$ und mit

$$A(5, 10) = m \cdot n + 1 = 3 = 5 \cdot 11 + 1 = 55 + 1 = 56$$

ist $c(5) = 5$ wegen $d(0) = 1$ festgelegt.

Index	0	1	2	3	4	5	6	7	8	9	10
c	7	8	10	1	0	5	3	9	4	6	2
d	1	11	2	4	6	7	8	10	9	3	5

Tab. 4.2 Beispielhafte Belegung der Arrays c und d

Mit der Belegung der Arrays aus Tabelle 4.2 ergibt sich zunächst das Hilfsquadrat A.

85	98	119	14	5	56	44	101	48	72	29
87	97	113	16	1	66	35	103	50	73	30
86	91	115	12	11	57	37	105	51	74	32
80	93	111	22	2	59	39	106	52	76	31
82	89	121	13	4	61	40	107	54	75	25
78	99	112	15	6	62	41	109	53	69	27
88	90	114	17	7	63	43	108	47	71	23
79	92	116	18	8	65	42	102	49	67	33
81	94	117	19	10	64	36	104	45	77	24
83	95	118	21	9	58	38	100	55	68	26
84	96	120	20	3	60	34	110	46	70	28

Abb. 4.35 Hilfsquadrat A

Verschiebt man jetzt noch alle Zeilen mit der Zeilennummer z zyklisch um

$$v = m \cdot (z - m) \mod n$$

Positionen nach rechts, erhält man das pandiagonale magische Quadrat aus Abbildung 4.36.

48	72	29	85	98	119	14	5	56	44	101
113	16	1	66	35	103	50	73	30	87	97
105	51	74	32	86	91	115	12	11	57	37
93	111	22	2	59	39	106	52	76	31	80
40	107	54	75	25	82	89	121	13	4	61
78	99	112	15	6	62	41	109	53	69	27
63	43	108	47	71	23	88	90	114	17	7
33	79	92	116	18	8	65	42	102	49	67
10	64	36	104	45	77	24	81	94	117	19
68	26	83	95	118	21	9	58	38	100	55
20	3	60	34	110	46	70	28	84	96	120

Abb. 4.36 Pandiagonales magisches Quadrat der Ordnung $n = 11$ (Wang Huifeng)

4.1.10 Constantin

Constantin arbeitet mit parallelen Geraden $y = m \cdot x + k$, deren Punkte (x, y) Zellen in einem Koordinatensystem mit dem Ursprung in der linken unteren Ecke sind.[15] Für die Ordnung $n = 5$ befinden sich in den Zellen mit der x-Koordinate $x = 0$ die Zahlen a, b, c, d, e, die in beliebiger Reihenfolge die Werte $0, 1, 2, 3, 4$ annehmen können. Für die Steigung $m = 2$ sind die n parallelen Geraden $y = 2x + k$ für $x \in \{0, 1, \ldots, n-1\}$ und $k \in \{a, b, c, d, e\}$ in Abbildung 4.37 dargestellt.

Man erkennt, dass durch die Steigung $m = 2$ die Zahlen a in die Zeilen 0, 2, 4, 6, und 8 platziert werden. Durch die Kongruenzrechnung modulo 5 lauten die zugeordneten Zeilennummern 0, 2, 4, 1 und 3, sodass sie in unterschiedlichen Zeilen des Quadrates auftreten.

Darüber folgen dann zyklisch gesehen immer die anderen Zahlen b, c, d und e. Damit ist sichergestellt, dass jede Zahl genau einmal in jeder Zeile und jeder Spalte des Quadrates auftritt und es sich damit um ein lateinisches Quadrat handelt.

[15] Constantin [113] und Constantin [114]

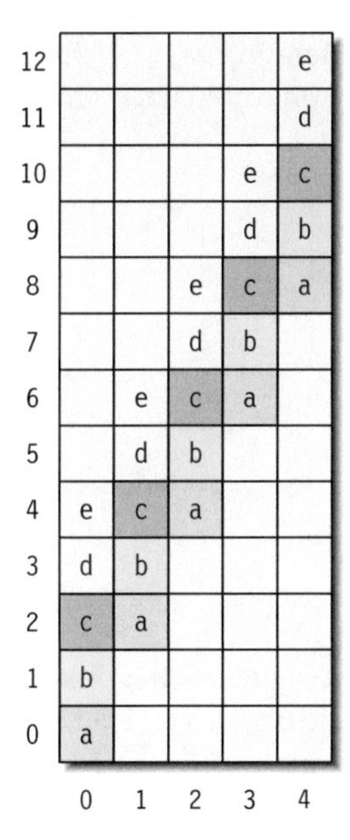

e	c	a	d	b
d	b	e	c	a
c	a	d	b	e
b	e	c	a	d
a	d	b	e	c

Abb. 4.37 Parallele Geraden $y = 2x + k$

Sei eine Steigung $m = m_1$ nicht invertierbar, gilt also beispielsweise bei der Ordnung 9 für die Steigung $m_1 = 3$, folgt $\text{ggt}(9, 3) = 3$. Damit liefert die Berechnung der Zeilen für a die Werte $0, 3, 6, 0, 3, \ldots$ und das Quadrat kann nicht vollständig gefüllt werden.

Jetzt müssen nur noch die Diagonalen betrachtet werden. Constantin hat nachgewiesen, dass alle von oben nach rechts unten verlaufenden gebrochenen Diagonalen mit den Ausgangszahlen der linken Spalte gefüllt werden, wenn die Steigungen $m_1 \pm 1$ invertierbar sind, also $\text{ggt}(n, m_1 \pm 1) = 1$ gilt.

Dies erkennt man am Beispiel der Steigungen $m_1 = 2$ und $m_1 + 1 = 3$ in Abbildung 4.38 deutlich. Da die Steigungen $m_1 \pm 1$ invertierbar sein sollen, treten die n Zahlen bei der Ordnung 5 in allen Zeilen und Spalten des zugehörigen Quadrates auf. Die Reihenfolge dieser Zahlen entspricht genau der auf den absteigenden Diagonalen im Quadrat mit der Steigung $m_1 = 2$.

e	c	a	d	b
d	b	e	c	a
c	a	d	b	e
b	e	c	a	d
a	d	b	e	c

a) Steigung $m_1 = 2$

e	b	d	a	c
d	a	c	e	b
c	e	b	d	a
b	d	a	c	e
a	c	e	b	d

b) Steigung $m_1 + 1 = 3$

Abb. 4.38 Pandiagonale Eigenschaft für die Steigungen $m_1 = 2$ und $m_1 + 1 = 3$

Diese Überlegungen lassen sich auch auf die Steigung $m_1 - 1$ übertragen. Auch hier finden sich die Zahlen aus den Zeilen auf den von unten nach rechts oben aufsteigenden Diagonalen wieder.

e	c	a	d	b
d	b	e	c	a
c	a	d	b	e
b	e	c	a	d
a	d	b	e	c

a) Steigung $m_1 = 2$

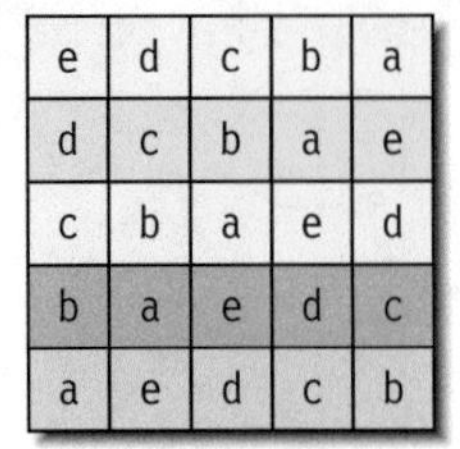

b) Steigung $m_1 - 1 = 1$

Abb. 4.39 Pandiagonale Eigenschaft für die Steigung $m_1 = 2$ und $m_1 - 1 = 1$

Mit diesen beiden Bedingungen ist das Quadrat sogar ein diagonales lateinisches Quadrat. Mit einer zweiten Steigung m_2, die auch die bisherigen drei Bedingungen erfüllt, kann ein zweites diagonales lateinisches Quadrat erstellt werden. Für die Ordnung 5 ist mit $m_1 = 2$ allerdings nur die Steigung $m_2 = 3$ geeignet.

Um aus diesen beiden Hilfsquadraten ein magisches Quadrat erzeugen zu können, müssen sie orthogonal sein. Dies wird durch die zusätzliche Bedingung erfüllt, dass die Differenz $m_1 - m_2$ invertierbar ist, also $\text{ggt}\,(n, m_1 - m_2) = 1$ gilt.

Sonst käme es beispielsweise mit den Steigungen $m_1 = 7$ und $m_2 = 2$ bei der Ordnung $n = 25$ zu Überschneidungen, obwohl sowohl m_1 als auch m_2 die bisher aufgeführten Bedingungen erfüllen. Doch die mit m_1 und m_2 berechneten Punkte sind teilweise gleich, sodass die beiden mit diesen Steigungen gebildeten Quadrate bei der Ordnung 25 nicht orthogonal sein können.

$m_1 = 7$	(0/0)	(1/7)	(2/14)	(3/21)	(4/3)	(5/10)	(6/17)	...
$m_2 = 2$	(0/0)	(1/2)	(2/4)	(3/6)	(4/8)	(5/10)	(6/12)	...

Zusammengefasst gilt: Die beiden Hilfsquadrate A und B, die durch parallele Geraden mit den Steigungen m_1 und m_2 entstehen, sind orthogonale diagonale lateinische Quadrate, wenn folgende Bedingungen erfüllt sind:

- m_1 und m_2 sind invertierbar, es gilt also $\text{ggt}\,(n, m_1) = \text{ggt}\,(n, m_2) = 1$.
- $m_1 - m_2$ ist invertierbar.
- $m_1 \pm 1$ und $m_2 \pm 1$ sind invertierbar.

Diese Bedingungen sind für Ordnungen, die durch 3 teilbar sind, grundsätzlich nicht zu erfüllen, da von den drei Zahlen $m - 1$, m und $m + 1$ eine nicht invertierbar sein kann, da sie durch 3 teilbar ist.

Für die Ordnung $n = 5$ gibt es mit den Steigungen 2 und 3 oder umgekehrt nur zwei Paare für die Steigungen. Mit der Rechnung

$$5 \cdot A + B + 1$$

erhält man aus den beiden Hilfsquadraten A und B das pandiagonale Quadrat aus Abbildung 4.40.

2	0	4	3	1
3	1	2	0	4
0	4	3	1	2
1	2	0	4	3
4	3	1	2	0

a) A: Steigung $m_1 = 2$

3	4	2	0	1
2	0	1	3	4
1	3	4	2	0
4	2	0	1	3
0	1	3	4	2

b) B: Steigung $m_1 = 3$

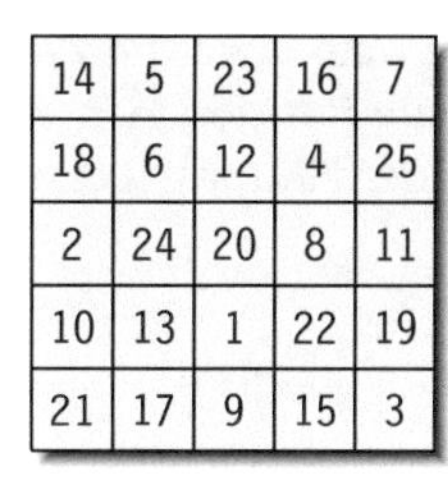

14	5	23	16	7
18	6	12	4	25
2	24	20	8	11
10	13	1	22	19
21	17	9	15	3

c) pandiagonal

Abb. 4.40 Pandiagonales Quadrat der Ordnung $n = 5$ (Constantin)

Für die Ordnung $n = 7$ existieren bereits zwölf Paare von Steigungen.

m_1	m_2	m_1	m_2	m_1	m_2
2	3	2	4	2	5
3	2	3	4	3	5
4	2	4	3	4	5
5	2	5	3	5	4

Mit den Steigungen $m_1 = 4$ und $m_2 = 2$ ergibt sich mit der Rechnung $7 \cdot A + B + 1$ das pandiagonale Quadrat aus Abbildung 4.41.

4	0	6	5	3	2	1
6	5	3	2	1	4	0
3	2	1	4	0	6	5
1	4	0	6	5	3	2
0	6	5	3	2	1	4
5	3	2	1	4	0	6
2	1	4	0	6	5	3

a) A: Steigung $m_1 = 4$

6	1	0	3	4	5	2
4	5	2	6	1	0	3
1	0	3	4	5	2	6
5	2	6	1	0	3	4
0	3	4	5	2	6	1
2	6	1	0	3	4	5
3	4	5	2	6	1	0

b) B: Steigung $m_2 = 2$

35	2	43	39	26	20	10
47	41	24	21	9	29	4
23	15	11	33	6	45	42
13	31	7	44	36	25	19
1	46	40	27	17	14	30
38	28	16	8	32	5	48
18	12	34	3	49	37	22

c) pandiagonal

Abb. 4.41 Pandiagonales Quadrat der Ordnung $n = 7$ (Constantin)

Symmetrische pandiagonale Quadrate

Dieses Verfahren lässt sich leicht so erweitern, dass symmetrische pandiagonale Quadrate entstehen. Dazu dürfen die Ausgangszahlen am linken Rand nicht mehr beliebig gewählt werden, sondern so, dass die Zahlen auf den Hauptdiagonalen der beiden Hilfsquadrate symmetrisch zu $n-1$ sind und sich im Zentrum jeweils die Zahl $\frac{n-1}{2}$ befindet.

Wählt man etwa die Zahlen auf der Hauptdiagonalen wie in Abbildung 4.42, erhält man die Positionen z_l dieser Zahlen in der linken Spalte, indem man von der Zelle (s, z) der Hauptdiagonalen s mal den Steigungsschritt rückgängig macht.

Mit der Steigung $m_1 = 2$ folgt für die Zahlen 3 und 6 der Hauptdiagonalen etwa

$$z_l(3) = 3 - 2 \cdot 3 = -3 \equiv 4 \qquad z_l(6) = 5 - 2 \cdot 5 = -5 \equiv= 2$$

						2
					6	
				1		
			3			
		5				
	0					
4						

0						2
5					6	
3				1		
1			3			
6		5				
2	0					
4						

Abb. 4.42 Anordnung der Zahlen auf der Hauptdiagonalen und in der linken Spalte

Wenn alle Zahlen der beiden linken Spalten für die Steigungen m_1 und m_2 berechnet worden sind, kann das vollständige symmetrische pandiagonale Quadrat wie im letzten Abschnitt konstruiert werden.

0	3	6	4	5	1	2
5	1	2	0	3	6	4
3	6	4	5	1	2	0
1	2	0	3	6	4	5
6	4	5	1	2	0	3
2	0	3	6	4	5	1
4	5	1	2	0	3	6

a) Steigung $m_1 = 2$

5	6	0	1	4	3	2
1	4	3	2	5	6	0
2	5	6	0	1	4	3
0	1	4	3	2	5	6
3	2	5	6	0	1	4
6	0	1	4	3	2	5
4	3	2	5	6	0	1

b) Steigung $m_2 = 5$

6	28	43	30	40	11	17
37	12	18	3	27	49	29
24	48	35	36	9	19	4
8	16	5	25	45	34	42
46	31	41	14	15	2	26
21	1	23	47	32	38	13
33	39	10	20	7	22	44

c) symmtisch/pandiagonal

Abb. 4.43 Symmetrisches pandiagonales Quadrat (Constantin)

4.2 Ungerade Ordnungen n = 3k

4.2.1 Margossian

Margossian hat ein Verfahren zur Erzeugung pandiagonaler magischer Quadrate mit ungerader Ordnung $n = 6k + 3$ $(k \geq 1)$, also den Ordnungen $9, 15, 21, \ldots$, vorgestellt.[16] Dabei geht er von einem Quadrat aus, dass ähnlich wie ein Euler-Quadrat mit den Parametern $(13, 31)$ erzeugt wird. Von der linken unteren Ecke ausgehend wachsen in x-Richtung die Ziffern zur Basis n jeweils um den Wert 1, die Einerziffer dagegen um 3. In y-Richtung beträgt der Zuwachs umgekehrt 3 und 1.

In Abbildung 4.44 ist das zugehörige Quadrat für die Ordnung $n = 9$ und dem Startpunkt $(3, 3)$ in der Zahlensystem-Darstellung angegeben. Natürlich kann es kein Euler-Quadrat sein, da zwei der Parameter nicht teilerfremd zur Ordnung des Quadrates sind.

35	48	52	65	78	82	05	18	22
04	17	21	34	47	51	64	77	81
63	76	80	03	16	20	33	46	50
32	45	58	62	75	88	02	15	28
01	14	27	31	44	57	61	74	87
60	73	86	00	13	26	30	43	56
38	42	55	68	72	85	08	12	25
07	11	24	37	41	54	67	71	84
66	70	83	06	10	23	36	40	53

Abb. 4.44 Ausgangsquadrat $(13, 31)$ von Margossian im Neunersystem

Isoliert man die einzelnen Ziffern der eingetragenen Zahlen und stellt sie getrennt dar, erkennt man deutlich, dass bei den Ziffern mit dem Stellenwert 9 jede Zeile alle Ziffern von 0 bis 8 enthält. Die Spalten bestehen allerdings jeweils aus Dreiergruppen von Ziffern, wobei $\text{ggt}(3, 9) = 3$ als Ursache auszumachen ist.[17]

Ähnlich sieht das Bild bei den Einerziffern aus. Dort ist die Verteilung der Ziffern auf die Spalten zufriedenstellend, aber der gemeinsame Teiler 3 sorgt dafür, dass in jeder Zeile nur drei unterschiedliche Ziffern auftreten. Damit kann dieses Quadrat ohne weitere Modifikationen nicht zu einem magischen Quadrat umgewandelt werden.

[16] Margossian [369] S. 35 ff., siehe auch Ball [36] S. 208 – 210

[17] de la Hire [239]

3	4	5	6	7	8	0	1	2
0	1	2	3	4	5	6	7	8
6	7	8	0	1	2	3	4	5
3	4	5	6	7	8	0	1	2
0	1	2	3	4	5	6	7	8
6	7	8	0	1	2	3	4	5
3	4	5	6	7	8	0	1	2
0	1	2	3	4	5	6	7	8
6	7	8	0	1	2	3	4	5

a) Ziffern mit dem Stellenwert 9

5	8	2	5	8	2	5	8	2
4	7	1	4	7	1	4	7	1
3	6	0	3	6	0	3	6	0
2	5	8	2	5	8	2	5	8
1	4	7	1	4	7	1	4	7
0	3	6	0	3	6	0	3	6
8	2	5	8	2	5	8	2	5
7	1	4	7	1	4	7	1	4
6	0	3	6	0	3	6	0	3

b) Einerziffern

Abb. 4.45 Aufteilung in die beiden Ziffern

Wandelt man allerdings die um 1 erhöhten Zahlen dieses Quadrates in das Dezimalsystem um und betrachtet in Abbildung 4.46 die sich ergebenden Summen, so fallen doch schon etliche magische Eigenschaften auf. Das Quadrat ist nicht nur symmetrisch aufgebaut, sondern jeweils drei Zeilen- und Spaltensummen sowie beide Diagonalen ergeben bereits die magische Summe 369. Weiterhin zeigen die Abweichungen der anderen Summen auffällige symmetrische Abweichungen nach oben und unten.

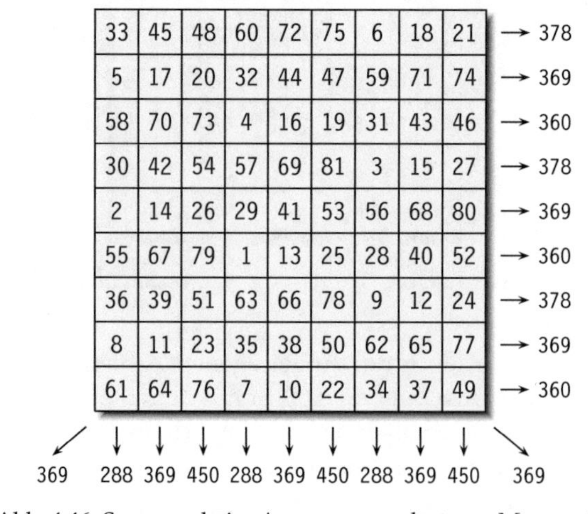

33	45	48	60	72	75	6	18	21	→ 378
5	17	20	32	44	47	59	71	74	→ 369
58	70	73	4	16	19	31	43	46	→ 360
30	42	54	57	69	81	3	15	27	→ 378
2	14	26	29	41	53	56	68	80	→ 369
55	67	79	1	13	25	28	40	52	→ 360
36	39	51	63	66	78	9	12	24	→ 378
8	11	23	35	38	50	62	65	77	→ 369
61	64	76	7	10	22	34	37	49	→ 360
↓ 288	↓ 369	↓ 450	↓ 288	↓ 369	↓ 450	↓ 288	↓ 369	↓ 450	

Diagonalen: ↙ 369, ↘ 369

Abb. 4.46 Summen beim Ausgangsquadrat von Margossian

Margossian untersuchte nun den Aufbau des Ausgangsquadrates aus Abbildung 4.44 und veränderte einige der auftretenden Zahlen. Dazu teilt er alle auftretenden Zahlen der Einzelquadrate in Dreierblöcke auf, und lässt die Zahlen des mittleren und rechten Blocks zunächst unverändert. Dagegen wird die allererste Zahl des ersten Dreierblocks dort entfernt und an das Ende dieses Blocks gesetzt.

0 1 2	3 4 5	6 7 8
1 2 0	3 4 5	6 7 8

Gemäß dieser Zuordnung werden die einzelnen Zahlen des Ausgangsquadrates jetzt ausgetauscht. In Abbildung 4.47 sind die beiden Einzelquadrate nach der Vertauschung dargestellt.

3	4	5	6	7	8	1	2	0
1	2	0	3	4	5	6	7	8
6	7	8	1	2	0	3	4	5
3	4	5	6	7	8	1	2	0
1	2	0	3	4	5	6	7	8
6	7	8	1	2	0	3	4	5
3	4	5	6	7	8	1	2	0
1	2	0	3	4	5	6	7	8
6	7	8	1	2	0	3	4	5

a) Ziffern mit dem Stellenwert 9

5	8	0	5	8	0	5	8	0
4	7	2	4	7	2	4	7	2
3	6	1	3	6	1	3	6	1
0	5	8	0	5	8	0	5	8
2	4	7	2	4	7	2	4	7
1	3	6	1	3	6	1	3	6
8	0	5	8	0	5	8	0	5
7	2	4	7	2	4	7	2	4
6	1	3	6	1	3	6	1	3

b) Einerziffern

Abb. 4.47 Vertauschung der Zahlen des ersten Dreierblocks

In einem zweiten Schritt werden dann noch zusätzlich die Zahlen des dritten Dreierblocks vertauscht. Hier wird die letzte Zahl an die erste Position dieses Dreierblocks verschoben.

0 1 2	3 4 5	6 7 8
1 2 0	3 4 5	8 6 7

Eine Anordnung der Dreiergruppen zeigt deutlich den aufgetretenen Effekt, dass die Summen mit diesen Vertauschungen ausgeglichen wurden.

0	1	2		1	2	0
3	4	5		3	4	5
6	7	8		8	6	7
9	12	15		12	12	12

Führt man diese Vertauschung durch, ergeben sich die beiden Einzelquadrate aus Abbildung 4.48.

3	4	5	8	6	7	1	2	0
1	2	0	3	4	5	8	6	7
8	6	7	1	2	0	3	4	5
3	4	5	8	6	7	1	2	0
1	2	0	3	4	5	8	6	7
8	6	7	1	2	0	3	4	5
3	4	5	8	6	7	1	2	0
1	2	0	3	4	5	8	6	7
8	6	7	1	2	0	3	4	5

a) Ziffern mit dem Stellenwert 9

5	7	0	5	7	0	5	7	0
4	6	2	4	6	2	4	6	2
3	8	1	3	8	1	3	8	1
0	5	7	0	5	7	0	5	7
2	4	6	2	4	6	2	4	6
1	3	8	1	3	8	1	3	8
7	0	5	7	0	5	7	0	5
6	2	4	6	2	4	6	2	4
8	1	3	8	1	3	8	1	3

b) Einerziffern

Abb. 4.48 Vertauschung der Zahlen des letzten Dreierblocks

Die beiden Einzelquadrate aus Abbildung 4.48 müssen jetzt nur noch zusammengesetzt und in die natürliche Darstellung umgewandelt werden. Das Ergebnis ist in Abbildung 4.49 zu sehen. Es handelt sich um ein pandiagonales und symmetrisches Quadrat.

35	47	50	85	67	70	15	27	00
14	26	02	34	46	52	84	66	72
83	68	71	13	28	01	33	48	51
30	45	57	80	65	77	10	25	07
12	24	06	32	44	56	82	64	76
81	63	78	11	23	08	31	43	58
37	40	55	87	60	75	17	20	05
16	22	04	36	42	54	86	62	74
88	61	73	18	21	03	38	41	53

a) Ausgangsquadrat im Neunersystem

33	44	46	78	62	64	15	26	1
14	25	3	32	43	48	77	61	66
76	63	65	13	27	2	31	45	47
28	42	53	73	60	71	10	24	8
12	23	7	30	41	52	75	59	70
74	58	72	11	22	9	29	40	54
35	37	51	80	55	69	17	19	6
16	21	5	34	39	50	79	57	68
81	56	67	18	20	4	36	38	49

b) magisches Quadrat im Dezimalsystem

Abb. 4.49 Pandiagonales und symmetrisches magisches Quadrat der Ordnung 9 (Margossian)

Um den Hintergrund des Verfahrens besser verstehen zu können, soll das Verfahren für die Ordnung $n = 3k$ allgemein beschrieben werden. Nach der Konstruktionsvorschrift des Ausgangsquadrates tauchen in den Spalten und Zeilen wegen $\mathrm{ggt}\,(3, n) = 3$ jeweils nur drei Zahlen auf. Um die dadurch entstehenden Ungleichheiten zu korrigieren, werden die Zahlen $0, 1, 2, \ldots, 3k-1$ so vertauscht, dass jeweils drei von ihnen die gleiche Summe ergeben.

Dazu teilt man diese Zahlen in k Gruppen zu je drei Zahlen auf.

- $\frac{1}{2} \cdot (k - 1)$ dieser Gruppen bleiben unverändert.
- Zwei weitere Gruppen werden zyklisch entgegengesetzt verändert. Das bedeutet, dass bei einer Gruppe das erste Element entfernt und hinten wieder angehängt wird. Bei der anderen Gruppe geht man genau entgegengesetzt vor. Dort wird das letzte Element entfernt und vorne als erstes Element wieder eingefügt.
- Die Elemente der restlichen $\frac{1}{2} \cdot (k - 3)$ Gruppen werden vollständig umgekehrt.

In dem betrachteten Fall war $n = 3k = 9$ und mit $k = 3$ gilt

$$\frac{1}{2} \cdot (k - 1) = 1$$

Also wählt man eine Gruppe, deren Zahlen unverändert bleiben, und zwei Gruppen werden zyklisch vertauscht. Da hier $\frac{1}{2} \cdot (k - 3) = 0$ ist, ergibt sich z. B. das Vertauschungsschema aus Tabelle 4.3.

0 1 2	3 4 5	6 7 8
1 2 0	3 4 5	8 6 7
Typ 2	Typ 1	Typ 2

Tab. 4.3 Vertauschungsschema von Margossian für $n = 9$

Das Beispiel für $n = 9$ ist aber ein Sonderfall, da von den drei Gruppentypen nur zwei wirklich auftreten, weil Typ 3 fehlt. Anders sieht es etwa für $n = 3k = 15$ aus.

- Wegen $k = 5$ bleiben $\frac{1}{2} \cdot (k - 1) = 2$ Gruppen unverändert, z. B. $6, 7, 8$ und $12, 13, 14$.
- Zwei Gruppen müssen zyklisch in verschiedene Richtungen rotiert werden, also z. B. $2, 0, 1$ und $4, 5, 3$.
- Die restlichen $\frac{1}{2} \cdot (k - 3)$ Gruppen werden dagegen umgekehrt. Hier bleibt eine Gruppe über, also lautet diese $11, 10, 9$.

0 1 2	3 4 5	6 7 8	9 10 11	12 13 14
2 0 1	4 5 3	6 7 8	11 10 9	12 13 14
Typ 2	Typ 2	Typ 1	Typ 3	Typ 1

Tab. 4.4 Vertauschungsschema von Margossian für $n = 15$

Damit ergibt sich die Vertauschung aus Tabelle 4.4 und das zugehörige pandiagonale Quadrat ist in Abbildung 4.50 dargestellt.

64	84	55	105	107	124	174	160	150	182	199	219	40	15	17
36	8	26	74	76	51	98	116	134	166	156	143	191	209	211
185	202	222	43	3	20	67	87	58	93	110	127	177	163	138
167	154	144	190	210	212	34	9	25	75	77	49	99	115	135
91	111	128	176	164	136	186	203	221	44	1	21	68	86	59
63	80	52	102	118	123	170	157	147	193	198	215	37	12	28
45	2	19	69	85	60	92	109	129	175	165	137	184	204	220
194	196	216	38	11	29	61	81	53	101	119	121	171	158	146
178	153	140	187	207	223	33	5	22	72	88	48	95	112	132
100	120	122	169	159	145	195	197	214	39	10	30	62	79	54
71	89	46	96	113	131	179	151	141	188	206	224	31	6	23
42	13	18	65	82	57	103	108	125	172	162	148	183	200	217
189	205	225	32	4	24	70	90	47	94	114	130	180	152	139
173	161	149	181	201	218	41	14	16	66	83	56	104	106	126
97	117	133	168	155	142	192	208	213	35	7	27	73	78	50

Abb. 4.50 Pandiagonales magisches Quadrat der Ordnung 15 (Margossian)

4.2.2 Bouteloup

Eine Erweiterung der Methode von Margossian zur Erzeugung pandiagonaler magischer Quadrate mit ungerader Ordnung $n = 6k + 3$ $(k \geq 1)$ findet sich bei Bouteloup.[18] Etwas umformuliert handelt es sich dabei um Ordnungen $n = 3k$, wobei k ungerade mit $k > 1$ ist.

Für die Konstruktionen pandiagonaler magischer Quadrate dieser Ordnungen benötigt man ein Rechteck, dessen Breite und Höhe echte Teiler der Ordnung sind. Für die kleinste Ordnung $n = 9$ wird damit ein 3 x 3 - Rechteck benötigt, das in diesem speziellen Fall auch ein Quadrat ist. Dieses Rechteck muss so mit den Zahlen 1 bis n gefüllt werden, dass alle Spaltensummen gleich sind.

1	2	3
5	6	4
9	7	8
15	15	15

[18] Margossian [369] S. 35 ff., Bouteloup [50] S. 53 – 68

Zusätzlich wird noch ein Quadrat in natürlicher Anordnung benötigt, dessen Spalten und Zeilen wie in Abbildung 4.51 umgeordnet werden. Die Reihenfolge ergibt sich aus dem Rechteck, das von links nach rechts und von oben nach unten ausgelesen wird.

	1	2	3	4	5	6	7	8	9
1	1	2	3	4	5	6	7	8	9
2	10	11	12	13	14	15	16	17	18
3	19	20	21	22	23	24	25	26	27
4	28	29	30	31	32	33	34	35	36
5	37	38	39	40	41	42	43	44	45
6	46	47	48	49	50	51	52	53	54
7	55	56	57	58	59	60	61	62	63
8	64	65	66	67	68	69	70	71	72
9	73	74	75	76	77	78	79	80	81

a) natürliche Anordnung

	1	2	3	5	6	4	9	7	8
1	1	2	3	5	6	4	9	7	8
2	10	11	12	14	15	13	18	16	17
3	19	20	21	23	24	22	27	25	26
5	37	38	39	41	42	40	45	43	44
6	46	47	48	50	51	49	54	52	53
4	28	29	30	32	33	31	36	34	35
9	73	74	75	77	78	76	81	79	80
7	55	56	57	59	60	58	63	61	62
8	64	65	66	68	69	67	72	70	71

b) vertauschte Spalten/Zeilen

Abb. 4.51 Hilfsquadrat für die Variante von Bouteloup

Aus diesem Hilfsquadrat werden die Zahlen von links nach rechts und von oben nach unten ausgelesen und nach einem bestimmten Schema in das Zielquadrat übertragen. Dazu startet man im Zielquadrat an einer beliebigen Stelle, etwa $(2, 5)$ und bewegt sich von dort aus z. B. mit dem Hauptschritt $(c, d) = (2, -1)$ zur nächsten Zelle. Nach jeweils $n - 1 = 8$ Schritten wird nicht mehr der Hauptschritt, sondern der Zwischenschritt $(g, h) = (-1, 0)$ ausgeführt. In Abbildung 4.52 sind die ersten zehn Schritte mit den Zahlen aus der oberen Zeile und dem Beginn der zweiten Zeile des Hilfsquadrates dargestellt.

	1	2	3	5	6	4	9	7	8
1	1	2	3	5	6	4	9	7	8
2	10	11	12	14	15	13	18	16	17
3	19	20	21	23	24	22	27	25	26
5	37	38	39	41	42	40	45	43	44
6	46	47	48	50	51	49	54	52	53
4	28	29	30	32	33	31	36	34	35
9	73	74	75	77	78	76	81	79	80
7	55	56	57	59	60	58	63	61	62
8	64	65	66	68	69	67	72	70	71

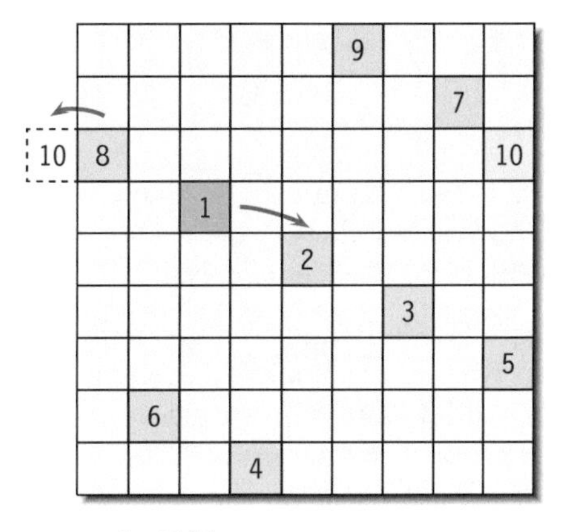

Abb. 4.52 Eintragen der ersten zehn Zahlen

Überträgt man mit diesem Schema alle Zahlen aus dem Hilfsquadrat in das Zielquadrat, entsteht das pandiagonale magische Quadrat aus Abbildung 4.53.

30	47	37	26	16	9	67	60	77
58	78	32	48	38	19	17	7	72
8	70	63	76	33	50	39	20	10
21	11	1	71	61	81	31	51	41
49	42	23	12	2	64	62	79	36
80	34	54	40	24	14	3	65	55
66	56	73	35	52	45	22	15	5
13	6	68	57	74	28	53	43	27
44	25	18	4	69	59	75	29	46

Abb. 4.53 Pandiagonales magisches Quadrat der Ordnung $n = 9$ (Bouteloup)

Da die Zahlen bei diesem Verfahren mit einem Haupt- und einem Zwischenschritt in das Zielquadrat eingetragen werden, ist nach den Ausführungen von Lehmer[19,20] klar, warum die benutzten Rechtecke gleiche Spaltensummen besitzen müssen. Da die Ordnung ein Vielfaches von 3 ist, muss es in Abhängigkeit von den gewählten Parametern zu Wiederholungen in den Zeilen, den Spalten oder den Diagonalen kommen.

Um dies zu verdeutlichen, wird das Rechteck aus Abbildung 4.54 gewählt, sodass direkt mit dem Quadrat in natürlicher Anordnung aus Abbildung 4.51a gearbeitet werden kann.

1	2	3
4	5	6
7	8	9
12	15	18

Abb. 4.54 3 x 3 - Rechteck mit verschiedenen Spaltensummen

Trägt man jetzt nur die Zahlen aus der oberen Zeile ein, erkennt man in Abbildung 4.55a Wiederholungen der Zahlen in den Spalten, die genau den Spalten aus dem gewählten Rechteck entsprechen.

Diese Wiederholungen treten natürlich auch in Abbildung 4.55b auf, da hier jedoch das Rechteck mit gleichen Spaltensummen aus dem allerersten Beispiel gewählt wurde, wird dadurch ein Ausgleich geschaffen.

[19] Lehmer [320]

[20] siehe auch die *Allgemeine Schrittmethode* in Band 1 bei den ungeraden Ordnungen

3	2	1	9	8	7	6	5	4
6	5	4	3	2	1	9	8	7
9	8	7	6	5	4	3	2	1
3	2	1	9	8	7	6	5	4
6	5	4	3	2	1	9	8	7
9	8	7	6	5	4	3	2	1
3	2	1	9	8	7	6	5	4
6	5	4	3	2	1	9	8	7
9	8	7	6	5	4	3	2	1

a) falsches Rechteck: kein Ausgleich

3	2	1	8	7	9	4	6	5
4	6	5	3	2	1	8	7	9
8	7	9	4	6	5	3	2	1
3	2	1	8	7	9	4	6	5
4	6	5	3	2	1	8	7	9
8	7	9	4	6	5	3	2	1
3	2	1	8	7	9	4	6	5
4	6	5	3	2	1	8	7	9
8	7	9	4	6	5	3	2	1

b) richtiges Rechteck: mit Ausgleich

Abb. 4.55 Fortgesetztes Eintragen der Zahlen aus der oberen Zeile

Jetzt bleibt nur noch die Frage zu klären, mit welchen Haupt- und Zwischenschritten die Zahlen in das Zielquadrat übertragen werden müssen. Die in Abbildung 4.53 benutzte Kombination mit dem Hauptschritt $(c, d) = (2, -1)$ und dem Zwischenschritt $(g, h) = (-1, 0)$ ist nur eine von vielen Möglichkeiten.

Bouteloup hat die einzelnen Parameter untersucht und arbeitet wie Lehmer mit einem Haupt- und einem Korrekturschritt. Dazu führt er für den Korrekturschritt zwei neue Variablen a und b ein, die folgendermaßen definiert sind:

$$a = g - c \qquad\qquad b = h - d$$

Damit auch in alle Zellen des Zielquadrates Zahlen eingetragen werden können, muss zunächst einmal die charakteristische Zahl $a \cdot d - b \cdot c$ teilerfremd zu der Ordnung n sein.

Weiterhin definiert er acht zusätzliche Parameter, die als größte gemeinsame Teiler bezüglich der Ordnung n berechnet werden:

$$\begin{aligned} D_1 &= \text{ggt}\,(c, n) & D'_1 &= \text{ggt}\,(a, n) \\ D_2 &= \text{ggt}\,(d, n) & D'_2 &= \text{ggt}\,(b, n) \\ D_3 &= \text{ggt}\,(d - c, n) & D'_3 &= \text{ggt}\,(b - a, n) \\ D_4 &= \text{ggt}\,(d + c, n) & D'_4 &= \text{ggt}\,(b + a, n) \end{aligned}$$

Damit werden abschließend zwei weitere Parameter m und m' berechnet, die für die Bijektionen der Spalten und Zeilen notwendig sind:

$$m = \text{kgv}\,(D_1, D_2, D_3, D_4) \qquad\qquad m' = \text{kgv}\,(D'_1, D'_2, D'_3, D'_4)$$

Mit diesen beiden Parametern kann Bouteloup nun die Bedingungen für ein pandiagonales magisches Quadrat formulieren:

- Die charakteristische Zahl $a \cdot d - b \cdot c$ muss teilerfremd zu der Ordnung n sein, also

$$\text{ggt}\,(a \cdot d - b \cdot c, n) = 1$$

- m und m' müssen echte Teiler der Ordnung n sein.

Wenn diese beiden Bedingungen erfüllt sind, lässt sich prinzipiell ein pandiagonales magisches Quadrat erzeugen. Dazu können für $n > 9$ aber nicht Rechtecke mit beliebigen Größen ausgewählt werden, sondern diese müssen in Abhängigkeit von den Parametern m und m' bestimmte Maße aufweisen. Eine genaue Übersicht wird für einige Ordnungen in Tabelle 4.21 angegeben.

Mit diesen Bedingungen habe ich für die Ordnung $n = 9$ insgesamt 1728 Kombinationen der Parameter c, d, g und h gefunden, die mit allen 2592 verschiedenen 3 x 3 - Rechtecken, bei denen die Spaltensummen gleich sind, pandiagonale magische Quadrate erzeugen.

In einem zweiten Beispiel wird ein anderes Rechteck benutzt, dessen Spalten auch alle die Summe 15 besitzen.

3	5	6
4	1	7
8	9	2
15	15	15

Mit dem Hauptschritt $(c, d) = (3, 1)$ und dem Zwischenschritt $(g, h) = (2, -2)$ werden zunächst die Variablen a und b mit $(a, b) = (-1, -3)$ berechnet.

$$a = g - c = 2 - 3 = -1 \qquad b = h - d = -2 - 1 = -3$$

Da die charakteristische Zahl $a \cdot d - b \cdot c = -1 \cdot 1 - (-3) \cdot 3 = 8$ teilerfremd zu der Ordnung $n = 9$ ist, werden alle Zahlen in verschiedene Zellen des Zielquadrates eingetragen. Für die weiteren Parameter gilt

$$D_1 = \text{ggt}\,(c, n) = \text{ggt}\,(3, 9) = 3 \qquad D'_1 = \text{ggt}\,(a, n) = \text{ggt}\,(-1, 9) = 1$$
$$D_2 = \text{ggt}\,(d, n) = \text{ggt}\,(1, 9) = 1 \qquad D'_2 = \text{ggt}\,(b, n) = \text{ggt}\,(-3, 9) = 3$$
$$D_3 = \text{ggt}\,(d - c, n) = \text{ggt}\,(-2, 9) = 1 \qquad D'_3 = \text{ggt}\,(b - a, n) = \text{ggt}\,(-2, 9) = 1$$
$$D_4 = \text{ggt}\,(d + c, n) = \text{ggt}\,(4, 9) = 1 \qquad D'_4 = \text{ggt}\,(b + a, n) = \text{ggt}\,(-4, 9) = 1$$
$$m = \text{kgv}\,(3, 1, 1, 1) = 3 \qquad m' = kgv(1, 3, 1, 1) = 3$$

Mit $m = 3$ und $m' = 3$ sind echte Teiler der Ordnung $n = 9$, sodass mit diesen Parametern das pandiagonale magische Quadrat aus Abbildung 4.56 entsteht. Dabei startet dieses Beispiel mit der Zahl 21 in der linken oberen Ecke. Mit den $(c, d) = (3, 1)$ wird dann die nächste Zahl 23 platziert und anschließend das Quadrat mit den gegebenen Parametern vollständig konstruiert.

	3	5	6	4	1	7	8	9	2
3	21	23	24	22	19	25	26	27	20
5	39	41	42	40	37	43	44	45	38
6	48	50	51	49	46	52	53	54	47
4	30	32	33	31	28	34	35	36	29
1	3	5	6	4	1	7	8	9	2
7	57	59	60	58	55	61	62	63	56
8	66	68	69	67	64	70	71	72	65
9	75	77	78	76	73	79	80	81	74
2	12	14	15	13	10	16	17	18	11

a) vertauschte Spalten/Zeilen

21	17	76	66	62	4	30	53	40
65	61	6	29	52	42	20	16	78
36	46	41	27	10	77	72	55	5
26	13	75	71	58	3	35	49	39
70	60	2	34	51	38	25	15	74
28	50	45	19	14	81	64	59	9
22	12	80	67	57	8	31	48	44
69	56	7	33	47	43	24	11	79
32	54	37	23	18	73	68	63	1

b) pandiagonales magisches Quadrat

Abb. 4.56 Pandiagonales magisches Quadrat der Ordnung $n = 9$ (Bouteloup)

Verschiedene Anordnungen

In einem dritten Beispiel wird demonstriert, dass man für die Spalten und Zeilen auch unterschiedliche Anordnungen wählen kann. Dazu werden zwei verschiedene Rechtecke benutzt, die beide gleiche Spaltensummen besitzen.

4	2	1
3	7	9
8	6	5
15	15	15

2	1	8
7	9	4
6	5	3
15	15	15

Abb. 4.57 Zwei verschiedene 3 x 3 - Rechtecke mit gleichen Spaltensummen

Mit dem Hauptschritt $(c, d) = (2, 3)$ und dem Zwischenschritt $(g, h) = (4, -1)$ werden zunächst wieder die Variablen a und b berechnet.

$$a = g - c = 4 - 2 = 2 \qquad b = h - d = -1 - 3 = -4$$

Damit ist die charakteristische Zahl $a \cdot d - b \cdot c = 2 \cdot 3 - (-4) \cdot 2 = 14 \equiv 5$ teilerfremd zu der Ordnung $n = 9$ und die weiteren Parameter lauten damit

$$\begin{aligned}
D_1 &= \text{ggt}\,(c, n) = \text{ggt}\,(2, 9) = 1 & D_1' &= \text{ggt}\,(a, n) = \text{ggt}\,(2, 9) = 1 \\
D_2 &= \text{ggt}\,(d, n) = \text{ggt}\,(3, 9) = 3 & D_2' &= \text{ggt}\,(b, n) = \text{ggt}\,(-4, 9) = 1 \\
D_3 &= \text{ggt}\,(d - c, n) = \text{ggt}\,(1, 9) = 1 & D_3' &= \text{ggt}\,(b - a, n) = \text{ggt}\,(-6, 9) = 3 \\
D_4 &= \text{ggt}\,(d + c, n) = \text{ggt}\,(5, 9) = 1 & D_4' &= \text{ggt}\,(b + a, n) = \text{ggt}\,(-2, 9) = 1 \\
m &= \text{kgv}\,(1, 3, 1, 1) = 3 & m' &= \text{kgv}\,(1, 1, 3, 1) = 3
\end{aligned}$$

$m = 3$ und $m' = 3$ sind damit echte Teiler der Ordnung $n = 9$, sodass mit diesen Parametern das pandiagonale magische Quadrat aus Abbildung 4.58 entsteht.

1	2	3	4	5	6	7	8	9
10	11	12	13	14	15	16	17	18
19	20	21	22	23	24	25	26	27
28	29	30	31	32	33	34	35	36
37	38	39	40	41	42	43	44	45
46	47	48	49	50	51	52	53	54
55	56	57	58	59	60	61	62	63
64	65	66	67	68	69	70	71	72
73	74	75	76	77	78	79	80	81

a) natürliche Anordnung

4	2	1	3	7	9	8	6	5
4	2	1	3	7	9	8	6	5
13	11	10	12	16	18	17	15	14
22	20	19	21	25	27	26	24	23
31	29	28	30	34	36	35	33	32
40	38	37	39	43	45	44	42	41
49	47	46	48	52	54	53	51	50
58	56	55	57	61	63	62	60	59
67	65	64	66	70	72	71	69	68
76	74	73	75	79	81	80	78	77

b) neu angeordnete Spalten

	4	2	1	3	7	9	8	6	5
2	49	47	54	48	52	50	53	51	46
1	4	2	9	3	7	5	8	6	1
8	67	65	72	66	70	68	71	69	64
7	13	11	18	12	16	14	17	15	10
9	76	74	81	75	79	77	80	78	73
4	31	29	36	30	34	32	35	33	28
6	58	56	63	57	61	59	62	60	55
5	40	38	45	39	43	41	44	42	37
3	22	20	27	21	25	23	26	24	19

c) neu angeordnete Zeilen

13	50	60	17	54	61	12	46	56
81	7	39	73	2	40	77	6	44
20	31	68	24	35	72	25	30	64
62	18	52	57	10	47	58	14	51
37	74	4	41	78	8	45	79	3
69	26	36	70	21	28	65	22	32
48	55	11	49	59	15	53	63	16
5	42	80	9	43	75	1	38	76
34	66	19	29	67	23	33	71	27

d) pandiagonales magisches Quadrat

Abb. 4.58 Pandiagonales magisches Quadrat der Ordnung $n = 9$ (Bouteloup)

Ordnung n = 15

Für die Ordnung $n = 15$ muss ein Rechteck der Breite 3 und der Höhe 5 mit gleichen Spaltensummen benutzt werden. Da die Zeilensummen keine Rolle spielen, muss es sich nicht um ein magisches Rechteck handeln und es existiert eine Vielzahl an Möglichkeiten.

11	3	12
5	7	10
8	15	1
14	9	13
2	6	4
40	40	40

Abb. 4.59 3 x 5 - Rechteck mit gleichen Spaltensummen

Die Zahlen dieses Rechtecks werden wie immer von links nach rechts und von oben nach unten ausgelesen und in einer einzigen Zeile angeordnet werden.

11 3 12 5 7 10 8 15 1 14 9 13 2 6 4

Zusätzlich wird wieder ein Quadrat in natürlicher Anordnung benötigt, dessen Spalten und Zeilen wie in Abbildung 4.60 mit der aus dem Rechteck resultierenden Reihenfolge umgeordnet werden.

	11	3	12	5	7	10	8	15	1	14	9	13	2	6	4
11	161	153	162	155	157	160	158	165	151	164	159	163	152	156	154
3	41	33	42	35	37	40	38	45	31	44	39	43	32	36	34
12	176	168	177	170	172	175	173	180	166	179	174	178	167	171	169
5	71	63	72	65	67	70	68	75	61	74	69	73	62	66	64
7	101	93	102	95	97	100	98	105	91	104	99	103	92	96	94
10	146	138	147	140	142	145	143	150	136	149	144	148	137	141	139
8	116	108	117	110	112	115	113	120	106	119	114	118	107	111	109
15	221	213	222	215	217	220	218	225	211	224	219	223	212	216	214
1	11	3	12	5	7	10	8	15	1	14	9	13	2	6	4
14	206	198	207	200	202	205	203	210	196	209	204	208	197	201	199
9	131	123	132	125	127	130	128	135	121	134	129	133	122	126	124
13	191	183	192	185	187	190	188	195	181	194	189	193	182	186	184
2	26	18	27	20	22	25	23	30	16	29	24	28	17	21	19
6	86	78	87	80	82	85	83	90	76	89	84	88	77	81	79
4	56	48	57	50	52	55	53	60	46	59	54	58	47	51	49

Abb. 4.60 Hilfsquadrat für die Variante von Bouteloup

Mit dem Hauptschritt $(c, d) = (1, -3)$ und dem Zwischenschritt $(g, h) = (5, 4)$ lassen sich die Werte für a und b berechnen.

$$a = g - c = 5 - 1 = 4 \qquad b = h - d = 4 - (-3) = 7$$

Die charakteristische Zahl $a \cdot d - b \cdot c = 4 \cdot (-3) - 7 \cdot 1 = -19 \equiv 11$ ist teilerfremd zu der Ordnung $n = 15$ und für die weiteren Parameter folgt:

$$D_1 = \text{ggt}(c, n) = \text{ggt}(1, 15) = 1 \qquad D_1' = \text{ggt}(a, n) = \text{ggt}(4, 15) = 1$$
$$D_2 = \text{ggt}(d, n) = \text{ggt}(-3, 15) = 3 \qquad D_2' = \text{ggt}(b, n) = \text{ggt}(7, 15) = 1$$
$$D_3 = \text{ggt}(d - c, n) = \text{ggt}(-4, 15) = 1 \qquad D_3' = \text{ggt}(b - a, n) = \text{ggt}(3, 15) = 3$$
$$D_4 = \text{ggt}(d + c, n) = \text{ggt}(-2, 15) = 1 \qquad D_4' = \text{ggt}(b + a, n) = \text{ggt}(11, 15) = 1$$
$$m = \text{kgv}(1, 3, 1, 1) = 3 \qquad m' = \text{kgv}(1, 1, 3, 1) = 3$$

$m = 3$ und $m' = 3$ sind also echte Teiler der Ordnung $n = 15$, sodass mit diesen Parametern das pandiagonale magische Quadrat aus Abbildung 4.61 entsteht.

161	21	208	119	75	160	20	198	109	62	159	16	203	112	72
183	4	137	174	46	188	7	147	176	51	193	14	150	175	50
222	101	36	88	134	225	100	35	78	124	212	99	31	83	127
65	153	19	197	114	61	158	22	207	116	66	163	29	210	115
52	192	11	141	178	59	195	10	140	168	49	182	9	136	173
130	215	93	34	77	129	211	98	37	87	131	216	103	44	90
113	67	162	26	201	118	74	165	25	200	108	64	152	24	196
180	55	185	3	139	167	54	181	8	142	177	56	186	13	149
76	128	217	102	41	81	133	224	105	40	80	123	214	92	39
209	120	70	155	18	199	107	69	151	23	202	117	71	156	28
144	166	53	187	12	146	171	58	194	15	145	170	48	184	2
43	89	135	220	95	33	79	122	219	91	38	82	132	221	96
17	204	106	68	157	27	206	111	73	164	30	205	110	63	154
6	148	179	60	190	5	138	169	47	189	1	143	172	57	191
94	32	84	121	218	97	42	86	126	223	104	45	85	125	213

Abb. 4.61 Pandiagonales magisches Quadrat der Ordnung $n = 15$ (Bouteloup)

Insgesamt habe ich für die Ordnung $n = 15$ insgesamt 1536 Kombinationen der Parameter c, d, g und h gefunden, die mit allen 3x5 - Rechtecken, bei denen die Spaltensummen gleich sind, pandiagonale magische Quadrate erzeugen.

Rechtecke der Größe 5 x 3 können dagegen nicht benutzt werden, da es durch den Teiler 3 der Ordnung $n = 15$ zu Wiederholungen von drei Gruppen mit jeweils fünf Zahlen in den Zeilen, Spalten oder Diagonalen kommt. Diese können nur ausgeglichen werden, wenn das Rechteck die Höhe $\frac{n}{3} = 5$ und gleiche Spaltensummen besitzt.

Ordnung n = 21

Für die Ordnung $n = 21$ muss ein 3 x 7 - Rechteck benutzt werden. Da beide Teiler wie bei den bisherigen Ordnungen Primzahlen sind, gibt es keine weiteren Probleme. Ich habe insgesamt 20 736 Kombinationen der Parameter c, d, g und h gefunden, die mit allen 3 x 7 - Rechtecken, bei denen die Spaltensummen gleich sind, pandiagonale magische Quadrate erzeugen.

Mit dem Hauptschritt $(c, d) = (4, 2)$ und dem Zwischenschritt $(g, h) = (2, 5)$ gilt z. B. für die Variablen a und b

$$a = g - c = 2 - 4 = -2 \qquad b = h - d = 5 - 2 = 3$$

Die charakteristische Zahl $a \cdot d - b \cdot c = -2 \cdot 2 - 3 \cdot 4 = -16 \equiv 5$ ist teilerfremd zu der Ordnung $n = 21$ und die weiteren Parameter ergeben sich mit

$$\begin{aligned}
D_1 &= \text{ggt}\,(c, n) = \text{ggt}\,(4, 21) = 1 & D'_1 &= \text{ggt}\,(a, n) = \text{ggt}\,(-2, 21) = 1 \\
D_2 &= \text{ggt}\,(d, n) = \text{ggt}\,(2, 21) = 1 & D'_2 &= \text{ggt}\,(b, n) = \text{ggt}\,(3, 21) = 3 \\
D_3 &= \text{ggt}\,(d - c, n) = \text{ggt}\,(-2, 21) = 1 & D'_3 &= \text{ggt}\,(b - a, n) = \text{ggt}\,(5, 21) = 1 \\
D_4 &= \text{ggt}\,(d + c, n) = \text{ggt}\,(6, 21) = 3 & D'_4 &= \text{ggt}\,(b + a, n) = \text{ggt}\,(1, 21) = 1 \\
m &= \text{kgv}\,(1, 1, 1, 3) = 3 & m' &= \text{kgv}\,(1, 3, 1, 1) = 3
\end{aligned}$$

$m = 3$ und $m' = 3$ sind also echte Teiler der Ordnung $n = 21$, sodass mit diesen Parametern ein pandiagonales magisches Quadrat entsteht.

Ordnung n = 27

Völlig anders sieht die Situation aus, wenn, wie im Falle der Ordnung $n = 27 = 3 \cdot 9$, ein Teiler ein Vielfaches des anderen Teilers ist. Dadurch kommt es bei den Bijektionen, welche die neue Anordnung der Spalten und Zeilen festlegen, zu zusätzlichen Wiederholungen. Dabei geben die Parameter m und m' zwar auch weiterhin an, ob ein pandiagonales magisches Quadrat entsteht oder nicht, allerdings müssen gegebenenfalls weitere Bedingungen an die zu benutzenden Rechteckgrößen gestellt werden.

Insgesamt gibt es 248 832 Kombinationen von Hauptschritten (c, d) und Zwischenschritten (g, h), bei denen die sich hieraus ergebenden Parameter m und m' echte Teiler der Ordnung $n = 27$ sind, sodass man mit diesen Werten ein pandiagonales magisches Quadrat erzeugen kann. Diese Kombinationen lassen sich wie in Tabelle 4.5 unterteilen.

m	m′	Anzahl
3	3	139 968
3	9	46 656
9	3	46 656
9	9	15 552
		248 832

Tab. 4.5 Anzahl der Kombinationen bei verschiedenen Parametern

Bei diesen vier Fällen führen jetzt unterschiedliche Kombinationen von Rechtecken zu einem pandiagonalen magischen Quadrat, wobei alle Rechtecke für sich gesehen natürlich jeweils gleiche Spaltensummen besitzen müssen. Bei den nachfolgenden Angaben zu den Rechtecken bezieht sich das zuerst angegebene Rechteck immer auf die Spalten und das zweite Rechteck auf die Zeilen.

- $m = 3$ und $m' = 3$

  Bei den Kombinationen, die zu diesen beiden Werten führen, kann man die Rechtecke beliebig wählen. Damit ergeben sich folgende sechs Möglichkeiten:

  - zwei identische 3 x 9 - Rechtecke
  - zwei verschiedene 3 x 9 - Rechtecke
  - ein 3 x 9 - Rechteck und ein 9 x 3 - Rechteck
  - ein 9 x 3 - Rechteck und ein 3 x 9 - Rechteck
  - zwei identische 9 x 3 - Rechtecke
  - zwei verschiedene 9 x 3 - Rechtecke

  In Tabelle 4.6 sind vier mögliche Schrittfolgen für diesen Fall angegeben.

(c,d)	(g,h)	D_1	D_2	D_3	D_4	D'_1	D'_2	D'_3	D'_4	m	m'
(3,8)	(1,4)	3	1	1	1	1	1	1	3	3	3
(4,3)	(8,2)	1	3	1	1	1	1	1	3	3	3
(1,13)	(4,2)	1	1	3	1	3	1	1	1	3	3
(1,2)	(2,5)	1	1	1	3	1	3	1	1	3	3

Tab. 4.6 Beispiele für den Fall $m = 3$ und $m' = 3$

- $m = 3$ und $m' = 9$

  In diesem Fall ist die Wahl der Rechtecke eingeschränkt, und es stehen nur die folgenden Möglichkeiten zur Verfügung:

  – ein 9 x 3 - Rechteck und ein 3 x 9 - Rechteck

  – zwei identische 9 x 3 - Rechtecke

  – zwei verschiedene 9 x 3 - Rechtecke

  Wählt man bei diesen beiden Werten dagegen identische oder verschiedene Rechtecke der Größe 3 x 9, kommt es wegen der Wiederholungen zu falschen Summen in den Zeilen, Spalten oder gebrochenen Diagonalen.

(c,d)	(g,h)	D_1	D_2	D_3	D_4	D'_1	D'_2	D'_3	D'_4	m	m'
(2,1)	(20,0)	1	1	1	3	9	1	1	1	3	9
(3,1)	(1,10)	3	1	1	1	1	9	1	1	3	9
(2,1)	(19,0)	1	1	1	3	1	1	9	1	3	9
(3,1)	(13,0)	3	1	1	1	1	1	1	9	3	9

Tab. 4.7 Beispiele für den Fall $m = 3$ und $m' = 9$

- $m = 9$ und $m' = 3$

  Auch in diesem Fall ist die Wahl der Rechtecke eingeschränkt. Zulässig sind nur die folgenden Rechtecke.

  – ein 3 x 9 - Rechteck und ein 9 x 3 - Rechteck

  – zwei identische 9 x 3 - Rechtecke

  – zwei verschiedene 9 x 3 - Rechtecke

  Auch für diese Werte von m und m' seien vier Beispiele angeführt.

(c,d)	(g,h)	D_1	D_2	D_3	D_4	D'_1	D'_2	D'_3	D'_4	m	m'
(9,1)	(1,3)	9	1	1	1	1	1	1	3	9	3
(1,9)	(3,1)	1	9	1	1	1	1	1	3	9	3
(10,1)	(0,7)	1	1	9	1	1	3	1	1	9	3
(8,1)	(1,0)	1	1	1	9	1	1	3	1	9	3

Tab. 4.8 Beispiele für den Fall $m = 9$ und $m' = 3$

- $m = 9$ und $m' = 9$

  Bei diesen beiden Werten stehen nur Rechtecke der Größe 9 x 3 zur Auswahl.

  - zwei identische 9 x 3 - Rechtecke
  - zwei verschiedene 9 x 3 - Rechtecke

  Wie bei den anderen Werten werden auch für diesen Fall vier Beispiele angeführt.

(c,d)	(g,h)	D_1	D_2	D_3	D_4	D'_1	D'_2	D'_3	D'_4	m	m'
(18,1)	(5,5)	9	1	1	1	1	1	1	9	9	9
(1,9)	(10,1)	1	9	1	1	9	1	1	1	9	9
(19,1)	(1,3)	1	1	9	1	9	1	1	1	9	9
(8,1)	(0,2)	1	1	1	9	1	1	9	1	9	9

Tab. 4.9 Beispiele für den Fall $m = 9$ und $m' = 9$

Ordnung n = 45

Noch komplizierter wird die Situation, wenn wie bei der Ordnung $n = 45$ mit $3, 5, 9, 15$ noch weitere Teiler ins Spiel kommen.

Insgesamt gibt es 1 119 744 Kombinationen von Hauptschritten (c, d) und Zwischenschritten (g, h), bei denen die sich hieraus ergebenden Parameter m und m' echte Teiler der Ordnung $n = 45$ sind, sodass man mit diesen Werten ein pandiagonales magisches Quadrat erzeugen kann. Diese Kombinationen lassen sich wie in Tabelle 4.10 unterteilen.

m	m'	Anzahl
3	3	55 296
3	9	27 648
3	15	221 184
9	3	27 648
9	9	13 824
9	15	110 592
15	3	221 184
15	9	110 592
15	15	331 776
		1 119 744

Tab. 4.10 Anzahl der Kombinationen bei verschiedenen Parametern

Da Wiederholungen zu falschen Summen in den Zeilen, den Spalten, den nach rechts aufsteigenden gebrochenen oder den nach rechts absteigenden gebrochenen Diagonalen führen, können in allen aufgeführten Fällen nur bestimmte Kombinationen von Rechtecken benutzt werden. Diese Rechtecke können nur Breiten mit den Werten 3, 9 oder 15 besitzen und müssen neben weiteren Bedingungen für sich gesehen natürlich immer gleichen Spaltensummen besitzen.

Bei den nachfolgenden Angaben zu den Rechtecken bezieht sich das zuerst angegebene Rechteck immer auf die Permutation der Spalten und das zweite Rechteck auf die Zeilen. Außerdem wird die Größe eines Rechtecks immer in der Form (w, h) angegeben.

- $m = 3$ und $m' = 3$

  Da die Zahl 3 als Teiler in den Breiten aller möglichen Rechtecke auftritt, können alle möglichen Rechtecke miteinander kombiniert werden. Damit ergeben sich konkret folgende sechs Möglichkeiten:

  - zwei identische 3 x 15 - Rechtecke
  - ein 3 x 15 - Rechteck und ein zweites Rechteck der Größe 3 x 15, 9 x 5 oder 15 x 3
  - zwei identische 9 x 5 - Rechtecke
  - ein 9 x 5 - Rechteck und ein zweites Rechteck der Größe 3 x 15, 9 x 5 oder 15 x 3
  - zwei identische 15 x 3 - Rechtecke
  - ein 15 x 3 - Rechteck und ein zweites Rechteck der Größe 3 x 15, 9 x 5 oder 15 x 3

  In Tabelle 4.11 sind vier Beispiele von Schrittkombinationen für diesen Fall angegeben.

(c, d)	(g, h)	D_1	D_2	D_3	D_4	D'_1	D'_2	D'_3	D'_4	m	m'
(3,4)	(4,1)	3	1	1	1	1	3	1	1	3	3
(1,3)	(8,2)	1	3	1	1	1	1	1	3	3	3
(7,1)	(8,3)	1	1	3	1	1	1	1	3	3	3
(2,1)	(6,4)	1	1	1	3	1	3	1	1	3	3

Tab. 4.11 Beispiele für den Fall $m = 3$ und $m' = 3$

- $m = 3$ und $m' = 9$

  In diesem Fall muss das Rechteck, das die Permutation der Spalten festlegt, die Breite 9 besitzen. Damit gibt es vier Möglichkeiten für die Auswahl der Rechtecke.

  - zwei identische 9 x 5 - Rechtecke
  - ein 9 x 5 - Rechteck und ein zweites Rechteck der Größe 3 x 15, 9 x 5 oder 15 x 3

(c,d)	(g,h)	D_1	D_2	D_3	D_4	D'_1	D'_2	D'_3	D'_4	m	m'
(2,4)	(11,6)	1	1	1	3	9	1	1	1	3	9
(4,2)	(21,11)	1	1	1	3	1	9	1	1	3	9
(2,1)	(13,3)	1	1	1	3	1	1	9	1	3	9
(4,3)	(15,1)	1	3	1	1	1	1	1	9	3	9

Tab. 4.12 Beispiele für den Fall $m = 3$ und $m' = 9$

- $m = 3$ und $m' = 15$

Bei diesen Werten muss man ein Rechteck der Breite 15 für die Spalten wählen.

- zwei identische 15 x 3 - Rechtecke
- ein 15 x 3 - Rechteck und ein zweites Rechteck der Größe 3 x 15, 9 x 5 oder 15 x 3

(c,d)	(g,h)	D_1	D_2	D_3	D_4	D'_1	D'_2	D'_3	D'_4	m	m'
(2,1)	(6,2)	1	1	1	3	1	1	3	5	3	15
(1,2)	(3,7)	1	1	1	3	1	5	3	1	3	15
(4,3)	(7,1)	1	3	1	1	3	1	5	1	3	15
(8,4)	(13,10)	1	1	1	3	5	3	1	1	3	15

Tab. 4.13 Beispiele für den Fall $m = 3$ und $m' = 15$

- $m = 9$ und $m' = 3$

Bei dieser Kombination muss das zweite Rechteck, das die Permutation der Zeilen festlegt, die Breite 9 besitzen. Damit gibt es vier Möglichkeiten für die Auswahl der Rechtecke.

- zwei identische 9 x 5 - Rechtecke
- ein Rechteck der Größe 3 x 15, 9 x 5 oder 15 x 3 kombiniert mit einem zweiten Rechteck der Größe 9 x 5

(c,d)	(g,h)	D_1	D_2	D_3	D_4	D'_1	D'_2	D'_3	D'_4	m	m'
(9,2)	(11,1)	9	1	1	1	1	1	3	1	9	3
(2,9)	(6,1)	1	9	1	1	1	1	3	1	9	3
(13,4)	(9,1)	1	1	9	1	1	3	1	1	9	3
(8,1)	(9,4)	1	1	1	9	1	3	1	1	9	3

Tab. 4.14 Beispiele für den Fall $m = 9$ und $m' = 3$

- $m = 9$ und $m' = 9$

  Hier können nur Rechtecke der Größe 9 x 5 benutzt werden.

  - zwei identische 9 x 5 - Rechtecke
  - zwei verschiedene 9 x 5 - Rechtecke

(c,d)	(g,h)	D_1	D_2	D_3	D_4	D'_1	D'_2	D'_3	D'_4	m	m'
(9,2)	(1,11)	9	1	1	1	1	9	1	1	9	9
(2,9)	(1,1)	1	9	1	1	1	1	1	9	9	9
(13,4)	(5,3)	1	1	9	1	1	1	1	9	9	9
(8,1)	(0,2)	1	1	1	9	1	1	9	1	9	9

Tab. 4.15 Beispiele für den Fall $m = 9$ und $m' = 9$

- $m = 9$ und $m' = 15$

  In diesem Fall sind zwar m und m' echte Teiler der Ordnung $n = 45$, aber mit kgv (9, 15) = 45 nicht deren kleinstes gemeinsames Vielfaches. Dies bedeutet, dass zwar ein pandiagonales magisches Quadrat erzeugt werden kann, dazu aber völlig unterschiedliche Rechtecke benutzt werden müssen, deren Breiten und Höhen aus völlig unterschiedlichen Zahlen bestehen. Damit gibt es für diesen Fall nur eine einzige Möglichkeit.

  - ein 15 x 3 - Rechteck und ein zweites Rechteck der Größe 9 x 5

(c,d)	(g,h)	D_1	D_2	D_3	D_4	D'_1	D'_2	D'_3	D'_4	m	m'
(9,2)	(5,1)	9	1	1	1	1	1	3	5	9	15
(2,9)	(7,1)	1	9	1	1	5	1	1	3	9	15
(13,4)	(5,1)	1	1	9	1	1	3	5	1	9	15
(8,1)	(3,2)	1	1	1	9	5	1	3	1	9	15

Tab. 4.16 Beispiele für den Fall $m = 9$ und $m' = 15$

- $m = 15$ und $m' = 3$

  Bei diesen Kombinationen muss das zweite Rechteck, das die Permutation der Zeilen festlegt, die Breite 15 besitzen. Damit gibt es vier Möglichkeiten für die Auswahl der Rechtecke.

  - zwei identische 15 x 3 - Rechtecke
  - ein Rechteck der Größe 3 x 15, 9 x 5 oder 15 x 3 kombiniert mit einem zweiten Rechteck der Größe 15 x 3

(c,d)	(g,h)	D_1	D_2	D_3	D_4	D'_1	D'_2	D'_3	D'_4	m	m'
(5,2)	(3,1)	5	1	3	1	1	1	1	3	15	3
(3,5)	(1,1)	3	5	1	1	1	1	1	3	15	3
(29,4)	(3,1)	1	1	5	3	1	3	1	1	15	3
(2,3)	(1,1)	1	3	1	5	1	1	1	3	15	3

Tab. 4.17 Beispiele für den Fall $m = 15$ und $m' = 3$

- $m = 15$ und $m' = 9$

Hier gibt es wie im ähnlichen Fall $m = 9$ und $m' = 15$ nur eine einzige Möglichkeit, um Wiederholungen auszuschließen.

– ein 9 x 5 - Rechteck und ein zweites Rechteck der Größe 15 x 3

(c,d)	(g,h)	D_1	D_2	D_3	D_4	D'_1	D'_2	D'_3	D'_4	m	m'
(5,2)	(14,0)	5	1	3	1	9	1	1	1	15	9
(1,5)	(10,7)	1	5	1	3	9	1	1	1	15	9
(8,3)	(0,4)	1	3	5	1	1	1	9	1	15	9
(4,1)	(21,2)	1	1	3	5	1	1	1	9	15	9

Tab. 4.18 Beispiele für den Fall $m = 15$ und $m' = 9$

- $m = 15$ und $m' = 15$

Bei diesen Werten können nur Rechtecke der Größe 15 x 3 benutzt werden.

– zwei identische 15 x 3 - Rechtecke

– zwei verschiedene 15 x 3 - Rechtecke

(c,d)	(g,h)	D_1	D_2	D_3	D_4	D'_1	D'_2	D'_3	D'_4	m	m'
(5,2)	(18,4)	5	1	3	1	1	1	1	15	15	15
(3,5)	(4,1)	3	5	1	1	1	1	5	3	15	15
(1,6)	(7,1)	1	3	5	1	3	5	1	1	15	15
(4,1)	(19,2)	1	1	3	5	15	1	1	1	15	15

Tab. 4.19 Beispiele für den Fall $m = 15$ und $m' = 15$

Allgemeine Analyse

Tabelle 4.20 gibt eine Übersicht über die Anzahl der Kombinationen von Hauptschritt (c, d) und Zwischenschritt (g, h), die bei verschiedenen Ordnungen der Form $n = 3k$ zur Verfügung stehen (k ungerade mit $k > 1$).

Ordnung	Anzahl
9	1728
15	1536
21	20736
27	248832
45	1119744
81	23654592
105	19464192
135	129517056

Tab. 4.20 Anzahl der Kombinationen von Haupt- und Zwischenschritten

Bei vorgegebenem Hauptschritt (c, d) und Zwischenschritt (g, h) sind die Parameter m und m' eindeutig bestimmt. Dabei zeigt sich, dass jede Zahl, die die folgenden beiden Bedingungen erfüllt, als Parameter m oder m' geeignet ist.

- die Zahl ist ein echter Teiler der Ordnung n.
- sie ist ein Vielfaches von 3.

Die erlaubten Parameter m und m' lassen sich beliebig miteinander kombinieren und für jede Kombination existieren geeignete Rechtecke, mit denen sich pandiagonale magische Quadrate erzeugen lassen.

Neben der Bedingung, dass diese Rechtecke immer gleiche Spaltensummen besitzen, müssen sie auch geeignete Breiten und Höhen aufweisen. Dabei beziehen sich die im Folgenden angegebenen Maße (w_1, h_1) des ersten Rechtecks immer auf die Spalten und die Maße (w_2, h_2) des zweiten Rechtecks auf die Zeilen.

- Die Breite w_1 ist immer ein Vielfaches von m' und muss bei den erlaubten Werten für m und m' enthalten sein.
- Die Breite w_1 liegt im Bereich $m' \leq w_1 \leq \frac{n}{2}$.
- Die zugehörige Höhe h_1 dieses Rechtecks ergibt sich aus der Gleichung $w_1 \cdot h_1 = n$.
- Die Breite w_2 des zweiten Rechtecks kann ein beliebiger Wert aus der Menge der für m und m' erlaubten Werte sein, wenn zusätzlich die Gleichung $\text{ggt}(m, w_2) = m$ erfüllt ist.

- Die zugehörige Höhe h_2 dieses Rechtecks ergibt sich aus der Gleichung $w_2 \cdot h_2 = n$.
- Gilt $(w_1, h1) = (w_2, h2)$, können identische oder unterschiedlich gefüllte Rechtecke benutzt werden.

Tabelle 4.21 stellt für einige Ordnungen eine Übersicht der möglichen Rechtecke dar, wenn die Parameter m und m' durch einen Haupt- und Zwischenschritt festgelegt sind. Dabei gibt ein Gleichheitszeichen bei dem zweiten Rechteck an, dass identisch gefüllte Rechtecke benutzt werden können.

Ordnung	(m, m′)	Geeignete Rechtecke			
9	(3,3)	3 x 3/3 x 3	3 x 3/=		
15	(3,3)	3 x 5/3 x 5	3 x 5/=		
21	(3,3)	3 x 7/3 x 7	3 x 7/=		
27	(3,3)	3 x 9/3 x 9	3 x 9/9 x 3	3 x 9/=	
		9 x 3/3 x 9	9 x 3/9 x 3	9 x 3/=	
	(3,9)	9 x 3/3 x 9	9 x 3/9 x 3	9 x 3/=	
	(9,3)	3 x 9/9 x 3			
		9 x 3/9 x 3	9 x 3/=		
	(9,9)	9 x 3/9 x 3	9 x 3/=		
45	(3,3)	3 x 15/3 x 15	3 x 15/9 x 5	3 x 15/15 x 3	3 x 15/=
		9 x 5/3 x 15	9 x 5/9 x 5	9 x 5/15 x 3	9 x 5/=
		15 x 3/3 x 15	15 x 3/9 x 5	15 x 3/15 x 3	15 x 3/=
	(3,9)	9 x 5/3 x 15	9 x 5/9 x 5	9 x 5/15 x 3	9 x 5/=
	(3,15)	15 x 3/3 x 15	15 x 3/9 x 5	15 x 3/15 x 3	15 x 3/=
	(9,3)	3 x 15/9 x 5			
		9 x 5/9 x 5	9 x 5/=		
		15 x 3/9 x 5			
	(9,9)	9 x 5/9 x 5	9 x 5/=		
	(9,15)	15 x 3/9 x 5			
	(15,3)	3 x 15/15 x 3			
		9 x 5/15 x 3			
		15 x 3/15 x 3	15 x 3/=		
	(15,9)	9 x 5/15 x 3			
	(15,15)	15 x 3/15 x 3	15 x 3/=		

Tab. 4.21 Breite und Höhe von geeigneten Rechtecken bei einigen Ordnungen

4.2.3 Candy (Methode 1)

Candy hat ein Verfahren zur Konstruktion von pandiagonalen magischen Quadraten der Ordnungen $n = 3k$ entwickelt, bei dem k eine Primzahl größer als 3 ist.[21] Er benutzt zwei Anordnungen der Zahlen 1 bis n, die er in k Gruppen zu jeweils drei Zahlen unterteilt. Zusätzlich müssen die Zahlen auf den gleichen relativen Positionen innerhalb der Gruppen die gleiche Summe ergeben. Zwei derartige Anordnung sind beispielsweise

1	2	3	4	5	6	8	9	7	12	10	11	15	14	13
3	2	1	6	5	4	7	9	8	11	10	12	13	14	15

Schreibt man die Blöcke von jeweils drei Zahlen untereinander, erkennt man bei beiden Anordnungen Rechtecke mit gleichen Spaltensummen von 40.

Candy legt den Ursprung $(1, 1)$ in die linke obere Ecke. Er beginnt mit dem Quadrat in natürlicher Anordnung und ordnet die Spalten und die Zeilen mit den beiden Anordnungen um, sodass sich das Quadrat in Abbildung 4.62 ergibt.

	1	2	3	4	5	6	8	9	7	12	10	11	15	14	13
3	31	32	33	34	35	36	38	39	37	42	40	41	45	44	43
2	16	17	18	19	20	21	23	24	22	27	25	26	30	29	28
1	1	2	3	4	5	6	8	9	7	12	10	11	15	14	13
6	76	77	78	79	80	81	83	84	82	87	85	86	90	89	88
5	61	62	63	64	65	66	68	69	67	72	70	71	75	74	73
4	46	47	48	49	50	51	53	54	52	57	55	56	60	59	58
7	91	92	93	94	95	96	98	99	97	102	100	101	105	104	103
9	121	122	123	124	125	126	128	129	127	132	130	131	135	134	133
8	106	107	108	109	110	111	113	114	112	117	115	116	120	119	118
11	151	152	153	154	155	156	158	159	157	162	160	161	165	164	163
10	136	137	138	139	140	141	143	144	142	147	145	146	150	149	148
12	166	167	168	169	170	171	173	174	172	177	175	176	180	179	178
13	181	182	183	184	185	186	188	189	187	192	190	191	195	194	193
14	196	197	198	199	200	201	203	204	202	207	205	206	210	209	208
15	211	212	213	214	215	216	218	219	217	222	220	221	225	224	223

Abb. 4.62 Anordnung der Spalten und Zeilen

[21] Candy [73] S. 81 – 86

Zusätzlich wird als Basisquadrat noch ein pandiagonales diagonales Euler-Quadrat der Ordnung $k = 5$ benötigt.

1	23	20	12	9
15	7	4	21	18
24	16	13	10	2
8	5	22	19	11
17	14	6	3	25

1	23	20	12	9
15	7	4	21	18
24	16	13	10	2
8	5	22	19	11
17	14	6	3	25

Abb. 4.63 Pandiagonales Basisquadrat

Dieses pandiagonale Basisquadrat dient dazu, die 3 x 3 - Blöcke gemäß der dort eingetragenen Reihenfolge der Zahlen 1 bis 25 in das Zielquadrat zu übertragen. Mit dieser Anordnung ergibt sich dann das pandiagonale Quadrat der Ordnung $n = 15$.

31	32	33	188	189	187	165	164	163	94	95	96	87	85	86
16	17	18	203	204	202	150	149	148	124	125	126	72	70	71
1	2	3	218	219	217	180	179	178	109	110	111	57	55	56
105	104	103	79	80	81	42	40	41	181	182	183	158	159	157
135	134	133	64	65	66	27	25	26	196	197	198	143	144	142
120	119	118	49	50	51	12	10	11	211	212	213	173	174	172
192	190	191	151	152	153	98	99	97	90	89	88	34	35	36
207	205	206	136	137	138	128	129	127	75	74	73	19	20	21
222	220	221	166	167	168	113	114	112	60	59	58	4	5	6
83	84	82	45	44	43	184	185	186	162	160	161	91	92	93
68	69	67	30	29	28	199	200	201	147	145	146	121	122	123
53	54	52	15	14	13	214	215	216	177	175	176	106	107	108
154	155	156	102	100	101	76	77	78	38	39	37	195	194	193
139	140	141	132	130	131	61	62	63	23	24	22	210	209	208
169	170	171	117	115	116	46	47	48	8	9	7	225	224	223

Abb. 4.64 Pandiagonales magisches Quadrat der Ordnung $n = 15$ (Candy)

Varianten

Dieses Verfahren erzeugt eine Vielzahl an unterschiedlichen pandiagonalen magischen Quadraten, da es in vielerlei Hinsicht verändert werden kann.

- Die Anordnungen für die Spalten- und Zeilenvertauschungen können verändert und beliebig miteinander kombiniert werden.
- Das Basisquadrat zur Anordnung der 3 x 3 - Blöcke ist veränderbar.

Es gibt aber noch eine weitere Möglichkeit, wie im nächsten Beispiel demonstriert wird. Zunächst einmal werden in Abbildung 4.65 die Spalten und Zeilen wie bisher neu angeordnet.

		Block 0			Block 1			Block 2			Block 3			Block 4		
		15	5	4	1	6	8	10	13	11	12	9	14	2	7	3
	14	210	200	199	196	201	203	205	208	206	207	204	209	197	202	198
Block 0	2	30	20	19	16	21	23	25	28	26	27	24	29	17	22	18
	15	225	215	214	211	216	218	220	223	221	222	219	224	212	217	213
	8	120	110	109	106	111	113	115	118	116	117	114	119	107	112	108
Block 1	11	165	155	154	151	156	158	160	163	161	162	159	164	152	157	153
	9	135	125	124	121	126	128	130	133	131	132	129	134	122	127	123
	7	105	95	94	91	96	98	100	103	101	102	99	104	92	97	93
Block 2	10	150	140	139	136	141	143	145	148	146	147	144	149	137	142	138
	3	45	35	34	31	36	38	40	43	41	42	39	44	32	37	33
	5	75	65	64	61	66	68	70	73	71	72	69	74	62	67	63
Block 3	13	195	185	184	181	186	188	190	193	191	192	189	194	182	187	183
	12	180	170	169	166	171	173	175	178	176	177	174	179	167	172	168
	6	90	80	79	76	81	83	85	88	86	87	84	89	77	82	78
Block 4	4	60	50	49	46	51	53	55	58	56	57	54	59	47	52	48
	1	15	5	4	1	6	8	10	13	11	12	9	14	2	7	3

Abb. 4.65 Spalten- und Zeilentransformation

Zusätzlich wird noch ein pandiagonales diagonales lateinisches Quadrat der Ordnung $k = 5$ benötigt, bei dem die Zahlen für die anfallenden Berechnungen in das Zahlensystem zur Basis 5 umgewandelt werden.

4	8	15	17	21
12	16	24	3	10
23	5	7	11	19
6	14	18	25	2
20	22	1	9	13

a) pandiagonales Quadrat

03	12	24	31	40
21	30	43	02	14
42	04	11	20	33
10	23	32	44	01
34	41	00	13	22

b) Zahlensystem zur Basis 5

Abb. 4.66 Pandiagonales magisches Hilfsquadrat

Mit diesem Hilfsquadrat wird das Zielquadrat vollkommen anders zusammengesetzt, da die Teilquadrate der Größe 3 jetzt in Teilquadrate der Größe 5 umgewandelt werden. In neun Durchgängen werden dazu jeweils alle 25 Zahlen des Hilfsquadrates von links nach rechts und von oben nach unten bearbeitet. Die beiden Ziffern der Zahl im Zahlensystem zur Basis 5 geben dabei das Teilquadrat der Größe 3 an, aus dem die Zahlen gelesen werden.

Im ersten Durchgang wird immer die Zahl in der linken oberen Ecke der 5 x 5 - Teilquadrate ausgelesen. Die Zahl 4 lautet im Fünfersystem 03, also wird die erste Zahl im horizontalen Zeilenblock 0 und im vertikalen Spaltenblock 3 benutzt. Da die Zahlenblöcke von oben nach unten durchnummeriert werden, ergibt sich die Zahl 207, die an der aktuellen Position des Teilquadrates der Größe 5 platziert wird.

Die nächste Zahl im Hilfsquadrat lautet 8, was der Zahl 12 im Fünfersystem entspricht. Im Zeilenblock 1 und im Spaltenblock 2 befindet sich in der linken oberen Ecke die Zahl 115, die an der aktuellen Position im 5 x 5 - Teilquadrat eingetragen wird.

Hat man mit den 25 Zahlen des pandiagonalen Hilfsquadrates alle 25 Zahlen in der linken oberen Ecke der Teilquadrate der Größe 3 ausgelesen, ist das erste Teilquadrat der Größe 5 vollständig gefüllt und kann in die linke obere Ecke des Zielquadrates eingetragen werden.

Im zweiten Durchgang werden aus den 3 x 3 - Teilquadraten dann immer die Zahlen für den mittleren 5 x 5 - Block der oberen Zeile des Zielquadrates ausgelesen und in dieses Teilquadrat der Größe 5 übertragen.

207	115	92	61	90
91	75	87	205	107
85	197	106	105	72
120	102	70	77	196
62	76	210	117	100

a) 1. Teilquadrat

204	118	97	66	80
96	65	84	208	112
88	202	111	95	69
110	99	73	82	201
67	81	200	114	103

b) 2. Teilquadrat

Abb. 4.67 Die ersten beiden Teilquadrate

Nach neun Durchgängen sind alle neun Zahlen aus den 3 x 3 - Teilquadraten ausgelesen und die zugehörigen 5 x 5 - Teilquadrate in das Zielquadrat eingesetzt, das dann wie in Abbildung 4.68 ein pandiagonales magisches Quadrat ergibt.

207	115	92	61	90	204	118	97	66	80	209	116	93	68	79
91	75	87	205	107	96	65	84	208	112	98	64	89	206	108
85	197	106	105	72	88	202	111	95	69	86	198	113	94	74
120	102	70	77	196	110	99	73	82	201	109	104	71	78	203
62	76	210	117	100	67	81	200	114	103	63	83	199	119	101
27	160	137	181	60	24	163	142	186	50	29	161	138	188	49
136	195	57	25	152	141	185	54	28	157	143	184	59	26	153
55	17	151	150	192	58	22	156	140	189	56	18	158	139	194
165	147	190	47	16	155	144	193	52	21	154	149	191	48	23
182	46	30	162	145	187	51	20	159	148	183	53	19	164	146
222	130	32	166	15	219	133	37	171	5	224	131	33	173	4
31	180	12	220	122	36	170	9	223	127	38	169	14	221	123
10	212	121	45	177	13	217	126	35	174	11	213	128	34	179
135	42	175	2	211	125	39	178	7	216	124	44	176	3	218
167	1	225	132	40	172	6	215	129	43	168	8	214	134	41

Abb. 4.68 Pandiagonales magisches Quadrat der Ordnung $n = 15$ (Candy, Beispiel 2)

4.2.4 Candy (Methode 2)

Dieses Verfahren von Candy[22] ähnelt seinem anderen Verfahren für pandiagonale magischen Quadrate der Ordnungen $n = 3k$, bei dem k eine Primzahl größer als 3 ist.[23] Candy geht wieder von einem Hilfsquadrat aus, das er in Teilquadrate der Größe 3 unterteilt. In das Teilquadrat in der linken oberen Ecke werden die fortlaufenden Zahlen von 1 bis 9 eingetragen. Die weiteren Teilquadrate füllt er dann ebenso von links nach rechts und von oben nach unten, wobei sich die Zahlen mit jedem Teilquadrat um 9 erhöhen (siehe Abbildung 4.69).

Die Spalten und Zeilen dieses Hilfsquadrates werden dann wieder mit Anordnungen der Zahlen 1 bis 15 umgeordnet, die die gleichen Bedingungen wie in Kapitel 4.2.3 erfüllen müssen.

[22] Candy [73] S. 87 – 97

[23] siehe Kapitel 4.2.3

	1	2	3	4	5	6	7	8	9	10	11	12	13	14	15
1	1	2	3	10	11	12	19	20	21	28	29	30	37	38	39
2	4	5	6	13	14	15	22	23	24	31	32	33	40	41	42
3	7	8	9	16	17	18	25	26	27	34	35	36	43	44	45
4	46	47	48	55	56	57	64	65	66	73	74	75	82	83	84
5	49	50	51	58	59	60	67	68	69	76	77	78	85	86	87
6	52	53	54	61	62	63	70	71	72	79	80	81	88	89	90
7	91	92	93	100	101	102	109	110	111	118	119	120	127	128	129
8	94	95	96	103	104	105	112	113	114	121	122	123	130	131	132
9	97	98	99	106	107	108	115	116	117	124	125	126	133	134	135
10	136	137	138	145	146	147	154	155	156	163	164	165	172	173	174
11	139	140	141	148	149	150	157	158	159	166	167	168	175	176	177
12	142	143	144	151	152	153	160	161	162	169	170	171	178	179	180
13	181	182	183	190	191	192	199	200	201	208	209	210	217	218	219
14	184	185	186	193	194	195	202	203	204	211	212	213	220	221	222
15	187	188	189	196	197	198	205	206	207	214	215	216	223	224	225

Abb. 4.69 Hilfsquadrat von Candy

Mit den veränderten Reihenfolgen laut der nachfolgenden Tabelle ergibt sich das Hilfsquadrat aus Abbildung 4.71.

Spalten	8	12	7	10	11	6	2	1	9	5	13	4	15	3	14
Zeilen	1	15	6	13	10	5	3	4	7	11	2	14	12	9	8

Als Basisquadrat wird zusätzlich ein pandiagonales diagonales Euler-Quadrat der Ordnung $k = 5$ benötigt.

5	9	21	12	18
11	17	3	10	24
8	25	14	16	2
19	1	7	23	15
22	13	20	4	6

Abb. 4.70 Pandiagonales magisches Basisquadrat

Dieses pandiagonale Basisquadrat dient dazu, die 3×3 - Blöcke nach Vorgabe der eingetragenen 25 Zahlen umzuordnen. Mit dieser Anordnung ergibt sich dann das pandiagonale Quadrat der Ordnung $n = 15$ aus Abbildung 4.72.

	8	12	7	10	11	6	2	1	9	5	13	4	15	3	14
1	20	30	19	28	29	12	2	1	21	11	37	10	39	3	38
15	206	216	205	214	215	198	188	187	207	197	223	196	225	189	224
6	71	81	70	79	80	63	53	52	72	62	88	61	90	54	89
13	200	210	199	208	209	192	182	181	201	191	217	190	219	183	218
10	155	165	154	163	164	147	137	136	156	146	172	145	174	138	173
5	68	78	67	76	77	60	50	49	69	59	85	58	87	51	86
3	26	36	25	34	35	18	8	7	27	17	43	16	45	9	44
4	65	75	64	73	74	57	47	46	66	56	82	55	84	48	83
7	110	120	109	118	119	102	92	91	111	101	127	100	129	93	128
11	158	168	157	166	167	150	140	139	159	149	175	148	177	141	176
2	23	33	22	31	32	15	5	4	24	14	40	13	42	6	41
14	203	213	202	211	212	195	185	184	204	194	220	193	222	186	221
12	161	171	160	169	170	153	143	142	162	152	178	151	180	144	179
9	116	126	115	124	125	108	98	97	117	107	133	106	135	99	134
8	113	123	112	121	122	105	95	94	114	104	130	103	132	96	131

Abb. 4.71 Spalten- und Zeilentransformation

39	3	38	191	217	190	161	171	160	34	35	18	140	139	159
225	189	224	146	172	145	116	126	115	73	74	57	5	4	24
90	54	89	59	85	58	113	123	112	118	119	102	185	184	204
26	36	25	166	167	150	2	1	21	219	183	218	152	178	151
65	75	64	31	32	15	188	187	207	174	138	173	107	133	106
110	120	109	211	212	195	53	52	72	87	51	86	104	130	103
182	181	201	180	144	179	17	43	16	158	168	157	28	29	12
137	136	156	135	99	134	56	82	55	23	33	22	214	215	198
50	49	69	132	96	131	101	127	100	203	213	202	79	80	63
149	175	148	20	30	19	208	209	192	143	142	162	45	9	44
14	40	13	206	216	205	163	164	147	98	97	117	84	48	83
194	220	193	71	81	70	76	77	60	95	94	114	129	93	128
169	170	153	8	7	27	177	141	176	11	37	10	200	210	199
124	125	108	47	46	66	42	6	41	197	223	196	155	165	154
121	122	105	92	91	111	222	186	221	62	88	61	68	78	67

Abb. 4.72 Pandiagonales magisches Quadrat der Ordnung $n = 15$ (Candy)

Variante

Neben den Spalten- und Zeilenanordnungen sowie dem pandiagonalen Basisquadrat kann auch das Ausgangsquadrat verändert werden. Hierzu kann das 3×3 - Teilquadrat in der linken oberen Ecke mit den neun Zahlen in natürlicher Anordnung durch Spiegelungen und Drehungen auf acht Arten verändert werden, beispielsweise wie in Abbildung 4.73.

	1	2	3	4	5	6	7	8	9	10	11	12	13	14	15
1	9	6	3	18	15	12	27	24	21	36	33	30	45	42	39
2	8	5	2	17	14	11	26	23	20	35	32	29	44	41	38
3	7	4	1	16	13	10	25	22	19	34	31	28	43	40	37
4	54	51	48	63	60	57	72	69	66	81	78	75	90	87	84
5	53	50	47	62	59	56	71	68	65	80	77	74	89	86	83
6	52	49	46	61	58	55	70	67	64	79	76	73	88	85	82
7	99	96	93	108	105	102	117	114	111	126	123	120	135	132	129
8	98	95	92	107	104	101	116	113	110	125	122	119	134	131	128
9	97	94	91	106	103	100	115	112	109	124	121	118	133	130	127
10	144	141	138	153	150	147	162	159	156	171	168	165	180	177	174
11	143	140	137	152	149	146	161	158	155	170	167	164	179	176	173
12	142	139	136	151	148	145	160	157	154	169	166	163	178	175	172
13	189	186	183	198	195	192	207	204	201	216	213	210	225	222	219
14	188	185	182	197	194	191	206	203	200	215	212	209	224	221	218
15	187	184	181	196	193	190	205	202	199	214	211	208	223	220	217

Abb. 4.73 Verändertes Ausgangsquadrat

Für die neuen Anordnungen der Spalten und Zeilen werden aus den Zahlen von 1 bis 15 wieder fünf Gruppen mit jeweils drei Zahlen benötigt, die als Rechteck angeordnet gleiche Spaltensummen ergeben.

4	6	9
15	10	3
12	8	1
7	5	13
2	11	14
40	40	40

6	3	9
1	11	4
13	14	7
5	10	12
15	2	8
40	40	40

Liest man die beiden Rechtecke zeilenweise von oben nach unten aus, erhält man die neuen Anordnungen der Spalten und Zeilen.

4	6	9	15	10	3	12	8	1	7	5	13	2	11	14
6	3	9	1	11	4	13	14	7	5	10	12	15	2	8

Mit diesen so gewonnenen Zahlensequenzen werden die Spalten und Zeilen umgeordnet, wie es in Abbildung 4.74 dargestellt ist.

	4	6	9	15	10	3	12	8	1	7	5	13	2	11	14
6	61	55	64	82	79	46	73	67	52	70	58	88	49	76	85
3	16	10	19	37	34	1	28	22	7	25	13	43	4	31	40
9	106	100	109	127	124	91	118	112	97	115	103	133	94	121	130
1	18	12	21	39	36	3	30	24	9	27	15	45	6	33	42
11	152	146	155	173	170	137	164	158	143	161	149	179	140	167	176
4	63	57	66	84	81	48	75	69	54	72	60	90	51	78	87
13	198	192	201	219	216	183	210	204	189	207	195	225	186	213	222
14	197	191	200	218	215	182	209	203	188	206	194	224	185	212	221
7	108	102	111	129	126	93	120	114	99	117	105	135	96	123	132
5	62	56	65	83	80	47	74	68	53	71	59	89	50	77	86
10	153	147	156	174	171	138	165	159	144	162	150	180	141	168	177
12	151	145	154	172	169	136	163	157	142	160	148	178	139	166	175
15	196	190	199	217	214	181	208	202	187	205	193	223	184	211	220
2	17	11	20	38	35	2	29	23	8	26	14	44	5	32	41
8	107	101	110	128	125	92	119	113	98	116	104	134	95	122	131

Abb. 4.74 Spalten- und Zeilentransformation

Die Anordnung der Teilquadrate richtet sich wie in den vorangegangenen Beispielen nach einem zusätzlichen pandiagonalen Basisquadrat.

3	6	17	24	15
22	14	5	8	16
10	18	21	12	4
11	2	9	20	23
19	25	13	1	7

Abb. 4.75 Pandiagonales magisches Basisquadrat

Mit diesen Hilfsquadraten wird dann das pandiagonale magische Quadrat aus Abbildung 4.76 erzeugt.

73	67	52	18	12	21	83	80	47	205	193	223	186	213	222
28	22	7	152	146	155	174	171	138	26	14	44	185	212	221
118	112	97	63	57	66	172	169	136	116	104	134	96	123	132
217	214	181	207	195	225	49	76	85	30	24	9	62	56	65
38	35	2	206	194	224	4	31	40	164	158	143	153	147	156
128	125	92	117	105	135	94	121	130	75	69	54	151	145	154
6	33	42	74	68	53	196	190	199	219	216	183	70	58	88
140	167	176	165	159	144	17	11	20	218	215	182	25	13	43
51	78	87	163	157	142	107	101	110	129	126	93	115	103	133
198	192	201	82	79	46	27	15	45	50	77	86	208	202	187
197	191	200	37	34	1	161	149	179	141	168	177	29	23	8
108	102	111	127	124	91	72	60	90	139	166	175	119	113	98
71	59	89	184	211	220	210	204	189	61	55	64	39	36	3
162	150	180	5	32	41	209	203	188	16	10	19	173	170	137
160	148	178	95	122	131	120	114	99	106	100	109	84	81	48

Abb. 4.76 Pandiagonales magisches Quadrat der Ordnung $n = 15$ (Candy, Beispiel 2)

4.2.5 Hendricks

Hendricks arbeitet mit zwei Gleichungen, mit denen aus den Koordinaten (s, z) einer Zelle die dort einzutragende Zahl berechnet wird.[24] Für die Ordnung $n = 9$ sind etwa die Gleichungen

$$\begin{aligned} d_2 &= 1 \cdot s + 4 \cdot z && \mod n \\ d_1 &= 8 \cdot s + 4 \cdot z + 1 && \mod n \end{aligned}$$

geeignet. Für die Position $(s, z) = (7, 6)$ ergeben sich damit die Werte

$$\begin{aligned} d_2 &= 1 \cdot 7 + 4 \cdot 6 &&= 7 + 24 &&= 31 \equiv 4 \\ d_1 &= 8 \cdot 7 + 4 \cdot 6 + 1 &&= 56 + 24 + 1 &&= 81 \equiv 0 \end{aligned}$$

[24] Hendricks [213] S. 23 – 26

Führt man diese Rechnungen für alle Zellen durch, erhält man zunächst zwei Hilfsquadrate.

5	6	7	8	0	1	2	3	4
1	2	3	4	5	6	7	8	0
6	7	8	0	1	2	3	4	5
2	3	4	5	6	7	8	0	1
7	8	0	1	2	3	4	5	6
3	4	5	6	7	8	0	1	2
8	0	1	2	3	4	5	6	7
4	5	6	7	8	0	1	2	3
0	1	2	3	4	5	6	7	8

a) Ergebnisse für d_2

6	5	4	3	2	1	0	8	7
2	1	0	8	7	6	5	4	3
7	6	5	4	3	2	1	0	8
3	2	1	0	8	7	6	5	4
8	7	6	5	4	3	2	1	0
4	3	2	1	0	8	7	6	5
0	8	7	6	5	4	3	2	1
5	4	3	2	1	0	8	7	6
1	0	8	7	6	5	4	3	2

b) Ergebnisse für d_1

Abb. 4.77 Ergebnisse der Berechnungen für d_2 und d_1

Bei dem Quadrat in Abbildung 4.77a sind alle Summen bis auf die der Nebendiagonalen gleich 36. Diese Summe ergibt sich auch bei den gebrochenen Diagonalen, die von der unteren Zeile aus nach rechts oben aufsteigen.

Nur die gebrochenen Diagonalen, die von der oberen Zeile aus nach rechts unten absteigen, besitzen mit 45, 27 und 36 unterschiedliche Summen, da sie jeweils aus Gruppen von drei sich wiederholenden Zahlen bestehen. Wenn die Zahlengruppen 5, 2, 8 sowie 6, 3, 0 und 7, 4, 1 durch drei Zahlengruppen mit der Summe 12 ersetzt werden, besitzen auch diese Diagonalen die Summe 36. Tabelle 4.22 zeigt einen möglichen derartigen Tausch.

alt:	0	1	2	3	4	5	6	7	8
neu:	1	2	0	8	6	7	3	4	5

a) Zifferntausch

alt:	5 2 8	6 3 0	7 4 1
neu:	7 0 5	3 8 1	4 6 2

b) Zifferngruppen

Tab. 4.22 Zifferntausch zum Angleichen der gebrochenen Diagonalen

Mit diesem Tausch werden gleichzeitig auch die Summen im Quadrat der Abbildung 4.77b ausgeglichen. Dort treten diese Zahlengruppen auch mehrfach auf, allerdings bei den aufsteigenden gebrochenen Diagonalen. Die abwärts gerichteten Diagonalen besitzen demgegenüber bereits alle die Summe 36.

Mit diesem Zifferntausch ergeben sich die veränderten Hilfsquadrate für d_2 und d_1 in Abbildung 4.78, bei denen alle Zeilen, Spalten und Diagonalen die gleiche Summe 36 besitzen.

7	3	4	5	1	2	0	8	6
2	0	8	6	7	3	4	5	1
3	4	5	1	2	0	8	6	7
0	8	6	7	3	4	5	1	2
4	5	1	2	0	8	6	7	3
8	6	7	3	4	5	1	2	0
5	1	2	0	8	6	7	3	4
6	7	3	4	5	1	2	0	8
1	2	0	8	6	7	3	4	5

a) Ergebnisse für d_2

3	7	6	8	0	2	1	5	4
0	2	1	5	4	3	7	6	8
4	3	7	6	8	0	2	1	5
8	0	2	1	5	4	3	7	6
5	4	3	7	6	8	0	2	1
6	8	0	2	1	5	4	3	7
1	5	4	3	7	6	8	0	2
7	6	8	0	2	1	5	4	3
2	1	5	4	3	7	6	8	0

b) Ergebnisse für d_1

Abb. 4.78 Hilfsquadrate für d_2 und d_1 nach dem Zifferntausch

Jetzt setzt man die Ziffern aus den beiden Hilfsquadraten wieder zusammen und wandelt die daraus entstehenden Zahlen aus dem Zahlensystem zur Basis 9 in das Zehnersystem um. Werden zusätzlich noch alle Zahlen um 1 erhöht, entsteht das pandiagonale magische Quadrat aus Abbildung 4.79.

73	37	46	58	10	22	01	85	64
20	02	81	65	74	33	47	56	18
34	43	57	16	28	00	82	61	75
08	80	62	71	35	44	53	17	26
45	54	13	27	06	88	60	72	31
86	68	70	32	41	55	14	23	07
51	15	24	03	87	66	78	30	42
67	76	38	40	52	11	25	04	83
12	21	05	84	63	77	36	48	50

a) Zahlensystem zur Basis 9

67	35	43	54	10	21	2	78	59
19	3	74	60	68	31	44	52	18
32	40	53	16	27	1	75	56	69
9	73	57	65	33	41	49	17	25
42	50	13	26	7	81	55	66	29
79	63	64	30	38	51	14	22	8
47	15	23	4	80	61	72	28	39
62	70	36	37	48	11	24	5	76
12	20	6	77	58	71	34	45	46

b) pandiagonales magisches Quadrat

Abb. 4.79 Pandiagonales magisches Quadrat der Ordnung $n = 9$ (Hendricks)

Verallgemeinerung

Da Hendricks nur wenige Beispiele angibt, habe ich sein Verfahren verallgemeinert und untersucht, unter welchen Bedingungen man mit veränderten Koeffizienten der Ausgangsgleichungen weitere pandiagonale magische Quadrate erzeugen kann.

Mit den Gleichungen

$$\begin{aligned} d_2 &= a \cdot s + b \cdot z && \mod n \\ d_1 &= (n-1) \cdot s + b \cdot z + a && \mod n \end{aligned}$$

müssen die Koeffizienten a und b folgende Bedingungen erfüllen:

- Beide Koeffizienten müssen relativ prim zu n sein.
- Die Koeffizienten dürfen nicht gleich sein, da sonst identische Zahlen auf der Nebendiagonalen auftreten.
- Die Summe der Koeffizienten darf nicht gleich n sein, da sonst identische Zahlen auf der Hauptdiagonalen auftreten.
- Es darf nicht gleichzeitig auf beiden Diagonalen zu Wiederholungen von Zahlensequenzen kommen. Also muss entweder $\text{ggt}(a+b, n) = 1$ oder $\text{ggt}(a-b, n) = 1$ gelten.

Für die Ordnung $n = 9$ werden diese Bedingungen neben vielen anderen Möglichkeiten beispielsweise mit $(a, b) = (4, 7)$ erfüllt. Mit den Gleichungen

$$\begin{aligned} d_2 &= 4 \cdot s + 7 \cdot z && \mod 9 \\ d_1 &= 5 \cdot s + 7 \cdot z + 4 && \mod 9 \end{aligned}$$

ergeben sich die Hilfsquadrate aus Abbildung 4.80.

2	6	1	5	0	4	8	3	7
4	8	3	7	2	6	1	5	0
6	1	5	0	4	8	3	7	2
8	3	7	2	6	1	5	0	4
1	5	0	4	8	3	7	2	6
3	7	2	6	1	5	0	4	8
5	0	4	8	3	7	2	6	1
7	2	6	1	5	0	4	8	3
0	4	8	3	7	2	6	1	5

a) Ergebnisse für d_2

6	2	7	3	8	4	0	5	1
8	4	0	5	1	6	2	7	3
1	6	2	7	3	8	4	0	5
3	8	4	0	5	1	6	2	7
5	1	6	2	7	3	8	4	0
7	3	8	4	0	5	1	6	2
0	5	1	6	2	7	3	8	4
2	7	3	8	4	0	5	1	6
4	0	5	1	6	2	7	3	8

b) Ergebnisse für d_1

Abb. 4.80 Ergebnisse der Berechnungen für d_2 und d_1

Man erkennt in Abbildung 4.80a wieder die Wiederholungen auf den gebrochenen Diagonalen, die mit dem folgenden Zifferntausch ausgeglichen werden.

alt:	0	1	2	3	4	5	6	7	8
neu:	0	2	1	7	6	8	5	4	3

a) Zifferntausch

alt:	2 8 5	6 3 0 1 7 4
neu:	1 3 8	5 7 0 2 4 6

b) Zifferngruppen

Tab. 4.23 Zifferntausch zum Angleichen der gebrochenen Diagonalen

Mit diesem Zifferntausch ergeben sich die veränderten Hilfsquadrate für d_2 und d_1 in Abbildung 4.81.

1	5	2	8	0	6	3	7	4
6	3	7	4	1	5	2	8	0
5	2	8	0	6	3	7	4	1
3	7	4	1	5	2	8	0	6
2	8	0	6	3	7	4	1	5
7	4	1	5	2	8	0	6	3
8	0	6	3	7	4	1	5	2
4	1	5	2	8	0	6	3	7
0	6	3	7	4	1	5	2	8

a) Ergebnisse für d_2

5	1	4	7	3	6	0	8	2
3	6	0	8	2	5	1	4	7
2	5	1	4	7	3	6	0	8
7	3	6	0	8	2	5	1	4
8	2	5	1	4	7	3	6	0
4	7	3	6	0	8	2	5	1
0	8	2	5	1	4	7	3	6
1	4	7	3	6	0	8	2	5
6	0	8	2	5	1	4	7	3

b) Ergebnisse für d_1

Abb. 4.81 Hilfsquadrate für d_2 und d_1 nach dem Zifferntausch

Diese Hilfsquadrate werden überlagert und aus dem Quadrat im Zahlensystem zur Basis 9 das pandiagonale magische Quadrat in Abbildung 4.82 erzeugt.

15	51	24	87	03	66	30	78	42
63	36	70	48	12	55	21	84	07
52	25	81	04	67	33	76	40	18
37	73	46	10	58	22	85	01	64
28	82	05	61	34	77	43	16	50
74	47	13	56	20	88	02	65	31
80	08	62	35	71	44	17	53	26
41	14	57	23	86	00	68	32	75
06	60	38	72	45	11	54	27	83

a) Zahlensystem zur Basis 9

15	47	23	80	4	61	28	72	39
58	34	64	45	12	51	20	77	8
48	24	74	5	62	31	70	37	18
35	67	43	10	54	21	78	2	59
27	75	6	56	32	71	40	16	46
68	44	13	52	19	81	3	60	29
73	9	57	33	65	41	17	49	25
38	14	53	22	79	1	63	30	69
7	55	36	66	42	11	50	26	76

b) pandiagonales magisches Quadrat

Abb. 4.82 Pandiagonales magisches Quadrat der Ordnung $n = 9$ (Hendricks, Beispiel 2)

Ein weiteres Beispiel wird für die Ordnung $n = 15$ angegeben, da hier für den Austausch der Ziffern ein Rechteck der Größe 3 x 5 benutzt werden muss. Mit den Koeffizienten $(a, b) = (7, 11)$ ergeben sich zunächst die Hilfsquadrate der Abbildungen 4.83 und 4.84. Da jetzt ein Zahlensystem zur Basis 15 benutzt wird, gelten hier auch 10, 11, 12, 13 und 14 als Ziffern, sodass für sie keine Schreibweisen wie im Hexadezimalsystem notwendig sind.

4	11	3	10	2	9	1	8	0	7	14	6	13	5	12
8	0	7	14	6	13	5	12	4	11	3	10	2	9	1
12	4	11	3	10	2	9	1	8	0	7	14	6	13	5
1	8	0	7	14	6	13	5	12	4	11	3	10	2	9
5	12	4	11	3	10	2	9	1	8	0	7	14	6	13
9	1	8	0	7	14	6	13	5	12	4	11	3	10	2
13	5	12	4	11	3	10	2	9	1	8	0	7	14	6
2	9	1	8	0	7	14	6	13	5	12	4	11	3	10
6	13	5	12	4	11	3	10	2	9	1	8	0	7	14
10	2	9	1	8	0	7	14	6	13	5	12	4	11	3
14	6	13	5	12	4	11	3	10	2	9	1	8	0	7
3	10	2	9	1	8	0	7	14	6	13	5	12	4	11
7	14	6	13	5	12	4	11	3	10	2	9	1	8	0
11	3	10	2	9	1	8	0	7	14	6	13	5	12	4
0	7	14	6	13	5	12	4	11	3	10	2	9	1	8

Abb. 4.83 Ergebnisse für d_2

Auf den aus der unteren Zeile aufsteigenden gebrochenen Diagonalen der Abbildung 4.83 erkennt man die Wiederholungen von Gruppen mit jeweils fünf Ziffern: 0, 3, 6, 9, 12 sowie 7, 10, 13, 1, 4 und 14, 2, 5, 8, 11. Damit besitzen die zugehörigen Diagonalen die Summen $3 \cdot 30 = 90$, $3 \cdot 35 = 105$ und $3 \cdot 40 = 120$.

Für den Zifferntausch muss ein Rechteck der Größe 3 x 5 verwendet werden, bei dem die Spaltensummen gleich sind. Das Rechteck

$$
\begin{array}{ccc}
10 & 0 & 12 \\
1 & 13 & 7 \\
4 & 8 & 2 \\
14 & 9 & 3 \\
6 & 5 & 11 \\
\hline
35 & 35 & 35
\end{array}
$$

11	4	12	5	13	6	14	7	0	8	1	9	2	10	3
0	8	1	9	2	10	3	11	4	12	5	13	6	14	7
4	12	5	13	6	14	7	0	8	1	9	2	10	3	11
8	1	9	2	10	3	11	4	12	5	13	6	14	7	0
12	5	13	6	14	7	0	8	1	9	2	10	3	11	4
1	9	2	10	3	11	4	12	5	13	6	14	7	0	8
5	13	6	14	7	0	8	1	9	2	10	3	11	4	12
9	2	10	3	11	4	12	5	13	6	14	7	0	8	1
13	6	14	7	0	8	1	9	2	10	3	11	4	12	5
2	10	3	11	4	12	5	13	6	14	7	0	8	1	9
6	14	7	0	8	1	9	2	10	3	11	4	12	5	13
10	3	11	4	12	5	13	6	14	7	0	8	1	9	2
14	7	0	8	1	9	2	10	3	11	4	12	5	13	6
3	11	4	12	5	13	6	14	7	0	8	1	9	2	10
7	0	8	1	9	2	10	3	11	4	12	5	13	6	14

Abb. 4.84 Ergebnisse für d_1

besitzt in allen Spalten die Summe 35, sodass es für den Zifferntausch geeignet ist.

Die Gruppen mit den sich jeweils wiederholenden fünf Ziffern werden durch die Zahlen in den Spalten des Rechtecks ersetzt. Die Gruppe 0, 3, 6, 9, 12 mit den Zahlen der linken Spalte, die Gruppe 7, 10, 13, 1, 4 mit der mittleren und die Gruppe 14, 2, 5, 8, 11 mit den Zahlen der rechten Spalte.

alt:	0	3	6	9	12	7	10	13	1	4	14	2	5	8	11
neu:	10	1	4	14	6	8	9	5	0	13	11	12	7	2	3

Tab. 4.24 Zifferntausch zum Angleichen der gebrochenen Diagonalen

Mit diesen Vertauschungen besitzen jetzt alle gebrochenen Diagonalen die Summe $3 \cdot 35 = 105$ und ergeben sich die veränderten Hilfsquadrate der Abbildungen 4.85 und 4.86.

Da man die Spalten und Zeilen des Rechtecks auch beliebig vertauschen kann, ergibt sich eine Vielzahl von weiteren pandiagonalen Quadraten. Darüber hinaus können die fünf Zahlen innerhalb der Spalten auch in beliebiger Reihenfolge angeordnet werden. Dies kann auch für jede Spalte unterschiedlich geschehen, sodass die Zeilen von unterschiedlichen Zahlen gebildet werden. Entscheidend ist nur, dass die Zahlen in den Spalten immer die gleiche Summe ergeben.

13	3	1	9	12	14	0	2	10	8	11	4	5	7	6
2	10	8	11	4	5	7	6	13	3	1	9	12	14	0
6	13	3	1	9	12	14	0	2	10	8	11	4	5	7
0	2	10	8	11	4	5	7	6	13	3	1	9	12	14
7	6	13	3	1	9	12	14	0	2	10	8	11	4	5
14	0	2	10	8	11	4	5	7	6	13	3	1	9	12
5	7	6	13	3	1	9	12	14	0	2	10	8	11	4
12	14	0	2	10	8	11	4	5	7	6	13	3	1	9
4	5	7	6	13	3	1	9	12	14	0	2	10	8	11
9	12	14	0	2	10	8	11	4	5	7	6	13	3	1
11	4	5	7	6	13	3	1	9	12	14	0	2	10	8
1	9	12	14	0	2	10	8	11	4	5	7	6	13	3
8	11	4	5	7	6	13	3	1	9	12	14	0	2	10
3	1	9	12	14	0	2	10	8	11	4	5	7	6	13
10	8	11	4	5	7	6	13	3	1	9	12	14	0	2

Abb. 4.85 Ergebnisse für d_2

3	13	6	7	5	4	11	8	10	2	0	14	12	9	1
10	2	0	14	12	9	1	3	13	6	7	5	4	11	8
13	6	7	5	4	11	8	10	2	0	14	12	9	1	3
2	0	14	12	9	1	3	13	6	7	5	4	11	8	10
6	7	5	4	11	8	10	2	0	14	12	9	1	3	13
0	14	12	9	1	3	13	6	7	5	4	11	8	10	2
7	5	4	11	8	10	2	0	14	12	9	1	3	13	6
14	12	9	1	3	13	6	7	5	4	11	8	10	2	0
5	4	11	8	10	2	0	14	12	9	1	3	13	6	7
12	9	1	3	13	6	7	5	4	11	8	10	2	0	14
4	11	8	10	2	0	14	12	9	1	3	13	6	7	5
9	1	3	13	6	7	5	4	11	8	10	2	0	14	12
11	8	10	2	0	14	12	9	1	3	13	6	7	5	4
1	3	13	6	7	5	4	11	8	10	2	0	14	12	9
8	10	2	0	14	12	9	1	3	13	6	7	5	4	11

Abb. 4.86 Ergebnisse für d_1

Setzt man diese beiden Hilfsquadrate abschließend zu dem Zielquadrat zusammen, erhält man das pandiagonale magische Quadrat aus Abbildung 4.87.

199	59	22	143	186	215	12	39	161	123	166	75	88	115	92
41	153	121	180	73	85	107	94	209	52	23	141	185	222	9
104	202	53	21	140	192	219	11	33	151	135	178	70	77	109
3	31	165	133	175	62	79	119	97	203	51	20	147	189	221
112	98	201	50	27	144	191	213	1	45	163	130	167	64	89
211	15	43	160	122	169	74	82	113	96	200	57	24	146	183
83	111	95	207	54	26	138	181	225	13	40	152	124	179	67
195	223	10	32	154	134	172	68	81	110	102	204	56	18	136
66	80	117	99	206	48	16	150	193	220	2	34	164	127	173
148	190	212	4	44	157	128	171	65	87	114	101	198	46	30
170	72	84	116	93	196	60	28	145	182	214	14	37	158	126
25	137	184	224	7	38	156	125	177	69	86	108	91	210	58
132	174	71	78	106	105	208	55	17	139	194	217	8	36	155
47	19	149	187	218	6	35	162	129	176	63	76	120	103	205
159	131	168	61	90	118	100	197	49	29	142	188	216	5	42

Abb. 4.87 Pandiagonales magisches Quadrat der Ordnung $n = 15$ (Hendricks)

4.2.6 Konstruktion mit Rechtecken

Dieses Verfahren basiert auf Rechtecken der Größe $3 \times \frac{n}{3}$ mit gleichen Spaltensummen.[25] Für die Ordnung $n = 9$ ist dies also ein Rechteck der Größe 3×3 mit der Spaltensumme 15. Dabei spielt es keine Rolle, dass dieses Rechteck in diesem Spezialfall auch ein Quadrat ist.

Das nächstgrößere Quadrat hat die Ordnung 15, sodass ein 3×5 - Rechteck zur Anwendung kommt. Ausgehend von einem 3×3 - Rechteck fügt man dazu einfach die nächsten drei Zahlen 10, 11 und 12 eine Zeile am unteren Rand ein und wiederum darunter die drei nachfolgenden Zahlen von rechts nach links. Mit diesem Vorgehen betragen alle Spaltensummen 40.

[25] Wikipedia [598]

Für größere Ordnungen lassen sich diese Erweiterungen fortsetzen und man erhält immer geeignete Rechtecke R_m mit den Spaltensummen $S = m \cdot \frac{3m+1}{2}$ für $m = \frac{n}{3}$ Zeilen.

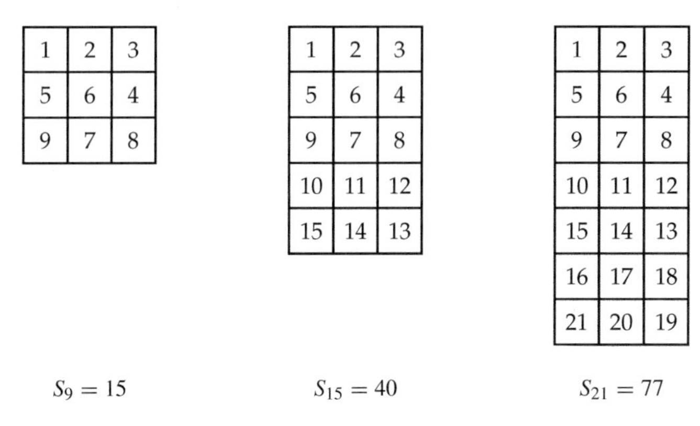

1	2	3
5	6	4
9	7	8

1	2	3
5	6	4
9	7	8
10	11	12
15	14	13

1	2	3
5	6	4
9	7	8
10	11	12
15	14	13
16	17	18
21	20	19

Abb. 4.88 Rechtecke R_m für die Ordnungen 9, 15 und 21

Ein erstes Hilfsdreieck A wird in Blöcke von jeweils drei Spalten unterteilt und das Rechteck R_m für die Ordnung $n = 9$ dreimal untereinander in den linken Block eingefügt. Mit jedem weiteren Block werden die Zeilen des Rechtecks R_m beim Einfügen zyklisch gesehen immer um eine Zeile nach unten verschoben, sodass die untere Zeile nach oben wandert.

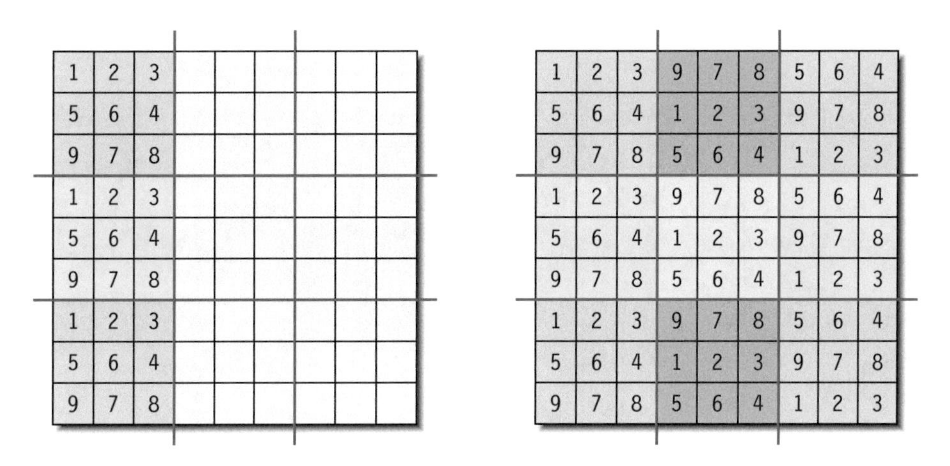

1	2	3						
5	6	4						
9	7	8						
1	2	3						
5	6	4						
9	7	8						
1	2	3						
5	6	4						
9	7	8						

1	2	3	9	7	8	5	6	4
5	6	4	1	2	3	9	7	8
9	7	8	5	6	4	1	2	3
1	2	3	9	7	8	5	6	4
5	6	4	1	2	3	9	7	8
9	7	8	5	6	4	1	2	3
1	2	3	9	7	8	5	6	4
5	6	4	1	2	3	9	7	8
9	7	8	5	6	4	1	2	3

Abb. 4.89 Hilfsquadrat A der Ordnung $n = 9$

Als zweites Hilfsquadrat B für die Konstruktion wird das transponierte Quadrat von A, also das an der Nebendiagonalen gespiegelte Quadrat, benutzt. Addiert man abschließend die entsprechenden Zellen der beiden Hilfsquadrate mit $n \cdot (A - 1) + B$, erhält man ein pandiagonales Quadrat.

1	5	9	1	5	9	1	5	9
2	6	7	2	6	7	2	6	7
3	4	8	3	4	8	3	4	8
9	1	5	9	1	5	9	1	5
7	2	6	7	2	6	7	2	6
8	3	4	8	3	4	8	3	4
5	9	1	5	9	1	5	9	1
6	7	2	6	7	2	6	7	2
4	8	3	4	8	3	4	8	3

a) Hilfsquadrat B

1	14	27	73	59	72	37	50	36
38	51	34	2	15	25	74	60	70
75	58	71	39	49	35	3	13	26
9	10	23	81	55	68	45	46	32
43	47	33	7	11	24	79	56	69
80	57	67	44	48	31	8	12	22
5	18	19	77	63	64	41	54	28
42	52	29	6	16	20	78	61	65
76	62	66	40	53	30	4	17	21

b) pandiagonales Quadrat

Abb. 4.90 Pandiagonales Quadrat der Ordnung $n = 9$

Variante

Da zu Beginn für das Rechteck R_m nur gefordert wird, dass die Spaltensummen gleich sind, ergeben sich viele Möglichkeiten, diese Zahlen geeignet anzuordnen. In dem nachfolgenden Beispiel werden die Zeilen und Spalten des Rechtecks unabhängig voneinander beliebig permutiert. Damit erhält man beispielsweise für die Ordnung $n = 9$ das Hilfsquadrat A und das transponierte Quadrat B aus Abbildung 4.91.

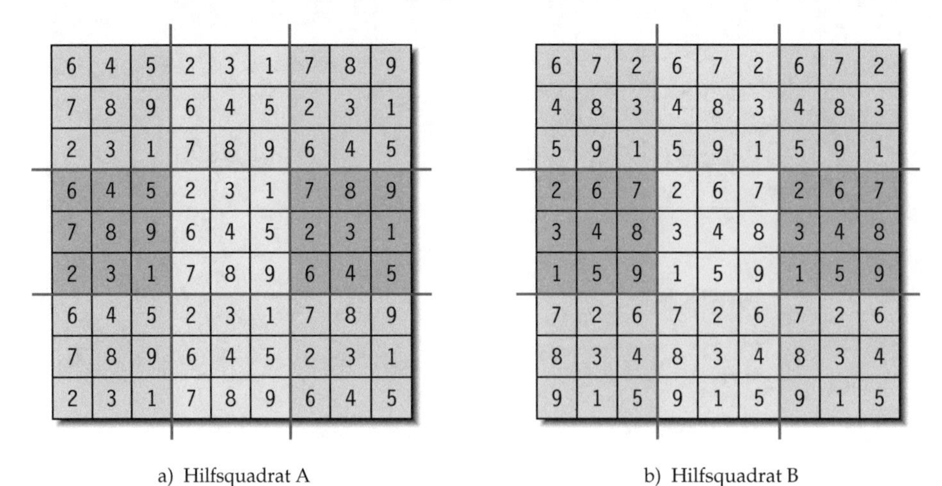

6	4	5	2	3	1	7	8	9
7	8	9	6	4	5	2	3	1
2	3	1	7	8	9	6	4	5
6	4	5	2	3	1	7	8	9
7	8	9	6	4	5	2	3	1
2	3	1	7	8	9	6	4	5
6	4	5	2	3	1	7	8	9
7	8	9	6	4	5	2	3	1
2	3	1	7	8	9	6	4	5

a) Hilfsquadrat A

6	7	2	6	7	2	6	7	2
4	8	3	4	8	3	4	8	3
5	9	1	5	9	1	5	9	1
2	6	7	2	6	7	2	6	7
3	4	8	3	4	8	3	4	8
1	5	9	1	5	9	1	5	9
7	2	6	7	2	6	7	2	6
8	3	4	8	3	4	8	3	4
9	1	5	9	1	5	9	1	5

b) Hilfsquadrat B

Abb. 4.91 Hilfsquadrat A und B für die Ordnung $n = 9$

In diesem Beispiel werden die Zahlen mit $n \cdot (B - 1) + A$ addiert, und es ergibt sich das pandiagonale Quadrat aus Abbildung 4.92.

51	58	14	47	57	10	52	62	18
34	71	27	33	67	23	29	66	19
38	75	1	43	80	9	42	76	5
15	49	59	11	48	55	16	53	63
25	35	72	24	31	68	20	30	64
2	39	73	7	44	81	6	40	77
60	13	50	56	12	46	61	17	54
70	26	36	69	22	32	65	21	28
74	3	37	79	8	45	78	4	41

Abb. 4.92 Pandiagonales Quadrat der Ordnung $n = 9$

4.3 Ungerade Ordnungen: n ist eine Primzahl

4.3.1 Frost

Frost hat ein Verfahren entwickelt, das mithilfe von zwei orthogonalen Hilfsquadraten ein pandiagonales magisches Quadrat für alle Primzahlordnungen erzeugt.[26] Zunächst werden zwei beliebige Zahlen aus dem Bereich 2 bis $n - 2$ ausgewählt, für das Beispiel mit $n = 5$ etwa die Zahlen $u = 2$ und $r = 3$. Für das erste Hilfsquadrat werden jetzt die Zahlen von 0 bis $n - 1$ in beliebiger Reihenfolge in das Hilfsquadrat eingetragen. Dabei beginnt man in der linken unteren Ecke und benutzt die Schrittfolge $(u, 1)$, in diesem Beispiel also $(2, 1)$ und die eingetragene Zahlenfolge lautet $3, 4, 2, 1, 0$.

Danach werden die bereits vorhandenen Zahlen mit der Schrittfolge $(r, 1)$ dupliziert, in diesem Beispiel also mit $(3, 1)$. Zunächst also die Zahl 3, dann die Zahl 4 usw., wie in Abbildung 4.93 zu sehen ist. Dabei ist der erste Schritt vom Startpunkt aus immer besonders markiert. Damit erhält man das rechte Hilfsquadrat aus Abbildung 4.93.

			0	
	1			
				2
		4		
3				

		3	0	
	1			3
	3			2
		4	3	
3				

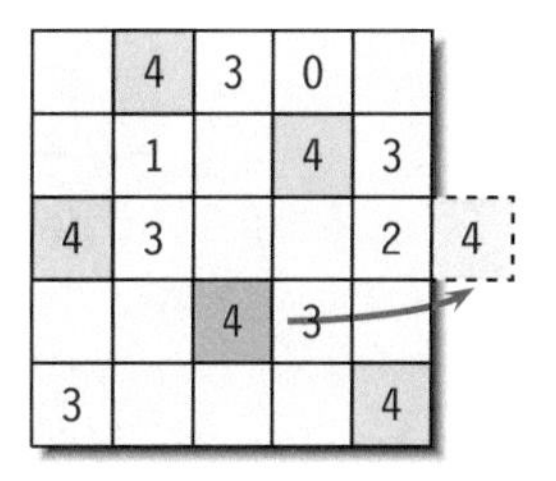

[26] Frost [157] und Ollerenshaw-Bree [395] S. 116 – 119

2	4	3	0	1
0	1	2	4	3
4	3	0	1	2
1	2	4	3	0
3	0	1	2	4

Abb. 4.93 Hilfsquadrat 1 mit (2, 1) – (3, 1) Pfaden

Das zweite Hilfsquadrat wird mit vertauschten Werten aufgebaut. Auch hier werden die Zahlen von 0 bis $n - 1$ in beliebiger Reihenfolge in das Hilfsquadrat eingetragen, wobei man wiederum in der linken unteren Ecke beginnt. Doch dieses Mal wird die Schrittfolge $(r, 1)$ benutzt, in diesem Beispiel also (3, 1). Als Zahlenfolge werden jetzt die Zahlen 2, 4, 0, 1, 3 gewählt. Danach werden wiederum die bereits vorhandenen Zahlen dupliziert, jetzt jedoch mit der Schrittfolge $(u, 1)$, also mit (2, 1). Das Ergebnis ist in Abbildung 4.94 dargestellt.

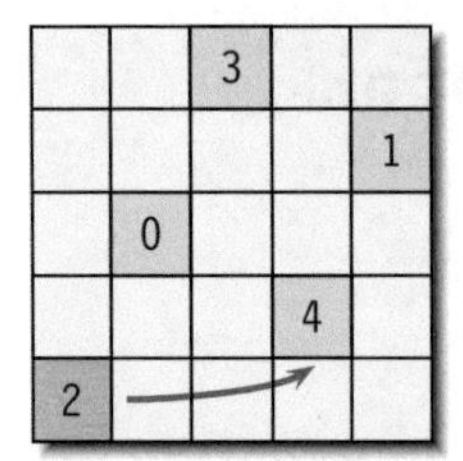

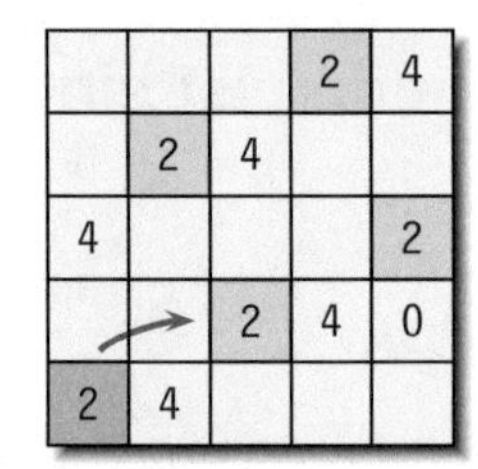

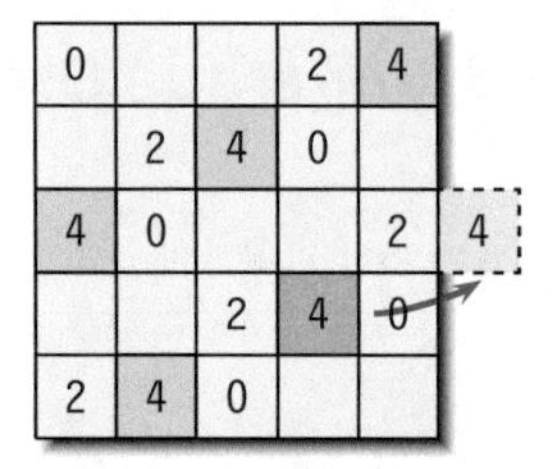

Abb. 4.94 Hilfsquadrat 2 mit (3, 1) – (2, 1) Pfaden

Werden die beiden Hilfsquadrate anschließend überlagert, erhält man ein Quadrat in der Darstellung des Zahlensystems zur Basis $n = 5$. Wandelt man dieses wie in Abbildung 4.95 in das normale Dezimalsystem um, entsteht ein pandiagonales magisches Quadrat.

20	41	33	02	14
03	12	24	40	31
44	30	01	13	22
11	23	42	34	00
32	04	10	21	43

11	22	19	3	10
4	8	15	21	17
25	16	2	9	13
7	14	23	20	1
18	5	6	12	24

Abb. 4.95 Pandiagonales magisches Quadrat der Ordnung 5 (Frost)

Das Verfahren von Frost wird in der Abbildung 4.96 noch einmal mit einem Beispiel der Ordnung 7 demonstriert. Dabei sind $u = 4$ und $r = 5$ mit den Zahlensequenzen 2, 3, 1, 0, 6, 5, 4 sowie 4, 2, 6, 5, 0, 3, 1 benutzt worden.

1	3	2	4	5	6	0
6	0	1	3	2	4	5
4	5	6	0	1	3	2
3	2	4	5	6	0	1
0	1	3	2	4	5	6
5	6	0	1	3	2	4
2	4	5	6	0	1	3

a) Hilfsquadrat (4, 1) – (5, 1)

0	3	1	4	2	6	5
2	6	5	0	3	1	4
3	1	4	2	6	5	0
6	5	0	3	1	4	2
1	4	2	6	5	0	3
5	0	3	1	4	2	6
4	2	6	5	0	3	1

b) Hilfsquadrat (5, 1) – (4, 1)

8	25	16	33	38	49	6
45	7	13	22	18	30	40
32	37	47	3	14	27	15
28	20	29	39	44	5	10
2	12	24	21	34	36	46
41	43	4	9	26	17	35
19	31	42	48	1	11	23

c) pandigonales Quadrat

Abb. 4.96 Pandiagonales magisches Quadrat der Ordnung 7 (Frost)

4.3.2 Fourrey

Fourrey geht bei seiner Methode[27], die für alle Primzahlordnungen gilt, von einem Quadrat in natürlicher Ordnung aus. Er vervielfältigt das Quadrat nach unten und rechts und legt dann in dieses Raster eine Raute der Seitenlänge n inklusive deren Querverbindungen in Abständen von jeweils 1. Wenn man aus dem Quadratraster der Abbildung 4.97 die Zahlen an den Schnittpunkten ausliest, ergibt sich das pandiagonale magische Quadrat aus dem rechten Teil dieser Abbildung.

1	2	3	4	5	1	2	3	4	5	1	2	3	4	5
6	7	8	9	10	6	7	8	9	10	6	7	8	9	10
11	12	13	14	15	11	12	13	14	15	11	12	13	14	15
16	17	18	19	20	16	17	18	19	20	16	17	18	19	20
21	22	23	24	25	21	22	23	24	25	21	22	23	24	25
1	2	3	4	5	1	2	3	4	5	1	2	3	4	5
6	7	8	9	10	6	7	8	9	10	6	7	8	9	10
11	12	13	14	15	11	12	13	14	15	11	12	13	14	15
16	17	18	19	20	16	17	18	19	20	16	17	18	19	20
21	22	23	24	25	21	22	23	24	25	21	22	23	24	25
1	2	3	4	5	1	2	3	4	5	1	2	3	4	5
6	7	8	9	10	6	7	8	9	10	6	7	8	9	10
11	12	13	14	15	11	12	13	14	15	11	12	13	14	15
16	17	18	19	20	16	17	18	19	20	16	17	18	19	20
21	22	23	24	25	21	22	23	24	25	21	22	23	24	25

1	8	15	17	24
12	19	21	3	10
23	5	7	14	16
9	11	18	25	2
20	22	4	6	13

Abb. 4.97 Pandiagonales magisches Quadrat der Ordnung 5 (Fourrey)

[27] Fourrey [142] und Kraitchik [307] S. 157 – 162

Allerdings muss das nicht immer so sein, wie Abbildung 4.98 zeigt. Dieses Quadrat ist nur semi-magisch.

1	2	3	4	5	1	2	3	4	5	1	2	3	4	5
6	7	8	9	10	6	7	8	9	10	6	7	8	9	10
11	12	13	14	15	11	12	13	14	15	11	12	13	14	15
16	17	18	19	20	16	17	18	19	20	16	17	18	19	20
21	22	23	24	25	21	22	23	24	25	21	22	23	24	25
1	2	3	4	5	1	2	3	4	5	1	2	3	4	5
6	7	8	9	10	6	7	8	9	10	6	7	8	9	10
11	12	13	14	15	11	12	13	14	15	11	12	13	14	15
16	17	18	19	20	16	17	18	19	20	16	17	18	19	20
21	22	23	24	25	21	22	23	24	25	21	22	23	24	25
1	2	3	4	5	1	2	3	4	5	1	2	3	4	5
6	7	8	9	10	6	7	8	9	10	6	7	8	9	10
11	12	13	14	15	11	12	13	14	15	11	12	13	14	15
16	17	18	19	20	16	17	18	19	20	16	17	18	19	20
21	22	23	24	25	21	22	23	24	25	21	22	23	24	25

1	8	15	17	24
13	20	22	4	6
25	2	9	11	18
7	14	16	23	5
19	21	3	10	12

Abb. 4.98 Semi-magisches Quadrat der Ordnung 5 (Fourrey)

Um den Hintergrund zu erforschen, wandelt man die grafische Darstellung am besten in eine mathematische Form um. Die Zahlen der Zeilen in Abbildung 4.97 basieren auf einer Springerwanderung mit dem Hauptschritt $(h_s, h_z) = (2, -1)$. Mit dieser Schrittfolge erhält man z. B. die obere Zeile $1 \rightarrow 8 \rightarrow 15 \rightarrow 17 \rightarrow 24$ des Quadrates. Nach genau vier Schritten folgt ein Zwischenschritt, der von der letzten Zahl 24 zu der Zahl 12 führt, also zwei Spalten nach links und zwei Zeilen nach oben, kurz geschrieben $(-2, 2)$. Das Beispiel in Abbildung 4.98 benutzt ebenfalls den Hauptschritt $(2, -1)$, hat aber mit $(-1, 2)$ einen anderen Zwischenschritt.

Bei genauer Untersuchung der möglichen Schritte zeigt sich eine leicht zu merkende Gesetzmäßigkeit. Zu jedem der acht möglichen Springerzüge gibt es fast identisch lautende Zwischenschritte, die vorhersagbar ein pandiagonales magisches Quadrat ergeben. Allerdings zeigt sich dabei auch, dass die dabei entstehenden Quadrate teilweise äquivalent sind. Die wirklich verschiedenen Quadrate können sogar mit nur vier dieser Springerzüge erzeugt werden. Die nachfolgende Tabelle zeigt die möglichen Wahlen für die Haupt- und Zwischenschritte:

Hauptschritt	$(1, 2)$	$(2, -1)$	$(-1, -2)$	$(-2, 1)$
Zwischenschritt	$(-a, -a)$	$(-a, a)$	(a, a)	$(a, -a)$

Der Parameter a kann dabei bis auf drei Ausnahmen alle Werte von 1 bis $n-1$ annehmen. Nur die Zahlen $n-1$, $n-2$ und $n-4$ ergeben für keine ungerade Ordnung n ein magisches Quadrat. Für $n=5$ kann a damit nur die Zahl 2 annehmen, für $n=7$ die Zahlen 1, 2 und 4, für $n=11$ die Zahlen 1, 2, 3, 4, 5, 6 und 8. In allen Fällen erhält man jeweils ein pandiagonales magisches Quadrat.

Warum scheitert aber das Verfahren, wenn man eine drei Zahlen $n-1$, $n-2$ und $n-4$ für a wählt? Betrachtet man zunächst den Fall $n-4$ für den Fall der Ordnung $n=5$. Mit dem Hauptschritt $(2,-1)$ und $a=1$, also dem Zwischenschritt $(-1,1)$ ergibt sich das semi-magische Quadrat aus Abbildung 4.99.

1	2	3	4	5	1	2	3	4	5	1	2	3	4	5
6	7	8	9	10	6	7	8	9	10	6	7	8	9	10
11	12	13	14	15	11	12	13	14	15	11	12	13	14	15
16	17	18	19	20	16	17	18	19	20	16	17	18	19	20
21	22	23	24	25	21	22	23	24	25	21	22	23	24	25
1	2	3	4	5	1	2	3	4	5	1	2	3	4	5
6	7	8	9	10	6	7	8	9	10	6	7	8	9	10
11	12	13	14	15	11	12	13	14	15	11	12	13	14	15
16	17	18	19	20	16	17	18	19	20	16	17	18	19	20
21	22	23	24	25	21	22	23	24	25	21	22	23	24	25
1	2	3	4	5	1	2	3	4	5	1	2	3	4	5
6	7	8	9	10	6	7	8	9	10	6	7	8	9	10
11	12	13	14	15	11	12	13	14	15	11	12	13	14	15
16	17	18	19	20	16	17	18	19	20	16	17	18	19	20
21	22	23	24	25	21	22	23	24	25	21	22	23	24	25

1	8	15	17	24
18	25	2	9	11
10	12	19	21	3
22	4	6	13	20
14	16	23	5	7

Abb. 4.99 Semi-magisches Quadrat mit dem Hauptschritt $(2,-1)$ und dem Zwischenschritt $(-1,1)$

Man erkennt, dass die linke untere Ecke in der gleichen Spalte wie die rechte obere Ecke liegt. Damit kann aber die daraus resultierende Diagonale nicht die magische Summe ergeben. Diese Tatsache ergibt sich unabhängig von der Ordnung n.

Um das zu verstehen, betrachtet man ein Quadrat der Ordnung n genauer. Geht man von der linken oberen Ecke aus, benötigt man $n-1$ Hauptschritte, um zur rechten oberen Ecke zu gelangen. Damit gilt unter Berücksichtigung der Modulo-Rechnung für die Zeile z_{ro} und die Spalte s_{ro} dieser Ecke

$$s_{ro} = 0 + (n-1) \cdot 2 = 2n - 2 \equiv n - 2$$
$$z_{ro} = (n-1) + (n-1) \cdot (-1) = 0$$

Geht man wieder von der linken oberen Ecke aus und bewegt sich zur linken unteren Ecke mit den Koordinaten (s_{lu}, z_{lu}), benötigt man pro Zeile $n-1$ Hauptschritte und zusätzlich $n-1$ Zwischenschritte. Damit folgt mit $a = n-4$ für die Spalte dieser Ecke

$$\begin{aligned} s_{lu} &= 0 + (n-1)\cdot(n-1)\cdot 2 + (n-1)\cdot\big(-(n-4)\big) \\ &= (n^2-2n+1)\cdot 2 - (n^2-5n+4) \\ &= n^2+n-2 \\ &\equiv n-2 \end{aligned}$$

Dies ist aber genau die Spalte der rechten oberen Ecke, deren Summe durch die natürliche Anordnung des Ausgangsquadrates ganz sicher nicht gleich der magischen Summe ist. Da diese Spalte aber nach der Abbildung die Hauptdiagonale bildet, kann das resultierende Quadrat nicht magisch sein.

Entsprechende Berechnungen lassen sich auch für die anderen problematischen Fälle $n-2$ und $n-1$ durchführen. Kürzer geht es allerdings, wenn man gleich mit dem Parameter a arbeitet und sich dann die Ergebnisse anschaut. Für die linke untere Ecke ergibt sich damit

$$\begin{aligned} s_{lu} &= 0 + (n-1)\cdot(n-1)\cdot 2 + (n-1)\cdot(-a) \\ &= (n^2-2n+1)\cdot 2 - an + a \\ &= 2n^2 - (4-a)\cdot n + a + 2 \end{aligned}$$

Durch die Modulo-Rechnung ist nur der Term $a+2$ für das Ergebnis entscheidend. Für einige Werte von a werden in der nachfolgenden Tabelle die berechneten Ergebnisse für die Spalten aufgeführt.

Term	Wert für a	Spalte
$a+2$	$n-4$	$n-2$
$a+2$	$n-3$	$n-1$
$a+2$	$n-2$	$n \equiv 0$
$a+2$	$n-1$	$n+1$

Nun zeigen sich deutlich die beiden Problemfälle. Für $a = n-4$ ergibt sich mit $n-2$ die gleiche Spalte wie die der rechten oberen Ecke. Das Ergebnis zeigt sich in Abbildung 4.99, und es ist völlig klar, dass damit kein magisches Quadrat entstehen kann. Da aber nur die Diagonale verletzt ist, sind diese Quadrate zumindest semi-magisch.

Für $a = n-2$ lautet das Ergebnis 0. Damit beginnt aber jede neue Spalte des Quadrates in Spalte 0 des Ausgangsquadrates und diese Spalte überträgt sich in das entstehende Quadrat. Damit kann natürlich kein magisches Quadrat entstehen, und das Ergebnis zeigt sich in Abbildung 4.100. Diese Quadrate können noch nicht einmal semi-magisch sein.

1	2	3	4	5	1	2	3	4	5	1	2	3	4	5
6	7	8	9	10	6	7	8	9	10	6	7	8	9	10
11	12	13	14	15	11	12	13	14	15	11	12	13	14	15
16	17	18	19	20	16	17	18	19	20	16	17	18	19	20
21	22	23	24	25	21	22	23	24	25	21	22	23	24	25
1	2	3	4	5	1	2	3	4	5	1	2	3	4	5
6	7	8	9	10	6	7	8	9	10	6	7	8	9	10
11	12	13	14	15	11	12	13	14	15	11	12	13	14	15
16	17	18	19	20	16	17	18	19	20	16	17	18	19	20
21	22	23	24	25	21	22	23	24	25	21	22	23	24	25
1	2	3	4	5	1	2	3	4	5	1	2	3	4	5
6	7	8	9	10	6	7	8	9	10	6	7	8	9	10
11	12	13	14	15	11	12	13	14	15	11	12	13	14	15
16	17	18	19	20	16	17	18	19	20	16	17	18	19	20
21	22	23	24	25	21	22	23	24	25	21	22	23	24	25

1	8	15	17	24
6	13	20	22	4
11	18	25	2	9
16	23	5	7	14
21	3	10	12	19

Abb. 4.100 Quadrat mit dem Hauptschritt $(2, -1)$ und dem Zwischenschritt $(-3, 3)$

In allen anderen Fällen ergeben sich immer unterschiedliche Spalten, sodass keine weiteren Probleme auftreten können.

Für den dritten auftretenden Problemfall $n-1$ wird nun auch noch die Zeile der linken unteren Ecke berechnet.

$$\begin{aligned} z_{lu} &= (n-1) + (n-1)\cdot(n-1)\cdot(-1) + (n-1)\cdot a \\ &= (n-1) - (n^2 - 2n + 1) + (n-1)\cdot a \\ &= n - 1 - n^2 + 2n - 1 + an - a \\ &= -n^2 + 3n + an - a - 2 \\ &= -n^2 + (a+3)\cdot n - (a+2) \end{aligned}$$

Wählt man etwa $a = n-1$, folgt für wegen der Modulo-Rechnung entscheidenden Term $-a-2$

$$-(a+2) = -(n-1+2) = -(n+1) = -n-1$$

und mit der Modulo-Rechnung gilt

$$-n-1 \equiv n-1 \mod n$$

Dies ist aber die Ausgangszeile des Verfahrens, d. h. jede Zeile des magischen Quadrates beginnt in der oberen Zeile des Ausgangsquadrates mit den Zahlen 1, 2, 3, 4, 5. Damit kann das entstehende Quadrat schlichtweg nicht magisch sein.

1	8	15	17	24
5	7	14	16	23
4	6	13	20	22
3	10	12	19	21
2	9	11	18	25

Abb. 4.101 Quadrat mit dem Hauptschritt $(2, -1)$ und dem Zwischenschritt $(-4, 4)$

Für $n = 5$ gibt es also nur den Zwischenschritt mit $a = n - 3$, der zu einem magischen Quadrat führt. Das zugehörige magische Quadrat mit dem Hauptschritt $(2, -1)$ und dem Zwischenschritt $(-2, 2)$ ist in Abbildung 4.97 dargestellt.

Abbildung 4.102 zeigt noch einmal das Verfahren von Fourrey für den Fall $n = 7$ mit dem Hauptschritt $(2, -1)$ und dem Zwischenschritt $(-4, 4)$. Das zugehörige pandiagonale magische Quadrat erkennt man links in der Abbildung 4.103.

1	2	3	4	5	6	7	1	2	3	4	5	6	7	1	2	3	4	5	6	7
8	9	10	11	12	13	14	8	9	10	11	12	13	14	8	9	10	11	12	13	14
15	16	17	18	19	20	21	15	16	17	18	19	20	21	15	16	17	18	19	20	21
22	23	24	25	26	27	28	22	23	24	25	26	27	28	22	23	24	25	26	27	28
29	30	31	32	33	34	35	29	30	31	32	33	34	35	29	30	31	32	33	34	35
36	37	38	39	40	41	42	36	37	38	39	40	41	42	36	37	38	39	40	41	42
43	44	45	46	47	48	49	43	44	45	46	47	48	49	43	44	45	46	47	48	49
1	2	3	4	5	6	7	1	2	3	4	5	6	7	1	2	3	4	5	6	7
8	9	10	11	12	13	14	8	9	10	11	12	13	14	8	9	10	11	12	13	14
15	16	17	18	19	20	21	15	16	17	18	19	20	21	15	16	17	18	19	20	21
22	23	24	25	26	27	28	22	23	24	25	26	27	28	22	23	24	25	26	27	28
29	30	31	32	33	34	35	29	30	31	32	33	34	35	29	30	31	32	33	34	35
36	37	38	39	40	41	42	36	37	38	39	40	41	42	36	37	38	39	40	41	42
43	44	45	46	47	48	49	43	44	45	46	47	48	49	43	44	45	46	47	48	49
1	2	3	4	5	6	7	1	2	3	4	5	6	7	1	2	3	4	5	6	7
8	9	10	11	12	13	14	8	9	10	11	12	13	14	8	9	10	11	12	13	14
15	16	17	18	19	20	21	15	16	17	18	19	20	21	15	16	17	18	19	20	21
22	23	24	25	26	27	28	22	23	24	25	26	27	28	22	23	24	25	26	27	28
29	30	31	32	33	34	35	29	30	31	32	33	34	35	29	30	31	32	33	34	35
36	37	38	39	40	41	42	36	37	38	39	40	41	42	36	37	38	39	40	41	42
43	44	45	46	47	48	49	43	44	45	46	47	48	49	43	44	45	46	47	48	49

Abb. 4.102 Pandiagonales magisches Quadrat mit dem Hauptschritt $(2, -1)$ und dem Zwischenschritt $(-4, 4)$

1	10	19	28	30	39	48
16	25	34	36	45	5	14
31	40	49	2	11	20	22
46	6	8	17	26	35	37
12	21	23	32	41	43	3
27	29	38	47	7	9	18
42	44	4	13	15	24	33

22	31	40	49	2	11	20
37	46	6	8	17	26	35
3	12	21	23	32	41	43
18	27	29	38	47	7	9
33	42	44	4	13	15	24
48	1	10	19	28	30	39
14	16	25	34	36	45	5

Abb. 4.103 Pandiagonale magische Quadrate der Ordnung 7 (Fourrey)

Alle mit diesem Verfahren erzeugten Quadrate sind pandiagonal. Daher kann man aus dem entstehenden Quadrat weitere n^2 nicht äquivalente Quadrate erzeugen, indem man eine beliebige Zelle des Quadrates in die linke untere Ecke verschiebt und die anderen Zahlen in der gleichen relativen Reihenfolge dazu anordnet. Dies wird beispielhaft im rechten Quadrat der Abbildung 4.103 demonstriert.

Damit kann man mit diesem Verfahren für die Ordnung n insgesamt

$$m = n^2 \cdot 4 \cdot (n - 4)$$

unterschiedliche pandiagonale magische Quadrate konstruieren. Dies gilt natürlich nur für die vorgegebenen Haupt- und Zwischenschritte. Natürlich kann man die Zwischenschritte auch noch abändern und weitere nicht äquivalente Quadrate erstellen. Die dadurch zusätzlich gewonnenen Möglichkeiten lassen sich jedoch nicht durch so einfache und überschaubare Terme beschreiben.

4.3.3 Candy

Candy stellt in einem seiner Bücher ein Verfahren vor, um pandiagonale magische Quadrate mit Primzahlordnungen zu erzeugen.[28] Er geht von einem Hilfsquadrat in natürlicher Anordnung aus und benutzt eine spezielle Form der Schrittmethode, um Zahlen aus dem Hilfsquadrat auszulesen und in das Zielquadrat zu übertragen.

Man beginnt in der linken oberen Ecke des Hilfsquadrates und trägt diese Zahl an der gleichen Position in das Zielquadrat ein. Mit dem Hauptschritt $(h_s, h_z) = (3, 1)$ bewegt man sich dann im Hilfsquadrat drei Spalten nach rechts und eine Zeile nach oben, wo sich die Zahl 46 befindet, die im Zielquadrat unterhalb der zuletzt eingetragenen Zahl platziert wird. Mit dem nächsten Schritt gelangt man zu der Zahl 42, die im Zielquadrat wieder eine Zeile tiefer eingetragen wird.

[28] Candy [74] S. 6 – 12

Mit dem siebten Schritt erreicht man wieder die Ausgangszahl 1. Nun wird der Zwischenschritt $(z_s, z_z) = (1, -1)$ ausgeführt, der zu der Zahl 9 auf der Nebendiagonalen führt. Mit dieser Zahl beginnt das Übertragen der zweiten Zahlensequenz von n Zahlen. Die Zahl 9 wird an der gleichen Position im Zielquadrat platziert und danach werden wieder die Hauptschritte ausgeführt. Mit diesem Vorgehen wird sichergestellt, dass die Positionen der Zahlen auf der Nebendiagonalen unverändert bleiben.

So überträgt man alle 49 Zahlen, wobei die Spalten im Zielquadrat immer zyklisch betrachtet werden. Verlässt man also eine Spalte am unteren Rand, fährt man am oberen Rand fort. Das Ergebnis ist das pandiagonale magische Quadrat in Abbildung 4.104.

1	2	3	4	5	6	7
8	9	10	11	12	13	14
15	16	17	18	19	20	21
22	23	24	25	26	27	28
29	30	31	32	33	34	35
36	37	38	39	40	41	42
43	44	45	46	47	48	49

1	20					
46	9					
42	5					
31	43					
27	39					
16	35					
12	24					

1	20	32	44	14	26	38
46	9	28	40	3	15	34
42	5	17	29	48	11	23
31	43	13	25	37	7	19
27	39	2	21	33	45	8
16	35	47	10	22	41	4
12	24	36	6	18	30	49

Abb. 4.104 Pandiagonales magisches Quadrat der Ordnung $n = 7$ (Candy)

Varianten

Man kann weitere pandiagonale magische Quadrate erzeugen, wenn man die Spalten und die Zeilen des Ausgangsquadrates vorher beliebig permutiert.

	0	1	2	3	4	5	6
6	1	2	3	4	5	6	7
5	8	9	10	11	12	13	14
4	15	16	17	18	19	20	21
3	22	23	24	25	26	27	28
2	29	30	31	32	33	34	35
1	36	37	38	39	40	41	42
0	43	44	45	46	47	48	49

a) natürliche Anordnung

	1	6	5	0	4	3	2
0	44	49	48	43	47	46	45
2	30	35	34	29	33	32	31
6	2	7	6	1	5	4	3
1	37	42	41	36	40	39	38
5	9	14	13	8	12	11	10
4	16	21	20	15	19	18	17
3	23	28	27	22	26	25	24

b) veränderte Anordnung

Abb. 4.105 Spalten- und Zeilentausch

Mit dem Hauptschritt $(h_s, h_z) = (3, 2)$ und dem Zwischenschritt $(z_s, z_z) = (1, -1)$ folgt dann das pandiagonale magische Quadrat aus Abbildung 4.106.

44	39	22	7	17	33	13
15	35	10	47	41	23	4
38	26	6	16	32	8	49
34	9	46	36	28	3	19
25	1	21	31	12	48	37
14	45	40	27	2	18	29
5	20	30	11	43	42	24

Abb. 4.106 Pandiagonales magisches Quadrat der Ordnung $n = 7$ (Candy, Variante)

Candy arbeitet immer mit dem Zwischenschritt $(z_s, z_z) = (1, -1)$. Für den Hauptschritt (h_s, h_z) gibt er drei Bedingungen an, welche die beiden Parameter erfüllen müssen.

- für den Zeilenwechsel: $1 \leq h_z \leq \frac{n-3}{2}$
- für den Spaltenwechsel: $2 \leq h_s \leq n-1$ mit der Ausnahme $h_s \neq \frac{n+1}{2}$
- allgemein muss gelten: $h_z + h_s \neq n$

Symmetrische pandiagonale Quadrate

Symmetrische Quadrate können schon bei speziellen Permutationen der vorgestellten Variante auftreten. Man kann die Spalten- und Zeilenpermutationen aber auch gezielt wählen, sodass immer symmetrische pandiagonale Quadrate erzeugt werden.

Dazu müssen zunächst sowohl die mittlere Spalte als auch die mittlere Zeile unverändert bleiben. Die restlichen Spalten und Zeilen können unter der Voraussetzung permutiert werden, dass symmetrisch gegenüberliegende Spalten und Zeilen wie in Abbildung 4.107 addiert immer $n - 1 = 6$ ergeben.

	0	1	2	3	4	5	6
6	1	2	3	4	5	6	7
5	8	9	10	11	12	13	14
4	15	16	17	18	19	20	21
3	22	23	24	25	26	27	28
2	29	30	31	32	33	34	35
1	36	37	38	39	40	41	42
0	43	44	45	46	47	48	49

a) natürliche Anordnung

	1	6	2	3	4	0	5
4	16	21	17	18	19	15	20
1	37	42	38	39	40	36	41
6	2	7	3	4	5	1	6
3	23	28	24	25	26	22	27
0	44	49	45	46	47	43	48
5	9	14	10	11	12	8	13
2	30	35	31	32	33	29	34

b) veränderte Anordnung

Abb. 4.107 Spalten- und Zeilentausch

Mit dem Hauptschritt $(h_s, h_z) = (2, 1)$ und dem Zwischenschritt $(z_s, z_z) = (1, -1)$ ergibt sich das symmetrische pandiagonale magische Quadrat aus Abbildung 4.108.

16	6	43	33	39	24	14
31	42	23	13	15	5	46
12	18	3	49	30	41	22
48	29	40	25	10	21	2
28	9	20	1	47	32	38
4	45	35	37	27	8	19
36	26	11	17	7	44	34

Abb. 4.108 Symmetrisches pandiagonales magisches Quadrat (Candy)

4.4 Ungerade Ordnungen: n ist keine Primzahl

4.4.1 Planck

Planck entwickelte seine Methode zunächst für Ordnungen $n = 4k$.[29] Dieses Verfahren kann allerdings nicht direkt auf ungerade Ordnungen übertragen werden, da das Ausbalancieren der Teilsummen hier nicht funktionieren kann. Allerdings kann das Kernprinzip dieser Idee so abwandelt werden, dass man auch für ungerade Ordnungen zusammengesetzte pandiagonale magische Quadrate erzeugen kann, wenn die Ordnung zwei ungerade Teiler besitzt.[30]

Sei etwa $n = 15$ mit den Teilern 3 und 5, dann erzeugt man zunächst ein magisches Rechteck dieser Größe. Anschließend nimmt man die Zahlen der ersten Spalte und füllt damit die obere Zeile eines 3 x 3 - Quadrates. Mit diesen Zahlen werden nun auch die nachfolgenden Zeilen gefüllt, wobei man sie jedoch jeweils zyklisch gesehen um 1 Spalte nach links verschiebt. Damit besitzen schon einmal alle Zeilen, alle Spalten und die Nebendiagonale dieses Teilquadrates die gleiche Summe (siehe Abbildung 4.109).

3	7	15	9	6
10	12	1	13	4
11	5	8	2	14

a) magisches Rechteck

3	10	11
10	11	3
11	3	10

b) Anordnung der Zeilen

Abb. 4.109 Magisches Rechteck als Ausgangsbasis

[29] Dieses Verfahren ist in Band 1 bei den doppelt-geraden Ordnungen beschrieben

[30] Andrews [17] S. 383 – 390

Entsprechend verfährt man wie in Abbildung 4.110 mit den anderen Spalten des magischen Rechtecks.

3	10	11	7	12	5	15	1	8	9	13	2	6	4	14
10	11	3	12	5	7	1	8	15	13	2	9	4	14	6
11	3	10	5	7	12	8	15	1	2	9	13	14	6	4

Abb. 4.110 Teilquadrate basierend auf den Spalten des magischen Rechtecks

Diese Teilquadrate werden jetzt oben in das Zielquadrat eingefügt und so oft nach unten dupliziert, bis das gesamte Quadrat gefüllt ist.

3	10	11	7	12	5	15	1	8	9	13	2	6	4	14
10	11	3	12	5	7	1	8	15	13	2	9	4	14	6
11	3	10	5	7	12	8	15	1	2	9	13	14	6	4
3	10	11	7	12	5	15	1	8	9	13	2	6	4	14
10	11	3	12	5	7	1	8	15	13	2	9	4	14	6
11	3	10	5	7	12	8	15	1	2	9	13	14	6	4
3	10	11	7	12	5	15	1	8	9	13	2	6	4	14
10	11	3	12	5	7	1	8	15	13	2	9	4	14	6
11	3	10	5	7	12	8	15	1	2	9	13	14	6	4
3	10	11	7	12	5	15	1	8	9	13	2	6	4	14
10	11	3	12	5	7	1	8	15	13	2	9	4	14	6
11	3	10	5	7	12	8	15	1	2	9	13	14	6	4
3	10	11	7	12	5	15	1	8	9	13	2	6	4	14
10	11	3	12	5	7	1	8	15	13	2	9	4	14	6
11	3	10	5	7	12	8	15	1	2	9	13	14	6	4

Abb. 4.111 Erstes Hilfsquadrat für das Verfahren von Planck

Betrachtet man das gefüllte Hilfsquadrat in Abbildung 4.111, ist unmittelbar klar, dass alle Zeilen, alle Spalten und die Nebendiagonale die gleiche Summe besitzen müssen, da sich diese Eigenschaft aus den 3×3 - Teilquadraten überträgt. Obwohl die Hauptdiagonalen in den kleinen Teilquadraten jeweils aus drei gleichen Zahlen bestehen, wird durch die spezielle Füllmethode sichergestellt, dass jetzt auch zusätzlich die Hauptdiagonale die gleiche Summe besitzt. In dieser kommen nämlich alle Zahlen einer Zeile des magischen Rechtecks genau dreimal vor.

Von diesem Hilfsquadrat wird eine Kopie angelegt und diese um 90° nach rechts gedreht. Danach werden alle Zahlen dieser Kopie um 1 vermindert und mit der Ordnung $n = 15$ multipliziert. Addiert man abschließend diese beiden Hilfsquadrate, erhält man das pandiagonale magische Quadrat aus Abbildung 4.112.

153	145	41	157	147	35	165	136	38	159	148	32	156	139	44
40	161	138	42	155	142	31	158	150	43	152	144	34	164	141
146	33	160	140	37	162	143	45	151	137	39	163	149	36	154
63	175	101	67	177	95	75	166	98	69	178	92	66	169	104
100	71	168	102	65	172	91	68	180	103	62	174	94	74	171
176	93	70	170	97	72	173	105	61	167	99	73	179	96	64
108	10	221	112	12	215	120	1	218	114	13	212	111	4	224
220	116	3	222	110	7	211	113	15	223	107	9	214	119	6
11	213	115	5	217	117	8	225	106	2	219	118	14	216	109
18	190	131	22	192	125	30	181	128	24	193	122	21	184	134
130	26	183	132	20	187	121	23	195	133	17	189	124	29	186
191	123	25	185	127	27	188	135	16	182	129	28	194	126	19
198	55	86	202	57	80	210	46	83	204	58	77	201	49	89
85	206	48	87	200	52	76	203	60	88	197	54	79	209	51
56	78	205	50	82	207	53	90	196	47	84	208	59	81	199

Abb. 4.112 Pandiagonales magisches Quadrat der Ordnung $n = 15$ (Planck)

Varianten

Das hier beschriebene Verfahren von Planck kann auf mehrere Arten variiert werden, um eine Vielzahl von unterschiedlichen Quadraten zu erzeugen.

- Zunächst hätte man auch mit einem magischen Rechteck der Größe 5 x 3 beginnen können. Dann müssen Teilquadrate der Größe 5 x 5 für den oberen Abschnitt des ersten Hilfsquadrates erzeugt und der gesamte Abschnitt dann noch zweimal nach unten dupliziert werden.
- Die Reihenfolge der gewählten Spalten zur Belegung der oberen Zeilen dieser Teilquadrate ist frei wählbar.
- Ebenso frei wählbar ist die Reihenfolge, mit der die Zahlen aus der gewählten Spalte in die obere Zeile eingetragen werden.

- Beim Duplizieren der oberen Zeile in den kleinen Teilquadraten kann man die Spalten auch zyklisch gesehen um eine Position nach rechts verschieben. Dann besitzt die Hauptdiagonale sofort die gewünschte Teilsumme, während die Nebendiagonale drei gleiche Ziffern aufweist.
- Um das zweite Hilfsquadrat zu erzeugen, kann die Kopie des bereits konstruierten Hilfsquadrates entweder um 90° nach rechts oder nach links gedreht werden.
- Schließlich kann man noch wählen, welches der beiden Hilfsquadrate dekrementiert und anschließend mit der Ordnung n multipliziert wird.

Im nächsten Beispiel wird wieder ein magisches Quadrat der Ordnung $n = 15$ konstruiert, doch wird hiermit einem magischen Rechteck der Größe 5 x 3 begonnen. Damit ergibt sich ein Teilquadrat der Ordnung 5, wobei jetzt die Spalten des magischen Rechtecks in der Reihenfolge $1, 0, 2$ ausgelesen werden und die obere Zeile des Teilquadrates in der Reihenfolge $2, 1, 4, 0, 3$ gefüllt wird. Zusätzlich werden die Zahlen in den untereinanderstehenden Zeilen jeweils um eine Position nach rechts verschoben.

	0	1	2
4	8	1	15
3	14	4	6
2	2	13	9
1	11	10	3
0	5	12	7

a) magisches Rechteck

2	1	4	0	3
13	10	1	12	4
4	13	10	1	12
12	4	13	10	1
1	12	4	13	10
10	1	12	4	13

b) Anordnung der Zeilen

2	1	4	0	3	2	1	4	0	3	2	1	4	0	3
13	10	1	12	4	2	11	8	5	14	9	3	15	7	6
4	13	10	1	12	14	2	11	8	5	6	9	3	15	7
12	4	13	10	1	5	14	2	11	8	7	6	9	3	15
1	12	4	13	10	8	5	14	2	11	15	7	6	9	3
10	1	12	4	13	11	8	5	14	2	3	15	7	6	9

Die so gestalteten oberen fünf Zeilen werden anschließend nach unten kopiert und bilden das erste Hilfsquadrat, das in Abbildung 4.113 zu sehen ist.

Von diesem Hilfsquadrat wird wieder eine Kopie angelegt und dieses Mal um 90° nach links gedreht. Abweichend vom ersten Beispiel werden jetzt alle Zahlen des ersten Hilfsquadrates um 1 vermindert und mit der Ordnung $n = 15$ multipliziert und dann zum zweiten Hilfsquadrat addiert. Mit diesem Ablauf erhält man das pandiagonale magische Quadrat aus Abbildung 4.114.

13	10	1	12	4	2	11	8	5	14	9	3	15	7	6
4	13	10	1	12	14	2	11	8	5	6	9	3	15	7
12	4	13	10	1	5	14	2	11	8	7	6	9	3	15
1	12	4	13	10	8	5	14	2	11	15	7	6	9	3
10	1	12	4	13	11	8	5	14	2	3	15	7	6	9
13	10	1	12	4	2	11	8	5	14	9	3	15	7	6
4	13	10	1	12	14	2	11	8	5	6	9	3	15	7
12	4	13	10	1	5	14	2	11	8	7	6	9	3	15
1	12	4	13	10	8	5	14	2	11	15	7	6	9	3
10	1	12	4	13	11	8	5	14	2	3	15	7	6	9
13	10	1	12	4	2	11	8	5	14	9	3	15	7	6
4	13	10	1	12	14	2	11	8	5	6	9	3	15	7
12	4	13	10	1	5	14	2	11	8	7	6	9	3	15
1	12	4	13	10	8	5	14	2	11	15	7	6	9	3
10	1	12	4	13	11	8	5	14	2	3	15	7	6	9

Abb. 4.113 Erstes Hilfsquadrat für das Verfahren von Planck

186	142	15	168	54	21	157	120	63	204	126	37	225	93	84
52	195	138	9	171	202	30	153	114	66	82	135	33	219	96
180	48	189	141	7	75	198	24	156	112	105	78	129	36	217
3	174	51	187	150	108	69	201	22	165	213	99	81	127	45
144	6	172	60	183	159	111	67	210	18	39	216	97	90	123
194	140	8	176	47	29	155	113	71	197	134	35	218	101	77
50	188	146	2	179	200	23	161	107	74	80	128	41	212	104
173	56	182	149	5	68	206	17	164	110	98	86	122	44	215
11	167	59	185	143	116	62	209	20	158	221	92	89	125	38
137	14	170	53	191	152	119	65	203	26	32	224	95	83	131
184	147	1	175	58	19	162	106	70	208	124	42	211	100	88
57	181	145	13	169	207	16	160	118	64	87	121	40	223	94
166	55	193	139	12	61	205	28	154	117	91	85	133	34	222
10	178	49	192	136	115	73	199	27	151	220	103	79	132	31
148	4	177	46	190	163	109	72	196	25	43	214	102	76	130

Abb. 4.114 Pandiagonales magisches Quadrat der Ordnung $n = 15$ (Planck)

4.5 Doppelt-gerade Ordnungen

Für doppelt-gerade Ordnungen gibt es wie bei den normalen magischen Quadraten viele Konstruktionsverfahren für pandiagonale Quadrate, da u. a. symmetrische Anordnungen ausgenutzt werden können.

4.5.1 Aubry

Aubry stellte im Jahre 1913 ein Verfahren vor, mit dem er pandiagonale magische Quadrate der Ordnung $n = 4k$ mit $k \geq 2$ erzeugen kann.[31] Er beginnt mit einem magischen Rechteck der Größe $2 \times \frac{n}{2}$, im Beispiel für $n = 8$ also mit der Größe 2×4.

8	2	5	3
1	7	4	6

Die Zahlen der oberen Zeile des Rechtecks schreibt er in die obere Zeile eines Hilfsquadrates, wobei jede Zahl zweimal hintereinander notiert wird. In die Zeile darunter werden ebenso die Zahlen der unteren Zeile des Rechtecks geschrieben. Beide Zeilen des Hilfsquadrates werden dann so oft nach unten kopiert, bis das gesamte Quadrat gefüllt ist.

Auf den Zahlen des magischen Rechtecks basierend, wird anschließend ein zweites Hilfsquadrat gefüllt. Allerdings werden vorher alle Zahlen um 1 vermindert und die Ergebnisse dann mit der Ordnung $n = 8$ multipliziert. Diese Zahlen trägt er dann in das zweite Hilfsquadrat wie zuvor beschrieben ein, nur dass dieses Mal die Spalten gefüllt werden.

8	8	2	2	5	5	3	3
1	1	7	7	4	4	6	6
8	8	2	2	5	5	3	3
1	1	7	7	4	4	6	6
8	8	2	2	5	5	3	3
1	1	7	7	4	4	6	6
8	8	2	2	5	5	3	3
1	1	7	7	4	4	6	6

56	0	56	0	56	0	56	0
56	0	56	0	56	0	56	0
8	48	8	48	8	48	8	48
8	48	8	48	8	48	8	48
32	24	32	24	32	24	32	24
32	24	32	24	32	24	32	24
16	40	16	40	16	40	16	40
16	40	16	40	16	40	16	40

Abb. 4.115 Hilfsquadrate A und B für das Verfahren von Aubry

[31] Kraitchik [306] S. 199

Addiert man die Zahlen der beiden Hilfsquadrate aus Abbildung 4.115, erhält man das pandiagonale magische Quadrat aus Abbildung 4.116.

64	8	58	2	61	5	59	3
57	1	63	7	60	4	62	6
16	56	10	50	13	53	11	51
9	49	15	55	12	52	14	54
40	32	34	26	37	29	35	27
33	25	39	31	36	28	38	30
24	48	18	42	21	45	19	43
17	41	23	47	20	44	22	46

Abb. 4.116 Pandiagonales magisches Quadrat der Ordnung $n = 8$ (Aubry)

Ein weiteres Beispiel demonstriert noch einmal das Vorgehen bei dem Verfahren von Aubry für die Ordnung $n = 12$.

5	10	2	4	12	6
8	3	11	9	1	7

Ausgehend von einem magischen Rechteck der Größe 2 x 6 werden die beiden Hilfsquadrate in Abbildung 4.117 erstellt.

5	5	10	10	2	2	4	4	12	12	6	6
8	8	3	3	11	11	9	9	1	1	7	7
5	5	10	10	2	2	4	4	12	12	6	6
8	8	3	3	11	11	9	9	1	1	7	7
5	5	10	10	2	2	4	4	12	12	6	6
8	8	3	3	11	11	9	9	1	1	7	7
5	5	10	10	2	2	4	4	12	12	6	6
8	8	3	3	11	11	9	9	1	1	7	7
5	5	10	10	2	2	4	4	12	12	6	6
8	8	3	3	11	11	9	9	1	1	7	7
5	5	10	10	2	2	4	4	12	12	6	6
8	8	3	3	11	11	9	9	1	1	7	7

48	84	48	84	48	84	48	84	48	84	48	84
48	84	48	84	48	84	48	84	48	84	48	84
108	24	108	24	108	24	108	24	108	24	108	24
108	24	108	24	108	24	108	24	108	24	108	24
12	120	12	120	12	120	12	120	12	120	12	120
12	120	12	120	12	120	12	120	12	120	12	120
36	96	36	96	36	96	36	96	36	96	36	96
36	96	36	96	36	96	36	96	36	96	36	96
132	0	132	0	132	0	132	0	132	0	132	0
132	0	132	0	132	0	132	0	132	0	132	0
60	72	60	72	60	72	60	72	60	72	60	72
60	72	60	72	60	72	60	72	60	72	60	72

Abb. 4.117 Hilfsquadrate A und B

Nun müssen die zueinander gehörenden Zahlen in den beiden Hilfsquadraten A und B aus Abbildung 4.115 nur noch addiert werden,

$$Q = A + B$$

und man erhält das pandiagonale magische Quadrat Q der Abbildung 4.118.

53	89	58	94	50	86	52	88	60	96	54	90
56	92	51	87	59	95	57	93	49	85	55	91
113	29	118	34	110	26	112	28	120	36	114	30
116	32	111	27	119	35	117	33	109	25	115	31
17	125	22	130	14	122	16	124	24	132	18	126
20	128	15	123	23	131	21	129	13	121	19	127
41	101	46	106	38	98	40	100	48	108	42	102
44	104	39	99	47	107	45	105	37	97	43	103
137	5	142	10	134	2	136	4	144	12	138	6
140	8	135	3	143	11	141	9	133	1	139	7
65	77	70	82	62	74	64	76	72	84	66	78
68	80	63	75	71	83	69	81	61	73	67	79

Abb. 4.118 Pandiagonales magisches Quadrat der Ordnung $n = 12$ (Aubry)

4.5.2 Bouteloup

Die Ideen von Bouteloup aus Kapitel 4.2.2 lassen sich auch auf doppelt-gerade Ordnungen $n = 4k$ übertragen. Auch hier werden die zehn auf Seite 331 genannten Parameter benutzt, allerdings kommt bei den Parametern m und m' eine weitere Bedingung hinzu. Für ein pandiagonales magisches Quadrat der Ordnung $n = 4k$ lauten die Bedingungen:

- Die charakteristische Zahl $a \cdot d - b \cdot c$ muss teilerfremd zu der Ordnung n sein, also

$$\operatorname{ggt}(a \cdot d - b \cdot c, n) = 1$$

- m und m' müssen echte Teiler der Ordnung n sein.
- Die Quotienten $\frac{n}{m}$ und $\frac{n}{m'}$ müssen gerade sein.

Wenn diese Bedingungen erfüllt sind, lässt sich prinzipiell ein pandiagonales magisches Quadrat erzeugen. Dazu können aber nicht Rechtecke mit beliebigen Größen ausgewählt werden, sondern diese müssen in Abhängigkeit von den Parametern m und m' bestimmte Maße aufweisen.

Ordnung n = 8

Um ein pandiagonales magisches Quadrat der Ordnung $n = 8$ zu erzeugen, benötigt man zunächst ein Rechteck mit gleichen Spaltensummen, etwa das 2 x 4 - Rechteck aus Abbildung 4.119.

5	1
2	3
4	8
7	6
18	18

Abb. 4.119 2 x 4 - Rechteck mit gleichen Spaltensummen

Die Zahlen dieses Rechtecks werden auch hier wieder von links nach rechts und von oben nach unten ausgelesen und in einer einzigen Zeile angeordnet.

5 1 2 3 4 8 7 6

Zusätzlich wird noch ein Quadrat in natürlicher Anordnung benötigt, dessen Spalten und Zeilen wie in Abbildung 4.120 mit der aus dem Rechteck resultierenden Reihenfolge der Zahlen umgeordnet werden.

	1	2	3	4	5	6	7	8
1	1	2	3	4	5	6	7	8
2	9	10	11	12	13	14	15	16
3	17	18	19	20	21	22	23	24
4	25	26	27	28	29	30	31	32
5	33	34	35	36	37	38	39	40
6	41	42	43	44	45	46	47	48
7	49	50	51	52	53	54	55	56
8	57	58	59	60	61	62	63	64

a) natürliche Anordnung

	5	1	2	3	4	8	7	6
5	37	33	34	35	36	40	39	38
1	5	1	2	3	4	8	7	6
2	13	9	10	11	12	16	15	14
3	21	17	18	19	20	24	23	22
4	29	25	26	27	28	32	31	30
8	61	57	58	59	60	64	63	62
7	53	49	50	51	52	56	55	54
6	45	41	42	43	44	48	47	46

b) vertauschte Spalten/Zeilen

Abb. 4.120 Hilfsquadrat für die Variante von Bouteloup

Aus diesem Hilfsquadrat werden die Zahlen nun von links nach rechts und von oben nach unten ausgelesen und in das Zielquadrat übertragen. Der Startpunkt im Zielquadrat ist dabei unerheblich, da es sich um ein pandiagonales Quadrat handelt. Der Übersichtlichkeit halber wird aber in allen nachfolgenden Beispielen in der linken oberen Ecke des Zielquadrates begonnen.

In Abbildung 4.121 sind die ersten neun Schritte mit den Zahlen aus der oberen Zeile und dem Beginn der zweiten Zeile des Hilfsquadrates dargestellt. Dabei wurde der Hauptschritt $(c, d) = (2, 5)$ sowie der Zwischenschritt $(g, h) = (5, 7)$ benutzt. Da alle Parameter modulo n betrachtet werden, können diese beiden Schrittfolgen auch mit $(c, d) = (2, -3)$ und $(g, h) = (-3, -1)$ bezeichnet werden, mit denen die Abbildung 4.121 etwas verständlicher wird.

	5	1	2	3	4	8	7	6
5	37	33	34	35	36	40	39	38
1	5	1	2	3	4	8	7	6
2	13	9	10	11	12	16	15	14
3	21	17	18	19	20	24	23	22
4	29	25	26	27	28	32	31	30
8	61	57	58	59	60	64	63	62
7	53	49	50	51	52	56	55	54
6	45	41	42	43	44	48	47	46

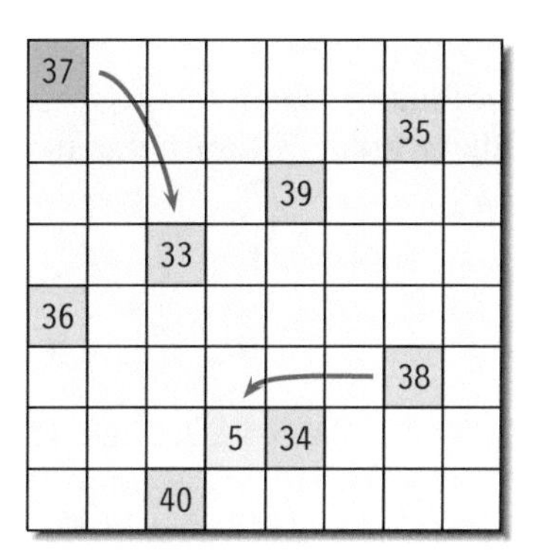

Abb. 4.121 Eintragen der ersten neun Zahlen

Zur Überprüfung der Bedingungen werden mit dem Hauptschritt $(c, d) = (2, 5)$ und dem Zwischenschritt $(g, h) = (5, 7)$ zunächst die Parameter a und b mit $(a, b) = (3, 2)$ berechnet.

$$a = g - c = 5 - 2 = 3 \qquad b = h - d = 7 - 5 = 2$$

Da die charakteristische Zahl $3 \cdot 5 - 2 \cdot 2 = 11 \equiv 3$ teilerfremd zur Ordnung $n = 8$ ist, werden alle Zahlen in verschiedene Zellen des Zielquadrates eingetragen. Für die weiteren Parameter gilt

$$D_1 = \text{ggt}\,(c, n) = \text{ggt}\,(2, 8) = 2 \qquad D'_1 = \text{ggt}\,(a, n) = \text{ggt}\,(3, 8) = 1$$
$$D_2 = \text{ggt}\,(d, n) = \text{ggt}\,(5, 8) = 1 \qquad D'_2 = \text{ggt}\,(b, n) = \text{ggt}\,(2, 8) = 2$$
$$D_3 = \text{ggt}\,(d - c, n) = \text{ggt}\,(3, 8) = 1 \qquad D'_3 = \text{ggt}\,(b - a, n) = \text{ggt}\,(-1, 8) = 1$$
$$D_4 = \text{ggt}\,(d + c, n) = \text{ggt}\,(7, 8) = 1 \qquad D'_4 = \text{ggt}\,(b + a, n) = \text{ggt}\,(5, 8) = 1$$
$$m = \text{kgv}\,(2, 1, 1, 1) = 2 \qquad m' = \text{kgv}\,(1, 2, 1, 1) = 2$$

$m = 2$ und $m' = 2$ sind echte Teiler der Ordnung $n = 8$, sodass mit diesen Parametern das pandiagonale magische Quadrat aus Abbildung 4.122 entsteht, wenn man mit diesem Schema alle Zahlen aus dem Hilfsquadrat in das Zielquadrat überträgt.

37	42	52	63	29	18	12	7
54	57	27	24	14	1	35	48
31	21	10	4	39	45	50	60
16	6	33	43	56	62	25	19
36	47	53	58	28	23	13	2
51	64	30	17	11	8	38	41
26	20	15	5	34	44	55	61
9	3	40	46	49	59	32	22

Abb. 4.122 Pandiagonales magisches Quadrat der Ordnung $n = 8$ (Bouteloup)

Bei bestimmten Haupt- und Zwischenschritten können auch Rechtecke der Größe 4 x 2 benutzt werden, die auch unterschiedlich sein können.

$$\begin{array}{cccc} 5 & 6 & 1 & 2 \\ 4 & 3 & 8 & 7 \\ \hline 9 & 9 & 9 & 9 \end{array} \qquad \begin{array}{cccc} 7 & 6 & 4 & 1 \\ 2 & 3 & 5 & 8 \\ \hline 9 & 9 & 9 & 9 \end{array}$$

Abb. 4.123 Zwei 4 x 2 - Rechtecke mit gleichen Spaltensummen

Wenn man das linke Rechteck für die Spalten und das rechte Rechteck für die neue Anordnung der Zeilen benutzt, erhält man aus dem Quadrat in natürlicher Anordnung das Hilfsquadrat aus Abbildung 4.124a.

Die Parameter a und b lassen sich wieder aus dem Hauptschritt $(c, d) = (4, 3)$ und dem Zwischenschritt $(g, h) = (1, 2)$ berechnen.

$$a = g - c = 1 - 4 = -3 \qquad\qquad b = h - d = 2 - 3 = -1$$

Die charakteristische Zahl $-3 \cdot 3 - (-1) \cdot 4 = -5 \equiv 3$ ist teilerfremd zu der Ordnung 8, sodass alle Zahlen in verschiedene Zellen des Zielquadrates eingetragen werden. Mit diesen Werten ergeben sich die weiteren Parameter mit

$$\begin{aligned}
D_1 &= \text{ggt}\,(c, n) = \text{ggt}\,(4, 8) = 4 & D_1' &= \text{ggt}\,(a, n) = \text{ggt}\,(-3, 8) = 1\\
D_2 &= \text{ggt}\,(d, n) = \text{ggt}\,(3, 8) = 1 & D_2' &= \text{ggt}\,(b, n) = \text{ggt}\,(-1, 8) = 1\\
D_3 &= \text{ggt}\,(d - c, n) = \text{ggt}\,(-1, 8) = 1 & D_3' &= \text{ggt}\,(b - a, n) = \text{ggt}\,(2, 8) = 2\\
D_4 &= \text{ggt}\,(d + c, n) = \text{ggt}\,(7, 8) = 1 & D_4' &= \text{ggt}\,(b + a, n) = \text{ggt}\,(-4, 8) = 4\\
m &= \text{kgv}\,(4, 1, 1, 1) = 4 & m' &= \text{kgv}\,(1, 1, 2, 4) = 4
\end{aligned}$$

$m = 4$ und $m' = 4$ sind also echte Teiler der Ordnung $n = 8$, sodass mit diesen Parametern ein pandiagonales magisches Quadrat erzeugt werden kann. Überträgt man mit diesem Schema alle Zahlen aus dem Hilfsquadrat in das Zielquadrat, entsteht das pandiagonale magische Quadrat aus Abbildung 4.124b.

	5	6	1	2	4	3	8	7
7	53	54	49	50	52	51	56	55
6	45	46	41	42	44	43	48	47
4	29	30	25	26	28	27	32	31
1	5	6	1	2	4	3	8	7
2	13	14	9	10	12	11	16	15
3	21	22	17	18	20	19	24	23
5	37	38	33	34	36	35	40	39
8	61	62	57	58	60	59	64	63

a) vertauschte Spalten/Zeilen

53	42	32	6	12	23	33	59
14	20	39	57	51	45	26	8
49	43	29	2	16	22	36	63
10	24	38	60	55	41	27	5
52	47	25	3	13	18	40	62
11	21	34	64	54	44	31	1
56	46	28	7	9	19	37	58
15	17	35	61	50	48	30	4

b) pandiagonales Quadrat

Abb. 4.124 Pandiagonales magisches Quadrat der Ordnung $n = 8$ (Bouteloup)

In einem dritten Beispiel für die Ordnung $n = 8$ werden Rechtecke unterschiedlicher Größen benutzt.

2	4
3	5
6	8
7	1
18	18

8	5	7	6
1	4	2	3
9	9	9	9

Abb. 4.125 Verschieden große Rechtecke mit jeweils gleichen Spaltensummen

Mit diesen beiden Rechtecken erhält man aus dem Quadrat in natürlicher Anordnung das Hilfsquadrat aus Abbildung 4.126a.

Mit dem Hauptschritt $(c, d) = (3, 1)$ und dem Zwischenschritt $(g, h) = (4, 3)$ können die Parameter a und b berechnet werden.

$$a = g - c = 4 - 3 = 1 \qquad b = h - d = 3 - 1 = 2$$

Die charakteristische Zahl

$$a \cdot d - b \cdot c = 1 \cdot 1 - 2 \cdot 3 = -5 \equiv 3$$

ist teilerfremd zu der Ordnung $n = 8$, sodass alle Zahlen in verschiedene Zellen des Zielquadrates eingetragen werden. Für die weiteren Parameter folgt

$$\begin{aligned} D_1 &= \text{ggt}\,(c, n) = \text{ggt}\,(3, 8) = 1 & D'_1 &= \text{ggt}\,(a, n) = \text{ggt}\,(1, 8) = 1 \\ D_2 &= \text{ggt}\,(d, n) = \text{ggt}\,(1, 8) = 1 & D'_2 &= \text{ggt}\,(b, n) = \text{ggt}\,(2, 8) = 2 \\ D_3 &= \text{ggt}\,(d - c, n) = \text{ggt}\,(-2, 8) = 2 & D'_3 &= \text{ggt}\,(b - a, n) = \text{ggt}\,(1, 8) = 1 \\ D_4 &= \text{ggt}\,(d + c, n) = \text{ggt}\,(4, 8) = 4 & D'_4 &= \text{ggt}\,(b + a, n) = \text{ggt}\,(3, 8) = 1 \\ m &= \text{kgv}\,(1, 1, 2, 4) = 4 & m' &= \text{kgv}\,(1, 2, 1, 1) = 2 \end{aligned}$$

$m = 4$ und $m' = 2$ sind also echte Teiler der Ordnung $n = 8$, sodass mit diesen Parametern das pandiagonale magische Quadrat aus Abbildung 4.126b erzeugt wird.

	2	4	3	5	6	8	7	1
8	58	60	59	61	62	64	63	57
5	34	36	35	37	38	40	39	33
7	50	52	51	53	54	56	55	49
6	42	44	43	45	46	48	47	41
1	2	4	3	5	6	8	7	1
4	26	28	27	29	30	32	31	25
2	10	12	11	13	14	16	15	9
3	18	20	19	21	22	24	23	17

a) vertauschte Spalten/Zeilen

58	43	14	39	2	19	54	31
40	1	20	53	32	57	44	13
51	30	63	42	11	38	7	18
41	12	37	8	17	52	29	64
6	23	50	27	62	47	10	35
28	61	48	9	36	5	24	49
15	34	3	22	55	26	59	46
21	56	25	60	45	16	33	4

b) pandiagonales Quadrat

Abb. 4.126 Pandiagonales magisches Quadrat der Ordnung $n = 8$ (Bouteloup)

Für die Ordnung $n = 8$ können die Parameter m und m' die Werte 2 und 4 annehmen, sodass insgesamt vier mögliche Fälle existieren. In Tabelle 4.25 ist für jeden dieser Fälle eine mögliche Kombination von Hauptschritt (c, d) und Zwischenschritt (g, h) angegeben.

(c,d)	(g,h)	D_1	D_2	D_3	D_4	D'_1	D'_2	D'_3	D'_4	m	m'
(3,2)	(5,1)	1	2	1	1	2	1	1	1	2	2
(6,3)	(3,4)	2	1	1	1	1	1	4	2	2	4
(5,1)	(7,0)	1	1	4	2	2	1	1	1	4	2
(4,3)	(7,2)	4	1	1	1	1	1	4	2	4	4

Tab. 4.25 Beispiele für unterschiedliche Werte von m und m'

Tabelle 4.26 stellt für die Ordnung $n = 8$ eine Übersicht der möglichen Rechtecke dar, wenn die Parameter m und m' durch einen Haupt- und Zwischenschritt festgelegt sind. Dabei gibt ein Gleichheitszeichen bei dem zweiten Rechteck an, dass identisch gefüllte Rechtecke benutzt werden können.

Weiterhin ist auch die Anzahl der unterschiedlichen Kombinationen von Haupt- und Zwischenschritten angegeben, die zu den entsprechenden Werten der Parameter m und m' führen.

Ordnung	(m, m')	Kombinationen	Geeignete Rechtecke		
8	(2,2)	128	2x4/2x4	2x4/4x2	2x4/=
			4x2/2x4	4x2/4x2	4x2/=
	(2,4)	192	4x2/2x4	4x2/4x2	4x2/=
	(4,2)	192	2x4/4x2		
			4x2/4x2	4x2/=	
	(4,4)	160	4x2/4x2	4x2/=	

Tab. 4.26 Breite und Höhe von geeigneten Rechtecken bei der Ordnung $n = 8$

Ordnung n = 12

Um ein pandiagonales magisches Quadrat der Ordnung $n = 12$ zu erzeugen, benötigt man ein Rechteck der Größe 6x2 mit gleichen Spaltensummen, wie es beispielhaft in Abbildung 4.127 dargestellt ist.

7	12	10	8	4	2
6	1	3	5	9	11
13	13	13	13	13	13

Abb. 4.127 6x2 - Rechteck mit gleichen Spaltensummen

Mit diesem Rechteck erhält man aus dem Quadrat in natürlicher Anordnung zunächst das Hilfsquadrat aus Abbildung 4.128.

	7	12	10	8	4	2	6	1	3	5	9	11
7	79	84	82	80	76	74	78	73	75	77	81	83
12	139	144	142	140	136	134	138	133	135	137	141	143
10	115	120	118	116	112	110	114	109	111	113	117	119
8	91	96	94	92	88	86	90	85	87	89	93	95
4	43	48	46	44	40	38	42	37	39	41	45	47
2	19	24	22	20	16	14	18	13	15	17	21	23
6	67	72	70	68	64	62	66	61	63	65	69	71
1	7	12	10	8	4	2	6	1	3	5	9	11
3	31	36	34	32	28	26	30	25	27	29	33	35
5	55	60	58	56	52	50	54	49	51	53	57	59
9	103	108	106	104	100	98	102	97	99	101	105	107
11	127	132	130	128	124	122	126	121	123	125	129	131

Abb. 4.128 Hilfsquadrat mit neu angeordneten Spalten und Zeilen

Mit dem Hauptschritt $(c, d) = (2, 3)$ und dem Zwischenschritt $(g, h) = (5, 1)$ werden die Parameter a und b mit $(a, b) = (3, -2)$ berechnet.

$$a = g - c = 5 - 2 = 3 \qquad\qquad b = h - d = 1 - 3 = -2$$

Da die charakteristische Zahl $3 \cdot 3 - (-2) \cdot 2 = 13 \equiv 1$ teilerfremd zu der Ordnung $n = 12$ ist, werden alle Zahlen in verschiedene Zellen des Zielquadrates eingetragen. Für die weiteren Parameter gilt

$$\begin{aligned}
D_1 &= \operatorname{ggt}(c, n) = \operatorname{ggt}(2, 12) = 2 & D_1' &= \operatorname{ggt}(a, n) = \operatorname{ggt}(3, 12) = 3 \\
D_2 &= \operatorname{ggt}(d, n) = \operatorname{ggt}(3, 12) = 3 & D_2' &= \operatorname{ggt}(b, n) = \operatorname{ggt}(-2, 12) = 2 \\
D_3 &= \operatorname{ggt}(d - c, n) = \operatorname{ggt}(1, 12) = 1 & D_3' &= \operatorname{ggt}(b - a, n) = \operatorname{ggt}(-5, 12) = 1 \\
D_4 &= \operatorname{ggt}(d + c, n) = \operatorname{ggt}(5, 12) = 1 & D_4' &= \operatorname{ggt}(b + a, n) = \operatorname{ggt}(1, 12) = 1 \\
m &= \operatorname{kgv}(2, 3, 1, 1) = 6 & m' &= \operatorname{kgv}(3, 2, 1, 1) = 6
\end{aligned}$$

$m = 6$ und $m' = 6$ sind also echte Teiler der Ordnung $n = 12$, sodass mit diesen Parametern das pandiagonale magische Quadrat aus Abbildung 4.129 entsteht, wobei die erste Zahl wieder in der linken oberen Ecke des Zielquadrates platziert wurde.

79	94	64	54	75	93	67	58	76	90	63	57
113	23	36	128	110	13	29	131	120	20	26	121
42	3	105	139	46	4	102	135	45	7	106	136
68	50	73	89	71	60	80	86	61	53	83	96
31	130	112	18	27	129	115	22	28	126	111	21
101	143	48	8	98	133	41	11	108	140	38	1
78	87	69	55	82	88	66	51	81	91	70	52
116	14	25	125	119	24	32	122	109	17	35	132
43	10	100	138	39	9	103	142	40	6	99	141
65	59	84	92	62	49	77	95	72	56	74	85
30	123	117	19	34	124	114	15	33	127	118	16
104	134	37	5	107	144	44	2	97	137	47	12

Abb. 4.129 Pandiagonales magisches Quadrat der Ordnung $n = 12$ (Bouteloup)

Man kann aber auch mit zwei unterschiedlichen Rechtecken arbeiten.

1	4	7	10	5	2
12	9	6	3	8	11
13	13	13	13	13	13

8	3	6	11	1	9
5	10	7	2	12	4
13	13	13	13	13	13

Wenn man das linke Rechteck für die Spalten und das rechte Rechteck für die neue Anordnung der Zeilen benutzt, erhält man aus dem Quadrat in natürlicher Anordnung das Hilfsquadrat aus Abbildung 4.130.

Die Parameter a und b lassen sich wieder aus dem Hauptschritt $(c, d) = (1, 2)$ und dem Zwischenschritt $(g, h) = (3, 1)$ berechnen.

$$a = g - c = 3 - 1 = 2 \qquad b = h - d = 1 - 2 = -1$$

Da die charakteristische Zahl $2 \cdot 2 - (-1) \cdot 1 = 5$ teilerfremd zu der Ordnung $n = 12$ ist, werden alle Zahlen in verschiedene Zellen des Zielquadrates eingetragen. Damit lauten die weiteren Parameter

$$D_1 = \text{ggt}\,(c, n) = \text{ggt}\,(1, 12) = 1 \qquad D_1' = \text{ggt}\,(a, n) = \text{ggt}\,(2, 12) = 2$$
$$D_2 = \text{ggt}\,(d, n) = \text{ggt}\,(2, 12) = 2 \qquad D_2' = \text{ggt}\,(b, n) = \text{ggt}\,(-1, 12) = 1$$
$$D_3 = \text{ggt}\,(d - c, n) = \text{ggt}\,(1, 12) = 1 \qquad D_3' = \text{ggt}\,(b - a, n) = \text{ggt}\,(-3, 12) = 3$$
$$D_4 = \text{ggt}\,(d + c, n) = \text{ggt}\,(3, 12) = 3 \qquad D_4' = \text{ggt}\,(b + a, n) = \text{ggt}\,(1, 12) = 1$$
$$m = \text{kgv}\,(1, 2, 1, 3) = 6 \qquad m' = \text{kgv}\,(2, 1, 3, 1) = 6$$

	1	4	7	10	5	2	12	9	6	3	8	11
8	85	88	91	94	89	86	96	93	90	87	92	95
3	25	28	31	34	29	26	36	33	30	27	32	35
6	61	64	67	70	65	62	72	69	66	63	68	71
11	121	124	127	130	125	122	132	129	126	123	128	131
1	1	4	7	10	5	2	12	9	6	3	8	11
9	97	100	103	106	101	98	108	105	102	99	104	107
5	49	52	55	58	53	50	60	57	54	51	56	59
10	109	112	115	118	113	110	120	117	114	111	116	119
7	73	76	79	82	77	74	84	81	78	75	80	83
2	13	16	19	22	17	14	24	21	18	15	20	23
12	133	136	139	142	137	134	144	141	138	135	140	143
4	37	40	43	46	41	38	48	45	42	39	44	47

Abb. 4.130 Hilfsquadrat mit neu angeordneten Spalten und Zeilen

$m = 6$ und $m' = 6$ sind also echte Teiler der Ordnung $n = 12$, sodass mit diesen Parametern ein pandiagonales magisches Quadrat erzeugt werden kann. Überträgt man mit diesem Schema alle Zahlen aus dem Hilfsquadrat in das Zielquadrat, entsteht das pandiagonale magische Quadrat aus Abbildung 4.131.

85	134	80	58	6	64	96	143	77	51	7	69
103	129	25	38	20	118	102	124	36	47	17	111
137	75	55	9	61	86	140	82	54	4	72	95
132	35	41	15	115	105	121	26	44	22	114	100
78	52	12	71	89	135	79	57	1	62	92	142
32	46	18	112	108	131	29	39	19	117	97	122
49	2	68	94	138	76	60	11	65	87	139	81
43	21	109	98	128	34	42	16	120	107	125	27
5	63	91	141	73	50	8	70	90	136	84	59
24	119	101	123	31	45	13	110	104	130	30	40
66	88	144	83	53	3	67	93	133	74	56	10
116	106	126	28	48	23	113	99	127	33	37	14

Abb. 4.131 Pandiagonales magisches Quadrat der Ordnung $n = 12$ (Bouteloup)

Für die Ordnung $n = 12$ können die Parameter m und m' jeweils nur den Wert 6 annehmen. In Tabelle 4.27 sind vier mögliche Kombinationen von Hauptschritten (c, d) und Zwischenschritten (g, h) angegeben, die auf diese Werte führen.

(c, d)	(g, h)	D_1	D_2	D_3	D_4	D'_1	D'_2	D'_3	D'_4	m	m'
(2,5)	(3,7)	2	1	3	1	1	2	1	3	6	6
(5,2)	(7,9)	1	2	3	1	2	1	1	3	6	6
(7,10)	(1,5)	1	2	3	1	6	1	1	1	6	6
(11,6)	(1,7)	1	6	1	1	2	1	1	3	6	6

Tab. 4.27 Beispiele für mögliche Haupt- und Zwischenschritte

Tabelle 4.28 stellt für die Ordnung $n = 12$ eine Übersicht der möglichen Rechtecke dar. Man erkennt, dass bei den insgesamt 384 möglichen Kombinationen von Haupt- und Zwischenschritten nur die Parameter $m = 6$ und $m' = 6$ auftreten und daher nur Rechtecke der Größe 6 x 2 gewählt werden können. Dabei ist es unerheblich, ob für die Spalten und Zeilen gleiche oder unterschiedliche Rechtecke gewählt werden.

Ordnung	(m, m')	Kombinationen	geeignete Rechtecke	
12	(6,6)	384	6x2/6x2	6x2/=

Tab. 4.28 Breite und Höhe von geeigneten Rechtecken bei der Ordnung $n = 12$

Weitere Ordnungen

Tabelle 4.29 stellt für weitere Ordnungen eine Übersicht der möglichen Rechtecke dar, wenn die Parameter m und m' durch einen Haupt- und Zwischenschritt festgelegt sind. Weiterhin ist auch die Anzahl der unterschiedlichen Kombinationen von Haupt- und Zwischenschritten angegeben, die zu den angegebenen Werten der Parameter m und m' führen.

Ordnung	(m, m')	Kombinationen	geeignete Rechtecke			
16	(2,2)	2048	2x8/2x8	2x8/4x4	2x8/8x2	2x8/=
			4x4/2x8	4x4/4x4	4x4/8x2	4x4/=
			8x2/2x8	8x2/4x4	8x2/8x2	8x2/=
	(2,4)	3072	4x4/2x8	4x4/4x4	4x4/8x2	4x4/=
			8x2/2x8	8x2/4x4	8x2/8x2	8x2/=
	(2,8)	1536	8x2/2x8	8x2/4x4	8x2/8x2	8x2/=

Ordnung	(m, m′)	Kombinationen	geeignete Rechtecke		
16	(4,2)	3072	2 x 8/4 x 4	2 x 8/8 x 2	
			4 x 4/4 x 4	4 x 4/8 x 2	4 x 4/=
			8 x 2/4 x 4	8 x 2/8 x 2	8 x 2/=
	(4,4)	2560	4 x 4/4 x 4	4 x 4/8 x 2	4 x 4/=
			8 x 2/4 x 4	8 x 2/8 x 2	8 x 2/=
	(4,8)	1280	8 x 2/4 x 4	8 x 2/8 x 2	8 x 2/=
	(8,2)	1536	2 x 8/8 x 2		
			4 x 4/8 x 2		
			8 x 2/8 x 2	8 x 2/=	
	(8,4)	1280	4 x 4/8 x 2		
			8 x 2/8 x 2	8 x 2/=	
	(8,8)	640	8 x 2/8 x 2	8 x 2/=	
20	(2,2)	256	2 x 10/2 x 10	2 x 10/10 x 2	2 x 10/=
			10 x 2/2 x 10	10 x 2/10 x 2	10 x 2/=
	(2,10)	1024	10 x 2/2 x 10	10 x 2/10 x 2	10 x 2/=
	(10,2)	1024	2 x 10/10 x 2		
			10 x 2/10 x 2	10 x 2/=	
	(10,10)	1536	10 x 2/10 x 2	10 x 2/=	
24	(6,6)	6144	6 x 4/6 x 4	6 x 4/12 x 2	6 x 4/=
			12 x 2/6 x 4	12 x 2/12 x 2	12 x 2/=
	(6,12)	9216	12 x 2/6 x 4	12 x 2/12 x 2	12 x 2/=
	(12,6)	9216	6 x 4/12 x 2		
			12 x 2/12 x 2	12 x 2/=	
	(12,12)	7680	12 x 2/12 x 2	12 x 2/=	
28	(2,2)	3456	2 x 14/2 x 14	2 x 14/14 x 2	2 x 14/=
			14 x 2/2 x 14	14 x 2/14 x 2	14 x 2/=
	(2,14)	4608	14 x 2/2 x 14	14 x 2/14 x 2	14 x 2/=
	(14,2)	4608	2 x 14/14 x 2		
			14 x 2/14 x 2	14 x 2/=	
	(14,14)	3456	14 x 2/14 x 2	14 x 2/=	

Ordnung	(m, m′)	Kombinationen	geeignete Rechtecke				
32	(2,2)	32768	2x16/2x16	2x16/4x8	2x16/8x4	2x16/16x2	2x16/=
			4x8/2x16	4x8/4x8	4x8/8x4	4x8/16x2	4x8/=
			8x4/2x16	8x4/4x8	8x4/8x4	8x4/16x2	8x4/=
			16x2/2x16	16x2/4x8	16x2/8x4	16x2/16x2	16x2/=
	(2,4)	49152	4x8/2x16	4x8/4x8	4x8/8x4	4x8/16x2	4x8/=
			8x4/2x16	8x4/4x8	8x4/8x4	8x4/16x2	8x4/=
			16x2/2x16	16x2/4x8	16x2/8x4	16x2/16x2	16x2/=
	(2,8)	24576	8x4/2x16	8x4/4x8	8x4/8x4	8x4/16x2	8x4/=
			16x2/2x16	16x2/4x8	16x2/8x4	16x2/16x2	16x2/=
	(2,16)	12288	16x2/2x16	16x2/4x8	16x2/8x4	16x2/16x2	16x2/=
	(4,2)	49152	2x16/4x8	2x16/8x4	2x16/16x2		
			4x8/4x8	4x8/8x4	4x8/16x2	4x8/=	
			8x4/4x8	8x4/8x4	8x4/16x2	8x4/=	
			16x2/4x8	16x2/8x4	16x2/16x2	16x2/=	
	(4,4)	40960	4x8/4x8	4x8/8x4	4x8/16x2	4x8/=	
			8x4/4x8	8x4/8x4	8x4/16x2	8x4/=	
			16x2/4x8	16x2/8x4	16x2/16x2	16x2/=	
	(4,8)	20480	8x4/4x8	8x4/8x4	8x4/16x2	8x4/=	
			16x2/4x8	16x2/8x4	16x2/16x2	16x2/=	
	(4,16)	10240	16x2/4x8	16x2/8x4	16x2/16x2	16x2/=	
	(8,2)	24576	2x16/8x4	2x16/16x2			
			4x8/8x4	4x8/16x2			
			8x4/8x4	8x4/16x2	8x4/=		
			16x2/8x4	16x2/16x2	16x2/=		
	(8,4)	20480	4x8/8x4	4x8/16x2			
			8x4/8x4	8x4/16x2	8x4/=		
			16x2/8x4	16x2/16x2	16x2/=		
	(8,8)	10240	8x4/8x4	8x4/16x2	8x4/=		
			16x2/8x4	16x2/16x2	16x2/=		
	(8,16)	5120	16x2/8x4	16x2/16x2	16x2/=		
	(16,2)	12288	2x16/16x2				
			4x8/16x2				
			8x4/16x2				
			16x2/16x2	16x2/=			
	(16,4)	10240	4x8/16x2				
			8x4/16x2				
			16x2/16x2	16x2/=			
	(16,8)	5120	8x4/16x2	16x2/16x2	16x2/=		
	(16,16)	2560	16x2/16x2	16x2/=			

Tab. 4.29 Breite und Höhe von geeigneten Rechtecken für die Ordnungen 16 bis 32

4.5.3 Sayles

Sayles konstruiert konzentrische pandiagonale Quadrate der Ordnung $n = 4k$, wobei sich die konzentrische Eigenschaft immer auf einen Doppelrahmen bezieht.[32] Im Unterschied zu den meisten konzentrischen oder gerahmten Quadraten wird bei diesem Verfahren kein innerer Kern benutzt, um den dann fortlaufend ein Rahmen gelegt wird, sondern das gesamte Quadrat wird als Ganzes konstruiert, wie hier an einem Beispiel der Ordnung $n = 8$ demonstriert wird.

Zunächst wird das gesamte Quadrat in Teilquadrate der Größe 4 unterteilt. In die beiden oberen Zellen der linken Spalte wird die Zahl 1 geschrieben und in die entsprechenden Zellen des darunterliegenden Teilquadrates die Zahl 2. So schreitet man von oben nach unten und von links nach rechts für alle Teilquadrate fort.

Diesen Vorgang wiederholt man noch einmal, nur beginnt man dieses Mal mit den beiden unteren Zeilen des oberen Teilquadrates in der dritten Spalte. Das Ergebnis ist in Abbildung 4.132a zu sehen.

Nun folgt der entgegengesetzte Vorgang. Man beginnt mit 1 in der linken Spalte des rechten oberen Teilquadrates, dieses Mal allerdings in den beiden unteren Zeilen. Dann schreitet man von oben nach unten und von rechts nach links für alle Teilquadrate fort und trägt die weiteren Zahlen ein. Entsprechend wird für die zweite Sequenz in der dritten Spalte mit den beiden oberen Zeilen begonnen, um dann nach dem gleichen Schema die weiteren Zahlen wie in Abbildung 4.132b einzutragen.

1				3			
1				3			
		1				3	
		1				3	
2				4			
2				4			
		2				4	
		2				4	

a) die ersten beiden Zahlensequenzen

1		3		3		1	
1		3		3		1	
3		1		1		3	
3		1		1		3	
2		4		4		2	
2		4		4		2	
4		2		2		4	
4		2		2		4	

b) die beiden nächsten Zahlensequenzen

Abb. 4.132 Eintragen der ersten vier Zahlensequenzen

Mit den letzten vier Zahlensequenzen werden dann die noch leeren Spalten gefüllt. Man beginnt in der zweiten Spalte des linken unteren Teilquadrates und trägt die Zahl 1 in die beiden unteren Zeilen ein. Anschließend schreitet man von unten nach

[32] Andrews [17] S. 410 – 414

oben und von links nach rechts fort und trägt die weiteren Zahlen ein. Die zweite Zahlensequenz beginnt dann in der vierten Spalte mit den beiden oberen Zahlen.

Die letzten beiden Sequenzen werden dann wieder umgekehrt, also von unten nach oben gefüllt. Man beginnt mit den in Abbildung 4.133 erkennbaren Startplätzen und schreitet dann von unten nach oben und von rechts nach links wie üblich fort.

1	4	3	2	3	2	1	4
1	4	3	2	3	2	1	4
3	2	1	4	1	4	3	2
3	2	1	4	1	4	3	2
2	3	4	1	4	1	2	3
2	3	4	1	4	1	2	3
4	1	2	3	2	3	4	1
4	1	2	3	2	3	4	1

Abb. 4.133 Mit acht Zahlensequenzen gefülltes Hilfsquadrat

Jetzt wird nur noch ein beliebiges pandiagonales magisches Quadrat der Ordnung 4 benötigt. Die Zahlen dieses Hilfsquadrates werden wie in Abbildung 4.134 um 1 vermindert und dann mit k^2 multipliziert.

5	10	8	11
4	15	1	14
9	6	12	7
16	3	13	2

16	36	28	40
12	56	0	52
32	20	44	24
60	8	48	4

Abb. 4.134 Modifiziertes pandiagonales Hilfsquadrat

Zu jedem der $k^2 = 4$ Teilquadrate wird jetzt das modifizierte Hilfsquadrat addiert, und man erhält das pandiagonale und auf einen Doppelrahmen bezogene konzentrische magische Quadrat aus Abbildung 4.135.

Zum besseren Verständnis soll noch einmal ein Quadrat der Ordnung $n = 12$ erzeugt werden. Dabei sind die Startpunkte der ersten beiden Zahlensequenzen zum Füllen des Hilfsquadrates in Abbildung 4.136 besonders hervorgehoben. Sie beginnen in der ersten und dritten Spalte des linken oberen Teilquadrates. Die Startpunkte anderen sechs Zahlensequenzen können dann aus dem Hilfsquadrat der Ordnung $n = 8$ leicht übertragen werden.

17	40	31	42	19	38	29	44
13	60	3	54	15	58	1	56
35	22	45	28	33	24	47	26
63	10	49	8	61	12	51	6
18	39	32	41	20	37	30	43
14	59	4	53	16	57	2	55
36	21	46	27	34	23	48	25
64	9	50	7	62	11	52	5

Abb. 4.135 Pandiagonales und konzentrisches magisches Quadrat der Ordnung $n = 8$ (Sayles)

1	9	7	3	4	6	4	6	7	3	1	9
1	9	7	3	4	6	4	6	7	3	1	9
7	3	1	9	4	6	4	6	1	9	7	3
7	3	1	9	4	6	4	6	1	9	7	3
2	8	8	2	5	5	5	5	8	2	2	8
2	8	8	2	5	5	5	5	8	2	2	8
8	2	2	8	5	5	5	5	2	8	8	2
8	2	2	8	5	5	5	5	2	8	8	2
3	7	9	1	6	4	6	4	9	1	3	7
3	7	9	1	6	4	6	4	9	1	3	7
9	1	3	7	6	4	6	4	3	7	9	1
9	1	3	7	6	4	6	4	3	7	9	1

Abb. 4.136 Mit acht Zahlensequenzen gefülltes Hilfsquadrat

Es wird wieder ein beliebiges pandiagonales Quadrat der Ordnung 4 gewählt und wie in Abbildung 4.137 modifiziert. Die Multiplikation wird natürlich dieses Mal mit $k^2 = 9$ durchgeführt.

11	8	1	14
5	10	15	4
16	3	6	9
2	13	12	7

90	63	0	117
36	81	126	27
135	18	45	72
9	108	99	54

Abb. 4.137 Modifiziertes pandiagonales Hilfsquadrat

Zu jedem der $k^2 = 9$ Teilquadrate wird jetzt das modifizierte pandiagonale Hilfsquadrat addiert, und es ergibt sich das pandiagonale und konzentrische magische Quadrat aus Abbildung 4.138.

91	72	7	120	94	69	4	123	97	66	1	126
37	90	133	30	40	87	130	33	43	84	127	36
142	21	46	81	139	24	49	78	136	27	52	75
16	111	100	63	13	114	103	60	10	117	106	57
92	71	8	119	95	68	5	122	98	65	2	125
38	89	134	29	41	86	131	32	44	83	128	35
143	20	47	80	140	23	50	77	137	26	53	74
17	110	101	62	14	113	104	59	11	116	107	56
93	70	9	118	96	67	6	121	99	64	3	124
39	88	135	28	42	85	132	31	45	82	129	34
144	19	48	79	141	22	51	76	138	25	54	73
18	109	102	61	15	112	105	58	12	115	108	55

Abb. 4.138 Pandiagonales und konzentrisches magisches Quadrat der Ordnung $n = 12$ (Sayles)

Variante

Man kann weitere dieser pandiagonalen Quadrate erzeugen, wenn man die Spalten für die Startpunkte der Zahlensequenzen verändert. Es gibt vier mögliche Kombinationen, die in Tabelle 4.30 aufgeführt sind.

0	2	n-4	n-2	1	3	n-3	n-1
1	3	n-3	n-1	0	2	n-4	n-2
2	0	n-2	n-4	3	1	n-1	n-3
3	1	n-1	n-3	2	0	n-2	n-4

Tab. 4.30 Mögliche Anordnungen für die Spalten der Startpositionen

Im Beispiel der Ordnung $n = 8$ ist mit den Werten aus der oberen Zeile gearbeitet worden. Damit wurden die Zahlensequenzen in den Spalten $0, 2, 4, 6, 1, 3, 5, 7$ begonnen. Für das folgende Beispiel wurden die Werte aus der zweiten Zeile gewählt.

4	1	2	3	2	3	4	1
4	1	2	3	2	3	4	1
2	3	4	1	4	1	2	3
2	3	4	1	4	1	2	3
3	2	1	4	1	4	3	2
3	2	1	4	1	4	3	2
1	4	3	2	3	2	1	4
1	4	3	2	3	2	1	4

Abb. 4.139 Mit acht Zahlensequenzen gefülltes Hilfsquadrat

Nun wird wieder ein beliebiges pandiagonales Quadrat der Ordnung 4 gewählt und wie in Abbildung 4.140 modifiziert. Die Multiplikation wird dieses Mal mit $k^2 = 4$ durchgeführt.

16	9	7	2
3	6	12	13
10	15	1	8
5	4	14	11

60	32	24	4
8	20	44	48
36	56	0	28
16	12	52	40

Abb. 4.140 Modifiziertes pandiagonales Hilfsquadrat

Zu jedem der $k^2 = 4$ Teilquadrate wird jetzt wie üblich das modifizierte pandiagonale Hilfsquadrat addiert, und man erhält das pandiagonale und konzentrische magische Quadrat aus Abbildung 4.141.

64	33	26	7	62	35	28	5
12	21	46	51	10	23	48	49
38	59	4	29	40	57	2	31
18	15	56	41	20	13	54	43
63	34	25	8	61	36	27	6
11	22	45	52	9	24	47	50
37	60	3	30	39	58	1	32
17	16	55	42	19	14	53	44

Abb. 4.141 Pandiagonales und konzentrisches magisches Quadrat der Ordnung $n = 8$ (Sayles)

4.5.4 Woodruff

Frederick A. Woodruff beschreibt ein Verfahren, wie man mithilfe zweier magischer Rechtecke ein magisches Quadrat der Ordnung $n = 4k$ erzeugen kann.[33] Er beginnt mit einem magischen Rechteck der Größe $2 \times \frac{n}{2}$, für $n = 8$ also mit einem Rechteck der Größe 2×4.

5	8	2	3
4	1	7	6

Die Zahlen der oberen Zeile des Rechtecks werden wie in Abbildung 4.142 abwechselnd oberhalb und unterhalb der Spalten des zu konstruierenden Quadrates notiert, gefolgt von den Zahlen der unteren Zeile.

Im zweiten Schritt werden dann die Spalten mit den Zahlen 1 bis n^2 in der durch die Nummerierung vorgegebenen Reihenfolge gefüllt. Spalten, die eine obere Kennziffer besitzen, werden von oben nach unten gefüllt, die anderen Spalten dagegen von unten nach oben, wie in Abbildung 4.142 zu sehen ist.

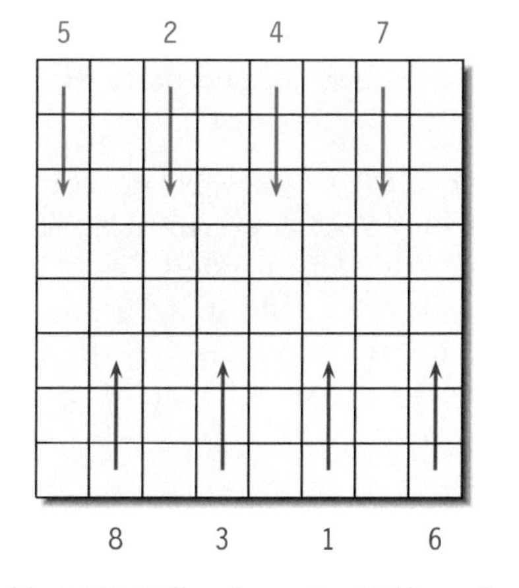

5		2		4		7	
33	64	9	24	25	8	49	48
34	63	10	23	26	7	50	47
35	62	11	22	27	6	51	46
36	61	12	21	28	5	52	45
37	60	13	20	29	4	53	44
38	59	14	19	30	3	54	43
39	58	15	18	31	2	55	42
40	57	16	17	32	1	56	41
	8		3		1		6

Abb. 4.142 Füllen des ersten Hilfsquadrates mit den Kennziffern des ersten Rechtecks

Durch das zugrunde liegende magische Rechteck besitzen jetzt alle Zeilen die magische Summe, für $n = 8$ also die Summe 260. Jetzt müssen nur noch die Spalten- und Diagonalensummen angeglichen werden.

Dazu werden die Zeilen des Quadrates auf beiden Seiten mit aufsteigenden Zahlen indiziert. Auf der linken Seite beginnt man mit 1 in der oberen Zeile und indiziert die Zeilen nach unten. Auf der rechten Seite beginnt man dagegen in der unteren Zeile

[33] Andrews [17] S. 390 – 404 und Moran [380] S. 152 – 168

und indiziert die Zeilen nach oben. Zur besseren Unterscheidung der Indizes werden die Kennziffern auf der rechten Seite zusätzlich wie in Abbildung 4.143 eingerahmt.

1	33	64	9	24	25	8	49	48	8
2	34	63	10	23	26	7	50	47	7
3	35	62	11	22	27	6	51	46	6
4	36	61	12	21	28	5	52	45	5
5	37	60	13	20	29	4	53	44	4
6	38	59	14	19	30	3	54	43	3
7	39	58	15	18	31	2	55	42	2
8	40	57	16	17	32	1	56	41	1

a) Wahl der Indizierungsfolge

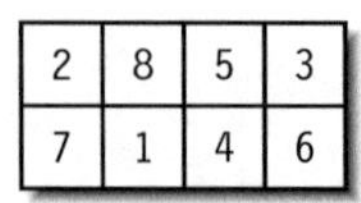

b) magisches Hilfsrechteck

Abb. 4.143 Indizierungsfolgen

Zusätzlich wird ein zweites magisches Rechteck benötigt, das rechts in der Abbildung 4.143 dargestellt ist. Die Zahlen der oberen Zeile dieses Rechtecks werden links neben einem leeren Quadrat geschrieben, wobei man oben beginnt und dann jeweils eine Zeile frei lässt.

Die Zahlen der unteren Zeile füllen dann die leeren Plätze aus, wobei man dieses Mal jedoch in der unteren Zeile beginnt. Wie in Abbildung 4.144 zu erkennen ist, sind diese vier Zahlen zur besseren Unterscheidung wieder besonders markiert. Die Indizes auf der rechten Seite des Quadrates werden in umgekehrter Reihenfolge gesetzt, wobei auch die Markierungen gewechselt werden. Ist die entsprechende Indexzahl auf der linken Seite markiert, entfällt die Markierung auf der rechten Seite und umgekehrt.

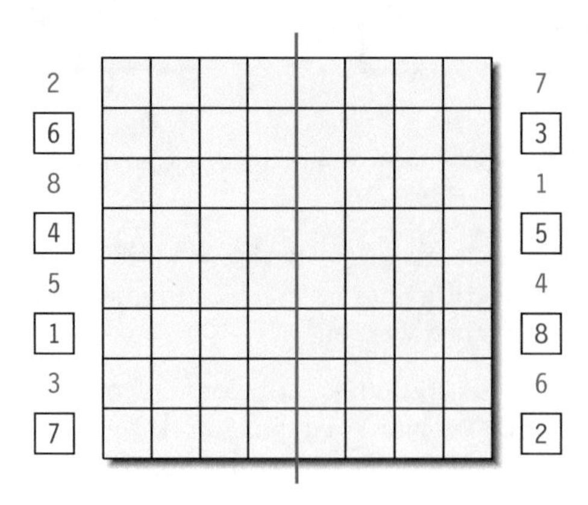

Abb. 4.144 Indizierung mit dem zweiten magischen Rechteck

Nun können die Felder dieses Quadrates gefüllt werden:

- Die Kennziffern auf der linken Seite geben an, welche $\frac{n}{2} = 4$ Zahlen aus der zugehörigen Halbzeile des Quadrates aus Abbildung 4.143 in die linke Hälfte des Quadrates übertragen werden sollen.
- Ebenso verfährt man mit den Kennziffern auf der rechten Seite. In dieser Hälfte des Quadrates wird die Reihenfolge der zu übertragenden Zahlen jedoch immer umgekehrt.

Das Ergebnis ist ein symmetrisches und pandiagonales magisches Quadrat der Ordnung $n = 8$, welches in Abbildung 4.145 dargestellt ist.

2	34	63	10	23	18	15	58	39	7
6	27	6	51	46	43	54	3	30	3
8	40	57	16	17	24	9	64	33	1
4	29	4	53	44	45	52	5	28	5
5	37	60	13	20	21	12	61	36	4
1	32	1	56	41	48	49	8	25	8
3	35	62	11	22	19	14	59	38	6
7	26	7	50	47	42	55	2	31	2

Abb. 4.145 Symmetrisches und pandiagonales magisches Quadrat der Ordnung $n = 8$ (Woodruff)

Variante 1

Mit dem Verfahren von Woodruff können weitere symmetrische und pandiagonale magische Quadrate erzeugt werden, wenn man die Schrittweite beim Füllen des Hilfsquadrates variiert. Das Quadrat in Abbildung 4.145 wurde mit der Schrittweite 1 erzeugt, man kann für die Ordnung $n = 8$ aber jeden beliebigen echten Teiler von $n^2 = 64$ wählen, also 1, 2,4, 8, 16 oder. 32. Dazu muss man nur mit der kleinsten bislang unbenutzten Zahl fortfahren, wenn der Wert 64 überschritten wird.

In Abbildung 4.146 ist die Schrittweite 2 gewählt worden. Die auf den magischen Rechtecken basierende Struktur der beiden Hilfsquadrate ist allerdings unverändert geblieben, damit die Unterschiede bei dieser Variante besser ersichtlich werden.

Das Füllen der Halbzeilen richtet sich nach dem magischen Hilfsrechteck aus Abbildung 4.143 und der vorgegebenen Indizierungsfolge. Das Ergebnis ist das symmetrische und pandiagonale magische Quadrat aus Abbildung 4.147.

5		2		4		7	
33	64	2	31	18	15	49	48
35	62	4	29	20	13	51	46
37	60	6	27	22	11	53	44
39	58	8	25	24	9	55	42
41	56	10	23	26	7	57	40
43	54	12	21	28	5	59	38
45	52	14	19	30	3	61	36
47	50	16	17	32	1	63	34
	8		3		1		6

1	33	64	2	31	18	15	49	48	8
2	35	62	4	29	20	13	51	46	7
3	37	60	6	27	22	11	53	44	6
4	39	58	8	25	24	9	55	42	5
5	41	56	10	23	26	7	57	40	4
6	43	54	12	21	28	5	59	38	3
7	45	52	14	19	30	3	61	36	2
8	47	50	16	17	32	1	63	34	1

Abb. 4.146 Hilfsquadrat mit Indizierung der Zeilen

2	35	62	4	29	19	14	52	45	7
6	22	11	53	44	38	59	5	28	3
8	47	50	16	17	31	2	64	33	1
4	26	7	57	40	42	55	9	24	5
5	41	56	10	23	25	8	58	39	4
1	32	1	63	34	48	49	15	18	8
3	37	60	6	27	21	12	54	43	6
7	20	13	51	46	36	61	3	30	2

Abb. 4.147 Symmetrisches und pandiagonales magisches Quadrat der Ordnung $n = 8$ (Woodruff, Variante 1)

Im Artikel von Woodruff wird auf Seite 391 behauptet, dass jeder echte Teiler von n^2 als Schrittweite geeignet ist. Dies ist jedoch falsch, da diese Aussage nur gilt, wenn die Ordnung n eine Zweierpotenz wie $8, 16, 32, \ldots$ ist. In den anderen Fällen ist jedoch nur eine Teilmenge dieser Teiler geeignet. Die geeigneten Schrittweiten für die Ordnungen 8, 12, 16, 20 und 24 sind in Tabelle 4.31 aufgeführt.

Ordnung	Schrittweiten
8	1 2 4 8 16 32
12	1 3 4 12 36 48
16	1 2 4 8 16 32 64 128
20	1 4 5 20 80 100
24	1 2 3 4 6 8 12 24 48 72 96 144 192 288

Tab. 4.31 Geeignete Schrittweiten für einige Ordnungen

Variante 2

Weitere symmetrische und pandiagonale Quadrate lassen sich mit dem Verfahren von Woodruff erzeugen, wenn man die Indizierung der Zeilen nicht wie in den Abbildungen 4.143 bzw. 4.146 fortlaufend mit den Zahlen $1, 2, \ldots, n$ wählt, sondern variiert. Im folgenden Beispiel sind die beiden magischen Rechtecke aus Abbildung 4.148 mit der Schrittweite 4 benutzt worden.

4	1	6	7
5	8	3	2

8	5	2	3
1	4	7	6

Abb. 4.148 Magische Hilfsrechtecke

Mit der Indizierungsfolge $5, 1, 6, 2, 7, 3, 8, 4$ ergibt sich dann das Hilfsquadrat aus Abbildung 4.149.

4		6		5		3	
4	29	34	63	33	64	3	30
8	25	38	59	37	60	7	26
12	21	42	55	41	56	11	22
16	17	46	51	45	52	15	18
20	13	50	47	49	48	19	14
24	9	54	43	53	44	23	10
28	5	58	39	57	40	27	6
32	1	62	35	61	36	31	2
	1		7		8		2

5	4	29	34	63	33	64	3	30	4
1	8	25	38	59	37	60	7	26	8
6	12	21	42	55	41	56	11	22	3
2	16	17	46	51	45	52	15	18	7
7	20	13	50	47	49	48	19	14	2
3	24	9	54	43	53	44	23	10	6
8	28	5	58	39	57	40	27	6	1
4	32	1	62	35	61	36	31	2	5

Abb. 4.149 Hilfsquadrat mit Indizierung der Zeilen

Das Füllen der Halbzeilen richtet sich nach dem rechten magischen Hilfsrechteck aus Abbildung 4.148 und der gewählten Indizierungsfolge. Das Ergebnis ist ein symmetrisches und pandiagonales magisches Quadrat, das in Abbildung 4.150 zu sehen ist.

Zu dieser Variante wird im Artikel von Woodruff auf den Seiten 393 und 394 die Behauptung aufgestellt, dass es bei der Wahl einer anderen Indizierungsfolge als $1, 2, \ldots, n$ ausreicht, darauf zu achten, dass bei den ersten $\frac{n}{2}$ Zahlen kein komplementäres Zahlenpaar enthalten ist und außerdem die weiteren $\frac{n}{2}$ immer komplementär zu den ersten Zahlen sind.

Diese beiden Bedingungen reichen jedoch nicht aus. So sind auch die im Buch von Andrews auf Seite 394 angegebenen Indizierungsfolgen teilweise falsch. Nur die erste und die dritte Folge erzeugen ein magisches Quadrat.

8	28	5	58	39	59	38	25	8	1
6	53	44	23	10	22	11	56	41	3
5	4	29	34	63	35	62	1	32	4
7	45	52	15	18	14	19	48	49	2
2	16	17	46	51	47	50	13	20	7
4	33	64	3	30	2	31	36	61	5
3	24	9	54	43	55	42	21	12	6
1	57	40	27	6	26	7	60	37	8

Abb. 4.150 Pandiagonales magisches Quadrat der Ordnung $n = 8$ (Woodruff, Variante 2)

Richtig ist dagegen, dass man für $n = 8$ zusätzlich darauf achten muss, dass die Differenz zwischen den ersten beiden Zahlen gleich der Differenz der dritten und vierten Zahl sein muss. Bei der letzten Konstruktion gilt z. B. $5 - 1 = 6 - 2 = 4$. Damit ergeben sich außer der Standardfolge $1, 2, \ldots, n$ weitere 47 Indizierungsfolgen, die zu symmetrischen und pandiagonalen magischen Quadraten führen. Einige der insgesamt 48 Folgen sind in Tabelle 4.32 angegeben.

1	2	5	6	3	4	7	8
1	3	2	4	5	7	6	8
2	1	6	5	4	3	8	7
2	6	1	5	4	8	3	7
3	1	7	5	4	2	8	6
3	7	4	8	1	5	2	6
4	2	8	6	3	1	7	5
4	8	3	7	2	6	1	5
5	1	7	3	6	2	8	4
5	6	1	2	7	8	3	4
6	2	5	1	8	4	7	3
6	8	2	4	5	7	1	3
7	3	5	1	8	4	6	2
7	8	3	4	5	6	1	2
8	4	7	3	6	2	5	1
8	6	7	5	4	2	3	1

Tab. 4.32 Einige der 48 möglichen Indizierungsfolgen für die Ordnung $n = 8$

Für höhere Ordnungen gibt es eine große Anzahl von möglichen Indizierungsfolgen. Allerdings ist die Systematik, die hinter diesen Folgen steckt, bisher nicht entdeckt worden. Einige Beispiele für die Ordnung $n = 12$ werden in Tabelle 4.33 aufgeführt.

1	6	9	10	2	5	8	11	3	4	7	12
2	3	12	7	9	8	5	4	6	1	10	11
3	5	11	12	4	6	7	9	1	2	8	10
5	1	10	7	9	11	2	4	6	3	12	8
6	9	12	3	8	11	2	5	10	1	4	7
10	1	6	11	9	8	5	4	2	7	12	3

Tab. 4.33 Einige Indizierungsfolgen für die Ordnung $n = 12$

Als weiteres Beispiel dieser Variante soll ein magisches Quadrat der Ordnung $n = 12$ mit den zwei magischen Hilfsrechtecken und der Schrittweite 3 konstruiert werden.

3	9	8	11	1	7
10	4	5	2	12	6

8	1	7	3	11	9
5	12	6	10	2	4

Abb. 4.151 Magische Hilfsrechtecke

3		8		1		10		5		12	
3	108	74	143	1	106	109	70	38	35	111	72
6	105	77	140	4	103	112	67	41	32	114	69
9	102	80	137	7	100	115	64	44	29	117	66
12	99	83	134	10	97	118	61	47	26	120	63
15	96	86	131	13	94	121	58	50	23	123	60
18	93	89	128	16	91	124	55	53	20	126	57
21	90	92	125	19	88	127	52	56	17	129	54
24	87	95	122	22	85	130	49	59	14	132	51
27	84	98	119	25	82	133	46	62	11	135	48
30	81	101	116	28	79	136	43	65	8	138	45
33	78	104	113	31	76	139	40	68	5	141	42
36	75	107	110	34	73	142	37	71	2	144	39
	9		11		7		4		2		6

Abb. 4.152 Hilfsquadrat nach dem Füllen der Spalten

Mit der Indizierungsfolge 5, 9, 6, 1, 3, 11, 2, 10, 12, 7, 4, 8 ergibt sich das Hilfsquadrat aus Abbildung 4.153. Das Füllen der Halbzeilen richtet sich nach dem rechten magischen Hilfsrechteck aus Abbildung 4.151 und den Indizierungsfolgen aus Abbildung 4.153. Das Ergebnis ist wieder ein symmetrisches und pandiagonales magisches Quadrat, das in Abbildung 4.154 dargestellt ist.

5	3	108	74	143	1	106	109	70	38	35	111	72	8
9	6	105	77	140	4	103	112	67	41	32	114	69	4
6	9	102	80	137	7	100	115	64	44	29	117	66	7
1	12	99	83	134	10	97	118	61	47	26	120	63	12
3	15	96	86	131	13	94	121	58	50	23	123	60	10
11	18	93	89	128	16	91	124	55	53	20	126	57	2
2	21	90	92	125	19	88	127	52	56	17	129	54	11
10	24	87	95	122	22	85	130	49	59	14	132	51	3
12	27	84	98	119	25	82	133	46	62	11	135	48	1
7	30	81	101	116	28	79	136	43	65	8	138	45	6
4	33	78	104	113	31	76	139	40	68	5	141	42	9
8	36	75	107	110	34	73	142	37	71	2	144	39	5

Abb. 4.153 Hilfsquadrat mit Indizierung der Zeilen

8	36	75	107	110	34	73	106	1	143	74	108	3	5
4	112	67	41	32	114	69	42	141	5	68	40	139	9
1	12	99	83	134	10	97	82	25	119	98	84	27	12
2	124	55	53	20	126	57	54	129	17	56	52	127	11
7	30	81	101	116	28	79	100	7	137	80	102	9	6
10	121	58	50	23	123	60	51	132	14	59	49	130	3
3	15	96	86	131	13	94	85	22	122	95	87	24	10
6	136	43	65	8	138	45	66	117	29	44	64	115	7
11	18	93	89	128	16	91	88	19	125	92	90	21	2
12	118	61	47	26	120	63	48	135	11	62	46	133	1
9	6	105	77	140	4	103	76	31	113	104	78	33	4
5	142	37	71	2	144	39	72	111	35	38	70	109	8

Abb. 4.154 Symmetrisches und pandiagonales magisches Quadrat der Ordnung $n = 12$ (Woodruff, Variante 2)

4.5.5 Wang Zhengyan

ang Zhengyan bildet zunächst aus den Zahlen von 0 bis $n-1$ Zahlenpaare, die addiert alle $n-1$ ergeben.[34] Dabei kann die Reihenfolge dieser Zahlenpaare beliebig gewählt werden, sodass für die Ordnung $n = 4k = 8$ etwa die folgenden vier Paare benutzt werden können.

$$3\,4 \qquad 5\,2 \qquad 7\,0 \qquad 1\,6$$

Die vordere Zahl des ersten Zahlenpaares wird am linken Rand der oberen Zeile eingetragen, während die hintere Zahl eine Position links neben der zur vorderen Zahl horizontal symmetrisch liegenden Zelle platziert wird. Die vordere Zahl des zweiten Zahlenpaares wird rechts neben der zuletzt eingetragenen vorderen Zahl geschrieben, während die hintere Zahl bei diesem Zahlenpaar eine Position rechts neben der hierzu horizontal symmetrisch liegenden Zelle eingetragen wird.

Dieser Vorgang wird so lange wiederholt, bis die obere Zeile vollständig gefüllt ist. Danach werden in der darunterliegenden Zeile die zu $n-1$ komplementären Zahlen eingetragen. Diese beiden Zeilen werden dann so oft nach unten kopiert, bis das gesamte Hilfsquadrat gefüllt ist.

3	5	7	1	0	6	4	2
4	2	0	6	7	1	3	5

3	5	7	1	0	6	4	2
4	2	0	6	7	1	3	5
3	5	7	1	0	6	4	2
4	2	0	6	7	1	3	5
3	5	7	1	0	6	4	2
4	2	0	6	7	1	3	5
3	5	7	1	0	6	4	2
4	2	0	6	7	1	3	5

Abb. 4.155 Hilfsquadrat A

Anschließend wird das Hilfsquadrat A an der Nebendiagonalen gespiegelt und das Ergebnis in ein zweites Hilfsquadrat B eingetragen. Durch Überlagerung dieser beiden Hilfsquadrate entsteht dann wie in Abbildung 4.156 das pandiagonale magische Quadrat doppelt-gerader Ordnung.

In diesem Beispiel sind dabei die Zahlen des Hilfsquadrates B mit der Ordnung $n = 8$ multipliziert worden, bevor zu dem Ergebnis die um 1 vergrößerte Zahl aus dem Hilfsquadrat A addiert wurde.

$$8 \cdot B + A + 1$$

[34] Wang Zhengyuan [593]

3	4	3	4	3	4	3	4
5	2	5	2	5	2	5	2
7	0	7	0	7	0	7	0
1	6	1	6	1	6	1	6
0	7	0	7	0	7	0	7
6	1	6	1	6	1	6	1
4	3	4	3	4	3	4	3
2	5	2	5	2	5	2	5

a) Hilfsquadrat B

28	38	32	34	25	39	29	35
45	19	41	23	48	18	44	22
60	6	64	2	57	7	61	3
13	51	9	55	16	50	12	54
4	62	8	58	1	63	5	59
53	11	49	15	56	10	52	14
36	30	40	26	33	31	37	27
21	43	17	47	24	42	20	46

b) magisches Quadrat

Abb. 4.156 Pandiagonales magisches Quadrat der Ordnung $n = 8$ (Wang Zhengyan)

Für die Ordnung $n = 12$ ergibt sich mit den Zahlenpaaren

$$7\ 4 \qquad 1\ 10 \qquad 3\ 8 \qquad 2\ 9 \qquad 5\ 6 \qquad 11\ 0$$

zunächst das Hilfsquadrat A aus Abbildung 4.157.

7	1	3	2	5	11	6	0	8	9	4	10
4	10	8	9	6	0	5	11	3	2	7	1
7	1	3	2	5	11	6	0	8	9	4	10
4	10	8	9	6	0	5	11	3	2	7	1
7	1	3	2	5	11	6	0	8	9	4	10
4	10	8	9	6	0	5	11	3	2	7	1
7	1	3	2	5	11	6	0	8	9	4	10
4	10	8	9	6	0	5	11	3	2	7	1
7	1	3	2	5	11	6	0	8	9	4	10
4	10	8	9	6	0	5	11	3	2	7	1
7	1	3	2	5	11	6	0	8	9	4	10
4	10	8	9	6	0	5	11	3	2	7	1

Abb. 4.157 Erstes Hilfsquadrat A

Spiegelt man dieses Quadrat an der Nebendiagonalen und überlagert die beiden Hilfsquadrate, erhält man das pandiagonale magische Quadrat aus Abbildung 4.158. Bei dieser Ordnung sind die zwei Hilfsquadrate entgegengesetzt zusammengesetzt worden, da zuerst die Zahlen von A mit der Ordnung $n = 12$ multipliziert wurden, und zu diesem Ergebnis die um 1 vergrößerte Zahl aus B addiert wurde.

$$12 \cdot A + B + 1$$

92	17	44	29	68	137	80	5	104	113	56	125
50	131	98	119	74	11	62	143	38	35	86	23
88	21	40	33	64	141	76	9	100	117	52	129
51	130	99	118	75	10	63	142	39	34	87	22
90	19	42	31	66	139	78	7	102	115	54	127
60	121	108	109	84	1	72	133	48	25	96	13
91	18	43	30	67	138	79	6	103	114	55	126
49	132	97	120	73	12	61	144	37	36	85	24
93	16	45	28	69	136	81	4	105	112	57	124
58	123	106	111	82	3	70	135	46	27	94	15
89	20	41	32	65	140	77	8	101	116	53	128
59	122	107	110	83	2	71	134	47	26	95	14

Abb. 4.158 Pandiagonales magisches Quadrat der Ordnung $n = 12$ (Wang Zhengyan)

4.5.6 Zhang Xiafu – Liang Peiji – Zhang Hangfu

Zhang Xiafu, Liang Peiji und Zhang Hangfu zerlegen bei ihrem Verfahren zur Konstruktion pandiagonaler magischer Quadrate der Ordnung $n = 4k$ das Zielquadrat in 16 Teilquadrate der Größe k x k. Für jedes Teilquadrat geben sie dann eine Formel an, mit der alle Zahlen in diesem Teilquadrat berechnen werden können.[35]

Zeile z	Spalte s	Formel
$0 \leq z < k$	$0 \leq s < k$	$n^2 - k^2 - (s+4) \cdot k + n - z$
	$k \leq s < 2k$	$n^2 - 11\,k^2 - (s+4) \cdot k + n - z$
	$2k \leq s < 3k$	$n^2 - 9\,k^2 - (s-3) \cdot k - (n-1) + z$
	$3k \leq s < n$	$n^2 - 3\,k^2 - (s-3) \cdot k - (n-1) + z$
$k \leq z < 3k$	$0 \leq s < k$	$n^2 - 10\,k^2 - (s+3) \cdot k + n - z$
	$k \leq s < 2k$	$n^2 - 6\,k^2 - (s+3) \cdot k + n - z$
	$2k \leq s < 3k$	$n^2 + 2\,k^2 - (s-2) \cdot k - (n-1) + z$
	$3k \leq s < n$	$n^2 - 10\,k^2 - (s-2) \cdot k - (n-1) + z$

[35] Zhang Xiafu, Liang Peiji und Zhang Hangfu [615]

Zeile z	Spalte s	Formel
$2k \leq z < 3k$	$0 \leq s < k$	$11k^2 + (s-1) \cdot k + n - z$
	$k \leq s < 2k$	$5k^2 + (s-1) \cdot k + n - z$
	$2k \leq s < 3k$	$-k^2 + (s+2) \cdot k - (n-1) + z$
	$3k \leq s < n$	$9k^2 + (s+2) \cdot k - (n-1) + z$
$3k \leq z < n$	$0 \leq s < k$	$s \cdot k + n - z$
	$k \leq s < 2k$	$12k^2 + s \cdot k + n - z$
	$2k \leq s < 3k$	$8k^2 + (s+1) \cdot k - (n-1) + z$
	$3k \leq s < n$	$4k^2 + (s+1) \cdot k - (n-1) + z$

Für die Ordnung $n = 4k = 8$ ist $k = 2$, und die Berechnungen führen auf das pandiagonale magische Quadrat aus Abbildung 4.159.

1	3	53	55	42	44	30	32
2	4	54	56	41	43	29	31
45	47	25	27	6	8	50	52
46	48	26	28	5	7	49	51
23	21	35	33	64	62	12	10
24	22	36	34	63	61	11	9
59	57	15	13	20	18	40	38
60	58	16	14	19	17	39	37

Abb. 4.159 Pandiagonales magisches Quadrat der Ordnung $n = 8$ (Zhang - Liang - Zhang)

4.5.7 Candy (Methode 1)

Candy stellt in seinem Buch über pandiagonale magische Quadrate mit zusammengesetzten Ordnungen auch ein Verfahren für Ordnungen $n = 4k$ vor.[36] Er unterteilt das Zielquadrat in k^2 Teilquadrate und benutzt ein Rechteck mit k^2 Zeilen und 16 Spalten.

Für $n = 8$ besitzt dieses Rechteck mit $k = 2$ vier Zeilen und 16 Spalten. Die linke Spalte dieses Rechtecks füllt er von oben nach unten mit den fortlaufenden Zahlen von 1 bis 4 und die zweite Spalte von unten nach oben mit den Zahlen 5 bis 8. So fährt er mit abwechselnden Richtungen fort, bis alle Spalten gefüllt sind.

[36] Candy [73] S. 136 – 143

1	8	9	16	17	24	25	32	33	40	41	48	49	56	57	64
2	7	10	15	18	23	26	31	34	39	42	47	50	55	58	63
3	6	11	14	19	22	27	30	35	38	43	46	51	54	59	62
4	5	12	13	20	21	28	29	36	37	44	45	52	53	60	61

Tab. 4.34 Rechteck der Größe 4 x 16

Zusätzlich wird ein pandiagonales magisches Quadrat der Ordnung 4 als Basisquadrat benötigt, welches festlegt, wie die Zahlen aus den Zeilen des Rechtecks in das Zielquadrat übertragen werden.

1	14	4	15
8	11	5	10
13	2	16	3
12	7	9	6

Abb. 4.160 Pandiagonales Basisquadrat

Das linke obere Teilquadrat des Zielquadrates wird mit der oberen Zeile des Rechtecks gefüllt. Die erste Zahl 1 wird an die entsprechende Position des Teilquadrates geschrieben. Die zweite Zahl 8 an die Position, an der sich im pandiagonalen Basisquadrat die Zahl 2 befindet. So fährt man fort, bis alle 16 Zahlen der oberen Zeile eingetragen sind. Das nächste Teilquadrat wird dann mit den Zahlen der zweiten Zeile des Rechtecks gefüllt usw.

1	56	16	57				
32	41	17	40				
49	8	64	9				
48	25	33	24				

1	56	16	57	2	55	15	58
32	41	17	40	31	42	18	39
49	8	64	9	50	7	63	10
48	25	33	24	47	26	34	23

Abb. 4.161 Eintragen der ersten zwei Teilquadrate

Füllt man so alle 4 x 4-Teilquadrate im Zielquadrat, entsteht das pandiagonale magische Quadrat aus Abbildung 4.162. Wie alle pandiagonalen Quadrate, die mit diesem Verfahren erzeugt werden, enthält es k^2 Teilquadrate, welche die gleiche magische Summe besitzen.

1	56	16	57	2	55	15	58
32	41	17	40	31	42	18	39
49	8	64	9	50	7	63	10
48	25	33	24	47	26	34	23
3	54	14	59	4	53	13	60
30	43	19	38	29	44	20	37
51	6	62	11	52	5	61	12
46	27	35	22	45	28	36	21

Abb. 4.162 Pandiagonales magisches Quadrat der Ordnung $n = 8$ (Candy)

Ein weiteres Beispiel soll das Verfahren noch einmal für die Ordnung $n = 12$ verdeutlichen. Mit $k = 3$ wird das Zielquadrat in $k^2 = 9$ Teilquadrate der Größe 4 unterteilt, sodass das Rechteck jetzt 9 Zeilen umfasst.

1	18	19	36	37	54	55	72	73	90	91	108	109	126	127	144
2	17	20	35	38	53	56	71	74	89	92	107	110	125	128	143
3	16	21	34	39	52	57	70	75	88	93	106	111	124	129	142
4	15	22	33	40	51	58	69	76	87	94	105	112	123	130	141
5	14	23	32	41	50	59	68	77	86	95	104	113	122	131	140
6	13	24	31	42	49	60	67	78	85	96	103	114	121	132	139
7	12	25	30	43	48	61	66	79	84	97	102	115	120	133	138
8	11	26	29	44	47	62	65	80	83	98	101	116	119	134	137
9	10	27	28	45	46	63	64	81	82	99	100	117	118	135	136

Tab. 4.35 Rechteck der Größe 9 x 16

Da als Basisquadrat jedes beliebige pandiagonale magische Quadrat der Ordnung 4 gewählt werden kann, wird in diesem Beispiel mit dem Quadrat aus Abbildung 4.163 ein anderes Basisquadrat für die Anordnung der Zahlen benutzt.

5	16	3	10
4	9	6	15
14	7	12	1
11	2	13	8

Abb. 4.163 Pandiagonales Basisquadrat

Mit diesem Basisquadrat ergibt sich dann das pandiagonale magische Quadrat der Abbildung 4.164.

37	144	19	90	38	143	20	89	39	142	21	88
36	73	54	127	35	74	53	128	34	75	52	129
126	55	108	1	125	56	107	2	124	57	106	3
91	18	109	72	92	17	110	71	93	16	111	70
40	141	22	87	41	140	23	86	42	139	24	85
33	76	51	130	32	77	50	131	31	78	49	132
123	58	105	4	122	59	104	5	121	60	103	6
94	15	112	69	95	14	113	68	96	13	114	67
43	138	25	84	44	137	26	83	45	136	27	82
30	79	48	133	29	80	47	134	28	81	46	135
120	61	102	7	119	62	101	8	118	63	100	9
97	12	115	66	98	11	116	65	99	10	117	64

Abb. 4.164 Pandiagonales magisches Quadrat der Ordnung $n = 12$ (Candy)

Varianten

Für die Anordnung der Zahlen im Rechteck stehen für alle Ordnungen mehrere Möglichkeiten zur Auswahl. Damit der Einfluss dieser Rechtecke auf die Ergebnisse besser ersichtlich wird, wird in allen Varianten immer mit dem gleichen pandiagonalen Basisquadrat aus Abbildung 4.165 gearbeitet.

3	13	8	10
16	2	11	5
9	7	14	4
6	12	1	15

Abb. 4.165 Pandiagonales Basisquadrat

In der ersten Variante wird das Rechteck wie in Tabelle 4.36 gefüllt.

1	9	17	25	33	41	49	57	8	16	24	32	40	48	56	64
2	10	18	26	34	42	50	58	7	15	23	31	39	47	55	63
3	11	19	27	35	43	51	59	6	14	22	30	38	46	54	62
4	12	20	28	36	44	52	60	5	13	21	29	37	45	53	61

Tab. 4.36 Rechteck der Größe 4 x 16

In dieser Tabelle werden die Spalten abwechselnd in die linke und rechte Hälfte eingetragen. In der linken Hälfte geschieht dies von oben nach unten und in der rechten umgekehrt von unten nach oben. Mit diesem Aufbau wird das pandiagonale magische Quadrat aus Abbildung 4.166 erstellt.

17	40	57	16	18	39	58	15
64	9	24	33	63	10	23	34
8	49	48	25	7	50	47	26
41	32	1	56	42	31	2	55
19	38	59	14	20	37	60	13
62	11	22	35	61	12	21	36
6	51	46	27	5	52	45	28
43	30	3	54	44	29	4	53

Abb. 4.166 Pandiagonales magisches Quadrat der Ordnung $n = 8$ (Candy, Beispiel 1)

In der nachfolgenden Tabelle werden immer vier Spalten alternierend in der linken und rechten Hälfte platziert, wobei die Richtung mit jeder Spalte wechselt. Mit einem solchen Aufbau der Zahlen entsteht das pandiagonale magische Quadrat aus Abbildung 4.167.

1	8	9	16	33	40	41	48	17	24	25	32	49	56	57	64
2	7	10	15	34	39	42	47	18	23	26	31	50	55	58	63
3	6	11	14	35	38	43	46	19	22	27	30	51	54	59	62
4	5	12	13	36	37	44	45	20	21	28	29	52	53	60	61

9	49	48	24	10	50	47	23
64	8	25	33	63	7	26	34
17	41	56	16	18	42	55	15
40	32	1	57	39	31	2	58
11	51	46	22	12	52	45	21
62	6	27	35	61	5	28	36
19	43	54	14	20	44	53	13
38	30	3	59	37	29	4	60

Abb. 4.167 Pandiagonales magisches Quadrat der Ordnung $n = 8$ (Candy, Beispiel 2)

Aber der Aufbau der Zahlen in der Tabelle lässt sich noch weiter variieren, wie am magischen Quadrat der Abbildung 4.168 zu erkennen ist.

1	2	3	4	5	6	7	8	57	58	59	60	61	62	63	64
9	10	11	12	13	14	15	16	49	50	51	52	53	54	55	56
17	18	19	20	21	22	23	24	41	42	43	44	45	46	47	48
25	26	27	28	29	30	31	32	33	34	35	36	37	38	39	40

3	61	8	58	11	53	16	50
64	2	59	5	56	10	51	13
57	7	62	4	49	15	54	12
6	60	1	63	14	52	9	55
19	45	24	42	27	37	32	34
48	18	43	21	40	26	35	29
41	23	46	20	33	31	38	28
22	44	17	47	30	36	25	39

Abb. 4.168 Pandiagonales magisches Quadrat der Ordnung $n = 8$ (Candy, Beispiel 3)

4.5.8 Candy (Methode 2)

Candy stellt in seinem Buch ein weiteres Verfahren für Ordnungen $n = 4k$ vor, das für Ordnungen ab $n = 8$ pandiagonale magische Quadrate erzeugt.[37] Dazu benutzt er ein Hilfsquadrat in natürlicher Anordnung. Den linken oberen Quadranten lässt er unverändert, während der rechte obere Quadrant horizontal gespiegelt wird. Der linke untere Quadrant wird dagegen vertikal gespiegelt und im rechten unteren Quadranten werden beide Spiegelungen durchgeführt. Eine Drehung um 180° führt natürlich zum selben Ergebnis.

1	2	3	4	5	6	7	8
9	10	11	12	13	14	15	16
17	18	19	20	21	22	23	24
25	26	27	28	29	30	31	32
33	34	35	36	37	38	39	40
41	42	43	44	45	46	47	48
49	50	51	52	53	54	55	56
57	58	59	60	61	62	63	64

1	2	3	4	8	7	6	5
9	10	11	12	16	15	14	13
17	18	19	20	24	23	22	21
25	26	27	28	32	31	30	29
57	58	59	60	64	63	62	61
49	50	51	52	56	55	54	53
41	42	43	44	48	47	46	45
33	34	35	36	40	39	38	37

Abb. 4.169 Hilfsquadrat

[37] Candy [73] S. 52 – 72

Von diesem Hilfsquadrat ausgehend werden die Zahlen mit der Schrittmethode ausgelesen und von links nach rechts und von oben nach unten in das Zielquadrat eingetragen. Wählt man den Hauptschritt $(h_s, h_z) = (1, -2)$, gelangt man nach n Zahlen wieder auf eine bereits bearbeitete Zelle. Dann muss man einen zusätzlichen Zwischenschritt $(z_s, z_z) = (2, -1)$ durchführen, der auf eine unbearbeitete Zelle führt. Mit diesen beiden Schrittfolgen werden die ersten 16 Zahlen wie in Abbildung 4.170 in das Zielquadrat übertragen.

1	2	3	4	8	7	6	5
9	10	11	12	16	15	14	13
17	18	19	20	24	23	22	21
25	26	27	28	32	31	30	29
57	58	59	60	64	63	62	61
49	50	51	52	56	55	54	53
41	42	43	44	48	47	46	45
33	34	35	36	40	39	38	37

1	18	59	44	8	23	62	45
11	28	56	39	14	29	49	34

Abb. 4.170 Schritte für die ersten 16 Zahlen

Überträgt man auch die restlichen 48 Zahlen, ergibt sich das pandiagonale magische Quadrat aus Abbildung 4.171.

1	18	59	44	8	23	62	45
11	28	56	39	14	29	49	34
24	63	46	5	17	58	43	4
30	53	33	10	27	52	40	15
57	42	3	20	64	47	6	21
51	36	16	31	54	37	9	26
48	7	22	61	41	2	19	60
38	13	25	50	35	12	32	55

Abb. 4.171 Pandiagonales magisches Quadrat der Ordnung $n = 8$ (Candy)

Candy gibt in seinem Buch verschiedene Möglichkeiten an, wie die Schrittparameter zu wählen sind. Für den Wechsel der Zeilen sind dabei für den Hauptschritt h_z stets gerade Zahlen zu wählen. Da die Schritte auch immer nach unten durchgeführt werden sollen, handelt es sich um negative Werte. Dann ist der Zwischenschritt z_z auch negativ, muss aber ungerade sein.

Da der Hauptschritt h_s immer nach rechts durchgeführt werden soll, müssen positive Werte gewählt werden, wobei nur ungerade Zahlen infrage kommen. Der Zwischenschritt z_s ist auch positiv, muss aber eine gerade Zahl sein.

Damit alle Zahlen des Hilfsquadrates ausgelesen werden, wird noch eine zusätzliche Zahl berechnet, die relativ prim zu der Ordnung n sein muss.

$$\text{ggt}\,(h_z \cdot z_s - h_s \cdot z_z, n) = 1$$

Diese Bedingungen werden für die Ordnung 8 beispielsweise von den Parametern $(h_s, h_z) = (3, -2)$ und $(z_s, z_z) = (4, -1)$ erfüllt. Mit diesen Parametern ergibt sich das pandiagonale magische Quadrat aus Abbildung 4.172.

1	2	3	4	8	7	6	5
9	10	11	12	16	15	14	13
17	18	19	20	24	23	22	21
25	26	27	28	32	31	30	29
57	58	59	60	64	63	62	61
49	50	51	52	56	55	54	53
41	42	43	44	48	47	46	45
33	34	35	36	40	39	38	37

1	20	62	42	8	21	59	47
16	29	51	39	9	28	54	34
17	60	46	2	24	61	43	7
32	53	35	15	25	52	38	10
57	44	6	18	64	45	3	23
56	37	11	31	49	36	14	26
41	4	22	58	48	5	19	63
40	13	27	55	33	12	30	50

Abb. 4.172 Pandiagonales magisches Quadrat der Ordnung $n = 8$ (Candy, Beispiel 2)

Variante

Weitere Varianten ergeben sich, wenn man sich die Entstehung des Ausgangsquadrates nicht durch Spiegelungen der Quadranten, sondern durch Spalten- und Zeilentransformationen vorstellt. Legt man den Ursprung $(0, 0)$ in die linke obere Ecke, handelt es sich bei dem bisherigen Ausgangsquadrat um Vertauschungen mit der neuen Reihenfolge $0, 1, 2, 3, 7, 6, 5, 4$.

Man kann für die Spalten und Zeilen auch andere Reihenfolgen wählen, wenn diese folgende Bedingung erfüllen:

$$a \quad b \quad c \quad \ldots \quad x \quad n-1-a \quad n-1-b \quad n-1-c \quad \ldots \quad n-1-x$$

Diese Reihenfolgen können für die Spalten und Zeilen gleich oder unterschiedlich gewählt werden. Bei einem weiteren Beispiel der Ordnung $n = 8$ werden folgende Reihenfolgen benutzt:

Spalten	4	2	7	6	3	5	0	1
Zeilen	1	5	0	3	6	2	7	4

	0	1	2	3	4	5	6	7
7	1	2	3	4	5	6	7	8
6	9	10	11	12	13	14	15	16
5	17	18	19	20	21	22	23	24
4	25	26	27	28	29	30	31	32
3	33	34	35	36	37	38	39	40
2	41	42	43	44	45	46	47	48
1	49	50	51	52	53	54	55	56
0	57	58	59	60	61	62	63	64

a) Ausgangsquadrat

	4	2	7	6	3	5	0	1
7	5	3	8	7	4	6	1	2
6	13	11	16	15	12	14	9	10
5	21	19	24	23	20	22	17	18
4	29	27	32	31	28	30	25	26
3	37	35	40	39	36	38	33	34
2	45	43	48	47	44	46	41	42
1	53	51	56	55	52	54	49	50
0	61	59	64	63	60	62	57	58

b) Spaltentausch

	4	2	7	6	3	5	0	1
4	29	27	32	31	28	30	25	26
7	5	3	8	7	4	6	1	2
2	45	43	48	47	44	46	41	42
6	13	11	16	15	12	14	9	10
3	37	35	40	39	36	38	33	34
0	61	59	64	63	60	62	57	58
5	21	19	24	23	20	22	17	18
1	53	51	56	55	52	54	49	50

c) Zeilentausch

Abb. 4.173 Spalten- und Zeilentausch

Mit den Schrittfolgen $(h_s, h_z) = (1, -4)$ und $(z_s, z_z) = (4, -1)$ ergibt sich dann das pandiagonale magische Quadrat aus Abbildung 4.174.

29	35	32	39	28	38	25	34
4	62	1	58	5	59	8	63
45	19	48	23	44	22	41	18
12	54	9	50	13	51	16	55
37	27	40	31	36	30	33	26
60	6	57	2	61	3	64	7
21	43	24	47	20	46	17	42
52	14	49	10	53	11	56	15

Abb. 4.174 Pandiagonales magisches Quadrat der Ordnung $n = 8$ (Candy, Beispiel 3)

4.5.9 Hendricks

Hendricks arbeitet mit zwei Gleichungen, mit denen aus den Koordinaten (s, z) einer Zelle die dort einzutragende Zahl berechnet werden kann.[38]

$$\begin{aligned} d_2 &= 1 \cdot s + 4 \cdot z \quad \bmod n \\ d_1 &= 4 \cdot s + 1 \cdot z \quad \bmod n \end{aligned}$$

Bei der Ordnung $n = 8$ werden für die Position $(s, z) = (5, 6)$ zunächst die beiden Werte für d_2 und d_1 berechnet.

$$\begin{aligned} d_2 &= 1 \cdot 5 + 4 \cdot 6 = 5 + 24 = 29 \equiv 5 \\ d_1 &= 4 \cdot 5 + 1 \cdot 6 = 20 + 6 = 26 \equiv 2 \end{aligned}$$

Führt man diese Rechnungen für alle Zellen durch, erhält man zunächst die beiden Hilfsquadrate aus Abbildung 4.175.

4	5	6	7	0	1	2	3
0	1	2	3	4	5	6	7
4	5	6	7	0	1	2	3
0	1	2	3	4	5	6	7
4	5	6	7	0	1	2	3
0	1	2	3	4	5	6	7
4	5	6	7	0	1	2	3
0	1	2	3	4	5	6	7

a) Ergebnisse für d_2

7	3	7	3	7	3	7	3
6	2	6	2	6	2	6	2
5	1	5	1	5	1	5	1
4	0	4	0	4	0	4	0
3	7	3	7	3	7	3	7
2	6	2	6	2	6	2	6
1	5	1	5	1	5	1	5
0	4	0	4	0	4	0	4

b) Ergebnisse für d_1

Abb. 4.175 Ergebnisse der Berechnungen für d_2 und d_1

Bei beiden Hilfsquadraten handelt es sich weder um lateinische Quadrate, noch besitzen sie überall gleiche Summen. Führt man jedoch einen Zifferntausch durch, sind die entstehenden Quadrate zwar immer noch nicht lateinisch, besitzen aber in den Zeilen, Spalten und Diagonalen gleiche Summen. Mit dem Tausch

alt:	0	1	2	3	4	5	6	7
neu:	0	1	2	3	7	6	5	4

ergeben sich die veränderten Hilfsquadrate aus Abbildung 4.176.

[38] Hendricks [213] S. 37 – 40

7	6	5	4	0	1	2	3
0	1	2	3	7	6	5	4
7	6	5	4	0	1	2	3
0	1	2	3	7	6	5	4
7	6	5	4	0	1	2	3
0	1	2	3	7	6	5	4
7	6	5	4	0	1	2	3
0	1	2	3	7	6	5	4

a) Zifferntausch für d_2

4	3	4	3	4	3	4	3
5	2	5	2	5	2	5	2
6	1	6	1	6	1	6	1
7	0	7	0	7	0	7	0
3	4	3	4	3	4	3	4
2	5	2	5	2	5	2	5
1	6	1	6	1	6	1	6
0	7	0	7	0	7	0	7

b) Zifferntausch für d_1

Abb. 4.176 Hilfsquadrate für d_2 und d_1 nach dem Zifferntausch

Danach überlagert man die beiden Hilfsquadrate und wandelt die daraus entstehenden Zahlen aus dem Zahlensystem zur Basis 8 in das Zehnersystem um. Werden zusätzlich noch alle Zahlen um 1 erhöht, entsteht das pandiagonale magische Quadrat aus Abbildung 4.177.

74	63	54	43	04	13	24	33
05	12	25	32	75	62	55	42
76	61	56	41	06	11	26	31
07	10	27	30	77	60	57	40
73	64	53	44	03	14	23	34
02	15	22	35	72	65	52	45
71	66	51	46	01	16	21	36
00	17	20	37	70	67	50	47

a) Zahlensystem zur Basis 8

60	51	44	35	4	11	20	27
5	10	21	26	61	50	45	34
62	49	46	33	6	9	22	25
7	8	23	24	63	48	47	32
59	52	43	36	3	12	19	28
2	13	18	29	58	53	42	37
57	54	41	38	1	14	17	30
0	15	16	31	56	55	40	39

b) Zehnersystem

61	52	45	36	5	12	21	28
6	11	22	27	62	51	46	35
63	50	47	34	7	10	23	26
8	9	24	25	64	49	48	33
60	53	44	37	4	13	20	29
3	14	19	30	59	54	43	38
58	55	42	39	2	15	18	31
1	16	17	32	57	56	41	40

Abb. 4.177 Pandiagonales magisches Quadrat der Ordnung $n = 8$ (Hendricks)

Variante 1

Eine erste Variante betrifft den Austausch der Ziffern, mit dem die Hilfsquadrate verändert werden. Sind z_i und Z_i komplementäre Ziffern mit

$$z_i + Z_i = n - 1$$

können die Ziffern für den Austausch immer in folgender Reihenfolge angeordnet werden:

$$z_1,\ z_2,\ z_3,\ \ldots,\ Z_1,\ Z_2,\ Z_3,\ \ldots$$

Die Ziffern der ersten Hälfte können beliebig aus dem Bereich $0, 1, \ldots, n-1$ gewählt und in beliebiger Reihenfolge angeordnet werden. Die Ziffern in der zweiten Hälfte sind damit automatisch durch die komplementären Zahlen festgelegt.

Dieses Verfahren bietet aber noch weitere Möglichkeiten, da der Austausch in den Hilfsquadraten auch für beide Ziffern unterschiedlich gestaltet werden kann. Mit den beiden Austauschtabellen

alt:	0	1	2	3	4	5	6	7
neu:	0	4	2	6	7	3	5	1

a) Zifferntausch für d_2

alt:	0	1	2	3	4	5	6	7
neu:	2	1	4	7	5	6	3	0

b) Zifferntausch für d_1

Tab. 4.37 Zifferntausch in den Hilfsquadraten

ergeben sich aus den Hilfsquadraten der Abbildung 4.175 die Hilfsquadrate mit den vertauschten Ziffern aus Abbildung 4.178.

7	3	5	1	0	4	2	6
0	4	2	6	7	3	5	1
7	3	5	1	0	4	2	6
0	4	2	6	7	3	5	1
7	3	5	1	0	4	2	6
0	4	2	6	7	3	5	1
7	3	5	1	0	4	2	6
0	4	2	6	7	3	5	1

a) Ergebnisse für d_2

0	7	0	7	0	7	0	7
3	4	3	4	3	4	3	4
6	1	6	1	6	1	6	1
5	2	5	2	5	2	5	2
7	0	7	0	7	0	7	0
4	3	4	3	4	3	4	3
1	6	1	6	1	6	1	6
2	5	2	5	2	5	2	5

b) Ergebnisse für d_1

Abb. 4.178 Hilfsquadrate für d_2 und d_1 nach dem Zifferntausch

Fügt man jetzt wieder die beiden Hilfsquadrate zusammen, folgt das pandiagonale magische Quadrat aus Abbildung 4.179.

70	37	50	17	00	47	20	67
03	44	23	64	73	34	53	14
76	31	56	11	06	41	26	61
05	42	25	62	75	32	55	12
77	30	57	10	07	40	27	60
04	43	24	63	74	33	54	13
71	36	51	16	01	46	21	66
02	45	22	65	72	35	52	15

a) Zahlensystem zur Basis 8

57	32	41	16	1	40	17	56
4	37	20	53	60	29	44	13
63	26	47	10	7	34	23	50
6	35	22	51	62	27	46	11
64	25	48	9	8	33	24	49
5	36	21	52	61	28	45	12
58	31	42	15	2	39	18	55
3	38	19	54	59	30	43	14

b) magisches Quadrat

Abb. 4.179 Pandiagonales magisches Quadrat der Ordnung $n = 8$ (Hendricks, Beispiel 2)

Variante 2

Neben dem Zifferntausch lassen sich weitere pandiagonale magische Quadrate erzeugen, wenn man die Koeffizienten in den Ausgangsgleichungen verändert. Mit

$$d_2 = 3 \cdot s + 4 \cdot z \mod n$$
$$d_1 = 4 \cdot s + 3 \cdot z \mod n$$

ergeben sich etwa die beiden Hilfsquadrate aus Abbildung 4.180.

4	7	2	5	0	3	6	1
0	3	6	1	4	7	2	5
4	7	2	5	0	3	6	1
0	3	6	1	4	7	2	5
4	7	2	5	0	3	6	1
0	3	6	1	4	7	2	5
4	7	2	5	0	3	6	1
0	3	6	1	4	7	2	5

a) Ergebnisse für d_2

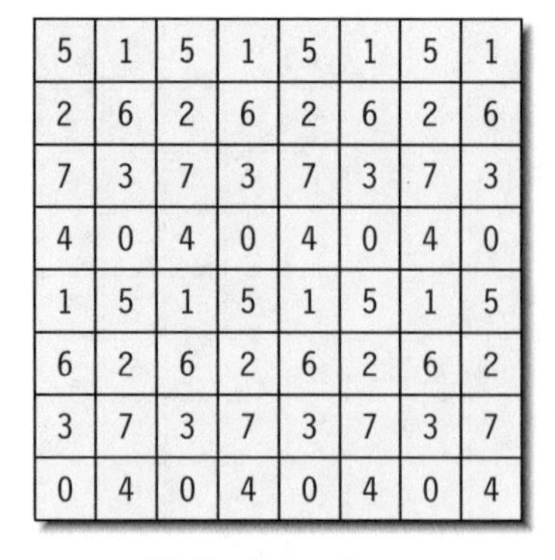

5	1	5	1	5	1	5	1
2	6	2	6	2	6	2	6
7	3	7	3	7	3	7	3
4	0	4	0	4	0	4	0
1	5	1	5	1	5	1	5
6	2	6	2	6	2	6	2
3	7	3	7	3	7	3	7
0	4	0	4	0	4	0	4

b) Ergebnisse für d_1

Abb. 4.180 Ergebnisse der Berechnungen für d_2 und d_1

Mit dem Zifferntausch laut Tabelle 4.38

alt:	0	1	2	3	4	5	6	7
neu:	0	4	2	6	7	3	5	1

a) Zifferntausch bei d_2

alt:	0	1	2	3	4	5	6	7
neu:	2	1	4	7	5	6	3	0

b) Zifferntausch bei d_1

Tab. 4.38 Zifferntausch für d_2 und d_1

ergibt sich dann das pandiagonale magische Quadrat aus Abbildung 4.181.

72	65	52	45	02	15	22	35
04	13	24	33	74	63	54	43
71	66	51	46	01	16	21	36
00	17	20	37	70	67	50	47
75	62	55	42	05	12	25	32
03	14	23	34	73	64	53	44
76	61	56	41	06	11	26	31
07	10	27	30	77	60	57	40

a) Zahlensystem zur Basis 8

59	54	43	38	3	14	19	30
5	12	21	28	61	52	45	36
58	55	42	39	2	15	18	31
1	16	17	32	57	56	41	40
62	51	46	35	6	11	22	27
4	13	20	29	60	53	44	37
63	50	47	34	7	10	23	26
8	9	24	25	64	49	48	33

b) magisches Quadrat

Abb. 4.181 Pandiagonales magisches Quadrat der Ordnung $n = 8$ (Hendricks, Beispiel 3)

Verallgemeinerung

Da Hendricks nur wenige Beispiele angibt, habe ich sein Verfahren verallgemeinert und untersucht, unter welchen Bedingungen man mit veränderten Koeffizienten der Ausgangsgleichungen weitere pandiagonale magische Quadrate erzeugen kann. Bezeichnet man die Ausgangsgleichungen mit

$$d_2 = a \cdot s + b \cdot z \mod n$$
$$d_1 = b \cdot s + a \cdot z \mod n$$

muss der Koeffizient b folgende Bedingungen erfüllen:

- b ist eine gerade Zahl mit $2 \leq b < n$
- $\text{ggt}(b-1, n) = 1$ und $\text{ggt}(b+1, n) = 1$
- die Zahl $\frac{n}{\text{ggt}(b,n)}$ muss gerade sein

Für einen zuerst ausgewählten Koeffizienten b muss der zugehörige Partner a noch zusätzliche Bedingungen erfüllen:

- für die Zahl $1 \leq a < n$ muss gelten: $\text{ggt}(a, n) = 1$
- $\text{ggt}(a - b, n) = 1$ und $\text{ggt}(a + b, n) = 1$

Neben der immer gültigen Wahl $(a, b) = (1, \frac{n}{2})$ gibt es viele weitere Möglichkeiten. Für die Ordnungen 8, 12, 16 und 20 sind diese in Tabelle 4.39 aufgeführt, wobei die in den Zeilen angegebenen Werte miteinander kombiniert werden können.

Ordnung	a	b
8	1 3 5 7	2 4 6
12	1 5 7 11	6
16	1 3 5 7 9 11 13 15	2 4 6 8 10 12 14
20	1 9 11 19	2 18
	1 3 7 9 11 13 17 19	10

Tab. 4.39 Mögliche Kombinationen der Koeffizienten

Dabei ist zu erwähnen, dass bei der Wahl von $b = \frac{n}{2}$ immer supermagische Quadrate entstehen.[39] Wählt man dagegen beispielsweise $a = 5$ und $b = 2$ lauten die Gleichungen

$$d_2 = 5 \cdot s + 2 \cdot z \mod n$$
$$d_1 = 2 \cdot s + 5 \cdot z \mod n$$

und es ergeben sich die Hilfsquadrate aus Abbildung 4.182.

6	3	0	5	2	7	4	1
4	1	6	3	0	5	2	7
2	7	4	1	6	3	0	5
0	5	2	7	4	1	6	3
6	3	0	5	2	7	4	1
4	1	6	3	0	5	2	7
2	7	4	1	6	3	0	5
0	5	2	7	4	1	6	3

a) Ergebnisse für d_2

3	5	7	1	3	5	7	1
6	0	2	4	6	0	2	4
1	3	5	7	1	3	5	7
4	6	0	2	4	6	0	2
7	1	3	5	7	1	3	5
2	4	6	0	2	4	6	0
5	7	1	3	5	7	1	3
0	2	4	6	0	2	4	6

b) Ergebnisse für d_1

Abb. 4.182 Ergebnisse der Berechnungen für d_2 und d_1

Allerdings muss der Zifferntausch anders durchgeführt werden, wenn $b \neq \frac{n}{2}$ ist. Im allerersten Beispiel war $b = 4$, und es wurden vier Gruppen von komplementären Zahlenpaaren gebildet. Im Hilfsquadrat für d_2 aus Abbildung 4.175 ist die gewählte

[39] siehe Kapitel 5.2

Zuordnung der komplementären Zahlen in der linken unteren Ecke deutlich zu erkennen. Die Zahlen an den Positionen 0 und 4 müssen ebenso komplementär sein wie die Zahlen an den Positionen 1 und 5, 2 und 6 sowie 3 und 7. So wird gewährleistet, dass alle Zeilen, Spalten und Diagonalen die gleiche Summe besitzen.

4	5	6	7	0	1	2	3
0	1	2	3	4	5	6	7
4	5	6	7	0	1	2	3
0	1	2	3	4	5	6	7
4	5	6	7	0	1	2	3
0	1	2	3	4	5	6	7
4	5	6	7	0	1	2	3
0	1	2	3	4	5	6	7

a) $b = 4 : 4$ Gruppen mit 2 Zahlen

6	3	0	5	2	7	4	1
4	1	6	3	0	5	2	7
2	7	4	1	6	3	0	5
0	5	2	7	4	1	6	3
6	3	0	5	2	7	4	1
4	1	6	3	0	5	2	7
2	7	4	1	6	3	0	5
0	5	2	7	4	1	6	3

b) $b = 2 : 2$ Gruppen mit 4 Zahlen

Jetzt müssen die Zahlen in zwei Gruppen von jeweils vier Zahlen so vertauscht werden, dass die Zahlen an den Positionen 0 und 2 ebenso komplementär sind wie die an den Positionen 4 und 6, 5 und 7 sowie 1 und 3. Mit dem Ziffertausch laut Tabelle 4.40

alt:	0	1	2	3	4	5	6	7
neu:	0	3	7	4	1	2	6	5

a) Zifferntausch bei d_2

alt:	0	1	2	3	4	5	6	7
neu:	7	1	5	3	0	4	2	6

b) Zifferntausch bei d_1

Tab. 4.40 Zifferntausch für d_2 und d_1

ergeben sich die veränderten Hilfsquadrate aus Abbildung 4.183.

7	6	5	4	0	1	2	3
0	1	2	3	7	6	5	4
7	6	5	4	0	1	2	3
0	1	2	3	7	6	5	4
7	6	5	4	0	1	2	3
0	1	2	3	7	6	5	4
7	6	5	4	0	1	2	3
0	1	2	3	7	6	5	4

c) Ergebnisse für d_2

4	3	4	3	4	3	4	3
5	2	5	2	5	2	5	2
6	1	6	1	6	1	6	1
7	0	7	0	7	0	7	0
3	4	3	4	3	4	3	4
2	5	2	5	2	5	2	5
1	6	1	6	1	6	1	6
0	7	0	7	0	7	0	7

d) Ergebnisse für d_1

Abb. 4.183 Hilfsquadrate für d_2 und d_1 nach dem Zifferntausch

Nun kann man wie bei den anderen Beispielen fortfahren, und es entsteht das pandiagonale magische Quadrat aus Abbildung 4.184.

74	63	54	43	04	13	24	33
05	12	25	32	75	62	55	42
76	61	56	41	06	11	26	31
07	10	27	30	77	60	57	40
73	64	53	44	03	14	23	34
02	15	22	35	72	65	52	45
71	66	51	46	01	16	21	36
00	17	20	37	70	67	50	47

a) Zahlensystem zur Basis 8

61	52	45	36	5	12	21	28
6	11	22	27	62	51	46	35
63	50	47	34	7	10	23	26
8	9	24	25	64	49	48	33
60	53	44	37	4	13	20	29
3	14	19	30	59	54	43	38
58	55	42	39	2	15	18	31
1	16	17	32	57	56	41	40

b) magisches Quadrat

Abb. 4.184 Pandiagonales magisches Quadrat der Ordnung $n = 8$ (Hendricks)

4.5.10 Barink

Barink arbeitet mit drei lateinischen Quadraten der Ordnung 4, die er mit A, B und C bezeichnet.[40]

A	B	C	D
B	A	D	C
D	C	B	A
C	D	A	B

a) A

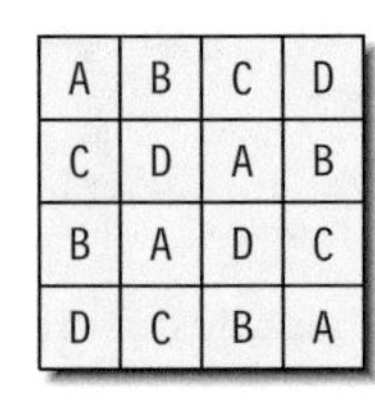

A	B	C	D
C	D	A	B
B	A	D	C
D	C	B	A

b) B

A	B	C	D
C	D	A	B
D	C	B	A
B	A	D	C

c) C

Abb. 4.185 Lateinische Musterquadrate von Barink

Bei seinen beiden Methoden AB und CC benutzt er zwei Hilfsquadrate der Ordnung $n = 4k$, die Ziffern von Zahlen im Zahlensystem zur Basis n enthalten. Beide Hilfsquadrate werden bei seinem Verfahren in 4 x 4 - Teilquadrate unterteilt.

Methode AB

Zunächst soll ein pandiagonales magisches Quadrat mit der Methode AB konstruiert werden. Für das Teilquadrat in der linken oberen Ecke des ersten Hilfsquadrates werden zunächst die Zahlen $n - 1$ und 1 an der ersten und dritten Position eingetragen.

[40] Barink [40]

Direkt daneben werden jeweils ihre zu $n-1$ komplementären Partnerzahlen platziert.

$n-1$	$n-1-(n-1)$	1	$n-1-1$
7	0	1	6

Das erste Hilfsquadrat wird mit dem Muster des lateinischen Quadrates A aufgebaut, sodass sich aus diesen vier Startzahlen automatisch alle anderen Zahlen des Teilquadrates ergeben. Das gefüllte Teilquadrat wird dann in die linke obere Ecke des Hilfsquadrates eingesetzt und in den gleichen Spalten nach unten kopiert.

7	0	1	6

7	0	1	6
0	7	6	1
6	1	0	7
1	6	7	0

7	0	1	6				
0	7	6	1				
6	1	0	7				
1	6	7	0				
7	0	1	6				
0	7	6	1				
6	1	0	7				
1	6	7	0				

Abb. 4.186 Teilquadrate mit dem Muster A

Für das nächste Teilquadrat werden die zuerst eingetragenen Zahlen 7 und 1 um 2 vermindert bzw. um 2 erhöht und ergeben damit 5 und 3. Mit ihren komplementären Partnerzahlen ist die obere Zeile und durch das vorgegebene Muster A damit auch das ganze Teilquadrat bestimmt. Dieses Teilquadrat wird dann oben neben dem bereits vorhandenen Teilquadrat eingetragen und in den gleichen Spalten nach unten kopiert. Damit ist das erste Hilfsquadrat mithilfe des Musters A vollständig gefüllt.

5	2	3	4

5	2	3	4
2	5	4	3
4	3	2	5
3	4	5	2

7	0	1	6	5	2	3	4
0	7	6	1	2	5	4	3
6	1	0	7	4	3	2	5
1	6	7	0	3	4	5	2
7	0	1	6	5	2	3	4
0	7	6	1	2	5	4	3
6	1	0	7	4	3	2	5
1	6	7	0	3	4	5	2

Abb. 4.187 Vollständig gefülltes Hilfsquadrat A_1

Das zweite Hilfsquadrat wird mit dem Muster des lateinischen Quadrates B erstellt. Die obere Zeile wird durch die zwei Zahlen $m+1$ und $m-1$ festgelegt, wobei $m = \frac{n}{2}$ gilt. Danach folgen die beiden komplementären Partnerzahlen in umgekehrter Reihenfolge.

$m+1$	$m-1$	$n-1-(m-1)$	$n-1-(m+1)$
5	3	4	2

Mit den Zahlen der oberen Zeile sind durch das Muster B alle weiteren Zahlen dieses Teilquadrates bestimmt. Das gefüllte Teilquadrat wird in die linke obere Ecke des zweiten Hilfsquadrates eingefügt und in den gleichen Zeilen nach rechts kopiert.

5	3	4	2

5	3	4	2
4	2	5	3
3	5	2	4
2	4	3	5

5	3	4	2	5	3	4	2
4	2	5	3	4	2	5	3
3	5	2	4	3	5	2	4
2	4	3	5	2	4	3	5

Abb. 4.188 Teilquadrate mit dem Muster B

Für das nächste Teilquadrat werden die beiden zuerst vorgegebenen Zahlen um 2 erhöht bzw. vermindert und ergeben damit 7 und 1. Mit ihren komplementären Partnerzahlen sind damit alle Zahlen dieses Teilquadrates durch das Muster des lateinischen Quadrates B festgelegt. Dieses Teilquadrat wird unterhalb der bereits gefüllten Teilquadrate am linken Rand eingefügt und dann nach rechts kopiert.

7	1	6	0

7	1	6	0
6	0	7	1
1	7	0	6
0	6	1	7

5	3	4	2	5	3	4	2
4	2	5	3	4	2	5	3
3	5	2	4	3	5	2	4
2	4	3	5	2	4	3	5
7	1	6	0	7	1	6	0
6	0	7	1	6	0	7	1
1	7	0	6	1	7	0	6
0	6	1	7	0	6	1	7

Abb. 4.189 Vollständig gefülltes Hilfsquadrat A_2

Die Ziffern der beiden Hilfsquadrate A_1 und A_2 werden im Zahlensystem zur Basis 8 interpretiert und mit der Rechnung

$$8 \cdot A_1 + A_2 + 1$$

überlagert. Dadurch entsteht das pandiagonale magische Quadrat aus Abbildung 4.190.

75	03	14	62	55	23	34	42
04	72	65	13	24	52	45	33
63	15	02	74	43	35	22	54
12	64	73	05	32	44	53	25
77	01	16	60	57	21	36	40
06	70	67	11	26	50	47	31
61	17	00	76	41	37	20	56
10	66	71	07	30	46	51	27

a) Zahlensystem zur Basis 8

62	4	13	51	46	20	29	35
5	59	54	12	21	43	38	28
52	14	3	61	36	30	19	45
11	53	60	6	27	37	44	22
64	2	15	49	48	18	31	33
7	57	56	10	23	41	40	26
50	16	1	63	34	32	17	47
9	55	58	8	25	39	42	24

b) magisches Quadrat

Abb. 4.190 Pandiagonales magisches Quadrat (Barink)

Methode CC

Bei der CC-Methode werden für das erste Hilfsquadrat die Zahlen 1 und $n-1$ gewählt, die mit ihren komplementären Partnerzahlen die obere Zeile des ersten Teilquadrates bilden. Das mit dem Muster des lateinischen Quadrates C gefüllte Teilquadrat wird dann in die linke obere Ecke des Hilfsquadrates eingesetzt und in den gleichen Spalten nach unten kopiert.

1	6	7	0

1	6	7	0
7	0	1	6
0	7	6	1
6	1	0	7

1	6	7	0				
7	0	1	6				
0	7	6	1				
6	1	0	7				
1	6	7	0				
7	0	1	6				
0	7	6	1				
6	1	0	7				

Abb. 4.191 Teilquadrate mit dem Muster C

Die obere Zeile des Teilquadrates lautete also allgemein:

1	$n-1-1$	$n-1$	$n-1-(n-1)$
1	6	7	0

Im nächsten Teilquadrat werden die beiden Ausgangszahlen um 2 vergrößert bzw. vermindert. Die Positionen der hierzu komplementären Partnerzahlen bleiben unverändert und das mit dem Muster C erstellte Teilquadrat wird am oberen Rand neben dem bereits vorhandenen Teilquadrat eingefügt und nach unten kopiert.

3	4	5	2
5	2	3	4
2	5	4	3
4	3	2	5

1	6	7	0	3	4	5	2
7	0	1	6	5	2	3	4
0	7	6	1	2	5	4	3
6	1	0	7	4	3	2	5
1	6	7	0	3	4	5	2
7	0	1	6	5	2	3	4
0	7	6	1	2	5	4	3
6	1	0	7	4	3	2	5

Abb. 4.192 Vollständig gefülltes Hilfsquadrat A_1

Das zweite Hilfsquadrat wird mit den gleichen Ausgangszahlen und Veränderungen dieser Zahlen wie beim ersten Hilfsquadrat erstellt. Allerdings werden die Teilquadrate vor dem Einfügen noch an der Nebendiagonalen gespiegelt. Weiterhin ist zu beachten, dass die Teilquadrate des zweiten Hilfsquadrates immer von oben nach unten eingefügt und dann nach rechts kopiert werden.

1	6	7	0
7	0	1	6
0	7	6	1
6	1	0	7

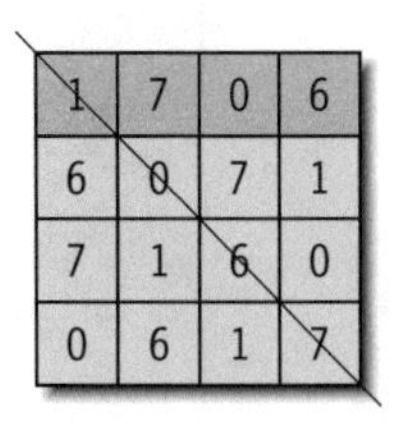

1	7	0	6	1	7	0	6
6	0	7	1	6	0	7	1
7	1	6	0	7	1	6	0
0	6	1	7	0	6	1	7

Abb. 4.193 Weitere Teilquadrate mit dem Muster C

Ebenso verfährt man mit den beiden noch fehlenden Teilquadraten.

3	4	5	2
5	2	3	4
2	5	4	3
4	3	2	5

3	5	2	4
4	2	5	3
5	3	4	2
2	4	3	5

1	7	0	6	1	7	0	6
6	0	7	1	6	0	7	1
7	1	6	0	7	1	6	0
0	6	1	7	0	6	1	7
3	5	2	4	3	5	2	4
4	2	5	3	4	2	5	3
5	3	4	2	5	3	4	2
2	4	3	5	2	4	3	5

Abb. 4.194 Vollständig gefülltes Hilfsquadrat A_2

Die Ziffern der beiden Hilfsquadrate A_1 und A_2 werden wieder im Zahlensystem zur Basis 8 interpretiert und dann mit der Rechnung

$$8 \cdot A_1 + A_2 + 1$$

überlagert. Mit diese Rechnung entsteht das pandiagonale magische Quadrat aus Abbildung 4.195.

11	67	70	06	31	47	50	26
76	00	17	61	56	20	37	41
07	71	66	10	27	51	46	30
60	16	01	77	40	36	21	57
13	65	72	04	33	45	52	24
74	02	15	63	54	22	35	43
05	73	64	12	25	53	44	32
62	14	03	75	42	34	23	55

a) Zahlensystem zur Basis 8

10	56	57	7	26	40	41	23
63	1	16	50	47	17	32	34
8	58	55	9	24	42	39	25
49	15	2	64	33	31	18	48
12	54	59	5	28	38	43	21
61	3	14	52	45	19	30	36
6	60	53	11	22	44	37	27
51	13	4	62	35	29	20	46

b) magisches Quadrat

Abb. 4.195 Pandiagonales magisches Quadrat (Barink, Beispiel 2)

Varianten

Obwohl Barink es nicht in seiner Beschreibung des Verfahrens erwähnt, lässt sich seine Methode vielfach variieren. Für die AB-Methode gibt es vier unterschiedliche Anordnungen der Ausgangszahlen. Dabei beziehen sich die Zahlen z_1 und z_2 sowie die zugehörigen Änderungen d_1 und d_2 immer auf das Hilfsquadrat A_1 und z_3, z_4, d_3 sowie d_4 auf das Hilfsquadrat A_2.

Typ	z_1	z_2	d_1	d_2	z_3	z_4	d_3	d_4
1	$n-1$	1	-2	2	$m+1$	$m-1$	2	-2
2	0	$n-2$	2	-2	$m-2$	m	-2	2
3	0	$n-2$	2	-2	$m+1$	$m-1$	2	-2
4	$n-1$	1	-2	2	$m-2$	m	-2	2

Tab. 4.41 Anordnung der Ausgangszahlen bei der Methode AB

Wie man in Tabelle 4.41 erkennen kann, wurde das allererste Beispiel mit den Parametern von Typ 1 gebildet. Für alle vier aufgeführten Typen gilt, dass die Zahlen und ihre komplementären Partnerzahlen in folgender Reihenfolge in die obere Zeile der Teilquadrate eingetragen werden.

z_1	$n-1-z_1$	z_2	$n-1-z_2$	z_3	z_4	$n-1-z_4$	$n-1-z_3$

Mit Typ 4 ergibt sich etwa das pandiagonale Quadrat aus Abbildung 4.196.

72	04	13	65	52	24	33	45
03	75	62	14	23	55	42	34
64	12	05	73	44	32	25	53
15	63	74	02	35	43	54	22
70	06	11	67	50	26	31	47
01	77	60	16	21	57	40	36
66	10	07	71	46	30	27	51
17	61	76	00	37	41	56	20

a) Zahlensystem zur Basis 8

59	5	12	54	43	21	28	38
4	62	51	13	20	46	35	29
53	11	6	60	37	27	22	44
14	52	61	3	30	36	45	19
57	7	10	56	41	23	26	40
2	64	49	15	18	48	33	31
55	9	8	58	39	25	24	42
16	50	63	1	32	34	47	17

b) magisches Quadrat

Abb. 4.196 Pandiagonales magisches Quadrat (Barink, Beispiel 3)

Für die Methode CC existieren sogar sechs Möglichkeiten, wie man die Ausgangszahlen wählen kann.

Typ	z_1	z_2	d_1	d_2	z_3	z_4	d_3	d_4
1	1	$n-1$	2	-2	1	$n-1$	2	-2
2	$m+1$	$m-1$	2	-2	1	$n-1$	2	-2
3	$m+1$	$m-1$	2	-2	$m+1$	$m-1$	2	-2
4	1	0	2	2	1	0	2	2
5	$m-2$	$m-1$	-2	-2	1	0	2	2
6	$m-2$	$m-1$	-2	-2	$m-2$	$m-1$	-2	-2

Tab. 4.42 Anordnung der Ausgangszahlen bei der Methode CC

Dabei werden die Zahlen und ihre komplementären Partner immer in folgender Reihenfolge in die obere Zeile der Teilquadrate eingetragen.

z_1	$n-1-z_1$	z_2	$n-1-z_2$
z_3	$n-1-z_3$	z_4	$n-1-z_4$

Mit Typ 2 erhält man etwa das pandiagonale magische Quadrat aus Abbildung 4.197.

51	27	30	46	71	07	10	66
36	40	57	21	16	60	77	01
47	31	26	50	67	11	06	70
20	56	41	37	00	76	61	17
53	25	32	44	73	05	12	64
34	42	55	23	14	62	75	03
45	33	24	52	65	13	04	72
22	54	43	35	02	74	63	15

a) Zahlensystem zur Basis 8

42	24	25	39	58	8	9	55
31	33	48	18	15	49	64	2
40	26	23	41	56	10	7	57
17	47	34	32	1	63	50	16
44	22	27	37	60	6	11	53
29	35	46	20	13	51	62	4
38	28	21	43	54	12	5	59
19	45	36	30	3	61	52	14

b) magisches Quadrat

Abb. 4.197 Pandiagonales magisches Quadrat (Barink, Beispiel 4)

Die Typen 4 bis 6 werden allerdings abweichend von der Beschreibung erzeugt, da hier die Teilquadrate des Hilfsquadrates A_1 und nicht wie bisher die des Hilfsquadrates A_2 vor dem Einfügen an der Nebendiagonalen gespiegelt werden. Ein solches pandiagonales magisches Quadrat, welches mit Typ 6 erstellt worden ist, wird in Abbildung 4.198 dargestellt.

22	35	43	54	02	15	63	74
53	44	32	25	73	64	12	05
34	23	55	42	14	03	75	62
45	52	24	33	65	72	04	13
20	37	41	56	00	17	61	76
51	46	30	27	71	66	10	07
36	21	57	40	16	01	77	60
47	50	26	31	67	70	06	11

a) Zahlensystem zur Basis 8

19	30	36	45	3	14	52	61
44	37	27	22	60	53	11	6
29	20	46	35	13	4	62	51
38	43	21	28	54	59	5	12
17	32	34	47	1	16	50	63
42	39	25	24	58	55	9	8
31	18	48	33	15	2	64	49
40	41	23	26	56	57	7	10

b) magisches Quadrat

Abb. 4.198 Pandiagonales magisches Quadrat (Barink)

Weitere Variationen

Weitere pandiagonale magische Quadrate lassen sich mit beiden Methoden erzeugen, da die Reihenfolge der Zahlen in den oberen Zeilen der Teilquadrate der Größe 4 beliebig verändert werden kann. Allerdings muss dann die gewählte Permutation in allen Teilquadraten beider Hilfsquadrate angewendet werden.

Dies soll an einem Beispiel der Ordnung $n = 12$ demonstriert werden, da hier die Ausgangszahlen zweimal verändert werden müssen. Für dieses Beispiel wurde die AB-Methode mit Typ 4 gewählt. Die beiden Hilfsquadrate sind in Abbildungen 4.199 dargestellt.

9	2	3	8	7	4	5	6	11	0	1	10
2	9	8	3	4	7	6	5	0	11	10	1
8	3	2	9	6	5	4	7	10	1	0	11
3	8	9	2	5	6	7	4	1	10	11	0
9	2	3	8	7	4	5	6	11	0	1	10
2	9	8	3	4	7	6	5	0	11	10	1
8	3	2	9	6	5	4	7	10	1	0	11
3	8	9	2	5	6	7	4	1	10	11	0
9	2	3	8	7	4	5	6	11	0	1	10
2	9	8	3	4	7	6	5	0	11	10	1
8	3	2	9	6	5	4	7	10	1	0	11
3	8	9	2	5	6	7	4	1	10	11	0

2	8	3	9	2	8	3	9	2	8	3	9
3	9	2	8	3	9	2	8	3	9	2	8
8	2	9	3	8	2	9	3	8	2	9	3
9	3	8	2	9	3	8	2	9	3	8	2
0	10	1	11	0	10	1	11	0	10	1	11
1	11	0	10	1	11	0	10	1	11	0	10
10	0	11	1	10	0	11	1	10	0	11	1
11	1	10	0	11	1	10	0	11	1	10	0
4	6	5	7	4	6	5	7	4	6	5	7
5	7	4	6	5	7	4	6	5	7	4	6
6	4	7	5	6	4	7	5	6	4	7	5
7	5	6	4	7	5	6	4	7	5	6	4

Abb. 4.199 Hilfsquadrate A_1 und A_2

Mit diesen Hilfsquadraten ergibt sich das pandiagonale magische Quadrat aus Abbildung 4.200.

111	33	40	106	87	57	64	82	135	9	16	130
28	118	99	45	52	94	75	69	4	142	123	21
105	39	34	112	81	63	58	88	129	15	10	136
46	100	117	27	70	76	93	51	22	124	141	3
109	35	38	108	85	59	62	84	133	11	14	132
26	120	97	47	50	96	73	71	2	144	121	23
107	37	36	110	83	61	60	86	131	13	12	134
48	98	119	25	72	74	95	49	24	122	143	1
113	31	42	104	89	55	66	80	137	7	18	128
30	116	101	43	54	92	77	67	6	140	125	19
103	41	32	114	79	65	56	90	127	17	8	138
44	102	115	29	68	78	91	53	20	126	139	5

Abb. 4.200 Pandiagonales magisches Quadrat der Ordnung $n = 12$ (Barink)

4.5.11 Li Li

Das Verfahren von Li Li arbeitet bei der Ordnung $n = 4k$ mit einem Basisquadrat der Größe 4. Die Zahlen in diesem Basisquadrat werden in Abhängigkeit von k und einem zusätzlichen Parameter c berechnet.

$2c-1$	$14k^2-2c+2$	$2k^2+2c$	$16k^2-2c+1$
$6k^2+2c$	$12k^2-2c+1$	$4k^2+2c-1$	$10k^2-2c+2$
$14k^2-2c+1$	$2c$	$16k^2-2c+2$	$2k^2+2c-1$
$12k^2-2c+2$	$6k^2+2c-1$	$10k^2-2c+1$	$4k^2+2c$

Abb. 4.201 Basisquadrat der Größe 4 x 4

Für die Ordnung 8 ergeben sich mit $k = 2$ und den zusätzlichen Parametern $c = 1$ und $c = 2$ die folgenden Basisquadrate:

1	56	10	63
26	47	17	40
55	2	64	9
48	25	39	18

a) $k = 2$ und $c = 1$

3	54	12	61
28	45	19	38
53	4	62	11
46	27	37	20

b) $k = 2$ und $c = 2$

Abb. 4.202 Basisquadrate für $c = 1$ und $c = 2$

Der zweite Parameter c ergibt sich aus der Aufteilung des Zielquadrates in 4 x 4 - Teilquadrate. Diesen Teilquadraten ordnet Li Li von oben nach unten und von links nach rechts den Parameter c zu. Er beginnt mit $c = 1$ in der linken oberen Ecke und endet rechts unten mit $c = k^2$. Für die Ordnungen $n = 8$ und $n = 12$ lauten die Nummern der Teilquadrate wie in Abbildung 4.203.

1	3
2	4

1	4	7
2	5	8
3	6	9

Abb. 4.203 Parameter c für die Ordnungen $n = 8$ und $n = 12$

Allgemein ergibt sich die Aufteilung nach Abbildung 4.204.

1	$k+1$	...	k^2-k+1
2	$k+2$	...	k^2-k+2
...	...	...	...
k	$2k$	...	k^2

Abb. 4.204 Parameter c für die Ordnungen $n = 4k$

Für die Ordnung 12 ergeben sich mit $k = 3$ die folgenden Basisquadrate:

1	126	20	143
56	107	37	90
125	2	144	19
108	55	89	38

a) $k = 3$ und $c = 1$

3	124	22	141
58	105	39	88
123	4	142	21
106	57	87	40

b) $k = 3$ und $c = 2$

5	122	24	139
60	103	41	86
121	6	140	23
104	59	85	42

c) $k = 3$ und $c = 3$

Abb. 4.205 Basisquadrate für $c = 1$, $c = 2$ und $c = 3$

Alle Teilquadrate eines Zielquadrates werden mit den Werten für k und c berechnet und in das Zielquadrat eingesetzt. Als Ergebnis ergeben sich immer pandiagonale Quadrate, wie sie in Abbildung 4.206 für die Ordnungen 8 und 12 dargestellt sind.

1	56	10	63	5	52	14	59
26	47	17	40	30	43	21	36
55	2	64	9	51	6	60	13
48	25	39	18	44	29	35	22
3	54	12	61	7	50	16	57
28	45	19	38	32	41	23	34
53	4	62	11	49	8	58	15
46	27	37	20	42	31	33	24

1	126	20	143	7	120	26	137	13	114	32	131
56	107	37	90	62	101	43	84	68	95	49	78
125	2	144	19	119	8	138	25	113	14	132	31
108	55	89	38	102	61	83	44	96	67	77	50
3	124	22	141	9	118	28	135	15	112	34	129
58	105	39	88	64	99	45	82	70	93	51	76
123	4	142	21	117	10	136	27	111	16	130	33
106	57	87	40	100	63	81	46	94	69	75	52
5	122	24	139	11	116	30	133	17	110	36	127
60	103	41	86	66	97	47	80	72	91	53	74
121	6	140	23	115	12	134	29	109	18	128	35
104	59	85	42	98	65	79	48	92	71	73	54

Abb. 4.206 Pandiagonale Quadrate der Ordnungen $n = 8$ und $n = 12$ (Li Li)

Die erzeugten magischen Quadrate besitzen eine zusätzliche Eigenschaft, wenn man sie in Teilquadrate der Größe k unterteilt und zwei Gruppen dieser Teilquadrate betrachtet.

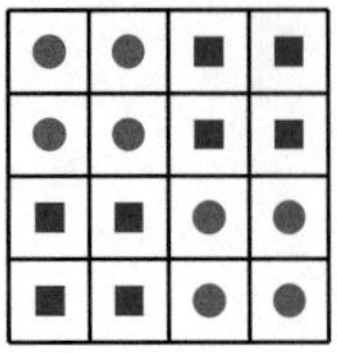

●	●	■	■
●	●	■	■
■	■	●	●
■	■	●	●

1	56	10	63	5	52	14	59
26	47	17	40	30	43	21	36
55	2	64	9	51	6	60	13
48	25	39	18	44	29	35	22
3	54	12	61	7	50	16	57
28	45	19	38	32	41	23	34
53	4	62	11	49	8	58	15
46	27	37	20	42	31	33	24

a) Muster 1

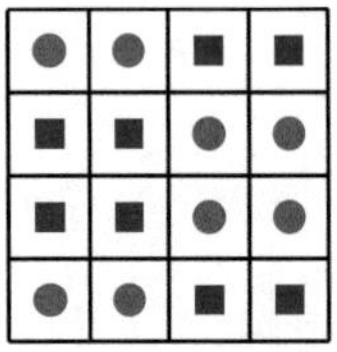

●	●	■	■
■	■	●	●
■	■	●	●
●	●	■	■

1	56	10	63	5	52	14	59
26	47	17	40	30	43	21	36
55	2	64	9	51	6	60	13
48	25	39	18	44	29	35	22
3	54	12	61	7	50	16	57
28	45	19	38	32	41	23	34
53	4	62	11	49	8	58	15
46	27	37	20	42	31	33	24

b) Muster 2

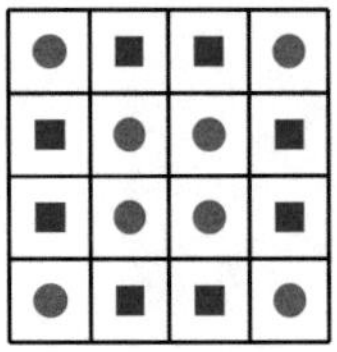

●	■	■	●
■	●	●	■
■	●	●	■
●	■	■	●

1	56	10	63	5	52	14	59
26	47	17	40	30	43	21	36
55	2	64	9	51	6	60	13
48	25	39	18	44	29	35	22
3	54	12	61	7	50	16	57
28	45	19	38	32	41	23	34
53	4	62	11	49	8	58	15
46	27	37	20	42	31	33	24

c) Muster 3

Abb. 4.207 Aufteilung in Teilquadrate der Größe k

Die Zahlen in den 16 Teilquadraten der Ordnung k besitzen sehr unterschiedliche Summen. Addiert man allerdings alle Zahlen in den gleich markierten Gruppen, ergeben sich gleiche Summen.

Nicht ganz so eindeutig ist das Ergebnis bei der Aufteilung für das Muster 4 aus Abbildung 4.208.

■	●	●	■
■	●	●	■
●	■	■	●
●	■	■	●

1	126	20	143	7	120	26	137	13	114	32	131
56	107	37	90	62	101	43	84	68	95	49	78
125	2	144	19	119	8	138	25	113	14	132	31
108	55	89	38	102	61	83	44	96	67	77	50
3	124	22	141	9	118	28	135	15	112	34	129
58	105	39	88	64	99	45	82	70	93	51	76
123	4	142	21	117	10	136	27	111	16	130	33
106	57	87	40	100	63	81	46	94	69	75	52
5	122	24	139	11	116	30	133	17	110	36	127
60	103	41	86	66	97	47	80	72	91	53	74
121	6	140	23	115	12	134	29	109	18	128	35
104	59	85	42	98	65	79	48	92	71	73	54

Abb. 4.208 Muster 4 - Aufteilung eines pandiagonalen Quadrates der Ordnung $n = 12$

Für die Ordnungen $n = 4$ und $n = 8k$ mit $k \geq 1$ sind die Summen in den unterschiedlich markierten Bereichen gleich. Dies gilt jedoch nicht für Ordnungen $n = 8k + 4$. Hier ergeben sich beispielsweise für die Ordnung $n = 12$ die Summen 5268 für die rot markierten Bereiche und 5172 für die blau markierten.

Weitere Übereinstimmungen gibt es bei den vier Mustern, wenn man die quadrierten Zahlen addiert. Bei Ordnungen $n = 8k$ mit $k \geq 1$ ergeben sich gleiche Summen bei den Mustern 2, 3 und 4, nicht jedoch bei Muster 1.

4.5.12 Gupta

Bhavya Gupta hat 2019 ein Verfahren vorgestellt, um pandiagonale magische Quadrate der Ordnung $n = 4k$ zu erzeugen. Sein Verfahren benutzt ein 4×4 - Basisquadrat, dessen Zahlen auf vier Variablen basieren.

$$A = 4 \cdot k^2 - 3 + 1$$
$$B = 5 + A$$
$$C = 4 \cdot k^2 + 1 + B$$
$$D = 8 \cdot (k^2 - 1) + 1 + C$$

A	B	C	D
D+3	C-3	B-1	A+1
B-2	A+2	D+2	C-2
C-1	D+1	A-1	B+1

Abb. 4.209 Basisquadrat mit den Variablen A, B, C und D

Für die Ordnung $n = 4$ ergibt sich mit den konkreten Werten dieser Variablen das folgende pandiagonale magische Quadrat.

$$A = 4 \cdot 1^2 - 3 + 1 = 2$$
$$B = 5 + 2 = 7$$
$$C = 4 \cdot 1^2 + 1 + 7 = 12$$
$$D = 8 \cdot (1^2 - 1) + 1 + 12 = 13$$

2	7	12	13
16	9	6	3
5	4	15	10
11	14	1	8

Abb. 4.210 Pandiagonales Quadrat der Ordnung $n = 4$ (Gupta)

Für größere Ordnungen als $n = 4$ wird das Quadrat in ein Raster von Teilquadraten der Größe 4x4 unterteilt. Für das Basisquadrat in der linken oberen Ecke werden zunächst die Variablen A, B, C und D berechnet.

i \ j	0				1				→
0	A	B	C	D	A_{01}	B_{01}	C_{01}	D_{01}	
	D+3	C-3	B-1	A+1	$D_{01}+3$	$C_{01}-3$	$B_{01}-1$	$A_{01}+1$	...
	B-2	A+2	D+2	C-2	$B_{01}-2$	$A_{01}+2$	$D_{01}+2$	$C_{01}-2$	
	C-1	D+1	A-1	B+1	$C_{01}-1$	$D_{01}+1$	$A_{01}-1$	$B_{01}+1$	
1	A_{10}	B_{10}	C_{10}	D_{10}	A_{11}	B_{11}	C_{11}	D_{11}	
	$D_{10}+3$	$C_{10}-3$	$B_{10}-1$	$A_{10}+1$	$D_{11}+3$	$C_{11}-3$	$B_{11}-1$	$A_{11}+1$	...
	$B_{10}-2$	$A_{10}+2$	$D_{10}+2$	$C_{10}-2$	$B_{11}-2$	$A_{11}+2$	$D_{11}+2$	$C_{11}-2$	
	$C_{10}-1$	$D_{10}+1$	$A_{10}-1$	$B_{10}+1$	$C_{11}-1$	$D_{11}+1$	$A_{11}-1$	$B_{11}+1$	
↓	...				...				⋱

Abb. 4.211 Konstruktion eines pandiagonalen Quadrates für Ordnungen $n = 4k$

In den weiteren Teilquadraten werden diese dann nur noch durch die Variablen A_{ij}, B_{ij}, C_{ij} und D_{ij} ersetzt, die folgendermaßen berechnet werden.

$$
\begin{aligned}
A_{ij} &= A - 4 \cdot i - 4 \cdot k \cdot j \\
B_{ij} &= B + 4 \cdot i + 4 \cdot k \cdot j \\
C_{ij} &= C + 4 \cdot i + 4 \cdot k \cdot j \\
D_{ij} &= D - 4 \cdot i - 4 \cdot k \cdot j
\end{aligned}
\qquad \text{mit} \quad i, j \in \{0, 1, \ldots, k-1\}
$$

Dieses Basisquadrat kann dazu benutzt werden, um pandiagonale Quadrate für alle doppelt-geraden Ordnungen zu erzeugen. Für die beiden nachfolgenden Beispiele werden die Werte der vier Variablen für die Ordnungen $n = 8$ und $n = 12$ berechnet, sodass aus ihnen alle weiteren Zahlen bestimmt werden können.

$$
\begin{aligned}
A &= 4 \cdot 2^2 - 3 + 1 &&= 14 \\
B &= 5 + A &&= 19 \\
C &= 4 \cdot 2^2 + 1 + B &&= 36 \\
D &= 8 \cdot (2^2 - 1) + 1 + C &&= 61
\end{aligned}
$$

	0				1			
0	14	19	36	61	6	27	44	53
	64	33	18	15	56	41	26	7
	17	16	63	34	25	8	55	42
	35	62	13	20	43	54	5	28
1	10	23	40	57	2	31	48	49
	60	37	22	11	52	45	30	3
	21	12	59	38	29	4	51	46
	39	58	9	24	47	50	1	32

Tab. 4.43 Pandiagonales magisches Quadrat der Ordnung $n = 8$

$$
\begin{aligned}
A &= 4 \cdot 3^2 - 3 + 1 &&= 34 \\
B &= 5 + A &&= 39 \\
C &= 4 \cdot 3^2 + 1 + B &&= 76 \\
D &= 8 \cdot (3^2 - 1) + 1 + C &&= 141
\end{aligned}
$$

	0				1				2			
0	34	39	76	141	22	51	88	129	10	63	100	117
	144	73	38	35	132	85	50	23	120	97	62	11
	37	36	143	74	49	24	131	86	61	12	119	98
	75	142	33	40	87	130	21	52	99	118	9	64
1	30	43	80	137	18	55	92	125	6	67	104	113
	140	77	42	31	128	89	54	19	116	101	66	7
	41	32	139	78	53	20	127	90	65	8	115	102
	79	138	29	44	91	126	17	56	103	114	5	68
2	26	47	84	133	14	59	96	121	2	71	108	109
	136	81	46	27	124	93	58	15	112	105	70	3
	45	28	135	82	57	16	123	94	69	4	111	106
	83	134	25	48	95	122	13	60	107	110	1	72

Tab. 4.44 Pandiagonales magisches Quadrat der Ordnung $n = 12$

Variante 1

Bhavya Gupta erwähnt aber nicht, dass man sein Verfahren durch zwei Varianten vielfältig erweitern kann. Obwohl die einzelnen 4 x 4 - Teilquadrate nur magisch, aber nicht pandiagonal sind, bleibt das Zielquadrat pandiagonal, wenn man die durch den Index i festgelegten waagrechten Streifen der 4 x 4 - Teilquadrate beliebig permutiert. Zusätzlich kann man auch die durch den Index j festgelegten vertikalen Streifen dieser Teilquadrate beliebig permutieren, ohne dass die pandiagonale Eigenschaft verloren geht.

	1				0			
1	2	31	48	49	10	23	40	57
	52	45	30	3	60	37	22	11
	29	4	51	46	21	12	59	38
	47	50	1	32	39	58	9	24
0	6	27	44	53	14	19	36	61
	56	41	26	7	64	33	18	15
	25	8	55	42	17	16	63	34
	43	54	5	28	35	62	13	20

	2				0				1			
2	2	71	108	109	26	47	84	133	14	59	96	121
	112	105	70	3	136	81	46	27	124	93	58	15
	69	4	111	106	45	28	135	82	57	16	123	94
	107	110	1	72	83	134	25	48	95	122	13	60
0	10	63	100	117	34	39	76	141	22	51	88	129
	120	97	62	11	144	73	38	35	132	85	50	23
	61	12	119	98	37	36	143	74	49	24	131	86
	99	118	9	64	75	142	33	40	87	130	21	52
1	6	67	104	113	30	43	80	137	18	55	92	125
	116	101	66	7	140	77	42	31	128	89	54	19
	65	8	115	102	41	32	139	78	53	20	127	90
	103	114	5	68	79	138	29	44	91	126	17	56

Abb. 4.212 Pandiagonale Quadrate der Ordnungen $n = 8$ und $= 12$ (Gupta, Variante 1)

Vermischt man allerdings Teilquadrate aus unterschiedlichen Streifen oder spiegelt oder dreht einzelne Teilquadrate, ist das Zielquadrat nur noch magisch.

Variante 2

Auch die in dieser Variante benutzten Permutationen werden von Gupta nicht erwähnt. Es lassen sich nämlich auch pandiagonale Quadrate erzeugen, wenn man das 4×4 - Basisquadrat verändert. Bei den in Abbildung 4.213 angegebenen Quadraten wurden die Zeilen im Vergleich zum ursprünglichen Basisquadrat oben links permutiert. Auch mit diesen Basisquadraten erzeugt der Algorithmus immer pandiagonale Quadrate für Ordnungen $n = 4k$.

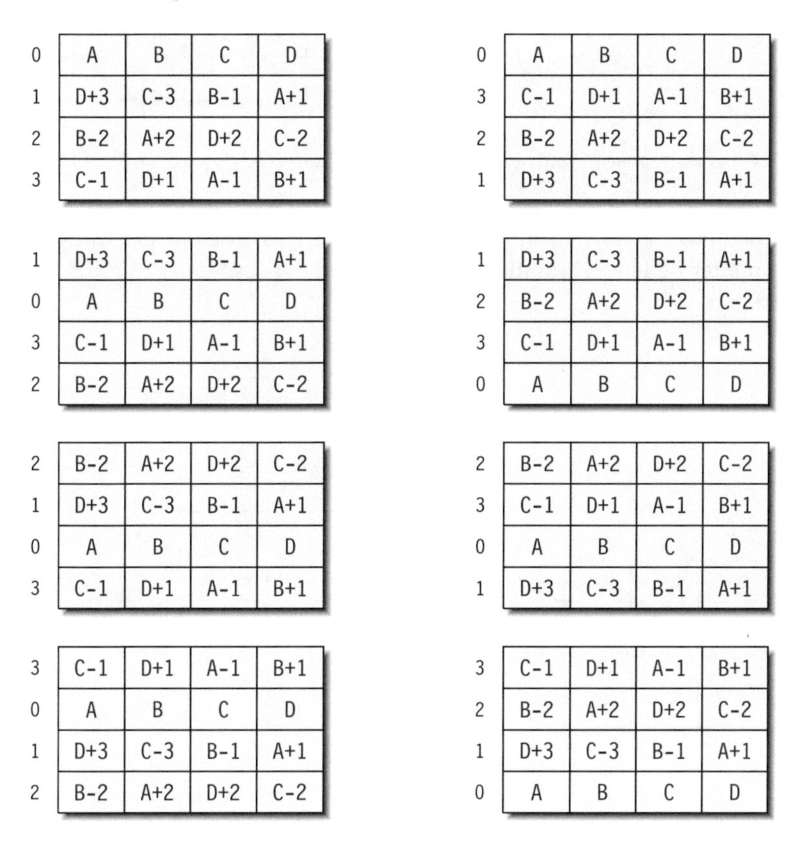

0	A	B	C	D
1	D+3	C-3	B-1	A+1
2	B-2	A+2	D+2	C-2
3	C-1	D+1	A-1	B+1

0	A	B	C	D
3	C-1	D+1	A-1	B+1
2	B-2	A+2	D+2	C-2
1	D+3	C-3	B-1	A+1

1	D+3	C-3	B-1	A+1
0	A	B	C	D
3	C-1	D+1	A-1	B+1
2	B-2	A+2	D+2	C-2

1	D+3	C-3	B-1	A+1
2	B-2	A+2	D+2	C-2
3	C-1	D+1	A-1	B+1
0	A	B	C	D

2	B-2	A+2	D+2	C-2
1	D+3	C-3	B-1	A+1
0	A	B	C	D
3	C-1	D+1	A-1	B+1

2	B-2	A+2	D+2	C-2
3	C-1	D+1	A-1	B+1
0	A	B	C	D
1	D+3	C-3	B-1	A+1

3	C-1	D+1	A-1	B+1
0	A	B	C	D
1	D+3	C-3	B-1	A+1
2	B-2	A+2	D+2	C-2

3	C-1	D+1	A-1	B+1
2	B-2	A+2	D+2	C-2
1	D+3	C-3	B-1	A+1
0	A	B	C	D

Abb. 4.213 Basisquadrate mit permutierten Zeilen

Die Permutationen aus Abbildung 4.213 können aber auch für Spaltenpermutationen benutzt werden. Zusätzlich erzeugt jede der 64 Kombinationen der angegebenen Zeilen- und Spaltenpermutationen mit den dadurch entstehenden Basisquadraten immer pandiagonale Quadrate für alle Ordnungen $n = 4k$. Ein solches Beispiel mit der

Zeilenpermutation (3, 0, 1, 2) und der Spaltenpermutation (2, 1, 0, 3) des ursprünglichen Basisquadrates ist in Abbildung 4.214 dargestellt. Die Werte für die Variablen A, B, C und D ergeben sich aus Abbildung 4.209.

	2	1	0	3
3	A-1	D+1	C-1	B+1
0	C	B	A	D
1	B-1	C-3	D+3	A+1
2	D+2	A+2	B-2	C-2

$A = 14$
$B = 19$
$C = 36$
$D = 61$

	0				1			
0	13	62	35	20	5	54	43	28
	36	19	14	61	44	27	6	53
	18	33	64	15	26	41	56	7
	63	16	17	34	55	8	25	42
1	9	58	39	24	1	50	47	32
	40	23	10	57	48	31	2	49
	22	37	60	11	30	45	52	3
	59	12	21	38	51	4	29	46

Abb. 4.214 Pandiagonales Quadrat mit einem permutierten Basisquadrat (Gupta, Variante 2)

Bei dem pandiagonalen Quadrat in Abbildung 4.215 wurde das ursprüngliche Basisquadrat mit der Zeilenpermutation (2, 3, 0, 1) und der Spaltenpermutation (1, 2, 3, 0) verändert.

	1	2	3	0
2	A+2	D+2	C-2	B-2
3	D+1	A-1	B+1	C-1
0	B	C	D	A
1	C-3	B-1	A+1	D+3

	0				1				2			
0	36	143	74	37	24	131	86	49	12	119	98	61
	142	33	40	75	130	21	52	87	118	9	64	99
	39	76	141	34	51	88	129	22	63	100	117	10
	73	38	35	144	85	50	23	132	97	62	11	120
1	32	139	78	41	20	127	90	53	8	115	102	65
	138	29	44	79	126	17	56	91	114	5	68	103
	43	80	137	30	55	92	125	18	67	104	113	6
	77	42	31	140	89	54	19	128	101	66	7	116
2	28	135	82	45	16	123	94	57	4	111	106	69
	134	25	48	83	122	13	60	95	110	1	72	107
	47	84	133	26	59	96	121	14	71	108	109	2
	81	46	27	136	93	58	15	124	105	70	3	112

Abb. 4.215 Pandiagonales Quadrat mit einem permutierten Basisquadrat (Gupta, Variante 2)

4.6 Besondere pandiagonale Quadrate

Zwei Konstruktionsverfahren für pandiagonale Quadrate sollen in einem eigenen Kapitel vorgestellt werden, da sich die Ergebnisse von den anderen pandiagonalen Quadraten unterscheiden. Mit algebraischen Mustern können eine Vielzahl von Quadraten erzeugt werden, in denen zusätzlich eine große Anzahl von magischen Quadraten eingebettet sind.

4.6.1 Typ *10-in-1*

Allan W. Johnson hat 1980 das erste *6-in-1* gefunden, also ein magisches Quadrat, in das noch fünf weitere Quadrate eingebettet sind.[41]

17	46	12	55	54	9	47	20
16	51	21	42	43	24	50	13
53	10	48	19	18	45	11	56
44	23	49	14	15	52	22	41
25	64	2	39	62	27	37	4
8	33	31	58	35	6	60	29
63	26	40	1	28	61	3	38
34	7	57	32	5	36	30	59

Abb. 4.216 Pandiagonales magisches Quadrat vom Typ *6-in-1*: $S = 260$ und $S_4 = 130$

Dieses pandiagonale magische Quadrat besitzt in den Quadranten vier pandiagonale Quadrate der Ordnung 4 und ein weiteres magisches Quadrat im Zentrum. Um weitere Quadrate dieses Typs zu erzeugen, geht John R. Hendricks von einem algebraischen Muster[42] aus, das bei der Belegung mit beliebigen Werten

$$a + A = b + B = n - 1$$

pandiagonal wird. Für die Ordnung $n = 4$ ergibt sich etwa das pandiagonale magische Quadrat aus Abbildung 4.217.

[41] Allan W. Johnson [289]

[42] Hendricks [204] S. 13 – 17

Belegung	
A = 2	a = 1
B = 0	b = 3

aa	AB	Bb	bA
BA	bb	aB	Aa
bB	Ba	AA	ab
Ab	aA	ba	BB

a) algebraisches Muster

11	20	03	32
02	33	10	21
30	01	22	13
23	12	31	00

b) Zahlensystem

6	9	4	15
3	16	5	10
13	2	11	8
12	7	14	1

c) Dezimalsystem

Abb. 4.217 Algebraisches Muster und das zugehörige pandiagonale Teilquadrat bei der Ordnung $n = 4$

Bettet man dieses Muster als Teilquadrat in ein Quadrat der Ordnung $n = 8$ ergibt sich dagegen das pandiagonale Quadrat aus Abbildung 4.218.

Belegung	
A = 3	a = 4
B = 6	b = 1

aa	AB	Bb	bA
BA	bb	aB	Aa
bB	Ba	AA	ab
Ab	aA	ba	BB

a) algebraisches Muster

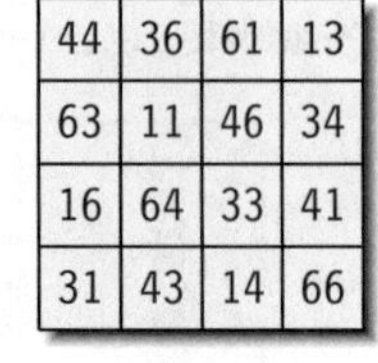

44	36	61	13
63	11	46	34
16	64	33	41
31	43	14	66

b) Zahlensystem

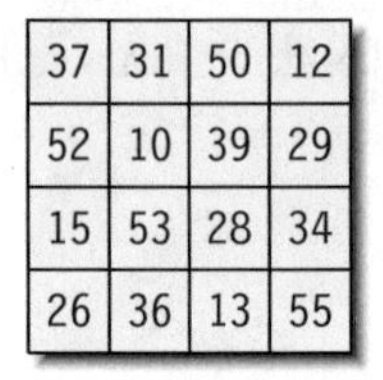

37	31	50	12
52	10	39	29
15	53	28	34
26	36	13	55

c) Dezimalsystem

Abb. 4.218 Algebraisches Muster und das zugehörige pandiagonale Teilquadrat bei der Ordnung $n = 8$

Hendricks benutzt dieses pandiagonale Muster und erzeugt hieraus ein zweites, indem er die Buchstaben ABab in dieser Reihenfolge durch CDcd ersetzt.

aa	AB	Bb	bA
BA	bb	aB	Aa
bB	Ba	AA	ab
Ab	aA	ba	BB

a) Muster 1

cc	CD	Dd	dC
DC	dd	cD	Cc
dD	Dc	CC	cd
Cd	cC	dc	DD

b) Muster 2

Abb. 4.219 Pandiagonales algebraisches Muster

Das Quadrat aus Abbildung 4.219a wird zu Beginn in den rechten oberen Quadranten des Zielquadrates achter Ordnung eingetragen, das Quadrat aus 4.219b dagegen in den linken unteren.

Für den Quadranten links oben wählt man jeweils den ersten Buchstaben des entsprechenden Musters aus dem dritten Quadranten und den zweiten Buchstaben des Musters aus dem zweiten Quadranten rechts oben.

				aa	AB	Bb	bA
				BA	bb	aB	Aa
				bB	Ba	AA	ab
				Ab	aA	ba	BB
cc	CD	Dd	dC				
DC	dd	cD	Cc				
dD	Dc	CC	cd				
Cd	cC	dc	DD				

ca	CB	Db	dA	aa	AB	Bb	bA
DA	db	cB	Ca	BA	bb	aB	Aa
dB	Da	CA	cb	bB	Ba	AA	ab
Cb	cA	da	DB	Ab	aA	ba	BB
cc	CD	Dd	dC	ac	AD	Bd	bC
DC	dd	cD	Cc	BC	bd	aD	Ac
dD	Dc	CC	cd	bD	Bc	AC	ad
Cd	cC	dc	DD	Ad	aC	bc	BD

Abb. 4.220 Algebraisches Muster für Quadrate vom Typ *6-in-1*

Für den vierten Quadranten rechts unten geht man ähnlich vor. Man wählt den ersten Buchstaben des Musters aus dem zweiten Quadranten und den zweiten Buchstaben aus dem dritten Quadranten. Damit besitzen auch diese Teilquadrate pandiagonale Muster, und das sich hieraus ergebende vollständige Muster der Ordnung $n = 8$ ist in Abbildung 4.220 dargestellt.

Bei einer Belegung des algebraischen Musters werden die Klein- und Großbuchstaben a, b, c, d, A, B, C, D unter bestimmten Vorgaben durch die Ziffern $0, 1, 2, 3, 4, 5, 6, 7$ ersetzt und die entstehende Ziffernkombination als Zahl aus dem Zahlensystem zur Basis 8 betrachtet. Es sind dann alle Kombinationen von 00 bis 77 vorhanden und mit der folgenden Bedingung sind die vier Teilquadrate in den Quadranten pandiagonal.

$$a + A = b + B = c + C = d + D = n - 1 = 7$$

Jetzt fehlt nur noch die Untersuchung des 4 x 4 - Teilquadrates im Zentrum. Betrachtet man jeweils die vorderen und hinteren Buchstaben für sich getrennt, findet man in jeder der acht Zeilen und acht Spalten jeweils zwei Großbuchstaben mit den zugehörigen Kleinbuchstaben. In der oberen Zeile z. B. `CcbB` für die vorderen Buchstaben und `AbBa` für die hinteren. Damit müssen die Zeilen und Spaltensummen bei der Belegung automatisch gleich sein.

Etwas komplizierter sieht es bei den beiden Diagonalen aus. In beiden Diagonalen treten bei den vorderen und hinteren Zeichen nur die Buchstaben `cdAB` und `DCba` in unterschiedlichen Reihenfolgen auf. Für ein magisches Quadrat müssen damit die folgenden beiden Bedingungen erfüllt werden.

$$a + b + C + D = 14 \qquad \text{und} \qquad A + B + c + d = 14$$

Diese Bedingungen lassen sich leicht erfüllen, da für die Zahlen von 0 bis 7 zwei solcher Zahlengruppen existieren.

$$1 + 2 + 4 + 7 = 14 \qquad \text{und} \qquad 6 + 5 + 3 + 0 = 14$$

Da zusätzlich die zu 7 komplementären Zahlen in unterschiedlichen Gruppen liegen, lassen sich die geforderten Bedingungen für eine Belegung erfüllen. So wählt man etwa $1, 2, 4, 7$ für die Buchstaben A, B, c, d und $6, 5, 3, 0$ für a, b, C, D oder umgekehrt. Eine andere mögliche Belegung und das daraus entstehende Quadrat vom Typ *6-in-1* ist in Abbildung 4.221 dargestellt.

Belegung	
a = 0	A = 7
b = 3	B = 4
c = 1	C = 6
d = 2	D = 5

9	53	44	24	1	61	36	32
48	20	13	49	40	28	5	57
21	41	56	12	29	33	64	4
52	16	17	45	60	8	25	37
10	54	43	23	2	62	35	31
47	19	14	50	39	27	6	58
22	42	55	11	30	34	63	3
51	15	18	46	59	7	26	38

Abb. 4.221 Pandiagonales magisches Quadrat vom Typ *10-in-1*

Durch die Zuordnung der beiden Zahlengruppen und den unterschiedlichen Belegungen innerhalb der beiden Gruppen gibt es insgesamt

$$2 \cdot 4! = 2 \cdot 24 = 48$$

verschiedene Möglichkeiten. Es zeigt sich jedoch, dass von diesen 48 Möglichkeiten nur 24 wirklich verschieden sind und die anderen durch Drehungen oder Spiegelungen aus ihnen hervorgehen.

Hendricks stellte dann bei seinen weiteren Untersuchungen fest, dass nicht nur fünf, sondern sogar neun magische Quadrate eingebettet sind. Bei diesen pandiagonalen magischen Quadraten handelt es sich also in Wirklichkeit um den Typ *10-in-1*.

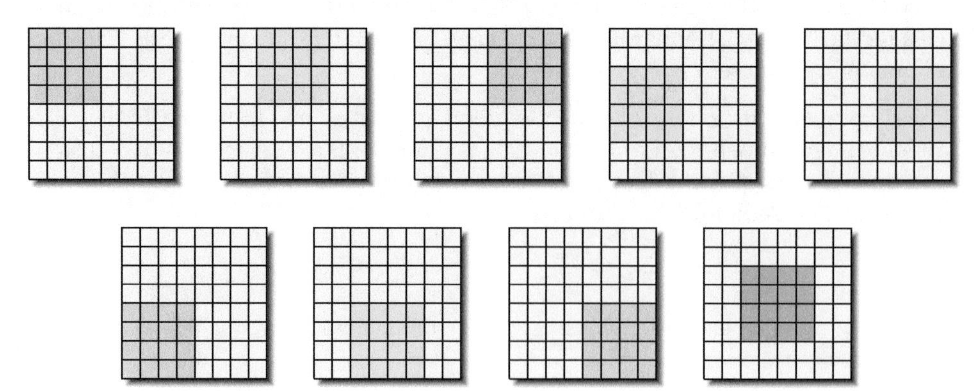

Abb. 4.222 Neun eingebettete magische Quadrate beim *10-in-1*

Abbildung 4.222 zeigt alle eingebetteten Teilquadrate. Dabei sind die Teilquadrate in den vier Quadranten jeweils pandiagonal, während die restlichen Teilquadrate nur magisch sind.

Meine weiteren Untersuchungen haben gezeigt, dass es insgesamt 16 verschiedene pandiagonale algebraische Muster gibt, die, wie in Abbildung 4.223 mit den Buchstaben ABab, als Ausgangsbasis für ein pandiagonales Quadrat im rechten oberen Quadranten benutzt werden können. Jedes von ihnen erzeugt mit dem vorgestellten Verfahren 48 pandiagonale Quadrate vom Typ *10-in-1*, von denen aber immer jeweils nur 24 wirklich verschieden sind. Auch gibt es weitere Überschneidungen bei den Ergebnissen dieser 16 Muster, sodass mit diesem Verfahren insgesamt nur 96 wirklich verschiedene Quadrate dieses Typs erzeugt werden können.

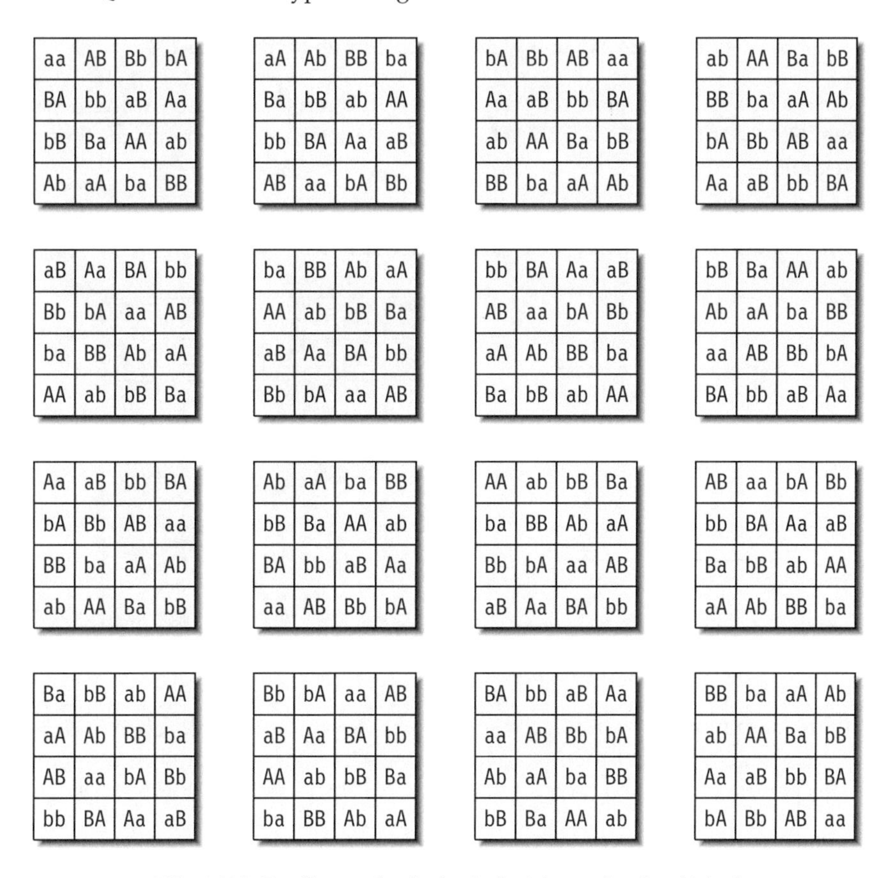

aa	AB	Bb	bA
BA	bb	aB	Aa
bB	Ba	AA	ab
Ab	aA	ba	BB

aA	Ab	BB	ba
Ba	bB	ab	AA
bb	BA	Aa	aB
AB	aa	bA	Bb

bA	Bb	AB	aa
Aa	aB	bb	BA
ab	AA	Ba	bB
BB	ba	aA	Ab

ab	AA	Ba	bB
BB	ba	aA	Ab
bA	Bb	AB	aa
Aa	aB	bb	BA

aB	Aa	BA	bb
Bb	bA	aa	AB
ba	BB	Ab	aA
AA	ab	bB	Ba

ba	BB	Ab	aA
AA	ab	bB	Ba
aB	Aa	BA	bb
Bb	bA	aa	AB

bb	BA	Aa	aB
AB	aa	bA	Bb
aA	Ab	BB	ba
Ba	bB	ab	AA

bB	Ba	AA	ab
Ab	aA	ba	BB
aa	AB	Bb	bA
BA	bb	aB	Aa

Aa	aB	bb	BA
bA	Bb	AB	aa
BB	ba	aA	Ab
ab	AA	Ba	bB

Ab	aA	ba	BB
bB	Ba	AA	ab
BA	bb	aB	Aa
aa	AB	Bb	bA

AA	ab	bB	Ba
ba	BB	Ab	aA
Bb	bA	aa	AB
aB	Aa	BA	bb

AB	aa	bA	Bb
bb	BA	Aa	aB
Ba	bB	ab	AA
aA	Ab	BB	ba

Ba	bB	ab	AA
aA	Ab	BB	ba
AB	aa	bA	Bb
bb	BA	Aa	aB

Bb	bA	aa	AB
aB	Aa	BA	bb
AA	ab	bB	Ba
ba	BB	Ab	aA

BA	bb	aB	Aa
aa	AB	Bb	bA
Ab	aA	ba	BB
bB	Ba	AA	ab

BB	ba	aA	Ab
ab	AA	Ba	bB
Aa	aB	bb	BA
bA	Bb	AB	aa

Abb. 4.223 Pandiagonale algebraische Muster für das *10-in-1*

Es gibt aber vier algebraische Muster, mit denen ohne Überschneidungen alle 96 pandiagonalen magischen Quadrate vom Typ *10-in-1* konstruiert werden können. Sie sind in Abbildung 4.223 in der oberen Zeile dargestellt. Wählt man etwa das zweite Muster, entsteht das algebraische Musterquadrat aus Abbildung 4.224.

				aA	Ab	BB	ba
				Ba	bB	ab	AA
				bb	BA	Aa	aB
				AB	aa	bA	Bb
cC	Cd	DD	dc				
Dc	dD	cd	CC				
dd	DC	Cc	cD				
CD	cc	dC	Dd				

cA	Cb	DB	da	aA	Ab	BB	ba
Da	dB	cb	CA	Ba	bB	ab	AA
db	DA	Ca	cB	bb	BA	Aa	aB
CB	ca	dA	Db	AB	aa	bA	Bb
cC	Cd	DD	dc	aC	Ad	BD	bc
Dc	dD	cd	CC	Bc	bD	ad	AC
dd	DC	Cc	cD	bd	BC	Ac	aD
CD	cc	dC	Dd	AD	ac	bC	Bd

Abb. 4.224 Weiteres algebraisches Muster für das *10-in-1*

Die Muster des linken oberen und des rechten unteren Quadranten werden wieder, wie bereits beschrieben, als Kombinationen der Muster in den zuvor gefüllten Quadraten gebildet.

Mit einer geeigneten Belegung entsteht das gewünschte Quadrat vom Typ *10-in-1*, wie es beispielsweise in Abbildung 4.225 demonstriert wird.

Belegung	
a = 2	A = 5
b = 1	B = 6
c = 3	C = 4
d = 0	D = 7

30	34	63	3	22	42	55	11
59	7	26	38	51	15	18	46
2	62	35	31	10	54	43	23
39	27	6	58	47	19	14	50
29	33	64	4	21	41	56	12
60	8	25	37	52	16	17	45
1	61	36	32	9	53	44	24
40	28	5	57	48	20	13	49

Abb. 4.225 Pandiagonales magisches Quadrat vom Typ *10-in-1*

Alternativ kann man das pandiagonale Ausgangsmuster auch links oben in das Zielquadrat eintragen. Mit dem vierten Muster und einer geeigneten Belegung entsteht dann das pandiagonales magisches Quadrat vom Typ *10-in-1* in Abbildung 4.226.

Belegung	
a = 3	A = 4
b = 5	B = 2
c = 1	C = 6
d = 7	D = 0

ab	AA	Ba	bB	cb	CA	Da	dB
BB	ba	aA	Ab	DB	da	cA	Cb
bA	Bb	AB	aa	dA	Db	CB	ca
Aa	aB	bb	BA	Ca	cB	db	DA
ad	AC	Bc	bD	cd	CC	Dc	dD
BD	bc	aC	Ad	DD	dc	cC	Cd
bC	Bd	AD	ac	dC	Dd	CD	cc
Ac	aD	bd	BC	Cc	cD	dd	DC

30	37	20	43	14	53	4	59
19	44	29	38	3	60	13	54
45	22	35	28	61	6	51	12
36	27	46	21	52	11	62	5
32	39	18	41	16	55	2	57
17	42	31	40	1	58	15	56
47	24	33	26	63	8	49	10
34	25	48	23	50	9	64	7

Abb. 4.226 Pandiagonales magisches Quadrat vom Typ *10-in-1*

Allerdings hat dieses abgewandelte Verfahren eine Einschränkung, denn trotz der abgewandelten Konstruktion können keine zusätzlichen magischen Quadrate erzeugt werden. Alle entstehenden 96 unterschiedlichen Quadrate können auch bereits mit der Hauptvariante erstellt werden.

4.6.2 Typ *35-in-1*

Hendricks erweitert das Verfahren aus Kapitel 4.6.1, um es auch auf höhere Ordnungen übertragen zu können.[43] Dazu verwendet er wieder die pandiagonalen Muster, die er bereits zur Konstruktion des *10-in-1* benutzt hat, und erzeugt für die Ordnung $n = 12$ hieraus zwei weitere, indem er die Buchstaben ABab in dieser Reihenfolge durch CDcd bzw. EFef ersetzt.

aa	AB	Bb	bA
BA	bb	aB	Aa
bB	Ba	AA	ab
Ab	aA	ba	BB

a) Muster 1

cc	CD	Dd	dC
DC	dd	cD	Cc
dD	Dc	CC	cd
Cd	cC	dc	DD

b) Muster 2

ee	EF	Ff	fE
FE	ff	eF	Ee
fF	Fe	EE	ef
Ef	eE	fe	FF

c) Muster 3

Abb. 4.227 Pandiagonale algebraische Muster

Diese drei pandiagonalen algebraischen Muster werden im ersten Schritt diagonal von rechts oben nach links unten in das zu erstellende Musterquadrat eingesetzt.

[43] Hendricks [204] S. 19 – 21

								aa	AB	Bb	bA
								BA	bb	aB	Aa
								bB	Ba	AA	ab
								Ab	aA	ba	BB
				cc	CD	Dd	dC				
				DC	dd	cD	Cc				
				dD	Dc	CC	cd				
				Cd	cC	dc	DD				
ee	EF	Ff	fE								
FE	ff	eF	Ee								
fF	Fe	EE	ef								
Ef	eE	fe	FF								

Abb. 4.228 Ausgangsbasis für das Musterquadrat der Ordnung $n = 12$

Nun werden die weiteren Teilquadrate der Größe 4 gefüllt. Für die beiden Teilquadrate am linken Rand wählt man jeweils den ersten Buchstaben des entsprechenden Musters der linken unteren Ecke und den zweiten Buchstaben aus dem Teilquadrat, das im betreffenden Block schon im Ausgangsmuster vorhanden ist.

Für die beiden Teilquadrate am rechten Rand entscheidet man sich dagegen für den jeweils den ersten Buchstaben der rechten oberen Ecke und den zweiten Buchstaben aus dem zugehörigen Teilquadrat des Ausgangsmusters.

ea	EB	Fb	fA	ca	CB	Db	dA	aa	AB	Bb	bA
FA	fb	eB	Ea	DA	db	cB	Ca	BA	bb	aB	Aa
fB	Fa	EA	eb	dB	Da	CA	cb	bB	Ba	AA	ab
Eb	eA	fa	FB	Cb	cA	da	DB	Ab	aA	ba	BB
ec	ED	Fd	fC	cc	CD	Dd	dC	ac	AD	Bd	bC
FC	fd	eD	Ec	DC	dd	cD	Cc	BC	bd	aD	Ac
fD	Fc	EC	ed	dD	Dc	CC	cd	bD	Bc	AC	ad
Ed	eC	fc	FD	Cd	cC	dc	DD	Ad	aC	bc	BD
ee	EF	Ff	fE	ce	CF	Df	dE	ae	AF	Bf	bE
FE	ff	eF	Ee	DE	df	cF	Ce	BE	bf	aF	Ae
fF	Fe	EE	ef	dF	De	CE	cf	bF	Be	AE	af
Ef	eE	fe	FF	Cf	cE	de	DF	Af	aE	be	BF

Abb. 4.229 Vollständiges Musterquadrat für die Ordnung $n = 12$

Jetzt fehlen nur noch die beiden mittleren Teilquadrate am oberen und unteren Rand. Hier wählt man jeweils den ersten Buchstaben des Zentrums und den zweiten Buchstaben aus der zugehörigen Ecke des Ausgangsquadrates. Das vollständig gefüllte Musterquadrat ist in Abbildung 4.229 dargestellt.

Eine Untersuchung des Musters zeigt, dass neben der üblichen Bedingung für zueinandergehörende Groß- und Kleinbuchstaben

$$a + A = b + B = c + C = d + D = e + E = f + F = n - 1$$

nur noch zwei zusätzliche Bedingungen erfüllt werden müssen.

$$a + b + C + D = 22 \qquad \text{und} \qquad e + f + C + D = 22$$

Wählt man etwa $a = 1$, $b = 8$, $e = 5$ und $f = 4$, dann gilt mit $C = 11$ und $D = 2$ wie gefordert

$$1 + 8 + 11 + 2 = 22 \qquad \text{und} \qquad 5 + 4 + 11 + 2 = 22$$

Mit einer solchen Belegung entsteht ein pandiagonales magisches Quadrat vom Typ *35-in-1* (siehe Abbildung 4.230).

Belegung											
a	b	c	d	e	f	A	B	C	D	E	F
1	8	0	9	5	4	10	3	11	2	6	7

62	76	93	59	2	136	33	119	14	124	45	107
95	57	64	74	35	117	4	134	47	105	16	122
52	86	83	69	112	26	143	9	100	38	131	21
81	71	50	88	141	11	110	28	129	23	98	40
61	75	94	60	1	135	34	120	13	123	46	108
96	58	63	73	36	118	3	133	48	106	15	121
51	85	84	70	111	25	144	10	99	37	132	22
82	72	49	87	142	12	109	27	130	24	97	39
66	80	89	55	6	140	29	115	18	128	41	103
91	53	68	78	31	113	8	138	43	101	20	126
56	90	79	65	116	30	139	5	104	42	127	17
77	67	54	92	137	7	114	32	125	19	102	44

Abb. 4.230 Pandiagonales magisches Quadrat vom Typ *35-in-1*

Eine genauere Untersuchung zeigt, dass in diesem pandiagonalen Quadrat insgesamt noch 34 weitere magische Quadrate eingebettet sind, deren Positionen in Abbildung 4.231 veranschaulicht sind.

- neun pandiagonale Quadrate der Ordnung $n = 4$
- vier pandiagonale magische Quadrate der Ordnung $n = 8$
- fünf magische Quadrate der Ordnung $n = 8$
- 16 magische Quadrate der Ordnung $n = 4$

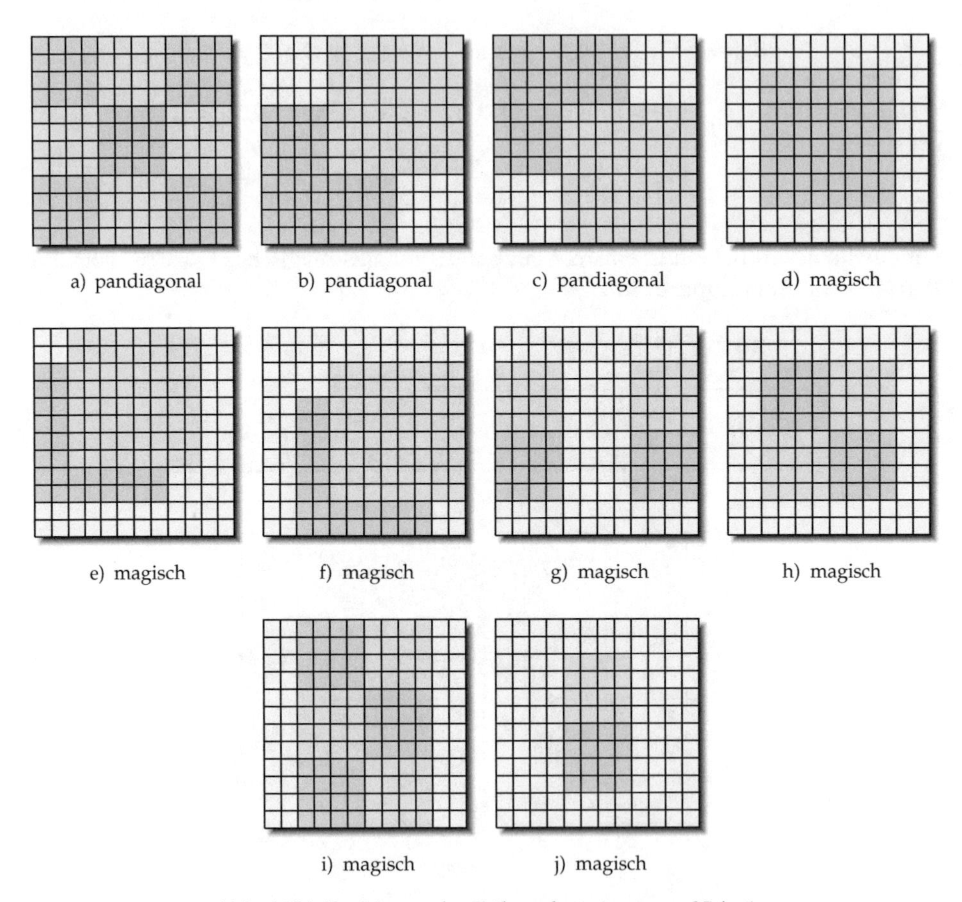

Abb. 4.231 Positionen der Teilquadrate in einem *35-in-1*

Für dieses Verfahren können alle 16 pandiagonalen algebraischen Muster aus Abbildung 4.223 benutzt werden. Jedes Muster erzeugt 384 pandiagonales Quadrate dieses Typs, von denen allerdings nur 192 wirklich unterschiedlich sind.

Insgesamt können mit allen Mustern 1536 Quadrate konstruiert werden, von denen aber nur 768 wirklich unterschiedlich sind. Diese können aber auch wieder bereits mit den vier Mustern aus der oberen Zeile von Abbildung 4.223 erstellt werden.

4.7 Weitere Verfahren

Weitere Verfahren, um pandiagonale magische Quadrate zu erzeugen, werden bei den Verfahren für bimagische Quadrate und den pandiagonalen Franklin-Quadraten vorgestellt. Natürlich auch im Kapitel über supermagische Quadrate, die grundsätzlich alle pandiagonal sind. Diese Verfahren wurden ausgegliedert, damit die Beschreibung nicht aus dem Zusammenhang gerissen wird.

Bereits in Band 1 werden vereinzelt Verfahren vorgestellt, die unter bestimmten Bedingungen sogar pandiagonale magische Quadrate erzeugen. Da diese zusätzlichen Bedingungen nur im jeweiligen Kontext verständlich sind, wird hier nur ein Verweis auf die dort detailliert beschriebenen Konstruktionsverfahren gegeben. Zu diesen Verfahren gehören die Methode der Indizierung von Sauveur sowie das Verfahren von Lehmer (Allgemeine Schrittmethode) bei den ungeraden Ordnungen. Bei den doppelt-geraden Ordnungen sind dies die Verfahren von Shen und Planck sowie bestimmte Varianten bei der Erweiterung von 4×4 - Basisquadraten.

Kapitel

5

Supermagische Quadrate

Ollerenshaw und Brée haben in ihrem Buch[1] ein Verfahren angegeben, mit dem spezielle pandiagonale Quadrate konstruiert werden können, die bereits 1897 von McClintock beschrieben wurden.[2] Dabei haben sie die Ausgangsquadrate von McClintock in *reversibel* umbenannt.

1	2	9	10	17	18	25	26
3	4	11	12	19	20	27	28
5	6	13	14	21	22	29	30
7	8	15	16	23	24	31	32
33	34	41	42	49	50	57	58
35	36	43	44	51	52	59	60
37	38	45	46	53	54	61	62
39	40	47	48	55	56	63	64

1	2	3	4	9	10	11	12
5	6	7	8	13	14	15	16
17	18	19	20	25	26	27	28
21	22	23	24	29	30	31	32
33	34	35	36	41	42	43	44
37	38	39	40	45	46	47	48
49	50	51	52	57	58	59	60
53	54	55	56	61	62	63	64

Abb. 5.1 Reversible Quadrate

Diese Quadrate haben immer eine doppelt-gerade Ordnung $n = 4k$, enthalten die Zahlen von 1 bis n^2 und besitzen folgende Eigenschaften:

- Die horizontal symmetrisch zueinanderliegenden Zahlen einer Zeile ergeben addiert immer die gleiche Summe, z. B. $1 + 26 = 2 + 25 = 9 + 18 = 10 + 17$ oder $5 + 30 = 6 + 29 = 13 + 22 = 14 + 21$.

[1] Ollerenshaw und Brée [395]

[2] McClintock [371]

H. Danielsson, *Spezielle magische Quadrate und ihre Konstruktion*,
https://doi.org/10.1007/978-3-662-70708-1_5

- Die vertikal symmetrisch zueinanderliegenden Zahlen einer Spalte ergeben addiert immer die gleiche Summe, z. B.

$$4 + 56 = 8 + 52 = 20 + 40 \quad \text{oder} \quad 11 + 63 = 27 + 47 = 31 + 4$$

- In jedem beliebigen Rechteck innerhalb des Quadrats ergeben die diagonal gegenüberliegenden Zahlen in den Ecken immer die gleiche Summe, z. B.

$$1 + 19 = 17 + 3 \quad \text{oder} \quad 22 + 45 = 38 + 29$$

Durch die besondere Anordnung besitzen reversible Quadrate weitere Eigenschaften:

- In jeder Zeile und Spalte haben jeweils zwei Zahlen im Abstand $m = \frac{n}{2}$ die gleiche Differenz.
- Die Zahlen 1 und 2 liegen immer in der gleichen Zeile oder der gleichen Spalte.
- Zwei zum Mittelpunkt des Quadrates symmetrisch zueinander liegende Zahlen ergeben addiert immer $n^2 + 1$.
- Die Summe der Zahlen in der Hauptdiagonalen und der Nebendiagonalen ergibt ebenso $\frac{n}{2}(n^2 + 1)$ wie die Summe der Zahlen in den gebrochenen Diagonalen.

Ollerenshaw und Brée haben eine eindeutige Zuordnung reversibler Quadrate zu *supermagischen* Quadraten hergestellt. Damit können reversible Quadrate in supermagische Quadrate und umgekehrt transformiert werden. Mit dieser Zuordnung konnten sie auch die Anzahl der supermagischen Quadrate bestimmen.

5.1 Margossian

Margossian hat ein Verfahren zur Erzeugung pandiagonaler magischer Quadrate doppelt-gerader Ordnung $n = 4k$ entwickelt.[3] Mit $m = \frac{n}{2}$ geht er dabei von einem Quadrat aus, das ähnlich wie ein Euler-Quadrat mit den Parametern $(1m, m1)$ erzeugt wurde. Von einer beliebigen Startposition ausgehend wachsen in x-Richtung die Ziffern zur Basis n jeweils um den Wert 1, die Einerziffer dagegen um m. In y-Richtung betragen die Zuwächse umgekehrt m und 1.

In Abbildung 5.2 ist das zugehörige Quadrat für die Ordnung $n = 8$ und dem Startpunkt $(1, 1)$ in der Zahlensystem-Darstellung angegeben. Natürlich kann es kein Euler-Quadrat sein, da mit $(14, 41)$ die Parameter nicht teilerfremd zur Ordnung des Quadrates sind. Isoliert man die einzelnen Ziffern der eingetragenen Zahlen und stellt sie getrennt dar, erkennt man deutlich, dass bei den Ziffern mit dem Stellenwert 8 in den Zeilen alle Ziffern von 0 bis 7 auftreten. Die Spalten bestehen allerdings jeweils aus Zweiergruppen von Ziffern, wobei $\text{ggt}(4, 8) = 4$ als Ursache auszumachen ist.

[3] Margossian [369], siehe auch Ball [36] S. 208 – 209

Ähnlich sieht das Bild bei den Einerziffern im unteren Quadrat dieser Abbildung aus. Dort ist die Verteilung der Ziffern auf die Spalten zufriedenstellend, aber der gemeinsame Teiler 4 sorgt wieder dafür, dass in jeder Zeile nur zwei unterschiedliche Ziffern auftreten. Damit kann dieses Quadrat ohne weitere Modifikationen nicht zu einem magischen Quadrat umgewandelt werden.

72	06	12	26	32	46	52	66
31	45	51	65	71	05	11	25
70	04	10	24	30	44	50	64
37	43	57	63	77	03	17	23
76	02	16	22	36	42	56	62
35	41	55	61	75	01	15	21
74	00	14	20	34	40	54	60
33	47	53	67	73	07	13	27

a) Basisquadrat im Achtersystem

7	0	1	2	3	4	5	6
3	4	5	6	7	0	1	2
7	0	1	2	3	4	5	6
3	4	5	6	7	0	1	2
7	0	1	2	3	4	5	6
3	4	5	6	7	0	1	2
7	0	1	2	3	4	5	6
3	4	5	6	7	0	1	2

b) Ziffern mit dem Stellenwert 8

2	6	2	6	2	6	2	6
1	5	1	5	1	5	1	5
0	4	0	4	0	4	0	4
7	3	7	3	7	3	7	3
6	2	6	2	6	2	6	2
5	1	5	1	5	1	5	1
4	0	4	0	4	0	4	0
3	7	3	7	3	7	3	7

c) Einerziffern

Abb. 5.2 Ausgangsquadrate beim Verfahren von Margossian

Margossian untersuchte den Aufbau dieses Ausgangsquadrates und veränderte einige der auftretenden Ziffern, indem er folgende Vertauschung durchführte:

$$m, m+1, m+2, \ldots, 2m-1 \quad \longrightarrow \quad 2m-1, 2m-2, \ldots, m$$

Ganz konkret bedeutet das in diesem Fall:

$$4, 5, 6, 7 \quad \longrightarrow \quad 7, 6, 5, 4$$

Nach dem Zifferntausch haben die beiden Teilquadrate mit den Endziffern ein völlig anderes Aussehen. Man erkennt in Abbildung 5.3, dass die Zweiergruppen zwar nicht verschwunden sind, aber die beiden Zahlen besitzen immer die gleiche Summe $n-1$.

4	0	1	2	3	7	6	5
3	7	6	5	4	0	1	2
4	0	1	2	3	7	6	5
3	7	6	5	4	0	1	2
4	0	1	2	3	7	6	5
3	7	6	5	4	0	1	2
4	0	1	2	3	7	6	5
3	7	6	5	4	0	1	2

a) Ziffern mit dem Stellenwert 8

2	5	2	5	2	5	2	5
1	6	1	6	1	6	1	6
0	7	0	7	0	7	0	7
4	3	4	3	4	3	4	3
5	2	5	2	5	2	5	2
6	1	6	1	6	1	6	1
7	0	7	0	7	0	7	0
3	4	3	4	3	4	3	4

b) Einerziffern

Abb. 5.3 Verändertes Ausgangsquadrat beim Verfahren von Margossian

Die beiden Einzelquadrate müssen jetzt nur noch zusammengesetzt und in das Zehnersystem umwandelt werden. Das Ergebnis ist in Abbildung 5.4 zu sehen. Es handelt sich um ein supermagisches und damit auch pandiagonales Quadrat.

35	6	11	22	27	62	51	46
26	63	50	47	34	7	10	23
33	8	9	24	25	64	49	48
29	60	53	44	37	4	13	20
38	3	14	19	30	59	54	43
31	58	55	42	39	2	15	18
40	1	16	17	32	57	56	41
28	61	52	45	36	5	12	21

Abb. 5.4 Supermagisches Quadrat der Ordnung $n = 8$ (Margossian)

Varianten

Das Verfahren von Margossian lässt sich in zweierlei Hinsicht variieren. Zum einen kann der Startpunkt für das Füllen des Ausgangsquadrates verändert werden. In Abbildung 5.5 ist etwa der Startpunkt $(3, 2)$ gewählt worden.

Zusätzlich kann auch der Austausch der Ziffern variiert werden. Im ersten Beispiel blieben die ersten vier Ziffern gleich und die Ziffern 4 bis 7 wurden durch $7, 6, 5, 4$ ersetzt.

0	1	2	3	4	5	6	7
0	1	2	3	7	6	5	4

Dabei ist zu beachten, dass die Zahlen in der zweiten Hälfte der unteren Zeile komplementär zu denen in der ersten Hälfte sind, also addiert immer $n-1$ ergeben.

11	25	31	45	51	65	71	05
50	64	70	04	10	24	30	44
17	23	37	43	57	63	77	03
56	62	76	02	16	22	36	42
15	21	35	41	55	61	75	01
54	60	74	00	14	20	34	40
13	27	33	47	53	67	73	07
52	66	72	06	12	26	32	46

a) Basisquadrat im Achtersystem

1	2	3	4	5	6	7	0
5	6	7	0	1	2	3	4
1	2	3	4	5	6	7	0
5	6	7	0	1	2	3	4
1	2	3	4	5	6	7	0
5	6	7	0	1	2	3	4
1	2	3	4	5	6	7	0
5	6	7	0	1	2	3	4

b) Ziffern mit dem Stellenwert 8

1	5	1	5	1	5	1	5
0	4	0	4	0	4	0	4
7	3	7	3	7	3	7	3
6	2	6	2	6	2	6	2
5	1	5	1	5	1	5	1
4	0	4	0	4	0	4	0
3	7	3	7	3	7	3	7
2	6	2	6	2	6	2	6

c) Einerziffern

Abb. 5.5 Ausgangsquadrate beim Verfahren von Margossian (Variante)

Eine solche Anordnung ist die Basis für diese Variante des Verfahrens von Margossian. Die Austauschzahlen werden so festgelegt, dass die Zahlen in der ersten Hälfte beliebig gewählt werden und die zweite Hälfte dann der Reihe nach mit den zu $n-1$ komplementären Zahlen aufgefüllt wird. Diese Forderung ist beispielsweise für die folgende Austauschtabelle erfüllt.

0	1	2	3	4	5	6	7
1	3	0	2	6	4	7	5

Tauscht man die Ziffern gemäß dieser Austauschtabelle, ergeben sich die veränderten Teilquadrate aus Abbildung 5.6.

3	0	2	6	4	7	5	1
4	7	5	1	3	0	2	6
3	0	2	6	4	7	5	1
4	7	5	1	3	0	2	6
3	0	2	6	4	7	5	1
4	7	5	1	3	0	2	6
3	0	2	6	4	7	5	1
4	7	5	1	3	0	2	6

a) Ziffern mit dem Stellenwert 8

3	4	3	4	3	4	3	4
1	6	1	6	1	6	1	6
5	2	5	2	5	2	5	2
7	0	7	0	7	0	7	0
4	3	4	3	4	3	4	3
6	1	6	1	6	1	6	1
2	5	2	5	2	5	2	5
0	7	0	7	0	7	0	7

b) Einerziffern

Abb. 5.6 Verändertes Ausgangsquadrat beim Verfahren von Margossian (Variante)

Die beiden Einzelquadrate müssen jetzt nur noch zusammengesetzt und in die natürliche Darstellung umgewandelt werden. Das Ergebnis ist in Abbildung 5.7 zu sehen. Es handelt sich um ein supermagisches und damit auch pandiagonales Quadrat.

28	5	20	53	36	61	44	13
34	63	42	15	26	7	18	55
30	3	22	51	38	59	46	11
40	57	48	9	32	1	24	49
29	4	21	52	37	60	45	12
39	58	47	10	31	2	23	50
27	6	19	54	35	62	43	14
33	64	41	16	25	8	17	56

Abb. 5.7 Supermagisches Quadrat der Ordnung $n = 8$ (Margossian, Variante)

5.2 Hendricks

Mit dem Verfahren von Hendricks für pandiagonale magische Quadrate aus Kapitel 4.5.9 können auch supermagische Quadrate erzeugt werden. Dazu müssen die im Abschnitt *Verallgemeinerungen* aufgeführten Gleichungen mit dem Parameter $b = \frac{n}{2}$ abgeändert werden. Damit lauten die Ausgangsgleichungen

$$d_2 = a \cdot s + \frac{n}{2} \cdot z \mod n$$
$$d_1 = \frac{n}{2} \cdot s + a \cdot z \mod n$$

Wählt man beispielsweise $a = 5$, lauten die Gleichungen für die Ordnung $n = 8$

$$d_2 = 5 \cdot s + 4 \cdot z \mod 8$$
$$d_1 = 4 \cdot s + 5 \cdot z \mod 8$$

und es ergeben sich die Hilfsquadrate aus Abbildung 5.8.

4	1	6	3	0	5	2	7
0	5	2	7	4	1	6	3
4	1	6	3	0	5	2	7
0	5	2	7	4	1	6	3
4	1	6	3	0	5	2	7
0	5	2	7	4	1	6	3
4	1	6	3	0	5	2	7
0	5	2	7	4	1	6	3

a) Ergebnisse für d_2

3	7	3	7	3	7	3	7
6	2	6	2	6	2	6	2
1	5	1	5	1	5	1	5
4	0	4	0	4	0	4	0
7	3	7	3	7	3	7	3
2	6	2	6	2	6	2	6
5	1	5	1	5	1	5	1
0	4	0	4	0	4	0	4

b) Ergebnisse für d_1

Abb. 5.8 Ergebnisse der Berechnungen für d_2 und d_1

Mit dem in Tabelle 5.1 angegebenen Zifferntausch

alt:	0	1	2	3	4	5	6	7
neu:	4	0	2	6	3	7	5	1

a) Zifferntausch bei d_2

alt:	0	1	2	3	4	5	6	7
neu:	2	0	4	1	5	7	3	6

b) Zifferntausch bei d_1

Tab. 5.1 Zifferntausch für d_2 und d_1

ergeben sich die veränderten Hilfsquadrate aus Abbildung 5.9.

3	0	5	6	4	7	2	1
4	7	2	1	3	0	5	6
3	0	5	6	4	7	2	1
4	7	2	1	3	0	5	6
3	0	5	6	4	7	2	1
4	7	2	1	3	0	5	6
3	0	5	6	4	7	2	1
4	7	2	1	3	0	5	6

a) Ergebnisse für d_2

1	6	1	6	1	6	1	6
3	4	3	4	3	4	3	4
0	7	0	7	0	7	0	7
5	2	5	2	5	2	5	2
6	1	6	1	6	1	6	1
4	3	4	3	4	3	4	3
7	0	7	0	7	0	7	0
2	5	2	5	2	5	2	5

b) Ergebnisse für d_1

Abb. 5.9 Zifferntausch für d_2 und d_1

Hieraus folgt dann das supermagische Quadrat, das in Abbildung 5.10 dargestellt ist.

31	06	51	66	41	76	21	16
43	74	23	14	33	04	53	64
30	07	50	67	40	77	20	17
45	72	25	12	35	02	55	62
36	01	56	61	46	71	26	11
44	73	24	13	34	03	54	63
37	00	57	60	47	70	27	10
42	75	22	15	32	05	52	65

a) Zahlensystem zur Basis 8

25	6	41	54	33	62	17	14
35	60	19	12	27	4	43	52
24	7	40	55	32	63	16	15
37	58	21	10	29	2	45	50
30	1	46	49	38	57	22	9
36	59	20	11	28	3	44	51
31	0	47	48	39	56	23	8
34	61	18	13	26	5	42	53

b) Zehnersystem

26	7	42	55	34	63	18	15
36	61	20	13	28	5	44	53
25	8	41	56	33	64	17	16
38	59	22	11	30	3	46	51
31	2	47	50	39	58	23	10
37	60	21	12	29	4	45	52
32	1	48	49	40	57	24	9
35	62	19	14	27	6	43	54

c) supermagisches Quadrat

Abb. 5.10 Supermagisches Quadrat der Ordnung $n = 8$ (Hendricks)

Wählt man dagegen den Parameter $a = 7$, lauten die Gleichungen

$$d_2 = 7 \cdot s + 4 \cdot z \mod n$$
$$d_1 = 4 \cdot s + 7 \cdot z \mod n$$

und es ergeben sich die Hilfsquadrate aus Abbildung 5.11. Mit dem Zifferntausch laut Tabelle 5.2 wird dann das supermagische Quadrat aus Abbildung 5.12 erstellt.

alt:	0	1	2	3	4	5	6	7
neu:	4	2	7	6	3	5	0	1

a) Zifferntausch bei d_2

alt:	0	1	2	3	4	5	6	7
neu:	5	4	0	6	2	3	7	1

b) Zifferntausch bei d_1

Tab. 5.2 Zifferntausch für d_2 und d_1

So werden etwa die beiden berechneten Ziffern $d_2 = 7 \cdot 0 + 4 \cdot 7 = 28 \equiv 4$ und $d_1 = 4 \cdot 0 + 7 \cdot 7 = 49 \equiv 1$ für die linke obere Ecke durch 3 bzw.4 ersetzt.

4	3	2	1	0	7	6	5
0	7	6	5	4	3	2	1
4	3	2	1	0	7	6	5
0	7	6	5	4	3	2	1
4	3	2	1	0	7	6	5
0	7	6	5	4	3	2	1
4	3	2	1	0	7	6	5
0	7	6	5	4	3	2	1

a) Ergebnisse für d_2

1	5	1	5	1	5	1	5
2	6	2	6	2	6	2	6
3	7	3	7	3	7	3	7
4	0	4	0	4	0	4	0
5	1	5	1	5	1	5	1
6	2	6	2	6	2	6	2
7	3	7	3	7	3	7	3
0	4	0	4	0	4	0	4

b) Ergebnisse für d_1

Abb. 5.11 Ergebnisse der Berechnungen für d_2 und d_1

34	63	74	23	44	13	04	53
40	17	00	57	30	67	70	27
36	61	76	21	46	11	06	51
42	15	02	55	32	65	72	25
33	64	73	24	43	14	03	54
47	10	07	50	37	60	77	20
31	66	71	26	41	16	01	56
45	12	05	52	35	62	75	22

a) Zahlensystem zur Basis 8

28	51	60	19	36	11	4	43
32	15	0	47	24	55	56	23
30	49	62	17	38	9	6	41
34	13	2	45	26	53	58	21
27	52	59	20	35	12	3	44
39	8	7	40	31	48	63	16
25	54	57	22	33	14	1	46
37	10	5	42	29	50	61	18

b) Zehnersystem

29	52	61	20	37	12	5	44
33	16	1	48	25	56	57	24
31	50	63	18	39	10	7	42
35	14	3	46	27	54	59	22
28	53	60	21	36	13	4	45
40	9	8	41	32	49	64	17
26	55	58	23	34	15	2	47
38	11	6	43	30	51	62	19

c) supermagisches Quadrat

Abb. 5.12 Supermagisches Quadrat der Ordnung $n = 8$ (Hendricks, Beispiel 2)

5.3 Ollerenshaw – Brée

Ollerenshaw und Brée gehen bei der Konstruktion von supermagischen Quadraten von reversiblen Quadraten aus, auf die sie spezielle Transformationen anwenden.[4] Dabei legen sie den Ursprung $(0, 0)$ des Koordinatensystems in die linke obere Ecke, was auch in diesem Beispiel beibehalten wird.

Ein vorhandenes reversibles Quadrat wird mit fünf Schritten in ein supermagisches Quadrat umgewandelt:

1. Die rechte Hälfte der Zeilen wird umgekehrt.
2. Die untere Hälfte der Spalten wird umgekehrt.
3. Die obere und untere Hälfte von ungeraden Spalten werden ausgetauscht.
4. In geraden Zeilen werden alle Zahlenpaare ausgetauscht, die sich in ungeraden Spalten im Abstand $m = \frac{n}{2}$ befinden.
5. In ungeraden Zeilen werden alle Zahlenpaare ausgetauscht, die sich in geraden Spalten im Abstand $m = \frac{n}{2}$ befinden.

Ein Beispiel für die Ordnung $n = 4$ soll diese Schritte verdeutlichen, die in Abbildung 5.13 dargestellt sind. Mit Schritt 5 entsteht dabei das supermagische Quadrat.

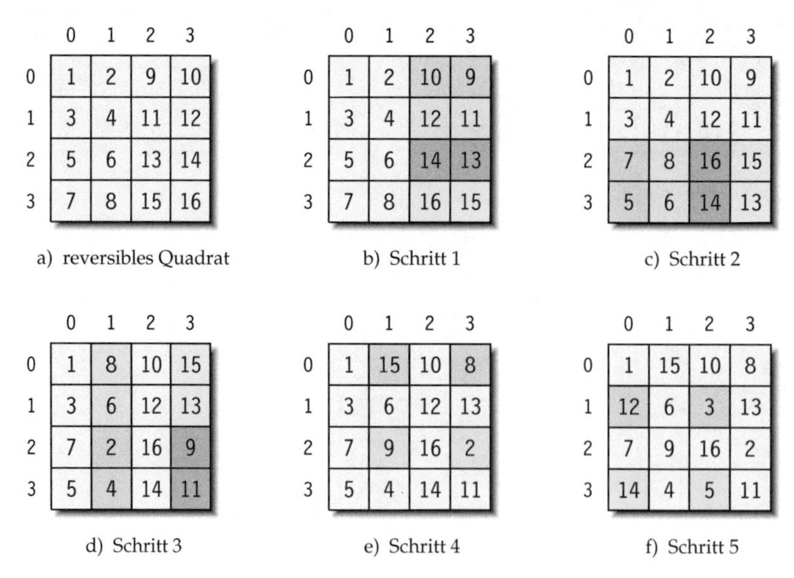

Abb. 5.13 Supermagisches Quadrat der Ordnung $n = 4$ (Ollerenshaw - Brée)

[4] Ollerenshaw-Brée [393]

Für die Ordnung $n = 8$ soll das Vorgehen noch einmal durch das folgende Beispiel verdeutlicht werden, da hier die Vertauschungen anschaulicher hervortreten.

1	2	3	4	33	34	35	36
5	6	7	8	37	38	39	40
9	10	11	12	41	42	43	44
13	14	15	16	45	46	47	48
17	18	19	20	49	50	51	52
21	22	23	24	53	54	55	56
25	26	27	28	57	58	59	60
29	30	31	32	61	62	63	64

a) reversibles Quadrat

1	2	3	4	36	35	34	33
5	6	7	8	40	39	38	37
9	10	11	12	44	43	42	41
13	14	15	16	48	47	46	45
17	18	19	20	52	51	50	49
21	22	23	24	56	55	54	53
25	26	27	28	60	59	58	57
29	30	31	32	64	63	62	61

b) Schritt 1

1	2	3	4	36	35	34	33
5	6	7	8	40	39	38	37
9	10	11	12	44	43	42	41
13	14	15	16	48	47	46	45
29	30	31	32	64	63	62	61
25	26	27	28	60	59	58	57
21	22	23	24	56	55	54	53
17	18	19	20	52	51	50	49

c) Schritt 2

1	30	3	32	36	63	34	61
5	26	7	28	40	59	38	57
9	22	11	24	44	55	42	53
13	18	15	20	48	51	46	49
29	2	31	4	64	35	62	33
25	6	27	8	60	39	58	37
21	10	23	12	56	43	54	41
17	14	19	16	52	47	50	45

d) Schritt 3

1	63	3	61	36	30	34	32
5	26	7	28	40	59	38	57
9	55	11	53	44	22	42	24
13	18	15	20	48	51	46	49
29	35	31	33	64	2	62	4
25	6	27	8	60	39	58	37
21	43	23	41	56	10	54	12
17	14	19	16	52	47	50	45

e) Schritt 4

1	63	3	61	36	30	34	32
40	26	38	28	5	59	7	57
9	55	11	53	44	22	42	24
48	18	46	20	13	51	15	49
29	35	31	33	64	2	62	4
60	6	58	8	25	39	27	37
21	43	23	41	56	10	54	12
52	14	50	16	17	47	19	45

f) Schritt 5

Abb. 5.14 Supermagisches Quadrat der Ordnung $n = 8$ (Ollerenshaw - Brée)

5.4 De Winkel (Zellentausch)

Aale de Winkel geht bei diesem Verfahren[5] von einem beliebigen reversiblen Quadrat aus. Für die Ordnung $n = 8$ wird im ersten Beispiel das reversible Quadrat aus Abbildung 5.15 gewählt, wobei für alle durchzuführenden Operationen der Ursprung $(0, 0)$ in die linke obere Ecke gelegt wird.

	0	1	2	3	4	5	6	7
0	1	2	3	4	17	18	19	20
1	5	6	7	8	21	22	23	24
2	9	10	11	12	25	26	27	28
3	13	14	15	16	29	30	31	32
4	33	34	35	36	49	50	51	52
5	37	38	39	40	53	54	55	56
6	41	42	43	44	57	58	59	60
7	45	46	47	48	61	62	63	64

Abb. 5.15 Reversibles Quadrat $(1, 1, 2, 2, 4, 4)$

Er kennzeichnet reversible Quadrate durch mehrere Parameter, die von der Ordnung n und ihren Teilern abhängen. Für die Ordnungen $n = 8$ und $n = 12$ gibt er sechs Parameter an, die für das Quadrat in Abbildung 5.15 $(1, 1, 2, 2, 4, 4)$ lauten.[6] Die ersten beiden Parameter geben dabei die Anzahl der horizontalen und vertikalen Blöcke an, die nach dem Schema der folgenden vier Parameter gefüllt werden. In diesem Beispiel wird das gesamte Quadrat nach einer Vorschrift gebildet, bei der es horizontal und vertikal jeweils nur einen einzigen Block gibt.

Innerhalb dieser Blöcke geben die nächsten beiden Parameter jeweils an, in wie viele horizontale und vertikale Gruppen ein solcher Block unterteilt wird. Diese Gruppen werden dann mit fortlaufenden Zahlen gefüllt und sind hier besonders markiert.

Die letzten beiden Parameter geben an, wie viele Spalten und Zeilen mit fortlaufenden Zahlen gefüllt werden. Hier sind es jeweils vier, d. h. es werden vier aufeinanderfolgende Zahlen nebeneinander platziert, die nächsten vier darunter usw., bis alle vier Zeilen gefüllt sind. Dann geht es mit der nächsten Gruppe weiter.

Für das Ausgangsquadrat wird anschließend eine Spalten- und Zeilentransformation durchgeführt. Legt man für die Vertauschungen etwa die Reihenfolge

$$0 \quad 1 \quad 2 \quad 3 \quad 7 \quad 6 \quad 5 \quad 4$$

[5] de Winkel [603]

[6] de Winkel benutzt für die Parameter die Schreibweise `1N1*2N2*4N4`, da er das reversible Quadrat mit der Multiplikation von Rechtecken erzeugt.

fest, ergeben sich die Quadrate aus Abbildung 5.16.

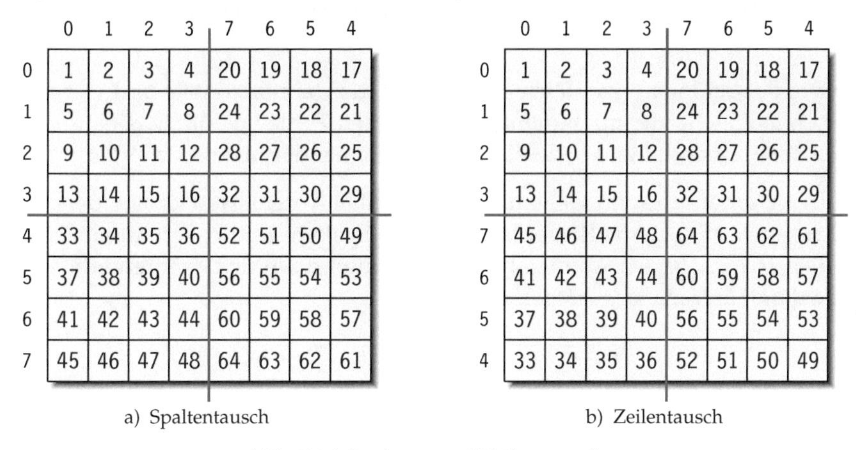

	0	1	2	3	7	6	5	4
0	1	2	3	4	20	19	18	17
1	5	6	7	8	24	23	22	21
2	9	10	11	12	28	27	26	25
3	13	14	15	16	32	31	30	29
4	33	34	35	36	52	51	50	49
5	37	38	39	40	56	55	54	53
6	41	42	43	44	60	59	58	57
7	45	46	47	48	64	63	62	61

a) Spaltentausch

	0	1	2	3	7	6	5	4
0	1	2	3	4	20	19	18	17
1	5	6	7	8	24	23	22	21
2	9	10	11	12	28	27	26	25
3	13	14	15	16	32	31	30	29
7	45	46	47	48	64	63	62	61
6	41	42	43	44	60	59	58	57
5	37	38	39	40	56	55	54	53
4	33	34	35	36	52	51	50	49

b) Zeilentausch

Abb. 5.16 Spalten- und Zeilentausch

In einem zweiten Schritt wird anschließend der Inhalt von $\frac{n^2}{2}$ Zellen verändert. Ergibt die Summe aus der Spalten- und der Zeilennummer eine gerade Zahl, bleibt der Inhalt unverändert. Ist die Summe jedoch ungerade, wird der Inhalt der Zelle durch den Inhalt derjenigen Zelle ersetzt, die sich zyklisch gesehen $m = \frac{n}{2}$ Zeilen unterhalb und m Spalten weiter rechts befindet. In Abbildung 5.17a sind einige dieser Zahlenpaare markiert worden.

Führt man diesen Austausch für alle Zellen durch, ergibt sich das supermagische Quadrat aus Abbildung 5.17b.

	0	1	2	3	4	5	6	7
0	1	2	3	4	20	19	18	17
1	5	6	7	8	24	23	22	21
2	9	10	11	12	28	27	26	25
3	13	14	15	16	32	31	30	29
4	45	46	47	48	64	63	62	61
5	41	42	43	44	60	59	58	57
6	37	38	39	40	56	55	54	53
7	33	34	35	36	52	51	50	49

a) zu vertauschende Zellen

	0	1	2	3	4	5	6	7
0	1	63	3	61	20	46	18	48
1	60	6	58	8	41	23	43	21
2	9	55	11	53	28	38	26	40
3	52	14	50	16	33	31	35	29
4	45	19	47	17	64	2	62	4
5	24	42	22	44	5	59	7	57
6	37	27	39	25	56	10	54	12
7	32	34	30	36	13	51	15	49

b) supermagisches Quadrat

Abb. 5.17 Supermagisches Quadrat der Ordnung $n = 8$ (de Winkel)

Damit besitzt das reversible Quadrat in diesem Beispiel[7] die Parameter $(2, 1, 2, 4, 2, 2)$. Es gibt also zwei horizontale Blöcke mit jeweils vier Spalten, die jeweils nacheinander

[7] bei de Winkel lauten die Parameter `2N1*2N4*2N2`

mit dem Muster der nachfolgenden Parameter gefüllt werden. Vertikal existiert nur ein Block, sodass alle acht Zeilen der Blöcke mit dem nachfolgenden Muster gefüllt werden.

Der erste der beiden horizontalen Blöcke wird in zwei horizontale und vier vertikale Gruppen aufgeteilt und mit aufeinanderfolgenden Zahlen gefüllt, wobei immer zwei Zahlen nebeneinander und in zwei Zeilen untereinander platziert werden.

Bei diesem Verfahren kann nicht nur das reversible Ausgangsquadrat anders gewählt werden, sondern auch die Reihenfolge für den Spalten- und Zeilentausch. Die ersten m Zahlen $0, 1, \ldots, m-1$ können beliebig permutiert werden, während die weiteren Zahlen damit automatisch festgelegt sind.

$$a \quad b \quad c \quad d \quad 7-a \quad 7-b \quad 7-c \quad 7-d$$

Wählt man etwa das reversible Quadrat aus Abbildung 5.18a, erhält man mit der Spalten- und Zeilentransformation

$$3 \quad 2 \quad 0 \quad 1 \quad 4 \quad 5 \quad 7 \quad 6$$

das Quadrat aus Abbildung 5.18b.

	0	1	2	3	4	5	6	7
0	1	2	5	6	33	34	37	38
1	3	4	7	8	35	36	39	40
2	9	10	13	14	41	42	45	46
3	11	12	15	16	43	44	47	48
4	17	18	21	22	49	50	53	54
5	19	20	23	24	51	52	55	56
6	25	26	29	30	57	58	61	62
7	27	28	31	32	59	60	63	64

a) reversibles Quadrat (2, 1, 2, 4, 2, 2)

	3	2	0	1	4	5	7	6
3	16	15	11	12	43	44	48	47
2	14	13	9	10	41	42	46	45
0	6	5	1	2	33	34	38	37
1	8	7	3	4	35	36	40	39
4	22	21	17	18	49	50	54	53
5	24	23	19	20	51	52	56	55
7	32	31	27	28	59	60	64	63
6	30	29	25	26	57	58	62	61

b) Spalten- und Zeilentausch

Jetzt muss nur noch der Austausch der Zellen durchgeführt werden, bei denen die Summe aus Spalten- und Zeilennummer bei der normalen Nummerierung ungerade ist, und man erhält das supermagische Quadrat aus Abbildung 5.18.

Da man jedes reversible Quadrat mit den Permutationen der Spalten und Zeilen kombinieren kann, ergibt sich mit dieser einfachen Konstruktion eine große Anzahl von supermagischen Quadraten. Allgemein können die m Zahlen $a, b, c, \ldots, x$ beliebig permutiert und dann durch ihre zu $n-1$ komplementären Zahlen aufgefüllt werden.

$$a \quad b \quad c \quad \ldots \quad x \quad n-1-a \quad n-1-b \quad n-1-c \quad \ldots \quad n-1-x$$

	0	1	2	3	4	5	6	7
0	16	50	11	53	43	21	48	18
1	51	13	56	10	24	42	19	45
2	6	60	1	63	33	31	38	28
3	57	7	62	4	30	36	25	39
4	22	44	17	47	49	15	54	12
5	41	23	46	20	14	52	9	55
6	32	34	27	37	59	5	64	2
7	35	29	40	26	8	58	3	61

Abb. 5.18 Supermagisches Quadrat der Ordnung $n = 8$ (de Winkel, Beispiel 2)

Führt man dieses Verfahren für die Ordnung $n = 12$ durch, stehen zunächst 42 reversible Quadrate zur Auswahl. In Abbildung 5.19 ist das Quadrat mit den Parametern $(3, 1, 2, 3, 2, 4)$ gewählt worden.[8]

	0	1	2	3	4	5	6	7	8	9	10	11
0	1	2	9	10	49	50	57	58	97	98	105	106
1	3	4	11	12	51	52	59	60	99	100	107	108
2	5	6	13	14	53	54	61	62	101	102	109	110
3	7	8	15	16	55	56	63	64	103	104	111	112
4	17	18	25	26	65	66	73	74	113	114	121	122
5	19	20	27	28	67	68	75	76	115	116	123	124
6	21	22	29	30	69	70	77	78	117	118	125	126
7	23	24	31	32	71	72	79	80	119	120	127	128
8	33	34	41	42	81	82	89	90	129	130	137	138
9	35	36	43	44	83	84	91	92	131	132	139	140
10	37	38	45	46	85	86	93	94	133	134	141	142
11	39	40	47	48	87	88	95	96	135	136	143	144

Abb. 5.19 Reversibles Ausgangsquadrat $(3, 1, 2, 3, 2, 4)$

Mit der Spalten- und Zeilenpermutation 2, 1, 3, 5, 4, 0, 9, 10, 8, 6, 7, 11 ergibt sich dann das Zwischenergebnis aus Abbildung 5.20.

[8] bei de Winkel lauten die Parameter `3N1*2N3*2N4`

	2	1	3	5	4	0	9	10	8	6	7	11
2	13	6	14	54	53	5	102	109	101	61	62	110
1	11	4	12	52	51	3	100	107	99	59	60	108
3	15	8	16	56	55	7	104	111	103	63	64	112
5	27	20	28	68	67	19	116	123	115	75	76	124
4	25	18	26	66	65	17	114	121	113	73	74	122
0	9	2	10	50	49	1	98	105	97	57	58	106
9	43	36	44	84	83	35	132	139	131	91	92	140
10	45	38	46	86	85	37	134	141	133	93	94	142
8	41	34	42	82	81	33	130	137	129	89	90	138
6	29	22	30	70	69	21	118	125	117	77	78	126
7	31	24	32	72	71	23	120	127	119	79	80	128
11	47	40	48	88	87	39	136	143	135	95	96	144

Abb. 5.20 Spalten- und Zeilentausch

Im letzten Schritt werden jetzt die Zahlenpaare bezüglich der normalen Nummerierung der Zeilen und Spalten ausgetauscht, und man erhält das supermagische Quadrat aus Abbildung 5.21.

	0	1	2	3	4	5	6	7	8	9	10	11
0	13	139	14	91	53	140	102	36	101	84	62	35
1	134	4	133	52	94	3	45	107	46	59	85	108
2	15	137	16	89	55	138	104	34	103	82	64	33
3	118	20	117	68	78	19	29	123	30	75	69	124
4	25	127	26	79	65	128	114	24	113	72	74	23
5	136	2	135	50	96	1	47	105	48	57	87	106
6	43	109	44	61	83	110	132	6	131	54	92	5
7	100	38	99	86	60	37	11	141	12	93	51	142
8	41	111	42	63	81	112	130	8	129	56	90	7
9	116	22	115	70	76	21	27	125	28	77	67	126
10	31	121	32	73	71	122	120	18	119	66	80	17
11	98	40	97	88	58	39	9	143	10	95	49	144

Abb. 5.21 Supermagisches Quadrat der Ordnung $n = 12$ (de Winkel)

Tabelle 5.3 gibt für einige Ordnungen eine Übersicht über die Anzahl der möglichen Kombinationen an.

Ordnung	reversible Quadrate	Permutationen
4	3	2
8	10	24
12	42	720
16	35	40320
20	42	3628800

Tab. 5.3 Anzahl der reversiblen Quadrate und Permutationen

5.5 De Winkel (Dynamic Numbering)

Mit dieser Methode von Aale de Winkel, die er *Dynamic Numbering*[9] nennt, werden ebenfalls supermagische Quadrate erzeugt.[10] Dieser Name besagt nur, dass Zahlen nach einer bestimmten Vorschrift aus einem Ausgangsquadrat gelesen und in das Zielquadrat übertragen werden.

Aale de Winkel legt den Ursprung $(0,0)$ wieder in die linke obere Ecke und kennzeichnet die Position einer Zelle mit (s,z). Bei diesem Verfahren ist zunächst ein Quadrat in natürlicher Anordnung erforderlich, dessen Zahlen alle um 1 vermindert werden. Nun folgt eine Spalten- und Zeilentransformation

$$3 \quad 1 \quad 2 \quad 0 \quad 4 \quad 6 \quad 5 \quad 7$$

und der Austausch von $\frac{n^2}{2}$ Zahlen, so wie es in Kapitel 5.4 beschrieben wird. Die sich hieraus ergebenden Quadrate sind in Abbildung 5.22 gut nachzuvollziehen.

0	1	2	3	4	5	6	7
8	9	10	11	12	13	14	15
16	17	18	19	20	21	22	23
24	25	26	27	28	29	30	31
32	33	34	35	36	37	38	39
40	41	42	43	44	45	46	47
48	49	50	51	52	53	54	55
56	57	58	59	60	61	62	63

a) Ausgangsquadrat

27	25	26	24	28	30	29	31
11	9	10	8	12	14	13	15
19	17	18	16	20	22	21	23
3	1	2	0	4	6	5	7
35	33	34	32	36	38	37	39
51	49	50	48	52	54	53	55
43	41	42	40	44	46	45	47
59	57	58	56	60	62	61	63

b) Transformationen

[9] Dieser Begriff stammt ursprünglich von Gil Lamb

[10] de Winkel [602]

27	38	26	39	28	33	29	32
52	9	53	8	51	14	50	15
19	46	18	47	20	41	21	40
60	1	61	0	59	6	58	7
35	30	34	31	36	25	37	24
12	49	13	48	11	54	10	55
43	22	42	23	44	17	45	16
4	57	5	56	3	62	2	63

c) Zahlentausch (Indexquadrat)

Abb. 5.22 Schritte zur Konstruktion des Indexquadrates

Nun wählt man ein beliebiges reversibles Quadrat, aus dem die Zahlen herausgelesen werden.[11]

	0	1	2	3	4	5	6	7
0	27	38	26	39	28	33	29	32
1	52	9	53	8	51	14	50	15
2	19	46	18	47	20	41	21	40
3	60	1	61	0	59	6	58	7
4	35	30	34	31	36	25	37	24
5	12	49	13	48	11	54	10	55
6	43	22	42	23	44	17	45	16
7	4	57	5	56	3	62	2	63

a) Indexquadrat

	0	1	2	3	4	5	6	7
0	1	2	9	10	17	18	25	26
1	3	4	11	12	19	20	27	28
2	5	6	13	14	21	22	29	30
3	7	8	15	16	23	24	31	32
4	33	34	41	42	49	50	57	58
5	35	36	43	44	51	52	59	60
6	37	38	45	46	53	54	61	62
7	39	40	47	48	55	56	63	64

b) reversibles Quadrat

Abb. 5.23 Reversibles Quadrat mit den Parametern $(1, 1, 4, 2, 2, 4)$

Das Indexquadrat aus Abbildung 5.23a dient dabei als Quadrat, mit dessen Hilfe die Position der aus dem reversiblen Quadrat auszulesende Zahl bestimmt wird. Für die Position $(s, z) = (2, 1)$ des Zielquadrates liefert das Indexquadrat die Zahl 53. Diese Zahl wird in das Zahlensystem zur Basis n umgewandelt. Die beiden Ziffern des Ergebnisses $(65)_8$ legen in umgekehrter Reihenfolge die Koordinaten $(5, 6)$ für das reversible Quadrat fest, in dem sich die Zahl 54 befindet. Diese Zahl wird dann an Position $(s, z) = (2, 1)$ in das Zielquadrat eingetragen.

An der Position $(s, z) = (6, 3)$ des Zielquadrates befindet sich im Indexquadrat die Zahl 58, welche im Zahlensystem zur Basis 8 als $(72)_8$ geschrieben wird. Die Zahl

[11] bei de Winkel lauten die Parameter `1N1*4N2*2N4`

47 befindet sich in der Zelle $(2,7)$ des reversiblen Quadrates, und findet in der Zelle $(s,z)=(6,3)$ des Zielquadrates ihren neuen Platz.

Führt man diese Schritte für alle Zellen des Zielquadrates durch, erhält man das supermagische Quadrat aus Abbildung 5.24.

16	57	15	58	23	34	24	33
53	4	54	3	46	27	45	28
14	59	13	60	21	36	22	35
55	2	56	1	48	25	47	26
42	31	41	32	49	8	50	7
19	38	20	37	12	61	11	62
44	29	43	30	51	6	52	5
17	40	18	39	10	63	9	64

Abb. 5.24 Supermagisches Quadrat der Ordnung $n=8$ (de Winkel)

Für das zweite Beispiel wird eine andere Permutation für die Vertauschungen gewählt:

$$2 \quad 0 \quad 3 \quad 1 \quad 5 \quad 7 \quad 4 \quad 6$$

Damit ergibt sich das Indexquadrat aus Abbildung 5.25.

18	16	19	17	21	23	20	22
2	0	3	1	5	7	4	6
26	24	27	25	29	31	28	30
10	8	11	9	13	15	12	14
42	40	43	41	45	47	44	46
58	56	59	57	61	63	60	62
34	32	35	33	37	39	36	38
50	48	51	49	53	55	52	54

a) Transformationen

18	47	19	46	21	40	20	41
61	0	60	1	58	7	59	6
26	39	27	38	29	32	28	33
53	8	52	9	50	15	51	14
42	23	43	22	45	16	44	17
5	56	4	57	2	63	3	62
34	31	35	30	37	24	36	25
13	48	12	49	10	55	11	54

b) Indexquadrat

Abb. 5.25 Schritte zur Konstruktion des Indexquadrates

Für alle Positionen (s,z) des Zielquadrates lassen sich jetzt mithilfe des Indexquadrates die zugehörigen Zahlen im reversiblen Quadrat finden, die dann in das Zielquadrat übertragen werden. Führt man diese Schritte für alle Zellen des Zielquadrates durch, erhält man das supermagische Quadrat aus Abbildung 5.26.

1	2	5	6	17	18	21	22
3	4	7	8	19	20	23	24
9	10	13	14	25	26	29	30
11	12	15	16	27	28	31	32
33	34	37	38	49	50	53	54
35	36	39	40	51	52	55	56
41	42	45	46	57	58	61	62
43	44	47	48	59	60	63	64

a) reversibles Quadrat (2, 2, 2, 2, 2, 2)

13	56	14	55	26	35	25	36
60	1	59	2	47	22	48	21
15	54	16	53	28	33	27	34
58	3	57	4	45	24	46	23
39	30	40	29	52	9	51	10
18	43	17	44	5	64	6	63
37	32	38	31	50	11	49	12
20	41	19	42	7	62	8	61

b) supermagisches Quadrat

Abb. 5.26 Supermagisches Quadrat der Ordnung $n = 8$ (de Winkel, Beispiel 2)

Allerdings ergeben sich mit diesem Verfahren im Vergleich mit der Methode aus Kapitel 5.4 keine neuen supermagischen Quadrate. Für Ordnungen $n = 4k$ gilt, dass alle Quadrate, die sich mit einem der beiden Verfahren konstruieren lassen, auch mit dem anderen Verfahren erzeugt werden können.

5.6 Konstruktion mit Zahlenfolgen

Bei einem sehr einfachen Verfahren zur Konstruktion von supermagischen Quadraten werden $m = \frac{n}{2}$ Zahlen ab 1 aufsteigend von links in die obere Zeile eingetragen.[12] Darunter folgen die nächsten m Zahlen von der Mitte aus nach links. Beide Zeilen werden danach m mal nach unten kopiert.

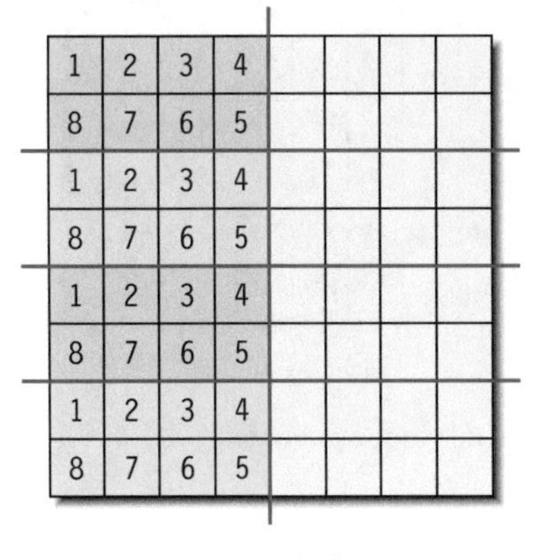

1	2	3	4				
8	7	6	5				
1	2	3	4				
8	7	6	5				
1	2	3	4				
8	7	6	5				
1	2	3	4				
8	7	6	5				

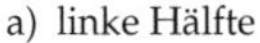

a) linke Hälfte

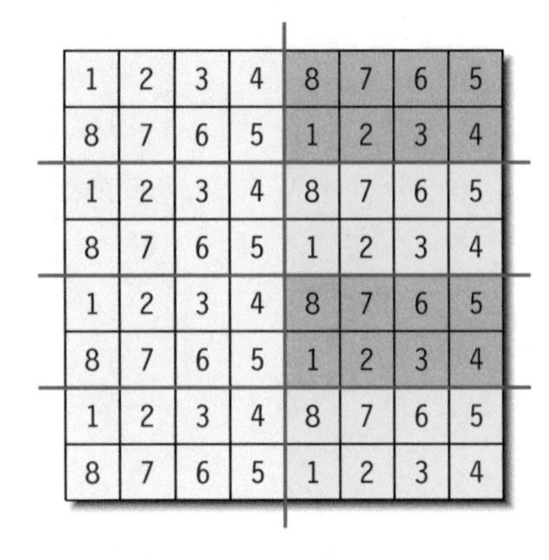

1	2	3	4	8	7	6	5
8	7	6	5	1	2	3	4
1	2	3	4	8	7	6	5
8	7	6	5	1	2	3	4
1	2	3	4	8	7	6	5
8	7	6	5	1	2	3	4
1	2	3	4	8	7	6	5
8	7	6	5	1	2	3	4

b) beide Hälften

Abb. 5.27 Hilfsquadrat A

[12] Wikipedia [598]

In der rechten Hälfte geht man ähnlich vor. Nur beginnt man dort in der zweiten Zeile von oben und fährt dann in der darüberüberliegenden Zeile mit den nächsten m Zahlen fort.

Neben dem Hilfsquadrat A wird ein zweites Hilfsquadrat B benötigt, das man aus A durch eine Drehung um 90° erhält. Addiert man abschließend die beiden Hilfsquadrate mit $n \cdot (A-1)+B$, entsteht das supermagische Quadrat aus Abbildung 5.28.

5	4	5	4	5	4	5	4
6	3	6	3	6	3	6	3
7	2	7	2	7	2	7	2
8	1	8	1	8	1	8	1
4	5	4	5	4	5	4	5
3	6	3	6	3	6	3	6
2	7	2	7	2	7	2	7
1	8	1	8	1	8	1	8

a) Hilfsquadrat B

33	26	35	28	40	31	38	29
48	23	46	21	41	18	43	20
49	10	51	12	56	15	54	13
64	7	62	5	57	2	59	4
25	34	27	36	32	39	30	37
24	47	22	45	17	42	19	44
9	50	11	52	16	55	14	53
8	63	6	61	1	58	3	60

b) supermagisches Quadrat

Abb. 5.28 Supermagisches Quadrat der Ordnung $n = 8$

Zur Verdeutlichung sei zusätzlich noch ein Beispiel für die Ordnung 12 angegeben.

1	2	3	4	5	6	12	11	10	9	8	7
12	11	10	9	8	7	1	2	3	4	5	6
1	2	3	4	5	6	12	11	10	9	8	7
12	11	10	9	8	7	1	2	3	4	5	6
1	2	3	4	5	6	12	11	10	9	8	7
12	11	10	9	8	7	1	2	3	4	5	6
1	2	3	4	5	6	12	11	10	9	8	7
12	11	10	9	8	7	1	2	3	4	5	6
1	2	3	4	5	6	12	11	10	9	8	7
12	11	10	9	8	7	1	2	3	4	5	6
1	2	3	4	5	6	12	11	10	9	8	7
12	11	10	9	8	7	1	2	3	4	5	6

a) Hilfsquadrat A

7	6	7	6	7	6	7	6	7	6	7	6
8	5	8	5	8	5	8	5	8	5	8	5
9	4	9	4	9	4	9	4	9	4	9	4
10	3	10	3	10	3	10	3	10	3	10	3
11	2	11	2	11	2	11	2	11	2	11	2
12	1	12	1	12	1	12	1	12	1	12	1
6	7	6	7	6	7	6	7	6	7	6	7
5	8	5	8	5	8	5	8	5	8	5	8
4	9	4	9	4	9	4	9	4	9	4	9
3	10	3	10	3	10	3	10	3	10	3	10
2	11	2	11	2	11	2	11	2	11	2	11
1	12	1	12	1	12	1	12	1	12	1	12

b) Hilfsquadrat B

Abb. 5.29 Hilfsquadrat A und gedrehtes Hilfsquadrat B

Abschließend müssen die Zahlen der beiden Hilfsquadrate wieder addiert werden. Zur Abwechslung wird in diesem Beispiel die Rechnung $A + n \cdot (B - 1)$ benutzt.

73	62	75	64	77	66	84	71	82	69	80	67
96	59	94	57	92	55	85	50	87	52	89	54
97	38	99	40	101	42	108	47	106	45	104	43
120	35	118	33	116	31	109	26	111	28	113	30
121	14	123	16	125	18	132	23	130	21	128	19
144	11	142	9	140	7	133	2	135	4	137	6
61	74	63	76	65	78	72	83	70	81	68	79
60	95	58	93	56	91	49	86	51	88	53	90
37	98	39	100	41	102	48	107	46	105	44	103
36	119	34	117	32	115	25	110	27	112	29	114
13	122	15	124	17	126	24	131	22	129	20	127
12	143	10	141	8	139	1	134	3	136	5	138

Abb. 5.30 Supermagisches Quadrat der Ordnung $n = 12$

Kapitel

6

Franklin-Quadrate

Benjamin Franklin (1706-1790) war Schriftsteller, Naturwissenschaftler, Erfinder und Staatsmann. Politisch war er einer der führenden Köpfe der sich gründenden USA und verfasste gemeinsam mit Thomas Jefferson die Unabhängigkeitserklärung.

In seiner Autobiografie erwähnt er, dass er sich die Zeit in langweiligen Debatten mit Zahlenrätseln vertrieb. Dabei entstand u. a. sein berühmtes Zahlenquadrat der Ordnung 8.[1]

52	61	4	13	20	29	36	45
14	3	62	51	46	35	30	19
53	60	5	12	21	28	37	44
11	6	59	54	43	38	27	22
55	58	7	10	23	26	39	42
9	8	57	56	41	40	25	24
50	63	2	15	18	31	34	47
16	1	64	49	48	33	32	17

Abb. 6.1 Das 1769 veröffentlichte Zahlenquadrat von Benjamin Franklin

Schaut man sich dieses Quadrat etwas genauer an, stellt man fest, dass die Zeilen- und Spaltensummen gleich sind, sich aber die beiden Diagonalensummen mit 292 und 228 von ihnen unterscheiden. Damit ist das Quadrat von Benjamin Franklin nur semi-magisch.

[1] Franklin [143] S. 350 – 354 und Pasles [409] S. 127

H. Danielsson, *Spezielle magische Quadrate und ihre Konstruktion*,
https://doi.org/10.1007/978-3-662-70708-1_6

Was soll also ein semi-magisches Quadrat in einem Buch über magische Quadrate? Nun, einerseits besitzen Franklin-Quadrate sehr viele hervorstechende Eigenschaften. Andererseits gibt es auch magische Quadrate, die alle Eigenschaften des Franklin-Quadrates besitzen und zusätzlich pandiagonal sind.[2] Schließlich lassen sich auch pandiagonale Quadrate durch sehr einfache Transformationen aus Franklin-Quadraten erzeugen.

6.1 Eigenschaften

6.1.1 Veranschaulichung der Eigenschaften

Das originale Franklin-Quadrat ist zwar nicht magisch, weist aber eine Vielzahl von Eigenschaften auf, die hier am Beispiel des Quadrates achter Ordnung verdeutlicht werden sollen. Erst danach werden die allgemeinen Bedingungen eines Franklin-Quadrates formuliert.

In einem Brief an Peter Collinson beschreibt Franklin 1752 die Eigenschaften dieses Quadrates.[3]

1. *Es enthält die Zahlen 1 bis* $8^2 = 64$.

2. *Die Summe aller Zahlen in den Zeilen und Spalten beträgt jeweils 260.*

52	61	4	13	20	29	36	45
14	3	62	51	46	35	30	19
53	60	5	12	21	28	37	44
11	6	59	54	43	38	27	22
55	58	7	10	23	26	39	42
9	8	57	56	41	40	25	24
50	63	2	15	18	31	34	47
16	1	64	49	48	33	32	17

a) Zeilen

52	61	4	13	20	29	36	45
14	3	62	51	46	35	30	19
53	60	5	12	21	28	37	44
11	6	59	54	43	38	27	22
55	58	7	10	23	26	39	42
9	8	57	56	41	40	25	24
50	63	2	15	18	31	34	47
16	1	64	49	48	33	32	17

b) Spalten

Abb. 6.2 Zeilen und Spalten

3. *Die Summe der vier Zahlen in den Halbzeilen und Halbspalten beträgt jeweils* $\frac{260}{2} = 130$.

[2] siehe Kapitel 6.1.3

[3] Pasles [409] S. 124 – 137

52	61	4	13	20	29	36	45
14	3	62	51	46	35	30	19
53	60	5	12	21	28	37	44
11	6	59	54	43	38	27	22
55	58	7	10	23	26	39	42
9	8	57	56	41	40	25	24
50	63	2	15	18	31	34	47
16	1	64	49	48	33	32	17

a) Halbzeilen

52	61	4	13	20	29	36	45
14	3	62	51	46	35	30	19
53	60	5	12	21	28	37	44
11	6	59	54	43	38	27	22
55	58	7	10	23	26	39	42
9	8	57	56	41	40	25	24
50	63	2	15	18	31	34	47
16	1	64	49	48	33	32	17

b) Halbspalten

Abb. 6.3 Halbzeilen und Halbspalten

4. *Die Summe aller Bentdiagonalen und ihrer Parallelen beträgt jeweils 260.*

52	61	4	13	20	29	36	45
14	3	62	51	46	35	30	19
53	60	5	12	21	28	37	44
11	6	59	54	43	38	27	22
55	58	7	10	23	26	39	42
9	8	57	56	41	40	25	24
50	63	2	15	18	31	34	47
16	1	64	49	48	33	32	17

52	61	4	13	20	29	36	45
14	3	62	51	46	35	30	19
53	60	5	12	21	28	37	44
11	6	59	54	43	38	27	22
55	58	7	10	23	26	39	42
9	8	57	56	41	40	25	24
50	63	2	15	18	31	34	47
16	1	64	49	48	33	32	17

Abb. 6.4 Bentdiagonale und Parallelen

Für die Parallelen der Bentdiagonalen wird das Quadrat wie üblich zyklisch betrachtet. Verlässt man also das Quadrat an einer Seite, fährt man an der gegenüberliegenden Seite fort.

52	61	4	13	20	29	36	45
14	3	62	51	46	35	30	19
53	60	5	12	21	28	37	44
11	6	59	54	43	38	27	22
55	58	7	10	23	26	39	42
9	8	57	56	41	40	25	24
50	63	2	15	18	31	34	47
16	1	64	49	48	33	32	17

52	61	4	13	20	29	36	45
14	3	62	51	46	35	30	19
53	60	5	12	21	28	37	44
11	6	59	54	43	38	27	22
55	58	7	10	23	26	39	42
9	8	57	56	41	40	25	24
50	63	2	15	18	31	34	47
16	1	64	49	48	33	32	17

Abb. 6.5 Bentdiagonale und Parallelen

5. *Die Summe der vier Zahlen in den Ecken und der vier Zahlen im Zentrum beträgt 260.*

52	61	4	13	20	29	36	45
14	3	62	51	46	35	30	19
53	60	5	12	21	28	37	44
11	6	59	54	43	38	27	22
55	58	7	10	23	26	39	42
9	8	57	56	41	40	25	24
50	63	2	15	18	31	34	47
16	1	64	49	48	33	32	17

Abb. 6.6 Franklin-Quadrat (Ecken und Zentrum)

Zudem erwähnt Franklin in diesem Brief fünf weitere Eigenschaften seines Zahlenquadrates, die er aber nirgendwo näher beschrieben hat.[4]

Nun sollen noch weitere Eigenschaften des Franklin-Quadrates aufgeführt werden. Dabei ist allerdings nicht klar, ob sie auch bereits Franklin bekannt waren. Eine zentrale Eigenschaft lautet:

6. *Die Summe der Zahlen in einem Teilquadrat der Größe 2 x 2 beträgt immer 130.*

Diese Eigenschaft gilt auch zyklisch. Verlässt man also das Quadrat auf einer Seite, fährt man auf der gegenüberliegenden Seite fort. Einige Beispiele für derartige 2 x 2 - Teilquadrate sind in Abbildung 6.7 dargestellt.

52	61	4	13	20	29	36	45
14	3	62	51	46	35	30	19
53	60	5	12	21	28	37	44
11	6	59	54	43	38	27	22
55	58	7	10	23	26	39	42
9	8	57	56	41	40	25	24
50	63	2	15	18	31	34	47
16	1	64	49	48	33	32	17

Abb. 6.7 2 x 2 - Teilquadrate mit der Summe 130

Heutzutage wird diese Eigenschaft oft in die Definition eines Franklin-Quadrates mit aufgenommen, da sie die Grundlage für viele weitere Eigenschaften bildet. Sie ersetzt

[4] Pasles [409] S. 130

dann auch die von Franklin aufgeführte Bedingung (5), da diese dann automatisch erfüllt ist.

Zerlegt man das gesamte Quadrat beispielsweise in Rechtecke der Größen 4 x 2 und 2 x 4, so besitzen alle Zahlen in diesen Rechtecken automatisch die Summe 260.

52	61	4	13	20	29	36	45
14	3	62	51	46	35	30	19
53	60	5	12	21	28	37	44
11	6	59	54	43	38	27	22
55	58	7	10	23	26	39	42
9	8	57	56	41	40	25	24
50	63	2	15	18	31	34	47
16	1	64	49	48	33	32	17

Abb. 6.8 Zerlegung in Rechtecke mit der Summe 260

Ebenso besitzen alle Zahlen, die in den vier Quadranten auf den dortigen Diagonalen liegen, auch jeweils die Summe 260. Dies gilt natürlich ebenso für die Zahlen, die dort nicht auf den Diagonalen der Quadranten liegen. Beispielsweise gilt im linken oberen Teilquadrat

$$52 + 3 + 5 + 54 + 11 + 60 + 62 + 13 = 260$$
$$61 + 4 + 14 + 51 + 53 + 12 + 6 + 59 = 260$$

52	61	4	13	20	29	36	45
14	3	62	51	46	35	30	19
53	60	5	12	21	28	37	44
11	6	59	54	43	38	27	22
55	58	7	10	23	26	39	42
9	8	57	56	41	40	25	24
50	63	2	15	18	31	34	47
16	1	64	49	48	33	32	17

52	61	4	13	20	29	36	45
14	3	62	51	46	35	30	19
53	60	5	12	21	28	37	44
11	6	59	54	43	38	27	22
55	58	7	10	23	26	39	42
9	8	57	56	41	40	25	24
50	63	2	15	18	31	34	47
16	1	64	49	48	33	32	17

Abb. 6.9 Muster in den Quadranten mit der Summe 260

Eine weitere Eigenschaft zeigt sich, wenn man von einer beliebigen Zelle des Quadrates ausgeht und diese Zelle horizontal und vertikal spiegelt sowie um 180 Grad dreht. Die Ecken des durch diese Abbildungen entstehenden Rechtecks ergeben addiert 130.

52	61	4	13	20	29	36	45
14	3	62	51	46	35	30	19
53	60	5	12	21	28	37	44
11	6	59	54	43	38	27	22
55	58	7	10	23	26	39	42
9	8	57	56	41	40	25	24
50	63	2	15	18	31	34	47
16	1	64	49	48	33	32	17

Abb. 6.10 Ecken eines symmetrisch liegenden Rechtecks mit der Summe 130

Aus der mit *kompakt* beschriebenen Eigenschaft, dass jedes 2 x 2 - Teilquadrat die Summe 130 besitzt, ergibt sich eine weitere Eigenschaft der Franklin-Quadrate. Ausgehend von einem dieser 2 x 2 - Teilquadrate entstehen Rechtecke, wenn man die Breite oder die Höhe um ein Vielfaches von 2 vergrößert. Die Ecken all dieser Rechtecke ergeben immer 130.

52	61	4	13	20	29	36	45
14	3	62	51	46	35	30	19
53	60	5	12	21	28	37	44
11	6	59	54	43	38	27	22
55	58	7	10	23	26	39	42
9	8	57	56	41	40	25	24
50	63	2	15	18	31	34	47
16	1	64	49	48	33	32	17

52	61	4	13	20	29	36	45
14	3	62	51	46	35	30	19
53	60	5	12	21	28	37	44
11	6	59	54	43	38	27	22
55	58	7	10	23	26	39	42
9	8	57	56	41	40	25	24
50	63	2	15	18	31	34	47
16	1	64	49	48	33	32	17

52	61	4	13	20	29	36	45
14	3	62	51	46	35	30	19
53	60	5	12	21	28	37	44
11	6	59	54	43	38	27	22
55	58	7	10	23	26	39	42
9	8	57	56	41	40	25	24
50	63	2	15	18	31	34	47
16	1	64	49	48	33	32	17

Abb. 6.11 Summe der Ecken bei einer Vergrößerung von 2 x 2 - Teilquadraten

Die Bentdiagonalen sind eine zentrale Eigenschaft der Franklin-Quadrate. Diese besonderen Diagonalen lassen sich aber noch verallgemeinern, indem bei den beiden Halbdiagonalen nicht die diagonal benachbarte Zelle gewählt, sondern ein sogenannter Springerschritt durchgeführt wird.[5]

Bei der Bentdiagonalen am linken Rand wird dann mit jedem Wechsel der Zeile die um zwei Spalten weiter rechts liegende Spalte gewählt. Entsprechend wird z. B. bei der Bentdiagonalen am unteren Rand mit jedem Spaltenwechsel die übernächste Zeile benutzt. Die Zahlen dieser erweiterten Bentdiagonalen ergeben addiert jeweils 260.

$$52 + 62 + 21 + 27 + 39 + 41 + 2 + 16 = 260$$

52	61	4	13	20	29	36	45
14	3	62	51	46	35	30	19
53	60	5	12	21	28	37	44
11	6	59	54	43	38	27	22
55	58	7	10	23	26	39	42
9	8	57	56	41	40	25	24
50	63	2	15	18	31	34	47
16	1	64	49	48	33	32	17

52	61	4	13	20	29	36	45
14	3	62	51	46	35	30	19
53	60	5	12	21	28	37	44
11	6	59	54	43	38	27	22
55	58	7	10	23	26	39	42
9	8	57	56	41	40	25	24
50	63	2	15	18	31	34	47
16	1	64	49	48	33	32	17

52	61	4	13	20	29	36	45
14	3	62	51	46	35	30	19
53	60	5	12	21	28	37	44
11	6	59	54	43	38	27	22
55	58	7	10	23	26	39	42
9	8	57	56	41	40	25	24
50	63	2	15	18	31	34	47
16	1	64	49	48	33	32	17

52	61	4	13	20	29	36	45
14	3	62	51	46	35	30	19
53	60	5	12	21	28	37	44
11	6	59	54	43	38	27	22
55	58	7	10	23	26	39	42
9	8	57	56	41	40	25	24
50	63	2	15	18	31	34	47
16	1	64	49	48	33	32	17

Abb. 6.12 Erweiterte Bentdiagonalen mit Springerschritt

Auch diese Eigenschaft lässt sich noch weiter verallgemeinern. Statt der Springerschritte $(2, 1)$ oder $(1, 2)$ können auch allgemeine Springerschritte $(n, 1)$ oder $(1, n)$ mit $2 \leq n \leq 7$ gewählt werden. Die Bentdiagonalen für $n = 3$ sind in Abbildung 6.13 dargestellt. Die Zahlen dieser allgemeinen Bentdiagonalen ergeben addiert ebenfalls immer 260, wobei man das Quadrat wie üblich zyklisch auffasst.

[5] Pasles [409] S. 131

52	61	4	13	20	29	36	45
14	3	62	51	46	35	30	19
53	60	5	12	21	28	37	44
11	6	59	54	43	38	27	22
55	58	7	10	23	26	39	42
9	8	57	56	41	40	25	24
50	63	2	15	18	31	34	47
16	1	64	49	48	33	32	17

52	61	4	13	20	29	36	45
14	3	62	51	46	35	30	19
53	60	5	12	21	28	37	44
11	6	59	54	43	38	27	22
55	58	7	10	23	26	39	42
9	8	57	56	41	40	25	24
50	63	2	15	18	31	34	47
16	1	64	49	48	33	32	17

52	61	4	13	20	29	36	45
14	3	62	51	46	35	30	19
53	60	5	12	21	28	37	44
11	6	59	54	43	38	27	22
55	58	7	10	23	26	39	42
9	8	57	56	41	40	25	24
50	63	2	15	18	31	34	47
16	1	64	49	48	33	32	17

52	61	4	13	20	29	36	45
14	3	62	51	46	35	30	19
53	60	5	12	21	28	37	44
11	6	59	54	43	38	27	22
55	58	7	10	23	26	39	42
9	8	57	56	41	40	25	24
50	63	2	15	18	31	34	47
16	1	64	49	48	33	32	17

Abb. 6.13 Erweiterte Bentdiagonalen mit allgemeinem Springerschritt (3, 1) bzw. (1, 3)

Eine weitere Eigenschaft zeigt sich mit dem Muster, welches links in Abbildung 6.14 dargestellt ist.[6] Dieses Muster lässt sich bei allen Franklin-Quadraten beliebig in alle Richtungen verschieben, und die markierten Zahlen ergeben addiert immer die Summe 260.

52	61	4	13	20	29	36	45
14	3	62	51	46	35	30	19
53	60	5	12	21	28	37	44
11	6	59	54	43	38	27	22
55	58	7	10	23	26	39	42
9	8	57	56	41	40	25	24
50	63	2	15	18	31	34	47
16	1	64	49	48	33	32	17

52	61	4	13	20	29	36	45
14	3	62	51	46	35	30	19
53	60	5	12	21	28	37	44
11	6	59	54	43	38	27	22
55	58	7	10	23	26	39	42
9	8	57	56	41	40	25	24
50	63	2	15	18	31	34	47
16	1	64	49	48	33	32	17

Abb. 6.14 Verschiebbares Muster 1

[6] Pasles [409] S. 130

Diese Eigenschaft gilt auch für das ähnliche Muster aus Abbildung 6.15. Auch dieses Muster lässt sich horizontal und vertikal beliebig verschieben, und die acht Zahlen ergeben addiert immer 260.

52	61	4	13	20	29	36	45
14	3	62	51	46	35	30	19
53	60	5	12	21	28	37	44
11	6	59	54	43	38	27	22
55	58	7	10	23	26	39	42
9	8	57	56	41	40	25	24
50	63	2	15	18	31	34	47
16	1	64	49	48	33	32	17

52	61	4	13	20	29	36	45
14	3	62	51	46	35	30	19
53	60	5	12	21	28	37	44
11	6	59	54	43	38	27	22
55	58	7	10	23	26	39	42
9	8	57	56	41	40	25	24
50	63	2	15	18	31	34	47
16	1	64	49	48	33	32	17

Abb. 6.15 Verschiebbares Muster 2

Es existiert noch ein weiteres Muster beim Quadrat von Benjamin Franklin.[7] Auch die acht Zahlen links in Abbildung 6.16 lassen sich beliebig vertikal verschieben, und die Zahlen dieses Musters ergeben immer die Summe 260. Diese Eigenschaft gilt jedoch nicht für jede horizontale Verschiebung.

52	61	4	13	20	29	36	45
14	3	62	51	46	35	30	19
53	60	5	12	21	28	37	44
11	6	59	54	43	38	27	22
55	58	7	10	23	26	39	42
9	8	57	56	41	40	25	24
50	63	2	15	18	31	34	47
16	1	64	49	48	33	32	17

52	61	4	13	20	29	36	45
14	3	62	51	46	35	30	19
53	60	5	12	21	28	37	44
11	6	59	54	43	38	27	22
55	58	7	10	23	26	39	42
9	8	57	56	41	40	25	24
50	63	2	15	18	31	34	47
16	1	64	49	48	33	32	17

Abb. 6.16 Vertikal verschiebbares Muster 3

Vertikale Verschiebungen sind auch für das symmetrische Muster in Abbildung 6.17 möglich.

Inzwischen ist bekannt, dass es insgesamt 737 280 semi-magische Franklin-Quadrate achter Ordnung gibt.[8] Während die zuvor genannten Eigenschaften auf alle Franklin-Quadrate zutreffen, trifft die vertikale Verschiebung der beiden Muster 3 und 4 nur bei 147 456, also genau $\frac{1}{5}$ dieser Quadrate zu.

[7] Pasles [409] S. 130

[8] Schindel, Rempel und Loly [507]

52	61	4	13	20	29	36	45
14	3	62	51	46	35	30	19
53	60	5	12	21	28	37	44
11	6	59	54	43	38	27	22
55	58	7	10	23	26	39	42
9	8	57	56	41	40	25	24
50	63	2	15	18	31	34	47
16	1	64	49	48	33	32	17

52	61	4	13	20	29	36	45
14	3	62	51	46	35	30	19
53	60	5	12	21	28	37	44
11	6	59	54	43	38	27	22
55	58	7	10	23	26	39	42
9	8	57	56	41	40	25	24
50	63	2	15	18	31	34	47
16	1	64	49	48	33	32	17

Abb. 6.17 Vertikal verschiebbares Muster 4

Von Benjamin Franklin ist noch ein zweites Quadrat achter Ordnung veröffentlicht worden.[9]

17	47	30	36	21	43	26	40
32	34	19	45	28	38	23	41
33	31	46	20	37	27	42	24
48	18	35	29	44	22	39	25
49	15	62	4	53	11	58	8
64	2	51	13	60	6	55	9
1	63	14	52	5	59	10	56
16	50	3	61	12	54	7	57

Abb. 6.18 Zweites Quadrat von Benjamin Franklin

Auch dieses Quadrat erfüllt alle Bedingungen, die an ein Franklin-Quadrat gestellt werden, unterscheidet sich aber in einem Punkt von dem anderen Franklin-Quadrat. Während das Eckenmuster aus den Abbildungen 6.16 und 6.17 bei dem Originalquadrat von Franklin beliebig nach oben oder unten verschoben werden kann, ist diese Eigenschaft hier nicht mehr vorhanden.

Allgemein muss ein Franklin-Quadrat folgende Bedingungen erfüllen, die bereits in den Beispielen für die Ordnung 8 veranschaulicht wurden.

- Die Ordnung n ist doppelt-gerade.
- Es enthält die Zahlen $1, 2, \ldots, n^2$.
- Die Zahlen von allen Zeilen und Spalten ergeben addiert

$$S(n) = \frac{n \cdot (n^2 + 1)}{2}$$

[9] Pasles [410]

- Die Summe aller Bentdiagonalen und ihrer Parallelen beträgt auch jeweils $S(n)$.
- Die Summe der $\frac{n}{2}$ Zahlen in den Halbzeilen und Halbspalten beträgt jeweils $\dfrac{S(n)}{2}$.
- Die Summe der Zahlen in einem 2 x 2 - Teilquadrat beträgt immer $2\,(n^2 + 1)$.

Jahrhundertelang war man der Meinung, dass Franklin-Quadrate nur für die Ordnungen $n = 8k$ existieren. Dies hat sich mit der Veröffentlichung eines Quadrates der Ordnung 20 als falsch herausgestellt. Heute weiß man, dass es Franklin-Quadrate für alle doppelt-geraden Ordnungen mit Ausnahme von $n = 4$ und $n = 12$ gibt.

6.1.2 Zerlegung in Hilfsquadrate

Franklin hat nie beschrieben, wie er seine Quadrate konstruiert hat. Heutzutage gibt es Diskussionen darüber, ob er eher eine auf Versuch und Irrtum beruhende Methode oder bereits eine Zerlegung in Hilfsquadrate verwendet hat.[10] Für das originale Franklin-Quadrat ergibt sich etwa die Zerlegung aus Abbildung 6.19.

52	61	4	13	20	29	36	45
14	3	62	51	46	35	30	19
53	60	5	12	21	28	37	44
11	6	59	54	43	38	27	22
55	58	7	10	23	26	39	42
9	8	57	56	41	40	25	24
50	63	2	15	18	31	34	47
16	1	64	49	48	33	32	17

6	7	0	1	2	3	4	5
1	0	7	6	5	4	3	2
6	7	0	1	2	3	4	5
1	0	7	6	5	4	3	2
6	7	0	1	2	3	4	5
1	0	7	6	5	4	3	2
6	7	0	1	2	3	4	5
1	0	7	6	5	4	3	2

a) Quadrat A

3	4	3	4	3	4	3	4
5	2	5	2	5	2	5	2
4	3	4	3	4	3	4	3
2	5	2	5	2	5	2	5
6	1	6	1	6	1	6	1
0	7	0	7	0	7	0	7
1	6	1	6	1	6	1	6
7	0	7	0	7	0	7	0

b) Quadrat B

Abb. 6.19 Zerlegung des ersten Franklin-Quadrates mit $8 \cdot A + B + 1$

[10] Nordgren [386], Nordgren [387] und Pasles [409] S. 235 – 238

Man erkennt deutlich, dass die Summeneigenschaften auch für die beiden Hilfsquadrate A und B gelten. Weiterhin fällt auf, dass alle gebrochenen Diagonalen des Hilfsquadrates B die Summe 28 ergeben, während die Summen bei den gebrochenen Diagonalen des Hilfsquadrates A unterschiedlich sind.

Ebenso lässt sich das zweite Franklin-Quadrat zerlegen, wobei wiederum die Summeneigenschaften in beiden Hilfsquadraten erhalten bleiben.

17	47	30	36	21	43	26	40
32	34	19	45	28	38	23	41
33	31	46	20	37	27	42	24
48	18	35	29	44	22	39	25
49	15	62	4	53	11	58	8
64	2	51	13	60	6	55	9
1	63	14	52	5	59	10	56
16	50	3	61	12	54	7	57

a) zweites Franklin-Quadrat

2	5	3	4	2	5	3	4
3	4	2	5	3	4	2	5
4	3	5	2	4	3	5	2
5	2	4	3	5	2	4	3
6	1	7	0	6	1	7	0
7	0	6	1	7	0	6	1
0	7	1	6	0	7	1	6
1	6	0	7	1	6	0	7

b) Quadrat A

0	6	5	3	4	2	1	7
7	1	2	4	3	5	6	0
0	6	5	3	4	2	1	7
7	1	2	4	3	5	6	0
0	6	5	3	4	2	1	7
7	1	2	4	3	5	6	0
0	6	5	3	4	2	1	7
7	1	2	4	3	5	6	0

c) Quadrat B

Abb. 6.20 Zerlegung des zweiten Franklin-Quadrates

6.1.3 Pandiagonale Franklin-Quadrate

Bis vor wenigen Jahren waren nur wenige Franklin-Quadrate bekannt, was sich inzwischen geändert hat. Mit Computerprogrammen hat man herausgefunden, dass es insgesamt 1 105 920 Franklin-Quadrate achter Ordnung gibt.[11]

[11] Schindel, Rempel und Loly [507]

Ein Drittel von ihnen, nämlich 368 640 Quadrate, sind sogar pandiagonal. Bei ihnen ergeben nicht nur die Zahlen der Haupt- und der Nebendiagonale addiert die magische Summe, sondern auch die aller gebrochenen Diagonalen. Zwei dieser pandiagonalen Franklin-Quadrate sind in Abbildung 6.21 dargestellt.

40	10	23	57	56	26	7	41
27	53	44	6	11	37	60	22
42	8	25	55	58	24	9	39
21	59	38	12	5	43	54	28
48	2	31	49	64	18	15	33
19	61	36	14	3	45	52	30
34	16	17	63	50	32	1	47
29	51	46	4	13	35	62	20

20	14	49	47	52	46	17	15
37	59	8	26	5	27	40	58
16	18	45	51	48	50	13	19
57	39	28	6	25	7	60	38
4	30	33	63	36	62	1	31
41	55	12	22	9	23	44	54
32	2	61	35	64	34	29	3
53	43	24	10	21	11	56	42

Abb. 6.21 Pandiagonale Franklin-Quadrate

Auch die pandiagonalen Franklin-Quadrate lassen sich in zwei Hilfsquadrate zerlegen, bei denen die Summeneigenschaften der normalen Franklin-Quadrate erhalten bleiben. Zusätzlich besitzen hier auch alle gebrochenen Diagonalen die gleiche Summe wie die Spalten und Zeilen.

Auffällig an den pandiagonalen Franklin-Quadraten ist die Struktur der komplementären Zahlen. Alle 368 640 pandiagonalen Franklin-Quadrate der Ordnung 8 besitzen eine feste Struktur, die für ein weiteres pandiagonales Franklin-Quadrat in Abbildung 6.22 dargestellt ist.

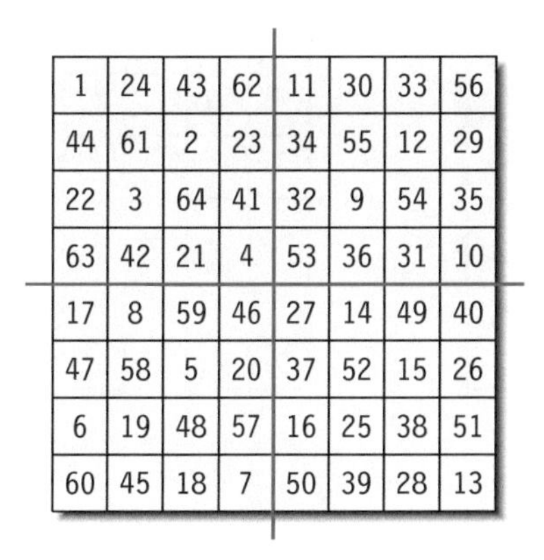

1	24	43	62	11	30	33	56
44	61	2	23	34	55	12	29
22	3	64	41	32	9	54	35
63	42	21	4	53	36	31	10
17	8	59	46	27	14	49	40
47	58	5	20	37	52	15	26
6	19	48	57	16	25	38	51
60	45	18	7	50	39	28	13

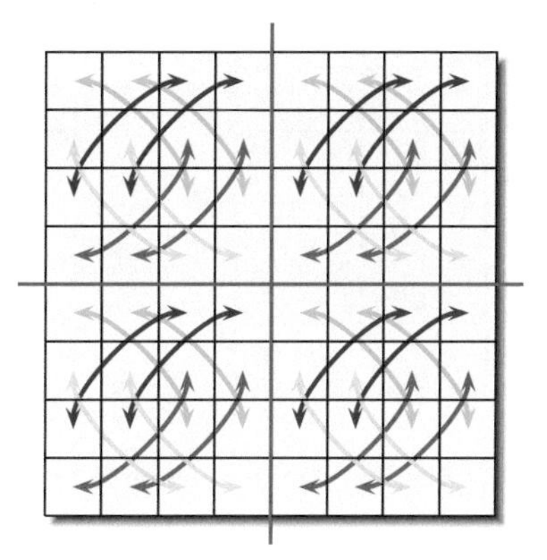

Abb. 6.22 Struktur der komplementären Zahlen in einem pandiagonalen Franklin-Quadrat der Ordnung 8

Bei der Ordnung $n = 8k$ hat die Lage der zueinander komplementären Zahlen die gleiche Struktur wie bei einem Quadrat achter Ordnung. Allerdings muss das Quadrat nicht in seine Quadranten unterteilt werden, sondern in Rechtecke der Größe $4 \times \frac{n}{2}$.

In jedem dieser Rechtecke liegen die komplementären Zahlen immer zwei Spalten und $\frac{n}{4}$ Zeilen auseinander. Bei der Ordnung 8 waren dies zwei Zeilen, hier sind es vier Zeilen. Um diese Struktur besser erkennen zu können, wird bei dem pandiagonalen Franklin-Quadrat der Ordnung 16 in Abbildung 6.23 nur das linke obere Rechteck betrachtet, dessen komplementäre Zahlenpaare zusätzlich in zwei Teilgrafiken aufgeteilt wurden.

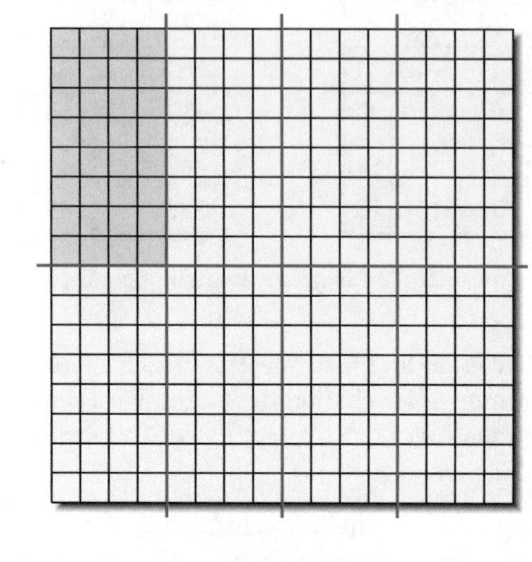

181	92	69	172
75	166	187	86
183	90	71	170
73	168	185	88
188	85	76	165
70	171	182	91
186	87	74	167
72	169	184	89

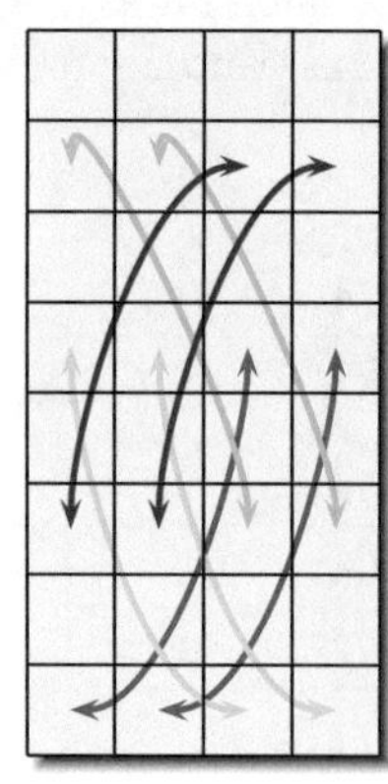

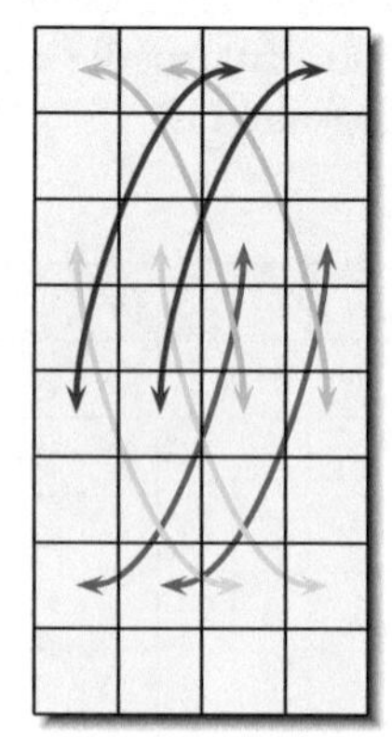

Abb. 6.23 Struktur der komplementären Zahlen im linken oberen Rechteck bei der Ordnung 16

Es ist seit langem bekannt, dass es nur pandiagonale Franklin-Quadrate der Ordnung $n = 8k$ gibt. Interessanterweise sind alle magischen Franklin-Quadrate automatisch auch pandiagonal.

6.2 Konstruktion von semi-magischen Franklin-Quadraten

Obwohl semi-magische Quadrate eigentlich nicht besonders betrachtet werden, sollen zwei einfache Konstruktionsverfahren vorgestellt werden. Denn neben den faszinierenden Eigenschaften der normalen Franklin-Quadrate können diese auch leicht zu pandiagonalen Quadraten umgewandelt werden.

6.2.1 Nordgren

Nordgren hat die Struktur des Franklin-Quadrates auf höhere Ordnungen übertragen.[12] Wie beim Quadrat der Ordnung $n = 8$ werden zwei Hilfsquadrate benutzt, die dann durch eine Berechnung mit den Zahlen der einander entsprechenden Zellen zum Zielquadrat überlagert werden.

In der oberen Zeile des Hilfsquadrates A lässt man $v = \frac{n}{4}$ Spalten frei und füllt die restliche Zeile zyklisch gesehen mit den fortlaufenden Zahlen $0, 1, \ldots, n-1$. In der darunterliegenden Zeile beginnt man in der gleichen Spalte, füllt diese Zeile aber mit den Zahlen in umgekehrter Reihenfolge. Für die Ordnung 16 ergeben sich mit $v = 4$ folgende Zeilen.

0	1	2	3	4	5	6	7	8	9	10	11	12	13	14	15
12	13	14	15	0	1	2	3	4	5	6	7	8	9	10	11
3	2	1	0	15	14	13	12	11	10	9	8	7	6	5	4

Abb. 6.24 Die beiden oberen Zeilen bei der Ordnung $n = 16$

Diese beiden Zeilen werden dann paarweise nach unten kopiert, bis das Hilfsquadrat A gefüllt ist. Für die Ordnung $n = 8$ ist dieses Schema bereits in Abbildung 6.19 zu erkennen, sodass es für die Ordnung 16 nicht mehr zusätzlich aufgeführt wird.

Das zweite Hilfsquadrat B ist nicht so einfach aufgebaut, beinhaltet aber auch eine feste Struktur. In diesem Quadrat werden zunächst nur die beiden linken Spalten gefüllt, die dann paarweise nach rechts kopiert werden. Die Zeilen werden in vier Blöcke der Größe $v = \frac{n}{4}$ unterteilt, und es werden jeweils zwei Zahlen in die obere Zeile eingetragen. Diese Anfangszahlen werden jeweils um 1 vermindert oder erhöht und in einem Zick-Zack-Muster in die darunterliegenden Zeilen eingetragen. Für jeden Block muss also nur festgelegt werden, mit welchen Zahlen sie beginnen und welche der beiden Zahlen immer abwechselnd erhöht oder vermindert werden.

[12] Nordgren [387]

a	b
$b-1$	$a+1$
$a+2$	$b-2$
$b-3$	$a+3$
...	

Allgemein werden die beiden Anfangszahlen der vier Blöcke wie in Abbildung 6.25 festgelegt. Das Zick-Zack-Muster verdeutlicht, wie die Spalte bei den Zahlenfolgen gewechselt wird. Zusätzlich gibt es auch an, ob die betreffende Zahl vermindert oder erhöht wird.

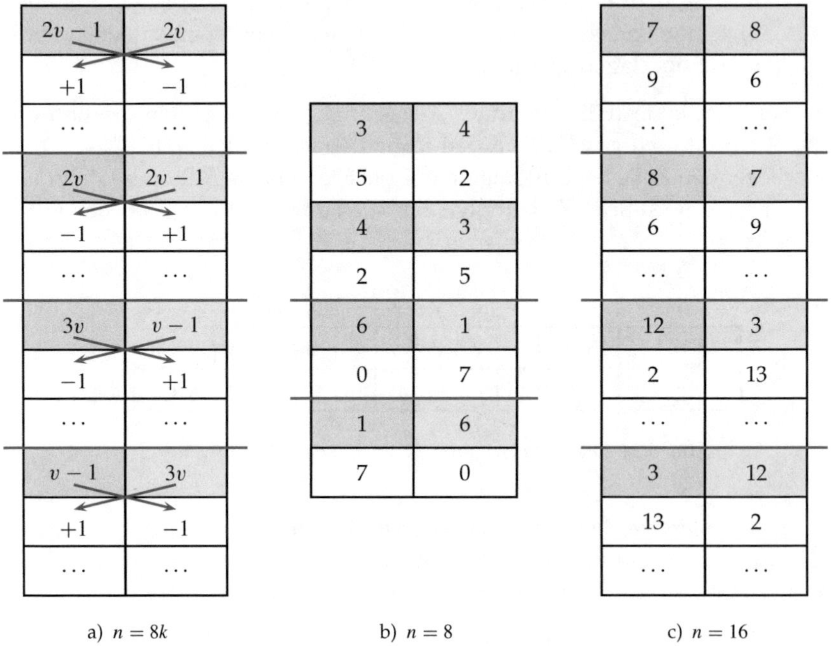

$2v-1$	$2v$
$+1$	-1
...	...
$2v$	$2v-1$
-1	$+1$
...	...
$3v$	$v-1$
-1	$+1$
...	...
$v-1$	$3v$
$+1$	-1
...	...

a) $n = 8k$

3	4
5	2
4	3
2	5
6	1
0	7
1	6
7	0

b) $n = 8$

7	8
9	6
...	...
8	7
6	9
...	...
12	3
2	13
...	...
3	12
13	2
...	...

c) $n = 16$

Abb. 6.25 Hilfsquadrat B

Nachdem die beiden Spalten paarweise nach rechts kopiert wurden, können die Zahlen $F_{i,j}$ des Zielquadrates aus den beiden Hilfsquadraten A und B berechnet werden. Mit der Formel

$$F_{i,j} = n \cdot A_{i,j} + B_{i,j} + 1$$

entsteht dann das Franklin-Quadrat aus Abbildung 6.26.

200	217	232	249	8	25	40	57	72	89	104	121	136	153	168	185
58	39	26	7	250	231	218	199	186	167	154	135	122	103	90	71
198	219	230	251	6	27	38	59	70	91	102	123	134	155	166	187
60	37	28	5	252	229	220	197	188	165	156	133	124	101	92	69
201	216	233	248	9	24	41	56	73	88	105	120	137	152	169	184
55	42	23	10	247	234	215	202	183	170	151	138	119	106	87	74
203	214	235	246	11	22	43	54	75	86	107	118	139	150	171	182
53	44	21	12	245	236	213	204	181	172	149	140	117	108	85	76
205	212	237	244	13	20	45	52	77	84	109	116	141	148	173	180
51	46	19	14	243	238	211	206	179	174	147	142	115	110	83	78
207	210	239	242	15	18	47	50	79	82	111	114	143	146	175	178
49	48	17	16	241	240	209	208	177	176	145	144	113	112	81	80
196	221	228	253	4	29	36	61	68	93	100	125	132	157	164	189
62	35	30	3	254	227	222	195	190	163	158	131	126	99	94	67
194	223	226	255	2	31	34	63	66	95	98	127	130	159	162	191
64	33	32	1	256	225	224	193	192	161	160	129	128	97	96	65

Abb. 6.26 Franklin-Quadrat der Ordnung $n = 16$ (Nordgren)

Eine solch schematisierte Struktur, wie sie hier benutzt wird, lässt sich leicht durch eine Formel beschreiben. Mit den beiden Konstanten

$$c_1 = (-1)^i \qquad c_2 = (-1)^{i+j} \qquad \text{und} \quad 0 \le i, j \le n-1$$

gilt für die Hilfsquadrate:

$$A_{i,j} = \frac{(n-1)\cdot(1-c_1)}{2} + c_1 \cdot \left(j + \frac{3n}{4}\right)$$

$$B_{i,j} = \begin{cases} \left(\dfrac{n}{2} - i - 1\right)\cdot c_2 + \dfrac{(n-1)\cdot(1-c_2)}{2} & \text{für } 0 \le i < \frac{n}{4} \\[2ex] \left(\dfrac{n}{4} + i\right)\cdot c_2 + \dfrac{(n-1)\cdot(1-c_2)}{2} & \text{für } \frac{n}{4} \le i < \frac{3n}{4} \\[2ex] \left(n - i - 1\right)\cdot c_2 + \dfrac{(n-1)\cdot(1-c_2)}{2} & \text{für } \frac{3n}{4} \le i < n \end{cases}$$

6.2.2 Jacobs

Jacobs nutzt für seine Konstruktion des Franklin-Quadrates eine senkrechte Linie, auf deren Seiten er die Zahlen 1 bis 8 einträgt, wobei er mit jedem Schritt die Seiten wechselt.[13] Er beginnt mit den beiden Zahlen 1 und 2, wobei er mit der Zahl 1 unten links platziert.

Die Zahlen 3 und 4 folgen oberhalb der Mitte, wobei mit der Zahl 3 wieder auf der linken Seite begonnen wird. Die nachfolgenden Zahlen 5 bis 8 werden dagegen von oben nach unten eingetragen, wobei man dieses Mal mit der Zahl 5 auf der rechten Seite startet. Insgesamt ergeben damit die Zahlen auf der linken und rechten Seite der senkrechten Linie jeweils die Summe 18.

Im zweiten Schritt werden die Zahlen 1 bis 64 fortlaufend in ein Quadrat der Ordnung 8 eingetragen, wobei sich die Richtung der einzutragenden Zahlen mit jeder Spalte umkehrt. Man beginnt mit der Zahl 1 in der linken oberen Ecke und füllt die linke Spalte von oben nach unten mit den Zahlen von 1 bis 8. Die nächste Spalte wird dann mit den Zahlen von 9 bis 16 von unten nach oben gefüllt. Danach folgen die Zahlen von 17 bis 24 wieder von oben nach unten usw.

Im dritten und letzten Schritt für die Aufbereitung der Ausgangszahlen werden die Zahlen aus der Musterleiste so in die zweite und dritte Spalte des Zielquadrates eingetragen, wie es durch die Positionen dieser Zahlen in Abbildung 6.27a festgelegt ist.

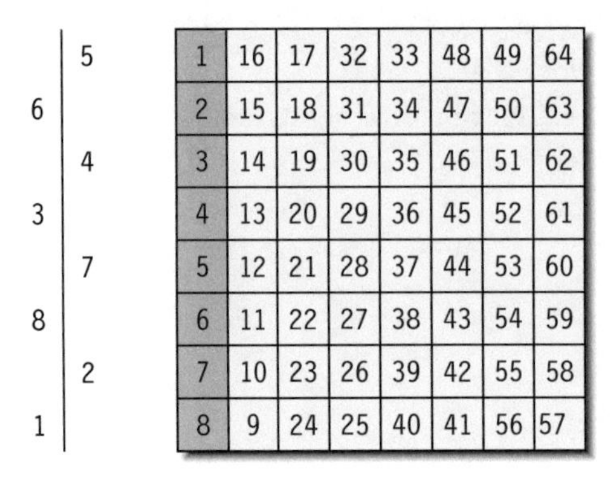

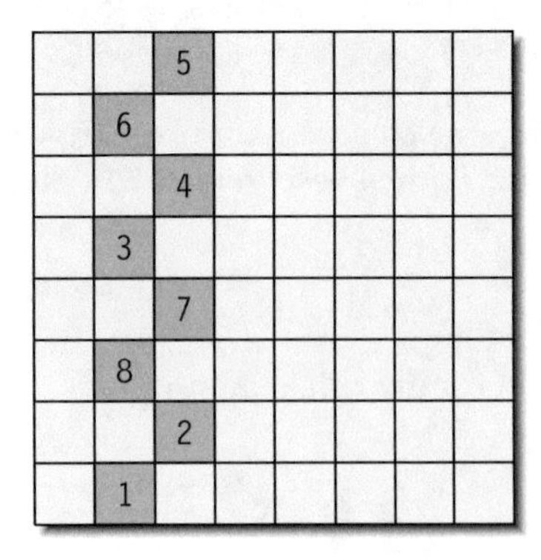

a) Musterleiste b) Ausgangszahlen c) Anordnung der Zahlen 1 bis 8

Abb. 6.27 Anordnung der Ausgangszahlen beim Verfahren von Jacobs

Im nächsten Schritt werden die Zeilen des Zielquadrates gefüllt. In der oberen Zeile des Zielquadrates befindet sich bereits die Zahl 5 in der rechten der beiden Ausgangsspalten und daher werden die weiteren Zahlen der zu der Zahl 5 zugehörigen Zeile aus Abbildung 6.27b in der gleichen Reihenfolge zyklisch nach rechts in das Zielquadrat eingetragen.

[13] Jacobs [280]

1	16	17	32	33	48	49	64
2	15	18	31	34	47	50	63
3	14	19	30	35	46	51	62
4	13	20	29	36	45	52	61
5	12	21	28	37	44	53	60
6	11	22	27	38	43	54	59
7	10	23	26	39	42	55	58
8	9	24	25	40	41	56	57

53	60	5	12	21	28	37	44
	6						
		4					
	3						
		7					
	8						
		2					
	1						

In der Zeile darunter befindet sich die Zahl 6. Damit wird diese Zeile des Zielquadrates mit den Zahlen der zu der Zahl 6 zugehörigen Zeile aus dem Quadrat der Abbildung 6.27b fortlaufend gefüllt. Da sich die Zahl 6 in der linken der beiden Ausgangsspalten befindet, werden diese Zahlen jetzt zyklisch nach links eingetragen.

1	16	17	32	33	48	49	64
2	15	18	31	34	47	50	63
3	14	19	30	35	46	51	62
4	13	20	29	36	45	52	61
5	12	21	28	37	44	53	60
6	11	22	27	38	43	54	59
7	10	23	26	39	42	55	58
8	9	24	25	40	41	56	57

53	60	5	12	21	28	37	44
11	6	59	54	43	38	27	22
		4					
	3						
		7					
	8						
		2					
	1						

Führt man diese Operationen auch für die restlichen sechs Zeilen durch, entsteht das Franklin-Quadrat in Abbildung 6.28.

53	60	5	12	21	28	37	44
11	6	59	54	43	38	27	22
52	61	4	13	20	29	36	45
14	3	62	51	46	35	30	19
55	58	7	10	23	26	39	42
9	8	57	56	41	40	25	24
50	63	2	15	18	31	34	47
16	1	64	49	48	33	32	17

Abb. 6.28 Franklin-Quadrat (Jacobs)

Erweiterung des Verfahrens von Jacobs

Es können weitere Franklin-Quadrate erzeugt werden, wenn man die Musterleiste, die die Anordnung der ersten n Zahlen bestimmt, verändert. Eine solche Erweiterung wird von Jacobs kurz angesprochen, umfasst allerdings nicht den hier vorgestellten Umfang. Im Unterschied zu Jacobs, der keine verbindliche Angabe über die Ergebnisse macht, werden mit den angegebenen Parametern bei dieser Variante immer Franklin-Quadrate erzeugt.

Bei dieser Variante wird eine Musterleiste benutzt, die aus vier Blöcken mit jeweils zwei Zahlen besteht, deren Anordnung durch drei Parameter festgelegt ist.

- die Nummer des von unten nummerierten Zahlenblocks, in die der Reihe nach jeweils zwei Zahlen eingetragen werden. Block 1 enthält die Zahlen 1 und 2, Block 2 die Zahlen 3 und 4 usw. (Kennzeichnungen: 1, 2, 3, 4)
- die Seite, welche die erste der beiden Zahlen enthält. Die zweite Zahl muss dann auf der anderen Seite platziert werden (Kennzeichnungen: `l`, `r`)
- eine Kennzeichnung, ob die Zahlen aufsteigend oder absteigend eingetragen werden (Kennzeichnung: `+`, `-`)

Das Beispiel aus Abbildung 6.28 wurde mit der Musterleiste `1423 lrlr +-+-` erstellt. Da sich die Parameter immer auf die von unten nach oben angeordneten Blöcke beziehen, stammen die ersten beiden Zahlen aus Block 1 und werden damit unten eingetragen. Mit den zugehörigen Parametern `l` und `+` wird die Zahl 1 auf der linken Seite angeordnet und die zweite Zahl 2 folgt aufsteigend eine Zeile darüber auf der rechten Seite.

Der Block darüber besitzt die Kennzeichnungen `4r-`. Er enthält also die Zahlen 7 und 8, wobei die erste Zahl auf der rechten Seite platziert wird. Da die Reihenfolge durch den Parameter `-` absteigend gerichtet ist, muss die erste Zahl 7 in der oberen Zeile dieses Blocks angeordnet werden.

a) Blöcke
1 4 2 3
1 4 3 2
2 3 1 4
2 3 4 1
3 2 1 4
3 2 4 1
4 1 2 3
4 1 3 2

b) Seite
l r l r
l r r l
r l l r
r l r l

Tab. 6.1 Mögliche Kombinationen von Blöcken mit der Seitenwahl

Die beiden oberen Zeilen sind durch die Parameter 2l+ und 3r- gekennzeichnet, womit die gesamte Musterleiste für die Anordnung der Zahlen 1 bis 8 festgelegt ist.

Mit der Systematik von Jacobs existieren insgesamt 64 verschiedene Musterleisten, die zu einem Franklin-Quadrat führen. Diese ergeben sich aus acht verschiedenen Anordnungen bei der Auswahl der Blöcke, die zunächst mit vier möglichen Anordnungen bei der Wahl der Seite für die erste Zahl kombiniert werden können.

Zusätzlich kann ausgesucht werden, ob bei der Wahl der Seite den Parametern l und r der Parameter für aufsteigende Reihenfolge + oder für absteigend - zugeordnet wird. Diese Zuordnung (l,r)=(+,-) oder (l,r)=(-,+) gilt dann aber für alle Blöcke.

Mit diesen Kombinationen ergeben sich 64 Franklin-Quadrate, von denen aber nur 32 wirklich verschieden sind. Die anderen lassen sich durch Drehungen und Spiegelungen aus diesen 32 Quadraten entwickeln.

Das Beispiel aus Abbildung 6.29 wurde mit der Musterleiste 3214 lrrl -++- erzeugt.

1	16	17	32	33	48	49	64
2	15	18	31	34	47	50	63
3	14	19	30	35	46	51	62
4	13	20	29	36	45	52	61
5	12	21	28	37	44	53	60
6	11	22	27	38	43	54	59
7	10	23	26	39	42	55	58
8	9	24	25	40	41	56	57

a) Ausgangsquadrat

10	7	58	55	42	39	26	23
56	57	8	9	24	25	40	41
15	2	63	50	47	34	31	18
49	64	1	16	17	32	33	48
13	4	61	52	45	36	29	20
51	62	3	14	19	30	35	46
12	5	60	53	44	37	28	21
54	59	6	11	22	27	38	43

b) Franklin-Quadrat

Abb. 6.29 Franklin-Quadrat der Ordnung $n = 8$ (Jacobs, Variante)

Ordnung n = 8k

Die hier vorgestellte Erweiterung des Verfahrens von Jacobs ist auf alle Ordnungen $n = 8k$ übertragbar. Während die Struktur der Musterleiste gleich bleibt, werden bei höheren Ordnungen immer $4k$ Zahlen in die einzelnen Blöcke eingetragen. Für die Ordnung 16 sind dies damit acht Zahlen.

Zusätzlich verändern sich auch die Positionen, an denen die Anfangszahlen platziert werden. Allgemein sind dies die Spalten $\frac{n}{4} - 1$ und $\frac{n}{4}$, wenn die Spalten von links mit $0, 1, 2, \ldots$ durchnummeriert werden. Das weitere Vorgehen bleibt unverändert.

Für die Musterleiste bei der Ordnung $n = 16$ wurden im nächsten Beispiel die Parameter 2341 rlrl +-+- gewählt. Das mit diesen Parametern erzeugte Franklin-Quadrat ist in Abbildung 6.30 dargestellt.

1	32	33	64	65	96	97	128	129	160	161	192	193	224	225	256
2	31	34	63	66	95	98	127	130	159	162	191	194	223	226	255
3	30	35	62	67	94	99	126	131	158	163	190	195	222	227	254
4	29	36	61	68	93	100	125	132	157	164	189	196	221	228	253
5	28	37	60	69	92	101	124	133	156	165	188	197	220	229	252
6	27	38	59	70	91	102	123	134	155	166	187	198	219	230	251
7	26	39	58	71	90	103	122	135	154	167	186	199	218	231	250
8	25	40	57	72	89	104	121	136	153	168	185	200	217	232	249
9	24	41	56	73	88	105	120	137	152	169	184	201	216	233	248
10	23	42	55	74	87	106	119	138	151	170	183	202	215	234	247
11	22	43	54	75	86	107	118	139	150	171	182	203	214	235	246
12	21	44	53	76	85	108	117	140	149	172	181	204	213	236	245
13	20	45	52	77	84	109	116	141	148	173	180	205	212	237	244
14	19	46	51	78	83	110	115	142	147	174	179	206	211	238	243
15	18	47	50	79	82	111	114	143	146	175	178	207	210	239	242
16	17	48	49	80	81	112	113	144	145	176	177	208	209	240	241

64	33	32	1	256	225	224	193	192	161	160	129	128	97	96	65
194	223	226	255	2	31	34	63	66	95	98	127	130	159	162	191
62	35	30	3	254	227	222	195	190	163	158	131	126	99	94	67
196	221	228	253	4	29	36	61	68	93	100	125	132	157	164	189
49	48	17	16	241	240	209	208	177	176	145	144	113	112	81	80
207	210	239	242	15	18	47	50	79	82	111	114	143	146	175	178
51	46	19	14	243	238	211	206	179	174	147	142	115	110	83	78
205	212	237	244	13	20	45	52	77	84	109	116	141	148	173	180
56	41	24	9	248	233	216	201	184	169	152	137	120	105	88	73
202	215	234	247	10	23	42	55	74	87	106	119	138	151	170	183
54	43	22	11	246	235	214	203	182	171	150	139	118	107	86	75
204	213	236	245	12	21	44	53	76	85	108	117	140	149	172	181
57	40	25	8	249	232	217	200	185	168	153	136	121	104	89	72
199	218	231	250	7	26	39	58	71	90	103	122	135	154	167	186
59	38	27	6	251	230	219	198	187	166	155	134	123	102	91	70
197	220	229	252	5	28	37	60	69	92	101	124	133	156	165	188

Abb. 6.30 Franklin-Quadrat der Ordnung $n = 16$ (Jacobs, Variante)

6.3 Konstruktion von pandiagonalen Franklin-Quadraten

Pandiagonale Quadrate bilden ein zentrales Thema dieses Buches. Daher werden mehrere Verfahren vorgestellt, die pandiagonale Franklin-Quadrate erzeugen. Diese besitzen neben den normalen Eigenschaften eines pandiagonalen Quadrates viele weitere bemerkenswerte Eigenschaften. Bis auf eine Ausnahme sind die beschriebenen Konstruktionsverfahren für alle Ordnungen $n = 8k$ gültig.

6.3.1 Hurkens

Mit dem Verfahren von Hurkens lassen sich sehr viele pandiagonale Franklin-Quadrate erzeugen.[14] Da der mathematische Hintergrund dieses Verfahrens sehr kompliziert ist, werden nur die für die Durchführung des Algorithmus wichtigen Informationen beschrieben.

Hurkens zerlegt den Bruch $\dfrac{z^{n^2}-1}{z-1}$ in Faktoren. Für die Ordnung $n = 8$ ergibt sich beispielsweise

$$\frac{z^{64}-1}{z-1} = \underbrace{(z^{32}+1)\cdot(z^{16}+1)\cdot(z^{8}+1)}_{A(z)}\cdot\underbrace{(z^{4}+1)\cdot(z^{2}+1)\cdot(z+1)}_{B(z)}$$

Für pandiagonale Quadrate müssen diese sechs Faktoren in zwei gleich große Gruppen $A(z)$ und $B(z)$ aufgeteilt werden, die danach ausmultipliziert werden. Der Einfachheit halber werden im ersten Beispiel die linken und die rechten drei Faktoren gewählt.

$$\begin{aligned}A(z) &= (z^{32}+1)\cdot(z^{16}+1)\cdot(z^{8}+1) = z^{56}+z^{48}+z^{40}+z^{32}+z^{24}+z^{16}+z^{8}+1\\ B(z) &= (z^{4}+1)\cdot(z^{2}+1)\cdot(z+1) \quad\;\, = z^{7}+z^{6}+z^{5}+z^{4}+z^{3}+z^{2}+z+1\end{aligned}$$

Von beiden Termen werden mit den Exponenten zwei Zahlengruppen A und B gebildet, wobei die Zahl 1 mit $z^0 = 1$ auch als Potenz betrachtet wird.

$$\begin{aligned}A &= (56, 48, 40, 32, 24, 16, 8, 0)\\ B &= (7, 6, 5, 4, 3, 2, 1, 0)\end{aligned}$$

Beide Zahlengruppen werden in Zahlenpaare unterteilt, die die gleiche Summe besitzen. Bei den Gruppen A und B kann etwa folgende Aufteilung gewählt werden:

[14] Hurkens [277]

A:	0 56	8 48	16 40	24 32
B:	0 7	1 6	2 5	3 4

Die Paare der Gruppen A und B werden so angeordnet, dass immer ein Platz zwischen ihnen frei bleibt. Die Reihenfolge der Paare und die Anordnung der beiden Zahlen eines Paares können dabei beliebig gewählt werden.

A:	48	32	8	24	16	56	40	0
B:	0	1	7	6	4	5	3	2

Die Zahlen der Gruppen A und B werden in ein Hilfsquadrat H übertragen, indem zu den Zahlen der Gruppe A immer eine Zahl aus der Gruppe B addiert wird. Zu den Zahlen von A wird in der oberen Zeile jeweils die erste Zahl der Gruppe B addiert. Wegen $B(0) = 0$ werden die Zahlen unverändert übernommen. Für die zweite Zeile von oben muss nun überall $B(1) = 1$ addiert werden.

Das Ergebnis aller Additionen ist in Abbildung 6.31 zu erkennen. Auffällig ist dabei die letzte Spalte, da die Zahlen wegen der Ausgangszahl der Gruppe A 0 genau den Zahlen der Gruppe B entsprechen.

48	32	8	24	16	56	40	0
49	33	9	25	17	57	41	1
55	39	15	31	23	63	47	7
54	38	14	30	22	62	46	6
52	36	12	28	20	60	44	4
53	37	13	29	21	61	45	5
51	35	11	27	19	59	43	3
50	34	10	26	18	58	42	2

Abb. 6.31 Hilfsquadrat H

Das Hilfsquadrat H zeichnet sich dadurch aus, dass es eine wichtige Eigenschaft von Franklin-Quadraten bereits erfüllt. Für alle Zeilen ist die Summe der Zahlen in der linken Hälfte gleich der Summe in der rechten Hälfte. Diese Eigenschaft gilt entsprechend für die oberen und unteren Hälften der Spalten.

H kann jetzt leicht in ein pandiagonales Franklin-Quadrat F transformiert werden. Da die Zeilen von $n-1$ abwärts und die Spalten von 0 aufwärts nummeriert werden, gilt für die Zeilen z und die Spalten s folgende Gleichung:

$$F_{z,s} = \begin{cases} H_{z,s} + 1 & \text{für } z + s \equiv 1 \mod 2 \\ n^2 - 1 - H_{z,s} + 1 & \text{für } z + s \equiv 0 \mod 2 \end{cases}$$

Das entstehende Quadrat ist insbesondere kompakt und erfüllt alle Anforderungen, die an ein Franklin-Quadrat gestellt werden. Durch die besondere Anordnung der Zahlen ist es zudem pandiagonal.

49	32	9	40	17	8	41	64
15	34	55	26	47	58	23	2
56	25	16	33	24	1	48	57
10	39	50	31	42	63	18	7
53	28	13	36	21	4	45	60
11	38	51	30	43	62	19	6
52	29	12	37	20	5	44	61
14	35	54	27	46	59	22	3

Abb. 6.32 Pandiagonales Franklin-Quadrat der Ordnung $n = 8$ (Hurkens)

Variante

Im vorherigen Beispiel sind die Gruppen $A(z)$ und $B(z)$ sehr gleichmäßig gewählt. Deshalb soll noch ein zweites Beispiel mit einer etwas unregelmäßigeren Auswahl gegeben werden.

$$\begin{aligned} A(z) &= \left(z^{32}+1\right)\cdot\left(z^{8}+1\right)\cdot\left(z^{2}+1\right) \\ &= \left(z^{40}+z^{32}+z^{8}+1\right)\cdot\left(z^{2}+1\right) \\ &= z^{42}+z^{40}+z^{34}+z^{32}+z^{10}+z^{8}+z^{2}+1 \end{aligned}$$

$$\begin{aligned} B(z) &= \left(z^{16}+1\right)\cdot\left(z^{4}+1\right)\cdot\left(z+1\right) \\ &= \left(z^{20}+z^{16}+z^{4}+1\right)\cdot\left(z+1\right) \\ &= z^{21}+z^{20}+z^{17}+z^{16}+z^{5}+z^{4}+z+1 \end{aligned}$$

Mit dieser Aufteilung ergeben sich die beiden Gruppen

$$\begin{aligned} A &= (42, 40, 34, 32, 10, 8, 2, 0) \\ B &= (21, 20, 17, 16, 5, 4, 1, 0) \end{aligned}$$

die sich beispielsweise folgendermaßen aufteilen lassen:

A:	10	2	32	40	42	8	0	34
B:	20	0	1	21	17	16	4	5

Füllt man mit diesen beiden Zahlengruppen das Hilfsquadrat H und transformiert dieses dann wie im ersten Beispiel, wird das pandiagonale Franklin-Quadrat F erzeugt.

30	22	52	60	62	28	20	54
10	2	32	40	42	8	0	34
11	3	33	41	43	9	1	35
31	23	53	61	63	29	21	55
27	19	49	57	59	25	17	51
26	18	48	56	58	24	16	50
14	6	36	44	46	12	4	38
15	7	37	45	47	13	5	39

a) Hilfsquadrat H

31	42	53	4	63	36	21	10
54	3	32	41	22	9	64	35
12	61	34	23	44	55	2	29
33	24	11	62	1	30	43	56
28	45	50	7	60	39	18	13
38	19	16	57	6	25	48	51
15	58	37	20	47	52	5	26
49	8	27	46	17	14	59	40

b) Franklin-Quadrat F

Abb. 6.33 Pandiagonales Franklin-Quadrat der Ordnung $n = 8$ (Hurkens, Variante)

Durch die anfängliche Aufteilung der sechs Faktoren und die vielen möglichen Vertauschungen in den Gruppen A und B lassen sich sehr viele pandiagonale Franklin-Quadrate erstellen.

Ordnung n = 16

Dieses Verfahren lässt sich ohne Änderungen auf die Ordnung $n = 16$ übertragen, da der Bruch $\frac{z^{256}-1}{z-1}$ in geeignete Faktoren zerlegt werden kann.

$$\begin{aligned}\frac{z^{256}-1}{z-1} &= \left(z^{128}+1\right)\cdot\left(z^{64}+1\right)\cdot\left(z^{32}+1\right)\cdot\left(z^{16}+1\right)\\ &\quad\cdot\left(z^{8}+1\right)\cdot\left(z^{4}+1\right)\cdot\left(z^{2}+1\right)\cdot\left(z+1\right)\end{aligned}$$

Diese Faktoren kann man wie bei der Ordnung $n = 8$ aufteilen und dann entsprechend fortfahren. Allgemein funktioniert dieses Verfahren allerdings nur dann so einfach, wenn die Ordnung eine Zweierpotenz ist.

Bei noch höheren Ordnungen wie $n = 24$ ist dieses Vorgehen prinzipiell auch möglich, allerdings ist die Suche nach geeigneten Faktoren aufgrund der Tatsache erschwert, dass nicht nur Zweierpotenzen, sondern alle Exponenten infrage kommen. In Anbetracht der vielen Kombinationsmöglichkeiten bei solch hohen Ordnungen hilft auch ein Computer nicht wirklich.

Deshalb soll für die Ordnung $n = 16$ ein vereinfachtes Verfahren vorgestellt werden, das für alle Ordnungen $n = 8k$ sehr einfach durchzuführen ist. Hier werden die beiden Gruppen direkt als Vielfache der Ordnungen n und fortlaufende Zahlen ab 0 vorgegeben. Für die Ordnung 16 ergeben sich die beiden Gruppen

$$A = \big(0, 16, 32, 48, \ldots, (n-1)\cdot n\big)$$
$$B = \big(0, 1, 2, 3, \ldots, n-1\big)$$

deren Zahlen dann geeignet angeordnet werden.

A:	16	240	224	0	128	160	112	80	32	64	208	176	144	192	96	48
B:	15	8	0	7	9	2	6	13	5	12	10	3	11	14	4	1

Mit dieser Wahl der beiden Zahlengruppen ergibt sich zunächst das Hilfsquadrat H.

31	255	239	15	143	175	127	95	47	79	223	191	159	207	111	63
24	248	232	8	136	168	120	88	40	72	216	184	152	200	104	56
16	240	224	0	128	160	112	80	32	64	208	176	144	192	96	48
23	247	231	7	135	167	119	87	39	71	215	183	151	199	103	55
25	249	233	9	137	169	121	89	41	73	217	185	153	201	105	57
18	242	226	2	130	162	114	82	34	66	210	178	146	194	98	50
22	246	230	6	134	166	118	86	38	70	214	182	150	198	102	54
29	253	237	13	141	173	125	93	45	77	221	189	157	205	109	61
21	245	229	5	133	165	117	85	37	69	213	181	149	197	101	53
28	252	236	12	140	172	124	92	44	76	220	188	156	204	108	60
26	250	234	10	138	170	122	90	42	74	218	186	154	202	106	58
19	243	227	3	131	163	115	83	35	67	211	179	147	195	99	51
27	251	235	11	139	171	123	91	43	75	219	187	155	203	107	59
30	254	238	14	142	174	126	94	46	78	222	190	158	206	110	62
20	244	228	4	132	164	116	84	36	68	212	180	148	196	100	52
17	241	225	1	129	161	113	81	33	65	209	177	145	193	97	49

Abb. 6.34 Hilfsquadrat H

Abschließend transformiert man wieder das Hilfsquadrat H in ein pandiagonales Franklin-Quadrat.

32	1	240	241	144	81	128	161	48	177	224	65	160	49	112	193
232	249	24	9	120	169	136	89	216	73	40	185	104	201	152	57
17	16	225	256	129	96	113	176	33	192	209	80	145	64	97	208
233	248	25	8	121	168	137	88	217	72	41	184	105	200	153	56
26	7	234	247	138	87	122	167	42	183	218	71	154	55	106	199
238	243	30	3	126	163	142	83	222	67	46	179	110	195	158	51
23	10	231	250	135	90	119	170	39	186	215	74	151	58	103	202
227	254	19	14	115	174	131	94	211	78	35	190	99	206	147	62
22	11	230	251	134	91	118	171	38	187	214	75	150	59	102	203
228	253	20	13	116	173	132	93	212	77	36	189	100	205	148	61
27	6	235	246	139	86	123	166	43	182	219	70	155	54	107	198
237	244	29	4	125	164	141	84	221	68	45	180	109	196	157	52
28	5	236	245	140	85	124	165	44	181	220	69	156	53	108	197
226	255	18	15	114	175	130	95	210	79	34	191	98	207	146	63
21	12	229	252	133	92	117	172	37	188	213	76	149	60	101	204
239	242	31	2	127	162	143	82	223	66	47	178	111	194	159	50

Abb. 6.35 Pandiagonales Franklin-Quadrat der Ordnung $n = 16$ (Hurkens)

6.3.2 Erweiterung einer Methode von Pasles

Da die Konstruktion aller 1 105 920 Franklin-Quadrate achter Ordnung etwas komplizierte Methoden der Algebra und Kombinatorik verwendet, soll hier ein einfacheres Verfahren vorgestellt werden, bei dem die Anzahl der erzeugten Quadrate allerdings kleiner ist.

Das Verfahren beruht auf einer Idee, die Paul C. Pasles vor einigen Jahren auf seiner Webseite veröffentlicht hat. Leider existiert diese Seite heutzutage nicht mehr. Ich habe diese Idee stark erweitert und mit vielen Variationsmöglichkeiten versehen, die für alle Ordnungen $n = 8k$ pandiagonale Franklin-Quadrate erzeugen.

Da Beispiele mit allen Variationen zu umfangreich wären, werden die unterschiedlichen Möglichkeiten erläutert und die Konstruktion immer mit der ersten der angebotenen Alternativen fortgesetzt.

Für die Ordnung $n = 8$ wird zunächst ein Quadrat mit den Zahlen von 1 bis 8 in der linken Spalte aufsteigend gefüllt und rechts daneben die zu $n^2 + 1$ komplementären Zahlen. Dann folgen die Zahlen von 9 bis 16 mit ihren komplementären Zahlen.

Dieses Vorgehen wird so lange fortgeführt, bis das Quadrat wie in Abbildung 6.36 vollständig gefüllt ist.

8	57	16	49	24	41	32	33
7	58	15	50	23	42	31	34
6	59	14	51	22	43	30	35
5	60	13	52	21	44	29	36
4	61	12	53	20	45	28	37
3	62	11	54	19	46	27	38
2	63	10	55	18	47	26	39
1	64	9	56	17	48	25	40

Abb. 6.36 Anordnung der Zahlen von 1 bis 64

Damit ist die erste Forderung an magische Quadrate schon erfüllt, da die Zeilensummen bereits 260 betragen. Um auch die Spaltensummen besser angleichen zu können, werden zunächst in jeder zweiten Zeile die komplementären Zahlenpaare umgekehrt. Dabei kann man wahlweise mit der oberen Zeile oder der zweiten von oben beginnen.

57	8	49	16	41	24	33	32
7	58	15	50	23	42	31	34
59	6	51	14	43	22	35	30
5	60	13	52	21	44	29	36
61	4	53	12	45	20	37	28
3	62	11	54	19	46	27	38
63	2	55	10	47	18	39	26
1	64	9	56	17	48	25	40

a) Möglichkeit 1

8	57	16	49	24	41	32	33
58	7	50	15	42	23	34	31
6	59	14	51	22	43	30	35
60	5	52	13	44	21	36	29
4	61	12	53	20	45	28	37
62	3	54	11	46	19	38	27
2	63	10	55	18	47	26	39
64	1	56	9	48	17	40	25

b) Möglichkeit 2

Abb. 6.37 Alternative 1 - Zahlenpaare umkehren

Auch beim nächsten Schritt kann man unter mehreren Möglichkeiten wählen. Hier werden jeweils zwei Spalten zu einem Spaltenblock zusammengefasst, die zusammen auf acht unterschiedliche Arten angeordnet werden können. Zur besseren Unterscheidung werden die Spaltenblöcke von links nach rechts durchnummeriert.

1 2 3 4	3 1 4 2
1 3 2 4	3 4 1 2
2 1 4 3	4 2 3 1
2 4 1 3	4 3 2 1

Abb. 6.38 Alternative 2 - Anordnungen der Spaltenblöcke

Die obere der acht Möglichkeiten bedeutet dabei natürlich, dass die Reihenfolge unverändert bleibt. Zwei weitere Möglichkeiten werden in Abbildung 6.39 angezeigt.

1		2		3		4	
57	8	49	16	41	24	33	32
7	58	15	50	23	42	31	34
59	6	51	14	43	22	35	30
5	60	13	52	21	44	29	36
61	4	53	12	45	20	37	28
3	62	11	54	19	46	27	38
63	2	55	10	47	18	39	26
1	64	9	56	17	48	25	40

a) Reihenfolge 1234

2		4		1		3	
49	16	33	32	57	8	41	24
15	50	31	34	7	58	23	42
51	14	35	30	59	6	43	22
13	52	29	36	5	60	21	44
53	12	37	28	61	4	45	20
11	54	27	38	3	62	19	46
55	10	39	26	63	2	47	18
9	56	25	40	1	64	17	48

b) Reihenfolge 2413

3		4		1		2	
41	24	33	32	57	8	49	16
23	42	31	34	7	58	15	50
43	22	35	30	59	6	51	14
21	44	29	36	5	60	13	52
45	20	37	28	61	4	53	12
19	46	27	38	3	62	11	54
47	18	39	26	63	2	55	10
17	48	25	40	1	64	9	56

c) Reihenfolge 3412

Abb. 6.39 Anordnung von Spaltenblöcken

Das weitere Vorgehen soll jetzt am Spaltenblock demonstriert werden, der aus den beiden linken Spalten der Abbildung 6.39a besteht. Dieser Block wird in vier Teilblöcke der Größe $2 \times k$ unterteilt, bei der Ordnung 8 also in 2×2 - Blöcke. Diese werden von unten mit den Zahlen 1234 gekennzeichnet.

Die Teilblöcke werden jetzt anders angeordnet. Dabei bedeutet die Anordnung 1423 beispielsweise, dass der untere Block 1 nicht verschoben und der obere Block 4 jetzt als zweiter Block von unten platziert wird. Schließlich werden die beiden mittleren Blöcke um jeweils einen Block nach oben verschoben.

57	8
7	58
59	6
5	60
61	4
3	62
63	2
1	64

4	57	8
	7	58
3	59	6
	5	60
2	61	4
	3	62
1	63	2
	1	64

3	59	6
	5	60
2	61	4
	3	62
4	57	8
	7	58
1	63	2
	1	64

Abb. 6.40 Kennzeichnung der 2 x 2 - Teilblöcke im ersten Spaltenblock

Die Teilblöcke aus Abbildung 6.40 können dabei auf acht unterschiedliche Arten angeordnet werden, die in Abbildung 6.41 dargestellt sind.

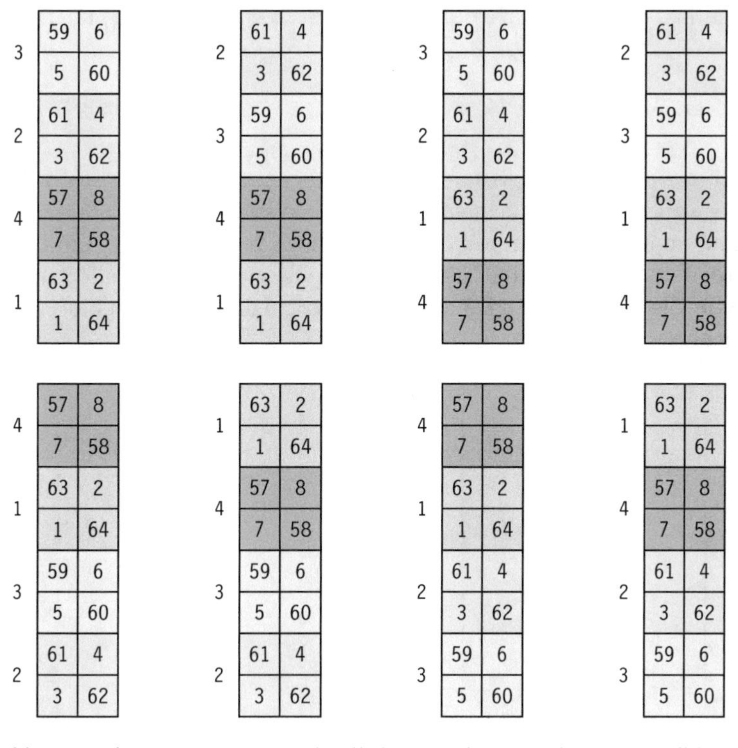

Abb. 6.41 Alternative 3 - unterschiedliche Anordnungen der 2 x 2 - Teilblöcke

Ausgehend von dem Quadrat in Abbildung 6.39a wird in zwei Beispielen für den linken Spaltenblock die ganz links dargestellte Anordnung mit den Kennziffern 1423 und für das zweite Beispiel die Anordnung 3241 gewählt.

Der zweite Spaltenblock kann dagegen nicht frei verändert, sondern muss entgegengesetzt zum ersten Spaltenblock angeordnet werden. Dies bedeutet, dass die Positionen der Teilblöcke 1 und 4 ebenso untereinander vertauscht werden wie die Positionen der Teilblöcke 2 und 3. Da für den linken Spaltenblock die Reihenfolge 1, 4, 2 und 3 gewählt worden ist, muss die Reihenfolge des zweiten Spaltenblocks 4132 lauten. Diese sich abwechselnde Reihenfolge wird für die restlichen Spaltenblöcke beibehalten.

	1423		4132		1423		4132	
3	59	6	53	12	43	22	37	28
	5	60	11	54	21	44	27	38
2	61	4	51	14	45	20	35	30
	3	62	13	52	19	46	29	36
4	57	8	55	10	41	24	39	26
	7	58	9	56	23	42	25	40
1	63	2	49	16	47	18	33	32
	1	64	15	50	17	48	31	34

a) Anordnung 1423

	3241		2314		3241		2314	
1	63	2	49	16	47	18	33	32
	1	64	15	50	17	48	31	34
4	57	8	55	10	41	24	39	26
	7	58	9	56	23	42	25	40
2	61	4	51	14	45	20	35	30
	3	62	13	52	19	46	29	36
3	59	6	53	12	43	22	37	28
	5	60	11	54	21	44	27	38

b) Anordnung 3241

Abb. 6.42 Unterschiedliche Anordnung von Teilblöcken

Nun gibt es weitere vier Möglichkeiten, da von den zwei Blöcken mit den Kennziffern 1 und 4 und von den Blöcken mit den Kennziffern 2 und 3 jeweils ein Block ausgewählt werden muss, der um 180° gedreht wird. Die vier Möglichkeiten sind in Abbildung 6.43 für die Anordnung 1423 dargestellt, wobei die gedrehten Blöcke mit Pfeilen gekennzeichnet sind.

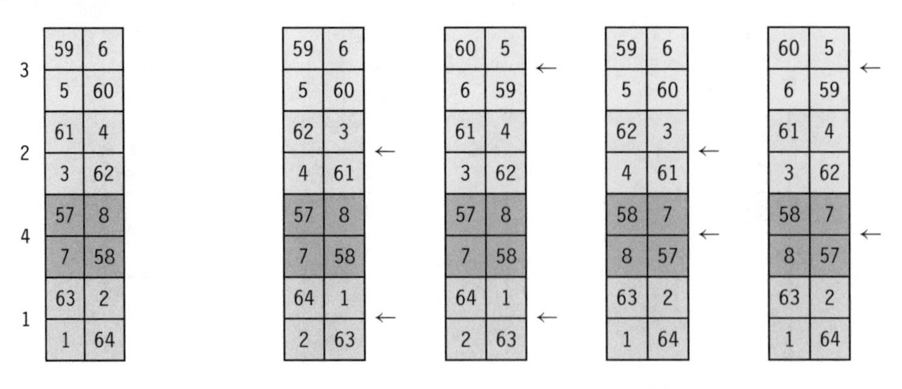

Abb. 6.43 Alternative 4 - Drehung von zwei Teilblöcken

Als Beispiele werden die beiden Quadrate aus Abbildung 6.42 fortgeführt. Für das linke Quadrat werden im linken Spaltenblock die Teilblöcke mit den Kennziffern 1 und 2 gedreht, was mit der Kennzahl 1010 gekennzeichnet wird. Dabei steht die Ziffer 1 für eine Drehung, wobei die Position der Ziffern eine Drehung der von unten aus gesehenen Blöcke entspricht. Damit ist von den in Abbildung 6.42 gezeigten vier Möglichkeiten wieder die links dargestellte gewählt worden.

Im rechten Quadrat werden mit der Kennzahl 1001 andere Blöcke gedreht. Zum Ausgleich müssen im rechts danebenliegenden Block die anderen beiden Blöcke verändert werden, wie in Abbildung 6.44 zu erkennen ist.

	1010		0101		1010		0101	
3	59	6	54	11	43	22	38	27
	5	60	12	53	21	44	28	37
2	62	3	51	14	46	19	35	30
	4	61	13	52	20	45	29	36
4	57	8	56	9	41	24	40	25
	7	58	10	55	23	42	26	39
1	64	1	49	16	48	17	33	32
	2	63	15	50	18	47	31	34

	1001		0110		1001		0110	
1	64	1	49	16	48	17	33	32
	2	63	15	50	18	47	31	34
4	57	8	56	9	41	24	40	25
	7	58	10	55	23	42	26	39
2	61	4	52	13	45	20	36	29
	3	62	14	51	19	46	30	35
3	60	5	53	12	44	21	37	28
	6	59	11	54	22	43	27	38

Abb. 6.44 Drehung von Spaltenblöcken

Neben den bereits aufgeführten Alternativen gibt es noch eine weitere, bei der noch einmal die Spalten umgeordnet werden können. Dazu wird das bisherige Quadrat in Blöcke von vier Spalten unterteilt. Für diese Blöcke kann jetzt entschieden werden, ob die Spalten in der Reihenfolge 1423 oder in Reihenfolge 2314 angeordnet werden sollen. Für das linke Quadrat aus Abbildung 6.44 ergeben sich damit die Quadrate aus Abbildung 6.45.

1	4	2	3	5	8	6	7
59	11	6	54	43	27	22	38
5	53	60	12	21	37	44	28
62	14	3	51	46	30	19	35
4	52	61	13	20	36	45	29
57	9	8	56	41	25	24	40
7	55	58	10	23	39	42	26
64	16	1	49	48	32	17	33
2	50	63	15	18	34	47	31

2	3	1	4	6	7	5	8
6	54	59	11	22	38	43	27
60	12	5	53	44	28	21	37
3	51	62	14	19	35	46	30
61	13	4	52	45	29	20	36
8	56	57	9	24	40	41	25
58	10	7	55	42	26	23	39
1	49	64	16	17	33	48	32
63	15	2	50	47	31	18	34

Abb. 6.45 Alternative 5 - Neuanordnung der Spalten in Viererblöcken

Jetzt fehlt nur noch der abschließende Schritt. Zwar besitzen alle Zeilen und Spalten bereits die magische Summe, doch die Diagonalen noch nicht. Zusätzlich ist das Quadrat bisher nicht kompakt, d. h. die vier Zahlen jedes 2 x 2 - Blocks ergeben addiert nicht 130.

Die fehlenden Eigenschaften können aber jeweils mit dem Tausch von 2 x 2 - Blöcken in den mittleren beiden Spalten aller Blöcke von jeweils Spalten erreicht werden. In diesem Schritt gibt es auch keine Alternative, da die untereinander- bzw. übereinanderliegenden Blöcke zwingend ausgetauscht werden müssen.

Ausgehend vom Standardbeispiel ergibt sich nach all diesen Schritten das pandiagonale Franklin-Quadrat in Abbildung 6.46.

59	11	6	54	43	27	22	38
5	53	60	12	21	37	44	28
62	14	3	51	46	30	19	35
4	52	61	13	20	36	45	29
57	9	8	56	41	25	24	40
7	55	58	10	23	39	42	26
64	16	1	49	48	32	17	33
2	50	63	15	18	34	47	31

a) Ausgangsquadrat

59	14	3	54	43	30	19	38
5	52	61	12	21	36	45	28
62	11	6	51	46	27	22	35
4	53	60	13	20	37	44	29
57	16	1	56	41	32	17	40
7	50	63	10	23	34	47	26
64	9	8	49	48	25	24	33
2	55	58	15	18	39	42	31

b) Franklin-Quadrat

Abb. 6.46 Pandiagonales Franklin-Quadrat der Ordnung $n = 8$

Höhere Ordnungen

Diese Konstruktion lässt sich mit allen Alternativen auf die Ordnungen $n = 8k$ übertragen, wobei die Teilblöcke immer die Größe 2 x k besitzen. Das Ergebnis ist in allen Fällen immer ein pandiagonales Franklin-Quadrat.

Für ein Beispiel der Ordnung 16 mit der Blockgröße 2 x 4 wird wieder das Ausgangsquadrat erstellt, wobei hier ab der oberen Zeile die komplementären Zahlenpaare in jeder zweiten Zeile umgekehrt werden.

Für die zweite Alternative werden wieder zwei Spalten zu einem Spaltenblock zusammengefasst, wobei in diesem Beispiel die Reihenfolge 4231 gewählt wird. Da jedoch im Vergleich mit der Ordnung 8 vier weitere Spalten hinzugekommen sind, muss diese Reihenfolge auch auf die vier rechten Blöcke übertragen werden. Dabei müssen natürlich die Nummern 8675 für die dort vorhandenen Spalten gewählt werden. Alle Gruppen von Anordnungen der vier Blöcke können beliebig permutiert werden, was auch für größere Ordnungen als 16 gilt. In diesem Beispiel wird die Reihenfolge 8675 4231 gewählt.

8		6		7		5		4		2		3		1	
129	128	161	96	145	112	177	80	193	64	225	32	209	48	241	16
127	130	95	162	111	146	79	178	63	194	31	226	47	210	15	242
131	126	163	94	147	110	179	78	195	62	227	30	211	46	243	14
125	132	93	164	109	148	77	180	61	196	29	228	45	212	13	244
133	124	165	92	149	108	181	76	197	60	229	28	213	44	245	12
123	134	91	166	107	150	75	182	59	198	27	230	43	214	11	246
135	122	167	90	151	106	183	74	199	58	231	26	215	42	247	10
121	136	89	168	105	152	73	184	57	200	25	232	41	216	9	248
137	120	169	88	153	104	185	72	201	56	233	24	217	40	249	8
119	138	87	170	103	154	71	186	55	202	23	234	39	218	7	250
139	118	171	86	155	102	187	70	203	54	235	22	219	38	251	6
117	140	85	172	101	156	69	188	53	204	21	236	37	220	5	252
141	116	173	84	157	100	189	68	205	52	237	20	221	36	253	4
115	142	83	174	99	158	67	190	51	206	19	238	35	222	3	254
143	114	175	82	159	98	191	66	207	50	239	18	223	34	255	2
113	144	81	176	97	160	65	192	49	208	17	240	33	224	1	256

Abb. 6.47 Reihenfolge 8675 4231 als Anordnung der Spaltenblöcke

Von den acht unterschiedlichen Anordnungen der $2 \times k$ - Teilblöcke in den Blöcken von jeweils zwei Spalten ist die Reihenfolge 2314 für die linke Spalte gewählt worden. Damit müssen die Teilblöcke der rechten Spalte in der Reihenfolge 3241 angeordnet werden. Diese Teilblöcke sind wie im Beispiel der Ordnung 8 von unten nach oben durchnummeriert (siehe Abbildung 6.48).

Als nächste Entscheidung muss festgelegt werden, welche Teilblöcke um 180° gedreht werden. In diesem Beispiel ist die Anordnung 0110 gewählt worden, sodass die beiden mittleren der vier Teilblöcke gedreht werden. Für die jeweils rechts danebenliegenden Blöcke gilt damit die umgekehrte Anordnung 1001.

Die letzte Alternative betrifft wieder die Anordnung der Spalten in Gruppen, die jeweils vier Spalten umfassen. Dieses Beispiel benutzt die Anordnung 2314, bei der die Spalten so umgeordnet werden, dass zuerst die beiden mittleren und danach die beiden äußeren Spalten eingetragen werden.

Jetzt fehlt nur noch der abschließende Schritt, bei dem in den Gruppen von vier Spalten in der oberen und der unteren Hälfte zwei Blöcke der Größe 2×4 vertauscht werden. Damit ergibt sich das in Abbildung 6.49 dargestellte pandiagonale Franklin-Quadrat.

	2314		3244		2314		3244		2314		3244		2314		3244	
4	129	128	173	84	145	112	189	68	193	64	237	20	209	48	253	4
	127	130	83	174	111	146	67	190	63	194	19	238	47	210	3	254
	131	126	175	82	147	110	191	66	195	62	239	18	211	46	255	2
	125	132	81	176	109	148	65	192	61	196	17	240	45	212	1	256
1	141	116	161	96	157	100	177	80	205	52	225	32	221	36	241	16
	115	142	95	162	99	158	79	178	51	206	31	226	35	222	15	242
	143	114	163	94	159	98	179	78	207	50	227	30	223	34	243	14
	113	144	93	164	97	160	77	180	49	208	29	228	33	224	13	244
3	133	124	169	88	149	108	185	72	197	60	233	24	213	44	249	8
	123	134	87	170	107	150	71	186	59	198	23	234	43	214	7	250
	135	122	171	86	151	106	187	70	199	58	235	22	215	42	251	6
	121	136	85	172	105	152	69	188	57	200	21	236	41	216	5	252
2	137	120	165	92	153	104	181	76	201	56	229	28	217	40	245	12
	119	138	91	166	103	154	75	182	55	202	27	230	39	218	11	246
	139	118	167	90	155	102	183	74	203	54	231	26	219	38	247	10
	117	140	89	168	101	156	73	184	53	204	25	232	37	220	9	248

	0110		1001		0110		1001		0110		1001		0110		1001	
4	129	128	176	81	145	112	192	65	193	64	240	17	209	48	256	1
	127	130	82	175	111	146	66	191	63	194	18	239	47	210	2	255
	131	126	174	83	147	110	190	67	195	62	238	19	211	46	254	3
	125	132	84	173	109	148	68	189	61	196	20	237	45	212	4	253
1	144	113	161	96	160	97	177	80	208	49	225	32	224	33	241	16
	114	143	95	162	98	159	79	178	50	207	31	226	34	223	15	242
	142	115	163	94	158	99	179	78	206	51	227	30	222	35	243	14
	116	141	93	164	100	157	77	180	52	205	29	228	36	221	13	244
3	136	121	169	88	152	105	185	72	200	57	233	24	216	41	249	8
	122	135	87	170	106	151	71	186	58	199	23	234	42	215	7	250
	134	123	171	86	150	107	187	70	198	59	235	22	214	43	251	6
	124	133	85	172	108	149	69	188	60	197	21	236	44	213	5	252
2	137	120	168	89	153	104	184	73	201	56	232	25	217	40	248	9
	119	138	90	167	103	154	74	183	55	202	26	231	39	218	10	247
	139	118	166	91	155	102	182	75	203	54	230	27	219	38	246	11
	117	140	92	165	101	156	76	181	53	204	28	229	37	220	12	245

Abb. 6.48 Anordnung von Teilblöcken und Drehung von Spaltenblöcken

2	3	1	4	6	7	5	8	10	11	9	12	14	15	13	16
128	176	129	81	112	192	145	65	64	240	193	17	48	256	209	1
130	82	127	175	146	66	111	191	194	18	63	239	210	2	47	255
126	174	131	83	110	190	147	67	62	238	195	19	46	254	211	3
132	84	125	173	148	68	109	189	196	20	61	237	212	4	45	253
113	161	144	96	97	177	160	80	49	225	208	32	33	241	224	16
143	95	114	162	159	79	98	178	207	31	50	226	223	15	34	242
115	163	142	94	99	179	158	78	51	227	206	30	35	243	222	14
141	93	116	164	157	77	100	180	205	29	52	228	221	13	36	244
121	169	136	88	105	185	152	72	57	233	200	24	41	249	216	8
135	87	122	170	151	71	106	186	199	23	58	234	215	7	42	250
123	171	134	86	107	187	150	70	59	235	198	22	43	251	214	6
133	85	124	172	149	69	108	188	197	21	60	236	213	5	44	252
120	168	137	89	104	184	153	73	56	232	201	25	40	248	217	9
138	90	119	167	154	74	103	183	202	26	55	231	218	10	39	247
118	166	139	91	102	182	155	75	54	230	203	27	38	246	219	11
140	92	117	165	156	76	101	181	204	28	53	229	220	12	37	245

128	161	144	81	112	177	160	65	64	225	208	17	48	241	224	1
130	95	114	175	146	79	98	191	194	31	50	239	210	15	34	255
126	163	142	83	110	179	158	67	62	227	206	19	46	243	222	3
132	93	116	173	148	77	100	189	196	29	52	237	212	13	36	253
113	176	129	96	97	192	145	80	49	240	193	32	33	256	209	16
143	82	127	162	159	66	111	178	207	18	63	226	223	2	47	242
115	174	131	94	99	190	147	78	51	238	195	30	35	254	211	14
141	84	125	164	157	68	109	180	205	20	61	228	221	4	45	244
121	168	137	88	105	184	153	72	57	232	201	24	41	248	217	8
135	90	119	170	151	74	103	186	199	26	55	234	215	10	39	250
123	166	139	86	107	182	155	70	59	230	203	22	43	246	219	6
133	92	117	172	149	76	101	188	197	28	53	236	213	12	37	252
120	169	136	89	104	185	152	73	56	233	200	25	40	249	216	9
138	87	122	167	154	71	106	183	202	23	58	231	218	7	42	247
118	171	134	91	102	187	150	75	54	235	198	27	38	251	214	11
140	85	124	165	156	69	108	181	204	21	60	229	220	5	44	245

Abb. 6.49 Pandiagonales Franklin-Quadrat der Ordnung $n = 16$

6.3.3 Breedik (Most perfect transformation)

Das Verfahren beginnt mit einem Quadrat in natürlicher Anordnung, dessen Spalten in Blöcke von jeweils vier Spalten unterteilt werden.[15] Danach werden die beiden rechten Spalten jedes Spaltenblocks mit den horizontal symmetrisch liegenden Spalten vertauscht. Bei der Ordnung 8 werden damit die Spalten 3, 4, 7 und 8 in umgekehrter Reihenfolge 8, 7, 4 und 3 neu angeordnet.

	1	2	3	4	5	6	7	8
1	1	2	3	4	5	6	7	8
2	9	10	11	12	13	14	15	16
3	17	18	19	20	21	22	23	24
4	25	26	27	28	29	30	31	32
5	33	34	35	36	37	38	39	40
6	41	42	43	44	45	46	47	48
7	49	50	51	52	53	54	55	56
8	57	58	59	60	61	62	63	64

a) natürliche Anordnung

	1	2	8	7	5	6	4	3
1	1	2	8	7	5	6	4	3
2	9	10	16	15	13	14	12	11
3	17	18	24	23	21	22	20	19
4	25	26	32	31	29	30	28	27
5	33	34	40	39	37	38	36	35
6	41	42	48	47	45	46	44	43
7	49	50	56	55	53	54	52	51
8	57	58	64	63	61	62	60	59

b) Schritt 1

Abb. 6.50 Schritt 1 - horizontaler Austausch der Zahlen aus zwei Spalten

Danach unterteilt man auch die Zeilen in Blöcke von jeweils vier Zeilen und vertauscht die beiden unteren Zeilen mit ihren vertikal symmetrisch liegenden Zeilen. Damit wird auch hier die Reihenfolge der Zeilen umgekehrt.

Der dritte Austausch findet wieder in den Spalten statt. In jeder zweiten Spalte von links wird die obere Zahl eines Zeilenblocks mit der dritten Zahl von oben vertauscht.

1	2	8	7	5	6	4	3
9	10	16	15	13	14	12	11
57	58	64	63	61	62	60	59
49	50	56	55	53	54	52	51
33	34	40	39	37	38	36	35
41	42	48	47	45	46	44	43
25	26	32	31	29	30	28	27
17	18	24	23	21	22	20	19

a) Schritt 2

1	58	8	63	5	62	4	59
9	10	16	15	13	14	12	11
57	2	64	7	61	6	60	3
49	50	56	55	53	54	52	51
33	26	40	31	37	30	36	27
41	42	48	47	45	46	44	43
25	34	32	39	29	38	28	35
17	18	24	23	21	22	20	19

b) Schritt 3

Abb. 6.51 Schritt 2 und 3 der Vertauschungen

[15] Breedijk [60]

Im vierten Schritt werden wieder die Blöcke von vier Zeilen betrachtet. In jeder zweiten Zeile von oben werden die beiden vorderen Zahlen mit den beiden hinteren ausgetauscht.

Der letzte Austausch wird auch in den Zeilenblöcken vollzogen, dieses Mal allerdings vertikal. Vom linken Rand ausgehend vertauscht man in jeder zweiten Spalte die zweite Zahl von oben mit der Zahl in der unteren Zeile. Nach diesen fünf Schritten hat man ein pandiagonales Franklin-Quadrat erhalten.

1	58	8	63	5	62	4	59
16	15	9	10	12	11	13	14
57	2	64	7	61	6	60	3
56	55	49	50	52	51	53	54
33	26	40	31	37	30	36	27
48	47	41	42	44	43	45	46
25	34	32	39	29	38	28	35
24	23	17	18	20	19	21	22

a) Schritt 4

1	58	8	63	5	62	4	59
56	15	49	10	52	11	53	14
57	2	64	7	61	6	60	3
16	55	9	50	12	51	13	54
33	26	40	31	37	30	36	27
24	47	17	42	20	43	21	46
25	34	32	39	29	38	28	35
48	23	41	18	44	19	45	22

b) Franklin-Quadrat

Abb. 6.52 Pandiagonales Franklin-Quadrat der Ordnung $n = 8$ (Breedijk, Transformationen)

Dieses Verfahren lässt sich auf alle Ordnungen $n = 8k$ übertragen. Verändert man das Quadrat in natürlicher Anordnung, indem man in einer anderen Ecke beginnt und dann eine der beiden Richtungen wählt, erhält man zunächst ein anderes pandiagonales Franklin-Quadrat. Diese können aber mit den bei Franklin-Quadraten erlaubten Transformationen ineinander überführt werden.

6.3.4 Breedijk (Khajuraho Methode)

Dieses Verfahren hat Breedijk nach dem Ort benannt, an dem das berühmte *Jaina-Quadrat* entdeckt wurde.[16] Dieses Quadrat befindet sich als Inschrift am Parshvanatha-Tempel, einem Tempel aus dem 10. Jahrhundert, in der näheren Umgebung der Stadt Khajuraho im indischen Bundesstaat Madhya Pradesh.

7	12	1	14
2	13	8	11
16	3	10	5
9	6	15	4

Abb. 6.53 Jaina-Quadrat

[16] Breedijk [61]

Breedijk veröffentlichte für dieses Verfahren ein Beispiel mit dem Jaina-Quadrat. Da aber jedes beliebige pandiagonale Quadrat der Ordnung 4 benutzt werden kann, soll hier ein anderes Beispiel gewählt werden. Im ersten Schritt werden die Zahlen $9, \ldots, 16$ durch die Zahlen $n^2 - 7, \ldots, n^2$ ersetzt. Bei der Ordnung $n = 8$ sind dies die Zahlen $57, \ldots, 64$, und das entstehende Quadrat wird mit A bezeichnet.

Gleichzeitig werden in einem Musterquadrat M die Positionen in A, an denen die Zahlen beibehalten wurden, mit 1 gekennzeichnet, während die Positionen, an denen ein Zahlentausch stattgefunden hat, die Markierung -1 erhalten.

1	14	4	15
8	11	5	10
13	2	16	3
12	7	9	6

a) pandiagonal

1	62	4	63
8	59	5	58
61	2	64	3
60	7	57	6

b) Ausgangsquadrat A

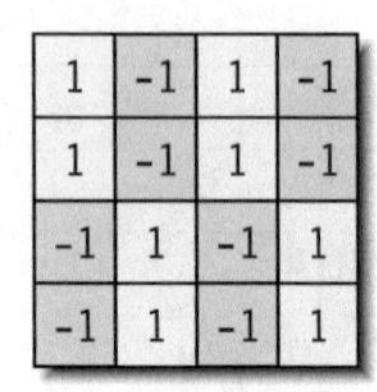

1	-1	1	-1
1	-1	1	-1
-1	1	-1	1
-1	1	-1	1

c) Markierungen M

Abb. 6.54 Ausgangsquadrat A und Markierungen

Weiterhin wird ein Hilfsquadrat T der Ordnung n erstellt, indem die Teilblöcke der Größe 4×4 von links nach rechts und von oben nach unten mit den fortlaufenden Zahlen 0, 1, 2, ... durchnummeriert werden. In diese Teilblöcke werden die Markierungen M eingesetzt, wobei alle Zahlen jeweils mit der Nummer des entsprechenden Teilblocks multipliziert werden.

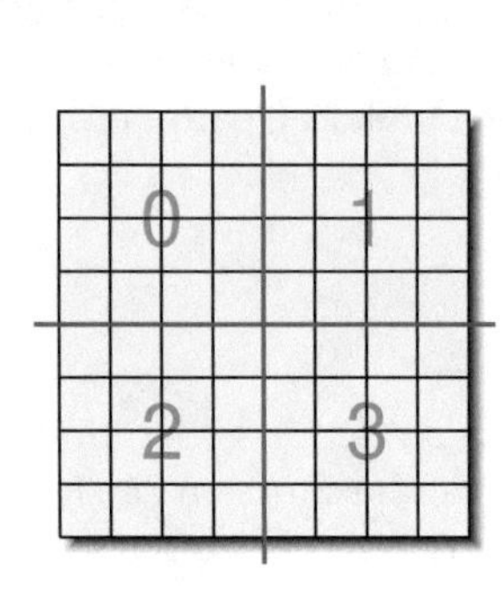

a) Nummerierung

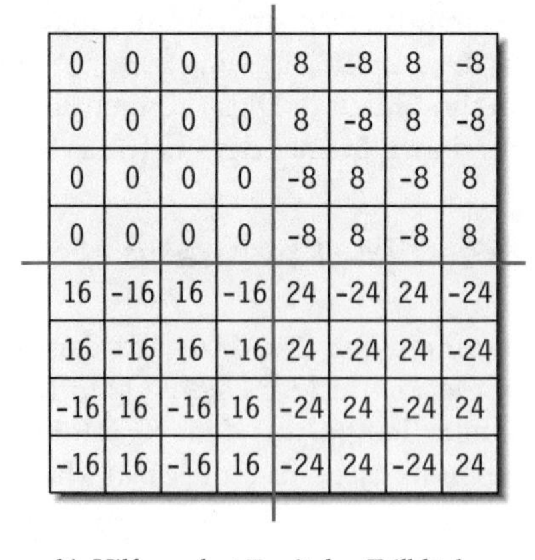

0	0	0	0	8	-8	8	-8
0	0	0	0	8	-8	8	-8
0	0	0	0	-8	8	-8	8
0	0	0	0	-8	8	-8	8
16	-16	16	-16	24	-24	24	-24
16	-16	16	-16	24	-24	24	-24
-16	16	-16	16	-24	24	-24	24
-16	16	-16	16	-24	24	-24	24

b) Hilfsquadrat T mit den Teilblöcken

Addiert man zu jedem Teilblock von T die Zahlen des Ausgangsquadrates A, erhält man ein pandiagonales Quadrat P. Für die obere Zeile des rechten oberen Teilblocks bedeutet dies beispielsweise, dass die vorhandenen Zahlen $8, -8, 8, -8$ mit den Zahlen $1, 62, 4, 63$ des Ausgangsquadrates A addiert werden. Die Ergebnisse $9, 54, 12, 55$ finden sich dann in dem rechten oberen Teilblock des pandiagonalen Quadrates P.

1	62	4	63	9	54	12	55
8	59	5	58	16	51	13	50
61	2	64	3	53	10	56	11
60	7	57	6	52	15	49	14
17	46	20	47	25	38	28	39
24	43	21	42	32	35	29	34
45	18	48	19	37	26	40	27
44	23	41	22	36	31	33	30

Abb. 6.55 Pandiagonales magisches Quadrat P der Ordnung $n = 8$

Das Quadrat P in Abbildung 6.55 ist zwar schon pandiagonal, aber noch kein Franklin-Quadrat. Um dieses zu erreichen, müssen noch einige Zahlen vertauscht werden. Dies sind die markierten Zahlen in den beiden linken Teilblöcken 0 und 2 mit den gleich markierten Zahlen in den rechts danebenliegenden Teilblöcken 1 und 3. Damit erhält man das pandiagonale Franklin-Quadrat F aus Abbildung 6.56.

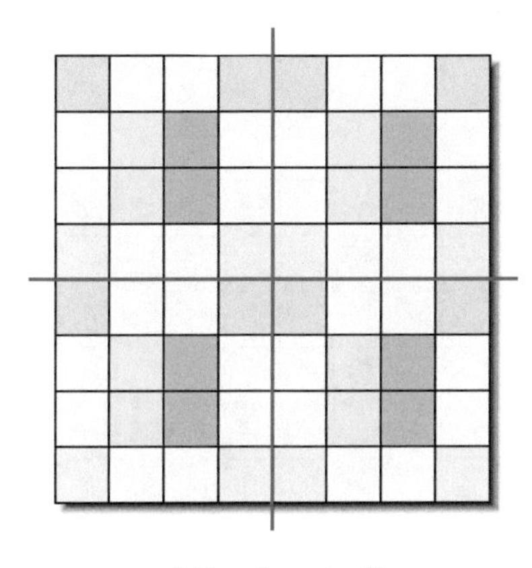

a) Tauschmuster T_1

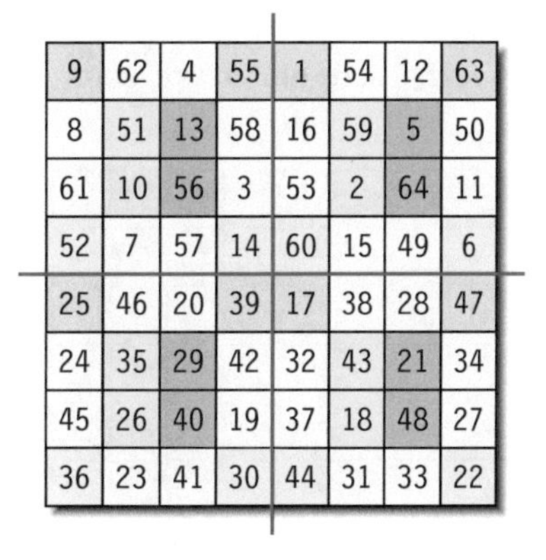

9	62	4	55	1	54	12	63
8	51	13	58	16	59	5	50
61	10	56	3	53	2	64	11
52	7	57	14	60	15	49	6
25	46	20	39	17	38	28	47
24	35	29	42	32	43	21	34
45	26	40	19	37	18	48	27
36	23	41	30	44	31	33	22

b) Franklin-Quadrat F

Abb. 6.56 Pandiagonales Franklin-Quadrat der Ordnung $n = 8$ (Breedijk, Khajuraho Methode)

Allerdings gestaltet sich der Austausch der Zahlen, um aus einem pandiagonalen Quadrat ein Franklin-Quadrat zu erzeugen, nicht ganz so einfach. Dieser Austausch richtet sich nach der Position der Zahlen 1 und 8 und kann vier unterschiedliche Fälle annehmen.

1. Die Zahlen 1 und 8 liegen in der gleichen Spalte und dort entweder in den oberen zwei oder den unteren zwei Zeilen. Dies war in dem dargestellten Beispiel der Fall.

2. Die Zahlen 1 und 8 befinden sich in der gleichen Zeile und dort entweder in den linken zwei oder rechten zwei Spalten.

   Ein solches pandiagonales Quadrat wurde für das nächste Beispiel gewählt und dort zunächst wieder die Zahlen ab 9 ersetzt.

9	16	5	4
7	2	11	14
12	13	8	1
6	3	10	15

a) pandiagonal

57	64	5	4
7	2	59	62
60	61	8	1
6	3	58	63

b) Ausgangsquadrat

Abb. 6.57 Fall 2 - Ausgangsquadrat A

Da sich das Teilquadrat T nicht ändert, lässt sich das pandiagonale Quadrat P erzeugen. Die durchgeführten Additionen lassen sich leicht erkennen, da sich das Ausgangsquadrat A in der linken oberen Ecke befindet.

Im letzten Schritt muss das pandiagonale Quadrat noch in ein Franklin-Quadrat umgewandelt werden. Auch in diesem Fall werden Zahlen in den markierten Bereichen des Tauschmusters aus Abbildung 6.56a vertauscht. Allerdings geschieht dies nicht mehr horizontal, sondern vertikal.

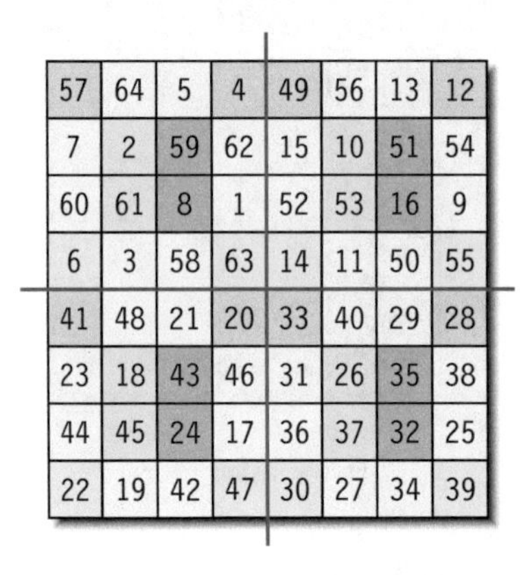

57	64	5	4	49	56	13	12
7	2	59	62	15	10	51	54
60	61	8	1	52	53	16	9
6	3	58	63	14	11	50	55
41	48	21	20	33	40	29	28
23	18	43	46	31	26	35	38
44	45	24	17	36	37	32	25
22	19	42	47	30	27	34	39

a) pandiagonales Quadrat P

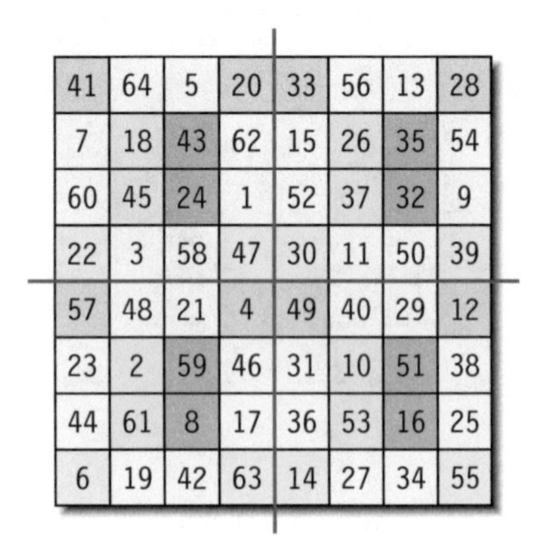

41	64	5	20	33	56	13	28
7	18	43	62	15	26	35	54
60	45	24	1	52	37	32	9
22	3	58	47	30	11	50	39
57	48	21	4	49	40	29	12
23	2	59	46	31	10	51	38
44	61	8	17	36	53	16	25
6	19	42	63	14	27	34	55

b) Franklin-Quadrat

Abb. 6.58 Pandiagonales Franklin-Quadrat der Ordnung $n = 8$
(Breedijk, Khajuraho Methode, Beispiel 2)

3. Die Zahlen 1 und 8 liegen in der gleichen Spalte und dort im Unterschied zu Fall 1 aber entweder in den beiden mittleren zwei Zeilen oder in der oberen und der unteren Zeile.

8	10	5	11
13	3	16	2
12	6	9	7
1	15	4	14

a) pandiagonal

8	58	5	59
61	3	64	2
60	6	57	7
1	63	4	62

b) Ausgangsquadrat A

Die Konstruktion des pandiagonalen Zwischenquadrates erfolgt wie in den ersten beiden Beispielen. Allerdings gibt es für diesen Fall ein neues Tauschmuster.

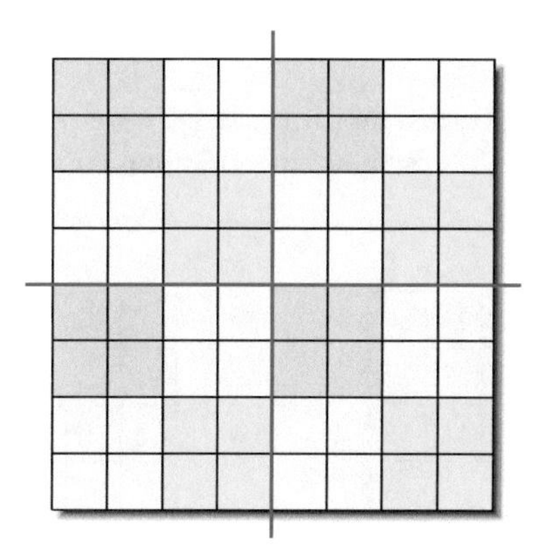

Abb. 6.59 Tauschmuster T_2

In diesem Fall werden Zahlen in den markierten Bereichen des Tauschmusters T_2 horizontal vertauscht.

8	58	5	59	16	50	13	51
61	3	64	2	53	11	56	10
60	6	57	7	52	14	49	15
1	63	4	62	9	55	12	54
24	42	21	43	32	34	29	35
45	19	48	18	37	27	40	26
44	22	41	23	36	30	33	31
17	47	20	46	25	39	28	38

a) pandiagonales Quadrat P

16	50	5	59	8	58	13	51
53	11	64	2	61	3	56	10
60	6	49	15	52	14	57	7
1	63	12	54	9	55	4	62
32	34	21	43	24	42	29	35
37	27	48	18	45	19	40	26
44	22	33	31	36	30	41	23
17	47	28	38	25	39	20	46

b) Franklin-Quadrat

Abb. 6.60 Pandiagonales Franklin-Quadrat der Ordnung $n = 8$ (Breedijk, Khajuraho Methode, Beispiel 3)

4. Die Zahlen 1 und 8 liegen in der gleichen Zeile und dort im Unterschied zu Fall 2 entweder in den beiden mittleren Spalten oder in der linken und der rechten Spalte.

11	2	7	14
5	16	9	4
10	3	6	15
8	13	12	1

a) pandiagonal

59	2	7	62
5	64	57	4
58	3	6	63
8	61	60	1

b) Ausgangsquadrat A

Auch in diesem Fall wird das Tauschmuster T_2 aus Abbildung 6.59 benutzt. Der Austausch geschieht im Unterschied zu Fall 3 allerdings nicht mehr horizontal, sondern vertikal.

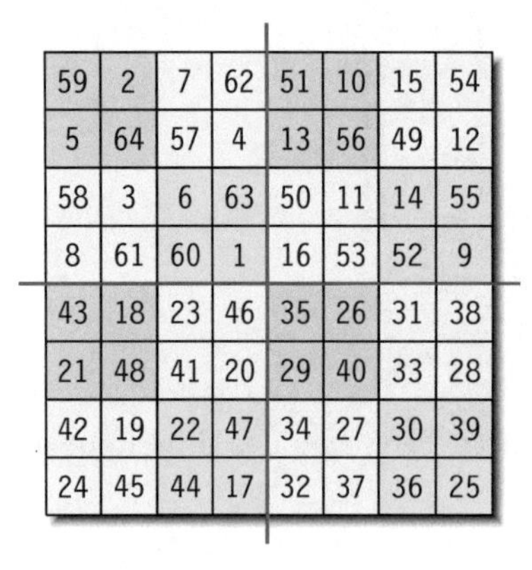

59	2	7	62	51	10	15	54
5	64	57	4	13	56	49	12
58	3	6	63	50	11	14	55
8	61	60	1	16	53	52	9
43	18	23	46	35	26	31	38
21	48	41	20	29	40	33	28
42	19	22	47	34	27	30	39
24	45	44	17	32	37	36	25

c) pandiagonales Quadrat P

43	18	7	62	35	26	15	54
21	48	57	4	29	40	49	12
58	3	22	47	50	11	30	39
8	61	44	17	16	53	36	25
59	2	23	46	51	10	31	38
5	64	41	20	13	56	33	28
42	19	6	63	34	27	14	55
24	45	60	1	32	37	52	9

d) Franklin-Quadrat

Abb. 6.61 Pandiagonales Franklin-Quadrat der Ordnung $n = 8$ (Breedijk, Khajuraho Methode, Beispiel 4)

Höhere Ordnungen

Dieses Verfahren lässt sich mit den Varianten auf alle höheren Ordnungen $n = 8k$ übertragen. Als Beispiel für die Ordnung $n = 16$ wird wieder das Ausgangsquadrat aus dem Beispiel für die Ordnung 8 gewählt, damit der Unterschied für höhere Ordnungen erkennbar wird.

Die Nummerierung der Teilblöcke $0, 1, 2, \ldots, n^2 - 1$ wird der Ordnung angepasst. Da die Markierungen in den einzelnen Teilblöcken bestehen bleiben, enthält der Teilblock 1 die Zahlen 8 und -8, Teilblock 2 die Zahlen 16 und -16 usw.

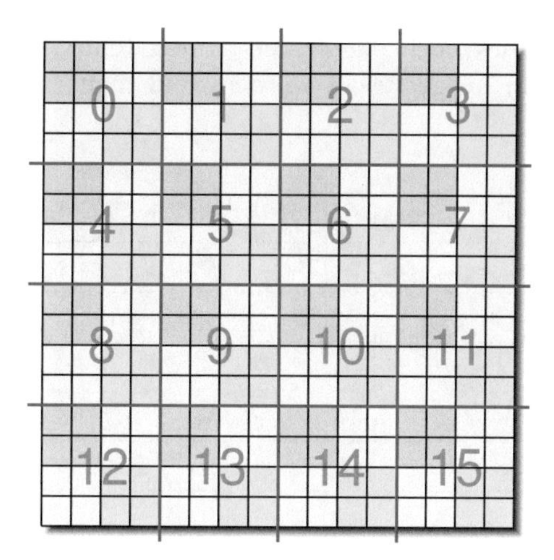

Abb. 6.62 Nummerierung der Teilblöcke

Das pandiagonale Quadrat P, das sich aus der Addition der Zahlen in den einzelnen Teilblöcken mit dem Ausgangsquadrat A ergibt, ist in Abbildung 6.63 dargestellt. Im linken oberen Teilblock enthält es das Ausgangsquadrat, da die Zahlen nicht verändert werden.

1	254	4	255	9	246	12	247	17	238	20	239	25	230	28	231
8	251	5	250	16	243	13	242	24	235	21	234	32	227	29	226
253	2	256	3	245	10	248	11	237	18	240	19	229	26	232	27
252	7	249	6	244	15	241	14	236	23	233	22	228	31	225	30
33	222	36	223	41	214	44	215	49	206	52	207	57	198	60	199
40	219	37	218	48	211	45	210	56	203	53	202	64	195	61	194
221	34	224	35	213	42	216	43	205	50	208	51	197	58	200	59
220	39	217	38	212	47	209	46	204	55	201	54	196	63	193	62
65	190	68	191	73	182	76	183	81	174	84	175	89	166	92	167
72	187	69	186	80	179	77	178	88	171	85	170	96	163	93	162
189	66	192	67	181	74	184	75	173	82	176	83	165	90	168	91
188	71	185	70	180	79	177	78	172	87	169	86	164	95	161	94
97	158	100	159	105	150	108	151	113	142	116	143	121	134	124	135
104	155	101	154	112	147	109	146	120	139	117	138	128	131	125	130
157	98	160	99	149	106	152	107	141	114	144	115	133	122	136	123
156	103	153	102	148	111	145	110	140	119	137	118	132	127	129	126

Abb. 6.63 Pandiagonales magisches Quadrat P der Ordnung $n = 16$

Abschließend müssen nur noch die Zahlen in den Teilblöcken nach dem Schema des Tauschquadrates T_1 ausgetauscht werden, und man erhält ein pandiagonales Franklin-Quadrat.

25	254	4	231	17	246	12	239	9	238	20	247	1	230	28	255
8	227	29	250	16	235	21	242	24	243	13	234	32	251	5	226
253	26	232	3	245	18	240	11	237	10	248	19	229	2	256	27
228	7	249	30	236	15	241	22	244	23	233	14	252	31	225	6
57	222	36	199	49	214	44	207	41	206	52	215	33	198	60	223
40	195	61	218	48	203	53	210	56	211	45	202	64	219	37	194
221	58	200	35	213	50	208	43	205	42	216	51	197	34	224	59
196	39	217	62	204	47	209	54	212	55	201	46	220	63	193	38
89	190	68	167	81	182	76	175	73	174	84	183	65	166	92	191
72	163	93	186	80	171	85	178	88	179	77	170	96	187	69	162
189	90	168	67	181	82	176	75	173	74	184	83	165	66	192	91
164	71	185	94	172	79	177	86	180	87	169	78	188	95	161	70
121	158	100	135	113	150	108	143	105	142	116	151	97	134	124	159
104	131	125	154	112	139	117	146	120	147	109	138	128	155	101	130
157	122	136	99	149	114	144	107	141	106	152	115	133	98	160	123
132	103	153	126	140	111	145	118	148	119	137	110	156	127	129	102

Abb. 6.64 Pandiagonales Franklin-Quadrat der Ordnung $n = 16$ (Breedijk, Khajuraho Methode)

Die vier unterschiedlichen Möglichkeiten für den Austausch der Zahlen hängen nur vom Ausgangsquadrat A ab und bleiben für alle Ordnungen $n = 8k$ gleich.

6.3.5 Breedijk (Basic-Key Methode)

Breedijk erwähnt eine Methode von Donald Morris, die dieser im Jahre 2004 auf seiner Webseite veröffentlicht hat, allerdings heute nicht mehr existiert.[17]

Die beiden oberen Zeilen eines Hilfsquadrates A werden von links nach rechts mit fortlaufenden Zahlenpaaren gefüllt. Dies geschieht abwechselnd sowohl in der oberen als auch der unteren dieser beiden Zeilen. Am rechten Rand wird ein Zeilenwechsel

[17] Breedijk [63]

vorgenommen, und in die noch leeren Zellen werden die nachfolgenden Zahlenpaare eingetragen, dieses Mal aber von rechts nach links.

Beide Zeilen werden dann so oft nach unten kopiert, bis das Quadrat gefüllt ist. Dieses Quadrat wird anschließend um 90° zum zweiten Hilfsquadrat B gedreht.

1	2	8	7	3	4	6	5
8	7	1	2	6	5	3	4
1	2	8	7	3	4	6	5
8	7	1	2	6	5	3	4
1	2	8	7	3	4	6	5
8	7	1	2	6	5	3	4
1	2	8	7	3	4	6	5
8	7	1	2	6	5	3	4

a) Hilfsquadrat A

5	4	5	4	5	4	5	4
6	3	6	3	6	3	6	3
4	5	4	5	4	5	4	5
3	6	3	6	3	6	3	6
7	2	7	2	7	2	7	2
8	1	8	1	8	1	8	1
2	7	2	7	2	7	2	7
1	8	1	8	1	8	1	8

b) Hilfsquadrat B

Abb. 6.65 Konstruktion der Hilfsquadrate A und B

Beide Hilfsquadrate werden abschließend mit

$$F_{i,j} = n \cdot (A_{i,j} - 1) + B_{i,j}$$

addiert, und man erhält das pandiagonale Franklin-Quadrat F aus Abbildung 6.66.

5	12	61	52	21	28	45	36
62	51	6	11	46	35	22	27
4	13	60	53	20	29	44	37
59	54	3	14	43	38	19	30
7	10	63	50	23	26	47	34
64	49	8	9	48	33	24	25
2	15	58	55	18	31	42	39
57	56	1	16	41	40	17	32

Abb. 6.66 Pandiagonales Franklin-Quadrat der Ordnung $n = 8$
(Morris-Breedijk, Basic-Key Methode)

Varianten

Mit dieser Methode lassen sich weitere Quadrate erzeugen, wenn man die Zahlen in jedem 2×2 - Teilquadrat des Hilfsquadrates A umordnet. Dabei stehen drei weitere

Möglichkeiten zur Auswahl, die Zahlen der ursprünglichen Teilquadrate anders anzuordnen.

a	b
c	d

Original

b	a
d	c

Typ1

c	d
a	b

Typ 2

d	c
b	a

Typ 3

Abb. 6.67 Weitere Anordnungen der Zahlen in den 2 x 2 - Teilquadraten des Hilfsquadrates A

Mit der veränderten Anordnung der Teilquadrate nach Typ 1 wird mit der bereits angegebenen Formel dann ein neues pandiagonales Franklin-Quadrat erzeugt.

2	1	7	8	4	3	5	6
7	8	2	1	5	6	4	3
2	1	7	8	4	3	5	6
7	8	2	1	5	6	4	3
2	1	7	8	4	3	5	6
7	8	2	1	5	6	4	3
2	1	7	8	4	3	5	6
7	8	2	1	5	6	4	3

a) Hilfsquadrat A (umgeordnet)

5	4	5	4	5	4	5	4
6	3	6	3	6	3	6	3
4	5	4	5	4	5	4	5
3	6	3	6	3	6	3	6
7	2	7	2	7	2	7	2
8	1	8	1	8	1	8	1
2	7	2	7	2	7	2	7
1	8	1	8	1	8	1	8

b) Hilfsquadrat B (unverändert)

13	4	53	60	29	20	37	44
54	59	14	3	38	43	30	19
12	5	52	61	28	21	36	45
51	62	11	6	35	46	27	22
15	2	55	58	31	18	39	42
56	57	16	1	40	41	32	17
10	7	50	63	26	23	34	47
49	64	9	8	33	48	25	24

c) Franklin-Quadrat

Abb. 6.68 Pandiagonales Franklin-Quadrat der Ordnung $n = 8$
(Morris-Breedijk, Basic-Key Methode, Variante)

Alle angegebenen Varianten lassen sich auf höhere Ordnungen $n = 8k$ übertragen. Für die Ordnung $n = 16$ ergibt sich beispielsweise mit der Umordnung nach Typ 3 das Franklin-Quadrat aus Abbildung 6.69.

233	248	25	8	201	216	57	40	169	184	89	72	137	152	121	104
26	7	234	247	58	39	202	215	90	71	170	183	122	103	138	151
232	249	24	9	200	217	56	41	168	185	88	73	136	153	120	105
23	10	231	250	55	42	199	218	87	74	167	186	119	106	135	154
235	246	27	6	203	214	59	38	171	182	91	70	139	150	123	102
28	5	236	245	60	37	204	213	92	69	172	181	124	101	140	149
230	251	22	11	198	219	54	43	166	187	86	75	134	155	118	107
21	12	229	252	53	44	197	220	85	76	165	188	117	108	133	156
237	244	29	4	205	212	61	36	173	180	93	68	141	148	125	100
30	3	238	243	62	35	206	211	94	67	174	179	126	99	142	147
228	253	20	13	196	221	52	45	164	189	84	77	132	157	116	109
19	14	227	254	51	46	195	222	83	78	163	190	115	110	131	158
239	242	31	2	207	210	63	34	175	178	95	66	143	146	127	98
32	1	240	241	64	33	208	209	96	65	176	177	128	97	144	145
226	255	18	15	194	223	50	47	162	191	82	79	130	159	114	111
17	16	225	256	49	48	193	224	81	80	161	192	113	112	129	160

Abb. 6.69 Pandiagonales Franklin-Quadrat der Ordnung $n = 16$ (Morris-Breedijk, Basic-Key Methode, Variante)

6.3.6 Breedijk (Sudoku Methode)

Das Verfahren beginnt mit einem diagonalen lateinischen Quadrat der Größe 4 x 4, das in alle Teilquadrate eines Hilfsquadrates A kopiert wird.[18]

0	3	1	2
1	2	0	3
2	1	3	0
3	0	2	1

0	3	1	2	0	3	1	2
1	2	0	3	1	2	0	3
2	1	3	0	2	1	3	0
3	0	2	1	3	0	2	1
0	3	1	2	0	3	1	2
1	2	0	3	1	2	0	3
2	1	3	0	2	1	3	0
3	0	2	1	3	0	2	1

Abb. 6.70 Hilfsquadrat A

[18] Breedijk [59]

Für ein zweites Hilfsquadrat B beginnt man in der linken oberen Ecke mit einem anderen Muster, das nur aus vier unterschiedlichen Zahlen besteht. Die Zahlen dieses Musters werden im Unterschied zum ersten Hilfsquadrat aber verändert, wenn man es in die anderen Bereiche des Hilfsquadrates überträgt.

Für die linke untere Ecke werden die Zahlen des Musters mit den entsprechenden Zahlen des Quadrates U addiert. Für die beiden Teilquadrate in der rechten Hälfte müssen die Teilquadrate der linken Hälfte um die Zahlen aus dem Quadrat R verändert werden. Damit ergibt sich das Hilfsquadrat B.

Beide Hilfsquadrate können abschließend zu einem pandiagonalen Franklin-Quadrat F überlagert werden, indem für F die Zahlen an den gleichen Positionen nach folgender Formel berechnet werden.

$$F_{i,j} = 4 \cdot B_{i,j} + A_{i,j} + 1$$

Für die beiden Ecken der oberen Zeile gilt etwa

$$4 \cdot 15 + 0 + 1 = 61 \qquad \text{und} \qquad 4 \cdot 1 + 2 + 1 = 7$$

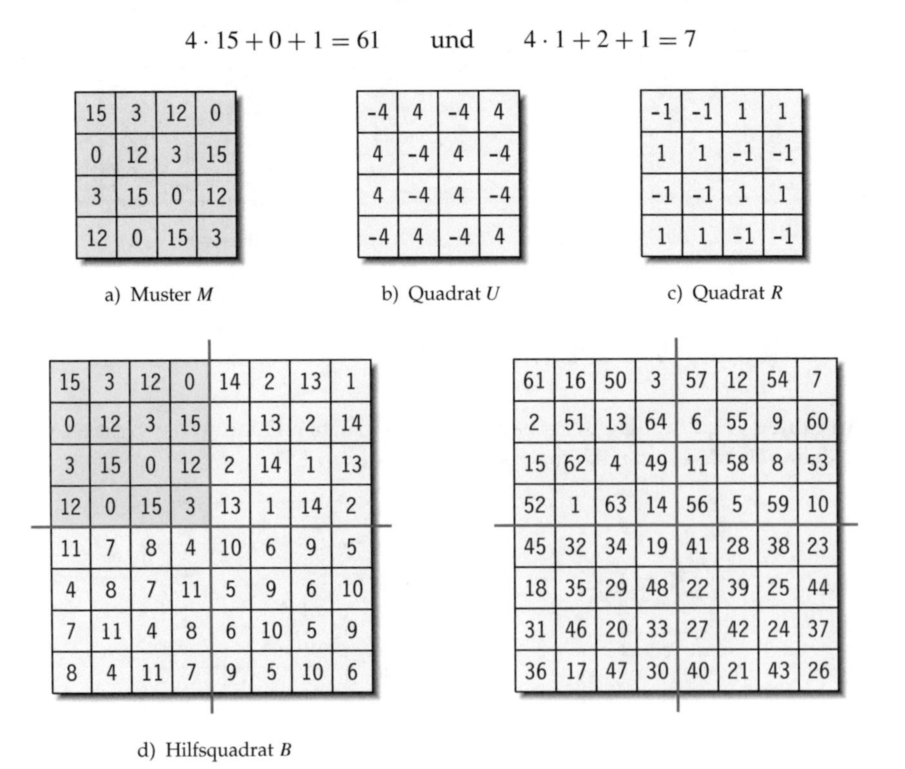

15	3	12	0
0	12	3	15
3	15	0	12
12	0	15	3

a) Muster M

-4	4	-4	4
4	-4	4	-4
4	-4	4	-4
-4	4	-4	4

b) Quadrat U

-1	-1	1	1
1	1	-1	-1
-1	-1	1	1
1	1	-1	-1

c) Quadrat R

15	3	12	0	14	2	13	1
0	12	3	15	1	13	2	14
3	15	0	12	2	14	1	13
12	0	15	3	13	1	14	2
11	7	8	4	10	6	9	5
4	8	7	11	5	9	6	10
7	11	4	8	6	10	5	9
8	4	11	7	9	5	10	6

d) Hilfsquadrat B

61	16	50	3	57	12	54	7
2	51	13	64	6	55	9	60
15	62	4	49	11	58	8	53
52	1	63	14	56	5	59	10
45	32	34	19	41	28	38	23
18	35	29	48	22	39	25	44
31	46	20	33	27	42	24	37
36	17	47	30	40	21	43	26

Abb. 6.71 Pandiagonales Franklin-Quadrat der Ordnung $n = 8$ (Breedijk, Sudoku Methode)

Weitere Untersuchungen haben ergeben, dass acht diagonale lateinische Quadrate als Muster geeignet sind.

0	3	1	2
1	2	0	3
2	1	3	0
3	0	2	1

0	3	2	1
2	1	0	3
1	2	3	0
3	0	1	2

1	2	0	3
0	3	1	2
3	0	2	1
2	1	3	0

1	2	3	0
3	0	1	2
0	3	2	1
2	1	0	3

2	1	0	3
0	3	2	1
3	0	1	2
1	2	3	0

2	1	3	0
3	0	2	1
0	3	1	2
1	2	0	3

3	0	1	2
1	2	3	0
2	1	0	3
0	3	2	1

3	0	2	1
2	1	3	0
1	2	0	3
0	3	1	2

Abb. 6.72 Geeignete Muster für das Hilfsquadrat A

Höhere Ordnungen

Dieses Verfahren kann auf alle Ordnungen $n = 8k$ übertragen werden. Dabei muss das Muster in der oberen linken Ecke des Hilfsquadrates B ebenso angepasst werden, wie die Änderungen der Zahlen in den anderen Teilquadraten. In Abbildung 6.73 ist das Musterquadrat allgemein für eine beliebige Ordnung n mit $m = \frac{n}{2}$ angegeben.

$m^2 - 1$	$m - 1$	$m^2 - m$	0
0	$m^2 - m$	$m - 1$	$m^2 - 1$
$m - 1$	$m^2 - 1$	0	$m^2 - m$
$m^2 - m$	0	$m^2 - 1$	$m - 1$

Abb. 6.73 Musterquadrat für das Hilfsquadrat B

Mit jedem weiter unten im Quadrat liegenden Zeilenblock von vier Zeilen ändern sich die Zahlen aus dem Quadrat U. Für die weiter rechts liegenden Spaltenblöcke ändern sich dagegen die Zahlen nicht in Abhängigkeit von der Ordnung, sondern werden um die konstanten Zahlen aus dem Quadrat R verändert.

$-\frac{n}{2}$	$\frac{n}{2}$	$-\frac{n}{2}$	$\frac{n}{2}$
$\frac{n}{2}$	$-\frac{n}{2}$	$\frac{n}{2}$	$-\frac{n}{2}$
$\frac{n}{2}$	$-\frac{n}{2}$	$\frac{n}{2}$	$-\frac{n}{2}$
$-\frac{n}{2}$	$\frac{n}{2}$	$-\frac{n}{2}$	$\frac{n}{2}$

a) Quadrat U

-1	-1	1	1
1	1	-1	-1
-1	-1	1	1
1	1	-1	-1

b) Quadrat R

Abb. 6.74 Änderungen in den Teilquadraten für Ordnungen $n = 8k$

Für ein Beispiel der Ordnung $n = 16$ ist ein anderes lateinisches Ausgangsquadrat für das Hilfsquadrates A gewählt worden.

3	0	2	1
2	1	3	0
1	2	0	3
0	3	1	2

Größere Änderungen erfährt dagegen das Hilfsquadrat B mit dem veränderten Teilblock in der linken oberen Ecke sowie den Änderungen in den zu kopierenden Teilblöcken. Dieses Hilfsquadrat ist in Abbildung 6.75 dargestellt.

63	7	56	0	62	6	57	1	61	5	58	2	60	4	59	3
0	56	7	63	1	57	6	62	2	58	5	61	3	59	4	60
7	63	0	56	6	62	1	57	5	61	2	58	4	60	3	59
56	0	63	7	57	1	62	6	58	2	61	5	59	3	60	4
55	15	48	8	54	14	49	9	53	13	50	10	52	12	51	11
8	48	15	55	9	49	14	54	10	50	13	53	11	51	12	52
15	55	8	48	14	54	9	49	13	53	10	50	12	52	11	51
48	8	55	15	49	9	54	14	50	10	53	13	51	11	52	12
47	23	40	16	46	22	41	17	45	21	42	18	44	20	43	19
16	40	23	47	17	41	22	46	18	42	21	45	19	43	20	44
23	47	16	40	22	46	17	41	21	45	18	42	20	44	19	43
40	16	47	23	41	17	46	22	42	18	45	21	43	19	44	20
39	31	32	24	38	30	33	25	37	29	34	26	36	28	35	27
24	32	31	39	25	33	30	38	26	34	29	37	27	35	28	36
31	39	24	32	30	38	25	33	29	37	26	34	28	36	27	35
32	24	39	31	33	25	38	30	34	26	37	29	35	27	36	28

Abb. 6.75 Hilfsquadrat B

Mit den Hilfsquadraten A und B und der Formel

$$F_{i,j} = 4 \cdot B_{i,j} + A_{i,j} + 1$$

entsteht das pandiagonale Franklin-Quadrat F aus Abbildung 6.76.

256	29	227	2	252	25	231	6	248	21	235	10	244	17	239	14
3	226	32	253	7	230	28	249	11	234	24	245	15	238	20	241
30	255	1	228	26	251	5	232	22	247	9	236	18	243	13	240
225	4	254	31	229	8	250	27	233	12	246	23	237	16	242	19
224	61	195	34	220	57	199	38	216	53	203	42	212	49	207	46
35	194	64	221	39	198	60	217	43	202	56	213	47	206	52	209
62	223	33	196	58	219	37	200	54	215	41	204	50	211	45	208
193	36	222	63	197	40	218	59	201	44	214	55	205	48	210	51
192	93	163	66	188	89	167	70	184	85	171	74	180	81	175	78
67	162	96	189	71	166	92	185	75	170	88	181	79	174	84	177
94	191	65	164	90	187	69	168	86	183	73	172	82	179	77	176
161	68	190	95	165	72	186	91	169	76	182	87	173	80	178	83
160	125	131	98	156	121	135	102	152	117	139	106	148	113	143	110
99	130	128	157	103	134	124	153	107	138	120	149	111	142	116	145
126	159	97	132	122	155	101	136	118	151	105	140	114	147	109	144
129	100	158	127	133	104	154	123	137	108	150	119	141	112	146	115

Abb. 6.76 Pandiagonales Franklin-Quadrat der Ordnung $n = 16$ (Breedijk, Sudoku Methode)

6.3.7 Breedijk (Basic-Pattern Methode 1)

Bei dieser Methode wird ein beliebiges pandiagonales Quadrat der Größe 4 x 4 in alle Teilblöcke eines Hilfsquadrates A kopiert.

1	14	4	15
8	11	5	10
13	2	16	3
12	7	9	6

1	14	4	15	1	14	4	15
8	11	5	10	8	11	5	10
13	2	16	3	13	2	16	3
12	7	9	6	12	7	9	6
1	14	4	15	1	14	4	15
8	11	5	10	8	11	5	10
13	2	16	3	13	2	16	3
12	7	9	6	12	7	9	6

Abb. 6.77 Hilfsquadrat A mit einem pandiagonalen 4 x 4 - Quadrat

Weiterhin werden zwei Musterquadrate M_1 und M_2 benötigt, mit denen zwei weitere Hilfsquadrate erstellt werden.

0	1	1	0
1	0	0	1
0	1	1	0
1	0	0	1

a) Musterquadrat M_1

0	1	0	1
1	0	1	0
1	0	1	0
0	1	0	1

b) Musterquadrat M_2

Abb. 6.78 Musterquadrate M_1 und M_2

Für das Hilfsquadrat B wird das Muster M_1 in die linke obere Ecke eingesetzt. Rechts daneben folgt ein weiteres 4×4 - Quadrat, bei dem die Zahlen x aus M_1 durch die entgegengesetzten Zahlen $1 - x$ ersetzt werden. Für die Ordnung $n = 8$ bedeutet dies, dass die Zahl 1 durch 0 und 0 durch 1 ersetzt wird. Diese beiden Teilquadrate werden danach nach unten kopiert.

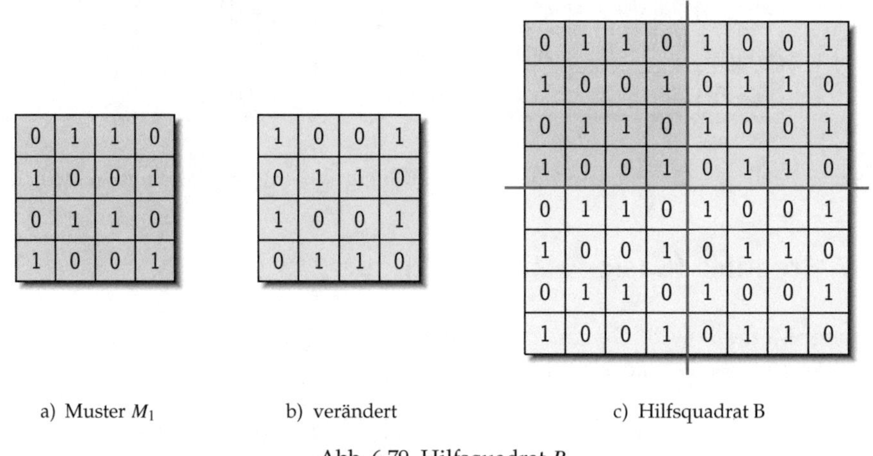

0	1	1	0
1	0	0	1
0	1	1	0
1	0	0	1

a) Muster M_1

1	0	0	1
0	1	1	0
1	0	0	1
0	1	1	0

b) verändert

0	1	1	0	1	0	0	1
1	0	0	1	0	1	1	0
0	1	1	0	1	0	0	1
1	0	0	1	0	1	1	0
0	1	1	0	1	0	0	1
1	0	0	1	0	1	1	0
0	1	1	0	1	0	0	1
1	0	0	1	0	1	1	0

c) Hilfsquadrat B

Abb. 6.79 Hilfsquadrat B

Ein drittes Hilfsquadrat C wird in der linken oberen Ecke mit dem Musterquadrat M_2 gefüllt. Darunter schließt sich ein Teilquadrat an, bei dem die Zahlen wie beim ersten Muster durch die entgegengesetzten Zahlen ersetzt werden. Beide Teilquadrate werden dann nach rechts kopiert.

Mit diesen drei Hilfsquadraten kann das pandiagonale Franklin-Quadrat F erstellt werden.[19] Dazu werden alle Zahlen der Hilfsquadrate mit konstanten Zahlen multipliziert und danach addiert.

[19] Breedijk [62]

0	1	0	1
1	0	1	0
1	0	1	0
0	1	0	1

a) Muster M_2

1	0	1	0
0	1	0	1
0	1	0	1
1	0	1	00

b) verändert

0	1	0	1	0	1	0	1
1	0	1	0	1	0	1	0
1	0	1	0	1	0	1	0
0	1	0	1	0	1	0	1
1	0	1	0	1	0	1	0
0	1	0	1	0	1	0	1
0	1	0	1	0	1	0	1
1	0	1	0	1	0	1	0

c) Hilfsquadrat C

Abb. 6.80 Hilfsquadrat C

Mit der Rechnung

$$F_{i,j} = A_{i,j} + 16 \cdot B_{i,j} + 32 \cdot C_{i,j}$$

entsteht aus den Hilfsquadraten A, B und C das pandiagonale Franklin-Quadrat aus Abbildung 6.81.

1	62	20	47	17	46	4	63
56	11	37	26	40	27	53	10
45	18	64	3	61	2	48	19
28	39	9	54	12	55	25	38
33	30	52	15	49	14	36	31
24	43	5	58	8	59	21	42
13	50	32	35	29	34	16	51
60	7	41	22	44	23	57	6

Abb. 6.81 Pandiagonales Franklin-Quadrat der Ordnung $n = 8$
(Breedijk, Basic-Pattern Methode)

Höhere Ordnungen

Dieses Verfahren kann auf alle Ordnungen $n = 8k$ übertragen werden, wenn einige Anpassungen vorgenommen werden. Wie bisher wird das Hilfsquadrat A erstellt, indem ein beliebiges pandiagonales Ausgangsquadrat in alle 4×4 - Teilquadrate von A kopiert wird.

14	1	12	7
11	8	13	2
5	10	3	16
4	15	6	9

Abb. 6.82 Pandiagonales Quadrat der Größe 4 x 4

Für das zweite Hilfsquadrat B müssen beide Musterquadrate mit der konstanten Zahl $c = \frac{n}{4} - 1$ multipliziert werden. Bei der Ordnung 16 wäre dies also die Zahl $c = 3$. Das erste Musterquadrat M_1 wird wie üblich in der linken oberen Ecke des Zielquadrates eingesetzt. Rechts daneben folgt wieder das Quadrat, bei dem die Zahlen x aus M_1 durch $c - x$ ersetzt werden.

Diese beiden Teilquadrate werden so oft nach rechts kopiert, bis die oberen vier Zeilen gefüllt sind. Mit jedem Schritt werden dabei aber die Zahlen verändert. Die kleinere Zahl wird jeweils um 1 erhöht, während die größere Zahl um 1 vermindert wird. Für beliebige Ordnungen $n = 8k$ ergibt sich damit das Schema aus Abbildung 6.83.

0	c	c	0	c	0	0	c	1	c-1	c-1	1	c-1	1	1	c-1	
c	0	0	c	0	c	c	0	c-1	1	1	c-1	1	c-1	c-1	1	...
0	c	c	0	c	0	0	c	1	c-1	c-1	1	c-1	1	1	c-1	
c	0	0	c	0	c	c	0	c-1	1	1	c-1	1	c-1	c-1	1	

Abb. 6.83 Anordnung der waagrechten Teilblöcke

Bei allen Ordnungen werden diese vier Zeilen so oft nach unten kopiert, bis in alle Zeilen die entsprechenden Zahlen eingetragen sind.

Das dritte Hilfsquadrat C wird ähnlich dem Hilfsquadrat B gefüllt, nur dass hier das Musterquadrat M_2 benutzt wird und die Teilquadrate nach unten angeordnet werden. In Abbildung 6.84 werden die Teilquadrate aus den ersten vier Spalten waagrecht dargestellt, müssen aber in B untereinander angeordnet werden.

0	c	0	c	c	0	c	0	1	c-1	1	c-1	c-1	1	c-1	1	
c	0	c	0	0	c	0	c	c-1	1	c-1	1	1	c-1	1	c-1	...
0	c	0	c	c	0	c	0	1	c-1	1	c-1	c-1	1	c-1	1	
c	0	c	0	0	c	0	c	c-1	1	c-1	1	1	c-1	1	c-1	

Abb. 6.84 Anordnung der senkrechten Teilblöcke

Um das vollständige Hilfsquadrat C zu erhalten, müssen nur noch die linken vier Spalten nach rechts vervielfältigt werden.

Mit der Formel

$$F_{i,j} = A_{i,j} + 16 \cdot B_{i,j} + 4n^2 \cdot C_{i,j}$$

entsteht dann das pandiagonale Franklin-Quadrat aus Abbildung 6.85.

14	241	60	199	62	193	12	247	30	225	44	215	46	209	28	231
251	8	205	50	203	56	253	2	235	24	221	34	219	40	237	18
197	58	243	16	245	10	195	64	213	42	227	32	229	26	211	48
52	207	6	249	4	255	54	201	36	223	22	233	20	239	38	217
206	49	252	7	254	1	204	55	222	33	236	23	238	17	220	39
59	200	13	242	11	248	61	194	43	216	29	226	27	232	45	210
5	250	51	208	53	202	3	256	21	234	35	224	37	218	19	240
244	15	198	57	196	63	246	9	228	31	214	41	212	47	230	25
78	177	124	135	126	129	76	183	94	161	108	151	110	145	92	167
187	72	141	114	139	120	189	66	171	88	157	98	155	104	173	82
133	122	179	80	181	74	131	128	149	106	163	96	165	90	147	112
116	143	70	185	68	191	118	137	100	159	86	169	84	175	102	153
142	113	188	71	190	65	140	119	158	97	172	87	174	81	156	103
123	136	77	178	75	184	125	130	107	152	93	162	91	168	109	146
69	186	115	144	117	138	67	192	85	170	99	160	101	154	83	176
180	79	134	121	132	127	182	73	164	95	150	105	148	111	166	89

Abb. 6.85 Pandiagonales Franklin-Quadrat der Ordnung $n = 16$ (Breedijk, Basic-Pattern Methode)

6.3.8 Breedijk (Basic-Pattern Methode 2)

Breedijk geht von einem beliebigen pandiagonalen Quadrat vierter Ordnung aus und teilt die 16 Zahlen mit zwei vorgegebenen Mustern in zwei Quadrate mit jeweils acht Zahlen auf.[20]

[20] Breedijk [58]

4	9	6	15
5	16	3	10
11	2	13	8
14	7	12	1

4			15
	16	3	
	2	13	
14			1

	9	6	
5			10
11			8
	7	12	

Abb. 6.86 Pandiagonales Ausgangsquadrat und die Aufteilung der Zahlen

In beiden Hilfsquadraten füllt er die noch leeren Zellen mit den Zahlen aus dem pandiagonalen Ausgangsquadrat auf. Dazu nummeriert er die bereits eingetragenen Zahlen von links nach rechts und von oben nach unten mit den Kennzahlen 1 bis 8 durch und trägt diese Zahlen von links nach rechts und von oben nach unten in umgekehrter Reihenfolge, also mit den Kennzahlen $8, 7, 6, 5, 4, 3, 2, 1$ in die noch leeren Zellen ein. Im linken Quadrat handelt es sich beispielsweise um die Zahlen $4, 15, 16, 3, 2, 13, 14, 1$, die jetzt in der Reihenfolge $1, 14, 13, 2, 3, 16, 15, 4$ notiert werden.

4	1	14	15
13	16	3	2
3	2	13	16
14	15	4	1

12	9	6	7
5	8	11	10
11	10	5	8
6	7	12	9

Abb. 6.87 Füllen der leeren Zellen in festgelegter Reihenfolge

Danach wird das erste Hilfsquadrat in die beiden oberen Quadranten des Zielquadrates der Ordnung 8 eingetragen, während das zweite Hilfsquadrat in die beiden rechten Quadranten eingefügt wird. Zusätzlich wird dieses Hilfsquadrat mit einem farbigen Muster wie in Abbildung 6.88 unterlegt.

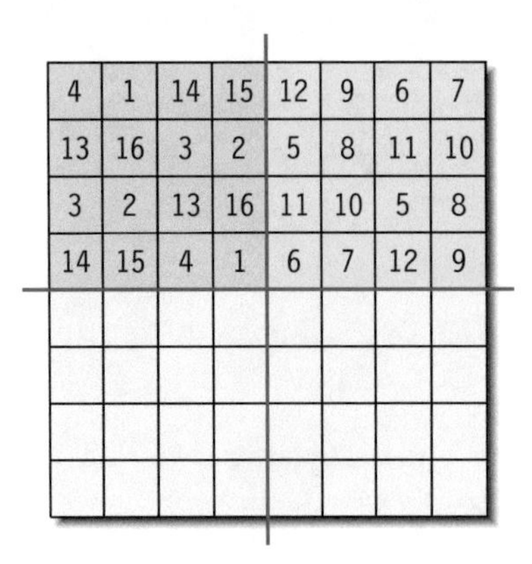

4	1	14	15	12	9	6	7
13	16	3	2	5	8	11	10
3	2	13	16	11	10	5	8
14	15	4	1	6	7	12	9

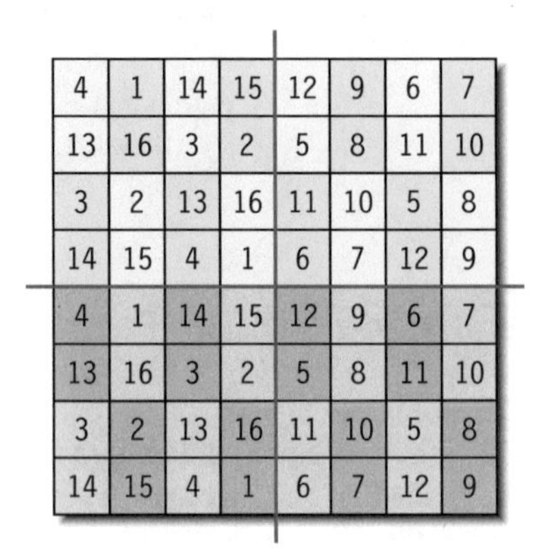

4	1	14	15	12	9	6	7
13	16	3	2	5	8	11	10
3	2	13	16	11	10	5	8
14	15	4	1	6	7	12	9
4	1	14	15	12	9	6	7
13	16	3	2	5	8	11	10
3	2	13	16	11	10	5	8
14	15	4	1	6	7	12	9

Abb. 6.88 Füllen der Quadranten mit den beiden Teilquadraten

Abschließend werden die bereits im Zielquadrat eingetragenen Zahlen z in den farbigen Zellen gemäß Tabelle 6.2 verändert. Die rot markierten Zahlen werden also um 16, die grün markierten um 32 und die blau markierten um 48 erhöht. Dagegen bleiben die gelb markierten Zahlen unverändert.

gelb	rot	grün	blau
z	$z+16$	$z+32$	$z+48$

Tab. 6.2 Änderung der Zahlen in den farbig markierten Zahlen

Mit diesen Änderungen ergibt sich pandiagonale das Franklin-Quadrat aus Abbildung 6.89.

4	49	14	63	12	57	6	55
13	64	3	50	5	56	11	58
51	2	61	16	59	10	53	8
62	15	52	1	54	7	60	9
20	33	30	47	28	41	22	39
29	48	19	34	21	40	27	42
35	18	45	32	43	26	37	24
46	31	36	17	38	23	44	25

Abb. 6.89 Pandiagonales Franklin-Quadrat (Breedijk)

Breedijk bildet aus den 16 Zahlen der pandiagonalen Ausgangsquadrate sechs unterschiedliche Muster mit jeweils acht Zahlen. Die Aufteilung seines zweiten Musters ist in Abbildung 6.90 angegeben.

11	14	1	8
5	4	15	10
16	9	6	3
2	7	12	13

11	14		
		15	10
		6	3
2	7		

		1	8
5	4		
16	9		
		12	13

Abb. 6.90 Pandiagonales Ausgangsquadrat und die Aufteilung der Zahlen mit Muster 2

Bei diesem Muster werden die acht bereits vorhandenen Zahlen in der Reihenfolge $7, 8, 5, 6, 3, 4, 1, 2$ noch einmal in die noch leeren Zellen eingetragen.

11	14	2	7
6	3	15	10
15	10	6	3
2	7	11	14

12	13	1	8
5	4	16	9
16	9	5	4
1	8	12	13

Abb. 6.91 Füllen der leeren Zellen in festgelegter Reihenfolge

Wie beim ersten Muster werden dann die Teilquadrate in die Quadranten eingefügt und alle Zahlen gemäß ihrer Farbe verändert. Damit entsteht das pandiagonale Franklin-Quadrat aus Abbildung 6.92.

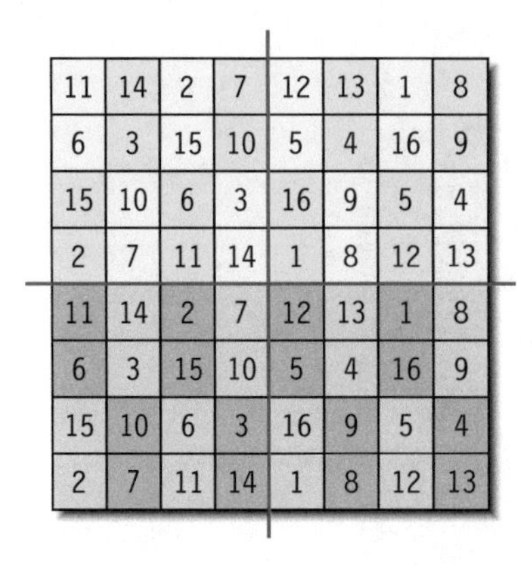

11	14	2	7	12	13	1	8
6	3	15	10	5	4	16	9
15	10	6	3	16	9	5	4
2	7	11	14	1	8	12	13
11	14	2	7	12	13	1	8
6	3	15	10	5	4	16	9
15	10	6	3	16	9	5	4
2	7	11	14	1	8	12	13

a) Füllen der Quadranten

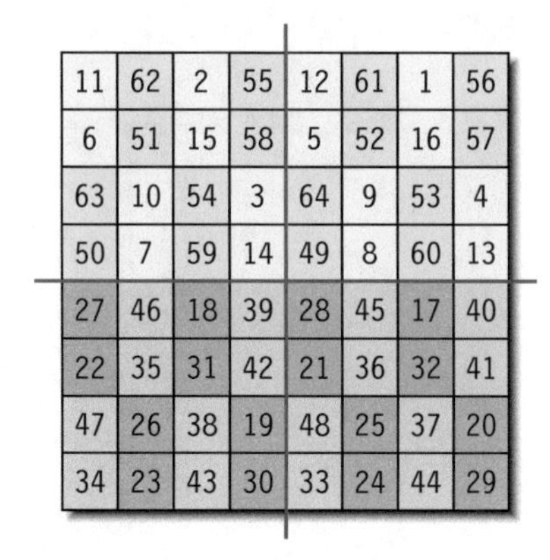

11	62	2	55	12	61	1	56
6	51	15	58	5	52	16	57
63	10	54	3	64	9	53	4
50	7	59	14	49	8	60	13
27	46	18	39	28	45	17	40
22	35	31	42	21	36	32	41
47	26	38	19	48	25	37	20
34	23	43	30	33	24	44	29

b) Änderung der Zahlen

Abb. 6.92 Pandiagonales Franklin-Quadrat (Breedijk, Muster 2)

Das dritte Muster von Breedijk ist in Abbildung 6.93 dargestellt.

15	1	8	10
6	12	13	3
9	7	2	16
4	14	11	5

15			10
6			3
	7	2	
	14	11	

	1	8	
	12	13	
9			16
4			5

Abb. 6.93 Pandiagonales Ausgangsquadrat und die Aufteilung der Zahlen mit Muster 3

Bei diesem Muster werden die noch leeren Zellen in der Reihenfolge 4, 3, 2, 1, 8, 7, 6, 5 gefüllt, bevor die Teilquadrate in die Quadranten des Zielquadrates eingetragen werden. Zusätzlich wird bei diesem Muster auch ein anderes Farbmuster für die Änderung der Zahlen benutzt.

15	3	6	10	13	1	8	12
6	10	15	3	8	12	13	1
11	7	2	14	9	5	4	16
2	14	11	7	4	16	9	5
15	3	6	10	13	1	8	12
6	10	15	3	8	12	13	1
11	7	2	14	9	5	4	16
2	14	11	7	4	16	9	5

15	51	6	58	13	49	8	60
54	10	63	3	56	12	61	1
59	7	50	14	57	5	52	16
2	62	11	55	4	64	9	53
31	35	22	42	29	33	24	44
38	26	47	19	40	28	45	17
43	23	34	30	41	21	36	32
18	46	27	39	20	48	25	37

Abb. 6.94 Pandiagonales Franklin-Quadrat (Breedijk, Muster 3)

Mit seinem vierten Muster teilt Breedijk die Zahlen des pandiagonalen Ausgangsquadrates wieder anders auf.

16	5	4	9
2	11	14	7
13	8	1	12
3	10	15	6

16	5		
2	11		
		1	12
		15	6

		4	9
		14	7
13	8		
3	10		

Abb. 6.95 Pandiagonales Ausgangsquadrat und die Aufteilung der Zahlen mit Muster 4

Bei diesem Muster muss die Reihenfolge 3, 4, 1, 2, 7, 8, 5, 6 gewählt werden, bevor die vollständig gefüllten Teilquadrate in die Quadranten des Zielquadrates übertragen werden. Dabei wird das gleiche Farbmuster wie bei dem vorherigen Beispiel verwendet, sodass mit diesem Muster das pandiagonale Franklin-Quadrat aus Abbildung 6.96 erzeugt wird.

16	5	2	11	14	7	4	9
2	11	16	5	4	9	14	7
15	6	1	12	13	8	3	10
1	12	15	6	3	10	13	8
16	5	2	11	14	7	4	9
2	11	16	5	4	9	14	7
15	6	1	12	13	8	3	10
1	12	15	6	3	10	13	8

16	53	2	59	14	55	4	57
50	11	64	5	52	9	62	7
63	6	49	12	61	8	51	10
1	60	15	54	3	58	13	56
32	37	18	43	30	39	20	41
34	27	48	21	36	25	46	23
47	22	33	28	45	24	35	26
17	44	31	38	19	42	29	40

Abb. 6.96 Pandiagonales Franklin-Quadrat (Breedijk, Muster 4)

Die Aufteilung für das fünfte Muster von Breedijk ist in Abbildung 6.97 angegeben.

10	8	13	3
15	1	12	6
4	14	7	9
5	11	2	16

10		13	
15		12	
4		7	
5		2	

	8		3
	1		6
	14		9
	11		16

Abb. 6.97 Pandiagonales Ausgangsquadrat und die Aufteilung der Zahlen mit Muster 5

Die leeren Zellen werden hier in der Reihenfolge 5, 6, 7, 8, 1, 2, 3, 4 gefüllt und dann die Teilquadrate in das 8×8 - Quadrat eingetragen. Allerdings wird für diese Aufteilung ein drittes Farbquadrat für die Veränderung der Zahlen benutzt. Damit ergibt sich dann das pandiagonale Franklin-Quadrat aus Abbildung 6.98.

10	4	13	7	14	8	9	3
15	5	12	2	11	1	16	6
4	10	7	13	8	14	3	9
5	15	2	12	1	11	6	16
10	4	13	7	14	8	9	3
15	5	12	2	11	1	16	6
4	10	7	13	8	14	3	9
5	15	2	12	1	11	6	16

42	20	61	7	62	8	41	19
31	37	12	50	11	49	32	38
4	58	23	45	24	46	3	57
53	15	34	28	33	27	54	16
10	52	29	39	30	40	9	51
63	5	44	18	43	17	64	6
36	26	55	13	56	14	35	25
21	47	2	60	1	59	22	48

Abb. 6.98 Pandiagonales Franklin-Quadrat (Breedijk, Muster 5)

Das sechste und letzte Muster zur Aufteilung des pandiagonalen Ausgangsquadrates ist in Abbildung 6.99 dargestellt.

6	15	4	9
3	10	5	16
13	8	11	2
12	1	14	7

6	15	4	9
13	8	11	2

3	10	5	16
12	1	14	7

Abb. 6.99 Pandiagonales Ausgangsquadrat und die Aufteilung der Zahlen mit Muster 6

Bei dieser Aufteilung werden die Zahlen in der Reihenfolge 3, 4, 1, 2, 7, 8, 5, 6 in die noch leeren Zellen eingetragen. Im Unterschied zu den anderen fünf Mustern werden die Quadranten hier anders gefüllt. Das erste Teilquadrat wird in die beiden oberen und das zweite Teilquadrat in die beiden unteren Quadranten eingetragen.

Allerdings ändert sich das Farbmuster hier nicht, und es wird das gleiche Farbmuster wie beim fünften Muster verwendet. Damit ergibt sich dann das in Abbildung 6.100 dargestellte pandiagonale Franklin-Quadrat.

6	15	4	9	6	15	4	9
4	9	6	15	4	9	6	15
13	8	11	2	13	8	11	2
11	2	13	8	11	2	13	8
5	16	3	10	5	16	3	10
3	10	5	16	3	10	5	16
14	7	12	1	14	7	12	1
12	1	14	7	12	1	14	7

38	31	52	9	54	15	36	25
20	41	6	63	4	57	22	47
13	56	27	34	29	40	11	50
59	2	45	24	43	18	61	8
5	64	19	42	21	48	3	58
51	10	37	32	35	26	53	16
46	23	60	1	62	7	44	17
28	33	14	55	12	49	30	39

Abb. 6.100 Pandiagonales Franklin-Quadrat (Breedijk, Muster 6)

Variationen

Diese sechs Muster bieten eine Vielzahl an Variationsmöglichkeiten. So kann etwa die Änderung der Zahlen bei den Farben Gelb und Blau ebenso vertauscht werden wie bei den Farben Rot und Grün, sodass sich hier insgesamt vier Möglichkeiten ergeben.

Im Beispiel des pandiagonalen Franklin-Quadrates in Abbildung 6.101 ist für die Aufteilung der Zahlen das Muster 1 gewählt worden und zusätzlich wurden die Summanden bei beiden Farbpaaren vertauscht.

8	14	11	1	4	10	15	5
9	3	6	16	13	7	2	12
6	16	9	3	2	12	13	7
11	1	8	14	15	5	4	10
8	14	11	1	4	10	15	5
9	3	6	16	13	7	2	12
6	16	9	3	2	12	13	7
11	1	8	14	15	5	4	10

a) Füllen der Quadranten

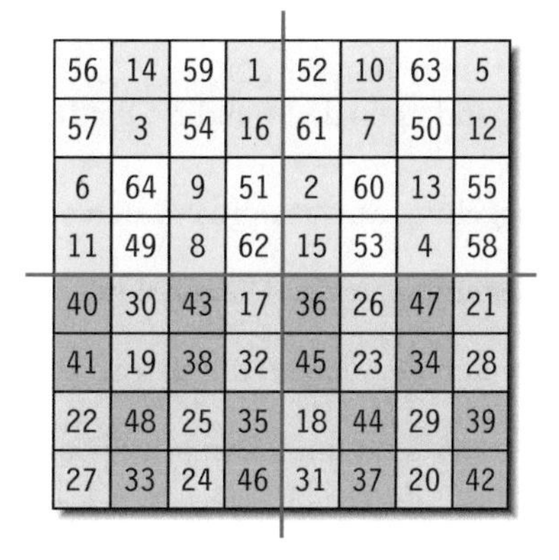

56	14	59	1	52	10	63	5
57	3	54	16	61	7	50	12
6	64	9	51	2	60	13	55
11	49	8	62	15	53	4	58
40	30	43	17	36	26	47	21
41	19	38	32	45	23	34	28
22	48	25	35	18	44	29	39
27	33	24	46	31	37	20	42

b) Änderung der Zahlen

Abb. 6.101 Pandiagonales Franklin-Quadrat (Breedijk, Variante)

Mit den 384 pandiagonalen Ausgangsquadraten der Ordnung 4, den sechs verschiedenen Mustern zur Aufteilung der Zahlen und den vier Möglichkeiten zur Änderung der Summanden ergeben sich insgesamt

$$384 \cdot 6 \cdot 4 = 9216$$

pandiagonale Franklin-Quadrate achter Ordnung. Es stellt sich aber heraus, dass nur 3456 von ihnen verschieden sind und die anderen sich durch Spiegelungen und Drehungen aus ihnen ergeben.

Nimmt man noch die Transformationen hinzu, die pandiagonale Franklin-Quadrate ineinander überführen, lassen sich mit diesen Mustern sogar 196 608 der insgesamt 368 640 verschiedenen pandiagonalen Franklin-Quadrate erzeugen.

Allerdings gilt dieses Verfahren nur für die Ordnung $n = 8$ und lässt sich nicht auf höhere Ordnungen übertragen.

6.4 Transformationen

Franklin-Quadrate bieten durch ihre besondere Struktur viele Möglichkeiten, um weitere unterschiedliche Franklin-Quadrate zu erzeugen. Besonders wichtig für das Thema dieses Buches sind aber Transformationen, mit denen man aus ihnen pandiagonale Quadrate erzeugen kann.

6.4.1 Transformationen von Franklin-Quadraten

Franklin-Quadrate behalten bei vielen Transformationen ihre Eigenschaften. Die hier vorgestellten Transformationen gelten für alle Ordnungen $n = 8k$ und für normale sowie pandiagonale Franklin-Quadrate.[21]

1. Spiegelung an der horizontalen oder vertikalen Mittellinie
2. Spiegelung an den Diagonalen
3. Ersetzen der Zahlen durch ihre komplementären Zahlen $F_{i,j} = n^2 + 1 - F_{i,j}$
4. Permutation von Zeilen oder Spalten: Dabei müssen die Zeilen- bzw. Spaltennummern im Bereich $0, 1, \ldots, n-1$ liegen und aus festgelegten Mengen stammen. In Abbildung 6.102 sind diese Mengen allgemein für eine beliebige Ordnung n sowie die konkreten Ordnungen 8 und 16 angegeben.

[21] Hurkens [277]

Ordnung n	Ordnung 8	Ordnung 16
$S_1 = \{ 2k \mid 0 \le k < \frac{n}{4} \}$	$S_1 = \{0, 2\}$	$S_1 = \{0, 2, 4, 6\}$
$S_2 = \{ 2k+1 \mid 0 \le k < \frac{n}{4} \}$	$S_2 = \{1, 3\}$	$S_2 = \{1, 3, 5, 7\}$
$S_3 = \{ 2k \mid \frac{n}{4} \le k < \frac{n}{2} \}$	$S_3 = \{4, 6\}$	$S_3 = \{8, 10, 12, 14\}$
$S_4 = \{ 2k+1 \mid \frac{n}{4} \le k < \frac{n}{2} \}$	$S_4 = \{5, 7\}$	$S_4 = \{9, 11, 13, 15\}$

Abb. 6.102 Mengen für die Permutation von Zeilen und Spalten

In Abbildung 6.103 werden zunächst die Zeilen 1 und 3 vertauscht, bevor danach die Spalten 4 und 6 sowie 5 und 7 ausgetauscht werden.

	0	1	2	3	4	5	6	7
0	7	62	2	59	1	60	8	61
1	58	3	63	6	64	5	57	4
2	55	14	50	11	49	12	56	13
3	10	51	15	54	16	53	9	52
4	39	30	34	27	33	28	40	29
5	26	35	31	38	32	37	25	36
6	23	46	18	43	17	44	24	45
7	42	19	47	22	48	21	41	20

a) Franklin-Quadrat

	0	1	2	3	6	7	4	5
0	7	62	2	59	8	61	1	60
3	10	51	15	54	9	52	16	53
2	55	14	50	11	56	13	49	12
1	58	3	63	6	57	4	64	5
4	39	30	34	27	40	29	33	28
5	26	35	31	38	25	36	32	37
6	23	46	18	43	24	45	17	44
7	42	19	47	22	41	20	48	21

b) Vertauschen von Zeilen und Spalten

Abb. 6.103 Transformation eines Franklin-Quadrates

Diese veränderten Anordnungen sind auch für pandiagonale Franklin-Quadrate geeignet, wobei immer ein neues pandiagonales Franklin-Quadrat entsteht. Im Beispiel aus Abbildung 6.104 werden die Zeilen 4 und 6 sowie 5 und 7 aus der unteren Hälfte und die Spalten 6 und 4 aus der rechten Hälfte vertauscht.

	0	1	2	3	4	5	6	7
0	1	59	14	56	5	52	10	63
1	16	54	3	57	12	61	7	50
2	51	9	64	6	55	2	60	13
3	62	8	49	11	58	15	53	4
4	35	25	48	22	39	18	44	29
5	32	38	19	41	28	45	23	34
6	17	43	30	40	21	36	26	47
7	46	24	33	27	42	31	37	20

a) pandiagonales Franklin-Quadrat

	0	1	2	3	6	5	4	7
0	1	59	14	56	10	52	5	63
1	16	54	3	57	7	61	12	50
2	51	9	64	6	60	2	55	13
3	62	8	49	11	53	15	58	4
6	17	43	30	40	26	36	21	47
7	46	24	33	27	37	31	42	20
4	35	25	48	22	44	18	39	29
5	32	38	19	41	23	45	28	34

b) Vertauschen von Zeilen und Spalten

Abb. 6.104 Transformation eines pandiagonalen Franklin-Quadrates

Bei der Ordnung $n = 8$ ist die Anzahl der Variationen noch überschaubar. Aber schon bei der Ordnung 16, bei der die Mengen S_1 bis S_4 jeweils vier Zahlen enthalten, wächst die Anzahl der Möglichkeiten erheblich.

5. Austausch aller Zeilen bzw. Spalten mit den Indizes der Mengen S_1 und S_3 sowie S_2 und S_4.

   Während bei den vorhergehenden Transformationen immer Zeilen und Spalten innerhalb einer Menge S_i gewählt werden mussten, sind hier zwei Mengen beteiligt.

	0	1	2	3	4	5	6	7
0	2	56	13	59	1	55	14	60
1	15	57	4	54	16	58	3	53
2	50	8	61	11	49	7	62	12
3	63	9	52	6	64	10	51	5
4	18	40	29	43	17	39	30	44
5	47	25	36	22	48	26	35	21
6	34	24	45	27	33	23	46	28
7	31	41	20	38	32	42	19	37

a) Franklin-Quadrat

	4	1	6	3	0	5	2	7
0	1	56	14	59	2	55	13	60
5	48	25	35	22	47	26	36	21
2	49	8	62	11	50	7	61	12
7	32	41	19	38	31	42	20	37
4	17	40	30	43	18	39	29	44
1	16	57	3	54	15	58	4	53
6	33	24	46	27	34	23	45	28
3	64	9	51	6	63	10	52	5

b) Vertauschen von Spalten

Abb. 6.105 Transformation eines Franklin-Quadrates

Kombinationen

Durch geeignete Kombinationen der aufgeführten Transformationen ergeben sich weitere interessante Möglichkeiten. So bleiben die Eigenschaften eines Franklin-Quadrates erhalten, wenn man die linke und die rechte Hälfte des Quadrates miteinander vertauscht.

5	44	23	58	7	42	21	60
32	49	14	35	30	51	16	33
41	8	59	22	43	6	57	24
52	29	34	15	50	31	36	13
45	4	63	18	47	2	61	20
56	25	38	11	54	27	40	9
1	48	19	62	3	46	17	64
28	53	10	39	26	55	12	37

7	42	21	60	5	44	23	58
30	51	16	33	32	49	14	35
43	6	57	24	41	8	59	22
50	31	36	13	52	29	34	15
47	2	61	20	45	4	63	18
54	27	40	9	56	25	38	11
3	46	17	64	1	48	19	62
26	55	12	37	28	53	10	39

Abb. 6.106 Vertauschen der linken und rechten Hälfte in einem Franklin-Quadrat

Diese Transformation kann natürlich auch bei pandiagonalen Franklin-Quadraten angewendet werden. In Abbildung 6.107 ist eine andere Möglichkeit dargestellt, bei der die obere und die untere Hälfte vertauscht werden.

16	57	56	1	32	41	40	17
50	7	10	63	34	23	26	47
9	64	49	8	25	48	33	24
55	2	15	58	39	18	31	42
13	60	53	4	29	44	37	20
51	6	11	62	35	22	27	46
12	61	52	5	28	45	36	21
54	3	14	59	38	19	30	43

13	60	53	4	29	44	37	20
51	6	11	62	35	22	27	46
12	61	52	5	28	45	36	21
54	3	14	59	38	19	30	43
16	57	56	1	32	41	40	17
50	7	10	63	34	23	26	47
9	64	49	8	25	48	33	24
55	2	15	58	39	18	31	42

Abb. 6.107 Vertauschen von zwei Hälften in einem pandiagonalen Franklin-Quadrat

Eine bemerkenswerte Folge von Transformationen platziert die Zahl 1 in der linken oberen Ecke. Dies soll am Beispiel des originalen Franklin-Quadrates demonstriert werden, das zuerst vertikal und horizontal gespiegelt wird.

52	61	4	13	20	29	36	45
14	3	62	51	46	35	30	19
53	60	5	12	21	28	37	44
11	6	59	54	43	38	27	22
55	58	7	10	23	26	39	42
9	8	57	56	41	40	25	24
50	63	2	15	18	31	34	47
16	1	64	49	48	33	32	17

16	1	64	49	48	33	32	17
50	63	2	15	18	31	34	47
9	8	57	56	41	40	25	24
55	58	7	10	23	26	39	42
11	6	59	54	43	38	27	22
53	60	5	12	21	28	37	44
14	3	62	51	46	35	30	19
52	61	4	13	20	29	36	45

17	32	33	48	49	64	1	16
47	34	31	18	15	2	63	50
24	25	40	41	56	57	8	9
42	39	26	23	10	7	58	55
22	27	38	43	54	59	6	11
44	37	28	21	12	5	60	53
19	30	35	46	51	62	3	14
45	36	29	20	13	4	61	52

	4	1	6	3	0	5	2	7
0	49	32	1	48	17	64	33	16
1	15	34	63	18	47	2	31	50
2	56	25	8	41	24	57	40	9
3	10	39	58	23	42	7	26	55
4	54	27	6	43	22	59	38	11
5	12	37	60	21	44	5	28	53
6	51	30	3	46	19	62	35	14
7	13	36	61	20	45	4	29	52

d) Spaltentausch mit S_1 und S_3

	6	1	4	3	0	5	2	7
0	1	32	49	48	17	64	33	16
1	63	34	15	18	47	2	31	50
2	8	25	56	41	24	57	40	9
3	58	39	10	23	42	7	26	55
4	6	27	54	43	22	59	38	11
5	60	37	12	21	44	5	28	53
6	3	30	51	46	19	62	35	14
7	61	36	13	20	45	4	29	52

e) Spaltentausch in S_1

Abb. 6.108 Transformation der Zahl 1 in die linke obere Ecke bei dem Quadrat von Benjamin Franklin

6.4.2 Umwandlung in ein pandiagonales Quadrat

Nordgren hat zwei Transformationen vorgestellt, mit denen man aus einem Franklin-Quadrat der Ordnung $n = 8k$ ein pandiagonales magisches Quadrat erzeugen kann.[22] Er unterteilt das Quadrat in seine vier Quadranten und vertauscht die beiden unteren Quadranten. Zusätzlich werden beide Quadranten an ihrer horizontalen Mittellinie gespiegelt. Eine solche Transformation ist in Abbildung 6.109 für die Ordnung 8 dargestellt.

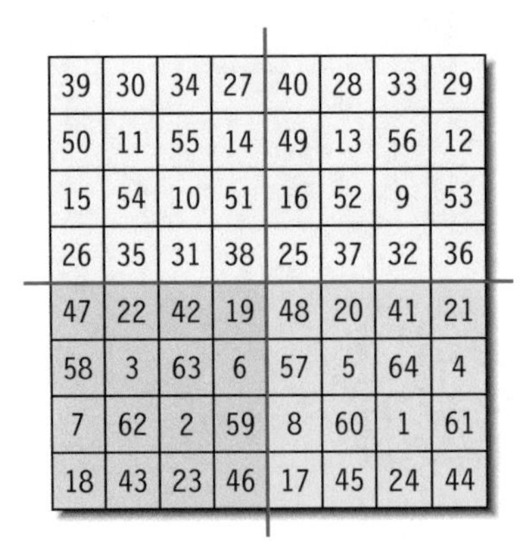

39	30	34	27	40	28	33	29
50	11	55	14	49	13	56	12
15	54	10	51	16	52	9	53
26	35	31	38	25	37	32	36
47	22	42	19	48	20	41	21
58	3	63	6	57	5	64	4
7	62	2	59	8	60	1	61
18	43	23	46	17	45	24	44

a) Franklin-Quadrat

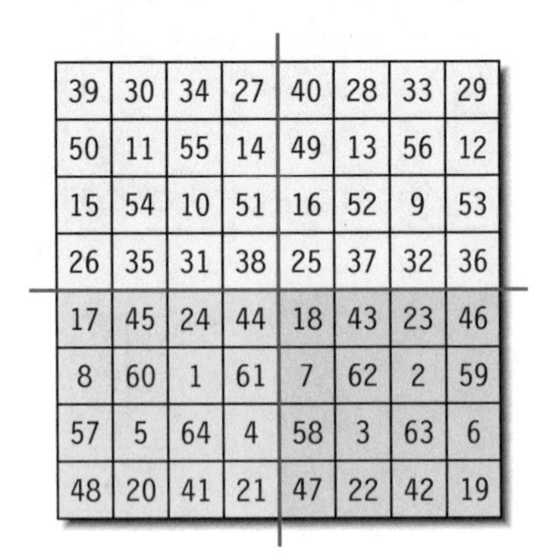

39	30	34	27	40	28	33	29
50	11	55	14	49	13	56	12
15	54	10	51	16	52	9	53
26	35	31	38	25	37	32	36
17	45	24	44	18	43	23	46
8	60	1	61	7	62	2	59
57	5	64	4	58	3	63	6
48	20	41	21	47	22	42	19

b) pandiagonal

Abb. 6.109 Transformation eines Franklin-Quadrates in ein pandiagonales magisches Quadrat

[22] Nordgren [387]

Bei einer weiteren Transformation werden nicht die beiden unteren, sondern die beiden rechten Quadranten verändert. Auch diese beiden Quadranten werden vertauscht, wobei sie dieses Mal an der vertikalen Mittellinie gespiegelt werden.

10	7	58	55	42	39	26	23
56	57	8	9	24	25	40	41
15	2	63	50	47	34	31	18
49	64	1	16	17	32	33	48
12	5	60	53	44	37	28	21
54	59	6	11	22	27	38	43
13	4	61	52	45	36	29	20
51	62	3	14	19	30	35	46

a) Franklin-Quadrat

10	7	58	55	21	28	37	44
56	57	8	9	43	38	27	22
15	2	63	50	20	29	36	45
49	64	1	16	46	35	30	19
12	5	60	53	23	26	39	42
54	59	6	11	41	40	25	24
13	4	61	52	18	31	34	47
51	62	3	14	48	33	32	17

b) pandiagonal

Abb. 6.110 Transformation eines Franklin-Quadrates in ein pandiagonales magisches Quadrat

Für die Ordnung $n = 8$ ist das neu entstehende Quadrat ein pandiagonales Franklin-Quadrat. Bei höheren Ordnungen gehen bei dieser Transformation aber die Eigenschaften eines Franklin-Quadrates verloren, obwohl es weiterhin ein pandiagonales Quadrat bleibt.

6.4.3 Umwandlung in ein supermagisches Quadrat

Mit nur wenigen Vertauschungen von Zeilen und Spalten kann ein pandiagonales Franklin-Quadrat achter Ordnung in ein supermagisches Quadrat umgewandelt werden.[23] Dazu müssen nur die Zeilen mit den Kennziffern 2 und 4 ebenso vertauscht werden wie die Zeilen 3 und 5.

Zusätzlich müssen auch die Spalten mit diesen Kennziffern vertauscht werden. Eine solche Transformation ist in Abbildung 6.111 dargestellt.

Allerdings ist diese Transformation nicht auf höhere Ordnungen $n = 8k$ übertragbar. Sie funktioniert zwar bei einigen Quadraten, wenn man die Indizes der oben genannten Zeilen und Spalten entsprechend anpasst, aber nicht bei allen. Daher kann in diesem Fall keine allgemeingültige Aussage getroffen werden.

[23] Schindel, Rempel und Loly [507]

	0	1	2	3	4	5	6	7
7	23	50	16	41	32	57	7	34
6	14	43	21	52	5	36	30	59
5	49	24	42	15	58	31	33	8
4	44	13	51	22	35	6	60	29
3	17	56	10	47	26	63	1	40
2	12	45	19	54	3	38	28	61
1	55	18	48	9	64	25	39	2
0	46	11	53	20	37	4	62	27

a) pandiagonales Franklin-Quadrat

	0	1	2	3	4	5	6	7
7	23	50	16	41	32	57	7	34
6	14	43	21	52	5	36	30	59
5	17	56	10	47	26	63	1	40
4	12	45	19	54	3	38	28	61
3	49	24	42	15	58	31	33	8
2	44	13	51	22	35	6	60	29
1	55	18	48	9	64	25	39	2
0	46	11	53	20	37	4	62	27

b) Vertauschen von Zeilen

	0	1	2	3	4	5	6	7
7	23	50	32	57	16	41	7	34
6	14	43	5	36	21	52	30	59
5	17	56	26	63	10	47	1	40
4	12	45	3	38	19	54	28	61
3	49	24	58	31	42	15	33	8
2	44	13	35	6	51	22	60	29
1	55	18	64	25	48	9	39	2
0	46	11	37	4	53	20	62	27

c) Vertauschen von Spalten

Abb. 6.111 Transformation eines pandiagonalen Franklin-Quadrates in ein supermagisches Quadrat

Kapitel

7

Eingebettete magische Quadrate

Der Begriff der eingebetteten magischen Quadrate, so wie er heutzutage benutzt wird, wurde erst um 1990 von John R. Hendricks eingeführt.[1] Trotzdem gab ungefähr seit 1900 bereits viele Beispiele von eingebetteten Quadraten, wie in dem magischen Quadrat von L.S. Frierson aus dem Jahre 1911, das in Abbildung 7.1 dargestellt ist.[2]

157	13	23	147	109	31	111	138	36	66	102	100	72
145	25	17	153	61	139	59	32	134	104	68	98	70
16	154	144	26	57	56	30	112	136	99	105	60	110
22	148	156	14	113	114	140	58	34	65	71	133	37
97	73	94	76	151	18	21	89	146	135	35	29	141
79	91	78	92	27	82	150	155	11	63	107	33	137
74	96	75	95	143	159	15	20	88	115	55	101	69
90	80	93	77	19	24	81	149	152	54	116	103	67
164	6	3	167	85	142	158	12	28	64	106	108	62
7	163	168	86	1	132	44	39	125	50	48	118	124
162	8	84	2	169	38	126	131	45	120	122	52	46
5	83	161	10	166	129	43	40	128	123	117	49	51
87	165	9	160	4	41	127	130	42	47	53	121	119

Abb. 7.1 Eingebettete magische Quadrate (Frierson)

[1] Hendricks [227]

[2] Andrews [17] S. 229 – 241 und Frierson [148]

H. Danielsson, *Spezielle magische Quadrate und ihre Konstruktion*,
https://doi.org/10.1007/978-3-662-70708-1_7

In dem Quadrat der Ordnung $n = 13$ von Frierson sind insgesamt 11 weitere Quadrate eingebettet.

- ein magisches Quadrat der Ordnung $n = 11$
- zwei magische Quadrate der Ordnung $n = 9$
- zwei magische Quadrate der Ordnung $n = 7$
- zwei magische Quadrate der Ordnung $n = 5$
- vier magische Quadrate der Ordnung $n = 4$

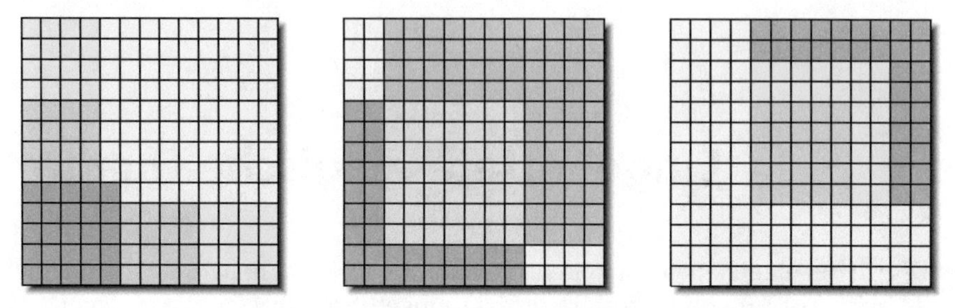

Abb. 7.2 Positionen der eingebetteten magischen Quadrate

Die magischen Quadrate aus der damaligen Zeit wurden aber immer einzeln erzeugt. Einen allgemeineren Ansatz zur Konstruktion eingebetteter magischer Quadrate, der algebraische Muster benutzt, stammt von John R. Hendricks.[3] Mit seinen algebraischen Mustern lassen sich mit unterschiedlichen Belegungen der benutzten Buchstaben immer mehrere Quadrate eines Typs erzeugen. Die meisten der hier vorgestellten Ideen stammen von Hendricks, wobei die Verfahren in den meisten Kapiteln aber ergänzt oder sogar stark erweitert wurden.

7.1 Algebraische Muster

Die Konstruktionsverfahren von Hendricks zur Erzeugung eingebetteter magischer Quadrate gehen immer von einem algebraischen Muster aus.

ac	ab	de	ea	dd
bc	da	bd	cd	dc
ee	ca	cc	ce	aa
eb	cb	db	be	ad
bb	ed	ba	ae	ec

Abb. 7.3 Algebraisches Muster für die Ordnung $n = 5$

[3] Hendricks [204]

Hieraus ergibt sich ein magisches Quadrat, wenn man das Muster mit Zahlen belegt. Dies bedeutet, dass man die Buchstaben durch Ziffern ersetzt und die entstandene Zahl im Zahlensystem zur Basis der Ordnung $n = 5$ betrachtet. Die Umwandlung in das Dezimalsystem mit anschließender Erhöhung der Zahlen um 1 liefert dann das magische Quadrat, wobei das innere Quadrat der Ordnung 3 auch magisch ist. In Abbildung 7.4 ist der gesamte Prozess für ein gerahmtes magisches Quadrat der Ordnung $n = 5$ dargestellt.

Belegung				
a	b	c	d	e
0	1	2	3	4

a) Belegung der Buchstaben

02	01	34	40	33
12	30	13	23	32
44	20	22	24	00
41	21	31	14	03
11	43	10	04	42

b) Zahlensystem

3	2	20	21	19
8	16	9	14	18
25	11	13	15	1
22	12	17	10	4
7	24	6	5	23

c) magisches Quadrat

Abb. 7.4 Gerahmtes magisches Quadrat der Ordnung $n = 5$

Streng genommen zählt man meistens die gerahmten magischen Quadrate nicht zu den eingebetteten magischen Quadraten, da sie zusätzliche Bedingungen für die Anordnung der Zahlen besitzen. In vereinzelten Fällen werden sie aber mit aufgeführt, um die Mächtigkeit der algebraischen Muster zu verdeutlichen.

Eine veränderte Belegung ergibt ein anderes gerahmtes Quadrat. Das magische Quadrat in Abbildung 7.5 ist z. B. völlig unterschiedlich zu dem Quadrat aus dem ersten Beispiel aufgebaut.

Belegung				
a	b	c	d	e
4	3	2	1	0

a) Belegung der Buchstaben

42	43	10	04	11
32	14	31	21	12
00	24	22	20	44
03	23	13	30	41
33	01	34	40	02

b) Zahlensystem

23	24	6	5	7
18	10	17	12	8
1	15	13	11	25
4	14	9	16	22
19	2	20	21	3

c) magisches Quadrat

Abb. 7.5 Gerahmtes magisches Quadrat der Ordnung $n = 5$

Dagegen wird bei konzentrischen magischen Quadraten das innere Quadrat als ein eingebettetes Quadrat anerkannt, da die Zahlen im Rahmen keiner weiteren Bedingung mehr unterliegen. In Abbildung 7.6 ist ein derartiges magisches Quadrat dargestellt, das aus einem algebraischen Muster erzeugt worden ist.

Wie immer kann die Zuordnung der Zahlen zu den Buchstaben nicht frei gewählt werden, sondern muss bestimmte Bedingungen erfüllen, damit das gewünschte Ergebnis entsteht. Hier muss dem Zeichen z die mittlere Zahl $z = 2$ zugeordnet werden, und die Buchstabenpaare a und A sowie b und B müssen komplementär zu der Zahl $n-1=4$ sein.

$$a+A=b+B=n-1=4$$

Diese Eigenschaft wird in allen Kapiteln immer durch zusammengehörende Paare von Groß- und Kleinbuchstaben verdeutlicht.

zB	bA	Bb	ba	Bz
ab	za	AA	az	AB
BB	aA	zz	Aa	bb
Ab	Az	aa	zA	aB
bz	Ba	bB	BA	zb

Belegung				
a	A	b	B	z
1	3	4	0	2

11	24	5	22	3
10	12	19	8	16
1	9	13	17	25
20	18	7	14	6
23	2	21	4	15

Abb. 7.6 Konzentrisches magisches Quadrat der Ordnung $n=5$

7.2 Vier eingebettete Quadrate in einem Rahmen

Hendricks hat für verschiedene Ordnungen algebraische Muster entwickelt, bei denen im Zentrum vier Quadrate der Ordnung $\frac{n-2}{2}$ eingebettet sind.[4] Dabei geht er immer von einem speziellen Muster mit Kleinbuchstaben aus, bei dem er dann systematisch bestimmte Buchstaben in Großbuchstaben umwandelt und die dadurch entstehenden Quadrate zusammensetzt.

Ordnung 8

Für die Ordnung $n=8$ gilt $\frac{n-2}{2}=3$, und der Aufbau dieser vier Teilquadrate ist in Abbildung 7.7a dargestellt. Um diesen inneren Kern wird ein zusätzlicher Rahmen gelegt, sodass das vollständige algebraische Muster aus Abbildung 7.7b entsteht.

Für die Belegung wird zunächst gefordert, dass die Summe der zueinandergehörenden Buchstabenpaare jeweils $n-1=7$ ergibt. Weiterhin muss

$$a+b+c+x=A+B+C+y=14$$

gelten, damit die Zeilen- und Spaltensummen identisch sind. Eine dritte Bedingung ist für die Diagonalen der vier Teilquadrate erforderlich:

$$b=\frac{a+c}{2} \qquad \text{und} \qquad B=\frac{A+C}{2}$$

[4] Hendricks [204] S. 56 – 62

bA	cC	aB	BA	CC	AB
aC	bB	cA	AC	BB	CA
cB	aA	bC	CB	AA	BC
ba	cc	ab	Ba	Cc	Ab
ac	bb	ca	Ac	Bb	Ca
cb	aa	bc	Cb	Aa	Bc

a) inneres Muster

xx	xa	xb	xc	yc	yb	ya	yx
ay	bA	cC	aB	BA	CC	AB	Ay
by	aC	bB	cA	AC	BB	CA	By
cy	cB	aA	bC	CB	AA	BC	Cy
cx	ba	cc	ab	Ba	Cc	Ab	Cx
bx	ac	bb	ca	Ac	Bb	Ca	Bx
ax	cb	aa	bc	Cb	Aa	Bc	Ax
xy	xA	xB	xC	yC	yB	yA	yy

b) Muster mit Rahmen

Abb. 7.7 Algebraisches Muster der Ordnung $n = 8$

Damit verbleiben nur noch die Zahlenmengen $0, 3, 6, 5$ und $1, 4, 7, 2$ für mögliche Belegungen. Ein derartiges Beispiel ist in Abbildung 7.8 dargestellt. Das magische Quadrat achter Ordnung enthält im Zentrum vier eingebettete Quadrate der Ordnung 3. Das Teilquadrat sechster Ordnung ist dagegen nicht magisch. Allerdings besitzen alle gebrochenen Diagonalen die gleiche Summe.

Belegung	
a = 6	A = 1
b = 3	B = 4
c = 0	C = 7
x = 5	y = 2

46	47	44	41	17	20	23	22
51	26	8	53	34	64	13	11
27	56	29	2	16	37	58	35
3	5	50	32	61	10	40	59
6	31	1	52	39	57	12	62
30	49	28	7	9	36	63	38
54	4	55	25	60	15	33	14
43	42	45	48	24	21	18	19

Abb. 7.8 Magisches Quadrat mit vier eingebetteten Quadraten der Größe 3

Ordnung 12

Dieses Konstruktionsprinzip lässt sich leicht auf höhere Ordnungen übertragen. Bei der Ordnung $n = 12$ geht Hendricks von einem pandiagonalen Muster der Ordnung 5 mit Kleinbuchstaben aus, bei dem er dann wieder systematisch bestimmte Buchstaben in den vier Bereichen in Großbuchstaben umwandelt und die dadurch entstehenden Quadrate zusammensetzt. Um diesen inneren Kern wird wieder ein Rahmen gelegt, sodass ein algebraisches Muster für die Ordnung $n = 12$ entsteht.

xx	xa	xb	xc	xd	xe	ye	yd	yc	yb	ya	yx
ay	cC	dE	eB	aD	bA	CC	DE	EB	AD	BA	Ay
by	eD	aA	bC	cE	dB	ED	AA	BC	CE	DB	By
cy	bE	cB	dD	eA	aC	BE	CB	DD	EA	AC	Cy
dy	dA	eC	aE	bB	cD	DA	EC	AE	BB	CD	Dy
ey	aB	bD	cA	dC	eE	AB	BD	CA	DC	EE	Ey
ex	cc	de	eb	ad	ba	Cc	De	Eb	Ad	Ba	Ex
dx	ed	aa	bc	ce	db	Ed	Aa	Bc	Ce	Db	Dx
cx	be	cb	dd	ea	ac	Be	Cb	Dd	Ea	Ac	Cx
bx	da	ec	ae	bb	cd	Da	Ec	Ae	Bb	Cd	Bx
ax	ab	bd	ca	dc	ee	Ab	Bd	Ca	Dc	Ee	Ax
xy	xA	xB	xC	xD	xE	yE	yD	yC	yB	yA	yy

Abb. 7.9 Algebraisches Muster für vier eingebettete pandiagonale Quadrate

Um vier eingebettete pandiagonale Quadrate zu erhalten, sind neben der üblichen Bedingung an komplementäre Buchstabenpaare nur zwei weitere Bedingungen zu erfüllen.

$$a + b + c + d + e + x = A + B + C + D + E + y = 33$$

In Abbildung 7.10 ist ein magisches Quadrat dargestellt, das vier eingebettete pandiagonale Quadrate enthält.

Belegung	
a = 5	A = 6
b = 1	B = 10
c = 9	C = 2
d = 4	D = 7
e = 11	E = 0
x = 3	y = 8

40	42	38	46	41	48	108	101	106	98	102	100
69	111	49	143	68	19	27	85	11	80	127	81
21	140	67	15	109	59	8	79	123	25	95	129
117	13	119	56	139	63	121	35	92	7	75	33
57	55	135	61	23	116	91	3	73	131	32	93
141	71	20	115	51	133	83	128	31	87	1	9
136	118	60	134	65	18	34	96	2	77	126	4
52	137	66	22	120	50	5	78	130	36	86	88
112	24	110	53	138	70	132	26	89	6	82	28
16	54	142	72	14	113	90	10	84	122	29	124
64	62	17	114	58	144	74	125	30	94	12	76
45	43	47	39	44	37	97	104	99	107	103	105

Abb. 7.10 Magisches Quadrat mit vier eingebetteten pandiagonalen Quadraten

Ordnung 16

Ein weiteres Beispiel soll die Konstruktion noch einmal für die Ordnung $n = 16$ verdeutlichen. Dabei wird das algebraische Muster aus Abbildung 7.11 benutzt.

xx	xa	xb	xc	xd	xe	xf	xg	yg	yf	ye	yd	yc	yb	ya	yx
ay	dD	eG	fC	gF	aB	bE	cA	DD	EG	FC	GF	AB	BE	CA	Ay
by	gE	aA	bD	cG	dC	eF	fB	GE	AA	BD	CG	DC	EF	FB	By
cy	cF	dB	eE	fA	gD	aG	bC	CF	DB	EE	FA	GD	AG	BC	Cy
dy	fG	gC	aF	bB	cE	dA	eD	FG	GC	AF	BB	CE	DA	ED	Dy
ey	bA	cD	dG	eC	fF	gB	aE	BA	CD	DG	EC	FF	GB	AE	Ey
fy	eB	fE	gA	aD	bG	cC	dF	EB	FE	GA	AD	BG	CC	DF	Fy
gy	aC	bF	cB	dE	eA	fD	gG	AC	BF	CB	DE	EA	FD	GG	Gy
gx	dd	eg	fc	gf	ab	be	ca	Dd	Eg	Fc	Gf	Ab	Be	Ca	Gx
fx	ge	aa	bd	cg	dc	ef	fb	Ge	Aa	Bd	Cg	Dc	Ef	Fb	Fx
ex	cf	db	ee	fa	gd	ag	bc	Cf	Db	Ee	Fa	Gd	Ag	Bc	Ex
dx	fg	gc	af	bb	ce	da	ed	Fg	Gc	Af	Bb	Ce	Da	Ed	Dx
cx	ba	cd	dg	ec	ff	gb	ae	Ba	Cd	Dg	Ec	Ff	Gb	Ae	Cx
bx	eb	fe	ga	ad	bg	cc	df	Eb	Fe	Ga	Ad	Bg	Cc	Df	Bx
ax	ac	bf	cb	de	ea	fd	gg	Ac	Bf	Cb	De	Ea	Fd	Gg	Ax
xy	xA	xB	xC	xD	xE	xF	xG	yG	yF	yE	yD	yC	yB	yA	yy

Abb. 7.11 Algebraisches Muster für vier eingebettete pandiagonale Quadrate

Da die Zahlen von 0 bis 15 addiert 120 ergeben, müssen bei dieser Ordnung neben den Bedingungen für die komplementäre Zahlenpaare wie $a + A = n - 1$ zusätzlich folgende Bedingungen erfüllt werden:

$$a + b + c + d + e + f + g + x = A + B + C + D + E + F + G + y = 60$$

Hier existieren bereits acht Zahlenmengen, die diese Bedingungen erfüllen.

Belegung															
a	b	c	d	e	f	g	x	A	B	C	D	E	F	G	y
3	14	6	0	8	5	13	11	12	1	9	15	7	10	2	4

Tab. 7.1 Belegung für vier eingebettete pandiagonale Quadrate

In Abbildung 7.12 ist ein magisches Quadrat dargestellt, das vier eingebettete pandiagonale Quadrate der Ordnung 7 enthält.

188	180	191	183	177	185	182	190	78	70	73	65	71	79	68	76
53	16	131	90	219	50	232	109	256	115	170	43	194	24	157	197
229	216	61	240	99	10	139	82	40	205	32	147	250	123	162	21
101	107	2	136	93	224	51	234	155	242	120	173	48	195	26	149
5	83	218	59	226	104	13	144	163	42	203	18	152	253	128	245
133	237	112	3	138	91	210	56	29	160	243	122	171	34	200	117
85	130	88	221	64	227	106	11	114	168	45	208	19	154	251	165
213	58	235	98	8	141	96	211	202	27	146	248	125	176	35	37
220	1	142	87	214	63	233	100	241	126	167	38	207	25	148	44
92	217	52	225	110	7	134	95	41	196	17	158	247	118	175	172
140	102	15	137	84	209	62	231	150	255	121	164	33	206	23	124
12	94	215	54	239	105	4	129	174	39	198	31	153	244	113	252
108	228	97	14	135	86	223	57	20	145	254	119	166	47	201	156
236	143	89	212	49	238	103	6	127	169	36	193	30	151	246	28
60	55	230	111	9	132	81	222	199	22	159	249	116	161	46	204
181	189	178	186	192	184	187	179	67	75	72	80	74	66	77	69

Abb. 7.12 Magisches Quadrat mit vier eingebetteten pandiagonalen Quadraten

7.3 Überlappende magische Quadrate

Die ersten überlappenden magischen Quadrate wurden von D.F. Savage beschrieben.[5] Hier wird das vollständige Quadrat nicht in Teilbereiche aufgeteilt, sondern in unterschiedlich große Teilquadrate. Einige von ihnen können sich überlappen, während andere getrennt voneinander liegen.

Während Savage seine Quadrate immer als abgeschlossene Endergebnisse präsentierte, verfolgte John R. Hendricks einen anderen Ansatz zur Konstruktion überlappender magischer Quadrate verschiedener Ordnungen. Er benutzt algebraische Muster, sodass mit ihnen immer eine Vielzahl von Quadraten erzeugt werden kann.[6]

[5] Andrews [17] S. 207 – 216

[6] Hendricks [204]

7.3.1 Ordnung 7

Für die Ordnung $n = 7$ geht Hendricks von dem linken Muster der Abbildung 7.13 aus, das aus zwei orthogonalen diagonalen lateinischen Quadraten entstanden ist. In diesem Muster wird zunächst der Buchstabe c durch z ersetzt.[7] Da diesem Zeichen später eine besondere Bedeutung zukommt, wird es durch diese Umbenennung leichter erkennbar.

Dieses Quadrat wird um 180° gedreht, wobei gleichzeitig alle Buchstaben außer z in die zugehörigen Großbuchstaben umgewandelt werden. Da die beiden erzeugten Hilfsquadrate jetzt in der Buchstabenkombination zz übereinstimmen, können sie in die rechte untere und die linke obere Ecke des Zielquadrates der Ordnung $n = 8$ eingefügt werden. Damit überlappen sie im Zentrum mit der Kombination zz.

dd	ca	bc	ab
ac	bb	cd	da
cb	dc	aa	bd
ba	ad	db	cc

a) Ausgangsmuster

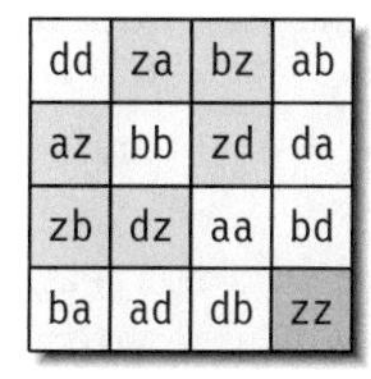

b) d ersetzen

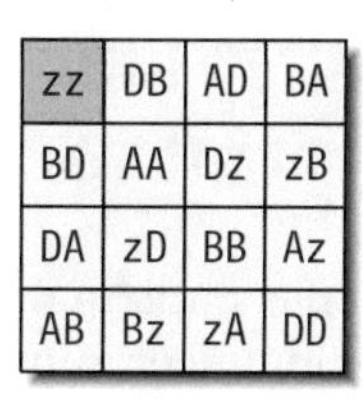

c) Drehung um 180°

Abb. 7.13 Muster für die 4 x 4 - Quadrate

Etwas anders geht man bei den beiden Teilquadraten für die noch fehlenden Lücken der Größe 3 vor. Das linke Muster in Abbildung 7.14 wurde aus zwei orthogonalen lateinischen Quadraten zusammengesetzt, wobei der Buchstabe c wegen seiner besonderen Bedeutung ausgelassen wurde. Aus diesem Hilfsquadrat werden zwei weitere erzeugt, wobei jeweils nur die vorderen bzw. hinteren Buchstaben in Großbuchstaben umgewandelt werden.

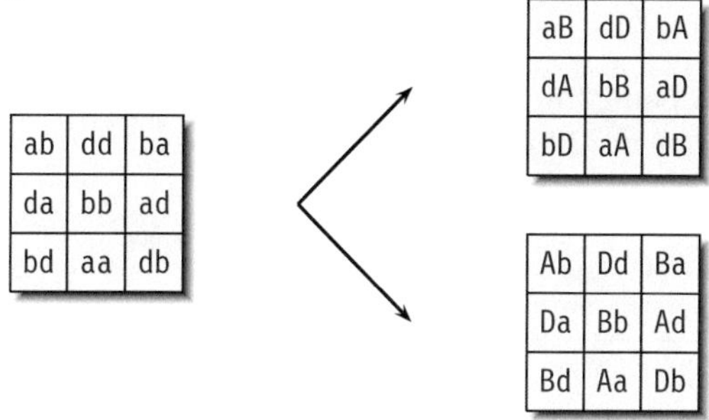

Abb. 7.14 Muster für die 3 x 3 - Quadrate

Diese beiden Teilquadrate der Größe 3 werden in die noch freien Bereiche der rechten oberen und linken unteren Ecke des Zielquadrates eingefügt, sodass das vollständige algebraische Muster für die Ordnung $n = 7$ aus Abbildung 7.15 entsteht.

[7] Hendricks [204] S. 29 – 31

dd	za	bz	ab			
az	bb	zd	da			
zb	dz	aa	bd			
			zz	DB	AD	BA
			BD	AA	Dz	zB
			DA	zD	BB	Az
			AB	Bz	zA	DD

dd	za	bz	ab	Ab	Dd	Ba
az	bb	zd	da	Da	Bb	Ad
zb	dz	aa	bd	Bd	Aa	Db
ba	ad	db	zz	DB	AD	BA
aB	dD	bA	BD	AA	Dz	zB
dA	bB	aD	DA	zD	BB	Az
bD	aA	dB	AB	Bz	zA	DD

Abb. 7.15 Algebraisches Muster für die Ordnung $n = 7$

Betrachtet man die beiden Teilquadrate in der linken oberen und der rechten unteren Ecke, stellt man fest, dass ein magisches Quadrat nur dann entsteht, wenn

$$A + a = B + b = C + c = 6 \qquad \text{und} \qquad A + B + C = a + b + c$$

gilt. Da das mittlere Element mit $z = 3$ festgelegt werden muss, kann die angegebenen Bedingungen durch die beiden Zahlengruppen $0, 4, 5$ und $1, 2, 6$ erreicht werden. Dabei ist die Zuweisung der Zahlen zu den Buchstaben innerhalb der beiden Zahlengruppen unerheblich.

a b c	a b c	a b c
0 4 5	2 1 6	5 0 4
0 5 4	2 6 1	5 4 0
1 2 6	4 0 5	6 1 2
1 6 2	4 5 0	6 2 1

Mit einer geeigneten Belegung entsteht dann aus dem algebraischen Muster das gewünschte Ergebnis, das in Abbildung 7.16 dargestellt ist.

Belegung	
a = 2	A = 4
b = 6	B = 0
d = 1	D = 5
z = 3	

9	24	46	21	35	37	3
18	49	23	10	38	7	30
28	11	17	44	2	31	42
45	16	14	25	36	34	5
15	13	47	6	33	39	22
12	43	20	40	27	1	32
48	19	8	29	4	26	41

Abb. 7.16 Überlappendes magisches Quadrat der Ordnung $n = 7$

Dieses überlappende magische Quadrat der Ordnung $n = 7$ besitzt zwei eingebettete magische Teilquadrate der Ordnung 4. Die beiden Teilquadrate der Ordnung 3 sind dagegen nur semi-magisch.

In einem zweiten Beispiel wird das Ausgangsmuster aus Abbildung 7.13 zunächst um 180° gedreht, sodass sich jetzt die Buchstabenkombination dd in der rechten unteren Ecke befindet. Daher muss nun wie in Abbildung 7.17 das Zeichen d durch z ersetzt werden, bevor es dann wieder um 180° gedreht wird.

cc	db	ad	ba
bd	aa	dc	cb
da	cd	bb	ac
ab	bc	ca	dd

a) Ausgangsmuster

cc	zb	az	ba
bz	aa	zc	cb
za	cz	bb	ac
ab	bc	ca	zz

b) c ersetzen

zz	CA	BC	AB
AC	BB	Cz	zA
CB	zC	AA	Bz
BA	Az	zB	CC

c) Drehung um 180°

Abb. 7.17 Muster für die 4 x 4 - Quadrate

Jetzt folgen wieder die Teilquadrate für die noch fehlenden Lücken der Größe 3. Gegenüber dem Beispiel in Abbildung 7.14 wurde das Ausgangsquadrat um 90° nach links gedreht. Da in diesem Beispiel dem Buchstaben d die Sonderrolle mit dem überlappenden Zentrum zufällt, wird er durch den Buchstaben c ersetzt, bevor hieraus die beiden Hilfsquadrate erzeugt werden.

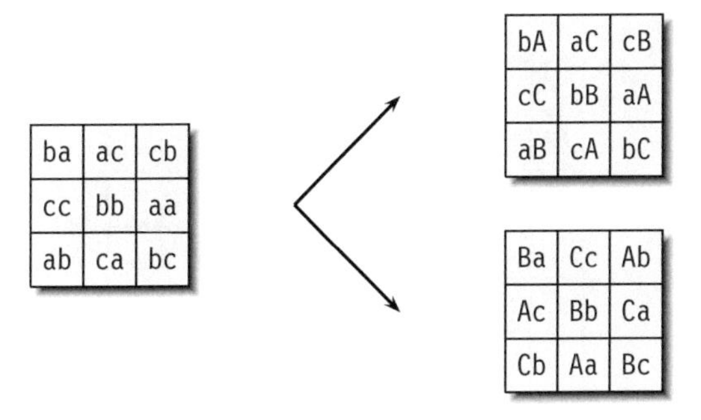

Abb. 7.18 Muster für die 3 x 3 - Quadrate

Mit diesen vier Teilquadraten entsteht dann das vollständige algebraische Muster, dessen Belegung wieder die Bedingungen an die Groß- und Kleinbuchstaben erfüllen muss.

$$A + a = B + b = C + c = 6 \qquad \text{und} \qquad A + B + C = a + b + c$$

Mit einer geeigneten Belegung entsteht etwa das überlappende magische Quadrat aus Abbildung 7.19, das zwei eingebettete magische Teilquadrate der Ordnung 4 besitzt.

cc	zb	az	ba			
bz	aa	zc	cb			
za	cz	bb	ac			
ab	bc	ca	zz	CA	BC	AB
			AC	BB	Cz	zA
			CB	zC	AA	Bz
			BA	Az	zB	CC

cc	zb	az	ba	Ba	Cc	Ab
bz	aa	zc	cb	Ac	Bb	Ca
za	cz	bb	ac	Cb	Aa	Bc
ab	bc	ca	zz	CA	BC	AB
bA	aC	cB	AC	BB	Cz	zA
cC	bB	aA	CB	zC	AA	Bz
aB	cA	bC	BA	Az	zB	CC

Belegung	
a = 4	A = 2
b = 5	B = 1
c = 0	C = 6
z = 3	

1	27	32	40	12	15	48
39	33	22	6	43	13	19
26	4	41	29	20	47	8
34	36	5	25	45	14	16
38	35	2	21	9	46	24
7	37	31	44	28	17	11
30	3	42	10	18	23	49

Abb. 7.19 Überlappendes magisches Quadrat der Ordnung $n = 7$

Leider sind die beiden Teilquadrate der Größe 3 nur semi-magisch. Dies lässt sich aber ändern, wenn man einen zusätzlichen Rahmen um das Quadrat legt.

zD	dA	dB	dC	Dd	Dc	Db	Da	dz
Ad	cc	zb	az	ba	Ba	Cc	Ab	ad
Bd	bz	aa	zc	cb	Ac	Bb	Ca	bd
Cd	za	cz	bb	ac	Cb	Aa	Bc	cd
dd	ab	bc	ca	zz	CA	BC	AB	DD
cD	bA	aC	cB	AC	BB	Cz	zA	CD
bD	cC	bB	aA	CB	zC	AA	Bz	BD
aD	aB	cA	bC	BA	Az	zB	CC	AD
Dz	da	db	dc	dD	DC	DB	DA	zd

Abb. 7.20 Muster für ein überlappendes Quadrat der Ordnung $n = 7$ mit einem zusätzlichen Rahmen

Damit diese Teilquadrate magisch werden, müssen als zusätzliche Bedingungen

$$a + b + c = 3b \qquad \text{und} \qquad a + c = 2b$$

hinzukommen. Mit den anderen Bedingungen ergeben sich vier Belegungen.

A	B	C	D	a	b	c	d	z
8	5	2	1	0	3	6	7	4
6	3	0	7	2	5	8	1	4
2	5	8	1	6	3	0	7	4
0	3	6	7	8	5	2	1	4

Das magische Quadrat aus Abbildung 7.21 enthält damit je zwei eingebettete magische Quadrate der Ordnungen 4 und 3.

38	66	69	72	17	10	13	16	68
26	1	40	59	34	52	73	22	62
53	32	61	37	4	19	49	79	35
80	43	5	31	55	76	25	46	8
71	58	28	7	41	75	54	24	11
2	30	63	6	27	51	77	39	74
29	9	33	57	78	45	21	50	47
56	60	3	36	48	23	42	81	20
14	70	67	64	65	18	15	12	44

Abb. 7.21 Überlappendes magisches Quadrat der Ordnung $n = 7$ mit einem Rahmen

7.3.2 Ordnung 9

Für ein überlappendes magisches Quadrat der Ordnung $n = 9$ benutzt Hendricks eine andere Technik.[8] Er geht von dem pandiagonalen Muster in Abbildung 7.22 aus, bei dem sich die Buchstabenkombination aa in der linken unteren Ecke befindet.

ce	dc	ea	ad	bb
ed	ab	be	cc	da
bc	ca	dd	eb	ae
db	ee	ac	ba	cd
aa	bd	cb	de	ec

a) Ausgangsmuster

EC	DE	CB	BD	aa
CD	Ba	aC	EE	DB
aE	EB	DD	Ca	BC
Da	CC	BE	aB	ED
BB	aD	Ea	DC	CE

b) links/unten

Abb. 7.22 Muster für die 5 x 5 - Quadrate

[8] Hendricks [204] S. 31 – 32

Dieses Hilfsquadrat der Größe 5 wird um 180° gedreht und gleichzeitig werden alle Buchstaben außer a in die zugehörigen Großbuchstaben umgewandelt. Beide Teilquadrate können nun in die rechte obere und die linke untere Ecke des Zielquadrates so eingefügt werden, dass sie sich wie in Abbildung 7.24 mit der Buchstabenkombination aa im Zentrum überlappen.

Bei der noch fehlenden Lücke der Größe 4 in der linken oberen Ecke benutzt er das linke Ausgangsmuster aus Abbildung 7.23. Aus diesem Euler-Quadrat werden nun zwei Hilfsquadrate erzeugt, wobei jeweils die hinteren bzw. vorderen Buchstaben in Großbuchstaben umgewandelt werden.

bb	dc	ed	ce
cd	ee	db	bc
de	bd	cc	eb
ec	cb	be	dd

a) Ausgangsquadrat

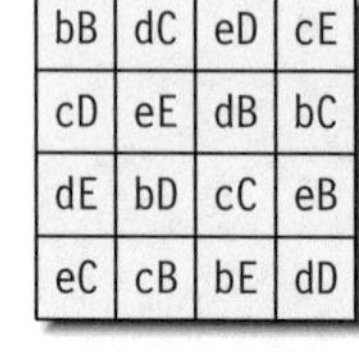

bB	dC	eD	cE
cD	eE	dB	bC
dE	bD	cC	eB
eC	cB	bE	dD

b) links/oben

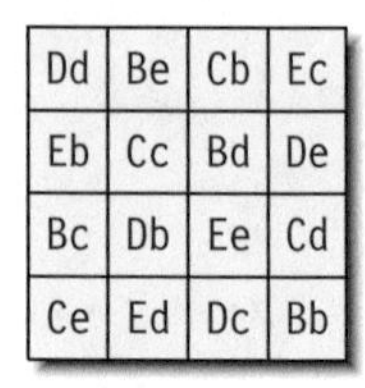

Dd	Be	Cb	Ec
Eb	Cc	Bd	De
Bc	Db	Ee	Cd
Ce	Ed	Dc	Bb

c) rechts/unten

Abb. 7.23 Muster für die 4 x 4 - Quadrate

Diese beiden Teilquadrate der Größe 4 werden in die noch freien Bereiche der linken oberen bzw. rechten unteren Ecke des Zielquadrates eingefügt, sodass das vollständige algebraische Muster für die Ordnung $n = 9$ aus Abbildung 7.24 entsteht.

				ce	dc	ea	ad	bb
				ed	ab	be	cc	da
				bc	ca	dd	eb	ae
				db	ee	ac	ba	cd
EC	DE	CB	BD	aa	bd	cb	de	ec
CD	Ba	aC	EE	DB				
aE	EB	DD	Ca	BC				
Da	CC	BE	aB	ED				
BB	aD	Ea	DC	CE				

bB	dC	eD	cE	ce	dc	ea	ad	bb
cD	eE	dB	bC	ed	ab	be	cc	da
dE	bD	cC	eB	bc	ca	dd	eb	ae
eC	cB	bE	dD	db	ee	ac	ba	cd
EC	DE	CB	BD	aa	bd	cb	de	ec
CD	Ba	aC	EE	DB	Dd	Be	Cb	Ec
aE	EB	DD	Ca	BC	Eb	Cc	Bd	De
Da	CC	BE	aB	ED	Bc	Db	Ee	Cd
BB	aD	Ea	DC	CE	Ce	Ed	Dc	Bb

Abb. 7.24 Algebraisches Muster für die Ordnung $n = 9$

Die beiden Quadrate der Ordnung 4 werden pandiagonal, wenn die Bedingungen

$$b + c = d + e = B + C = D + E = n - 1 = 8$$

erfüllt sind. Den mittleren Wert muss der Buchstabe a mit $a = 4$ annehmen. Eine Belegung kann mit den nachfolgenden Zahlenpaaren erreicht werden, die miteinander kombiniert werden können.

$$(0,8) \quad (1,7) \quad (2,6) \quad (3,5) \quad (5,3) \quad (6,2) \quad (7,1) \quad (8,0)$$

Eine mögliche Belegung und das daraus entstehende überlappende magische Quadrat der Ordnung $n = 9$ ist in Abbildung 7.25 dargestellt. Es enthält vier eingebettete pandiagonale magische Teilquadrate.

Belegung	
b = 5	B = 8
c = 3	C = 0
d = 7	D = 2
e = 1	E = 6
a = 4	

54	64	12	34	29	67	14	44	51
30	16	72	46	17	42	47	31	68
70	48	28	18	49	32	71	15	38
10	36	52	66	69	11	40	50	35
55	25	9	75	41	53	33	65	13
3	77	37	61	27	26	74	6	58
43	63	21	5	73	60	4	80	20
23	1	79	45	57	76	24	56	8
81	39	59	19	7	2	62	22	78

Abb. 7.25 Überlappendes magisches Quadrat der Ordnung $n = 9$

Man kann natürlich auch mit dem pandiagonalen Muster der Größe 5 in der linken oberen Ecke beginnen. Dazu müssen die beiden Musterquadrate aus dem ersten Beispiel an der vertikalen Mittellinie gespiegelt werden, damit die Buchstabenkombination aa in das Zentrum des Zielquadrates fällt.

Die beiden Musterquadrate der Größe 4 bleiben in diesem Beispiel unverändert, sodass sich das vollständige algebraische Muster aus Abbildung 7.26 ergibt.

bb	ad	ea	dc	ce				
da	cc	be	ab	ed				
ae	eb	dd	ca	bc				
cd	ba	ac	ee	db				
ec	de	cb	bd	aa	BD	CB	DE	EC
				DB	EE	aC	Ba	CD
				BC	Ca	DD	EB	aE
				ED	aB	BE	CC	Da
				CE	DC	Ea	aD	BB

bb	ad	ea	dc	ce	Dd	Be	Cb	Ec
da	cc	be	ab	ed	Eb	Cc	Bd	De
ae	eb	dd	ca	bc	Bc	Db	Ee	Cd
cd	ba	ac	ee	db	Ce	Ed	Dc	Bb
ec	de	cb	bd	aa	BD	CB	DE	EC
bB	dC	eD	cE	DB	EE	aC	Ba	CD
cD	eE	dB	bC	BC	Ca	DD	EB	aE
dE	bD	cC	eB	ED	aB	BE	CC	Da
eC	cB	bE	dD	CE	DC	Ea	aD	BB

Abb. 7.26 Algebraisches Muster für die Ordnung $n = 9$

Mit einer geeigneten Belegung entsteht dann das überlappende magische Quadrat aus Abbildung 7.27, das natürlich auch wieder vier eingebettete pandiagonale magische Teilquadrate enthält.

Belegung	
b = 0	B = 6
c = 8	C = 2
d = 3	D = 1
e = 5	E = 7
a = 4	

1	40	50	36	78	13	60	19	72
32	81	6	37	49	64	27	58	15
42	46	31	77	9	63	10	69	22
76	5	45	51	28	24	67	18	55
54	33	73	4	41	56	25	17	66
7	30	47	80	16	71	39	59	20
74	53	34	3	57	23	11	70	44
35	2	75	52	65	43	62	21	14
48	79	8	29	26	12	68	38	61

Abb. 7.27 Überlappendes magisches Quadrat der Ordnung $n = 9$

Durch die unterschiedliche Einbettung der Teilquadrate ist unmittelbar klar, dass sich andere überlappende Quadrate ergeben als im ersten Beispiel. Weiterhin lassen sich auch durch andere Belegungen eine Vielzahl von weiteren überlappenden Quadraten erzeugen.

In einer Erweiterung des Konstruktionsverfahrens von Hendricks lassen sich noch viele weitere überlappende magische Quadrate erstellen, wenn man das pandiagonale Ausgangsmuster verändert. Im algebraischen Muster aus Abbildung 7.28 ist das pandiagonale Muster der Größe 5 so verändert worden, dass die Buchstabenkombination cc in das Zentrum des Zielquadrates platziert wird. Neben aa und cc kann auch jede andere Kombination mit einem Doppelbuchstaben benutzt werden.

Zusätzlich wird in diesem Beispiel auch das Teilquadrat der Größe 4 in der rechten oberen Ecke anders angeordnet. Das Teilquadrat in der linken unteren Ecke entsteht dann in diesem Beispiel wieder durch eine Drehung um 180°, obwohl prinzipiell auch jede andere Anordnung möglich ist. Das vollständige algebraische Muster mit diesen Änderungen ist in Abbildung 7.28 dargestellt.

dd	ca	bc	ae	eb				
ac	ee	db	cd	ba				
cb	bd	aa	ec	de				
ea	dc	ce	bb	ad				
be	ab	ed	da	cc	DA	ED	AB	BE
				AD	BB	cE	Dc	EA
				DE	Ec	AA	BD	cB
				BA	cD	DB	EE	Ac
				EB	AE	Bc	cA	DD

dd	ca	bc	ae	eb	Dd	Be	Ab	Ea
ac	ee	db	cd	ba	Eb	Aa	Bd	De
cb	bd	aa	ec	de	Ba	Db	Ee	Ad
ea	dc	ce	bb	ad	Ae	Ed	Da	Bb
be	ab	ed	da	cc	DA	ED	AB	BE
dA	eD	aE	bB	AD	BB	cE	Dc	EA
eE	dB	bA	aD	DE	Ec	AA	BD	cB
bD	aA	eB	dE	BA	cD	DB	EE	Ac
aB	bE	dD	eA	EB	AE	Bc	cA	DD

Abb. 7.28 Algebraisches Muster für die Ordnung $n = 9$

Mit den veränderten Buchstaben müssen natürlich auch die Bedingungen angepasst werden, die jetzt

$$a + b = d + e = A + B = D + E = n - 1 = 8$$

lauten. Mit einer geeigneten Belegung entsteht dann das überlappende magische Quadrat der Ordnung $n = 9$ aus Abbildung 7.29 mit vier eingebetteten pandiagonalen magischen Teilquadraten.

Belegung	
a = 2	A = 3
b = 6	B = 5
d = 1	D = 0
e = 7	E = 8
c = 4	

11	39	59	26	70	2	53	34	75
23	71	16	38	57	79	30	47	8
43	56	21	68	17	48	7	80	29
66	14	44	61	20	35	74	3	52
62	25	65	12	41	4	73	33	54
13	64	27	60	28	51	45	5	76
72	15	58	19	9	77	31	46	42
55	22	69	18	49	37	6	81	32
24	63	10	67	78	36	50	40	1

Abb. 7.29 Überlappendes magisches Quadrat der Ordnung $n = 9$

In einer zusätzlichen Erweiterung soll an einem weiteren Beispiel demonstriert werden, dass man mit geeigneten Belegungen auch andere Zahlen in das Zentrum des Zielquadrates platzieren kann. Gleichzeitig soll mit diesem Beispiel gezeigt werden, dass die beiden pandiagonalen Musterquadrate der Größe 4 beliebig und unabhängig voneinander verändert werden können, da sie einander nicht beeinflussen.

Dazu werden die Muster aus dem letzten Beispiel übernommen und nur das Teilquadrat in der linken unteren Ecke verändert, wie in Abbildung 7.30 zu erkennen ist.

dd	ca	bc	ae	eb				
ac	ee	db	cd	ba				
cb	bd	aa	ec	de				
ea	dc	ce	bb	ad				
be	ab	ed	da	cc	DA	ED	AB	BE
				AD	BB	cE	Dc	EA
				DE	Ec	AA	BD	cB
				BA	cD	DB	EE	Ac
				EB	AE	Bc	cA	DD

dd	ca	bc	ae	eb	Dd	Be	Ab	Ea
ac	ee	db	cd	ba	Eb	Aa	Bd	De
cb	bd	aa	ec	de	Ba	Db	Ee	Ad
ea	dc	ce	bb	ad	Ae	Ed	Da	Bb
be	ab	ed	da	cc	DA	ED	AB	BE
aE	bA	eB	dD	AD	BB	cE	Dc	EA
eD	dB	aA	bE	DE	Ec	AA	BD	cB
dA	eE	bD	aB	BA	cD	DB	EE	Ac
bB	aD	dE	eA	EB	AE	Bc	cA	DD

Abb. 7.30 Algebraisches Muster für die Ordnung $n = 9$

Da die Zahl 1 in die mittlere Zelle des Zielquadrates platziert werden soll, muss die Belegung mit der Wahl von $c = 0$ verändert werden. Damit ändern sich auch gleichzeitig die Bedingungen an die anderen Buchstaben.

$$a + b = d + e = A + B = D + E = 9$$

Mit einer geeigneten Belegung entsteht dann das überlappende magische Quadrat der Ordnung $n = 9$ aus Abbildung 7.31 mit der Zahl 1 im Zentrum und vier eingebetteten pandiagonalen magischen Teilquadraten.

Belegung	
a = 5	A = 2
b = 4	B = 7
d = 1	D = 6
e = 8	E = 3
c = 0	

11	6	37	54	77	56	72	23	33
46	81	14	2	42	32	24	65	63
5	38	51	73	18	69	59	36	20
78	10	9	41	47	27	29	60	68
45	50	74	15	1	57	34	26	67
49	39	80	16	25	71	4	55	30
79	17	48	40	58	28	21	70	8
12	76	43	53	66	7	62	31	19
44	52	13	75	35	22	64	3	61

Abb. 7.31 Überlappendes magisches Quadrat der Ordnung $n = 9$

7.3.3 Ordnung 13

Für ein überlappendes magisches Quadrat der Ordnung $n = 13$ beginnt Hendricks mit einem pandiagonalen Muster in der linken oberen Ecke.[9] Hier wird das benutzte Muster etwas abgeändert, damit die Darstellungen übersichtlicher werden.

eb	dd	cf	bz	zc	ae	fa
cz	bc	ze	aa	fb	ed	df
za	ab	fd	ef	dz	cc	be
ff	ez	dc	ce	ba	zb	ad
de	ca	bb	zd	af	fz	ec
bd	zf	az	fc	ee	da	cb
ac	fe	ea	db	cd	bf	zz

a) Ausgangsmuster

zz	BF	CD	DB	EA	FE	AC
CB	DA	EE	FC	Az	zF	BD
EC	Fz	AF	zD	BB	CA	DE
AD	zB	BA	CE	DC	Ez	FF
BE	CC	Dz	EF	FD	AB	zA
DF	ED	FB	AA	zE	BC	Cz
FA	AE	zC	Bz	CF	DD	EB

b) um 180° gedreht

Abb. 7.32 Muster für die 7 x 7 - Quadrate

[9] Hendricks [204] S. 33

Bei dem pandiagonalen Muster in Abbildung 7.32 befindet sich die Buchstabenkombination zz in der rechten unteren Ecke. Dieses Musterquadrat der Größe 7 wird um 180° gedreht und gleichzeitig werden alle Buchstaben außer z in die zugehörigen Großbuchstaben umgewandelt. Beide Teilquadrate können nun in die linke obere und die rechte untere Ecke des Zielquadrates so eingefügt werden, dass sie sich wie in Abbildung 7.34 mit der Buchstabenkombination zz im Zentrum überlappen.

Die noch fehlenden Lücken der Größe 6 in den anderen beiden Ecken werden durch Quadrate gefüllt, die in allen Buchstabenkombinationen übereinstimmen. Nur ist beim linken Quadrat der erste Buchstabe ein Großbuchstabe und der zweite ein Kleinbuchstabe, während es beim rechten Quadrat genau umgekehrt ist.

Aa	Bd	Ce	Db	Ff	Ec
Dc	Fb	Ba	Cf	Ad	Ee
Fd	Ef	Cc	Be	Ab	Da
Fe	Ac	Df	Ed	Ca	Bb
Af	Fa	Eb	Bc	De	Cd
Cb	Ae	Dd	Ea	Fc	Bf

a) rechts/oben

aA	bD	cE	dB	fF	eC
dC	fB	bA	cF	aD	eE
fD	eF	cC	bE	aB	dA
fE	aC	dF	eD	cA	bB
aF	fA	eB	bC	dE	cD
cB	aE	dD	eA	fC	bF

b) links/unten

Abb. 7.33 Muster für die 6x6 - Quadrate

Fügt man alle Musterquadrate in das Zielquadrat ein, entsteht das algebraische Muster aus Abbildung 7.34, bei dem die Buchstabenkombination zz das Zentrum bildet.

eb	dd	cf	bz	zc	ae	fa	Aa	Bd	Ce	Db	Ff	Ec
cz	bc	ze	aa	fb	ed	df	Dc	Fb	Ba	Cf	Ad	Ee
za	ab	fd	ef	dz	cc	be	Fd	Ef	Cc	Be	Ab	Da
ff	ez	dc	ce	ba	zb	ad	Fe	Ac	Df	Ed	Ca	Bb
de	ca	bb	zd	af	fz	ec	Af	Fa	Eb	Bc	De	Cd
bd	zf	az	fc	ee	da	cb	Cb	Ae	Dd	Ea	Fc	Bf
ac	fe	ea	db	cd	bf	zz	BF	CD	DB	EA	FE	AC
aA	bD	cE	dB	fF	eC	CB	DA	EE	FC	Az	zF	BD
dC	fB	bA	cF	aD	eE	EC	Fz	AF	zD	BB	CA	DE
fD	eF	cC	bE	aB	dA	AD	zB	BA	CE	DC	Ez	FF
fE	aC	dF	eD	cA	bB	BE	CC	Dz	EF	FD	AB	zA
aF	fA	eB	bC	dE	cD	DF	ED	FB	AA	zE	BC	Cz
cB	aE	dD	eA	fC	bF	FA	AE	zC	Bz	CF	DD	EB

Abb. 7.34 Algebraisches Muster für die Ordnung $n = 13$

Nun wird dieses Musterquadrat mit Zahlen belegt, wobei für den zentralen Buchstaben z die mittlere Zahl 6 gewählt wird. Während die beiden pandiagonalen Musterquadrate beliebig mit den restlichen Zahlen belegt werden können, müssen für die Musterquadrate sechster Ordnung folgende Bedingungen erfüllt werden, damit beide Quadrate auch magisch werden.

$$a + f = b + e = c + d = A + F = B + E = C + D = n - 1 = 12$$

Mit einer solchen Belegung entsteht dann das magische Quadrat der Ordnung $n = 13$ aus Abbildung 7.35, in das zwei pandiagonale magische Teilquadrate der Ordnung 7 und zwei weitere magische Quadrate der Ordnung 6 eingebettet sind.

Belegung	
a = 4	A = 0
b = 3	B = 7
c = 2	C = 11
d = 10	D = 1
e = 9	E = 5
f = 8	F = 12
z = 6	

121	141	35	46	81	62	109	5	102	153	17	165	68
33	42	88	57	108	128	139	16	160	96	152	11	75
83	56	115	126	137	29	49	167	74	146	101	4	18
113	124	133	36	44	82	63	166	3	22	76	148	95
140	31	43	89	61	111	120	9	161	69	94	23	154
50	87	59	107	127	135	30	147	10	24	70	159	100
55	114	122	134	37	48	85	104	145	21	66	162	12
53	41	32	138	117	129	151	14	71	168	7	91	93
142	112	40	39	54	123	77	163	13	80	99	144	19
106	130	38	45	60	131	2	86	92	149	25	72	169
110	64	143	119	27	47	97	155	20	78	158	8	79
65	105	125	51	136	28	26	67	164	1	84	103	150
34	58	132	118	116	52	157	6	90	98	156	15	73

Abb. 7.35 Überlappendes magisches Quadrat der Ordnung $n = 13$

Diese Konstruktion bietet eine Vielzahl von Möglichkeiten, weitere überlappende Quadrate zu erzeugen. Zunächst einmal kann das pandiagonale Muster so abgeändert werden, dass ein anderer Doppelbuchstabe in die rechte untere Ecke platziert wird, etwa die Buchstabenkombination Cc. Dann muss der Buchstabe c im pandiagonalen Ausgangsmuster durch z und gleichzeitig z durch den bisher nicht vorhandenen Buchstaben a ersetzt werden. Da die Buchstaben Cc dann auch in den beiden Mustern der Ordnung 6 nicht auftreten dürfen, müssen sie dort durch Aa ersetzt werden.

In diesem Beispiel bleiben die pandiagonalen Muster allerdings unverändert, und es wird demonstriert, dass man die beiden Muster der Ordnung 6 unabhängig voneinander durch eine der üblichen Spiegelungen und Drehungen verändern kann. Hier werden diese beiden Muster aus dem letzten Beispiel an der horizontalen bzw. vertikalen Mittellinie gespiegelt.

eb	dd	cf	bz	zc	ae	fa	Ec	Ff	Db	Ce	Bd	Aa
cz	bc	ze	aa	fb	ed	df	Ee	Ad	Cf	Ba	Fb	Dc
za	ab	fd	ef	dz	cc	be	Da	Ab	Be	Cc	Ef	Fd
ff	ez	dc	ce	ba	zb	ad	Bb	Ca	Ed	Df	Ac	Fe
de	ca	bb	zd	af	fz	ec	Cd	De	Bc	Eb	Fa	Af
bd	zf	az	fc	ee	da	cb	Bf	Fc	Ea	Dd	Ae	Cb
ac	fe	ea	db	cd	bf	zz	BF	CD	DB	EA	FE	AC
cB	aE	dD	eA	fC	bF	CB	DA	EE	FC	Az	zF	BD
aF	fA	eB	bC	dE	cD	EC	Fz	AF	zD	BB	CA	DE
fE	aC	dF	eD	cA	bB	AD	zB	BA	CE	DC	Ez	FF
fD	eF	cC	bE	aB	dA	BE	CC	Dz	EF	FD	AB	zA
dC	fB	bA	cF	aD	eE	DF	ED	FB	AA	zE	BC	Cz
aA	bD	cE	dB	fF	eC	FA	AE	zC	Bz	CF	DD	EB

Abb. 7.36 Algebraisches Muster für die Ordnung $n = 13$

Mit einer Belegung, die die gestellten Bedingungen erfüllt, wurde dann das überlappende magische Quadrat der Ordnung $n = 13$ aus Abbildung 7.37 konstruiert. Eingebettet sind wieder zwei pandiagonale Teilquadrate der Ordnung 7 und zwei weitere magische Quadrate der Ordnung 6.

Belegung	
a = 0	A = 1
b = 7	B = 9
c = 8	C = 10
d = 4	D = 2
e = 5	E = 3
f = 12	F = 11
z = 6	

73	57	117	98	87	6	157	48	156	34	136	122	14
111	100	84	1	164	70	65	45	18	143	118	151	35
79	8	161	78	59	113	97	27	21	123	139	52	148
169	72	61	110	92	86	5	125	131	44	39	22	149
58	105	99	83	13	163	74	135	32	126	47	144	26
96	91	7	165	71	53	112	130	152	40	31	19	138
9	162	66	60	109	104	85	129	133	36	41	147	24
114	4	55	67	167	103	140	28	43	154	20	90	120
12	158	75	102	56	107	50	150	25	81	127	132	30
160	11	64	68	106	101	16	88	119	134	37	46	155
159	77	115	95	10	54	121	141	33	51	146	23	80
63	166	93	116	3	69	38	42	153	15	82	128	137
2	94	108	62	168	76	145	17	89	124	142	29	49

Abb. 7.37 Überlappendes magisches Quadrat der Ordnung $n = 13$

Auch bei dieser Konstruktion lässt sich die Zahl im Zentrum des Zielquadrates abändern. Mit dem Musterquadrat aus Abbildung 7.34 wird dazu nur eine andere Belegung mit $z = 0$ gewählt. Damit ändern sich gleichzeitig die Bedingungen für die anderen Buchstaben.

$$a + f = b + e = c + d = A + F = B + E = C + D = 13$$

Eine solche Belegung ist in Abbildung 7.38 gewählt worden, wo die Zahl 1 im Zentrum des Quadrates platziert wird. Auch dieses überlappende magische Quadrat der Ordnung $n = 13$ besitzt zwei eingebettete pandiagonale Teilquadrate der Ordnung 7 und zwei weitere magische Quadrate der Ordnung 6.

Belegung	
a = 4	A = 6
b = 1	B = 10
c = 8	C = 11
d = 5	D = 2
e = 12	E = 3
f = 9	F = 7
z = 0	

158	71	114	14	9	65	122	83	136	156	28	101	48
105	22	13	57	119	162	75	35	93	135	153	84	52
5	54	123	166	66	113	26	97	49	152	143	80	31
127	157	74	117	18	2	58	104	87	36	45	148	132
78	109	15	6	62	118	165	88	96	41	139	39	149
19	10	53	126	169	70	106	145	91	32	44	100	140
61	130	161	67	110	23	1	138	146	37	46	95	90
59	16	108	76	125	168	154	33	43	103	79	8	133
77	128	20	112	55	160	51	92	86	3	141	150	30
120	164	116	17	63	72	81	11	137	147	38	40	99
121	64	73	159	111	24	134	155	27	47	94	89	7
60	124	167	25	69	107	34	42	102	85	4	142	144
115	56	68	163	129	21	98	82	12	131	151	29	50

Abb. 7.38 Überlappendes magisches Quadrat der Ordnung $n = 13$

7.3.4 Ordnung 15

Für die Ordnung $n = 15$ stellt Hendricks ein algebraisches Muster vor, mit dem ein überlappendes magisches Quadrat konstruiert werden kann, das insgesamt 18 eingebettete Teilquadrate enthält.[10]

Er beginnt mit einem Musterquadrat der Ordnung 8 für die linke obere Ecke des Zielquadrates, das die Buchstabenkombination zz in der rechten unteren Ecke aufweist.

[10] Hendricks [204] S. 34

Wie üblich wird dieses Musterquadrat um 180° gedreht, wobei gleichzeitig alle Buchstaben außer z in die zugehörigen Großbuchstaben umgewandelt werden (siehe Abbildung 7.39).

ee	df	gd	fg	ae	zf	bd	cg
fd	gg	de	ef	cd	bg	ze	af
dg	ed	ff	ge	zg	ad	cf	be
gf	fe	eg	dd	bf	ce	ag	zd
ea	dc	gz	fb	aa	zc	bz	cb
fz	gb	da	ec	cz	bb	za	ac
db	ez	fc	ga	zb	az	cc	ba
gc	fa	eb	dz	bc	ca	ab	zz

a) links/oben: Ausgangsmuster

zz	AB	CA	BC	Dz	EB	FA	GC
BA	CC	Az	zB	GA	FC	Ez	DB
AC	zA	BB	Cz	EC	DA	GB	Fz
CB	Bz	zC	AA	FB	Gz	DC	EA
zD	AG	CE	BF	DD	EG	FE	GF
BE	CF	AD	zG	GE	FF	ED	DG
AF	zE	BG	CD	EF	DE	GG	FD
CG	BD	zF	AE	FG	GD	DF	EE

b) rechts/unten: um 180° gedreht

Abb. 7.39 Muster für die 8 x 8 - Quadrate

Beide Teilquadrate werden in die diagonal gegenüberliegenden Ecken des Zielquadrates so eingefügt, dass sie sich wie in Abbildung 7.41 mit der Buchstabenkombination zz im Zentrum überlappen.

Für die noch fehlenden Lücken der Größe 7 in den anderen beiden Ecken werden die pandiagonalen Musterquadrate aus Abbildung 7.40 benutzt. Diese beiden Quadrate stimmen in allen Buchstabenkombinationen überein, nur ist beim linken Quadrat der erste Buchstabe ein Großbuchstabe und der zweite ein Kleinbuchstabe, während es beim rechten Quadrat genau umgekehrt ist.

dG	eD	fA	gE	aB	bF	cC
gF	aC	bG	cD	dA	eE	fB
cE	dB	eF	fC	gG	aD	bA
fD	gA	aE	bB	cF	dC	eG
bC	cG	dD	eA	fE	gB	aF
eB	fF	gC	aG	bD	cA	dE
aA	bE	cB	dF	eC	fG	gD

a) rechts/oben pandiagonal

Gd	Fg	Ec	Df	Cb	Be	Aa
De	Ca	Bd	Ag	Gc	Ff	Eb
Af	Gb	Fe	Ea	Dd	Cg	Bc
Eg	Dc	Cf	Bb	Ae	Ga	Fd
Ba	Ad	Gg	Fc	Ef	Db	Ce
Fb	Ee	Da	Cd	Bg	Ac	Gf
Cc	Bf	Ab	Ge	Fa	Ed	Dg

b) links/unten pandiagonal

Abb. 7.40 Muster für die 7 x 7 - Quadrate

Fügt man alle Musterquadrate in das Zielquadrat ein, entsteht das algebraische Muster aus Abbildung 7.41 mit der Buchstabenkombination zz im Zentrum.

ee	df	gd	fg	ae	zf	bd	cg	dG	eD	fA	gE	aB	bF	cC
fd	gg	de	ef	cd	bg	ze	af	gF	aC	bG	cD	dA	eE	fB
dg	ed	ff	ge	zg	ad	cf	be	cE	dB	eF	fC	gG	aD	bA
gf	fe	eg	dd	bf	ce	ag	zd	fD	gA	aE	bB	cF	dC	eG
ea	dc	gz	fb	aa	zc	bz	cb	bC	cG	dD	eA	fE	gB	aF
fz	gb	da	ec	cz	bb	za	ac	eB	fF	gC	aG	bD	cA	dE
db	ez	fc	ga	zb	az	cc	ba	aA	bE	cB	dF	eC	fG	gD
gc	fa	eb	dz	bc	ca	ab	zz	AB	CA	BC	Dz	EB	FA	GC
Gd	Fg	Ec	Df	Cb	Be	Aa	BA	CC	Az	zB	GA	FC	Ez	DB
De	Ca	Bd	Ag	Gc	Ff	Eb	AC	zA	BB	Cz	EC	DA	GB	Fz
Af	Gb	Fe	Ea	Dd	Cg	Bc	CB	Bz	zC	AA	FB	Gz	DC	EA
Eg	Dc	Cf	Bb	Ae	Ga	Fd	zD	AG	CE	BF	DD	EG	FE	GF
Ba	Ad	Gg	Fc	Ef	Db	Ce	BE	CF	AD	zG	GE	FF	ED	DG
Fb	Ee	Da	Cd	Bg	Ac	Gf	AF	zE	BG	CD	EF	DE	GG	FD
Cc	Bf	Ab	Ge	Fa	Ed	Dg	CG	BD	zF	AE	FG	GD	DF	EE

Abb. 7.41 Algebraisches Muster für die Ordnung $n = 15$

Die vorkommenden Buchstaben müssen etliche Bedingungen erfüllen, damit auch ein überlappendes magisches Quadrat entsteht. Zunächst einmal müssen die zueinandergehörenden Buchstabenpaare immer komplementär zu der Zahl $n - 1 = 14$ sein.

$$a + A = b + B = c + C = d + D = e + E = f + F = g + G = n - 1 = 14$$

Zusätzlich müssen zwei weitere Bedingungen erfüllt werden, damit die eingebetteten Teilquadrate auch magisch werden.

$$a + b + c = a + f + g = 21 \qquad \text{und} \qquad a + b + d + f = 28$$

Mit einer solchen Belegung wurde das überlappende magische Quadrat der Ordnung $n = 15$ aus Abbildung 7.42 konstruiert. Dieses Quadrat ist zudem symmetrisch, semipandiagonal und selbstkomplementär.

Belegung														
a	b	c	d	e	f	g	A	B	C	D	E	F	G	z
3	13	5	8	2	4	14	11	1	9	6	12	10	0	7

Tab. 7.2 Belegung für ein überlappendes Quadrat der Ordnung 15

33	125	219	75	48	110	204	90	121	37	72	223	47	206	85
69	225	123	35	84	210	108	50	221	55	196	82	132	43	62
135	39	65	213	120	54	80	198	88	122	41	70	211	52	207
215	63	45	129	200	78	60	114	67	222	58	197	86	130	31
34	126	218	74	49	111	203	89	205	76	127	42	73	212	56
68	224	124	36	83	209	109	51	32	71	220	46	202	87	133
134	38	66	214	119	53	81	199	57	208	77	131	40	61	217
216	64	44	128	201	79	59	113	167	147	25	98	182	162	10
9	165	186	95	149	18	169	27	145	173	107	12	160	188	92
93	139	24	180	6	155	194	175	117	17	143	190	102	2	158
170	14	153	184	99	150	21	137	23	115	177	152	8	100	192
195	96	140	29	168	4	159	112	166	148	26	97	181	163	11
19	174	15	156	185	104	138	28	146	172	106	13	161	187	91
164	183	94	144	30	171	5	176	118	16	142	191	103	1	157
141	20	179	3	154	189	105	136	22	116	178	151	7	101	193

Abb. 7.42 Überlappendes magisches Quadrat der Ordnung $n = 15$

Eingebettet sind wieder zwei pandiagonale Teilquadrate der Ordnung 7 und zwei weitere magische Quadrate der Ordnung 8. Zusätzlich sind 18 weitere magische Quadrate der Ordnung vier eingebettet, deren genaue Positionen in Abbildung 7.43 zu erkennen sind.

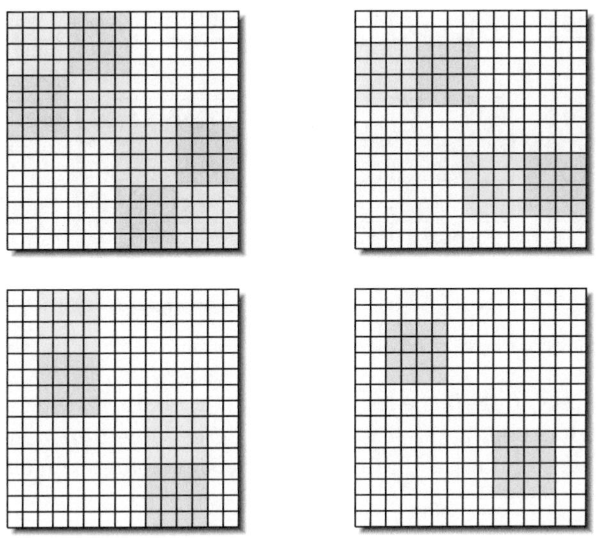

Abb. 7.43 Positionen der 18 eingebetteten Teilquadrate der Größe 4

7.4 Eingebettete Rauten

David M. Collison entdeckte 1989 das erste magische Quadrat mit einer eingebetteten Raute, einem magischen Quadrat, das um 45° gedreht ist.[11]

7	10	24	15	9
22	1	18	3	21
14	20	13	6	12
5	23	8	25	4
17	11	2	16	19

14	1	24
23	13	3
2	25	12

Abb. 7.44 Magisches Quadrat mit eingebetteter Raute

Hendricks beschreibt, dass ihm Collison drei dieser Quadrate geschickt und er später noch weitere fünf entdeckt habe.[12] Eine vollständige Übersicht aller magischen Quadrate der Ordnung $n = 5$ mit eingebetteter Raute zeigt Abbildung 7.45. Dabei fällt auf, dass sechs dieser Quadrate ungerade Zahlen in den Ecken besitzen und nur zwei, bei denen in den Ecken gerade Zahlen platziert sind.

7	10	24	15	9
22	1	18	3	21
14	20	13	6	12
5	23	8	25	4
17	11	2	16	19

3	7	16	18	21
20	11	24	9	1
12	22	13	4	14
25	17	2	15	6
5	8	10	19	23

1	10	18	15	21
22	7	24	9	3
14	20	13	6	12
23	17	2	19	4
5	11	8	16	25

1	15	20	8	21
24	3	22	9	7
16	12	13	14	10
19	17	4	23	2
5	18	6	11	25

3	22	20	9	11
25	5	10	7	18
14	2	13	24	12
8	19	16	21	1
15	17	6	4	23

9	7	14	20	15
16	21	24	3	1
4	8	13	18	22
25	23	2	5	10
11	6	12	19	17

2	10	19	14	20
22	3	21	11	8
17	25	13	1	9
18	15	5	23	4
6	12	7	16	24

4	18	11	20	12
24	21	1	9	10
7	3	13	23	19
16	17	25	5	2
14	6	15	8	22

Abb. 7.45 Alle acht magischen Quadrate der Ordnung $n = 5$ mit eingebetteter Raute

Es stellt sich heraus, dass für jedes dieser acht Quadrate ein eigenes algebraisches Muster existiert. In Abbildung 7.46 sind diese Muster aufgeführt, damit sie bei Bedarf in algebraische Muster höherer Ordnungen eingebaut werden können.

[11] Hendricks [204] S. 40

[12] Hendricks [204] S. 49–50

bb	bf	fe	zf	be
fb	aa	ez	az	fa
ze	ef	zz	ba	zb
af	fz	bz	ff	ae
eb	za	ab	ea	ee

az	bb	ea	ez	fa
ef	za	fe	be	aa
zb	fb	zz	ae	ze
ff	eb	ab	zf	ba
af	bz	bf	ee	fz

aa	bf	ez	zf	fa
fb	bb	fe	be	az
ze	ef	zz	ba	zb
fz	eb	ab	ee	ae
af	za	bz	ea	ff

aa	zf	ef	bz	fa
fe	az	fb	be	bb
ea	zb	zz	ze	bf
ee	eb	ae	fz	ab
af	ez	ba	za	ff

az	fb	ef	be	za
ff	af	bf	bb	ez
ze	ab	zz	fe	zb
bz	ee	ea	fa	aa
zf	eb	ba	ae	fz

be	bb	ze	ef	zf
ea	fa	fe	az	aa
ae	bz	zz	ez	fb
ff	fz	ab	af	bf
za	ba	zb	ee	eb

ab	bf	ee	ze	ef
fb	az	fa	za	bz
eb	ff	zz	aa	be
ez	zf	af	fz	ae
ba	zb	bb	ea	fe

ae	ez	za	ef	zb
fe	fa	aa	be	bf
bb	az	zz	fz	ee
ea	eb	ff	af	ab
ze	ba	zf	bz	fb

Abb. 7.46 Algebraische Muster für die magischen Quadrate mit eingebetteter Raute

Bei jedem Muster existieren immer nur zwei Belegungen, die zu einer eingebetteten Raute führen. Diese beiden Belegungen sind bei allen algebraischen Mustern gleich und führen bei jedem Muster auch zu jeweils zwei magischen Quadraten, die sich allerdings durch eine Drehung um 180° ineinander überführen lassen.

Belegung				
a	b	z	e	f
0	1	2	3	4

Belegung				
a	b	z	e	f
4	3	2	1	0

Ordnung 7

Eingebettete Rauten bei magischen Quadraten der Ordnung $n = 7$ wie dieses, das zwei magische Rauten der Ordnungen 5 und 3 enthält, sind kaum bekannt. .

35	42	23	16	4	48	7
1	5	36	29	26	31	47
44	38	9	22	33	18	11
10	37	20	25	30	13	40
39	32	17	28	41	12	6
3	19	24	21	14	45	49
43	2	46	34	27	8	15

Abb. 7.47 Magisches Quadrat der Ordnung $n = 7$ mit zwei eingebetteten Rauten

Dieses schöne Beispiel von Collison findet sich bei Hendricks[13]. Über die Darstellung im Zahlensystem lässt sich leicht ein zugehöriges algebraisches Muster bestimmen, doch man kann mit keiner anderen Belegung ein hierzu unterschiedliches Quadrat erzeugen.

Neun eingebettete Rauten

Im Gegensatz zu anderen eingebetteten Figuren kann man die Rauten nicht drehen oder spiegeln, ohne dadurch die Eigenschaften der umgebenden Figur zu verletzen. Allerdings kann man sie manchmal mit dem umgebenden Quadrat zu größeren Figuren zusammensetzen.

So hat Hendricks ein magisches Quadrat der Ordnung $n = 15$ erzeugt, bei dem neun magische Rauten eingebettet sind.[14] Dabei geht er von einem der Muster mit eingebetteter Raute aus, das in Abbildung 7.48 dargestellt ist.

aa	bf	ez	zf	fa
fb	bb	fe	be	az
ze	ef	zz	ba	zb
fz	eb	ab	ee	ae
af	za	bz	ea	ff

Abb. 7.48 Algebraisches Muster für ein magisches Quadrat mit eingebetteter Raute

Das Muster erzeugt ein magisches Quadrat mit eingebetteter Raute, wenn folgende Bedingungen erfüllt werden:

$$a + a + f + f + z = k \qquad a + a + e + e + f = k$$
$$b + e + z + z + z = k \qquad a + b + e + f + z = k$$
$$a + b + b + f + f = k$$

Dieses Muster wird jetzt neunmal zu dem Muster der Ordnung 15 in Abbildung 7.49 zusammengesetzt. Da die neun Teilquadrate der Ordnung 5 alle identisch sind, muss eine unterschiedliche Belegung in den einzelnen Teilquadraten sicherstellen, dass auch ein magisches Quadrat entsteht. Dazu werden den linken und rechten Buchstaben in den einzelnen Teilquadraten unterschiedliche Zahlen zugeordnet.

Die Summe der zu benutzenden Zahlen von 0 bis 14 beträgt 105. Daher werden die Zahlen so gewählt, dass die fünf Buchstaben in jeder Zeile, Spalte und beiden Diagonalen die unterschiedlichen Summen 30, 35 und 40 ergeben.

[13] Hendricks [204] S. 51

[14] Hendricks [227] S. 244

aa	bf	ez	zf	fa	aa	bf	ez	zf	fa	aa	bf	ez	zf	fa
fb	bb	fe	be	az	fb	bb	fe	be	az	fb	bb	fe	be	az
ze	ef	zz	ba	zb	ze	ef	zz	ba	zb	ze	ef	zz	ba	zb
fz	eb	ab	ee	ae	fz	eb	ab	ee	ae	fz	eb	ab	ee	ae
af	za	bz	ea	ff	af	za	bz	ea	ff	af	za	bz	ea	ff
aa	bf	ez	zf	fa	aa	bf	ez	zf	fa	aa	bf	ez	zf	fa
fb	bb	fe	be	az	fb	bb	fe	be	az	fb	bb	fe	be	az
ze	ef	zz	ba	zb	ze	ef	zz	ba	zb	ze	ef	zz	ba	zb
fz	eb	ab	ee	ae	fz	eb	ab	ee	ae	fz	eb	ab	ee	ae
af	za	bz	ea	ff	af	za	bz	ea	ff	af	za	bz	ea	ff
aa	bf	ez	zf	fa	aa	bf	ez	zf	fa	aa	bf	ez	zf	fa
fb	bb	fe	be	az	fb	bb	fe	be	az	fb	bb	fe	be	az
ze	ef	zz	ba	zb	ze	ef	zz	ba	zb	ze	ef	zz	ba	zb
fz	eb	ab	ee	ae	fz	eb	ab	ee	ae	fz	eb	ab	ee	ae
af	za	bz	ea	ff	af	za	bz	ea	ff	af	za	bz	ea	ff

Abb. 7.49 Zusammengesetztes algebraisches Muster der Ordnung $n = 15$

Die oben aufgeführten Bedingungen lassen sich durch die Belegung aus Tabelle 7.3 erfüllen.

	Belegung		
	A	B	C
a	0	1	2
b	3	4	5
z	6	7	8
e	9	10	11
f	12	13	14
k	30	35	40

BA	CC	AB
AC	BB	CA
CB	AA	BC

Tab. 7.3 Belegung und unterschiedliche Anordnungen des algebraischen Musters

Dies bedeutet beispielsweise, dass die Buchstabenkombination aa in der linken oberen Ecke durch die Kombination BA festgelegt ist. Der linke Buchstabe a wird also durch die Zuordnung $a = 1$ aus der B-Spalte bestimmt, der rechte Buchstabe a dagegen mit $a = 0$ aus der A-Spalte.

Für die Buchstabenkombination aa ergeben sich in den oberen drei Teilquadraten der Ordnung 5 die Werte

$$\begin{aligned}
\texttt{BA:} &\quad 1 \cdot 15 + 0 \cdot 1 + 1 = 16 \\
\texttt{CC:} &\quad 2 \cdot 15 + 2 \cdot 1 + 1 = 33 \\
\texttt{AB:} &\quad 0 \cdot 15 + 1 \cdot 1 + 1 = 2
\end{aligned}$$

Mit den Zuordnungen aus Tabelle 7.3 entsteht dann das symmetrische magische Quadrat aus Abbildung 7.50. Eingebettet sind neun magische Quadrate der Ordnung 5 sowie neun Rauten der Ordnung 3.

16	73	157	118	196	33	90	174	135	213	2	59	143	104	182
199	64	205	70	22	216	81	222	87	39	185	50	191	56	8
115	163	112	61	109	132	180	129	78	126	101	149	98	47	95
202	154	19	160	25	219	171	36	177	42	188	140	5	146	11
28	106	67	151	208	45	123	84	168	225	14	92	53	137	194
3	60	144	105	183	17	74	158	119	197	31	88	172	133	211
186	51	192	57	9	200	65	206	71	23	214	79	220	85	37
102	150	99	48	96	116	164	113	62	110	130	178	127	76	124
189	141	6	147	12	203	155	20	161	26	217	169	34	175	40
15	93	54	138	195	29	107	68	152	209	43	121	82	166	223
32	89	173	134	212	1	58	142	103	181	18	75	159	120	198
215	80	221	86	38	184	49	190	55	7	201	66	207	72	24
131	179	128	77	125	100	148	97	46	94	117	165	114	63	111
218	170	35	176	41	187	139	4	145	10	204	156	21	162	27
44	122	83	167	224	13	91	52	136	193	30	108	69	153	210

Abb. 7.50 Magisches Quadrat der Ordnung $n = 15$ mit eingebetteten Rauten

Variationen

Um weitere magische Quadrate zu erzeugen, kann man jedes einzelne Teilquadrat der Ordnung 5 unabhängig von den anderen durch eine der üblichen Drehungen oder Spiegelungen verändern. Ausgehend von Abbildung 7.50 werden im nächsten Beispiel die beiden Teilquadrate in den linken Ecken um 90° nach links und die in den beiden anderen Ecken um 90° nach rechts gedreht. Die dazwischenliegenden Teilquadrate werden zusätzlich an der horizontalen bzw. vertikalen Mittellinie gespiegelt.

Das Ergebnis dieser Abbildungen in Abbildung 7.51 ist wieder ein magisches Quadrat, in das neun magische Quadrate der Ordnung 5 sowie neun Rauten der Ordnung 3 eingebettet sind.

196	22	109	25	208	45	123	84	168	225	14	188	101	185	2
118	70	61	160	151	219	171	36	177	42	92	140	149	50	59
157	205	112	19	67	132	180	129	78	126	53	5	98	191	143
73	64	163	154	106	216	81	222	87	39	137	146	47	56	104
16	199	115	202	28	33	90	174	135	213	194	11	95	8	182
3	60	144	105	183	17	74	158	119	197	31	88	172	133	211
186	51	192	57	9	200	65	206	71	23	214	79	220	85	37
102	150	99	48	96	116	164	113	62	110	130	178	127	76	124
189	141	6	147	12	203	155	20	161	26	217	169	34	175	40
15	93	54	138	195	29	107	68	152	209	43	121	82	166	223
212	38	125	41	224	181	103	142	58	1	30	204	117	201	18
134	86	77	176	167	7	55	190	49	184	108	156	165	66	75
173	221	128	35	83	94	46	97	148	100	69	21	114	207	159
89	80	179	170	122	10	145	4	139	187	153	162	63	72	120
32	215	131	218	44	193	136	52	91	13	210	27	111	24	198

Abb. 7.51 Verändertes magisches Quadrat (Variationen)

Um weitere unterschiedliche magische Quadrate zu erzeugen, kann man die drei benutzten Zahlenfolgen bei der Belegung auch unabhängig voneinander umkehren, wie es beispielsweise in Tabelle 7.4 in den Spalten A und C durchgeführt wurde.

	Belegung		
	A	B	C
a	12	1	14
b	9	4	11
z	6	7	8
e	3	10	5
f	0	13	2
k	30	35	40

AB	CC	BA
CA	BB	AC
BC	AA	CB

Tab. 7.4 Belegung und veränderte Anordnungen des algebraischen Musters

Zusätzlich kann auch das Quadrat der Ordnung 3, das die Anordnung der linken und rechten Buchstaben festlegt, durch die üblichen Drehungen und Spiegelungen verändert werden. Im Beispiel der Tabelle 7.4 ist das Quadrat an der vertikalen Mittellinie gespiegelt worden.

Für die Buchstabenkombination aa ergeben sich in diesem Fall für die beiden äußeren Teilquadrate am oberen Rand die Werte

$$\text{AB:} \quad 12 \cdot 15 + 1 \cdot 1 + 1 = 182$$
$$\text{BA:} \quad 1 \cdot 15 + 12 \cdot 1 + 1 = 28$$

Mit dieser Belegung und den veränderten Anordnungen ergibt sich das magische Quadrat der Ordnung $n = 15$ in Abbildung 7.52.

182	149	53	104	2	225	168	84	123	45	28	61	157	106	208
5	140	11	146	188	42	177	36	171	219	205	70	199	64	22
101	59	98	137	95	126	78	129	180	132	109	151	112	73	115
8	50	185	56	191	39	87	222	81	216	202	160	25	154	19
194	92	143	47	14	213	135	174	90	33	16	118	67	163	196
223	166	82	121	43	17	74	158	119	197	195	138	54	93	15
40	175	34	169	217	200	65	206	71	23	12	147	6	141	189
124	76	127	178	130	116	164	113	62	110	96	48	99	150	102
37	85	220	79	214	203	155	20	161	26	9	57	192	51	186
211	133	172	88	31	29	107	68	152	209	183	105	144	60	3
30	63	159	108	210	193	136	52	91	13	212	179	83	134	32
207	72	201	66	24	10	145	4	139	187	35	170	41	176	218
111	153	114	75	117	94	46	97	148	100	131	89	128	167	125
204	162	27	156	21	7	55	190	49	184	38	80	215	86	221
18	120	69	165	198	181	103	142	58	1	224	122	173	77	44

Abb. 7.52 Magisches Quadrat der Ordnung $n = 15$ mit eingebetteten Rauten

7.5 Feste Rahmen

In diesem Kapitel werden magische Quadrate vorgestellt, die verschiedene eingebettete Quadrate oder Rauten besitzen. Diese Quadrate zeichnen sich dadurch aus, dass sie einen festen unveränderlichen Rahmen aufweisen und in diesen völlig unterschiedliche Quadrate und Rauten eingebettet sind.

7.5.1 Ordnung n = 7

Bei den hier dargestellten magischen Quadraten der Ordnung $n = 7$ bleibt der äußere Rahmen bei den folgenden drei Beispielen immer gleich, und es wird nur der innere Kern verändert.[15] Trotzdem entstehen dabei viele sehr unterschiedliche eingebettete magische Quadrate, und man kann die Konstruktion auf höhere Ordnungen übertragen.

zC	ac	cA	CC	Ac	ca	Cz
Bc						bC
Cb						cB
cC						Cc
bc						BC
CB						cb
cz	AC	Ca	cc	aC	CA	zc

Abb. 7.53 Gemeinsamer Rahmen für unterschiedliche eingebettete magische Figuren

Fortgesetzt gerahmte magische Quadrate

Im ersten Beispiel soll ein fortgesetzt gerahmtes magisches Quadrat erzeugt werden. Für die Buchstaben wird immer $z = 3$ als mittlere Zahl gewählt, während die zueinandergehörenden Buchstaben komplementär zu $n - 1 = 6$ gewählt werden.

$$a + A = b + B = c + C = n - 1 = 6$$

Sind diese Bedingungen erfüllt, entsteht aus dem algebraischen Muster für jede Belegung ein fortgesetzt gerahmtes magisches Quadrat.

zC	ac	cA	CC	Ac	ca	Cz
Bc	zB	bA	Bb	ba	Bz	bC
Cb	ab	za	AA	az	AB	cB
cC	BB	aA	zz	Aa	bb	Cc
bc	Ab	Az	aa	zA	aB	BC
CB	bz	Ba	bB	BA	zb	cb
cz	AC	Ca	cc	aC	CA	zc

Belegung	
a = 5	A = 1
b = 2	B = 4
c = 0	C = 6
z = 3	

28	36	2	49	8	6	46
29	26	16	31	20	32	21
45	38	27	9	39	12	5
7	33	37	25	13	17	43
15	10	11	41	23	40	35
47	18	34	19	30	24	3
4	14	48	1	42	44	22

Abb. 7.54 Fortgesetzt gerahmtes magisches Quadrat der Ordnung $n = 7$

[15] Hendricks [227] S. 184 – 185

Eingebettetes pandiagonales Quadrat

Im zweiten Beispiel wird der äußere Rahmen beibehalten und nur der innere Kern der Ordnung 5 verändert. Anstatt des Musters für gerahmte magische Quadrate wird jetzt ein pandiagonales Muster eingefügt. Unter den gleichen Bedingungen wie im ersten Beispiel entsteht ein magisches Quadrat mit einem eingebetteten pandiagonalen Quadrat fünfter Ordnung.

zC	ac	cA	CC	Ac	ca	Cz
Bc	AB	zA	Ba	az	bb	bC
Cb	Bz	ab	bB	AA	za	cB
cC	bA	Aa	zz	Bb	aB	Cc
bc	zb	BB	aA	ba	Az	BC
CB	aa	bz	Ab	zB	BA	cb
cz	AC	Ca	cc	aC	CA	zc

Belegung	
a = 0	A = 6
b = 5	B = 1
c = 4	C = 2
z = 3	

24	5	35	17	47	29	18
12	44	28	8	4	41	38
20	11	6	37	49	22	30
31	42	43	25	13	2	19
40	27	9	7	36	46	10
16	1	39	48	23	14	34
32	45	15	33	3	21	26

Abb. 7.55 Magisches Quadrat mit einem eingebetteten pandiagonalen Quadrat der Ordnung 5

Eingebettete Raute

Im dritten Beispiel wird in den weiterhin unveränderten äußeren Rahmen ein Muster für ein magisches Quadrat der Ordnung 5 sowie eine Raute der Ordnung 3 eingebettet.

Hier ändern sich allerdings wegen der eingebetteten Raute die Bedingungen für b und B, die neben dem zentralen Buchstaben z bei der Raute auftreten. Diese beiden Buchstaben müssen die Werte 2 und 4 oder umgekehrt annehmen. Die restlichen Bedingungen bleiben dagegen unverändert bestehen.

zC	ac	cA	CC	Ac	ca	Cz
Bc	aa	bA	Bz	zA	Aa	bC
Cb	Ab	bb	AB	bB	az	cB
cC	zB	BA	zz	ba	zb	Cc
bc	Az	Bb	ab	BB	aB	BC
CB	aA	za	bz	Ba	AA	cb
cz	AC	Ca	cc	aC	CA	zc

Belegung	
a = 1	A = 5
b = 2	B = 4
c = 6	C = 0
z = 3	

22	14	48	1	42	44	4
35	9	20	32	27	37	15
3	38	17	40	19	11	47
43	26	34	25	16	24	7
21	39	31	10	33	12	29
5	13	23	18	30	41	45
46	36	2	49	8	6	28

Abb. 7.56 Magisches Quadrat mit einem eingebetteten Quadrat und einer eingebetteter Raute

7.5.2 Ordnung n = 9

Bei höheren Ordnungen gibt es immer mehr Möglichkeiten, besondere Figuren in das magische Quadrat einzubetten. Bei der Ordnung $n = 9$ soll wie in Kapitel 7.5.1 vorgegangen werden, um den Prozess des Einbettens nachvollziehen zu können. Es wird wieder ein gemeinsamer Rahmen verwendet, in den dann unterschiedliche magische Figuren eingebettet werden.[16]

zD	DA	dB	dC	Dd	dc	db	Da	Dz
AD								ad
Bd								bD
Cd								cD
DD								dd
cd								CD
bd								BD
aD								Ad
dz	da	Db	Dc	dD	DC	DB	dA	zd

Abb. 7.57 Gemeinsamer Rahmen für unterschiedliche eingebettete magische Figuren

Fortgesetzt gerahmte magische Quadrate

Im ersten Beispiel soll ein fortgesetzt gerahmtes magisches Quadrat erzeugt werden.

zD	DA	dB	dC	Dd	dc	db	Da	Dz
AD	zC	ac	cA	CC	Ac	ca	Cz	ad
Bd	Bc	zB	bA	Bb	ba	Bz	bC	bD
Cd	Cb	ab	za	AA	az	AB	cB	cD
DD	cC	BB	aA	zz	Aa	bb	Cc	dd
cd	bc	Ab	Az	aa	zA	aB	BC	CD
bd	CB	bz	Ba	bB	BA	zb	cb	BD
aD	cz	AC	Ca	cc	aC	CA	zc	Ad
dz	da	Db	Dc	dD	DC	DB	dA	zd

Abb. 7.58 Algebraisches Muster für ein fortgesetzt gerahmtes magisches Quadrat

[16] Hendricks [227] S. 189 – 191

Für die Buchstaben wird immer $z = 4$ als mittlere Zahl gewählt, während die zueinandergehörenden Klein- und Großbuchstaben komplementär zu $n - 1 = 8$ gewählt werden.

$$a + A = b + B = c + C = d + D = n - 1 = 8$$

Wenn diese Bedingungen erfüllt sind, entsteht für das algebraische Muster aus Abbildung 7.58 für jede Belegung ein fortgesetzt gerahmtes magisches Quadrat.

Belegung	
a = 2	A = 6
b = 5	B = 3
c = 8	C = 0
d = 7	D = 1
z = 4	

38	16	67	64	17	72	69	12	14
56	37	27	79	1	63	75	5	26
35	36	40	52	33	48	32	46	47
8	6	24	39	61	23	58	76	74
11	73	31	25	41	57	51	9	71
80	54	60	59	21	43	22	28	2
53	4	50	30	49	34	42	78	29
20	77	55	3	81	19	7	45	62
68	66	15	18	65	10	13	70	44

Abb. 7.59 Fortgesetzt gerahmtes magisches Quadrat der Ordnung $n = 7$

Zwei eingebettete Quadrate

Im zweiten Beispiel ist der äußere Rahmen beibehalten und nur der innere Kern der Größe 7 verändert worden. Unter den gleichen Bedingungen wie im ersten Beispiel entsteht bei allen Belegungen ein magisches Quadrat mit zwei eingebetteten magischen Quadraten der Ordnungen 7 und 5. Dabei ist das Quadrat der Ordnung 5 sogar pandiagonal. Hier ist die Belegung aus dem letzten Beispiel gewählt worden.

zD	DA	dB	dC	Dd	dc	db	Da	Dz
AD	cz	AC	Ca	cc	aC	CA	zc	ad
Bd	CB	aa	bB	zb	BA	Az	cb	bD
Cd	bc	Bb	AA	az	ba	zB	BC	cD
DD	cC	bz	za	BB	Ab	aA	Cc	dd
cd	Cb	AB	ab	bA	zz	Ba	cB	CD
bd	Bc	zA	Bz	Aa	aB	bb	bC	BD
aD	zC	ac	cA	CC	Ac	ca	Cz	Ad
dz	da	Db	Dc	dD	DC	DB	dA	zd

38	16	67	64	17	72	69	12	14
56	77	55	3	81	19	7	45	26
35	4	21	49	42	34	59	78	47
8	54	33	61	23	48	40	28	74
11	73	50	39	31	60	25	9	71
80	6	58	24	52	41	30	76	2
53	36	43	32	57	22	51	46	29
20	37	27	79	1	63	75	5	62
68	66	15	18	65	10	13	70	44

Abb. 7.60 Magisches Quadrat mit eingebetteten Quadraten der Ordnungen 7 und 5

Eingebettetes pandiagonales Quadrat

Im dritten Beispiel wird auch wieder ein pandiagonales Quadrat in den inneren Kern des vorgegebenen Rahmens eingebettet, dieses Mal jedoch mit einem algebraischen Muster für ein pandiagonales Quadrat der Ordnung 7.

zD	DA	dB	dC	Dd	dc	db	Da	Dz
AD	aa	bA	cC	Cb	zB	Az	Bc	ad
Bd	Ab	BB	az	bc	ca	CA	zC	bD
Cd	Cc	za	AA	BC	ab	bB	cz	cD
DD	bC	cb	CB	zz	Ac	Ba	aA	dd
cd	Bz	ac	ba	cA	CC	zb	AB	CD
bd	zA	AC	Bb	aB	bz	cc	Ca	BD
aD	cB	Cz	zc	Aa	BA	aC	bb	Ad
dz	da	Db	Dc	dD	DC	DB	dA	zd

Abb. 7.61 Algebraisches Muster für ein eingebettetes pandiagonales Quadrat

Die Bedingungen für die Belegungen bleiben wieder unverändert. Ein damit erzeugtes magisches Quadrat mit einem eingebetteten pandiagonalen Quadrat der Ordnung 7 ist in Abbildung 7.62 dargestellt.

Belegung	
a = 6	A = 2
b = 1	B = 7
c = 3	C = 5
d = 8	D = 0
z = 4	

37	3	80	78	9	76	74	7	5
19	61	12	33	47	44	23	67	63
72	20	71	59	13	34	48	42	10
54	49	43	21	69	56	17	32	28
1	15	29	53	41	22	70	57	81
36	68	58	16	30	51	38	26	46
18	39	24	65	62	14	31	52	64
55	35	50	40	25	66	60	11	27
77	79	2	4	73	6	8	75	45

Abb. 7.62 Magisches Quadrat mit einem eingebetteten pandiagonalen Quadrat der Ordnung 7

Eingebettete Raute

Bei unverändertem Rahmen kann man den inneren Kern auch so gestalten, dass neben magischen Quadraten auch eine Raute eingebettet wird.

zD	DA	dB	dC	Dd	dc	db	Da	Dz
AD	zC	ac	cA	CC	Ac	ca	Cz	ad
Bd	Bc	aa	bA	Bz	zA	Aa	bC	bD
Cd	Cb	Ab	bb	AB	bB	az	cB	cD
DD	cC	zB	BA	zz	ba	zb	Cc	dd
cd	bc	Az	Bb	ab	BB	aB	BC	CD
bd	CB	aA	za	bz	Ba	AA	cb	BD
aD	cz	AC	Ca	cc	aC	CA	zc	Ad
dz	da	Db	Dc	dD	DC	DB	dA	zd

Abb. 7.63 Algebraisches Muster mit eingebetteten magischen Quadraten sowie einer Raute

Allerdings müssen durch die eingebettete Raute in dem inneren Quadrat fünf zusätzliche Bedingungen erfüllt werden. Diese sind leicht zu erkennen, wenn man die Zeilen und Spalten getrennt nach den linken und rechten Buchstaben untersucht und die auftretenden Buchstaben notiert.

$$A + A + b + b + a = 20$$
$$B + b + z + z + z = 20$$
$$B + B + a + a + A = 20$$
$$A + A + a + a + z = 20$$
$$b + b + B + B + z = 20$$

Insgesamt existieren 32 unterschiedliche Belegungen der Buchstaben, die diese Bedingungen erfüllen. Damit erhält man ein magisches Quadrat, in das zwei magische Quadrate der Ordnungen 7 und 5 sowie eine Raute der Ordnung 3 eingebettet sind.

Belegung	
a = 2	A = 6
b = 3	B = 5
c = 8	C = 0
d = 1	D = 7
z = 4	

44	70	15	10	65	18	13	66	68
62	37	27	79	1	63	75	5	20
47	54	21	34	50	43	57	28	35
2	4	58	31	60	33	23	78	80
71	73	42	52	41	30	40	9	11
74	36	59	49	22	51	24	46	8
29	6	25	39	32	48	61	76	53
26	77	55	3	81	19	7	45	56
14	12	67	72	17	64	69	16	38

Abb. 7.64 Magisches Quadrat mit eingebetteten magischen Quadraten sowie einer Raute

Eingebettetes überlappendes Quadrat

Bei der Ordnung $n = 9$ können die eingebetteten magischen Figuren aber noch komplexer werden, wenn man etwa das Muster aus Abbildung 7.65 benutzt.

zD	DA	dB	dC	Dd	da	db	Dc	Dz
AD	ab	cz	za	bc	bC	aA	cB	cd
Bd	zc	ba	az	cb	cA	bB	aC	bD
Cd	bz	zb	cc	aa	aB	cC	bA	aD
DD	ca	ac	bb	zz	BB	AC	CA	dd
ad	Bc	Aa	Cb	AA	CC	zB	Bz	CD
bd	Ca	Bb	Ac	CB	Az	BA	zC	BD
cD	Ab	Cc	Ba	BC	zA	Cz	AB	Ad
dz	dc	Db	Da	dD	DC	DB	dA	zd

Abb. 7.65 Algebraisches Muster mit einem eingebetteten überlappenden Quadrat

Um in den vorgegebenen Rahmen ein überlappendes magisches Quadrat der Ordnung 7 einzubetten, sind die Belegungen etwas komplizierter. Wie fast immer bei ungeraden Ordnungen wird dem Buchstaben z die mittlere Zahl mit $z = 4$ zugewiesen. Allerdings existieren für die Kleinbuchstaben nur vier gültige Kombinationen.

Kleinbuchstaben			
a	b	c	d
1	5	6	0
2	3	7	0
0	5	7	2
1	3	8	2

Tab. 7.5 Mögliche Belegungen für ein eingebettetes überlappendes Quadrat

Die Großbuchstaben A, B, C und D nehmen wie immer die zu $n - 1 = 8$ komplementären Werte der Kleinbuchstaben an.

Man kann allerdings noch Zahlen vertauschen, was die Anzahl der zur Auswahl stehenden Möglichkeiten deutlich erhöht. Diese Variationen sollen an der ersten Zeile der Belegungstabelle verdeutlicht werden.

- Die Zuordnung der Zahlen 1, 5 und 6 zu den Kleinbuchstaben kann in einer beliebigen Reihenfolge vorgenommen werden.

- Werden den Kleinbuchstaben a, b und c die Zahlen 1, 5 und 6 in einer beliebigen Reihenfolge zugeordnet, erhalten die Großbuchstaben die hierzu komplementären Werte. Dies kann auch genau umgekehrt vorgenommen werden, sodass die Zahlen 1, 5 und 6 den Großbuchstaben zugeordnet werden und die komplementären Werte den Kleinbuchstaben.

- Eine solche Vertauschung kann auch bei den Buchstaben d und D unabhängig von anderen Vertauschungen vorgenommen werden. Dies ergibt mit $d = 0$ und $D = 8$ oder $d = 8$ und $D = 0$ zwei unterschiedliche Zuordnungen.

Diese Vertauschungen gelten natürlich für alle vier angegebenen Zuordnungsmöglichkeiten. Im Beispiel der Abbildung 7.66 sind z. B. die Zahlen aus Zeile 3 der Belegungstabelle 7.5 gewählt und einige der erwähnten Vertauschungen vorgenommen worden.

In diesem magischen Quadrat ist ein überlappendes Quadrat der Ordnung 7 eingebettet. Es enthält zwei sich im Zentrum überlappende Quadrate der Ordnung 4 und zusätzlich zwei semi-magische Quadrate der Ordnung 3.

Belegung	
a = 7	A = 3
b = 0	B = 8
c = 5	C = 1
d = 6	D = 2
z = 4	

39	22	63	56	25	62	55	24	23
30	64	50	44	6	2	67	54	52
79	42	8	68	46	49	9	65	3
16	5	37	51	71	72	47	4	66
21	53	69	1	41	81	29	13	61
70	78	35	10	31	11	45	77	12
7	17	73	33	18	32	76	38	75
48	28	15	80	74	40	14	36	34
59	60	19	26	57	20	27	58	43

Abb. 7.66 Magisches Quadrat mit einem eingebetteten überlappenden Quadrat

7.5.3 Ordnung n = 10

Magische Quadrate der Ordnung $n = 10$ mit eingebetteten Quadraten sind aufgrund der fehlenden Symmetrieeigenschaften besonders schwer zu erstellen. Trotzdem hat Hendricks ein algebraisches Muster erstellt, mit dem sich viele magische Quadrate erzeugen lassen, in die ein Quadrat der Ordnung 6 eingebettet ist.[17]

[17] Hendricks [227] S. 142 – 146

mm	nq	am	bm	ym	xn	Bn	An	np	mn
qn	pp	Ap	Bp	xp	yq	bq	aq	pq	qm
ma	pA	xx	yA	xB	yb	ya	xy	qA	na
mb	pB	Ay	AA	Ba	ba	aA	ax	qB	nb
my	px	Bx	aB	bb	bB	Ab	By	qx	ny
nx	qy	by	ab	Bb	BB	AB	bx	py	mx
nB	qb	ay	Aa	bA	BA	aa	Ax	pb	mB
nA	qa	yx	xa	yB	xb	xA	yy	pa	mA
pn	qp	Aq	Bq	xq	yp	bp	ap	qq	pm
nm	mq	an	bn	yn	xm	Bm	Am	mp	nn

Abb. 7.67 Algebraisches Muster für ein eingebettetes Quadrat der Ordnung 6

Für die Belegung dieses Musters müssen zunächst wieder einige zu $n - 1 = 9$ komplementäre Buchstabenpaare gebildet werden.

$$a + A = b + B = x + y = m + n = p + q = n - 1 = 9;$$

Mit jeder Belegung wird unter diesen Bedingungen ein magisches Quadrat der Ordnung $n = 10$ erzeugt, in das im Zentrum ein magisches Quadrat der Ordnung 6 eingebettet ist.

Belegung	
a = 2	A = 7
b = 3	B = 6
x = 4	y = 5
p = 8	q = 1
m = 9	n = 0

100	2	30	40	60	41	61	71	9	91
11	89	79	69	49	52	32	22	82	20
93	88	45	58	47	54	53	46	18	3
94	87	76	78	63	33	28	25	17	4
96	85	65	27	34	37	74	66	15	6
5	16	36	24	64	67	77	35	86	95
7	14	26	73	38	68	23	75	84	97
8	13	55	43	57	44	48	56	83	98
81	19	72	62	42	59	39	29	12	90
10	92	21	31	51	50	70	80	99	1

Abb. 7.68 Magisches Quadrat mit einem eingebetteten Quadrat der Ordnung 6

Eingebettetes pandiagonales Quadrat

Weitere magische Quadrate mit einem eingebetteten Quadrat der Ordnung 6 können erzeugt werden, wenn man das algebraische Muster aus Abbildung 7.67 zunächst zyklisch so verschiebt, dass sich das Quadrat 6. Ordnung in der linken oberen Ecke befindet.[18]

Führt man dann noch drei zusätzliche Vertauschungen aus, wird die rechte untere Ecke sogar pandiagonal, in Abbildung 7.69 zu erkennen ist.

xx	yA	xB	yb	ya	xy	qA	na	ma	pA
Ay	AA	Ba	ba	aA	ax	qB	nb	mb	pB
Bx	aB	bb	bB	Ab	By	qx	ny	my	px
by	ab	Bb	BB	AB	bx	py	mx	nx	qy
ay	Aa	bA	BA	aa	Ax	pb	mB	nB	qb
yx	xa	yB	xb	xA	yy	pa	mA	nA	qa
Aq	Bq	xq	yp	bp	ap	qq	pm	pn	qp
an	bn	yn	xm	Bm	Am	mp	nn	nm	mq
am	bm	ym	xn	Bn	An	np	mn	mm	nq
Ap	Bp	xp	yq	bq	aq	pq	qm	qn	pp

xx	yA	xB	yb	ya	xy	qA	na	ma	pA
Ay	AA	Ba	ba	aA	ax	qB	nb	mb	pB
Bx	aB	bb	bB	Ab	By	qx	ny	my	px
by	ab	Bb	BB	AB	bx	py	mx	nx	qy
ay	Aa	bA	BA	aa	Ax	pb	mB	nB	qb
yx	xa	yB	xb	xA	yy	pa	mA	nA	qa
Aq	Bq	xq	yp	bp	ap	qq	pm	qp	pn
an	bn	yn	xm	Bm	Am	mp	nn	mq	nm
am	bm	ym	xn	Bn	An	pq	qm	pp	qn
Ap	Bp	xp	yq	bq	aq	np	mn	nq	mm

Abb. 7.69 Verschobenes algebraisches Muster mit drei Vertauschungen

Doch leider ist die Hauptdiagonale bisher nicht passend. Verschiebt man allerdings innerhalb der Rechtecke die 4 x 4 - Teilquadrate in der linken unteren und der rechten oberen Ecke jeweils um eine Spalte nach rechts bzw. eine Zeile nach unten und tauscht zusätzlich, wie in Abbildung 7.70 dargestellt, jeweils eine Buchstabenkombination aus, ist die Hauptdiagonale für ein magisches Quadrat geeignet.

xx	yA	xB	yb	ya	xy	qA	na	ma	pA
Ay	AA	Ba	ba	aA	ax	qB	nb	mb	pB
Bx	aB	bb	bB	Ab	By	qx	ny	my	px
by	ab	Bb	BB	AB	bx	py	mx	nx	qy
ay	Aa	bA	BA	aa	Ax	pb	mB	nB	qb
yx	xa	yB	xb	xA	yy	pa	mA	nA	qa
Aq	Bq	xq	yp	bp	ap	qq	pm	qp	pn
an	bn	yn	xm	Bm	Am	mp	nn	mq	nm
am	bm	ym	xn	Bn	An	pq	qm	pp	qn
Ap	Bp	xp	yq	bq	aq	np	mn	nq	mm

xx	yA	xB	yb	ya	xy	py	mx	nx	qy
Ay	AA	Ba	ba	aA	ax	qB	nb	mb	pB
Bx	aB	bb	bB	Ab	By	pb	nB	mB	qb
by	ab	Bb	BB	AB	bx	pa	mA	nA	qa
ay	Aa	bA	BA	aa	Ax	qA	ma	na	pA
yx	xa	yB	xb	xA	yy	qx	ny	my	px
yp	Bq	bp	ap	Aq	xq	qq	pm	qp	pn
xm	bn	Bn	Am	am	yn	mp	nn	mq	nm
xn	bm	Bm	An	an	ym	pq	qm	pp	qn
yq	Bp	bq	aq	Ap	xp	np	mn	nq	mm

Abb. 7.70 Anpassen der Hauptdiagonale

[18] Hendricks [227] S. 146

Eine Belegung mit komplementären Zahlenpaaren ergibt etwa das magische Quadrat aus Abbildung 7.71. Eingebettet sind in der linken oberen Ecke ein Quadrat sechster Ordnung und in der rechten unteren Ecke ein pandiagonales Quadrat vierter Ordnung. Zusätzlich sind am unteren und rechten Rand zwei semi-magische Quadrate vierter Ordnung eingebettet.

Belegung	
a = 0	A = 9
b = 6	B = 3
x = 5	y = 4
p = 1	q = 8
m = 2	n = 7

56	50	54	47	41	55	15	26	76	85
95	100	31	61	10	6	84	77	27	14
36	4	67	64	97	35	17	74	24	87
65	7	37	34	94	66	11	30	80	81
5	91	70	40	1	96	90	21	71	20
46	51	44	57	60	45	86	75	25	16
42	39	62	2	99	59	89	13	82	18
53	68	38	93	3	48	22	78	29	73
58	63	33	98	8	43	19	83	12	88
49	32	69	9	92	52	72	28	79	23

Abb. 7.71 Magisches Quadrat mit eingebetteten Quadraten der Ordnungen 6 und 4

7.5.4 Ordnung n = 12

Für die Ordnung $n = 12$ sollen drei Beispiele gegeben werden, bei denen in das magische Quadrat jeweils vier Quadrate eingebettet werden können.

Eingebettete Quadrate der Ordnung 3

Das erste Beispiel von Hendricks erzeugt magische Quadrate, in das vier Quadrate der Ordnung 3 eingebettet werden.[19]

Für die Belegung werden bei diesem algebraischen Muster zunächst einige komplementäre Buchstabenpaare benötigt.

$$a + A = b + B = c + C = d + D = z + Z = x + y = n - 1 = 11$$

Diese Buchstaben müssen in zwei Gruppen aufgeteilt werden, die mit der Belegung die gleiche Summe ergeben.

$$a + b + c + d + z + x = A + B + C + D + Z + y = 33$$

[19] Hendricks [204] S. 63–64

xx	xa	xb	xc	xd	xz	yz	yd	yc	yb	ya	yx
ax	zc	bd	cb	ba	cz	Zc	Bd	Cb	Ba	Cz	Ax
bx	ab	za	dd	az	dc	Ab	Za	Dd	Az	Dc	Bx
cx	cc	ad	zz	da	bb	Cc	Ad	Zz	Da	Bb	Cx
dx	db	dz	aa	zd	ac	Db	Dz	Aa	Zd	Ac	Dx
zx	bz	ca	bc	cd	zb	Bz	Ca	Bc	Cd	Zb	Zx
zy	zC	bD	cB	bA	cZ	ZC	BD	CB	BA	CZ	Zy
dy	aB	zA	dD	aZ	dC	AB	ZA	DD	AZ	DC	Dy
cy	cC	aD	zZ	dA	bB	CC	AD	ZZ	DA	BB	Cy
by	dB	dZ	aA	zD	aC	DB	DZ	AA	ZD	AC	By
ay	bZ	cA	bC	cD	zB	BZ	CA	BC	CD	ZB	Ay
xy	xA	xB	xC	xD	xZ	yZ	yD	yC	yB	yA	yy

Abb. 7.72 Algebraisches Muster für eingebettete Quadrate der Ordnung 3

Zusätzlich müssen die Buchstaben z und Z als Mittelwerte berechnet werden, da sonst die Diagonalen der eingebetteten Quadrate nicht die magische Summe ergeben.

$$z = \frac{a+d}{2} \qquad \text{und} \qquad Z = \frac{A+D}{2}$$

Belegung	
a = 6	A = 5
z = 7	Z = 4
d = 8	D = 3
b = 0	B = 11
c = 2	C = 9
x = 10	X = 1

131	127	121	123	129	128	20	21	15	13	19	23
83	87	9	25	7	32	51	141	109	139	116	71
11	73	91	105	80	99	61	55	45	68	39	143
35	27	81	92	103	1	111	69	56	43	133	119
107	97	104	79	93	75	37	44	67	57	63	47
95	8	31	3	33	85	140	115	135	117	49	59
86	94	4	36	6	29	58	136	120	138	113	50
98	84	90	100	77	106	72	54	40	65	46	38
26	34	76	89	102	12	118	64	53	42	144	110
2	108	101	78	88	82	48	41	66	52	70	134
74	5	30	10	28	96	137	114	142	112	60	62
122	126	132	130	124	125	17	16	22	24	18	14

Abb. 7.73 Magisches Quadrat mit eingebetteten Quadraten der Ordnung 3

Mit einer solchen Belegung ist das magische Quadrat aus Abbildung 7.73 erzeugt worden. Es enthält vier eingebettete pandiagonale Quadrate der Ordnung 3. Zudem ergeben die addierten Zahlen in den vier Quadranten jeweils die Summe 2610.

Eingebettete Quadrate der Ordnung 4

Dieses Beispiel von Hendricks erzeugt magische Quadrate, in die vier Quadrate der Ordnung 4 eingebettet werden.[20]

mm	Dm	Cm	Bn	An	yn	xn	an	bn	cm	dm	nm
mD	Bc	Ca	Ab	Dd	xD	yd	bc	ca	ab	dd	nd
mC	Db	Ad	Cc	Ba	xC	yc	db	ad	cc	ba	nc
nB	Cd	Bb	Da	Ac	yB	xb	cd	bb	da	ac	mb
nA	Aa	Dc	Bd	Cb	yA	xa	aa	dc	bd	cb	ma
ny	dy	cy	bx	ax	xx	yx	Ax	Bx	Cy	Dy	my
nx	Dx	Cx	By	Ay	xy	yy	ay	by	cx	dx	mx
na	BC	CA	AB	DD	ya	xA	bC	cA	aB	dD	mA
nb	DB	AD	CC	BA	yb	xB	dB	aD	cC	bA	mB
mc	CD	BB	DA	AC	xc	yC	cD	bB	dA	aC	nC
md	AA	DC	BD	CB	xd	yD	aA	dC	bD	cB	nD
mn	dn	cn	bm	am	ym	xm	Am	Bm	Cn	Dn	nn

Abb. 7.74 Algebraisches Muster für eingebettete Quadrate der Ordnung 4

Bei diesem algebraischen Muster sind wieder einige komplementäre Buchstabenpaare erforderlich.

$$a + A = b + B = c + C = d + D = m + n = x + y = n - 1 = 11$$

Als zusätzliche Bedingungen müssen die Summen von jeweils vier Zahlen, die den Buchstaben zugeordnet werden, gleich sein.

$$a + b + c + d = A + B + C + D = 22$$

Mit dieser Belegung wird das magische Quadrat aus Abbildung 7.75 erzeugt. Es enthält vier eingebettete Quadrate der Ordnung 4.

[20] Hendricks [227] S. 264 – 266

Belegung	
a = 2	A = 9
b = 11	B = 0
c = 3	C = 8
d = 6	D = 5
m = 4	n = 7
x = 1	y = 10

53	65	101	8	116	128	20	32	140	41	77	89
54	4	99	120	67	18	127	136	39	36	79	91
57	72	115	100	3	21	124	84	31	40	135	88
85	103	12	63	112	121	24	43	144	75	28	60
94	111	64	7	108	130	15	27	76	139	48	51
95	83	47	134	26	14	122	110	2	107	71	59
86	62	98	11	119	23	131	35	143	38	74	50
87	9	106	109	66	123	22	141	46	25	78	58
96	61	114	105	10	132	13	73	30	45	142	49
52	102	1	70	117	16	129	42	133	82	33	93
55	118	69	6	97	19	126	34	81	138	37	90
56	80	44	137	29	125	17	113	5	104	68	92

Abb. 7.75 Magisches Quadrat mit eingebetteten Quadraten der Ordnung 4

Eingebettete pandiagonale Quadrate der Ordnung 4

Um vier pandiagonale Quadrate einzubetten, muss ein anderes algebraisches Muster gewählt werden.[21]

mm	Am	Bm	Cm	Dm	ny	nx	dn	cn	bn	an	mn
mA	aa	bd	cb	dc	xA	xa	aA	bD	cB	dC	ma
mB	db	cc	ba	ad	xB	xb	dB	cC	bA	aD	mb
mC	bc	ab	dd	ca	xC	xc	bC	aB	dD	cA	mc
mD	cd	da	ac	bb	xD	xd	cD	dA	aC	bB	md
yn	Ax	Bx	Cx	Dx	xx	xy	dy	cy	by	ay	ym
xn	ax	bx	cx	dx	yx	yy	Dy	Cy	By	Ay	xm
nd	Aa	Bd	Cb	Dc	yd	yD	AA	BD	CB	DC	nD
nc	Db	Cc	Ba	Ad	yc	yC	DB	CC	BA	AD	nC
nb	Bc	Ab	Dd	Ca	yb	yB	BC	AB	DD	CA	nB
na	Cd	Da	Ac	Bb	ya	yA	CD	DA	AC	BB	nA
nm	am	bm	cm	dm	my	mx	Dn	Cn	Bn	An	nn

Abb. 7.76 Algebraisches Muster für eingebettete pandiagonale Quadrate der Ordnung 4

[21] Hendricks [227] S. 267 – 268

Wegen der eingebetteten pandiagonalen Quadrate müssen auch mehr Bedingungen an die komplementären Zahlenpaare gestellt werden.

$$a+b+c+d+m+x = A+B+C+D+n+y = 33 \qquad \text{und} \qquad a+d = b+c$$

Mit einer solchen Belegung ist das magische Quadrat aus Abbildung 7.77 erzeugt worden. Es enthält vier eingebettete pandiagonale Quadrate der Ordnung 4.

Belegung	
a = 0	A = 11
b = 6	B = 5
c = 2	C = 9
d = 8	D = 3
m = 10	n = 1
x = 7	y = 4

131	143	71	119	47	17	20	98	26	74	2	122
132	1	81	31	99	96	85	12	76	30	106	121
126	103	27	73	9	90	91	102	34	84	4	127
130	75	7	105	25	94	87	82	6	100	36	123
124	33	97	3	79	88	93	28	108	10	78	129
50	140	68	116	44	92	89	101	29	77	5	59
86	8	80	32	104	56	53	41	113	65	137	95
21	133	69	115	39	57	52	144	64	114	46	16
15	43	111	61	141	51	58	42	118	72	136	22
19	63	139	45	109	55	54	70	138	40	120	18
13	117	37	135	67	49	60	112	48	142	66	24
23	11	83	35	107	125	128	38	110	62	134	14

Abb. 7.77 Magisches Quadrat mit eingebetteten pandiagonalen Quadraten der Ordnung 4

7.5.5 Ordnung n = 16

Für die Ordnung $n = 16$ hat Hendricks einen festen Rahmen entworfen, in den unterschiedliche Quadrate eingebettet werden können.[22] Dieser Rahmen wird für sehr unterschiedliche eingebettete magische Quadrate benutzt und ist in Abbildung 7.78 zu sehen.

Eingebettete Quadrate der Ordnungen 5 und 3

Dieser Rahmen kann in den freien Bereichen beispielsweise mit Mustern für eingebettete Quadrate der Ordnungen 5 und 3 gefüllt werden.

[22] Hendricks [227] S. 283 – 287

nn	my	mA	mB	mC	mD	mZ	mq	np	nz	nd	nc	nb	na	mx	nm
ym	xx	xa	xb	xc	xd	xz	xp	yq	yZ	yD	yC	yB	yA	xy	yn
Am	ax						ap	Ap						Ax	am
Bm	bx						bp	Bp						Bx	bm
Cm	cx						cp	Cp						Cx	cm
Dm	dx						dp	Dp						Dx	dm
Zm	zx						zp	Zp						Zx	zm
qm	px	pa	pb	pc	pd	pz	pp	qp	qz	qd	qc	qb	qa	qx	pm
pn	qy	pA	pB	pC	pD	pZ	pq	qq	qZ	qD	qC	qB	qA	py	qn
zn	Zy						zq	Zq						zy	Zn
dn	Dy						dq	Dq						dy	Dn
cn	Cy						cq	Cq						cy	Cn
bn	By						bq	Bq						by	Bn
an	Ay						aq	Aq						ay	An
xm	yx	xA	xB	xC	xD	xZ	xq	yp	yz	yd	yc	yb	ya	yy	xn
mn	ny	ma	mb	mc	md	mz	mp	nq	nZ	nD	nC	nB	nA	nx	mm

Abb. 7.78 Fester Rahmen für algebraische Muster der Ordnung $n = 16$

zc	bd	cb	ba	cz
ab	za	dd	az	dc
cc	ad	zz	da	bb
db	dz	aa	zd	ac
bz	ca	bc	cd	zb

a) oben links

Zc	Bd	Cb	Ba	Cz
Ab	Za	Dd	Az	Dc
Cc	Ad	Zz	Da	Bb
Db	Dz	Aa	Zd	Ac
Bz	Ca	Bc	Cd	Zb

b) oben rechts

zC	bD	cB	bA	cZ
aB	zA	dD	aZ	dC
cC	aD	zZ	dA	bB
dB	dZ	aA	zD	aC
bZ	cA	bC	cD	zB

c) unten links

ZC	BD	CB	BA	CZ
AB	ZA	DD	AZ	DC
CC	AD	ZZ	DA	BB
DB	DZ	AA	ZD	AC
BZ	CA	BC	CD	ZB

d) unten rechts

Abb. 7.79 Muster für eingebettete Quadrate der Ordnungen 5 und 3

Für eine Belegung, die aus diesem algebraischen Muster ein magisches Quadrat erzeugt, müssen zunächst die zueinandergehörenden Paare von Klein- und Großbuchstaben sowie einige andere Buchstabenpaare komplementär zu 15 sein.

$$a + A = b + B = c + C = d + D = z + Z = m + n = p + q = x + y = n - 1 = 15$$

Weiterhin sind die einzubettenden Muster so aufgebaut, dass z und Z als Mittelwerte eindeutig festgelegt sind.

$$z = \frac{a + d}{2} = \frac{b + c}{2} \qquad \text{und} \qquad Z = \frac{A + D}{2} = \frac{B + C}{2}$$

Da die Summe der Zahlen von 0 bis 15 insgesamt 120 beträgt, müssen zwei Buchstabengruppen gebildet werden, die jeweils die Summe 60 ergeben.

$$a + b + z + c + d + m + p + x = A + B + Z + C + D + n + q + y$$

Mit einer der vielen möglichen Belegungen ist das magische Quadrat aus Abbildung 7.80 erzeugt worden. Eingebettet sind vier magische Quadrate der Ordnung 5 und darin jeweils ein anderes Quadrat der Ordnung 3.

Belegung															
a	b	z	c	d	x	m	p	A	B	Z	C	D	y	n	q
15	11	8	5	1	2	6	12	0	4	7	10	14	13	9	3

Tab. 7.6 Belegung für eingebettete Quadrate der Ordnungen 5 und 3

154	110	97	101	107	111	104	100	157	153	146	150	156	160	99	151
215	35	48	44	38	34	41	45	212	216	223	219	213	209	46	218
7	243	134	178	92	192	89	253	13	118	66	172	80	169	3	247
71	179	252	144	18	249	22	189	77	12	128	226	9	230	67	183
167	83	86	242	137	32	188	93	173	166	2	121	240	76	163	87
231	19	28	25	256	130	246	29	237	236	233	16	114	6	227	23
119	131	185	96	182	82	140	141	125	73	176	70	162	124	115	135
55	195	208	204	198	194	201	205	61	57	50	54	60	64	51	199
202	62	193	197	203	207	200	196	52	56	63	59	53	49	206	58
138	126	139	191	85	177	88	132	116	123	79	165	65	168	142	122
26	238	245	129	31	248	27	20	228	5	113	239	8	235	30	234
90	174	91	255	136	17	181	84	164	171	15	120	225	69	94	170
186	78	21	24	241	143	251	180	68	229	232	1	127	11	190	74
250	14	184	81	187	95	133	244	4	72	161	75	175	117	254	10
39	211	33	37	43	47	40	36	221	217	210	214	220	224	222	42
106	158	112	108	102	98	105	109	148	152	159	155	149	145	147	103

Abb. 7.80 Magisches Quadrat mit eingebetteten Quadraten der Ordnungen 5 und 3

Eingebettete pandiagonale Quadrate der Ordnung 5

Alternativ kann man in den Rahmen auch Muster für eingebettete pandiagonale Quadrate einfügen.

cz	dc	za	ad	bb
zd	ab	bz	cc	da
bc	ca	dd	zb	az
db	zz	ac	ba	cd
aa	bd	cb	dz	zc

a) oben links

Cz	Dc	Za	Ad	Bb
Zd	Ab	Bz	Cc	Da
Bc	Ca	Dd	Zb	Az
Db	Zz	Ac	Ba	Cd
Aa	Bd	Cb	Dz	Zc

b) oben rechts

cZ	dC	zA	aD	bB
zD	aB	bZ	cC	dA
bC	cA	dD	zB	aZ
dB	zZ	aC	bA	cD
aA	bD	cB	dZ	zC

c) unten links

CZ	DC	ZA	AD	BB
ZD	AB	BZ	CC	DA
BC	CA	DD	ZB	AZ
DB	ZZ	AC	BA	CD
AA	BD	CB	DZ	ZC

d) unten rechts

Abb. 7.81 Muster für die freien Bereiche

Mit der Belegung aus Tabelle 7.6 entsteht das magische Quadrat aus Abbildung 7.82. Eingebettet sind vier pandiagonale Quadrate der Ordnung 5.

Belegung															
a	b	z	c	d	x	m	p	A	B	Z	C	D	y	n	q
3	11	8	5	13	14	0	6	12	4	7	10	2	1	15	9

Tab. 7.7 Belegung für eingebettete pandiagonale Quadrate der Ordnung 5

256	2	13	5	11	3	8	10	247	249	254	246	252	244	15	241
17	239	228	236	230	238	233	231	26	24	19	27	21	29	226	32
193	63	89	214	132	62	188	55	199	169	38	116	206	76	207	49
65	191	142	60	185	86	212	183	71	126	204	73	166	36	79	177
161	95	182	84	222	140	57	87	167	70	164	46	124	201	175	81
33	223	220	137	54	180	94	215	39	44	121	198	68	174	47	209
113	143	52	190	92	217	134	135	119	196	78	172	41	118	127	129
145	111	100	108	102	110	105	103	151	153	158	150	156	148	159	97
112	146	109	101	107	99	104	106	154	152	147	155	149	157	98	160
144	114	88	219	141	51	181	138	122	168	43	125	195	69	130	128
224	34	131	53	184	91	221	218	42	115	197	72	171	45	210	48
96	162	187	93	211	133	56	90	170	75	173	35	117	200	82	176
192	66	213	136	59	189	83	186	74	37	120	203	77	163	178	80
64	194	61	179	85	216	139	58	202	205	67	165	40	123	50	208
225	31	237	229	235	227	232	234	23	25	30	22	28	20	18	240
16	242	4	12	6	14	9	7	250	248	243	251	245	253	255	1

Abb. 7.82 Magisches Quadrat mit eingebetteten pandiagonalen Quadraten der Ordnung 5

Eingebettete Quadrate der Ordnung 6

Für die Ordnung $n = 16$ existieren auch algebraische Muster, mit denen man eingebettete Quadrate der Ordnung 6 erzeugen kann.[23] (siehe Abbildung 7.83).

Die einzige Bedingung, die für dieses Muster erfüllt werden muss, betrifft die komplementären Zahlenpaare.

$$a + A = b + B = c + C = d + D = e + E = f + F = m + n = x + y = n - 1 = 15$$

Ein Beispiel für ein derartiges magisches Quadrat findet sich in Abbildung 7.84. Es enthält vier eingebettete Quadrate der Ordnung 6.

Belegung															
a	b	c	d	e	f	m	x	A	B	C	D	E	F	n	y
1	7	6	10	12	11	0	13	14	8	9	5	3	4	15	2

Tab. 7.8 Belegung für eingebettete Quadrate der Ordnung 6

mm	mA	nB	mC	nD	mE	nF	yn	xn	nf	me	nd	mc	nb	ma	nm
Am	aa	Ab	AC	ac	AB	aA	Ax	ay	ad	Ae	AF	af	AE	aD	an
Bn	bA	bb	BC	Bc	bB	Ba	By	bx	bD	be	BF	Bf	bE	Bd	bm
Cm	CA	CB	cc	cC	cb	Ca	Cx	cy	CD	CE	cf	cF	ce	Cd	cn
Dn	ca	cB	Cc	CC	Cb	cA	Dy	dx	cd	cE	Cf	CF	Ce	cD	dm
Em	BA	Bb	bc	bC	BB	ba	Ex	ey	BD	Be	bf	bF	BE	bd	en
Fn	Aa	aB	aC	Ac	ab	AA	Fy	fx	Ad	aE	aF	Af	ae	AD	fm
ny	xA	yB	xC	yD	xE	yF	xx	yx	yf	xe	yd	xc	yb	xa	my
nx	ya	xb	yc	xd	ye	xf	xy	yy	xF	yE	xD	yC	xB	yA	mx
fn	da	Db	DC	dc	DB	dA	fy	Fx	dd	De	DF	df	DE	dD	Fm
em	eA	eb	EC	Ec	eB	Ea	ex	Ey	eD	ee	EF	Ef	eE	Ed	En
dn	FA	FB	fc	fC	fb	Fa	dy	Dx	FD	FE	ff	fF	fe	Fd	Dm
cm	fa	fB	Fc	FC	Fb	fA	cx	Cy	fd	fE	Ff	FF	Fe	fD	Cn
bn	EA	Eb	ec	eC	EB	ea	by	Bx	ED	Ee	ef	eF	EE	ed	Bm
am	Da	dB	dC	Dc	db	DA	ax	Ay	Dd	dE	dF	Df	de	DD	An
mn	na	mb	nc	md	ne	mf	ym	xm	mF	nE	mD	nC	mB	nA	nn

Abb. 7.83 Algebraisches Muster für eingebettete Quadrate der Ordnung 6

[23] Hendricks [227] S. 269 – 270

1	15	249	10	246	4	245	48	224	252	13	251	7	248	2	241
225	18	232	234	23	233	31	238	19	27	237	229	28	228	22	32
144	127	120	138	135	121	130	131	126	118	125	133	140	116	139	113
145	159	153	103	106	104	146	158	99	150	148	108	101	109	155	112
96	98	105	151	154	152	111	83	174	107	100	156	149	157	102	161
49	143	136	119	122	137	114	62	195	134	141	124	117	132	123	208
80	226	25	26	231	24	239	67	190	235	20	21	236	29	230	177
243	223	41	218	38	212	37	222	46	44	221	43	215	40	210	3
254	34	216	39	219	45	220	211	35	213	36	214	42	217	47	14
192	162	88	90	167	89	175	179	78	171	93	85	172	84	166	65
193	207	200	58	55	201	50	206	51	198	205	53	60	196	59	64
176	79	73	183	186	184	66	163	94	70	68	188	181	189	75	81
97	178	185	71	74	72	191	110	147	187	180	76	69	77	182	160
128	63	56	199	202	57	194	115	142	54	61	204	197	52	203	129
17	82	169	170	87	168	95	30	227	91	164	165	92	173	86	240
16	242	8	247	11	253	12	33	209	5	244	6	250	9	255	256

Abb. 7.84 Magisches Quadrat mit eingebetteten Quadraten der Ordnung 6

Eingebettete Quadrate der Ordnung 3

Man kann die Bereiche der eingebetteten Quadrate sechster Ordnung aber auch so füllen, dass sich in ihnen jeweils vier Quadrate dritter Ordnung befinden.[24]

Neben den komplementären Zahlenpaaren müssen hier zudem die Summe von jeweils vier Zahlen übereinstimmen.

$$a + b + c + x = d + e + f + m = 30$$

Zusätzlich müssen die Buchstaben b und e als Mittelwerte berechnet werden, da sonst die Diagonalen der Quadrate dritter Ordnung nicht die magische Summe besitzen.

$$b = \frac{a + c}{2} \qquad \text{und} \qquad e = \frac{d + f}{2}$$

Mit einer der möglichen Belegungen ist das magische Quadrat aus Abbildung 7.85 erzeugt worden. Eingebettet sind 16 magische Quadrate der Ordnung 3.

[24] Hendricks [227] S. 271 – 272

mm	xA	xB	xC	yD	yE	yF	ny	nx	ma	mb	mc	nd	ne	nf	mn
fn	bD	cF	aE	BD	CF	AE	an	An	eD	fF	dE	ED	FF	DE	Fn
en	aF	bE	cD	AF	BE	CD	bn	Bn	dF	eE	fD	DF	EE	FD	En
dn	cE	aD	bF	CE	AD	BF	cn	Cn	fE	dD	eF	FE	DD	EF	Dn
cm	bd	cf	ae	Bd	Cf	Ae	dm	Dm	ed	ff	de	Ed	Ff	De	Cm
bm	af	be	cd	Af	Be	Cd	em	Em	df	ee	fd	Df	Ee	Fd	Bm
am	ce	ad	bf	Ce	Ad	Bf	fm	Fm	fe	dd	ef	Fe	Dd	Ef	Am
yn	xD	xE	xF	yA	yB	yC	xx	xy	md	me	mf	na	nb	nc	ym
xn	xd	xe	xf	ya	yb	yc	yx	yy	mD	mE	mF	nA	nB	nC	xm
Fy	bA	cC	aB	BA	CC	AB	Ay	ay	eA	fC	dB	EA	FC	DB	fy
Ey	aC	bB	cA	AC	BB	CA	By	by	dC	eB	fA	DC	EB	FA	ey
Dy	cB	aA	bC	CB	AA	BC	Cy	cy	fB	dA	eC	FB	DA	EC	dy
Cx	ba	cc	ab	Ba	Cc	Ab	Dx	dx	ea	fc	db	Ea	Fc	Db	cx
Bx	ac	bb	ca	Ac	Bb	Ca	Ex	ex	dc	eb	fa	Dc	Eb	Fa	bx
Ax	cb	aa	bc	Cb	Aa	Bc	Fx	fx	fb	da	ec	Fb	Da	Ec	ax
nm	xa	xb	xc	yd	ye	yf	my	mx	mA	mB	mC	nD	nE	nF	nn

256	50	55	60	200	203	206	13	4	255	250	245	9	6	3	241
33	152	78	235	104	190	27	225	17	88	46	139	168	222	123	209
81	238	155	72	30	107	184	145	97	142	91	40	126	171	216	161
129	75	232	158	187	24	110	65	177	43	136	94	219	120	174	113
80	153	67	230	105	179	22	144	128	89	35	134	169	211	118	192
160	227	150	73	19	102	185	96	176	131	86	41	115	166	217	112
240	70	233	147	182	25	99	48	224	38	137	83	214	121	163	32
193	56	59	62	194	199	204	52	61	249	246	243	15	10	5	208
49	57	54	51	207	202	197	196	205	248	251	254	2	7	12	64
221	146	76	231	98	188	23	29	237	82	44	135	162	220	119	45
173	236	151	66	28	103	178	109	157	140	87	34	124	167	210	93
125	71	226	156	183	18	108	189	77	39	130	92	215	114	172	141
180	159	69	234	111	181	26	116	132	95	37	138	175	213	122	68
100	229	154	79	21	106	191	164	84	133	90	47	117	170	223	148
20	74	239	149	186	31	101	212	36	42	143	85	218	127	165	228
16	63	58	53	201	198	195	253	244	242	247	252	8	11	14	1

Abb. 7.85 Magisches Quadrat mit 16 eingebetteten Quadraten der Ordnung 3

Eingebettete pandiagonale Quadrate der Ordnung 4

Es ist auch möglich, pandiagonale Quadrate der Ordnung 4 einzubetten.[25] Hier reicht die standardmäßige Bedingung der komplementären Zahlenpaare, um ein geeignetes magisches Quadrat zu erzeugen.

$$a + A = b + B = c + C = d + D = e + E = f + F = m + n = x + y = n - 1 = 15$$

Mit der Belegung aus Tabelle 7.9 wird beispielsweise das magische Quadrat aus Abbildung 7.87 erzeugt, welches neun eingebettete pandiagonale Quadrate der Ordnung 4 enthält.

Belegung															
a	b	c	d	e	f	m	x	A	B	C	D	E	F	n	y
10	4	3	9	7	13	14	0	5	11	12	6	8	2	1	15

Tab. 7.9 Belegung für neun eingebettete pandiagonale Quadrate der Ordnung 4

xx	xa	xb	yc	yd	yn	xe	xE	yf	yF	ym	xA	xB	yC	yD	xy
ax	BC	Ac	aD	bd	am	FA	Ea	eB	fb	An	DE	Ce	cF	df	Ay
bx	bD	ad	AC	Bc	bm	fB	eb	EA	Fa	Bn	dF	cf	CE	De	By
cy	Ad	BD	bc	aC	cn	Eb	FB	fa	eA	Cm	Cf	DF	de	cE	Cx
dy	ac	bC	Bd	AD	dn	ea	fA	Fb	EB	Dm	ce	dE	Df	CF	Dx
ny	ma	mb	nc	nd	mm	me	mE	nf	nF	mn	mA	mB	nC	nD	nx
ex	FE	Ee	eF	ff	em	DC	Cc	cD	dd	En	BA	Aa	aB	bb	Ey
Ex	fF	ef	EE	Fe	Em	dD	cd	CC	Dc	en	bB	ab	AA	Ba	ey
fy	Ef	FF	fe	eE	fn	Cd	DD	dc	cC	Fm	Ab	BB	ba	aA	Fx
Fy	ee	fE	Ff	EF	Fn	cc	dC	Dd	CD	fm	aa	bA	Bb	AB	fx
my	nA	nB	mC	mD	nm	nE	ne	mF	mf	nn	na	nb	mc	md	mx
Ax	DA	Ca	cB	db	Am	BE	Ae	aF	bf	an	FC	Ec	eD	fd	ay
Bx	dB	cb	CA	Da	Bm	bF	af	AE	Be	bn	fD	ed	EC	Fc	by
Cy	Cb	DB	da	cA	Cn	Af	BF	be	aE	cm	Ed	FD	fc	eC	cx
Dy	ca	dA	Db	CB	Dn	ae	bE	Bf	AF	dm	ec	fC	Fd	ED	dx
yx	yA	yB	xC	xD	xn	yE	ye	xF	xf	xm	ya	yb	xc	xd	yy

Abb. 7.86 Algebraisches Muster für neun eingebettete pandiagonale Quadrate der Ordnung 4

[25] Hendricks [227] S. 275–276

1	11	5	244	250	242	8	9	254	243	255	6	12	253	247	16
161	189	84	167	74	175	38	139	124	213	82	105	200	51	158	96
65	71	170	93	180	79	220	117	134	43	178	147	62	201	104	192
64	90	183	68	173	50	133	44	219	118	207	206	99	152	57	193
160	164	77	186	87	146	123	214	37	140	111	56	153	110	195	97
32	235	229	20	26	239	232	233	30	19	226	230	236	29	23	17
113	41	136	115	222	127	109	196	55	154	130	182	91	172	69	144
129	211	126	137	40	143	151	58	205	100	114	76	165	86	187	128
224	142	35	216	121	210	202	103	148	61	47	85	188	75	166	33
48	120	217	46	131	34	52	157	106	199	223	171	70	181	92	209
240	22	28	237	231	31	25	24	227	238	18	27	21	228	234	225
81	102	203	60	149	95	185	88	163	78	162	45	132	119	218	176
177	156	53	198	107	191	67	174	89	184	66	215	122	141	36	80
208	197	108	155	54	194	94	179	72	169	63	138	39	212	125	49
112	59	150	101	204	98	168	73	190	83	159	116	221	42	135	145
241	246	252	13	7	2	249	248	3	14	15	251	245	4	10	256

Abb. 7.87 Magisches Quadrat mit neun eingebetteten pandiagonale Quadraten

7.5.6 Ordnung n = 20

Auch für die Ordnung $n = 20$ hat Hendricks einen festen Rahmen entworfen, in den Quadrate eingebettet werden können.[26] Durch die größere Ordnung gibt es zudem mehr Möglichkeiten, unterschiedliche Figuren zu wählen.

In diesen Rahmen werden zunächst unterschiedliche magische Quadrate eingebettet:

- Quadrate der Ordnungen 7, 5 und
- pandiagonale Quadrate der Ordnung 7
- Rauten

In einem weiteren Beispiel wird aber demonstriert, dass diese Einbettungen mit einer geeigneten Wahl der Parameter auch gemischt werden können.

---

[26] Hendricks [227] S. 287 – 294

nn	my	mA	mB	mC	mD	mE	mF	mZ	mq	np	nz	nf	ne	nd	nc	nb	na	mx	nm
ym	xx	xa	xb	xc	xd	xe	xf	xz	xp	yq	yZ	yF	yE	yD	yC	yB	yA	xy	yn
Am	ax								ap	Ap								Ax	am
Bm	bx								bp	Bp								Bx	bm
Cm	cx								cp	Cp								Cx	cm
Dm	dx								dp	Dp								Dx	dm
Em	ex								ep	Ep								Ex	em
Fm	fx								fp	Fp								Fx	fm
Zm	zx								zp	Zp								Zx	zm
qm	px	pa	pb	pc	pd	pe	pf	pz	pp	qp	qz	qf	qe	qd	qc	qb	qa	qx	pm
pn	qy	pA	pB	pC	pD	pE	pF	pZ	pq	qq	qZ	qF	qE	qD	qC	qB	qA	py	qn
zn	Zy								zq	Zq								zy	Zn
fn	Fy								fq	Fq								fy	Fn
en	Ey								eq	Eq								ey	En
dn	Dy								dq	Dq								dy	Dn
cn	Cy								cq	Cq								cy	Cn
bn	By								bq	Bq								by	Bn
an	Ay								aq	Aq								ay	An
xm	yx	xA	xB	xC	xD	xE	xF	xZ	xq	yp	yz	yf	ye	yd	yc	yb	ya	yy	xn
mn	ny	ma	mb	mc	md	me	mf	mz	mp	nq	nZ	nF	nE	nD	nC	nB	nA	nx	mm

Abb. 7.88 Fester Rahmen für algebraische Muster der Ordnung $n = 20$

Eingebettete Quadrate der Ordnungen 7, 5 und 3

Dieser Rahmen kann in den freien Bereichen zunächst einmal mit Mustern für eingebettete gerahmte Quadrate der Ordnungen 7, 5 und 3 gefüllt werden.

zd	ac	cf	dd	fc	ca	dz
ec	ze	bf	eb	ba	ez	bd
db	ab	za	ff	az	fe	ce
cd	ee	af	zz	fa	bb	dc
bc	fb	fz	aa	zf	ae	ed
de	bz	ea	be	ef	zb	cb
cz	fd	da	cc	ad	df	zc

a) oben links

Zd	Ac	Cf	Dd	Fc	Ca	Dz
Ec	Ze	Bf	Eb	Ba	Ez	Bd
Db	Ab	Za	Ff	Az	Fe	Ce
Cd	Ee	Af	Zz	Fa	Bb	Dc
Bc	Fb	Fz	Aa	Zf	Ae	Ed
De	Bz	Ea	Be	Ef	Zb	Cb
Cz	Fd	Da	Cc	Ad	Df	Zc

b) oben rechts

zD	aC	cF	dD	fC	cA	dZ
eC	zE	bF	eB	bA	eZ	bD
dB	aB	zA	fF	aZ	fE	cE
cD	eE	aF	zZ	fA	bB	dC
bC	fB	fZ	aA	zF	aE	eD
dE	bZ	eA	bE	eF	zB	cB
cZ	fD	dA	cC	aD	dF	zC

c) unten links

ZD	AC	CF	DD	FC	CA	DZ
EC	ZE	BF	EB	BA	EZ	BD
DB	AB	ZA	FF	AZ	FE	CE
CD	EE	AF	ZZ	FA	BB	DC
BC	FB	FZ	AA	ZF	AE	ED
DE	BZ	EA	BE	EF	ZB	CB
CZ	FD	DA	CC	AD	DF	ZC

d) unten rechts

Abb. 7.89 Muster für eingebettete gerahmte Quadrate der Ordnungen 7, 5 und 3

Eine Belegung muss zunächst einmal die Buchstaben in komplementäre Zahlenpaare aufteilen.

$$a+A=b+B=c+C=d+D=e+E=f+F=z+Z=m+n=p+q=x+y=n-1$$

Weiterhin sind die einzubettenden Muster so aufgebaut, dass z und Z als Mittelwerte festgelegt sind.

$$z=\frac{a+f}{2}=\frac{b+e}{2}=\frac{c+d}{2} \quad \text{und} \quad Z=\frac{A+F}{2}=\frac{B+E}{2}=\frac{C+D}{2}$$

Da die Zahlen 0 bis 19 die Summe 190 besitzen, müssen zwei Buchstabengruppen gebildet werden, die jeweils die Summe 95 ergeben.

$$a+b+c+z+d+e+f+x+m+p=A+B+C+Z+D+E+F+y+n+q$$

Mit der Belegung aus Tabelle 7.10 ist das magische Quadrat in Abbildung 7.94 erzeugt worden. Eingebettet sind gerahmte magische Quadrate der Ordnungen 7, 5 und 3.

Belegung																			
a	b	c	z	d	e	f	x	m	p	A	B	C	Z	D	E	F	y	n	q
11	17	14	13	12	9	15	3	0	1	8	2	5	6	7	10	4	16	19	18

Tab. 7.10 Belegung für eingebettete gerahmte Quadrate der Ordnungen 7, 5 und 3

Eingebettete pandiagonale Quadrate der Ordnung 7

Alternativ kann man in den Rahmen auch Muster für pandiagonale Quadrate einbauen. Dazu werden die folgenden sehr systematisch aufgebauten Muster für die einzelnen Bereiche benutzt, die sich nur in den Klein- und Großbuchstaben unterscheiden.

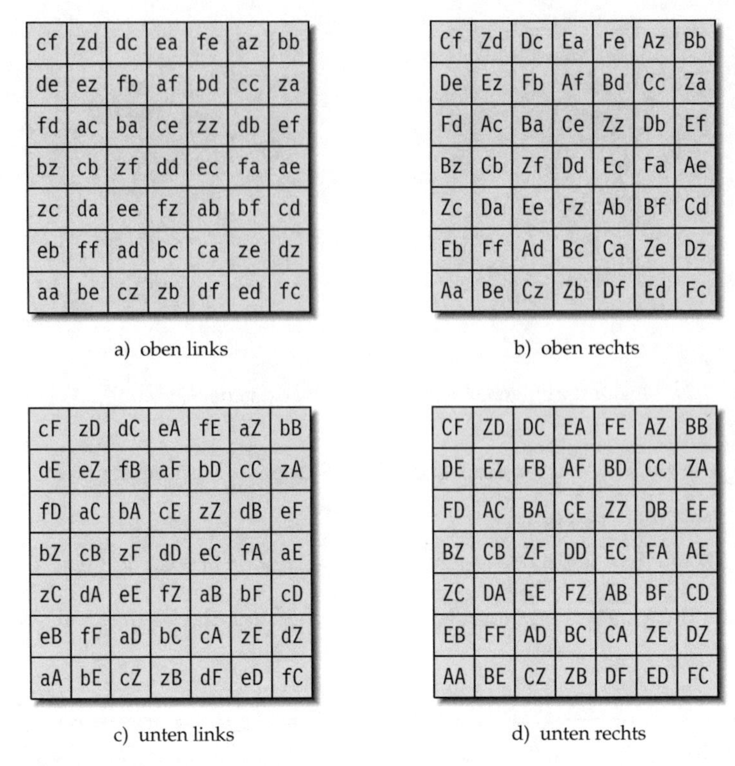

a) oben links b) oben rechts

c) unten links d) unten rechts

Abb. 7.90 Muster für eingebettete pandiagonale Quadrate der Ordnung 7

Bei unveränderten Bedingungen kann beispielsweise die Belegung aus Tabelle 7.11 benutzt werden.

Belegung																			
a	b	c	z	d	e	f	m	p	x	A	B	C	Z	D	E	F	n	q	y
1	15	12	9	6	3	17	19	5	8	18	4	7	10	13	16	2	0	14	11

Tab. 7.11 Belegung für eingebettete pandiagonale Quadrate der Ordnung 7

Mit dieser Belegung entsteht das magische Quadrat aus Abbildung 7.95. Eingebettet sind vier pandiagonale Quadrate der Ordnung 7.

Eingebettete Quadrate der Ordnungen 7 und 5

Mit den folgenden Mustern ist es möglich, Quadrate der Ordnung 7 einzubetten, die wiederum ein pandiagonales Quadrat der Ordnung 5 enthalten.

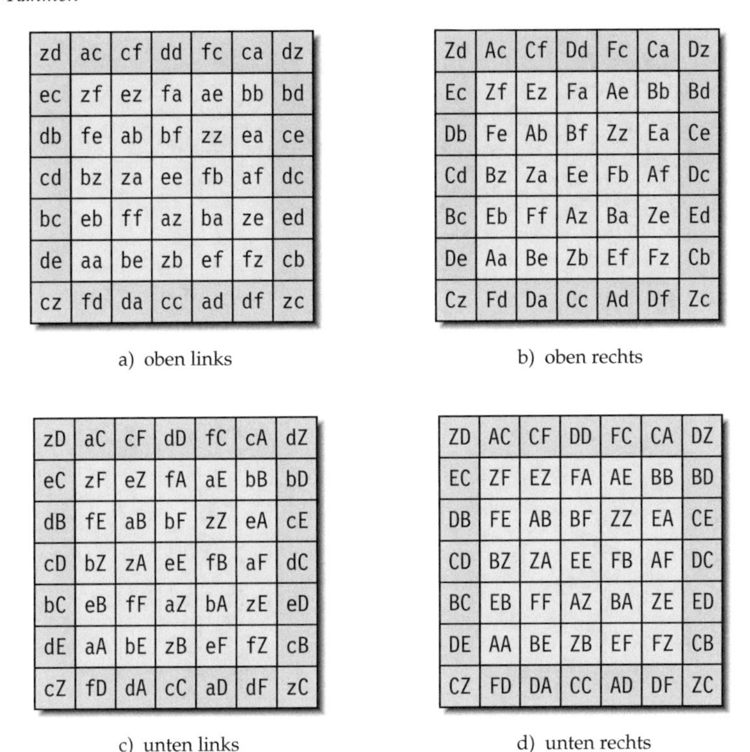

Abb. 7.91 Muster für eingebettete Quadrate der Ordnungen 7 und 5

Die Bedingungen bleiben wieder unverändert gegenüber den vorangegangenen Beispielen, sodass etwa die Belegung aus Tabelle 7.12 benutzt werden kann.

Belegung																			
a	b	c	z	d	e	f	m	p	x	A	B	C	Z	D	E	F	n	q	y
5	0	3	9	15	18	13	7	17	8	14	19	16	10	4	1	6	12	2	11

Tab. 7.12 Belegung für eingebettete Quadrate der Ordnungen 7 und 5

Damit ergibt sich das magische Quadrat der Ordnung $n = 20$ aus Abbildung 7.96 mit vier eingebetteten Quadraten der Ordnung 7, die ihrerseits pandiagonale Quadrate der Ordnung 5 enthalten.

Eingebettete Rauten

Mit den folgenden Mustern für die freien Bereiche ist es auch möglich, Rauten einzubetten.

zd	ac	cf	dd	fc	ca	dz
ec	aa	bf	ez	zf	fa	bd
db	fb	bb	fe	be	az	ce
cd	ze	ef	zz	ba	zb	dc
bc	fz	eb	ab	ee	ae	ed
de	af	za	bz	ea	ff	cb
cz	fd	da	cc	ad	df	zc

a) oben links

Zd	Ac	Cf	Dd	Fc	Ca	Dz
Ec	Aa	Bf	Ez	Zf	Fa	Bd
Db	Fb	Bb	Fe	Be	Az	Ce
Cd	Ze	Ef	Zz	Ba	Zb	Dc
Bc	Fz	Eb	Ab	Ee	Ae	Ed
De	Af	Za	Bz	Ea	Ff	Cb
Cz	Fd	Da	Cc	Ad	Df	Zc

b) oben rechts

zD	aC	cF	dD	fC	cA	dZ
eC	aA	bF	eZ	zF	fA	bD
dB	fB	bB	fE	bE	aZ	cE
cD	zE	eF	zZ	bA	zB	dC
bC	fZ	eB	aB	eE	aE	eD
dE	aF	zA	bZ	eA	fF	cB
cZ	fD	dA	cC	aD	dF	zC

c) unten links

ZD	AC	CF	DD	FC	CA	DZ
EC	AA	BF	EZ	ZF	FA	BD
DB	FB	BB	FE	BE	AZ	CE
CD	ZE	EF	ZZ	BA	ZB	DC
BC	FZ	EB	AB	EE	AE	ED
DE	AF	ZA	BZ	EA	FF	CB
CZ	FD	DA	CC	AD	DF	ZC

d) unten rechts

Abb. 7.92 Muster für Quadrate mit eingebetteten Rauten

Für die eingebetteten Rauten sind aber fünf zusätzliche Bedingungen zu erfüllen. Diese Bedingungen entsprechen von der Struktur her den Bedingungen für die eingebettete Raute aus Kapitel 7.5.2. Die Summe der Zahlen erhöht sich natürlich von 20 auf 50, da die Rauten hier eingebettet werden.

$$
\begin{aligned}
a+b+e+f+z &= 50\\
a+a+f+f+z &= 50\\
a+b+b+f+f &= 50\\
b+e+z+z+z &= 50\\
a+a+e+e+z &= 50
\end{aligned}
$$

Die Belegung in Tabelle 7.13 erfüllt beispielsweise die gestellten Bedingungen.

Belegung																			
a	b	c	z	d	e	f	m	p	x	A	B	C	Z	D	E	F	n	q	y
4	7	2	10	18	13	16	14	0	11	15	12	17	9	1	6	3	5	19	8

Tab. 7.13 Belegung für Quadrate mit eingebetteten Rauten

Mit dieser Belegung wird das magische Quadrat aus Abbildung 7.97 erstellt, das jeweils vier eingebettete Quadrate der Ordnungen 7 und 5 sowie vier eingebettete Rauten enthält.

Unterschiedliche eingebettete Figuren

In den Rahmen können auch unterschiedliche Figuren eingebettet werden, wenn eine Kombination der aus den vorangegangenen Abschnitten vorgestellten Muster benutzt wird. Dazu muss nur in den Mustern die in den einzelnen Bereichen geforderte Systematik von Klein- und Großbuchstaben angepasst werden.

zd	ac	cf	dd	fc	ca	dz
ec	ze	bf	eb	ba	ez	bd
db	ab	za	ff	az	fe	ce
cd	ee	af	zz	fa	bb	dc
bc	fb	fz	aa	zf	ae	ed
de	bz	ea	be	ef	zb	cb
cz	fd	da	cc	ad	df	zc

a) oben links

Cf	Zd	Dc	Ea	Fe	Az	Bb
De	Ez	Fb	Af	Bd	Cc	Za
Fd	Ac	Ba	Ce	Zz	Db	Ef
Bz	Cb	Zf	Dd	Ec	Fa	Ae
Zc	Da	Ee	Fz	Ab	Bf	Cd
Eb	Ff	Ad	Bc	Ca	Ze	Dz
Aa	Be	Cz	Zb	Df	Ed	Fc

b) oben rechts

zD	aC	cF	dD	fC	cA	dZ
eC	zF	eZ	fA	aE	bB	bD
dB	fE	aB	bF	zZ	eA	cE
cD	bZ	zA	eE	fB	aF	dC
bC	eB	fF	aZ	bA	zE	eD
dE	aA	bE	zB	eF	fZ	cB
cZ	fD	dA	cC	aD	dF	zC

c) unten links

ZD	AC	CF	DD	FC	CA	DZ
EC	AA	BF	EZ	ZF	FA	BD
DB	FB	BB	FE	BE	AZ	CE
CD	ZE	EF	ZZ	BA	ZB	DC
BC	FZ	EB	AB	EE	AE	ED
DE	AF	ZA	BZ	EA	FF	CB
CZ	FD	DA	CC	AD	DF	ZC

d) unten rechts

Abb. 7.93 Muster mit gemischten eingebetteten Figuren

Mit der nachfolgenden Belegung ergibt sich das magische Quadrat aus Abbildung 7.98, in das die unterschiedlichen Figuren eingebettet sind.

Belegung																			
a	b	c	z	d	e	f	m	p	x	A	B	C	Z	D	E	F	n	q	y
16	13	18	10	2	7	4	0	11	14	3	6	1	9	17	12	15	19	8	5

Tab. 7.14 Belegung mit gemischten eingebetteten Figuren

400	17	9	3	6	8	11	5	7	19	382	394	396	390	393	395	398	392	4	381
321	64	72	78	75	73	70	76	74	62	339	327	325	331	328	326	323	329	77	340
161	224	273	235	296	253	315	292	254	222	162	133	175	116	153	95	112	154	164	221
41	344	195	270	356	198	352	194	353	342	42	215	130	56	218	52	214	53	44	341
101	284	258	238	272	316	234	310	290	282	102	158	178	132	96	174	90	110	104	281
141	244	293	190	236	274	312	358	255	242	142	113	210	176	134	92	58	155	144	241
201	184	355	318	314	232	276	230	193	182	202	55	98	94	172	136	170	213	204	181
81	304	250	354	192	350	196	278	298	302	82	150	54	212	50	216	138	118	84	301
121	264	294	313	252	295	233	256	275	262	122	114	93	152	115	173	156	135	124	261
361	24	32	38	35	33	30	36	34	22	362	374	376	370	373	375	378	372	364	21
40	377	29	23	26	28	31	25	27	39	379	367	365	371	368	366	363	369	37	380
280	137	268	226	285	248	306	289	247	279	139	128	166	105	148	86	109	147	277	140
320	97	186	271	345	183	349	187	348	319	99	206	131	45	203	49	207	48	317	100
200	217	243	223	269	305	227	311	291	199	219	143	163	129	85	167	91	111	197	220
260	157	288	191	225	267	309	343	246	259	159	108	211	165	127	89	43	146	257	160
300	117	346	303	307	229	265	231	188	299	119	46	83	87	169	125	171	208	297	120
360	57	251	347	189	351	185	263	283	359	59	151	47	209	51	205	123	103	357	60
240	177	287	308	249	286	228	245	266	239	179	107	88	149	106	168	145	126	237	180
61	324	69	63	66	68	71	65	67	79	322	334	336	330	333	335	338	332	337	80
20	397	12	18	15	13	10	16	14	2	399	387	385	391	388	386	383	389	384	1

Abb. 7.94 Magisches Quadrat mit eingebetteten Quadraten der Ordnungen 7, 5 und 3

1	392	399	385	388	394	397	383	391	395	6	10	18	4	7	13	16	2	389	20
240	169	162	176	173	167	164	178	170	166	235	231	223	237	234	228	225	239	172	221
380	29	258	187	133	62	344	30	316	26	366	158	207	273	322	44	370	96	369	40
100	309	124	70	356	38	307	253	182	306	86	264	330	56	378	87	153	202	89	320
160	249	347	33	302	244	190	136	78	246	146	47	373	82	144	210	276	338	149	260
280	129	310	256	198	127	73	342	24	126	266	90	156	218	267	333	42	364	269	140
340	69	193	122	64	350	36	318	247	66	326	213	262	324	50	376	98	147	329	80
60	349	76	358	27	313	242	184	130	346	46	336	58	367	93	142	204	270	49	360
220	189	22	304	250	196	138	67	353	186	206	362	84	150	216	278	327	53	209	200
300	109	102	116	113	107	104	118	110	106	286	290	298	284	287	293	296	282	289	120
101	292	119	105	108	114	117	103	111	115	295	291	283	297	294	288	285	299	112	281
181	212	243	194	128	79	357	31	305	195	215	143	214	268	339	57	371	85	192	201
341	52	137	71	345	23	314	248	199	355	55	277	331	45	363	94	148	219	352	41
61	332	354	28	319	257	191	125	63	75	335	54	368	99	157	211	265	323	72	321
121	272	311	245	183	134	68	359	37	135	275	91	145	203	274	328	59	377	132	261
241	152	188	139	77	351	25	303	254	255	155	208	279	337	51	365	83	154	252	141
301	92	65	343	34	308	259	197	131	315	95	325	43	374	88	159	217	271	312	81
21	372	39	317	251	185	123	74	348	35	375	379	97	151	205	263	334	48	32	361
180	229	179	165	168	174	177	163	171	175	226	230	238	224	227	233	236	222	232	161
381	12	382	396	393	387	384	398	390	386	15	11	3	17	14	8	5	19	9	400

Abb. 7.95 Magisches Quadrat mit eingebetteten pandiagonalen Quadraten der Ordnung 7

253	152	155	160	157	145	142	147	151	143	258	250	254	259	256	244	241	246	149	248
228	169	166	161	164	176	179	174	170	178	223	231	227	222	225	237	240	235	172	233
288	109	196	104	74	316	264	66	310	118	298	216	284	334	96	124	326	90	289	108
388	9	364	194	370	266	119	1	16	18	398	24	214	30	126	299	381	396	389	8
328	69	301	279	101	14	190	366	79	78	338	81	139	281	394	210	26	339	329	68
88	309	76	10	186	379	261	114	304	318	98	336	390	206	39	121	294	84	89	308
28	369	4	361	274	110	6	199	376	378	38	384	21	134	290	386	219	36	29	368
128	269	319	106	19	181	374	270	61	278	138	99	286	399	201	34	130	321	129	268
208	189	70	276	306	64	116	314	184	198	218	330	136	86	324	296	94	204	209	188
48	349	346	341	344	356	359	354	350	358	58	50	54	59	56	44	41	46	49	348
353	52	355	360	357	345	342	347	351	343	43	51	47	42	45	57	60	55	352	53
193	212	185	117	67	305	277	75	311	183	203	205	297	327	85	137	335	91	192	213
273	132	377	187	371	275	102	20	5	263	123	37	207	31	135	282	400	385	272	133
373	32	320	262	120	7	191	375	62	363	23	100	122	300	387	211	35	322	372	33
313	92	65	11	195	362	280	107	317	303	83	325	391	215	22	140	287	97	312	93
73	332	17	380	267	111	15	182	365	63	323	397	40	127	291	395	202	25	72	333
13	392	302	115	2	200	367	271	80	3	383	82	295	382	220	27	131	340	12	393
113	292	71	265	315	77	105	307	197	103	283	331	125	95	337	285	87	217	112	293
168	229	175	180	177	165	162	167	171	163	238	230	234	239	236	224	221	226	232	173
153	252	146	141	144	156	159	154	150	158	243	251	247	242	245	257	260	255	249	148

Abb. 7.96 Magisches Quadrat für eingebettete Quadrate der Ordnungen 7 und 5

400	6	4	7	2	18	13	16	10	9	392	391	385	388	383	399	394	397	15	381
101	295	297	294	299	283	288	285	291	292	109	110	116	113	118	102	107	104	286	120
61	335	203	339	365	43	99	377	51	332	72	183	79	25	343	319	37	351	75	321
121	275	159	337	265	151	205	97	263	272	132	259	77	125	251	185	317	123	135	261
21	375	54	94	274	88	268	331	368	372	32	354	314	134	308	128	71	28	35	361
341	55	363	208	145	211	277	214	59	52	352	23	188	245	191	137	194	359	355	41
241	155	279	91	154	334	148	328	143	152	252	139	311	254	74	248	68	243	255	141
301	95	48	325	217	271	157	85	374	92	312	348	65	197	131	257	305	34	315	81
181	215	371	83	57	379	323	45	219	212	192	31	303	357	39	63	345	199	195	201
161	235	237	234	239	223	228	225	231	232	172	171	165	168	163	179	174	177	175	221
240	166	224	227	222	238	233	236	230	229	169	170	176	173	178	162	167	164	226	180
220	186	218	322	376	58	82	364	50	209	189	198	62	36	358	302	24	350	206	200
100	306	142	324	276	150	216	84	278	89	309	242	64	136	250	196	304	138	86	320
160	246	47	87	267	93	273	330	373	149	249	347	307	127	313	133	70	33	146	260
60	346	378	213	156	210	264	207	42	49	349	38	193	256	190	124	187	342	46	360
380	26	262	90	147	327	153	333	158	369	29	122	310	247	67	253	73	258	366	40
280	126	53	336	204	270	144	96	367	269	129	353	76	184	130	244	316	27	266	140
340	66	370	98	44	362	338	56	202	329	69	30	318	344	22	78	356	182	326	80
281	115	284	287	282	298	293	296	290	289	112	111	105	108	103	119	114	117	106	300
20	386	17	14	19	3	8	5	11	12	389	390	396	393	398	382	387	384	395	1

Abb. 7.97 Magisches Quadrat für eingebettete Quadrate der Ordnungen 7 und 5 sowie einer Raute

106	300	284	287	282	298	293	296	290	289	112	111	105	108	103	119	114	117	281	115
395	1	17	14	19	3	8	5	11	12	389	390	396	393	398	382	387	384	20	386
75	321	203	339	365	43	99	377	51	332	72	25	183	359	257	308	71	134	61	335
135	261	159	208	265	154	277	151	263	272	132	348	251	314	65	123	39	197	121	275
35	361	54	334	217	85	331	88	368	372	32	303	79	137	28	191	354	245	21	375
355	41	363	148	325	211	97	274	59	52	352	131	34	185	343	259	317	68	341	55
255	141	279	94	91	337	205	328	143	152	252	199	357	248	311	74	125	23	241	155
315	81	48	271	157	268	145	214	374	92	312	254	305	63	139	37	188	351	301	95
195	201	371	83	57	379	323	45	219	212	192	77	128	31	194	345	243	319	181	215
175	221	237	234	239	223	228	225	231	232	172	171	165	168	163	179	174	177	161	235
226	180	224	227	222	238	233	236	230	229	169	170	176	173	178	162	167	164	240	166
206	200	218	322	376	58	82	364	50	209	189	198	62	36	358	302	24	350	220	186
86	320	142	216	150	84	333	267	278	89	309	242	64	136	250	196	304	138	100	306
146	260	47	93	327	276	210	144	373	149	249	347	307	127	313	133	70	33	160	246
46	360	378	270	204	153	87	336	42	49	349	38	193	256	190	124	187	342	60	346
366	40	262	147	96	330	264	213	158	369	29	122	310	247	67	253	73	258	380	26
266	140	53	324	273	207	156	90	367	269	129	353	76	184	130	244	316	27	280	126
326	80	370	98	44	362	338	56	202	329	69	30	318	344	22	78	356	182	340	66
15	381	4	7	2	18	13	16	10	9	392	391	385	388	383	399	394	397	400	6
286	120	297	294	299	283	288	285	291	292	109	110	116	113	118	102	107	104	101	295

Abb. 7.98 Magisches Quadrat mit gemischten eingebetteten Figuren

7.6 Eingebettetes bimagisches Quadrat

Das algebraische Muster aus Abbildung 7.99 ist geeignet, um ein magisches Quadrat der Ordnung $n = 12$ zu erzeugen, in dem ein bimagisches Quadrat eingebettet ist.[27] Das Quadrat im Zentrum ist noch einmal unterteilt worden, damit die Systematik der Klein- und Großbuchstaben besser zu erkennen ist.

ee	EF	ae	Ae	bE	BE	ce	Ce	dE	DE	Ef	eE
FE	ff	af	Af	bF	BF	cf	Cf	dF	DF	fF	Fe
ea	fa	Ac	Cb	Dd	Ba	ac	cb	dd	ba	EA	FA
eA	fA	DA	BD	AB	CC	dA	bD	aB	cC	Ea	Fa
Eb	Fb	BB	DC	CA	AD	bB	dC	cA	aD	eB	fB
EB	FB	Cd	Aa	Bc	Db	cd	aa	bc	db	eb	fb
ec	fc	AC	CB	DD	BA	aC	cB	dD	bA	EC	FC
eC	fC	Da	Bd	Ab	Cc	da	bd	ab	cc	Ec	Fc
Ed	Fd	Bb	Dc	Ca	Ad	bb	dc	ca	ad	eD	fD
ED	FD	CD	AA	BC	DB	cD	aA	bC	dB	ed	fd
fE	Ff	AF	aF	Bf	bf	CF	cF	Df	df	FF	fe
Ee	eF	AE	aE	Be	be	CE	cE	De	de	ef	EE

Abb. 7.99 Algebraisches Muster für ein eingebettetes bimagisches Quadrat

Für ein bimagisches Quadrat müssen die zur Verfügung stehenden Zahlen so in zwei Zahlengruppen mit jeweils vier Zahlen aufgeteilt werden, dass sowohl die Summen dieser Zahlen als auch die Summen ihrer Quadrate gleich sind. Bei einem Quadrat 12. Ordnung gibt es mit den Zahlen von 0 bis 11 drei dieser Aufteilungen.

$$2+5+7+8 = 3+4+6+9$$
$$2^2+5^2+7^2+8^2 = 3^2+4^2+6^2+9^2$$

$$1+4+8+9 = 2+3+7+10$$
$$1^2+4^2+8^2+9^2 = 2^2+3^2+7^2+10^2$$

$$0+3+9+10 = 1+2+8+11$$
$$0^2+3^2+9^2+10^2 = 1^2+2^2+8^2+11^2$$

Die restlichen vier Zahlen werden dann auf die komplementären Buchstabenpaare Ee und Ff aufgeteilt, die für die magischen Summen im Doppelrahmen zuständig sind.

[27] Hendricks [204] S. 101 – 103

Das magische Quadrat der Abbildung 7.100 enthält ein eingebettetes bimagisches Quadrat der Ordnung 8, welches sogar pandiagonal ist. Diese bimagische Eigenschaft gilt allerdings für die Quadrate der Zahlen nicht mehr.

Belegung	
a = 6	A = 5
b = 9	B = 2
c = 4	C = 7
d = 3	D = 8
e = 10	E = 1
f = 0	F = 11

131	24	83	71	110	26	59	95	38	98	13	122
134	1	73	61	120	36	49	85	48	108	12	143
127	7	65	94	100	31	77	58	40	115	18	138
126	6	102	33	63	92	42	117	75	56	19	139
22	142	27	104	90	69	111	44	54	81	123	3
15	135	88	67	29	106	52	79	113	46	130	10
125	5	68	87	105	30	80	51	45	114	20	140
128	8	103	28	70	89	43	112	82	53	17	137
16	136	34	101	91	64	118	41	55	76	129	9
21	141	93	66	32	99	57	78	116	39	124	4
2	133	72	84	25	109	96	60	97	37	144	11
23	132	62	74	35	119	86	50	107	47	121	14

Abb. 7.100 Magisches Quadrat mit einem eingebetteten bimagischen Quadrat der Ordnung 8

Mit einer anderen der drei möglichen Zahlengruppen erhält man das magische Quadrat aus Abbildung 7.101.

Belegung	
a = 8	A = 3
b = 9	B = 2
c = 1	C = 10
d = 4	D = 7
e = 6	E = 5
f = 11	F = 0

79	61	103	43	114	30	19	127	54	90	72	78
6	144	108	48	109	25	24	132	49	85	133	7
81	141	38	130	89	33	98	22	53	117	64	4
76	136	88	32	39	131	52	116	99	23	69	9
70	10	27	95	124	44	111	59	16	104	75	135
63	3	125	45	26	94	17	105	110	58	82	142
74	134	47	123	92	28	107	15	56	112	71	11
83	143	93	29	46	122	57	113	106	14	62	2
65	5	34	86	129	41	118	50	21	101	80	140
68	8	128	40	35	87	20	100	119	51	77	137
138	12	37	97	36	120	121	13	96	60	1	139
67	73	42	102	31	115	126	18	91	55	84	66

Abb. 7.101 Magisches Quadrat mit einem eingebetteten bimagischen Quadrat der Ordnung 8

7.7 Eingebettetes pandiagonales Quadrat der Ordnung 6

Das nächste Beispiel ist besonders interessant, da es unter anderem ein eingebettetes pandiagonales Quadrat der Ordnung 6 enthält.[28]

xa	bb	ax	ya	Bb	Ax	xc	bC	az
ab	xx	ba	Ab	yx	Ba	aC	xz	bc
bx	aa	xb	Bx	Aa	yb	bz	ac	xC
xA	bB	ay	yA	BB	Ay	Az	BC	yc
aB	xy	bA	AB	yy	BA	Bc	yz	AC
by	aA	xB	By	AA	yB	yC	Ac	Bz
za	cb	Cx	Cy	cB	zA	zc	CC	cz
Cb	zx	ca	cA	zy	CB	cC	zz	Cc
cx	Ca	zb	zB	CA	cy	Cz	cc	zC

Normale pandiagonale Quadrate dieser Ordnung mit den Zahlen 1 bis 36 existieren nicht, aber wenn es sich um ein eingebettetes Quadrat handelt, kann man viele davon mit algebraischen Mustern erzeugen.

Um mit diesem algebraischen Muster ein magisches Quadrat zu erzeugen, müssen zunächst die Bedingungen für komplementäre Zahlenpaare erfüllt werden.

$$a + A = b + B = c + C = e + E = n - 1 = 8$$

Der Buchstabe z nimmt den Mittelwert 4 an und zusätzlich existieren noch zwei weitere Bedingungen.

$$a + b + x = 12 \qquad \text{und} \qquad A + B + y = 12$$

Die nachfolgende Tabelle zeigt die möglichen Parameter an. Dabei können die drei Parameter für a, b und x in den linken Spalten beliebig permutiert und für c eine der beiden Zahlen gewählt werden. Die Parameter für A, B, y und C ergeben sich dann als komplementäre Zahlen zu $n - 1$.

a	b	x	c
0	5	7	2 oder 6
1	3	8	2 oder 6
1	5	6	0 oder 8
2	3	7	0 oder 8

[28] Hendricks [204] S. 93–94

Ein Beispiel für ein solches magisches Quadrat ist in Abbildung 7.102 dargestellt.

Belegung	
a = 5	A = 3
b = 7	B = 1
x = 0	y = 8
c = 2	C = 6
z = 4	

6	71	46	78	17	28	3	70	50
53	1	69	35	73	15	52	5	66
64	51	8	10	33	80	68	48	7
4	65	54	76	11	36	32	16	75
47	9	67	29	81	13	12	77	34
72	49	2	18	31	74	79	30	14
42	26	55	63	20	40	39	61	23
62	37	24	22	45	56	25	41	57
19	60	44	38	58	27	59	21	43

Abb. 7.102 Magisches Quadrat mit einem eingebetteten pandiagonalen Quadrat der Ordnung 6

Dieses magische Quadrat enthält in der linken oberen Ecke ein pandiagonales Quadrat der Ordnung 6 und in der rechten unteren Ecke ein magisches Quadrat dritter Ordnung. Zusätzlich befinden sich in den beiden anderen Ecken zwei magische Rechtecke, die man in zwei semi-magische 3 x 3 - Quadrate unterteilen kann.

7.8 Besondere eingebettete Quadrate

Für die in diesem Kapitel vorgestellten magischen Quadrate existieren keine Verfahren zur Konstruktion ähnlicher Quadrate, sondern sie sind ohne weitere Angaben veröffentlicht worden. Trotzdem sind sie so bemerkenswert, dass sie dargestellt und ihre Eigenschaften beschrieben werden sollen.

Das Frierson-Quadrat

Das Quadrat in Abbildung 7.103 stammt von L. S. Frierson und beinhaltet eine Vielzahl von interessanten Eigenschaften.[29]

- Es ist ein magisches Quadrat der Ordnung 8 mit der magischen Summe $S = 260$.
- Jeder Quadrant bildet ein weiteres magisches Quadrat mit $S_4 = 130$.
- Die vier mittleren Zeilen bilden zwei weitere magische Quadrate vierter Ordnung mit $S_4 = 130$.

[29] Andrews [17] S. 167 – 169

1	25	56	48	2	26	55	47
40	64	17	9	39	63	18	10
57	33	16	24	58	34	15	23
32	8	41	49	31	7	42	50
3	27	54	46	4	28	53	45
38	62	19	11	37	61	20	12
59	35	14	22	60	36	13	21
30	6	43	51	29	5	44	52

1	25	56	48	2	26	55	47
40	64	17	9	39	63	18	10
57	33	16	24	58	34	15	23
32	8	41	49	31	7	42	50
3	27	54	46	4	28	53	45
38	62	19	11	37	61	20	12
59	35	14	22	60	36	13	21
30	6	43	51	29	5	44	52

Abb. 7.103 Magisches Quadrat der Ordnung $n = 8$ (Frierson)

- Bei einer Aufteilung des Quadrates in 2 x 2 - Quadrate, ergeben die addierten Zahlen dieser Teilquadrate immer die Summe 130.

1	25	56	48	2	26	55	47
40	64	17	9	39	63	18	10
57	33	16	24	58	34	15	23
32	8	41	49	31	7	42	50
3	27	54	46	4	28	53	45
38	62	19	11	37	61	20	12
59	35	14	22	60	36	13	21
30	6	43	51	29	5	44	52

- Es enthält insgesamt 24 verschiedene 3 x 3 - Teilquadrate, bei denen sich die Eckzahlen zu $S_4 = 130$ summieren. Für die linke untere Ecke gilt etwa

$$30 + 43 + 19 + 38 = 130$$

- Die Zahlen eines beliebigen 4 x 4 - Quadrates ergeben addiert immer 520. Allerdings sind diese Teilquadrate nicht immer magisch.
- Die Ecken aller 5 x 5 - Quadrate enthalten aufeinanderfolgende Zahlen. Für die linke untere Ecke sind dies beispielsweise die Zahlen 29, 30, 31 und 32 und in der rechten oberen Ecke befinden sich die Zahlen 47, 48, 49 und 50.
- Jedes Rechteck, welches konzentrisch zu den neun markierten Punkten liegt, besitzt Eckzahlen, die addiert 130 ergeben. Dabei darf jedoch keine der Rechteckseiten auf einer der Diagonalen liegen, die zu den von den vier Quadranten gebildete Teilquadraten gehören. Einige der beschriebenen Rechtecke sind in Abbildung 7.104 dargestellt.

1	25	56	48	2	26	55	47
40	64	17	9	39	63	18	10
57	33	16	24	58	34	15	23
32	8	41	49	31	7	42	50
3	27	54	46	4	28	53	45
38	62	19	11	37	61	20	12
59	35	14	22	60	36	13	21
30	6	43	51	29	5	44	52

1	25	56	48	2	26	55	47
40	64	17	9	39	63	18	10
57	33	16	24	58	34	15	23
32	8	41	49	31	7	42	50
3	27	54	46	4	28	53	45
38	62	19	11	37	61	20	12
59	35	14	22	60	36	13	21
30	6	43	51	29	5	44	52

Abb. 7.104 Lage der besonderen Rechtecke

- Die Randzahlen jedes Achtecks, das konzentrisch zu den angegebenen neun Symmetriezentren liegt und eine Seitenlänge von 2 besitzt, ergeben addiert 260.

$$25 + 56 + 40 + 9 + 57 + 24 + 8 + 41 = 260$$

1	25	56	48	2	26	55	47
40	64	17	9	39	63	18	10
57	33	16	24	58	34	15	23
32	8	41	49	31	7	42	50
3	27	54	46	4	28	53	45
38	62	19	11	37	61	20	12
59	35	14	22	60	36	13	21
30	6	43	51	29	5	44	52

1	25	56	48	2	26	55	47
40	64	17	9	39	63	18	10
57	33	16	24	58	34	15	23
32	8	41	49	31	7	42	50
3	27	54	46	4	28	53	45
38	62	19	11	37	61	20	12
59	35	14	22	60	36	13	21
30	6	43	51	29	5	44	52

Abb. 7.105 Randzahlen der Achtecke

- Alle Zahlen dieser Achtecke ergeben jeweils die Summe 390, wie beispielsweise

$$25 + 56 + 40 + 64 + 17 + 9 + 57 + 33 + 16 + 24 + 8 + 41 = 390$$

- Es sind mehr als 100 Pfade von jeweils acht Zahlen bekannt, die die Summe 260 ergeben. Die Pfade sind dabei sehr unterschiedlich angelegt. Einige verlaufen diagonal, wieder andere in einer Zick-Zack-Form. Es sind aber auch Mischformen möglich, also zunächst gerade und dann diagonal, oder erst diagonal und dann im Zick-Zack.

  Einige dieser Pfade sind in Abbildung 7.106 dargestellt. Teilweise verlaufen die Pfade auch in einer Hälfte identisch und in der anderen parallel.

1	25	56	48	2	26	55	47
40	64	17	9	39	63	18	10
57	33	16	24	58	34	15	23
32	8	41	49	31	7	42	50
3	27	54	46	4	28	53	45
38	62	19	11	37	61	20	12
59	35	14	22	60	36	13	21
30	6	43	51	29	5	44	52

1	25	56	48	2	26	55	47
40	64	17	9	39	63	18	10
57	33	16	24	58	34	15	23
32	8	41	49	31	7	42	50
3	27	54	46	4	28	53	45
38	62	19	11	37	61	20	12
59	35	14	22	60	36	13	21
30	6	43	51	29	5	44	52

Abb. 7.106 Besondere Pfade im Frierson-Quadrat

Ein weiteres Frierson-Quadrat

Dieses magische Quadrat wurde von L. S. Frierson im Jahre 1910 vorgestellt. Er hat hier versucht, einige der charakteristischen Eigenschaften von pandiagonalen Quadraten mit denen der Franklin-Quadrate zu verbinden.[30]

A

64	57	4	5	56	49	12	13
3	6	63	58	11	14	55	50
61	60	1	8	53	52	9	16
2	7	62	59	10	15	54	51
48	41	20	21	40	33	28	29
19	22	47	42	27	30	39	34
45	44	17	24	37	36	25	32
18	23	46	43	26	31	38	35

B

Abb. 7.107 Ein pandiagonales magisches Quadrat der Ordnung $n = 8$ (Frierson)

Die Liste der Eigenschaften des Quadrates in Abbildung 7.107 ist sehr umfangreich, sodass es bei seiner Vorstellung große Aufmerksamkeit erregte:

- Es ist ein pandiagonales Quadrat der Ordnung $n = 8$.
- Es ist bentdiagonal.
- Die Quadranten bilden pandiagonale magische Quadrate mit $S_4 = 130$.

[30] Andrews [17] S. 168 – 169

- Zwei weitere magische Quadrate der Ordnung 4 befinden sich in den mittleren vier Zeilen.
- Bis auf die vier Quadrate, die die mittleren beiden Zeilen ausfüllen, ergeben die Zahlen aller 2 x 2 - Teilquadrate die Summe $S_2 = 130$.
- Die Ecken aller 3 x 3 - Teilquadrate, die entweder vollständig auf der linken oder rechten Hälfte der Achse AB liegen, ergeben summiert immer 130.
- Die Ecken aller 2 x 4-, 2 x 6- oder 2 x 8-Rechtecke, die symmetrisch zur Achse AB liegen, ergeben ebenfalls immer die Summe 130.

A

64	57	4	5	56	49	12	13
3	6	63	58	11	14	55	50
61	60	1	8	53	52	9	16
2	7	62	59	10	15	54	51
48	41	20	21	40	33	28	29
19	22	47	42	27	30	39	34
45	44	17	24	37	36	25	32
18	23	46	43	26	31	38	35

B

A

64	57	4	5	56	49	12	13
3	6	63	58	11	14	55	50
61	60	1	8	53	52	9	16
2	7	62	59	10	15	54	51
48	41	20	21	40	33	28	29
19	22	47	42	27	30	39	34
45	44	17	24	37	36	25	32
18	23	46	43	26	31	38	35

B

- Die Ecken aller 2 x 7- und 3 x 6-Rechtecke, die in einem 45° Winkel zur Achse AB liegen, ergeben ebenfalls 130.
- Die Eckzahlen aller 5 x 5 - Quadrate bilden eine arithmetische Folge. Damit besitzen die der Größe nach geordneten Zahlen immer den gleichen Unterschied zur nächstgrößeren Zahl. Die Eckzahlen des Quadrates, welches zu der linken unteren Ecke gehört, besitzen z. B. den Unterschied 8 und lauten 2, 10, 18 und 26.
- Unterteilt man einen Quadranten in seine vier 2 x 2 - Teilquadrate, so ergänzen sich die Zahlen in den zum Mittelpunkt des Quadranten symmetrisch liegenden Teilquadrate immer zu $n^2 + 1 = 65$. Als Beispiel sei der Quadrant in der linken oberen Ecke angegeben.

64	57	4	5
3	6	63	58
61	60	1	8
2	7	62	59

- Wenn man jeden Quadranten für sich in jeweils vier 2 x 2 - Teilquadrate unterteilt, ergänzen sich die Zahlen in den sich entsprechenden Positionen der diametral gegenüberliegenden Teilquadrate immer zu 65. Im linken unteren Quadranten ergibt sich z. B. $18 + 47 = 65$, $48 + 17 = 65$ und $45 + 20 = 65$.

Frierson: eingebettete Rauten

Dieses wunderschöne magische Quadrat neunter Ordnung stammt von L.S. Frierson[31] und hat einige herausragende Eigenschaften:

42	58	68	64	1	8	44	34	50
2	66	54	45	11	77	78	26	10
12	6	79	53	21	69	63	46	20
52	7	35	23	31	39	67	55	60
73	65	57	49	41	33	25	17	9
22	27	15	43	51	59	47	75	30
62	36	19	13	61	29	3	76	70
72	56	4	5	71	37	28	16	80
32	48	38	74	81	18	14	24	40

Abb. 7.108 Symmetrisches magisches Quadrat mit eingebetteten Rauten (Frierson)

- Es ist ein Lozenge-Quadrat. Alle ungeraden Zahlen befinden sich in der Mitte und werden von den geraden Zahlen umhüllt.
- Es ist ein symmetrisches und selbstkomplementäres Quadrat.
- Alle Zahlen, die symmetrisch zur horizontalen Achse liegen, enden mit der gleichen Einerziffer.
- Die Summe zweier Zahlen, die symmetrisch zur vertikalen Achse liegen, endet immer mit der Einerziffer 2.
- 25 ungerade Ziffern bilden zusammen eine eingebettete Raute der Ordnung 5 mit der magischen Summe $S = 205$.
- Die ungeraden Ziffern, die dazwischen liegen, bilden eine Raute der Ordnung 4 mit der magischen Summe $S = 164$.

Besondere magische Quadrate mit eingebettete Rauten

Johannes Luyendijk hat mir einige faszinierende magische Quadrate mit eingebetteten Rauten geschickt, die besonders schwer zu konstruieren sind, da sie verschiedene Eigenschaften miteinander vereinen.[32]

Zum Beispiel ein fortgesetzt konzentrisches Lozenge-Quadrat der Ordnung 11 mit einer sehr seltenen eingebetteten Raute der Ordnung $n = 6$. Meines Wissens ist dies

[31] Andrews [17] S. 172 – 173

[32] Luyendijk [364]

das erste magische Quadrat dieser Ordnung, das diese völlig unterschiedlichen Eigenschaften besitzt. Um die eingebetteten Figuren besser erkennen zu können, wurde dieses Quadrat auf zwei Grafiken aufgeteilt.

94	44	38	32	30	1	104	100	98	96	34
36	118	10	12	115	5	119	46	116	8	86
40	14	64	17	107	13	111	113	2	108	82
42	16	67	101	71	59	35	39	55	106	80
66	77	23	53	43	65	75	69	99	45	56
89	91	85	27	93	61	29	95	37	31	33
50	25	49	41	47	57	79	81	73	97	72
52	20	19	83	51	63	87	21	103	102	70
54	74	120	105	15	109	11	9	58	48	68
60	114	112	110	7	117	3	76	6	4	62
88	78	84	90	92	121	18	22	24	26	28

94	44	38	32	30	1	104	100	98	96	34
36	118	10	12	115	5	119	46	116	8	86
40	14	64	17	107	13	111	113	2	108	82
42	16	67	101	71	59	35	39	55	106	80
66	77	23	53	43	65	75	69	99	45	56
89	91	85	27	93	61	29	95	37	31	33
50	25	49	41	47	57	79	81	73	97	72
52	20	19	83	51	63	87	21	103	102	70
54	74	120	105	15	109	11	9	58	48	68
60	114	112	110	7	117	3	76	6	4	62
88	78	84	90	92	121	18	22	24	26	28

Abb. 7.109 Fortgesetzt konzentrisches Lozenge-Quadrat mit eingebetteter Raute (Luyendijk)

Weitere derartige magische Quadrate hat er auch für die Ordnungen $n = 13$ und $n = 15$ konstruiert.

Als weiteres Beispiel sei ein symmetrisches Lozenge-Quadrat der Ordnung 11 mit zwei eingebetteten Rauten der Ordnungen $n = 6$ und $n = 5$ dargestellt. Dabei ist die größere Raute sogar pandiagonal.

116	110	10	8	26	113	120	46	60	38	24
92	64	32	108	59	25	49	18	88	66	70
20	82	44	67	117	23	27	17	100	94	80
16	72	91	45	21	79	81	89	37	86	54
48	35	107	65	83	119	19	109	53	29	4
1	11	115	47	51	61	71	75	7	111	121
118	93	69	13	103	3	39	57	15	87	74
68	36	85	33	41	43	101	77	31	50	106
42	28	22	105	95	99	5	55	78	40	102
52	56	34	104	73	97	63	14	90	58	30
98	84	62	76	2	9	96	114	112	12	6

116	110	10	8	26	113	120	46	60	38	24
92	64	32	108	59	25	49	18	88	66	70
20	82	44	67	117	23	27	17	100	94	80
16	72	91	45	21	79	81	89	37	86	54
48	35	107	65	83	119	19	109	53	29	4
1	11	115	47	51	61	71	75	7	111	121
118	93	69	13	103	3	39	57	15	87	74
68	36	85	33	41	43	101	77	31	50	106
42	28	22	105	95	99	5	55	78	40	102
52	56	34	104	73	97	63	14	90	58	30
98	84	62	76	2	9	96	114	112	12	6

Abb. 7.110 Symmetrisches Lozenge-Quadrat mit zwei eingebetteten Rauten (Luyendijk)

Kapitel

8

Transformationen

Neben den bekannten acht Abbildungen von Spiegelungen und Drehungen gibt es weitere Transformationen, die aus einem magischen Quadrat ein weiteres erzeugen. Diese sind in verschiedene Kategorien unterteilt, da sie teilweise für alle Ordnungen gelten oder nur für ganz besondere.

Weitere spezielle Transformationen werden im Kapitel über bimagische Quadrate der Ordnung $n = 8$ beschrieben, da sie nur diese Quadrate gelten und auch nicht aus dem Kontext gerissen werden sollten.[1]

8.1 Alle Ordnungen

Die in diesem Kapitel vorgestellten Transformationen sind für alle Ordnungen gültig. Dabei spielt es keine Rolle, ob die Ordnung gerade oder ungerade ist oder besondere Eigenschaften von magischen Quadraten vorliegen. Daher sind diese Transformationen grundlegend für viele Varianten für Konstruktionen von magischen Quadraten.

8.1.1 Komplementäre Zahlen

Eine grundlegende Transformation ist bereits sehr alt und besonders einfach durchzuführen. Ersetzt man in einem magischen Quadrat alle Zahlen z durch ihre komplementären Zahlen $n^2 + 1 - z$, erhält man ein weiteres magisches Quadrat.

[1] siehe Kapitel 2.1.11 und 2.1.10

H. Danielsson, *Spezielle magische Quadrate und ihre Konstruktion*, https://doi.org/10.1007/978-3-662-70708-1_8

28	44	8	5	31	20	39
37	22	47	10	6	32	21
15	40	24	48	11	7	30
33	17	41	25	49	9	1
3	34	18	42	23	43	12
13	4	35	16	36	26	45
46	14	2	29	19	38	27

22	6	42	45	19	30	11
13	28	3	40	44	18	29
35	10	26	2	39	43	20
17	33	9	25	1	41	49
47	16	32	8	27	7	38
37	46	15	34	14	24	5
4	36	48	21	31	12	23

Abb. 8.1 Magische Quadrate: komplementäre Zahlen (Beispiel 1)

Bei dieser Transformation bleiben besondere Eigenschaften des Quadrates wie *symmetrisch* oder *pandiagonal* erhalten.

31	2	61	36	64	33	30	3
42	55	12	21	9	24	43	54
19	14	49	48	52	45	18	15
38	59	8	25	5	28	39	58
7	26	37	60	40	57	6	27
50	47	20	13	17	16	51	46
11	22	41	56	44	53	10	23
62	35	32	1	29	4	63	34

34	63	4	29	1	32	35	62
23	10	53	44	56	41	22	11
46	51	16	17	13	20	47	50
27	6	57	40	60	37	26	7
58	39	28	5	25	8	59	38
15	18	45	52	48	49	14	19
54	43	24	9	21	12	55	42
3	30	33	64	36	61	2	31

Abb. 8.2 Symmetrische pandiagonale magische Quadrate: komplementäre Zahlen (Beispiel 2)

Ebenso übertragen sich Eigenschaften wie *bimagisch* oder *trimagisch*. In Abbildung 8.3 wird etwa ein symmetrisches bimagisches Quadrat in ein anderes umgewandelt.

6	81	39	67	34	19	50	17	56
49	16	55	5	80	38	69	36	21
68	35	20	51	18	57	4	79	37
75	42	9	28	22	70	11	59	53
10	58	52	74	41	8	30	24	72
29	23	71	12	60	54	73	40	7
45	3	78	25	64	31	62	47	14
61	46	13	44	2	77	27	66	33
26	65	32	63	48	15	43	1	76

76	1	43	15	48	63	32	65	26
33	66	27	77	2	44	13	46	61
14	47	62	31	64	25	78	3	45
7	40	73	54	60	12	71	23	29
72	24	30	8	41	74	52	58	10
53	59	11	70	22	28	9	42	75
37	79	4	57	18	51	20	35	68
21	36	69	38	80	5	55	16	49
56	17	50	19	34	67	39	81	6

Abb. 8.3 Symmetrische bimagische Quadrate: komplementäre Zahlen (Beispiel 3)

Teilweise bleiben sogar noch weitere spezielle Eigenschaften erhalten. Das Quadrat in Abbildung 8.4 ist ein cabalistisches[2] Quadrat, d. h. es

- ist pandiagonal
- ist bimagisch
- besitzt trimagische Diagonalen
- lässt sich in 8 Blöcke aufteilen, deren Zahlen die Summe 260 und die bimagische Summe 11 180 ergeben

Weiterhin ergeben die Zahlen in den vier Ecken aller 5 x 5 - Teilquadrate addiert immer 130. Ersetzt man bei diesem Quadrat alle Zahlen durch ihre Komplemente, bleiben diese Eigenschaften erhalten.

20	16	38	58	35	63	21	9
42	54	32	4	25	5	47	51
1	29	55	43	50	46	8	28
59	39	13	17	12	24	62	34
30	2	44	56	45	49	27	7
40	60	18	14	23	11	33	61
15	19	57	37	64	36	10	22
53	41	3	31	6	26	52	48

45	49	27	7	30	2	44	56
23	11	33	61	40	60	18	14
64	36	10	22	15	19	57	37
6	26	52	48	53	41	3	31
35	63	21	9	20	16	38	58
25	5	47	51	42	54	32	4
50	46	8	28	1	29	55	43
12	24	62	34	59	39	13	17

Abb. 8.4 Cabalistische Quadrate: komplementäre Zahlen (Beispiel 4)

8.1.2 Zeilen-Spalten-Transformation

Aus einem magischen Quadrat kann ein weiteres durch bestimmte Zeilen-Spalten-Transformationen erzeugt werden.[3] Damit die Summen auf den Diagonalen nicht zerstört werden, müssen folgende Bedingungen erfüllt sein:

- eine Zeile darf nur mit ihrer vertikal symmetrisch liegenden Zeile vertauscht werden
- gleichzeitig muss eine Spalte mit ihrer horizontal symmetrisch liegenden Spalte vertauscht werden

[2] siehe Kapitel 2.1.5

[3] Riollot [490] S. 31 – 33

- die zu vertauschenden Zeilen und Spalten müssen den gleichen Abstand vom Zentrum des Quadrates haben

Im Beispiel der Abbildung 8.5 werden symmetrisch liegende Zeilen und Spalten vertauscht.

38	14	32	1	26	44	20
5	23	48	17	42	11	29
21	39	8	33	2	27	45
30	6	24	49	18	36	12
46	15	40	9	34	3	28
13	31	7	25	43	19	37
22	47	16	41	10	35	4

a) Ausgangsquadrat

38	44	32	1	26	14	20
13	19	7	25	43	31	37
21	27	8	33	2	39	45
30	36	24	49	18	6	12
46	3	40	9	34	15	28
5	11	48	17	42	23	29
22	35	16	41	10	47	4

b) transformiertes Quadrat

Abb. 8.5 Magische Quadrate: Zeilen-Spalten-Transformation (Beispiel 1)

Diese Transformation kann auch mehrfach angewendet werden.

52	10	7	33	61	27	22	48
8	62	51	21	9	47	34	28
30	40	41	15	19	53	60	2
11	49	64	26	6	36	45	23
42	20	29	59	39	1	16	54
63	5	12	46	50	24	25	35
37	31	18	56	44	14	3	57
17	43	38	4	32	58	55	13

52	22	7	61	33	27	10	48
8	34	51	9	21	47	62	28
30	60	41	19	15	53	40	2
11	45	64	6	26	36	49	23
42	16	29	39	59	1	20	54
63	25	12	50	46	24	5	35
37	3	18	44	56	14	31	57
17	55	38	32	4	58	43	13

52	22	7	61	33	27	10	48
37	3	18	44	56	14	31	57
30	60	41	19	15	53	40	2
42	16	29	39	59	1	20	54
11	45	64	6	26	36	49	23
63	25	12	50	46	24	5	35
8	34	51	9	21	47	62	28
17	55	38	32	4	58	43	13

Abb. 8.6 Symmetrische bimagische Quadrate: Zeilen-Spalten-Transformation (Beispiel 3)

Besondere Eigenschaften der Quadrate wie die Symmetrie bleiben sowohl bei normalen als auch bei multimagischen Quadraten erhalten. In Abbildung 8.6 wird die Transformation auf ein symmetrisches bimagisches Quadrat angewendet. In diesem Beispiel werden die Spalten und Zeilen 1 und 6 sowie 3 und 4 vertauscht.

Wie bei allen Vertauschungen von Zeilen und Spalten kann diese Transformation auch bei pandiagonalen Quadraten vorgenommen werden. Allerdings geht die pandiagonale Eigenschaft wie im Beispiel der Abbildung 8.5 dabei verloren, und das transformierte Quadrat ist nur noch magisch.

8.1.3 Zeilen-Spalten-Permutation

Diese Transformation ähnelt ein wenig der Zeilen-Spalten-Transformation, jedoch werden die Zeilen und Spalten anders vertauscht. Hier werden zwei Zeilen in der unteren Hälfte ebenso untereinander vertauscht wie ihre vertikal symmetrisch liegenden Zeilen. Gleichzeitig müssen diese Vertauschungen auch mit den entsprechenden Spalten in der linken und rechten Hälfte des Quadrates durchgeführt werden.[4]

	0	1	2	3	4	5	6
6	32	42	1	13	19	45	23
5	37	4	14	15	48	26	31
4	3	9	18	49	22	34	40
3	12	17	44	25	35	36	6
2	20	47	24	30	39	7	8
1	43	27	33	38	2	11	21
0	28	29	41	5	10	16	46

	0	2	1	3	5	4	6
6	32	1	42	13	45	19	23
5	37	14	4	15	26	48	31
4	3	18	9	49	34	22	40
3	12	44	17	25	36	35	6
2	20	24	47	30	7	39	8
1	43	33	27	38	11	2	21
0	28	41	29	5	16	10	46

	0	2	1	3	5	4	6
6	32	1	42	13	45	19	23
4	3	18	9	49	34	22	40
5	37	14	4	15	26	48	31
3	12	44	17	25	36	35	6
1	43	33	27	38	11	2	21
2	20	24	47	30	7	39	8
0	28	41	29	5	16	10	46

Abb. 8.7 Magische Quadrate: Zeilen-Spalten-Permutation (Beispiel 1)

[4] Bei ungeraden Ordnungen ist der Begriff *Hälfte* natürlich nicht ganz korrekt. Da die mittlere Spalte und Zeile ausgenommen werden, sollte man hier vielleicht besser von *Abschnitten* reden.

Da ein solcher Austausch auch mehrfach hintereinander vorgenommen werden kann, kennzeichnet man die Transformation besser durch eine Permutation der Zahlen $(0, 1, \ldots, m-1)$, wobei $m = \frac{n}{2}$ gilt. Wählt man beispielsweise für die Ordnung $n = 8$ die Permutation $(3, 1, 0, 2)$, dann müssen die Zeilen der unteren und die Spalten der linken Hälfte in dieser Reihenfolge angeordnet werden. Die Zeilen der oberen und die Spalten der rechten Hälfte werden dann vertikal bzw. horizontal symmetrisch dazu platziert.

Die gesamte Permutation $(3, 1, 0, 2, 5, 7, 6, 4)$ erhält man, wenn man die Ausgangspermutation umkehrt und dann die Zahlen durch ihre zu $n - 1$ komplementären Zahlen ersetzt.

	0	1	2	3	4	5	6	7
7	40	27	26	37	48	19	18	45
6	29	34	35	32	21	42	43	24
5	33	30	31	36	41	22	23	44
4	28	39	38	25	20	47	46	17
3	56	11	10	53	64	3	2	61
2	13	50	51	16	5	58	59	8
1	49	14	15	52	57	6	7	60
0	12	55	54	9	4	63	62	1

	3	1	0	2	5	7	6	4
4	25	39	28	38	47	17	46	20
6	32	34	29	35	42	24	43	21
7	37	27	40	26	19	45	18	48
5	36	30	33	31	22	44	23	41
2	16	50	13	51	58	8	59	5
0	9	55	12	54	63	1	62	4
1	52	14	49	15	6	60	7	57
3	53	11	56	10	3	61	2	64

Abb. 8.8 Magische Quadrate: Zeilen-Spalten-Permutation (Beispiel 2)

Auch bei dieser Transformation bleibt die Symmetrie erhalten und sie kann auch auf multimagische Quadrate angewendet werden. Bei dem Beispiel in Abbildung 8.9 wurde die Permutation $(0, 3, 1, 2, 5, 6, 4, 7)$ gewählt.

	0	1	2	3	4	5	6	7
7	33	58	12	19	22	13	63	40
6	20	11	57	34	39	64	14	21
5	62	37	23	16	9	18	36	59
4	15	24	38	61	60	35	17	10
3	55	48	30	5	4	27	41	50
2	6	29	47	56	49	42	28	3
1	44	51	1	26	31	8	54	45
0	25	2	52	43	46	53	7	32

	0	3	1	2	5	6	4	7
7	33	19	58	12	13	63	22	40
4	15	61	24	38	35	17	60	10
6	20	34	11	57	64	14	39	21
5	62	16	37	23	18	36	9	59
2	6	56	29	47	42	28	49	3
1	44	26	51	1	8	54	31	45
3	55	5	48	30	27	41	4	50
0	25	43	2	52	53	7	46	32

Abb. 8.9 Symmetrische bimagische Quadrate: Zeilen-Spalten-Permutation (Beispiel 3)

8.1.4 Quadrantentausch

Es können auch weitere magische Quadrate erzeugt werden, wenn man die Quadranten vertauscht.[5] Dabei werden die jeweils diametral gegenüberliegenden Quadranten miteinander ausgewählt.

35	38	32	25	39	34	29	28
27	30	40	33	31	26	37	36
54	51	9	16	50	55	12	13
14	11	49	56	10	15	52	53
59	62	8	1	63	58	5	4
3	6	64	57	7	2	61	60
22	19	41	48	18	23	44	45
46	43	17	24	42	47	20	21

63	58	5	4	59	62	8	1
7	2	61	60	3	6	64	57
18	23	44	45	22	19	41	48
42	47	20	21	46	43	17	24
39	34	29	28	35	38	32	25
31	26	37	36	27	30	40	33
50	55	12	13	54	51	9	16
10	15	52	53	14	11	49	56

Abb. 8.10 Magische Quadrate: Quadrantentausch (Beispiel 1)

Wie bei den bisherigen Transformationen bleibt eine vorhandene Symmetrie erhalten, und dies gilt auch für multimagische Quadrate. Eine pandiagonale Eigenschaft geht allerdings verloren.

42	20	53	64	15	6	35	25
49	11	46	39	24	29	60	2
3	57	32	21	38	47	10	52
22	48	9	4	51	58	31	37
28	34	7	14	61	56	17	43
13	55	18	27	44	33	8	62
63	5	36	41	26	19	54	16
40	30	59	50	1	12	45	23

61	56	17	43	28	34	7	14
44	33	8	62	13	55	18	27
26	19	54	16	63	5	36	41
1	12	45	23	40	30	59	50
15	6	35	25	42	20	53	64
24	29	60	2	49	11	46	39
38	47	10	52	3	57	32	21
51	58	31	37	22	48	9	4

Abb. 8.11 Symmetrische bimagische Quadrate: Quadrantentausch (Beispiel 2)

Für ungerade Ordnungen muss die Transformation natürlich abgeändert werden, da es keine Aufteilung des Quadrates in vier Quadranten gibt. Hier bleiben die mittlere Spalte und die mittlere Zeile zunächst ausgenommen und der Tausch findet in den verbleibenden Bereichen in den Ecken statt.

[5] Riollot [490] S. 30 – 31

Danach müssen aber auch noch die beiden Abschnitte der mittleren Spalte und der mittleren Zeile horizontal bzw. vertikal ausgetauscht werden. Nur die Zelle im Zentrum des Quadrates wird dabei wie in Abbildung 8.12 ausgenommen.

44	13	30	55	79	27	47	6	68
67	39	10	34	63	74	24	50	8
3	64	43	18	29	60	77	26	49
46	7	72	38	15	32	62	76	21
25	54	2	69	41	17	31	57	73
81	20	51	5	71	40	12	28	61
56	78	23	53	4	66	37	16	36
33	59	80	22	48	1	70	45	11
14	35	58	75	19	52	9	65	42

40	12	28	61	71	81	20	51	5
66	37	16	36	4	56	78	23	53
1	70	45	11	48	33	59	80	22
52	9	65	42	19	14	35	58	75
17	31	57	73	41	25	54	2	69
27	47	6	68	79	44	13	30	55
74	24	50	8	63	67	39	10	34
60	77	26	49	29	3	64	43	18
32	62	76	21	15	46	7	72	38

Abb. 8.12 Magische Quadrate ungerader Ordnung: Quadrantentausch (Beispiel 3)

Diese Transformation kann auch bei multimagischen Quadraten, wie etwa bimagischen oder trimagischen, durchgeführt werden.

18	67	38	1	62	33	23	75	52
19	80	51	14	66	43	9	58	29
5	57	34	27	76	47	10	71	42
65	45	13	60	28	8	79	50	21
78	46	26	70	41	12	56	36	4
61	32	3	74	54	22	69	37	17
40	11	72	35	6	55	48	25	77
53	24	73	39	16	68	31	2	63
30	7	59	49	20	81	44	15	64

22	69	37	17	54	61	32	3	74
55	48	25	77	6	40	11	72	35
68	31	2	63	16	53	24	73	39
81	44	15	64	20	30	7	59	49
12	56	36	4	41	78	46	26	70
33	23	75	52	62	18	67	38	1
43	9	58	29	66	19	80	51	14
47	10	71	42	76	5	57	34	27
8	79	50	21	28	65	45	13	60

Abb. 8.13 Symmetrische bimagische Quadrate: Quadrantentausch (Beispiel 4)

8.2 Ordnungen n = 4k

Die hier vorgestellten Transformationen gelten nur für doppelt-gerade Ordnungen. Sie basieren auf symmetrischen Eigenschaften und nutzen insbesondere aus, dass die Hälfte einer Ordnung wieder eine gerade Zahl ist.

8.2.1 Transformation symmetrisch $\longleftrightarrow$ pandiagonal

Mit der AD-Methode von Planck können symmetrische magische Quadrate in pandiagonale Quadrate umgewandelt werden.[6] Dazu unterteilt man das Quadrat in seine vier Quadranten, die mit Ausnahme des linken oberen Quadranten verändert werden.

- Der rechte obere Quadrant wird an seiner vertikalen Mittellinie gespiegelt.
- Der linke untere Quadrant wird an seiner horizontalen Mittellinie gespiegelt.
- Der rechte untere Quadrant wird um 180° gedreht oder an beiden Achsen gespiegelt.

7	4	64	59	62	57	5	2
15	12	56	51	54	49	13	10
42	45	17	22	19	24	44	47
34	37	25	30	27	32	36	39
26	29	33	38	35	40	28	31
18	21	41	46	43	48	20	23
55	52	16	11	14	9	53	50
63	60	8	3	6	1	61	58

7	4	64	59	2	5	57	62
15	12	56	51	10	13	49	54
42	45	17	22	47	44	24	19
34	37	25	30	39	36	32	27
63	60	8	3	58	61	1	6
55	52	16	11	50	53	9	14
18	21	41	46	23	20	48	43
26	29	33	38	31	28	40	35

Abb. 8.14 Umwandlung eines symmetrischen magischen Quadrates in ein pandiagonales

Diese Transformation ist natürlich nur für doppelt-gerade Ordnungen gültig, da nur für diese Ordnungen pandiagonale Quadrate mit vier echten Quadranten existieren.

8.2.2 Transformation reversibel $\rightarrow$ reversibel

Reversible Quadrate[7] werden meistens in ihrer Standardform angegeben. Da mehrere Transformationen existieren, die aus reversiblen Quadraten magische Quadrate mit bestimmten Eigenschaften erzeugen, soll zunächst beschrieben werden, wie man aus einem gegebenen reversiblen Quadrat weitere erzeugen kann. Ollerenshaw und Brée haben dazu acht verschiedene Transformationen angegeben.[8]

[6] Planck [439]

[7] siehe Kapitel 5

[8] Ollerenshaw-Brée [393] S. 25 – 28

- Spiegelung an der vertikalen Mittellinie
- Spiegelung an der horizontalen Mittellinie
- Spiegelung an einer der beiden Diagonalen
- Austausch von vertikal symmetrisch liegenden Zeilen
- Austausch von horizontal symmetrisch liegenden Spalten
- Austausch von zwei Zeilen aus einer der Quadrathälften und gleichzeitiger Austausch der vertikal symmetrisch liegenden Zeilen in der anderen Hälfte
- Austausch von zwei Spalten aus einer der Quadrathälften und gleichzeitiger Austausch der horizontal symmetrisch liegenden Spalten in der anderen Hälfte

Diese Transformationen sind in Abbildung 8.15 dargestellt und können natürlich beliebig miteinander kombiniert werden. Bei der Ordnung $n = 4$ existieren beim Zeilen- bzw. Spaltentausch natürlich zwei Möglichkeiten, die hier auch beide veranschaulicht werden.

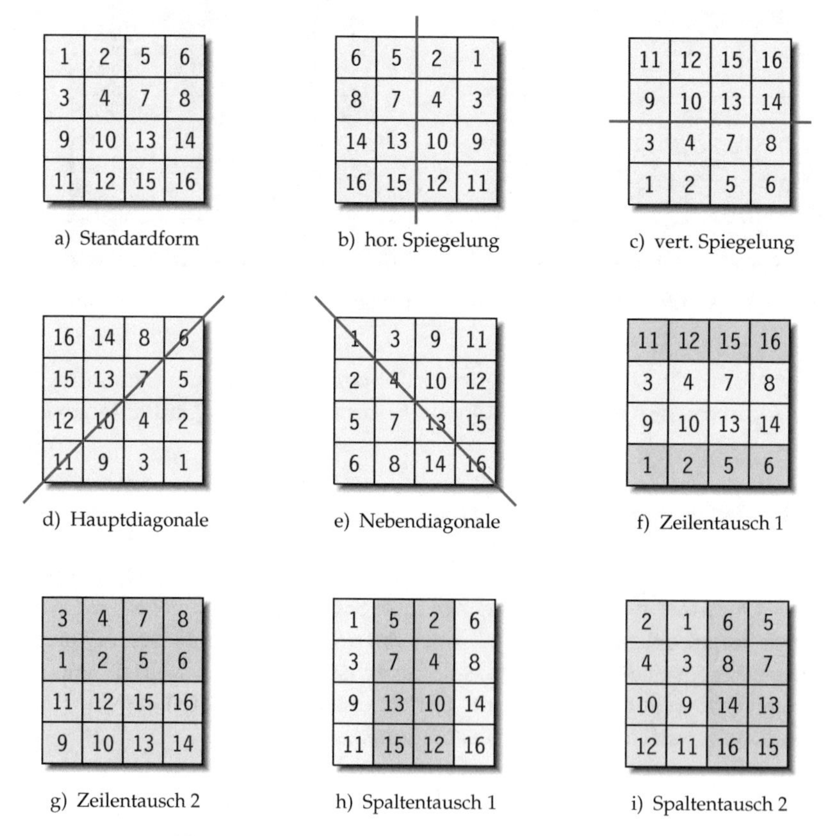

Abb. 8.15 Transformation von reversiblen Quadraten

8.2.3 Transformation reversibel → supermagisch

Aus reversiblen Quadraten lassen sich supermagische Quadrate[9] erzeugen, wie es für das Verfahren von Ollerenshaw und Brée mit einem Beispiel in Kapitel 5.3 beschrieben wird.

Allerdings legen Ollerenshaw und Brée den Ursprung $(0, 0)$ in die linke obere Ecke, während in diesen Kapiteln fast durchgehend die linke untere Ecke als Ursprung festgelegt ist. Daher müssen die Schritte für diese Transformation bei dieser Ausrichtung etwas umformuliert werden.

1. In jeder Zeile werden die Zahlen in der rechten Hälfte umgekehrt.
2. In jeder Spalte werden die Zahlen in der unteren Hälfte umgekehrt.
3. Die obere und untere Hälfte von ungeraden Spalten werden ausgetauscht.
4. In ungeraden Zeilen werden alle Zahlenpaare ausgetauscht, die sich in ungeraden Spalten im Abstand $m = \frac{n}{2}$ befinden.
5. In geraden Zeilen werden alle Zahlenpaare ausgetauscht, die sich in geraden Spalten im Abstand m befinden.

Im Unterschied zu Kapitel 5.3 soll dieses Verfahren hier nicht an einem reversiblen Quadrat in Standardform, sondern einem veränderten reversiblen Quadrat dargestellt werden. Man kann leicht überprüfen, dass in diesem Quadrat die horizontal symmetrisch liegenden Zahlen einer Zeile ebenso immer die gleiche Summe ergeben wie die vertikal symmetrisch liegenden Zahlen einer Spalte. Addiert man weiterhin die diagonal gegenüberliegenden Ecken beliebiger Rechtecke, sind auch diese Summen jeweils gleich.

Das Ergebnis dieser Transformation ist das supermagische Quadrat in Abbildung 8.16.

18	54	50	22	52	24	20	56
1	37	33	5	35	7	3	39
17	53	49	21	51	23	19	55
2	38	34	6	36	8	4	40
25	61	57	29	59	31	27	63
10	46	42	14	44	16	12	48
26	62	58	30	60	32	28	64
9	45	41	13	43	15	11	47

a) reversibles Quadrat

18	54	50	22	56	20	24	52
1	37	33	5	39	3	7	35
17	53	49	21	55	19	23	51
2	38	34	6	40	4	8	36
25	61	57	29	63	27	31	59
10	46	42	14	48	12	16	44
26	62	58	30	64	28	32	60
9	45	41	13	47	11	15	43

b) Schritt 1

[9] siehe Kapitel 5

18	54	50	22	56	20	24	52
1	37	33	5	39	3	7	35
17	53	49	21	55	19	23	51
2	38	34	6	40	4	8	36
9	45	41	13	47	11	15	43
26	62	58	30	64	28	32	60
10	46	42	14	48	12	16	44
25	61	57	29	63	27	31	59

c) Schritt 2

18	45	50	13	56	11	24	43
1	62	33	30	39	28	7	60
17	46	49	14	55	12	23	44
2	61	34	29	40	27	8	59
9	54	41	22	47	20	15	52
26	37	58	5	64	3	32	35
10	53	42	21	48	19	16	51
25	38	57	6	63	4	31	36

d) Schritt 3

18	11	50	43	56	45	24	13
1	62	33	30	39	28	7	60
17	12	49	44	55	46	23	14
2	61	34	29	40	27	8	59
9	20	41	52	47	54	15	22
26	37	58	5	64	3	32	35
10	19	42	51	48	53	16	21
25	38	57	6	63	4	31	36

e) Schritt 4

18	11	50	43	56	45	24	13
39	62	7	30	1	28	33	60
17	12	49	44	55	46	23	14
40	61	8	29	2	27	34	59
9	20	41	52	47	54	15	22
64	37	32	5	26	3	58	35
10	19	42	51	48	53	16	21
63	38	31	6	25	4	57	36

f) Schritt 5

Abb. 8.16 Transformation eines reversiblen Quadrates in ein supermagisches Quadrat (Ollerenshaw - Brée)

8.2.4 Transformation supermagisch → symmetrisch

Während pandiagonale magische Quadrate nicht immer in symmetrische Quadrate umgewandelt werden können, ist dies bei supermagischen Quadraten möglich. Dazu werden einfach die ersten beiden Schritte bei der Umwandlung eines reversiblen Quadrates in ein supermagisches ausgeführt.[10]

1. In jeder Zeile werden die Zahlen in der rechten Hälfte umgekehrt.
2. In jeder Spalte werden die Zahlen in der unteren Hälfte umgekehrt.

Damit ergibt sich aus dem supermagischen Quadrat in Kapitel 8.2.3 mit dieser Transformation das symmetrische Quadrat aus Abbildung 8.17.

[10] siehe Kapitel 8.2.3

18	11	50	43	56	45	24	13
39	62	7	30	1	28	33	60
17	12	49	44	55	46	23	14
40	61	8	29	2	27	34	59
9	20	41	52	47	54	15	22
64	37	32	5	26	3	58	35
10	19	42	51	48	53	16	21
63	38	31	6	25	4	57	36

a) supermagisches Quadrat

18	11	50	43	13	24	45	56
39	62	7	30	60	33	28	1
17	12	49	44	14	23	46	55
40	61	8	29	59	34	27	2
9	20	41	52	22	15	54	47
64	37	32	5	35	58	3	26
10	19	42	51	21	16	53	48
63	38	31	6	36	57	4	25

b) Schritt 1: Zeilen

18	11	50	43	13	24	45	56
39	62	7	30	60	33	28	1
17	12	49	44	14	23	46	55
40	61	8	29	59	34	27	2
63	38	31	6	36	57	4	25
10	19	42	51	21	16	53	48
64	37	32	5	35	58	3	26
9	20	41	52	22	15	54	47

c) Schritt 2: Spalten

Abb. 8.17 Transformation eines supermagischen Quadrates in ein symmetrisches Quadrat

8.2.5 Transformation supermagisch ⟶ Franklin-Quadrat

Man kann auch aus einem supermagischen Quadrat ein pandiagonales Franklin-Quadrat erzeugen. Dafür müssen wie in Abbildung 8.18 die mittleren $m = \frac{n}{2}$ Spalten und Zeilen überlappend vertauscht werden.

31	33	24	42	8	58	15	49
36	30	43	21	59	5	52	14
61	3	54	12	38	28	45	19
40	26	47	17	63	1	56	10
57	7	50	16	34	32	41	23
6	60	13	51	29	35	22	44
27	37	20	46	4	62	11	53
2	64	9	55	25	39	18	48

31	33	8	58	24	42	15	49
36	30	59	5	43	21	52	14
61	3	38	28	54	12	45	19
40	26	63	1	47	17	56	10
57	7	34	32	50	16	41	23
6	60	29	35	13	51	22	44
27	37	4	62	20	46	11	53
2	64	25	39	9	55	18	48

a) Vertauschen von Spalten

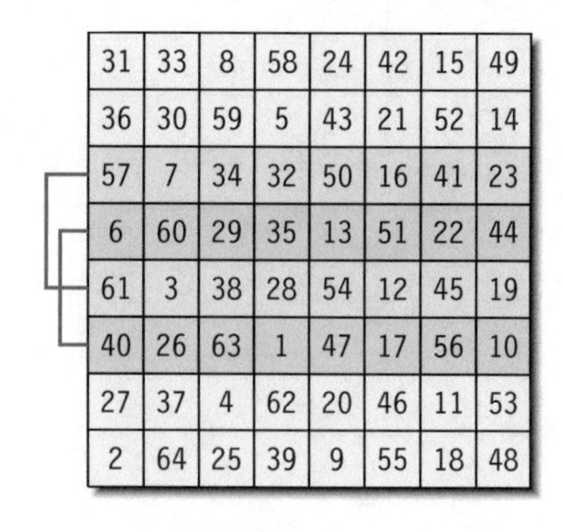

31	33	8	58	24	42	15	49
36	30	59	5	43	21	52	14
57	7	34	32	50	16	41	23
6	60	29	35	13	51	22	44
61	3	38	28	54	12	45	19
40	26	63	1	47	17	56	10
27	37	4	62	20	46	11	53
2	64	25	39	9	55	18	48

b) Vertauschen von Zeilen

Abb. 8.18 Transformation eines supermagischen Quadrates in ein pandiagonales Franklin-Quadrat

Diese Transformation kann auf höhere Ordnungen $n = 8k$ übertragen werden, wie am Beispiel des supermagischen Quadrates aus Abbildung 8.19 gezeigt wird.

	0	1	2	3	4	5	6	7	8	9	10	11	12	13	14	15
15	48	177	128	1	32	145	64	161	224	65	144	241	240	97	208	81
14	215	74	135	250	231	106	199	90	39	186	119	10	23	154	55	170
13	36	189	116	13	20	157	52	173	212	77	132	253	228	109	196	93
12	213	76	133	252	229	108	197	92	37	188	117	12	21	156	53	172
11	41	184	121	8	25	152	57	168	217	72	137	248	233	104	201	88
10	210	79	130	255	226	111	194	95	34	191	114	15	18	159	50	175
9	46	179	126	3	30	147	62	163	222	67	142	243	238	99	206	83
8	219	70	139	246	235	102	203	86	43	182	123	6	27	150	59	166
7	33	192	113	16	17	160	49	176	209	80	129	256	225	112	193	96
6	218	71	138	247	234	103	202	87	42	183	122	7	26	151	58	167
5	45	180	125	4	29	148	61	164	221	68	141	244	237	100	205	84
4	220	69	140	245	236	101	204	85	44	181	124	5	28	149	60	165
3	40	185	120	9	24	153	56	169	216	73	136	249	232	105	200	89
2	223	66	143	242	239	98	207	82	47	178	127	2	31	146	63	162
1	35	190	115	14	19	158	51	174	211	78	131	254	227	110	195	94
0	214	75	134	251	230	107	198	91	38	187	118	11	22	155	54	171

Abb. 8.19 Supermagisches Quadrat der Ordnung $n = 16$

Für Ordnungen $n = 8k$ müssen insgesamt $4k$ Vertauschungen von Spalten und Zeilen vorgenommen werden, sodass mit jeder schrittweisen Vergrößerung von k jeweils vier Spalten und Zeilen hinzukommen. Bei der Ordnung $n = 8$ jeweils vier betroffene Zeilen und Spalten, die paarweise vertauscht wurden. Bei der Ordnung 16 mit $k = 2$ sind es jetzt jeweils acht Zeilen und Spalten, die paarweise ausgetauscht werden.

Von den hinzukommenden vier Spalten liegen davon zwei auf der linken, die anderen beiden auf der rechten Seite direkt neben den bisher schon vertauschten Spalten in der Mitte des Quadrates. Dies gilt entsprechend für die Zeilen, nur dass diese unterhalb und oberhalb der schon vertauschten Zeilen liegen.

Wichtig ist dabei, dass auch diese äußeren Spalten und Zeilen wieder überlappend vertauscht werden, wie es in Abbildung 8.20 dargestellt ist. Neben den vier mittleren Spalten 6 und 8 sowie 7 und 9 werden bei der Ordnung $n = 16$ auch die danebenliegenden Spalten 4 und 10 sowie 5 und 11 vertauscht.

Auch bei den Zeilen werden die mittleren vier sowie die beiden unterhalb und oberhalb liegenden Zeilen überlappend vertauscht.

	0	1	2	3	10	11	8	9	6	7	4	5	12	13	14	15
15	48	177	128	1	144	241	224	65	64	161	32	145	240	97	208	81
14	215	74	135	250	119	10	39	186	199	90	231	106	23	154	55	170
13	36	189	116	13	132	253	212	77	52	173	20	157	228	109	196	93
12	213	76	133	252	117	12	37	188	197	92	229	108	21	156	53	172
11	41	184	121	8	137	248	217	72	57	168	25	152	233	104	201	88
10	210	79	130	255	114	15	34	191	194	95	226	111	18	159	50	175
9	46	179	126	3	142	243	222	67	62	163	30	147	238	99	206	83
8	219	70	139	246	123	6	43	182	203	86	235	102	27	150	59	166
7	33	192	113	16	129	256	209	80	49	176	17	160	225	112	193	96
6	218	71	138	247	122	7	42	183	202	87	234	103	26	151	58	167
5	45	180	125	4	141	244	221	68	61	164	29	148	237	100	205	84
4	220	69	140	245	124	5	44	181	204	85	236	101	28	149	60	165
3	40	185	120	9	136	249	216	73	56	169	24	153	232	105	200	89
2	223	66	143	242	127	2	47	178	207	82	239	98	31	146	63	162
1	35	190	115	14	131	254	211	78	51	174	19	158	227	110	195	94
0	214	75	134	251	118	11	38	187	198	91	230	107	22	155	54	171

	0	1	2	3	4	5	6	7	8	9	10	11	12	13	14	15
15	48	177	128	1	144	241	224	65	64	161	32	145	240	97	208	81
14	215	74	135	250	119	10	39	186	199	90	231	106	23	154	55	170
13	36	189	116	13	132	253	212	77	52	173	20	157	228	109	196	93
12	213	76	133	252	117	12	37	188	197	92	229	108	21	156	53	172
5	45	180	125	4	141	244	221	68	61	164	29	148	237	100	205	84
4	220	69	140	245	124	5	44	181	204	85	236	101	28	149	60	165
7	33	192	113	16	129	256	209	80	49	176	17	160	225	112	193	96
6	218	71	138	247	122	7	42	183	202	87	234	103	26	151	58	167
9	46	179	126	3	142	243	222	67	62	163	30	147	238	99	206	83
8	219	70	139	246	123	6	43	182	203	86	235	102	27	150	59	166
11	41	184	121	8	137	248	217	72	57	168	25	152	233	104	201	88
10	210	79	130	255	114	15	34	191	194	95	226	111	18	159	50	175
3	40	185	120	9	136	249	216	73	56	169	24	153	232	105	200	89
2	223	66	143	242	127	2	47	178	207	82	239	98	31	146	63	162
1	35	190	115	14	131	254	211	78	51	174	19	158	227	110	195	94
0	214	75	134	251	118	11	38	187	198	91	230	107	22	155	54	171

Abb. 8.20 Transformation eines supermagischen Quadrates in ein pandiagonales Franklin-Quadrat

8.3 Gerade Ordnungen

Die in diesem Kapitel vorgestellten Transformationen sind nur für gerade Ordnungen gültig.

8.3.1 Huber

Die Transformation von Huber ist nur bei geraden Ordnungen anwendbar, um aus einem vorhandenen magischen Quadrat ein weiteres zu erzeugen.

Im ersten Schritt werden die diametral gegenüberliegenden Ecken in jedem 2×2 - Teilquadrat vertauscht, also in der linken unteren Ecke z. B. die Zahlen 31 und 26 sowie 30 und 5. Rechts daneben folgen dann 33 und 9 sowie 10 und 4 oder in der linken oberen Ecke die Zahlen 12 und 32 sowie 1 und 8.

1	32	3	34	35	6
12	8	27	28	11	25
13	17	22	21	20	18
24	23	16	15	14	19
30	26	10	9	29	7
31	5	33	4	2	36

8	12	28	27	25	11
32	1	34	3	6	35
23	24	15	16	19	14
17	13	21	22	18	20
5	31	4	33	36	2
26	30	9	10	7	29

Abb. 8.21 Austausch von Zahlen in den 2x2 - Teilquadraten (Schritt 1)

Im zweiten Schritt werden die Spalten verschoben. Mit $m = \frac{n}{2}$ gilt dabei:

Spalte(n)	Ziel
$0 \ldots m-2$	eine Spalte nach rechts
$m+1 \ldots n-1$	eine Spalte nach links
$m-1$	ganz nach rechts
m	ganz nach links

Tab. 8.1 Verschieben der Spalten

8	12	28	27	25	11
32	1	34	3	6	35
23	24	15	16	19	14
17	13	21	22	18	20
5	31	4	33	36	2
26	30	9	10	7	29

27	8	12	25	11	28
3	32	1	6	35	34
16	23	24	19	14	15
22	17	13	18	20	21
33	5	31	36	2	4
10	26	30	7	29	9

Abb. 8.22 Verschieben der Spalten (Schritt 2)

Abschließend werden auch noch die Zeilen nach dem gleichen Schema verschoben

Zeile(n)	Ziel
$0 \ldots m-2$	eine Zeile nach oben
$m+1 \ldots n-1$	eine Zeile nach unten
$m-1$	ganz nach oben
m	ganz nach unten

Tab. 8.2 Verschiebung der Zeilen

und man erhält das magische Quadrat aus Abbildung 8.23.

27	8	12	25	11	28
3	32	1	6	35	34
16	23	24	19	14	15
22	17	13	18	20	21
33	5	31	36	2	4
10	26	30	7	29	9

22	17	13	18	20	21
27	8	12	25	11	28
3	32	1	6	35	34
33	5	31	36	2	4
10	26	30	7	29	9
16	23	24	19	14	15

Abb. 8.23 Transformation von Huber

Das Ergebnis der Transformation von Huber mit seinen umständlichen Schritten kann man aber auch durch eine Zeilen-Spalten-Permutation erzielen. In diesem Beispiel lautet die symmetrische Permutation $(2, 1, 0, 5, 4, 3)$.

	0	1	2	3	4	5
5	1	32	3	34	35	6
4	12	8	27	28	11	25
3	13	17	22	21	20	18
2	24	23	16	15	14	19
1	30	26	10	9	29	7
0	31	5	33	4	2	36

	2	1	0	5	4	3
3	22	17	13	18	20	21
4	27	8	12	25	11	28
5	3	32	1	6	35	34
0	33	5	31	36	2	4
1	10	26	30	7	29	9
2	16	23	24	19	14	15

Abb. 8.24 Transformation von Huber als Zeilen-Spalten-Permutation

Diese Transformation soll noch einmal an einem magischen Quadrat der Ordnung $n = 8$ verdeutlicht werden. Als Ausgangsquadrat wird ein symmetrisches bimagisches Quadrat gewählt, um zu demonstrieren, dass sowohl die Symmetrie als auch die bimagische Eigenschaft erhalten bleiben. Das dabei entstehende symmetrische bimagische Quadrat ist in Abbildung 8.27 dargestellt.

63	40	12	19	22	13	33	58
14	21	57	34	39	64	20	11
17	10	38	61	60	35	15	24
36	59	23	16	9	18	62	37
28	3	47	56	49	42	6	29
41	50	30	5	4	27	55	48
54	45	1	26	31	8	44	51
7	32	52	43	46	53	25	2

21	14	34	57	64	39	11	20
40	63	19	12	13	22	58	33
59	36	16	23	18	9	37	62
10	17	61	38	35	60	24	15
50	41	5	30	27	4	48	55
3	28	56	47	42	49	29	6
32	7	43	52	53	46	2	25
45	54	26	1	8	31	51	44

Abb. 8.25 Vertauschungen in den 2 x 2 - Teilquadraten (Schritt 1)

21	14	34	57	64	39	11	20
40	63	19	12	13	22	58	33
59	36	16	23	18	9	37	62
10	17	61	38	35	60	24	15
50	41	5	30	27	4	48	55
3	28	56	47	42	49	29	6
32	7	43	52	53	46	2	25
45	54	26	1	8	31	51	44

64	21	14	34	39	11	20	57
13	40	63	19	22	58	33	12
18	59	36	16	9	37	62	23
35	10	17	61	60	24	15	38
27	50	41	5	4	48	55	30
42	3	28	56	49	29	6	47
53	32	7	43	46	2	25	52
8	45	54	26	31	51	44	1

Abb. 8.26 Verschieben der Spalten (Schritt 2)

64	21	14	34	39	11	20	57
13	40	63	19	22	58	33	12
18	59	36	16	9	37	62	23
35	10	17	61	60	24	15	38
27	50	41	5	4	48	55	30
42	3	28	56	49	29	6	47
53	32	7	43	46	2	25	52
8	45	54	26	31	51	44	1

27	50	41	5	4	48	55	30
64	21	14	34	39	11	20	57
13	40	63	19	22	58	33	12
18	59	36	16	9	37	62	23
42	3	28	56	49	29	6	47
53	32	7	43	46	2	25	52
8	45	54	26	31	51	44	1
35	10	17	61	60	24	15	38

Abb. 8.27 Symmetrische bimagische Quadrate: Transformation von Huber

Wie bei allen Transformationen von Huber lässt sich das Ergebnis auch mit einer Zeilen-Spalten-Permutation erzielen. In diesem Beispiel lautet die symmetrische Permutation $(5, 1, 0, 3, 4, 7, 6, 2)$.

	0	1	2	3	4	5	6	7
7	63	40	12	19	22	13	33	58
6	14	21	57	34	39	64	20	11
5	17	10	38	61	60	35	15	24
4	36	59	23	16	9	18	62	37
3	28	3	47	56	49	42	6	29
2	41	50	30	5	4	27	55	48
1	54	45	1	26	31	8	44	51
0	7	32	52	43	46	53	25	2

	5	1	0	3	4	7	6	2
2	27	50	41	5	4	48	55	30
6	64	21	14	34	39	11	20	57
7	13	40	63	19	22	58	33	12
4	18	59	36	16	9	37	62	23
3	42	3	28	56	49	29	6	47
0	53	32	7	43	46	2	25	52
1	8	45	54	26	31	51	44	1
5	35	10	17	61	60	24	15	38

Abb. 8.28 Symmetrische magische Quadrate: Transformation von Huber als Zeilen-Spalten-Permutation

8.4 Pandiagonale Quadrate doppelt-gerader Ordnungen

Die in diesem Kapitel vorgestellten Transformationen sind für pandiagonale magische Quadrate aller doppelt-geraden Ordnungen gültig.

8.4.1 Normalisieren

Es ist seit Langem bekannt, dass man bei einem pandiagonalen magischen Quadrat jede beliebige Zelle in die linke obere Ecke verschieben kann, wobei die Spalten und Zeilen zyklisch gesehen mit verschoben werden.

59	3	64	8	61	5	58	2
62	6	57	1	60	4	63	7
11	51	16	56	13	53	10	50
14	54	9	49	12	52	15	55
35	27	40	32	37	29	34	26
38	30	33	25	36	28	39	31
19	43	24	48	21	45	18	42
22	46	17	41	20	44	23	47

a) Ausgangsquadrat

1	56	49	32	25	48	41	8
60	13	12	37	36	21	20	61
4	53	52	29	28	45	44	5
63	10	15	34	39	18	23	58
7	50	55	26	31	42	47	2
62	11	14	35	38	19	22	59
6	51	54	27	30	43	46	3
57	16	9	40	33	24	17	64

b) transformiertes Quadrat

Abb. 8.29 Pandiagonale magische Quadrate: Normieren

In Verbindung mit dem üblichen Normieren von magischen Quadraten lässt sich dann etwas einfacher feststellen, ob zwei Konstruktionsverfahren gleiche oder unterschiedliche Quadrate erzeugen.

Allerdings gibt es bei pandiagonalen Quadraten keine eindeutige Möglichkeit, um dies für alle Ordnungen festzustellen. Benson und Jacoby schlagen etwa vor:[11]

- Die Zahl 1 soll in der linken oberen Ecke platziert werden.
- Die Zahl rechts neben der 1 soll kleiner sein als alle Zahlen in der oberen Zeile, der linken Spalte und der Nebendiagonalen.
- Die Zahl unterhalb der 1 soll kleiner sein als die Zahl in der linken unteren Ecke.

Das pandiagonale magische Quadrat der Ordnung $n = 9$ in Abbildung 8.30 ist mit den Bedingungen von Benson und Jacoby normiert.

[11] Benson-Jacoby [43] S. 129

1	11	61	51	31	21	71	81	41
22	66	80	45	5	10	56	52	33
14	55	47	34	24	67	75	44	9
69	76	39	8	18	59	46	29	25
63	50	28	20	70	78	40	3	17
79	42	4	12	62	54	32	19	65
53	36	23	64	74	43	6	13	57
38	7	15	58	48	35	27	68	73
30	26	72	77	37	2	16	60	49

Abb. 8.30 Normiertes pandiagonales magisches Quadrat

Um diese Anordnung zu erreichen, gibt es ein paar Transformationen für pandiagonale magische Quadrate, die bei der Vergleichbarkeit hilfreich sein können.

8.4.2 Panflip - Transformation

Bei der *Panflip*-Transformation bleibt die linke Spalte unverändert und die restlichen Spalten werden in umgekehrter Reihenfolge angeordnet. Eigenschaften wie die Symmetrie gehen dabei natürlich verloren, wie in Abbildung 8.31 zu erkennen ist.

60	37	26	7	27	6	57	40
21	12	55	42	54	43	24	9
48	49	14	19	15	18	45	52
1	32	35	62	34	63	4	29
36	61	2	31	3	30	33	64
13	20	47	50	46	51	16	17
56	41	22	11	23	10	53	44
25	8	59	38	58	39	28	5

a) Ausgangsquadrat

60	40	57	6	27	7	26	37
21	9	24	43	54	42	55	12
48	52	45	18	15	19	14	49
1	29	4	63	34	62	35	32
36	64	33	30	3	31	2	61
13	17	16	51	46	50	47	20
56	44	53	10	23	11	22	41
25	5	28	39	58	38	59	8

b) transformiertes Quadrat

Abb. 8.31 Pandiagonale magische Quadrate: *Panflip*-Transformation

Mit dieser Transformation lassen sich pandiagonale magische Quadrate etwas besser vergleichen, da man hiermit über ein weiteres Ordnungsmerkmal verfügt. Ist die Zahl rechts neben der linken oberen Ecke z. B. größer als die rechte obere Ecke, kann man diese Transformation anwenden und hat damit ein zusätzliches Ordnungskriterium.

Wenn man möchte, kann man die veränderte Anordnung natürlich auch für die Zeilen vornehmen.

1	48	49	30	3	46	51	32
63	18	15	36	61	20	13	34
12	37	60	23	10	39	58	21
54	27	6	41	56	25	8	43
5	44	53	26	7	42	55	28
59	22	11	40	57	24	9	38
16	33	64	19	14	35	62	17
50	31	2	45	52	29	4	47

a) Ausgangsquadrat

1	32	51	46	3	30	49	48
63	34	13	20	61	36	15	18
12	21	58	39	10	23	60	37
54	43	8	25	56	41	6	27
5	28	55	42	7	26	53	44
59	38	9	24	57	40	11	22
16	17	62	35	14	19	64	33
50	47	4	29	52	45	2	31

b) transformierte Spalten

1	32	51	46	3	30	49	48
50	47	4	29	52	45	2	31
16	17	62	35	14	19	64	33
59	38	9	24	57	40	11	22
5	28	55	42	7	26	53	44
54	43	8	25	56	41	6	27
12	21	58	39	10	23	60	37
63	34	13	20	61	36	15	18

c) transformiertes Quadrat

Abb. 8.32 Pandiagonales magisches Quadrat: *Panflip*-Transformation

8.5 Pandiagonale Quadrate ungerader Ordnungen

Die in diesem Kapitel vorgestellten Transformationen sind für alle pandiagonalen magischen Quadrate ungerader Ordnungen gültig.

8.5.1 Transformationen R^+ und R^-

Als R^+ wird manchmal eine Transformation bezeichnet, die bei einem pandiagonalen magischen Quadrat ungerader Ordnung die Diagonalen auf die Zeilen des Quadrates abbildet. Dabei werden zunächst die Zahlen der Nebendiagonalen von links nach rechts in die obere Zeile eingetragen.

Für die zweite Zeile von oben des Zielquadrates wird der Startpunkt gewechselt, indem man im Ausgangsquadrat vom alten Startpunkt aus eine Zeile nach oben und eine Spalte nach rechts geht. Von diesem neuen Startpunkt aus werden dann wieder die Zahlen der nach rechts unten gerichteten Diagonalen ausgelesen. So fährt man fort, bis alle Zahlen in das Zielquadrat übertragen worden sind.

53	14	56	49	18	61	48	10	60
37	6	80	41	2	76	45	7	75
25	66	28	24	71	32	20	67	36
58	54	16	57	46	15	62	50	11
77	38	4	81	43	3	73	42	8
33	26	68	29	22	72	34	21	64
12	55	51	17	59	47	13	63	52
9	79	39	1	78	44	5	74	40
65	31	27	70	30	19	69	35	23

a) Ausgangsquadrat

53	6	28	57	43	72	13	74	23
31	56	41	71	15	73	21	52	9
39	70	18	76	20	50	8	33	55
17	78	19	48	7	36	58	38	68
22	47	5	35	60	37	66	16	81
3	34	63	40	65	14	80	24	46
62	42	64	12	79	27	49	2	32
67	11	77	26	51	1	30	61	45
75	25	54	4	29	59	44	69	10

b) transformiertes Quadrat

Abb. 8.33 Pandiagonales magisches Quadrat: R^+ -Transformation

Die R^- -Variante unterscheidet sich nur in der Veränderung des Startpunktes für die auszulesenden Diagonalen. Anstatt eine Zeile nach oben und eine Spalte nach rechts zu wechseln, geht man hier eine Zeile nach unten und eine Spalte nach links.

7	55	36	66	42	11	50	26	76
38	14	53	22	79	1	63	30	69
73	9	57	33	65	41	17	49	25
68	44	13	52	19	81	3	60	29
27	75	6	56	32	71	40	16	46
35	67	43	10	54	21	78	2	59
48	24	74	5	62	31	70	37	18
58	34	64	45	12	51	20	77	8
15	47	23	80	4	61	28	72	39

a) Ausgangsquadrat

7	14	57	52	32	21	70	77	39
69	73	44	6	10	62	51	28	26
49	29	27	67	74	45	4	11	63
3	16	59	48	34	23	66	79	41
71	78	37	8	15	55	53	33	19
54	31	20	72	76	38	9	13	56
5	12	61	50	30	25	68	75	43
64	80	42	1	17	60	46	35	24
47	36	22	65	81	40	2	18	58

b) transformiertes Quadrat

Abb. 8.34 Pandiagonales magisches Quadrat: R^- -Transformation

8.5.2 Transformationen C+ und C−

Ähnlich dem Vorgehen bei der Transformation der Diagonalen in Zeilen, können die Diagonalen auch in die Spalten des Zielquadrates überführt werden. Dabei wird bei der C^+ -Transformation der Wechsel des Startpunktes wie bei der R^+ -Transformation durchgeführt. Für die zweite Spalte von links des Zielquadrates wird der Startpunkt gewechselt, indem man vom zuletzt benutzten Startpunkt aus eine Zeile nach oben und eine Spalte nach rechts geht.

8	31	12	80	22	48	44	67	57
74	24	52	38	69	61	2	33	16
37	72	59	1	36	14	73	27	50
4	30	17	76	21	53	40	66	62
78	25	47	42	70	56	6	34	11
45	68	55	9	32	10	81	23	46
3	35	13	75	26	49	39	71	58
79	20	51	43	65	60	7	29	15
41	64	63	5	28	18	77	19	54

a) Ausgangsquadrat

8	64	51	75	32	56	40	27	16
24	12	5	65	49	81	34	62	37
59	38	22	18	7	71	46	78	30
76	36	61	44	19	15	3	68	47
70	53	73	33	57	41	20	13	9
10	6	66	50	74	31	63	43	26
39	23	11	4	72	52	80	28	60
29	58	45	25	17	1	69	48	77
54	79	35	55	42	21	14	2	67

b) transformiertes Quadrat

Abb. 8.35 Pandiagonales magisches Quadrat: C^+ -Transformation

Bei der C^- -Transformation ändert sich wieder nur der Wechsel des Startpunktes, der wie bei der R^- -Transformation durchgeführt wird.

41	70	75	59	7	12	23	52	30
22	54	29	40	72	74	58	9	11
60	8	10	24	53	28	42	71	73
39	68	79	57	5	16	21	50	34
20	49	36	38	67	81	56	4	18
55	6	17	19	51	35	37	69	80
43	66	77	61	3	14	25	48	32
27	47	31	45	65	76	63	2	13
62	1	15	26	46	33	44	64	78

a) Ausgangsquadrat

41	11	71	21	81	51	61	31	1
54	60	34	4	37	14	65	26	75
10	68	20	80	48	63	33	7	40
57	36	6	43	13	64	23	74	53
67	19	77	47	62	30	9	42	16
35	3	45	15	70	22	73	50	56
25	76	46	59	29	8	39	18	69
2	44	12	72	24	79	49	55	32
78	52	58	28	5	38	17	66	27

b) transformiertes Quadrat

Abb. 8.36 Pandiagonales magisches Quadrat: C^- -Transformation

8.5.3 Chia

Eine weitere Methode, um aus einem pandiagonalen magischen Quadrat ungerader Ordnung ein weiteres zu erzeugen, stammt von Chia.[12] Bei diesem Verfahren werden gebrochene Diagonalen, die in der oberen Zeile beginnen, in Zeilen übertragen.

Man beginnt mit der Nebendiagonalen in der linken oberen Ecke des Ausgangsquadrates und überträgt diese Zahlen der Reihe nach von links nach rechts in die mittlere Zeile, wobei mit dem Startpunkt am linken Rand begonnen wird.

Als zweite Diagonale des Ausgangsquadrates wird die rechte Nachbardiagonale gewählt, wobei die Diagonalen immer vom oberen Rand aus nach rechts unten ausgelesen werden. Der Startpunkt der einzutragenden Zahlen im Zielquadrat wird gewechselt, indem man sich vom letzten Startpunkt des Zielquadrates aus um $\frac{n+1}{2}$ Spalten nach rechts und $\frac{n-1}{2}$ Zeilen nach oben bewegt.

Die dritte auszulesende Diagonale beginnt dann mit der Zahl 67. Die zugehörige Zelle für die diese Zahl wird vom letzten Startpunkt aus bestimmt, also bei einem Quadrat der Ordnung 9 um fünf Spalten nach rechts und vier Zeilen nach oben.

Führt man diese Schrittfolgen für alle auszulesenden Diagonalen durch, erhält man das pandiagonale magische Quadrat aus Abbildung 8.37.

36	20	67	18	56	49	81	38	4
14	61	48	77	43	3	32	25	66
73	42	8	28	24	71	10	60	53
31	27	65	13	63	47	76	45	2
12	59	52	75	41	7	30	23	70
80	37	6	35	19	69	17	55	51
29	22	72	11	58	54	74	40	9
16	57	50	79	39	5	34	21	68
78	44	1	33	26	64	15	62	46

a) Ausgangsquadrat

7	17	40	68	78	20	48	28	63
76	23	51	29	57	1	18	43	71
60	2	12	37	72	79	26	49	32
66	73	27	52	35	58	5	15	38
36	61	8	13	41	69	74	21	46
44	67	77	24	47	30	55	9	16
50	33	56	3	10	45	70	80	22
11	39	64	81	25	53	31	59	6
19	54	34	62	4	14	42	65	75

b) transformiertes Quadrat

Abb. 8.37 Symmetrisches und pandiagonales Quadrat: Transformation von Chia

Ist das Ausgangsquadrat wie in diesem Beispiel symmetrisch, überträgt sich die Eigenschaft auf das transformierte Quadrat.

Die pandiagonalen magischen Quadrate dieser Transformation kann man allerdings auch mit den R^- - und C^- -Transformationen erhalten, wenn man die sich ergebenden Quadrate entsprechend normiert.

[12] Chia [102]

8.5.4 Transformation gerade - ungerade Spalten

Bei einer besonderen Zeilen-Spalten-Transformation werden zunächst die geraden und danach die ungeraden Spalten und Zeilen in jeweils aufsteigender Reihenfolge angeordnet. Das Ergebnis dieser Transformation ist ein weiteres pandiagonales magisches Quadrat.

	0	1	2	3	4	5	6	7	8
8	51	70	74	60	25	2	15	34	38
7	14	36	37	50	72	73	59	27	1
6	58	26	3	13	35	39	49	71	75
5	47	69	79	56	24	7	11	33	43
4	10	32	45	46	68	81	55	23	9
3	57	22	8	12	31	44	48	67	80
2	52	65	78	61	20	6	16	29	42
1	18	28	41	54	64	77	63	19	5
0	62	21	4	17	30	40	53	66	76

	0	2	4	6	8	1	3	5	7
7	14	37	72	59	1	36	50	73	27
5	47	79	24	11	43	69	56	7	33
3	57	8	31	48	80	22	12	44	67
1	18	41	64	63	5	28	54	77	19
8	51	74	25	15	38	70	60	2	34
6	58	3	35	49	75	26	13	39	71
4	10	45	68	55	9	32	46	81	23
2	52	78	20	16	42	65	61	6	29
0	62	4	30	53	76	21	17	40	66

Abb. 8.38 Pandigonale magische Quadrate: Anordnung gerade-ungerade

8.6 LDR - Darstellung

Um magische Quadrate besser vergleichen zu können, die durch Zeilen-Spalten-Transformationen auseinander hervorgegangen sind, bietet sich die LDR-Darstellung an.[13] Diese zeichnet sich dadurch aus, dass bei geraden Ordnungen die ersten $\frac{n}{2}$ und bei ungeraden Ordnungen die ersten $\frac{n-1}{2}$ Zahlen auf der Nebendiagonalen aufsteigend angeordnet sind. Bei symmetrischen Quadraten trifft dies sogar auf alle Zahlen der Nebendiagonalen zu.

Die Transformation in die LDR-Darstellung soll hier an dem allerersten bimagischen Quadrat der Ordnung $n = 9$ von Pfeffermann dargestellt werden. Zunächst wird die kleinste Zahl auf den beiden Diagonalen gesucht. Liegt diese Zahl auf der Hauptdiagonalen, wird eine Spiegelung an der vertikalen oder horizontalen Mittelachse vorgenommen, damit die zugehörige Diagonale auf die Nebendiagonale fällt.

Diese kleinste Zahl wird jetzt mit Zeilen-Spalten-Transformationen in die linke obere Ecke gebracht. Dazu werden die Zeile mit der Zahl 4 und die obere Zeile ebenso vertauscht wie ihre beiden vertikal symmetrischen Zeilen. Zusätzlich müssen die entsprechenden Spalten und ihre horizontal symmetrisch liegenden Partnerspalten vertauscht werden, da sonst die magische Eigenschaft verloren geht.

[13] LDR: *Least Diagonal Representative*, siehe auch de Winkel [604]

22	3	81	42	34	47	17	59	64
37	54	15	71	76	57	32	20	7
33	38	8	55	72	77	52	13	21
68	73	43	12	26	4	63	51	29
2	16	58	46	41	36	24	66	80
53	31	19	78	56	70	39	9	14
61	69	30	5	10	27	74	44	49
75	62	50	25	6	11	67	28	45
18	23	65	35	48	40	1	79	60

a) Pfeffermann-Quadrat

64	59	17	47	34	42	81	3	22
7	20	32	57	76	71	15	54	37
21	13	52	77	72	55	8	38	33
29	51	63	4	26	12	43	73	68
80	66	24	36	41	46	58	16	2
14	9	39	70	56	78	19	31	53
49	44	74	27	10	5	30	69	61
45	28	67	11	6	25	50	62	75
60	79	1	40	48	35	65	23	18

b) horizontale Spiegelung

29	51	63	4	26	12	43	73	68
7	20	32	57	76	71	15	54	37
21	13	52	77	72	55	8	38	33
64	59	17	47	34	42	81	3	22
80	66	24	36	41	46	58	16	2
60	79	1	40	48	35	65	23	18
49	44	74	27	10	5	30	69	61
45	28	67	11	6	25	50	62	75
14	9	39	70	56	78	19	31	53

c) 1. Zeilen-Transformation

4	51	63	29	26	68	43	73	12
57	20	32	7	76	37	15	54	71
77	13	52	21	72	33	8	38	55
47	59	17	64	34	22	81	3	42
36	66	24	80	41	2	58	16	46
40	79	1	60	48	18	65	23	35
27	44	74	49	10	61	30	69	5
11	28	67	45	6	75	50	62	25
70	9	39	14	56	53	19	31	78

d) 1. Spalten-Transformation

4	51	63	29	26	68	43	73	12
40	79	1	60	48	18	65	23	35
77	13	52	21	72	33	8	38	55
11	28	67	45	6	75	50	62	25
36	66	24	80	41	2	58	16	46
57	20	32	7	76	37	15	54	71
27	44	74	49	10	61	30	69	5
47	59	17	64	34	22	81	3	42
70	9	39	14	56	53	19	31	78

e) 2. Zeilen-Transformationen

4	68	63	73	26	51	43	29	12
40	18	1	23	48	79	65	60	35
77	33	52	38	72	13	8	21	55
11	75	67	62	6	28	50	45	25
36	2	24	16	41	66	58	80	46
57	37	32	54	76	20	15	7	71
27	61	74	69	10	44	30	49	5
47	22	17	3	34	59	81	64	42
70	53	39	31	56	9	19	14	78

f) 2. Spalten-Transformationen

Abb. 8.39 Verschieben der beiden kleinsten Zahlen 4 und 18

Da die Zahl 4 jetzt ihren festen Platz einnimmt, wird unter den restlichen acht Zahlen der Nebendiagonalen die wiederum kleinste Zahl gesucht. Dies ist die Zahl 18, die wieder mit entsprechenden Zeilen-Spalten-Transformationen wie in Abbildung 8.39 schräg rechts unterhalb der Zahl 4 platziert wird.

Die nächstkleinere Zahl ist 20, die wie in Abbildung 8.40 mithilfe von Zeilen-Spalten-Transformationen schräg rechts unterhalb der Zahl 18 eingetragen wird.

4	68	63	73	26	51	43	29	12
40	18	1	23	48	79	65	60	35
57	37	32	54	76	20	15	7	71
27	61	74	69	10	44	30	49	5
36	2	24	16	41	66	58	80	46
77	33	52	38	72	13	8	21	55
11	75	67	62	6	28	50	45	25
47	22	17	3	34	59	81	64	42
70	53	39	31	56	9	19	14	78

a) 3. Zeilen-Transformationen

4	68	51	43	26	63	73	29	12
40	18	79	65	48	1	23	60	35
57	37	20	15	76	32	54	7	71
27	61	44	30	10	74	69	49	5
36	2	66	58	41	24	16	80	46
77	33	13	8	72	52	38	21	55
11	75	28	50	6	67	62	45	25
47	22	59	81	34	17	3	64	42
70	53	9	19	56	39	31	14	78

b) 3. Spalten-Transformationen

Abb. 8.40 Verschieben der Zahl 20

Die viertkleinste Zahl 30 befindet sich bereits an der richtigen Position, sodass keine weiteren Transformationen durchzuführen sind. Da bei einem Quadrat ungerader Ordnung die mittlere Spalte nie verändert wird, sind die Vertauschungen immer nach $\frac{n-1}{2}$ Schritten beendet.

4	68	51	43	26	63	73	29	12
40	18	79	65	48	1	23	60	35
57	37	20	15	76	32	54	7	71
27	61	44	30	10	74	69	49	5
36	2	66	58	41	24	16	80	46
77	33	13	8	72	52	38	21	55
11	75	28	50	6	67	62	45	25
47	22	59	81	34	17	3	64	42
70	53	9	19	56	39	31	14	78

Abb. 8.41 LDR-Darstellung des Pfeffermann-Quadrates

Als Ergebnis erhält man die LDR-Darstellung in Abbildung 8.41. Da das Ausgangsquadrat symmetrisch ist, stellt man bereits nach $\frac{n-1}{2} = 4$ Vertauschungen fest, dass alle Zahlen auf der Nebendiagonalen aufsteigend angeordnet sind. Da weiterhin nur symmetrische Zeilen-Spalten-Transformationen durchgeführt wurden, bleiben zusätzliche Eigenschaften wie die Symmetrie erhalten. Insbesondere ist das Quadrat natürlich immer noch bimagisch.

Dies gilt allerdings nicht für pandiagonale magische Quadrate. Das Quadrat in Abbildung 8.42a ist symmetrisch und pandiagonal. Wandelt man es allerdings in die LDR-Darstellung um, bleibt es natürlich symmetrisch, aber die pandiagonale Eigenschaft geht verloren.

1	50	72	34	74	15	58	26	39
68	9	46	11	33	79	44	57	22
54	64	5	78	16	29	21	40	62
12	31	80	45	55	23	69	7	47
76	17	30	19	41	63	52	65	6
35	75	13	59	27	37	2	51	70
20	42	61	53	66	4	77	18	28
60	25	38	3	49	71	36	73	14
43	56	24	67	8	48	10	32	81

a) symmetrisch und pandiagonal

1	72	50	15	74	34	26	58	39
54	5	64	29	16	78	40	21	62
68	46	9	79	33	11	57	44	22
35	13	75	37	27	59	51	2	70
76	30	17	63	41	19	65	52	6
12	80	31	23	55	45	7	69	47
60	38	25	71	49	3	73	36	14
20	61	42	4	66	53	18	77	28
43	24	56	48	8	67	32	10	81

b) LDR: nur noch symmetrisch

Abb. 8.42 LDR-Darstellung: die pandiagonale Eigenschaft geht verloren

Da das Quadrat in Abbildung 8.42b symmetrisch ist, sind alle Zahlen auf der Nebendiagonalen in der LDR-Darstellung aufsteigend angeordnet. Bei nicht symmetrischen magischen Quadraten wie in Abbildung 8.43a trifft das im Allgemeinen nicht zu, da z. B. der Median nicht unbedingt im Zentrum liegt.

77	28	69	20	61	12	53	4	45
6	38	79	30	71	22	63	14	46
16	48	8	40	81	32	64	24	56
26	58	18	50	1	42	74	34	66
36	68	19	60	11	52	3	44	76
37	78	29	70	21	62	13	54	5
47	7	39	80	31	72	23	55	15
57	17	49	9	41	73	33	65	25
67	27	59	10	51	2	43	75	35

a) nicht symmetrisch

8	56	48	40	81	32	24	16	64
59	35	27	10	51	2	75	67	43
79	46	38	30	71	22	14	6	63
18	66	58	50	1	42	34	26	74
19	76	68	60	11	52	44	36	3
29	5	78	70	21	62	54	37	13
49	25	17	9	41	73	65	57	33
69	45	28	20	61	12	4	77	53
39	15	7	80	31	72	55	47	23

b) LDR-Darstellung

Abb. 8.43 LDR-Darstellung eines nicht symmetrischen magischen Quadrates

Bei diesem Quadrat tritt noch ein Sonderfall ein. Wenn man die Zahlen oberhalb des Zentrums aufsteigend angeordnet hat, erkennt man in Abbildung 8.43a, dass die Zahl in der rechten oberen Ecke größer als diejenige in der linken unteren Ecke ist. Eine Spiegelung an der Nebendiagonalen ergibt dann die endgültige normierte LDR-Darstellung.

8	59	79	18	19	29	49	69	39
56	35	46	66	76	5	25	45	15
48	27	38	58	68	78	17	28	7
40	10	30	50	60	70	9	20	80
81	51	71	1	11	21	41	61	31
32	2	22	42	52	62	73	12	72
24	75	14	34	44	54	65	4	55
16	67	6	26	36	37	57	77	47
64	43	63	74	3	13	33	53	23

Abb. 8.44 Nicht symmetrisches magisches Quadrat in normierter LDR-Darstellung

Bei nicht-symmetrischen magischen Quadraten ungerader Ordnung stellt man fest, dass nur die Zahlen oberhalb des Zentrums aufsteigend angeordnet sind. Das gilt nicht unbedingt für das Zentrum selbst sowie die restlichen Zahlen auf der Nebendiagonalen.

Aus jedem dieser Quadrate lassen sich durch symmetrische Zeilen-Spalten-Transformationen weitere $(n-1)!!$ Quadrate erzeugen. Allerdings ist nur die Hälfte davon unterschiedlich, da jeweils zwei von ihnen durch eine Drehung um 180° auseinander hervorgehen. Für die Ordnung $n = 9$ sind dies $\frac{8!!}{2} = 192$ unterschiedliche Quadrate.

Für gerade Ordnungen gilt entsprechend $n!!$, da hier kein explizites Zentrum vorhanden ist, das ausgeschlossen werden muss.

Kapitel

9

Diagonale Euler-Quadrate

9.1 Euler-Quadrate

Euler-Quadrate verdanken ihren Namen dem großen Mathematiker Leonhard Euler (1707 - 1783), der sich als Erster systematisch mit solchen Anordnungen von Zahlen in Quadraten befasste.

Ein *Euler-Quadrat* der Ordnung n basiert auf *lateinischen Quadraten*, also Quadraten, bei denen wie in Abbildung 9.1 in jeder Zeile und in jeder Spalte die gleichen n Zahlen auftreten. Gilt diese Eigenschaft wie im rechten Quadrat sogar für beide Diagonalen, spricht von einem *diagonalen lateinischen Quadrat*.

0	1	2	3	4
1	3	0	4	2
2	4	3	1	0
3	0	4	2	1
4	2	1	0	3

0	2	1	4	3
3	1	4	0	2
4	3	2	1	0
2	4	0	3	1
1	0	3	2	4

Abb. 9.1 Lateinische Quadrate

Aus zwei lateinischen Quadraten lässt sich ein Euler-Quadrat konstruieren, falls die n^2 durch Kombination erhaltenen geordneten Paare wie in Abbildung 9.2 nur einmal auftreten. In diesem Fall sagt man, dass die lateinischen Quadrate *orthogonal* sind.

H. Danielsson, *Spezielle magische Quadrate und ihre Konstruktion*,
https://doi.org/10.1007/978-3-662-70708-1_9

0	4	3	2	1
1	0	4	3	2
4	3	2	1	0
2	1	0	4	3
3	2	1	0	4

a) Quadrat A

2	3	0	4	1
0	4	1	2	3
4	1	2	3	0
1	2	3	0	4
3	0	4	1	2

b) Quadrat B

02	43	30	24	11
10	04	41	32	23
44	31	22	13	00
21	12	03	40	34
33	20	14	01	42

c) Quadrat Q

Abb. 9.2 Euler-Quadrat aus überlagerten lateinischen Quadraten

Interpretiert man die Zahlen im rechten Quadrat im Zahlensystem zur Basis $n = 5$, lässt sich hieraus leicht ein magisches Quadrat erzeugen. Dazu multipliziert man die linke Ziffer mit der Ordnung n und addiert die rechte Ziffer hinzu. Erhöht man dann alle Ergebnisse um 1, ergibt sich das magische Quadrat aus Abbildung 9.3.

3	24	16	15	7
6	5	22	18	14
25	17	13	9	1
12	8	4	21	20
19	11	10	2	23

Abb. 9.3 Aus einem Euler-Quadrat erzeugtes magisches Quadrat

Rechnerisch lässt sich dieser Vorgang auch mit den beiden Ausgangsquadraten beschreiben.

$$Q = n \cdot A + B + 1$$

Handelt es sich bei den Ausgangsquadraten sogar um diagonale lateinische Quadrate, spricht man von einem *diagonalen Euler-Quadrat*.

0	2	3	4	1
1	3	4	0	2
4	1	2	3	0
2	4	0	1	3
3	0	1	2	4

4	1	0	2	3
2	3	1	0	4
3	0	2	4	1
0	4	3	1	2
1	2	4	3	0

04	21	30	42	13
12	33	41	00	24
43	10	22	34	01
20	44	03	11	32
31	02	14	23	40

Abb. 9.4 Diagonales Euler-Quadrat

Wandelt man das diagonale Euler-Quadrat aus Abbildung 9.4 aus der Darstellung im Zahlensystem zur Basis 5 in das Dezimalsystem um, entsteht das symmetrische magische Quadrat in Abbildung 9.5.

5	12	16	23	9
8	19	22	1	15
24	6	13	20	2
11	25	4	7	18
17	3	10	14	21

Abb. 9.5 Symmetrisches magisches diagonales Euler-Quadrat

Wenn in den nachfolgenden Kapiteln von einem *magischen diagonalen Euler-Quadrat* gesprochen wird, bedeutet dies immer, dass das in das Zahlensystem zur Basis n umgewandelte Quadrat ein diagonales Euler-Quadrat ist. Dort bestehen die beiden zugrunde liegenden lateinischen Quadrate in allen Zeilen, Spalten und Diagonalen nur aus Euler-Serien mit den Ziffern $0, 1, \ldots, n-1$.

9.2 Symmetrische diagonale Euler-Quadrate

9.2.1 Ordnung n = 5

Symmetrische diagonale Euler-Quadrate der Ordnung $n = 5$ sind einfach zu bestimmen, da von den 275 305 224 magischen Quadraten dieser Ordnung nur 48 544 symmetrisch sind.[1] Unter diesen Quadraten befinden sich acht symmetrische magische diagonale Euler-Quadrate in LDR-Form[2], von denen vier auch pandiagonal sind.

2	18	21	14	10
15	6	19	22	3
9	25	13	1	17
23	4	7	20	11
16	12	5	8	24

a) symmetrisch

1	23	20	14	7
15	9	2	21	18
22	16	13	10	4
8	5	24	17	11
19	12	6	3	25

b) pandiagonal

Abb. 9.6 Symmetrische magische diagonale Euler-Quadrate in LDR-Form

Aus diesen acht diagonalen Euler-Quadraten lassen sich durch symmetrische Zeilen-Spalten-Permutationen 32 unterschiedliche symmetrische magische diagonale Euler-Quadrate erzeugen. Dadurch kann natürlich eine eventuell vorhandene pandiagonale Eigenschaft des Ausgangsquadrates wie in Abbildung 9.7 verloren gehen.

[1] Trump [572]

[2] siehe Kapitel 8.6

	0	1	2	3	4
4	1	23	20	12	9
3	15	7	4	21	18
2	24	16	13	10	2
1	8	5	22	19	11
0	17	14	6	3	25

a) LDR-Quadrat

	0	3	2	1	4
4	1	12	20	23	9
3	15	21	4	7	18
2	24	10	13	16	2
1	8	19	22	5	11
0	17	3	6	14	25

b) Spaltenpermutation

	0	3	2	1	4
4	1	12	20	23	9
1	8	19	22	5	11
2	24	10	13	16	2
3	15	21	4	7	18
0	17	3	6	14	25

c) Zeilenpermutation

Abb. 9.7 Umwandlung eines magischen LDR-Quadrates in ein weiteres magisches Quadrat

In manchen Fällen kann aber wie in Abbildung 9.8 durch eine geeignete Permutation aus einem symmetrischen LDR-Quadrat auch ein symmetrisches pandiagonales diagonales Euler-Quadrat entstehen.

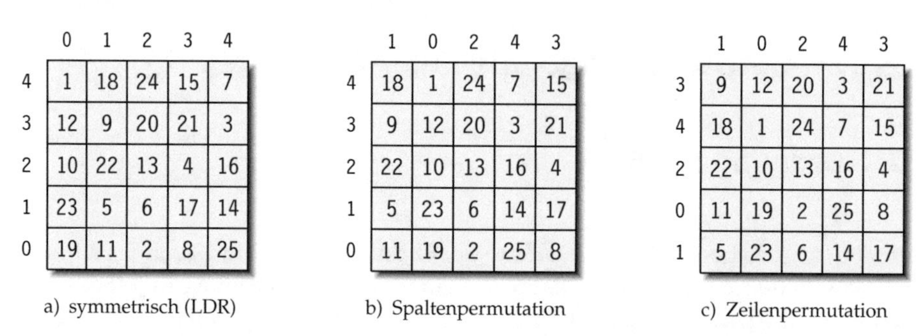

	0	1	2	3	4
4	1	18	24	15	7
3	12	9	20	21	3
2	10	22	13	4	16
1	23	5	6	17	14
0	19	11	2	8	25

a) symmetrisch (LDR)

	1	0	2	4	3
4	18	1	24	7	15
3	9	12	20	3	21
2	22	10	13	16	4
1	5	23	6	14	17
0	11	19	2	25	8

b) Spaltenpermutation

	1	0	2	4	3
3	9	12	20	3	21
4	18	1	24	7	15
2	22	10	13	16	4
0	11	19	2	25	8
1	5	23	6	14	17

c) Zeilenpermutation

Abb. 9.8 Pandiagonales magisches Quadrat mithilfe der Permutation $(1, 0, 2, 4, 3)$

Ein letztes Beispiel soll in Abbildung 9.9 zeigen, dass beispielsweise mit der symmetrischen Permutation $(1, 4, 2, 0, 3)$ aus einem symmetrischen, pandiagonalen und regulären Ausgangsquadrat auch wieder ein diagonales Euler-Quadrat mit diesen Eigenschaften erzeugt wird.

	0	1	2	3	4
4	2	23	19	15	6
3	14	10	1	22	18
2	21	17	13	9	5
1	8	4	25	16	12
0	20	11	7	3	24

a) LDR-Quadrat

	1	4	2	0	3
4	23	6	19	2	15
3	10	18	1	14	22
2	17	5	13	21	9
1	4	12	25	8	16
0	11	24	7	20	3

b) Spaltenpermutation

	1	4	2	0	3
3	10	18	1	14	22
0	11	24	7	20	3
2	17	5	13	21	9
4	23	6	19	2	15
1	4	12	25	8	16

c) Zeilenpermutation

Abb. 9.9 Umwandlung eines symmetrischen, pandiagonalen und regulären LDR-Quadrates

9.2.2 Ordnung n = 7

Zusammen mit Walter Trump habe ich alle symmetrischen magischen Quadrate der Ordnung 7 erzeugt, deren Zeilen, Spalten und Diagonalen nur aus Euler-Serien bestehen. Diese Serien enthalten Zahlen im Bereich 1 bis 49, die sich in der Form $7x + y + 1$ mit $x, y = 0 \dots 6$ beschreiben lassen. Dabei dürfen weder zwei gleiche x noch zwei gleiche y vorkommen. Da x und y alle Zahlen von 0 bis 6 durchlaufen, ergibt die Summe der sieben Zahlen automatisch die magische Summe 175.

Da symmetrische magische Quadrate erzeugt werden sollen, müssen beide Diagonalen, die mittlere Spalte und die mittlere Zeile aus symmetrischen Euler-Serien bestehen. Dies bedeutet, dass sich die Zahl 25 im Zentrum des Quadrates befinden muss und die zum Zentrum des Quadrates symmetrisch liegenden Zahlen addiert immer $n^2 + 1$ ergeben, bei der Ordnung $n = 7$ also $7^2 + 1 = 50$.

Von den insgesamt 957 332 magischen Serien der Ordnung 7 sind 5040 Euler-Serien. Nur 48 davon sind symmetrisch, beispielsweise $1, 9, 17, 25, 33, 41, 49$.

$$
\begin{aligned}
1 &= 0 \cdot 7 + 0 + 1\\
9 &= 1 \cdot 7 + 1 + 1\\
17 &= 2 \cdot 7 + 2 + 1\\
25 &= 3 \cdot 7 + 3 + 1\\
33 &= 4 \cdot 7 + 4 + 1\\
41 &= 5 \cdot 7 + 5 + 1\\
49 &= 6 \cdot 7 + 6 + 1
\end{aligned}
$$

			1			
			9			
			17			
			25			
			33			
			41			
			49			

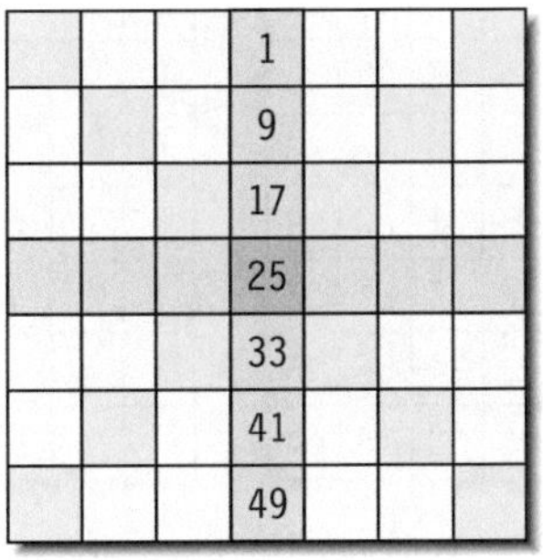

Abb. 9.10 Lage der symmetrischen Euler-Serien im magischen Quadrat

Zusätzlich werden für die Zeilen und Spalten komplementfreie Euler-Serien wie $1, 9, 17, 26, 32, 42, 48$ benötigt, die natürlich nicht die Zahl 25 enthalten dürfen. Insgesamt gibt es 2880 dieser Serien.

Ein solches symmetrisches magisches Quadrat ist in Abbildung 9.11a dargestellt. Damit die Anzahl dieser magischen Quadrate leichter zu erkennen ist, werden alle Quadrate wie in Abbildung 9.11b in die LDR-Form transformiert.[3] Bei dieser Form wird die kleinste Zahl der beiden Diagonalen in die linke obere Ecke platziert. Durch Zeilen-Spalten-Permutationen wird das Quadrat dann so umgeformt, dass die Zahlen auf der in der linken oberen Ecke beginnenden Nebendiagonalen immer aufsteigend angeordnet sind.

[3] siehe Kapitel 8.6

16	24	39	33	43	6	14
4	42	29	9	27	45	19
28	13	47	1	30	18	38
48	15	10	25	40	35	2
12	32	20	49	3	37	22
31	5	23	41	21	8	46
36	44	7	17	11	26	34

a) symmetrisches Quadrat

3	37	12	49	22	32	20
21	8	31	41	46	5	23
43	6	16	33	14	24	39
40	35	48	25	2	15	10
11	26	36	17	34	44	7
27	45	4	9	19	42	29
30	18	28	1	38	13	47

b) LDR-Form

Abb. 9.11 Symmetrisches magisches diagonales Euler-Quadrat

Durch die Verwendung von Euler-Serien lässt sich ein solches Quadrat wie in Abbildung 9.11b in zwei diagonale lateinische Quadrate zerlegen, die die linken und rechten Ziffern bei der Darstellung im Zahlensystem enthalten.

02	51	14	66	30	43	25
26	10	42	55	63	04	31
60	05	21	44	16	32	53
54	46	65	33	01	20	12
13	34	50	22	45	61	06
35	62	03	11	24	56	40
41	23	36	00	52	15	64

a) Zahlensystem zur Basis 7

0	5	1	6	3	4	2
2	1	4	5	6	0	3
6	0	2	4	1	3	5
5	4	6	3	0	2	1
1	3	5	2	4	6	0
3	6	0	1	2	5	4
4	2	3	0	5	1	6

b) Ziffern mit dem Stellenwert 7

2	1	4	6	0	3	5
6	0	2	5	3	4	1
0	5	1	4	6	2	3
4	6	5	3	1	0	2
3	4	0	2	5	1	6
5	2	3	1	4	6	0
1	3	6	0	2	5	4

c) Ziffern mit dem Stellenwert 1

Abb. 9.12 Zerlegung in diagonale lateinische Quadrate

Insgesamt lassen sich mit den Euler-Serien 3072 unterschiedliche symmetrische magische Quadrate in LDR-Form konstruieren. Aus jedem dieser Quadrate können durch symmetrische Zeilen-Spalten-Permutationen $6!! = 48$ weitere Quadrate erstellen. Allerdings sind nur 24 davon unterschiedlich, da jeweils zwei von ihnen durch eine Drehung um 180° auseinander hervorgehen.

Damit existieren insgesamt $3072 \cdot 24 = 73\,728$ unterschiedliche symmetrische magische Quadrate mit Euler-Serien bei dieser Ordnung. Zählt man auch die durch Spiegelungen und Drehungen erzeugten Quadrate mit, erhöht sich die Gesamtzahl auf 589 824 Quadrate.

Mit der symmetrischen Permutation $(4, 5, 0, 3, 6, 1, 2)$ erhält man etwa das symmetrische magische Quadrat aus Abbildung 9.13.

	0	1	2	3	4	5	6
6	3	37	12	49	22	32	20
5	21	8	31	41	46	5	23
4	43	6	16	33	14	24	39
3	40	35	48	25	2	15	10
2	11	26	36	17	34	44	7
1	27	45	4	9	19	42	29
0	30	18	28	1	38	13	47

a) Ausgangsquadrat

	4	5	0	3	6	1	2
6	22	32	3	49	20	37	12
5	46	5	21	41	23	8	31
4	14	24	43	33	39	6	16
3	2	15	40	25	10	35	48
2	34	44	11	17	7	26	36
1	19	42	27	9	29	45	4
0	38	13	30	1	47	18	28

b) Spaltentransformation

	4	5	0	3	6	1	2
2	34	44	11	17	7	26	36
1	19	42	27	9	29	45	4
6	22	32	3	49	20	37	12
3	2	15	40	25	10	35	48
0	38	13	30	1	47	18	28
5	46	5	21	41	23	8	31
4	14	24	43	33	39	6	16

c) Zeilentransformation

Abb. 9.13 Symmetrisches magisches Euler-Quadrat durch die Zeilen-Spalten-Permutation $(4, 5, 0, 3, 6, 1, 2)$

Bei der Ordnung 7 lässt sich allerdings die Basismenge, aus der alle anderen Quadrate erzeugt werden können, noch weiter reduzieren. Dazu wählt man unter den insgesamt 3072 LDR-Quadraten diejenigen aus, die als Nebendiagonale die Euler-Serie $1, 9, 17, 25, 33, 41, 49$ besitzen.

1	19	39	34	28	44	10
32	9	7	47	38	15	27
13	46	17	42	2	26	29
45	36	30	25	20	14	5
21	24	48	8	33	4	37
23	35	12	3	43	41	18
40	6	22	16	11	31	49

a) Dezimalsystem

00	24	53	45	36	61	12
43	11	06	64	52	20	35
15	63	22	56	01	34	40
62	50	41	33	25	16	04
26	32	65	10	44	03	51
31	46	14	02	60	55	23
54	05	30	21	13	42	66

b) Zahlensystem zur Basis 7

Abb. 9.14 Basis-LDR-Quadrat in Zahlensystemen zur Basis 10 und 7

Diese Serie zeichnet sich dadurch aus, dass die um 1 verminderten Zahlen im Zahlensystem zur Basis 7 00, 11, 22, 33, 44, 55, 66 lauten. Insgesamt gibt es unter den 3072 LDR-Quadraten genau 128 dieser Quadrate, von denen eines in Abbildung 9.14 dargestellt ist.

Wir haben sie *Basis-LDR-Quadrate* genannt, da man aus ihnen alle LDR-Quadrate erzeugen kann. Dazu betrachtet man die Zahlen wie im Beispiel der Abbildung 9.14b wieder im Zahlensystem zur Basis 7. Die linke Ziffer besitzt den Stellenwert 7, die rechte den Stellenwert 1. Die rechten Ziffern werden durch eine der 48 symmetrischen Permutationen der Zahlen 0 bis 6 vertauscht. Mit einem solchen Zifferntausch entsteht etwa das symmetrische Euler-Quadrat in LDR-Form in Abbildung 9.15. Dabei ist zu beachten, dass die Zahlen auf der Nebendiagonalen weiterhin aufsteigend angeordnet sind, da sich die linke Ziffer mit dem Stellenwert 7 nicht ändert.

00	24	53	45	36	61	12
43	11	06	64	52	20	35
15	63	22	56	01	34	40
62	50	41	33	25	16	04
26	32	65	10	44	03	51
31	46	14	02	60	55	23
54	05	30	21	13	42	66

a) Ausgangsquadrat

02	25	53	40	34	66	11
43	16	04	65	51	22	30
10	63	21	54	06	35	42
61	52	46	33	20	14	05
24	31	60	12	45	03	56
36	44	15	01	62	50	23
55	00	32	26	13	41	64

b) Zifferntausch

3	20	39	29	26	49	9
32	14	5	48	37	17	22
8	46	16	40	7	27	31
44	38	35	25	15	12	6
19	23	43	10	34	4	42
28	33	13	2	45	36	18
41	1	24	21	11	30	47

c) magisches Euler-Quadrat

Abb. 9.15 Umwandlung eines Basis-LDR-Quadrates mit dem Zifferntausch (2, 6, 1, 3, 5, 0, 4)

Allerdings stellt sich heraus, dass nicht jede der 48 symmetrischen Zahlenfolgen zu einem symmetrischen Euler-Quadrat in LDR-Form führt. Wie in Abbildung 9.16 kann es passieren, dass die Zahlen auf der Nebendiagonalen aufsteigend angeordnet sind, sich aber nicht die kleinste Zahl beider Diagonalen in der linken oberen Ecke befindet.

00	24	53	45	36	61	12
43	11	06	64	52	20	35
15	63	22	56	01	34	40
62	50	41	33	25	16	04
26	32	65	10	44	03	51
31	46	14	02	60	55	23
54	05	30	21	13	42	66

a) Ausgangsquadrat

02	25	53	46	34	60	11
43	10	04	65	51	22	36
16	63	21	54	00	35	42
61	52	40	33	26	14	05
24	31	66	12	45	03	50
30	44	15	01	62	56	23
55	06	32	20	13	41	64

b) Zifferntausch

3	20	39	35	26	43	9
32	8	5	48	37	17	28
14	46	16	40	1	27	31
44	38	29	25	21	12	6
19	23	49	10	34	4	36
22	33	13	2	45	42	18
41	7	24	15	11	30	47

c) magisches Euler-Quadrat

Abb. 9.16 Umwandlung eines Basis-LDR-Quadrates mit dem Zifferntausch (2, 0, 1, 3, 5, 6, 4)

Von den 48 Möglichkeiten des symmetrischen Zahlentauschs ergeben sich aus einem Basis-LDR-Quadrat immer nur 24 symmetrische Euler-Quadrate in LDR-Form. Insgesamt erhält man damit aus den 128 Basis-LDR-Quadraten alle $128 \cdot 24 = 3072$ LDR-Quadrate.

Symmetrische pandiagonale Quadrate

144 der 3072 symmetrischen magischen Euler-Quadrate in LDR-Form sind sogar pandiagonal.

3	39	26	9	43	35	20
22	14	48	31	18	5	37
46	33	16	1	42	27	10
21	6	38	25	12	44	29
40	23	8	49	34	17	4
13	45	32	19	2	36	28
30	15	7	41	24	11	47

Abb. 9.17 Symmetrisches und pandiagonales Euler-Quadrat

Natürlich sind auch bei diesen Quadraten symmetrische Zeilen-Spalten-Permutationen möglich, um weitere symmetrische Quadrate zu erhalten. Dabei geht wie mit der Permutation $(6, 2, 1, 3, 5, 4, 0)$ allerdings häufig die pandiagonale Eigenschaft verloren, und es entsteht wie in Abbildung 9.18 ein normales symmetrisches diagonales Euler-Quadrat.

	0	1	2	3	4	5	6
6	3	39	26	9	43	35	20
5	22	14	48	31	18	5	37
4	46	33	16	1	42	27	10
3	21	6	38	25	12	44	29
2	40	23	8	49	34	17	4
1	13	45	32	19	2	36	28
0	30	15	7	41	24	11	47

a) symmetrisch/pandiagonal

	6	2	1	3	5	4	0
0	47	7	15	41	11	24	30
4	10	16	33	1	27	42	46
5	37	48	14	31	5	18	22
3	29	38	6	25	44	12	21
1	28	32	45	19	36	2	13
2	4	8	23	49	17	34	40
6	20	26	39	9	35	43	3

b) symmetrisch

Abb. 9.18 Symmetrisches magisches Euler-Quadrat bei der Permutation $(6, 2, 1, 3, 5, 4, 0)$

Eine nähere Untersuchung hat gezeigt, dass aus den 144 symmetrischen und pandiagonalen Quadraten in LDR-Form mit zwei festen symmetrischen Zeilen-Spalten-Permutationen 288 weitere pandiagonale Quadrate erzeugt werden können, sodass sich aus den ursprünglich 144 Quadraten insgesamt 432 unterschiedliche symmetrische pandiagonale Quadrate ergeben.

Mit der Ersten dieser beiden Permutation $(1, 4, 0, 3, 6, 2, 5)$ ergibt sich beispielsweise das symmetrische und pandiagonale Euler-Quadrat aus Abbildung 9.19.

	0	1	2	3	4	5	6
6	5	46	38	35	23	20	8
5	16	13	1	47	39	31	28
4	32	24	21	9	6	43	40
3	48	36	33	25	17	14	2
2	10	7	44	41	29	26	18
1	22	19	11	3	49	37	34
0	42	30	27	15	12	4	45

a) symmetrisch/pandiagonal

	1	4	0	3	6	2	5
5	13	39	16	47	28	1	31
2	7	29	10	41	18	44	26
6	46	23	5	35	8	38	20
3	36	17	48	25	2	33	14
0	30	12	42	15	45	27	4
4	24	6	32	9	40	21	43
1	19	49	22	3	34	11	37

b) symmetrisch/pandiagonal

Abb. 9.19 Symmetrisches und pandiagonales Euler-Quadrat bei der Permutation $(1, 4, 0, 3, 6, 2, 5)$

Die zweite Permutation, die immer möglich ist, lautet $(2, 0, 5, 3, 1, 6, 4)$, und das Ergebnis dieser Permutation ist in Abbildung 9.20 dargestellt.

	0	1	2	3	4	5	6
6	5	46	38	35	23	20	8
5	16	13	1	47	39	31	28
4	32	24	21	9	6	43	40
3	48	36	33	25	17	14	2
2	10	7	44	41	29	26	18
1	22	19	11	3	49	37	34
0	42	30	27	15	12	4	45

a) symmetrisch/pandiagonal

	2	0	5	3	1	6	4
4	21	32	43	9	24	40	6
6	38	5	20	35	46	8	23
1	11	22	37	3	19	34	49
3	33	48	14	25	36	2	17
5	1	16	31	47	13	28	39
0	27	42	4	15	30	45	12
2	44	10	26	41	7	18	29

b) symmetrisch/pandiagonal

Abb. 9.20 Symmetrisches und pandiagonales Euler-Quadrat bei der Permutation $(2, 0, 5, 3, 1, 6, 4)$

Weitere Untersuchungen haben ergeben, dass auch aus den verbleibenden 2928 symmetrischen und nicht pandiagonalen Quadraten in LDR-Form weitere symmetrische pandiagonale Quadrate erzeugt werden können. Für 1008 dieser Quadrate existieren jeweils genau drei symmetrische Permutationen, mit denen insgesamt weitere 3024 pandiagonale Quadrate erzeugt werden können. Allerdings sind diese drei Permutationen nicht fest, sondern sie sind bei jedem Quadrat unterschiedlich.

Insgesamt werden dabei 21 symmetrische Permutationen benutzt, von denen jede 144 pandiagonale Quadrate erzeugt, also $1008 \cdot 3 = 21 \cdot 144 = 3024$ symmetrische und pandiagonale Euler-Quadrate. Dabei fällt auf, dass sich diese 21 Permutationen von den beiden Permutationen unterscheiden, mit denen aus einem pandiagonalen Quadrat ein anderes erzeugt wird. Mit der identischen Permutation werden damit alle 24 symmetrischen Permutationen benutzt.

In Abbildung 9.21 ist ein entsprechendes Beispiel aufgeführt, bei der die Permutation $(1, 6, 4, 3, 2, 0, 5)$ angewendet wird.

	0	1	2	3	4	5	6
6	3	19	29	41	23	46	14
5	44	8	7	33	39	20	24
4	13	38	16	49	5	22	32
3	35	48	40	25	10	2	15
2	18	28	45	1	34	12	37
1	26	30	11	17	43	42	6
0	36	4	27	9	21	31	47

a) symmetrisch

	1	6	4	3	2	0	5
5	8	24	39	33	7	44	20
0	4	47	21	9	27	36	31
2	28	37	34	1	45	18	12
3	48	15	10	25	40	35	2
4	38	32	5	49	16	13	22
6	19	14	23	41	29	3	46
1	30	6	43	17	11	26	42

b) symmetrisch/pandiagonal

Abb. 9.21 Symmetrisches und pandiagonales Euler-Quadrat mit der Permutation $(1, 6, 4, 3, 2, 0, 5)$

Insgesamt gibt es damit unter den 73 728 verschiedenen symmetrischen magischen Quadraten mit Euler-Serien 3456 Quadrate, die auch pandiagonal sind. Bei der Ordnung 7 lassen sich aus den 144 pandiagonalen LDR-Quadraten alle 3456 pandiagonalen diagonalen Euler-Quadrate erzeugen.

5	38	23	14	46	29	20
22	13	47	31	16	7	39
49	32	15	6	40	24	9
17	2	42	25	8	48	33
41	26	10	44	35	18	1
11	43	34	19	3	37	28
30	21	4	36	27	12	45

a) Dezimalsystem

04	52	31	16	63	40	25
30	15	64	42	21	06	53
66	43	20	05	54	32	11
22	01	56	33	10	65	44
55	34	12	61	46	23	00
13	60	45	24	02	51	36
41	26	03	50	35	14	62

b) Zahlensystem zur Basis 7

Abb. 9.22 Pandiagonales Euler-Quadrat in LDR-Form

Dazu wandelt man die um 1 verminderten Zahlen eines Quadrates wieder in das Zahlensystem zur Basis 7 um. Vertauscht man die Ziffern mit dem Stellenwert 7 mit einer der 48 symmetrischen Permutationen der Zahlen 0 bis 6, erhält man ein pandiagonales Quadrat. Mit der Permutation $(1, 4, 6, 3, 0, 2, 5)$ entsteht aus dem pandiagonalen LDR-Quadrat der Abbildung 9.22 das pandiagonale Quadrat in Abbildung 9.23.

14	22	31	46	53	00	65
30	45	54	02	61	16	23
56	03	60	15	24	32	41
62	11	26	33	40	55	04
25	34	42	51	06	63	10
43	50	05	64	12	21	36
01	66	13	20	35	44	52

a) Zahlensystem zur Basis 7

12	17	23	35	39	1	48
22	34	40	3	44	14	18
42	4	43	13	19	24	30
45	9	21	25	29	41	5
20	26	31	37	7	46	8
32	36	6	47	10	16	28
2	49	11	15	27	33	38

b) Dezimalsystem

Abb. 9.23 Pandiagonales Euler-Quadrat

Damit werden aus den 144 pandiagonalen LDR-Quadraten insgesamt $144 \cdot 48 = 6912$ pandiagonale Quadrate erzeugt. Da jeweils zwei von ihnen durch Spiegelungen oder Drehungen ineinander überführt werden können, reduziert sich die Gesamtzahl auf 3456 pandiagonale Quadrate. Für das letzte Beispiel führt etwa ein Zahlentausch mit der Permutation $(4, 6, 1, 3, 5, 0, 2)$ zu einem Quadrat, das mit einer Spiegelung an der vertikalen Achse ein identisches Quadrat ergibt.

Symmetrische reguläre Quadrate

18 der 144 symmetrischen pandiagonalen Euler-Quadrate in LDR-Form sind sogar regulär. Dies bedeutet beispielsweise, dass man die Zahlen $1, 2, \ldots 49$ durch die verallgemeinerte Springermethode in das Zielquadrat eintragen kann.

	0	1	2	3	4	5	6
6	6			9			
5		10				7	
4				1			11
3	15	2			12		
2			13			16	3
1	14				4		
0			5			8	

	0	1	2	3	4	5	6
6	6	42	22	9	45	32	19
5	23	10	46	33	20	7	36
4	47	34	21	1	37	24	11
3	15	2	38	25	12	48	35
2	39	26	13	49	29	16	3
1	14	43	30	17	4	40	27
0	31	18	5	41	28	8	44

Abb. 9.24 Symmetrisches, pandiagonales und reguläres Euler-Quadrat

Im Quadrat der Abbildung 9.24 wird beispielsweise die Zahl 1 an der Startposition $(s,z) = (3,4)$ eingetragen. Die Zellen der weiteren Zahlen erhält man jeweils mit dem Hauptschritt $(-2,-1)$, also zwei Spalten nach links und eine Zeile nach unten. Nach jeweils sieben Zahlen wird der Zwischenschritt $(0,2)$ durchgeführt. Damit bleibt man in der gleichen Spalte und bewegt sich zwei Zeilen nach oben. So fährt man fort, bis alle 49 Zahlen eingetragen sind.

Reguläre Quadrate zeichnen sich auch dadurch aus, dass man aus der Position (s,z) eines Quadrates die dort einzutragende Zahl berechnen kann. Bei dem Quadrat aus Abbildung 9.24 lauten die zugehörigen Formeln modulo n

$$x = 5s + 4z + 4$$
$$y = s + 4z + 2$$

Für die Position $(s,z) = (1,2)$ ergibt sich damit

$$x = 5s + 4z + 4 = 5 \cdot 1 + 4 \cdot 2 + 4 = 17 \equiv 3$$
$$y = s + 4z + 2 = 1 + 4 \cdot 2 + 2 = 11 \equiv 4$$

Die einzutragende Zahl muss jetzt noch aus dem Zahlensystem zur Basis 7 in das Zehnersystem umgewandelt und um 1 erhöht werden.

$$(xy)_7 + 1 = (34)_7 + 1 = 3 \cdot 7 + 4 \cdot 1 + 1 = 21 + 4 + 1 = 26$$

Das Ergebnis wird in Abbildung 9.25a veranschaulicht.

Ebenso kann man bei diesen Quadraten die Position einer vorgegebenen Zahl berechnen. Dazu wandelt man diese Zahl zunächst in die Darstellung des Zahlensystems zur Basis n um. Für die Zahl 24 gilt beispielsweise

$$24 = 3 \cdot 7 + 2 \cdot 1 + 1 = (32)_7 + 1$$

Damit ergeben sich für die um 1 verminderte Zahl die Ziffern $x = 3$ und $y = 2$, mit denen die Position (s,z) berechnet werden kann. Für dieses Quadrat gelten die Formeln

$$s = 2x + 5y + 3$$
$$z = 3x - y + 4$$

mit denen sich für die Zahl 24 die Koordinaten $(s,z) = (5,4)$ ergeben.

$$s = 2 \cdot 3 + 5 \cdot 2 + 3 = 19 \equiv 5$$
$$z = 3 \cdot 3 - 2 + 4 = 11 \equiv 4$$

Abbildung 9.25b zeigt das Ergebnis dieser Operationen.

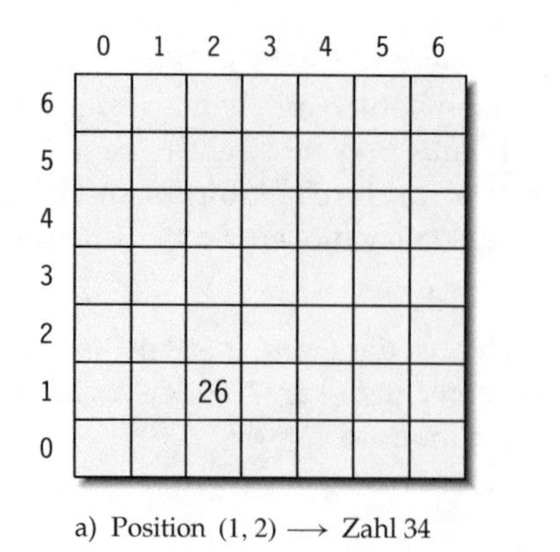

a) Position $(1, 2) \longrightarrow$ Zahl 34

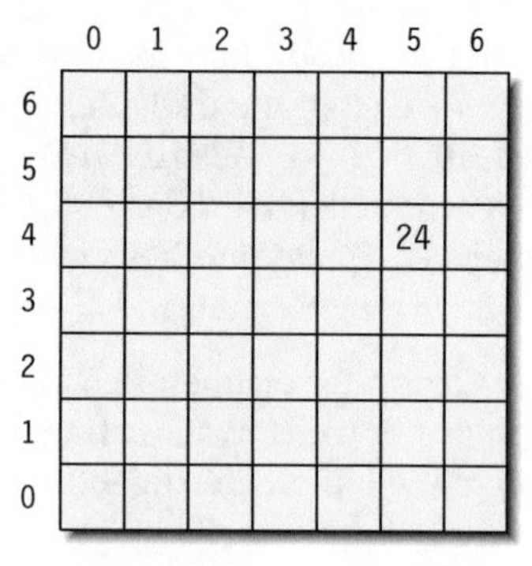

b) Zahl 24 $\longrightarrow$ Position $(5, 4)$

Abb. 9.25 Umwandlungen einer Zahl in zugehörige Koordinaten und umgekehrt

Aus jedem dieser 18 regulären Quadrate lassen sich 36 weitere erzeugen, wenn man die gleichen symmetrischen Permutationen wie bei den pandiagonalen Quadraten benutzt. Damit existieren insgesamt $3 \cdot 18 = 54$ unterschiedliche symmetrische, pandiagonale und reguläre Euler-Quadrate, von denen ein weiteres in Abbildung 9.26 dargestellt wird.

	0	1	2	3	4	5	6
0	6	42	22	9	45	32	19
1	23	10	46	33	20	7	36
2	47	34	21	1	37	24	11
3	15	2	38	25	12	48	35
4	39	26	13	49	29	16	3
5	14	43	30	17	4	40	27
6	31	18	5	41	28	8	44

a) regulär

	1	4	0	3	6	2	5
1	10	20	23	33	36	46	7
4	26	29	39	49	3	13	16
0	42	45	6	9	19	22	32
3	2	12	15	25	35	38	48
6	18	28	31	41	44	5	8
2	34	37	47	1	11	21	24
5	43	4	14	17	27	30	40

b) symmetr./pandiagonal/regulär

Abb. 9.26 Symmetrisches, pandiagonales und reguläres Quadrat mit der Permutation $(1, 4, 0, 3, 6, 2, 5)$

Konstruktion

Die Konstruktion magischer diagonaler Euler-Quadrate beginnt mit zwei symmetrischen Euler-Serien, die nur die Zahl 25 gemeinsam haben. Diese beiden Serien werden in die linke Spalte und die obere Zeile eingetragen, wobei die gemeinsame Zahl 25 in der linken oberen Ecke platziert wird. Die Reihenfolge der weiteren Zahlen ist unwichtig, allerdings werden in diesem Beispiel die Zahlen in aufsteigender Reihenfolge eingetragen.

1	9	17	25	33	41	49
2	10	15	25	35	40	48

25	2	10	15	35	40	48
1						
9						
17						
33						
41						
49						

Abb. 9.27 Zwei symmetrische Euler-Serien in der linken Spalte und der oberen Zeile

Von den 2880 komplementfreien Euler-Serien werden für die Konstruktion nur 1440 benötigt, da die Summe aus der minimalen und der maximalen Zahl der Serien kleiner als das Komplement 50 sein muss. Unter diesen 1440 komplementfreien Euler-Serien werden nun sechs Serien gesucht, die die nachfolgenden Bedingungen erfüllen. Nur unter diesen Bedingungen kann ein symmetrisches diagonales Euler-Quadrat erzeugt werden, dessen erfolgreicher Konstruktionsverlauf im Folgenden dargestellt wird.

Dabei muss natürlich vorweg erwähnt werden, dass die beschriebene Konstruktion nicht mit willkürlich gewählten Serien erfolgreich durchgeführt werden kann. Sind nach einigen Schritten die gestellten Bedingungen nicht mehr zu erfüllen, müssen andere Serien gewählt werden.

Die ersten drei Serien dürfen untereinander und mit der Serie in der oberen Zeile keine gemeinsame Zahl besitzen, aber dafür die zugehörige Zahl aus der linken Spalte enthalten. Sie werden vom oberen Rand aus nach unten eingetragen, wobei die Zeilen entsprechend umsortiert werden.

In diesem Beispiel ist die erste gefundene Serie 6, 14, 16, 24, 33, 39, 43 , bei der die Zahl 33 in der linken Spalte vorhanden ist. Also wird die zugehörige Zeile nach oben verschoben, und die Zahlen dieser Serie in die zweite Zeile von oben eingetragen. Wie bisher ist die weitere Reihenfolge der Zahlen unwichtig.

25	2	10	15	35	40	48
1						
9						
17						
33						
41						
49						

25	2	10	15	35	40	48
33	6	14	16	24	39	43
1						
9						
17						
41						
49						

Abb. 9.28 Erste komplementfreie Euler-Serie

Entsprechend verfährt man mit zwei weiteren komplementfreien Serien, beispielsweise $4, 9, 19, 27, 29, 42, 45$ und $1, 13, 18, 28, 30, 38, 47$, bei denen die Zahlen 9 und 1 mit den Zahlen in der linken Spalte übereinstimmen.

25	2	10	15	35	40	48
33	6	14	16	24	39	43
9	4	19	27	29	42	45
1	13	18	28	30	38	47
17						
41						
49						

Abb. 9.29 Zwei weitere komplementfreie Euler-Serien

Im nächsten Schritt werden zu diesen drei Zeilen die komplementären Zahlen von oben nach unten in die noch freien Zeilen eingetragen. Die zusammengehörenden Zeilenpaare werden dabei durch die bereits in der linken Spalte vorhandenen komplementären Zahlen bestimmt.

25	2	10	15	35	40	48
33	6	14	16	24	39	43
9	4	19	27	29	42	45
1	13	18	28	30	38	47
17	44	36	34	26	11	7
41	46	31	23	21	8	5
49	37	32	22	20	12	3

Abb. 9.30 Vollständig gefüllte Zeilen mit der magischen Summe

Damit sind alle Zeilen mit geeigneten Euler-Serien gefüllt, und es müssen nun noch die Spalten so umgeordnet werden, dass auch sie die magische Summe ergeben. Dazu werden drei weitere komplementfreie Euler-Serien benötigt, die untereinander und mit der linken Spalte keine gemeinsamen Zahlen enthalten, dafür aber mit jeder der sieben Zeilen in genau einer Zahl übereinstimmen.

Geeignet ist etwa die Serie $5, 13, 15, 24, 32, 42, 44$. Wenn sich die Zahlen dieser Serie bisher nicht in der zweiten Spalte von links befinden, werden sie durch einen einfachen Tausch dorthin bewegt. Damit ergeben die Zahlen dieser Spalte auch die magische Summe.

25	2	10	15	35	40	48
33	6	14	16	24	39	43
9	4	19	27	29	42	45
1	13	18	28	30	38	47
17	44	36	34	26	11	7
41	46	31	23	21	8	5
49	37	32	22	20	12	3

25	15	10	2	35	40	48
33	24	14	16	6	39	43
9	42	19	27	29	4	45
1	13	18	28	30	38	47
17	44	36	34	26	11	7
41	5	31	23	21	8	46
49	32	37	22	20	12	3

Abb. 9.31 Anordnung der Zahlen in der zweiten Spalte von links

Ebenso verfährt man mit den nächsten beiden Spalten, bei der zunächst die Serie 3, 11, 21, 27, 30, 40, 43

25	15	10	2	35	40	48
33	24	14	16	6	39	43
9	42	19	27	29	4	45
1	13	18	28	30	38	47
17	44	36	34	26	11	7
41	5	31	23	21	8	46
49	32	37	22	20	12	3

25	15	40	2	35	10	48
33	24	43	16	6	39	14
9	42	27	19	29	4	45
1	13	30	28	18	38	47
17	44	11	34	26	36	7
41	5	21	23	31	8	46
49	32	3	22	20	12	37

Abb. 9.32 Anordnung der Zahlen in der dritten Spalte von links

und danach die Serie 2, 14, 19, 22, 34, 38, 46 benutzt wird.

25	15	40	2	35	10	48
33	24	43	16	6	39	14
9	42	27	19	29	4	45
1	13	30	28	18	38	47
17	44	11	34	26	36	7
41	5	21	23	31	8	46
49	32	3	22	20	12	37

25	15	40	2	35	10	48
33	24	43	14	6	39	16
9	42	27	19	29	4	45
1	13	30	38	18	28	47
17	44	11	34	26	36	7
41	5	21	46	31	8	23
49	32	3	22	20	12	37

Abb. 9.33 Anordnung der Zahlen in der vierten Spalte von links

Mit diesen Schritten besitzen neben allen Zeilen auch die linken vier Spalten die magische Summe. Im nächsten Schritt werden die Zeilen mit den komplementären Zahlenpaaren 33 und 17, 9 und 41 sowie 1 und 49 aus der linken Spalte wie in Abbildung 9.34a so umgeordnet, dass sie direkt untereinanderstehen.

Von den Spalten besitzen die linken vier bereits die magische Summe. Um diese Eigenschaft auch für die restlichen drei Spalten zu erzielen, werden die Spalten zunächst wie in Abbildung 9.34b so umgeordnet, dass die Spalten mit den komplementären Zahlenpaaren 15 und 35, 40 und 10 sowie 2 und 18 aus der oberen Zeile direkt nebeneinanderstehen.

	0	1	2	3	4	5	6
6	25	15	40	2	35	10	48
5	33	24	43	14	6	39	16
4	17	44	11	34	26	36	7
3	9	42	27	19	29	4	45
2	41	5	21	46	31	8	23
1	1	13	30	38	18	28	47
0	49	32	3	22	20	12	37

a) Zeilen

	0	1	2	3	4	5	6
6	25	15	35	40	10	2	48
5	33	24	6	43	39	14	16
4	17	44	26	11	36	34	7
3	9	42	29	27	4	19	45
2	41	5	31	21	8	46	23
1	1	13	18	30	28	38	47
0	49	32	20	3	12	22	37

b) Spalten

Abb. 9.34 Umordnung der Spalten und Zeilen

Während die Spalten 1, 3 und 5 bereits die magische Summe besitzen, trifft das für die Spalten 2, 4 und 6 noch nicht zu. Dazu wird in diesen Spalten geprüft, ob dort die Zahlen in den Zeilen 4 und 5 mit den diagonal schräg direkt danebenliegenden Zahlen immer das Komplement ergeben. Falls dies nicht der Fall sein sollte, muss eine andere der Zahlen aus den Spalten 2, 4 oder 6 gewählt werden.

In Spalte 2 lauten etwa die beiden Zahlen 6 und 26, die mit den diagonal links danebenliegenden Zahlen 44 und 6 das Komplement 50 ergeben. Damit muss hier kein Tausch durchgeführt werden. In Spalte 4 lauten die beiden Zahlen 39 und 36. Während 39 mit der diagonal danebenliegenden Zahl 11 das Komplement ergibt, gilt dies für 36 und 43 nicht. Die Zahl 36 aus der bis jetzt nicht magischen Spalte wird daher mit der Zahl 7 aus Spalte 6 vertauscht.

	0	1	2	3	4	5	6
6	25	15	35	40	10	2	48
5	33	24	6	43	39	14	16
4	17	44	26	11	36	34	7
3	9	42	29	27	4	19	45
2	41	5	31	21	8	46	23
1	1	13	18	30	28	38	47
0	49	32	20	3	12	22	37

	0	1	2	3	4	5	6
6	25	15	35	40	10	2	48
5	33	24	6	43	39	14	16
4	17	44	26	11	7	34	36
3	9	42	29	27	4	19	45
2	41	5	31	21	8	46	23
1	1	13	18	30	28	38	47
0	49	32	20	3	12	22	37

Ebenso verfährt man mit den Spalten 2, 4 und 6 sowie den Zeilenpaaren 2 und 3 sowie 0 und 1.

	0	1	2	3	4	5	6
6	25	15	35	40	10	2	48
5	33	24	6	43	39	14	16
4	17	44	26	11	7	34	36
3	9	42	45	27	29	19	4
2	41	5	8	21	23	46	31
1	1	13	18	30	28	38	47
0	49	32	20	3	12	22	37

	0	1	2	3	4	5	6
6	25	15	35	40	10	2	48
5	33	24	6	43	39	14	16
4	17	44	26	11	7	34	36
3	9	42	45	27	29	19	4
2	41	5	8	21	23	46	31
1	1	13	18	30	47	38	28
0	49	32	37	3	20	22	12

Durch den speziellen Aufbau der Zeilen und Spalten sowie der Lage der komplementären Zahlenpaare kann dieses Quadrat abschließend in ein symmetrisches magisches Quadrat umgewandelt werden. Das Ergebnis dieser Transformation ist das symmetrische diagonale Euler-Quadrat in Abbildung 9.35.

16	24	39	33	43	6	14
4	42	29	9	27	45	19
28	13	47	1	30	18	38
48	15	10	25	40	35	2
12	32	20	49	3	37	22
31	5	23	41	21	8	46
36	44	7	17	11	26	34

Abb. 9.35 Symmetrisches magisches diagonales Euler-Quadrat

9.2.3 Ordnung n = 9

Für die Ordnung $n = 9$ existieren 384 symmetrische Euler-Serien und 104 448 komplementfreie Euler-Serien, bei denen die Summe aus der minimalen und der maximalen Zahl der Serien kleiner als $n^2 + 1$ ist. Mit diesen Serien haben Walter Trump und ich bereits für eine einzige feste symmetrische Euler-Serie 2 277 696 in der linken Spalte unterschiedliche symmetrische magische diagonale Euler-Quadrate in LDR-Form erzeugt.[4]

[4] siehe Kapitel 8.6

Aus diesen Quadraten lässt sich leicht die Gesamtzahl berechnen, wenn man das Quadrat in das Zahlensystem zur Basis 9 umwandelt.

4	68	56	24	10	39	79	53	36
34	12	44	49	60	64	9	74	23
75	42	27	65	52	5	13	28	62
15	76	50	35	2	25	66	63	37
71	61	31	1	41	81	51	21	11
45	19	16	57	80	47	32	6	67
20	54	69	77	30	17	55	40	7
59	8	73	18	22	33	38	70	48
46	29	3	43	72	58	26	14	78

a) LDR-Quadrat im Zehnersystem

03	74	61	25	10	42	86	57	38
36	12	47	53	65	70	08	81	24
82	45	28	71	56	04	13	30	67
15	83	54	37	01	26	72	68	40
77	66	33	00	44	88	55	22	11
48	20	16	62	87	51	34	05	73
21	58	75	84	32	17	60	43	06
64	07	80	18	23	35	41	76	52
50	31	02	46	78	63	27	14	85

b) Zahlensystem zur Basis 9

Abb. 9.36 Umwandlung eines diagonalen Euler-Quadrates in LDR-Form in das Zahlensystem zur Basis 9

In diesem Quadrat vertauscht man nun die Einerziffern der Zahlen. Da es für neun Zahlen insgesamt 384 symmetrische Permutationen gibt, erhält man auch 384 diagonale Euler-Quadrate. Mit der Permutation $(8, 1, 3, 6, 4, 2, 5, 7, 0)$ ergibt sich etwa das Quadrat in Abbildung 9.36.

06	74	61	22	18	43	85	57	30
35	13	47	56	62	78	00	81	24
83	42	20	71	55	04	16	38	67
12	86	54	37	01	25	73	60	48
77	65	36	08	44	80	52	23	11
40	28	15	63	87	51	34	02	76
21	50	72	84	33	17	68	46	05
64	07	88	10	26	32	41	75	53
58	31	03	45	70	66	27	14	82

a) permutierte Einerziffern

7	68	56	21	18	40	78	53	28
33	13	44	52	57	72	1	74	23
76	39	19	65	51	5	16	36	62
12	79	50	35	2	24	67	55	45
71	60	34	9	41	73	48	22	11
37	27	15	58	80	47	32	3	70
20	46	66	77	31	17	63	43	6
59	8	81	10	25	30	38	69	49
54	29	4	42	64	61	26	14	75

b) neues LDR-Quadrat

Abb. 9.37 Mit der Permutation $(8, 1, 3, 6, 4, 2, 5, 7, 0)$ erzeugtes neues LDR-Quadrat

Die Zahlen auf der Nebendiagonalen müssen natürlich weiterhin ansteigend angeordnet sein, da sich die höherwertige linke Ziffer im Zahlensystem zur Basis 9 nicht geändert hat. Allerdings entsteht in einigen Fällen ein anderes Problem, wie man in Abbildung 9.38 erkennt.

4	68	56	24	10	39	79	53	36
34	12	44	49	60	64	9	74	23
75	42	27	65	52	5	13	28	62
15	76	50	35	2	25	66	63	37
71	61	31	1	41	81	51	21	11
45	19	16	57	80	47	32	6	67
20	54	69	77	30	17	55	40	7
59	8	73	18	22	33	38	70	48
46	29	3	43	72	58	26	14	78

a) Ausgangsquadrat in LDR-Form

2	68	63	26	12	42	76	46	34
31	15	37	47	62	66	7	81	23
78	44	25	72	49	5	11	30	55
17	74	50	28	9	22	69	61	39
64	58	29	3	41	79	53	24	18
43	21	13	60	73	54	32	8	65
27	52	71	77	33	10	57	38	4
59	1	75	16	20	35	45	67	51
48	36	6	40	70	56	19	14	80

b) permutiertes Quadrat (kein LDR)

Abb. 9.38 Neues Quadrat bei Permutation (2, 8, 5, 1, 4, 7, 3, 0, 6)

Mit dieser Permutation sind die Zahlen auf der Nebendiagonalen zwar immer noch ansteigend angeordnet, doch die kleinste Zahl der beiden Diagonalen befindet sich jetzt auf der Hauptdiagonalen. Damit ist dies kein magisches Quadrat in LDR-Form mehr.

Der Grund lässt sich leicht in der Darstellung der jeweils kleinsten Zahlen auf den beiden Diagonalen im Zahlensystem zur Basis 9 erkennen. Die Einerziffer 3 auf der Nebendiagonalen wird bei dieser Permutation durch die Ziffer 1 ersetzt, die Einerziffer 7 auf der Hauptdiagonalen dagegen durch die Ziffer 0. Damit befindet sich nach der Permutation die kleinste Zahl der beiden Diagonalen auf der Hauptdiagonalen, was den Bedingungen an eine LDR-Form widerspricht. Somit entsteht bei der Hälfte der 384 symmetrischen Permutationen kein Quadrat in LDR-Form mehr.

03	74	61	25	10	42	86	57	38
36	12	47	53	65	70	08	81	24
82	45	28	71	56	04	13	30	67
15	83	54	37	01	26	72	68	40
77	66	33	00	44	88	55	22	11
48	20	16	62	87	51	34	05	73
21	58	75	84	32	17	60	43	06
64	07	80	18	23	35	41	76	52
50	31	02	46	78	63	27	14	85

a) Ausgangsquadrat

01	74	68	27	12	45	83	50	36
33	15	40	51	67	72	06	88	24
85	47	26	78	53	04	11	32	60
17	81	54	30	08	23	75	66	42
70	63	31	02	44	86	57	25	18
46	22	13	65	80	58	34	07	71
28	56	77	84	35	10	62	41	03
64	00	82	16	21	37	48	73	55
52	38	05	43	76	61	20	14	87

b) permutiertes Quadrat

Abb. 9.39 Neues Quadrat bei Permutation (2, 8, 5, 1, 4, 7, 3, 0, 6)

Betrachtet man nun nicht mehr eine einzige symmetrische Euler-Serie, sondern alle 384, ergeben sich bei der Ordnung $n = 9$ insgesamt

$$2\,277\,696 \cdot 192 = 437\,317\,632$$

unterschiedliche symmetrische magische diagonale Euler-Quadrate in LDR-Form. Zwei dieser Quadrate sind in Abbildung 9.40 dargestellt.

7	32	78	55	49	39	65	18	26
66	15	40	54	61	8	23	73	29
45	76	19	3	11	68	34	62	51
24	57	70	35	81	13	46	38	5
10	52	2	22	41	60	80	30	72
77	44	36	69	1	47	12	25	58
31	20	48	14	71	79	63	6	37
53	9	59	74	21	28	42	67	16
56	64	17	43	33	27	4	50	75

8	38	54	55	31	66	79	14	24
77	18	71	4	21	56	42	34	46
69	76	25	39	10	32	9	47	62
52	19	59	33	2	17	67	75	45
12	60	29	81	41	1	53	22	70
37	7	15	65	80	49	23	63	30
20	35	73	50	72	43	57	6	13
36	48	40	26	61	78	11	64	5
58	68	3	16	51	27	28	44	74

Abb. 9.40 Symmetrische magische diagonale Euler-Quadrate der Ordnung $n = 9$

Aus jedem einzelnen aller Quadrate in LDR-Form können dann durch symmetrische Zeilen-Spalten-Permutationen weitere symmetrische Quadrate erzeugt werden. Da sich jeweils zwei dieser Quadrate durch eine Drehung um 180° ineinander überführen lassen, lautet die Anzahl der symmetrischen magischen diagonalen Euler-Quadrate für die Ordnung $n = 9$

$$437\,317\,632 \cdot 192 = 83\,964\,985\,344$$

3	76	44	52	11	60	68	36	19
42	18	66	55	31	7	26	74	50
70	29	24	5	81	37	48	13	62
10	59	54	35	21	67	78	43	2
49	25	73	65	41	17	9	57	33
80	39	4	15	61	47	28	23	72
20	69	34	45	1	77	58	53	12
32	8	56	75	51	27	16	64	40
63	46	14	22	71	30	38	6	79

4	75	44	51	11	61	68	36	19
43	18	67	55	30	6	26	74	50
69	29	25	5	81	37	49	12	62
10	59	54	35	22	66	79	42	2
48	24	73	65	41	17	9	58	34
80	40	3	16	60	47	28	23	72
20	70	33	45	1	77	57	53	13
32	8	56	76	52	27	15	64	39
63	46	14	21	71	31	38	7	78

Abb. 9.41 Symmetrische pandiagonale Euler-Quadrate der Ordnung $n = 9$

Natürlich gibt es unter den symmetrischen Quadraten in LDR-Form auch etliche, die wie die Quadrate in Abbildung 9.41 pandiagonal sind.

Die genaue Anzahl der symmetrischen pandiagonalen Euler-Quadrate ist aber ohne eine aufwendige vollständige Untersuchung aller Quadrate nicht zu ermitteln. Denn es gibt wie in Abbildung 9.42 auch normale symmetrische Quadrate, aus denen man durch bestimmte Permutationen ein pandiagonales Quadrat erzeugen kann.

	0	1	2	3	4	5	6	7	8
8	2	64	53	40	81	16	24	59	30
7	60	13	32	46	21	65	79	8	45
6	75	43	27	5	33	62	67	47	10
5	14	57	38	34	71	19	9	76	51
4	26	54	70	78	41	4	12	28	56
3	31	6	73	63	11	48	44	25	68
2	72	35	15	20	49	77	55	39	7
1	37	74	3	17	61	36	50	69	22
0	52	23	58	66	1	42	29	18	80

a) symmetrisch

	5	7	2	0	4	8	6	1	3
3	48	25	73	31	11	68	44	6	63
1	36	69	3	37	61	22	50	74	17
6	62	47	27	75	33	10	67	43	5
8	16	59	53	2	81	30	24	64	40
4	4	28	70	26	41	56	12	54	78
0	42	18	58	52	1	80	29	23	66
2	77	39	15	72	49	7	55	35	20
7	65	8	32	60	21	45	79	13	46
5	19	76	38	14	71	51	9	57	34

b) symmetrisch / pandiagonal

Abb. 9.42 Umwandlung in ein symmetrisches und pandiagonales Euler-Quadrat: Permutation (5, 7, 2, 0, 4, 8, 6, 1, 3)

9.3 Symmetrische Primzahlquadrate

Mit dem Algorithmus zur Erzeugung symmetrischer magischer Quadrate der Ordnung $n = 7$ aus Euler-Serien[5] hat Walter Trump auch symmetrische Primzahlquadrate erzeugt, indem er als Eingabe nicht die 48 symmetrischen Euler-Serien, sondern die 2024 normalen symmetrischen Serien gewählt hat. Mit diesen Serien erzeugt man dann zunächst klassische symmetrische magische Quadrate.

Weiterhin benötigt man beispielsweise den kleinstmöglichen Satz von Primzahlen, die zu einer mittleren Primzahl symmetrisch liegen. Solche Primzahlen mit dem Median 641 sind schon lange bekannt.[6]

Diese Primzahlen werden der Größe nach geordnet und jeder Zahl des symmetrischen magischen Quadrates die entsprechende Primzahl zugeordnet.

[5] siehe Kapitel 9.2.2

[6] siehe *The On-Line Encyclopedia of Integer Sequences*, `https://oeis.org/A188537`

Index	1	2	3	4	5	6	7	8	9	10
Primzahl	5	23	53	59	89	101	131	173	179	191
	11	12	13	14	15	16	17	18	19	20
	233	251	263	269	311	353	401	419	443	461
	21	22	23	24	25	26	27	28	29	30
	509	521	563	599	641	683	719	761	773	821
	31	32	33	34	35	36	37	38	39	40
	839	863	881	929	971	1013	1019	1031	1049	1091
	41	42	43	44	45	46	47	48	49	
	1103	1109	1151	1181	1193	1223	1229	1259	1277	

Tab. 9.1 Zuordnungstabelle für die Primzahlen mit dem Median 641

Ersetzt man jede Zahl des symmetrischen magischen Ausgangsquadrates durch die ihr zugeordnete Primzahl, erhält man wie in Abbildung 9.43 ein symmetrisches Primzahlquadrat mit der magischen Summe 4487.

6	47	32	30	38	8	14
37	9	46	19	7	23	34
21	28	15	40	24	45	2
11	17	1	25	49	33	39
48	5	26	10	35	22	29
16	27	43	31	4	41	13
36	42	12	20	18	3	44

a) symmetrisches Ausgangsquadrat

101	1229	863	821	1031	173	269
1019	179	1223	443	131	563	929
509	761	311	1091	599	1193	23
233	401	5	641	1277	881	1049
1259	89	683	191	971	521	773
353	719	1151	839	59	1103	263
1013	1109	251	461	419	53	1181

b) symmetrisches Primzahlquadrat

Abb. 9.43 Symmetrisches magisches Primzahlquadrat der Ordnung $n = 7$ (Beispiel 1)

Insgesamt ergeben sich bei dieser Wahl 744 343 symmetrische magische Primzahlquadrate. Aus jedem dieser Quadrate in LDR-Darstellung lassen sich durch Zeilen-Spalten-Transformationen $\frac{6!!}{2} = 24$ unterschiedliche Quadrate erzeugen, sodass sich insgesamt $744\,343 \cdot 24 = 17\,864\,232$ unterschiedliche symmetrische magische Primzahlquadrate ergeben.

Bei unveränderten Primzahlen ergibt ein anderes symmetrisches magisches Ausgangsquadrat auch ein anderes Primzahlquadrat, etwa das symmetrische Primzahlquadrat aus Abbildung 9.44.

1	32	21	41	12	45	23
48	7	36	19	17	4	44
16	28	24	39	40	8	20
47	15	13	25	37	35	3
30	42	10	11	26	22	34
6	46	33	31	14	43	2
27	5	38	9	29	18	49

a) symmetrisches Ausgangsquadrat

5	863	509	1103	251	1193	563
1259	131	1013	443	401	59	1181
353	761	599	1049	1091	173	461
1229	311	263	641	1019	971	53
821	1109	191	233	683	521	929
101	1223	881	839	269	1151	23
719	89	1031	179	773	419	1277

b) symmetrisches Primzahlquadrat

Abb. 9.44 Symmetrisches magisches Primzahlquadrat der Ordnung $n = 7$ (Beispiel 2)

Selbstverständlich kann man auch jede andere Sequenz von symmetrisch liegenden Primzahlen wählen, um weitere Primzahlquadrate zu erzeugen. Im nachfolgenden Beispiel wird die zweitkleinste Sequenz mit dem Median 647 gewählt.

Index	1	2	3	4	5	6	7	8	9	10
Primzahl	5	11	17	71	101	107	113	131	191	197
	11	12	13	14	15	16	17	18	19	20
	233	263	281	311	317	347	353	383	431	467
	21	22	23	24	25	26	27	28	29	30
	521	593	617	641	647	653	677	701	773	827
	31	32	33	34	35	36	37	38	39	40
	863	911	941	947	977	983	1013	1031	1061	1097
	41	42	43	44	45	46	47	48	49	
	1103	1163	1181	1187	1193	1223	1277	1283	1289	

Tab. 9.2 Zuordnungstabelle für die Primzahlen mit dem Median 647

Mit diesen Primzahlen ergibt sich das symmetrische Primzahlquadrat aus Abbildung 9.45 mit der magischen Summe 4529.

Dieses Primzahlquadrat bietet aber noch viele weitere überraschende Eigenschaften. Ersetzt man in diesem Quadrat etwa die Primzahlen durch ihre Quersumme, ergibt sich in einem erweiterten Sinne ein magisches Quadrat mit der magischen Summe 83. Dieses besitzt natürlich mehrfach auftretende Zahlen und ist auch nicht mehr symmetrisch (siehe Abbildung 9.46).

2	30	13	49	15	42	24
29	3	39	36	32	17	19
28	46	6	12	9	40	34
43	45	23	25	27	5	7
16	10	41	38	44	4	22
31	33	18	14	11	47	21
26	8	35	1	37	20	48

a) symmetrisches Ausgangsquadrat

11	827	281	1289	317	1163	641
773	17	1061	983	911	353	431
701	1223	107	263	191	1097	947
1181	1193	617	647	677	101	113
347	197	1103	1031	1187	71	593
863	941	383	311	233	1277	521
653	131	977	5	1013	467	1283

b) symmetrisches Primzahlquadrat

Abb. 9.45 Symmetrisches magisches Primzahlquadrat der Ordnung $n = 7$ (Beispiel 3)

2	17	11	20	11	11	11
17	8	8	20	11	11	8
8	8	8	11	11	17	20
11	14	14	17	20	2	5
14	17	5	5	17	8	17
17	14	14	5	8	17	8
14	5	23	5	5	17	14

Abb. 9.46 Nicht normalisiertes magisches Quadrat der Quersummen

Zerlegt man das Primzahlquadrat in zwei Quadrate, bei denen die eingetragenen Zahlen aus den Ergebnissen der Primzahlen bei Division durch 30 und dem Rest bei dieser Division bestehen, ergeben sich wiederum magische Quadrate mit den magischen Summen 147 und 119 (siehe Abbildung 9.47).

0	27	9	42	10	38	21
25	0	35	32	30	11	14
23	40	3	8	6	36	31
39	39	20	21	22	3	3
11	6	36	34	39	2	19
28	31	12	10	7	42	17
21	4	32	0	33	15	42

a) Division durch 30

11	17	11	29	17	23	11
23	17	11	23	11	23	11
11	23	17	23	11	17	17
11	23	17	17	17	11	23
17	17	23	11	17	11	23
23	11	23	11	23	17	11
23	11	17	5	23	17	23

b) Rest bei Division durch 30

Abb. 9.47 Zerlegung des Primzahlquadrates bei Division durch 30

Solche Zerlegungen existieren auch für Divisionen durch 2, 3, 5 und 6. Bei der Division durch 6 ergeben sich etwa die magischen Summen 749 und 35 (siehe Abbildung 9.48).

a) Division durch 6

1	137	46	214	52	193	106
128	2	176	163	151	58	71
116	203	17	43	31	182	157
196	198	102	107	112	16	18
57	32	183	171	197	11	98
143	156	63	51	38	212	86
108	21	162	0	168	77	213

b) Rest bei Division durch 6

5	5	5	5	5	5	5
5	5	5	5	5	5	5
5	5	5	5	5	5	5
5	5	5	5	5	5	5
5	5	5	5	5	5	5
5	5	5	5	5	5	5
5	5	5	5	5	5	5

Abb. 9.48 Zerlegung des Primzahlquadrates bei Division durch 6

und bei Division durch 5 die magischen Summen 903 und 14 (siehe Abbildung 9.49).

a) Division durch 5

2	165	56	257	63	232	128
154	3	212	196	182	70	86
140	244	21	52	38	219	189
236	238	123	129	135	20	22
69	39	220	206	237	14	118
172	188	76	62	46	255	104
130	26	195	1	202	93	256

b) Rest bei Division durch 5

1	2	1	4	2	3	1
3	2	1	3	1	3	1
1	3	2	3	1	2	2
1	3	2	2	2	1	3
2	2	3	1	2	1	3
3	1	3	1	3	2	1
3	1	2	0	3	2	3

Abb. 9.49 Zerlegung des Primzahlquadrates bei Division durch 5

Ordnung n = 9

Dieses Verfahren lässt sich natürlich auf höhere Ordnungen übertragen. Für die Ordnung $n = 9$ besitzt die kleinste Sequenz von Primzahlen den Median 1361. In Abbildung 9.50 ist ein derartiges symmetrisches Primzahlquadrat mit der magischen Summe 12 249 dargestellt.

3	45	59	24	80	44	61	47	6
39	16	67	74	34	20	22	40	57
53	14	32	51	77	26	49	54	13
19	73	12	36	55	71	7	18	78
81	52	10	17	41	65	72	30	1
4	64	75	11	27	46	70	9	63
69	28	33	56	5	31	50	68	29
25	42	60	62	48	8	15	66	43
76	35	21	38	2	58	23	37	79

a) symmetrisches Ausgangsquadrat

29	1499	2069	659	2699	1493	2129	1571	101
1283	389	2339	2591	1109	569	641	1289	2039
1913	311	1013	1811	2633	719	1619	1949	281
509	2549	263	1163	1979	2531	113	479	2663
2711	1901	179	449	1361	2273	2543	821	11
59	2243	2609	191	743	1559	2459	173	2213
2441	773	1103	2003	89	911	1709	2411	809
683	1433	2081	2153	1613	131	383	2333	1439
2621	1151	593	1229	23	2063	653	1223	2693

b) symmetrisches Primzahlquadrat

Abb. 9.50 Symmetrisches magisches Primzahlquadrat der Ordnung $n = 9$

Kapitel

10

Springerwanderungen

In vielen anderen Bereichen treten Querverbindungen zu magischen Quadraten auf. Exemplarisch soll das Problem der Springerwanderungen kurz vorgestellt werden.

Eine *Springerwanderung* über ein Schachbrett, also einem Quadrat der Größe 8 x 8, wurde erstmals in einem arabischen Manuskript aus dem 9. Jahrhundert gelöst. Dabei muss ein Springer, der auf einem beliebigen Feld des Bretts steht, auf alle weiteren 63 Felder springen, ohne zweimal auf demselben Feld zu landen.[1]

Im 18. und 19. Jahrhundert wurden die Springerwanderungen systematischer untersucht und das Problem auch auf magische Wanderungen erweitert. Dies sind Wanderungen, bei denen die Felder bei der Wanderung in ihrer Reihenfolge durchnummeriert werden und dabei ein magisches Quadrat entsteht. Ein erstes Ergebnis wurde 1848 von William Beverley veröffentlicht. Allerdings war seine Springerwanderung nur semi-magisch.

Heutzutage weiß man, dass es keine magischen 8 x 8 - Springerwanderungen gibt. Alle 140 gefundenen verschiedenen Wanderungen führen alle nur zu einem semimagischen Quadrat. Das Problem wurde dann auf beliebige Quadratgrößen erweitert und man fand heraus, dass grundsätzlich nur Wanderungen auf Quadraten der Größe $n = 4k$ mit $k > 2$ existieren.

Für die Ordnung 12 sind vier magische Springerwanderungen bekannt. Da man jede Tour an beiden Enden beginnen und außerdem durch Spiegelungen und Drehungen auf acht Arten darstellen kann, existieren 64 verschiedene Darstellungsformen. Eine dieser Springerwanderungen ist in Abbildung 10.1 zu sehen. Die magische Summe beträgt 879 und zusätzlich die Summe der Zahlen in den Quadranten jeweils 2610.

[1] Jelliss [281]

H. Danielsson, *Spezielle magische Quadrate und ihre Konstruktion*,
https://doi.org/10.1007/978-3-662-70708-1_10

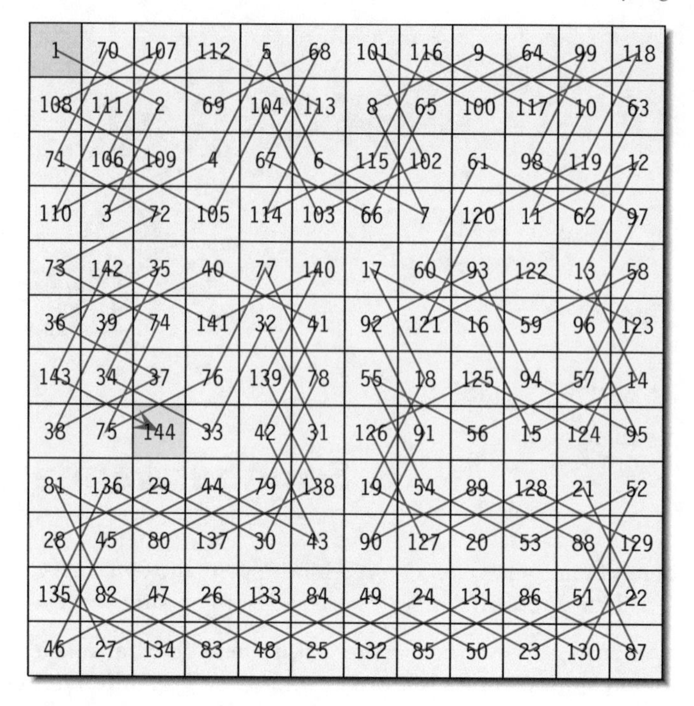

1	70	107	112	5	68	101	116	9	64	99	118
108	111	2	69	104	113	8	65	100	117	10	63
71	106	109	4	67	6	115	102	61	98	119	12
110	3	72	105	114	103	66	7	120	11	62	97
73	142	35	40	77	140	17	60	93	122	13	58
36	39	74	141	32	41	92	121	16	59	96	123
143	34	37	76	139	78	55	18	125	94	57	14
38	75	144	33	42	31	126	91	56	15	124	95
81	136	29	44	79	138	19	54	89	128	21	52
28	45	80	137	30	43	90	127	20	53	88	129
135	82	47	26	133	84	49	24	131	86	51	22
46	27	134	83	48	25	132	85	50	23	130	87

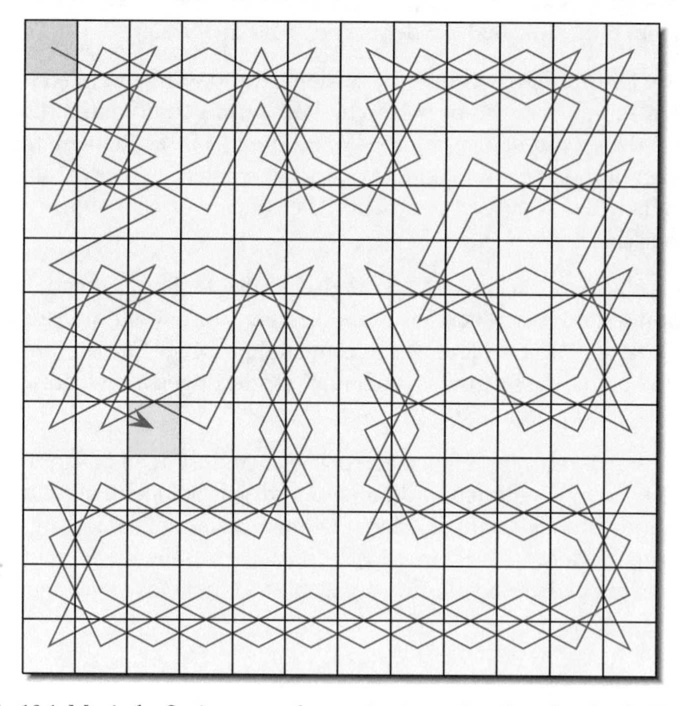

Abb. 10.1 Magische Springerwanderung in einem Quadrat der Größe 12 x 12

Bis heute ist die Frage nicht gelöst, ob es für diese Größe auch *geschlossene* Springerwanderungen gibt. Eine geschlossene Wanderung bedeutet, dass der Springer seine Wanderung nur einen Springerzug entfernt von seinem Ausgangspunkt beendet. Der Springer dreht also eine Runde und könnte dieselbe Wanderung sofort ein zweites Mal absolvieren. Bei diesen Wanderungen ist es natürlich völlig egal, auf welchem Feld sie beginnt.

Für das nächstgrößere Quadrat der Ordnung 16 x 16 ist das Problem bereits gelöst, da eine geschlossene Springerwanderunge seit Längerem bekannt ist.[2]

184	217	170	75	188	219	172	77	228	37	86	21	230	39	88	25
169	74	185	218	171	76	189	220	85	20	229	38	87	24	231	40
216	183	68	167	222	187	78	173	36	227	22	83	42	237	26	89
73	168	215	186	67	174	221	190	19	84	35	238	23	90	41	232
182	213	166	69	178	223	176	79	226	33	82	31	236	43	92	27
165	72	179	214	175	66	191	224	81	18	239	34	91	30	233	44
212	181	70	163	210	177	80	161	48	225	32	95	46	235	28	93
71	164	211	180	65	162	209	192	17	96	47	240	29	94	45	234
202	13	126	61	208	15	128	49	160	241	130	97	148	243	132	103
125	60	203	14	127	64	193	16	129	112	145	242	131	102	149	244
12	201	62	123	2	207	50	113	256	159	98	143	246	147	104	133
59	124	11	204	63	114	1	194	111	144	255	146	101	134	245	150
200	9	122	55	206	3	116	51	158	253	142	99	154	247	136	105
121	58	205	10	115	54	195	4	141	110	155	254	135	100	151	248
8	199	56	119	6	197	52	117	252	157	108	139	250	153	106	137
57	120	7	198	53	118	5	196	109	140	251	156	107	138	249	152

Abb. 10.2 Magische geschlossene Springerwanderung in einem Quadrat der Größe 16 x 16

[2] Madachy [366], Seite 88

Literatur

[1] Abe, Gakuho. *Irregular perfect magic squares of order 7*. In: *Journal of Recreational Mathematics* Vol. 15. Nr. 4 (1982). S. 249–250.

[2] Abe, Gakuho. *Unsolved problems on magic squares*. In: *Discrete Mathematics* Vol. 127. Nr. 1-3 (1994). S. 3–13.

[3] Abiyev, Asker Ali. *The correlation of Abiyev's balanced squares with periodic law*. In: *Proceedings of the 2nd international conference on Applied informatics and computing theory*. World Scientific, Engineering Academy und Society (WSEAS), 2011, S. 33–38.

[4] Agrippa von Nettesheim, Heinrich Cornelius. *De Occulta Philosophia Libri tres*. 1533.

[5] Ahmed, Maya Mohsin. *Demystifying Benjamin Franklin's other 8-square*. arXiv: 1510.05509. Web-published document, URL: https://arxiv.org/abs/1510.05509 (2015, letzter Zugriff: 6.9.2024).

[6] Ahmed, Maya Mohsin. *How Many Squares Are There, Mr. Franklin?: Constructing and Enumerating Franklin Squares*. In: *The American Mathematical Monthly* Vol. 111. Nr. 5 (2004). S. 394–410.

[7] Ahmed, Maya Mohsin. *Unraveling the secret of Benjamin Franklin: Constructing Franklin squares of higher order*. arXiv: 1509.07756. Web-published document, URL: https://arxiv.org/abs/1509.07756 (2015, letzter Zugriff: 6.9.2024).

[8] Ahrens, Wilhelm. *Das magische Quadrat auf Dürers Melancholie*. In: *Zeitschrift für bildende Kunst* Vol. 50 (1915). S. 291–301.

[9] Ahrens, Wilhelm. *Mathematische Unterhaltungen und Spiele*. 1. Auflage. Leipzig: B.G. Teubner, 1901.

[10] Ahrens, Wilhelm. *Mathematische Unterhaltungen und Spiele*. 2. Auflage. Leipzig: B.G. Teubner, 1918.

[11] Ahrens, Wilhelm. *Studien über die magischen Quadrate der Araber*. In: *Der Islam* Vol. 7 (1915). S. 186–250.

[12] Amela, Miguel Angel. *Structured 8 x 8 Franklin Squares*. Web-published document, URL: http://www.region.com.ar/amela/franklinsquares (2006, letzter Zugriff: 6.9.2024).

[13] Anderegg, F. *A Perfect Magic Square*. In: *The American Mathematical Monthly* Vol. 12. Nr. 11 (1905). S. 195–196.

[14] Anderson, Dawn L. *Magic Squares: Discovering Their History and Their Magic*. In: *Mathematics Teaching in the Middle School* Vol. 6. Nr. 8 (2001). S. 466–471.

[15] Andress, W. R. *Basic Properties of Pandiagonal Magic Squares*. In: *The American Mathematical Monthly* Vol. 67. Nr. 2 (1960). S. 143–152.

[16] Andress, W. R. *Correction: Basic Properties of Pandiagonal Magic Squares*. In: *The American Mathematical Monthly* Vol. 67. Nr. 7 (1960). S. 658.

[17] Andrews, William Symes. *Magic Squares and Cubes*. 2. Edition. (unveränderter Nachdruck der Ausgabe von 1917). Dover-Publications Inc., 1960.

[18] Andrews, William Symes. *Notes on Oddly-Even Magic Squares*. In: *The Monist* Vol. 20 (1910). S. 126–130. (siehe Andrews [17], S. 225 ff.)

H. Danielsson, *Spezielle magische Quadrate und ihre Konstruktion*, https://doi.org/10.1007/978-3-662-70708-1

[19] Andrews, William Symes. *The Construction of Magic Square sand Rectangles by The Method of Complementary Differences*. In: *The Monist* Vol. 20 (1910). S. 434–440. (siehe Andrews [17], S. 257 ff.)

[20] Andrews, William Symes und Frierson, L.S. *Notes On The Construction Of Magic Squares of Orders in which n is of the General Form 4p+2*. In: *The Monist* Vol. 22. Nr. 2 (1912). S. 304–314. (siehe Andrews [17], S. 267 ff.)

[21] Anema, Andrew S. *Perfected Benjamin Franklin magic squares*. In: *The Mathematics Teacher* Vol. 49. Nr. 1 (1956). S. 35–36.

[22] Apostol, T. M. und Zuckerman, H. S. *On magic squares constructed by the uniform step method*. In: *Proceedings of the AMS* Vol. 2. Nr. 4 (1951). S. 557–565.

[23] Arnauld, Antoine. *Nouveaux Elémens de Geométrie*. 1667.

[24] Arnauld, Antoine. *Nouveaux Elémens de Geométrie*. 1711.

[25] Arnoux, Gabriel. *Arithmétique graphique: Les espaces arithmétiques hypermagiques*. In: *Histoire de l'Académie Royale des Sciences*. Paris: Gauthier-Villars, 1894, S. 364–382.

[26] Arnoux, Gabriel. *Les espaces arithmétique a cotés premiers inégaux*. In: *Association Française pour l'Avancement des Sciences*. Paris, 1905, S. 103–122.

[27] Aubry, A. *G. Tarry et les Carrés Magiques*. In: *Association Française pour l'Avancement des Sciences*. Paris, 1925, S. 109–111.

[28] B.S.G.D.G. *Carrés magiques en pain d'épices (Problème 1844)*. In: *Les Tablettes du Chercheur* (1894). S. 268, 309.

[29] Bachet de Méziriac, Claude-Gaspar. *Problème XXI*. In: *Problèmes plaisans & délectables qui se font par les nombres*. 2. Édition. 1624, S. 161–169.

[30] Bachet de Méziriac, Claude-Gaspar. *Problème XXI*. In: *Problèmes plaisans & délectables qui se font par les nombres*. 5. Édition. (rev., simplifiée et augm. par A. Labosne). Gauthier-Villars, 1884, S. 88–114.

[31] Bachet de Méziriac Claude-Gaspar (rev., simplifiée et augm. par A. Labosne). *Problème XXI*. In: *Problèmes plaisans & délectables qui se font par les nombres*. 3. Édition. 1874, S. 88–114.

[32] Ball, Walter William Rouse. *Even Magic Squares*. In: *The Messenger of Mathematics* Vol. 23. Nr. 2 (1893). S. 65–69.

[33] Ball, Walter William Rouse. *Mathematical Recreations and Essays*. 7. Edition. London: Macmillan und Co Limited, 1917, S. 137–169.

[34] Ball, Walter William Rouse. *Mathematical Recreations and Essays*. 10. Edition. London: Macmillan und Co Limited, 1922, S. 137–161.

[35] Ball, Walter William Rouse. *Recréations Mathématical et Problèmes des Temps Anciens et Modernes*. 10. Edition. Paris: Librairie Scientifique A. Hermann, 1908, S. 155–197.

[36] Ball, Walter William Rouse (revised by H.S.M. Coxeter). *Mathematical Recreations and Essays*. 11. Edition. New York: Macmillan und Co Limited, 1947.

[37] Barbette, Edouard. *Carrés Magiques du 16me Ordre*. Bd. X. Mémoires de la Société Royale des Sciences de Liège. Bruxelles: Hayez, 1914, S. 125–128.

[38] Barbette, Edouard. *Les carrés magiques du $m^{ième}$ ordre*. Liège: Aug. Pholien, 1912.

[39] Barbette, Edouard. *Sur les carrés panmagiques*. Bd. 10. Mémoires de la Société Royale des Sciences de Liège. Bruxelles: Hayez, 1914, S. 93–123.

[40] Barink, Willem. *The construction of perfect panmagic squares of order 4k.* Web-published document, URL: http://allergrootste.com/friends/wba/magic-squares.html (2007, letzter Zugriff: 6.9.2024).

[41] Barnard, F. A. P. *Theory of Magic Squares and Cubes.* In: *Memoirs of the National Academy of Sciences* Vol. 4 (1888). S. 209–270.

[42] Barnard, F.A.P. *Theory of Magic Squares and of Magic Cubes.* Memoirs of the National Academy of Sciences. Washington: National Academy of Sciences, 1888, S. 209–270.

[43] Benson, William H. und Jacoby, Oswald. *New Recreations with Magic Squares.* New York: Dover-Publications Inc., 1976.

[44] Berggren, J. L. *History of Mathematics in the Islamic World: The Present State of the Art.* In: *Middle East Studies Association Bulletin* Vol. 19. Nr. 1 (1985). S. 9–33.

[45] Berlekamp, E. R., Conway, J. H. und Guy, R. K. *Winning Ways for Your Mathematical Plays.* Bd. 2. London: Academic Press, 1982.

[46] Bier, Thomas und Kleinschmidt, Axel. *Centrally symmetric and magic rectangles.* In: *Discrete Mathematics* Vol. 176. Nr. 1-3 (1997). S. 29–42.

[47] Bier, Thomas und Rogers, Douglas G. *Balanced Magic Rectangles.* In: *European Journal of Combinatorics* Vol. 14. Nr. 4 (1993). S. 285–299.

[48] Block, Seymour S. und Tavares, Santiago A. *Before Sudoku: The World of Magic Squares.* Oxford: Oxford University Press, 2009.

[49] Borsten, L., Duff, M.J., Hughes, L.J. u. a. *A magic square from Yang-Mills squared.* arXiv: 1301.4176. Web-published document, URL: https://arxiv.org/abs/1301.4176 (2013, letzter Zugriff: 6.9.2024).

[50] Bouteloup, Jacques. *Carrés magiques, carrés latins et eulériens.* Editions du Choix, 1991.

[51] Boyer, Christian. *Les ancêtres français du sudoku.* In: *Pour La Science* Vol. 344, Juni (2006). S. 8–11. (Lösungen auf Seite 89).

[52] Boyer, Christian. *Les premiers carrés tétra et pentamagiques.* In: *Pour La Science* Vol. 286, August (2001). S. 98–202.

[53] Boyer, Christian. *Magic squares.* In: *Mathematics Today* Vol. 42. Nr. 2 (2006). S. 70. (letter).

[54] Boyer, Christian. *Multimagic squares site.* Web-published document, URL: http://www.multimagie.com (2002, letzter Zugriff: 6.9.2024).

[55] Boyer, Christian. *Some notes on the magic squares of squares problem.* In: *The Mathematical Intelligencer* Vol. 27. Nr. 2 (2005). S. 52–64.

[56] Boyer, Christian. *Sudoku's French ancestors.* In: *The Mathematical Intelligencer* Vol. 29. Nr. 1 (2007). S. 37–44.

[57] Boyer, Christian. *Sudoku's French ancestors.* In: *The Mathematical Intelligencer* Vol. 29. Nr. 2 (2007). S. 59–63. (Lösungen).

[58] Breedijk, Arie. *Basic Pattern Method.* Web-published document, URL: https://www.magischvierkant.com/two-dimensional-eng/8x8/basic-pattern-method-1 (2002, letzter Zugriff: 6.9.2024).

[59] Breedijk, Arie. *Basic Pattern Method.* Web-published document, URL: https://www.magischvierkant.com/two-dimensional-eng/8x8/sudoku-method-2 (2002, letzter Zugriff: 6.9.2024).

[60] Breedijk, Arie. *Basic Pattern Method.* Web-published document, URL: https://www.magischvierkant.com/two-dimensional-eng/8x8/most-perfect-transformation (2002, letzter Zugriff: 6.9.2024).

[61] Breedijk, Arie. *Basic Pattern Method.* Web-published document, URL: https://www.magischvierkant.com/two-dimensional-eng/8x8/khajuraho-method (2002, letzter Zugriff: 6.9.2024).

[62] Breedijk, Arie. *Basic Pattern Method.* Web-published document, URL: https://www.magischvierkant.com/two-dimensional-eng/8x8/basic-pattern-method-1-1 (2002, letzter Zugriff: 6.9.2024).

[63] Breedijk, Arie. *Basic Pattern Method.* Web-published document, URL: https://www.magischvierkant.com/two-dimensional-eng/16x16/basic-key-method-most-perfect (2002, letzter Zugriff: 6.9.2024).

[64] Burnett, John Chaplyn. *Easy methods for the construction of magic squares.* London: Rider & Co., 1936.

[65] Calder, I. R. F. *A Note on Magic Squares in the Philosophy of Agrippa of Nettesheim.* In: *Journal of the Warburg and Courtauld Institutes* Vol. 12 (1949). S. 196–199.

[66] Cameron, Ian, Rogers, Adam und Loly, Peter D. *Signatura of magic and Latin integer squares: isentropic clans and indexing.* In: *Discussiones Mathematicae Probality and Statistics* Vol. 33 (2013). S. 121–149.

[67] Cammann, Schuyler. *Islamic and Indian Magic Squares (Part I).* In: *History of Religions* Vol. 8. Nr. 3 (1969). S. 181–209.

[68] Cammann, Schuyler. *Islamic and Indian Magic Squares (Part II).* In: *History of Religions* Vol. 8. Nr. 4 (1969). S. 271–299.

[69] Cammann, Schuyler. *The evolution of magic squares in China.* In: *Journal of the American Oriental Society* Vol. 80. Nr. 2 (1960). S. 116–124.

[70] Campbell, W. A. *An Unusual 12 by 12 Magic Square.* In: *Mathematics in School* Vol. 32. Nr. 5 (2003). S. 40.

[71] Candy, Albert L. *Construction, Classification and Census of Magic Squares of Even Order.* In: *The American Mathematical Monthly* Vol. 44. Nr. 8 (1937). S. 528.

[72] Candy, Albert L. *Construction, classification and census of magic squares of order five.* Self-published, 1939.

[73] Candy, Albert L. *Pandiagonal magic squares of composite order.* Self-published, 1941.

[74] Candy, Albert L. *Pandiagonal magic squares of prime order.* Self-published, 1940.

[75] Candy, Albert L. *Supplement to pandiagonal magic squares of prime order.* Self-published, 1942.

[76] Candy, Albert L. *The Number of 12x12 Squares That Can Be Constructed by the Method of Current Groups.* In: *National Mathematics Magazine* Vol. 9. Nr. 8 (1935). S. 223–235.

[77] Candy, Albert L. *To Construct a Magic Square of Order 2n from a Given Square of Order n.* In: *Mathematics News Letter* Vol. 8. Nr. 7 (1934). S. 147–160.

[78] Candy, Albert L. *To Construct a Magic Square of Order 2n from a Given Square of Order n.* In: *National Mathematics Magazine* Vol. 9. Nr. 4 (1935). S. 99–105.

[79] Cao, Xiao-Qin. *A construction method for the magic square of even order*. In: *Journal of Ningxia University (Natural Science Edition)* Vol. 21. Nr. 1 (2000). S. 89–91. (Sprache: Chinesisch).

[80] Cao, Xiao-qin und Gao, Zhi-yuan. *A simple and convenient structuring method of magic square of 2n+1 orders*. In: *Journal of Guangxi Teachers College* Vol. 20. Nr. 2 (2003). S. 43–45. (Sprache: Chinesisch).

[81] Carus, Paul. *Magic Squares By Reversion*. In: *The Monist* Vol. 22. Nr. 1 (1912). S. 159–160.

[82] Carus, Paul. *Reflections on Magic Squares*. In: *The Monist* Vol. 16. Nr. 1 (1906). S. 123–147. (siehe Andrews [17], S. 113 ff.)

[83] Catalan, Eugène Charles. *Carré Magique de la Villa Albani*. In: *Mathesis* Nr. 1 (1881). S. 121.

[84] Cazalas, Général E. *Carrés Magiques au degre n*. Paris: Hermann et Cie, 1934.

[85] Chabert, J.L. und Barbin, E. *A History of Algorithms: From the Pebble to the Microchip*. Berlin Heidelberg: Springer Verlag, 1994.

[86] Chambeyron, L. *Théorie des carrés magiques*. Lorient, impr. de D. Baumal, 1887.

[87] Chan, C.-Y. Jean, Mainkar, Meera G., Narayan, Sivaram K. u. a. *A construction of regular magic squares of odd order*. In: *Linear Algebra and its Applications* Vol. 45732 (2014). S. 293–302.

[88] Chan, Wayne und Loly, Peter D. *Iterative Compounding of Square Matrices to Generate Large-Order Magic Squares*. In: *Mathematics Today* Vol. 38. Nr. 4 (2002). S. 113–18.

[89] Chater, Nancy und Chater, W. J. *A Note on Pan-Magic Squares*. In: *The Mathematical Gazette* Vol. 29. Nr. 285 (1945). S. 92–103.

[90] Chater, Nancy und Chater, W. J. *On the Determinants of Pan-Magic Squares of Even Order*. In: *The Mathematical Gazette* Vol. 33. Nr. 304 (1949). S. 94–98.

[91] Chen, Kejun und Li, Wen. *Existence of normal bimagic squares*. In: *Discrete Mathematics* Vol. 312. Nr. 21 (2012). S. 3077–3086.

[92] Chen, Qin-wu und Chen, Mu-tian. *16th Order Trimagic Square*. In: *Computer Engeneering & Science* Vol. 28. Nr. 12 (2006). S. 90–92. (Sprache: Chinesisch).

[93] Chen, Qinwu und Liu, Xiufeng. *Bimagic squares of order 13, 14, and 15*. In: *Journal of Recreational Mathematics* Vol. 35. Nr. 4 (2006). S. 312–317.

[94] Chen, Yongming und Shi, Youmin. *A new method on the construction of m·n-order magic squares*. In: *Journal Of Wuyi University (Natural Science Edition)* Vol. 8. Nr. 3 (1994). S. 20–24. (Sprache: Chinesisch).

[95] Chen, Yung C. und Fu, Chin-Mei. *Construction and Enumeration of Pandiagonal magic squares of order n from Step method*. In: *Ars Comb.* Vol. 48 (1998).

[96] Chen, Zhong-Mu. *A method to structure the magic squares of even degree*. In: *Journal of Hunan City University* Vol. 5 (1991). S. 5–8. (Sprache: Chinesisch).

[97] Chen Kejun, Li Wen und Fengchu, Pan. *A family of pandiagonal bimagic squares based on orthogonal arrays*. In: *Journal of Combinatorial Designs* Vol. 19. Nr. 6 (2011). S. 427–438.

[98] Chernick, Jack. *Solution of the General Magic Square*. In: *The American Mathematical Monthly* Vol. 45. Nr. 3 (1938). S. 172–175.

[99] Chia, Gek. *Self-complementary magic squares of doubly even orders*. In: *Discrete Mathematics* Vol. 341 (Mai 2018). S. 1359–1362.

[100] Chia, Gek und Lee, Angeline. *Self-Complementary Magic Squares*. In: *Ars Combinatoria* Vol. 114 (Apr. 2014). S. 449–460.

[101] Chia, Gek Ling. *A construction for magic squares of composite order*. In: *Discovering Mathematics (Menemui Matematik)* Vol. 11. Nr. 1 (1989). S. 1–4.

[102] Chia, Gek Ling. *A note concerning the number of odd-order magic squares*. In: *Fibonacci Quarterly* Vol. 24. Nr. 4 (1986). S. 328–331.

[103] Chia, Gek Ling und Chee, P. S. *Construction of magic squares by composition*. In: *Discovering Mathematics (Menemui Matematik)* Vol. 5. Nr. 2 (1983). S. 51–62.

[104] Chou, Wan-Xi. *A method of constructing magic squares of order 4n*. In: *Journal of Huainan Institute of Technology* Vol. 21. Nr. 2 (2001). S. 57–64. (Sprache: Chinesisch).

[105] Chou, Wan-Xi. *The proof of a method of constructing magic spuares of order 4n*. In: *Mathematics In Practice and Theory* Vol. 34. Nr. 2 (2004). S. 85–89. (Sprache: Chinesisch).

[106] Coccoz, Commandant Victor. *Carrés magiques*. In: *Association Française pour l'Avancement des Sciences*. Paris, 1903, S. 142–157.

[107] Coccoz, Commandant Victor. *Carrés magiques en nombres non consécutifs déduits d'autres carrés*. In: *Association Française pour l'Avancement des Sciences*. Paris, 1895, S. 102–110.

[108] Coccoz, Commandant Victor. *Carrés magiques impairs à enceintes successives*. In: *Association Française pour l'Avancement des Sciences*. Paris, 1886, S. 130–134.

[109] Coccoz, Commandant Victor. *Construction des carrés magiques avec des nombres non consécutifs*. In: *Association Française pour l'Avancement des Sciences*. Paris, 1894, S. 163–183.

[110] Coccoz, Commandant Victor. *Des carrés de 8 et 9, magiques aux deux premiers degrés*. In: *Association Française pour l'Avancement des Sciences*. Paris, 1892, S. 136–148.

[111] Coccoz, Commandant Victor. *Des variations qu'on peut apporter aux carrés de huit magiques aux deux premiers degrés*. In: *Association Française pour l'Avancement des Sciences*. Paris, 1893, S. 171–183.

[112] Coccoz, Commandant Victor. *Quelques exemples de carrés de huit magiques aux deux premiers degrés*. In: *Association Française pour l'Avancement des Sciences*. Paris, 1902, S. 137–157.

[113] Constantin, Julien. *Carrés magiques: une construction géométrique*. In: *Bulletin de l'Association mathématique du Quebec* Vol. 45. Nr. 1 (2005). S. 10–28.

[114] Constantin, Julien. *Une construction de carrés magiques symmétriques et diaboliques*. In: *Bulletin de l'Association mathématique du Quebec* Vol. 48. Nr. 4 (2008). S. 19–40.

[115] Cram, James. *Magic Squares: New Methods, Embracing a General Method*. Dundee: R. S. Barrie, 1885.

[116] Cruz, Evelin Fonseca und Grandchamp, Enguerran. *Heuristic Method to Find Magic Squares*. In: *Proceedings of the 2012 IEEE 15th International Conference on

Computational Science and Engineering. CSE 12. IEEE Computer Society, 2012, S. 119–123.

[117] d'Ons-en-Bray, Louis-Léon. *Méthode facile pour faire tels quarrés magiques*. In: *Histoire de l'Académie Royale des Sciences*. Paris: Académie Royale des Sciences (France), 1750, S. 241–271.

[118] Danielsson, Holger. *Magische Quadrate und ihre Konstruktion*. Berlin: Springer Spektrum, 2024.

[119] Das, Mrinal Kanti. *On concentric magic squares and magic squares of order 4n+2*. In: *International Journal of Mathematical Education in Science and Technology* Vol. 12. Nr. 2 (1991). S. 187–201.

[120] Datta, Bibhutibhusan und Singh, Awadhesh Narayan Singh. *Magic squares in India*. In: *Indian Journal of History of Science* Vol. 27. Nr. 1 (1992). S. 51–120.

[121] Delesalle, A. *Carrés magiques*. Paris: Gauthier-Villars, 1956.

[122] Denes, J. und Keedwell, Donald A. *A Conjecture Concerning Magic Squares*. In: *The American Mathematical Monthly* Vol. 95. Nr. 9 (1988). S. 845–849.

[123] Deng, Xiang-ping. *Construction of Arbitrary Odd Concentric Magic Squares Using Improved Edge Method*. In: *Natural Science Journal of Hainan University* Vol. 31. Nr. 3 (2013). S. 199–204. (Sprache: Chinesisch).

[124] Derksen, Harm, Eggermont, Christian und Essen, Arno van den. *Multimagic Squares*. arXiv: `math/0504083`. Web-published document, URL: `https://arxiv.org/abs/math/0504083` (2005, letzter Zugriff: 6.9.2024).

[125] Descombes, René. *Les Carrés Magiques*. 2me Édition. Paris: Edition Vuibert, 2000.

[126] Diderot, d'Alembert. *Encyclopédie, ou dictionnaire raisonné des sciences, des arts et des métiers*. Bd. 28. Genève: Pellet, Imprimeur–Libraire, 1778.

[127] Drach, S. M. *An easy general Rule for filling up all Magic Squares*. In: *Messenger of Mathematics* (1873). S. 169–174.

[128] Driel, J. van. *Magic Squares of (2n + 1)2 Cells*. Rider & Co., 1936.

[129] Duan, Zhenhua, Liu Jin, Liu, Li, Jie Li u. a. *Improved Even Order Magic Square Construction Algorithms and Their Applications*. In: *Combinatorial Optimization and Applications – 8th International Conference, COCOA 2014*. 2014, S. 666–680.

[130] Dudeney, Henry Ernest. *Amusements in mathematics*. London: Thomas Nelson und Sons Ltd., 1917.

[131] Emanouilidis, Emanuel. *Construction of Pythagorean Magic Squares*. In: *The Mathematical Gazette* Vol. 89. Nr. 514 (2005). S. 99–101.

[132] Emberly, E. G., Bunio, C. und Loly, P. D. *Bagels: Triangular, Square ...* In: *Physics in Canada* Vol. 53. Nr. 2 (1997).

[133] Essen, Arno van den. *Les Carrés Magiques*. Paris: Editions Belin, 2007.

[134] Evans, Anthony B. *Magic rectangles and modular magic rectangles*. In: *Journal of Statistical Planning and Inference* Vol. 51. Nr. 2 (1996). S. 171–180.

[135] Falkener, Edward. *Games ancient and oriental, and how to play them*. London: Longmans, Green und Co., 1892.

[136] Fat, Wang und Ming, Zhou. *An algorithm to construct magic squares*. In: *Journal Of Jiangxi Institute Of Education* Vol. 17. Nr. 6 (1996). S. 9–12. (Sprache: Chinesisch).

[137] Fengchu, Pan. *12th-order bimagic and trimagic squares.* Web-published document, URL: http://www.multimagie.com/English/BiTriMagic12_16.htm (2007, letzter Zugriff: 6.9.2024).

[138] Fitting, F. *Die Komponenten magischer Quadrate und ihre Verwendung zur Konstruktion solcher Quadrate.* In: *Jahresbericht der Deutschen Mathematiker-Vereinigung*. Leipzig: B.G. Teubner, 1892, S. 254–265.

[139] Fitting, F. *Rein mathematische Behandlung des Problems der magischen Quadrate von 16 und 64 Feldern.* In: *Jahresbericht der Deutschen Mathematiker-Vereinigung.* Leipzig: B.G. Teubner, 1892, S. 177–199.

[140] Folkerts, Menso. *Zur Frühgeschichte der magischen Quadrate in Westeuropa.* In: *Sudhoffs Archiv* Vol. 65. Nr. 4 (1981). S. 313–338.

[141] Fontes, Joseph. *Sur les carrés à bordure de Stifel.* In: *Association Française pour l'Avancement des Sciences*. Paris, 1895, S. 248–256.

[142] Fourrey, Emile. *Les carrés magiques.* In: *Récréations arithmétiques*. Paris: Vuibert, 1899, S. 197–261.

[143] Franklin, Benjamin. *Experiments and observations*. 4. London, 1769.

[144] Frénicle de Bessy, Bernard. *Des quarréz ou table magiques.* In: *Divers Ouvrages de Mathématique et de Physique*. Paris: Académie Royale des Sciences (France), 1693, S. 423–507.

[145] Frénicle de Bessy, Bernard. *Des quarréz ou table magiques.* In: *Histoire de l'Académie Royale des Sciences*. Paris: Académie Royale des Sciences (France), 1729, S. 209–354.

[146] Frierson, L. S. *A Mathematical Study of Magic Squares.* In: *The Monist* Vol. 17 (1907). S. 272–293.

[147] Frierson, L. S. *A New Method for Making Magic Squares of an Odd Degree.* In: *The Monist* Vol. 19 (1909). S. 441–450. (siehe Andrews [17], S. 129 ff.)

[148] Frierson, L. S. *Notes on Pandiagonaland Associated Magic Squares.* In: *The Monist* Vol. 21 (1911). S. 141–152. (siehe Andrews [17], S. 229 ff.)

[149] Frierson, L. S. *Notes on the Construction of Magic Squares.* In: *The Monist* Vol. 22 (1912). S. 304–314. (siehe Andrews [17], S. 267 ff.)

[150] Frolow, Général (Mikhail). *Égalités à deux et à trois degrés.* In: *Bulletin de la Société Mathématique de France* Vol. 20 (1892). S. 69–84.

[151] Frolow, Général Mikhail. *Le Problème d'Euler et les Carrés Magiques*. St. Petersbourg, 1884.

[152] Frolow, Général Mikhail. *Les Carrés magiques, nouvelle étude*. Paris: Gauthier-Villars, 1886.

[153] Frolow, Général Mikhail. *Nouvelles recherches sur les carrés magiques.* In: *Association Française pour l'Avancement des Sciences*. Paris, 1886, S. 170–183.

[154] Frost, A. H. *Dictionary: magic squares*. 11. Bd. 17. Encyclopaedia Britannica Inc, 1910-1911.

[155] Frost, A. H. *Invention of magic cubes.* In: *The Quarterly Journal of Pure and Applied Mathematics* Vol. 7 (1866). S. 92–103.

[156] Frost, A. H. *Nasik Squares: A general method of constructing them in all dimensions and their curious properties*. Cambridge: St. John's College, 1896.

[157] Frost, A. H. *On the General Properties of Nasik squares*. In: *The Quarterly Journal of Pure and Applied Mathematics* Vol. 15 (1878). S. 34–48.

[158] Frost, A. H. *The Construction of Nasik Squares of any Order*. In: *Proceedings of the London Mathematical Society* Vol. 27 (1896). S. 487–518.

[159] Fults, John Lee. *Magic Squares*. La Salle: Open Court Publishing Company, 1974.

[160] Gaspalou, Francis. *About the Rilly's method of construction of 8x8 bimagic squares*. Web-published document, URL: `http://multimagie.com/GaspalouRilly.pdf` (2013, letzter Zugriff: 6.9.2024).

[161] Gaspalou, Francis. *Derived methods from those of Coccoz and Rilly for generating 8x8 bimagic squares*. Web-published document, URL: `http://multimagie.com/GaspalouDerivedMethods.pdf` (2014, letzter Zugriff: 6.9.2024).

[162] Gaspalou, Francis. *How Many Squares Are There, Mr. Tarry?* Web-published document, URL: `http://www.multimagie.com/GaspalouTarry.pdf` (2012, letzter Zugriff: 6.9.2024).

[163] Gaspalou, Francis. *Revisit of the method of construction of the first bimagic squares*. Web-published document, URL: `http://www.multimagie.com/GaspalouCoccoz.pdf` (2013, letzter Zugriff: 6.9.2024).

[164] Gerardin, André. *Note sur Certains Carrés Bimagique*. In: *Association Française pour l'Avancement des Sciences* (1925). S. 89–90.

[165] Gerardin, André. *Note sur les Carrés Magique*. In: *Association Française pour l'Avancement des Sciences* (1928). S. 40–41.

[166] Gerdes, Paulus. *On Lunda-Designs and the Construction of Associated Magic Squares of Order 4p*. In: *The College Mathematics Journal* Vol. 31. Nr. 3 (2000). S. 182–188.

[167] Gervais, Bernard. *Les carrés magiques de 5*. Paris: Edition Eyrolles, 1997.

[168] Gong, Helin und Shu, Qing. *The Constructing Methods of Nested Magic Squares of Doubly Even Order*. In: *Journal of Hainan Normal University (Natural Science)* Vol. 25. Nr. 2 (2012). S. 137–141. (Sprache: Chinesisch).

[169] Good, J.M., Gregory, O. und Bosworth, N. *Pantologia: A New Cyclopaedia*. London: G. Kearsley, 1813.

[170] Gridgeman, N. T. *Magic Squares Embedded in a Latin Square*. In: *Journal of Recreational Mathematics* Vol. 5. Nr. 4 (1972). S. 250.

[171] Groizard, J.M. *Algèbre des Carrés Magiques*. Paris: Association des Professeurs Mathématiques de l'Enseignement Public, 1984.

[172] Guéron, Jacques. *13th-order bimagic squares*. Web-published document, URL: `http://www.multimagie.com/English/BiTriMagic12_16.htm#BiMa13` (2006, letzter Zugriff: 6.9.2024).

[173] Günther, Siegmund. *Vermischte Untersuchungen zur Geschichte der mathematischen Wissenschaften*. Leipzig: B.G. Teubner, 1876.

[174] Gupta, Bhavya. *Algorithm for Doubly Even Magic square*. In: *International Advanced Research Journal in Science, Engineering and Technology* Vol. 6. Nr. 3 (2019). S. 112–117.

[175] Guttman, S. *On Novel Magic Squares*. In: *The American Mathematical Monthly* Vol. 36. Nr. 7 (1929). S. 369–374.

[176] Gwanyama, Philip Wagala. *Fundamental Computations for Magic Squares*. K & M Printing Co., 2010.

[177] Hagedorn, Thomas R. *Magic rectangles revisited*. In: *Discrete Mathematics* Vol. 207. Nr. 1-3 (1999). S. 65–72.

[178] Hao, Baojun, Jin, Shuzhi und Sun, Duoqing. *A unified construction of even order magic squares*. In: *Journal Of Hebei Vocation-Te Chnical Teachers College* Vol. 14. Nr. 1 (2000). S. 48–52. (Sprache: Chinesisch).

[179] Hayashi, Takao. *A preliminary study in the history of magic squares before the seventeenth century*. In: *Bulletin of the National Museum of Ethnology* Vol. 13. Nr. 3 (1989). S. 615–636.

[180] Hayashi, Takao. *Varahamihira's pandiagonal magic square of the order four*. In: *Historia Mathematica* Vol. 14. Nr. 2 (1987). S. 159–166.

[181] Heath, R. V. *E 496*. In: *The American Mathematical Monthly* Vol. 49. Nr. 7 (1942). S. 476.

[182] Heath, R. V. *Mathemagic*. New York: Dover Publ., 1953.

[183] Heath, R. V. und Boyer, Christian. *Better Late than Never: E 496*. In: *The American Mathematical Monthly* Vol. 114. Nr. 8 (2007). S. 745–746.

[184] Heinz, Harvey D. und Hendricks, John R. *Magic Square Lexicon*. Self-published, 2000.

[185] Hendricks, John R. *A Five-Dimensional Magic Hypercube of Order 3*. In: *Journal of Recreational Mathematics* Vol. 21. Nr. 4 (1989). S. 245–248.

[186] Hendricks, John R. *A Magic Cube of Order 7*. In: *Journal of Recreational Mathematics* Vol. 20. Nr. 1 (1988). S. 23–25.

[187] Hendricks, John R. *A Ninth-Order Magic Cube*. In: *Journal of Recreational Mathematics* Vol. 19. Nr. 2 (1987). S. 126–131.

[188] Hendricks, John R. *A Note on Magic Tetrahedrons*. In: *Journal of Recreational Mathematics* Vol. 24. Nr. 4 (1992). S. 244.

[189] Hendricks, John R. *A Pandiagonal Magic Square of Order 8*. In: *Journal of Recreational Mathematics* Vol. 7. Nr. 3 (1974). S. 186.

[190] Hendricks, John R. *A Property of Some Pan-3-agonal Magic Cubes of Odd Order*. In: *Journal of Recreational Mathematics* Vol. 26. Nr. 2 (1994). S. 96–101.

[191] Hendricks, John R. *A Straight Line*. In: *Journal of Recreational Mathematics* Vol. 24. Nr. 2 (1992). S. 86–88.

[192] Hendricks, John R. *An Approximation to PI*. In: *Journal of Recreational Mathematics* Vol. 28. Nr. 2 (1996-1997). S. 158.

[193] Hendricks, John R. *An Inlaid Magic Cube*. In: *Journal of Recreational Mathematics* Vol. 25. Nr. 4 (1993). S. 286–288.

[194] Hendricks, John R. *An Odd Twist*. In: *Journal of Recreational Mathematics* Vol. 20. Nr. 2 (1988). S. 152–153.

[195] Hendricks, John R. *Another Magic Tessaract of Order 3*. In: *Journal of Recreational Mathematics* Vol. 20. Nr. 4 (1988). S. 275–276.

[196] Hendricks, John R. *Bimagic Squares: Order 9*. Self-published. 1999.

[197] Hendricks, John R. *Constructing Pandiagonal Magic Squares of Odd Order: Parts I and II*. In: *Journal of Recreational Mathematics* Vol. 19. Nr. 3 (1987). S. 204–208.

[198] Hendricks, John R. *Creating More Magic Tessaracts of Order 3.* In: *Journal of Recreational Mathematics* Vol. 20. Nr. 4 (1988). S. 279–283.
[199] Hendricks, John R. *Creating Pan-3-agonal Magic Cubes of Odd Order.* In: *Journal of Recreational Mathematics* Vol. 19. Nr. 4 (1987). S. 280–285.
[200] Hendricks, John R. *Frierson's Fuddle.* In: *Journal of Recreational Mathematics* Vol. 25. Nr. 1 (1993). S. 77.
[201] Hendricks, John R. *Generating a Pandiagonal Magic Square of Order Eight.* In: *Journal of Recreational Mathematics* Vol. 19. Nr. 1 (1987). S. 55–58.
[202] Hendricks, John R. *Groups of Magic Tessaracts.* In: *Journal of Recreational Mathematics* Vol. 21. Nr. 1 (1989). S. 13–18.
[203] Hendricks, John R. *Inlaid Magic Squares.* In: *Journal of Recreational Mathematics* Vol. 27. Nr. 3 (1995). S. 175–178.
[204] Hendricks, John R. *Inlaid Magic Squares.* Self-published. 1998.
[205] Hendricks, John R. *Inlaid Odd-Order Magic Squares.* In: *Journal of Recreational Mathematics* Vol. 24. Nr. 1 (1992). S. 6–11.
[206] Hendricks, John R. *Inlaid Pandiagonal Magic Squares.* In: *Journal of Recreational Mathematics* Vol. 27. Nr. 2 (1995). S. 123–124.
[207] Hendricks, John R. *Large Factorial.* In: *Journal of Recreational Mathematics* Vol. 21. Nr. 2 (1989). S. 89–90.
[208] Hendricks, John R. *Letter to the Editor. Re: Borders for 2nd-order square.* In: *Journal of Recreational Mathematics* Vol. 19. Nr. 1 (1987). S. 42.
[209] Hendricks, John R. *Magic Cubes of Odd Order.* In: *Journal of Recreational Mathematics* Vol. 6. Nr. 4 (1973). S. 268–272.
[210] Hendricks, John R. *Magic Cubes of Odd Order by Pocket Computer.* In: *Journal of Recreational Mathematics* Vol. 20. Nr. 2 (1988). S. 92–96.
[211] Hendricks, John R. *Magic Square Time.* In: *Journal of Recreational Mathematics* Vol. 7. Nr. 3 (1974). S. 187–188.
[212] Hendricks, John R. *Magic Squares of Doubled Order.* Self-published. 1999.
[213] Hendricks, John R. *Magic Squares to Tesseracts by Computer.* Self-published. 1998.
[214] Hendricks, John R. *Magic Tessaracts and n-Dimensional Magic Hypercubes.* In: *Journal of Recreational Mathematics* Vol. 6. Nr. 3 (1973). S. 193–201.
[215] Hendricks, John R. *More and More Magic Tessaracts.* In: *Journal of Recreational Mathematics* Vol. 21. Nr. 1 (1989). S. 26–28.
[216] Hendricks, John R. *More Pandiagonal Magic Squares.* In: *Journal of Recreational Mathematics* Vol. 20. Nr. 3 (1988). S. 198–201.
[217] Hendricks, John R. *Note on the Bimagic Square of Order 3.* In: *Journal of Recreational Mathematics* Vol. 29. Nr. 4 (1998). S. 219–221.
[218] Hendricks, John R. *Pan-n-agonals in Hypercubes.* In: *Journal of Recreational Mathematics* Vol. 7. Nr. 2 (1974). S. 95–96.
[219] Hendricks, John R. *Pandiagonal Magic Squares of Odd Order by Pocket Computer.* In: *Journal of Recreational Mathematics* Vol. 20. Nr. 2 (1988). S. 87–91.
[220] Hendricks, John R. *Some Ordinary Magic Cubes of Order 5.* In: *Journal of Recreational Mathematics* Vol. 20. Nr. 1 (1988). S. 18–22.
[221] Hendricks, John R. *Species of Third-Order Magic Squares and Cubes.* In: *Journal of Recreational Mathematics* Vol. 6. Nr. 3 (1973). S. 190–192.

[222] Hendricks, John R. *Ten Magic Tessaracts of Order Three*. In: *Journal of Recreational Mathematics* Vol. 18. Nr. 2 (1985-86). S. 125–134.

[223] Hendricks, John R. *The Determinant of a Pandiagonal Magic Square of Order 4 is Zero*. In: *Journal of Recreational Mathematics* Vol. 21. Nr. 3 (1989). S. 179–181.

[224] Hendricks, John R. *The Diagonal Rule for Magic Cubes of Odd Order*. In: *Journal of Recreational Mathematics* Vol. 20. Nr. 3 (1988). S. 192–195.

[225] Hendricks, John R. *The Five and Six-Dimensional Magic Hypercubes of Order 3*. In: *Canadian Mathematical Bulletin* Vol. 5. Nr. 2 (1962). S. 171–190.

[226] Hendricks, John R. *The Magic Hexagram*. In: *Journal of Recreational Mathematics* Vol. 25. Nr. 1 (1993). S. 10–12.

[227] Hendricks, John R. *The Magic Square Course*. Self-published. 1992.

[228] Hendricks, John R. *The Magic Tessaracts of Order 3 Complete*. In: *Journal of Recreational Mathematics* Vol. 22. Nr. 1 (1990). S. 15–26.

[229] Hendricks, John R. *The Pan-3-agonal Magic Cube*. In: *Journal of Recreational Mathematics* Vol. 5. Nr. 1 (1972). S. 51–52.

[230] Hendricks, John R. *The Pan-3-agonal Magic Cube of Order 4*. In: *Journal of Recreational Mathematics* Vol. 13. Nr. 4 (1980-1981). S. 274–281.

[231] Hendricks, John R. *The Pan-3-agonal Magic Cube of Order 5*. In: *Journal of Recreational Mathematics* Vol. 5. Nr. 3 (1972). S. 205–206.

[232] Hendricks, John R. *The Pan-4-agonal Magic Tessaract*. In: *American Mathematical Monthly* Vol. 75. Nr. 4 (1968). S. 384.

[233] Hendricks, John R. *The Pan-4-agonal Magic Tessaract of Order 4*. In: *Journal of Recreational Mathematics* Vol. 21. Nr. 1 (1989). S. 56–60.

[234] Hendricks, John R. *The Perfect Magic Cube of Order 4*. In: *Journal of Recreational Mathematics* Vol. 13. Nr. 3 (1980-1981). S. 204–206.

[235] Hendricks, John R. *The Third Order Magic Cube Complete*. In: *Journal of Recreational Mathematics* Vol. 5. Nr. 1 (1972). S. 43–50.

[236] Hendricks, John R. *The Third Order Magic Tessaract*. In: *Journal of Recreational Mathematics* Vol. 20. Nr. 4 (1988). S. 251–256.

[237] Hermelink, Heinrich. *Die ältesten magischen Quadrate höherer Ordnung und ihre Bildungsweise*. In: *Sudhoffs Archiv* Vol. 42. Nr. 3 (1958). S. 199–217.

[238] Hirayama, A. und Abe, G. *Researches in Magic Squares*. Osaka: Kyoiku Press, 1983.

[239] Hire, Philippe de la. *Construction des quarrés magiques*. In: *Histoire de l'Académie Royale des Sciences*. Paris: Académie Royale des Sciences (France), 1705, S. 364–382.

[240] Hire, Philippe de la. *Nouvelles constructions et considérations sur les carrés magiques avec les démonstrations*. In: *Histoire de l'Académie Royale des Sciences*. Paris: Académie Royale des Sciences (France), 1705, S. 127–171.

[241] Hoffmann, L. und Natani, L. *Mathematisches Wörterbuch*. Bd. 5. Wiegandt & Hempel, 1866, S. 9–16.

[242] Horner, Joseph. *On the Algebra of Magic Squares (No. 1)*. In: *The Quarterly Journal of Pure and Applied Mathematics* Vol. 11. Nr. 41 (1870). S. 57–65.

[243] Horner, Joseph. *On the Algebra of Magic Squares (No. 2)*. In: *The Quarterly Journal of Pure and Applied Mathematics* Vol. 11. Nr. 42 (1870). S. 123–132.

[244] Horner, Joseph. *On the Algebra of Magic Squares (No. 3)*. In: *The Quarterly Journal of Pure and Applied Mathematics* Vol. 11. Nr. 43 (1871). S. 213–224.

[245] Hu, Can, Meng, Jiake, Pan, Fengchu u. a. *On the Existence of a Normal Trimagic Square of Order 16 n*. In: *Journal of Mathematics* Vol. 2023 (Nov. 2023). S. 1–9.

[246] Hu, Can und Pan, Fengchu. *New Infinite Classes for Normal Trimagic Squares of Even Orders Using Row–Square Magic Rectangles*. 2024. Web-published document, URL: `https://www.mdpi.com/2227-7390/12/8/1194`.

[247] Huang, Dahai. *Four algorithms for constructing magic squares*. In: *Journal of Southeast University (Natural Science Edition)* Vol. 19. Nr. 2 (1989). S. 66–74. (Sprache: Chinesisch).

[248] Huang, Zhenghai und Lin, Qingquan. *A method for constructing magic square with even order*. In: *Journal Of South-Central College For Nationalities (Natural Science Edition)* Vol. 14. Nr. 2 (1995). S. 1–5. (Sprache: Chinesisch).

[249] Huber, A. *Carré diabolique de 8 composé de 4 carrés diaboliques de 4 donnant des cubes magiques (Problème 481)*. In: *Les Tablettes du Chercheur* (1892). S. 273, 312.

[250] Huber, A. *Carré diabolique de 9 (Problème 589)*. In: *Les Tablettes du Chercheur* (1892). S. 337, 378.

[251] Huber, A. *Carré magique de 10 à enceintes successives et à diagonales à trois degrés (Problème 1732)*. In: *Les Tablettes du Chercheur* (1894). S. 204, 246–247.

[252] Huber, A. *Carré magique de 12 (Problème 2300)*. In: *Les Tablettes du Chercheur* (1895). S. 145, 185–186.

[253] Huber, A. *Carré magique de 12 (Problème 2333)*. In: *Les Tablettes du Chercheur* (1895). S. 160–161, 202.

[254] Huber, A. *Carré magique de 12 (Problème 2433)*. In: *Les Tablettes du Chercheur* (1895). S. 209, 251.

[255] Huber, A. *Carré magique de 6 (Problème 1192)*. In: *Les Tablettes du Chercheur* (1893). S. 288, 330.

[256] Huber, A. *Carré magique de 6 à enceinte et à diagonales à trois degrés (Problème 428)*. In: *Les Tablettes du Chercheur* (1892). S. 241, 281–282.

[257] Huber, A. *Carré magique de 8 (Problème 528)*. In: *Les Tablettes du Chercheur* Nr. 15 (1. August 1891). S. 5. (Solution: 15. August 1891, S.10).

[258] Huber, A. *Carré magique de 8 à deux degrés (Problème 1626)*. In: *Les Tablettes du Chercheur* (1894). S. 141, 180.

[259] Huber, A. *Carré magique de 8 à enceintes successives et à diagonales à trois degrés (Problème 665)*. In: *Les Tablettes du Chercheur* Nr. 20 (15. Oktober 1891). S. 5. (Solution: 1. November 1891, S.10).

[260] Huber, A. *Carré magique de 9 à deux degrés (semi-diabolique) (Problème 273)*. In: *Les Tablettes du Chercheur* (1892). S. 144, 185.

[261] Huber, A. *Carré magique de 9 à enceintes successives et à diagonales à trois degrés (Problème 639)*. In: *Les Tablettes du Chercheur* (1892). S. 368.

[262] Huber, A. *Carré magique de 9 à enceintes successives et à diagonales à trois degrés (Problème 639)*. In: *Les Tablettes du Chercheur* (1893). S. 29.

[263] Huber, A. *Carré magique de 9 donnant six cubes de 3 (Problème 536)*. In: *Les Tablettes du Chercheur* (1892). S. 304, 348.

[264] Huber, A. *Carré magique de neuf à deux degrés semi-diabolique (Problème 25)*. In: *Les Tablettes du Chercheur* (1892). S. 5, 31.

[265] Huber, A. *Carré magique de neuf à enceintes successives et à diagonales à trois degrés (Problème 166)*. In: *Les Tablettes du Chercheur* (1892). S. 84–85, 120–121.

[266] Huber, A. *Carrés diaboliques de 7 à diagonales à cinq degrés (Problème 1314)*. In: *Les Tablettes du Chercheur* (1893). S. 353.

[267] Huber, A. *Carrés diaboliques de 7 à diagonales à cinq degrés (Solution 1314)*. In: *Les Tablettes du Chercheur* (1894). S. 10–11.

[268] Huber, A. *Carrés magique de 12 (Problème 2397)*. In: *Les Tablettes du Chercheur* (1895). S. 193, 235.

[269] Huber, A. *Carrés magique de 8 à deux degrés (Problème 1341)*. In: *Les Tablettes du Chercheur* (1893). S. 368.

[270] Huber, A. *Carrés magique de 8 à deux degrés (Solution 1341)*. In: *Les Tablettes du Chercheur* (1894). S. 22–23.

[271] Huber, A. *Carrés magiques de 8 à deux degrés (Problème 1704)*. In: *Les Tablettes du Chercheur* (1894). S. 187–188, 229–230.

[272] Huber, A. *Cubes magiques de 4 (Problème 1788)*. In: *Les Tablettes du Chercheur* (1894). S. 236, 277.

[273] Huber, A. *Méthode générale de transformation*. In: *Les Tablettes du Chercheur* (1893). S. 212, 226–228.

[274] Hudson, Carolyn B. *On Pandiagonal Magic Squares of Order* $6t \pm 1$. In: *Mathematics Magazine* Vol. 45. Nr. 2 (1972). S. 94–96.

[275] Hugel, Theodor. *Die magischen Quadrate mathematisch behandelt und bewiesen: Dissertation zur Erlangung der philosophische Doctorwürde*. C. Brügel & Sohn, 1862.

[276] Hunter, J. A. H. und Madachy, Joseph S. *Mathematical Diversions*. Princeton: van Nostrand Company, Inc., 1963.

[277] Hurkens, C.A.J. *Plenty of Franklin magic squares, but none of order 12*. Web-published document, URL: `https://pure.tue.nl/ws/files/1898639/628349.pdf` (2007, letzter Zugriff: 6.9.2024).

[278] Hutton, C. *Philosophical and Mathematical Dictionary*. London, 1815.

[279] Ibrahim, A. M., Jibril, H. M. und Umar, Abdullahi. *Constructing Even Order Magic Squares By Consecutive Numbering*. arXiv: `1303.4536`. Web-published document, URL: `https://arxiv.org/abs/1303.4536` (2013, letzter Zugriff: 6.9.2024).

[280] Jacobs, Charles J. *A reexamination of the Franklin square*. In: *The Mathematics Teacher* Vol. 64 (1971). S. 55–62.

[281] Jelliss, G.P. *Knight's Tour Notes*. Web-published document, URL: `https://www.mayhematics.com/t/t.htm` (letzter Zugriff: 6.9.2024).

[282] Johnson, Allan W. *A Bordered Prime Magic Square*. In: *Journal of Recreational Mathematics* Vol. 15. Nr. 2 (1982-83). S. 84.

[283] Johnson, Allan W. *A Pandiagonal Sixth-Order Prime Magic Square*. In: *Journal of Recreational Mathematics* Vol. 23. Nr. 3 (1991). S. 190–91.

[284] Johnson, Allan W. *A Prime Magic Squares for the Prime Year 1987*. In: *Journal of Recreational Mathematics* Vol. 19. Nr. 1 (1987). S. 24.

[285] Johnson, Allan W. *Consecutive-Prime Magic Squares*. In: *Journal of Recreational Mathematics* Vol. 15. Nr. 1 (1982-1983). S. 17.

[286] Johnson, Allan W. *Minimum Prime Pandiagonal Order-6 Magic Squares*. In: *Journal of Recreational Mathematics* Vol. 23. Nr. 3 (1991). S. 190–191.

[287] Johnson, Allan W. *On pandiagonal symmetrical magic squares of order 6*. In: *Journal of Recreational Mathematics* Vol. 16. Nr. 4 (1983). S. 263–267.

[288] Johnson, Allan W. *Pandiagonal prime magic squares of order 4*. In: *Journal of Recreational Mathematics* Vol. 16. Nr. 3 (1983). S. 193–195.

[289] Johnson, Allan W. *Six Magic Squares in One*. In: *Journal of Recreational Mathematics* Vol. 13. Nr. 4 (1980-1981). S. 317.

[290] Johnson, Allan W. *Solution: an Odd Twist*. In: *Journal of Recreational Mathematics* Vol. 20. Nr. 3 (1988). S. 152.

[291] Johnson, C. R. *A Matrix Theoretic Construction of Magic Squares*. In: *The American Mathematical Monthly* Vol. 79. Nr. 9 (1972). S. 1004–1006.

[292] Karpenko, V. *Two thousand years of numerical magic squares*. In: *Endeavour (New Series)* Vol. 18 (1994). S. 147–153.

[293] Keedwell, Donald A. *A short note regarding existence of complete sets of orthogonal diagonal Sudoku squares*. In: *The Australasian Journal of Combinatorics* Vol. 51 (2011). S. 271–273.

[294] Keedwell, Donald A. *Construction of bimagic squares using orthogonal Sudoku squares*. In: *Bulletin of the ICA* Vol. 63 (2011). S. 39–47.

[295] Keedwell, Donald A. *Construction of bimagic squares using orthogonal Sudoku squares*. In: *Electronic Notes in Discrete Mathematics* Nr. 40 (2013). S. 163–168.

[296] Keedwell, Donald A. *Constructions of complete sets of orthogonal diagonal Sudoku squares*. In: *The Australasian Journal of Combinatorics* Vol. 47 (2010). S. 227–238.

[297] Keedwell, Donald A. *Defining Sets for Magic Squares*. In: *The Mathematical Gazette* Vol. 90. Nr. 519 (2006). S. 417–424.

[298] Keedwell, Donald A. *Gaston Tarry and multimagic squares*. In: *The Mathematical Gazette* Vol. 95. Nr. 534 (2011). S. 454–468.

[299] Keedwell, Donald A. *Two Remarks about Sudoku Squares*. In: *The Mathematical Gazette* Vol. 90. Nr. 519 (2006). S. 425–430.

[300] Kim, Yangkok und Yoo, Jaechil. *An algorithm for constructing magic squares*. In: *Discrete Applied Mathematics* Vol. 156. Nr. 14 (2008). S. 2804–2809.

[301] Kim, Yangkok und Yoo, Jaechil. *Note: An algorithm for constructing magic squares*. In: *Discrete Applied Mathematics* Vol. 156. Nr. 14 (Juli 2008). S. 2804–2809.

[302] Kircher, Athanasius. *Arithmologia*. 1665.

[303] Kirmani, M.Z. und Singh, N.K. *Encyclopaedia of Islamic Science and Scientists: A-H*. Global Vision Publishing House, 2005.

[304] Klügel, G.S. und Mollweide, C.B. *Mathematisches Wörterbuch*. (angefangen von Klügel und fortgesetzt von Mollweide). Leipzig, 1823.

[305] Knuth, D. E. *Very Magic Squares*. In: *The American Mathematical Monthly* Vol. 75. Nr. 3 (1968). S. 260–264.

[306] Kraitchik, Maurice. *La mathématique des jeux où récréations mathématique*. Bruxelles: Imprimerie Stevens Frères, 1930.

[307] Kraitchik, Maurice. *Mathematical Recreations*. 2nd Edition. New York: Dover-Publications Inc., 1953.

[308] Kraitchik, Maurice. *Traité des Carrés Magiques*. (Auszug aus dem Buch 'La mathématique des jeux'). Paris: Gauthier-Villars, 1930.

[309] Krishnappa, H.K., Srinath, N.K. und Ramakanth Kumar, P. *Magic Square Construction Algorithms and their applications*. In: *The IUP Journal of Computational Mathematics* Vol. 3. Nr. 3 (2010). S. 34–50.

[310] Ku, Y. H. und Chen, Nan-Xian. *On systematic procedures for constructing magic squares*. In: *Journal of the Franklin Institute* Vol. 321. Nr. 6 (1986). S. 337–350.

[311] Ku, Y. H. und Chen, Nan-Xian. *Some theorems on construction of magic squares*. In: *Journal of the Franklin Institute* Vol. 322. Nr. 5-6 (1986). S. 253–266.

[312] Kuo, Tien Tao. *The construction of doubly-even magic squares*. In: *Journal of Recreational Mathematics* Vol. 15. Nr. 2 (1982). S. 94–104.

[313] Laisant, C. A. *Principes de la méthode de M. Arnoux concernant l'étude des espaces arithmétiques hypermagiques*. In: *Bulletin de la Société Mathématique de France* Vol. 22 (1894). S. 28–36.

[314] Langford, C. Dudley. *Super magic squares*. In: *The Mathematical Gazette* Vol. 40. Nr. 332 (1956). S. 86–97.

[315] Laquière, A. F. *Des carrés doublement magiques*. In: *Association Française pour l'Avancement des Sciences*. Paris, 1880, S. 243–258.

[316] Latoon, F. *On Common and Perfect Magic Squares*. London: W. Reeves, 1895.

[317] Lawden, D. F. *Pan-Magic Squares of Even Order*. In: *The Mathematical Gazette* Vol. 34. Nr. 309 (1950). S. 220–222.

[318] Lécornu, J. *Sur une méthode de construction des carrés magiques naturels impairement pairs*. In: *Revue Scientifique* Vol. 16. Nr. 2 (1901). S. 367–369.

[319] Lee, Michael Z., Love, Elizabeth, Narayan, Sivaram K. u. a. *On nonsingular regular magic squares of odd order*. In: *Linear Algebra and its Applications* Vol. 437. Nr. 6 (2012). S. 1346–1355.

[320] Lehmer, D. N. *On the congruences connected with certain magic squares*. In: *Transactions of the AMS* Vol. 31. Nr. 3 (1929). S. 523–528.

[321] Li, Chao. *A set of new formula of constructing arbitrary 4k-orders conserve square magic square sum pandiagonal*. In: *Journal of Shaoguan University* Vol. 27. Nr. 12 (2006). S. 1–5. (Sprache: Chinesisch).

[322] Li, Chao. *A set of new formula of constructing arbitrary 4k-orders conserve square magic square sum pandiagonal*. In: *Journal of Shaoguan University* Vol. 28. Nr. 3 (2007). S. 5–9. (Sprache: Chinesisch).

[323] Li, Chao. *A simple construction method for magic squares with even orders number pair adjacent*. In: *Journal Of Ningxia University (Natural Science Edition)* Vol. 23. Nr. 5 (2001). S. 19–26. (Sprache: Chinesisch).

[324] Li, Chao. *Constructing mn-order magic square by using m-order magic square*. In: *Journal of Chenzhou Teachers College* Vol. 4. Nr. 3 (1996). S. 12–17. (Sprache: Chinesisch).

[325] Li, Chao. *Constructing orthogonal latin squares and magic square by using linear congruent transformation*. In: *Acta Mathematicae Applicatae Sinica* Vol. 19. Nr. 2 (1996). S. 231–238. (Sprache: Chinesisch).

[326] Li, Li. *Pandiagonal magic squares of order 4k formed by blocks*. In: *Journal of Beijing Union University* Vol. 3. Nr. 1 (1989). S. 73–78. (Sprache: Chinesisch).

[327] Li, Wen, Zhang, Yong und Chen, Kejun. *A generalization of product construction of multimagic squares*. In: (Dez. 2017).

[328] Li, Wen, Zhong, Ming und Zhang, Yong. *Magic squares with all subsquares of possible orders based on extended Langford sequences*. 2017. arXiv: `1712.05560`. Web-published document, URL: `https://arxiv.org/abs/1712.05560` (letzter Zugriff: 6.9.2024).

[329] Li, Yue, Li, Lixi und Wu, Xuemo. *Pansystems Methodology and Construction of Magic Squares*. In: *Applied Mathematics and Mechanics* Vol. 21. Nr. 7 (2000). S. 747–752.

[330] Li Wen, Wu Dianhua und Fengchu, Pan. *A construction for doubly pandiagonal magic squares*. In: *Discrete Mathematics* Vol. 312. Nr. 2 (2012). S. 479–485.

[331] Liang, Peiji, Zhang, Hangfu und Zhang, Xiafu. *A method to construct magic squares*. In: *Journal of Yunnan University (Natural Science Edition)* Vol. 11. Nr. 4 (1989). S. 310–319. (Sprache: Chinesisch).

[332] Liao, Yun-er, Zhu, Bao-man und Wu, Lian-fa. *A New Simple Method for the Construction of Magic Squares of Odd Order*. In: *Mathematics in Practice and Theory* Vol. 37. Nr. 24 (2007). S. 174–177. (Sprache: Chinesisch).

[333] Lin, Pengcheng. *A construction method for magic squares with number pair adjacent*. In: *Journal Of Ningxia University (Natural Science Edition)* Vol. 16. Nr. 2 (1995). S. 7–11. (Sprache: Chinesisch).

[334] Lin, Pengcheng. *A simple construction method for magic squares with number pair adjacent*. In: *Journal Of Ningxia University (Natural Science Edition)* Vol. 18. Nr. 1 (1997). S. 55–59. (Sprache: Chinesisch).

[335] Lin, Pengcheng. *A uniform construction for magic squares with even order*. In: *Journal of Mathematical Study* Vol. 27. Nr. 2 (1994). S. 26–32.

[336] Lin, Pengcheng. *Uniform construction method with general formula for even order magic squares*. In: *Journal Of Ningxia University (Natural Science Edition)* Vol. 19. Nr. 2 (1998). S. 101–104. (Sprache: Chinesisch).

[337] Lin, Shu-Fei. *The improved edging method to construct arbitrary magic square*. In: *Journal of Anhui University (Natural Science Edition)* Vol. 32. Nr. 4 (2008). S. 14–17. (Sprache: Chinesisch).

[338] Liu, Feng-Lin. *The constructing magic squares of order n when n is even*. In: *Journal of Tianjin University of Science and Technology* Vol. 18. Nr. Supp. (2003). S. 71–73. (Sprache: Chinesisch).

[339] Liu, Lele, Gao, Zhenlin und Zhao, Weiping. *On an open problem concerning regular magic squares of odd order*. In: *Linear Algebra and its Applications* Vol. 459 (2014). S. 1–12.

[340] Loly, P. D. und Steeds, M. J. *A new class of pandiagonal squares*. In: *International Journal of Mathematical Education in Science and Technology* Vol. 36. Nr. 4 (2005). S. 375–388.

[341] Loly, Peter. *Scientific Studies of Magic Squares*. Web-published document, URL: `https://www.academia.edu/62978850/Scientific_Studies_of_Magic_Squares` (2003, letzter Zugriff: 6.9.2024).

[342] Loly, Peter, Cameron, Ian, Trump, Walter u. a. *Magic square spectra.* In: *Linear Algebra and its Applications* Vol. 430. Nr. 10 (2009). S. 2659–2680.

[343] Loly, Peter D. *A purely pandiagonal 4*4 square and the Myers-Briggs type Table.* In: *Journal of Recreational Mathematics* Vol. 31. Nr. 1 (2006). S. 29–31.

[344] Loly, Peter D. *Franklin Squares: A Chapter in the Scientific Studies of Magical Squares.* In: *Complex Systems* Vol. 17 (2007). S. 143–161.

[345] Loly, Peter D. und Cameron, Ian D. *Frierson's 1907 Parameterization of Compound Magic Squares Extended to Orders 3^l, $l = 1, 2, 3, \ldots$, with Information Entropy.* 2020. arXiv: 2008.11020. Web-published document, URL: https://arxiv.org/abs/2008.11020 (letzter Zugriff: 6.9.2024).

[346] Loomis, Hiram B. *Pandiagonal Magic Squares on Square Bases and their Transformations.* In: *School Science and Mathematics* Vol. 45. Nr. 4 (1945). S. 315–322.

[347] Lorch, John. *Magic Squares and Sudoku.* In: *The American Mathematical Monthly* Vol. 119. Nr. 9 (2012). S. 759–770.

[348] Lorch, John. *Pandiagonal Type-p Franklin Squares.* 2017. arXiv: 1712.09602. Web-published document, URL: https://arxiv.org/abs/1712.09602 (letzter Zugriff: 6.9.2024).

[349] Loubère, Simon de la. *Le problème des quarrés.* In: *Du Royaume de Siam (Ambassade de 1687-1688).* 1691, S. 295–359.

[350] Loubère, Simon de la. *The problem of the Magic Squares according to the Indians.* In: *A new historical relation of the kingdom of Siam.* (engl. Übersetzung der französischen Ausgabe von 1691). 1693, S. 227–247.

[351] Lu, Quyang. *On the super magic squares of even order.* In: *Mathematical Theory and Application* Vol. 22. Nr. 3 (2002). S. 19–25. (Sprache: Chinesisch).

[352] Luet. *Carré diabolique (Problème 2664).* In: *Les Tablettes du Chercheur* (1895). S. 336, 375. (Pseudonym für *Coccoz, C.V.*)

[353] Luet. *Carré magique (Problème 716).* In: *Les Tablettes du Chercheur* Nr. 22 (15. November 1891). S. 5. (Solution: 01. Dezember 1891, S.11, Pseudonym für *Coccoz, C.V.*)

[354] Luet. *Carré magique (Problème 86).* In: *Les Tablettes du Chercheur* (1892). S. 37, 61. (Pseudonym für *Coccoz, C.V.*)

[355] Luet. *Carré magique à deux degrés (Problème 449).* In: *Les Tablettes du Chercheur* Nr. 12 (15. Juni 1891). S. 5. (Solution: 01. Juli 1891, S.10, Pseudonym für *Coccoz, C.V.*)

[356] Luet. *Carré magique à deux degrés fait avec les nombres consécutifs de 1 à 64 (Problème 875).* In: *Les Tablettes du Chercheur* (1893). S. 129, 169–170. (Pseudonym für *Coccoz, C.V.*)

[357] Luet. *Carré magique à deux degrés fait avec les nombres consécutifs de 1 à 64 (Problème 940).* In: *Les Tablettes du Chercheur* (1893). S. 161, 202. (Pseudonym für *Coccoz, C.V.*)

[358] Luet. *Carré magique de 6 (Problème 1196).* In: *Les Tablettes du Chercheur* (1893). S. 289, 330. (Pseudonym für *Coccoz, C.V.*)

[359] Luet. *Carré magique de neuf à deux degrés (Problème 877).* In: *Les Tablettes du Chercheur* (1893). S. 129, 170. (Pseudonym für *Coccoz, C.V.*)

[360] Luet. *Les Carrés Magiques par enceinte ou bordure*. In: *Les Tablettes du Chercheur* (1893). S. 290–291, 306–308, 326–327, 339–340, 355–357. (Pseudonym für *Coccoz, C.V.*)

[361] Luet. *Méthode Desordonnée*. In: *Les Tablettes du Chercheur* (1893). S. 41–42, 56–57. (Pseudonym für *Coccoz, C.V.*)

[362] Luet. *Méthodes de Sauveur pour les carrés impairs*. In: *Les Tablettes du Chercheur* (1893). S. 5–6, 22–23. (Pseudonym für *Coccoz, C.V.*)

[363] Luet. *Méthodes par Lettres Homoloques et Analoque*. In: *Les Tablettes du Chercheur* (1893). S. 71–72, 86–87, 102–103, 136–137, 151–152, 165–166, 197. (Pseudonym für *Coccoz, C.V.*)

[364] Luyendijk, Johannes. *Magic squares and cubes*. Web-published document, URL: `http://www.entertainmentmathematics.nl/index.html` (letzter Zugriff: 6.9.2024).

[365] Mac-Mahon, P. A. *Les carrés magiques*. In: *Revue Scientifique* Vol. 17. Nr. 1 (1902). S. 744–51.

[366] Madachy, Joseph S. *Madachy's Mathematical Recreations*. New York: Dover-Publications Inc., 1979.

[367] Mansion, P. *Sur les Carrés Magiques*. In: *Nouvelle Correspondance Mathématique* Vol. 2. Nr. 1 (1876). S. 161–164.

[368] Mansion, P. *Sur les Carrés Magiques*. In: *Nouvelle Correspondance Mathématique* Vol. 2. Nr. 2 (1876). S. 193–201.

[369] Margossian, A. *De l'ordonnance des nombres dans les carrés magiques impairs*. Paris: Librairie Scientifique A. Hermann, 1908.

[370] Martin, Yves. *Les carrés magiques dans la tradition mathématique arabe*. Web-published document, URL: `https://publimath.univ-irem.fr/numerisation/RU/IRU98020/IRU98020.pdf` (letzter Zugriff: 6.9.2024).

[371] McClintock, Emory. *On the Most Perfect Forms of Magic Squares, with Methods for Their Production*. In: *American Journal of Mathematics* Vol. 19. Nr. 2 (1897). S. 99–120.

[372] McCoy, John Calvin. *Manuel Moschopoulos's treatise on magic squares*. In: *Scripta Mathematica* Vol. 8 (1941). S. 15–26.

[373] McCranie, Judson. *Magic Squares of All Orders*. In: *The Mathematics Teacher* Vol. 81. Nr. 8 (1988). S. 674–678.

[374] Meerman, Gerard. *Specimen Calculi Fluxionalis*. Lugdunum Batavorum, 1742.

[375] Minghua, Xu. *A solving method of 4k · degree magic square*. In: *Journal of Jiangsu Polytechnic University* Vol. 3. Nr. 3 (1991). S. 43–45.

[376] Mino, Hidetoshi. *The number of magic squares of order six*. Web-published document, URL: `https://magicsquare6.net/doku.php?id=magicsquare6` (2023, letzter Zugriff: 6.9.2024).

[377] Miranda, Lohans de Oliveira und Miranda, Lossian Barbosa Bacelar. *Establishing Infinite Methods of Construction of Magic Squares*. In: *Journal of Nepal Mathematical Society* Vol. 4. Nr. 1 (2021). S. 19–22. Web-published document, URL: `https://www.nepjol.info/index.php/jnms/article/view/37108` (letzter Zugriff: 6.9.2024).

[378] Miranda, Lohans de Oliveira und Miranda, Lossian Barbosa Bacelar. *Generalization of Dürer's Magic Square and New Methods for Doubly Even Magic Squares.* In: *Journal of Nepal Mathematical Society* Vol. 3. Nr. 2 (2020). S. 13–15. Web-published document, URL: https://www.nepjol.info/index.php/jnms/article/view/33955 (letzter Zugriff: 6.9.2024).

[379] Miranda, Lohans de Oliveira und Miranda, Lossian Barbosa Bacelar. *Lohans' Magic Squares and the Gaussian Elimination Method.* In: *Journal of Nepal Mathematical Society* Vol. 3. Nr. 1 (2020). S. 31–36. Web-published document, URL: https://www.nepjol.info/index.php/jnms/article/view/33001 (letzter Zugriff: 6.9.2024).

[380] Moran, Jim. *The Wonders of Magic Squares.* New York: Vintage Books, 1982.

[381] Nelson, A. B. *General Rules for the Formation of Magic Squares of All Orders.* In: *The Analyst* Vol. 6. Nr. 3 (1879). S. 73–77.

[382] Nelson, Harry L. *A Consecutive-Prime 3x3 Magic Square.* In: *Journal of Recreational Mathematics* Vol. 20. Nr. 3 (1988). S. 214–216.

[383] Nichols, Roy F. *The Magic Square.* In: *Proceedings of the American Philosophical Society* Vol. 105. Nr. 3 (1961). S. 237–243.

[384] Nie, Chunxiao. *A Construction Method for the Magic Square of Order 4m.* In: *Journal of Hainan Normal University (Natural Science)* Vol. 24. Nr. 3 (2011). S. 270–273. (Sprache: Chinesisch).

[385] Nordgren, Ronald P. *Commuting Magic Square Matrices.* 2020. arXiv: 2009.03499. Web-published document, URL: https://arxiv.org/abs/2009.03499 (letzter Zugriff: 6.9.2024).

[386] Nordgren, Ronald P. *Eulerian composition of certain Franklin squares.* arXiv: 1703.06488. Web-published document, URL: https://arxiv.org/abs/1703.06488 (2017, letzter Zugriff: 6.9.2024).

[387] Nordgren, Ronald P. *How Franklin may have made his squares.* In: *Mathematics Magazine* (in press).

[388] Nordgren, Ronald P. *New Construction for Special Magic Squares.* In: *International Journal of Pure and Applied Mathematics* Vol. 78. Nr. 2 (2012). S. 133–154.

[389] Nordgren, Ronald P. *On Franklin and Complete Magic Square Matrices.* In: *The Fibonacci Quarterly* Vol. 54. Nr. 4 (2016). S. 304–318.

[390] Nordgren, Ronald P. *On properties of special magic square matrices.* In: *Linear Algebra and its Applications* Vol. 437. Nr. 8 (2012). S. 2009–2025.

[391] Nordgren, Ronald P. *Pandiagonal and Knut Vik Sudoku Squares.* arXiv: 1307.1034. Web-published document, URL: https://arxiv.org/abs/1307.1034 (2013, letzter Zugriff: 6.9.2024).

[392] Okikiolu, George Olatokunbo. *Completion of the Magic Square of Even Order.* London: Okikiolu Scientific und Industrial Organization, 1978.

[393] Ollerenshaw, Kathleen. *Constructing pandiagonal magic squares of arbitrarily large size.* In: *Mathematics Today* Vol. 42. Nr. 1 (2006). (Lösungen in Nr. 2).

[394] Ollerenshaw, Kathleen. *On Most Perfect or Complete 8x8 Pandiagonal Magic Squares.* In: *Proceedings of the Royal Society of London* Vol. 407 (1986). S. 259–281.

[395] Ollerenshaw, Kathleen und Brée, David. *Most-Perfect Pandiagonal Magic Squares.* The Institute of Mathematics und its Applications, 1998.

[396] Ozanam, Jacques. *Des quarrés magiques*. In: *Récréations Mathématiques et Physiques*. Bd. 1. Paris: Académie Royale des Sciences (France), 1778, S. 217–244.

[397] Ozanam, Jacques. *Des quarrés magiques*. In: *Récréations Mathématiques et Physiques, Nouvelle Edition*. Bd. 1. Paris, 1790, S. 217–244.

[398] Ozanam, Jacques. *Of magic squares*. In: *Recreations in Mathematics and Natural Philosophy (Dr. Huttons translation of Montucla's Edition)*. Bd. 1. London, 1803, S. 211–240.

[399] Ozanam, Jacques. *Of magic squares*. In: *Recreations in Mathematics and Natural Philosophy (Dr. Huttons translation of Montucla's Edition)*. Bd. 1. London, 1814, S. 183–207.

[400] Ozanam, Jacques. *Of magic squares*. In: *Recreations in Science and Natural Philosophy (Dr. Huttons translation of Montucla's Edition)*. London, 1844, S. 94–106.

[401] Padmakumar, T. V. *A juxtaposition property for the* 4×4 *magic square*. In: *Fibonacci Quarterly* Vol. 32. Nr. 4 (1994). S. 290–292.

[402] Padmakumar, T. V. *Strongly magic squares*. In: *Fibonacci Quarterly* Vol. 35. Nr. 3 (1997). S. 198–205.

[403] Pan, Feng-Chu. *Uniform Formula of Constructing All Pandiagonal Magic Squares of Order 4*. In: *College Mathematies* Vol. 21. Nr. 3 (2005). S. 74–76. (Sprache: Chinesisch).

[404] Pan, Fengchu und Huang, Xuejun. *Unified Construction of Normal Bimagic Squares of Doubly Even Orders Based on Quasi Bimagic Pairs*. In: *Journal of Physics: Conference Series* Vol. 1575. Nr. 012172 (Juni 2020).

[405] Pan, Linsen. *Construction Method of Symmetric Swapping for the Magic Square of Even Order*. In: *Journal Of Chongqing Teachers College (Natural Science Edition)* Vol. 13. Nr. 1 (1996). S. 53–56. (Sprache: Chinesisch).

[406] Pan, Linsen. *Construction Method of Symmetric Swapping for the Magic Square of Even Order*. In: *Journal Of Chongqing Teachers College (Natural Science Edition)* Vol. 14. Nr. 1 (1997). S. 12–17. (Sprache: Chinesisch).

[407] Parmentier, Th. *Sur les carrés magiques*. In: *Association Française pour l'Avancement des Sciences*. Paris, 1890, S. 88–99.

[408] Pasles, Paul C. *A Bent for Magic*. In: *Mathematics Magazine* Vol. 79. Nr. 1 (2006). S. 3–13.

[409] Pasles, Paul C. *Benjamin Franklin's numbers. An unsung mathematical odyssey*. Princeton University Press, 2008.

[410] Pasles, Paul C. *The Lost Squares of Dr. Franklin: Ben Franklin's Missing Squares and the Secret of the Magic Circle*. In: *The American Mathematical Monthly* Vol. 108. Nr. 6 (2001). S. 489–511.

[411] Pfeffermann, G. *Carré de sept ... géométrique (Problème 2909)*. In: *Les Tablettes du Chercheur* (1896). S. 96, 139.

[412] Pfeffermann, G. *Carré magique à deux degrés (Problème 172)*. In: *Les Tablettes du Chercheur* Nr. 2 (15. Januar 1891). S. 6. (Solution: 1. Februar 1891, S. 11).

[413] Pfeffermann, G. *Carré magique à deux degrés (Problème 314)*. In: *Les Tablettes du Chercheur* Nr. 7 (1. April 1891). S. 6. (Solution: 15. April 1891, S.10).

[414] Pfeffermann, G. *Carré magique à deux degrés (Problème 475)*. In: *Les Tablettes du Chercheur* Nr. 13 (1. Juli 1891). S. 5.

[415] Pfeffermann, G. *Carré magique de 6 (Problème 1481)*. In: *Les Tablettes du Chercheur* (1894). S. 61, 101–102.
[416] Pfeffermann, G. *Carré magique de 8 à deux degrés (Problème 296)*. In: *Les Tablettes du Chercheur* (1892). S. 160, 202.
[417] Pfeffermann, G. *Carré magique de 8 à enceinte (Problème 1479)*. In: *Les Tablettes du Chercheur* (1894). S. 60, 101.
[418] Pfeffermann, G. *Carré magique de 9 à deux degrés (Problème 504)*. In: *Les Tablettes du Chercheur* Nr. 14 (15. Juli 1891). S. 5. (1. August 1891, S. 10).
[419] Pfeffermann, G. *Carré magique de huit à deux degrés (Problème 1104)*. In: *Les Tablettes du Chercheur* (1893). S. 242, 283.
[420] Pfeffermann, G. *Carré magique de huit à deux degrés (Problème 845)*. In: *Les Tablettes du Chercheur* (1893). S. 113, 155.
[421] Pfeffermann, G. *Carré magique de huit à deux degrés (Problème 971)*. In: *Les Tablettes du Chercheur* (1893). S. 177, 216.
[422] Pfeffermann, G. *Carré magique de neuf à deux degrés (Problème 112)*. In: *Les Tablettes du Chercheur* (1892). S. 52, 78.
[423] Pfeffermann, G. *Carré magique de neuf à deux degrés (Problème 138)*. In: *Les Tablettes du Chercheur* (1892). S. 68, 95.
[424] Pfeffermann, G. *Carré magique de neuf à deux degrés (Problème 59)*. In: *Les Tablettes du Chercheur* (1892). S. 21–22, 47.
[425] Pfeffermann, G. *Carré magique de neuf à deux degrés (Problème 745)*. In: *Les Tablettes du Chercheur* Nr. 22 (1. Dezember 1891). S. 6. (Solution: 15. Dezember 1891, S. 10).
[426] Pfeffermann, G. *Carré magique de neuf à deux degrés (Problème 776)*. In: *Les Tablettes du Chercheur* Nr. 24 (15. Dezember 1891). S. 6. (Solution: 1891, S. 13).
[427] Pfeffermann, G. *Carré magique double à deux degrés (Problème 664)*. In: *Les Tablettes du Chercheur* (1893). S. 4, 47.
[428] Pfeffermann, G. *Carrés magique de 7 (Problème 1343)*. In: *Les Tablettes du Chercheur* (1893). S. 369.
[429] Pfeffermann, G. *Carrés magique de 7 (Problème 1343)*. In: *Les Tablettes du Chercheur* (1894). S. 23.
[430] Pfeffermann, G. *Carrés magiques de 8 à deux degrés (Problème 1368)*. In: *Les Tablettes du Chercheur* (1894). S. 4, 37.
[431] Pfeffermann, G. *Carrés magiques de 8 à deux degrés(Problème 1287)*. In: *Les Tablettes du Chercheur* (1893). S. 337, 377.
[432] Pfeffermann, G. *Problème (Problème 2586)*. In: *Les Tablettes du Chercheur* (1895). S. 287–288, 328–329.
[433] Phelizon, Jean-François. *Les Carrés Magiques*. Paris: Editions Economica, 2005.
[434] Philip, Morris. *Magic Squares, with Many New Additional Properties*. Bronx, NY: Philip Knitting Mills, 1986.
[435] Pickover, Clifford A. *The Zen of Magic Squares, Circles, and Stars*. Princeton: Princeton University Press, 2002.
[436] Pin, Cheng. *Construction of all-symmetric magic square of order n^2*. In: *Journal of Shanxi Teachers University (Natural Science Edition)* Vol. 10. Nr. 4 (1996). S. 31–34. (Sprache: Chinesisch).

[437] Pin, Cheng. *Fast construction prime order symmetric magic squares*. In: *Journal of the Yanbei Teachers College* Vol. 12. Nr. 4 (1996). S. 89–91. (Sprache: Chinesisch).
[438] Pizarro, Antonio. *Generating Magic Squares Whose Orders Are Multiples of 4*. In: *The Mathematics Teacher* Vol. 82. Nr. 3 (1989). S. 216–221.
[439] Planck, C. *Pandiagonal Magic squares of Order 6 and 10 with Minimal Numbers*. In: *The Monist* Vol. 29 (1919). S. 307–316.
[440] Planck, C. *The Theory of Reversions*. In: *The Monist* Vol. 22 (1912). S. 53–81. (siehe Andrews [17], S. 295 ff.)
[441] Poignard, Francois-Guillaume. *Traité des quarres sublimes*. Bruxelles, 1704.
[442] Portier, Brutus. *Carré diabolique (Problème 1949)*. In: *Les Tablettes du Chercheur* (1894). S. 332, 369–370.
[443] Portier, Brutus. *Carré diabolique (Problème 2177)*. In: *Les Tablettes du Chercheur* (1895). S. 80, 121.
[444] Portier, Brutus. *Carré diabolique de 15 (Problème 2462)*. In: *Les Tablettes du Chercheur* (1895). S. 224, 265.
[445] Portier, Brutus. *Carré diabolique de 9 (Problème 2767)*. In: *Les Tablettes du Chercheur* (1896). S. 16, 57–58.
[446] Portier, Brutus. *Carré diabolique de 9 double (Problème 1507)*. In: *Les Tablettes du Chercheur* (1894). S. 77, 118.
[447] Portier, Brutus. *Carré diabolique double (Problème 1895)*. In: *Les Tablettes du Chercheur* (1894). S. 300, 342.
[448] Portier, Brutus. *Carré diabolique double (Problème 1922)*. In: *Les Tablettes du Chercheur* (1894). S. 316, 358.
[449] Portier, Brutus. *Carré diabolique double (Problème 2054)*. In: *Les Tablettes du Chercheur* (1895). S. 17, 57.
[450] Portier, Brutus. *Carré diabolique double (Problème 2148)*. In: *Les Tablettes du Chercheur* (1895). S. 64, 105.
[451] Portier, Brutus. *Carré magique*. In: *Revue Scientifique* Nr. 1 (1903). S. 503.
[452] Portier, Brutus. *Carré magique (Problème 1870)*. In: *Les Tablettes du Chercheur* (1894). S. 283, 323.
[453] Portier, Brutus. *Carré magique (Problème 2237)*. In: *Les Tablettes du Chercheur* (1895). S. 112–113, 150.
[454] Portier, Brutus. *Carré magique à deux degrées*. In: *Revue Scientifique* Nr. 2 (1903). S. 792.
[455] Portier, Brutus. *Carré magique à grille de module 8*. In: *Revue Scientifique* Nr. 1 (1903). S. 662.
[456] Portier, Brutus. *Carré panmagique (diabolique) à grille de module 9*. In: *Revue Scientifique* Nr. 1 (1904). S. 435.
[457] Portier, Brutus. *Carré satanique de 9 (Problème 2824)*. In: *Les Tablettes du Chercheur* (1896). S. 48, 89.
[458] Portier, Brutus. *Carré satanique de 9 (Problème 2994)*. In: *Les Tablettes du Chercheur* (1896). S. 145, 176.
[459] Portier, Brutus. *Carré satanique de 9 double (Problème 2083)*. In: *Les Tablettes du Chercheur* (1895). S. 32, 74.

[460] Portier, Brutus. *Carré satanique double (Problème 1847)*. In: *Les Tablettes du Chercheur* (1894). S. 269, 311.
[461] Portier, Brutus. *Carré satanique double (Problème 2001)*. In: *Les Tablettes du Chercheur* (1894). S. 364, (1895) S. 24.
[462] Portier, Brutus. *Carré satanique double (Problème 2001)*. In: *Les Tablettes du Chercheur* (1895). S. 24.
[463] Portier, Brutus. *Carrés diaboliques de 9 (Problème 2852)*. In: *Les Tablettes du Chercheur* (1896). S. 64, 104.
[464] Portier, Brutus. *Carrés diaboliques jumeaux (Problème 2335)*. In: *Les Tablettes du Chercheur* (1895). S. 161, 203.
[465] Portier, Brutus. *Constructions nouvelles de carrés diaboliques de 9 et du carré satanique de 9*. 2me Edition. Alger: Librairie Adolphe Jourdan, 1893.
[466] Portier, Brutus. *Enigme diabolique (Problème 1424)*. In: *Les Tablettes du Chercheur* (1894). S. 29, 70.
[467] Portier, Brutus. *Le Carré Cabalistique de 8*. Alger: Librairie Adolphe Jourdan, 1902.
[468] Portier, Brutus. *Le Carré Diabolique de 9 et Son Derive le Carré Satanique de 9*. In: *Les Tablettes du Chercheur* Nr. 1 (1895). S. 226–228, 242–244. (Pseudonym: Un mage de Chaldée).
[469] Portier, Brutus. *Le Carré diabolique de 9 et son dérivé le carré satanique de 9*. Alger: Librairie Adolphe Jourdan, 1902.
[470] Portier, Brutus. *Le Carré diabolique de 9 et son dérivé le carré satanique de 9 (carré de base magique au deux premiers degrés)*. Alger, 1895.
[471] Portier, Brutus. *Les Carrés Magiques*. In: *Les Tablettes du Chercheur* (15. November 1891). S. 6–7. (Pseudonym: Un mage de Chaldée).
[472] Portier, Brutus. *Les Carrés Magiques*. In: *Les Tablettes du Chercheur* (1. Juli 1891). S. 6–7. (Pseudonym: Un mage de Chaldée).
[473] Portier, Brutus. *Les Carrés Magiques*. In: *Les Tablettes du Chercheur* (1. Dezember 1891). S. 6–7. (Pseudonym: Un mage de Chaldée).
[474] Portier, Brutus. *Nouvelles Recherches dans la Magie Arithmétique*. Paris: Gauthier-Villars, 1907.
[475] Portier, Brutus. *Satanique double (Problème 2965)*. In: *Les Tablettes du Chercheur* (1896). S. 128, 171.
[476] Portier, Brutus. *Sur les panmagiques de module 8 à grilles*. Paris: Gauthier-Villars, 1913.
[477] Poupe, Edmond. *Carré diabolique (Problème 1756)*. In: *Les Tablettes du Chercheur* (1894). S. 220, 261.
[478] Poupe, Edmond. *Carré magique (Problème 1975)*. In: *Les Tablettes du Chercheur* (1894). S. 34810.
[479] Poupe, Edmond. *Carré magique (Problème 1975)*. In: *Les Tablettes du Chercheur* (1895). S. 10.
[480] Poupe, Edmond. *Carré magique (Problème 2334)*. In: *Les Tablettes du Chercheur* (1895). S. 161, 202.
[481] Poupe, Edmond. *Carré magique de 10 avec enceinte (Problème 2120)*. In: *Les Tablettes du Chercheur* (1895). S. 49–50, 91.

[482] Qinwu, Chen. *15th-order bimagic squares.* Web-published document, URL: http://www.multimagie.com/English/BiTriMagic12_16.htm#BiMa15 (2006, letzter Zugriff: 6.9.2024).

[483] Qinwu, Chen. *16th-order bimagic and trimagic squares.* Web-published document, URL: http://www.multimagie.com/English/BiTriMagic12_16.htm#BiMa16 (2005, letzter Zugriff: 6.9.2024).

[484] Qinwu, Chen und Guéron, Jacques. *14th-order bimagic squares.* Web-published document, URL: http://www.multimagie.com/English/BiTriMagic12_16.htm#BiMa14 (2006, letzter Zugriff: 6.9.2024).

[485] Rallier des Ourmes, Jean-Joseph. *Mémoire sur les quarrés magiques.* In: *Histoire de l'Académie Royale des Sciences.* Paris: Académie Royale des Sciences (France), 1763, S. 196–241.

[486] Reiner, Brian S. *Magic squares and matrices: a simple construction.* In: *The Mathematical Gazette* Vol. 65. Nr. 434 (1981). S. 250–252.

[487] Reyes, J.P. de los, Pourdarvish, A., Midha, C.K. u. a. *Construction and Use of Magic Squares and Magic Rectangles.* In: *Statistics and Applications (New Series)* Vol. 4 (2006). S. 39–45.

[488] Rilly, Achille. *Etude sur les Triangles et les Carrés magiques aux deux premiers degrés.* 1901.

[489] Rilly, Achille. *Transformations dont sont susceptibles certains carrés bimagiques.* In: *Association Française pour l'Avancement des Sciences.* Paris, 1907, S. 42–48.

[490] Riollot, Jules. *Les carrés magiques: contributionà leur étude.* Paris: Gauthier-Villars, 1907.

[491] Robertson, John P. *Magic squares of squares.* In: *Mathematics Magazine* Vol. 69. Nr. 4 (1996). S. 289–293.

[492] Rogers, Adam, Cameron, Ian und Loly, Peter. *Compounding Doubly Affine Matrices.* 2017. arXiv: 1711.11084. Web-published document, URL: https://arxiv.org/abs/1711.11084 (letzter Zugriff: 6.9.2024).

[493] Rogers, Adam und Loly, Peter. *The electric multipole expansion for a magic cube.* In: *European Journal of Physics* Vol. 26. Nr. 5 (2005). S. 809–813.

[494] Rogers, Adam und Loly, Peter. *The inertia tensor of a magic cube.* In: *American Journal of Physics* Vol. 72. Nr. 6 (2004). S. 786–789.

[495] Rogers, Adam und Loly, Peter D. *Rotational sorcery - The inertial properties of magic squares and cubes.* In: *Canadian Undergraduate Physics Journal* Vol. III. Nr. 2 (2005). S. 25.

[496] Rosser, Barkley und Walker, R. J. *The algebraic theory of diabolic magics quares.* In: *Duke Mathematical Journal* Vol. 5 (1939). S. 705–728.

[497] Rothstein, Jerome. *A method for the construction of singly even magic squares.* In: *The American Mathematical Monthly* Vol. 67. Nr. 6 (1960). S. 583–585.

[498] Sauveur, Joseph. *Construction générale des quarrés magiques.* In: *Histoire de l'Académie Royale des Sciences.* Paris: Académie Royale des Sciences (France), 1710, S. 92–138.

[499] Savage, D. F. *Oddly-Even Magic Squares.* In: *The Monist* Vol. 20 (1910). S. 119–126. (siehe Andrews [17], S. 217 ff.)

[500] Savage, D. F. *Overlapping Magic Squares*. In: *The Monist* Vol. 19 (1909). S. 450–459. (siehe Andrews [17], S. 207 ff.)

[501] Savard. *Carré magique du deuxième degré à quatre diagonales (Problème 587)*. In: *Les Tablettes du Chercheur* Nr. 17 (1. September 1891). S. 5. (Solution: 15. September 1891, S.10).

[502] Savard. *Carré symétrique, magique et 1/4 diabolique au deuxieme degré, entièrement diabolique au premierer degré (Problème 559)*. In: *Les Tablettes du Chercheur* (1892). S. 320, 361.

[503] Sayles, Harry A. *Notes on the Construction of Magic Squares of Orders in which n is of the Form $8p + 2$*. In: *The Monist* Vol. 22 (1912). S. 472–478. (siehe Andrews [17], S. 267 ff.)

[504] Sayles, Harry A. *Pandiagonal-Concentric Magic Squares Of Orders 4m*. In: *The Monist* Vol. 26. Nr. 3 (1916). S. 476–480. (siehe Andrews [17], S. 410 ff.)

[505] Sayles, Harry A. *Two More Forms of Magic Squares*. In: *The Monist* Vol. 21 (1911). S. 152–158. (siehe Andrews [17], S. 241 ff.)

[506] Scheffler, Hermann. *Die magischen Figuren*. Leipzig: B.G. Teubner, 1882.

[507] Schindel, Daniel, Rempel, Matthew und Loly, Peter. *Enumerating the bent diagonal squares of Dr Benjamin Franklin FRS*. In: *Proceedings of The Royal Society A: Mathematical, Physical and Engineering Sciences* Vol. 462. Nr. 2072 (2006). S. 2271–2279.

[508] Schott, Caspar. *Technica Curiosa, sive Mirabilia artis*. Sumptibus Wolfgangi Mauritii Endteri, 1687.

[509] Schoute, Pieter Hendrik. *Sur les carrés magiques à enceinte*. In: *Association Française pour l'Avancement des Sciences*. Paris, 1885, S. 152–155.

[510] Schubert, Hermann. *The magic squares*. In: *Mathematical essays and recreations*. Chicago: The Open Court Publishing Company, 1898, S. 39–63.

[511] Selin, Helaine. *Encyclopaedia of the History of Science, Technology, and Medicine in Non-Westen Cultures*. Kluwer Academic, Dordrecht, Boston, 1997.

[512] Sesiano, Jacques. *An arabic treatise on the construction of bordered magic squares*. In: *Historia Scientiarum* Vol. 42. Nr. 1 (1991). S. 13–31.

[513] Sesiano, Jacques. *Construction of magic squares using the knight's move in islamic mathematics*. In: *Archive for History of Exact Sciences* Vol. 58. Nr. 1 (2003). S. 1–20.

[514] Sesiano, Jacques. *Herstellungsverfahren magischer Quadrate aus islamischer Zeit. I.* In: *Sudhoffs Archiv* Vol. 64. Nr. 2 (1980). S. 187–196.

[515] Sesiano, Jacques. *Herstellungsverfahren magischer Quadrate aus islamischer Zeit. II.* In: *Sudhoffs Archiv* Vol. 65. Nr. 3 (1981). S. 251–265.

[516] Sesiano, Jacques. *Herstellungsverfahren magischer Quadrate aus islamischer Zeit. III.* In: *Sudhoffs Archiv* Vol. 79. Nr. 2 (1995). S. 193–226.

[517] Sesiano, Jacques. *L'Abregé enseignant la disposition harmonieuse des nombres, un manuscrit arabe anonyme sur la construction des carrés magiques*. In: *De Bagdad a Barcelona, Estudios sobre historia de las ciencias exactas*. Hrsg. von J. Casulleras und J. Samsó. Bd. 2. 1996, S. 103–157.

[518] Sesiano, Jacques. *La science des carrés magiques en Iran*. In: *Sciences, techniques et instruments dans le monde iranien ($X^e - XIX^e$ siècle)*. Hrsg. von D.N. P Pourjavady und Õ. Vesel. Teheran, 2004, S. 165–181.

[519] Sesiano, Jacques. *Le traité d'Abu'l-Wafa sur les carrés magiques*. In: *Zeitschrift für Geschichte der arabisch-islamischen Wissenschaften* Vol. 12 (1998). S. 121–244.

[520] Sesiano, Jacques. *Les carrés magiques dans les pays islamiques*. Lausanne: Presses polytechniques et universitaires romandes, 2004.

[521] Sesiano, Jacques. *Les carrés magiques de Manuel Moschopoulos*. In: *Archive for History of Exact Sciences* Vol. 53. Nr. 5 (1998). S. 377–397.

[522] Sesiano, Jacques. *Magic Squares - Their History and Construction from Ancient Times to AD 1600*. Cham: Springer Nature, 2019.

[523] Sesiano, Jacques. *Magic Squares in the Tenth Century*. Cham: Springer International Publishing, 2017.

[524] Sesiano, Jacques. *Magische Quadrate in den Ländern des Islam*. In: *Spektrum der Wissenschaft* Nr. Spezial 2/06 (2006). S. 166–170.

[525] Sesiano, Jacques. *Quadratus mirabilis*. In: *The enterprise of science in Islam: New perspectives*. Cambridge Mass.: The MIT Press, 2003, S. 199–233.

[526] Sesiano, Jacques. *Quelques méthodes arabes de construction des carrés magiques impairs*. In: *Bulletin de la Société Vaudiose des Sciences Naturelles* Vol. 83. Nr. 1 (1994). S. 51–76.

[527] Sesiano, Jacques. *Un traité médiéval sur les carrés magiques*. Lausanne: Presses polytechniques et universitaires romandes, 1996.

[528] Sesiano, Jacques. *Un traité persan sur les carrés magiques*. In: *Ayene-ye-Miras* Vol. 28. Nr. 1 (2005). S. 69–116.

[529] Shapiro, Daniel B. *A replication property for magic squares*. In: *Mathematics Magazine* Vol. 65. Nr. 3 (1992). S. 175–181.

[530] Shen, Ching Tseng. *General Solutions for Even Order Magic Squares*. Monterey: Victory Press, 1989.

[531] Shuldham, Charles D. *Associated Prime Number Magic Squares*. In: *The Monist* Vol. 24. Nr. 3 (1914). S. 472–475.

[532] Shuldham, Charles D. *Pandiagonal Prime Number Magic Squares*. In: *The Monist* Vol. 24. Nr. 4 (1914). S. 608–613.

[533] Shuldham, Charles D. *Paneled Magic Squares*. In: *The Monist* Vol. 24. Nr. 4 (1914). S. 613–617.

[534] Simpson, Donald C. *General solutions to solving magic squares*. 1st Books Library, 2001.

[535] Smith, D.E. und Mikami, Yoshio. *A History of Japanese Mathematics*. In: (1914). S. 116–120.

[536] Smith, Eugene. *Creative Practice through Magic Squares*. Troy, Michigan: Midwest Publ., 1979.

[537] Solka, Hans-Christian. *Melencolia I – Magic Squares for the Mental Entertainer*. (Ebook). Hans-Christian Solka at Lybrary.com, 2017.

[538] Spinula, François. *De intercalandi ratione corrigenda & de tabellis quadratorum numerorum à Pythagoreis dispositorum*. 1562.

[539] Stephens, Daryl Lynn. *Matrix Properties of Magic Squares*. Web-published document, URL: `http://faculty.etsu.edu/stephen/matrix-magic-squares.pdf` (1993, letzter Zugriff: 6.9.2024).

[540] Stern, Erich und Cazalas, E. *Nouvelle méthode pour construire et dénombrer certains carrés magiques d'ordre 4 m avec application aux parcours magiques*. In: *Sphinx* Vol. 7 (1937). S. 123–140.

[541] Stern, Erich und Transue, W.R. *General Formulas for the Number of Magic Squares Belonging to Certain Classes*. In: *The American Mathematical Monthly* Vol. 46. Nr. 9 (1939). S. 555–581.

[542] Stewart, Ian. *Most-perfect magic squares*. In: *Scientific American* Vol. 281 (1999). S. 122–123.

[543] Stifel, Michael. *Arithmetica integra*. 1544.

[544] Stifel, Michael. *Arithmetica integra (dt. Übersetzung: Vollständiger Lehrgang der Arithmetik von Eberhard Knobloch und Otto Schönberger)*. Königshausen & Neumann, 2007.

[545] Sun, Qun-Ce. *The simplest construction method for the perfect magic squares*. In: *Basic Sciences Journal of Textile Universities* Vol. 15. Nr. 2 (2002). S. 172–175. (Sprache: Chinesisch).

[546] Swetz, Frank J. *Legacy of the Luoshu*. Wellesley: A.K. Peters Ltd., 2008.

[547] Swetz, Frank J. *The Most Magical of All Magic Squares*. In: *The Mathematics Teacher* Vol. 94. Nr. 6 (2001). S. 458–463.

[548] Taneja, Inder Jeet. *Bimagic Squares of Bimagic Squares and an Open Problem*. arXiv: `1102.3052`. Web-published document, URL: `https://arxiv.org/abs/1102.3052` (2011, letzter Zugriff: 6.9.2024).

[549] Taneja, Inder Jeet. *Intervally Distributed, Palindromic and Selfie Magic Squares – Orders 21 to 25*. Web-published document, URL: `https://rgmia.org/papers/v18/v18a127.pdf` (2015, letzter Zugriff: 6.9.2024).

[550] Tannery, Paul. *Le traité de Manuel Moschopoulos sur les carrés magiques*. In: *Mémoires scientifiques*. Paris: Gauthier-Villars, 1886, S. 88–118.

[551] Tannery, Paul. *Manuel Moschopoulos et Nicolas Rhabdas*. In: *Bulletin Des Sciences Mathématiques et Astronomiques* Vol. 8. Nr. 1 (1884). S. 263–277.

[552] Tao, Zhao-Min. *The general methods for constructing even order magic squares and odd order orthogonal latin squares*. In: *Acta Mathematicae Applicatae Sinica* Vol. 5. Nr. 3 (1983). S. 276–281. (Sprache: Chinesisch).

[553] Tarry, Gaston. *Carré magique*. In: *Revue Scientifique* Nr. 1 (1903). S. 408–409.

[554] Tarry, Gaston. *Carrés bimagiques de base 3n*. In: *Association Française pour l'Avancement des Sciences*. Paris, 1903, S. 130–142.

[555] Tarry, Gaston. *Carrés cabalistique eulérien de base 8n*. In: *Association Française pour l'Avancement des Sciences*. Paris, 1904, S. 95–111.

[556] Tarry, Gaston. *Carrés magiques supérieurs*. In: *Nouvelles Annales de Mathématiques (3e série)* Vol. 19 (1900). S. 176–177.

[557] Tarry, Gaston. *Curiosité mathématique*. In: *Nouvelles Annales de Mathématiques (3e série)* Vol. 18 (1899). S. 156.

[558] Tarry, Gaston. *Le carrés trimagiques de 128*. In: *Association Française pour l'Avancement des Sciences*. Paris, 1905, S. 34–45.

[559] Tarry, Gaston. *Les Carrés magiques à grille*. In: *Revue Scientifique* Nr. 2 (1903). S. 373.

[560] Tarry, Gaston. *Sur un carré magique*. In: *Comptes-Rendus de l'Académie des Sciences*. (vorgestellt von Henri Poincaré). Paris, 1906, S. 757–760.

[561] Thompson, A. C. *Old Magic Powers*. In: *The American Mathematical Monthly* Vol. 101. Nr. 4 (1994). S. 339–342.

[562] Thompson, W. H. *On Magic Squares*. In: *The Quarterly Journal of Pure and Applied Mathematics* Vol. 10. Nr. 38 (1869). S. 186–192.

[563] Thompson, W. H. *On Magic Squares (Fortsetzung)*. In: *The Quarterly Journal of Pure and Applied Mathematics* Vol. 10. Nr. 39 (1870). S. 193–202.

[564] Tomba, I. und Shibiraj, N. *Improved Technique for Constructing Doubly-even Magic Squares using Basic Latin Squares*. In: *International Journal of Scientific and Research Publications* Vol. 3. Nr. 6 (2013).

[565] Tomba, Luciano. *A technique for Constructing Even-order Magic Squares using Basic Latin Squares*. In: *International Journal of Scientific and Research Publications* Vol. 2. Nr. 7 (2012).

[566] Tomba, Luciano. *A technique for Constructing Odd-order Magic Squares using Basic Latin Squares*. In: *International Journal of Scientific and Research Publications* Vol. 2. Nr. 5 (2012).

[567] Tomba, Luciano. *On the techniques for Constructing Even-order Magic Squares using Basic Latin Squares*. In: *International Journal of Scientific and Research Publications* Vol. 2. Nr. 9 (2012).

[568] Travers, J. *Rules for Bordered Magic Squares*. In: *The Mathematical Gazette* Vol. 23. Nr. 256 (1939). S. 349–351.

[569] Trigg, Charles W. *A Family of Ninth Order Magic Squares*. In: *Mathematics Magazine* Vol. 53. Nr. 2 (1980). S. 100–101.

[570] Trump, Walter. *All bimagic squares of order 8*. Web-published document, URL: `https://www.trump.de/magic-squares/bimagic-8/index.html` (2014, letzter Zugriff: 6.9.2024).

[571] Trump, Walter. *Die Geschichte des kleinsten trimagischen Quadrats*. Web-published document, URL: `http://www.multimagie.com/English/Tri12Story.htm` (2003, letzter Zugriff: 6.9.2024).

[572] Trump, Walter. *How many magic squares are there?* Web-published document, URL: `https://www.trump.de/magic-squares/howmany.html` (2012, letzter Zugriff: 6.9.2024).

[573] Trump, Walter. *Theory of trimagic Squares*. Web-published document, URL: `http://www.multimagie.com/TrumpTri.doc` (2002, letzter Zugriff: 6.9.2024).

[574] Trump, Walter. *Transformations and standard positions*. Web-published document, URL: `https://www.trump.de/magic-squares/bimagic-8/transformations/index.html` (2014, letzter Zugriff: 6.9.2024).

[575] Trump, Walter. *Trimagic 12x12-Squares*. Web-published document, URL: `https://www.trump.de/magic-squares/trimagic/index.html` (2018, letzter Zugriff: 6.9.2024).

[576] Trump, Walter. *Ultramagic Squares of Order 7*. Web-published document, URL: `https://www.trump.de/magic-squares/ultramagic-7/index.html` (2004, letzter Zugriff: 6.9.2024).

[577] Uko, Livinus U. *Generating magic squares from magic formulae*. In: *Mathematical Scientist* Vol. 24. Nr. 1 (1999). S. 68–71.

[578] Uko, Livinus U. *Uniform Step Magic Squares Revisited*. In: *Ars Combinatoria* Vol. 71 (2004). S. 109–123.

[579] Uko, Livinus Ugochukwu. *The anatomy of magic squares*. In: *Ars Combinatoria* Vol. 67 (2003). S. 115–128.

[580] Umar, Abdullahi. *On the Construction of Even Order Magic Squares*. arXiv: 1202.0948. Web-published document, URL: https://arxiv.org/abs/1202.0948 (2012, letzter Zugriff: 6.9.2024).

[581] Unknown. *Encyclopaedia Britannica: A dictionary of arts, sciences, and miscellaneous literature*. 6. Vol. 12. London: Printed for Archibald Constable und Company, 1823.

[582] Vagetius, Augustinus. *De quadrato magico imparii*. 1695.

[583] Vaithianathan, S. *Bordered Magic Squares of Odd Order*. In: *The Mathematical Gazette* Vol. 82. Nr. 495 (1998). S. 438–442.

[584] Vaux, Carra de. *Une solution arabe du problème des carrés magiques*. In: *Revue d'Histoire des Sciences* Vol. 1 (1947). S. 206–212.

[585] Venkatasubbiah, G. *Methods of constructing magic squares*. In: *Math. Student* Vol. 7 (1939). S. 101–107.

[586] Vinel, Nicolas. *Un Carré Magique Pythagoricien? Jamblique précurseur des témoins Arabo–Byzantins*. In: *Archive for History of Exact Sciences* Vol. 59. Nr. 6 (2005). S. 545–562.

[587] Violle, Bernard. *Traité complet des carrés magiques pairs et impairs (Vol. 1)*. Paris: Bachelier, 1837.

[588] Violle, Bernard. *Traité complet des carrés magiques pairs et impairs (Vol. 2)*. Paris: Bachelier, 1838.

[589] Wang, Huifeng. *The Code Formulas about Building Bordering Magic Squares*. In: *Journal of Hainan Normal University (Natural Science)* Vol. 25. Nr. 3 (2012). S. 268–273. (Sprache: Chinesisch).

[590] Wang, Huifeng. *The Two-step Methods of Constructing Odd Order Perfect Magic Square and Symmetrical Perfect Magic Square*. In: *Journal of Hainan Normal University (Natural Science)* Vol. 25. Nr. 1 (2012). S. 28–31. (Sprache: Chinesisch).

[591] Wang, Xin. *A method for constructing a magic square with order 4n*. In: *Journal of Hainan Normal University (Natural Science)* Vol. 20. Nr. 1 (2007). S. 23–24. (Sprache: Chinesisch).

[592] Wang, Zhengyan. *A New Method to Construct Perfect Magic Squares: General Horse-step Method*. In: *Journal of Hainan Normal University (Natural Science)* Vol. 25. Nr. 2 (2012). S. 151–157. (Sprache: Chinesisch).

[593] Wang, Zhengyuan. *A Simple and Convenient Method for Constructing Arbitrary 4k-order Conserve Square Sum Perfect Magic Square*. In: *Journal of Hainan Normal University (Natural Science)* Vol. 26. Nr. 2 (2013). S. 142–144. (Sprache: Chinesisch).

[594] Watson, G. L. *Pandiagonal and Symmetrical Magic Squares*. In: *The Mathematical Gazette* Vol. 35. Nr. 312 (1951). S. 108–109.

[595] Wen, Li. *16th-order bimagic and trimagic squares.* Web-published document, URL: http://www.multimagie.com/English/BiTriMagic12_16.htm#BiMa16 (2008, letzter Zugriff: 6.9.2024).

[596] Wen, Li. *25th-order bimagic square and pan-magic square.* Web-published document, URL: http://www.zhghf.top/China/hfweb/muti25pfhf.htm. (letzter Zugriff 2015, Quelle nicht mehr vorhanden).

[597] Widdis, Daniel B. und Richter, Bruce R. *It's Magic! Multiplication Theorems for Magic Squares.* In: *The College Mathematics Journal* Vol. 20. Nr. 2 (1989). S. 301–306.

[598] Wikipedia. *Pandiagonal magic square.* Web-published document, URL: https://en.wikipedia.org/wiki/Pandiagonal_magic_square (letzter Zugriff: 6.9.2024).

[599] Winkel, Aale de. *4-Pan Bimagic Panmagic squares order 8.* Web-published document, URL: http://www.magichypercubes.com/Encyclopedia/DataBase/BiPanSquares_Order08.html (letzter Zugriff: 6.9.2024).

[600] Winkel, Aale de. *Bimagic squares order 8.* Web-published document, URL: http://www.magichypercubes.com/Encyclopedia/DataBase/BiMagicSquare_08.html (letzter Zugriff: 6.9.2024).

[601] Winkel, Aale de. *Bimagic squares order 9.* Web-published document, URL: http://www.magichypercubes.com/Encyclopedia/DataBase/BiMagicSquare_09.html (letzter Zugriff: 6.9.2024).

[602] Winkel, Aale de. *Dynamic Numbering.* Web-published document, URL: http://www.magichypercubes.com/Encyclopedia/d/DynamicNumbering.html (letzter Zugriff: 6.9.2024).

[603] Winkel, Aale de. *The Pan n-agonal Transform.* Web-published document, URL: http://www.magichypercubes.com/Encyclopedia/p/PanTransform.html (letzter Zugriff: 6.9.2024).

[604] Winkel, Aale de. *Trimagic squares order 12.* Web-published document, URL: http://www.magichypercubes.com/Encyclopedia/DataBase/TrimagicSquaresOrder12.html (letzter Zugriff: 6.9.2024).

[605] Woodruff, Frederic A. *Four-Ply Pandiagonal Associated Magic Squares.* In: *The Monist* Vol. 26. Nr. 2 (1916). S. 315–316.

[606] Xiao, Changji, Xiao, Qin und Huang, Weihan. *A method to build magic squares of even order.* In: *Journal Of Wuhan Transportation University* Vol. 21. Nr. 3 (1997). S. 328–331. (Sprache: Chinesisch).

[607] Xu, Cheng-Xu und Lu, Zhun-Wei. *Pandiagonal Magic Squares.* In: *Proceedings of the First Annual International Conference on Computing and Combinatorics.* London: Springer-Verlag, 1995, S. 388–391.

[608] Xu, Dandan, Mao, Zisen, Chen, Bei u. a. *New Recursive Construction of Magic Squares Using Kronecker Compositional Operations and Its Application in Engineering Computation.* In: *Systems Engineering Procedia* Vol. 2 (2011). S. 331–337.

[609] Xu, Zhihui. *Using programs to realize construction of pandiagonal magic square with natural square.* In: *Journal of Yanbei Teachers College* Vol. 19. Nr. 2 (2003). S. 16–18. (Sprache: Chinesisch).

[610] Yang, Wenqi und Pin, Cheng. *Construction of pandiaqonal magic squares by sum-equal matrices*. In: *Journal of Yanbei Teachers College* Vol. 14. Nr. 5 (1998). S. 1–5. (Sprache: Chinesisch).

[611] Yin, Zhi-Ciang. *Methods of constructing magic squares of order n (n>4)*. In: *Journal Of Huainan Institute Of Technology* Vol. 20. Nr. 1 (2000). S. 67–72. (Sprache: Chinesisch).

[612] Zhan, Sen und Wang, Huifeng. *The Code Methods about Structure Bordering Magic Square*. In: *Journal of Hainan Normal University (Natural Science)* Vol. 23. Nr. 2 (2010). S. 152–157. (Sprache: Chinesisch).

[613] Zhan, Sen und Wang, Huifeng. *The New Structure Method about Odd Order Symmetrical Magic Square and Symmetrical Magic Square with Separated Odd and Even Numbers*. In: *Journal of Hainan Normal University (Natural Science)* Vol. 24. Nr. 4 (2011). S. 395–399. (Sprache: Chinesisch).

[614] Zhan, Sen, Wang, Huifeng und Huang, Lan. *Structure Single Even Order Magic Square by Four Footwork*. In: *Journal of Hainan Normal University (Natural Science)* Vol. 26. Nr. 2 (2013). S. 145–151. (Sprache: Chinesisch).

[615] Zhang, Xiafu. *Highspeed way to construct the all-symmetric magic squares of order 4k*. In: *Journal of Kunming University of Science and Technology* Vol. 16. Nr. 5 (1991). S. 75–80. (Sprache: Chinesisch).

[616] Zhang, Yong und Lei, Jianguo. *Multimagic rectangles based on large sets of orthogonal arrays*. In: *Discrete Mathematics* Vol. 313. Nr. 18 (2013). S. 1823–1831.

[617] Zhang Shi-De, Hu Qing-Wen und Ji-Zhao, Wang. *Constructing pandiagonal snowflake magic squares of odd order*. In: *Chinese Quarterly Journal of Mathematics* Vol. 19. Nr. 2 (2004). S. 172–185.

[618] Zhao, Li-Hua. *Several simple formulas of constructing magic squares*. In: *Journal of Taiyuan University of Technology* Vol. 34. Nr. 4 (2003). S. 496–499. (Sprache: Chinesisch).

[619] Zheng, Ronghui, Lin, Kerong und Chen, Rongsi. *A new method for constructing magic squares*. In: *Journal of Fuzhou University (Natural Science Edtion)* Vol. 20. Nr. 4 (1992). S. 5–9. (Sprache: Chinesisch).

[620] Zhu, Bao-Man und Gong, He-Lin. *The constructing method of magic square with non-prime order*. In: *Mathematics in Practice and Theory* Vol. 38. Nr. 15 (2008). S. 207–214. (Sprache: Chinesisch).

[621] Zhu, Yunshan. *Construction of even-order magic square*. In: *Journal of Henan Normal University (Natural Science)* Vol. 1 (1991). S. 75–80. (Sprache: Chinesisch).

[622] Zhu, Zhong-Hua. *A method for constructing a magic square with order 4k+2*. In: *Basic Sciences Journal of Textile Universities* Vol. 15. Nr. 3 (2002). S. 254–255. (Sprache: Chinesisch).

[623] Zuckermandel, Christoph Wilhelm. *Regeln nach denen alle Zauberquadrate gebildet werden können*. 2. Auflage. Verlag von Bauer und Raspe, 1838.

Index

H. Danielsson, *Spezielle magische Quadrate und ihre Konstruktion*, https://doi.org/10.1007/978-3-662-70708-1

R

S

T

Printed in the United States
by Baker & Taylor Publisher Services